W0255731

ENCYKLOPÄDIE

DER

MATHEMATISCHEN WISSENSCHAFTEN

MIT EINSCHLUSS IHRER ANWENDUNGEN

DRITTER BAND:

GEOMETRIE

ENCYKLOPÄDIE
DER
MATHEMATISCHEN WISSENSCHAFTEN
MIT EINSCHLUSS IHRER ANWENDUNGEN

DRITTER BAND IN DREI TEILEN

GEOMETRIE

REDIGIERT VON

W. FR. MEYER UND H. MOHRMANN
IN KÖNIGSBERG IN BASEL

ZWEITER TEIL

ERSTE HÄLFTE

Springer Fachmedien Wiesbaden GmbH
1903—1915

ISBN 978-3-663-15460-0 ISBN 978-3-663-16031-1 (eBook)
DOI 10.1007/978-3-663-16031-1
Softcover reprint of the hardcover 1st edition 1915

Inhaltsverzeichnis zu Band III, 2. Teil, 1. Hälfte.

C. Algebraische Geometrie.

1. Kegelschnitte und Kegelschnittsysteme. Von FRIEDRICH DINGELDEY in Darmstadt.

I. Der Kegelschnitt als Einzelgebilde.

A. Elementare Erzeugungsweisen und Eigenschaften.

Seite

B. Allgemeine Theorie der Kegelschnitte.

C. Normale und Krümmungskreis.

IV. Die Erzeugenden der Fläche 2. Ordnung.

V. Die Polarentheorie der Flächen 2. Ordnung.

VI. Erzeugungen und Konstruktionen.

VII. Die Fokaleigenschaften der Flächen 2. Ordnung.

VIII. Büschel von Flächen 2. Ordnung.

IX. Transformation und Abbildung.

X. Die Raumkurven 3. Ordnung.

XI. Die Raumkurven 4. Ordnung 1. Spezies.

(Abgeschlossen im März 1904.)

3. Abzählende Methoden. Von H. G. Zeuthen † (in Kopenhagen).

I. Allgemeines.

II. Die singulären Punkte.

III. Realitätsfragen und metrische Eigenschaften.

IV. Die Geometrie auf einer algebraischen Kurve.

V. Die linearen Kurvensysteme.

(Abgeschlossen im Juni 1906.)

5. Spezielle ebene algebraische Kurven. Von G. Kohn † (in Wien) und G. Loria in Genua.

a. Ebene Kurven dritter und vierter Ordnung. Von G. Kohn † (in Wien).

A. Ebene Kurven dritter Ordnung.

I. Einteilung und gestaltliche Verhältnisse.

VI. Spezielle nichtsinguläre Kurven vierter Ordnung.

VII. Die Kurven vom Geschlecht Zwei.

VIII. Die Kurven vom Geschlecht Eins. Bizirkularkurven vierter Ordnung.

IX. Die Kurven vom Geschlecht Null.

(Abgeschlossen im Mai 1908.)

b. Spezielle ebene algebraische Kurven von höherer als der vierten Ordnung. Von Gino Loria in Genua.

A. Kurven, die vom Standpunkt der Ordnung aus speziell sind.

I. Kurven 5. Ordnung.

II. Kurven 6. Ordnung.

III. Einige spezielle Kurven der Ordnungen 8, 12, 14 und 18.

IV. Spezielle Kurven beliebiger Ordnung.

B. Kurven, die vom Standpunkt des Geschlechtes aus speziell sind.

I. Die rationalen Kurven.

II. Die elliptischen Kurven.

III. Die hyperelliptischen Kurven.

(Abgeschlossen im September 1914.)

6a. Grundeigenschaften der algebraischen Flächen. Von G. Castelnuovo in Rom und F. Enriques in Bologna (jetzt in Rom).

Seite

(Abgeschlossen im Jahre 1908.)

6b. Die algebraischen Flächen vom Gesichtspunkte der birationalen Transformationen aus. Von G. Castelnuovo in Rom und F. Enriques in Bologna (jetzt in Rom).

I. Birationale Transformationen und lineare Kurvensysteme auf einer Fläche.

II. Die Theorie der Invarianten.

(Abgeschlossen im Dezember 1914.)

Übersicht
über die im vorliegenden Bande III, 2. Teil, 1. Hälfte zusammengefaßten Hefte und ihre Ausgabedaten.

C. Algebraische Geometrie.

Heft 1. 10. III. 1903.	1. Dingeldey: Kegelschnitt und Kegelschnittsysteme.
Heft 2. 1. VI. 1904.	2. Staude: Flächen 2. Ordnung und ihre Systeme und Durchdringungskurven.
Heft 3. 16. VIII. 1906	3. Zeuthen: Abzählende Methoden. 4. Berzolari: Allgemeine Theorie der höheren ebenen algebraischen Kurven.
Heft 4. 23. IV. 1909.	5. Kohn u. Loria: Spezielle ebene algebraische Kurven: a. Kohn: Ebene Kurven 3. und 4. Ordnung.
Heft 5. 22. IV. 1915.	b. Loria: Spezielle ebene algebraische Kurven von höherer als der vierten Ordnung.
Heft 6. 21. IX. 1915.	6a. Castelnuovo u. Enriques: Grundeigenschaften der algebraischen Flächen. 6b. Castelnuovo u. Enriques: Die algebraischen Flächen vom Gesichtspunkte der birationalen Transformationen aus.

III C 1. KEGELSCHNITTE UND KEGELSCHNITT-SYSTEME.

VON

FRIEDRICH DINGELDEY

IN DARMSTADT.

Inhaltsübersicht.

I. Der Kegelschnitt als Einzelgebilde.

A. Elementare Erzeugungsweisen und Eigenschaften.

B. Allgemeine Theorie der Kegelschnitte.

C. Normale und Krümmungskreis.

D. Quadratur und Rektifikation.

E. Apparate zum Zeichnen der Kegelschnitte.

II. Kegelschnittsysteme.

A. Kegelschnittbüschel.

B. Kegelschnittscharen.

Litteratur.

1. Ältere Litteratur.

Apollonius von Perga, 8 Bücher Kegelschnitte, um 225 v. Chr. Deutsche Bearbeitung von *H. Balsam*, Berlin 1861. *Apollonii* Pergaei quae Graece extant cum commentariis antiquis. Edidit *J. L. Heiberg*, 2 Bde., Leipzig 1890—1893 (Apollonius). Engl. Ausgabe von *T. L. Heath*, Cambridge 1898.

Pappus, 8 Bücher Collectio, um 300 n. Chr. Pappi Alexandrini collectionis quae supersunt. Edidit *F. Hultsch*, 3 Bde., Berlin 1876—1878 (besonders Buch 7).

R. Descartes, Géométrie, Leyden 1637. Deutsche Übersetzung von *L. Schlesinger*, Berlin 1894.

G. Desargues, Brouillon project d'une atteinte aux évènemens des rencontres d'un cone avec un plan, Paris 1639, in Oeuvres de Desargues réunies et analysées par *Poudra*, Bd. 1, Paris 1864.

J. Wallis, Tractatus de sectionibus conicis nova methodo expositis, 1655, abgedruckt in seinen Opera mathematica 1, Oxford 1699.

Ph. De la Hire, Sectiones conicae, Paris 1685 (Sect. con.).

G. F. De l'Hospital „Traité analytique des sections coniques", Paris 1720, verfasst vor 1704 (Sect. con.).

R. Simson, Sectionum conicarum libri quinque, Edinburg 1735, 2. Ausg. 1750; zitiert ist die 2. Ausg. unter der Abkürzung (Sect. con.).

L. Euler, Introductio in analysin infinitorum, Bd. 2, Lausanne 1748 (besonders Kapitel 5 und 6).

2. Neuere Litteratur.

a) Lehrbücher.

J. V. Poncelet, Traité des propriétés projectives des figures, Paris 1822; 2. Ausg. 2 Bde. Paris 1865—1866 (Traité).

A. F. Möbius, Der barycentrische Calcul, Leipzig 1827; auch in Bd. 1 der Ges. Werke, Leipzig 1885 (Baryc. Calcul).

J. Plücker, Analytisch-geometrische Entwickelungen, 3 Bde. Essen 1828—1831 (Anal. Entw.).

L. J. Magnus, Sammlung von Aufgaben und Lehrsätzen aus der analytischen Geometrie, Berlin 1833 (Aufg.).

J. Plücker, System der analytischen Geometrie, Berlin 1835 (System d. Geom.).

G. Salmon, A treatise on conic sections, Dublin 1848; 6. Aufl. London 1879.

C. Briot et *J. C. Bouquet,* Leçons de géométrie analytique, 2. Aufl. Paris 1851, 16. Aufl. 1897, revid. von *P. Appell.*

M. Chasles, Traité de géométrie supérieure, Paris 1852; 2. Aufl. 1880 (Géom. sup.).

Chr. Paulus, Grundlinien der neueren ebenen Geometrie, Stuttgart 1853.

W. Fiedler, Analytische Geometrie der Kegelschnitte, nach *G. Salmon* deutsch bearbeitet, Leipzig 1860; 3. Aufl. nach *G. Salmon* frei bearbeitet, Leipzig 1873; 5. Aufl. 2 Teile, Leipzig 1887—1888; 6. Aufl. 1. Teil 1898. Zitiert ist die 5. Aufl. unter der Abkürzung (*Salmon-Fiedler,* Kegelschn.).

N. M. Ferrers, An elementary treatise on trilinear coordinates, London 1861 (Tril. coord.).

O. Hesse, Vorlesungen aus der analytischen Geometrie der geraden Linie, des Punktes und des Kreises in der Ebene, 1. Aufl. Leipzig 1865; 3. Aufl. revid. von *S. Gundelfinger,* 1881.

M. Chasles, Traité des sections coniques, Paris 1865 (Sect. con.).

R. Rubini, Elementi die geometria analitica. Parte I, Geometria nel piano. Napoli 1865.

O. Hesse, Vier Vorlesungen aus der analytischen Geometrie, Leipzig 1866 = Zeitsch. Math. Phys. 11, p. 369—425 (4 Vorl.).

Th. Reye, Die Geometrie der Lage, 1. Abt. Hannover 1866; 4. Aufl. Leipzig 1899 (Geom. d. Lage).

H. Pfaff, Neuere Geometrie, 2 Teile, Erlangen 1867.

J. Steiner, Vorlesungen über synthetische Geometrie. 1. Teil: Die Theorie der Kegelschnitte in elementarer Darstellung, bearb. von *C. F. Geiser,* Leipzig 1867, 3. Aufl. 1887 (*Steiner-Geiser*); 2. Teil: Die Theorie der Kegelschnitte gestützt auf projektive Eigenschaften, bearb. von *H. Schröter,* Leipzig 1867, 3. Aufl. durchgesehen von *R. Sturm* 1898 (*Steiner-Schröter*).

L. Cremona, Elementi di geometria proiettiva, Roma 1873, in's Deutsche übertragen von *Fr. R. Trautvetter,* Stuttgart 1882.

O. Hesse, Sieben Vorlesungen aus der analytischen Geometrie der Kegelschnitte, Leipzig 1874 = Zeitsch. Math. Phys. 19, p. 1—52 (7 Vorl.).

H. Hankel, Vorlesungen über die Elemente der projektivischen Geometrie, Leipzig 1875.

S. A. Renshaw, The cone and its sections treated geometrically, London 1875.

A. Clebsch, Vorlesungen über Geometrie, bearb. und herausg. von *F. Lindemann,* Bd. 1, Leipzig 1876 (Vorl.); in's Französ. übers. von *Ad. Benoist,* 3 Bde. Paris 1879—1883.

R. Baltzer, Analytische Geometrie, Leipzig 1882.

H. Picquet, Traité de géométrie analytique, 1. partie, Paris 1882.

T. H. Eagles, Constructive geometry of plane curves, London 1885.

J. Casey, A treatise on the analytical geometry of the point, line, circle and conic sections, Dublin 1885, 2. Aufl. 1893.

K. Bobek, Einleitung in die projektivische Geometrie der Ebene, Leipzig 1889, 2. Ausg. 1897.

S. Gundelfinger, Vorlesungen aus der analytischen Geometrie der Kegelschnitte, herausg. von *F. Dingeldey,* Leipzig 1895 (*Gundelfinger,* Vorl.).

E. d'Ovidio, Geometria analitica, Torino 1896.

F. Enriques, Lezioni di geometria proiettiva, Bologna 1898.

R. Böger, Ebene Geometrie der Lage, Leipzig 1900. Sammlung Schubert, VII.

W. Killing, Lehrbuch der analytischen Geometrie in homogenen Koordinaten. 1. Teil: Die ebene Geometrie. Paderborn 1900.

b) Sonstige Schriften.

L. N. M. Carnot, Géométrie de position, Paris 1803 (Géom. de pos.).

C. J. Brianchon, Mémoire sur les lignes du second ordre, Paris 1817.

G. Lamé, Examen des différentes méthodes employées pour résoudre les problèmes de géométrie, Paris 1818.

J. Steiner, Systematische Entwicklung der Abhängigkeit geometrischer Gestalten von einander, Berlin 1833, auch in Bd. 1 der ges. Werke und Nr. 82—83 von *Ostwald's* Klass. (Syst. Entw.).

M. Chasles, Aperçu historique sur l'origine et le développement des méthodes en géométrie, in den Mém. couron. par l'acad. de Bruxelles, Bd. 11, Brüssel 1837; 2. Ausg. Paris 1875; 3. Ausg. 1889. — Aus dem Französischen übertragen durch *L. A. Sohncke.* Halle 1839.

Chr. v. Staudt, Geometrie der Lage, Nürnberg 1847. — Beiträge zur Geometrie der Lage, 3 Hefte, Nürnberg 1856—1860.

J. V. Poncelet, Applications d'analyse et de géométrie, 2 Bde. Paris 1862—1864 (Appl. d'anal.).

P. Serret, Géométrie de direction, Paris 1869.

H. Picquet, Étude géométrique des systèmes ponctuels et tangentiels de sections coniques, Paris 1872 (Étude géom.).

H. G. Zeuthen, Die Lehre von den Kegelschnitten im Altertum, deutsch von *Fischer-Benzon,* Kopenhagen 1886 (Kegelschn.).

E. Kötter, Die Entwickelung der synthetischen Geometrie, Leipzig 1899—1901, in Bd. 5 der Jahresberichte der Deutschen Math.-Vereinigung (Bericht).

M. Cantor, Vorlesungen über Geschichte der Mathematik, 1. Bd. 2. Aufl. Leipzig 1894; 2. Bd. 2. Aufl. Leipzig 1900; 3. Bd. Leipzig 1898, 2. Aufl. 1901 (Gesch. d. Math.).

Eingeklammerte Bezeichnungen bedeuten die bei häufiger wiederkehrenden Zitaten gewählten Abkürzungen.

I. Der Kegelschnitt als Einzelgebilde.

A. Elementare Erzeugungsweisen und Eigenschaften.

1. Schnitt von Kegel und Ebene. Wie der Name andeutet, werden die Kegelschnitte erzeugt durch Schnitt eines Kegels mit Ebenen, und zwar wurde ursprünglich die Schnittebene *rechtwinklig* zu einer Seitenlinie eines *geraden Kreiskegels* gelegt. Je nachdem der Winkel zwischen Axe und Seitenlinie dieses Kegels kleiner, gleich oder grösser als ein halber Rechter war, unterschied man Schnitte des spitzwinkligen, rechtwinkligen, stumpfwinkligen Kegels oder, wie wir heute sagen, Ellipsen, Parabeln, Hyperbeln[1]). Die Erzeugung der Ellipse durch Ebenen, die alle Seitenlinien eines geraden Kreiskegels (im Sinne der elementaren Stereometrie, nicht Doppelkegels) oder Cylinders im Endlichen schneiden, im übrigen beliebig liegen, war bereits *Euklid* (um 300 v. Chr.) und *Archimedes* (287—212 v. Chr.) bekannt[2]), und es ist anzunehmen, dass die Art, wie man zu dieser Erkenntnis gelangt war, eine sofort ersichtliche Erweiterung für die Erzeugung von Parabel und Hyperbel zuliess. Jedenfalls hat aber erst *Apollonius* (um 225 v. Chr.) die Erzeugung der drei Kurven durch Schnitte schiefer Kegel von kreisförmiger Basis zum Ausgangspunkt geometrischer Untersuchungen genommen[3]). Auch erkannte *Apollonius* die Eigenschaften der Kegelschnitte, die durch ihre „Scheitelgleichungen" ausgedrückt werden und Anlass zur Wahl der Namen Ellipse, Parabel, Hyperbel gaben[4]).

---

1) Vielfach, von den Alten fast stets, wird *Menächmus* (um 350 v. Chr.), ein Schüler Platons, als Entdecker der Kegelschnitte bezeichnet. Mit Sicherheit dürfte die Richtigkeit dieser Angabe kaum mehr zu entscheiden sein; jedenfalls findet sich bei *Eratosthenes* (275—194 v. Chr.) für die drei Kegelschnitte der Name „Triaden des Menächmus". Ein besonderes Werk über Kegelschnitte schrieb *Menächmus* vermutlich nicht; nach Angabe von *Pappus* (um 300 n. Chr.) hat vielmehr zuerst *Aristäus der Ältere* um 320 v. Chr. ein Werk über Kegelschnitte herausgegeben.

2) *Archimedes*' Schrift über Konoide und Sphäroide, in „Opera omnia", ed. *J. L. Heiberg,* Bd. 1, Leipzig 1880, p. 288 = Deutsche Übersetzung von *E. Nizze,* Stralsund 1824, p. 154; *Euklides*' Phaenomena.

3) Werk über Kegelschnitte, Buch 1, § 11—14; Buch 6, § 28—33. Vgl. auch *H. G. Zeuthen,* Kegelschnitte, p. 39—42.

4) Es möge dies beim geraden Kreiskegel für den Fall der Ellipse näher erläutert werden. Eine durch die Kegelaxe gelegte Ebene δ bestimmt durch ihren Schnitt mit dem Kegel k und dessen Basis ein Axendreieck SKL (Fig. 1). Legt man nun durch k eine Ebene ε rechtwinklig zu δ, so sind die verschiedenen Arten der Schnittkurve durch den Winkel zwischen ε und der Seite des

2. Konstante Summe oder Differenz der Abstände von zwei festen Punkten. Auf andere Weise gelangt man zu Ellipse und

---

Axendreiecks bedingt. Die Ebene ε möge SK und SL im Endlichen treffen und die Schnittkurve ganz auf dem einen Kegelmantel liegen. Ist dann P irgend ein Punkt dieser Kurve, MPN der durch ihn gelegte Kreis des Kegels, so ist $RP^2 = MR \cdot RN$, $R'P'^2 = KR' \cdot R'L$ und $RP^2 : R'P'^2 = \frac{MR}{KR'} \cdot \frac{RN}{R'L}$ $= \frac{A'R}{A'R'} \cdot \frac{RA}{R'A}$, somit $RP^2 : A'R \cdot RA = R'P'^2 : A'R' \cdot R'A$, also konstant, etwa gleich $\varkappa^2$. Denken wir uns in ε ein Koordinatensystem mit AA' als positiver x-Axe, einer durch A rechtwinklig zu AA' gezogenen Geraden als y-Axe, so ist $RA = x$, $PR = y$ und $y^2 : x = \varkappa^2 (A'A - x)$, und wenn man $A'A = 2a$, $\varkappa^2 \cdot A'A = p$ setzt, wird $y^2 = px - \frac{p}{2a} x^2$ die Gleichung der Schnittkurve, einer Ellipse. Schneidet die Ebene ε beide Mäntel des Kegels, so ist die Schnittkurve eine Hyperbel, ihre Gleichung wird $y^2 = px + \frac{p}{2a} x^2$; aus der Lage von ε erkennt man, dass diese Kurve aus zwei sich ins Unendliche erstreckenden Ästen besteht und zwei unendlich ferne Punkte hat. Ist ε zu einer Seite des Axendreiecks SKL parallel, so ist die Schnittkurve eine Parabel, ihre Gleichung wird $y^2 = px$. Sie bildet den Übergang von Ellipse zu Hyperbel. Je nachdem der Fall der Ellipse oder Hyperbel vorliegt, müsste ein Rechteck, das mit y^2 inhaltsgleich sein soll und dessen eine Seite x ist, zur anstossenden Seite eine Strecke haben, die kleiner bezw. grösser als p ist; beim messenden Vergleichen dieser zweiten Seite mit p würde im Fall der Ellipse ein Stück von p *übrig gelassen werden,* während bei der Hyperbel diese zweite Seite *über p hinausreichen* würde. Im Fall der Parabel würde die zweite Seite des entsprechenden Rechtecks mit p übereinstimmen, das Rechteck genau an p *anliegen.* Nach den griechischen Worten ἐλλείπειν übrig lassen, ὑπερβάλλειν darüber hinausreichen, παραβάλλειν anlegen haben die drei Kegelschnitte ihre Namen erhalten. Vgl. *Apollonius,* Buch 1, § 11—14. Hier finden sich Sätze und Formeln, die dasselbe aussagen, wie die obigen drei Gleichungen. Später finden sich diese 1637 in *R. Descartes'* Géométrie (p. 30 und 43 der deutschen Übersetzung von *L. Schlesinger,* Berlin 1894; dann 1655 bei *J. Wallis,* „De sectionibus conicis" (in seinen Opera mathematica, 1, Oxoniae 1699, p. 310, 315, 318, sowie 321, 326, 336). Der Name Ellipse findet sich auch bei *Archimedes,* vermutlich aber nur als spätere Einschaltung der Herausgeber. Über die Behandlung der Kegelschnitte bei den alten griechischen Mathematikern vgl. z. B.

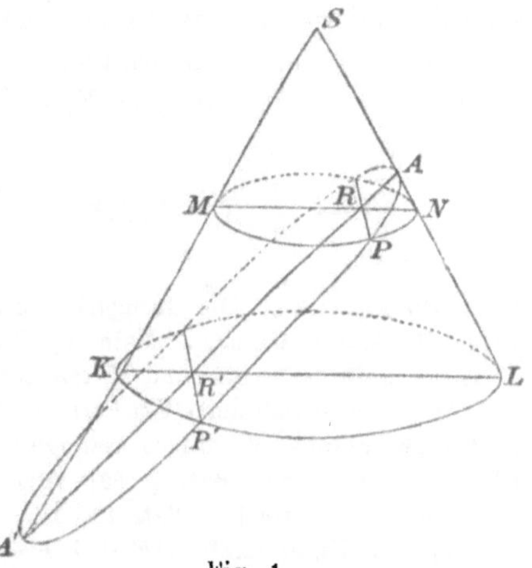

Fig. 1.

Hyperbel bei Beantwortung der Frage nach dem geometrischen Ort aller Punkte P, für die entweder (Fall α) die Summe oder (Fall β) die Differenz der Entfernungen von zwei festen Punkten F_1 und F, den sogenannten *Brennpunkten,* konstant, etwa gleich $2a$ ist. Wählt man die Gerade F_1F als x-Axe, die Mitte O von F_1F als Koordinatenanfang eines rechtwinkligen Cartesischen Systems und ist $F_1F = 2c$, so hat man:

$$(1) \qquad \sqrt{(x+c)^2+y^2} \pm \sqrt{(x-c)^2+y^2} = 2a,$$

wo $\pm$ den Fällen α bezw. β entspricht. Nach zweimaligem Quadrieren folgt für beide Fälle $x^2(a^2-c^2)+y^2a^2-a^2(a^2-c^2)=0$. Bei konstanter Summe $2a = PF_1 + PF$ muss nun notwendig $2a > 2c$, also $a^2 - c^2$ positiv, etwa $= b^2$, sein, bei konstanter Differenz ist $a < c$, man setzt $c^2 - a^2 = b^2$; die Gleichung des Ortes wird daher:

$$(2) \qquad \frac{x^2}{a^2} \pm \frac{y^2}{b^2} = 1,$$

wo $\pm$ den Fällen α bezw. β entspricht [5]). Die Kurve ist ein Kegelschnitt, und zwar eine Ellipse (α) oder Hyperbel (β) [6]); verschiebt man nämlich die y-Axe parallel zu sich selbst bei α durch die Transformation $x = X - a$, $y = Y$, bei β durch $x = X + a$, $y = Y$, so erhält man aus (2):

$$(3^\alpha) \quad Y^2 = \frac{2b^2}{a}X - \frac{b^2}{a^2}X^2, \qquad (3^\beta) \quad Y^2 = \frac{2b^2}{a}X + \frac{b^2}{a^2}X^2,$$

C. A. Bretschneider, „Die Geometrie und die Geometer vor Euklides", Leipzig 1870; *M. Cantor,* Gesch. d. Math. 1; *Zeuthen,* Kegelschn. und „Geschichte der Mathematik im Altertum und Mittelalter", Kopenhagen 1896.

5) In wesentlich derselben Form wohl zuerst im 17. Jahrh. bei *P. de Fermat,* „Ad locos planos et solidos isagoge" = Oeuvres publ. par *P. Tannery* et *Ch. Henry,* 1, Paris 1891, p. 99; vgl. auch *J. de Witt,* „Elementa curvarum linearum" (1659), Buch 2, Satz 12—14.

6) Die Eigenschaft $PF_1 \pm PF = 2a$ findet sich schon bei *Apollonius* (Buch 3, § 52 und 51). Auf sie gründet sich bei der Ellipse eine Fadenkonstruktion (Gärtnerkonstruktion). Wird nämlich ein mit seinen Enden in F_1 und F etwa durch Nadeln befestigter Faden von der Länge $2a$ durch den Zeichenstift gespannt erhalten, so beschreibt dieser eine Ellipse. Die älteste Nachricht über diese Erzeugung stammt aus dem 9. Jahrhundert, und zwar von *Alhasan,* dem jüngsten der sogenannten *drei Brüder* (*Mohammed, Hamed, Alhasan*), Söhne des *Musa Ibn Schakir.* Vgl. *Cantor,* Gesch. d. Math. 1, p. 690; *A. von Braunmühl* im Katalog math. Modelle, hrsg. von *W. v. Dyck,* München 1892, p. 59. Es ist aber wohl anzunehmen, dass diese Erzeugung noch älter ist. Besser benutzt man einen geschlossenen Faden von der Länge $2c + 2a$, den man um die Nadeln herumlegt und gespannt erhält. Eine Verallgemeinerung dieser Konstruktion wird in Nr. **69** erwähnt.

somit genau die oben Fussn. 4 erwähnten Gleichungen, nur wäre noch $\frac{2b^2}{a}$ zu ersetzen durch p.

3. Diskussion der Gleichungen für Ellipse und Hyperbel. Beide Kurven sind, wie (2) zeigt, zu den Koordinatenaxen symmetrisch; jede durch O gelegte Sehne wird als Durchmesser der Kurve bezeichnet und hat in O ihre Mitte, O selbst heisst Mittelpunkt der Kurve. Die nach y aufgelöste Gleichung der *Ellipse*:

$$(4) \qquad y = \pm \frac{b}{a} \sqrt{a^2 - x^2}$$

zeigt, dass y nur für $-a \leqq x \leqq +a$ reelle Werte annimmt. Für $x = 0$ wird $y = \pm b$, die Verbindungslinie dieser beiden Punkte B, B_1 (Fig. 2) heisst die kleine Axe oder Nebenaxe; für $y = 0$ wird $x = \pm a$, die Verbindungslinie AA_1 der zugehörigen Punkte heisst die grosse Axe oder Hauptaxe der Ellipse. Die Endpunkte der Axen nennt man Scheitel [III D 1, 2, p. 30].. Die Halbierungslinie des Winkels F_1PF ist, wie leicht zu zeigen, eine Normale der Kurve, die Halbierungslinie des Nebenwinkels eine Tangente [III D 1, 2 Nr. 4]. Befindet sich in F oder F_1 eine Lichtquelle, so laufen alle von da ausgehenden und durch die Kurve reflektierten Strahlen in dem anderen der beiden Punkte zusammen. Auf Grund dieser optischen Eigenschaft werden F und F_1 die Brennpunkte[7]) der Ellipse genannt, die Geraden FP und F_1P Brennstrahlen. Der Abstand c eines der beiden Brennpunkte vom Mittelpunkt ist die lineare, das Verhältnis $c:a$ die numerische Exzentrizität[8]). Die Grösse $p = \frac{2b^2}{a}$ $\left(\text{oft auch } p = \frac{b^2}{a}\right)$ nennt man Parameter[9]), ihre Hälfte Semiparameter; geometrisch ist p die Länge der Sehne,

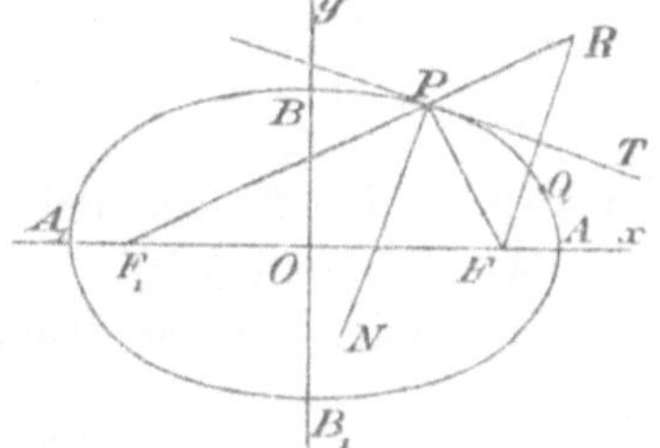

Fig. 2.

7) Der Name Focus (Brennpunkt) scheint zuerst bei *J. Kepler* aufzutreten („Ad Vitellionem Paralipomena, quibus astronomiae pars optica traditur", Frankfurt 1604, in den von *Ch. Frisch* herausgegebenen Opera omnia 2, Frankfurt u. Erlangen 1859, p. 186). Bei *G. Desargues,* Oeuvres 1, p. 210 heissen diese Punkte nombrils (umbilici), points brulans, foyers.

8) Nach *Kepler,* „Astronomia nova", 1609.

9) Bei lateinischen Autoren latus rectum. Das Wort Parameter findet sich schon 1639 bei *Desargues,* wahrscheinlich ist diese Bezeichnung noch etwas älter. *F. van Schooten* bemerkt nämlich p. 208 in seiner 1659 zu Frankfurt a. M. erschienenen Ausgabe von *Descartes'* Geometrie, *Cl. Mydorge,* der 1631 ein

die man durch F oder F_1 rechtwinklig zur Axe zieht. Die Form $x^2 + \frac{y^2}{b^2 : a^2} = a^2$ der Ellipsengleichung zeigt, dass die Kurve aus dem Kreis $x^2 + y^2 = a^2$ konstruiert werden kann, indem man die Abscissen seiner Punkte unverändert lässt, die Ordinaten im Verhältnis $b : a$ verkleinert[10]); beide Kurven sind affin verwandt [III A 6]. Auch die Darstellung $x = a \cos t$, $y = b \sin t$, wo t die exzentrische Anomalie[11]) ist, drückt im wesentlichen dasselbe aus. Auf sie gründet sich eine aus Fig. 3 ersichtliche Konstruktion von Punkten P der Ellipse mit Hülfe zweier konzentrischer Kreise von den Radien a und b.[12])

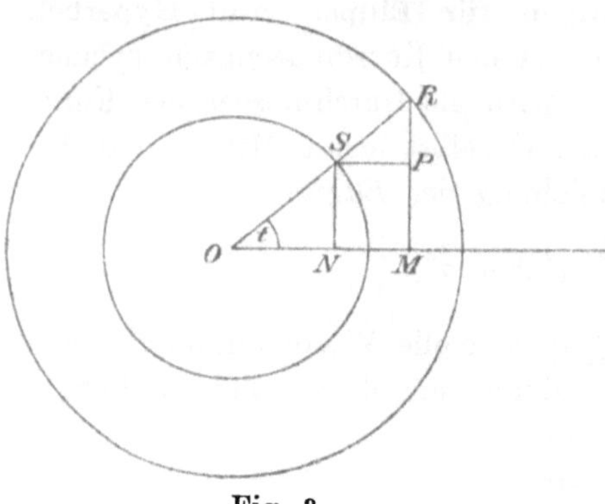

Fig. 3.

Die Gleichung der *Hyperbel*:

$$y = \pm \frac{b}{a} \sqrt{x^2 - a^2} \tag{5}$$

zeigt, dass $y = 0$ wird für $x = \pm a$; die zugehörigen Punkte heissen die Scheitel, ihre Verbindungslinie ist die Hauptaxe. Der zu ihr rechtwinklige Durchmesser (Nebenaxe) trifft die Kurve in imaginären Punkten, wie überhaupt y imaginär wird, sobald $|x| < a$. Wird $|x| > a$, so wächst auch y und wird schliesslich unendlich gross. Bei Einführung von Polarkoordinaten lautet die Kurvengleichung:

$$\varrho = \frac{ab}{\sqrt{b^2 \cos^2 \vartheta - a^2 \sin^2 \vartheta}}, \tag{6}$$

Buch über Kegelschnitte herausgab, habe die Grösse p Parameter genannt. Allgemein ist bei Mittelpunktskegelschnitten der zu einem beliebigen Durchmesser $2a_1$ gehörige Parameter die Grösse, mit der $2a_1$ zu multiplizieren ist, um das Quadrat des konjugierten Durchmessers $2b_1$ (Nr. 11) zu erhalten; bei der Parabel ist der einem beliebigen Durchmesser zugehörige Parameter gleich dem vierfachen Abstand der Direktrix (Nr. 4) vom Scheitel dieses Durchmessers.

10) Diese Thatsache war wohl schon *Archimedes* bekannt (Konoide und Sphäroide, Satz 5 = Opera omnia, ed. *J. L. Heiberg,* 1, Leipzig 1880, p. 308 = Deutsche Übersetzung von *E. Nizze,* Stralsund 1824, p. 160).

11) Bei *Kepler* anomalia eccentri („Astronomia nova", 1609, vgl. Bd. 3, p. 394 und 408 der schon zitierten [7]) Ausgabe von *Frisch,* sowie in den Anmerkungen des Herausgebers ebenda den Schluss von p. 503.

12) *Ph. De la Hire,* Sect. con. Buch 9, prop. 4, p. 199.

und man erkennt, dass reelle Radienvektoren nur vorhanden sind, so lange $\mathrm{tg}^2\vartheta \leqq \frac{b^2}{a^2}$; für $\mathrm{tg}\vartheta = \pm \frac{b}{a}$ wird $\varrho = \infty$; die entsprechenden zu den Axen symmetrischen Geraden, denen sich die Kurve unbegrenzt nähert, treffen die Kurve in je zwei zusammenfallenden Punkten im Unendlichen und heissen *Asymptoten* [III D 1, 2 Nr. 8] der Hyperbel[13]) (Fig. 4). Die Punkte F und F_1 heissen wieder Brennpunkte, und die von F oder F_1 ausgehenden Lichtstrahlen zeigen ein ähnliches optisches Verhalten wie bei der Ellipse. Parameter, lineare und numerische Exzentrizität sind bei Hyperbel und Ellipse in gleicher Weise definiert, doch ist jetzt $c^2 = a^2 + b^2$. Werden die Asymptoten als (im allgemeinen schiefwinklige) Koordinatenaxen zu Grunde gelegt, so wird die Gleichung der Kurve[14]):

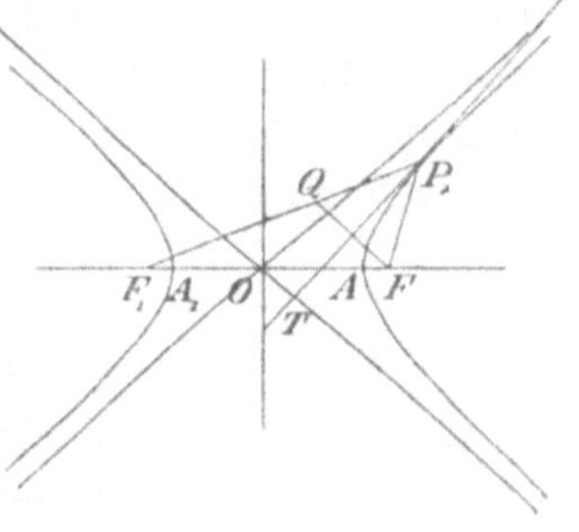

Fig. 4.

$$xy = \frac{a^2 + b^2}{4}. \tag{7}$$

Aus ihr folgt, dass, wenn man durch irgend einen Punkt der Hyperbel Parallelen zu den Asymptoten zieht, das so entstehende Parallelogramm konstanten Inhalt hat[15]).

Im Falle $a = b$ wird $\mathrm{tg}\vartheta = \pm 1$, der Winkel, den die Asymptoten einschliessen, ist dann ein Rechter, die Kurve heisst *gleichseitige* oder *rechtwinklige* Hyperbel[16]).

Eine Konstruktion beliebig vieler Punkte der durch a und b gegebenen Hyperbel gründet sich auf die Darstellung[17]) $x = \frac{a}{\cos t}$, $y = b\,\mathrm{tg}\,t$.

13) So schon bei *Apollonius* Buch 2, § 1.

14) In wesentlich derselben Form wohl zuerst bei *P. de Fermat*, „Ad locos planos et solidos isagoge" = Oeuvres publ. par Tannery et Henry 1, p. 93 f.; vgl. auch *J. de Witt*, „Elementa curvarum linearum" (1659) Buch 2, Satz 11.

15) Dies war wohl schon *Menächmus* bekannt (*Cantor*, Gesch. d. Math. 1, p. 218); bei *Apollonius*[56]) findet sich ein noch allgemeinerer Satz.

16) Der Ausdruck rührt wohl daher, dass für diese Kurve die beiden latera, nämlich latus rectum $p = \frac{2b^2}{a}$ und Hauptaxe (latus transversum $2a$) einander gleich sind; überhaupt sind hier alle Kurvendurchmesser den ihnen zugehörigen Parametern gleich. Vgl. *Apollonius* Buch 7, § 23 und *De la Hire*, „Les lieux géométriques", Paris 1679, p. 218; sect. con. p. 95.

17) *E. R. Turner*, Cambr. Dubl. m. J. 1 (1846), p. 123, wo auch geometrische Deutung der Darstellung. Ohne solche Deutung schon bei *A. M. Legendre*, Par. Hist. acad. 1786 (gedruckt 1788), p. 617 und 634.

4. Definition der Kegelschnitte durch Brennpunkt und Leitlinie. Diskussion der Parabel. Eine andere schon den Alten bekannte Erzeugung der Kegelschnitte fasst diese Kurven als Orte von Punkten auf, für die das Verhältnis der Abstände von einem festen Punkt F (Brennpunkt) und einer festen Geraden g (Leitlinie, Direktrix) konstant, etwa gleich λ ist. Je nachdem $\lambda <, =, > 1$, ist der Ort eine Ellipse, Parabel, Hyperbel[18]). Aus Symmetriegründen giebt es 2 Punkte F, zu deren jedem eine Direktrix gehört. Man erkennt leicht, dass die Direktrix zur Hauptaxe rechtwinklig und dass λ die numerische Exzentrizität ist. Bezeichnet d die Entfernung der Direktrix vom Mittelpunkt der Kurve, so besteht, wie man leicht findet, die Beziehung $cd = a^2$, und da bei der Ellipse $a > c$, bei der Hyperbel $a < c$, so ist dementsprechend auch $d > a$ oder $d < a$. Die Parabel kann als eine Ellipse oder Hyperbel betrachtet werden, deren Mittelpunkt im Unendlichen liegt; für sie sind a, c, d unendlich gross. Der Scheitel S der Parabel (Fig. 5) liegt auf der Axe in der Mitte zwischen F und dem Schnittpunkt G der Axe mit g; dabei ist $4SF = p$, unter p den Parameter der Kurve verstanden. Bei Ellipse und Hyperbel giebt es zu jedem Brennpunkt eine Direktrix, bei der Parabel liegt der zweite Brennpunkt auf der Axe im Unendlichen, seine Direktrix fällt mit der unendlich fernen Geraden zusammen, die überdies die Kurve berührt.

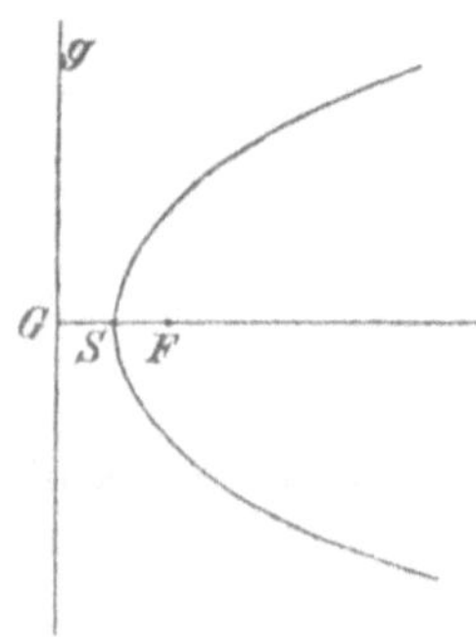

Fig. 5.

5. Sätze von Dupin und Dandelin. Eine Konstruktion für die Spitzen der geraden Kreiskegel, auf denen ein gegebener Kegelschnitt k liegt, hat schon *Apollonius*[19]) gegeben. Erst *Ch. Dupin* bemerkte, dass der Ort dieser Spitzen ein Kegelschnitt k_1 ist, der die Brennpunkte von k zu Scheiteln, die Scheitel der Hauptaxe zu Brennpunkten hat und dass die Ebenen von k und k_1 zueinander rechtwinklig sind, überhaupt das Verhalten beider Kurven ein gegenseitiges

18) Diese Erzeugungsweise kannte wahrscheinlich schon *Euklid* (vgl. *Zeuthen,* Kegelschn., p. 367 f.); wirklich erwähnt wird sie von *Pappus,* Collectio Buch 7, prop. 235 und 238, ed. *F. Hultsch* 2, Berlin 1877, p. 1004—1007, 1012—1015. Vgl. auch Nr. **30**. Bei *Apollonius* findet sich kein Satz über den Brennpunkt der Parabel, doch war ihm jedenfalls obige Erzeugungsweise bekannt. Eine als Direktrix bezeichnete Gerade findet sich mit ganz anderer geom. Bedeutung bei *De la Hire,* Sect. con. p. 15; in der heute üblichen Deutung gebraucht *De l'Hospital,* Sect. con., p. 2 das Wort bei der Parabel.

19) Buch 1, § 52—54.

ist[20]). Die Bestimmung der Brennpunkte der aus einem geraden Kegel durch eine Ebene ε ausgeschnittenen Kurve k erfolgt durch einen Satz von *G. P. Dandelin*[21]). Die Schnittebene ε wird nämlich von zwei der unendlich vielen dem Kegel eingeschriebenen Kugeln berührt, die Berührungspunkte sind die Brennpunkte von k. Die Schnittgeraden von ε mit den Ebenen der zwei Kreise, längs deren die Kugeln den Kegel berühren, sind die Leitlinien von k. *Jakob I Bernoulli*[22]) gab eine sehr einfache Konstruktion für die Länge des Parameters.

Es sei noch erwähnt, dass *S. A. Renshaw*[22a]) die wichtigsten Sätze über ebene Schnitte eines schiefwinkligen Kegels von kreisförmiger Basis mit Hülfe einfacher Sätze der Elementargeometrie abgeleitet hat.

B. Allgemeine Theorie der Kegelschnitte.

6. Erzeugnis projektiver Strahlenbüschel oder Punktreihen. Die neuere synthetische Geometrie betrachtet den Kegelschnitt seit *J. Steiner* und *M. Chasles* in erster Linie als Ort der Schnittpunkte entsprechender Strahlen zweier projektiver Strahlenbüschel bezw. als Hüllkurve der Verbindungslinien entsprechender Punkte zweier projektiver Punktreihen (III A 5). Den Nachweis, dass sich ein und derselbe nicht zerfallende Kegelschnitt auf beide Arten erzeugen lässt, führt *Steiner* ursprünglich, indem er mit Hülfe elementarer Sätze diese Erzeugungsweise für den Kreis beweist; durch Projektion überträgt er sie alsdann auf den Kegelschnitt[23]). *Chasles* zeigt[24]), dass

20) *J. N. P. Hachette* giebt bereits 1804 (Corr. de l'éc. pol. 1, p. 22—25) *Dupin* als Entdecker des Satzes an. Vgl. noch *Dupin*, Corr. de l'éc. polyt. 2 (1813), p. 424; *A. Quetelet*, Bruxelles nouv. mém. 2 (1820), p. 151; *J. Steiner*, J. f. Math. 1 (1825), p. 47 f. = Werke 1, p. 11; *C. G. J. Jacobi*, J. f. Math. 12 (1834), p. 138 = Werke 7, p. 8.

21) Bruxelles nouv. mém. 2 (1822), p. 172 f. Die Konstruktion der Brennpunkte eines ebenen Schnittes beim schiefen Kegel gab *J. Walker*, Cambr. Dubl. m. J. 7 (1851), p. 19. *Dandelin* erweiterte den Satz auch für die Schnitte des einschaligen Rotationshyperboloids, Ann. de math. 15 (1825), p. 390 f.; Bruxelles nouv. mém. 3 (1826), p. 3—8, und *M. Chasles* für die Schnitte beliebiger Rotationsflächen 2. Ordnung (Ann. de math. 19 (1828), p. 167, noch allgemeiner im „Rapport sur les progrès de la géom.", Par. 1870, p. 74). Näheres über den Gegenstand bei *E. Kötter*, Bericht, p. 57—64.

22) Acta Erud., Leipzig 1689, p. 586 f.

22a) „The cone and its sections treated geometrically", London 1875.

23) Syst. Entw. § 37—38 = Werke 1, p. 329—333 = Ostwald's Klass. Nr. 83, *Steiner-Schröter*, Vorl. § 20—26. Übrigens findet sich eigentlich schon bei *Apollonius*, Buch 3, § 54—56 eine Erzeugung durch projektive Strahlenbüschel, und auch *De l'Hospital*, Sect. con. Nr. 163 konstruiert Punkte eines Kegelschnitts

man bei jeder von beiden Erzeugungsweisen ein Gebilde erhält, das die Projektion eines Kreises ist, und zwar führt er diesen Beweis mit Hülfe eines Satzes von *J. V. Poncelet*[25]), demzufolge ein Kegelschnitt k und eine ihn nicht schneidende Gerade seiner Ebene stets so projiziert werden können, dass die Gerade ins Unendliche fällt und k ein Kreis wird.

In seinen Vorlesungen hat *Steiner* die Identität des Erzeugnisses zweier projektiver Punktreihen resp. Strahlenbüschel mit Hülfe des Satzes bewiesen, dass die auf einer beliebig aber fest gewählten Tangente t des Kegelschnitts k durch beliebige andere Tangenten ausgeschnittene Punktreihe projektiv ist zu dem Strahlenbüschel, das den Berührungspunkt von t mit den Berührungspunkten der anderen Tangenten verbindet[26]).

Der Kegelschnitt k wird von jeder Geraden g der Ebene in zwei reellen oder imaginären Punkten getroffen, denn die erzeugenden projektiven Büschel b, b_1 schneiden auf g zwei projektive Punktreihen aus, und diese besitzen zwei reelle oder imaginäre Doppelpunkte (III A 5), in denen sich entsprechende Strahlen beider Büschel schneiden; k ist daher von der zweiten Ordnung[27]). Die Mittelpunkte S, S_1 von b und b_1 gehören dem Orte k an, sind aber keineswegs ausgezeichnete Punkte von k, vielmehr kann man irgend zwei Schnittpunkte entsprechender Strahlen von b und b_1 als Mittelpunkte erzeugender Büschel wählen. Werden daher irgend zwei Punkte auf k mit allen übrigen durch Strahlenpaare verbunden, so entstehen zwei projektive Büschel, deren entsprechende Elemente sich auf k schneiden, oder

---

als Schnittpunkte entsprechender Strahlen zweier spezieller Büschel (spätestens 1704 gefunden). Bezüglich *Apollonius* vgl. noch *Zeuthen,* Kegelschn., p. 123ff.

24) Géom. sup., p. 396 und 400 f. Vgl. ferner *E. Dewulf,* Giorn. di mat. 13 (1875), p. 168 f. Übrigens hat *Chasles* schon 1829 (Corresp. math. publ. par *A. Quetelet* 5, p. 294) die folgenden 2 Sätze bewiesen: Der Ort aller Punkte, deren Verbindungslinien mit 4 festen Punkten jedesmal eine harmonische Strahlengruppe bilden, ist ein Kegelschnitt, der durch die 4 festen Punkte geht, und: Eine bewegliche Gerade, die 4 feste Geraden stets in einer harmonischen Punktgruppe trifft, umhüllt einen die festen Geraden berührenden Kegelschnitt. Vgl. auch *Chr. v. Staudt*, „Über die Kurven 2. Ordnung", Progr. Nürnberg 1831, p. 11.

25) Traité, Nr. 109 f.

26) Für den analytischen Nachweis der projektiven Erzeugung sei auf *O. Hesse*, 4 Vorl., p. 15 f. und 29 = Zeitsch. Math. Phys. 11, p. 383 f. und 397 verwiesen.

27) Der Ausdruck Kurve $n$ter Ordnung für eine ebene Kurve, die von irgend einer Geraden in n Punkten getroffen wird, rührt von *J. Newton* her, „Enumeratio linearum tertii ordinis", 1. Cap. (1706) = Opera hrsgg. von *S. Horsley,* 1, London 1729, p. 531.

anders ausgedrückt: Werden vier beliebig aber fest gewählte Punkte von k mit einem beliebigen fünften Punkte der Kurve verbunden, so ist das Doppelverhältnis δ dieser vier Strahlen konstant[28]); δ heisst auch das Doppelverhältnis jener vier Punkte. Man erkennt überdies, dass k im allgemeinen durch fünf Punkte bestimmt ist[29]); zwei derselben lassen sich als Mittelpunkte von b, b_1 wählen, die drei anderen als Schnittpunkte entsprechender Strahlen; durch die so erhaltenen drei Strahlenpaare ist die projektive Beziehung festgelegt.

Dual folgt, dass sich von jedem Punkt der Ebene an die Kurve k zwei reelle oder imaginäre Tangenten legen lassen, k ist von der zweiten Klasse[30]). Die Träger der zwei die Kurve erzeugenden projektiven Punktreihen sind Tangenten von k, aber keineswegs besonders ausgezeichnete. Durch die Schnittpunkte irgend zweier Tangenten t, t_1 von k mit allen übrigen werden auf t und t_1 zwei projektive Punktreihen gebildet, und die Verbindungslinien entsprechender Elemente sind Tangenten von k, oder anders ausgedrückt: Die Schnittpunkte von vier beliebig aber fest gewählten Tangenten der Kurve k mit einer beliebigen fünften Tangente haben konstantes Doppelverhältnis[31]), das auch als Doppelverhältnis der vier Tangenten bezeichnet wird. Durch fünf solche Geraden ist der Kegelschnitt im allgemeinen bestimmt[32]).

Es kann hier nicht näher gezeigt werden, wie Art und Gestalt des Kegelschnitts von der Lage und Beschaffenheit der erzeugenden Strahlenbüschel oder Punktreihen abhängen; wir verweisen vielmehr auf *Steiner*[33]).

28) *Steiner,* Syst. Entw. § 43.

29) Schon *Apollonius* scheint gewusst zu haben, dass ein Kegelschnitt im allgemeinen durch 5 Punkte bestimmt ist; vgl. *Zeuthen,* Kegelschn. 9. Abschnitt.

30) Der Ausdruck Kurve *n*ter Klasse für eine ebene Kurve, an die sich von irgend einem Punkte n Tangenten ziehen lassen, rührt von *J. D. Gergonne,* Ann. de math. 18 (1827), p. 151. Vermöge des Prinzipes der *Dualität* (Korrelation) entspricht jedem Satz, jeder Figur ein duales (korrelatives) Gegenbild. Im wesentlichen findet sich dieses Gesetz schon bei *Poncelet*[101]) in seiner Theorie der reziproken Polaren (vgl. Nr. 19 dieses Referats); *Gergonne,* Ann. de math. 16 (1826), p. 209—231 hat dasselbe in seiner ganzen Allgemeinheit ausgesprochen und als besonderes Prinzip aufgestellt. *J. Plücker* gab ihm durch Einführung der Linienkoordinaten algebraischen Ausdruck. Näheres bei *Kötter,* Bericht, p. 160—169. Vgl. auch III A 5; 6; III B 2.

31) *Steiner,* Syst. Entw. § 43; *Steiner-Schröter,* p. 90; *Hesse,* 4 Vorl., p. 29 = Zeitsch. Math. Phys. 11 (1866), p. 397.

32) Diese Thatsache war schon *B. Pascal* 1654 bekannt. Vgl. *Cantor,* Gesch. d. Math. 2, p. 680f.

33) Syst. Entw. § 36 und 40; *Steiner-Schröter,* § 24—26. Gewisse spezielle Fälle bei *A. Hirst,* Lond. math. soc. Proc. 2 (1869), p. 166—173. Besonders hervor-

7. Gleichung der C_2 in Punktkoordinaten. Bezogen auf irgend ein Koordinatendreieck mit beliebiger Lage des Einheitspunktes[34]) (III B 2) ist

$$(8) \qquad f(x, x) \equiv a_{11}x_1^2 + 2a_{12}x_1x_2 + a_{22}x_2^2 + 2a_{13}x_1x_3 + \\ + 2a_{23}x_2x_3 + a_{33}x_3^2 = 0$$

die allgemeine Gleichung einer Kurve zweiter Ordnung C_2; wir setzen hierbei die a_{ik} stets als reell voraus. Gemäss der Bestimmung der C_2 durch fünf ihrer Punkte enthält (8) fünf von einander *unabhängige* Koeffizienten[35]). Die Gleichung einer durch 5 gegebene Punkte a, b, c, d, e gehenden C_2 ergiebt sich als eine gleich Null gesetzte Determinante 6. Grades[36]) Δ, kann aber auch durch

gehoben sei noch, dass sich im Falle der Parabel die unendlich fernen Punkte der beiden Reihen entsprechen, die Reihen also ähnlich (III A 5) sein müssen; es werden daher irgend zwei Tangenten der Kurve von allen übrigen in ähnlichen Punktreihen getroffen, wie übrigens schon *Apollonius* (Buch 3, § 41) bekannt war. Vgl. auch *De la Hire,* Par. Mém. année 1702, p. 100—103, Paris 1720; *M. R. de Prony,* J. éc. polyt. cah. 10 (1810), p. 57 f. Da ferner bei zwei projektiven Punktreihen das Produkt der Abstände eines Paares entsprechender Punkte von den beiden Fluchtpunkten konstant ist, folgt, dass jede Hyperbeltangente mit den Asymptoten ein Dreieck von konstantem Inhalt einschliesst, wie man gleichfalls bei *Apollonius,* Buch 3, § 43 findet.

34) Eine auf solche allgemeinste projektive Dreieckskoordinaten gegründete Theorie der Kegelschnitte hat *S. Gundelfinger* (Vorl.) gegeben. — Dass (8) den Schnitt eines Kegels mit einer Ebene darstellt, ist bei analytischer Ableitung der in Nr. 6 gegebenen Resultate leicht einzusehen; für den Nachweis derselben Thatsache in der Nicht-*Euklidischen* Geometrie vgl. *J. Stringham,* London math. soc. Proc. 32 (1900), p. 308—311.

35) Schon bei *De l'Hospital,* Sect. con. Buch 7 haben die Koeffizienten der Glieder xy, x, y in der Gl. einer auf Parallelkoordinaten x, y bezogenen C_2 meist den Faktor 2, und *A. J. Hermann* (Comm. acad. Petrop. 4, p. 15—25 (1729, gedruckt 1735)) diskutiert die Gl. $\alpha y^2 + 2\beta xy + \gamma x^2 + 2\delta y + 2\varepsilon x + \varphi = 0$. Die von *Hesse,* J. f. Math. 28 (1844), p. 75 = Werke, p. 96 f. stammende Bezeichnung der Koeffizienten durch a_{ik} wurde später besonders von *S. Aronhold* verwertet. Da die allgemeine Gleichung der C_2 fünf von einander unabhängige Konstanten enthält, genügen alle C_2 der Ebene einer Differentialgleichung 5. Ordnung, die wohl *G. Monge* (Corresp. éc. polyt. 2 (1810), p. 51 f.) zuerst aufgestellt hat. Dieselbe lautet $9y''^2 \cdot y^{(V)} - 45y''y'''y^{(IV)} + 40y'''^3 = 0$. *G. H. Halphen* (Par. soc. math. Bull. 7 (1879), p. 83 ff.) zeigte, wie man diese Gleichung sehr rasch bilden kann und fügte Bemerkungen über ihre Integration hinzu.

36) *Hesse,* 7 Vorl., p. 2 f. = Zeitschr. Math. Phys. 19, p. 2 f. Schon *Bobillier,* Ann. de math. 18 (1828), p. 360 schrieb die Gl. einer durch die Schnittpunkte (A, B), (A', B), (A', B'), (B', A) von 4 Geraden A, A', B, B' gehenden C_2 in der Form $aA \cdot A' + bB \cdot B' = 0$. Ausgedrückt durch ein *Grassmann*'sches planimetrisches Produkt [III B 3] würde die Gleichung des Kegelschnitts (9) lauten $(xa \cdot bc)\,(xd \cdot ce)\,(db \cdot ae) = 0$ („Die lineale Ausdehnungslehre", Leipzig 1844, § 147 = Werke 1, p. 248).

(9) $$(ade)(bce)(abx)(cdx) - (abe)(cde)(adx)(bcx) = 0$$

dargestellt werden. Hierbei ist z. B. $(ade) = \sum \pm (a_1 d_2 e_3)$, wo a_1, a_2, a_3 die Koordinaten des Punktes a bedeuten. Es giebt offenbar 15 solche Darstellungen; ihren Zusammenhang unter sich und mit anderen Gleichungen der C_2 hat *E. Hunyady* genauer untersucht[37]).

8. Schnittpunkte einer Geraden mit der C_2. Pol und Polare. Zur Bestimmung der Schnittpunkte von (8) mit der Verbindungslinie zweier Punkte $x_1 : x_2 : x_3$ und $y_1 : y_2 : y_3$ setzt *F. Joachimsthal*[38]) die Koordinaten $y_i + \lambda x_i$ irgend eines Punktes dieser Geraden in (8) ein und erhält so:

(10) $$f(y,y) + 2\lambda f(y,x) + \lambda^2 f(x,x) = 0, \qquad \text{wobei:}$$

(11) $$f(x,y) = f(y,x) = \sum_1^3 \frac{1}{2} f'(y_i)\, x_i = \sum_1^3 \frac{1}{2} f'(x_i)\, y_i \qquad (a_{ik} = a_{ki}).$$

Bei Einführung des Doppelverhältnisses α des Punktepaares x, y zu dem Schnittpunktepaar, das (10) entsprechend den zwei Wurzeln λ liefert, verwandelt sich (10) in[39]):

(12) $$(\alpha + 1)^2 \{f^2(x,y) - f(x,x)\cdot f(y,y)\} - (\alpha - 1)^2 f^2(x,y) = 0,$$

eine Gleichung, die bei festem Punkte y eine C_2 darstellt, den Ort aller Punkte x, deren Verbindungslinien mit y die gegebene C_2 (8) in einem Punktepaar schneiden, das mit x und y ein vorgelegtes Doppelverhältnis α bildet. Für den Fall eines harmonischen Verhältnisses ($\alpha = -1$) erhält man doppelt zählend:

---

37) J. f. Math. 83 (1876), p. 79—85. Vgl. auch Fussnote 102, sowie *M. Reiss*, Math. Ann. 2 (1867), p. 396—408; *Scholtz*, Arch. Math. Phys. 62 (1868), p. 317—324; *F. Caspary*, J. f. Math. 92 (1880), p. 130—135; *Hunyady* ebenda (1881), p. 307—310; *E. Müller*, J. f. Math. 115 (1894), p. 234—247; *P. Gordan*, Deutsche M.-V. 4 (1895), p. 155—157; *E. Study*, Leipz. Ber. 47 (1895), p. 542. Auch *M. Pasch* zeigte, wie sich $\Delta = 0$ in (9) überführen lässt und wies das identische Verschwinden von Δ nach, wenn vier der Punkte auf einer Geraden liegen (J. f. Math. 89 (1879), p. 247 f.); in andrer Art hat *Hesse* diesen Nachweis geführt. Geometrisch gedeutet liefert (9) den als Theorema ad quattuor lineas bekannten Satz von *Pappus* (Ausg. von Hultsch, 2, p. 678): Wird einem Kegelschnitt ein Viereck eingeschrieben, so steht das Produkt der von einem Kurvenpunkt P auf zwei Gegenseiten gefällten Lote in konstantem Verhältnis zu dem Produkt der von P auf die anderen Gegenseiten gefällten Lote. Wahrscheinlich war der Satz schon *Apollonius* bekannt (vgl. *Chasles*, J. de math. 3 (1838), p. 103 f.). Allgemeiner bei *Descartes*, Géométrie (1637) (deutsche Ausg. von *L. Schlesinger*, Berlin 1894, p. 8—17) und *Newton*, Princ. math. phil. nat. Buch 1, Satz 17—18. Vgl. auch *Chasles*, Corresp. math. 5 (1829), p. 289.

38) J. f. Math. 33 (1846), p. 373 (allgemein für C_n, „*Joachimsthal*'sche Methode").

39) *Clebsch*, Vorl. 1, p. 74 f.; *Gundelfinger* in seiner Ausgabe von *Hesse*'s Vorlesungen über analyt. Geom. des Raumes, 3. Aufl., p. 472 f. (1876).

$$(13) \quad f(y,x) \equiv (a_{11}y_1 + a_{12}y_2 + a_{13}y_3)x_1 + (a_{21}y_1 + a_{22}y_2 + a_{23}y_3)x_2 + (a_{31}y_1 + a_{32}y_2 + a_{33}y_3)x_3 = 0,$$

eine Gerade, die auch durch die Berührungspunkte des von y an (8) gezogenen und $(\alpha = 1)$ durch

$$(14) \quad f^2(x,y) - f(x,x)\cdot f(y,y) = 0$$

dargestellten Tangentenpaares geht. Diese Gerade heisst nach *J. D. Gergonne*[40]) die Polare des Punktes y in Bezug auf (8), während y nach *J. F. Servois*[41]) der Pol der Geraden (13) heisst. Zwei Punkte y und x, die (13) genügen, von denen also jeder auf der Polare des anderen liegt, heissen nach *O. Hesse* konjugierte Punkte, nach *Steiner* harmonische Pole[42]) von (8); ebenso heissen zwei Geraden, deren jede durch den Pol der anderen geht, konjugierte Geraden oder harmonische Polaren. Liegt y auf der Kurve, so wird die Polare zur Tangente dieses Punktes.

Die Gleichung der Schnittpunkte von (8) mit einer Geraden $u_x \equiv u_1x_1 + u_2x_2 + u_3x_3 = 0$ ergiebt sich nach *G. Salmon*[43]) in veränderlichen Linienkoordinaten v_i in der Gestalt $\begin{pmatrix} u & v \\ u & v \end{pmatrix}_{a_{ik}} = 0$, wo allgemein $\begin{pmatrix} u & v & w & . & . \\ \xi & \eta & \zeta & . & . \end{pmatrix}_{a_{ik}}$ bedeutet[44]), dass die Determinante $A = \sum \pm (a_{11}\, a_{22}\, a_{33})$ auf einer Seite mit den $u_i, v_i, \ldots$, auf der anstossenden Seite mit den $\xi_i, \eta_i, \ldots$ zu rändern ist. Eine andere Methode zur Bestimmung der Schnittpunkte rührt von *S. Aronhold*[45]). Er findet für ihre Koordinaten x_i die Gleichungen:

---

40) Ann. de math. 3 (1813), p. 297. Der Satz, dass die oben genannten vierten harmonischen Punkte eine Gerade erfüllen, findet sich, nur in etwas andrer Form, schon bei *Apollonius*, Buch 3, § 37 und 39, dann bei *G. Desargues*, wo y auch so liegen darf, dass die zwei von y gezogenen Tangenten imaginär sind („Brouillon project d'une atteinte aux événemens des rencontres d'un cone avec un plan", Paris 1639 = Oeuvres, réun. et anal. par *Poudra*, 1, p. 164 und p. 186—189).

41) Ann. de math. 1 (1811), p. 337.

42) *Hesse*, J. f. Math. 20 (1840), p. 291 = Werke, p. 30; *Steiner*, Syst. Entw. Nr. 44 = Werke 1, p. 350. Bei *Poncelet*, Traité Nr. 82 und Nr. 370 points réciproques.

43) „Lessons introductory to the modern higher algebra", 3. ed. Dublin 1876, p. 17; 4. ed. Dublin 1885, p. 17. Deutsche Bearbeitung von *W. Fiedler*, 2. Aufl. Leipzig 1877, p. 23.

44) Bezeichnung nach *Clebsch*, J. f. Math. 58 (1860), p. 99. Die zwei in den v_i linearen Faktoren von $\begin{pmatrix} u & v \\ u & v \end{pmatrix}_{a_{ik}}$ hat *Gundelfinger* einzeln durch Ausdrücke dargestellt, die 3 willkürliche Grössen enthalten (Ann. di mat. (2) 5, p. 225 (1872)).

45) J. f. Math. 61 (1862), p. 103 f. Die speziellen Fälle werden näher erörtert bei *Gundelfinger*, Vorl., p. 36 ff. Eine 3 willkürliche Grössen enthaltende Auflösung von (15) gab *W. Spottiswoode*, wie *A. Cayley*, Lond. Trans. 152 (1862), p. 661 f. = Coll. papers 4, p. 419 mitteilt.

$$(15)\quad \begin{cases} \varrho x_1 = f_2 u_3 - f_3 u_2, \quad \varrho x_2 = f_3 u_1 - f_1 u_3, \quad \varrho x_3 = f_1 u_2 - f_2 u_1, \\ \text{wo } f_i = \frac{1}{2} f'(x_i), \quad \varrho = \pm \sqrt{\binom{u}{u}_{a_{ik}}}. \end{cases}$$

Das Verschwinden von ϱ drückt hierbei aus, dass die Gerade die Kurve berührt, d. h.:

$$(16)\quad \binom{u}{u}_{a_{ik}} \equiv - F(u,u) \equiv - \sum_1^3{}^i \sum_1^3{}^k A_{ik} u_i u_k = 0 \qquad (A_{ik} = A_{ki})$$

ist die Gleichung der Kurve in Linienkoordinaten[46]); dabei bedeutet A_{ik} die Unterdeterminante von a_{ik} in A. In Übereinstimmung mit (14) ist $F(u,u) \equiv f(x,x) \cdot f(y,y) - f^2(x,y)$, wenn man $u_1 = x_2 y_3 - x_3 y_2$, $u_2 = x_3 y_1 - x_1 y_3$, $u_3 = x_1 y_2 - x_2 y_1$ setzt[47]).

9. Gleichung der Kurve 2. Klasse C^2. Ausgehend von der Gleichung eines Kegelschnitts in Linienkoordinaten:

$$(17)\quad \varphi(u,u) \equiv \alpha_{11} u_1^2 + 2\alpha_{12} u_1 u_2 + \alpha_{22} u_2^2 + 2\alpha_{13} u_1 u_3 + 2\alpha_{23} u_2 u_3 + \alpha_{33} u_3^2 = 0$$

lassen sich die zu den vorhergehenden dualen Betrachtungen anstellen. So hat z. B. der Pol einer Geraden $v_x = 0$ in Bezug auf (17) die Gleichung:

$$(18)\quad \varphi(u,v) \equiv \frac{1}{2}\varphi'(v_1) u_1 + \frac{1}{2}\varphi'(v_2) u_2 + \frac{1}{2}\varphi'(v_3) u_3 = 0.$$

In Punktkoordinaten wird (17) dargestellt durch:

$$(19)\quad \Phi(x,x) \equiv \sum_1^3{}^i \sum_1^3{}^k \mathsf{A}_{ik} x_i x_k = 0,$$

wo A_{ik} die Unterdeterminante von α_{ik} in $\mathsf{A} \equiv \sum \pm (\alpha_{11} \alpha_{22} \alpha_{33})$ bedeutet.

10. Weitere Sätze über Pol und Polare. Polarsystem. Poldreieck. *Ph. de la Hire* zeigte, dass die Polare von P ein Strahlenbüschel beschreibt, wenn P eine Punktreihe durchläuft, und umgekehrt[48]). Ferner folgt, dass, wenn man in den Ecken eines dem Kegelschnitt eingeschriebenen Vierecks $\mathfrak{V}$ die Tangenten zieht, die zwei Schnittpunkte der Gegenseiten von $\mathfrak{V}$ und die zwei Schnittpunkte

46) *Gergonne*, Ann. de math. 11 (1821), p. 380 f. giebt bei Parallelkoordinaten die Bedingung für die Berührung einer Geraden und einer C_2. Vgl. ferner *J. Plücker*, Anal. Entw. 1, p. 159 f.; *Cayley*, Lond. Trans. 146 (1856), p. 639 = Coll. papers 2, p. 323; Lond. Trans. 149 (1858), p. 76 = Coll. papers 2, p. 577.

47) *Cayley*, Lond. Trans. 152 (1862), p. 642 = Coll. papers 4, p. 398.

48) Sect. con. Buch 1, § 26—28; Buch 2, § 23—27. Die Projektivität der obigen Punktreihe und des Strahlenbüschels wird durch einen allgemeineren Satz von *A. F. Möbius*, Baryc. Calcul § 290 = Werke 1, p. 380 über das Entsprechen von Punkten und Geraden gegeben.

der Gegenseiten des Tangentenvierecks 𝔚 auf der Polare des Diagonalenschnittpunktes von 𝔙 liegen. In ähnlicher Form findet man diesen Satz bei *R. Simson*, *C. Maclaurin* und *L. N. M. Carnot*[49]; auch gehen nach *Carnot* die Diagonalenpaare von 𝔙 und 𝔚 durch einen und denselben Punkt, wobei nach *Ch. Sturm* das eine Paar zu dem anderen harmonisch liegt[50].

Alle Paare konjugierter Pole, die einer und derselben Geraden angehören, bilden eine Involution, deren Doppelpunkte aus den Schnittpunkten der C_2 mit der Geraden bestehen (III A 5). Analog bilden die einem Strahlenbüschel angehörigen Paare konjugierter Polaren eine Involution mit den im Büschel befindlichen Tangenten der C_2 als Doppelstrahlen[51].

Die Gesamtheit der durch einen Kegelschnitt k im Verhältnis von Pol und Polare einander zugeordneten Punkte und Geraden bezeichnet man nach *Chr. v. Staudt* als *Polarsystem*. Die Punkte, die auf ihren zugehörigen Polaren liegen, erfüllen die Kurve k, die *Ordnungskurve* des Polarsystems[52]. Das Polarsystem ist bestimmt, wenn man zwei konjugierte Polaren von k kennt und die Involutionen konjugierter Pole auf diesen bestimmt sind.

Drei Punkte der Ebene, deren jeder den zwei anderen konjugiert ist, bestimmen ein *Poldreieck* (Poldreiseit); seine Seiten sind paarweise konjugierte Geraden, das Dreieck ist dem Kegelschnitt konjugiert[53]. Wie leicht zu zeigen, giebt es ∞^3 Poldreiecke eines Kegelschnitts; auf irgend eines derselben als Koordinatendreieck bezogen kann die Gleichung der Kurve nur die Quadrate der Veränderlichen enthalten, und umgekehrt.

---

49) *Simson*, Sect. con., p. 157 und 212; *Maclaurin*, Appendix zu „A treatise of algebra", § 35—37 (1748); *Carnot*, Géom. de pos., Nr. 400. Zur Konstruktion der Polare, wenn P und der Kegelschnitt k gegeben, zieht man am besten durch P drei Sekanten, die k in A und D, B und E, C und F schneiden; alsdann treffen sich je zwei kreuzweise gezogene Verbindungslinien wie AE und BD, AF und CD in Punkten der Polare. (Wohl schon *De la Hire* bekannt, vgl. Sect. con. Buch 1, prop. 22; Buch 2, prop. 30.)

50) *Carnot* a. a. O. Nr. 401; *Sturm*, Ann. de math. 16 (1826), p. 289.

51) Zur Konstruktion der Doppelelemente aus 2 Punktepaaren der Involution vgl. *Poncelet*, Traité Nr. 374 f.; *Chasles*, Aperçu hist., Brüssel 1837, Note 10 = Deutsche Übers. von *L. A. Sohncke*, Halle 1839, p. 321—324.

52) „Geom. d. Lage", Nürnberg 1847, § 18 und 19. Näheres über Polarsysteme auch bei *Steiner-Schröter*, 4. Abschn.; *Bobek* „Einleitung in die projektive Geom.", Leipzig 1897, Kap. IV, § 4; *R. Böger* „Ebene Geom. d. Lage", Leipzig 1900 (Sammlung *Schubert* VII), § 16.

53) Die Bezeichnung Polardreieck hat *Chr. von Staudt*, „Geom. d. Lage", p. 132. *Steiner* nennt die Ecken drei zugeordnete harmonische oder konjugierte Pole.

11. Konjugierte Durchmesser. Rückt der Pol P ins Unendliche, so sind die durch ihn gezogenen Sekanten parallel, die Polare ist der Ort für die Mitten der aus den Sekanten durch den Kegelschnitt k herausgeschnittenen Sehnen, sie ist der zur Richtung des Sehnensystems *konjugierte Durchmesser*[54]). Durchläuft P die unendlich ferne Gerade g_∞, so ändert sich die Richtung des zugehörigen Sehnensystems, die den einzelnen Richtungen konjugierten Durchmesser gehen sämtlich durch den Pol von g_∞, den *Mittelpunkt* M der Kurve, der die Mitte aller auf den Durchmessern durch k abgeschnittenen Sehnen bildet. Insbesondere nennt man zwei Durchmesser d_1 und d_2 konjugiert, wenn der eine durch den unendlich fernen Pol des anderen geht oder also, wenn der eine die zu dem anderen parallelen Sehnen halbiert. Diese Eigenschaft ist wechselseitig. Das von M bis zur Kurve gemessene Stück eines Durchmessers heisst Halbmesser.

Zusammen mit g_∞ bilden d_1 und d_2 ein Poldreiseit von k, im Falle eines Parabel werden jedoch alle Durchmesser parallel. Im Mittelpunkt M schneiden sich auch die in den unendlich fernen Punkten gezogenen Tangenten, die Asymptoten, denn die zugehörige Berührungssehne ist g_∞ und M deren Pol. Zwei konjugierte Durchmesser liegen zu den Asymptoten harmonisch[55]) (Nr. **10**); ist k eine Hyperbel, so schneidet daher nur der eine die Kurve in reellen Punkten. Sind diese A und B und trifft die Tangente von A die eine Asymptote in E, die andere in F, während die Tangente von B die erstgenannte Asymptote in G, die andere in H schneidet, so versteht man unter der Länge $2b_1$ des zu $AB = 2a_1$ konjugierten Durchmessers das durch die Gegenseiten EH, FG des Parallelogramms $EFGH$ begrenzte Stück des Durchmessers. Ferner folgt, dass auf jeder Hyperbelsekante die zwischen der Kurve und den Asymptoten gelegenen Abschnitte einander gleich sind[56]). Bei der gleichseitigen Hyperbel werden die Winkel zweier konjugierten Durchmesser von den Asymptoten halbiert, und es ist $a_1 = b_1$.

Die in den Schnittpunkten von k mit einem Durchmesser d_1 ge-

---

54) Schon bei *Apollonius,* Buch 1, § 16. Die Gleichung des zu einer gegebenen Richtung konjugierten Durchmessers giebt *Gergonne*, Ann. de math. 5 (1814), p. 63—65 bei schiefwinkligen Koordinaten.

55) *De la Hire,* Sect. con., Buch 2, coroll. 4 zu prop. 13.

56) *Apollonius*, Buch 2, § 8. Mit Hülfe dieses Satzes beweist er Buch 2, § 12 eine Verallgemeinerung der durch $xy = \text{const.}$ (Nr. 3) ausgedrückten Eigenschaft der Hyperbel, nämlich: Zieht man durch irgend einen Kurvenpunkt in beliebiger Richtung bis an jede Asymptote eine Gerade, durch einen anderen Kurvenpunkt Parallelen zu diesen Geraden, so sind die aus diesen Geradenpaaren gebildeten Rechtecke einander gleich. Vgl. Fussnote 15.

zogenen Tangenten sind zum konjugierten Durchmesser d_2 parallel, denn der Pol von d_1 liegt auf d_2 im Unendlichen[57]). Hieraus folgt leicht, dass bei jedem einem Kegelschnitt umschriebenen Parallelogramm die Diagonalen konjugierte Durchmesser sind, während die Seiten eines eingeschriebenen Parallelogramms solchen Durchmessern parallel sind[58]). Die Sehnen, die die Endpunkte eines Durchmessers mit einem beliebigen Kurvenpunkt verbinden, sind somit einem Paar konjugierter Durchmesser parallel; solche Sehnen heissen Supplementarsehnen[59]).

12. Kriterien der C_2 und C^2. Die Koordinaten der Polare eines Punktes y in Bezug auf $f(x, x) = 0$ sind nach (13):

(20) $\varrho u_i = \frac{1}{2} f'(y_i)$ $(i = 1, 2, 3)$, wo ϱ ein Proportionalitätsfaktor.

Die Auflösung dieser Gleichungen nach y_i ist eindeutig, so lange $A \gtrless 0$; nur dann gehört zu jeder Geraden u ein bestimmter Pol y, dessen Koordinaten zu $\frac{1}{2} F'(u_i)$ proportional sind[60]). Im Falle $A = 0$ giebt es, so lange nicht alle A_{ik} verschwinden, ein die drei Gleichungen $\frac{1}{2} f'(z_i) = 0$ erfüllendes bestimmtes Wertsystem $z_1 : z_2 : z_3$; dasselbe stellt den Schnittpunkt des Geradenpaares dar, in das nun die Kurve zerfällt. Der Nachweis für dieses Zerfallen und dafür, dass umgekehrt im Falle dieser Ausartung die Determinante A verschwindet, ist auf

57) Auch dieser Satz war *Apollonius* schon bekannt (Buch 2, § 5—6); ebenso wusste er, dass der durch irgend einen Kurvenpunkt P gezogene Durchmesser alle zur Tangente von P parallelen Sehnen halbiert (Buch 1, § 46—47), sowie dass die Verbindungslinie des Schnittpunktes Q zweier Tangenten mit der Mitte N der Berührungssehne ein Durchmesser ist, während umgekehrt ein Durchmesser QM stets die zu Q gehörige Berührungssehne halbiert (Buch 2, § 29—30).

58) *Ferriot,* Ann. de math. 16 (1826), p. 373; vgl. auch *Rochat,* ebenda 3 (1812), p. 25—27.

59) Weitere Sätze z. B. bei *Chasles*, sect. con., p. 120.

60) Auf Grund dieser Thatsache lässt sich sofort die Gleichung des Tangentenpaares aufstellen, das in den Schnittpunkten von $f(x, x) = 0$ mit einer Geraden $u_x = 0$ gezogen ist, man hat nur in (14) $y_i = \frac{1}{2} F'(u_i)$ zu setzen, wodurch sich ergiebt $F(u, u) \cdot f(x, x) - A u_x^2 = 0$. Bei festen x_i, veränderlichen u_i stellt diese Gleichung die Berührungspunkte des von x an die C_2 gelegten Tangentenpaares dar. Vgl. *E. d'Ovidio,* Giorn. di mat. 6 (1868), p. 262; *G. Dostor,* Arch. Math. Phys. 57 (1875), p. 196—198; *Gundelfinger,* Vorl., p. 45 und 259. Tritt an Stelle von $u_x = 0$ die Gerade g_∞, so erhält man die Gleichung des Asymptotenpaares. (Für Parallelkoordinaten bei *Plücker,* Anal. Entw. 1, p. 137; für Dreieckskoordinaten bei *J. Wolstenholme,* Quart. J. 3 (1860), p. 182 f.; *N. M. Ferrers,* Tril. coord., p. 81; *Gundelfinger* a. a. O. Vgl. ferner *Salmon-Fiedler,* Kegelschn., 1. Aufl. Leipzig 1860, p. 596 f.; *E. d'Ovidio,* Giorn. di mat. 6 (1868), p. 265 und 271. Ebenda p. 274 f. der Ausdruck für den Winkel der beiden Asymptoten, sowie bei *Gundelfinger* a. a. O. p. 111 f. und 284 f.)

mehrfache Art geführt worden[61]). Wenn auch alle Unterdeterminanten A_{ik} Null sind, wozu schon das Verschwinden von A, A_{11}, A_{22} und A_{33} ausreicht, ist $f(x, x)$ das Quadrat eines linearen Ausdrucks, $f(x, x) = 0$ stellt eine Doppelgerade dar[62]), und umgekehrt. Die zu einem Geradenpaar $f(x, x) = 0$ gehörige Gleichung in Linienkoordinaten $F(u, u) = 0$ reduziert sich, wie aus den Koordinaten des Schnittpunktes z des Geradenpaares folgt, auf $(z_1 u_1 + z_2 u_2 + z_3 u_3)^2 = 0$, sie stellt den Punkt z doppelt zählend dar; ist $f(x, x) = 0$ eine Doppelgerade, so verschwindet $F(u, u)$ identisch[63]).

Mit Beantwortung der Frage, was für eine Kegelschnittart durch eine gegebene Gleichung $f(x, x) = 0$ dargestellt wird, hat sich schon *De l'Hospital* beschäftigt[64]); wir teilen hier die allgemeinsten, für Dreieckskoordinaten mit beliebigem Einheitspunkte gültigen Kriterien mit, die *S. Gundelfinger* gegeben hat[65]). Die Kurve (8) $f(x, x) = 0$ wird von der unendlich fernen Geraden $p_x \equiv p_1 x_1 + p_2 x_2 + p_3 x_3 = 0$ in zwei reellen, imaginären oder zusammenfallenden Punkten getroffen, je nachdem $F(p, p) < 0, > 0$ oder $= 0$. Solange $A \gtrless 0$, stellt daher (8)

---

61) Die Ausartung bei $A = 0$ erwähnt zuerst wohl *A. J. Hermann*, Petrop. Comm. 4 (1729), p. 19 f., gedruckt 1735. Vgl. ferner *G. Lamé*, Examen des méth., p. 71 f.; *Plücker*, Anal. Entw. 1, p. 131 f.; System d. Geom., p. 85 f.; *Hesse*, 7 Vorl., p. 4 f. = Zeitsch. Math. Phys. 19, p. 4 f. Die beiden Geraden wurden von *Cayley*, Lond. Trans. 152, Teil 2 (1862), p. 643 = Coll. papers 4, p. 399 f. einzeln dargestellt durch Ausdrücke mit zwei Reihen von je drei willkürlichen Grössen, sowie von *Gundelfinger*, Vorl., p. 262 f. und 38. Über ein allgemeines Schlussverfahren bez. derartiger Ausnahmefälle s. *W. Fr. Meyer*, D. M.-V. 9 (1901), p. 85.

62) *Plücker*, Anal. Entw. 1, p. 133 f.

63) *Cayley*, Lond. Trans. 152, Teil 2 (1862), p. 640 = Coll. papers 4, p. 397.

64) Sect. con., p. 213—248. Vgl. ferner *Hermann*, Petrop. Comm. 4 (1729), p. 15—25, gedruckt 1735; *J. B. Biot*, Essai de géom., 4. Aufl. Paris 1810, p. 222—246; *L. J. Magnus*, Aufg., p. 101—122; *N. M. Ferrers*, Tril. coord., p. 92; *E. d'Ovidio*, Giorn. di mat. 6 (1868), p. 50—52; *J. A. Grunert*, Arch. Math. Phys. 51 (1870), p. 276—308, 330—340; *W. E. Story*, Amer. J. 6 (1884), p. 223 ff.; *F. Porta*, „Discuss. delle equaz. gen. delle coniche", Torino 1893. *K. Hensel*, J. f. Math. 113 (1894), p. 303—317 hat die C_2 nach der Äquivalenz der nicht homogenen quadratischen Formen, die gleich Null gesetzt die Kurve darstellen, klassifiziert; die durch eine reale endliche Koordinatentransformation ineinander überführbaren Gebilde gehören derselben Klasse an [I B 2, Nr. 3]. *C. Koehler*, Arch. Math. Phys. (3) 3 (1901), p. 21—33, 94—111, hat bei Annahme eines beliebigen Koordinatendreiecks einerseits für die projektive, andrerseits für die metrische Einteilung von einander unabhängige Kriterien zusammengestellt. Bezüglich der Art des durch den Mittelpunkt und 3 Kurvenpunkte oder den Mittelpunkt und drei Tangenten bestimmten Kegelschnitts vgl. Nr. 75.

65) Vorl., p. 46—51.

diesen Fällen entsprechend eine Hyperbel, Ellipse oder Parabel dar; im Falle $F(p, p) > 0$ kann es allerdings eintreten, dass die Kurve von *jeder* Geraden in imaginären Punkten getroffen wird (imaginäre Ellipse). Als Kriterium hierfür ergiebt sich $Af(y, y) > 0$, wo y irgend einen Punkt auf g_∞ bedeutet; $Af(y, y) < 0$ entspricht zusammen mit $F(p, p) > 0$ der reellen Ellipse. Das bei $A = 0$ auftretende Geradenpaar ist reell oder imaginär, je nachdem $F(p, p) < 0$ oder > 0, sein Schnittpunkt liegt beidemal im Endlichen; $F(p, p) = 0$ liefert ein reelles oder imaginäres Parallelenpaar, je nachdem unter den Grössen A_{ii} eine willkürlich ausgewählte negativ oder positiv ist, man hat hier unendlich viele Mittelpunkte.

Wenn bei Parallelkoordinaten x, y die Gleichung der Kurve $a_{11}x^2 + 2a_{12}xy + a_{22}y^2 + 2a_{13}x + 2a_{23}y + a_{33} = 0$ lautet, tritt bei diesen Kriterien A_{33} an Stelle von $F(p, p)$, a_{11} oder a_{22} an Stelle von $f(y, y)$.

Bei Anwendung obiger Resultate auf die zu (17) $\varphi(u, u) = 0$ gehörige Gleichung in Punktkoordinaten $\Phi(x, x) = 0$ erhält man die Kriterien der C^2;[66]) natürlich artet im Falle $\sum \pm (\alpha_{11}\alpha_{22}\alpha_{33}) = 0$ die Kurve in zwei Punkte aus[67]), die beide im Endlichen liegen, so lange $\varphi(p, p) \gtrless 0$. Bei Parallelkoordinaten tritt α_{33} an Stelle von $\varphi(p, p)$.

13. Axen des Kegelschnitts. Imaginäres Kreispunktepaar. Da unter den Paaren konjugierter Geraden eines involutorischen Büschels im allgemeinen ein Paar zueinander rechtwinkliger Geraden enthalten ist, hat ein Kegelschnitt im allgemeinen nur ein Paar rechtwinkliger konjugierter Durchmesser, die man *Axen* nennt[68]). Bei der Parabel fällt die eine Axe ins Unendliche. Es kann aber auch eintreten, dass *alle* Paare konjugierter Durchmesser zueinander rechtwinklig sind, die Kurve ist dann ein Kreis. Seine unendlich vielen Axenpaare treffen g_∞ in Punktepaaren, die zu einem und demselben imaginären Punktepaar $J, \mathfrak{J}$ harmonisch liegen, also eine Involution bilden; die Doppelstrahlen der durch die Axenpaare gebildeten Involution bestehen aus

66) *Plücker,* Anal. Entw. 2, p. 49—56 und 88—96; *Gundelfinger,* Vorl., p. 51—53.

67) Die Frage', inwieweit die Ausdrucksweise berechtigt ist, ein Kegelschnitt arte kontinuierlich in ein Geradenpaar oder ein Punktepaar aus, ist von *C. Taylor,* Quart. J. 8 (1866), p. 126—135; (1867), p. 343—348; 10 (1870), p. 93—96, *G. Salmon* und *Cayley,* Quart. J. 8 (1866), p. 235f. erörtert worden. Wichtig sind solche Untersuchungen für die abzählende Geometrie (Charakteristikentheorie); vgl. III C 11.

68) Schon *Apollonius,* Buch 2, § 46—48 zeigte, wie man das Axenpaar findet wenn die Kurve gezeichnet vorliegt.

den imaginären Asymptoten des Kreises (Nr. **10**). Die Punkte J, $\mathfrak{J}$, die sogenannten imaginären Kreispunkte[69]), gehören allen Kreisen der Ebene an, womit die elementare Thatsache erklärt ist, dass ein Kreis schon durch drei Punkte bestimmt ist. Konzentrische Kreise insbesondere sind als solche anzusehen, die sich in J und $\mathfrak{J}$ berühren[70]).

14. Transformation der C_2 auf die Axen. Unter der Axentransformation der C_2 versteht man die Einführung von Koordinatenaxen, die mit den Axen der Kurve zusammenfallen; natürlich kommen bei dieser Transformation nur solche C_2 in Betracht, deren Mittelpunkt nicht ausschliesslich im Unendlichen liegt. Zusammen mit g_∞ bilden die Axen ein Poldreiseit der Kurve; bei Einführung von Cartesischen Koordinaten X, Y kann daher die transformierte Gleichung ausser den Gliedern mit X^2 und Y^2 nur noch ein absolutes Glied enthalten[71]).

69) Bei Autoren englischer Zunge cyclic oder circular points, franz. points circulaires, ital. punti ciclici. *Poncelet* führte diesen Begriff ein (Traité, Nr. 94 und 95) und reduzierte mit dessen Hülfe metrische Begriffe auf projektive. Eine Gerade, die J oder $\mathfrak{J}$ mit einem im Endlichen gelegenen Punkte verbindet, wird von engl. Autoren isotropic line genannt; *S. Lie* nannte sie Minimalgerade, bei *Gundelfinger,* Vorl., p. 329 heisst sie zirkulare Gerade.

70) *Poncelet* a. a. O.; *Chasles,* Géom. sup., Nr. 728.

71) Schon *J. L. Lagrange* wusste, dass sich eine homogene Funktion 2. Grades von n Veränderlichen $x_1, x_2, \cdots, x_n$ im allgemeinen in eine Summe von n Quadraten transformieren lasse; für die Fälle $n = 2$ und $n = 3$ führt er die Transformation durch (Misc. Taur. 1759 = Oeuvres publ. par *J. A. Serret,* 1, p. 7), ebenso *K. F. Gauss* für $n = 3$ („Disquisitiones arithmeticae" [1801], Nr. 271 = Werke 1, p. 305 f.). *C. G. J. Jacobi* hat die Transformation von *Lagrange* tiefer erforscht und die bei ihr auftretenden linearen Funktionen der x_i independent darzustellen gelehrt (J. f. Math. 53, p. 266—270, durch *C. W. Borchardt* aus dem Nachlass mitgeteilt = *Jacobi's* ges. Werke 3, p. 586—590). Auch *Plücker* (J. f. Math. 24 (1842), p. 287—290 = Ges. Abh. 1, p. 399—403) giebt eine Darstellung der Transformation, die vor der *Jacobi*'schen wesentliche Vorzüge besitzt. Noch ausführlicher untersucht *Gundelfinger,* J. f. Math. 91 (1880), p. 221—237 den Gegenstand. Bei jeder solchen Transformation bleibt, wie *J. Sylvester* zuerst (Phil. mag. (4) 4 (1852), p. 140—142, ferner Lond. Trans. 143 (1853), p. 481) bekannt machte, die Anzahl der Quadrate eines und desselben Vorzeichens erhalten (law of inertia for quadratic forms, Trägheitsgesetz der quadratischen Formen). *Jacobi* kannte diese Thatsache schon 1847, die betreffende Arbeit wurde aber erst 1857 durch *Borchardt* aus *Jacobi*'s Nachlass mitgeteilt (J. f. Math. 53, p. 275—280 = *Jacobi's* ges. Werke 3, p. 591—598). Vgl. auch einen ebenda p. 271—274 veröffentlichten Brief von *Ch. Hermite* an *Borchardt*, sowie eine Mitteilung von *Borchardt*, ebenda p. 281—283 = *Borchardt's* ges. Werke p. 469—472, ferner *F. Brioschi,* Nouv. ann. 15 (1856), p. 264—269; *De Presle* Par. soc. math. Bull. 15 (1887), p. 179 ff.; vgl. weiter I B 2, Nr. **3.** Von rechtwinkligen Koordinaten ausgehend haben schon *J. B. Biot*, Essai de géom. anal., 4. Aufl. Paris 1810, p. 254—256 und *Rochat,* Ann. de math. 2 (1812), p. 331—335 die Transformation der C_2 auf die Axen durchgeführt; *Plücker,* Anal. Entw. 1,

Befindet sich der Koordinatenanfang irgend eines rechtwinkligen Systems schon im Mittelpunkt der C_2, so sind solche lineare Substitutionen $x = a_1 X + a_2 Y$, $y = b_1 X + b_2 Y$ zu bestimmen, durch die nicht nur

$$(21) \qquad a_{11}x^2 + 2a_{12}xy + a_{22}y^2 = \lambda_1 X^2 + \lambda_2 Y^2$$

wird, sondern auch $x^2 + y^2 = X^2 + Y^2$, da das Quadrat des Radiusvektors eines beliebigen Punktes für beide Systeme denselben Ausdruck hat; es handelt sich um sogenannte *orthogonale Substitutionen*[72]). Diese Forderungen führen zu 6 Gleichungen zwischen a_1, a_2, b_1, b_2, λ_1, λ_2; drei derselben sind $a_1^2 + b_1^2 = 1$, $a_2^2 + b_2^2 = 1$, $a_1 a_2 + b_1 b_2 = 0$, zwei der übrigen enthalten auch λ_1 und λ_2. Schliesslich folgt, dass λ_1, λ_2 Wurzeln sind der quadratischen Gleichung[73]):

$$(22) \qquad \begin{vmatrix} a_{11} - \lambda & a_{12} \\ a_{21} & a_{22} - \lambda \end{vmatrix} = \lambda^2 - (a_{11} + a_{22})\lambda + a_{11}a_{22} - a_{12}^2 = 0,$$

die stets reelle Wurzeln hat[74]). Bei beliebigen Dreieckskoordinaten hat *Gundelfinger* die Transformation der C_2 auf die Axen durch-

---

p. 145 f.; bei schiefwinkligen Koordinaten *Gergonne,* Ann. de math. 5 (1814), p. 70 f.; *Magnus,* Aufg. u. Lehrs., p. 110—113 (1833); bei Linienkoordinaten *Plücker,* Anal. Entw. 2, 2. Abschn. § 1—3; System d. Geom., p. 84—113.

72) Die allgemeinere Aufgabe, jede von 2 homogenen Funktionen 2. Ordnung mit n Veränderlichen in die Summe von n Quadraten zu transformieren, wurde von *Jacobi,* J. f. Math. 12 (1833), p. 50—57 = Werke 3, p. 247—255 und mit Hülfe der Invariantentheorie von *S. Aronhold,* J. f. Math. 62 (1863), p. 317—319, sowie 328 f. gelöst. Vgl., auch wegen weiterer Litteratur, I B 2, Nr. 3.

73) *Hesse,* „Vorl. üb. anal. Geom. d. Raumes", 1. Aufl. Leipzig 1861, p. 237 ff.; „Vorl. aus d. anal. Geom. der geraden Linie etc.", 2. Aufl. Leipzig 1873, p. 124—127; *M. Greiner,* Arch. Math. Phys. 57 (1875), p. 337—342; *C. Lolli,* Giorn. di mat. 28 (1890), p. 193—201.

74) Analog gebaute Gleichungen n^{ten} Grades (dargestellt durch eine Determinante mit Elementen $a_{ii} - \lambda$ und $a_{ik} = a_{ki}$, wobei alle a reell) haben stets reelle Wurzeln, wie zuerst *A. Cauchy,* Exercices de math. (anciens exercices) 4, Paris 1829, p. 141—152 = Oeuvres (2) 9, p. 175—187 allgemein bewies, nachdem für $n = 3$ bereits *Lagrange,* Berl. Nouv. mém. année 1773, p. 108 ff. = Oeuvres 3, p. 603—605 die Thatsache festgestellt hatte. Vgl. auch *E. Kummer,* J. f. Math. 26 (1843), p. 268—270; *Jacobi,* ebenda 30 (1844), p. 46—50 = Werke 3, p. 459—465; *G. Bauer,* J. f. Math. 71 (1868), p. 40—45. Andere Beweise der Reellität der Wurzeln bei beliebigem n gaben *Borchardt,* J. f. Math. 30 (1845), p. 38—45 = Ges. Werke, p. 1—13, sowie J. de math. 12 (1847), p. 50—67 = Ges. Werke, p. 15—30; *Sylvester,* Phil. mag. (4) 4 (1852), p. 138—140. *Cauchy* zeigte auch a. a. O. p. 157—159 bezw. 192—194, dass bei der Transformation einer homogenen Funktion 2. Grades von n Veränderlichen x_i in einen Ausdruck $\lambda_1 X_1^2 + \lambda_2 X_2^2 + \cdots + \lambda_n X_n^2$ die λ_i Wurzeln einer Gleichung der erwähnten Art sind, falls $x_1^2 + x_2^2 + \cdots + x_n^2 = X_1^2 + X_2^2 + \cdots + X_n^2$. Vgl. I B 2, Nr. 3.

geführt[75]); er benutzt dabei den Begriff des Normalenzentrums einer Geraden: den unendlich fernen Schnittpunkt aller Normalen der Geraden und definiert als Axe der C_2 eine im Endlichen liegende Gerade, die mit der Polare ihres Normalenzentrums zusammenfällt. Die Aufgabe kommt darauf hinaus, zwei ternäre quadratische Formen mit kontragredienten Veränderlichen gleichzeitig in eine Summe von 3 bezw. 2 Quadraten zu verwandeln. Man wird hierbei auf die quadratische Gleichung

$$(23) \qquad \lambda^2 - [a, \omega]\lambda + \tau F(p, p) = 0$$

geführt, in der τ eine vom Koordinatendreieck und der Lage des Einheitspunktes abhängige Konstante bedeutet, während

$$(24) \quad [a, \omega] = a_{11}\omega_{11} + 2a_{12}\omega_{12} + a_{22}\omega_{22} + 2a_{13}\omega_{13} + 2a_{23}\omega_{23} + a_{33}\omega_{33}$$

ausser den a_{ik} die Koeffizienten ω_{ik} der Gleichung $\omega(u, u) = 0$ enthält, die das imaginäre Kreispunktepaar darstellt. Auch (23) hat, wie *Gundelfinger*[76]) unter Ausdehnung eines Satzes von *K. Weierstrass*[77]) zeigte, stets reelle Wurzeln.

Da (22) und (23) in λ quadratisch, giebt es im allgemeinen zwei Richtungen, zu denen die zugehörigen konjugierten Durchmesser normal sind; diese Richtungen schliessen aber — in Übereinstimmung mit der Existenz von (im allgemeinen) nur einem Paar zueinander rechtwinkliger konjugierter Durchmesser — selbst wieder einen rechten Winkel ein.

Die Gleichung der transformierten Kurve wird:

$$(25) \qquad \lambda_1 X^2 + \lambda_2 Y^2 + \varkappa = 0, \text{ wo } \varkappa = A : F(p, p);$$

die Quadrate der Halbaxen werden[78]):

$$(26) \qquad a^2 = -\frac{\varkappa}{\lambda_1}, \quad b^2 = -\frac{\varkappa}{\lambda_2}.$$

15. Besondere Fälle der Axentransformation. Besondere Beachtung verdient der Fall $\lambda_1 = \lambda_2$, in dem die Diskriminante von (22) oder (23) verschwindet; die C_2 ist dann ein *Kreis*. Die Diskriminante Δ lässt sich als Summe zweier Quadrate darstellen; bei Parallelkoordinaten mit w als Winkel der Koordinatenaxen wird z. B.[79])

$$(27) \qquad \Delta = (a_{11} - a_{22})^2 \sin^2 w + [(a_{11} + a_{22}) \cos w - 2a_{12}]^2,$$

75) Vorl., p. 85—91. 76) Ebenda, p. 70 f.

77) Berl. Monatsb. 1858, p. 207—217 = Werke 1, p. 232—243.

78) *Gundelfinger*, Vorl., p. 110.

79) *Grunert*, „Elem. d. anal. Geom.“, Leipzig 1839, 2. Teil, p. 14; Arch. Math. Phys. 51 (1870), p. 306 und 281. Bei beliebigen Dreieckskoordinaten giebt *F. Dingeldey*, J. f. Math. 122 (1900), p. 195 die Zerlegung von Δ in die Summe zweier Quadrate.

und $\Delta = 0$ erfordert hier $a_{11} : a_{22} : a_{12} = 1 : 1 : \cos w$. Bezüglich der Ausartungen eines durch seine Gleichung in Punkt- oder in Linienkoordinaten gegebenen Kreises vgl. Nr. **51**, insbesondere Fussnote 335.

Für $[a, \omega] = 0$ ist nach (23) $\lambda_1 = -\lambda_2$, die C_2 somit eine *gleichseitige Hyperbel*[80]) (Nr. **3**).

Ferner ist der Fall hervorzuheben, dass die Gleichung (22) oder (23) eine Wurzel $\lambda_2 = 0$ besitzt; dann muss $F(p, p) = 0$ sein, die Kurve ist im allgemeinen eine *Parabel.* Ihre Gleichung kann nicht in die Form (25) übergeführt werden, denn der Kurvenmittelpunkt liegt nun im Unendlichen. Vielmehr stellt man die Parabel gewöhnlich durch die sogenannte „Scheitelgleichung“:

$$\lambda_1 Y^2 + 2\varrho X = 0, \tag{28}$$

dar, wobei $Y = 0$ die Axe, $X = 0$ die Tangente des Scheitels repräsentiert[81]), während

$$p = \left|\frac{2\varrho}{\lambda_1}\right| \tag{29}$$

den Parameter der Parabel (Nr. **4** sowie Fussnote 4 und 9) bezeichnet.

Mit der Transformation von $f(x, x) = 0$ in die Gestalt (25) bezw. (28) ist auch die Frage nach den Längen und Gleichungen der Axen irgend einer C_2 $f(x, x) = 0$ bezw. nach Axe, Scheiteltangente und Parameter einer Parabel $f(x, x) = 0$ beantwortet. Aber auch in anderer Weise wurden derartige Fragen erledigt[82]).

---

80) Bei Parallelkoordinaten gab *Plücker*, Anal. Entw. 1, p. 136 die Bedingung der gleichseitigen Hyperbel; bei Dreieckskoordinaten, deren Einheitspunkt im Mittelpunkt des eingeschriebenen Kreises liegt (Normalkoordinaten, (coordinates normales französischer Autoren), *Ferrers,* Tril. coord., p. 82 f.; bei beliebigen Dreieckskoordinaten *Gundelfinger*, Vorl., p. 303.

81) *Biot,* „Essai de géom. anal.“, 4. Aufl. Paris 1810, p. 250—253; *Rochat,* Ann. de math. 2 (1812), p. 333—335; *Plücker,* Anal. Entw. 1, p. 146 f.; *Magnus,* Aufg., p. 119—121; *Hesse,* 7 Vorl., p. 39 = Zeitsch. Math. Phys. 19, p. 39; *Gundelfinger,* Vorl., p. 100—105, weitere spezielle Fälle ebenda, p. 106 f.

82) *Rochat,* Ann. de math. 2 (1812), p. 333 ff.; *Gergonne,* ebenda, p. 338; 5 (1814), p. 72; *J. B. Bérard,* Ann. de math. 3 (1812), p. 106; 6 (1815), p. 163; *Bret,* 5 (1815), p. 358 f.; *Cauchy*, Exercices de math. 3, Paris 1828, p. 65—81; *G. Dostor,* Arch. Math. Phys. 30 (1858), p. 203—206; 62 (1878), p. 293—295; 63 (1879), p. 119 f., 149—160; *Ferrers,* Tril. coord., p. 90; *J. Hensley,* Quart. J. 5 (1861), p. 181 f., ebenda (1862), p. 274; *Cayley,* ebenda (1862), p. 276 f. = Coll. papers 4, p. 506; *Salmon,* ebenda (1862), p. 310; *W. A. Whitworth,* ebenda (1862), p. 335 f.; *N. Trudi,* Giorn. di mat. 1 (1863), p. 158 f.; *H. Jeffery,* Quart. J. 8 (1867), p. 361—367; *E. d'Ovidio,* Giorn. di mat. 6 (1868), p. 262—271; ebenda 7 (1869), p. 3—11; *C. Smith,* Quart. J. 12 (1873), p. 240 f.; *J. J. Walker,* Quart. J. 15 (1878), p. 30—32; *F. X. Stoll,* Zeitsch. Math. Phys. 38 (1892), p. 286 f.; p. 293 f.;

16. Direktorkreis. Ähnliche Kegelschnitte. Bestimmt man den Winkel γ, den die von einem Punkte y an eine Kurve $f(x, x) = 0$ gelegten Tangenten einschliessen, so erhält man, z. B. bei homogenen rechtwinkligen Koordinaten[83]), den Ausdruck:

$$(30) \begin{cases} \operatorname{tg} \gamma = \pm \frac{y_3 \sqrt{-A f(y, y)}}{H}, \\ \text{wo:} \\ 2H = A_{33}(y_1^2 + y_2^2) + (A_{11} + A_{22}) y_3^2 - 2 A_{13} y_1 y_3 - 2 A_{23} y_2 y_3. \end{cases}$$

Hieraus folgt sofort, dass alle Punkte, von denen betrachtet eine C_2 unter einem gegebenen Winkel γ oder dessen Nebenwinkel erscheint, im allgemeinen eine bicirkulare C_4 erfüllen [III C 3]. Schon *De la Hire* hat sich mit dieser Kurve beschäftigt; auch bemerkte er, dass sie sich im Falle eines rechten Winkels γ auf einen mit der C_2 konzentrischen Kreis vom Radius $\sqrt{a^2 \pm b^2}$ reduziert, wo das obere oder untere Vorzeichen zu stehen hat, je nachdem die C_2 eine Ellipse oder Hyperbel ist. Im Falle einer Parabel geht die C_4 bei beliebigem γ in eine Hyperbel über, bei $\gamma = 90^0$ in die Direktrix der Parabel in Verbindung mit der unendlich fernen Geraden. Vgl. auch Nr. **29.** Der erwähnte Kreis wird gewöhnlich als *Direktorkreis* oder Hauptkreis des Kegelschnitts bezeichnet[84]). Bei Hyperbeln ist er nur reell, wenn $a > b$; für $a = b$ reduziert er sich auf die vom Kurvenmittelpunkt nach den imaginären Kreispunkten gezogenen Geraden.

Der Winkel α, den die Asymptoten eines Kegelschnitts einschliessen, ergiebt sich aus (30), wenn man an Stelle von y_1, y_2, y_3

A. H. Anglin, Edinb. math. soc. Proc. 11 (1893), p. 8—18; *Gundelfinger* giebt u. a. Gleichungen, die die Hauptaxen zugleich mit ihrem unendlich fernen Punkte darstellen (Vorl., p. 93; p. 96 f.; p. 103—106; 285—294).

83) Bei Normalkoordinaten (vgl. Fussnote 80) giebt die Formel *W. S. Burnside* in *Salmon-Fiedler*, Kegelschn. 5. Aufl., p. 690, bei beliebigen Dreieckskoordinaten *Gundelfinger*, Vorl., p. 274—276.

84) *De la Hire*, Sect. con., p. 193—196; Par. Hist. (1704), Paris 1706, p. 220—232. *De l'Hospital* bemerkte, dass ein Brennpunkt der im Falle der Parabel bei beliebigem γ auftretenden Hyperbel mit dem Brennpunkt der Parabel zusammenfällt (Sect. con., p. 270), und *Poncelet* erkannte das Zusammenfallen der zugehörigen Direktricen (Ann. de math. 8 (1818), p. 208 = Appl. d'anal. 2, p. 481, sowie Traité Nr. 481). *Poncelet* ging von dem Kegelschnitt $y^2 + Ax^2 + Bx = 0$ aus und untersuchte, wann die zugehörige C_4 zerfällt. Interessante Sätze über die C_4 giebt auch *F. H. Siebeck*, J. f. Math. 59 (1861), p. 173—182. Der Ausdruck Direktorkreis (director circle) scheint von englischen Autoren herzurühren, während französische Schriftsteller unter cercle directeur meist den Kreis verstehen, der um einen der Brennpunkte als Mittelpunkt beschrieben ist und dessen Radius so gross wie die Hauptaxe ist [152]); auch orthoptic circle ist bei englischen Autoren gebräuchlich.

die homogenen Koordinaten A_{13}, A_{23}, A_{33} des Mittelpunktes einsetzt. Man erhält $\operatorname{tg}\alpha = \pm \frac{2\sqrt{-A_{33}}}{a_{11}+a_{22}}$, oder mit Rücksicht auf (22) $-\frac{4\lambda_1\lambda_2}{\lambda_1+\lambda_2}$, woraus nach (26) folgt, dass $\operatorname{tg}\alpha$ nur von dem Verhältnis $a:b$ der Axen abhängt (vgl. auch Nr. **3**). Kegelschnitte, für die dieses Verhältnis dasselbe ist, heissen *ähnlich*; sie haben offenbar auch gleiche numerische Exzentrizität, und umgekehrt. Somit sind alle Parabeln (Nr. **4**) einander ähnlich. Tritt zur Ähnlichkeit noch gleiche Axenrichtung, so sind die Kurven auch *ähnlich liegend* (homothetisch bei *Chasles,* Ann. de math. 18 (1828), p. 280); zwei solche Kegelschnitte haben dieselben unendlich fernen Punkte. Bei rechtwinkligen Koordinaten sind alsdann die Koeffizienten der entsprechenden Glieder 2. Grades in den Kurvengleichungen einander proportional, und umgekehrt[85]).

17. Weitere Sätze über konjugierte Durchmesser. Umschriebene oder eingeschriebene Parallelogramme. Mit Hülfe der auf irgend zwei konjugierte Durchmesser als Koordinatenaxen bezogenen Gleichung (Nr. **10** und **11**):

$$\frac{x_1^2}{a^2} \pm \frac{y_1^2}{b^2} = 1 \tag{31}$$

einer C_2 lassen sich leicht zwei Sätze herleiten, die schon *Apollonius*[86]) durch planimetrische Betrachtungen gefunden hatte. Es sind folgende: 1) Alle Parallelogramme, deren zwei Paare von Gegenseiten durch die in den Endpunkten zweier konjugierten Durchmesser gezogenen Tangenten gebildet werden, haben gleichen Inhalt, der also mit dem Inhalt des Rechtecks der Scheiteltangenten übereinstimmt. 2) Bei der Ellipse ist die Summe der Quadrate zweier konjugierten Durch-

---

85) Bezüglich der oben angegebenen Bedingungen für Ähnlichkeit mit oder ohne ähnliche Lage vgl. *Salmon*, „A treatise on conic sections", Dublin 1848, p. 190—194, oder *Salmon-Fiedler*, p. 406—411; für beliebige Dreieckskoordinaten *Gundelfinger*, Vorl., p. 290 ff. Die Gl. eines Kegelschnitts k, der zu $f(x, x) = 0$ ähnlich und ähnlich gelegen ist, lässt sich in die Gestalt $\lambda f(x, x) + p_x \cdot q_x = 0$ bringen, wo λ einen Zahlenfaktor, $p_x = 0$ die unendlich ferne Gerade, $q_x = 0$ die Verbindungslinie der zwei im Endlichen liegenden Schnittpunkte beider Kurven bedeutet. Die Ähnlichkeit aller Parabeln war schon *Archimedes* bekannt (Schrift über Konoide und Sphäroide in Opera omnia, ed. *J. L. Heiberg*, Bd. 1, Leipzig 1880, p. 279; Übers. von *E. Nizze*, Stralsund 1824, p. 152; vgl. auch *Apollonius* Buch 6, § 11).

86) Buch 7, § 31 und § 12—13. Ihren tieferen Grund haben beide Sätze darin, dass A, $F(p, p)$, $[a, \omega]$ Invarianten von $f(x, x)$, p_x und $\omega(u, u)$ (Nr. **14**) sind; die ersten Spuren zu dieser Bemerkung finden sich bei *G. Boole*, Cambr. math. J. 3 (1841), p. 11 f. und p. 106—119; Cambr. Dubl. math. J. 6 (1851), p. 87—106. Vgl. auch *Plücker*, Anal. Entw. 1, p. 144 [I B 2, Nr. **1**].

messer, bei der Hyperbel deren Differenz gleich der Summe bezw. Differenz der Quadrate der Axen[87]). Übrigens sind auch alle Parallelogramme, die durch Verbinden der Endpunkte konjugierter Durchmesser entstehen, inhaltsgleich, und zwar halb so gross wie das Rechteck der Scheiteltangenten[88]).

J. B. Durrande bewies, dass unter allen einer Ellipse umschriebenen Vierseiten das konjugierte Parallelogramm, d. h. das Vierseit, dessen Seiten die C_2 in den Enden konjugierter Durchmesser berühren, den kleinsten Inhalt hat, und unter allen eingeschriebenen Vierecken hat das durch die Enden konjugierter Durchmesser gebildete Parallelogramm den grössten Inhalt[89]).

Bei der Ellipse giebt es ein Paar gleich grosser konjugierter Durchmesser, auf das als Koordinatenaxen bezogen $x^2 + y^2 = a_1^2$ die Gleichung der Kurve darstellt; dasselbe fällt seiner Lage nach in die Diagonalen des Rechtecks der Scheiteltangenten[90]) und schliesst unter allen Paaren solcher Durchmesser den kleinsten spitzen Winkel ein. Mit Rücksicht auf die oben unter 1) und 2) angeführten Sätze folgt leicht, dass unter allen Paaren konjugierter Durchmesser die Summe der gleichen am grössten, die Summe der rechtwinkligen am kleinsten ist[91]). Noch sei ein Satz von *Bobillier* erwähnt, nach dem bei der

---

87) Auch die Summe bezw. Differenz der Quadrate der Projektionen irgend zweier konjugierten Durchmesser einer Ellipse oder Hyperbel auf eine beliebig gewählte Gerade ist konstant. *Plücker,* System d. Geom., p. 97; weitere Folgerungen bei *Chasles,* J. de math. 2 (1837), p. 394 und 405.

88) *De la Hire,* Sect. con., p. 86 und 100.

89) Ann. de math. 12 (1821), p. 142 f. und ebenda (1822), p. 223 f. Unter allen einem Parallelogramm eingeschriebenen Ellipsen ist diejenige die grösste, welche die Verbindungslinien der Mitten der Gegenseiten zu konjugierten Durchmessern hat; unter den umschriebenen Ellipsen ist diejenige die kleinste, welche die Diagonalen zu konjugierten Durchmessern hat (*Durrande* a. a. O. p. 143). Nach *Steiner,* J. f. Math. 37 (1847), p. 182 ff. = Werke 2, p. 411 ff. giebt es unter allen einer Ell. eingeschriebenen Vierecken unendlich viele von gleichem maximalem *Umfang*; ihre Ecken liegen in den Berührungspunkten der Seiten irgend eines umschriebenen Rechtecks. Jeder Ellipsenpunkt ist Ecke eines Vierecks von maximalem Umfang, der doppelt so gross ist als die Diagonale des betreffenden Rechtecks. Alle diese Vierecke sind Parallelogramme, und die in ihren Ecken gezogenen Kurvennormalen halbieren die zugehörigen Winkel des Parallelogramms, wie ja nach *Steiner,* J. de math. 6 (1841), p. 169 = J. f. Math. 24 (1842), p. 151 f. = Werke 2, p. 241 überhaupt unter allen einer beliebigen Kurve eingeschriebenen Polygonen nur bei demjenigen der Umfang ein Maximum oder Minimum sein kann, dessen Winkel durch die Kurvennormalen halbiert werden. Vgl. auch Nr. 69, sowie *Magnus,* Aufg. § 79.

90) Vgl. z. B. *Biot*, „Essai de géom. anal.“, 4. Aufl. Paris 1810, p. 157.

91) *Apollonius*, Buch 7, § 25 und 26; *Durrande,* a. a. O. p. 168 f.

Ellipse die Summe, bei der Hyperbel die Differenz der Quadrate der reziproken Werte für die Längen irgend zweier zu einander rechtwinkliger Durchmesser konstant ist[92]). Mehrere Beziehungen zwischen den Längen und Richtungen von Paaren konjugierter Durchmesser haben *O'Brien, Chasles* u. A. gegeben[93]).

Eine Konstruktion der Axen eines Kegelschnitts aus einem Paar konjugierter Durchmesser D_1, D_2 (Längen $2d_1$, $2d_2$) gründet sich auf den Satz, dass zwei solche Geraden auf einer beliebig aber fest gewählten Tangente der Kurve vom Berührungspunkte aus Stücke begrenzen, deren Produkt konstant, gleich $-m^2$ ist, unter m die Länge des zur Tangente parallelen Halbmessers verstanden. Man zieht nun im Endpunkte A_1 von D_1 die Tangente t_1, trägt von A_1 aus auf der Normale dieses Punktes nach beiden Seiten hin Strecken A_1P und A_1Q von gleicher Länge $m = d_2$ ab und legt durch P und Q beliebig viele Kreise. Diese treffen t_1 in Punktepaaren R, S, für die im Fall der Ellipse $AR \cdot AS = -d_2^2$ ist; alsdann sind R, S auf konjugierten Durchmessern gelegen. Speziell der durch den Mittelpunkt M der C_2 gehende Kreis schneidet aus t ein Punktepaar aus, das mit M verbunden die Axen liefert, wenigstens ihrer Lage nach. Die Längen der Halbaxen sind $\frac{1}{2}(MP + MQ)$ bezw. $\frac{1}{2}(MP - MQ)$.[94])

18. Satz von Pascal. Fünf Punkte bestimmen im allgemeinen (Nr. 6) einen Kegelschnitt eindeutig; zwischen sechs gegebenen Punkten A, B, C, D, E, F der Kurve muss daher eine gewisse Beziehung stattfinden. Eine solche ist z. B. die, dass zwei Doppelverhältnisse wie $B(ACEF)$ und $D(ACEF)$ einander gleich sein müssen (Nr. 6).

---

92) Corresp. de Bruxelles 4 (1828), p. 218; Ann. de math. 19 (1829), p. 249 f. Allgemeiner zeigt *Chasles:* Sind 2 Kegelschnitte gegeben und bedeuten a_1, b_1 zwei konjugierte Halbmesser des einen, m, n die ihnen parallelen Halbmesser des zweiten, so ist $\frac{a_1^2}{m^2} \pm \frac{b_1^2}{n^2} = \text{const.}$ (J. de math. 2 (1837), p. 389), wo das doppelte Vorzeichen dem Fall der Ellipse bezw. Hyperbel entspricht.

93) *O'Brien,* Cambr. math. J. 4 (1844), p. 99 f.; *Chasles,* Sect. con., p. 126—135; *E. R. Turner,* Cambr. Dubl. math. J. 1 (1846), p. 123; *G. Dostor,* Arch. Math. Phys. 63 (1879), p. 197—204.

94) *Chasles,* Sect. con., p. 132—134. Eine von dieser unwesentlich abweichende Konstruktion giebt schon *Pappus,* Collectiones, Buch 8, prop. 14, ed. *F. Hultsch* 3 (Berlin 1878), p. 1083 f. Eine einfache Konstruktion, die den Satz von der konstanten Summe der Quadrate konjugierter Halbmesser benutzt, giebt *A. Mannheim,* Nouv. ann. 16 (1857), p. 188 f. Auf die zahlreichen anderen Konstruktionen, die gegeben wurden, können wir nicht eingehen, erwähnen nur noch solche von *L. Euler,* Petrop. Nov. Comm. 3 (1753), p. 224—234 und eine neuerdings von *F. Graefe* gegebene Zeitschr. Math. Phys. 46 (1901), p. 352 f.

Eine andere Form der Beziehung fasst die sechs Punkte als Ecken eines eingeschriebenen Sechsecks auf, und es zeigt sich, dass die Schnittpunkte der Gegenseiten eines solchen Sechsecks in einer Geraden liegen. Diesen Satz, vermutlich auch seine Umkehrung, fand 1640 *B. Pascal* im 16. Jahre seines Lebens[95]). Wird statt des beliebigen Kegelschnitts ein Paar von Geraden zu Grunde gelegt, auf denen je drei Eckpunkte des Sechsecks liegen, so gelangt man zu einem Spezialfall des *Pascal*'schen Satzes, den bereits *Pappus* kannte[96]). Auf's neue wurde der *Pascal*'sche Satz selbständig von *C. Maclaurin*, *R. Simson* und *L. N. M. Carnot* gefunden. Bei *Maclaurin* folgt der Satz sofort aus der nach ihm genannten Erzeugungsweise der Kegelschnitte: Drehen sich die Seiten xy, yz, zx eines veränderlichen Dreiecks xyz um drei feste Punkte a, c, e, während zwei seiner Ecken (y, z) auf festen Geraden B, D fortrücken, so beschreibt die dritte Ecke x einen Kegelschnitt, der durch a und e geht, sowie

---

95) Essais pour les coniques = Oeuvres compl. Éd. *Ch. Lahure*, Bd. 2, Paris 1858, p. 354—357. *Pascal* spricht dort den Satz zunächst für den Kreis aus (ohne Beweis), doch nicht in der kurzen heute üblichen Form; durch Projektion gewinnt er die Gültigkeit für einen beliebigen Kegelschnitt. *Pascal* kannte die Tragweite seines Satzes und baute auf ihn eine ganze Theorie der Kegelschnitte auf. In einem Schreiben an eine Vereinigung Gelehrter, aus der 1666 die Pariser Académie des sciences hervorging, erwähnt er 1654 sein conicorum opus completum et conica Apollonii et alia innumera unica fere propositione amplectens (p. 391 f. obiger Ausgabe); auch *M. Mersenne* erwähnt, dass *Pascal* aus seinem Satze 400 andere abgeleitet habe. Diese Schrift *Pascal*'s ist leider verloren, *G. W. Leibniz* hatte sie noch in Händen und berichtet 1676 über sie in einem an *Pascal*'s Neffen *Périer* gerichteten Briefe (p. 638 ff. obiger Ausgabe). *J. Curabelle* (Oeuvres de *Desargues*, hrsgg. von *Poudra*, 2, Paris 1864, p. 387) giebt schon 1644 mit den Worten „cette grande proposition La Pascale" dem Satz den Namen seines Entdeckers. Gleichwohl sind *Ch. Sturm* und *J. D. Gergonne*, Ann. de math. 17, p. 190 und 222 f. (1826 und 1827) zu der Annahme geneigt, *Desargues* habe schon vor *Pascal* den Satz gekannt. Die *Pascal*'sche Entdeckung geriet übrigens bald in Vergessenheit und wurde erst 1779 durch die Bemühungen von *Ch. Bossut* wieder ans Tageslicht gebracht, der in seiner Ausgabe der Werke *Pascal*'s den oben genannten essai veröffentlichte.

96) Collect., Buch 7, prop. 139 u. 143, Bd. 2, p. 887 u. 893 der Ausgabe von *F. Hultsch*, Berlin 1877. Bezüglich der fundamentalen Bedeutung des *Pappus*'schen Satzes bei Untersuchungen über die Grundlagen der Geometrie vgl. *H. Wiener*, Deutsche M. V. 1 (1891), p. 46 f; ebenda 3 (1893), p. 72; *A. Schönflies*, ebenda 1 (1891), p. 62 f.; *F. Schur*, Math. Ann. 51 (1898), p. 401—409; *D. Hilbert* „Grundlagen der Geometrie", Kap. 6, in der Festschrift zur Feier der Enthüllung des *Gauss-Weber*-Denkmals in Göttingen, Leipzig 1899. Ein anderer spezieller Fall des *Pascal*'schen Satzes bei *De l'Hospital*: Ist einem Kegelschnitt ein Fünfeck mit zwei Paaren paralleler Seiten eingeschrieben, so ist dessen fünfte Seite parallel zur Tangente ihrer Gegenecke (Sect. con., p. 140).

durch drei andere Punkte g, h, k, die bezw. die Schnittpunkte sind von ac und D, D und B, B und ce. Man sieht dann sofort, dass sich die Gegenseiten des Sechsecks $aghkex$ in den Punkten c, z, y einer und derselben Geraden schneiden[97]). *Maclaurin* hat später noch andere Beweise des *Pascal*'schen Satzes gegeben. *Simson*[98]) führt den Beweis mit Hülfe von Proportionalsätzen, und zwar zunächst für ein Sechseck mit einem Paar paralleler Gegenseiten, dann für den allgemeinen Fall. *Carnot* gelangt unter Anwendung eines Satzes über Transversalen zunächst zu folgendem Theorem: Sind A, B, C, D, E, F sechs willkürlich gewählte Punkte eines Kegelschnitts k, sind ferner M, N die Schnittpunkte der Geraden AB, AF mit DE bezw. DC, so gehen die Geraden MN, BC, FE durch einen und denselben Punkt. Ist nun $ABCDEF$ die Reihenfolge der auf k gelegenen Punkte, so werden BC und FE Gegenseiten, M, N die Schnittpunkte der zwei anderen Paare von Gegenseiten, und das eben erwähnte Theorem geht sofort in das *Pascal*'sche über[99]).

97) Ausgedrückt durch ein *Grassmann*'sches planimetrisches Produkt [III B 3] würde die Gleichung des Kegelschnitts lauten $xaBcDex = 0$ (*H. Grassmann*, „Die lineale Ausdehnungslehre“, Leipzig 1844, § 147 = Werke 1, p. 248; J. f. Math. 31 (1845), p. 120 f. = Werke 2^1, p. 59 f.). Veranlasst wurde *Maclaurin* zu seinen Untersuchungen wahrscheinlich durch eine von *J. Newton* gefundene Erzeugung der Kegelschnitte: Drehen sich zwei konstante Winkel um ihre Scheitel und wird hierbei der Schnittpunkt des einen Schenkelpaares auf einer Geraden geführt, so beschreibt der Schnittpunkt des anderen Paares einen Kegelschnitt („Enumeratio linearum tertii ordinis“, London 1706, Kapitel 7 = Opera, hrsg. von *S. Horsley*, 1, London 1729, p. 556). *Maclaurin* bemerkt, dass er seine Erzeugungsweise schon 1722 gefunden hat; er veröffentlichte sie aber erst 1735 (Lond. Trans. 39, Nr. 439, p. 163) als Anhang zu einer anderen Arbeit (ebenda p. 143). Der Anlass zur Veröffentlichung dieser Arbeit und des Schriftstückes von 1722 war die Schrift von *W. Braikenridge* „Exercitatio geometrica de descriptione linearum curvarum“, London 1733 und eine Abhandlung desselben Verfassers in Lond. Trans. 39, Nr. 436, p. 25—36 (1735). In der ersten Schrift hatte *W. Braikenridge* gezeigt, dass, wenn sich die Seiten eines veränderlichen n-Ecks um n feste Punkte drehen, während $n - 1$ ihrer $\frac{n(n-1)}{2}$ Schnittpunkte auf festen Geraden fortrücken, die übrigen $\frac{(n-1)(n-2)}{2}$ Schnittpunkte Kegelschnitte beschreiben. Auch *Poncelet*, Traité Nr. 494 f., bewies diesen Satz. Näheres über den Prioritätstreit zwischen *Braikenridge* und *Maclaurin* bei *Cantor*, Gesch. d. Math. 3, p. 787—793 und *Kötter*, Bericht, p. 15—17. Liegen die n festen Punkte auf einer Geraden, so reduziert sich jeder Kegelschnitt auf eine Gerade, wie schon *Pappus* bekannt war, Collect. Buch 7, Bd. 2 der Ausg. von *F. Hultsch*, Berlin 1877, p. 653 und 655. Vgl. auch *Poncelet* a. a. O., Nr. 498 ff.

98) Sect. con. Buch 5, § 46 und 47.

99) Géom. de pos., Nr. 396—398. Später hat *Carnot*, wieder mit Benutzung eines Transversalensatzes, noch einen anderen Beweis gegeben und daran an-

19. Satz von Brianchon. Reziproke Polaren. Den dual entsprechenden Satz, dass sich die Verbindungslinien der Gegenecken eines einem Kegelschnitt umschriebenen Sechsseits in einem und demselben Punkte schneiden, fand *C. J. Brianchon*[100]) mit Hülfe der Transformation durch *reziproke Polaren*. Allerdings wurde diese Transformation erst später durch *Poncelet* als *geometrisches Prinzip* aufgestellt[101]), aber schon vorher findet man vereinzelte Anwendungen (III A 5). Vermöge dieser Transformation lässt sich einer Kurve c eine Kurve c_1 derart zuordnen, dass die Punkte der einen Kurve die in Bezug auf einen fest gewählten Kegelschnitt genommenen Pole der Tangenten der anderen sind. Einem der einen Kurve eingeschriebenen n-Eck entspricht ein der anderen umschriebenes n-Seit.

Wir müssen es uns versagen, auf die zahlreichen später gegebenen Beweise der Sätze von *Pascal* und *Brianchon* näher einzugehen, verweisen vielmehr auf den Bericht von *Kötter*[102]).

---

schliessend den *Brianchon*'schen Satz (Nr. **19**) bewiesen („Mémoire sur la relation qui existe entre les distances respectives de cinq points quelconques pris dans l'espace; suivi d'un essai sur la théorie des transversales", Paris 1806, p. 92 ff.).

100) J. éc. polyt. 6, cah. 13 (1806), p. 301; 4, cah. 10 (1810), p. 12; Ann. de math. 4 (1814), p. 379 ff. Auch fand *Brianchon* mit Hülfe seines und des *Pascal*'schen Satzes, dass die Ecken zweier einem Kegelschnitt umschriebenen Dreiseite wieder auf einem Kegelschnitt liegen und die Seiten zweier eingeschriebenen Dreiecke einen Kegelschnitt berühren („Mémoire sur les lignes du second ordre", Paris 1817, p. 35).

101) Traité Nr. 230—235; J. f. Math. 4 (1828), p. 1—71, eine Abhandlung, die *Poncelet* schon 1824 der Pariser Akademie mitteilte, wieder abgedruckt in Traité, 2. Aufl. Paris 1866, p. 57—121, ein Auszug daraus in Ann. de math. 17 (1827), p. 265—272. Zur Auffassung obiger Transformation als Berührungstransformation vgl. III D 7.

102) Bericht, p. 14—28. Von synthetischen Beweisen, die bei *Kötter* nicht erwähnt sind, seien noch zitiert solche von *Hesse*, J. f. Math. 20 (1840), p. 303 = Werke p. 43, im Auszug Nouv. ann. 14 (1855), p. 190 f.; ferner Bull. scienc. math. astr. 1 (1870), p. 196 f. oder J. f. Math. 73 (1871), p. 371 = Werke, p. 561 f.; *H. Dufau*, Nouv. ann. (3) 1 (1882), p. 99 f.; *A. Renon*, ebenda (3) 8 (1889), p. 307; *Aubert*, ebenda p. 529—535; *P. Soulier*, ebenda (3) 9 (1890), p. 529 f. Bezüglich weiterer analytischer Beweise nennen wir *E. Hunyady*, J. f. Math. 83 (1876), p. 79—84; *F. Mertens*, ebenda 84 (1877), p. 355—357; *Gundelfinger*, Vorl., p. 126 f. Kurz und eigenartig ein von *W. F. Meyer*, Deutsche M.-V. 9 (1900), p. 93 f. gegebener Beweis, daselbst eine Erweiterung für C_{2n}, sowie auf den Raum. Auch *F. A. Möbius* verallgemeinerte den *Pascal*'schen Satz in gewisser Weise für eingeschriebene C_{2n} (J. f. Math. 36 (1847), p. 216—219 = Leipz. Ber. 1, p. 170 —174 = Werke 1, p. 589—594). Andere Verallgemeinerungen gaben *E. Brassine*, Nouv. ann. (3) 1 (1882), p. 318 f. und *B. Sporer*, Arch. Math. Phys. (2) 1 (1883), p. 333 f. — Den Fall, dass die Ecken des Sechsecks aus Paaren konj. imag. Punkte bestehen, behandelt *J. Thomae*, Zeitschr. Math. Phys. 38 (1893), p. 381 ff.

Steiner zeigte, wie die Sätze von *Pascal* und *Brianchon* aus der Beziehung projektiver Elemente hervorgehen; gestützt auf die Erzeugung einer C_2 durch zwei projektive Strahlenbüschel leitete er den *Pascal*'schen Satz ab[103]).

Spezielle Fälle ergeben sich, wenn man Seiten des eingeschriebenen Sechsecks unendlich klein werden lässt. Werden z. B. drei nicht zusammenstossende Seiten unendlich klein, so folgt: Wird einem Kegelschnitt ein Dreieck eingeschrieben, so treffen die in den Ecken gezogenen Tangenten die Gegenseiten in drei Punkten einer Geraden[104]). Den dual entsprechenden Satz, dass bei einem umschriebenen Dreiseit die von den Ecken nach den Berührungspunkten der Gegenseiten gezogenen Geraden durch einen Punkt gehen, hat schon 1678 *G. Ceva*[105]).

Hingewiesen sei noch auf die Anwendung des *Pascal*'schen und *Brianchon*'schen Satzes zur Konstruktion weiterer Punkte bezw. Tangenten eines Kegelschnitts aus fünf gegebenen.

20. Nähere Untersuchung der Konfiguration des Pascal'schen Sechsecks. *Steiner* vervollständigte die Sätze von *Pascal* und *Brianchon*, indem er sie zunächst auf alle 60 verschiedenen Sechsecke anwandte, die durch irgend 6 Punkte eines Kegelschnitts bestimmt sind. Den 60 Sechsecken entsprechen 60 „*Pascal*'sche Geraden“ h, und *Steiner* fand nun, dass diese zu je 3 durch einen Punkt G gehen, wodurch 20 solche „*Steiner*'sche Punkte“ G entstehen[106]). Diese liegen, wie *J. Plücker*[107]) erkannte, auf 15 „*Steiner-Plücker*'schen Geraden“ j, und zwar enthält jede derselben 4 *Steiner*'sche Punkte, so-

103) Syst. Entw. § 24, I und § 42, I = Werke 1, p. 300 und 340 = Ostw. Klass. Nr. 82/83; vgl. auch *Steiner-Schröter*, p. 121 f.

104) *Carnot*, Géom. de pos. Nr. 399; *Bobillier*, Ann. de math. 18 (1828), p. 321—323.

105) „De lineis rectis se invicem secantibus statica constructio“, Mediol. 1678. Vgl. *Chasles*, Aperçu hist., Brüssel 1837, Note 7 = Übers. von *L. A. Sohncke*, Halle 1839, p. 301. Später findet sich der Satz bei *Maclaurin* (Appendix zur Algebra, § 42 (1748); 2. Aufl. 1756). Umgekehrt schneiden die Verbindungslinien irgend eines Punktes mit den Ecken eines Dreiecks die Gegenseiten in drei Punkten, die die Berührungspunkte eines eingeschriebenen Kegelschnitts bilden (vgl. *Steiner*, Ann. de math. 19 (1828), p. 48—51 = Werke 1, p. 199—201, wo noch weitere Folgerungen). Allgemeiner zeigte *Chasles*, Ann. de math. 19 (1828), p. 74 f., dass die Verbindungslinien der Ecken eines Dreiecks mit den in Bezug auf irgend einen Kegelschnitt k genommenen Polen der Gegenseiten durch einen und denselben Punkt Q gehen, und dual entsprechend. *Chr. v. Staudt*, J. f. Math. 62 (1862), p. 142 nannte Q den Pol des Dreiecks in Bezug auf k.

106) Ann. de math. 18 (1828), p. 339 f. = Werke 1, p. 224 f.

107) J. de Math. 5 (1829), p. 275 und 280 = Ges. Abh. 1, p. 166 und 171.

dass durch jeden Punkt G 3 Geraden j gehen. *Steiner* giebt diese und die dual entsprechenden Beziehungen ohne Beweis an [108]), nur hatte sich in seine erste Publikation [106]) ein später von *Plücker* [107]) berichtigter Irrtum eingeschlichen. *Plücker* beweist die angeführten Sätze durch Anwendung allgemeiner Symbole für die linken Seiten der Gleichungen gerader Linien unter Beihülfe kombinatorischer Betrachtungen [109]).

Hesse bemerkte die Identität des Systems der G und j mit der durch drei perspektiv liegende Dreiecke einer Ebene gebildeten Figur. Die entsprechenden Seiten je zweier von diesen Dreiecken schneiden sich, wie schon *Desargues* [110]) zeigte, in drei Punkten einer Geraden γ, und *Hesse* bewies, dass diese Geraden durch einen Punkt P gehen. Die 20 Punkte G werden nun durch die 9 Ecken solcher Dreiecke, die 9 Schnittpunkte entsprechender Seiten je zweier von ihnen, das Projektionszentrum und jenen Punkt P gebildet, die 15 Geraden j durch die 9 Seiten der Dreiecke, die 3 Geraden, auf denen ihre Ecken liegen und die drei Geraden γ. [111])

Eine weitere Förderung erhielt die Theorie des *Pascal*'schen Sechsecks durch *Th. P. Kirkman* [112]). Er bildete Ausdrücke, die den

108) Syst. Entw. § 60, Nr. 54 = Werke 1, p. 450 f. = Ostw. Klass. Nr. 83.

109) *Cayley* bewies einige der *Steiner-Plücker*'schen Sätze, bei einigen bezweifelte er ihre Richtigkeit (J. f. Math. 31 (1845), p. 219—226 = Coll. papers 1, p. 322—328). Nach Kenntnis der Arbeit *Plücker*'s kam er auf den Gegenstand zurück (J. f. Math. 34 (1847), p. 270—275 = Coll. papers 1, p. 356—359) und bemerkte die Reziprozität der G und j zu einem von ihm selbst früher (J. f. Math. 31 (1845), p. 216 = Coll. papers 1, p. 320) betrachteten System von 20 Geraden und 15 Punkten. Auch weist er darauf hin, dass die G und j als Projektionen der Schnittpunkte und Schnittlinien eines gewissen Systems von sechs Ebenen angesehen werden können (J. f. Math. 34 a. a. O., sowie Quart. J. 9 (1868), p. 348—353 = Coll. papers 6, p. 129—134). Bezüglich weiterer Anwendungen dieses Projektions- und Schnittprinzips s. *W. Fr. Meyer*, Württemb. Korr.-Blatt 1884, Heft 7, 8.

110) Oeuvres, hrsgg. von *Poudra*, Bd. 1, p. 413 und 430.

111) J. f. Math. 41 (1849), p. 269—271 = Werke, p. 253—256. Vgl. auch Münch. Abh. 11^1, (1872), p. 175—183 = J. f. Math. 75, p. 1—5 = Werke, p. 585—590; italien. Giorn. di mat. 11, p. 309—312. *Hesse* erwähnt auch, dass die 20 Punkte G 10 harmonische Polenpaare des Kegelschnitts bilden, nachdem er schon früher (J. f. Math. 24 (1842), p. 43 = Werke, p. 60 f.) in den beim *Brianchon*'schen Sechsseit auftretenden dual entsprechenden 20 Geraden g' 10 harmonische Polarenpaare erkannt hatte. *Steiner* nennt zwei so zusammengehörige Punkte G Gegenpunkte (*Steiner-Schröter,* p. 126). Vgl. für das Vorhergehende auch die elegante Darstellung bei *Hesse* „Vorl. aus d. analyt. Geom. d. geraden Linie etc.", 12. Vorl.

112) Im Manchester Courier von 1849; ferner Cambr. Dubl. math. J. 5 (1849), p. 185—200.

Kegelschnitt k nebst einer *Pascal*'schen Geraden darstellen und bewies durch passende Kombination solcher Ausdrücke nicht nur die Existenz der 20 *Steiner*'schen Punkte G, sondern auch 60 anderer Punkte H (*Kirkman*'scher Punkte), durch deren jeden 3 *Pascal*'sche Geraden h gehen, so dass auf jeder h ein G und drei H liegen[113]). Die 15 Seiten eines vollständigen Sechsecks schneiden sich, von den 6 eigentlichen Ecken abgesehen, paarweise noch in 45 Punkten Q; durch jeden derselben gehen nach *Kirkman* zwei Geraden v, die zu den durch Q gehenden Seiten harmonisch liegen und deren jede zwei Punkte H enthält, so dass durch jeden Punkt H drei der 90 Geraden v gehen.

Cayley und *G. Salmon* fanden unabhängig von einander 20 „*Cayley-Salmon*'sche Geraden" g, deren jede 3 Punkte H enthält, und *Salmon* bemerkte, dass auf jeder g ein *Steiner*'scher Punkt G liegt, sowie dass immer 4 Geraden g durch einen von 15 „*Salmon*'schen Punkten" J gehen[114]).

Der Absicht, zweckmässige Bezeichnungen für die erwähnten und andere zahlreiche in der *Pascal*'schen Konfiguration auftretende Punkte und Geraden zu geben, sind Arbeiten von *Cayley* und Miss *Ladd* gewidmet[115]).

21. Gewisse Reziprozitäten in der Pascal'schen Konfiguration. *Hesse*[116]) wies auf die Reziprozität hin, vermöge deren den von *Pascal*, *Steiner* und *Plücker* gefundenen Geraden und Punkten die von *Kirkman*, *Cayley* und *Salmon* gefundenen Punkte und Geraden gegenüberstehen, allerdings nicht im Sinn von Pol und Polare. Jedoch lassen sich, wie *G. Bauer*[117]) zeigte, Gruppen herstellen, deren jede in sich polar reziprok ist in Bezug auf einen bestimmten Kegelschnitt.

In anderer Weise untersuchte *G. Veronese* die beim *Pascal*'schen Sechseck auftretende Dualität. Er fand, dass die 60 Geraden h und Punkte H sechs Figuren π bilden, wobei durch jeden Punkt H drei Geraden h gehen und auf jeder h drei H liegen; die zehn Punkte H einer Figur sind hierbei Pole der 10 Geraden h mit Bezug auf einen zu π gehörigen Kegelschnitt. Natürlich bestehen zwischen den ein-

---

113) Auch *Hesse* zeigt J. f. Math. 68 (1867), p. 194 f. = Werke, p. 541 f., wie man sofort drei solche Geraden h angeben kann.

114) *Cayley*, J. f. Math. 41 (1849), p. 66—72 und 84 = Coll. papers 1, p. 550—556. *Salmon* teilte seine Resultate *Kirkman*[112]) mit, der überhaupt noch zahlreiche weitere Gebilde angiebt, die zur *Pascal*'schen Konfiguration in Beziehung stehen.

115) *Cayley*, Quart. J. 9 (1868), p. 268—274 = Coll. papers 6, p. 116—122; Miss *Ch. Ladd*, Amer. J. 2 (1879), p. 1—12.

116) J. f. Math. 68 (1867), p. 193—207 = Werke, p. 539—556.

117) Münch. Abh. 11³, (1874), p. 109—139.

zelnen π gewisse Beziehungen, die *Veronese* näher angiebt [118]). Später untersuchte er auch die Beziehungen der *Pascal*'schen Konfiguration zu den Gruppen der Substitutionen von 3, 4, 5 und 6 Buchstaben [I A 6]. Indem er ferner den Ecken die 6 Koordinaten eines Punktes im Raume R_5 von 5 Dimensionen zuordnet, gewinnt er Beziehungen zwischen den *Pascal*'schen Sechsecken und gewissen Konfigurationen des R_5; [119]) durch Zuordnung der 6 linearen Fundamentalkomplexe erhält er Beziehungen zu den Untersuchungen von *F. Klein* [120]) über Linienkomplexe ersten und zweiten Grades [III C 9].

22. Weitere Untersuchungen über das Pascal'sche Sechseck. *Grossmann* [121]) verband die Ecken zweier demselben Kegelschnitt k eingeschriebenen Dreiecke; diese Verbindungslinien liefern 6 *Pascal*'sche Sechsecke, denen 6 Geraden h zugehören, die sich zu je drei in 2 *Steiner*'schen Punkten G schneiden; auf ihrer Verbindungslinie liegen zwei andere Punkte R, S, die in gewisser Weise je einem der zwei Dreiecke zugeordnet sind [122]). Durch bestimmte Änderung der

---

118) Rom Linc. Atti (3) 1, (1877), p. 649—703. Die wichtigsten Resultate dieser Untersuchung auch bei *Salmon-Fiedler*, Kegelschn. 2. Teil, p. X f. (oder 4. Aufl. p. 688 ff.), sowie in der schon erwähnten [115]) Arbeit von Miss *Ladd*. Die 45 Punkte Q (Nr. **20**) bilden 15 Dreiecke Δ_{ik} entsprechend den 15 Paaren i, k, zu denen man die 6 Figuren π kombinieren kann; die 6 Geraden v, die paarweise durch die Ecken eines Dreiecks Δ_{ik} gehen, schneiden sich zu dreien in 4 Punkten Z_2, so dass in jeder v zwei Z_2 liegen. Im ganzen giebt es 60 Punkte dieser Art, die in gewisser Weise den 60 Geraden h entsprechen. Die 3 Punkte Z_2, die den drei in einem Punkte H sich schneidenden Geraden h zugehören, liegen in einer Geraden z_2; es giebt deren 60, durch jeden Punkt Z_2 gehen drei von ihnen, ebenso gehen je drei durch einen *Steiner*'schen Punkt G. Auch die Z_2 und z_2 bilden nun 6 Figuren π' von je 10 Geraden z_2 und Punkten Z_2, die wieder Polaren und Pole eines Kegelschnitts sind. Aus π' wird ein System von 60 Geraden z_3 und 60 Punkten Z_3 abgeleitet, u. s. f. Näheres auch bei *O. Dziobek*, „Neue Beiträge zur Theorie des *Pascal*'schen Sechsecks", Berlin 1882. *L. Cremona*, Rom Linc. Atti (3) 1 (1877), p. 854—874 und *H. W. Richmond*, Quart. J. 23 (1889), p. 170—179 leiteten gleichfalls einige von *Veronese* gefundene Resultate und die wichtigsten früheren Sätze ab durch Projektion der Geraden einer F_3 mit Doppelpunkt aus diesem Punkte. Vgl. ferner *G. Veronese* Rom Linc. Atti (3) 9 (1881), p. 331 ff.; *Richmond*, Quart. J. 31 (1899), p. 125—160; Math. Ann. 53 (1899), p. 161—176.

119) Ann. di mat. (2) 11 (1881), p. 143—236, sowie (1883), p. 284—290. Die Arbeit enthält eine Fülle von Resultaten.

120) Math. Ann. 2 (1869), p. 198—226. Den 10 Gruppen von Paaren *Steiner*'scher Punkte entsprechen z. B. die von *Klein* gefundenen 10 „Fundamentalflächen" 2. Grades, etc.

121) J. f. Math. 58 (1860), p. 174—178.

122) *Chr. v. Staudt*, J. f. Math. 62 (1862), p. 142—150 zeigte, dass R und S Pole der beiden Dreiecke [105]) in Bezug auf k sind; die zwei Punkte G werden sowohl durch die Schnittpunkte ihrer Verbindungslinie mit der Kurve k als

Seitenfolge leitete *P. Joerres*[123]) aus einem *Pascal*'schen Sechseck drei andere ab, die natürlich anderen Kegelschnitten eingeschrieben sind, aber dieselbe *Pascal*'sche Gerade gemeinsam haben. *Joerres* untersuchte nun die gemeinsamen Sehnenpaare je zweier der vier Kegelschnitte. *F. Graefe*[124]) dehnte diese Untersuchungen auf die $3 \cdot 60 = 180$ Sechsecke bezw. Kegelschnitte aus, die man in der von *Joerres* angegebenen Weise aus den 60 durch 6 Kurvenpunkte bestimmten Sechsecken ableiten kann.

Wenn man in einem *Pascal*'schen Sechseck zwei Paare gegenüberliegender Seiten mit den zwei die freien Endpunkte verbindenden Diagonalen zusammennimmt, erhält man wieder ein *Pascal*'sches Sechseck; die drei *Pascal*'schen Geraden der so entstehenden drei Sechsecke schneiden sich nach *Hesse*[125]) in einem Punkte. Ist das gegebene *Pascal*'sche Sechseck zugleich ein *Brianchon*'sches, so sind auch die in eben angegebener Weise abgeleiteten zugleich *Brianchon*'sche Sechsecke; die zugehörigen drei *Pascal*'schen Geraden sind, wie *J. Lüroth*[125]) bemerkte, jedesmal die vierten harmonischen Geraden zu den Diagonalen und treffen die Seiten des betr. eingeschriebenen Kegelschnitts in dessen Berührungspunkten. *C. N. Little*[125]) zeigte, wie man aus

---

durch R und S harmonisch getrennt. Vgl. auch *V. Snyder*, New York Bull. math. soc. (2) 4 (1898), p. 441 f.; *L. Klug*, Monatsh. Math. Phys. 10 (1899), p. 198—217. Die Änderungen, die die *Pascal*'sche Konfiguration erleidet, wenn eine Ecke des Sechsecks den durch die 5 übrigen bestimmten Kegelschnitt durchläuft, untersuchte *C. A. v. Drach*, Math. Ann. 5 (1872), p. 404—418.

123) J. f. Math. 72 (1870), p. 331 f.

124) „Der *Pascal*'sche Satz". Diss. inaug. Bern 1879. Die 180 Sechsecke haben zu je 12 mit dem ursprünglich gegebenen zwei Ecken gemeinsam. Später fand *Graefe* noch eine grosse Zahl weiterer Sätze (Zeitschr. Math. Phys. 25 (1880), p. 215 f.; „Erweiterungen des *Pascal*'schen Sechsecks etc.", Wiesbaden 1880); auch behandelte er Sechsecke, denen derselbe *Kirkman*'sche Punkt zugehört, J. f. Math. 93 (1882), p. 184—187. Hier ist noch auf einige Resultate hinzuweisen, die *L. Wedekind*, Math. Ann. 16 (1879), p. 236—244 fand gelegentlich des Studiums der durch 6 Geraden, die sich paarweise in 3 Punkten einer Geraden schneiden, gebildeten Figur. Diese Figur giebt bekanntlich zu 4 perspektiven Dreiecken, somit auch zu 4 *Pascal*'schen Sechsecken mit derselben Geraden h und schliesslich zu den oben erwähnten 180 Sechsecken Anlass.

125) *Hesse* „Vorl. über analyt. Geom. d. Raumes", 1. Aufl. Leipzig 1861, p. 38—43, 3. Aufl. (1876), p. 41—46; „Vorl. aus d. analyt. Geom. d. geraden Linie etc.", 12. Vorl.; *Lüroth*, Zeitschr. Math. Phys. 10 (1865), p. 392 ff., daselbst noch weitere interessante Sätze. *Little* Amer. J. 15 (1892), p. 190. Ein *Pascal*sches Sechseck, das zugleich ein *Brianchon*'sches ist, wird sofort durch die in Fussnote 49 erwähnte Konstruktion der Polare von P in Bezug auf k geliefert; die Polare ist die *Pascal*'sche Gerade, P der *Brianchon*'sche Punkt des Sechsecks $ABCDEF$; vgl. auch *O. Schlömilch*, Zeitsch. Math. Phys. 34 (1889), p. 188 f. Ein Sechseck, das auf 10 Arten ein *Brianchon*'sches ist, fand *A. Clebsch* (Math.

einem *Pascal*'schen Sechseck, das zugleich ein *Brianchon*'sches ist, unendlich viele solche Sechsecke ableiten kann, denen dieselbe *Pascal*'sche Gerade und derselbe *Brianchon*'sche Punkt zugehören. Man hat nur die alternierenden Seiten des Sechsecks bis zu ihrem Schnittpunkt zu verlängern und die so erhaltenen 6 Schnittpunkte mit einander zu verbinden; das dual entsprechende Verfahren wäre natürlich auch anwendbar.

23. Metrische Relationen bei eingeschriebenen oder umschriebenen Polygonen. Erwähnen wir zunächst ein „Theorem von *Carnot*" über den Schnitt einer C_2 mit den Seiten eines beliebigen Dreiecks ABC. Nach diesem Theorem besteht zwischen den auf den Seiten gebildeten Abschnitten (Fig. 6) die Relation:

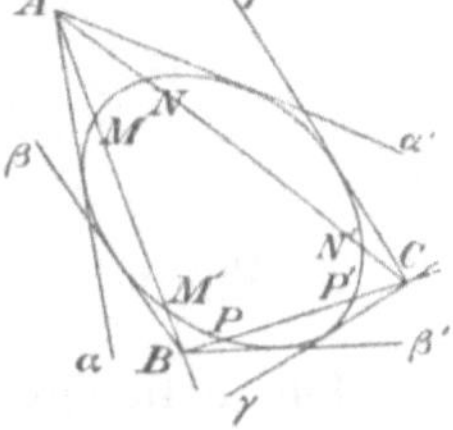

Fig. 6.

$$(32) \qquad AM\cdot AM'\cdot BP\cdot BP'\cdot CN\cdot CN' = AN\cdot AN'\cdot BM\cdot BM'\cdot CP\cdot CP'.$$

Carnot führt den Beweis [126]), indem er die in M, M', N, N', P, P' gezogenen Tangenten der C_2 als Transversalen von ABC betrachtet und jedesmal den Satz des *Menelaos* [III A 2] anwendet. Später dehnte er die Relation auf die Schnitte der Seiten eines beliebigen Polygons mit einem Kegelschnitt aus [127]). Dual entspricht dem *Carnot*'schen Theorem ein zuerst von

Ann. 4 (1871), p. 336 ff.) gelegentlich seiner Abbildung der Diagonalfläche 3. Ordnung (III C 6) auf die Ebene; vgl. hierzu auch *F. Klein*, Math. Ann. 12 (1877), p. 531 f., sowie „Vorl. über das Ikosaeder etc.", Leipzig 1884, p. 218; *E. Hess*, „Einl. in d. Lehre v. d. Kugelteilung", Leipzig 1883, p. 422—424; Math. Ann. 28 (1886), p. 202 ff.; *H. Schröter*, Math. Ann. 28 (1886), p. 457 ff.

126) Géom. de pos. Nr. 236—240.

127) „Mémoire sur la relation qui existe entre les distances respectives de cinq points quelconques pris dans l'espace; suivi d'un essai sur la théorie des transversales", Paris 1806, p. 72 f. Wenn speziell die Seiten des Dreiecks die C_2 in R, S, T berühren, findet man $AR\cdot BS\cdot CT = AT\cdot BR\cdot CS$. Ein anderer besonderer Fall ist der, dass die eine Ecke, etwa A, ins Unendliche rückt [126]); dann werden AB und AC parallel (Fig. 7), und (32) verwandelt sich in $BM\cdot BM' : BP\cdot BP' = CN\cdot CN' : CP\cdot CP'$, eine Relation, die sich aus einer von *Newton* (Enumeratio linearum tertii ordinis (1706), Cap. 2, Nr. 4 = Opera, hrsgg. von *S. Horsley*, Bd. 1, London 1729, p. 533) für C_2 und C_3 ausgesprochenen sofort ergiebt. Der allgemeine für C_n giltige Satz lautet: Werden durch einen Punkt O zwei Sekanten gezogen, die eine C_n in R_1, $R_2, \ldots, R_n$ bezw. $S_1, S_2, \ldots S_n$ treffen, so ist das Verhältnis der Produkte $OR_1 . OR_2 \ldots\ldots OR_n$ und $OS_1 . OS_2 \ldots\ldots OS_n$ konstant für alle Lagen von O, wenn nur die Sekanten ihre Richtungen beibehalten (*Carnot*,

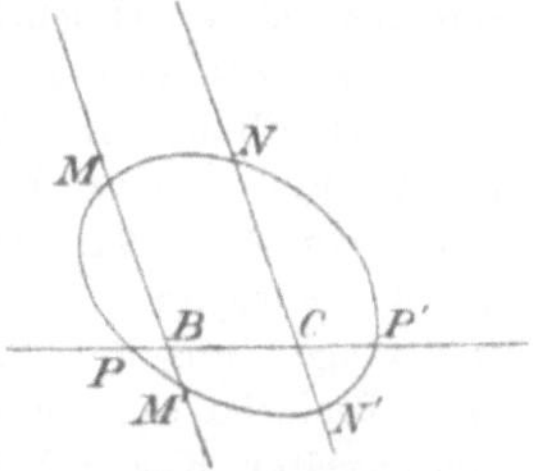

Fig. 7.

Chasles aufgestellter Satz. Nennt man nämlich a, b, c die Seiten BC, CA, AB des Dreiecks ABC und sind α, α'; β, β'; γ, γ' die von seinen Ecken an den Kegelschnitt gelegten Tangenten (Fig. 6), so besteht die Gleichung [128]):

$$(33) \qquad \begin{aligned} &\sin(a,\beta) \,.\, \sin(a,\beta') \,.\, \sin(c,\alpha) \,.\, \sin(c,\alpha') \,.\, \sin(b,\gamma) \,.\, \sin(b,\gamma') \\ = &\sin(c,\beta) \,.\, \sin(c,\beta') \,.\, \sin(a,\gamma) \,.\, \sin(a,\gamma') \,.\, \sin(b,\alpha) \,.\, \sin(b,\alpha'), \end{aligned}$$

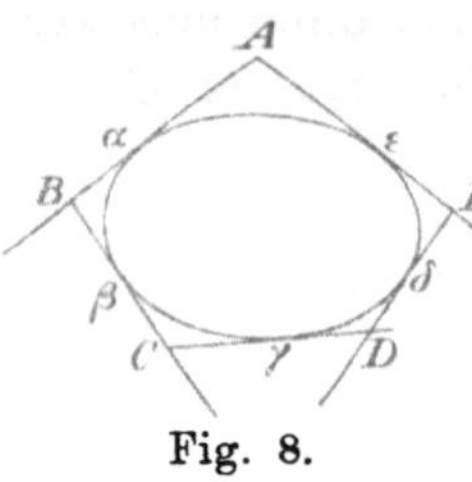

Fig. 8.

und wenn umgekehrt eine solche Relation für drei Geradenpaare stattfindet, sind diese Tangenten desselben Kegelschnitts. Mit Hülfe dieses und des *Carnot*'schen Theoremes zeigt *Chasles*, dass, wenn man die Punktepaare, in denen eine C_2 die Seiten eines Dreiecks schneidet, mit den Gegenecken verbindet, diese Verbindungslinien Tangenten eines zweiten Kegelschnitts sind [129]).

Für beliebige einem Kegelschnitt k *umschriebene* Polygone beweist *Carnot* [130]) eine Relation, die z. B. für den Fall eines Fünfecks (Fig. 8) lauten würde:

$$(34) \qquad A\alpha \,.\, B\beta \,.\, C\gamma \,.\, D\delta \,.\, E\varepsilon = A\varepsilon \,.\, E\delta \,.\, D\gamma \,.\, C\beta \,.\, B\alpha,$$

wenn α, β, γ, δ, ε die Berührungspunkte der Seiten bezeichnen.

24. Veränderliche eingeschriebene Polygone. Dem schon (Nr. 18) erwähnten *Braikenridge-Maclaurin*'schen Satze entspricht dual ein zuerst von *Poncelet* bewiesener Satz: Bewegen sich die n Ecken eines veränderlichen n-Ecks auf n festen Geraden, während sich seine Seiten mit Ausnahme einer einzigen um feste Punkte drehen, so umhüllen die übrigen Verbindungslinien der Ecken Kegelschnitte. Gehen die n festen Geraden durch denselben Punkt, so reduziert sich jeder der eben erwähnten Kegelschnitte auf einen Punkt. Andere spezielle

---

Géom. de pos. Nr. 376). Für C_2 war der Satz vielleicht auch *Apollonius* bekannt; jedenfalls war er ihm sehr nahe, er hätte ihn eigentlich nur noch aussprechen müssen (Buch 3, § 17, 19 und 22).

128) Sect. con. Nr. 29.

129) Ebenda Nr. 78; vgl. auch *Hesse,* J. f. Math. 65 (1865), p. 384 = Werke, p. 529. Ein anderer kurzer Beweis bei *W. F Meyer,* Ber. d. Deutsch. Math.-Ver. 9 (1900), p. 94; ebenda (p. 95) eine Erweiterung auf C_n, wobei an Stelle der 3 Punktepaare 3 Punkt-n-tupel treten und n gerade sein muss (nebst Erweiterungen auf den Raum). Dual entsprechend schneiden die von den Ecken eines Dreiecks an die C^2 gezogenen Tangenten die Gegenseiten in Punkten eines zweiten Kegelschnitts, und wenn die C^2 in ein Punktepaar ausartet, folgt der Satz von *Steiner,* dass die Verbindungslinien zweier Punkte mit den Ecken eines Dreiecks die Gegenseiten in Punktepaaren eines zweiten Kegelschnitts treffen (Ann. de math. 19 (1828), p. 3 = Werke 1, p. 184).

130) Géom. de pos. Nr. 381. Ebenda Nr. 391—395 weitere Sätze dieser Art.

Fälle entstehen, wenn von den Geraden, auf denen die Ecken eines veränderlichen Polygons fortrücken oder den Punkten, um die sich die Seiten drehen, mehrere zusammenfallen. Rücken z. B. die Ecken abwechselnd auf der einen oder anderen von zwei Geraden fort, während sich die Seiten, mit Ausnahme einer, um feste Punkte drehen, so dreht sich auch die noch freie Seite um einen festen Punkt[131]). *Poncelet* ersetzt nun das Geradenpaar des eben erwähnten Falles durch einen Kegelschnitt k und fragt, welche Kurve von einer Seite eines in k eingeschriebenen n-Ecks umhüllt wird, wenn sich dessen $n-1$ übrige Seiten um feste Punkte drehen. Es zeigt sich, dass diese freie Seite und ebenso jede Diagonale je einen Kegelschnitt umhüllt, der k doppelt berührt (reell oder imaginär), und zwar lässt sich der Beweis dieses Satzes zurückführen entweder auf den Beweis für $n=3$ oder für $n=4$. Besondere Beachtung verdient der Fall, dass die $n-1$ festen Punkte einer und derselben Geraden g angehören. Werden hier die aufeinander folgenden Ecken numeriert, mit 1 beginnend, so werden von den Verbindungslinien gleichartig (beide gerade oder ungerade) numerierter Ecken und für ungerades n auch von der freien Seite Kegelschnitte umhüllt, die den gegebenen in seinen Schnittpunkten mit g berühren; die Verbindungslinien ungleichartig numerierter Ecken und für gerades n auch die freie Seite drehen sich hingegen um feste auf g gelegene Punkte.

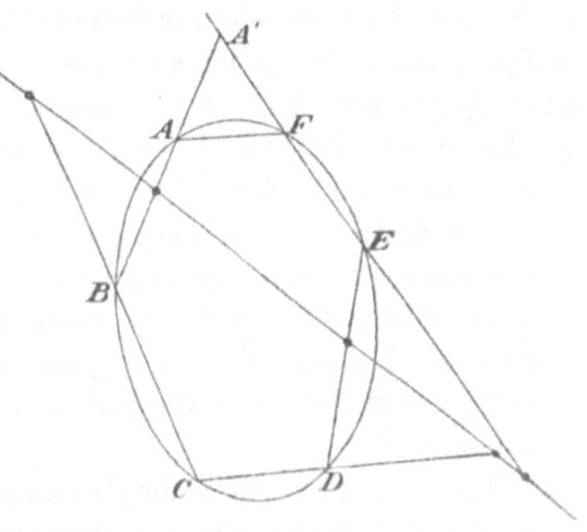

Fig. 9.

Es zeigt sich ferner, dass die Schnittpunkte von Verbindungslinien der letztgenannten Art oder auch z. B. der Schnittpunkt A' zweier Seiten AB und EF (Fig. 9) bei der Bewegung des Polygons je einen Kegelschnitt beschreiben, der durch die festen Drehpunkte der betreffenden Verbindungslinien oder Seiten geht. Für das neu entstandene Polygon $A'BCDEA'$ folgt daher sofort der zuerst von *Brianchon*[132]) bewiesene Satz: Liegen die Ecken eines veränderlichen Polygons mit Ausnahme einer einzigen auf einem gegebenen Kegelschnitt, während sich alle Seiten um Punkte einer und derselben

131) Traité, Nr. 502—509.

132) J. éc. polyt. 4, cah. 10 (1810), p. 1—6.

Geraden drehen, so beschreibt die freie Ecke einen Kegelschnitt, der durch die Drehpunkte der dieser Ecke zugehörigen Seiten geht. Natürlich gelten auch dual entsprechende Sätze.

Poncelet hatte, wie das Vorhergehende zeigt, einmal die Geraden, auf denen die Ecken eines veränderlichen Polygons fortrücken, durch einen einzigen dem Polygon umschriebenen Kegelschnitt ersetzt, das andere Mal die Punkte, um die sich die Seiten drehen, durch einen dem Polygon eingeschriebenen Kegelschnitt. Er ging aber noch einen Schritt weiter, indem er die Ecken eines veränderlichen n-Ecks auf einen Kegelschnitt k legte, während die Seiten, eine ausgenommen, je einen von $n-1$ Kegelschnitten $k_1, k_2, \ldots, k_{n-1}$ berühren, die sämtlich mit k dieselben Schnittpunkte gemeinsam haben (mit k demselben Büschel angehören, vgl. Nr. **46**); bei der Bewegung des Polygons umhüllen dann die freie Seite sowie alle Diagonalen des Polygons Kegelschnitte mit gemeinsamen Schnittpunkten[133]).

25. Konstruktion gewisser eingeschriebener Polygone. Mit Hülfe des *Braikenridge-Maclaurin*'schen Satzes löste *Servois*[134]) die Aufgabe, ein Polygon zu konstruieren, dessen n Ecken auf den Seiten eines gegebenen Polygons π liegen, während seine Seiten in vorgeschriebener Reihenfolge durch n gegebene Punkte gehen. Befreit man nämlich eine Ecke A des gesuchten Polygons von dem Zwange auf einer Seite a von π liegen zu müssen, so würde diese Ecke nach dem genannten Satze eine C_2 beschreiben, die die Gerade a in zwei Punkten trifft, deren jeder zu einer Lösung der Aufgabe führt. Die Lösung wird linear, wenn die gegebenen Punkte einer und derselben Geraden angehören oder die Seiten von π durch einen und denselben Punkt gehen.

Wird das Polygon π durch einen Kegelschnitt ersetzt, so kommt man zu der Aufgabe, einem gegebenen Kegelschnitt k ein n-Eck einzuschreiben, dessen Seiten in vorgeschriebener Reihenfolge durch n feste Punkte gehen sollen[135]). Diese Aufgabe hat im allgemeinen

---

133) Den Beweis dieses Satzes führt *Poncelet* zurück auf den Beweis im Falle $n = 3$, wobei noch k, k_1 und k_2 Kreise mit gemeinsamen Schnittpunkten sind. Vgl. für die oben erwähnten Sätze *Poncelet,* Traité, Nr. 493—536. Den Fall, dass $n = 3$, k ein beliebiger Kegelschnitt, k_1 und k_2 Kurven der m^{ten} bezw. n^{ten} Klasse sind, behandelt *Cayley,* Quart. J. 1 (1856), p. 344—354 = Coll. papers 3, p. 67—75. Vgl. ferner *Poncelet* a. a. O. Nr. 431—439, sowie *Cayley,* Quart. J. 2 (1856), p. 31—38 = Coll. papers 3, p. 80—85.

134) Ann. de math. 2 (1811), p. 116 f.; ebenda behandelt p. 115 *S. L'Huilier* den Fall $n = 3$.

135) Für den Fall, dass k ein *Kreis,* $n = 3$ ist und die 3 Punkte einer Geraden angehören, hat schon *Pappus* (Collect. Buch. 7, prop. 117 = Ausg. von

zwei — bei nicht vorgeschriebener Seitenfolge $(n-1)!$ — Lösungen, die sich auf einen in Nr. **24** erwähnten *Poncelet*'schen Satz gründen; jeder der dort auftretenden Berührungspunkte des Kegelschnitts k mit dem von der freien Seite umhüllten Kegelschnitt kann als Anfangsecke des gesuchten Polygons gewählt werden. Zur Konstruktion dieser Punkte schlägt *Poncelet*[136]) zwei Wege ein, einen indirekten und einen direkten; der letztgenannte besteht darin, dass man k drei verschiedene Polygonzüge einschreibt, deren Seiten durch die n Punkte gehen, sich aber im allgemeinen nicht schliessen werden. Aus den auf k gelegenen Anfängen A, A', A'' und Enden Q, Q', Q'' der Linienzüge bildet nun *Poncelet* die Punktepaare A, Q; A', Q'; A'', Q'' und fasst diese als Gegenecken eines in k eingeschriebenen Sechsecks auf; die zuge-

---

Hultsch, Bd. 2, Berlin 1877, p. 849 f.) eine Lösung gegeben, bei beliebiger Lage der 3 Punkte *S. de Castillon* (Berl. Nouv. mém., année 1776, p. 269—283), dem *G. Cramer* die Aufgabe 1742 vorgelegt hatte. Ebenda findet man p. 284—287 eine rein algebraische Lösung von *Lagrange,* die *Carnot* vereinfacht und mit Beibehaltung des Kreises auf beliebiges n ausgedehnt hat (Géom. de pos. Nr. 330). Auch *L. Euler* hat für den Kreis und $n = 3$ eine Lösung gegeben (Acta Petrop. Jahrg. 1780, Teil 1, p. 95 f.), ebenso *N. Fuss,* ebenda, p. 97—104. *A. J. Lexell,* (ebenda, Teil 2, p. 70—90) leitete aus der analytischen Lösung von *Lagrange* eine Konstruktion ab und fügte eine andere analytische Lösung hinzu. *Th. Clausen,* J. f. Math. 4 (1828), p. 391—394, behandelte den Fall, dass die 3 Punkte die Ecken eines dem Kreis umschriebenen Dreiseits bilden und zeigte, wie sich das eingeschriebene Dreieck berechnen lässt, dessen Seiten durch die Ecken des umschriebenen gehen, und umgekehrt; *Möbius* leistete mit Hilfe des baryc. Calculs dasselbe für Dreieck und beliebigen Kegelschnitt (J f. Math. 5 (1830), p. 102—106 = Werke 1, p. 481—488). Vgl. auch *Cayley*, Quart. J. 3 (1860), p. 157—164 = Coll. papers 4, p. 435—441. Eine analytische Lösung bei Kreis und beliebigem n hatte vor *Carnot* schon *L'Huilier,* Berl. Mém., Jahrg. 1796, p. 94—112 gegeben, während die erste geometrische aber etwas komplizierte Lösung dieses Falles von *A. Giordano di Ottaiano,* Soc. Ital. Mem. mat. e fis. 4 (1788), p. 4—17 herrührt, und unabhängig von diesem gelangte *G. F. Malfatti* (ebenda, p. 201—205) zur gleichen Lösung. *Brianchon* erledigte den Fall eines beliebigen Kegelschnitts, aber noch unter der Annahme, dass die n festen Punkte einer Geraden angehören (J. éc. polyt. 4, cah. 10 (1810), p. 4); er benutzte hierbei seinen in Nr. **24** erwähnten Satz. Für $n = 3$, beliebige Lage der 3 Punkte und beliebigen Kegelschnitt erwähnt *Gergonne,* Ann. de math. 1 (1811), p. 341, dass die Lösung dual aus der von *Servois*[137]) gegebenen Lösung der dualen Aufgabe folge. Vgl. auch die math.-hist. Studie von *M. Brückner,* „Das Ottaiano'sche Problem", Progr. Zwickau 1892, sowie *Kötter,* Bericht, p. 143—148.

136) Ann. de math. 8 (1817), p. 148 ff.; Traité, Nr. 558—560. Vgl. auch *A. Göpel,* J. f. Math. 36 (1844), p. 345 f. *Steiner* löste obige und die dual entsprechende Aufgabe für den Fall, dass k durch 5 Punkte bezw. 5 Tangenten gegeben ist, mit Hülfe eines Lineals und eines festen Kreises („Die geometrischen Konstruktionen, ausgeführt mittelst der geraden Linie und eines festen Kreises". Berlin 1833, p. 105 ff. = Werke 1, p. 519 f. = Ostw. Klass. Nr. 60, p. 76 f.).

hörige *Pascal*'sche Gerade schneidet dann aus k die zwei gesuchten Punkte heraus. *F. Seydewitz* verallgemeinerte die Aufgabe, indem er die n festen Punkte durch n Kegelschnitte ersetzte, die k doppelt berühren[137]).

26. Schliessungssatz von Poncelet. Auch mit der Aufgabe, einem gegebenen Kegelschnitt k_1 ein n-Eck einzuschreiben, dessen n Seiten einem anderen gegebenen Kegelschnitt k_2 umschrieben sind, hat sich *Poncelet* beschäftigt[138]). Er gelangt zu folgendem Resultat: Schreibt man k_1 einen Polygonzug ein, dessen Seiten k_2 berühren, und schliesst sich dieser Polygonzug nicht, so hat die Aufgabe keine Lösung; schliesst er sich aber, so giebt es unendlich viele Lösungen, indem sich alsdann mit jedem Punkt von k_1 als Anfangspunkt ein geschlossenes n-Eck konstruieren lässt. Der Beweis gründet sich darauf, dass, wenn man ein solches „*Poncelet*'sches Polygon" als vorhanden annimmt und nun dessen letzte Seite frei macht, diese einen Kegelschnitt umhüllt, der mit k_1 und k_2 gemeinsame Schnittpunkte hat, hier speziell mit k_2 zusammenfällt (vgl. Nr. **24**, wenn man die dort mit $k_1, k_2, \ldots, k_{n-1}$ bezeichneten Kurven zusammenfallen lässt).

---

137) Arch. Math. Phys. 4 (1844), p. 421—430. Die Aufgabe, einem Kegelschnitt ein n-Seit zu umschreiben, dessen Ecken in vorgeschriebener Folge auf n gegebenen Geraden liegen, behandelte *Poncelet* in Ann. de math. 8 (1817), p. 150 f.; Traité, Nr. 561; *Seydewitz* a. a. O. Für den Fall eines Kreises und $n = 3$ stellte *Gergonne*, Ann. de math. 1 (1810), p. 17 die Aufgabe, und *d'Encontre* wies ebenda, p. 122 ff. darauf hin, dass sich die Lösung aus der bekannten[135]) der dual entsprechenden Aufgabe ableiten lasse. Eine andere, nur das Lineal erfordernde Lösung gab *Gergonne*, ebenda, p. 126 f.; *Servois* (ebenda (1811), p. 337—341) und *Rochat* (ebenda p. 342) dehnten dieselbe auf den Fall eines beliebigen Kegelschnitts — aber noch $n = 3$ — aus. Vgl. auch *Gergonne*, Ann. de math. 7 (1817), p. 325—334, ferner *Kötter*'s Bericht, p. 148 f. Den Fall, dass die n Geraden durch einen und denselben Punkt gehen oder bei der oben betrachteten Aufgabe die n Punkte einer Geraden angehören, behandelt *Poncelet* in den Ann. de math. 8 (1817), p. 151 f. und im Traité, Nr. 563 f. *Göpel* löst a. a. O. [136]) p. 338 f. die Aufgabe, ein n-Eck zu konstruieren, dessen Ecken in vorgeschriebener Reihenfolge auf beliebig gegebenen Geraden oder Kegelschnitten liegen und dessen Seiten durch n gegebene Punkte gehen, von welchen diejenigen, deren zugehörige Seiten einen ihrer Endpunkte auf einem Kegelschnitt haben, auf diesem Kegelschnitt liegen; diejenigen aber, deren zugehörige Seiten beide Endpunkte auf verschiedenen Kegelschnitten haben, auf einem Schnittpunkt dieser beiden Kurven liegen. Noch andere Aufgaben dieser Art werden von *Göpel* in der zitierten Arbeit behandelt.

138) Traité, Nr. 565—567. Er erwähnte die Aufgabe schon Ann. de math. 8 (1817), p. 154. Analytische Beweise vieler oben in Nr. **24**—**26** behandelten Sätze gab *Poncelet* in seinen „Applications d'analyse et de géom." 1, Paris 1862, cah. 6. Vgl. auch *N. Trudi*, Giorn. di mat. 1 (1863), p. 81—90, 125 f.

Poncelet zeigt überdies, dass, wenn es Polygone der geforderten Art giebt, die Verbindungslinien ihrer Gegenecken durch einen und denselben Punkt gehen, der bei Änderung der Polygone ungeändert bleibt; er ist Doppelpunkt eines der drei Geradenpaare, die man (Nr. 46) durch die Schnittpunkte von k_1 und k_2 legen kann.

Den Fall zweier Kreise behandelt *M. Weill*[139]), indem er den im allgemeinen offenen Polygonzug $abc\ldots$ betrachtete, welcher durch die Verbindungslinien der auf k_2 gelegenen aufeinander folgenden Berührungspunkte gebildet wird und bewies, dass das Centrum H der mittleren Entfernungen [III A 2] von $m < n$ einander folgenden Ecken dieses Zuges einen Kreis h beschreibt, wenn sich der dem Kreis k_1 eingeschriebene Zug $ABC\ldots$ fortbewegt; schliesst sich jedoch der Zug $abc\ldots$, so bleibt er bei Änderung von $ABC\ldots$ geschlossen, der Kreis h reduziert sich auf einen Punkt, H bleibt fest. *Weill* berechnet nun den Radius ϱ_m von h und gewinnt aus $\varrho_m = 0$ die Bedingung für Schliessung des m-Ecks[140]).

139) J. de math. (3) 4 (1878), p. 265—304. Für den Fall zweier Kreise k_1, k_2 und $n = 3$ hat schon *W. Chapple* die Relation $R^2 - d^2 = 2rR$ angegeben, die zwischen ihren Radien R, r und dem Abstand d ihrer Mittelpunkte stattfindet, wenn *Poncelet*'sche Dreiecke existieren (nach Angabe von *Cantor*, Gesch. d. Math. 3, p. 533 f., in den etwa 1746 erschienenen „Miscellanea curiosa mathematica"). Gewöhnlich wird die Formel *Euler* zugeschrieben, der Novi Comment. Petrop. 11 (1765), p. 114 die Relation $d^2 = \frac{a^2b^2c^2}{16\Delta^2} - \frac{abc}{a+b+c}$ hat; aber vorher erwähnt sie *J. Landen*, „Mathematical lucubrations", London 1755, p. 5 als spez. Fall einer allgemeineren Formel. *N. Fuss* stellte Nova Acta Petrop. 10 (1794), p. 121 ff. für 2 Kreise und $n = 4$ die analoge Beziehung auf, ebenso für $n = 5, 6, 7, 8$, glaubte aber sich auf solche Polygone beschränken zu müssen, die durch die Zentrale von k_1 und k_2 in zwei kongruente Hälften zerlegt werden (ebenda 13 (1798), p. 166—189). Auch *Steiner* hat für $n = 3, 4, 5, 6, 8$ diese Relationen gegeben J. f. Math. 2 (1827), p. 96 und 289 = Werke 1, p. 127 und 159, doch ist seine Formel für $n = 8$ unrichtig. Vgl. auch *J. Mention*, Petersb. Bull. 1 (1859), p. 15—29, 33 f.; (1860), p. 507—512.

140) Auch wird gezeigt, wie man mit Hülfe von Zirkel und Lineal aus einem *Poncelet*'schen p-Eck ein zwei anderen Kreisen ein- bezw. umschriebenes $2p$-Eck konstruieren kann; ferner wie man mit denselben Mitteln *Poncelet*'sche Polygone konstruieren kann, deren Seitenzahl gleich $3 \cdot 2^p$, $4 \cdot 2^p$, $5 \cdot 2^p$ oder $7 \cdot 2^p$ ist, u. a. m. In einem zweiten Teile seiner Arbeit beweist *Weill* noch mehrere metrische Sätze über *Poncelet*'sche Polygone bei zwei Kreisen (vgl. auch Nouv. ann. (2) 19 (1880), p. 57—59), und auch *Steiner*, J. f. Math. 55 (1858), p. 363—368 = Werke 2, p. 670—675 hat solche Sätze ausgesprochen, die von *K. Dörholt*, Diss. inaug. Münster 1884, § 7—13, und *A. Hartmann*, Diss. inaug. Zürich 1889, Abschn. 7 bewiesen wurden. Weitere interessante Resultate bei *J. Wolstenholme*, Quart. J. 10 (1870), p. 356—368; 11 (1871), p. 66 f.; *G. H. Halphen*, J. de math. (3) 5 (1879), p. 285—292; *Weill*, Nouv. ann. (2) 19 (1880), p. 253—261, 367—378, 442—450.

27. Zusammenhang des Schliessungsproblems mit den elliptischen Funktionen. Für den Fall zweier Kreise legte *C. G. J. Jacobi* diesen Zusammenhang dar[141]). Das Integral $u = \int\limits_0^{\varphi} \frac{d\varphi}{\sqrt{1 - \varkappa^2 \sin^2 \varphi}}$, $0 < \varkappa^2 < 1$, liefert durch Umkehrung $\varphi = \operatorname{am} u$ (II B 3); man deutet nun $\psi = 2\varphi$ als Bogen auf einem Kreis k_1 ($x = R \cos \psi$, $y = R \sin \psi$) und denkt sich Punkte P_n dieses Kreises gezeichnet, die den Winkeln $\psi_n = 2\varphi_n = 2 \operatorname{am}(w_0 + nt)$, $n = 0, \pm 1, \pm 2, \ldots$ entsprechen, unter t einen beliebigen reellen Winkel verstanden, der dem Intervall $0 < t < K$ angehören möge, wo $\frac{\pi}{2} = \operatorname{am} K$. Es zeigt sich alsdann, dass die Verbindungslinien irgend zweier aufeinander folgenden Punkte wie P_{n-1} und P_n einen und denselben Kreis k_2 berühren, dessen Mittelpunkt sich in $x = -\frac{R(1 - \operatorname{dn} t)}{1 + \operatorname{dn} t}$, $y = 0$ befindet, während sein Radius $r = \frac{2R \cdot \operatorname{cn} t}{1 + \operatorname{dn} t}$ ist. Auch kann man zeigen, dass k_2 ganz innerhalb k_1 liegt. Sind also $\varkappa^2$ und t gegeben, so lässt sich immer ein Polygonzug $\ldots P_{-1} P_0 P_1 \ldots$ bestimmen, dessen Ecken auf k_1 liegen, während seine Seiten einen Kreis k_2 berühren; auch umgekehrt giebt es, wie leicht zu zeigen, für jeden innerhalb k_1 gelegenen kleineren Kreis k_2 ein Wertepaar $\varkappa^2$, t. — Soll sich das Polygon nach Konstruktion von n Seiten schliessen, so muss P_n mit P_0 zusammenfallen, P_{n+1} mit P_1, u. s. w. Hierzu erweist sich als notwendig, dass t zu $2K$ in rationalem Verhältnis $m : n$ stehe, unter m und n Zahlen ohne gemeinsamen Faktor verstanden; alsdann ist $w_0 + nt = w_0 + m \cdot 2K$, und es fällt P_n mit P_0 zusammen, P_{n+1} mit P_1, u. s. w., man hat ein Polygon von n Seiten, das sich m-mal um den inneren Kreis k_2 windet. Gleichgültig ist hierbei die Wahl des Anfangswertes w_0, also des ersten Eckpunktes P_0, es giebt in Übereinstimmung mit *Poncelet*'s Hauptergebnis unendlich viele Polygone der gewünschten Art. Auf solche Weise hat *Jacobi* die zur Schliessung notwendige Bedingung mit der Teilung eines elliptischen Integrals in so viele gleiche Teile in Zusammenhang gesetzt, als die Seitenzahl des Polygons beträgt[142]).

141) J. f. Math. 3 (1828), p. 381—389 = Werke, hrsgg. von *C. W. Borchardt* 1, p. 285—293; ins Französische übersetzt von *O. Terquem* in J. de math. 10 (1845), p. 435—444; ein kurzes Referat in Nouv. ann. 4 (1845), p. 377—379. Wir folgen hier der Darstellung von *R. Fricke*, „Kurzgefasste Vorl. über versch. Gebiete d. höh. Math.", Leipzig 1900, p. 285—289. Vgl. auch *Ch. Hermite*, Bull. sciences math. astr. 2 (1871), p. 21—23.

142) *F. S. Richelot* zeigte J. f. Math. 5 (1829), p. 250—253, ins Französische übersetzt von *Terquem*, J. de math. 11 (1846), p. 25 ff., wie man bei 2 Kreisen

Das allgemeine, sich auf zwei beliebige Kegelschnitte k_1, k_2 beziehende Schliessungsproblem hat *Cayley* vermittelst der Eigenschaften des elliptischen Integrals erster Gattung behandelt. Er erhielt die Bedingung des Schliessens ausgedrückt durch die Invarianten von k_1 und k_2.[143]) *Th. Moutard* wurde bei Beschäftigung mit demselben Gegenstand auf die von *Jacobi* eingeführten Funktionen Θ uud H geführt[144]). In wieder anderer Weise haben *J. Rosanes* und *M. Pasch* den Zusammenhang des Schliessungsproblems bei zwei Kegelschnitten mit der Addition der elliptischen Integrale dargethan. Insbesondere beachteten sie hierbei die verschiedenen Fälle, die bezüglich der Realität der Schnittpunkte und gemeinsamen Tangenten von k_1 und k_2 auftreten können, und gaben die aus den Invarianten von k_1 und k_2 zusammengesetzten Konstanten an, die an Stelle der im Falle zweier Kreise vorhandenen Konstanten R, r, d treten[145]).

---

aus der rationalen für das n-Eck gültigen Bedingung der Schliessung die für das $2n$-Eck sofort entnehmen kann. Ähnlich lässt sich, wenn n keine Primzahl ist, die einfachste rationale Bedingung der Schliessung aus den bei den Faktoren von n gültigen Bedingungen ableiten. Wie sich im Falle einer Primzahl die Bedingung aus den Gleichungen für die Teilung der elliptischen Funktionen entwickeln lässt, hat gleichfalls *Richelot*, J. f. Math. 38 (1848), p. 353—372 gezeigt.

143) Philos. Mag. 5 (1853), p. 281—284; 6 (1853), p. 99—102, p. 376 f. = Coll. papers 2, p. 53—56, 87—90, 91 f.; Lond. Trans. 151 (1861), p. 225—239 = Coll. papers 4, p. 292—308; Par. C. R. 55 (1862), p. 700 = Coll. papers. 5, p. 21 f. *Cayley* entwickelt die Quadratwurzel aus der Diskriminante von $\lambda g(x, x) + f(x, x)$, wo $g(x, x) = 0$, $f(x, x) = 0$ die Kurven k_1 bezw. k_2 darstellen, in eine Reihe nach Potenzen von λ und drückt die gewünschte Bedingung durch das Verschwinden von Determinanten aus, deren Elemente durch einige Koeffizienten dieser Reihe gebildet werden. Auf andere Weise bei *J. Wolstenholme,* London math. soc. Proc. 8 (1876), p. 136 ff. Für spezielle Fälle vgl. *Cayley,* Philos. Mag. 13 (1856), p. 19—30 = Coll. pap. 3, p. 229—241; ebenda 7 (1854), p. 339—345 = Coll. pap. 2, p. 138—144; *F. Brioschi,* Ann. mat. fis. 8 (1857), p. 119—124 = Opere 1, p. 257—261. Zusammenhang des Schliessungssatzes mit einer (2, 2)-Korrespondenz auf k_1 bei *Cayley,* Quart. J. 11 (1871), p. 83—91 = Coll. pap. 8, p. 14—21.

144) In *Poncelet*'s „Applications d'analyse et de géom." 1, Paris 1862, p. 535—560.

145) J. f. Math. 64 (1864), p. 126—166. Dieselben Autoren zeigen J. f. Math. 70 (1869), p. 169—173, dass das Schliessungsproblem rein algebraisch gefasst auf die Aufgabe hinauskommt: Zwei Grössen t_0, t_1 seien symmetrisch verbunden durch $f(t_0, t_1) \equiv a t_0^2 t_1^2 + 2b t_0 t_1 (t_0 + t_1) + c(t_0 + t_1)^2 + d t_0 t_1 + e(t_0 + t_1) + f = 0$; man denke sich nun t_1 ausgedrückt durch t_0, dann vermittelst $f(t_1, t_2) = 0$ die Grösse t_2 durch t_1, u. s. f. Dann ist z. B. t_n mit t_0 verbunden durch $f_{n-1}(t_0, t_n) \equiv a_{n-1} t_0^2 t_n^2 + 2 b_{n-1} t_0 t_n (t_0 + t_n) + \cdots + f_{n-1} = 0$, wo $a_{n-1}, b_{n-1}, \cdots, f_{n-1}$ ganze homogene Funktionen von $a, b, \cdots, f$ vom Grade

M. Simon behandelte das Schliessungsproblem, indem er die *Weierstrass*'sche Normalform des auftretenden elliptischen Integrals einführte; er giebt die aus den Invarianten von k_1 und k_2 zusammengesetzten Konstanten g_2, g_3 und $\wp(\alpha)$ an, wo $\alpha = \int\limits_0^{-\Theta} \frac{ds}{\sqrt{4s^3 - g_2 s - g_3}}$, während Θ eine der genannten Invarianten bezeichnet (vgl. Nr. 86). Die Bedingung des Schliessens wird $\wp(n\alpha) = \infty$, und es handelt sich nun darum, $\wp(n\alpha)$ durch $\wp(\alpha)$ auszudrücken, also um die ganzzahlige Multiplikation der elliptischen Funktionen. Bei Einführung von σ-Funktionen wird $\wp(n\alpha) = \infty$ gleichbedeutend mit $r_n = \frac{\sigma(n\alpha)}{[\sigma(\alpha)]^{n^2}} = 0$ (II B 3); für diese r_n werden Rekursionsformeln entwickelt, ferner wird gezeigt, dass sich r_n durch r_3, $\wp'$ und $\wp''$ ganz und rational darstellen lässt, und wie r_{ab} mit r_a und r_b zusammenhängt[146]). Auch *S. Gundelfinger*[146]) gelangt bei Behandlung des Schliessungsproblems zu dem Integral $J_1 = \int \frac{ds}{\sqrt{4s^3 - g_2 s - g_3}}$, indem er zeigt, dass für $g(x, x) = 0$ und $f(x, x) = 0$ als Gleichungen von k_1 und k_2 das Problem abhängt von $J = \int \frac{\sum \pm (\alpha_1 x_2 dx_3)}{g(x, \alpha) \cdot \sqrt{f(x, x)}}$, wo α_1, α_2, α_3 willkürliche Grössen bedeuten, und nun zwei Substitutionen angiebt, deren jede auf einfache Weise J_1 in J überführt und überdies die Theorie der elliptischen Funktionen für die Bildung gewisser mit der Aufgabe verknüpften Kovarianten verwertet. Nach *G. Darboux* liefert jedes *Poncelet*'sche n-Eck eine Transformation n^{ter} Ordnung (II B 3) eines elliptischen Integrals in ein anderes, und umgekehrt[147]).

---

n^2 sind. Es wird nun gefordert, dass für gegebenes $n > 2$ die Grösse $t_n = t_0$ sei, $t_{n+1} = t_1$, allgemein $t_{n+h} = t_h$. Hierzu reicht eine von t_n unabhängige Bedingung $q_n = 0$ aus. Die Reihe schliesst sich entweder gar nicht, oder für jeden Wert von t_0.

146) *Simon,* Diss. inaug. Berlin 1867; J. f. Math. 81 (1875), p. 301—323, im wesentlichen ein Abdruck einer Programmschrift für das Lyceum in Strassburg (1875). Die im Integral α auftretende obere Grenze $-\Theta$ ist eine Invariante von $f(x, x)$ und $g(x, x)$ (Nr. 86). *Gundelfinger,* J. f. Math. 83 (1877), p. 171—174; Vorl., p. 422—426.

147) Par. C. R. 90 (1880), p. 85—87. Den Zusammenhang des Schliessungsproblems mit den elliptischen Funktionen behandeln noch *Chasles,* Géom. sup., chap. 35; *Poncelet*, „Applic. d'analyse et de géom.“ 1, Paris 1862, p. 485—488; *W. K. Clifford,* Lond. math. soc. Proc. 7 (1876), p. 29—38; 225—233 = Math. papers, p. 205—217; 218—228; *H. Durège,* „Theorie der ellipt. Funct.“, 3. Aufl., Leipzig 1878, 10. Abschn.; *J. Griffiths,* Lond. math. soc. Proc. 14 (1882), p. 46 f.;

28. Weitere Arbeiten zum Schliessungstheorem. *A. Hurwitz* geht zum Beweis des Schliessungstheorems von dem Satze aus, dass, wenn bei einer Aufgabe, deren Lösungen durch die Wurzeln einer Gleichung m^{ten} Grades bestimmt werden können, mehr als m Lösungen auftreten, sofort unendlich viele Lösungen existieren. Er fasst dieses Kriterium folgendermassen: Findet zwischen den Elementen einer einstufigen Mannigfaltigkeit eine algebraische Korrespondenz (m, n) [III C 10] statt und lassen sich bei dieser Korrespondenz mehr als $m + n$ Koincidenzen nachweisen, so hat die Korrespondenz unendlich viele solcher Elemente, und zwar ist jedes Element Koincidenzelement[148]).

Während es zu zwei beliebigen Kegelschnitten k_1, k_2 im allgemeinen kein *Poncelet*'sches n-Eck giebt, wird es in einem einstufigen System Kurven K_1 geben, denen sich ein n-Eck einschreiben lässt, das einem festen Kegelschnitt k_2 umschrieben ist. *Halphen* bestimmte die Zahl dieser Kurven K_1.[149])

G. Kohn[150]) zeigte, dass jedes *Poncelet*'sche Polygon von ungerader Seitenzahl sich selbst polar ist in Bezug auf einen gewissen Kegelschnitt k', und zwar ist jede Seite die Polare ihrer Gegenecke. Die Kurve k' ist dieselbe für alle *Poncelet*'schen Polygone, die denselben umschriebenen und denselben eingeschriebenen Kegelschnitt besitzen, und hat mit diesen beiden ein gemeinsames Poldreieck. *Poncelet*'sche Polygone von gerader Seitenzahl werden durch eine harmonische Zentralkollineation (III A 6) in sich übergeführt, vermöge deren die Gegenseiten und ebenso die Gegenecken einander zugewiesen sind.

Bezüglich einer historischen Darstellung des ganzen Schliessungs-

---

A. Schumann, Zeitsch. Math. Phys. 29 (1884), p. 55—61; *G. H. Halphen*, „Traité des fonct. ellipt. et de leurs applic." 1, Paris 1886, p. 10—16; 2, Paris 1888, chap. 10; *G. Kunz*, Progr. Zwickau 1888.

148) Math. Ann. 15 (1878), p. 8—11. *Hurwitz* benutzt dasselbe Prinzip zum Beweis des Satzes von *Steiner:* Zwei Kreise m_1, m_2 seien gegeben, etwa m_1 innerhalb m_2; in den Raum zwischen m_1 und m_2 zeichne man Kreise $k_1, k_2, k_3, \ldots$, sodass jeder jene zwei und den direkt vorhergehenden berührt. Dann schliesst sich diese Reihe oder sie schliesst sich nicht; aber im ersten Falle kann der Ausgangskreis willkürlich gewählt werden (J. f. Math. 1 (1826), p. 254 ff. = Werke 1, p. 42—44 = Ostw. Klass. Nr. 123, p. 35—38; J. f. Math. 2 (1827), p. 96—98 = Werke 1, p. 127; ebenda 2 (1827), p. 192 = Werke 1, p. 135; Ann. de math. 18 (1828), p. 378 f. = Werke 1, p. 225 f.; Anhang zur Syst. Entw., Nr. 80 = Werke 1, p. 455 f. = Ostw. Klass. Nr. 83, p. 146). Vgl. auch *K. Schwering*, Zeitsch. Math. Phys. 24 (1879), p. 344; *Hurwitz*, Math. Ann. 19 (1881), p. 65.

149) Bull. soc. philomat. (7) 3 (1879), p. 17—19.

150) Wien. Ber. 100, Abt. IIa (1890), p. 6—19; daselbst noch andere Sätze.

problems[151]) verweisen wir auf *G. Loria*, „I poligoni di Poncelet", Torino 1889; Nachtrag hierzu Bibl. math. Jahrg. 1889, p. 67—74.

29. Alte und neuere Definitionen der Brennpunkte. Schon zu Anfang dieses Artikels (Nr. **2**—**5**) wurden bei gewissen elementaren Erzeugungsweisen die *Brennpunkte* der Kegelschnitte erwähnt. *Apollonius* gelangte zu ihnen in folgender Weise. Nachdem er bewiesen, dass auf den in den Endpunkten A_1', A_2' irgend eines Durchmessers gezogenen Tangenten durch die Tangente eines beliebigen Kurvenpunktes P Stücke $A_1'B_1'$, $A_2'B_2'$ abgeschnitten werden, deren Produkt gleich dem Quadrat des zur Richtung des Durchmessers konjugierten Halbmessers ist, suchte er auf der Hauptaxe A_1A_2 (Fig. 10) solche Punkte F, für die der absolute Wert des Produkts $A_1F \cdot FA_2$ gleich dem Quadrat der halben Nebenaxe b^2 ist. Er fand zwei solche Punkte, F_1 und F_2, zum Mittelpunkt symmetrisch gelegen, bei der Ellipse zwischen A_1 und A_2, bei der Hyperbel auf der Verlängerung von A_1A_2. *Apollonius* zeigte ferner, dass die Verbindungslinien von B_1 mit F_1 und F_2 (Fig. 10) gegen B_1A_1 bezw. B_1B_2 unter gleichen Winkeln geneigt sind (analoges gilt für B_2F_1 und B_2F_2) ebenso wie die Verbindungslinien von P mit F_1 und F_2 gegen die Tangente t von P. Hierdurch ist die Identität von F_1, F_2 mit den Punkten erwiesen, die man heute als Brennpunkte bezeichnet (Nr. **3**). Hauptsächlich mit Hülfe dieser Eigenschaft $\sphericalangle B_1PF_1 = \sphericalangle B_2PF_2$ gewinnt *Apollonius*

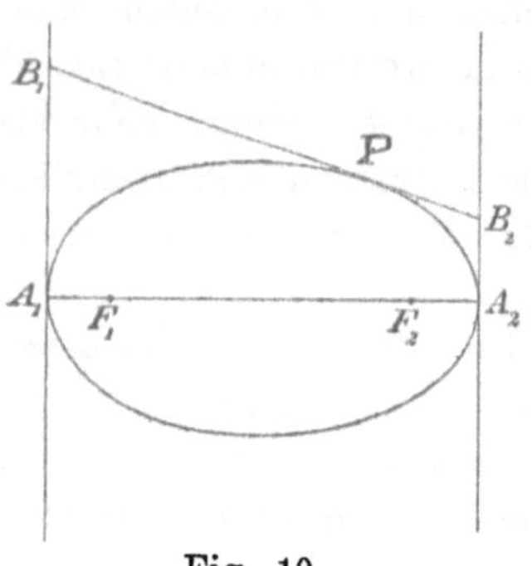

Fig. 10.

151) Von Litteratur zitieren wir noch: *Darboux*, „Sur une classe remarquable de courbes et de surfaces algébr.", Paris 1873, § 38, p. 99 ff. und Note 2, p. 183; *P. Serret*, Par. C. R. 53 (1861), p. 507 f.; *Em. Weyr*, J. f. Math. 72 (1870), p. 287; *D. Chelini*, Bologna Mem. (3) 5 (1874), p. 242 ff., 353—357; *H. Léauté*, Par. C. R. 79 (1874), p. 93—96, 602—606; *W. K. Clifford*, Lond. math. soc. Proc. 7 (1875), p. 34 = Math. papers, p. 212; *F. August*, Arch. Math. Phys. 59 (1875), p. 11—13; *E. Czuber*, Prag. Ber. Jahrg. 1875, p. 156; *J. Thomae*, Leipz. Ber. 47 (1895), p. 352—368; *K. Schober*, Monatsh. Math. Phys. 9 (1898), p. 91 ff.; *Humbert*, Par. soc. math. Bull. 27 (1899), p. 70 f. Was die Erweiterung des Schliessungsproblems auf den Raum angeht, so sei hier nur erwähnt, dass, wenn man als Analogon des Ordnungskegelschnitts eine kubische Raumkurve φ_3, dagegen als Analogon des Klassenkegelschnitts eine Fläche 2. Klasse Φ_2 ansieht, im allgemeinen stets ein und nur ein (im besonderen ∞^3) Tetraeder existiert, das φ_3 ein- und Φ_2 umbeschrieben ist, und entsprechend dualistisch: *W. Fr. Meyer*, Apolarität und rationale Kurven, Tübingen 1883, p. 279 f.

den Satz von der konstanten Summe bezw. Differenz der Brennstrahlen (Nr. 2)[152]). Auch bemerkte er, dass wenn man von F_1 oder F_2 auf t ein Lot fällt, die Verbindungslinien seines Fusspunktes mit den Endpunkten der Hauptaxe zueinander rechtwinklig sind. Es liegen somit die Fusspunkte der von einem Brennpunkt einer Ellipse oder Hyperbel auf die Tangenten der Kurve gefällten Lote auf einem Kreis (Scheitelkreis), der die Hauptaxe zum Durchmesser hat[153]).

152) Vgl. für obige Sätze *Apollonius*, Buch 3, § 45—52. Der Satz von der konstanten Summe bezw. Differenz der Brennstrahlen, der in vielen Schriften die Grundlage für die Theorie der Ellipse und Hyperbel bildet, lässt sich auch mit Hülfe des Theorems von dem konstanten Verhältnis der Abstände der Kurvenpunkte von Brennpunkt und Direktrix ableiten, wie dies z. B. *Th. Reye* (Geom. d. Lage, p. 170 f.) gethan hat. *Gundelfinger* (Vorl., p. 187—190) beweist ihn mit Hülfe eines zuerst von *Chasles* gefundenen Satzes, demzufolge die zwei Kurvenpunkten P_1, P_2 zugehörigen Brennstrahlenpaare Tangenten eines Kreises sind, der den Pol von $P_1 P_2$ zum Mittelpunkt hat (*Chasles* in Bruxelles Nouv. mém. 6 (1830), p. 30; ins Englische übersetzt von *Ch. Graves*, „Two geometrical memoirs on the general properties of cones of the second degree and on the spherical conics“, Dublin 1841, p. 60). Bei *Plücker* („System d. Geom. des Raumes“, Düsseldorf 1846, p. 266) ist dieser *Chasles*'sche Satz in einem anderen für F_2 gültigen als spezieller Fall enthalten; eine andere von *Chasles* gefundene Verallgemeinerung wird in Nr. **67** erwähnt. *Gundelfinger* beweist den Satz a. a. O. ausgehend von der Gleichung der C_2 in Linienkoordinaten. *J. Mention* (Pétersb. Bull. 16 (1857), p. 29—41) bezeichnet Kreise obiger Art als Fokalkreise und macht von ihnen mehrfach Anwendungen. — Mit Hülfe des Satzes, dass t den Winkel der Brennstrahlen PF_1, PF_2 halbiert, folgt ferner: Werden die von einem Brennpunkt F auf die Tangenten t des Kegelschnitts gefällten Lote um sich selbst verlängert, so liegen die Endpunkte dieser Verlängerungen (Gegenpunkte von F mit Bezug auf t) auf einem Kreis, der den anderen Brennpunkt zum Mittelpunkt und die Länge der Hauptaxe zum Radius hat. Man erkennt dann sofort den Kegelschnitt als Ort aller Punkte, deren Abstände vom einen Brennpunkt und von dem um den anderen Brennpunkt beschriebenen eben erwähnten Kreis einander gleich sind (Fig. 2 und 4). Im Fall der Parabel geht der Kreis in die zu F_1 gehörige Direktrix über.

153) Auch dieser Satz war wohl *Apollonius* schon bekannt, wenn er sich auch in solcher Form ausgesprochen bei ihm nicht findet. Vgl. Buch 3, §§ 49 und 50. Der Satz wurde später von *C. Maclaurin* („Geometria organica“, London 1720, p. 102) wiedergefunden und auf die Parabel ausgedehnt, bei der natürlich an Stelle des Kreises die Scheiteltangente tritt. *J. H. Lambert* (Lambert's Deutscher gelehrter Briefwechsel, Bd. 5, Teil 2, Berlin 1787, p. 326 f. (Brief an Oberreit, 1771)) und *M. R. de Prony* (J. éc. polyt. 4, cah. 10 (1810), p. 53) benutzten den Satz zu der nahe liegenden Konstruktion von Tangenten des Kegelschnitts. Eine Verallgemeinerung obigen Satzes folgt in Nr. **30**. Noch sei erwähnt, dass zwei beliebige Kegelschnittstangenten und die von den Brennpunkten auf sie gefällten Lote ein Sechsseit bilden, dem sich ein Kegelschnitt einschreiben lässt (*G. Gallucci* in Nouv. ann. (3) 17 (1898), p. 74 f., ebenda p. 548 f. auch von *P. H. Schoute* bewiesen).

Hiermit steht im engen Zusammenhange ein von *J. Keill*[154]) gefundener Satz, dass das Produkt der Abstände der beiden Brennpunkte von einer beliebigen Tangente oder auch das Produkt der Abstände eines Brennpunktes von zwei parallelen Tangenten gleich dem Quadrat der halben Nebenaxe ist.

Die neuere Geometrie gelangte in ganz anderer Weise zu den Brennpunkten. *Poncelet* fasste sie auf als Mittelpunkte solcher Strahlenbüschel, bei denen je zwei zum Kegelschnitt konjugierte Strahlen zueinander rechtwinklig sind, und umgekehrt. Er ging dabei von der durch *De la Hire* gefundenen Thatsache aus, dass bei jedem Kegelschnitt der Pol einer durch einen Brennpunkt F gezogenen Geraden g (Fokalsehne) der Schnittpunkt der durch F gezogenen Normale von g mit der Polare f von F ist[155]). Das zwischen Berührungspunkt und Schnitt mit f gelegene Stück einer Tangente wird daher von F unter rechtem Winkel gesehen. *Poncelet* bemerkte auch, dass man bei Bestimmung der Brennpunkte nach rein algebraischer, auf seine Definition sich stützender Methode zwei Paare solcher Punkte findet, ein reelles auf der Hauptaxe, ein imaginäres auf der Nebenaxe[156]). In Folge der polaren Beziehung zwischen f und F liegen die Scheitel der Axe harmonisch zu F und zum Schnittpunkt von f mit der Axe; ist d der Abstand der Geraden f vom Mittelpunkt der Kurve, so ist hiernach[157]) $\frac{d+a}{d-a} = \frac{a+c}{a-c}$ oder $d:a = a:c$, also f mit Rücksicht auf Nr. 4 die Direktrix. — Durch einen beliebigen Punkt der Ebene geht nur *ein* rechtwinkliges, zum Kegelschnitt k konjugiertes Geradenpaar. Man kann nun in einer Axe von k zu einem beliebigen Punkt P einen Punkt P_1 der Art zugehörig angeben, dass sich je zwei durch P und P_1 gehende konjugierte Geraden rechtwinklig schneiden. *Steiner* wies darauf hin, dass diese Punktepaare P, P_1 auf der Axe eine Involution (Fokalinvolution) bilden, deren Doppelpunkte die Brennpunkte sind. Im Fall imaginärer Doppelelemente sind die reellen Brennpunkte diejenigen Punkte der anderen Axe, von denen die Paare P, P_1 unter rechten Winkeln gesehen werden; hieraus folgt unmittelbar eine Konstruktion der Brennpunkte. Diese werden

154) Lond. Trans. Nr. 317 (1709), p. 147.

155) Sect. con. p. 189—192. Auch wird hier auf Grund obigen Satzes die Aufgabe gelöst: Direktrix und Hauptaxe eines Kegelschnitts zu konstruieren, von dem ein Brennpunkt und drei Kurvenpunkte gegeben sind. Eigentlich hat diese Aufgabe vier Lösungen, *De la Hire* beschränkt sich auf eine. Vgl. Fussnote 449.

156) Ann. de math. 8 (1818), p. 222.

157) *De la Hire*, Sect. con., p. 183.

überhaupt durch je zwei zueinander rechtwinklige konjugierte Geraden harmonisch getrennt[158]), so z. B. durch Tangente und Normale eines Kurvenpunktes; speziell bei der Parabel liegt der Brennpunkt natürlich in der Mitte des aus der Axe durch Tangente und Normale ausgeschnittenen Stückes[159]), die Fokalinvolution ist gleichseitig-hyperbolisch [III A 5, 6].

Zu der schon erwähnten *Poncelet*'schen Definition der Brennpunkte steht eine gleichfalls von *Poncelet* bemerkte Eigenschaft dieser Punkte in naher Beziehung. Er geht von zwei Kegelschnitten aus, denen ein Brennpunkt F gemeinsam ist. Die in Bezug auf beide Kurven genommenen Pole einer durch F gelegten Geraden g liegen alsdann auf der durch F gezogenen Normale von g; andererseits aber ist für den Schnittpunkt S eines zwei Kegelschnitten gemeinsamen Tangentenpaares charakteristisch, dass die Pole einer durch S gezogenen Geraden wieder mit S auf einer Geraden liegen (Nr. 57). Demgemäss ist auch F als Schnittpunkt eines den zwei Kurven gemeinsamen aber imaginären Tangentenpaares aufzufassen, oder als Zentrum einer zwischen diesen Kurven bestehenden kollinearen Beziehung, und dies gilt auch noch, wenn wir als den einen Kegelschnitt einen Kreis mit dem Mittelpunkt F wählen, ja dieser Kreis darf sich sogar auf seinen Mittelpunkt reduzieren[160]). Die Kenntnis von F ist daher gleichbedeutend mit der Kenntnis zweier Kurventangenten.

Bei Kurven 2. Klasse gelangt *Plücker* ähnlich wie *Poncelet* zu den Brennpunkten, indem er die Existenz von zwei reellen und zwei imaginären Punkten von solcher Beschaffenheit nachweist, dass die zwei von einem derselben an die Kurve gelegten imaginären Tangenten zu zwei beliebigen in dem Punkt sich rechtwinklig schneidenden Geraden harmonisch liegen. Diese imaginären Tangenten gehen daher durch die imaginären Kreispunkte I und J hindurch, oder anders ausgedrückt: Die Brennpunkte sind als Schnittpunkte der zwei von I und J an die Kurve gelegten Tangentenpaare anzusehen; die Berührungspunkte sind die imaginären Schnittpunkte der Kurve mit den

---

158) *Steiner-Schröter*, § 35. Auch folgt, dass die Brennpunkte und die Schnitte der Nebenaxe mit Tangente und Normale eines Kurvenpunktes auf einem Kreis liegen, woraus sich wieder eine Konstruktion der Brennpunkte ergiebt. Vgl. auch *Chasles*, „Aperçu historique", Bruxelles 1837, Note 31; deutsche Übertragung von *L. A. Sohncke*, Halle 1839, p. 413.

159) *De la Hire*, a. a. O., p. 177.

160) Traité, Nr. 453—457. Auch *Steiner* betrachtet den Brennpunkt als Zentrum eines den Kegelschnitt doppelt berührenden Kreises vom Radius Null (J. f. Math. 45 (1852), p. 195 = Werke 2, p. 453).

Direktricen. Später dehnte *Plücker* seine Definition der Brennpunkte auf beliebige algebraische Kurven aus; es kann dann jede durch einen solchen Punkt und einen der imaginären Kreispunkte gehende Gerade als Tangente der Kurve betrachtet werden[161]).

30. Weitere Brennpunktseigenschaften. Vermöge der Auffassung eines Brennpunktes F als Kollineationszentrums erhält *Poncelet* leicht die wichtigsten mit den Brennpunkten zusammenhängenden Eigenschaften der Kegelschnitte, so z. B. den Satz von der Konstanz des Abstandsverhältnisses eines Kurvenpunktes mit Bezug auf Brennpunkt und Direktrix[162]). Ferner zeigt er, dass die Verbindungslinie von F mit dem Pol Q einer Sehne den Winkel des von F nach den Endpunkten der Sehne gezogenen Geradenpaares halbiert[163]), ein Satz, der sich auch mit Hülfe eines anderen ableiten lässt, zufolge dessen der Winkel, unter dem von einem Brennpunkt aus das zwischen zwei festen Tangenten gelegene Stück einer beweglichen Tangente gesehen wird, konstant ist[164]). Speziell bei der Parabel ist dieser Winkel das Supplement des von den beiden Tangenten selbst gebildeten und der Kurve zugekehrten Winkels[165]), woraus sich sofort der zuerst von

161) Anal. Entw. 2, p. 61—64. *Plücker* bemerkt auch, dass bei rechtwinkl. Koord. mit Anfangspunkt im einen Brennpunkt die Gl. des Kegelschnitts in Linienkoordinaten dieselbe Gestalt hat wie die Gl. eines Kreises in rechtwinkl. Punktkoordinaten. Vgl. ferner *Plücker* in J. f. Math. 10 (1832), p. 84 f. = Ges. Abh. 1, p. 290 f.; System d. Geom., p. 102 f.; *Chasles,* Sect. con., p. 191. An *Plücker*'s Auffassung der Brennpunkte knüpfte *F. H. Siebeck*, J. f. Math. 64 (1864), p. 175 ff. an. In der Gl. einer Kurve in homogenen rechtwinkl. Linienkoordinaten $F(u, v, w) = 0$ setzt er $u : v : w = -1 : -i : (x + iy)$, betrachtet $F(-1, -i, x + iy)$ als monogene Funktion [II B 1 Nr. 2] von $z = x + iy$ und gewinnt so einen Zusammenhang mit der Algebra binärer Formen. Auf orthogonale Kurvensysteme wurde *Plücker*'s Definition der Brennpunkte durch *E. E. Kummer,* J. f. Math. 35 (1847), p. 11 f. angewandt.

162) Traité, Nr. 459. Vgl. auch Fussnote 18; ferner *J. Newton,* „Philosophiae naturalis principia mathematica", Buch 1, 4. Abschn., prop. 20 (1687) = deutsche Übers. von *J. Ph. Wolfers,* Berlin 1872, p. 83; *De l'Hospital,* Sect. con., p. 276—279; *Gergonne* bemerkt Ann. de math. 16 (1826), p. 368—372, dass das Abstandsverhältnis gleich der numerischen Exzentrizität ist; *Plücker,* Anal. Entw. 2, p. 129; *Chasles,* Sect. con., p. 182; *Salmon-Fiedler,* Kegelschn., p. 352; *Gundelfinger,* Vorl., p. 115—119; *Reye,* Geom. d. Lage, p. 170.

163) Traité, Nr. 461, übrigens schon bei *De la Hire,* Sect. con., Buch 8, prop. 24.

164) Ann. de math. 8 (1817), p. 5 f.; Traité, Nr. 464. Ein spezieller Fall des Satzes bei *Apollonius,* Buch 3, § 45. Das Stück der beweglichen Tangente wird durch deren Berührungspunkt und die Berührungssehne der festen Tangenten harmonisch geteilt (*O. Handel,* Progr. Reichenbach 1889, p. 7).

165) Ann. de math. 8 (1817), p. 5; Traité, Nr. 465.

J. H. Lambert[166]) gefundene Satz ergiebt, dass der einem Tangentendreieck der Parabel umschriebene Kreis durch den Brennpunkt der Kurve geht, während andererseits die Brennpunkte aller einem und demselben Dreieck eingeschriebenen Parabeln auf dem Umkreis des Dreiecks liegen[167]). Hiermit steht in engstem Zusammenhange der Satz, dass die Fusspunkte der vom Brennpunkt einer Parabel nach allen ihren Tangenten unter demselben Winkel gezogenen Geraden auf einer und derselben Tangente der Kurve liegen[168]), und man wird nun leicht zu dem Theorem geführt: Werden von einem beliebigen Punkte des einem Dreieck umschriebenen Kreises nach den Seiten unter demselben übrigens beliebigen Winkel gerade Linien gezogen, so liegen deren Fusspunkte auf einer Geraden[169]). Im Falle eines Mittelpunktskegelschnitts erfüllen die Fusspunkte der von den Brennpunkten nach allen Tangenten unter einem beliebig gegebenen Winkel gezogenen Geraden nach *Poncelet* einen Kreis, der die Kurve in zwei Punkten berührt[170]) (Nr. **74**).

166) „Insigniores orbitae cometarum proprietates", Aug. Vind. 1761, p. 5 f. = Ostw. Klass. Nr. 133, p. 8 f.

167) *Poncelet*, Ann. de math. 8 (1817), p. 10 = „Appl. d'anal." 2, p. 462; Traité, Nr. 466. *A. F. Möbius* zeigte, dass das Tangentendreieck halb so gross ist als das durch die Berührungspunkte als Ecken gebildete (Baryc. Calcul p. 232 und 393 = Werke 1, p. 211 und 339); vgl. noch *D. F. Gregory*, Cambr. math. J. 2 (1839), p. 16 f. — Im Raume liegen die Brennpunkte aller einem Tetraeder eingeschriebenen Rotationsparaboloide nicht etwa auf der Umkugel des Tetraeders, sondern auf einer Fläche 3. Ordnung, die in den Tetraederecken Knotenpunkte besitzt; *W. Fr. Meyer*, Archiv Math. Phys. (3) 5, Doppelheft 1, 2, 1903.

168) *Poncelet* a. a. O.; Traité, Nr. 467; *Plücker*, System d. Geom., p. 111.

169) Ann. de math. 8 (1817), p. 10 f. = Appl. d'anal. 2, p. 462 f.; Traité, Nr. 468. Dieser Satz wird für den Fall eines *rechten* Winkels gewöhnlich *R. Simson* zugeschrieben, obgleich er bei *Simson* nirgends vorkommt; er findet sich vielmehr zuerst 1799 oder 1800 bei *W. Wallace* (vgl. *Cantor*, Gesch. d. Math. 3, p. 542 f., sowie *J. S. Mackay*, Edinb. math. soc. Proc. 9 (1891), p. 83—91). Hält man den Punkt des umschriebenen Kreises fest, ändert aber den Winkel, so umhüllen die zugehörigen *Wallace*'schen Geraden eine Parabel, die den festen Punkt zum Brennpunkt hat (*Steiner*, Ann. de math. 19 (1828), p. 45 f. = Werke 1, p. 197). Weitere Sätze über diese Gerade bei *S. Kantor*, Wien. Ber. 78 (1878), p. 193—203 und Math. Ann. 14 (1878), p. 323—330, sowie — überhaupt bez. der in diesem Art. erwähnten Dreieckssätze — bei *W. Fuhrmann*, „Synthetische Beweise planimetrischer Sätze", Berlin 1890, und *E. Rouché* et *Ch. de Comberousse*, Traité de géométrie 1, 2; 7. éd. Paris 1900.

170) Traité, Nr. 450; *Plücker*, Anal. Entw. 1, p. 217—219; *Chasles*, Sect. con., p. 186. Wie wohl *Plücker* schon bemerkte, aber *Steiner*, J. f. Math. 37 (1847), p. 177 = Werke 2, p. 406 zuerst aussprach, liegt der Mittelpunkt obigen Kreises auf der Nebenaxe; er bildet mit dem Pol der Berührungssehne ein zu den imaginären Brennpunkten harmonisch gelegenes Punktepaar (*Gundelfinger*, Vorl., p. 183). Für $\alpha = 90^0$ vgl. Nr. **29**.

Von weiteren Winkelrelationen, die *Poncelet* ableitete, erwähnen wir noch, dass die Verbindungslinien der Brennpunkte mit dem Schnittpunkt zweier Tangenten der Kurve gegen diese Tangenten unter demselben Winkel geneigt sind[171]). Diese Eigenschaft der Brennpunkte benutzt *Plücker* zu deren Definition bei Kurven 2. Ordnung[172]).

Gestützt auf die *Poncelet*'sche Auffassung eines Brennpunktes F als Zentrums einer kollinearen Beziehung, die zwischen dem Kegelschnitt und einem Kreis mit dem Mittelpunkt F stattfindet, beweist *Chasles* den Satz: Legt man durch einen Punkt P in der Ebene eines Kegelschnitts k beliebige Sekanten, die k in Punktepaaren wie S_1, S_2 treffen, so bilden die Brennstrahlen FS_1, FS_2 mit FP Winkel, für die $\operatorname{tg}\frac{S_1FP}{2}\cdot\operatorname{tg}\frac{S_2FP}{2}$ konstant ist; FS_1 und FS_2 sind somit Strahlenpaare einer Involution. Bei Ellipse und Parabel ist ferner die Summe der reziproken Abstände der Endpunkte einer Fokalsehne vom Brennpunkt konstant, bei Hyperbel die Summe oder Differenz, je nachdem die Sehne denselben oder die zwei verschiedenen Zweige der Kurve trifft[173]).

31. Gleichungen zur Bestimmung der Brennpunkte und Direktricen stellte bei beliebigen *Parallelkoordinaten Bret* auf, indem er

171) Traité, Nr. 478. Für den Fall, dass die eine der zwei Tangenten in einem Scheitel der Hauptaxe berührt, hat den Satz schon *Apollonius*, Buch 3, § 46, wie in Nr. **29** schon erwähnt.

172) Anal. Entw. 1, p. 208.

173) J. de math. 2 (1837), p. 396 f.; Sect. con., p. 187 ff. Daselbst noch andere metrische Sätze über Fokalsehnen. Ferner seien noch folgende Theoreme von *Chasles* angeführt: Dreht man um einen Brennpunkt F eines Kegelschnitts k eine aus m Strahlen bestehende „Windrose", zieht man ferner in den m Schnittpunkten mit k die Tangenten und bildet die Quotienten aus den Abständen dieser Tangenten von einem festen Punkte und von F, so ist die Summe der n^{ten} Potenzen dieser Quotienten ($n < m$) eine Konstante. Bildet man ferner die Quotienten aus den Abständen jener m Schnittpunkte von einer festen Geraden und von F, so ist die Summe der n^{ten} Potenzen dieser Quotienten ($n < m$) konstant (J. de math. 3 (1838), p. 403). Andere Sätze dieser Art in Mém. de géométrie, Anhang zum „Aperçu historique", Paris 1875, p. 674. Viele solcher Sätze folgen leicht aus dem Theorem von *R. Leslie Ellis*: Ist $f(\varphi)$ eine rationale und ganze Funktion von $\sin\varphi$ und $\cos\varphi$, so ist

$$f(\varphi)+f\left(\varphi+\frac{2\pi}{m}\right)+\cdots+f\left(\varphi+\frac{m-1}{m}\,2\pi\right)$$

unabhängig von φ, vorausgesetzt dass m grösser ist als der Grad der Funktion f (Cambr. math. J. 2 (1841), p. 272). Es folgt z. B. sehr leicht: Dreht man um den Mittelpunkt einer Ellipse eine aus m Strahlen bestehende Windrose, so ist die Summe der für die reziproken Werte der entstehenden Halbmesser gebildeten Quadrate konstant (bei *Ellis*, p. 275 f., für $m = 3$ bei *Chasles*, J. de math. 2 (1837), p. 405).

eine von *Euler* herrührende Bemerkung benutzte, dass bei einem Kegelschnitt, dessen Axen mit den Koordinatenaxen zusammenfallen, jeder Brennpunkt ein solcher Punkt ist, für den sich der Abstand von einem beliebigen Kurvenpunkt P als lineare Funktion der Abscisse von P darstellt[174]). *Plücker* erhielt die Koordinaten der Brennpunkte im Anschluss an die schon erwähnte[161]) Thatsache, dass bei rechtwinkligen Koordinaten die Gleichung der Kurve 2. Klasse, deren einer Brennpunkt im Ursprung des Systems liegt, die Form einer Kreisgleichung in rechtwinkligen Punktkoordinaten hat[175]). *G. Dostor* deutete gewisse Gleichungen als Ausdrücke für Hyperbeln, die sich in den Brennpunkten des Kegelschnitts schneiden und sich auf Geraden reduzieren, falls dieser eine Parabel ist[176]). — Bei *Normalkoordinaten* benutzte *P. J. Hensley*[177]) den Satz, dass das Rechteck aus den von einem Brennpunkt auf zwei parallele Tangenten gefällten Loten konstant ist. *G. Salmon*[178]) bestimmt die Brennpunkte als Schnittpunkte der von den imaginären Kreispunkten an den Kegelschnitt k gelegten Tangentenpaare. *N. M. Ferrers* giebt Gleichungen für die Koordinaten der Brennpunkte unter Benutzung der Thatsache, dass die reziproke Polare von k in Bezug auf einen Kreis, der den einen Brennpunkt zum Mittelpunkt hat, wieder ein Kreis ist[179]). *E. d'Ovidio* legt die Definition der Brennpunkte als Zentren von Strahlenbüscheln zu Grunde, bei denen je zwei in Bezug auf k konjugierte Strahlen zu einander rechtwinklig sind. Auch giebt er Ausdrücke für die lineare und numerische *Exzentrizität* eines in allgemeiner Gleichung gegebenen Kegelschnitts, sowie für den einem beliebigen Durchmesser zugehörigen *Parameter*[180]).

---

174) *Euler*, „Introductio in analysin infinitorum", 2, Lausanne 1748, p. 63. *Bret*, Ann. de math. 8 (1818), p. 317—321 geht von einer auf beliebige Parallelkoordinaten bezogenen Kurvengleichung aus, oben erwähnter Abstand ist dann eine lineare Funktion der Koordinaten von P. 175) Anal. Entw., p. 63.

176) Arch. Math. Phys. 62 (1878), p. 289—293; 63 (1879), p. 137—140, 160—164 und 172—185; vgl. ferner *J. Wolstenholme*, London math. soc. Proc. 11 (1880), p. 102 f., *E. Humbert*, Nouv. ann. (3) 4 (1885), p. 138 f.; *E. Goursat*, ebenda (3) 6 (1887), p. 465 ff.

177) Quart. J. 5 (1861), p. 177 f.; ähnlich *H. M. Jeffery*, Quart. J. 8 (1867) p. 349, 360, 366. 178) Quart. J. 5 (1862), p. 307—309.

179) Tril. coord., p. 115 f. Die oben erwähnte Thatsache findet sich zuerst bei *De l'Hospital*, Sect. con., p. 275 f; *Poncelet* erkennt in seiner Théorie générale des polaires réciproques die Fruchtbarkeit des Satzes zur Ableitung zahlreicher metrischer Eigenschaften der Kegelschnitte, J. f. Math. 4 (1828), p. 48 = Traité, 2. Aufl. Paris 1866, Bd. 2, p. 100. Vgl. auch Nr. 19.

180) Giorn. di mat. 6 (1868), p. 279—283; ebenda 7 (1869), p. 1—3 und 9—11; *G. Dostor*, Arch. Math. Phys. 63 (1879), p. 185 und 192 f. Zur Bestimmung

C. Normale und Krümmungskreis.

32. Normale eines Kegelschnittpunktes. Eine Konstruktion der Normale irgend eines Punktes P eines Kegelschnitts mit Hülfe der beiden Brennpunkte wurde schon in Nr. **3** erwähnt. Sind im Fall einer Ellipse nur die Axen und P gegeben, wobei die Koordinaten von P durch $x = a \cos t$, $y = b \sin t$ mit der exzentrischen Anomalie und den Halbaxen zusammenhängen, so beschreibt man zur Konstruktion der Normale von P um den Mittelpunkt O der Kurve einen Kreis vom Radius $a + b$; der durch O unter dem Winkel t gegen die Hauptaxe gelegte Strahl trifft alsdann diesen Kreis in einem Punkt der Normale von P.[181]) Auf Grund eines Theoremes von *Frégier* lässt sich die Normale von P, wenn der Kegelschnitt gezeichnet vorliegt, lediglich unter Anwendung eines rechten Winkels konstruieren. Dieses Theorem lautet: Dreht sich ein rechter Winkel um seinen in P gelegenen Scheitel, so geht die Verbindungslinie der zwei anderen Schnittpunkte der Schenkel des Winkels und der Kurve durch einen Punkt Q der Normale von P.[182]) *Frégier* beweist den Satz analytisch mit Hülfe eines zweckmässig gewählten Koordinatensystems. Übrigens ist der Satz in einem weit allgemeineren enthalten, den für Flächen

---

der Brennpunkte und Direktricen sei ferner verwiesen auf *N. M. Ferrers,* Quart. J. 4 (1860), p. 235 f.; Tril. coord. p. 88; *W. H. Laverty,* Math. Quest. 10 (1868), p. 78 f.; *C. Smith*, Quart. J. 12 (1873), p. 240; *A. G. J. Eurenius*, Quart. J. 13 (1873), p. 198—207; *A. Letnikow*, Nouv. ann. (2) 20 (1881), p. 297—300; *J. Wolstenholme,* Lond. math. soc. Proc. 13 (1882), p. 188; *J. Koehler,* „Exercices de géom. anal. et de géom. supér.“ 1, Paris 1886, p. 166 f.; *Salmon-Fiedler,* Kegelschn., p. 692 f.; *F. X. Stoll,* Zeitsch. Math. Phys. 38 (1892), p. 283—292; *A. Tissot*, Nouv. ann. (3) 13 (1894), p. 97 f.; *Gundelfinger*, Vorl., p. 113—115, 168 f., 290, 342 und 346 f. Für den Parameter der Parabel vgl. Fussnote 82.

181) Vgl. z. B. *L. Paillotte* in Nouv. ann. (2) 8 (1869), p. 269.

182) Corresp. éc. polyt. 3 (1816), p. 394; Ann. de math. 6 (1816), p. 229—234. Hier wird das Theorem für F_2 erweitert, ferner der Satz bewiesen: Werden einer C_2 beliebig viele Dreiecke eingeschrieben, die P zur gemeinsamen Ecke haben, während der Winkel dieser Ecke durch die Normale von P halbiert wird, so gehen die Gegenseiten dieser Dreiecke sämtlich durch den Pol der Normale. *A. Cazamian* beweist das Theorem von *Frégier* durch Transformation mittelst reziproker Polaren aus dem Satz, dass die Scheitel aller einer Parabel umschriebenen rechten Winkel die Direktrix erfüllen (Nouv. ann. (3) 13 (1894), p. 322 ff.); auch wird gezeigt, dass P und der obige Punkt Q durch die Schnittpunkte der Normale PQ mit den Kurvenaxen harmonisch getrennt werden. Einen direkten analytischen Beweis giebt *Gundelfinger,* Vorl., p. 272 f. Vgl. ferner *J. B. Pomey*, Nouv. ann. (3) 4 (1885), p. 494—496; *B. Sporer*, Zeitschr. Math. Phys. 33 (1888), p. 307—309; *O. Richter,* ebenda 35 (1889), p. 125 f.; *J. Mandl,* Monatsh. Math. Phys. 9 (1898), p. 117—123.

2. Ordnung *O. Hesse*[183]) beweist; für C_2 ausgesprochen würde er lauten: Legt man durch einen Punkt P des Kegelschnitts k Parallelen p_1, p_2 zu irgend einem Paar konjugierter Durchmesser eines anderen Kegelschnitts k', so schneidet jedes Paar p_1, p_2 die Kurve k in zwei weiteren Punkten, deren Verbindungslinien durch einen bestimmten Punkt Q gehen. Ist k' ein Kreis, so hat man das Theorem von *Frégier*. Für den Fall, dass P der Mittelpunkt des Kegelschnitts k' ist, hatte *Frégier* gleichfalls diese Verallgemeinerung seines ursprünglichen Satzes bewiesen. Q liegt dann auf dem konjugierten Durchmesser zu jenem Durchmesser von k', der k in P berührt[184]). Wählt man bei dem ursprünglichen Satze statt des rechten Winkels einen beliebigen Winkel α, so umhüllen nach *Poncelet* die bei Drehung des Winkels auf k markierten Sehnen einen Kegelschnitt, der k doppelt berührt und den bei $\alpha = 90^0$ auftretenden Punkt Q zum Pol der Berührungssehne hat[185]).

Sind T, T_1 und N, N_1 die Schnitte der Tangente und Normale eines Kegelschnittpunktes mit den Axen (Fig. 11), so folgt aus der Ähnlichkeit der Dreiecke TPN und N_1PT_1 die Gleichung $TP \cdot PT_1 = NP \cdot N_1P$ oder $tt_1 = nn_1$, wie wohl schon längst bekannt. Ausserdem ist dieses Produkt, wie *G. Dostor* zeigte, gleich $PF \,.\, PF_1$ oder rr_1; auch ist $n = \frac{b}{a}\sqrt{rr_1}$, $n_1 = \frac{a}{b}\sqrt{rr_1}$, unter

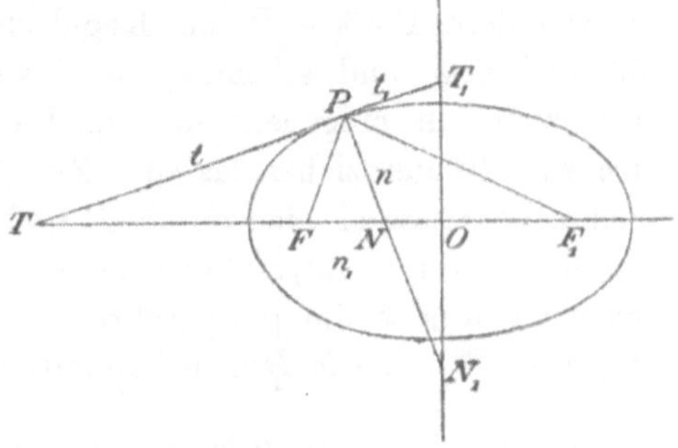

Fig. 11.

183) J. f. Math. 18 (1837), p. 110 = Werke, p. 11 f. Ersetzt man k' durch ein Kegelschnittbüschel (Nr. 46), so erfüllen die Punkte Q eine Gerade; sie erfüllen eine C_2, wenn k' durch eine Kegelschnittschar (Nr. 56) ersetzt wird (*Steiner-Schröter*, p. 250 f. und 275 f.; *Gundelfinger*, Vorl., p. 332 f.

184) Ann. de math. 7 (1816), p. 95 f.; vgl. auch ebenda 6 (1816), p. 321 ff.

185) Ann. de math. 8 (1817), p. 70 = Appl. d'anal. 2, p. 465; Traité Nr. 482; *Gundelfinger*, Vorl., p. 273. *Poncelet* zeigt auch a. a. O. und Traité, Nr. 491, dass wenn man bei $\alpha = 90^0$ den Scheitel in einen beliebigen Punkt S der Ebene verlegt, die obigen Sehnen einen Kegelschnitt umhüllen, der S zum einen Brennpunkt hat; derselbe wird ein Kreis, wenn S der Mittelpunkt von k ist (*Querret* und ein Anonymus in Ann. de math. 15 (1824), p. 197—201). Weitere hierher gehörige Sätze bei *O. Richter*, Zeitschr. Math. Phys. 36 (1890), p. 49—56; *K. Schober*, Monatsh. Math. Phys. 9 (1898), p. 89 ff. Der Satz des Textes ist ein spezieller Fall des andern, wonach die Geraden, die die Punktepaare einer auf dem Kegelschnitt k gegebenen Projektivität verbinden, einen Kegelschnitt umhüllen, der k doppelt berührt, nämlich in den Doppelpunkten der Projektivität [Nr. 70 und III A 5].

a und b die Längen der Halbaxen verstanden, daher $n : n_1 = b^2 : a^2$. Ferner findet man $t_1 \pm t = \frac{a^2}{t_1} + \frac{b^2}{t}$, wo links das obere Vorzeichen der Ellipse, das untere der Hyperbel entspricht. Schliessen zwei durch O gezogene Geraden einen Winkel ω ein und sind t', t_1', n', n_1' die auf den Tangenten resp. Normalen des Kurvenpunktes P von P bis zum Schnitt mit diesen Geraden gemessenen Abschnitte, so ist $\operatorname{tg} \omega = \frac{t' n_1' + n' t_1'}{n' n_1' - t' t_1'}$.[186]) Dass die Projektion der Normale PN auf einen Brennstrahl gleich dem Semiparameter ist, war schon *J. Keill* bekannt[187]).

Mit der Bestimmung der kleinsten Ellipsensehne, die in ihrem einen Endpunkt zur Kurve normal ist, beschäftigten sich *O. Bonnet, L. Paillotte, B. Niewenglowski, E. Lucas*[188]). Zahlreiche weitere Sätze über Normalen hat *M. Desboves* abgeleitet[189]).

33. Die von irgend einem Punkt P nach einem Kegelschnitt zu ziehenden Normalen behandelte schon *Apollonius.* Er betrachtete die von dem Punkte P zum Kegelschnitt k möglichen Maximal- und Minimallinien und erkannte, dass sie zugleich Normallinien von k sind; ziemlich eingehend untersuchte er, wie viele solcher Geraden sich von P aus ziehen lassen. Zur Konstruktion der Normalenfusspunkte benutzte er eine durch P und den Mittelpunkt von k gehende Hyperbel, deren Asymptoten zu den Axen von k parallel sind; sie schneidet aus k die gewünschten *vier* Fusspunkte aus (*Apollonische* Hyperbel)[190]). *De la Hire* behandelte die Normalenaufgabe, indem er

186) Nouv. ann. (2) 9 (1870), p. 549 f.; andere Beziehungen Arch. Math. Phys. 51 (1870), p. 139—190 und 61 (1877), p. 160—171. Das Produkt rr_1 ist nach *Dostor* auch gleich dem Produkt aus den Abständen der Normale von ihrem Pol und vom Kurvenmittelpunkt (Nouv. ann. (2) 9 (1870), p. 528; bewiesen von *C. Valentino,* Giorn. di mat. 9 (1871), p. 177 f.), nach *H. P. Hamilton* gleich dem Quadrat des zu OP konjugierten Halbmessers („An analytical system of conic sections", deutsch von *J. H. Benckendorff,* Berlin 1828, p. 93). Vgl. ferner *A. Transon,* Nouv. ann. (2) 7 (1868), p. 154 und (2) 12 (1873), p. 1—20.

187) Lond. Trans. 26 (1708), p. 177; vgl. auch Fussnote 230.

188) *Bonnet,* Nouv. ann. (1) 2 (1843), p. 420—425; *Paillotte,* ebenda (2) 7 (1868), p. 523; *Niewenglowski,* ebenda (2) 14 (1875), p. 270 f.; *Lucas,* ebenda (2) 15 (1876), p. 6 f.

189) „Théorèmes et problèmes sur les normales aux coniques", Paris 1861, p. 27—46.

190) Buch 5, besonders § 58—63. Vgl. ferner *K. Lauermann,* Wien. Ber. 83 (1880), p. 92 f.; *C. Schirek,* Zeitschr. Math. Phys. 29 (1883), p. 239 ff. Umgekehrt trifft jede gleichseitige Hyperbel, die durch den Mittelpunkt eines Kegelschnitts k geht und zu den Axen von k parallele Asymptoten hat, die Kurve k in 4 Punkten, deren Normalen sich in einem Punkte schneiden. Durch-

für die Abscissen der Normalenfusspunkte eine Gleichung 4. Grades aufstellte und mit Hülfe eines Kreises ihre Wurzeln konstruierte unter der Voraussetzung, dass k gezeichnet vorliegt [191]). Später verfährt er ähnlich wie *Apollonius* und betrachtet die Normalen als kürzeste oder längste Geraden, die sich von P an k ziehen lassen [192]). *A. M. Legendre* [193]) zeigte mit Hülfe von Untersuchungen der Realität der Wurzeln einer Gleichung 4. Grades, dass man durch P vier, drei oder zwei Normalen an eine Ellipse ziehen kann, je nachdem P innerhalb, auf oder ausserhalb der Evolute (Nr. **40**) der Kurve liegt.

F. Joachimsthal gab bei seiner Behandlung des Normalenproblems zunächst eine einfache konstruktive Lösung der Aufgabe, zu zwei Ellipsenpunkten A, B zwei andere A_1, B_1 zu finden, deren Normalen sich mit denen von A, B in einem Punkte treffen. Je 3 der 4 Punkte, z. B. A, B, A_1 liegen mit dem Kurvenpunkte B_1', der B_1 diametral gegenüberliegt, auf einem Kreis [194]). Ferner giebt er die Konstruktion des Kreises durch die Fusspunkte der 3 von einem gegebenen Punkt einer Ellipsennormale noch möglichen Normalen [195]). Später zeigte er analytisch, dass, wenn man von einem Scheitel S

läuft P eine Gerade, so bilden die zu P gehörigen Apollonischen Hyperbeln ein Büschel (Nr. **46**), *Steiner*, J. f. Math. 49 (1854), p. 338 = Werke 2, p. 627. Vgl. noch I B 2, Nr. **24**, Fussn. 383^b).

191) „La construction des équations analytiques", Paris 1679, Anhang zu „Nouveaux élémens des sections coniques", p. 440—452 der Ausgabe von 1701. Ähnlich *E. Catalan*, Nouv. ann. 7 (1848), p. 332—337, 396 f.

192) Sect. con., Buch 7.

193) „Traité des fonctions elliptiques", 1, Paris 1825, p. 348 f.; vgl. auch *G. Lamé*, „Examen des diff. méth.", Paris 1818, p. 115.

194) J. f. Math. 26 (1843), p. 172—178. Vgl. auch *Cayley*, J. f. Math. 56 (1857), p. 182—185 = Coll. papers 4, p. 74—77. Die Verbindungslinien eines der 4 Punkte A, B, A_1, B_1 mit den 3 anderen sind übrigens nach *E. Laguerre*, Par. soc. math. Bull. 5 (1877), p. 39 wieder Normalen eines Kegelschnitts, der dieselben Axen hat, wie der gegebene.

195) Vgl. auch *C. Pelz*, Wien. Ber. 85 (1882), p. 172 f. *F. E. Eckardt* hat die meisten von *Joachimsthal* a. a. O. gefundenen Sätze analytisch bewiesen (Zeitschr. Math. Phys. 11 (1866), p. 311—324), auch ihre für Hyperbel und Parabel nötigen Umformungen gegeben und weitere Sätze hinzugefügt. Für die Parabel hat wahrscheinlich *R. F. de Sluse* schon 1668 gefunden, dass ihr Scheitel S und die Fusspunkte der 3 von einem beliebigen Punkt P der Ebene auf die Kurve gefällten Normalen in einem Kreis liegen: eine Bemerkung von *Chasles*, J. de math. 3 (1838), p. 429, gestattet diese Vermutung. Umgekehrt trifft jeder durch S gehende Kreis die Parabel in 3 Punkten A, B, C, deren Normalen in einem Punkt zusammenlaufen. Weitere hierher gehörige Sätze bei *K. Zahradnik*, Prag. Böhm. Ber., Jahrg. 1879, p. 98—109. Gewisse metrische Relationen wurden gegeben von *Joachimsthal*, a. a. O., *Desboves*, a. a. O. [189]), p. 16, *E. Oekinghaus*, Arch. Math. Phys. (2) 6 (1888), p. 112.

eines Kegelschnitts k auf die 4 von einem beliebigen Punkt P nach k gezogenen Normalen Lote fällt, die Fusspunkte derselben auf einem Kreis c liegen[196]). Zieht man nun durch S nach dem durch P gezogenen Kegelschnittdurchmesser eine Senkrechte, die k noch in P' trifft, so ist die in P' gezogene Tangente die Schnittsehne von c mit dem Kreis c', der die durch S gehende Axe zum Durchmesser hat. Auf diese zwei Sätze gründet *Joachimsthal* folgende Konstruktion der vier Normalen: Man sucht P' und die Schnittpunkte E, E' der in P' gezogenen Tangente mit dem Kreis c'; alsdann beschreibt man einen durch E und E' gehenden Kreis c, dessen Mittelpunktsordinate durch eine Formel gegeben wird und besonders zu konstruieren ist. Trifft c den Kegelschnitt in L, L', L'', L''', so sind die von P auf die Sehnen SL, SL', SL'', SL''' gefällten Lote die zu P gehörigen Normalen[197]). *Joachimsthal*[198]) hat auch eine Parameterdarstellung für die Apollonische Hyperbel α gegeben, die Gleichung 4. Grades für die Parameter ihrer Schnittpunkte mit k aufgestellt und hierdurch Relationen gefunden, die zwischen nur drei oder den vier Parametern dieser Schnittpunkte bestehen.

Poncelet[199]) konstruiert die Hyperbel α, indem er von P auf alle Tangenten von k Lote fällt [III D 1, 2, Nr. 7]; die Schnittpunkte derselben mit den zu den Tangentenrichtungen konjugierten Durchmessern erfüllen die Kurve α. Nach *Chasles*[200]) geht α auch durch die Mitten der Sehnen, die von den um P konzentrisch gezogenen Kreisen durch ihre Schnitte mit k bestimmt werden. Ferner zieht *Chasles* statt der Lote Geraden, die gegen die Tangenten unter einem konstanten Winkel ϑ geneigt sind und erhält dann analog wie *Poncelet*

---

196) J. f. Math. 48 (1853), p. 377—380. Der Kreis c findet sich übrigens schon vorher bei *F. Padula*, „Raccolta di problemi di geometria“, Napoli 1838, p. 91.

197) Das von P auf SL gefällte Lot schneidet k natürlich nur in dem Punkte rechtwinklig, dessen Tangente zu SL parallel ist. Störend ist bei obiger Konstruktion, dass die Mittelpunktsordinate von c berechnet und besonders konstruiert werden muss. *H. J. S. Smith* hat diesen Mangel beseitigt (Ann. di mat. (2) 3 (1869), p. 144 ff. = Coll. papers 2, p. 30). Vgl. ferner *L. Painvin*, Nouv. ann. (2) 9 (1870), p. 348—353; *J. A. Grunert*, Arch. Math. Phys. 43 (1865), p. 26—54; *E. Lucas*, Nouv. ann. (2) 15 (1876), p. 5 f. und (2) 19 (1880), p. 279 f.; *C. Pelz*, Prag. Böhm. Ber., Jahrg. 1895.

198) J. f. Math. 53 (1856), p. 149—152 und 169—170.

199) Traité, Nr. 492.

200) J. de math. 3 (1838), p. 410 f. und 428—430; Sect. con. p. 142 ff. *A. del Re* hat Giorn. di mat. 22 (1883), p. 75—86 diese Untersuchungen von *Chasles* weiter geführt.

einen Kegelschnitt, der aus k die Fusspunkte der Geraden ausschneidet, die von P gezogen die Kurve k unter dem Winkel ϑ schneiden.

Auch mit Hülfe einer Parabel lassen sich die vier von P aus möglichen Normalen konstruieren. *Chasles*[201]) erhält nämlich aus der Hyperbel α mittels Transformation durch reziproke Polaren eine Parabel p, deren mit k gemeinsame Tangenten diesen Kegelschnitt in den Fusspunkten der 4 aus P gefällten Normalen berühren. Für diese Parabel giebt er u. a. folgende Konstruktion: Man beschreibe um P konzentrische Kreise und lege durch die jeweiligen Schnittpunkte von k mit irgend einem der Kreise die Geradenpaare; die in Bezug auf k genommenen Polaren der einzelnen Doppelpunkte dieser Paare sind Tangenten der Parabel, deren Direktrix durch P geht. Später giebt *Chasles*[202]) noch folgenden Satz: Dreht sich eine Gerade g um einen festen Punkt P, so umhüllt der zu g rechtwinklige und in Bezug auf k konjugierte Strahl die Parabel p. Auch *Steiner*[203]) fand diese Parabel, bemerkte, dass sie die Axen von k berührt und dass umgekehrt jede Parabel, die die Axen von k berührt, mit k vier Tangenten gemeinsam hat, deren in den Berührungspunkten errichtete Normalen durch einen und denselben Punkt gehen; den Punkten P einer Geraden entspricht eine Schar (Nr. **56** und **63**) solcher Parabeln. Eine Parabel wird nach *Steiner* auch von den Normalen zweier beliebiger Punkte P_1, P_2 von k, ihrer Verbindungslinie und den beiden Axen berührt; beide Kurven werden identisch, wenn P_1 und P_2 in einen einzigen Punkt P von k zusammenrücken. Über die Verwendung dieser Kurve bei Konstruktion des alsdann zu P gehörigen Krümmungsmittelpunktes vgl. Nr. **36**; nach dem Vorgange von *C. Pelz* wird in diesem Falle die Kurve häufig als *Steinersche Parabel* bezeichnet[204]).

34. Weitere Untersuchungen zum Normalenproblem. *Cayley*[194]) hat auf eine Verallgemeinerung des Normalenproblems hingewiesen, die sich ergiebt, wenn man die imaginären Kreispunkte durch eine beliebige Kurve 2. Klasse k_0 ersetzt. An Stelle der im Punkte Q eines

201) J. de math. 3 (1838), p. 420 f.

202) Sect. con. p. 145 f. Der zu g konjugierte und gegen g unter einem Winkel ϑ geneigte Strahl umhüllt nach *Chasles* eine Parabel p' mit analogen Eigenschaften wie die zu $\vartheta = 90^0$ gehörige Parabel p.

203) J. f. Math. 49 (1854), p. 339 = Werke 2, p. 629. Über die Verwendung dieser Parabel bei Konstruktion der Axen eines durch gewisse Daten bestimmten Kegelschnitts vgl. *C. Pelz,* Wien. Ber. 73 (1876), p. 379—425.

204) *Steiner-Schröter,* p. 204; *Pelz,* Prag. Böhm. Ber., Jahrg. 1879, p. 205—246. Vgl. auch *C. Cranz,* „Synthetisch-geometrische Theorie der Krümmung von Kurven und Flächen 2. Ordnung“, Stuttgart 1886, p. 19—28.

Kegelschnitts k gezogenen Normale tritt dann eine zur Tangente von Q in Bezug auf k_0 konjugierte Gerade (Quasi-Normale von Q in *Fiedler's*[205]) Ausdrucksweise). An diese Auffassung knüpft *A. Clebsch*[206]) in seiner analytischen Behandlung des Normalenproblems an. Die Aufgabe wäre dahin zu formulieren, dass man auf k solche Punkte Q sucht, deren jeweilige Verbindungslinie mit P durch den in Bezug auf k_0 genommenen Pol der Tangente von Q geht; dabei darf man statt k_0 auch eine Kurve der durch k und k_0 bestimmten Schar (Nr. **56**) nehmen. *Clebsch* findet bei dieser Gelegenheit, dass die Punkte, aus denen sich 4 Normalen von gegebenem Doppelverhältnis σ ziehen lassen, zwei C_6 erfüllen, und alle bei variabelem σ entstehenden C_6 haben dieselben Rückkehrpunkte [III C 2], von denen zwei im Unendlichen liegen, während die vier anderen zugleich Rückkehrpunkte der Evolute von k (Nr. **40**) sind. Auch die Rückkehrtangenten sind allen diesen Kurven gemeinsam und bestehen aus der unendlich fernen Geraden g_∞ und den Axen von k.[207]) Im Falle $\sigma = -1$ fallen beide C_6 in eine einzige zusammen, im Falle $\sigma = \frac{1}{2} \pm \frac{i}{2}\sqrt{3}$ reduziert sich der Ort auf einen sechsfachen Kegelschnitt; für $\sigma = 0$ erhält man die Evolute sowie doppelt zählend g_∞ und (auch doppelt) die Axen von k.[207])

Die Fusspunkte der von den einzelnen Punkten einer Geraden g nach k gezogenen Normalen bilden eine biquadratische Involution [III C 10], und die 6 Seiten des jeweiligen Vierecks der Grundpunkte umhüllen, wie *Em. Weyr* fand, eine C_6 der 3. Klasse, die die Axen von k und die Gerade g_∞ berührt[208]).

F. Laguerre[209]) hat das Normalenproblem mit der Invarianten-

---

205) Kegelschn., 1. Aufl., Leipzig 1860, p. 565 f.

206) J. f. Math. 62 (1862), p. 64—109; vgl. noch *Gundelfinger,* Vorl. (1895), p. 381 f. Auch *A. del Re,* Giorn. di mat. 22 (1883), p. 109—117 hat das Normalenproblem wesentlich verallgemeinert.

207) Eingehender hat *G. Bauer,* Münch. Ber. 8 (1878), p. 128—135 die obigen C_6 hinsichtlich ihrer Singularitäten untersucht. Sollen zwei der 4 Normalen zu einander rechtwinklig sein, so ist der Ort von P eine C_6, die in enger Beziehung zu dem Direktorkreis des Kegelschnitts steht: beide Kurven lassen sich rational und eindeutig ineinander transformieren (*J. Gysel,* Progr. Schaffhausen 1877, p. 1—8). — Auch *S. Roberts,* London math. soc. Proc. 9 (1877), p. 70f. hat mehrere dieser Resultate abgeleitet (ebenso *Bauer,* a. a. O. p. 122 ff.) und einfache Relationen gefunden für die Winkel, die die von P gezogenen Normalen und der durch P gehende Durchmesser mit einer Axe von k bilden.

208) Zeitschr. Math. Phys. 16 (1871), p. 440—445. Vgl. ferner *F. Purser,* Quart. J. 8 (1866), p. 66 f.; *Pelz,* Wien. Ber. 85 (1882), p. 169—171.

209) Paris, C. R. 84 (1877), p. 181—183; Par. soc. math. Bull. 5 (1877), p. 30—43. *Laguerre* geht bei diesen Untersuchungen aus von einem Satze von *J. Liouville,*

theorie binärer Formen in Verbindung gebracht. Er denkt sich die durch $y : x$ ausdrückbaren Richtungen der vier von P aus möglichen Normalen gegeben als Wurzeln der Gleichung $U \equiv ax^4 + 4bx^3y + 6cx^2y^2 + 4dxy^3 + ey^4 = 0$; ferner bestimme $u \equiv \alpha x^2 + 2\beta xy + \gamma y^2 = 0$ die Richtungen irgend zweier der 3 Geraden, die aus den Axen von k und aus dem durch P gehenden Durchmesser bestehen. Alsdann sind die Richtungen der 4 Verbindungslinien von P mit den Mittelpunkten der 4 Kreise, die sich durch die 4 Tripel der Normalenfusspunkte legen lassen, gegeben durch eine der 2 Gleichungen $H \pm U\sqrt{\frac{S}{3}} = 0$, unter S die Invariante 2. Grades, unter H die *Hesse*'sche Kovariante von U [I B 2, Nr. 2; Nr. 8, Fussn. 169] verstanden. Ferner giebt er eine Relation an, die zwischen den Invarianten S, T von U und der Diskriminante von u besteht, sowie die Bedingung, dass 3 durch P gehende Geraden Normalen eines Kegelschnitts seien, der 2 gegebene Geraden zu Axen hat.

Ist eine Ellipse E gegeben durch $x = a \cos t$, $y = b \sin t$, so besteht für die Parameter α, β, γ dreier Punkte, deren Normalen in einem Punkte P zusammenlaufen, nach *W. S. Burnside*[210]) die Relation $\sin(\alpha + \beta) + \sin(\beta + \gamma) + \sin(\gamma + \alpha) = 0$, und *C. F. Gauss* bemerkte, dass für die Parameter $\alpha, \beta, \gamma, \delta$ der vier zu P gehörigen Normalenfusspunkte die Beziehung stattfindet $\alpha + \beta + \gamma + \delta = (2n+1)\pi$, oder nach *Desboves* $\operatorname{tg}\frac{\alpha}{2} \cdot \operatorname{tg}\frac{\beta}{2} \cdot \operatorname{tg}\frac{\gamma}{2} \cdot \operatorname{tg}\frac{\delta}{2} = -1$, und wenn umgekehrt diese Beziehungen gelten, gehören die Normalen der Punkte

---

J. de math. 6 (1841), p. 403 f.: Zieht man in den Schnittpunkten eines Kreises und einer algebraischen Kurve c die Normalen an c und verlängert sie bis zum Schnitt mit einer durch den Kreismittelpunkt M gezogenen Transversale t, so ist die Summe der reziproken Werte der von M bis zu diesen auf t gelegenen Schnittpunkten gemessenen Segmente gleich Null. Auch die Frage nach den Kegelschnitten, die 4 durch einen Punkt P gehende Geraden rechtwinklig schneiden, hat *Laguerre* vom Standpunkt der Invariantentheorie behandelt und gefunden, dass es — abgesehen von den Kreisen mit dem Mittelpunkt P — unendlich viele Kegelschnitte der gewünschten Art giebt; ihre Mittelpunkte liegen auf 4 Geraden, die sich mit Zirkel und Lineal konstruieren lassen. *Laguerre* giebt ferner die Konstruktion des durch seine Axen und zwei Normalen bestimmten Kegelschnitts.

210) *K. Lauermann*, Zeitschr. Math. Phys. 26 (1881), p. 388 erwähnt, dass diese Relation von *W. S. Burnside* herrührt. Er leitet auch eine Normalenkonstruktion ab aus der Formel $\alpha + \beta + \gamma + \delta = \pi$ und aus der Beziehung $\alpha_1 + \beta_1 + \gamma_1 + \delta_1 = 2n \cdot \pi$, die nach *Joachimsthal* (J. f. Math. 36 (1847), p. 96) zwischen den Parametern von 4 aus E durch einen Kreis ausgeschnittenen Punkten besteht (*Lauermann,* Zeitschr. Math. Phys. 30 (1885), p. 52—57).

einem und demselben Strahlenbüschel an [211]). Bei der Parabel $x = a\lambda^2$, $y = 2a\lambda$ erfüllen die Parameter der zu P gehörigen Normalenfusspunkte die Gleichung $\lambda_1 + \lambda_2 + \lambda_3 = 0$.[212])

35. Besondere einfache Fälle des Normalenproblems. Für gewisse Lagen des Punktes P vereinfacht sich die Konstruktion der von P zu ziehenden Normalen wesentlich, so z. B. wenn P auf einer Axe oder auf k selbst liegt; ferner im Fall einer Ellipse E für die Punkte der mit E konzentrischen Kreise mit den Radien $a + b$ und $a - b$. Es hat nämlich *F. E. Eckardt* den Satz bewiesen [213]): Bewegen sich auf diesen Kreisen von der Hauptaxe aus mit gleicher Winkelgeschwindigkeit, aber in entgegengesetzter Richtung zwei Punkte, so ist die Verbindungslinie entsprechender Lagen der Punkte eine Normale von E. Auch für Punkte jener Durchmesser von E, die zu den 2 einander gleichen konjugierten Durchmessern (Nr. **17**) rechtwinklig sind, tritt nach *C. Pelz* [214]) eine Vereinfachung ein. Gleiches gilt nach *K. Lauermann*[215]) für die Punkte zweier gewisser Kreise vom Radius $c = \sqrt{a^2 - b^2}$, deren Zentren auf der Hauptaxe der Ellipse liegen. *F. Mertens* [216]) benutzte die schon bei *Chasles* auftretende Parabel p (Nr. **33**) und zeigte, dass für alle Punkte P eines gewissen Kegelschnitts q die Konstruktion der gemeinsamen Tangenten von k und der zu P gehörigen Parabel p in 2 quadratische Aufgaben zerfällt. Die Bestimmung des durch einen gegebenen Punkt P gehenden Kegelschnitts q erfordert allerdings die Lösung einer Gleichung 3. Grades. *P. H. Schoute* [217]) knüpfte diese Untersuchungen von *Pelz*, *Lauermann*

211) *Gauss'* Brief an *H. C. Schumacher* 1842, im „Briefwechsel zwischen *Gauss* und *Schumacher*", hrsgg. von *C. A. F. Peters,* Bd. 4, Altona 1862, p. 66 f. Werden die 4 den Parametern α, β, γ, δ zugehörigen Punkte des Kreises $x = a\cos t$, $y = a\sin t$ in beliebiger Folge durch 2 Geraden verbunden, so bildet eine dritte den Winkel zwischen beiden halbierende Gerade mit der Hauptaxe der Ellipse einen Winkel von $\frac{1}{2}$ Rechten, wie *Gauss* gleichfalls bemerkt. Weitere hierher gehörige Sätze bei *Desboves* (Fussnote 189), ferner bei *H. Bassani,* Nouv. ann. (3) 4 (1885), p. 530 f.; *C. R. J. Kallenberg van den Bosch,* Nouv. ann. (3) 9 (1890), p. 395—400, *E. Barisien* und *L. Bosi,* Nouv. ann. (3) 10 (1891), p. 25 ff.

212) *R. Tucker,* London math. soc. Proc. 21 (1890), p. 442—451; Edinb. math. soc. Proc. 13 (1895), p. 29. Mehrere hierher und zu Nr. **33** gehörige Sätze hat auch *S. Roberts*, London math. soc. Proc. 9 (1877), p. 65—75 abgeleitet; weitere Sätze giebt *Weill,* Nouv. ann. (2) 20 (1881), p. 73—94.

213) Zeitsch. Math. Phys. 18 (1872), p. 107.

214) Wien. Ber. 95 (1887), p. 482—491.

215) Wien. Ber. 98 (1889), p. 318—326.

216) Ebenda p. 431—445.

217) Ebenda p. 1519—1526. Vgl. auch *Lauermann,* Wien. Ber. 107, Abt. II a (1898), p. 861—868.

und *Mertens* an die Diskussion einer Fläche 3. Grades, deren 27 Geraden [III C 6 Nr. **1**] sich sofort angeben lassen. Er fand, dass es bei einer Ellipse ausser den von *Pelz* und *Lauermann* erwähnten Geraden und Kreisen keine Geraden und Kreise giebt, für deren Punkte das Normalenproblem auf zwei quadratische Aufgaben führt; im Fall einer Hyperbel giebt es nur zwei Geraden dieser Art. Endlich hat noch *J. Tesař* 2 rationale C_3 angegeben, deren jede zur Hauptaxe symmetrisch ist und für deren Punkte die Aufgabe, an die Kurven einer konfokalen Schar (Nr. **65**) je 4 Normalen zu ziehen, in 2 quadratische Aufgaben zerfällt[218]).

36. Krümmungskreis. Gross ist die Zahl der Konstruktionen für den dem Punkte P eines Kegelschnitts k zugehörigen Krümmungsradius ϱ [III D 1, 2, Nr. **14**]. Betrachten wir vorerst einige Konstruktionen, die sich nicht auf die *berechnete* Länge von ϱ gründen. *R. Simson*[219]) benutzte die Thatsache, dass der Kreis, der k in P berührt und auf dem zu P gehörigen Durchmesser d ein Stück abschneidet, das gleich dem Parameter von d (Fussnote 9) ist, die Kurve nur noch in einem weiteren Punkte S trifft, mithin der Krümmungskreis von P sein muss. *Simson* wusste auch, dass die „Krümmungssehne" PS und die Tangente von P gegen die Hauptaxe der Kurve k unter gleichen Winkeln geneigt sind[220]). Auch *Poncelet* und *Plücker* gelangten zu dieser die Krümmungssehne benutzenden Konstruktion, und zwar unter Anwendung des Satzes, dass irgend ein Kegelschnitt, der durch die zwei im Endlichen gelegenen Grundpunkte eines Kreisbüschels (Nr. **51**) geht, von allen Kreisen des Büschels noch in Punktepaaren getroffen wird, deren Träger einander parallel sind. Bei Anwendung dieses Satzes hat man natürlich die 2 Grundpunkte nach P rücken zu lassen, so dass k von allen Kreisen des Büschels in P berührt wird[221]). *Chr. Paulus* gelangte zur Krümmungssehne, indem er k zu dem Krümmungskreis in perspektive kollineare Beziehung [III A 5, 6] setzte, bei der P das Zentrum der Kollineation ist. Zieht man nun

218) Wien. Ber. 101 (1892), p. 1248—1268. Daselbst wird ferner gezeigt, dass das Normalenproblem bei konfokalen Kegelschnitten sich auf den Schnitt einer einzigen Hyperbel mit den Kreisen eines gewissen Kreisbüschels (Nr. **51**) zurückführen lässt.

219) Sect. con. Buch 5, § 37 und 38; vgl. auch *C. Maclaurin*, „A treatise on fluxions", 1, 2. Aufl., London 1801, Nr. 374 f., die 1. Aufl. erschien 1742.

220) A. a. O. p. 202. Andere auf diesen Satz sich gründende Konstruktionen bei *G. de Longchamps*, Nouv. ann. (2) 19 (1880), p. 68 f.; *J. Zimmermann*, Arch. Math. Phys. 70 (1884), p. 33.

221) *Poncelet*, Traité, Nr. 404 f.; *Plücker*, Ann. de math. 17 (1826), p. 71 f. = Ges. Abh. 1, p. 61 f.

durch P ein Paar zu einander rechtwinkliger Geraden, die k noch in A und B treffen, so entspricht die Sehne AB einem Durchmesser des gesuchten Kreises, ihr Schnittpunkt M mit einer zweiten derartigen Sehne dem Mittelpunkt M_1 des Kreises. Die Polare von M in Bezug auf k ist als homologe Gerade zu der Polare von M_1 in Bezug auf den Kreis die Fluchtlinie in dem ebenen System des Kegelschnitts, die Kollineationsaxe ist zu ihr parallel und geht durch P. Durch diese Daten ist die Kollineation bestimmt, und der gesuchte Krümmungsmittelpunkt M_1 kann nunmehr als der zu M homologe Punkt konstruiert werden [222]). Aus einer von den Brüdern *M. H* und *C. Th. Meyer* angegebenen Konstruktion [223]) leitet *C. Pelz* die folgende einfachere ab: Das vom Pol der zu P gehörigen Normale auf den Durchmesser OP gefällte Lot schneidet auf der Normale ein Stück ab, das dem Krümmungsradius gleich ist, aber nach der entgegengesetzten Seite liegt [224]).

Steiner gründet eine Konstruktion auf folgenden von ihm gefundenen Satz: Beschreibt man einen Kreis k_1, der k in P berührt und den Direktorkreis (Nr. **16**) von k rechtwinklig schneidet, so ist sein Durchmesser gleich dem Krümmungsradius ϱ von P, liegt aber nach der entgegengesetzten Seite. Trifft nun die Normale n von P den Kreis k_1 in dem Punktepaare P, R und den Direktorkreis in L, M, so sind diese 2 Punktepaare (in Folge des orthogonalen Schneidens der 2 Kreise) konjugiert harmonisch, und man muss zur Bestimmung von R nur auf n den 4. harmonischen Punkt R zu P und dem Paare L, M aufsuchen; alsdann ist PR so gross wie ϱ. *Steiner* giebt auch an, wie man bei Hyperbeln, die in einem stumpfen Asymptotenwinkel liegen und bekanntlich einen imaginären Direktorkreis besitzen, zu

222) „Grundlinien der neueren ebenen Geometrie", Stuttgart 1853, p. 242 f. Die Frage nach den Stellen der Kurve k, für die die Krümmungssehne ein Maximum oder Minimum wird, behandelt *Grunert,* Arch. Math. Phys. 50 (1869), p. 69—103. Weitere Eigenschaften der Krümmungssehnen und ihrer Enveloppe bei *R. de Paolis,* Giorn. di mat. 10 (1872), p. 320 f.; *L. Desmons,* Nouv. ann. (2) 12 (1873), p. 29—34; *Moret-Blanc,* ebenda, p. 34 ff.; *A. del Re,* Giorn. di mat. 22 (1884), p. 107—109; *J. Zimmermann,* Arch. Math. Phys. 70 (1884), p. 38—57; *A. Schwarz,* Monatsh. Math. Phys. 13 (1902), p. 205—240. *C. Cranz* zeigte, wie sich die meisten Konstruktionen des Krümmungsradius durch Modifikationen und Spezialisierungen der oben angegebenen Konstruktion ergeben, auch wenn k nicht gezeichnet vorliegt, sondern nur durch gewisse Stücke bestimmt ist („Synthetisch-geometrische Theorie der Krümmung von Kurven und Flächen 2. Ordnung", Stuttgart 1886, p. 8—20).

223) „Lehrbuch der axonometrischen Projektionslehre", Leipzig 1855—1863, Anhang, p. 12 f.

224) Prag. Böhm. Ber., Jahrg. 1879, p. 238.

verfahren hat[225]). Für die Parabel folgt, dass ϱ doppelt so gross ist, wie das Stück der Normale von P bis zum Schnitt mit der Direktrix[226]).

Steiner benutzte zur Konstruktion von ϱ auch eine Parabel p', die die Axen von k, sowie Tangente und Normale von P berührt (Nr. **33**), und zwar diese im Krümmungsmittelpunkt; die Direktrix der Parabel ist die Verbindungslinie von P mit dem Zentrum O von k.[227]) Der Krümmungsmittelpunkt C ergiebt sich als Schnitt der Normale mit der in Bezug auf p' genommenen Polare von P, die aus dem im Parabelbrennpunkt F auf PF errichteten Lote besteht. Die *Steiner*'sche Parabel ist wichtig, weil sich, wie *Pelz* zeigte[228]), fast alle Konstruktionen von ϱ aus den Eigenschaften von p' ableiten lassen. Wie S. 65 erwähnt wurde, ist diese Kurve p' eigentlich nur spezieller Fall einer von *Chasles* gefundenen Parabel p. Auch *Pelz* gelangte zu der *Chasles*'schen Definition und erkannte daher sofort, dass die in den Brennpunkten von k auf den Brennstrahlen errichteten Lote die Kurve p' berühren. Indem er 5 Parabeltangenten, unter denen sich die Normale n von P befinden muss, zu einem Fünfseit zusammenfasst, findet er den Berührungspunkt C der Parabel p' mit n mit Hülfe des für ein Tangentenfünfseit

225) J. f. Math. 30 (1845), p. 271 f. = Werke 2, p. 341 f. Auch die Umkehrung gilt, dass jeder Berührungskreis k_1, dessen Durchmesser gleich ϱ ist, den Direktorkreis rechtwinklig schneidet. Der Satz von *Steiner* ist spezieller Fall eines anderen von *A. Cazamian*, demzufolge die in P berührenden und k harmonisch umschriebenen C_2 (Nr. **82**) in P denselben Krümmungsradius haben, der halb so gross ist, als der Krümmungsradius von P, wenn man P als Punkt von k ansieht (Nouv. ann. (3) 14 (1894), p. 365 f.). Weitere Beweise des *Steiner*schen Satzes bei *P. Serret*, „Géométrie de direction", Paris 1869, p. 219—221; *H. Lez*, Nouv. ann. (2) 10 (1871), p. 460 ff.; *C. Valentino*, Giorn. di mat. 9 (1871), p. 175 f.

226) Folgt auch sofort aus S. 69; *R. Simson* hat aber diesen Schluss nicht gezogen, vielmehr scheint *Poncelet* diese Bemerkung zwischen 1808 und 1810 gemacht zu haben (vgl. dessen Appl. d'anal. 1, p. 468—470 sowie Traité, 2. Aufl. Paris 1866, p. 298).

227) J. f. Math. 49 (1854), p. 339 = Werke 2, p. 629; *Steiner-Schröter*, p. 205. Vgl. auch *A. Mannheim*, Nouv. ann. 16 (1857), p. 328. Die Konstruktion des Brennpunktes F von p' ist einfach: Es ist OP eine Diagonale des durch die Axen, Tangente und Normale gebildeten Tangentenvierseits, ihr Pol also der Schnittpunkt der zwei anderen Diagonalen. Werden nun die Axen von der Normale in A und B getroffen, von der Tangente in A_1 und B_1, so ist F der Schnitt von AB_1 mit A_1B.

228) Prag. Böhm. Ber., Jahrg. 1879, p. 205—246; für ein eingehenderes Studium der Konstruktionen von ϱ bei Kegelschnitten sei überhaupt auf diese und auf die am Schluss von Fussnote 222 zitierte Schrift von *Cranz* verwiesen.

ausgesprochenen Satzes von *Brianchon* (Nr. **19**) und gelangt so zu zahlreichen einfachen Konstruktionen von ϱ. Wir erwähnen z. B. folgende für Ellipse und Hyperbel gültige: In den Schnittpunkten von n mit den Axen errichtet man auf den Axen Lote; die Senkrechte, die von ihrem Schnittpunkt auf den durch P gehenden Durchmesser gefällt wird, trifft alsdann n im Krümmungsmittelpunkt C. Aus dieser Konstruktion folgt leicht eine andere von *K. H. Schellbach*[229]) mitgeteilte, die auch für die Parabel gilt: Im Schnittpunkt der Normale n von P mit der einen Axe errichtet man auf n ein Lot, das den Durchmesser OP in D treffen möge; die von D auf dieselbe Axe gefällte Senkrechte schneidet n in C. Ferner sei erwähnt: Im Schnittpunkt Q der Normale mit der Hauptaxe errichte man auf n ein Lot; schneidet dieses den einen Brennstrahl von P in L, so trifft das auf dem Brennstrahl in L errichtete Lot die Normale n in C. Diese Konstruktion ist eine der ältesten, sie findet sich schon bei *J. Keill*[230]), der für die Länge ϱ den Wert $4\frac{\overline{PQ}^3}{p^2}$ erhielt und diesen Ausdruck in angegebener Weise konstruierte[231]). Für die Endpunkte der Nebenaxe einer Ellipse findet man somit $\varrho = \frac{a^2}{b}$, für die Scheitel der Hauptaxe ist, wie schon *Newton* berechnete[232]), bei allen Kegelschnitten ϱ gleich dem Semiparameter $\frac{p}{2} = \frac{b^2}{a}$. Allgemeiner zeigte *Ch. Dupin*[233]),

229) „Die Kegelschnitte, für den Gebrauch in Gymn. u. Realsch. bearbeitet", Berlin 1843, p. 83. Hier überhaupt mehrere Konstruktionen von ϱ.

230) Lond. Trans. 26 (1708), p. 177 ff. *Keill* benutzt auch schon den Satz, dass die Projektion der Normale PQ auf jeden der beiden Brennstrahlen gleich dem Semiparameter ist (vgl. Fussnote 187); die schon bei *Apollonius* (Buch 5, § 8 und 58) erwähnte Konstanz der Subnormale bei der Parabel ist von diesem Satz nur ein spezieller Fall.

231) Der Ausdruck findet sich auch bei *Newton*, „The method of fluxions and infinite series", London 1736, p. 63 = Bd. 1 der Ausg. von *S. Horsley*, London 1779, p. 447. Das vielleicht (vgl. *Cantor*, Gesch. d. Math. 3, p. 109 und 168) schon 1671 geschriebene Werk hat bei *Horsley* den Titel „Geometria analytica". Auch die bekannte Formel $\varrho = \frac{(1+y'^2)^{\frac{3}{2}}}{y''}$ findet sich in ihm zuerst (p. 62 bezw. 446), sowie die Angabe, dass für die Parabel $y^2 = px$ der Krümmungsmittelpunkt die Abscisse $3x + \frac{p}{2}$ hat (p. 63 bezw. 447). Die bei *Newton* stehenden Formeln hat zum grossen Teil auch *De l'Hospital*, „Analyse des infiniment petits", 1. Aufl. Paris 1696.

232) A. a. O. p. 74, in der Ausgabe von *Horsley* p. 458.

233) „Développements de géométrie", Paris 1813, p. 29, im wesentlichen auch schon in J. éc. polyt., 7 cah. 14 (1808), p. 71 f. Schon bei *Euler* („Intro-

dass für den Endpunkt P irgend eines Halbmessers $OP = b'$ der Krümmungsradius ϱ gleich $\frac{a'^2}{d}$ ist, wo a' die Länge des zu b' konjugierten Halbmessers und d dessen Abstand von P bezeichnet, oder auch $\varrho = \frac{a'^2}{b' \sin \varphi}$, unter φ den Winkel zwischen a' und b' verstanden, oder endlich $\varrho = \frac{a'^3}{ab}$, da $a'b' \sin \varphi = ab$. Im Falle der Parabel genügt es, wie *Keill* erwähnt und leicht zu zeigen ist, die Gerade PF über den Brennpunkt F hinaus um sich selbst zu verlängern bis L, das in L auf LF errichtete Lot trifft die Normale von P in C; bei der Parabel ist also die Projektion des Krümmungsradius auf den Brennstrahl gleich der doppelten Länge des Brennstrahls[234]).

Bei Ellipse und Hyperbel hängt ϱ, wie schon *De l'Hospital*[235]) bemerkte, mit den Brennstrahlen r_1 und r_2 zusammen vermöge der Formel $\frac{2}{\varrho \cos \omega} = \frac{1}{r_1} \pm \frac{1}{r_2}$, wo ω den Winkel zwischen Normale und Brennstrahl bedeutet und das Zeichen $+$ der Ellipse, $-$ der Hyperbel entspricht. Im ersten Fall folgt weiter $\frac{2}{\varrho} = \frac{1}{PG} + \frac{1}{PH}$, wo PG und PH die Stücke sind, die die auf den Brennstrahlen in F_1 und F_2 errichteten Lote auf der Normale abschneiden (Fig. 12). Der Krümmungsradius ist daher das harmonische Mittel zu diesen Segmenten, oder C ist der vierte harmonische Punkt zu P und dem Punktepaare G, H.[236])

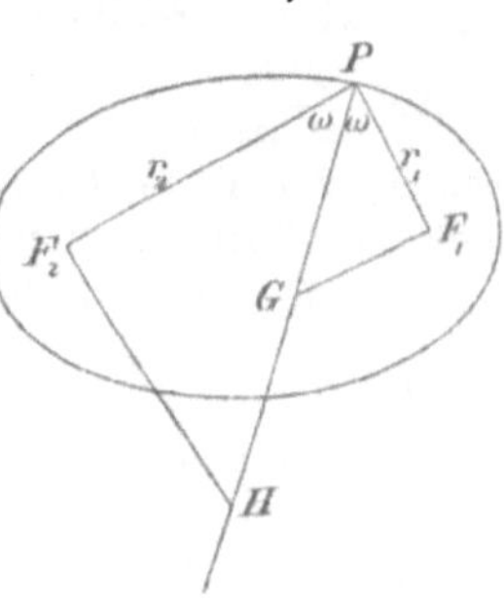

Fig. 12.

ductio in analysin infinitorum" 2, Lausannae 1748, Nr. 317, p. 172) findet sich $\varrho = a^2b^2 : d^3$. Vgl. noch *A. Transon,* Nouv. ann. 3 (1844), p. 595 f. und J. de math. 10 (1845), p. 151 f.; *Chasles,* J. de math. 10 (1845), p. 208; *E. Lamarle,* Bruxelles Bull. (2) 3 (1857), p. 309 f.; *L. F. Pasalagua,* Nouv. ann. (2) 7 (1868), p. 518 f.

234) Vgl. auch *L. Mack,* Arch. Math. Phys. 61 (1877), p. 385—406.

235) A. a. O.[231]), sect. VI, Nr. 118, p. 109. Andere Formeln dieser Art bei *E. Lamarle,* Bruxelles Bull. (2) 2 (1857), p. 66—74, 540—543, ferner ebenda (2) 3 (1857), p. 307—314 und 6 (1859), p. 11—23. Für die Parabel wird $\varrho = 2r : \cos \omega$.

236) Wie *Mack*[234]) bemerkt, hat diesen Satz zuerst *B. von Gugler.* Man erkennt leicht, dass $2\varrho \cdot \cos \omega$ gleich der von P aus durch F_1 oder F_2 gezogenen Sehne des Krümmungskreises von P, gleich der „Fokalsehne der Krümmung für Punkt P" ist; diese ist also das Doppelte des harmonischen Mittels der Brennstrahlen (*Salmon,* „A Treatise on conic sections", Dublin 1848, p. 279; *Salmon-Fiedler,* Kegelschn., p. 428). *R. Townsend* fand sie gleich der zur Tangente von P parallelen Fokalsehne des Kegelschnitts, *Salmon-Fiedler,* a. a. O. p. 429.

Eine metrische Relation findet sich auch bei *v. Staudt.* Werden nämlich auf der in P an einen Kegelschnitt gezogenen Tangente p zwei Punkte Q, R angenommen, denen die Polaren q, r zugehören, so ist $\varrho = \frac{PQ \cdot PR \cdot \sin(qr)}{QR \cdot \sin(pq) \cdot \sin(pr)}$ [237]).

Zahlreiche Konstruktionen von ϱ wurden auch gegeben für den Fall, dass die Kurve nur durch P und gewisse andere Stücke bestimmt ist[238]).

---

237) „Beiträge zur Geom. d. Lage“, 2. Heft, Nürnberg 1857, p. 280 f. Der Beweis wird einfach geführt, indem *v. Staudt* auf p noch einen 4. Punkt P_1 annimmt; die 4 Punkte sind dann zu ihren Polaren projektiv. Der Ausdruck hierfür wird aufgestellt, man lässt P_1 nach P rücken und beachtet, dass $\varrho = \lim \frac{PP_1}{\sin(pp_1)}$, wo p_1 die Polare von P_1 bedeutet. — Leicht konstruierbar ist auch ein von *G. de Longchamps,* Nouv. ann. (2) 19 (1880), p. 69—71 gegebener Ausdruck. Trifft nämlich die in P gezogene Tangente die eine Axe in A, die andere in B und ist δ der Abstand der Tangente vom Mittelpunkt O der Kurve, so wird $\varrho = \frac{PA \cdot PB}{\delta}$; im Fall der Parabel tritt an Stelle hiervon der Satz, dass die Krümmungssehne viermal so gross ist als PA. *J. Neuberg* entwickelt für den Krümmungsradius des einem Dreieck umschriebenen Kegelschnitts die Formel $\varrho = -\frac{rxyz}{\alpha\beta\gamma}$, wo r den Radius des Umkreises bezeichnet und x, y, z die Abstände des Punktes P von den Seiten, α, β, γ die Abstände der in P gezogenen Tangente von den Ecken des Dreiecks sind. Ähnliche Ausdrücke gelten, wenn P auf einem eingeschriebenen oder einem solchen Kegelschnitt liegt, der das Dreieck zum Poldreieck hat (Bruxelles Bull. (3) 25 (1893), p. 384; vgl. auch *V. Jamet,* Ann. éc. norm. (3) 4 supplém. (1887), p. 19—22). Andere metrische Relationen bei *R. F. Davis, E. Rutter, R. Tucker* in Educ. Times 25 (1876), p. 23 f.; *A. W. Cave, R. Tucker* in Educ. Times 26 (1876), p. 23 f.; *P. Riemann,* „Die Krümmungshalbmesser der Kegelschnitte“, Diss. inaug. Marburg 1881. Für Konstruktionen von ϱ vgl. auch *E. Janisch,* Monatsh. f. Math. 10 (1899), p. 182—188.

238) *Chasles,* J. de math. 10 (1845), p. 208; Sect. con. p. 48 f.; *M. H.* und *C. Th. Meyer* in dem schon zitierten [223]) Buche; *H. Meyer,* Arch. Math. Phys. 24 (1855), p. 5—21; *W. Fiedler,* „Die darstellende Geometrie“, 2. Aufl. Leipzig 1875, p. 135; *A. Mannheim,* Par. C. R. 80 (1875), p. 620; „Cours de géométrie descriptive“, Paris 1880, p. 175—177; Par. soc. math. Bull. 18 (1890), p. 155—160; „Principes et développements de géométrie cinématique“, Paris 1894, p. 17—21, 62 f., 481—483; *K. Lauermann,* Wien Ber. 83 (1880), p. 95; *Genty,* Nouv. ann. (2) 19 (1880), p. 220—223; *M. d'Ocagne,* Nouv. ann. (2) 19 (1880), p. 267—272; *A. Weiler,* Zürich. Viert. 33 (1888), p. 119—122; Zeitsch. Math. Phys. 34 (1889), p. 1—5, 177—184, 282—289; *Cl. Servais,* Nouv. ann. (3) 7 (1888), p. 369—374, ebenda (3) 11 (1892), p. 424—428; Bruxelles Bull. (3) 19 (1890), p. 231—241, 519—540, 759—763; ebenda (3) 23 (1892), p. 243—260; *G. Fouret,* Par. C. R. 110 (1890), p. 778—780 und 843 f.; *R. Mehmke,* Riv. di mat. 2 (1892), p. 67—70; *J. Neuberg,*

37. Satz von Steiner über Krümmungskreise. *Steiner* hat zuerst den Satz ausgesprochen, dass durch jeden Punkt D einer Ellipse drei Krümmungskreise gehen, die die Kurve in drei anderen Punkten A, B, C oskulieren, und immer liegen die vier Punkte A, B, C, D auf einem Kreise[239]). In den hinterlassenen Manuskripten *Steiner*'s findet sich auch die Bemerkung, dass bei der Ellipse die Dreiecke ABC gleichen maximalen Inhalt haben, und dass umgekehrt die den Ecken eines eingeschriebenen grössten Dreiecks ABC zugehörigen Krümmungskreise sich in einem Punkt D der Ellipse schneiden, der mit A, B, C auf einem Kreis liegt[240]). Dass die Schwerpunkte der eingeschriebenen grössten Dreiecke im Ellipsenmittelpunkt liegen, hatte *Steiner* schon vorher bemerkt[241]), ebenso, dass jeder Kurvenpunkt Ecke eines solchen Dreiecks ist. *F. August* bewies rein synthetisch den umfassenderen Satz: Es giebt im allgemeinen drei Kegelschnitte, die durch einen Punkt D eines gegebenen Kegelschnitts k sowie zwei andere Punkte F, G der Ebene gehen und k in je einem Punkte oskulieren; die drei Oskulationspunkte A, B, C liegen mit D, F, G

Bruxelles Bull. (3) 25 (1893), p. 374—386; *Kinkelin,* Zeitsch. Math. Phys. 40 (1894), p. 58 f.; *J. Sobotka,* Prag. Böhm. Ber. Jahrg. 1894; *A. Cazamian,* Nouv. ann. (3) 14 (1895), p. 366—369; *K. Rohn,* Leipz. Ber. 52 (1900), p. 17—24.

239) J. f. Math. 32 (1845), p. 300 = Werke 2, p. 377. Durch einen beliebigen Punkt der Ebene gehen übrigens, wie *J. Casey,* Dublin Trans. 24 (1867), p. 479 zeigte, 6 Krümmungskreise einer Ellipse oder Hyperbel, und ihre Mittelpunkte liegen nach *J. C. Malet,* Dublin Trans. 26 (1878), p. 434 auf einem Kegelschnitt. Allgemeiner gehen durch die Ecken eines Dreiecks Δ 6 Kegelschnitte, die einen gegebenen k oskulieren; die 6 Oskulationspunkte sind nach *A. v. Brill* wieder solche Punkte für die 4 anderen Dreiecken umschriebenen Kegelschnitte, und es lassen sich diese Dreiecke aus Δ und k linear konstruieren (Math. Ann. 20 (1882), p. 533 f.). Vgl. auch *W. Fr. Meyer,* Apolarität und rationale Kurven, Tübingen 1883, Abschn. 3, 4, sowie Fortschr. Math. 14 (1885), p. 64.

240) Auch sind die in A, B, C gezogenen Tangenten den Gegenseiten parallel; vgl. Fussnote 89. Je 4 der eingeschriebenen grössten Dreiecke sind kongruent (mitgeteilt von *C. F. Geiser,* J. f. Math. 66 (1865), p. 239—241 = *Steiner*'s Werke 2, p. 691—693). Das Produkt der zu A, B, C gehörigen Krümmungsradien ist nach *J. J. A. Mathieu* (Nouv. ann. (2) 11 (1872), p. 429) gleich dem Kubus des Umkreisradius von ABC.

241) J. f. Math. 30 (1845), p. 275 f. = Werke 2, p. 347 f. Auf anderem Wege gelangte *Chasles,* J. de math. 2 (1837), p. 401—405 zu diesen Dreiecken. Weitere Sätze bei *F. Unferdinger*, Arch. Math. Phys. 51 (1870), p. 127; *J. J. Walker,* Educ. Times 15 (1871), p. 29 f.; *K. Zahradnik,* Arch. Math. Phys. 69 (1883), p. 419 —426; *C. M. Piuma,* Giorn. di mat. 22 (1883), p. 17—26; *G. Fazzári,* Giorn. di mat. 25 (1887), p. 307. Auch *F. Joachimsthal* zeigte (J. f. Math. 36 (1847), p. 95 f.), dass der Schwerpunkt des Dreiecks ABC der Oskulationspunkte im Ellipsenmittelpunkt liegt und bewies überhaupt den oben an erster Stelle angeführten Satz von *Steiner* sowie weitere Sätze. Andere Beweise gaben *V. Janni,* Ann. di

auf einem Kegelschnitt. Sind F, G die imaginären Kreispunkte, so hat man den *Steiner*'schen Satz[242]).

38. Beziehungen zwischen Krümmungsradien verschiedener Punkte. Hier ist von Wichtigkeit ein für beliebige algebraische Kurven gültiger Satz von *J. M. C. Duhamel*[243]). Zieht man nämlich an eine solche Kurve alle einer gegebenen Richtung parallele Tangenten, so ist die Summe der den Berührungspunkten zugehörigen Krümmungsradien gleich Null. *A. Mannheim*[244]) hat aus diesem Satz den folgenden abgeleitet: Zieht man von irgend einem Punkte S der Ebene alle Tangenten an eine C_n und dividiert jeden der den Berührungspunkten zugehörigen Krümmungsradien ϱ_i durch den Kubus der Entfernung t_i des Berührungspunktes von S, so ist $\sum \frac{\varrho_i}{t_i^3} = 0$. Bei Anwendung auf Kegelschnitte würde sich ergeben $\varrho_1 : \varrho_2 = t_1^3 : t_2^3$, wie auf anderem Wege zuerst *J. Liouville* fand[245]).

Gestützt auf die Relation $t_1 + t_2 + t_3 + t_4 = 2n\pi$, die die Parameter von vier zugleich auf einer Ellipse $x = a \cos t$, $y = b \sin t$ und auf einem Kreis gelegenen Punkte erfüllen (vgl. Fussnote 210), fand *A. Cazamian*, dass die Krümmungskreise solcher vier Punkte die Ellipse noch in vier Punkten treffen, die wieder auf einem Kreis liegen[246]).

---

mat. 4 (1861), p. 190—201; *Em. Weyr,* Casopis 2 (1873), p. 65—69; *S. Kantor,* Zeitsch. Math. Phys. 23 (1878), p. 414—416; *C. M. Piuma,* Giorn. di mat. 26 (1888), p. 189—196; *A. Schwarz,* Monatsh. Math. Phys. 10 (1899), p. 258—288; 11 (1900), p. 71—86; 13 (1902), p. 240—293.

242) J. f. Math. 68 (1867), p. 235—238. Eine andere Verallgemeinerung rührt her von *A. del Re,* Giorn. di mat. 22 (1884), p. 89—107. Er zeigte, dass es auf k immer 4 Punkte giebt, deren Krümmungskreise mit k solche Sehnen gemeinsam haben, die durch einen beliebig gegebenen Punkt D der Ebene gehen, und jene 4 Punkte liegen auf einem Kreis. A. a. O. noch weitere Sätze.

243) *J. Liouville* teilt diesen Satz mit J. de math. 6 (1841), p. 364.

244) Nouv. ann. (3) 11 (1892), p. 432 f. Vgl. auch „Cours de géométrie descr.", 2. Aufl. Paris 1886, p. 211—216.

245) J. de math. 9 (1844), p. 350 f. Einen anderen Beweis dieser Formel giebt *H. Umpfenbach,* J. f. Math. 30 (1845), p. 95 f., einfacher *v. Staudt,* „Beitr. zur Geom. d. Lage", 2. Heft, Nürnberg 1857, p. 282 f. Dieser zeigt auch, dass $t_1 : t_2 = d_2 : d_1$, unter d_1 und d_2 die Abstände des Kurvenmittelpunktes von den in A und B gezogenen Tangenten verstanden, so dass $\varrho_1 : \varrho_2 = d_2^3 : d_1^3$, und hieraus gewinnt er die schon oben[233]) erwähnte *Euler*'sche Formel $\varrho = a^2b^2 : d^3$ („Beitr. zur Geom. d. Lage", 3. Heft, Nürnberg 1860, p. 386 f.). Vgl. ferner *Cl. Servais,* Bruxelles Bull. (3) 23 (1892), p. 243—260; *E. Catalan,* ebenda, p. 500—502; *R. Tucker,* Educ. Times 16 (1872), p. 48.

246) Nouv. ann. (3) 13 (1894), p. 386—388. Bei 4 „concyklischen" Punkten der Parabel $x = 2pt^2$, $y = 2pt$ hat man $t_1 + t_2 + t_3 + t_4 = 0$; a. a. O. p. 281.

39. Krümmungsradien sich berührender Kegelschnitte hat *Em. Weyr* betrachtet. Zunächst bewies er, dass, wenn sich auf k eine Tangenteninvolution n^{ten} Grades (III C 10) befindet, die Schnittpunkte entsprechender Tangenten eine C_{n-1}, die Involutionskurve erfüllen[247]). Nehmen wir nun auf k eine kubische Tangenteninvolution mit dem dreifachen Element a an. Der Involutionskegelschnitt i berührt dann k im Berührungspunkt A von a und ist überdies einem Tangentendreiseit von k umschrieben. Irgend zwei Involutionskegelschnitte, die k in A berühren, haben ausser A nur einen weiteren Punkt gemeinsam, weil die zwei Involutionen, denen sie entsprechen, ausser dem dreifachen Element a nur noch ein Elementenpaar gemeinsam haben können. Daher oskulieren sich die zwei Involutionskegelschnitte in A, haben somit in A gleiche Krümmung. Man kann auch sagen, dass alle Kegelschnitte, die k in A berühren und Tangentendreiseiten von k umschrieben sind, in A gleichen Krümmungsradius haben, der, wie die Rechnung zeigt, viermal kleiner als der Krümmungsradius für A ist, wenn A als Punkt von k angesehen wird. Betrachtet man i als Fundamentalkegelschnitt, so ist umgekehrt k ein Involutionskegelschnitt für eine auf i befindliche Punktinvolution, und man kann sagen, dass wenn sich zwei „kubisch-involutorisch liegende Kegelschnitte" berühren, der Träger der Punktinvolution die viermal grössere Krümmung hat[248]).

E. Wölffing wies synthetisch nach, dass das Verhältnis δ der Krümmungsradien im Berührungspunkt zweier Kegelschnitte und damit zweier Kurven überhaupt eine Invariante (Nr. **86** und I B 2) ist. Er bestimmt auch die Krümmungsradien der durch den Berührungspunkt gehenden harmonischen Kurve 2. Ordnung und der harmonischen Kurve 2. Klasse (Nr. **48**) und giebt Sätze für den Fall der „symmetrischen Berührung" ($\delta = -1$). Ferner zeigt er, dass bei zwei sich doppelt berührenden Kegelschnitten δ in beiden Berührungspunkten den gleichen Wert hat[249]).

40. Evolute. Der Ort der Krümmungsmittelpunkte aller Kurven-

247) J. f. Math. 72 (1870), p. 287.

248) *Em. Weyr,* Wien Ber. 83 (1881), p. 63—68.

249) Zeitsch. Math. Phys. 38 (1893), p. 236—246. Die quadratische Gleichung mit den Wurzeln δ und $\frac{1}{\delta}$, in der die 4 Invarianten (Nr. **86**) der 2 Kegelschnitte auftreten, giebt er Math. Ann. 36 (1889), p. 119. Vgl. übrigens auch *L. Geisenheimer,* Zeitsch. Math. Phys. 24 (1879), p. 357 und ebenda 25 (1880), p. 214 f.; *R. Mehmke*, Zeitsch. Math. Phys. 38 (1893), p. 7—22. Allgemeinere Sätze giebt *Mehmke* ebenda 36 (1891), p. 56—60. Vgl. auch I B 2, Nr. **22**, Fussn. 346.

punkte, die sogenannte *Evolute*[250]) der Kurve (III D 1, 2 Nr. **16**), ist für die Ellipse oder Hyperbel $\frac{x^2}{a^2} \pm \frac{y^2}{b^2} = 1$ eine C_6 mit der Gleichung

$$(35) \qquad (ax)^{\frac{2}{3}} \pm (by)^{\frac{2}{3}} = c^{\frac{4}{3}}, \text{ wo } c^2 = a^2 - b^2;$$

diese Kurve hat sechs Spitzen: je zwei auf jeder Axe des Kegelschnitts, je eine in dessen unendlich fernen Punkten. Die Parabel $y^2 = px$ hat zur Evolute eine C_3, die *Neil*'sche Parabel[251])

$$(36) \qquad 27py^2 - 2(2x - p)^3 = 0.$$

Ist C der Krümmungsmittelpunkt von P, so kann man nach dem zu C als Punkt der Evolute gehörigen Krümmungskreis fragen. Schon *C. Maclaurin* giebt folgendes Verfahren zu dessen Konstruktion: Man zieht rechtwinklig zu PC durch C eine Gerade, die den zu P gehörigen Kegelschnittdurchmesser in D trifft und trägt auf sie von C aus nach der zu CD entgegengesetzten Seite hin die Strecke $3CD$ ab; ihr Endpunkt ist dann der Mittelpunkt jenes Kreises[252]).

---

250) Dieser Name und die Anfänge der Theorie der Evolute und Evolvente finden sich zuerst bei *Chr. Huygens*, „Horologium oscillatorium", Paris 1673, 3. Teil = Bd. 1, p. 89—117 der Ausgabe von *J. 'sGravesande*, Leiden 1751.

251) Die Kurve heisst *Neil*'sche Parabel, weil *W. Neil* schon 1657 bei ihr die Bogenlänge bestimmt haben soll (vgl. übrigens *Cantor*, Gesch. d. Math. 2, p. 905; 3, p. 138 und 141). Die Gleichung der Evolute der gleichseitigen Hyperbel und der Parabel finden sich bei *Huygens* a. a. O. p. 107 bezw. 99. Zahlreiche Sätze über die Evolute der Parabel und ihre Beziehungen zur Grundkurve giebt *E. N. Barisien*, J. math. spéc. (4) 2 und 3 (1893—1894) an mehreren Stellen. Die Ableitung der Evolutengleichung für einen auf beliebige projektive Koordinaten bezogenen Kegelschnitt hat *Gundelfinger*, Vorl., p. 208—218, sowie 378—381 gegeben. Daselbst auch die Gleichung des einem beliebigen Punkt einer C_n oder C^k zugehörigen Krümmungsmittelpunktes und ein Ausdruck für die Länge des Krümmungsradius. Für Normalkoordinaten vgl. *R. H. Pinkerton*, Edinb. math. soc. Proc. 9 (1891), p. 1—4.

252) „A treatise on fluxions", Bd. 1, Nr. 404, 2. Aufl. London 1801; die 1. Aufl. erschien 1742. Vgl. auch *A. Transon*, J. de math. 6 (1841), p. 193 und 205 f., sowie *A. Mannheim*, „Principes et développements de géométrie cinématique", Paris 1894, p. 21 f. und 63 f.; ferner *G. Fouret*, Par. C. R. 110 (1890), p. 843—845 und *R. Godefroy*, J. éc. polyt., cah. 62 (1892), p. 37—44; Par. soc. math. Bull. 21 (1893), p. 20—25. Mit Hülfe des einem Kurvenpunkt P zugehörigen Krümmungsradius ϱ und eines weiteren passend gewählten und durch P bestimmten Stückes lässt sich für jede Kurve eine Gleichung (natürliche Gleichung, natürliche Koordinaten) aufstellen, die diese Kurve unabhängig von ihrer Lage in der Ebene oder im Raume bestimmt, also nur die Gestalt der Kurve bestimmt. *Gergonne* (Ann. de math. 4 (1813), p. 46—54) wählte als zweites Bestimmungsstück dieser Art den Krümmungsradius ϱ_1 des dem Punkte P zugehörigen Evolutenpunktes P_1, des Krümmungsmittelpunktes von P, und er wandte a. a. O. diese Darstellungsmethode auf die Kegelschnitte an. *E. Cesàro* wählte statt ϱ_1

Im Anschluss an den Satz, dass, wenn eine Parabel die Axen einer Ellipse berührt, die den Berührungspunkten der gemeinsamen Tangenten beider Kurven zugehörigen Normalen durch einen Punkt gehen, giebt *E. Laguerre* einen Satz über die Tangenten der Ellipsenevolute. Jede solche Tangente trifft die Evolute in weiteren 4 Punkten, und die in ihnen gezogenen Tangenten gehen alsdann durch einen und denselben Punkt T. [253])

D. Quadratur und Rektifikation.

41. Quadratur. Bezüglich der Quadratur oder Flächenberechnung der Kegelschnitte können wir uns kurz fassen. Schon *Archimedes* bestimmte den Inhalt des von einer Parabel durch eine Parallele zur Scheiteltangente abgeschnittenen Flächenstückes gleich vier Dritteilen eines Dreiecks, das mit dem Abschnitt Grundlinie und Höhe gleich hat[254]). Ferner bestimmte er den Flächeninhalt einer Ellipse mit den Halbaxen a, b gleich $ab\pi$,[255]) wobei er wusste, dass $3\frac{10}{71} < \pi < 3\frac{1}{7}$.[256]) Das Auftreten natürlicher Logarithmen bei Flächen, die durch einen Hyperbelbogen, eine Asymptote und zwei Parallelen zur anderen Asymptote begrenzt werden, erkannte *Gregorius von Sanct Vincentius*, ohne dies besonders zu erwähnen; hervorgehoben wurde diese Thatsache durch *A. de Sarasa*[257]).

---

die von einem willkürlich aber fest gewählten Kurvenpunkte gemessene Bogenlänge s („Lezioni di geometria intrinseca", Napoli 1896. Deutsche Ausgabe von *G. Kowalewski*, Leipzig 1901; für die Kegelschnitte kommt hauptsächlich § 25—33 in Betracht). *G. Scheffers* („Einführung in die Theorie der Kurven in der Ebene und im Raume", Leipzig 1901, § 9) wählte als natürliche Koordinaten das Krümmungsmass $k = \frac{1}{\varrho} = \frac{d\tau}{ds}$ und den Differentialquotienten $\frac{dk}{d\tau}$, wo $d\tau$ den Winkel der zwei unendlich benachbarten, in den Endpunkten des Bogenelements ds gezogenen Tangenten (Kontingenzwinkel [III D 1, 2, Nr. **14**]) bezeichnet. Es sei noch hingewiesen auf III D 1, 2 Nr. **15** und **32** und *Magnus*, Aufg., § 137—139. Eine Fülle weiterer Litteraturangaben bei *E. Wölffing*, Bibl. math. (3) 1 (1900), p. 142—159.

253) Par. C. R. 84 (1877), p. 225 f. Der Ort aller Punkte T ist eine C_2, deren Scheitel sich in den im Endlichen gelegenen Spitzen der Evolute befinden.

254) *Archimedes*' Schrift über die Quadratur der Parabel, § 17 und 24, in Opera omnia, ed. *J. L. Heiberg* 2, Leipzig 1881, p. 334 und 348 ff. Deutsche Übersetzung von *E. Nizze*, Stralsund 1824, p. 21 und 24.

255) Schrift über Konoide und Sphäroide, in Opera omnia, ed. *J. L. Heiberg* 1, Leipzig 1880, p. 306—317; Übers. von *Nizze*, p. 160 f.

256) Schrift über Kreismessung § 3, Ausgabe von *Heiberg* 1, p. 262—270, Übers. von *Nizze*, p. 111—115.

257) *Gregorius von St. Vincentius*, „Opus geometricum quadraturae circuli et sectionum coni", 1647; *A. de Sarasa*, „Solutio problematis a *R. P. Marino Mersenno* propositi, 1649. Vgl. *Cantor*, Gesch. d. Math. 2, p. 714 f.

42. Rektifikation. Sätze von Fagnano, Landen, Euler u. A. [III B 3]. Ausgehend von Beziehungen zwischen gewissen Differentialen fand *G. Fagnano*, dass man zu dem von $x=0$ bis $x=x$ gemessenen Bogen $X = BP$ einer Ellipse $\frac{x^2}{a^2} + \frac{y^2}{b^2} - 1 = 0$ (Fig. 2) stets einen von $x = 0$ bis $x = z$ gemessenen Bogen $Z = BQ$ angeben kann, sodass $X + Z = \frac{\varepsilon^2 xz}{a} + \frac{E}{4}$ ist, wo ε die numerische Exzentrizität, E den Umfang der ganzen Ellipse bezeichnet[258]). Da diese Formel, wie man sofort sieht (Fig. 2), gleichbedeutend ist mit $BP - AQ = \frac{\varepsilon^2 xz}{a}$, so lassen sich bei einer Ellipse auf unendlich viele Arten zwei Bögen angeben, deren Differenz geometrisch gleich einer mit Hülfe von Zirkel und Lineal konstruierbaren Geraden ist, ein Satz, der gewöhnlich als „Theorem von Fagnano" bezeichnet wird. Auf ähnliche Art wie bei der Ellipse fand *Fagnano* zu einem beliebig gegebenen Hyperbelbogen einen anderen von solcher Beschaffenheit, dass die Längendifferenz beider gleich einer mit Zirkel und Lineal konstruierbaren Geraden ist.

C. Maclaurin brachte die Integrale, die die Bogenlänge eines Kegelschnitts darstellen, in gewisse einfache Formen, indem er den Zuwachs des Hyperbelbogens in Beziehung setzte zu dem Zuwachs einer bestimmten in seiner Figur hervortretenden Strecke[259]).

J. Landen erkannte, dass sich ein beliebiger Hyperbelbogen durch zwei Ellipsenbögen ausdrücken lässt[260]).

---

258) Giorn. de' letterati d' Italia 26 (1716), p. 266 = Produzioni matem. di *Fagnano* 2, Pesaro 1750, p. 336—342. Zwei weitere Arbeiten von *Fagnano* behandeln die Bogenlänge der gleichseitigen Hyperbel und jener Ellipse, bei der $a = b\sqrt{2}$, Produzioni matem. 2, p. 504—509, 510—536. Näheres auch bei *Cantor,* Gesch. d. Math. 3, p. 467—470; *A. Enneper,* „Elliptische Funktionen. Theorie und Geschichte", hrsgg. von *F. Müller,* 1. Aufl. Halle 1876, Anhang Note VI; 2. Aufl. 1890, Anhang Note II; *O. Böklen,* Math.-naturw. Mitt. des math.-naturw. Vereins in Württemberg (2) 1 (1899), p. 65—71. Geometrisch wurde das Theorem von *Fagnano* für die Ellipse zuerst von *J. Brinkley,* Dublin Trans. 9 (1803), p. 145—158 bewiesen; daselbst auch folgender Satz: Ein Ellipsenhalbmesser von der Länge $\sqrt{ab}$ treffe verlängert den zugehörigen Quadranten des über der Hauptaxe als Durchmesser beschriebenen Kreises in S; schneidet alsdann die durch S gezogene Ordinate die Ellipse in P, so ist die Differenz der Bogen BP und AP gleich $a - b$, wo B und A die Endpunkte des zugehörigen Ellipsenquadranten bezeichnen.

259) „A treatise on fluxions", Edinburgh 1742, Nr. 799—808. Näheres bei *Cantor*, Gesch. d. Math. 3, p. 871 ff. und *F. Müller,* „Studien über *Maclaurins* geometr. Darstellung ellipt. Integrale", Progr. Kgl. Realschule (Kaiser Wilhelms-Realgymn.), Berlin 1875.

260) Lond. Trans. Jahrg. 1771, p. 298—309 und Jahrg. 1775, p. 285. Ein anderer Beweis dieses Theorems bei *Legendre,* Paris Hist., Jahrgang 1786 (ge-

Zahlreiche Sätze über Bögen der Kegelschnitte rühren von *Euler* her. In seiner ersten hierauf bezüglichen Abhandlung[261]) behandelt er die Aufgabe, auf Ellipsen, die eine Axe gemeinsam haben, vom einen Endpunkt derselben gleiche Bogenlängen abzuschneiden und die Kurve zu bestimmen, auf der die Endpunkte dieser Bögen liegen. Ferner[262]) reproduzierte er mehrere Formeln von *Fagnano*. Um zu einem Ellipsenbogen BP einen anderen AQ zu bestimmen (B und A Scheitel der kleinen bezw. grossen Axe), deren Differenz durch eine Gerade darstellbar ist, giebt *Euler* folgende Konstruktion: Man ziehe in P die Tangente und trage auf sie von ihrem Schnittpunkt R mit der kleinen Axe aus in der Richtung nach P die Länge der halben grossen Axe $RS = a$ ab; das von S auf die grosse Axe gefällte Lot treffe den zugehörigen Ellipsenquadranten in Q. Die Differenz $BP - AQ$ findet man gleich der Länge des vom Kurvenmittelpunkt auf die Normale von P oder Q gefällten Lotes. Ferner zeigt er, wie man auf einem Ellipsenquadranten BA einen Punkt D finden kann, so dass $BD - AD = a - b$. Für die Hyperbel fand er (natürlich in jedem Quadranten) einen ganz bestimmten Punkt H und zwei auf verschiedenen Seiten von H liegende Bögen PH und HQ, deren Differenz geometrisch ausdrückbar ist. Die Ordinate von H muss hierbei das geometrische Mittel der Ordinaten von P und Q sein, an weitere Bedingungen sind diese Punkte nicht gebunden, der eine von beiden kann also willkürlich gewählt werden[262]). Bei der Parabel zeigt *Euler*, wie man zu einem beliebig gegebenen Bogen b_1 von einem beliebigen Kurvenpunkt aus einen solchen Bogen b_2 abschneiden kann, dass $b_1 - b_2$ geometrisch ausdrückbar ist, oder auch dass b_2 ein gegebenes Vielfache von b_1 um eine geometrisch ausdrückbare Grösse übertrifft, oder diesem Vielfachen gleich ist[263]).

Mit Hülfe einer Formel, die das Additionstheorem der Integrale erster und zweiter Gattung (II B 3) als speziellen Fall enthält, ge-

druckt 1788), p. 652. Einen geometrischen Beweis des Theorems von *Landen* gab *J. Mac Cullagh*, Dublin Trans. 16^2 (1829), p. 83 = Coll. works, Dublin und London 1880, p. 258f. Zu den Theoremen von *Fagnano* und *Landen* vgl. ferner *C. Küpper*, J. f. Math. 55 (1857), p. 89—93; *J. Griffiths*, Lond. math. soc. Proc. 11 (1880), p. 87—91.

261) Petrop. Comm. 8 (1736, gedruckt 1741), p. 86—98.

262) Petrop. Novi Comm. 6 (1756—1757, gedruckt 1761), p. 58—67. Vgl. auch *M. Azzarelli*, Rom Lincei Atti nuovi 24 (1871), p. 336 f., 343—354 und 25 (1872), p. 427 ff., 433—439. In ähnlicher Weise wie *Euler* gewinnt auch *H. F. Talbot*, Lond. Trans. Jahrg. 1836, p. 177—215 einige Sätze, besonders für die gleichseitige Hyperbel.

263) Petrop. Novi Comm. 7 (1758—1759, gedruckt 1761), p. 83—119.

winnt *Euler*[264]) zahlreiche Sätze über Vergleichung von Ellipsenbögen. Setzt man nämlich:

$$(37)\quad \begin{cases} \displaystyle\int \frac{A' + B'x^2 + C'x^4}{\sqrt{A + Cx^2 + Ex^4}}\, dx = \Pi(x), \\ \text{so ist:} \\ \displaystyle \Pi(x) - \Pi(y) - \Pi(k) = \frac{xyk}{\sqrt{A}} \left\{ B' + \frac{C'(x^2 + y^2 + k^2)}{2} - \frac{C'Ex^2y^2k^2}{6A} \right\}, \end{cases}$$

$$(37\text{a})\quad \text{falls: } k = \frac{x\sqrt{A(A + Cy^2 + Ey^4)} - y\sqrt{A(A + Cx^2 + Ex^4)}}{A - Ex^2y^2}.$$

So gelangt *Euler* zur Lösung der analogen Aufgaben wie zuvor bei der Parabel. Auch zeigt er, wie man zu einem gegebenen Ellipsenbogen einen anderen findet, der doppelt oder halb so gross ist, wie man einen Bogen, z. B. die halbe Peripherie, in zwei Teile zerlegen kann, deren Differenz geometrisch ausdrückbar ist, u. s. w.

Während die Bestimmung der Bogenlänge von Ellipse und Hyperbel auf elliptische Integrale führt, erfordert die gleiche Aufgabe bei der Parabel nur Logarithmen. *M. Azzarelli*[265]) gelangte in folgender Weise zu Parabelbögen, deren Differenz durch die Länge einer leicht konstruierbaren Geraden dargestellt werden kann: Auf einer Asymptote einer gleichseitigen Hyperbel nahm er drei Punkte C_1, C, C_2 der Art an, dass der Abstand des Punktes C vom Kurvenmittelpunkt O das geometrische Mittel ist zwischen OC_1 und OC_2; alsdann konstruiert er eine Parabel, deren Parameter so gross wie die Hauptaxe der Hyperbel ist, während Scheiteltangente und Axe bezw. mit Neben- und Hauptaxe der Hyperbel zusammenfallen. Schneiden die in C_1, C, C_2 auf der Asymptote errichteten Lote die Hyperbel in N_1, N, N_2, so treffen die durch diese Punkte zur Hauptaxe parallel gezogenen Geraden die Parabel in Punkten M_1, M, M_2, und die Differenz der Bögen M_2M und MM_1 ist alsdann durch eine Gerade darstellbar. *J. Griffiths*[266])

264) Petrop. Novi Comm. 7, p. 3—48. Diese Arbeit findet sich a. a. O. in verkehrter Reihenfolge vor der soeben [263]) erwähnten. Vgl. auch p. 128—162, wo u. a. die Aufgabe gelöst wird, die ganze Peripherie in drei gleiche Teile zu teilen; ferner Petrop. Acta, Jahrg. 1781, pars posterior (gedruckt 1785), p. 23—44. Viele der von *Euler* gefundenen Resultate leitet *Legendre* ab, Paris Hist., Jahrg. 1786 (gedruckt 1788), p. 676; vgl. noch dessen „Exercices du calcul intégral", 1, Paris 1811, p. 44—52, sowie „Traité des fonctions elliptiques et des intégrales Eulériennes", 1, Paris 1825, p. 45—53, wo die Aufgabe gelöst wird, zu zwei Ellipsenbögen einen dritten zu finden, der gleich ihrer Summe ist, oder einen Bogen zu bestimmen, der zu einem anderen in gegebenem rationalem Verhältnis steht.

265) Rom Lincei Atti nuovi 24 (1871), p. 347 ff.; in etwas anderer Weise ebenda 25 (1872), p. 430—433.

266) Lond. math. soc. Proc. 5 (1874), p. 95 f.

gelangte von Ellipsenbögen, deren Differenz durch eine leicht zu konstruierende Gerade darstellbar ist, zu eben solchen Hyperbelbögen, indem er für beide Kurven die Hauptaxen ihrer Grösse und Lage nach zusammenfallen liess und die Länge der halben Hauptaxe sowie das Produkt der Exzentrizitäten gleich 1 annahm.

Chasles[267]) nannte die Bögen, deren Differenz durch eine Gerade darstellbar ist, *ähnlich* (semblables); bei *E. de Jonquières*[268]) findet sich die Bezeichnung *arcs associés*, *Th. Reye*[269]) nennt solche Bögen *vergleichbar* und bezeichnet als Pol eines Bogens den Schnittpunkt S der in seinen Endpunkten M, N gezogenen Tangenten, als Schenkel des Bogens die Strecken SM, SN dieser Tangenten. Nach *Chasles* liegen die Pole vergleichbarer Bögen auf einem Kegelschnitt, der mit dem gegebenen die Brennpunkte gemeinsam hat; auch ist die Differenz solcher Bogenlängen gleich der Differenz der zugehörigen Schenkelsummen[270]). (Näheres Nr. **69**.)

43. Untersuchungen von Legendre und Talbot. Bei diesen Autoren tritt die rein geometrische Behandlungsweise der Rektifikation zurück. Für die Länge des von 0 bis t gehenden Bogens der Ellipse $x = a \sin t$, $y = b \cos t$ stellt *Legendre* das Integral auf[271])

$$\text{(38)} \qquad \int_0^t \sqrt{1 - \varepsilon^2 \sin^2 t} \cdot dt = a \cdot E(\varepsilon, t).$$

Hiervon ausgehend bewies er zahlreiche der von *Euler* erhaltenen Resultate und fand mehrere neue. Indem er z. B. eine Ellipse und eine Hyperbel betrachtete, bei der die Brennpunkte der einen Kurve Scheitel der anderen sind, erhielt er zu zwei vergleichbaren Ellipsenbögen MK, KN zwei Hyperbelbögen von derselben Eigenschaft[272]).

267) Par. C. R. 17 (1843), p. 838—844.

268) „Mélanges de géom. pure", Paris 1856, p. 55.

269) Zürich. Viert. 41 (1895), p. 70—75 oder „Geom. d. Lage", p. 182 f.

270) A. a. O. ohne Beweis. *E. de Jonquières* hat a. a. O. [268]) p. 55—98 die Sätze von *Chasles* bewiesen, doch sind seine Beweise zum Teil unkorrekt, er fasst z. B. den Begriff der arcs semblables zu allgemein. *Azzarelli*, Rom Lincei Atti nuovi 24 (1871), p. 339 f. und 346 f. gab einen Beweis des oben erwähnten Satzes über den Ort der Schnittpunkte S ausgehend von $x = a \sin \varphi$, $y = b \cos \varphi$ bezw. $x = \frac{a}{\cos \varphi}$, $y = b \operatorname{tg} \varphi$. Er zeigte ferner, dass bei zwei in den Scheiteln B, A beginnenden vergleichbaren Bögen BP, AQ das Produkt der zu P und Q gehörigen Krümmungsradien konstant gleich ab ist, das Produkt der bis zum Schnitt mit der Hauptaxe gemessenen Normalen gleich $\frac{b^3}{a}$. Auch *Reye*[269]) hat die Sätze von *Chasles* bewiesen.

271) Par. Hist. Jahrg. 1786 (gedruckt 1788), p. 617.

272) Ebenda p. 634—637.

Ferner fand er ein gewisses System unendlich vieler Ellipsen, deren Exzentrizitäten einem bestimmten Gesetz unterliegen, während ihre Hauptaxen gleich sind, von solcher Beschaffenheit, dass die Rektifikation irgend zweier dieser Kurven zwischen gewissen Integrationsgrenzen unmittelbar zur Rektifikation aller übrigen führt[273]).

H. F. Talbot gewinnt einige interessante Sätze über die Bogenlänge von Kegelschnitten, indem er für verschiedene spezielle Fälle die folgende allgemeine Aufgabe löst[274]): Es sei gegeben $\int_0^u \varphi(u) \cdot du$ und man soll nun eine Gleichung finden, deren Wurzeln $u, v, w, \ldots$ von solcher Beschaffenheit sind, dass

$$\int_0^u \varphi(u) \cdot du + \int_0^v \varphi(v) \cdot dv + \int_0^w \varphi(w) \cdot dw + \cdots$$

eine algebraische Funktion von $u, v, w, \ldots$ wird („an algebraic sum" sagt *Talbot*; in seinen Beispielen ist diese algebraische Summe meist eine Konstante, mitunter auch eine rationale oder irrationale Funktion einfachster Art). So zeigt er z. B., dass, wenn die Abscissen dreier Punkte der Parabel $2y = x^2$ Wurzeln der Gleichung

$$x^3 - rx^2 + \left(\frac{r^2}{4} + 1\right)x - r = 0$$

sind, die algebraische Summe der zugehörigen Bogenlängen verschwindet. Sind die Abscissen dreier Punkte einer Ellipse, bei der die halbe Hauptaxe gleich 1, die numerische Exzentrizität ε ist, Wurzeln der Gleichung

$$x^3 + rx^2 + \left(\frac{1-\varepsilon^2}{4} r^2 - 1\right)x - r = 0,$$

so wird die algebraische Summe der zugehörigen Bögen gleich $2q - \varepsilon^2 r$, wo q die Länge des Ellipsenquadranten bedeutet.

44. Reihenentwickelungen. Unter den Reihenentwickelungen für die Bogenlänge der Ellipse sei zunächst die bekannteste, von

---

273) Ebenda, p. 653—659.

274) London Trans., Jahrg. 1836, p. 177—215; Jahrg. 1837, p. 1—18. Bemerkenswert ist die nahe Beziehung obiger Aufgabe zum *Abel*'schen Theorem (II B 2, Nr. **41**). *Talbot* erwähnt, dass er seine Untersuchungen nahezu vollendet hatte, als ihm das *Abel*'sche Theorem bekannt wurde; er denkt hier jedenfalls an *N. H. Abel*'s Abhandlungen in J. f. Math. 3, p. 313 ff. und 4, p. 200 f. = Oeuvres publ. par *L. Sylow* et *S. Lie* 1, p. 444 ff. bezw. p. 515 ff., während ihm *Abel*'s Preisschrift noch unbekannt sein musste, da diese zwar 1826 der Pariser Akademie eingereicht, aber erst 1841 in deren Mém. prés. par divers savants 7, p. 176 ff. = Oeuvres 1, p. 145 ff. veröffentlicht wurde. Vgl. auch *J. W. Lubbock*, Phil. mag. 6 (1835), p. 116—125.

Euler[275]) gegebene Reihe für den Quadranten q angeführt, die nach Potenzen der numerischen Exzentrizität ε fortschreitet, nämlich

$$(39)\quad q = \frac{a\pi}{2}\left\{1 - \left(\frac{1}{2}\right)^2\varepsilon^2 - \frac{1}{3}\cdot\left(\frac{1\cdot 3}{2\cdot 4}\right)^2\varepsilon^4 - \frac{1}{5}\left(\frac{1\cdot 3\cdot 5}{2\cdot 4\cdot 6}\right)^2\varepsilon^6 - \cdots\right\};$$

aus ihr gewinnt er noch andere, die nach Potenzen des Axenverhältnisses fortschreiten. Mit Hülfe der Entwickelung von $\sqrt{m^2 + n^2 - 2mn\cos\varphi}$ nach den Kosinus der Vielfachen von φ erhält *J. Ivory* für den Quadranten eine stärker konvergierende Reihe, die nach Potenzen von $e = \frac{1 - \sqrt{1-\varepsilon^2}}{1 + \sqrt{1-\varepsilon^2}}$ angeordnet ist[276]). Zur Bestimmung der Länge beliebiger Ellipsenbögen gab *Legendre* Reihen, und zwar getrennt für die Fälle einer Kurve mit geringer und einer Kurve mit grosser Exzentrizität[277]).

Kurze Näherungsformeln für die Peripherie $4q$ einer Ellipse gab *G. Peano;* er zeigte z. B., dass $4q$ in grosser Annäherung gleich $\pi\left\{a + b + \frac{1}{2}\left(\sqrt{a} - \sqrt{b}\right)^2\right\}$ ist, und zu demselben Resultate gelangte *J. Boussinesq*[278]).

E. Apparate zum Zeichnen der Kegelschnitte.

45. Apparate zum Zeichnen der Kegelschnitte. Was zunächst die *Ellipse* betrifft, so sind die meisten Apparate zum Zeichnen dieser Kurve auf den Satz [IV 3, Nr. **11, 12**] gegründet, dass, wenn ein Kreis k' in einem anderen k von doppelt so grossem Radius rollt ohne zu gleiten, jeder mit dem rollenden Kreis k' fest verbundene Punkt eine Ellipse beschreibt, die für Punkte der Peripherie von k' in einen doppelt zu zählenden Durchmesser von k übergeht. Diese cyklische Erzeugung einer Ellipse findet sich zuerst bei *Ph. de la Hire*[279]). Eine zweite

---

275) „Animadversiones in rectificationem ellipsis", in „Conjectura physica circa propagationem soni ac luminis una cum aliis dissertationibus analyticis", Berlin 1750, p. 121—166 (in Bd. 2 der Opuscula varii argumenti). Vgl. ferner Petrop. Acta pro anno 1780, pars post. p. 7.

276) Edinburgh Trans. 4 (1796), p. 177—180. Ferner *W. Wallace* ebenda 5 (1802), p. 279 ff.; auch hier wird eine unendliche Reihe abgeleitet und zum Beweis des Satzes von *Fagnano* (Nr. **42**) benutzt.

277) Par. Hist., Jahrg. 1786 (gedruckt 1788), p. 618—625.

278) *Peano*, „Applicazioni geometriche del calcolo infinitesimale", Torino 1887, p. 232 ff.; Par. C. R. 109 (1889), p. 960 f.; *Boussinesq*, Par. C. R. 108 (1889), p. 696 f.

279) Par. Hist., Jahrg. 1706, Mém. de math. et de phys. (gedruckt 1707), p. 350 — 352. Die obige Geradführung hat übrigens schon der persische

Erzeugungsweise, die bei Ellipsographen verwendet wurde, erwähnt *Proclus* (410—485). Hiernach beschreibt jeder Punkt einer Strecke, die mit ihren Endpunkten auf zwei festen Geraden fortrückt, eine Ellipse[280]); *F. van Schooten* erweiterte diese Erzeugung, indem er den beschreibenden Punkt nur in fester Verbindung mit der beweglichen Strecke annahm[281]). Auch giebt er noch eine andere Ellipsenerzeugung an, die darin besteht, dass der eine Endpunkt A einer Geraden AB von der Länge l einen Kreis k vom Radius l beschreibt, während der andere Endpunkt B auf einem Durchmesser des Kreises fortrückt. Irgend ein mit AB fest verbundener Punkt P beschreibt alsdann eine Ellipse, die in eine durch den Mittelpunkt von k gehende Gerade übergeht, falls $AP = AB$ ist.

Die kinematische Zusammengehörigkeit der zwei im vorstehenden zuerst erwähnten Ellipsenerzeugungen erkannte *G. Suardi*[282]); dass auch die zweite und dritte zusammengehören, hat wohl *F. van Schooten*

Astronom *Nasîr Eddîn Attûsî* (1201—1274), wie *M. Curtze*, Bibl. math., Jahrg. 1895, p. 33 f. bemerkte; alsdann fand sie, vermutlich selbständig, *N. Coppernicus,* „De revolutionibus orbium coelestium“, Norimb. 1543, Buch 3, Kap. 4, in der Säkularausgabe von 1873 p. 166. Übrigens wurde sie als Coppernicanische Entdeckung zuerst von *G. J. Rheticus* veröffentlicht, dem *Coppernicus* sein Manuskript gegeben hatte mit dem Wunsche, *Rheticus* möge in einer „Narratio prima“ (Wittenberg 1540) auf das Hauptwerk vorbereiten (p. 472 der eben genannten Säkularausg.). Meist wird diese Geradführung fälschlich *H. Cardano* zugeschrieben, der in seinem 1572 geschriebenen „Exaereton mathematicorum“, prop. 173 nachweist, wie man einen Kreis der Art um seinen Mittelpunkt bewegen kann, dass jeder Punkt seiner Peripherie eine Gerade beschreibt. Er lässt zu dem Zweck den Mittelpunkt des Kreises auf der Peripherie eines gleich grossen festen Kreises fortrücken und zugleich den beweglichen Kreis mit doppelt so grosser Geschwindigkeit, aber in einem der Bewegung des Mittelpunktes entgegengesetzten Sinn um seinen eigenen Mittelpunkt rotieren (vgl. Cardani operum, Tom. IV, Lugd. 1663, p. 560). Die Entdeckung dieser Geradführung rührt übrigens, wie *Cardano* angiebt, von *L. Ferrari* her, der aber ihre thatsächliche Richtigkeit nicht beweisen konnte. Die zuerst erwähnte Geradführung findet man später noch bei *A. Tacquet,* „De circulorum volutione per planum dissertatio physicomathematica“, Antwerpen 1651, dann bei *De la Hire* (1694), Par. mém. depuis 1666 jusqu'à 1699, tome 9, p. 389 (gedruckt 1730). Vgl. *C. le Paige,* Bibl. math., Jahrg. 1887, p. 109 und *M. Curtze,* ebenda Jahrg. 1888, p. 65 f.

280) „Procli Diadochi in primum Euclidis elementorum librum commentarii“, hrsgg. von. *G. Friedlein,* Leipzig 1873, p. 106.

281) „De organica conicarum sectionum in plano descriptione tractatus“, Lugd. 1646.

282) „Nuovi istromenti per la descrizione di diverse curve antiche e moderne“, Brescia 1752.

schon bemerkt[283]). Auf die nähere Beschaffenheit der zahlreichen Ellipsographen einzugehen, die auf Grund einer der erwähnten Erzeugungsweisen konstruiert wurden, versagt uns der zur Verfügung stehende Raum. Wir verweisen vielmehr auf Abhandlungen von *T. Rittershaus*[283]), *E. Fischer*[284]) und *A. von Braunmühl*[285]), sowie auf den von *W. von Dyck* herausgegebenen „Katalog mathematischer Modelle"[286]). Einige Ellipsographen wurden auch konstruiert unter Verwendung des Satzes von der konstanten Summe der Brennstrahlen[287]).

Ein mechanisches Instrument zum Zeichnen der *Parabel* hatte schon im 6. Jahrhundert nach Chr. *Isidorus von Milet* angegeben; dasselbe hatte wahrscheinlich folgende Einrichtung: Der Schenkel QR eines rechten Winkels QRS gleitet an einer Geraden (Direktrix der Parabel) hin; an einem Punkte S des anderen Schenkels ist das eine Ende eines Fadens von der Länge RS befestigt, dessen zweites Ende sich im Brennpunkt F der Parabel befindet. Wird der Faden durch Andrücken an RS mit Hülfe des Zeichenstiftes P gespannt erhalten, während QR an der Direktrix gleitet, so beschreibt P eine Parabel[288]).

Was die *Hyperbel* betrifft, so hat *Guido Ubaldo del Monte* (1545—1607) ein Instrument angegeben, das die Kurve mit Hülfe der Brennpunkte und der konstanten Differenz der Brennstrahlen erzeugt, und ähnlich verfährt *F. van Schooten*[289]). Einen speziell zum Zeichnen

283) Nach *T. Rittershaus* (Verh. d. Vereins z. Beförd. d. Gewerbfleisses in Preussen 54, Jahrg. 1874, Berlin 1875, p. 274) hat *Jopling* in Mechanics magazine 9 (1820), p. 216 erkannt, dass die drei oben erwähnten Erzeugungen kinematisch zusammengehören.

284) *Dingler*'s Polyt. J. 255 (1885), p. 267—274; daselbst noch weitere Litteraturangaben.

285) In dem von *W. v. Dyck* hrsgg. „Katalog math. Modelle", München 1892, p. 55—88.

286) P. 227—230, 341—343. Nachtrag zum Katalog, München 1893, p. 42—48.

287) Einen solchen Apparat giebt z. B. *van Schooten* in seiner „Organica sectionum conicarum descriptio" (Buch 4 seiner „Exercitationes mathematicae", Leyden 1657); im wesentlichen damit übereinstimmend sind Apparate, die von *D. Sidersky,* Arch. Math. Phys. 65 (1880), p. 420—422 und *K. Jost,* Wien. Ber. 95 (1886), p. 251 f. angegeben wurden. Vgl. auch Fussnote 6.

288) *Eutokius* erwähnt, das Instrument habe die Gestalt eines λ gehabt („Commentarii Eutocii Ascalonitae in librum secundum Archimedis de sphaera et cylindro", Basil. 1544, p. 21). Andere Instrumente speziell zum Zeichnen der Parabel haben z. B. *K. A. Mayer* (Nachtrag zum Katalog math. Modelle, München 1893, p. 48) und *R. Inwards* (Phil. Mag. (5) 34 (1892), p. 57 ff.) gegeben.

289) Vgl. *von Braunmühl* a. a. O.[285]) p. 65 f. und 69 f.

von gleichseitigen Hyperbeln dienlichen Apparat hat *H. Cunynghame*[290]) erdacht.

Endlich wären noch Apparate zu erwähnen, die je nach ihrer Einstellung irgend einen der drei Kegelschnitte zu zeichnen gestatten. Hier kommen besonders solche Instrumente in Betracht, die die Kurve als Schnitt eines Kreiskegels mit einer Ebene erzeugen. Arabische Mathematiker des 10.—12. Jahrhunderts haben derartige Instrumente angegeben, ferner *F. Barozzi* in einem 1586 erschienenen Buch über Asymptoten sowie *B. Bramer*[291]). Aus neuerer Zeit ist zu erwähnen der Kegelschnittzirkel von *C. Hildebrandt,* der auf dem *Dandelin*'schen Satze (Nr. **5**) beruht[292]). *W. Jürges*[293]) hat einen Mechanismus konstruiert zum Zeichnen eines Kegelschnitts, der durch 5 Punkte oder durch 4 Punkte und die Tangente in einem derselben gegeben ist. Er benutzte dabei den Satz von der Konstanz des Doppelverhältnisses der Verbindungslinien von vier festen Punkten der Kurve mit einem beliebigen fünften Kurvenpunkte (Nr. **6**).

Vgl. zu dieser Nummer auch *E. Papperitz* in III A 6, Anhang.

II. Kegelschnittsysteme.

A. Kegelschnittbüschel.

46. Schnittpunkte und gemeinsames Poldreieck zweier Kegelschnitte. Sind

$$(40)\quad f(x,x) \equiv \sum_1^3{}^i \sum^k a_{ik} x_i x_k = 0 \quad \text{und} \quad g(x,x) \equiv \sum_1^3{}^i \sum^k b_{ik} x_i x_k = 0$$
$$(a_{ik} = a_{ki},\ b_{ik} = b_{ki})$$

die Gleichungen zweier Kegelschnitte, so stellt $\lambda g(x,x) - f(x,x) = 0$ entsprechend den unendlich vielen Werten, die man dem Parameter λ erteilen kann, ein ganzes System von Kegelschnitten, ein sogenanntes *Kegelschnittbüschel* (lineares Kegelschnittsystem erster Stufe) dar, und alle Kurven dieses Büschels gehen durch die Schnittpunkte von $f(x,x) = 0$ und $g(x,x) = 0$, die Grundpunkte des Büschels, hin-

290) Phil. Mag. (5) 22 (1886), p. 138 f.

291) Näheres bei *v. Braunmühl* a. a. O. [285]) p. 59—61, 63 f., 70 f.; Zeitsch. Math. Phys. 35 (1890), hist.-litt. Abt., p. 161—165.

292) Ausführlich beschrieben von *E. Fischer,* Dingler's Polyt. J. 282 (1891), p. 242 ff. und Bd. 287 (1892), p. 246 ff.; Katalog math. Modelle, hrsgg. von *v. Dyck,* München 1892, p. 229.

293) Zeitsch. Math. Phys. 38 (1893), p. 350—356.

durch[294]). Offenbar lässt sich λ linear so bestimmen, dass $\lambda g - f = 0$ durch irgend einen willkürlich aber bestimmt gewählten Punkt der Ebene hindurchgeht; ist diese Bestimmung von λ erfolgt, so stellt $\lambda g - f = 0$ einen ganz bestimmten Kegelschnitt dar, und da eine C_2 durch fünf Punkte bestimmt ist (Nr. 6), können wir vermuten, dass die Kurven des Büschels *vier* Punkte gemeinsam haben[295]). *C. G. J. Jacobi* zeigte, dass es vier Werte $x_1 : x_2 : x_3$ giebt, die den beiden Gleichungen $f = 0$, $g = 0$ genügen, indem er *drei* Geradenpaare bestimmte, die durch die Schnittpunkte gehen, deren Zahl also vier beträgt; drei dieser Geraden treffen sich immer in einem der zu bestimmenden vier Punkte[296]). Die Doppelpunkte der drei Geradenpaare sind die Ecken des den zwei Kurven und somit allen Kurven des Büschels gemeinsamen Poldreiecks. *A. Clebsch* bildete einen Ausdruck, der in den Linienkoordinaten vom 4. Grad ist und gleich Null gesetzt die vier Schnittpunkte darstellt[297]). *S. Aronhold* dachte sich die Gleichungen der zwei Kegelschnitte auf ihr gemeinsames Poldreieck bezogen; man erhält dann leicht Ausdrücke, die in den Koordinaten der Schnittpunkte linear sind[298]).

Besondere Beziehungen finden zwischen den vier Schnittpunkten zweier Kegelschnitte im allgemeinen nicht statt[299]); umgekehrt können vier beliebig gewählte Punkte im allgemeinen als Grundpunkte eines Kegelschnittbüschels angesehen werden[300]).

Die Schnittpunkte von $f = 0$ und $g = 0$ sind entweder alle reell, oder nur zwei derselben, oder sie sind alle imaginär. Diese Realitäts-

---

294) Die Ausdrücke Kurvenbüschel und Grundpunkte rühren von *Steiner*, J. f. Math. 47 (1848), p. 1 = Berl. Monatsb. Jahrg. 1848, p. 311 = Werke 2, p. 495. Im Englischen heisst Büschel pencil, franz. faisceau ponctuel, ital. fascio.

295) *G. Lamé*, Ann. de math. 7 (1816), p. 231 f. und „Examen des diff. méth. . . .", Paris 1818, p. 32 f. findet als Kriterium dafür, dass drei Kegelschnitte $f(x, x) = 0$, $g(x, x) = 0$, $h(x, x) = 0$ durch dieselben vier Punkte gehen $h(x, x) \equiv \lambda_1 f(x, x) + \lambda_2 g(x, x)$.

296) J. f. Math. 14 (1835), p. 286—288 = Werke 3, p. 292 ff.

297) J. f. Math. 59 (1860), p. 32. Vgl. auch *Hesse*, 7 Vorl., p. 6 = Zeitsch. Math. Phys. 19 (1873), p. 6; „Vorl. über anal. Geom. d. Raumes", 3. Aufl. Leipzig 1876, p. 111 f.

298) J. f. Math. 62 (1863), p. 317—320, sowie 328—330; *Hesse*, Zeitsch. Math. Phys. 21 (1876), p. 14—24; *Gundelfinger*, Vorl., p. 132—141.

299) Eine Ausnahme tritt z. B. ein bei gleichseitigen Hyperbeln: solche schneiden sich in vier Punkten, bei denen immer einer der Höhenschnittpunkt des durch die drei übrigen bestimmten Dreiecks ist (Nr. 50).

300) *Chr. Wiener*, Math. Ann. 3 (1869), p. 13 beweist: Damit *n willkürliche* Punkte der Ebene als die gesamten Schnittpunkte zweier algebraischen Kurven angesehen werden können, muss *n* einen der Werte 1, 2, 4 haben.

verhältnisse stehen in enger Beziehung zu der Gleichung 3. Grades $C(\lambda) = 0$, die die Parameterwerte der drei in dem Büschel $\lambda g - f = 0$ enthaltenen Geradenpaare liefert[301]); *J. J. Sylvester* hat diesen Zusammenhang näher angegeben[302]). Tiefer gehende Kriterien für die Realität der Schnittpunkte zweier Kegelschnitte hat *K. Kemmer* aufgestellt; auch *W. E. Story* behandelt den Gegenstand sehr ausführlich, giebt aber ziemlich komplizierte Kriterien[303]). Besonders einfache Kriterien hat *Gundelfinger* gegeben[304]).

Noch sei erwähnt, dass auch die Kegelschnitte, die durch k gegebene Punkte gehen ($k = 0, 1, 2, 3$) und $4 - k$ gegebene Punktepaare zu Paaren konjugierter Pole haben, ein Büschel bilden, denn diese vier Bedingungen sind in den Koeffizienten der Gleichung einer C_2 linear. *P. Serret* zeigte, wie man die Grundpunkte dieser Büschel erhält[305]). — Da ein Strahlenbüschel und ein Kegelschnittbüschel

301) Schon *Lamé*, „Examen des diff. méth. . . .“, p. 71 erwähnt diese Gleichung; *Plücker*, Anal. Entw. 1, p. 241 giebt sie in entwickelter Form.

302) Cambr. Dubl. Math. J. 5 (1850), p. 262—280; 6 (1850), p. 18—20. Im Falle von vier reellen Schnittpunkten sind die drei Geradenpaare des Büschels und somit auch das gemeinsame Poldreieck Δ reell. Sind alle Schnittpunkte imaginär, so ist nur ein Geradenpaar reell, aber Δ wieder reell. Im Falle von nur zwei imaginären Schnittpunkten ist nur ein Geradenpaar, aber auch nur eine Ecke des Poldreiecks nebst ihrer Gegenseite reell; hier hat $C(\lambda) = 0$ zwei komplexe Wurzeln. Auch für die zwei anderen vorerwähnten Fälle drückt *Sylvester* die Kriterien durch die Wurzeln von $C(\lambda) = 0$ aus. Im Falle einer Doppelwurzel berühren sich die Kurven des Büschels in einem und demselben Punkte und schneiden sich in zwei anderen Punkten, oder es findet doppelte Berührung statt, je nachdem die der Doppelwurzel entsprechende ausartende C_2 aus zwei verschiedenen Geraden oder aus einer Doppelgeraden besteht. Analog findet im Falle einer dreifachen Wurzel dreipunktige Berührung (Oskulation) oder vierpunktige Berührung statt. Vgl. auch *Gundelfinger*, Vorl. p. 133—137. Auf synthetischem Wege gelangte *v. Staudt* zu diesen Fällen („Geom. d. Lage“, Nürnberg 1847, p. 171 f.); vgl. ferner *Chr. Paulus*, „Grundlinien der neueren ebenen Geometrie“, Stuttgart 1853, p. 220—241.

303) *Kemmer*, Diss. inaug. Giessen 1878; *Story*, Amer. J. 6 (1884), p. 225—234; vgl. noch *J. Versluys*, Arch. Math. Phys. 52 (1870), p. 389—397; *E. Amigues*, Nouv. ann. (3) 13 (1894), p. 81—91.

304) Vorl., p. 371—376. Hiernach muss im Falle vier verschiedener Schnittpunkte ein gewisser Kegelschnitt $\psi(x, x) = 0$, der eine Kombinante des Büschels darstellt, eine nicht verschwindende Diskriminante haben; ist hierbei ψ eine imaginäre Kurve, so sind die vier Schnittpunke reell, und wenn ψ reell ist, hat man je nach dem Vorzeichen der Diskriminante 2 oder 4 imaginäre Schnittpunkte. Dem Zerfallen von ψ entsprechen die verschiedenen Fälle der Berührung; ausserdem spielen hierbei noch die Koeffizienten der *Hesse*'schen Kovariante von $C(\lambda)$ eine gewisse Rolle (vgl. auch Nr. 88).

305) „Géom. de direction“, Par. 1869, p. 175—177; wirklich ausgeführt sind (ebenda, p. 464 ff.) nur die dual entsprechenden Konstruktionen. Für $k = 0$ vgl.

gleiche Mächtigkeit besitzen, liegt der Gedanke nahe, dieses aus dem erstgenannten unmittelbar hervorgehen zu lassen. *Steiner* hat diesen Gedanken synthetisch durchgeführt („projektive Drehung") [306]).

47. Desargues-Sturm'scher Satz. Die Punktepaare, in denen ein beliebiger Kegelschnitt und die zwei Paare von Gegenseiten eines eingeschriebenen Vierecks von einer beliebigen Geraden getroffen werden, bilden, wie *G. Desargues* bemerkte, eine Involution [307]). *Ch. Sturm* erweiterte den Satz dahin, dass überhaupt drei beliebige einem Viereck umschriebene Kegelschnitte von irgend einer Transversalen in Punktepaaren einer Involution getroffen werden [308]). Es bestimmen somit die C_2 eines Büschels auf einer beliebigen Geraden eine Involution, deren Doppelpunkte die Berührungspunkte derjenigen zwei Kurven des Büschels sind, die die Gerade zur Tangente haben [309]).

---

auch *Hesse,* J. f. Math. 20 (1840), p. 293 = Werke, p. 32f., für die allgemeineren Fälle Nr. 84, sowie *H. Picquet,* „Étude géometr. des systèmes ponctuels et tangentiels", Paris 1872, p. 10—16. Natürlich bilden auch die Kegelschnitte, die ein gegebenes Dreieck zum Poldreieck haben und durch einen festen Punkt gehen, ein Büschel.

306) *Steiner-Schröter,* § 39. Eigentlich ist die projektive Drehung nur eine quadratische Transformation [III C 10], vermöge deren eine Gerade in einen dem Fundamentaldreieck umschriebenen Kegelschnitt übergeführt wird. Zur Konstruktion von Kegelschnittbüscheln vgl. auch *F. Bergmann,* Arch. Math. Phys. 67 (1881), p. 177—190, sowie *Chr. Wiener,* „Lehrbuch der darstellenden Geometrie" 1, Leipzig 1884, 6. Abschn., Kap. 14 und 15.

307) „Brouillon project d'une atteinte aux événemens des rencontres d'un cone avec un plan", Paris 1639, in Oeuvres de Desargues réun. et anal. par Poudra 1, Paris 1864, p. 188. Der Satz von *Desargues* ist übrigens nur eine Verallgemeinerung eines Satzes von *Pappus,* bei dem an Stelle des Kegelschnitts das Diagonalenpaar des Vierecks vorhanden ist (Collectionis quae supersunt, ed. *Hultsch,* Buch 7, prop. 130, Bd. 2, p. 873—875).

308) Ann. de math. 17 (1826), p. 180. Vgl. noch *Chr. Wiener,* Zeitsch. Math. Phys. 9 (1864), p. 47—49; *C. Hossfeld,* Zeitsch. Math. Phys. 28 (1883), p. 51—53; *D. Montesano,* Giorn. di mat. 23 (1885), p. 287; *C. Segre,* Tor. Atti (2) 38, 1886; *A. del Re,* Giorn. di mat. 28 (1890), p. 260f.; *Steiner-Schröter,* p. 223.

309) *Zwei* solche Kurven sind im Büschel, denn die zu $\lambda g - f = 0$ gehörige Gleichung in Linienkoordinaten ist in λ vom 2. Grad. Schon *Newton* war es bekannt, dass es zwei Kegelschnitte giebt, die durch vier gegebene Punkte gehen und eine gegebene Gerade berühren („Philosophiae naturalis principia mathematica", Buch 1, prop. 23 = Opera, hrsgg. von *S. Horsley* 2, p. 104ff. = deutsche Übers. von *J. Ph. Wolfers,* Berlin 1872, p. 100. *G. Scheffers* bewies Leipz. Ber. 44 (1892), p. 269—278 den von *S. Lie* vermuteten Satz, dass zwei kontinuierliche Scharen von ∞^1 Kurven, die irgendwie paarweise aufeinander bezogen sind und von jeder Geraden in Involution getroffen werden, ein Kegelschnittbüschel bilden.

Ed. Weyr gab eine Verallgemeinerung des *Desargues-Sturm*'schen Satzes, indem er zeigte, dass jeder durch zwei Grundpunkte eines Büschels gehende Kegelschnitt von den Büschelkurven in einer krummlinigen Punktinvolution geschnitten wird, deren Zentrum auf der Verbindungslinie der beiden anderen Grundpunkte liegt[310]). Man erhält wieder den früheren Satz, wenn man den Kegelschnitt zerfallen lässt in eine unwesentliche Gerade, die durch die zwei ersten Grundpunkte geht und eine andere Gerade, die die Punktinvolution trägt.

48. v. Staudt'sche Kegelschnitte. Für das Doppelverhältnis der durch eine beliebige Gerade $u_x = 0$ aus $f = 0$ und $g = 0$ ausgeschnittenen Punktepaare erhält man eine in den u_i zum 4. Grad ansteigende Gleichung; alle Geraden, die die zwei Kurven in Punktepaaren von gegebenem Doppelverhältnis schneiden, umhüllen somit eine C^4.[311]) Diese reduziert sich im Fall des harmonischen Verhältnisses auf einen Kegelschnitt H, „die zu f und g gehörige harmonische Kurve 2. Klasse"[312]), deren Bedeutung zuerst wohl *v. Staudt* erkannte; dieselbe hat zu Tangenten die acht Geraden, die die zwei Kurven f und g in ihren gegenseitigen Schnittpunkten berühren[313]). Dual entsprechend besteht der Ort aller Punkte, von denen sich Tangentenpaare gegebenen Doppelverhältnisses δ an f und g legen lassen, aus einer C_4[314]); im Falle $\delta = -1$ reduziert sich diese auf die „harmonische Kurve 2. Ordnung" χ, die auch durch die acht Berührungs-

---

310) Wien. Ber. 58 (1868), p. 223—226. Was das Entstehen einer solchen Involution betrifft, so sei folgendes bemerkt: Auf der Kurve liegen zwei projektive Punktreihen, wenn die Verbindungslinien eines Punktes von k mit den einzelnen Punkten dieser Reihen zwei projektive Strahlenbüschel bilden; sind beide Büschel in Involution, so sagen wir dasselbe auch von den Punktreihen; die Verbindungslinien entsprechender Punkte bilden alsdann ein Strahlenbüschel (vgl. *Chasles*, Sect. con., p. 147).

311) Vgl. z. B. *Gundelfinger* im 3. Suppl. zu seiner Ausg. von *Hesse*, „Vorl. üb. anal. Geom. d. Raumes", 3. Aufl. (1876), p. 472 f., oder in Vorl., p. 143.

312) Line harmonic conic bei engl. Mathematikern. Sind die Kegelschnitte Kreise, so bilden ihre Mittelpunkte die Brennpunkte von H (*Chasles*, Sect. con., p. 318).

313) *v. Staudt*, „Über die Kurve 2. Ordnung", Progr. Nürnberg 1831, p. 24 f. Hier wird ein analytischer Beweis der erwähnten Eigenschaft von H gegeben. Vgl. auch Geom. d. Lage, Nürnberg 1847, p. 169, sowie Beiträge z. Geom. d. Lage, 2. Heft, Nürnberg 1857, p. 207 und 253. *Clebsch* gelangt durch symbolische Rechnung zu der Gleichung von H, J. f. Math. 59 (1860), p. 33. Bezüglich der Bedingungen, unter denen H zerfällt, vgl. *Pasch*, Math. Ann. 38 (1890), p. 42—46.

314) *Cayley*, Quart. J. 8 (1867), p. 77—84 = Coll. papers 6, p. 27—34 hat diese C_4 näher untersucht; vgl. auch *Ed. Weyr*, J. f. Math. 75 (1871), p. 71—74.

punkte der den zwei Kegelschnitten gemeinsamen Tangenten geht[315]). Vgl. auch Nr. 57.

49. Polkegelschnitt einer Geraden, Mittelpunktskegelschnitt. Wie *Poncelet* bemerkte, gehen die in Bezug auf alle Kegelschnitte eines Büschels genommenen Polaren eines beliebig gegebenen Punktes P durch einen und denselben Punkt Q, und umgekehrt gehen die Polaren von Q durch P[316]); beide Punkte heissen konjugiert hinsichtlich der Kurven des Büschels[317]). Durchläuft P eine beliebige Gerade u, so erfüllen die zugehörigen Punkte Q einen Kegelschnitt N, der auch Ort für die in Bezug auf die einzelnen Kurven des Büschels genommenen Pole der Geraden u ist[318]) (Polkegelschnitt der Geraden u) und die Gleichung hat:

$$(41) \qquad N \equiv \sum \pm \left(\frac{\partial f}{\partial x_1}\frac{\partial g}{\partial x_2} u_3\right) = 0.$$

Derselbe geht durch die Doppelpunkte der drei Geradenpaare des Büschels sowie durch die vierten harmonischen Punkte zu den Schnittpunkten von u mit irgend einer der sechs Geraden des Büschels und zu den zwei auf der betreffenden Geraden gelegenen Grundpunkten. Hiernach lassen sich sofort neun Punkte von N angeben, infolge dessen N häufig als Kegelschnitt der neun Punkte bezeichnet wird. Übrigens liegen auf N auch die Doppelpunkte der auf u durch die Büschelkurven ausgeschnittenen Involution. Man kann 16 Kegelschnitte angeben, die von N berührt werden; den vier Dreiecken,

---

315) Point harmonic conic bei engl. Mathematikern. Dass die obigen acht Punkte auf einem Kegelschnitt liegen, bemerkte *v. Staudt*[318]). Vgl. ferner *Steiner*, J. f. Math. 44 (1852), p. 275 f. = Werke 2, p. 427 f., im wesentlichen auch in Nouv. ann. 14 (1855), p. 141 f.; *E. de Jonquières*, Nouv. ann. 15 (1856), p. 94 ff. Dass die Berührungspunkte zweier einem *Dreiseit* eingeschriebenen Kegelschnitte wieder auf einer C_2 liegen, hat *Steiner*, Ann. de math. 19 (1828), p. 3 f. = Werke 1, p. 184 f. gezeigt. Auf die Bedeutung von χ als Invariante machte *G. Salmon*, Cambr. Dubl. math. J. 9 (1854), p. 30 aufmerksam. Die Kurve ist ein Kreis, wenn die zwei Brennpunktepaare von f und g harmonische Punkte eines Kreises sind (*F. H. Siebeck*, J. f. Math. 64 (1864), p. 177).

316) Traité Nr. 388, für Kreisbüschel Nr. 81; Ann. de math. 12 (1822), p. 246 = Appl. d'anal. 2, p. 526. Für den Fall, dass P im Unendlichen liegt, findet sich der Satz schon bei *Lamé*, Ann. de math. 7 (1816), p. 233; „Examen des diff. méth. . . .“, Paris 1818, p. 34.

317) *Steiner-Schröter*, p. 283; bei *Poncelet* points réciproques.

318) *Poncelet* a. a. O. Nr. 396 und 370, für Kreise Nr. 84. Verschiedene Formen der Gleichung von N giebt *O. Weimar*, Diss. inaug. Giessen 1890. Vgl. ferner *P. Cassani*, Giorn. di mat. 8 (1870), p. 374—376; *F. Bergmann*, Arch. Math. Phys. 68 (1882), p. 404—420. Bei *Steiner-Schröter*, p. 285 heisst die Kurve (41) der Polarkegelschnitt der Geraden u.

deren jedes drei Grundpunkte des Büschels zu Ecken hat, lassen sich nämlich je vier durch die eben genannten Doppelpunkte gehenden Kegelschnitte einschreiben, wodurch man im ganzen 16 solche Kurven erhält [319]).

Wählt man insbesondere als Gerade u die unendlich ferne Gerade, so wird N der Ort für die Mittelpunkte aller Kurven des Büschels, der Mittelpunktskegelschnitt M; sein Zentrum ist, wie schon *J. F. Pfaff* bekannt war, die gemeinsame Mitte der Geraden, die die Mitten der Diagonalen oder der Gegenseiten des Vierecks verbinden, also der Schwerpunkt der vier Ecken [320]) [III A 2].

50. Die Frage nach den im Büschel enthaltenen Kurvenarten beantwortete zuerst *A. F. Möbius*, und zwar mit Hülfe des barycentrischen Calculs [321]). Unter Voraussetzung reeller Grundpunkte fand er, dass sich durch diese zwei reelle oder zwei imaginäre Parabeln legen lassen, je nachdem jeder der vier Grundpunkte ausserhalb des durch die drei übrigen gebildeten Dreiecks liegt, oder dies nicht der Fall ist. Im ersten Falle bestehen die C_2 des Büschels überdies aus Ellipsen und Hyperbeln, im zweiten nur aus Hyperbeln. Der Mittelpunktskegelschnitt M ist, diesen Fällen entsprechend, eine Hyperbel

---

319) *Steiner,* J. f. Math. 30 (1846), p. 104f. = Roma Giorn. arcad. Bd. 99 = Werke 2, p. 335f.; *G. Battaglini,* Napoli Rend. 5 (1862). *E. Beltrami*, Bologna Mem. (2) 2 (1862), p. 366—382 = Opere matem. 1, p. 49—62; Giorn. di mat. 1 (1863), p. 110—116. *Beltrami* zeigte auch, für welche bestimmte Lage der Geraden u der Polkegelschnitt N ein Kreis ist. *P. Cassani*, Giorn. di mat. 7 (1869), p. 369—372. — Geht man umgekehrt von einem Kegelschnitt k durch fünf Punkte aus, so ergiebt sich unmittelbar ein System von 160, k berührenden Kegelschnitten; *W. Fr. Meyer,* Arch. Math. Phys. (3) 3 (1902), p. 77.

320) Schon 1810 hatte *Pfaff* den Satz aufgestellt, dass die Mittelpunkte der Büschelkurven eine durch die Doppelpunkte der Geradenpaare des Büschels gehende Hyperbel erfüllen, hatte hierbei allerdings nur den Fall eines konvexen Vierecks der Grundpunkte berücksichtigt (Monatl. Korresp. 22 (1810), p. 226). Vgl. auch *Brianchon* und *Poncelet,* Ann. de math. 11 (1821), p. 219 = *Poncelet,* Appl. d'anal. 2, p. 515 f.; *Gergonne* zeigte, dass M durch die Mitten der sechs Seiten des Vierecks geht, Ann. de math. 11 (1821), p. 396—398; *Steiner,* Roma Giorn. arcad. 99 = J. f. Math. 30 (1846), p. 102f. = Werke 2, p. 334 f.

321) Baryc. Calcul, § 253—254 = Werke 1, p. 325—327. Vgl. auch *Cayley,* Quart. J. 2 (1858), p. 206 f. = Coll. papers 3, p. 136—138, wo noch die Fälle mit imaginären Grundpunkten behandelt werden. Auch die Art eines durch fünf beliebig gegebene Punkte gehenden Kegelschnitts wird von *Möbius* a. a. O. § 255—257 bestimmt; vgl. hierzu ferner *Chasles,* Sect. con., p. 10; *J. Versluys,* Arch. Math. Phys. 53 (1871), p. 143—146; *Gundelfinger,* Vorl., p. 356—359. Bezüglich der Konstruktion der im Büschel befindlichen Parabeln vgl. *Lamé,* „Examen des diff. méth. . . .", p. 51—53.

bezw. Ellipse[322]); er ist eine Parabel, wenn einer der Grundpunkte im Unendlichen liegt, auch fallen dann die zwei Parabeln des Büschels in eine einzige zusammen. Da M auch durch die Berührungspunkte der unendlich fernen Geraden g_∞ mit den zwei Parabeln geht, folgt, dass die Asymptoten von M zu den Axen dieser Kurven parallel sind. Zu den unendlich fernen Punkten von M liegen nicht nur die unendlich fernen Punkte konjugierter Durchmesser harmonisch (Nr. **11**), sondern nach dem *Desargues-Sturm*'schen Satze auch alle Punktepaare, die aus g_∞ durch die Büschelkurven ausgeschnitten werden. Die Asymptotenpaare dieser Kurven sind daher parallel zu je einem Paar konjugierter Durchmesser von M, und jede Kurve des Büschels besitzt ein zu den Asymptoten von M paralleles Paar konjugierter Durchmesser[323]).

Werden die Grundpunkte eines Kegelschnittbüschels durch die Ecken A, B, C und den Höhenschnittpunkt H eines Dreiecks gebildet, so bestehen die Geradenpaare des Büschels aus je einer Seite und der zugehörigen Höhe. Die auf g_∞ ausgeschnittene Involution ist daher nun eine rechtwinkelige Involution, die Kurven des Büschels sind sämtlich gleichseitige Hyperbeln, während ein beliebiges Kegelschnittbüschel nur eine solche Kurve enthält. Das gemeinsame Poldreieck wird durch die Fusspunkte der Höhen von ABC gebildet[324]).

---

322) *Gergonne* bemerkte, M sei eine Hyperbel oder Ellipse, je nachdem das Viereck der Grundpunkte konvex wäre oder nicht (Ann. de math. 11 (1821), p. 398). Vgl. ferner *Steiner*, J. f. Math. 55 (1858), p. 372 = Werke 2, p. 678 f. Auch hier werden die Fälle mit imaginären Grundpunkten berücksichtigt und überhaupt noch weitere Sätze gegeben. In seinen Vorlesungen (*Steiner-Schröter* § 43) behandelte er die Frage nach der Art der in einem Büschel enthaltenen C_2 durch Untersuchung der auf g_∞ ausgeschnittenen Involution, und zwar unabhängig davon, ob die Grundpunkte reell oder paarweise imaginär sind.

323) *Steiner*, J. f. Math. 2 (1827), p. 64 f. = Werke 1, p. 123 f. Durch die Ecken eines konvexen Vierecks der Grundpunkte geht somit auch eine bestimmte Ellipse e_0, bei der das Paar einander gleicher konjugierter Durchmesser zu den Asymptoten von M parallel ist (vgl. die in Ann. de math. 4 (1814), p. 384 gestellte Aufgabe, sowie die anonym gegebene Darstellung Ann. de math. 5 (1814), p. 88—90). *Steiner* bemerkte, dass die Kurve e_0 hinsichtlich ihrer Gestalt unter allen Kurven des Büschels einem Kreis am nächsten kommt. Einen analytischen Beweis dieser Sätze gab *Gergonne*, Ann. de math. 18 (1827), p. 100—110.

324) *Steiner-Schröter*, p. 254; vgl. auch J. f. Math. 55 (1858), p. 372 f. = Werke 2, p. 679. Dass der Höhenschnittpunkt eines einer gleichseitigen Hyperbel eingeschriebenen Dreiecks auf dieser Kurve liegt, bewiesen *Brianchon* und *Poncelet* unter Anwendung des *Pascal*'schen Satzes auf ein Sechseck, von dem zwei Ecken die unendlich fernen Punkte der Hyperbel sind (Ann. de math. 11 (1821), p. 205 f. = *Poncelet*, Appl. d'anal. 2, p. 504). Vgl. auch *Cayley*, Phil. mag. (4) 13 (1857), p. 423 = Coll. papers 3, p. 254.

Der Mittelpunktskegelschnitt M muss nun ein Kreis sein und durch die Höhenfusspunkte sowie durch die Mitten der Seiten des Dreiecks und der Höhenabschnitte AH, BH, CH gehen. Er berührt überdies die vier dem Dreieck ABC eingeschriebenen Kreise und wird der *Feuerbach*'sche Kreis des Dreiecks genannt[325]).

Auch die gleichseitigen Hyperbeln, die ein gegebenes Dreieck zum Poldreieck haben, bilden ein Büschel, und zwar sind die Zentren der dem Dreieck eingeschriebenen Kreise dessen Grundpunkte, die Mittelpunktskurve M ist der Umkreis des Dreiecks[326]).

51. Büschel mit einem oder mit unendlich vielen Kreisen. Im allgemeinen ist in einem Kegelschnittbüschel kein Kreis enthalten; damit ein solcher auftrete, müssen die zwei Parabeln des Büschels zueinander rechtwinkelige Axen haben. Der Mittelpunktskegelschnitt ist jetzt eine gleichseitige Hyperbel, deren Asymptoten

325) Bei engl. Mathematikern nine-point circle. Dass die genannten neun Punkte auf einem Kreis liegen, der zugleich Mittelpunktskurve des Büschels ist, haben *Brianchon* und *Poncelet,* Ann. de math. 11 (1821), p. 212—216 = *Poncelet,* Appl. d'anal. 2, p. 510—513 zuerst bemerkt. Gewisse andere Eigenschaften des durch die Höhenfusspunkte gehenden Kreises wurden von *B. Bevan,* Leybourn's Math. Repository 1 (1804), p. 18 ausgesprochen und von *J. Butterworth,* ebenda 1, p. 143 und *J. Whitley* 1807 bewiesen (vgl. *J. S. Mackay,* Edinb. Proc. 11 (1892), p. 19—57; *J. Lange,* Progr. *Fr. Werder*'sche Ob. Realsch. Berlin 1894; *F. Cajori,* „A history of elementar mathematics", New York 1896, p. 259 f.). *K. W. Feuerbach* scheint zwar bemerkt zu haben, dass die neun Punkte auf einem Kreis liegen, erwähnt aber nur für die Höhenfusspunkte und Seitenmitten die Lage auf einem Kreis; auch bestimmt er dessen Durchmesser (= Radius des Umkreises von ABC) und die Lage seines Mittelpunktes (Mitte zwischen H und dem Centrum M_1 des Umkreises). Der eigentliche Fortschritt der Untersuchungen *Feuerbach*'s gegenüber früheren Autoren besteht im direkten elementaren Beweis des Satzes, dass die vier eingeschriebenen Kreise von ABC obigen Kreis berühren („Eigenschaften einiger merkwürdigen Punkte des geradlinigen Dreiecks", Nürnberg 1822, § 54—57, sowie p. 62). Vgl. noch *T. S. Davies*, Phil. mag. 2 (1827), p. 29 f.; *Steiner,* „Die geom. Konstr. . . .", Berlin 1833, Fussnote zu § 12 = Werke 1, p. 491; Ann. de math. 19 (1828), p. 43 f. = Werke 1, p. 195 f.; *N. Trudi,* Giorn. di mat. 1 (1863), p. 29—32. Vgl. noch III A 2 a.

326) *Brianchon* und *Poncelet,* Ann. de math. 11 (1821), p. 210 = *Poncelet,* Appl. d'anal. 2, p. 508 bemerkten zuerst, dass der einem Poldreieck einer gleichseitigen Hyperbel umschriebene Kreis durch den Kurvenmittelpunkt geht. Die beiden, durch obiges Büschel, andererseits durch das Büschel ($ABCH$) bestimmten ein-eindeutigen quadratischen Punkttransformationen sind grundlegend für die Geometrie des Dreiecks (I B 2, Fussnote 383[b] und III A 2 a). — Ein Büschel gleichseitiger Hyperbeln wird auch von den C_2 gebildet, die durch die vier Brennpunkte eines Kegelschnitts gehen; *Cayley,* Quart. J. 5 (1862), p. 275—280 = Coll. papers 4, p. 505—509 hat das Büschel kurz behandelt, scheint aber nicht bemerkt zu haben, dass es aus konzentrischen gleichseitigen Hyperbeln besteht; vgl. auch *Cazamian,* Nouv. ann. (3) 3 (1894), p. 225.

mit den Axen der Parabeln zusammenfallen; die Kurve wurde von *Chasles* näher betrachtet, der z. B. erkannte, dass sie für jede Büschelkurve die *Apollonische* Hyperbel (Nr. **33**) des Kreismittelpunktes darstellt[327]). Alle Kegelschnitte des Büschels haben nun gleichgerichtete Axen[328]). Ebenso sind die sechs Halbierungslinien der Winkel zwischen den drei Paar Gegenseiten des Vierecks, wie *Poncelet* zeigte, zu je drei den Axen parallel[329]). — Zu den Büscheln, die einen Kreis enthalten, ist auch jenes zu zählen, bei dem der Kreis in ein zirkulares Geradenpaar entartet ist. *M. d'Ocagne* hat mit Hülfe dieses Büschels und der Theorie der reziproken Polaren die Brennpunktseigenschaften der Kegelschnitte abgeleitet[330]).

Enthält ein Kegelschnittbüschel zwei Kreise, so besteht es überhaupt nur aus Kreisen, die ausser zwei reellen oder imaginären im Endlichen liegenden Punkten A, B noch das imaginäre Kreispunktepaar gemeinsam haben. Die Gerade AB ist nach *L. Gaultier* Ort für die Mittelpunkte aller Kreise, die sämtliche Kreise des Büschels rechtwinklig schneiden. *Gaultier* nannte diese Gerade axe radical[331]), bei *Steiner* heisst sie *Linie gleicher Potenzen*[332]), bei *Plücker Chor-*

327) J. de math. 3 (1838), p. 410 ff. Vgl. auch *C. Intrigila,* Giorn. di mat. 23 (1884), p. 266; *Steiner-Schröter,* p. 295 f. Weitere Sätze über Büschel obiger Art bei *M. Greiner,* Arch. Math. Phys. 60 (1877), p. 178—184; *S. Kantor,* Wien. Ber. 76 (1877), p. 774—785; ebenda 78 (1878), p. 172—192.

328) Schon 1680 haben *De la Hire* und *Huygens* den Satz ausgesprochen, dass sich zwei Kegelschnitte mit parallelen Axen in vier Punkten eines Kreises schneiden (Oeuvres de *Huygens,* 8, La Haye 1899, p. 284—289). Vgl. noch Ann. de math. 5 (1814), p. 88—90, anonym. — *O. Terquem,* J. de math. 3 (1838), p. 17 bezeichnete als lignes conjointes jedes Geradenpaar von der Beschaffenheit, dass, wenn es zu Koordinatenaxen x, y gewählt wird, in der Gleichung eines Kegelschnitts k die Koeffizienten von x^2 und y^2 einander gleich sind. Solche Geraden schneiden k in vier Punkten eines Kreises, und auch die Umkehrung gilt. *Chasles* benutzte diese Geradenpaare, J. de math. 3 (1838), p. 385—431, bei rein geometrischen Betrachtungen über Kegelschnitte und Systeme von solchen.

329) Traité Nr. 394; *Steiner,* J. f. Math. 2 (1827), p. 97 = Werke 1, p. 128; J. f. Math. 55 (1858), p. 359 = Werke 2, p. 665 f. Es folgt noch, dass ein Kreissystem, das mit einem Kegelschnitt ein Sehnensystem von gleicher Richtung bestimmt, noch ein zweites derartiges Sehnensystem bestimmt, das bezüglich der Axen zum ersten symmetrisch liegt (*Em. Weyr,* Wien. Ber. 57 (1868), p. 453).

330) Nouv. ann. (3) 14 (1895), p. 353—364, bereits 1887 der Soc. math. zu Edinburgh mitgeteilt.

331) J. éc. polyt. 9, cah. 16 (1813), p. 139 und 147 ff.

332) J. f. Math. 1 (1826), p. 165 = Werke 1, p. 23 = Ostw. Klass. Nr. 123, p. 8. Weitere Ausführungen ebenda, p. 164—168, bezw. 22—26, bezw. 7—13. Vgl. auch *F. Sarrus,* Ann. de math. 16 (1826), p. 379.

dale[333]). Dass die von einem Punkt dieser Geraden an zwei Kreise des Büschels gezogenen Tangenten gleich lang sind, war wohl schon arabischen Mathematikern um 1000 n. Chr. bekannt[334]). Der unendlich ferne Punkt von AB ist eine Ecke des gemeinsamen Poldreiecks des Büschels, während die Gegenseite durch die gemeinsame Zentrale der Kreise gebildet wird; die auf ihr gelegenen Ecken sind die Doppelpunkte der auf der Zentrale durch die Kreise ausgeschnittenen Involution, zugleich die Doppelpunkte zweier dem Büschel angehörigen zirkularen Geradenpaare, die *Grenzpunkte*[335]). (Das dritte, reelle Geradenpaar wird durch AB und g_∞ gebildet.) Die Grenzpunkte sind imaginär oder reell, je nachdem A und B reell oder imaginär sind; sie sind überdies Grundpunkte für das Büschel derjenigen Kreise, die die Kreise des gegebenen Büschels rechtwinklig schneiden. Bei zwei solchen Büscheln ist immer die Radikalaxe des einen die gemeinsame Zentrale des anderen[336]). Den einer Geraden der Ebene nun zugehörigen Polkegelschnitt untersuchte *Poncelet* und zeigte, wann er in ein Geradenpaar ausartet[337]).

52. Ähnliche Kegelschnitte des Büschels und solche von kleinstem oder grösstem Axenprodukt. Nach *Steiner* sind die C_2 eines Büschels im allgemeinen paarweise einander ähnlich; nur zwei einzelne machen eine Ausnahme: die gleichseitige Hyperbel des Büschels und bei konvexem Viereck der Grundpunkte diejenige Ellipse e_0, welche einem Kreis am nächsten kommt[323]); ist das Viereck nicht konvex, so tritt an Stelle von e_0 diejenige Hyperbel, die am meisten von der gleichseitigen abweicht. Die durch die Mittelpunkte der sich

---

333) Anal. Entw. 1, p. 49. *Plücker* hat sich überhaupt eingehend mit dem Kreisbüschel beschäftigt (a. a. O. 2. Abschn.), ebenso *Hesse,* „Vorl. aus d. anal. Geom. der geraden Linie . . .“, 3. Aufl. Leipzig 1881, 14. Vorlesung.

334) Vgl. *C. W. Merrifield,* London math. soc. Proc. 2 (1869), p. 175—177.

335) *Poncelet,* der zuerst das Poldreieck angab (Traité Nr. 76 und 80) nennt sie points limites; ihre wichtigsten Eigenschaften waren schon *Gaultier* bekannt, a. a. O. [331]), p. 147—153. *Poncelet* bemerkt a. a. O. Nr. 95, dass eine Kreislinie, die unendlich gross wird, in eine im Endlichen gelegene Gerade und g_∞ zerfällt. Die Ausartungen eines durch seine Gleichung in Linienkoordinaten gegebenen Kreises sind: Der doppelt zu zählende Mittelpunkt, das imaginäre Kreispunktepaar, und ferner kann, wie *Gundelfinger* neuerdings Arch. Math. Phys. (3) 1 (1901), p. 255 f. hervorgehoben hat, jedes Punktepaar auf g_∞ als ein Kreis mit 2 Zentren angesehen werden. Das aus den unendlich fernen Punkten der Schenkel eines Winkels bestehende Punktepaar z. B. hat die unendlich fernen Punkte der zwei Winkelhalbierenden zu Zentren.

336) *Poncelet,* Traité Nr. 73—74.

337) Ebenda Nr. 84—88.

ähnlichen Büschelkegelschnitte gelegten Geraden sind einander parallel[338]).

Je sechs Kurven des Büschels haben nach *Steiner* gleiches Axenprodukt, und drei Kurven giebt es, deren Axenprodukte relative Maxima oder Minima sind: bei konvexem Viereck der Grundpunkte eine Ellipse von kleinstem Inhalt und zwei Hyperbeln, deren Axenprodukte Maxima sind, bei nicht konvexem Viereck drei Hyperbeln von maximalem Axenprodukt[339]).

Geht das Viereck in ein Dreieck über, so liegt der Mittelpunkt der kleinsten umschriebenen Ellipse, wie schon *Euler*[340]) auf dem von ihm beim Viereck eingeschlagenen Wege fand, im Schwerpunkt des Dreiecks, und die in den Ecken gezogenen Tangenten sind den Gegenseiten parallel.

53. Doppelverhältnis der Grundpunkte. Für die sechs Doppelverhältnisse der vier Verbindungslinien irgend eines auf $f(x, x) = 0$ gelegenen Punktes mit den vier Grundpunkten des Büschels $\lambda g(x, x) - f(x, x) = 0$ hat *J. J. Walker* eine Gleichung 6. Grades aufgestellt,

---

338) *Steiner,* J. f. Math. 55 (1858), p. 373 f. = Werke 2, p. 679 f. Nach der Ellipse e_0 wird schon Ann. de math. 17 (1827), p. 284 gefragt, *Steiner* beantwortete die Frage J. f. Math. 2 (1827), p. 64 = Werke 1, p. 123. Zur analyt. Behandlung vgl. *L. Schläfli,* Arch. Math. Phys. 12 (1849), p. 125—128, ferner *S. Kantor,* Wien. Ber. 78 (1878), p. 178, 188, 905—915, wo überhaupt mehrere metrische Formeln für das Kegelschnittbüschel entwickelt werden, so z. B. für die Axenlänge der Mittelpunktskurve, die Parameter der 2 Parabeln des Büschels u. s. w., meist Ausdrücke von grosser Einfachheit.

339) *Steiner* a. a. O.; *Schläfli,* Arch. Math. Phys. 12 (1849), p. 117—120; *F. Seydewitz,* ebenda 13 (1849), p. 66 f. Die Aufsuchung der kleinsten einem Viereck umschriebenen Ellipse hat schon *Euler* beschäftigt, eine geometrische Lösung gab er jedoch zunächst nur für den Fall des Rechtecks (Petrop. Acta pro 1780, pars posterior, p. 3 f.; hier auch Frage nach der Ellipse von kleinstem Umfang), später auch den des Parallelogramms. Beim allgemeinen Viereck beschränkt sich *Euler* auf Bildung der kubischen Gleichung, von der die Lösung abhängt (Nova acta Petrop. 9, gedruckt 1795, geschr. 1777, p. 132—145). *N. Fuss* hat Nova acta Petrop. 11 [1798, geschr. 1795], p. 187—212 diese Gleichung näher untersucht und gefunden, dass sie immer reelle Wurzeln hat. Halbiert die eine Diagonale d_1 des Vierecks die andere d_2, so ist der Mittelpunkt der kleinsten umschriebenen Ellipse die Mitte von d_1 (*C. Th. Anger,* Arch. Math. Phys. 10 (1847), p. 193 f.).

340) Nova acta Petrop. 9, p. 146—153. Vgl. auch *Bérard,* Ann. de math. 4 (1814), p. 288—291; *Liouville,* J. de math. 7 (1842), p. 190 f.; *J. Thomae,* Zeitschr. Math. Phys. 21 (1876), p. 137 ff.; *A. Börsch,* Zeitschr. Math. Phys. 25 (1880), p. 59 ff. *M. Greiner,* Arch. Math. Phys. 28 (1883), p. 281—293 zeigte, dass die kleinste umschriebene Ellipse die konische Polare [III C 2] des Dreieckschwerpunktes in Bezug auf das Dreieck ist; daselbst noch zahlreiche weitere Sätze.

ebenso für die sechs Doppelverhältnisse der vier Punkte, die auf einer Tangente von $g(x, x) = 0$ durch die vier gemeinsamen Tangenten von f und g ausgeschnitten werden. Da beide Gleichungen übereinstimmen, kann man sagen: Wird einem Vierseit ein fester Kegelschnitt g eingeschrieben und ein veränderlicher f, so ist das Doppelverhältnis der vier Schnittpunkte für die Kurve f gleich dem Doppelverhältnis der vier Punkte, in denen die Seiten des Vierseits irgend eine fünfte Tangente von g treffen[341]). *Gundelfinger* beantwortete die Frage, für welchen Kegelschnitt des Büschels $\lambda g - f = 0$ das Doppelverhältnis der vier Grundpunkte gleich einer gegebenen Zahl s wird, mit Hülfe der Invariantentheorie und fand für λ eine Gleichung 6. Grades[342]). Bezüglich spezieller Fälle sei bemerkt, dass es zwei *äquianharmonische* Büschelkurven giebt $\left(s = \sqrt[3]{-1} = \frac{1}{2} \pm \frac{i}{2}\sqrt{3}\right)$, sowie drei *harmonische* $(s = -1)$; die Beziehung dieser Kurven zu einem anderen für das Büschel wichtigen, aber ihm nicht angehörigen Kegelschnitt, der Kombinante ψ, wird in Nr. **88** erwähnt.

54. Der Ort für die Brennpunkte der Kegelschnitte eines Büschels ist eine bizirkulare C_6 [III C 3], wie wohl *H. Faure* zuerst bemerkte[343]). *K. Bobek*[344]) untersuchte sie näher und fand, dass sie die Ecken des den Büschelkurven gemeinsamen Poldreiecks und dessen Höhenfusspunkte zu Doppelpunkten hat. Die Brennpunktepaare der einzelnen Kegelschnitte bilden auf der C_6 eine lineare Schar von Gruppen zu je zwei Punkten, die durch das Büschel adjungierter C_3 ausgeschnitten wird (III C 2); je zwei solche C_3, die sich in den Doppelpunkten der C_6 rechtwinklig schneiden, treffen die C_6 in zwei

---

341) Quart. J. 10 (1869), p. 163—167 und p. 317—320. Vgl. auch *Gundelfinger,* Zeitschr. Math. Phys. 20 (1874), p. 158, sowie Vorl., p. 368; *Zeuthen,* Lond. math. soc. Proc. 10 (1879), p. 199.

342) Zeitschr. Math. Phys. 20 (1874), p. 153—155; Vorl., p. 366—371. Für harmonische Kegelschnitte vgl. auch *W. K. Clifford,* London math. soc. Proc. 2 (1866), p. 5 = Math. papers, p. 113.

343) Nouv. ann. 20 (1861), p. 56. Nach *Chasles,* Par. C. R. 58 (1864), p. 299 ist der Ort der Brennpunkte irgend eines Kegelschnittsystems von dreimal so hoher Ordnung als der Ort der Mittelpunkte; vgl. auch *W. S. Burnside*, Educ. Times 10 (1868), p. 63.

344) Monatsh. Math. Phys. 3 (1892), p. 312—317. Die Gleichung der Brennpunktskurve kann man leicht erhalten mit Hülfe einer Relation, die nach *A. F. Möbius,* J. f. Math. 26 (1843), p. 29 f. = Werke 1, p. 587 zwischen 4 Punkten A, B, C, D eines Kegelschnitts und einem seiner Brennpunkte F stattfindet und folgendermassen lautet: $FA \cdot BCD - FB \cdot CDA + FC \cdot DAB - FD \cdot ABC = 0$, wo z. B. ABC den Inhalt des Dreiecks ABC bezeichnet. Vgl. auch *Salmon-Fiedler,* Kegelschn., p. 520 f. und 535 f.

Brennpunktepaaren *eines* Kegelschnitts. Speziell die Brennpunkte der im Büschel befindlichen Parabeln liegen auf dem *Feuerbach*'schen Kreis des Poldreiecks, wie *L. Painvin* [345]) zuerst bemerkte. Liegen die Grundpunkte des Büschels auf einem Kreis, so zerfällt die C_6 in zwei zirkulare C_3, die die Grundpunkte zu Brennpunkten haben; *Bobek* untersuchte diese Kurven näher[344]). Berühren sich die Kegelschnitte in einem und demselben Punkt, so ist dieser nach *Bobek* ein vierfacher Punkt der C_6, die nun rational ist; bei doppeltberührenden Kegelschnitten ist der Ort der Brennpunkte eine zirkulare C_3, die im Pol der Berührungssehne einen Doppelpunkt mit rechtwinkligen Tangenten hat (focale à noeud, Strophoide, [III C 3])[346]).

55. Einige geometrische Örter. Den Ort für die Berührungspunkte der Tangenten, die man von irgend einem Punkte P an die Kegelschnitte eines Büschels legen kann, untersuchte *Cayley* [347]); er fand eine dem Viereck der Grundpunkte und dem zugehörigen Diagonaldreieck umschriebene C_3, die noch durch P und dessen bez. des Büschels konjugierten Punkt Q geht. Die Enveloppe der Tangenten, die in den Schnittpunkten einer Geraden g mit den Büschelkurven gezogen werden, hat *B. Sporer* eingehend untersucht; er nannte sie Grundkurve des Büschels und der Geraden g. Dieselbe ist eine C^3, die die sechs Verbindungslinien der Grundpunkte einfach und g doppelt berührt[348]).

Besonders interessant sind die Enveloppe der Asymptoten, sowie die der Axen eines Büschels gleichseitiger Hyperbeln $\mathfrak{B}_1$ mit den Grundpunkten A, B, C, H.[349]) Die *Enveloppe der Asymptoten* ist nach *Steiner* eine C_4^3, die g_∞ zur isolierten Doppeltangente hat und mit der Enveloppe der Fusspunktgeraden (*Wallace*'schen Geraden, Nr. **30**) eines der vier durch A, B, C, H als Ecken bestimmten Dreiecke zu-

345) Nouv. ann. (2) 6 (1867), p. 443.

346) *C. Pelz*, Wien. Ber. 73 (1876), p. 383; *V. Berghoff*, Progr. Dortmund 1887; *A. Cazamian*, Nouv. ann. (3) 12 (1893), p. 390. Vgl. auch Fussnote 381.

347) Educ. Times 2 (1864), p. 70—72 = Coll. papers 5, p. 578—580; *M. Greiner*, Arch. Math. Phys. 69 (1883), p. 40—43.

348) Zeitschr. Math. Phys. 38 (1892), p. 34—47; vgl. übrigens auch *H. Müller*, „Über einige Gebilde, die aus der Betrachtung von Kurvensystemen 1. und 2. Ordnung entspringen", Braunschweig 1866, p. 7f.; *J. Heller*, Arch. Math. Phys. (2) 7 (1887), p. 325—329.

349) Für beliebige Kegelschnittbüschel vgl. *M. Trebitscher*, Wien. Ber. 81 (1880), p. 1080—1091; ferner *E. Laguerre*, Nouv. ann. (2) 18 (1879), p. 206—211; *K. Bobek*, Monatsh. Math. Phys. 3 (1892), p. 309—312. Über die Enveloppe der Asymptoten eines Büschels von C_n vgl. *Steiner*, J. f. Math. 47 (1854), p. 70 = Werke 2, p. 563.

sammenfällt[350]). Wie *L. Schläfli* bemerkte[351]), ist die Kurve eine Hypocykloide h_1 mit drei Spitzen (III C 3), wie sie von einem Punkt der Peripherie eines Kreises beschrieben wird, der in einem Kreise von dreimal grösserem Radius rollt ohne zu gleiten [IV 3, Nr. **11**; Nr. **23**, bes. Anm. 313]. *Steiner* erkannte überdies, dass der den vier genannten Dreiecken gemeinschaftliche *Feuerbach*'sche Kreis f die Kurve h_1 in drei Punkten (Scheiteln) berührt, die die Kreisperipherie in drei gleiche Teile teilen; ferner giebt er an, wie die drei Spitzen, deren Tangenten sich im Mittelpunkt des *Feuerbach*'schen Kreises schneiden und durch je einen Scheitel der Kurve gehen, auf einem Kreis liegen, der mit f konzentrisch ist, aber dreimal grösseren Radius hat. Die Umkreise der vier durch A, B, C, H bestimmten Dreiecke haben gleiche Radien, so gross wie der Durchmesser von f, und ihre Mittelpunkte bilden wieder Grundpunkte $\alpha, \beta, \gamma, \chi$ für ein Büschel gleichseitiger Hyperbeln $\mathfrak{B}_2$, deren Asymptoten eine Hypocykloide h_2 umhüllen, die mit h_1 kongruent ist. Auch die Tangenten der Spitzen von h_2 treffen sich im Zentrum von f, aber h_2 ist im Vergleich zu h_1 um dieses Zentrum um 180° gedreht[350]).

Nach *E. Laguerre*[349]) ist nun auch bei beliebigen Büscheln $\mathfrak{B}_1'$, $\mathfrak{B}_2'$, die in gleicher Weise wie $\mathfrak{B}_1$ und $\mathfrak{B}_2$ zusammengehören, wobei jedoch H und χ nicht Höhenschnittpunkte sein müssen, die Enveloppe der Asymptoten von $\mathfrak{B}_1'$ zugleich Enveloppe der Axen von $\mathfrak{B}_2'$, und umgekehrt, woraus hervorgeht, dass die Kurve h_2 die *Enveloppe der Axen* des Büschels $\mathfrak{B}_1$ darstellt. Die Asymptoten der gleichseitigen Hyperbeln, die das Dreieck ABC zum Poldreieck haben, also dem Viereck umschrieben sind, das durch die Mittelpunkte der dem Dreieck ABC eingeschriebenen Kreise gebildet wird (Nr. **50**), umhüllen eine Hypocykloide h_3, deren Scheitel auf dem Umkreis u von ABC liegen; der durch die Spitzen von h_3 gelegte Kreis hat doppelt so grossen Radius als der analoge Kreis bei h_1 und h_2.[352])

350) J. f. Math. 53 (1856), p. 231—237 = Werke 2, p. 639—647. Die Berührungspunkte mit g_∞ sind nach *H. Schröter* die imaginären Kreispunkte, J. f. Math. 54 (1857), p. 34; daselbst überhaupt mehrere Verallgemeinerungen der *Steiner*'schen Sätze.

351) Vgl. *J. H. Graf*, „Der Briefwechsel zwischen Jakob Steiner und Ludwig Schläfli", Bern 1896, p. 207 f. Einen wirklichen *Beweis*, dass h_1 eine Hypocykloide ist, veröffentlichte zuerst *L. Cremona*, J. f. Math. 64 (1864), p. 104 f., zeigte auch umgekehrt, dass jede C_4^3, die von g_∞ in den imaginären Kreispunkten berührt wird, eine Hypocykloide mit 3 Spitzen ist.

352) Vgl. Nr. **50**; ferner *P. Serret*, Nouv. ann. (2) 9 (1870), p. 79 f.; *C. Intrigila*, Giorn. di mat. 23 (1884), p. 267. Wir werden später (Nr. **63**) nochmals der dreispitzigen Hypocykloide begegnen, erwähnen jetzt noch weitere Autoren,

Die Enveloppe der Axen ist eine mit h_3 kongruente Kurve h_4, die im Vergleich zu h_3 um den Mittelpunkt des Kreises u um 180^0 gedreht ist.

B. Kegelschnittscharen.

56. Gemeinsames Poldreiseit. Dem Kegelschnittbüschel entspricht dual die *Kegelschnittschar* [353]), die Gesamtheit der C^2, die vier gegebene Geraden, die Grundtangenten berühren, analytisch dargestellt durch:

$$(42)\quad \begin{cases} \varphi(u, u) - \lambda\psi(u, u) = 0, \quad \text{wobei } \varphi(u, u) \equiv \sum_1^3{}^i \sum{}^k \alpha_{ik} u_i u_k, \\ \psi(u, u) \equiv \sum_1^3{}^i \sum{}^k \beta_{ik} u_i u_k \qquad (\alpha_{ik} = \alpha_{ki}, \ \beta_{ik} = \beta_{ki}). \end{cases}$$

Wir geben zunächst die wichtigsten Sätze an, die den beim Büschel mitgeteilten dual entsprechen. In der Schar befinden sich drei Punktepaare (Schnittpunkte der Grundtangenten), und ihre Träger bilden ein Poldreiseit Δ für jede Kurve der Schar. Die Punktepaare sind reell, wenn die vier Grundtangenten reell sind; im Falle von vier imaginären Grundtangenten ist ein Punktepaar reell, die beiden anderen sind imaginär, aber Δ hat reelle Seiten. Sind zwei Grundtangenten imaginär, so ist nur ein Punktepaar reell, ebenso nur eine Seite von Δ und deren Gegenecke[354]).

---

die sich mit ihr beschäftigten: *H. R. Greer,* Quart. J. 7 (1865), p. 70—74; *N. M. Ferrers,* Quart. J. 8 (1866), p. 209—211; ebenda 9 (1868), p. 147—154; *F. H. Siebeck,* J. f. Math. 66 (1866), p. 344—362; *W. Walton,* Quart. J. 9 (1867), p. 142—146; *Cayley,* Quart. J. 9 (1868), p. 31—41 und 175 f. = Coll. papers 6, p. 72—82; *J. Griffiths,* Quart. J. 9 (1868), p. 346 f.; *L. Painvin,* Nouv. ann. (2) 9 (1870), p. 202—211, 256—270; *L. Kiepert,* Zeitschr. Math. Phys. 17 (1872), p. 129 ff.; *H. Brocard,* Par. soc. math. Bull. 1 (1873), p. 224 ff.; *A. Milinowski,* Zeitschr. Math. Phys. 19 (1874), p. 115—137; *S. Kantor,* Wien. Ber. 78 (1878), p. 204—233; *W. Fiedler,* Zürich. Viert. 30 (1885), p. 390—402; *K. Dörholt,* Progr. Gymn. Rheine 1891, p. 19; *B. Sporer,* Zeitschr. Math. Phys. 38 (1892), p. 38—43; *O. Rupp,* Monatsh. Math. Phys. 4 (1893), p. 135—146; *Gundelfinger,* Vorl., p. 410—415; *C. Wirtz,* Diss. inaug. Strassburg 1900.

353) Bei *Steiner* bedeutet Kurvenschar häufig überhaupt ein Kurvensystem; die strenge Scheidung bei *Steiner-Schröter,* 1. Aufl. Leipzig 1867, p. 279. Engl. range, auch tangential pencil, französ. faisceau tangentiel, ital. schiera.

354) *Plücker,* Anal. Entw. 2, p. 167—171; *Chasles,* Sect. con., p. 231—233; *Steiner-Schröter,* § 54. *Chasles* nennt die obigen Punkte points ombilicaux, a. a. O. p. 228. Bezügl. analytischer Kriterien für die Realität der gemeinsamen Tangenten zweier Kegelschnitte vgl. *K. Kemmer,* Diss. inaug. Giessen 1878, sowie *Gundelfinger,* Vorl., p. 377. Die Schar mit 2 reellen und 2 imaginären Grundtangenten ist bei *Steiner-Schröter,* § 50 behandelt. Zur Konstruktion von Kegelschnittscharen sei auf *Chr. Wiener* [306]) verwiesen.

Auch die Kegelschnitte, die ein gegebenes Dreiseit zum Poldreiseit haben und eine gegebene Gerade berühren, bilden eine Schar, ebenso allgemeiner diejenigen, welche k gegebene Geraden berühren ($k = 0, 1, 2, 3$) und $4 - k$ gegebene Geradenpaare zu Paaren konjugierter Polaren haben[355]).

57. Mittelpunktsgerade. Polarkegelschnitt. Eine beliebige Gerade der Ebene wird von nur einer Kurve der Schar berührt[32]); dagegen gehen durch einen beliebigen Punkt P zwei Scharkurven[356]). Die von P an alle Kegelschnitte der Schar gelegten Tangenten bilden eine Involution, deren Doppelstrahlen aus den in P gezogenen Tangenten der eben genannten zwei Kurven bestehen. Der Ort aller Punkte, von denen sich an φ und ψ harmonische Tangentenpaare legen lassen, ist eine C_2 (vgl. Nr. 48), deren Gleichung die Koeffizienten von φ und ψ je im ersten Grad enthält; sie wird zum Direktorkreis von φ, wenn $\psi = 0$ das imaginäre Kreispunktepaar darstellt. Die in Bezug auf die Scharkurven genommenen Pole einer Geraden u erfüllen eine Gerade v, und umgekehrt liegen die Pole von v auf u;[357]) beide Geraden heissen konjugiert hinsichtlich der Schar. Hieraus folgt sofort, dass die Mittelpunkte der Kegelschnitte einer Schar als Pole von g_∞ eine Gerade, die „Mittelpunktsgerade", erfüllen, die durch die Mitten der Diagonalen des gemeinsamen Tangentenvierseits geht[358]). Bereits *Newton* und *Euler*[359]) hatten übrigens bemerkt, dass die Mittelpunkte der einem Vierseit eingeschriebenen Kegelschnitte eine Gerade erfüllen, und *K. F. Gauss*[360]) bewies, dass auf ihr auch die Mitten der Diagonalen des Vierseits liegen.

Die in Bezug auf alle Kurven einer Schar genommenen Polaren eines gegebenen Punktes x umhüllen einen Kegelschnitt:

---

355) *P. Serret* zeigte, wie man die Grundtangenten dieser Scharen findet („Géom. de direction", Paris 1869, p. 464—468).

356) *Gergonne,* Ann. de math. 11 (1821), p. 389.

357) *Poncelet,* Traité Nr. 398.

358) So hat *Poncelet* den Satz ausgesprochen Ann. de math. 11 (1821), p. 211 = Appl. d'anal. 2, p. 509, einen synthetischen Beweis giebt er Ann. de math. 12 (1821), p. 109—111, einen analytischen *Gergonne,* Ann. de math. 11 (1821), p. 382 f.

359) *Newton,* „Philos. nat. principia mathematica" Buch 1, Lemma 25, Corol. 3 = Opera hrsgg. von *S. Horsley,* 2, p. 114 = deutsche Übers. von *Wolfers,* Berlin 1872, p. 108, Zusatz 3; *Euler,* „Introductio in analysin infinitorum", Bd. 2, Lausannae 1748, p. 61.

360) Brief an *G. W. Bessel,* Januar 1810 in „Briefwechsel zw. Gauss u. Bessel", Leipzig 1880, p. 108; Monatl. Corresp. 22 (1810), p. 114 f. und 120 f. = Werke 4, p. 387 f. und 391 f. Eine Verallgemeinerung des Satzes bei *O. Schlömilch,* Zeitschr. Math. Phys. 23 (1878), p. 191—193.

$$(43) \qquad \mathsf{N} \equiv \sum \pm \left(\frac{\partial \varphi}{\partial u_1} \frac{\partial \psi}{\partial u_2} x_3\right) = 0,$$

den Polarkegelschnitt des Punktes x; derselbe wird auch von denjenigen Geraden umhüllt, welche zu den durch x gehenden Geraden konjugiert sind. Die Kurve entspricht dual der bei Büscheln auftretenden Kurve N; auch für N lassen sich daher sofort mehrere Tangenten angeben, z. B. die Diagonalen des Vierseits der Grundtangenten[361]).

58. Die Art der in einer Schar enthaltenen Kurven untersuchte *Steiner*, und er kam hierbei zu folgendem Ergebnis: Die Seiten des dem Tangentenvierseit zugehörigen Poldreiseits zerlegen die Ebene, von diesem Dreiseit abgesehen, in drei trigonale und drei tetragonale Felder. Je nachdem nun der Mittelpunkt einer Scharkurve in einem tetragonalen oder in einem trigonalen Felde liegt, ist diese Kurve eine Hyperbel oder Ellipse; in das Innere des Dreiseits dringt die Mittelpunktsgerade m nicht ein. Man sieht leicht, dass somit im allgemeinen zwei Gruppen Ellipsen und zwei Gruppen Hyperbeln vorhanden sind; dem unendlich fernen Punkte von m entspricht die einzige im allgemeinen in der Schar befindliche Parabel[362]). Auch zwei gleichseitige Hyperbeln gehören der Schar an, und zwar sind ihre Mittelpunkte die Schnittpunkte von m mit dem Umkreis des Poldreiseits[363]). Die Art derjenigen Kurve der Schar, welche eine beliebig gegebene Gerade berührt, also durch fünf Tangenten bestimmt ist, untersuchte *Möbius*[364]). Enthält die Schar zwei Parabeln, so besteht sie überhaupt nur aus Parabeln.

59. Ähnliche Kegelschnitte der Schar und solche von grösstem Axenprodukt. Nach *Plücker* sind die Kegelschnitte einer Schar im

361) *Poncelet*, Ann. de math. 12 (1822), p. 247 = Appl. d'anal. 2, p. 526; Traité Nr. 399. *R. Slawyk*, Zeitschr. Math. Phys. 35 (1890), p. 36—51 untersuchte, auf welche Weise N zugleich Polkegelschnitt N einer gewissen Geraden in Bezug auf ein gewisses Kegelschnittbüschel ist, insbesondere auch dann, wenn N der *Feuerbach*'sche Kreis eines gewissen Dreiecks ist. Die Bezeichnung Polarkegelschnitt bei *Steiner-Schröter*, p. 307. Das Prinzip, in der Apolaritätstheorie (Nr. 82) einen Kegelschnitt einmal als Ordnungs-, das andere Mal als Klassengebilde aufzufassen, wird von *W. Fr. Meyer*[151]) öfters verwendet.

362) J. f. Math. 55 (1858), p. 374 = Werke 2, p. 680; *Steiner-Schröter*, § 46, für Scharen mit 2 imaginären Tangenten § 50. Ein analytischer Beweis obiger Kriterien bei *Gundelfinger*, Vorl., p. 359—361.

363) *Brianchon* und *Poncelet*, Ann. de math. 11 (1821), p. 210 f. = *Poncelet*, Appl. d'anal. 2, p. 508 f. Diese Hyperbeln können auch in eine einzige zusammenfallen, sowie imaginär werden. Die einen Kreis enthaltenden Scharen hat *Chasles*, J. de math. 3 (1838), p. 419—422 kurz behandelt.

364) Baryc. Calcul § 264 = Werke 1, p. 341—343.

allgemeinen zu je vier einander ähnlich, und jede vier ähnliche gehören paarweise den vorerwähnten Gruppen an; aber *eine* Kurve giebt es in jeder Gruppe, die keiner anderen ihrer Gruppe ähnlich ist, und zwar ist für sie das Axenverhältnis ein Maximum[365]). *Steiner* bemerkte, dass es im allgemeinen unter den Scharkurven keine zwei giebt, die ähnlich und ähnlich liegend sind; giebt es aber in besonderem Falle ein solches Paar, so sind alle Kurven paarweise ähnlich und ähnlich liegend. Die Kegelschnitte der Schar haben im allgemeinen paarweise parallele Axen, wie überhaupt jedes Paar konjugierter Durchmesser eines der Kegelschnitte im allgemeinen mit einem Paar konjugierter Durchmesser irgend eines der übrigen parallel ist. Nur ein ausgezeichnetes Paar solcher Durchmesser giebt es bei jeder Kurve, das mit keinem Paar konjugierter Durchmesser irgend eines der übrigen parallel ist, und bei *zwei* Kurven der Schar besteht dieses Paar aus den Axen[365]). Je drei Kegelschnitte haben gleiches Axenprodukt, und ausserdem giebt es eine Ellipse und eine Hyperbel, denen ein Maximum dieses Produktes zukommt[366]). Die grösste einem Vierseit eingeschriebene Ellipse bestimmte übrigens zuerst *Gauss,* durch *Bessel* angeregt, rein analytisch; kurz darauf beschäftigten sich auch *J. F. Pfaff, C. Mollweide* und *H. C. Schumacher* mit der Aufgabe[367]). Die Lösung hängt von einer quadratischen Gleichung ab, deren eine Wurzel der Ellipse entspricht, die andere der schon erwähnten Hyperbel. *Plücker* fand eine charakteristische Eigenschaft der Mittelpunkte E, H dieser Kurven, die nur in etwas anderer äusserer Form auch *Steiner* bemerkte[368]). *F. Seydewitz* gab einen leicht konstruierbaren Kreis an, der aus m die Punkte E und H ausschneidet[369]).

---

365) Anal. Entw. 2, p. 220—226; vgl. auch *Schläfli,* Arch. Math. Phys. 12 (1849), p. 123—125; *Steiner,* J. f. Math. 55 (1858), p. 374—376 = Werke 2, p. 680—682; *Steiner-Schröter,* p. 277—281.

366) *Steiner,* a. a. O. sowie Roma Giorn. arcad. 99 = J. f. Math. 30 (1846), p. 102 = Werke 2, p. 333 f. Analytisch bewiesen und noch durch andere vermehrt wurden diese Sätze von *J. Mautner,* Wien. Ber. 80 (1879), p. 973—1022, einige bewies auch *Gundelfinger,* Vorl., p. 361 f.

367) Brief von *Bessel* an *Gauss* 1809, sowie von *Gauss* an *Bessel* 1810, beide im „Briefwechsel zwischen Gauss und Bessel", Leipzig 1880, p. 104 f. und p. 107—110; *Gauss,* Monatl. Corresp. 22 (1810), p. 112—121 = Werke 4, p. 385—392; *Pfaff,* ebenda, 223—226; *Mollweide,* ebenda, p. 227—234; *Schumacher,* ebenda, p. 507—512, sowie Brief an *Gauss* 1810, „Briefwechsel zwischen Gauss und Schumacher", hrsgg. von *Peters,* Bd. 1, Altona 1860, p. 30—32. *Pfaff* bemerkte auch, dass die grösste eingeschriebene zugleich die kleinste dem Viereck der Berührungspunkte umschriebene Ellipse ist.

368) *Plücker,* Anal. Entw. 2, p. 211 f.; *Steiner* [366]). Die Mitte M der Strecke EH ist nämlich der Schwerpunkt der 3 Diagonalenmitten P, Q, R des Vierseits,

Tritt an Stelle des Vierseits ein Dreiseit, so werden die Berührungspunkte der grössten eingeschriebenen Ellipse die Seitenmitten, und der Kurvenmittelpunkt liegt im Schwerpunkt des Dreiseits[370]); die Kurve ist konzentrisch, ähnlich und ähnlich gelegen zu der kleinsten umschriebenen Ellipse (Nr. 52), und beider Inhalte stehen im Verhältnis 1 : 4.[371]) Auch unter den Ellipsen, die ein gegebenes Dreiseit zum Poldreiseit haben, ist diejenige die grösste, deren Zentrum im Schwerpunkt des Dreiseits liegt; ihr Inhalt ist doppelt so gross als der Inhalt der grössten eingeschriebenen Ellipse[372]).

60. Direktorkreise der Scharkurven. Die Direktorkreise zweier Kegelschnitte der Schar schneiden sich in zwei Punkten P_1, P_2, und die von jedem derselben an die zwei Kegelschnitte gelegten Tangentenpaare sind Paare rechtwinkliger Geraden; da aber alle von P_1 oder P_2 an die Scharkurven gezogenen Tangentenpaare eine Involution bilden, müssen jetzt *alle* durch jene zwei Punkte an Kurven der Schar gelegten Tangentenpaare aus sich rechtwinklig schneidenden Geraden bestehen. Es giebt somit zwei Punkte, von denen man an alle Kegelschnitte einer Schar zu einander rechtwinklige Tangenten ziehen kann. Auch erkennt man, dass die Direktorkreise einer Schar ein Büschel bilden[373]); seine Grundpunkte ergeben sich sofort als Schnittpunkte der den Punktepaaren der Schar zugehörigen Direktorkreise. Die über den Diagonalen eines vollständigen Vierseits als Durchmessern

---

und es ist $EM = MH = \sqrt{\frac{MP^2 + MQ^2 + MR^2}{6}}$. Einen analytischen Beweis gaben auch *Schläfli*, Arch. Math. Phys. 12 (1849), p. 116, *G. B. Mathews*, London math. soc. Proc. 22 (1890), p. 23—26, *O. Böklen*, Math.-naturw. Mitt. des math.-naturw. Vereins in Württemberg (2) 1 (1899), p. 45. *Plücker* bestimmte a. a. O., p. 206—211 auch die eingeschriebene Ellipse oder Hyperbel von gegebenem Axenprodukt.

369) Arch. Math. Phys. 12 (1849), p. 44—53.

370) *L. Puissant*, „Recueil de diverses propositions de géométrie", 2. Aufl. Paris 1809, p. 195—197.

371) *Pfaff*, a. a. O. [367]). Vgl. auch *Bérard*, Ann. de math. 4 (1814), p. 284—288; *Gambey* und *Moret-Blanc*, Nouv. ann. (2) 12 (1873), p. 139—143, sowie *J. Thomae*, Zeitschr. Math. Phys. 21 (1876), p. 137 ff. Die 2 Ellipsen werden häufig als *Steiner*'sche Ellipsen bezeichnet.

372) *G. Fazzari*, Giorn. di mat. 25 (1887), p. 305 f. — Nach einem Satze von *H. Faure* bilden die Polaren der Seitenmitten eines Dreiecks mit Bezug auf irgend einen dem Dreiseit eingeschriebenen Kegelschnitt ein Dreiseit von konstantem Inhalt (Nouv. ann. 20 (1861), p. 141). Zum Beweis vgl. *W. F. Walker*, Quart. J. 7 (1864), p. 119—122; *J. Neuberg*, Nouv. ann. (2) 5 (1866), p. 511—520; *A. S.*, ebenda, p. 37—40. Die Inhalte beider Dreiseite erweisen sich übrigens als gleich.

373) *Plücker*, Anal. Entw. 2, p. 198.

beschriebenen Kreise schneiden sich also in einem und demselben Punktepaar[374]); der Träger dieses Paares ist natürlich die Direktrix der in der Kurvenschar befindlichen Parabel. Dem Büschel von Kreisen, die das eben genannte Büschel rechtwinklig schneiden, gehören nach *P. Serret*[375]) auch die Kreise an, welche die durch die vier Grundtangenten der Schar bestimmten Dreiseite zu Poldreiseiten haben, ebenso der Umkreis des der Schar gemeinsamen Poldreiseits; die Radikalaxe dieses Büschels ist die Mittelpunktsgerade der Schar.

61. Der Ort für die Brennpunkte der Kegelschnitte einer Schar ist, wie *H. Faure* ohne Beweis erwähnt[376]), eine zirkulare C_3, die durch die sechs Ecken des vollständigen Vierseits der Grundtangenten und durch die Höhenfusspunkte des gemeinsamen Poldreiseits der Schar geht. *L. Cremona*[377]) hat diese Behauptung synthetisch bewiesen. *H. Schröter*[378]) formuliert die Frage nach der Brennpunktskurve als Frage nach dem Ort eines Punktes P, für den die an die Kurven der Schar gelegten Tangentenpaare ein hyperbolisch-gleichseitiges Strahlensystem bilden. Er beweist die Angaben von *Faure* und gewinnt weitere Resultate. Ferner beweist er die von *K. Küpper* herrührende Konstruktion der Brennpunktskurve: Durch den Brennpunkt B der in der Schar befindlichen Parabel zieht man die Durchmesser der Kreise eines gewissen Kreisbüschels; ihre Endpunkte er-

374) Wie *C. Gudermann* („Grundriss der analytischen Sphärik", Köln 1830, p. 138) bemerkt, wurde ihm dieser Satz mündlich durch *Bodenmiller* mitgeteilt; *Gudermann* stellt übrigens J. f. Math. 6 (1830), p. 213 einen allgemeineren Satz zum Beweis, bei dem statt der Kreise ähnliche und ähnlich gelegene Ellipsen beschrieben werden. *O. Schlömilch,* Leipz. Ber. 6 (1854), p. 9 f. und *Möbius,* ebenda, p. 87—91 = Werke 2, p. 237—242 haben Beweise des Satzes von *Bodenmiller* gegeben, ebenso *Chasles,* Géom. sup., p. 234. *P. Serret,* „Géom. de direct.", p. 114 ff. nennt das Punktepaar les points cycliques du quadrilatère. Für die drei Kreise, die über den Verbindungslinien von innerem und äusserem Ähnlichkeitspunkt je zweier von drei Kreisen als Durchmessern beschrieben werden, findet sich der Satz ohne Autorangabe Ann. de math. 11 (1820), p. 132 und wird ebenda, (1821), p. 364 f. von *Vecten* und *J. B. Durrande* bewiesen; vgl. auch *Schlömilch,* a. a. O., wo noch weitere Folgerungen. Dass diese sechs Ähnlichkeitspunkte die Ecken eines vollständigen Vierseits bilden, indem die drei äusseren Ähnlichkeitspunkte auf einer Geraden liegen ebenso wie je zwei innere zusammen mit einem äusseren Ähnlichkeitspunkt, bewies *G. Monge,* „Géométrie descriptive" 1. Aufl. Paris 1799, p. 54 f.; deutsche Übers. von *R. Haussner* in Ostw. Klass. Nr. 117, p. 68 f.

375) „Géom. de direct.", p. 114—116; *S. Kantor,* Wien. Ber. 76 (1877), p. 789 f.

376) Nouv. ann. 20 (1861), p. 56.

377) Nouv. ann. (2) 3 (1864), p. 23—25.

378) Math. Ann. 5 (1871), p. 50—63.

füllen alsdann die Brennpunktskurve. Auch *H. Durège*[379]) hat diese Kurve eingehend behandelt. Ferner bewies er den schon von *Chasles* und *F. H. Siebeck*[380]) ausgesprochenen Satz, dass, wenn in der Schar ein Kreis enthalten ist, die C_3 im Mittelpunkt C des Kreises einen Doppelpunkt hat (focale à noeud, Strophoide (III C 3))[381]); gehören zwei Kreise k_1, k_2 der Schar an, so zerfällt die C_3 in die Mittelpunktsgerade und einen durch die Zentren von k_1 und k_2 gehenden Kreis, der B zum Mittelpunkt hat.

62. Einige geometrische Örter. Den Ort für die Berührungspunkte der Tangenten, die man von einem Punkte P an die Kegelschnitte einer Schar legen kann, haben *H. Müller* und *M. Greiner*[382]) analytisch untersucht; der Ort ist eine durch die sechs Ecken des Vierseits v der Grundtangenten gehende C_3 mit Doppelpunkt in P. *J. Heller*[383]) betrachtete die dual entsprechende Kurve, die Enveloppe

379) Math. Ann. 5 (1871), p. 83—94; *A. Cazamian*, Nouv. ann. (3) 12 (1893), p. 399 f.

380) *Chasles*, J. de math. 3 (1838), p. 422; *Siebeck*, J. f. Math. 64 (1864), p. 179. Nach *Chasles* ist obige C_3 auch Ort für die Fusspunkte der von C auf die Scharkurven gefällten Normalen.

381) Diese Kurve ist von *A. Quetelet*, „Dissertatio de quibusdam locis geometricis nec non de curva focali", Gand 1819, *Em. Weyr*, Giorn. di mat. 9 (1871), p. 259—261 u. A. näher betrachtet worden. *H. Schröter* hat Math. Ann. 6 (1872), p. 85—88 für sie eine sehr einfache Konstruktion angegeben und bei dieser Gelegenheit für die allgemeine Brennpunktskurve den Satz gefunden: Wird irgend ein Punkt A derselben mit zwei anderen Kurvenpunkten B, C verbunden, sowie mit den Punkten B', C', die B bezw. C zu Brennpunktepaaren je desselben Kegelschnittes ergänzen, so ist stets $\sphericalangle BAC = \sphericalangle B'AC'$ oder $= 2R - B'AC'$. Die Brennpunktskurve der Kegelschnitte, die einem durch die Geraden BC, BC', $B'C$, $B'C'$ gebildeten Vierseit eingeschrieben sind, ist somit ein Teil des Ortes aller Punkte, von denen zwei Strecken BC und $B'C'$ unter gleichen oder supplementären Winkeln erscheinen. Dieser Ort enthält ausserdem noch eine andere C_3, die Brennpunktskurve für ein durch die Geraden BC, BB', CC', $B'C'$ gebildetes Vierseit. Dass dieser Ort aus zwei C_3 besteht, hat wohl *Steiner*, J. f. Math. 45 (1852), p. 375 = Werke 2, p. 487 zuerst bemerkt. Auch *W. Stammer*, Arch. Math. Phys. 68 (1882), p. 18—36; *O. Hermes*, J. f. Math. 97 (1884), p. 177—187; *P. H. Schoute*, J. f. Math. 99 (1885), p. 98—109 haben sich mit dem Orte näher beschäftigt; vgl. ferner *Chasles*, Paris, C. R. 37 (1853), p. 438; *C. Pelz*, Wien. Ber. 64 (1871), p. 730—740; *Siebeck*, J. f. Math. 64 (1864), p. 177—179; *S. Kantor*, Wien. Ber. 78 (1878), p. 815 f.; *Gundelfinger*, Vorl., p. 339 und 407. Zur Brennpunktskurve vgl. noch *Steiner*, J. f. Math. 45 (1852), p. 179 f. = Werke 2, p. 433 f.; *Th. Walter*, Progr. Büdingen 1878; *G. Humbert*, Nouv. ann. (3) 12 (1893), p. 123—128; *Gundelfinger*, Vorl., p. 404—409.

382) *Müller*, „Über einige Gebilde, die aus der Betrachtung von Kurvensystemen 1. und 2. Ordnung entspringen", Braunschweig 1866, p. 15 f.; *Greiner*, Arch. Math. Phys. 69 (1883), p. 30—39.

383) Arch. Math. Phys. (2) 7 (1887), p. 326—328.

der in den Schnittpunkten einer gegebenen Geraden mit den Scharkurven gezogenen Tangenten; sie ist eine C^3, die die Seiten von v einfach und die gegebene Gerade doppelt berührt. Hiernach umhüllen auch die Asymptoten der Scharkurven eine C^3; ebenso ist die Enveloppe der Axen eine C^3.[384])

63. Schar der einem Dreiseit eingeschriebenen Parabeln. Unter den besonderen Kegelschnittscharen sei zunächst hervorgehoben die Schar s der einem Dreiseit Δ eingeschriebenen Parabeln. Hier fällt eine Seite des Vierseits der Grundtangenten mit g_∞ zusammen und das zugehörige Poldreiseit Δ' ist identisch mit dem zu Δ parallel umschriebenen Dreiseit, denn Δ' wird durch die Träger der in der Schar enthaltenen Punktepaare gebildet, die nun je aus einer Ecke von Δ und dem unendlich fernen Punkt der Gegenseite bestehen. Umgekehrt berühren alle Parabeln, die ein gegebenes Dreiseit zum Poldreiseit haben, die Verbindungslinien der Seitenmitten desselben, bilden also eine Schar s'.[385]) Der Ort der Brennpunkte der Parabelschar s besteht nun aus g_∞ und dem Umkreis von Δ (Nr. **30**); die zugehörigen Direktricen bilden hingegen, wie *Steiner* zuerst zeigte, ein Strahlenbüschel, dessen Zentrum im Höhenschnittpunkt H von Δ liegt[386]). Man erkennt ferner, dass sich die Direktricen der Parabelschar s', die Δ zum Poldreiseit hat, im Mittelpunkt des Umkreises von Δ schneiden[387]), während ihre Brennpunkte die Gerade g_∞ und den *Feuerbach*'schen Kreis von Δ erfüllen[388]). Ausserdem folgt, dass die Höhenschnittpunkte der vier Dreiseite, die durch vier beliebige Geraden bestimmt sind, auf der Direktrix der dem Vierseit eingeschriebenen Parabel liegen[389]), während die Umkreise dieser Dreiseite

384) *Siebeck,* J. f. Math. 64 (1864), p. 179 f.; *Schröter,* Math. Ann. 5 (1871), p. 63.

385) *J. Mention,* Nouv. ann. (2) 3 (1864), p. 536.

386) J. f. Math. 2 (1827), p. 191 = Werke 1, p. 134; Ann. de math. 19 (1828), p. 59 = Werke 1, p. 207. Bei *Steiner* ist der Satz spezieller Fall eines allgemeineren Satzes; seine Richtigkeit folgt einfach auch daraus, dass jedes der drei von H an die Punktepaare der Schar gelegten Tangentenpaare einen rechten Winkel einschliesst. Die von H an die Kurven der Schar gelegten Tangentenpaare bilden daher eine rechtwinklige Involution; andererseits treffen sich aber alle zu einander senkrechte Parabeltangenten in Punkten der Direktrix, die Direktricen gehen also sämtlich durch H. Umgekehrt liegen die Höhenschnittpunkte aller einer Parabel umschriebenen Dreiseite auf der Direktrix der Kurve.

387) *Steiner-Schröter,* p. 523 f.

388) *L. Painvin,* Nouv. ann. (2) 6 (1867), p. 443. Vgl. auch Nr. **54**.

389) *Steiner,* J. f. Math. 2 (1827), p. 97 = Werke 1, p. 128; Ann. de math. 19 (1828), p. 59 = Werke 1, p. 207. Ein von *De Morgan* und *W. S. Burnside* mitgeteilter Beweis bei *Salmon-Fiedler,* p. 456 f.; vgl. auch *F. Heinen,* J. f. Math. 3 (1828), p. 290.

durch den Brennpunkt der Parabel gehen[390]). Nach einem Satze von *A. Miquel* liegen die Brennpunkte der fünf Parabeln, deren jede je vier Seiten eines und desselben Fünfseits berührt, auf einem Kreis[391]), und die Kreise, die auf solche Weise den durch sechs Geraden bestimmten sechs Fünfseiten zugehören, gehen nach *W. K. Clifford* durch einen und denselben Punkt. Die sieben Punkte, die auf diese Art den durch sieben Geraden bestimmten sieben Sechsseiten zugehören, liegen wieder auf einem Kreis, und so abwechselnd weiter[392]).

Da die Fusspunkte der vom Brennpunkt F einer Parabel p auf die Tangenten der Kurve gefällten Lote die Scheiteltangente erfüllen (Nr. **30**), ist die Enveloppe der Scheiteltangenten der Parabelschar s identisch mit der Enveloppe der Fusspunktgeraden w des Dreiecks Δ, also mit der Hypocykloide h_1, die nach Nr. **55** Enveloppe der Asymptoten der dem Dreieck Δ umschriebenen gleichseitigen Hyperbeln ist[393]). Man kann nun ferner zeigen, dass die Axe der Parabel p eine Fusspunktgerade für das Poldreiseit Δ' ist; als Enveloppe der Parabelaxen erhält man somit gleichfalls eine Hypocykloide h'. Diese ist doppelt so gross als h_1 und hat zu h_1 entgegengesetzte Lage in Bezug auf den gemeinsamen Schwerpunkt S von Δ und Δ', denn auch Δ' und Δ haben solche Lage und solches Grössenverhältnis der Seiten[394]). Die

390) *Poncelet,* Traité Nr. 466. Die Mittelpunkte obiger Kreise liegen nach *Steiner,* Ann. de math. 18 (1828), p. 302 = Werke 1, p. 223 wieder auf einem Kreis; näheres über diese Kreise bei *S. Kantor,* Wien. Ber. 78 (1878), p. 166—171, ferner 192 und 797—825.

391) J. de math. 10 (1845), p. 349; ein analyt. Beweis bei *Ferrers,* Messeng. (2) 24 (1894), p. 60—66. Andere Sätze dieser Art giebt *Miquel,* J. de math. 3 (1838), p. 485—487; vgl. ferner *S. Kantor,* a. a. O. [390]) p. 165—171.

392) Messeng. 5 (1870), p. 124—141 = Math. papers, p. 38—54; *S. Kantor,* Wien. Ber. 76 (1877), p. 754—757; 78 (1878), p. 789—796; *F. Morley,* Trans. amer. math. soc. 1 (1900), p. 97—115. Auch *T. Fuortes,* Giorn. di mat. 16 (1878), p. 91—107 giebt einen Beweis der *Clifford*'schen Sätze und zeigt ausserdem, dass zu jedem System von $2n+1$ Geraden ein Kreis gehört als Ort aller Punkte P von solcher Beschaffenheit, dass die Fusspunkte der von P auf die Geraden gefällten Lote eine C_n erfüllen, die in P einen $(n-1)$fachen Punkt hat; zu $2n+2$ Geraden gehört dagegen nur ein einziger Punkt P gleicher Beschaffenheit.

393) *Cremona*, J. f. Math. 64 (1864), p. 110. Überhaupt lässt sich ein Büschel gleichseitiger Hyperbeln vermöge Transformation durch reziproke Polaren in eine Parabelschar überführen. Beschreibt man nämlich um irgend einen Grundpunkt A des Hyperbelbüschels einen Kreis, so ist die in Bezug auf ihn genommene reziproke Polare einer Kurve des Büschels eine Parabel, die dem durch die Polare der drei übrigen Grundpunkte gebildeten Dreiseit eingeschrieben ist; dabei ist A auch für dieses Dreiseit Höhenschnittpunkt (*Steiner-Schröter,* p. 264 f.).

394) Die Rückkehrtangenten von h' treffen sich im Mittelpunkt des zu Δ' gehörigen *Feuerbach*'schen Kreises (Nr. **55**), zugleich Umkreises von Δ (*Steiner,*

Kurve h' fällt übrigens zusammen mit der oben (Nr. **55**) durch h_3 bezeichneten Enveloppe für die Asymptoten der gleichseitigen Hyperbeln, die Δ zum Poldreieck haben[395]). Die Parabeln, die Δ zum Poldreiseit haben und die Schar s' bilden, berühren die Seiten des zu Δ parallel eingeschriebenen Dreiseits Δ''; ihre Axen sind Fusspunktgeraden von Δ, umhüllen daher die Kurve h_1, ihre Scheiteltangenten umhüllen eine Hypocykloide h_5, die halb so gross ist als h_1 und zu h_1 entgegengesetzte Lage hat in Bezug auf den gemeinsamen Schwerpunkt S.[396]) Die Kurve h_5 ist übrigens auch Enveloppe der Axen aller dem Dreieck Δ umschriebenen Parabeln[397]).

Plücker zeigte, dass es unter den einem Dreiseit eingeschriebenen Parabeln im allgemeinen sechs Kurven gleich grossen Parameters giebt und drei Kurven, für die der Parameter ein Maximum ist; jede Seite und die Verlängerungen der jeweilig beiden übrigen Seiten werden von zwei Parabeln mit gegebenen und von einer Parabel mit maximalem Parameter berührt[398]).

64. Scharen von Kegelschnitten mit einem gemeinsamen Brennpunkt. Unter den Scharen mit zwei reellen und zwei imaginären Grundtangenten ist diejenige bemerkenswert, bei der die imaginären Tangenten durch ein zirkulares Geradenpaar gebildet werden, dessen Schnittpunkt nun (Nr. **29**) einen Brennpunkt F der Scharkurven darstellt („monofokale Schar"). *J. Keller* hat diese Schar unter Anwendung räumlicher Betrachtungen näher untersucht[399]). Wird noch eine weitere Tangente gegeben, so ist der Kegelschnitt eindeutig bestimmt; *Steiner* zeigte, welche Lage dann F haben müsse, damit der Kegelschnitt eine Parabel, Ellipse oder Hyperbel sei[400]). *J. Todhunter* stellte den Satz auf,

---

J. f. Math. 55 (1858), p. 371 = Werke 2, p. 677 f., ohne Beweis). Zum Beweis, dass die Axe von p eine Fusspunktgerade von Δ' ist, vgl. *K. Dörholt,* Diss. inaug. Münster 1884, p. 87 f.; *C. Intrigila,* Giorn. di mat. 23 (1884), p. 264; *O. Rupp,* Monatsh. Math. Phys. 4 (1893), p. 145 f.

395) *P. Serret,* Nouv. ann. (2) 9 (1870), p. 79.

396) *Intrigila,* a. a. O. p. 264—270.

397) Wenn nämlich zwei einem Dreieck ABC umschriebene und sich noch in D schneidende Parabeln zu einander rechtwinklige Axen haben, so können diese als Asymptoten einer dem parallel eingeschriebenen Dreiseit Δ'' umschriebenen gleichseitigen Hyperbel aufgefasst werden (Mittelpunktskurve des Büschels mit den Grundpunkten A, B, C, D, vgl. Nr. **51**), somit als Fusspunktgeraden von Δ'' oder als Scheiteltangenten zweier dem Dreiseit Δ'' eingeschriebenen Parabeln. Vgl. auch *Intrigila,* a. a. O.; *A. Cazamian,* Nouv. ann. (3) 13 (1894), p. 318. Weitere Litteratur zur dreispitzigen Hypocykloide in Nr. **55**.

398) Anal. Entw. 2, p. 215—220.

399) Zürich. Viert. 32 (1887), p. 58—79.

400) J. f. Math. 2 (1827), p. 96 und 191 = Werke 1, p. 128 und 134; Ann. de math. 19 (1828), p. 47 = Werke 1, p. 198; *Steiner-Geiser,* p. 157 f.; *Gundel-*

dass, wenn der eine Brennpunkt der einem Dreiseit eingeschriebenen Kegelschnitte eine Gerade durchläuft, der andere auf einer dem Dreiseit umschriebenen C_2 fortrückt. Überhaupt entspricht einer vom einen Brennpunkt durchlaufenen C_n eine C_{2n}, die der andere Brennpunkt beschreibt, und beide Kurven sind durch jene einfache quadratische Transformation verbunden, bei der die Produkte $x_i x_i'$ der Koordinaten entsprechender Punkte („Gegenpunkte") P, P' konstant sind (häufig als *Steiner*'sche Transformation bezeichnet)[401]).

65. Konfokale Kegelschnitte. Besonders wichtig ist diejenige Kegelschnittschar

$$\mu \cdot \varphi(u, u) - \omega(u, u) = 0, \tag{44}$$

bei welcher die Grundtangenten durch die vom imaginären Kreispunktepaar $\omega(u, u) = 0$ an irgend eine Kurve $\varphi(u, u) = 0$ der Schar gezogenen Tangenten gebildet werden. Hier haben alle Scharkurven dieselben reellen und imaginären Brennpunkte, sie sind *konfokal*; natürlich sind sie auch konzentrisch und koaxial, d. h. ihre Axen fallen auf einander[402]). Ausser den zwei Brennpunktepaaren gehören die imaginären Kreispunkte als drittes Punktepaar der Schar an[403]). Die kubische Gleichung $\Gamma(\mu) = 0$ für die Parameter μ der in (44)

---

finger, Vorl., p. 349 ff. Für die Gl. des einem Dreiseit eingeschriebenen Kegelschnitts, von dem ein Brennpunkt gegeben ist, vgl. *Salmon-Fiedler,* p. 746; für die Konstruktion der Direktrix von F, des Mittelpunktes und des zweiten Brennpunktes vgl. *Plücker,* Anal. Entw. 2, p. 135 f.

401) *Todhunter,* „A treatise on plane coordinate geometry", London 1855; in der 9. Aufl. (1888), p. 304. Bewiesen wurde der Satz von *W. S. Burnside,* Quart. J. 8 (1865), p. 34 f. Wie bei *Steiner*'scher Transformation der einem gegebenen Punkt entsprechende zu konstruieren ist, findet man bei *Steiner,* Ann. de math. 19 (1828), p. 44 = Werke 1, p. 196; vgl. auch Syst. Entw. § 59. Analytisch gelangte zuerst *L. J. Magnus,* J. f. Math. 8 (1832), p. 54 zu dieser Transformation. Weitere hierher gehörige Sätze bei *Cayley,* Quart. J. 4 (1860), p. 131—133 = Coll. papers 4, p. 481—483 und *C. Doehlemann,* Zeitschr. Math. Phys. 32 (1886), p. 120—127. — Entsprechende Sätze für die Brennpunkte der einem Tetraeder eingeschriebenen Rotationsflächen 2. Grades finden sich bei *W. Fr. Meyer,* Arch. Math. Phys. (3) 5 (1903), Heft 1, 2.

402) Bei franz. Math. meist homofocal, ein Ausdruck, den *G. Lamé* einführte bei dem analogen System von F_2 (Paris Mém. prés. par divers savants 5 (1838), p. 184 = J. de math. 2 (1837), p. 156); auch biconfocal wird gebraucht, z. B. von *E. de Jonquières,* „Mélanges de géom. pure", Paris 1856, p. 74 ff. Konfokale Kegelschnitte kommen wohl zuerst bei *Maclaurin* vor („A treatise of fluxions", 1. Aufl. 1742, § 648; 2. Aufl. 2, London 1801, p. 127).

403) Man kann überhaupt mit *Chasles,* Aperçu hist., Brüssel 1837, Note 31 = Deutsche Übers. von *L. A. Sohncke,* Halle 1839, p. 416 das imaginäre Kreispunktepaar als ein drittes, allen Kegelschnitten der Ebene zugehöriges Brennpunktepaar betrachten. Vgl. auch *Steiner-Schröter,* p. 188 und 431.

enthaltenen Punktepaare hat nun eine Wurzel $\mu = 0$; je nachdem die Gleichung drei verschiedene Wurzeln besitzt oder eine nicht verschwindende Doppelwurzel oder eine verschwindende Doppelwurzel, hat man drei Arten konfokaler Systeme zu unterscheiden. Unter Benutzung rechtwinkliger Linienkoordinaten u, v und eines Parameters λ kann die Gleichung des ersten Systems in die Gestalt:

$$(a^2 - \lambda) u^2 + (b^2 - \lambda) v^2 - 1 = 0, \tag{45}$$

die des zweiten in die Gestalt:

$$(a^2 - \lambda) u^2 + (a^2 - \lambda) v^2 - 1 = 0 \tag{46}$$

gebracht werden; das erste besteht aus Ellipsen und Hyperbeln, das zweite aus konzentrischen Kreisen; die Gleichung des dritten, aus konfokalen Parabeln bestehenden Systems kann in die Gestalt:

$$pv^2 - 2u - \lambda (u^2 + v^2) = 0 \tag{47}$$

gebracht werden[404]). Von besonderem Interesse ist nur der erste und dritte Fall. In jedem derselben schneiden sich die zwei durch irgend einen Punkt P gehenden Kegelschnitte der konfokalen Schar in P rechtwinklig; denn die in P gezogenen Tangenten der zwei Kurven liegen nach Nr. **57** harmonisch zu allen von P an Kegelschnitte der Schar gezogenen Tangenten, sind daher auch harmonische Polaren des Kreispunktepaares, somit zu einander rechtwinklig. Elementar folgt die Orthogonalität sofort daraus, dass die in P an beide Kurven gezogenen Tangenten den Winkel bezw. Nebenwinkel der Brennstrahlen von P halbieren. Zugleich folgt, dass die Winkel der Tangentenpaare, die man von irgend einem Punkt P an die Kegelschnitte einer konfokalen Schar, speziell auch an das reelle Brennpunktepaar legen kann, dieselbe Halbierungslinie haben, bestehend aus der einen oder anderen Tangente der zwei durch P gehenden Kurven der Schar (vgl. auch Nr. **30**).

Betrachten wir zunächst das erste System näher. In Punktkoordinaten lautet seine Gleichung:

$$\frac{x^2}{a^2 - \lambda} + \frac{y^2}{b^2 - \lambda} - 1 = 0, \tag{48}$$

und hierbei sei $a > b$. Solchen Parameterwerten λ_1, für die $-\infty < \lambda < b^2$, entsprechen alsdann Ellipsen; Hyperbeln erhält man für $b^2 < \lambda < a^2$, imaginäre Kurven für $a^2 < \lambda < \infty$. Den Werten $\lambda = b^2$, $\lambda = a^2$ entsprechen bei Linienkoordinaten (45) das reelle bezw. imaginäre Brennpunktepaar, $\lambda = \pm \infty$ liefert das imaginäre Kreispunktepaar; ist das System in Punktkoordinaten gegeben, so entsprechen den eben

404) Vgl. z. B. die Darstellung bei *Gundelfinger,* Vorl., p. 165—177, wo rein algebraisch gezeigt wird, dass andere Fälle nicht auftreten können.

genannten Ausartungen die zugehörigen Träger, also die Axen, bezw. die Gerade g_∞, und zwar doppelt zählend[405]). Die Parameter der zwei durch einen Punkt x_1, y_1 gehenden konfokalen Kegelschnitte ergeben sich aus der in λ quadratischen Gleichung $(b^2-\lambda)x_1^2+(a^2-\lambda)y_1^2-(a^2-\lambda)(b^2-\lambda)=0$, deren Wurzeln zwischen $-\infty$ und b^2, bezw. b^2 und a^2 gelegen sind; die eine Kurve ist daher eine Ellipse, die andere eine Hyperbel[406]). Konfokale Kegelschnitte verschiedener Art, die in (48) enthalten sind, schneiden sich nur in reellen, solche gleicher Art in imaginären Punkten (Fig. 13).

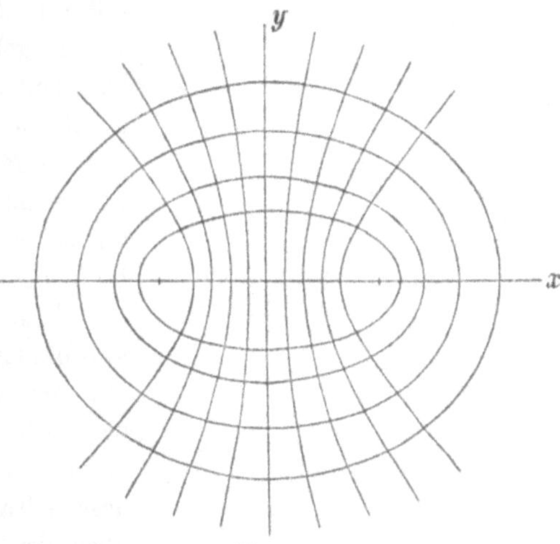

Fig. 13.

Das dritte oben erwähnte System (47) oder in Punktkoordinaten

$$(49)\qquad y^2-2(p-\lambda)x+\lambda(p-\lambda)=0$$

besteht aus Parabeln, die sämtlich die Gerade $y=0$ zur Axe haben; die in der Schar befindlichen Punktepaare sind das imaginäre Kreispunktepaar (doppelt zählend) und das Paar der gemeinsamen Brennpunkte, deren einer im Unendlichen liegt. Auch jetzt lassen sich

405) *J. Binet,* J. éc. polyt. 9 (1811), p. 57—63; J. de math. 2 (1837), p. 249—252. Vgl. ferner *Chasles,* Ann. de math. 18 (1828), p. 275; *G. Lamé* [402]), p. 185 bezw. 157; *Hesse,* „Vorl. über analyt. Geom. des Raumes“, 1. Aufl. Leipzig 1861, p. 243 f., 3. Aufl. (1876), p. 290 f.; *C. G. J. Jacobi,* „Vorl. über Dynamik“, hrsgg. von *Clebsch,* Berlin 1866, p. 207 f. — Die verschiedenen Fälle der Systeme von Kegelschnitten, die sich in vier Punkten rechtwinklig schneiden, betrachten *P. Appell,* Arch. Math. Phys. 63 (1878), p. 50—55, ferner *H. M. Taylor,* Quart. J. 26 (1893), p. 148—155, sowie *G. T. Benett,* ebenda, p. 155—157.

406) Für konfokale Flächen 2. Ordn. bei *Ch. Dupin,* „Développements de géométrie“, Paris 1813, p, 269—271. Die Wurzelintervalle für Gl. beliebigen Grades obiger Art, also mit beliebig vielen Gliedern, wurden zuerst von *Jacobi* bestimmt, J. f. Math. 12 (1833), p. 25 = Werke 3, p. 219 f. *G. Battaglini,* Giorn. di mat. 30 (1892), p. 287—299 betrachtet ein System von Kegelschnitten, das die konfokalen als speziellen Fall enthält; bei ihm sind die Kurven auch koaxial, aber die Quadrate der Axen sind gebrochene rationale Funktionen eines Parameters λ. *H. Mylord* betrachtet das Kurvensystem, das eine Schar konfokaler Kegelschnitte unter beliebig aber fest gegebenem Winkel schneidet (Tidskrift (3) 1 (1871), p. 33).

zwei Arten von Kurven der Schar unterscheiden, indem sich je nach dem Vorzeichen von $p - \lambda$ die Kurven nach entgegengesetzten Seiten öffnen; durch jeden Punkt P der Ebene geht eine Kurve von jeder Art, während sich Parabeln derselben Art nicht in reellen Punkten schneiden. Gehört P insbesondere dem im Brennpunkt auf der Axe errichteten Lote an, so sind die zugehörigen Parabeln kongruent[407]) (Fig. 14).

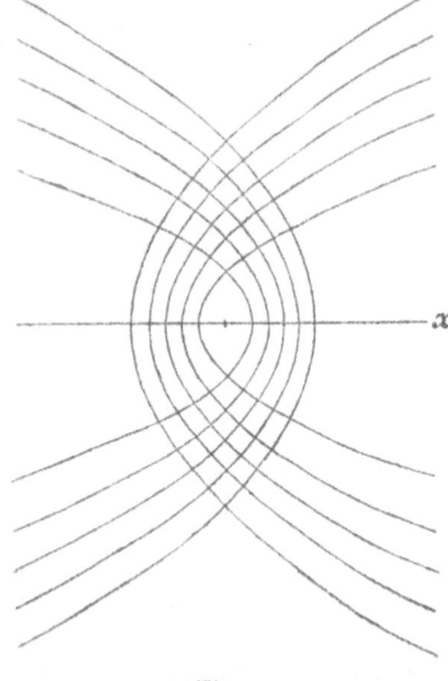

Fig. 14.

Eine einfache Erzeugungsweise konfokaler Kegelschnitte gründet sich auf den in Nr. **29** erwähnten Satz, dass die Fusspunkte der von den Brennpunkten eines Kegelschnitts auf dessen Tangenten gefällten Lote den über der Hauptaxe als Durchmesser konstruierten Kreis erfüllen. Schneidet man nämlich einen Kreis mit den Strahlen eines Büschels (Mittelpunkt F) und errichtet in den Schnittpunkten auf den Strahlen Lote, so umhüllen diese paarweise parallelen Lote einen mit dem Kreis konzentrischen Kegelschnitt, der F zum Brennpunkt hat, und zwar eine Ellipse oder Hyperbel, je nachdem F innerhalb oder ausserhalb des Kreises liegt. Einem System konzentrischer Kreise entspricht auf solche Art ein System konfokaler Ellipsen und Hyperbeln. Ersetzt man die Kreise durch parallele Geraden, so besteht das zugehörige Kegelschnittsystem aus konfokalen Parabeln[408]).

66. Elliptische Koordinaten. Satz von Ivory. Da sich in jedem Punkt P der Ebene eines Systems konfokaler Ellipsen und Hyperbeln zwei Kurven verschiedener Art schneiden, kann man nach *G. Lamé*[402]) die Parameter λ_1, λ_2 dieser zwei Kurven als „elliptische Koordinaten" von P einführen; sie bestimmen allerdings die Lage von P erst dann eindeutig, wenn noch angegeben wird, in welchem der vier Quadranten P liegen soll. Man hat[409]):

---

407) *Hesse,* 7 Vorl., p. 48—52 = Zeitschr. Math. Phys. 19 (1874), p. 48—52.

408) *J. H. Lambert* und *M. R. de Prony*[153]), sowie *Reye,* Geom. d. Lage, p. 176 und 179.

409) *Jacobi* giebt die analogen, wie überhaupt die wichtigsten Formeln für elliptische Koordinaten im Raume von n Dimensionen („Vorl. über Dynamik", hrsgg. von *Clebsch*; 2. Ausg. in den ges. Werken, Supplementband, p. 199—211,

$$(50)\qquad x^2 = \frac{(a^2-\lambda_1)(a^2-\lambda_2)}{a^2-b^2}, \quad y^2 = \frac{(b^2-\lambda_1)(b^2-\lambda_2)}{b^2-a^2},$$

und das Quadrat des Radiusvektors wird[410]):

$$(51)\qquad x^2 + y^2 = a^2 - \lambda_1 + b^2 - \lambda_2.$$

Ebenso kann man die Werte $\lambda = \lambda_1$ bezw. λ_2 bei zwei ungleich gerichteten Parabeln des Systems (49) als parabolische Koordinaten ihrer zwei im Endlichen liegenden Schnittpunkte einführen[411]); die Bestimmung von P wird eindeutig, wenn noch angegeben wird, welche Lage P in Bezug auf die x-Axe haben soll. Man hat:

$$(52)\qquad x = \frac{\lambda_1 + \lambda_2 - p}{2}, \quad y^2 = -(p-\lambda_1)(p-\lambda_2).$$

Betrachten wir nun irgend zwei Ellipsen des Systems (48), die eine etwa mit den Halbaxen a, b, die andere mit den Halbaxen $\sqrt{a^2-\lambda}$, $\sqrt{b^2-\lambda}$. Zwei Punkte P, Q dieser Kurven mit den Koordinaten $x = a\alpha$, $y = b\beta$ bezw. $x = \alpha\sqrt{a^2-\lambda}$, $y = \beta\sqrt{b^2-\lambda}$, wobei $\alpha^2 + \beta^2 = 1$, heissen alsdann nach *J. Ivory* korrespondierende Punkte. Hat man noch zwei andere korrespondierende Punkte P', Q' mit den Koordinaten $a\alpha'$, $b\beta'$ bezw. $\alpha'\sqrt{a^2-\lambda}$, $\beta'\sqrt{b^2-\lambda}$, wo $\alpha'^2 + \beta'^2 = 1$, so ist nach *Ivory* und *Chasles* $PQ' = P'Q$.[412]) Der Satz gilt auch für Hyperbeln, nur sind dann b, β, β' zu ersetzen durch bi, βi, $\beta' i$.

Berlin 1884; die Vorl. wurden im Winter 1842/43 gehalten). *Lamé*, „Leçons sur les coordonnées curvilignes", Paris 1859 berücksichtigt nur $n = 3$. Weitere ausführliche Darstellungen der ellipt. Koord. gaben *Hesse*, „Vorl. über analyt. Geom. des Raumes", 3. Aufl. (1876), p. 283—337; *Clebsch*, „Vorl. über Geometrie", bearb. von *F. Lindemann*, Bd. 2, Leipzig 1891, p. 269—289; *O. Staude*, „Die Fokaleigenschaften der Flächen 2. Ordnung", Leipzig 1896, p. 22—37 und 162—178. *W. S. Burnside*, Quart. J. 7 (1865), p. 229 untersuchte den Zusammenhang zwischen den elliptischen und den gewöhnlichen Dreieckskoordinaten eines Punktes.

410) *Jacobi* a. a. O. p. 220; vgl. auch *Cayley*, Cambr. Dubl. math. J. 1 (1846), p. 207 = Coll. papers 1, p. 253.

411) Vgl. z. B. *O. Staude* a. a. O. p. 171—176. Für die analogen Systeme von F_2 im Raume vgl. *Lamé*, J. de math. 8 (1843), p. 432—434, sowie (2) 19 (1874, geschrieben 1843 oder 1844), p. 311—318.

412) Lond. Trans. Jahrg. 1809¹, p. 355 = Ostw. Klass. Nr. 19, p. 32. Ausgesprochen hat *Ivory* diese Eigenschaft freilich a. a. O. nicht, doch war sie ihm jedenfalls bekannt. *Jacobi* hat mit Hülfe des Satzes, den er als Satz von *Ivory* bezeichnet, mehrere Theoreme über Kegelschnitte bewiesen, so z. B. den Satz von der konstanten Summe oder Differenz der Brennstrahlen (J. f. Math. 12 (1834), p. 138—140 = Werke 7, p. 8—10; Bruchstücke aus *Jacobi*'s Nachlass von *O. Hermes* mitgeteilt J. f. Math. 73 (1871), p. 180—206 = Werke 7, p. 43—68). Auch löst er die Aufgabe, um zwei beliebige Dreiecke ABC, $A'B'C'$ zwei konfokale Kegelschnitte zu beschreiben, in denen A und A', B und B', C und

67. Sätze von Chasles. Zahlreiche Sätze über konfokale Kegelschnitte leitet *Chasles* aus vier allgemeinen Hauptheoremen durch spezielle Annahmen ab[413]); seine Sätze beziehen sich allerdings eigentlich auf konfokale sphärische Kegelschnitte, lassen sich jedoch sofort auf ebene übertragen. Diese Haupttheoreme lauten:

1. A und A' seien zwei konfokale Kegelschnitte, U ein beliebiger Kegelschnitt; werden nun den Vierseiten[414]) $\boxed{UA}$ und $\boxed{UA'}$ irgend zwei Kegelschnitte B bezw. B' eingeschrieben, so ist das Vierseit $\boxed{BB'}$ einem Kegelschnitt umschrieben, der mit A und A', sowie einem, der mit U konfokal ist.

2. Wird (bei gleicher Bedeutung von A, A', U) dem Vierseit $\boxed{UA}$ ein Kegelschnitt B eingeschrieben, so lässt sich dem Vierseit $\boxed{UA'}$ ein mit B konfokaler Kegelschnitt B' einschreiben.

3. A, A', A'' seien drei konfokale, U ein beliebiger Kegelschnitt; werden den Vierseiten $\boxed{UA}$, $\boxed{UA'}$ zwei Kegelschnitte B, bezw. B' eingeschrieben, so sind die Vierseite $\boxed{UA''}$ und $\boxed{BB'}$ einem und demselben Kegelschnitt B'' umschrieben.

4. Es seien A, B, C drei Kegelschnitte einer und derselben Schar; A' sei mit A, B' mit B konfokal. Alsdann lässt sich dem Vierseit $\boxed{A'B'}$ eine mit C konfokale Kurve C' einschreiben, und die Seiten von $\boxed{ABC}$ und $\boxed{A'B'C'}$ berühren einen und denselben Kegelschnitt.

Von den zahlreichen Folgerungen aus diesen Sätzen seien nur wenige erwähnt. Lässt man z. B. in 1) U in einen doppelten Punkt P ausarten, B und B' in die Berührungspunkte der von U an A bezw. A' gelegten Tangenten, so folgt: Zieht man von einem Punkte P an zwei konfokale Kegelschnitte A und A' die Tangenten und verbindet man die auf A gelegenen Berührungspunkte mit den auf

---

C' korrespondierende Punkte sind. Einen analytischen Beweis des *Ivory*'schen Satzes giebt *Chasles*, J. de math. 5 (1840), p. 467 und 485—487 = Ostw. Klass. Nr. 19, p. 77 und 93—95; vgl. auch Paris C. R. 6 (1838), p. 903; *J. Waille*, Nouv. ann. (2) 14 (1875), p. 5—10. Einfache Beweise des *Ivory*'schen und verwandter Sätze, sowie ihrer Umkehrungen, für F_2 im Raume von n Dimensionen, giebt *W. Fr. Meyer*, Königsberg i/P., Phys.-ökon. Ges. Ber. 1900, p. 24—38.

413) Paris C. R. 50 (1860), p. 626—633 = J. de math. (2) 5 (1860), p. 429—438.

414) Durch $\boxed{UA}$ bezeichnet *Chasles* das den Kegelschnitten U und A gemeinsam umschriebene Vierseit.

A' gelegenen, so sind diese Verbindungslinien Tangenten eines mit A und A' konfokalen Kegelschnitts sowie eines Kreises mit dem Mittelpunkte P.[415]) Gehen in 2) die Kurven A und U eine doppelte Berührung ein und stellt B den Pol der Berührungssehne dar, so folgt: Sind A, A' zwei konfokale Kegelschnitte, deren einer A von einem Kegelschnitt U doppelt berührt wird, so ist das Vierseit $\boxed{UA'}$ einem Kreis umschrieben, dessen Mittelpunkt sich im Pol der Berührungssehne befindet. Geht U in ein auf A gelegenes Punktepaar über, so folgt: Die von zwei Punkten U_1, U_2 eines Kegelschnitts A an eine konfokale Kurve A' gezogenen Tangenten berühren einen Kreis, dessen Mittelpunkt im Schnittpunkt der in U_1, U_2 an A gezogenen Tangenten liegt[416]).

68. Polarkegelschnitt der konfokalen Schar. Die in Bezug auf die Kegelschnitte einer Schar genommenen Pole einer Geraden g erfüllen (Nr. **57**) wieder eine Gerade g_1; bei einer konfokalen Schar sind beide zu einander rechtwinklig, denn der Pol von g in Bezug auf das imaginäre Kreispunktepaar liegt auf g_∞ in einer zu g normalen Richtung. Überhaupt sind zwei zu einander rechtwinklige Geraden bezüglich der konfokalen Schar konjugiert, wenn sie die Brennpunkte harmonisch trennen. Der Kegelschnitt N (Enveloppe der Polaren eines Punktes P in Bezug auf die Scharkurven) ist nun eine Parabel, denn N berührt die Träger der Punktepaare der Schar, also auch g_∞. Ferner berührt N das Axenpaar sowie die in P gezogenen Tangenten der zwei durch P gehenden Scharkurven. Da sich die Geraden eines jeden dieser Paare rechtwinklig schneiden, ist die Ver-

415) Hier möge noch folgender von *Bobillier*, Ann. de math. 19 (1828), p. 321—323 gefundene Satz erwähnt werden: Umhüllen die Schenkel eines rechten Winkels je einen von zwei konfokalen Kegelschnitten, so beschreibt sein Scheitel einen mit den zwei Kurven konzentrischen Kreis, der sich im Falle zweier konfokaler Parabeln auf deren Schnittsehne reduziert. Man sieht zugleich, dass, wenn jeder von zwei beweglichen konfokalen Kegelschnitten je einen Schenkel eines rechten Winkels berührt, ihr gemeinsamer Mittelpunkt um den Scheitel des Winkels einen Kreis beschreibt. Vgl. auch Nouv. ann. 8 (1849), p. 214 ohne Autorangabe, sowie *J. Harel*, ebenda p. 234 f.

416) Diesen Satz hat *Chasles* schon Paris C. R. 17 (1843), p. 841 gegeben; vgl. auch *Darboux*, „Sur une classe remarquable de courbes et de surfaces algébriques", Paris 1873, p. 203. Der spezielle Fall, dass A' aus dem Brennpunktepaar von A besteht, wurde bereits in Fussnote 152 erwähnt. Eine Umkehrung des Satzes beweist *Reye*: Die vier gemeinsamen Tangenten eines beliebigen Kegelschnitts k und eines Kreises bilden ein Vierseit, dessen drei Paar Gegenecken auf drei mit k konfokalen Kegelschnitten liegen (Zürich. Viert. 41 (1895), p. 68 f. oder Geom. d. Lage, p. 181 f.). Unter allgemeinerem Gesichtspunkt erscheinen diese und verwandte Sätze bei *E. Müller*, Deutsche Math.-Ver. Ber. 12 (1903), p. 105.

bindungslinie von P mit dem Mittelpunkte der konfokalen Schar nach Nr. **16** die Direktrix der Parabel N.[417]).

69. Weitere Sätze von Chasles, vergleichbare Bögen. Mit Hülfe des oben (Nr. **67**) erwähnten Satzes von *Chasles,* dass die von zwei Punkten eines Kegelschnitts an eine konfokale Kurve gezogenen Tangenten einen Kreis berühren, hat *Reye*[269]) mehrere von *Chasles*[267]) mitgeteilte Sätze über „vergleichbare Bögen" (Nr. **42**) bewiesen. Aus dem gleichfalls schon erwähnten Satze, dass die Differenz zweier vergleichbaren Bögen gleich der Differenz der zugehörigen Schenkelsummen ist, folgt: Wird ein um eine Ellipse e gelegter geschlossener Faden durch einen Stift S in der Ebene von e gespannt erhalten, so beschreibt S eine konfokale Ellipse[418]). Lässt man die Ellipse e auf die ihre Brennpunkte verbindende Strecke zusammenschrumpfen, so folgt sofort die schon in Nr. **2** (Fussnote 6) erwähnte Fadenkonstruktion einer beliebigen Ellipse. Haben die vergleichbaren Bögen eines Kegelschnitts k einen Endpunkt Q gemeinsam, so ist ihre Differenz gleich der Differenz der den zwei anderen Endpunkten zugehörigen Schenkel[419]). Der Schnittpunkt derselben liegt mit Q auf einem

417) N ist die *Steiner*'sche Parabel von P (vgl. Nr. **33** und **36**, sowie *Steiner-Schröter,* p. 340). Sind A und B die Berührungspunkte der von P an irgend eine Kurve der Schar gelegten Tangenten, so gehen die Umkreise aller solcher Dreiecke PAB ausser durch P noch durch einen zweiten festen Punkt, den Brennpunkt der zu P gehörigen *Steiner*'schen Parabel. Ebenso gehen alle durch P, die Brennpunkte der Schar und durch Punktepaare wie A, B gelegten Kegelschnitte noch durch einen weiteren festen Punkt (*J. Wolstenholme,* Quart. J. 10 (1870), p. 285—288). Der Ort für die Schnittpunkte der in A und B errichteten Normalen ist eine Gerade, die durch die zu P gehörigen Krümmungsmittelpunkte der sich in P schneidenden Scharkurven geht (*E. Laguerre,* Nouv. ann. (2) 18 (1879), p. 57—64). Die Fusspunkte der Projektionen von P auf die einzelnen Polaren erfüllen eine rationale zirkulare C_3 [III C 3] mit rechtwinkligen Doppelpunktstangenten (*A. Cazamian,* Nouv. ann. (3) 12 (1893), p. 397); dieselbe ist auch Ort aller Punkte A, B (*Steiner-Schröter,* p. 442). Rückt P ins Unendliche, so zerfällt die C_3 in eine gleichseitige Hyperbel und g_∞; zahlreiche auf diesen Fall bezügliche Sätze giebt *P. Volpicelli,* Paris C. R. 62 (1866), p. 1337—1339; 63 (1866), p. 652f. und 956; Rom Atti nuovi Lincei 19 (1866), p. 26—37, 53—82, 149—171, 219—243, 268—305. Vgl. auch *Goffart,* Nouv. ann. (3) 2 (1883), p. 353f., sowie bezüglich gewisser Prioritätsansprüche *E. Lommel,* Zeitschr. Math. Phys. 12 (1867), p. 276f. und *J. A. Serret,* J. de math. 8 (1843), p. 498.

418) Mit Hülfe ellipt. Koordinaten bewiesen bei *Hesse,* „Vorl. üb. anal. Geom. d. Raumes", 3. Aufl. 1876, p. 297f.; ein anderer Beweis bei *Reye*[269]). Ein weit allgemeinerer Satz findet sich in einem Briefe von *G. W. Leibniz* an *Joh. Bernoulli* (1704, *Leibniz,* Ges. Werke, hrsgg. von *G. H. Pertz,* Math. Schriften, hrsgg. von *C. J. Gerhardt,* 3², Halle 1856, p. 733 und 734—736).

419) Mit Hülfe dieses Satzes, der sich im wesentlichen schon bei *J. Mac Cullagh* (Dublin Exam. papers 1841, p. 41; 1843, p. 68 und 83; Dublin

zu k konfokalen Kegelschnitt k_1, und beide Schenkel sind Tangenten eines Kreises, der k in Q berührt[420]). Von weiteren Sätzen, die *Chasles* giebt, erwähnen wir nur die folgenden: Wird eine Ellipse e_1 in m vergleichbare Bögen geteilt, so liegen die Ecken des durch die Tangenten der Teilpunkte gebildeten umschriebenen m-Ecks auf einer konfokalen Ellipse e_2, die dieselbe bleibt, wenn man die Teilpunkte, somit auch das Polygon, unter Beibehaltung der Zahl m der vergleichbaren Bögen ändert. Alle diese Polygone haben gleichen Umfang, der der kleinste ist unter den Umfängen aller e_1 umschriebenen m-Ecke, der grösste für die der Ellipse e_2 eingeschriebenen m-Ecke[420]). Ist umgekehrt irgend ein Polygon einer Ellipse e_2 eingeschrieben, einer konfokalen e_1 umschrieben, so hat sein Umfang die eben erwähnten Eigenschaften, und seine auf e_1 gelegenen Berührungspunkte bestimmen daselbst vergleichbare Bögen. Solcher Polygone giebt es unendlich viele, und sie haben alle gleichen Umfang. Zieht man aus einem auf e_2 gelegenen Punkte P die beiden Tangenten an e_1, so sind diese (Nr. **30**) gegen die Brennstrahlen von P unter gleichem Winkel geneigt, ihr Winkel wird daher durch die Normale von P halbiert, und hieraus folgt, dass ein an der konkaven Seite einer Ellipse wiederholt reflektierter Lichtstrahl in allen seinen Lagen eine

---

Proc. 2, p. 508 = Coll. works, Dublin und London 1880, p. 319 f.) findet, lässt sich ein Bogen in zwei vergleichbare Teile zerlegen. *Ch. Graves* erwähnt in Bemerkungen, die er seiner Schrift „Two geom. memoirs on the general properties of cones of the second degree and on the spherical conics by *M. Chasles*“, Dublin 1841, p. 77 angereiht hat, dass die Summe der zwei Tangenten, die von irgend einem Punkt einer Ellipse an eine konfokale Ellipse gezogen werden und des zwischen den Berührungspunkten gelegenen gegen P konkaven Bogens konstant ist, ein Satz, der sofort die oben erwähnte Fadenkonstruktion konfokaler Ellipsen liefert. Einen elementaren Beweis der Sätze von *Graves* und *Mac Cullagh* hat *J. Griffiths,* Lond. math. soc. Proc. 13 (1882), p. 177 f. gegeben. Zur Geschichte dieser Sätze vgl. *Chasles,* J. de math. 11 (1846), p. 123. Vgl. ferner *G. Humbert,* Nouv. ann. (3) 7 (1888), p. 5—8, sowie *F. Klein,* Vorl. über höh. Geom. 1, Göttingen 1893, p. 67 f., wo besonders auf die entsprechende, von *O. Staude* herrührende Fadenkonstruktion der Flächen 2. Ordnung [III C 4] eingegangen wird.

420) Vgl. hier ausser *Chasles* auch *Steiner,* J. f. Math. 37 (1847), p. 189 f. = Werke 2, p. 418; *C. Küpper,* J. f. Math. 63 (1863), p. 40—57; *F. X. Stoll,* Zeitschr. Math. Phys. 33 (1887), p. 90 ff. Es seien hier noch zwei von *Steiner* aufgestellte spezielle Sätze erwähnt: Sind a, b und a_1, b_1 die Axen zweier konfokalen Ellipsen e, e_1 und ist $\frac{a_1}{a} + \frac{b_1}{b} = 1$, so giebt es unendlich viele Dreiecke, die der Ellipse e eingeschrieben und zugleich e_1 umschrieben sind. Ist $a^2 : b^2 = a_1 : b_1$, so giebt es unendlich viele Vierecke dieser Beschaffenheit, J. f. Math. 49 (1852), p. 277 = Werke 2, p. 619. Vgl. auch Fussnote 89.

konfokale Ellipse berührt. Gelangt der Strahl nach n Reflexionen in seine ursprüngliche Lage, so hat das durch die Strahlen gebildete geschlossene n-Eck denselben Umfang, gleichgültig welche Lage der erste Lichtstrahl hatte. Analoges gilt, wenn der Strahl nicht an einer und derselben Ellipse, sondern der Reihe nach an n konfokalen Ellipsen reflektiert wird, das entstehende n-Eck hat konstanten, von der Lage des ersten Strahles unabhängigen Umfang. Eine rein geometrische Behandlung dieser Sätze und insbesondere ihrer Ausdehnung auf quadratische Mannigfaltigkeiten M_{n-1}^2 in Räumen R_{n-1}, wobei alle Rechnung vermieden, lediglich das *Abel*'sche Theorem für hyperelliptische Integrale (II B 5) geometrisch interpretiert wird, hat *F. Klein* gegeben, und *J. Sommer* hat speziell den Fall der konfokalen M_3^2 im R_4 behandelt[421]). In den oben mitgeteilten Sätzen hat eine andere Reihe von Sätzen über konfokale Kegelschnitte ihren Ursprung, die *Chasles* im Anschluss an eine Gleichung $F(\mu) \pm F(\mu') = F(\varphi) \pm F(\varphi')$ gewinnt, der die Amplituden von vier elliptischen Funktionen 1. Gattung unterworfen werden, sowie im Anschluss an die Gleichung

$$\cos\varphi \cdot \cos\varphi' \mp \sin\varphi \cdot \sin\varphi' \cdot \sqrt{1 - c^2 \sin^2\mu} = \cos\mu,$$

die zwischen den Amplituden dreier elliptischen Funktionen 1. Gattung stattfindet, wenn die eine dieser Funktionen gleich der Summe oder Differenz der beiden andern ist[422]) [II B 3]. Es sei hier nur folgender Satz erwähnt: Zieht man von jedem Punkt einer Ellipse oder Hyperbel die Tangenten an eine konfokale Ellipse e_1 und legt man von den Schnittpunkten dieser Tangenten mit der Hauptaxe die Tangenten an den über der Hauptaxe von e_1 als Durchmesser beschriebenen Kreis, so bildet jedes solche Tangentenpaar mit der Hauptaxe Winkel φ, φ', die die eben erwähnte Gleichung erfüllen. Dabei ist c die numerische Exzentrizität von e_1, μ hängt von der Grösse der zuerst erwähnten Ellipse oder Hyperbel ab, — oder + steht, je nachdem die eine oder andere Kurvenart vorliegt.

70. Büschelschar sich doppeltberührender Kegelschnitte. Das System von Kegelschnitten, die sich in denselben zwei Punkten A, B berühren, kann offenbar sowohl als Büschel wie als Schar betrachtet werden (Büschelschar[423])). Aus den früheren Sätzen über Büschel

421) *Klein*, Math. Ann. 28 (1886), p. 533 ff.; *Sommer*, ebenda 53 (1900), p. 113 ff.

422) Paris C. R. 19 (1844), p. 1239—1261. Es ist $F(\mu) = \int_0^\mu \frac{d\mu}{\sqrt{1 - c^2 \sin^2\mu}}$ in der Schreibweise von *A. M. Legendre*.

423) Bezeichnung von *R. Sturm* in *Steiner-Schröter*, p. 328.

und Scharen kann man jetzt leicht folgende Sätze entnehmen[424]): Die Polaren eines Punktes Q in Bezug auf alle Kurven des Systems gehen durch einen und denselben Punkt der gemeinsamen Berührungssehne s, zugleich vierten harmonischen Punkt zu A, B und zu dem Schnittpunkt von s mit SQ, wo S den Pol der Sehne s, den „Berührungspol“[425]) bezeichnet. Die Pole einer Geraden g in Bezug auf alle Kurven des Systems liegen auf einer durch S gehenden Geraden, der vierten harmonischen zu dem Tangentenpaare SA, SB und zur Verbindungslinie von S mit dem Schnittpunkt von s und g.[426]). Die Mittelpunkte der Kegelschnitte liegen auf der Verbindungslinie von S mit der Mitte der Berührungssehne AB, sowie auf AB selbst[427]). Alle Kurven der Büschelschar haben S und s zu Pol und Polare, die zu S gehörige Involution von Strahlen durch S und die auf s gelegene Involution von Punkten sind für alle Kurven dieselben, beide liegen perspektiv. Demnach kann man die Büschelschar auch so erzeugen: Wenn eine Strahleninvolution mit dem Mittelpunkt M und eine dazu perspektive Punktinvolution mit dem Träger t gegeben sind, bilden alle Kegelschnitte, für welche diese beiden Gebilde die dem Punkte M und der Geraden t zugehörigen Involutionen sind, ein System sich doppelt berührender Kegelschnitte. Sind beide Involutionen hyperbolisch, so berühren sich alle Systemkurven in den reellen Doppelpunkten der Punktinvolution und haben die Doppelstrahlen der anderen Involution zu gemeinsamen Tangenten. Auch wenn jene Involutionen elliptisch sind, ist die Büschelschar reell, die Kurven haben eine imaginäre doppelte Berührung[428]). In beiden Fällen kann man die Kegelschnitte des Systems in zwei Reihen verteilen. Bei reeller doppelter Berührung z. B. wird die eine Reihe (multiform series bei *Cayley*[429])) durch Ellipsen, eine Parabel und durch Hyperbeln gebildet, die sämtlich innerhalb des Winkels ASB (bezw. dessen Scheitelwinkels) liegen; die andere Reihe (uniform series bei *Cayley*) besteht aus Hyperbeln, die in den Nebenwinkeln von ASB verlaufen. Die Übergänge zwischen beiden Reihen werden

---

424) Vgl. für das Folgende *Chasles*, Sect. con., chap. 19, sowie *Steiner-Schröter*, § 52.

425) Pôle de contact bei *Chasles* a. a. O. p. 324.

426) *Poncelet*, Ann. de math. 12 (1822), p. 248 = Appl. d'anal. 2, p. 527.

427) *Gergonne*, Ann. de math. 11 (1821), p. 385 und 400. Bezüglich des Ortes der Brennpunkte vgl. Nr. 54.

428) Über die Konstruktion der Systemkurven in diesem Falle vgl. *Steiner-Schröter*, p. 330; ferner *F. Hofmann*, „Die Konstruktionen doppelt berührender Kegelschnitte mit imaginären Bestimmungsstücken“, Leipzig 1886.

429) Quart. J. 3 (1859), p. 246—250 = Coll. papers 4, p. 456—459.

einmal durch das gemeinsame Tangentenpaar, dann durch die Berührungssehne s vermittelt; betrachtet man das System als Liniengebilde, so sind diese Übergänge einmal der Pol S, dann das Punktepaar A, B. — Liegt S im Unendlichen, so wird AB ein Durchmesser aller nun konzentrischen Systemkurven; rückt AB ins Unendliche, so ist S gemeinsamer Mittelpunkt der Systemkurven, und diese sind entweder Hyperbeln mit denselben Asymptoten oder konzentrische ähnliche und ähnlich liegende Ellipsen; insbesondere kann auch das System aus konzentrischen Kreisen bestehen[430]).

Greift man zwei Kurven k und k_1 einer Büschelschar heraus, so folgt unter Anwendung der elementarsten Sätze über Pol und Polare: Zieht man an k zwei Tangenten t, t_1, die k_1 in den Punktepaaren x, ξ und x_1, ξ_1 treffen, so liegt von den Schnittpunkten $(xx_1, \xi\xi_1)$ und $(x\xi_1, x_1\xi)$ der eine auf s, der andere ebenso wie $(x\xi, x_1\xi_1)$ auf der durch S gehenden Polare des ersten. Wird t_1 festgehalten, t längs k bewegt, so beschreiben die Punktepaare x, ξ, in denen t die Kurve k_1 trifft, auf k_1 zwei projektive krumme Punktreihen (durch Verbinden der x bezw. ξ mit zwei Punkten P_1 und Q_1 von k_1 erhält man zwei projektive Strahlenbüschel), und auch der auf k gelegene Berührungspunkt von t beschreibt eine zu den zwei eben erwähnten projektive krumme Punktreihe. Bei zwei sich doppelt berührenden Kegelschnitten wird somit immer der eine von den Tangenten des anderen projektiv geschnitten. Umgekehrt umhüllen die Verbindungslinien entsprechender Punkte zweier auf einem Kegelschnitt k_1 gelegenen krummen projektiven Punktreihen einen Kegelschnitt k, der k_1 doppelt berührt. — Dual bilden die Tangenten eines Kegelschnitts k_1 ein krummes Tangentenbüschel; dasselbe trifft eine feste Tangente in einer Punktreihe, die in projektive Beziehung gebracht werden kann zu der auf einer anderen festen Tangente ausgeschnittenen Punktreihe der Art, dass sich die Tangenten von k_1 paarweise entsprechen und man längs k_1 zwei krummlinige Tangentenbüschel erhält. Die Schnittpunkte entsprechender Tangenten erfüllen einen Kegelschnitt, der k_1 doppelt berührt. Diese Projektivität der krummen Punktreihen und krummen Strahlengebilde wurde zuerst eingehend behandelt von *A. Göpel*, der viele Folgerungen aus ihr zog[431]). Er nennt zwei krumme Punktgebilde (Strahlengebilde) projektiv, wenn beide mit

430) *Poncelet,* Traité Nr. 131 und 410 fasste die Büschelschar als Projektion konzentrischer Kreise auf.

431) J. f. Math. 36 (1844), p. 317—356. Die Erzeugnisse krummer projektiver Punktreihen (Strahlen) auf verschiedenen Kegelschnitten sowie auf Kegelschnitt und Gerade betrachtet *H. Schröter,* J. f. Math. 54 (1857), p. 31—47.

einem beliebigen Element des Trägers verbunden (geschnitten) projektive gerade Gebilde erzeugen. Die Projektivität ist durch drei Paare entsprechender Elemente festgelegt, oder auch durch die Verbindungslinie (Richtlinie) bezw. den Schnittpunkt (Richtpunkt) der zwei Doppelelemente und ein Elementenpaar. Von der krummlinigen Projektivität ausgehend bewies *A. Milinowski*[432]) die wichtigsten Eigenschaften der sich doppelt berührenden Kegelschnitte, darunter mehrere Sätze von *Göpel* und *Steiner*[433]).

Die Gleichung eines Systems sich doppelt berührender Kegelschnitte kann bei Punktkoordinaten in die Form gebracht werden:

$$f(x, x) - \lambda \cdot q_x^2 = 0,$$

wo $f(x, x) = 0$ irgend eine Kurve des Systems, $q_x = 0$ die Berührungssehne darstellt, oder auch in die Form $f(x, x) - \lambda r_x \cdot s_x = 0$, wo nun $r_x = 0$ und $s_x = 0$ die zwei gemeinsamen Tangenten darstellen müssen. Die einfachste Gestalt der Gleichung ist $r_x s_x - \lambda q_x^2 = 0$, die entsprechend den sieben in ihr enthaltenen unabhängigen Konstanten auf ∞^2 Arten ermöglicht werden kann[434]). Macht man die eben erwähnten drei Geraden zu Seiten des Koordinatendreiecks, so folgt einfach die „Normalform" $x_1 x_3 - \lambda x_2^2 = 0$. Analog bei Linienkoordinaten.

C. Gemischte Kegelschnittsysteme.

71. Das System $S(3p, 1g)$. Betrachten wir nun noch einige „gemischte Kegelschnittsysteme"[435]), d. h. Systeme von Kegelschnitten, die irgend vier Bedingungen unterworfen sind, ohne Büschel oder Scharen zu sein, also z. B. Systeme, deren Kurven durch α gegebene Punkte gehen und β gegebene Geraden berühren sollen ($\alpha = 3, 2, 1$, $\beta = 1, 2, 3$), Systeme $S(\alpha p, \beta g)$. Wir beginnen mit $S(3p, 1g)$. Wie *Steiner* das Kegelschnittbüschel aus dem Strahlenbüschel durch „projektive Drehung" ableitete (Nr. **46**), kann analog das System $S(3p, 1g)$ aus der Gesamtheit der Tangenten eines Kegelschnitts k_0 abgeleitet werden, dual das System $S(3g, 1p)$ aus den Punkten von k_0.[436]) Durch jeden Punkt der Ebene gehen zwei Kurven des Systems $S(3p, 1g)$, jede Gerade wird von vier Kurven berührt; daher sind

432) Progr. Gymn. Tilsit 1870.

433) *Steiner*, J. f. Math. 45 (1852), p. 212—224 = Werke 2, p. 469—483.

434) Vgl. *Plücker*, System d. Geom., p. 89, 97, 99—100. Die Transformation ist durchgeführt bei *Cayley*, Lond. Trans. 152^2 (1862), p. 641—655 = Coll. papers 4, p. 398—412, in andrer Weise bei *Gundelfinger*, Vorl., p. 83 ff.

435) Bezeichnung bei *Steiner-Schröter*, p. 341.

436) Für Näheres sei auf *Steiner-Schröter* § 53 verwiesen.

vier Parabeln in dem System, auch enthält es zwei gleichseitige Hyperbeln und drei Geradenpaare[436]). *Cayley* untersuchte die Realität der vier eine beliebige Gerade berührenden Kurven; ferner betrachtete er den Ort der Mittelpunkte der Systemkurven, eine C_4, näher[437]). Sie berührt die Seiten des Dreiecks der festen Grundpunkte P_1, P_2, P_3 des Systems in ihren Schnittpunkten mit der festen Geraden g, und jede Seitenmitte dieses Dreiecks ist ein Doppelpunkt der C_4.

Auch alle ähnlichen und ähnlich liegenden Kegelschnitte, die durch einen festen Punkt P_3 gehen und eine feste Gerade g berühren, bilden ein System $S(3p, 1g)$, denn ähnliche und ähnlich liegende Kegelschnitte sind solche, die durch dieselben zwei unendlich fernen Punkte P_1, P_2 gehen (Nr. **16**). Die Mittelpunktskurve wird hier eine Parabel, für die P_3 der Pol von g ist; insbesondere im Fall eines Kreissystems hat diese Parabel P_3 zum Brennpunkt, g zur Direktrix[438]). — Ferner bilden die einem Dreieck umschriebenen Parabeln ein System $S(3p, 1g)$.[439])

72. Das System $S(3g, 1p)$ entspricht dual dem $S(3p, 1g)$. Die Mittelpunktskurve m ist ein Kegelschnitt, der die Seiten des dem Dreiseit der Grundtangenten g_1, g_2, g_3 parallel eingeschriebenen Dreiseits berührt[440]). Die Abhängigkeit der Art der Systemkurven von der Lage des gemeinsamen Punktes P wurde von *Steiner* näher untersucht[441]). *Chasles* hat die Betrachtung der durch gewisse Punkte

437) Quart. J. 6 (1864), p. 24—30 = Coll. papers 5, p. 258—264; vgl. auch Cambr. Dubl. math. J. 5 (1850), p. 148—152 = Coll. papers 1, p. 496—499; *G. Bruno,* Tor. Atti 17 (1881), p. 29—34. Die Gleichung der Mittelpunktskurve giebt schon *Gergonne,* Ann. de math. 11 (1821), p. 393—395; vgl. auch *G. W. Hearn,* „Researches on curves of the second order", London 1846, p. 35 f. *Chasles* findet Ann. de math. 18 (1828), p. 300 als Ort der Pole einer Geraden fälschlich einen Kegelschnitt; die Mittelpunktskurve wird eine C_2, wenn einer der drei festen Punkte auf der festen Geraden liegt (*Gergonne,* a. a. O. p. 395 und 399 f.). Kriterien für die Art der Systemkurven hat *H. E. M. O. Zimmermann,* Zeitschr. Math. Phys. 29 (1884), p. 177 f. und 182 aufgestellt, der überhaupt zahlreiche Eigenschaften des Systems angiebt. *C. Hossfeld,* Arch. Math. Phys. 70 (1882), p. 253—258 betrachtete den Fall, dass zwei der festen Punkte imaginär sind. 438) Vgl. *C. Hossfeld* a. a. O.

439) Bezüglich der Enveloppe ihrer Axen vgl. Nr. **63**.

440) *Gergonne,* Ann. de math. 11 (1821), p. 385—389 hat die Gleichung der Kurve m aufgestellt und gezeigt, wie man ihren Mittelpunkt und sechs ihrer Punkte konstruieren kann. Synthetisch fand *Poncelet,* Ann. de math. 12 (1821), p. 111 f. die Kurve m; vgl. ferner *Hearn,* a. a. O. p. 39.

441) *Steiner-Schröter,* Vorl., p. 346 f. Zum Beweise vgl. auch *C. Intrigila* und *F. Laudiero,* Giorn. di mat. 19 (1881), p. 245—257. Hier wird auch gezeigt, dass wenn P irgend eine Kurve durchläuft, der Mittelpunkt von m eine ähnliche und ähnlich gelegene Kurve beschreibt.

gehenden und mindestens zwei gegebene Geraden berührenden Kegelschnitte auf die Betrachtung ähnlicher und ähnlich gelegener Kegelschnitte zurückgeführt[442]). Eine ausführliche synthetische Untersuchung des Systems für den Fall, dass zwei der festen Geraden imaginär sind, giebt *J. Tesař*; auch spezielle Fälle werden berücksichtigt, so z. B. das System, dessen Kurven einen Brennpunkt (vgl. Nr. 29), eine reelle Tangente und einen reellen Punkt gemeinsam haben[443]). Ein solches System wird z. B. durch alle Parabeln gebildet, die denselben Brennpunkt haben und durch einen gegebenen Punkt gehen; ihre Scheitel liegen nach *Chasles*[444]) auf einer Cardioide (III C 3). Rückt P auf eine der Geraden g_i, z. B. g_1, berühren also die Systemkurven eine Seite g_1 des gemeinsamen Tangentendreiseits in einem bestimmten Punkte, so wird die Kurve m eine Doppelgerade: die Verbindungslinie der Mitte von g_1 mit der Mitte der von der Gegenecke nach P gezogenen Strecke[445]).

73. Das sich selbst duale System $S(2p, 2g)$ besteht, wie schon *Brianchon* erkannte, aus zwei verschiedenen Reihen von Kurven. Sind P_1, P_2 die zwei festen Punkte, g_1, g_2 die zwei festen Tangenten des Systems, so gehen für jede Reihe die Berührungssehnen durch je einen auf P_1P_2 gelegenen Punkt Q_1 bezw. Q_2, und das Punktepaar Q_1, Q_2 liegt harmonisch sowohl zu P_1, P_2 als zu den Schnittpunkten von P_1P_2 mit g_1 und g_2.[446]) *Poncelet* fand als Ort der Mittelpunkte der Systemkurven zwei konzentrische Kegelschnitte, jeder Kurvenreihe gehört ein solcher Kegelschnitt zu, und beide gehen durch den Schnittpunkt von g_1 und g_2, durch die Mitte M_1 von P_1P_2 und die Mitte M_2 der durch g_1, g_2 auf P_1P_2 ausgeschnittenen Strecke. Das gemeinsame Centrum ist der Halbierungspunkt der von M_1 nach dem Schnitt von g_1 mit g_2 gezogenen Strecke. *Poncelet* leitet diese und die *Brianchon*'schen Resultate aus den Eigenschaften des zwei feste Geraden berührenden Systems von Kreisen ab[447]). Sind P_1, P_2, g_1, g_2

---

442) Ann. de math. 18 (1828), p. 299—301. Es sei noch ein von *Cayley*, Quart. J. 8 (1867), p. 220—222 = Coll. papers 6, p. 51 f. gefundenes Resultat erwähnt: Nach einem Satze von *Ceva*[105]) gehen die Verbindungslinien der Ecken des gemeinsamen Tangentendreiseits mit den auf den Gegenseiten gelegenen Berührungspunkten durch einen und denselben Punkt S; *Cayley* findet als Ort dieser Punkte S eine C_4 mit Spitzen in den Ecken des Dreiseits.

443) Wien. Ber. 84 (1881), p. 194—225.

444) Corresp. math. et phys. 7 (1832), p. 295.

445) *Gergonne*, Ann. de math. 11 (1821), p. 384.

446) „Mémoire sur les lignes du second ordre", Paris 1817, p. 20.

447) *Poncelet* hatte ursprünglich (Ann. de math. 11 (1821), p. 219 f. = Appl. d'anal. 2, p. 516) als Mittelpunktskurve nur *einen* Kegelschnitt gefunden, *Ger-*

reell, so gehört in gewisser Weise jedem Kegelschnitt einer Reihe ein anderer Kegelschnitt derselben Reihe zu, und diesem Paare entspricht ein Paar in der anderen Reihe[448]).

Werden die Tangenten g_1, g_2 durch ein zirkulares Geradenpaar gebildet, so haben alle Systemkurven den Schnittpunkt B des Geradenpaars zum Brennpunkt und gehen überdies durch zwei feste Punkte P_1, P_2. Der Ort der zweiten Brennpunkte besteht aus den zwei konfokalen Kegelschnitten, die P_1, P_2 zu Brennpunkten haben und durch B gehen; die zu B gehörigen Direktricen enthalten den einen oder anderen der Ähnlichkeitspunkte jener Kreise, die durch B gehen und P_1 oder P_2 zum Mittelpunkt haben[449]). Die im System befindliche Ellipse kleinsten Inhaltes bestimmte *R. Hoppe*[450]).

---

gonne, Ann. de math. 11 (1821), p. 390—393 eine C_4, die er für nicht ausgeartet hielt; *Poncelet* fand später (Ann. de math. 12 (1822), p. 233—241 = Appl. d'anal. 2, p. 516—522) die beiden Mittelpunktskegelschnitte. Auch *Chasles* scheint ursprünglich entgangen zu sein, dass das System $S(2p, 2g)$ aus zwei Kurvenreihen besteht, er giebt als Mittelpunktskurve einen Kegelschnitt an (Ann. de math. 18 (1828), p. 300 f.). Eine analytische Ableitung der oben erwähnten Resultate giebt *F. Seydewitz*, Arch. Math. Phys. 14 (1850), p. 364—381; ferner bewies *Cayley*, Quart. J. 8 (1867), p. 211—219 = Coll. papers 6, p. 43—50 die *Poncelet*'schen Angaben und zeigte, in welcher Weise durch die Lage der Berührungssehne die Lage des Mittelpunktes einer Systemkurve bedingt wird.

448) *Steiner-Schröter*, p. 349 f. Vgl. auch *Th. Krahl*, Progr. Sagan 1886.

449) *Steiner-Geiser*, p. 154—159. Die Aufgabe, einen Kegelschnitt aus einem Brennpunkt und *drei* Kurvenpunkten zu konstruieren, löste *E. Halley* mit Hülfe zweier Hyperbeln (Lond. Trans. 11 (1676), p. 683 ff.); weitere Lösungen gaben *Nicollic*, Par. Hist., année 1746, p. 291—318, Paris 1751; *De la Hire*, Sect. con., p. 191 f. und *Newton*, „Principia math. philos. nat.", Buch 1, prop. 21, probl. 13 = Opera, hrsgg. von *S. Horsley* 2, p. 93 f. = deutsche Übers. von *Wolfers*, Berlin 1872, p. 87 f. Zu *Nicollic*'s Abhandlung vgl. auch *E. Prouhet*, Nouv. ann. 14 (1855), p. 263 f., *Housel* ebenda, p. 425—433 und *E. de Jonquières* ebenda, p. 440—443. Die älteren Autoren erwähnen nicht, dass die Aufgabe allgemein vier Lösungen hat, sondern beschränken sich auf die eine Ellipse, die vorhanden sein kann oder die Hyperbel, für welche die drei gegebenen Punkte auf demselben Zweig liegen. Bei *Steiner-Geiser* findet man a. a. O. näheres über die allgemeine Konstruktion und Art der vier bei gegebenem Brennpunkt durch drei feste Punkte gehenden Kegelschnitte. Für die Gleichung dieser Kurven vgl. *Grunert*, Arch. Math. Phys. 54 (1872), p. 100 ff.; *Salmon-Fiedler*, Kegelschn., p. 746; *E. Lucas*, Nouv. ann. (2) 15 (1876), p. 208. — *J. Keller* (Zürich. Viert. 27 (1882), p. 1—29; 32 (1887), p. 33—79; Zeitsch. Math. Phys. 39 (1893), p. 290—313) setzt die ∞^3 Kegelschnitte mit gemeinsamem Brennpunkt („monofokale" Kegelschnitte) in Beziehung zu den ∞^3 Ebenen des Raumes. Von weiterer Litteratur erwähnen wir noch *W. S. Burnside*, Quart. J. 8 (1865), p. 31—34; *P. Payet*, Nouv. ann. (3) 7 (1888), p. 325—331; *F. Ruth*, Arch. Math. Phys. (2) 8 (1890), p. 1—23.

450) Arch. Math. Phys. 62 (1878), p. 215—218.

74. Das System der einen Kegelschnitt doppelt berührenden Kreise erhält man aus $S(2p, 2g)$, wenn man die zwei festen Geraden durch einen festen Kegelschnitt k ersetzt, der nun doppelt berührt werden soll, die zwei festen Punkte durch die imaginären Kreispunkte. Auch hier giebt es zwei Reihen von Systemkurven, und zwar liegen ihre Mittelpunkte auf den beiden Axen von k. Die Reihe von Kreisen, deren Mittelpunkte die *Hauptaxe* von k erfüllen, enthält reelle und imaginäre Kurven, und zwar können die reellen Kreise mit k reelle oder imaginäre doppelte Berührung eingehen; im Falle der reellen Berührung findet diese von innen statt, und die Kreise liegen ganz innerhalb k. Die Kreise, deren Mittelpunkte die *Nebenaxe* von k erfüllen, sind sämtlich reell und berühren k entweder von aussen, oder sie umschliessen k; es hängt von der Art des Kegelschnitts k ab, ob er von allen Kreisen dieser Reihe reell berührt wird, oder ob auch imaginär berührende Kreise in ihr auftreten. *Steiner*, der das System doppelt berührender Kreise näher untersuchte, bemerkte ausserdem, dass die gemeinsame Sekante zweier Kreise derselben Reihe in der Mitte zwischen den zwei Berührungssehnen parallel zu diesen verläuft. Jeder Kreis der oben an zweiter Stelle erwähnten Reihe, bei der die Mittelpunkte auf der Nebenaxe von k liegen, ist auch Ort für die Fusspunkte aller Geraden, die aus den Brennpunkten unter demselben beliebigen Winkel nach allen Tangenten von k gezogen werden[451]).

Später geht *Steiner* von zwei festen Kreisen aus und betrachtet die Gesamtheit der Kegelschnitte, die beide Kreise doppelt berühren. Greift man irgend einen derselben, k, heraus, so haben die aus jedem Punkte von k an beide Kreise gezogenen Tangenten stets irgend eine bestimmte Länge l entweder zur Summe oder zum Unterschied; den Werten 0 bis ∞ von l entspricht die Gesamtheit der Kurven k. Ihre Brennpunkte liegen zu den zwei Ähnlichkeitspunkten der Kreise har-

451) Vgl. auch Nr. 30, besonders Fussnote 170, ferner für das Vorhergehende *Steiner,* J. f. Math. 37 (1847), p. 174 ff. = Werke 2, p. 404 ff. *W. Fiedler* hat Acta math. 5 (1884), p. 331—408 die *Steiner*schen Sätze mit Hülfe von Methoden der darstellenden Geometrie und seiner Cyklographie („Cyklographie", Leipzig 1882) bewiesen. *R. Niemtschik* hat, auf räumliche Betrachtungen gestützt, Konstruktionen angegeben für Kreise, die einen Kegelschnitt doppelt berühren, sowie für Kegelschnitte, die zwei Kreise doppelt berühren; natürlich kommt noch ein weiteres Bestimmungsstück hinzu (Wien. Ber. 67 (1873), p. 298—310; 68 (1873), p. 377—380 und 505—514). *R. Schüssler* hat Arch. Math. Phys. (3) 2 (1901), p. 1—42 die meisten dieser Aufgaben mit Benutzung der einfachen Brennpunktseigenschaften der Kegelschnitte bewiesen. Vgl. ferner *Gundelfinger,* Vorl., p. 180—183, 333 ff.; *B. Sporer,* Zeitsch. Math. Phys. 41 (1895), p. 210—220.

monisch[452]). Endlich ersetzt er noch die zwei festen Kreise durch Ellipsen und gewinnt Sätze über die Kegelschnitte, die zwei gegebene Ellipsen doppelt berühren[453]).

75. Verschiedene andere Kegelschnittsysteme sind mehr oder weniger eingehend untersucht worden. *Steiner*[454]) z. B. beschäftigte sich mit dem System der einem Dreieck umschriebenen ähnlichen Kegelschnitte, auch *Ed. Weyr* und besonders *F. Kroes* behandelten dasselbe[455]). Ferner hat *Steiner* über die einem Dreieck eingeschriebenen ähnlichen Kegelschnitte Sätze aufgestellt[456]). Er untersuchte überhaupt, in welcher Weise die Art eines einem Dreieck umschriebenen oder eingeschriebenen Kegelschnitts von der Lage des Mittelpunkts M der Kurve abhängt und fand, dass diese in beiden Fällen eine Ellipse ist, wenn M in Bezug auf das dem gegebenen parallel eingeschriebene Dreieck trigonal und im Endlichen liegt, eine Hyperbel, wenn M tetragonale Lage im Endlichen hat[457]). Ebenso ist der

452) J. f. Math. 45 (1852), p. 189—211 = Werke 2, p. 447—468, wo zahlreiche weitere Sätze. Vgl. ausser der in Fussnote 451 erwähnten Litteratur noch *Gundelfinger,* Vorl., p. 401—404.

453) J. f. Math. 45 (1852), p. 212—224 = Werke 2, p. 471—483. Der fundamentale Satz, dass es drei Reihen von Kegelschnitten giebt, die zwei andere k_1 und k_2 doppelt berühren, dass ferner die Berührungssehnen bei jeder Reihe durch je eine Ecke des gemeinsamen Poldreiecks von k_1 und k_2 gehen, findet sich schon bei *Chasles,* Corresp. polyt. 3 (1816), p. 338; vgl. ferner *Poncelet,* Traité Nr. 427—429; *Plücker*, Anal. Entw. 1, p. 259; *Chasles,* Sect. con., p. 337 ff. Analytische Beweise der wichtigsten Sätze giebt *Gundelfinger,* Vorl., p. 396—400. *Niemtschik* hat Wien. Ber. 71 (1875), p. 435—452 Konstruktionen von Kegelschnitten gegeben, die k_1 und k_2 doppelt berühren und durch eine weitere Angabe bestimmt sind.

454) Syst. Entw. Anhang § 39 = Werke 1, p. 446; J. f. Math. 55 (1858), p. 369 = Werke 2, p. 675.

455) *Ed. Weyr,* Wien. Ber. 62 (1870), p. 264—270; *F. Kroes,* Progr. Realg. Münster i. W. 1888 und 1889; vgl. noch *A. Schaeffer,* Diss. inaug. Rostock 1891; *Gundelfinger,* Vorl., p. 306 ff.

456) J. f. Math. 30 (1846), p. 273 = Werke 2, p. 345 f.; J. f. Math. 55 (1858), p. 369 ff. = Werke 2, p. 675 ff. Beweise dieser und ähnlicher Sätze bei *Aeschlimann,* Diss. Zürich 1880; *Kroes,* Diss. Göttingen 1881; *K. Dörholt,* Diss. Münster 1884, § 14—17; *M. Greiner,* Zeitsch. Math. Phys. 29 (1884), p. 238; *G. Loria,* Giorn. di mat. 24 (1885), p. 205—212; *A. Hartmann,* Diss. Zürich 1889, Abschn. 5 und 6; *Gundelfinger,* Vorl., p. 306—313.

457) Roma Giorn. arcad. 99, p. 147 = J. f. Math. 30 (1846), p. 97 = Werke 2, p. 329 f. Zum Beweis vgl. *G. Korneck,* Progr. Oels 1868, p. 4 f.; *E. Hunyady* (für umschriebene Kegelschnitte), J. f. Math. 91 (1881), p. 248—253; *K. Dörholt,* Diss. inaug. Münster 1884, § 2; *A. Hartmann,* Diss. inaug. Zürich 1889, § 4—10; *Gundelfinger,* Vorl., p. 251—254. *G. H. Halphen* untersuchte Nouv. ann. (3) 1 (1882), p. 5—7, wie sich im Falle der Hyperbel die drei Ecken bezw. Seiten des Dreiecks auf die zwei Zweige der Kurve verteilen.

Kegelschnitt bestimmt durch ein Poldreieck und M; hier findet man, dass er imaginär ist, wenn M im Inneren des Dreiecks liegt, dagegen eine Ellipse oder Hyperbel, je nachdem M in einem der übrigen trigonalen oder in einem tetragonalen Felde des Poldreiecks liegt[458]).

Auch bei manchen anderen Kegelschnittsystemen hat *Steiner* Sätze für die Mittelpunktskurve gegeben. So ist z. B. dieser Ort bei Kegelschnitten mit gleichem Produkt der Halbaxen eine C_6 oder eine C_3, je nachdem die Kurven einem Dreieck ABC umschrieben oder eingeschrieben sind[459]). Bezeichnet man diesen zwei Fällen entsprechend das Produkt $ab\pi$ (bei Hyperbeln $ab\pi i$) durch U, bezw. J und sind p_1, p_2, p_3 die Abstände des Kurvenmittelpunktes von den Seiten des Dreiecks ABC, p_1', p_2', p_3' die Abstände von den Seiten des parallel eingeschriebenen Dreiecks $A'B'C'$, r der Radius des Umkreises von ABC, so ist nach *Steiner*[460]):

$$(53) \quad U^2 = \frac{\pi^2 r p_1{}^2 p_2{}^2 p_3{}^2}{p_1' p_2' p_3'}, \quad J^2 = 4\pi^2 r p_1' p_2' p_3', \quad JU = 2\pi^2 r p_1 p_2 p_3.$$

Sind U', J' dieselben Grössen wie U und J, jedoch mit Bezug auf das Dreieck $A'B'C'$, so findet man leicht $J^2 = 4J'U'$. Sollen der ein- und umschriebene Kegelschnitt konzentrisch sein und gleiches Produkt der Halbaxen haben, so besteht der Ort des gemeinsamen Mittelpunkts aus zwei Kurven 3. Ordnung[461]).

---

458) *H. Schröter*, Zeitsch. Math. Phys. 27 (1881), p. 61 f. (ohne Beweis), bewiesen von *A. Christensen*, Tidsskr. f. Math. (5) 1 (1883), p. 14—17; weitere Beweise bei *Hartmann* [457]) und *Gundelfinger* [457]).

459) Roma Giorn. arcad. 99 = J. f. Math. 30 (1846), p. 99 f. = Werke 2, p. 331 f. *Steiner* erläutert auch den Verlauf der C_6 durch eine Figur.

460) J. f. Math. 55 (1858), p. 364 = Werke 2, p. 670.

461) J. f. Math. 55 (1858), p. 362 ff. = Werke 2, p. 669 ff. Daselbst noch zahlreiche weitere Sätze dieser Art, alle ohne Beweis. Viele wurden später mehrfach bewiesen, manche neue beigefügt, insbesondere wurden auch die Kegelschnitte berücksichtigt, die bei gleichem Axenprodukt dasselbe Dreieck zum Poldreieck haben. Ihre Mittelpunkte liegen nach *L. Painvin*, Nouv. ann. (2) 6 (1867), p. 439 auf einer C_3, dem Ort aller Punkte, für die das Produkt der Abstände von den Seiten des Dreiecks konstant ist, denn das Produkt aus den Quadraten der Halbaxen ist nach *H. Faure*, Nouv. ann. 20 (1861), p. 55 gleich dem Produkt aus dem Durchmesser des Umkreises und den Abständen des Kurvenmittelpunktes von den Seiten des Poldreiecks (zum Beweis vgl. *Painvin* a. a. O. p. 438; *Steiner-Schröter*, p. 180). Schon *Seydewitz* bemerkte Arch. Math. Phys. 12 (1849), p. 50, dass sich die Quadrate der Inhalte zweier Ellipsen verhalten wie die Produkte der Abstände ihrer Mittelpunkte von den Seiten des gemeinsamen Poldreiecks. — Von weiterer Litteratur dieser Art sei erwähnt *Faure*, „Recueil de théorèmes relatifs aux sections coniques“, Paris 1867; *G. Korneck*, Progr. Gymn. Oels 1868; *P. Serret*, „Géom. de direct.“, chap. 6, § 2; *Dòrholt*, Diss. inaug. Münster 1884; *Greiner*, Zeitschr. Math. Phys. 29 (1884),

Die Kegelschnitte, die bei konstanter Summe $a^2 \pm b^2$ der Quadrate der Halbaxen (+ oder — entsprechend dem Falle von Ellipsen oder Hyperbeln) einem Dreieck eingeschrieben, umschrieben oder konjugiert sind, wurden gleichfalls betrachtet[462]).

---

p. 222—238; *G. Loria,* Giorn. di mat. 24 (1885), p. 210—214; *Hartmann,* Diss. inaug. Zürich 1889; *G. B. Mathews,* London math. soc. Proc. 22 (1890), p. 18—21; *Gundelfinger,* Vorl., p. 295—303; *Steiner-Schröter,* p. 514 f.

462) Bei den *eingeschriebenen* Kegelschnitten ist die Mittelpunktskurve m ein Kreis, der den Höhenschnittpunkt zum Zentrum hat (*J. Mention,* Nouv. ann. 9 (1850), p. 5 ff.; *H. Faure,* „Recueil de théorèmes relatifs aux sections coniques", Paris 1867, p. 40; *P. Serret,* Géom. de direct.", p. 77 f. und 145 f.); ausserdem ist die genannte konstante Summe gleich der Potenz des Mittelpunktes des betreffenden Kegelschnitts in Bezug auf den Kreis, der das Dreieck zum Poldreieck hat (*Faure,* Nouv. ann. 20 (1861), p. 56; *Steiner-Schröter,* p. 514). Für eingeschriebene gleichseitige Hyperbeln ($a^2 - b^2 = 0$) vgl. Nr. **83.** Im Falle der *umschriebenen* Kegelschnitte ist die Kurve m eine C_6 mit Doppelpunkten in den Mitten der Dreiecksseiten (näheres bei *Faure,* Nouv. ann. 19 (1860), p. 405; 20 (1861), p. 56; *G. Loria,* Giorn. di mat. 24 (1885), p. 209; *Steiner-Schröter,* p. 514 f.). Im Falle der zu einem gegebenen Dreieck konjugierten Kegelschnitte ist m ein mit dem Umkreis u des Dreiecks konzentrischer Kreis (*Painvin,* Nouv. ann. (2) 6 (1867), p. 438), und obige konstante Summe ist gleich der Potenz des Mittelpunktes des betreffenden Kegelschnitts in Bezug auf den Kreis u (*Faure,* Nouv. ann. 19 (1860), p. 234; *Steiner-Schröter,* p. 180). Für den Fall gleichseitiger Hyperbeln vgl. Nr. **83.** Auch bei dem Kegelschnittsystem, dessen Kurven drei gegebene Geradenpaare zu Paaren konjugierter Polaren und überdies konstante Summe der Halbaxen haben, ist die Kurve m nach *P. Serret,* „Géom. de direct.", p. 153 —157 ein Kreis, speziell für den Fall gleichseitiger Hyperbeln der „cercle associé" der drei Polarenpaare. Die genannte konstante Summe ist allgemein gleich der Potenz des Mittelpunktes des betreffenden Kegelschnitts in Bezug auf diesen beigeordneten Kreis, dessen Konstruktion *Serret* gleichfalls angiebt. Bei Kegelschnitten, die zu einem gegebenen Dreieck konjugiert sind und konstante Summe $\frac{1}{a^2} \pm \frac{1}{b^2}$ der reziproken Werte der Quadrate der Halbaxen haben, liegen die Mittelpunkte auf einer durch die Ecken des Dreiecks gehenden C_3 (*Painvin,* Nouv. ann. (2) 6 (1867), p. 439; vgl. auch *Gundelfinger,* Vorl., p. 283); die konstante Summe ist gleich dem reziproken Wert der Potenz des Mittelpunktes M des betreffenden Kegelschnitts in Bezug auf den *Feuerbach*'schen Kreis des Dreiecks (*Faure,* Nouv. ann. (2) 11 (1872), p. 447 f.). Zum Beweis dieser und ähnlicher sich auf die konstante Summe $a^2 \pm b^2$ beziehender Sätze vgl. noch *Greiner,* a. a. O. [461]); *Loria,* a. a. O. [461]), p. 205—213; *Hartmann,* a. a. O. [461]); *Gundelfinger,* Vorl., p. 297 f. und 319 f.; *O. Gutsche,* Progr. Breslau 1896; *B. Sporer,* Math.-naturw. Mitt. des math.-naturw. Vereins in Württemberg (2) 1 (1899), p. 35—45. Weitere Litteraturangaben macht *E. Wölffing,* ebenda p. 45 ff. und (2) 2 (1900), p. 17 f. — *P. Serret* hat auch „Géom. de direct.", p. 211—216 quadratische Gleichungen gegeben für die Quadrate der Halbaxen eines Kegelschnitts k mit gegebenem Mittelpunkt M, wenn ein gegebenes Dreieck der Kurve k umschrieben, eingeschrieben oder konjugiert ist; die Koeffizienten

Die Gesamtheit der durch einen festen Punkt gehenden konzentrischen gleichseitigen Hyperbeln betrachtet *P. Volpicelli*, ebenso konzentrische, einander ähnliche Kegelschnitte, die durch einen festen Punkt gehen[463]). *J. Peveling* untersuchte das System von Parabeln, die den im Endlichen gelegenen Brennpunkt gemeinsam haben und eine gegebene Strecke harmonisch teilen[464]). Weiter sei erwähnt das System von Kegelschnitten, die eine gegebene Gerade in demselben Punkte berühren und eine andere feste Gerade zur Direktrix haben[465]), ferner die Parabeln, die bei gegebener Direktrix durch einen festen Punkt gehen[466]). Die einem Dreieck konjugierten Kegelschnitte, deren einer Brennpunkt auf einer gegebenen Geraden liegt, behandelt *Burnside*[467]). Die Kegelschnitte, die eine vorgelegte Kurve oskulieren und durch zwei feste Punkte gehen, hat *A. Kneser* synthetisch behandelt, während *O. Richter* die eine bizirkulare C_4 viermal berührenden Kegelschnitte betrachtete[468]). *G. Kohn* betrachtete Systeme von Kegelschnitten, die eine allgemeine C_4 zur Enveloppe haben[468a]). Wir können auf diese und andere Systeme nicht näher eingehen.

76. Zahl der Kegelschnitte bei gegebenen Bedingungen, Charakteristikentheorie. Bei jedem Kurvensystem kann man fragen, wie viele seiner Kurven gegebene Bedingungen erfüllen. *Chasles* hatte durch Induktion gefunden[468b]), dass bei einem System s_1 von ∞^1 Kegelschnitten die Anzahl der einer weiteren Bedingung genügenden Kurven durch einen Ausdruck von der Form $\alpha\mu + \beta\nu$ gegeben ist. Hierbei bedeutet μ die Zahl der Kurven von s_1, die durch einen

---

der Gleichungen hängen ab von den Seitenlängen des Dreiecks sowie von den Abständen des Punktes M von den Seiten und Ecken des Dreiecks.

463) Paris, C. R. 63 (1866), p. 956—958; Rom Lincei Atti nuovi 19 (1866), p. 282—299.

464) Progr. Realsch. Aachen 1892.

465) *E. N. Barisien,* Nouv. ann. (3) 6 (1887), p. 372—391.

466) *Barisien,* Nouv. ann. (3) 10 (1891), p. 228—231; *G. Leinekugel,* Nouv. ann. (3) 14 (1895), p. 112—116.

467) Quart. J. 8 (1865), p. 34; vgl. auch *Gundelfinger,* Vorl., p. 348 f. Die Konstruktion des zweiten Brennpunktes F_1, wenn F gegeben ist, sowie die Konstruktion der zu F gehörigen Direktrix gab *P. Serret,* „Géom. de direct.", p. 117 f. Bezüglich der einem Dreieck eingeschriebenen Kegelschnitte, deren einer Brennpunkt eine C_n durchläuft, vgl. *C. Doehlemann,* Zeitsch. Math. Phys. 32 (1886), p. 121—127.

468) *Kneser,* Math. Ann. 31 (1887), p. 540—548; *O. Richter,* Zeitsch. Math. Phys. 35 (1890), Supplem., p. 1—111.

468a) J. f. Math. 107 (1890), p. 1—50.

468b) Einen analytischen Beweis (innerhalb gewisser Grenzen) gab *A. Clebsch,* Math. Ann. 6 (1873), p. 1—16.

beliebig gewählten Punkt gehen, ν die Zahl der Kurven, die eine beliebig gewählte Gerade berühren (μ und ν sind die *Charakteristiken des Systems*); α und β sind Zahlen, die nur von der Natur der gegebenen Bedingung abhängen (*Charakteristiken der Bedingung*)[469]). Bezüglich einer näheren Darstellung dieser Charakteristikentheorie, insbesondere auch bezüglich der Ausnahmefälle und weiterer Untersuchungen von *L. Cremona, H. G. Zeuthen, Cayley, Halphen, E. Study* u. A. verweisen wir auf III C 11 und beschränken uns hier auf Angabe einiger für Kegelschnitte wichtigen Resultate. Nach *Chasles* ist der Ort der Pole einer Geraden in Bezug auf die Kegelschnitte eines Systems s_1, somit auch der Ort der Mittelpunkte dieser Kurven, eine C_ν, die Polaren eines festen Punktes umhüllen eine C_μ. Der Ort der Brennpunkte ist eine $C_{3\nu}$, die die imaginären Kreispunkte J und $\mathfrak{J}$ zu ν-fachen Punkten hat; besteht das System aus Parabeln, so ist der Ort eine $C_{\frac{\mu}{2}+\nu}$ die in J und $\mathfrak{J}$ $\left(\frac{\mu}{2}+\nu\right)$-fache Punkte hat. Die Fusspunkte der Normalen, die sich von einem festen Punkte P auf die Kurven von s_1 fällen lassen, liegen auf einer $C_{2\mu+\nu}$ mit μ-fachen Punkten in J, $\mathfrak{J}$ und P. Der Ort der Scheitel ist eine $C_{2\mu+3\nu}$; die Asymptoten umhüllen eine $C^{\mu+\nu}$, die Axen eine andere $C^{\mu+\nu}$, die Direktricen eine $C^{2\mu+\nu}$, und diese drei Kurven haben die unendlich ferne Gerade zur ν-fachen Tangente. Das System enthält μ Kurven, die eine gegebene Strecke harmonisch teilen, daher auch μ gleichseitige Hyperbeln.

Allgemein findet *Chasles* das Resultat: Die Zahl der Kegelschnitte, die fünf Bedingungen mit den Charakteristiken α_i, β_i ($i = 1, 2, 3, 4, 5$) genügen, ist:

$$(54)\quad \alpha_1\alpha_2\alpha_3\alpha_4\alpha_5 + 2\sum\alpha_1\alpha_2\alpha_3\alpha_4\beta_5 + 4\sum\alpha_1\alpha_2\alpha_3\beta_4\beta_5 + 4\sum\alpha_1\alpha_2\beta_3\beta_4\beta_5 + 2\sum\alpha_1\beta_2\beta_3\beta_4\beta_5 + \beta_1\beta_2\beta_3\beta_4\beta_5.$$

Die Anzahl der in einem System (μ, ν) enthaltenen Punktepaare ist nach *Chasles*[470]) $\lambda = 2\mu - \nu$, die Zahl der Geradenpaare $\omega = 2\nu - \mu$, die Gesamtzahl beider also $\mu + \nu$. Für die auf Abzählung bezüglichen Eigenschaften eines Systems s_1, die durch das Binom $\alpha\mu + \beta\nu$ gegeben sind, reichen hiernach zwei Zahlenangaben zur Bestimmung der übrigen aus. Während *Chasles* μ, ν zu Grunde legte, benutzte *Zeuthen*[471])

469) Paris, C. R. 58 (1864), p. 297—308, 425—431; 59 (1864), p. 7—15, 93—97, 209—218.

470) Paris, C. R. 58 (1864), p. 1173 f.; 59 (1864), p. 349.

471) „Nyt Bidrag til Laeren om Systemer af Keglesnit", Kopenhagen 1865, ins Französische übersetzt Nouv. ann. (2) 5 (1866), p. 241—262, 289—297, 385—398, 433—443, 481—492, 529—540. Vgl. auch Paris, C. R. 62 (1866), p. 177—183.

hauptsächlich λ und ω. Aber meist sind bei Angabe von λ und ω die auftretenden Ausartungen in gewisser Vielfachheit zu zählen, deren Bestimmung oft schwierig ist. *Zeuthen* stellt für diese Bestimmung Regeln auf, und zwar zunächst in den fünf elementaren Fällen $S(4p)$, $S(3p, 1g)$, $S(2p, 2g)$, $S(1p, 3g)$, $S(4g)$, dann auch in zahlreichen anderen Fällen, besonders solchen, in denen Kurven berührt werden.

D. Kegelschnittnetze.

77. Kegelschnittnetz und Hesse'sche Kurve des Netzes. Werden die Gleichungen dreier Kurven 2. Ordnung $f(x, x) = 0$, $g(x, x) = 0$, $h(x, x) = 0$, die nicht einem und demselben Büschel angehören, linear verbunden zu einer Gleichung von der Form:

$$(55) \qquad \varkappa f(x, x) + \lambda g(x, x) + \mu h(x, x) = 0,$$

wo $\varkappa$, λ, μ willkürliche Parameter bedeuten, so stellt (55) ein System von ∞^2 Kurven 2. Ordnung dar, das man als *Kegelschnittnetz* (lineares Kegelschnittsystem 2. Stufe)[472]) bezeichnet. Die durch einen beliebig gegebenen Punkt der Ebene gehenden Kurven des Netzes bilden ein Büschel, und es lässt sich leicht einsehen, dass ein Netz unendlich viele Büschel in sich fasst, während irgend zwei dieser Büschel stets einen Kegelschnitt gemeinsam haben. Jedes durch zwei beliebige Netzkurven bestimmte Büschel gehört dem Netze vollständig an.

Bei Kegelschnittbüscheln schneiden sich die in Bezug auf alle Kurven des Büschels genommenen Polaren eines festen Punktes x in einem zweiten festen Punkte (Nr. **49**). Anders bei Netzen. Damit hier die Polaren von x in Bezug auf irgend drei nicht demselben Büschel angehörende Netzkurven sich in einem Punkte y schneiden, muss x auf einer gewissen Kurve liegen, nämlich auf einer C_3 mit der Gleichung:

$$(56) \qquad \sum \pm \left(\frac{\partial f}{\partial x_1} \frac{\partial g}{\partial x_2} \frac{\partial h}{\partial x_3}\right) = 0;$$

auch y liegt auf ihr, und es sind x und y „konjugierte Pole" in Bezug auf alle Kegelschnitte des Netzes. Überhaupt lässt sich diese C_3 auffassen als Ort der irgend drei Netzkurven gemeinschaftlich zugeordneten harmonischen oder konjugierten Polenpaare. Wir wollen die Kurve (56) mit *Cremona*[473]) als *Hesse'sche Kurve* oder *Hessiane* be-

472) Bei englischen Mathematikern net, franz. réseau ponctuel, ital. rete punteggiata.

473) „Introduzione ad una teoria geometrica delle curve piane", Bologna Mem. 12 (1861), p. 411; deutsche Übers. von *M. Curtze*, Greifswald 1865, p. 212 f.

zeichen, da wohl *Hesse* zuerst ihre Bedeutung für die Geometrie der Kegelschnittnetze erkannte[474]). Man kann auch umgekehrt nach den drei Kegelschnitten fragen, deren gemeinschaftliche konjugierte Polenpaare in einer gegebenen C_3 [III C 3 u. 4] $F = 0$ liegen. Zur Beantwortung dieser Frage hat man die ternäre kubische Form $\mathfrak{F}$ zu suchen, für die die Determinante der 2. Differentialquotienten die gegebene Funktion F ist; alsdann sind $\frac{\partial \mathfrak{F}}{\partial x_i} = 0$ $(i = 1, 2, 3)$ die Gleichungen der gesuchten Kegelschnitte. Es giebt drei solche Kegelschnittsysteme, denn einer gegebenen Funktion F entsprechen nach *Hesse* drei Funktionen $\mathfrak{F}$.[475]) Auch die Doppelpunkte der unendlich vielen in dem Netz enthaltenen Geradenpaare liegen auf der Hessiane[476]), und diese Kurve ist daher (Nr. **46**) auch Ort der Ecken aller Poldreiecke, die irgend welchen Kurven des Netzes gemeinsam sind.

Für die konjugierten Pole der Hessiane gilt der Satz von *Hesse*: Sind zwei Punktepaare eines vollständigen Vierseits konjugierte Polenpaare der Hessiane, so sind auch die Punkte des dritten Paares konjugierte Pole, oder in anderer Form: Wenn man irgend einen Punkt R der Hessiane mit zwei konjugierten Polen P und P' verbindet, so schneiden diese Geraden die Hessiane noch in einem weiteren konjugierten Polenpaare Q, Q', und die Geraden QP' und PQ' treffen sich in dem zu R konjugierten Pole R' der Hessiane, das Vierseit ist in der Ausdrucksweise von *Reye* ein *Polvierseit*[477]). Der Beweis gründet sich im wesentlichen auf den *Hesse*'schen Satz: Sind zwei Punktepaare eines vollständigen Vierseits konjugierte Pole eines Kegel-

474) J. f. Math. 28 (1844), p. 105 = Werke, p. 132 f. *Steiner* nennt die C_3 die *Tripelkurve* des Netzes (*Steiner-Schröter*, p. 473); häufig (z. B. bei *Clebsch*, „Vorl. über Geometrie", hrsgg. von *Lindemann*) wird sie auch als *Jacobi'sche Kurve* bezeichnet, denn die linke Seite von (56) ist die *Jacobi*'sche oder Funktionaldeterminante [I B 1 b, Nr. **21**] von $f(x, x)$, $g(x, x)$, $h(x, x)$ (*Jacobi* in J. f. Math. 22 (1841), p. 327 f. = Werke 3, p. 403). *J. Rosanes*, Math. Ann. 6 (1872), p. 276 stellt die Hessiane durch eine Determinante 6. Grades dar, in der die x_i durch die Koordinaten des Schnittpunktes zweier Geraden $u_x = 0$, $v_x = 0$ ersetzt sind.

475) J. f. Math. 28 (1844), p. 106 und 89 = Werke, p. 133 f. und 113; J. f. Math. 36 (1847), p. 143—145 = Werke, p. 156 f. Vgl. auch *Cremona* a. a. O. [473]), p. 422 und Art. 24 = deutsche Übers. von *Curtze*, p. 235 f. und § 24, sowie I B 2, Nr. **11**; endlich die von der C_3 ausgehenden, in den Zusammenhang zwischen der *Hesse*'schen und *Cayley*'schen Kurve besonders eingehenden Arbeiten von *H. S. White*, Amer. Math. soc. Trans. 1 (1900), p. 1, 170, und *P. Gordan*, ib. p. 9, 402.

476) *Hesse*, J. f. Math. 28 (1844), p. 105 f. = Werke, p. 133.

477) *Hesse*, J. f. Math. 36 (1847), p. 146 und 152 = Werke, p. 159 f. und 164; *Reye*, Geom. d. Lage, p. 261 ff.

schnitts, so sind auch die Punkte des 3. Paares konjugierte Pole[478]). Da P, Q, R auf einer Geraden liegen, kann man auch sagen: Die konjugierten Pole P', Q', R' dreier auf einer Geraden gelegenen Punkte P, Q, R der Hessiane bilden ein Dreieck, dessen Seiten $Q'R'$, $R'P'$, $P'Q'$ bezw. durch P, Q, R gehen[479]). Ausserdem folgt leicht, dass die in zwei konjugierten Polen P, P' gezogenen Tangenten der Hessiane sich in einem Punkt dieser Kurve treffen, der zu dem 3. Schnittpunkt der Geraden PP' mit der Kurve konjugiert ist[480]).

78. Cayley'sche Kurve des Netzes. Die Verbindungslinien konjugierter Pole umhüllen, wie *Cayley* zeigte, eine Kurve 3. Klasse[481]), die *Cayley'sche Kurve des Netzes*, und da eine solche Verbindungslinie alle Kurven des Netzes harmonisch teilt, entsteht auf ihr eine Involution mit den konjugierten Polen als Doppelpunkten. Die *Cayley*'sche Kurve ist somit auch Enveloppe der Geraden, die irgend drei Kurven des Netzes in Punktepaaren einer Involution treffen[482]). Ferner wird dieselbe Kurve von den im Netze befindlichen Geradenpaaren umhüllt, und umgekehrt gehört jede Tangente der Kurve einem solchen Geradenpaare an[483]). Die Schnittpunkte der *Hesse*'schen und der *Cayley*'schen Kurve sind zugleich Berührungspunkte dieser Kurven, und jede zugehörige Tangente trifft die Hessiane noch in

---

478) Dissert. Regiomonti = J. f. Math. 20 (1840), p. 301 f. = Werke, p. 41 f. Einen analytischen Beweis des Satzes giebt *Hesse*, J. f. Math. 36 (1847), p. 146 f. = Werke, p. 159 f.; etwas modifiziert *Rosanes*, Zeitsch. Math. Phys. 17 (1872), p. 174—176. Von anderen Beweisen seien erwähnt solche von *Cremona* (a. a. O. p. 391 = p. 161 der deutschen Übers. von *Curtze*) und *Chasles*, Sect. con., p. 97. Im Sinne der Apolaritätstheorie (Nr. 82) ist der Satz fast selbstverständlich, s. *W. Fr. Meyer*[151]), p. 87 f.

479) *Cremona*, a. a. O. p. 413 = p. 216 der deutschen Übers.

480) *Hesse*, J. f. Math. 36 (1847), p. 148 und 151 = Werke, p. 160 f. und 164.

481) J. de math. 9 (1844), p. 290 f. = Coll. papers 1, p. 187. Die Bezeichnung *Cayley*'sche Kurve rührt von *Cremona* her (a. a. O. p. 412 f. = deutsche Übers. p. 215); mitunter (z. B. bei *Clebsch*, „Vorl. über Geometrie", hrsgg. von *Lindemann*) wird sie auch *Hermite*'sche Kurve genannt mit Rücksicht auf *Hermite*'s Darstellung in J. f. Math. 57 (1860), p. 371. Sind $f(x, x)$, $g(x, x)$, $h(x, x)$ die partiellen Differentialquotienten einer ternären kubischen Form $\mathfrak{F}$, so ist die *Cayley*'sche Kurve die „Pippian" von $\mathfrak{F}$ (*Cayley* in Lond. Trans. 147 (1856), p. 415 = Coll. papers 2, p. 381). Vgl. auch Fussnote 534.

482) *Cayley*, Lond. Trans. 147 (1856), p. 429 f. = Coll. papers 2, p. 397—399.

483) *Cayley* a. a. O. p. 423 f. und 425 = Coll. papers 2, p. 391 und 393 f. Mit Hülfe der Involutionen, in denen Netze von den Geraden ihrer Geradenpaare geschnitten werden, hat *Reye* die Netze in vier Arten eingeteilt; allerdings spielt dabei noch das zugehörige „konjugierte Gewebe" (Nr. 84) eine gewisse Rolle (Geom. d. Lage, p. 286—290).

einem Wendepunkt; übrigens sind sechs der Berührungspunkte imaginär[484]).

Die Gleichung der *Cayley*'schen Kurve lässt sich durch eine Determinante 6. Grades darstellen[485]); für die praktische Rechnung oft zweckmässiger dürfte jedoch ein von *Gundelfinger*[486]) angegebenes Verfahren sein: Man bildet die Gleichung $N \equiv \sum \pm \left(\frac{\partial f}{\partial x_1} \frac{\partial g}{\partial x_2} u_3\right) = 0$ des Polkegelschnitts einer Geraden $u_x = 0$ in Bezug auf das Büschel $\varkappa f(x, x) + \lambda g(x, x) = 0$ (Nr. **49**) und alsdann bildet man den Ausdruck für die Bedingung, dass $N = 0$ und $h(x, x) = 0$ von der Geraden $u_x = 0$ in zwei harmonischen Punktepaaren getroffen werden (Nr. **48**).

79. System konischer Polaren einer C_3. Jedes Kegelschnittnetz, das keine Doppelgerade enthält, lässt sich als ein System konischer Polaren einer bestimmten C_3 auffassen; es ist dann z. B. $f(x, x) = 0$ die Polare eines bestimmten Poles P in Bezug auf die C_3, und analoges gilt von den Kurven g und h, denen die Pole Q, R zugehören. Bei Einführung neuer Veränderlichen können f, g, h direkt als die partiellen Differentialquotienten der die C_3 darstellenden ternären kubischen Form ausgedrückt werden. *Ch. Hermite* hat dies zuerst gezeigt, später auch *Cremona* (rein geometrisch) und *St. Smith*[487]), ferner mit Hülfe der Invariantentheorie der ternären Formen *Burnside, Rosanes, Gundelfinger* und *E. Bonsdorff*[488]). Die den Kurven f, g, h

484) *Cremona* a. a. O. p. 420 = deutsche Übers. p. 230 f.; *Steiner-Schröter* p. 490 f.; *H. Picquet*, „Étude géom.“, p. 104.

485) Vgl. z. B. *S. Aronhold*, J. f. Math. 55 (1857), p. 189, wo allerdings die Kurve als Kontravariante einer ternären kubischen Form $\mathfrak{F}$ erscheint[481]); vgl. auch *Rosanes*, Math. Ann. 6 (1872), p. 277.

486) J. f. Math. 80 (1874), p. 74, sowie Vorl., p. 225.

487) *Hermite*, J. f. Math. 57 (1860), p. 372—375; *Cremona* a. a. O., Anhang zur deutschen Übers. von *Curtze* p. 274 f.; *Smith*, Lond. math. soc. Proc. 2 (1868), p. 95 f. = Coll. papers 1, Oxford 1894, p. 534.

488) *W. S. Burnside*, Quart. J. 10 (1869), p. 243; *Rosanes*, Math. Ann. 6 (1872), p. 280 f.; *Gundelfinger*, J. f. Math. 80 (1874), p. 73—77; *E. Bonsdorff*, St. Petersb. Bull. 24 (1878), p. 409—419. Vgl. noch *Clebsch-Lindemann*, Vorl. 1, p. 521—524. *Gundelfinger* zeigte auch, dass es im allgemeinen nur eine einzige lineare Substitution giebt, die f, g, h in die partiellen Differentialquotienten einer und derselben ternären kubischen Form C_3 überführt. Offenbar muss für diese C_3 die *Hesse*'sche Determinante der 2. Differentialquotienten gleich der Funktionaldeterminante von f, g, h sein. Wie *Gundelfinger* in den Anmerkungen zu *Hesse*'s Werken, p. 691 mitteilt, findet sich in *Hesse*'s Diarium 1844/45 die Bemerkung, dass es drei ternäre kubische Formen der letztgenannten Art giebt. Eine derselben ergiebt sich nach *Gundelfinger* in rationaler Gestalt $3H(J) + t \cdot J$ und führt auf die typische Darstellung [I B 2, Nr. 7] *Hermite*'s (J ist die Funktionaldeterminante von f, g, h

zugehörigen Pole P, Q, R liegen überdies derart, dass die gerade Polare von P in Bezug auf g zusammenfällt mit der Polare von Q in Bezug auf f, u. s. w. Aber diese letzte Eigenschaft haben P, Q, R nicht allein, sie sind nicht die einzigen Punkte, die in der Redeweise von *Rosanes* ein „Hauptdreieck" bilden, vielmehr giebt es noch zwei andere Hauptdreiecke. *Rosanes* zeigte, dass die Ecken dieser beiden paarweise je einem der drei Kegelschnitte f, g, h konjugiert sind und gab eine Konstruktion ihrer Ecken an. Ferner lassen sich die neun Ecken der drei Hauptdreiecke in bestimmter Weise als Ecken dreier anderer Dreiecke betrachten, die paarweise perspektivisch liegen; und umgekehrt, wenn neun Punkte in dieser Weise gelegen sind, giebt es drei Kegelschnitte, für die jene Punkte die Ecken der Hauptdreiecke bilden[489]).

80. Netze, deren Hessiane oder Cayley'sche Form verschwindet, hat *J. Hahn* untersucht[490]). Mit Hülfe symbolischer Rechnung fand er, dass im Falle identischen Verschwindens der Hessiane zwischen f, g, h eine gewisse Relation 2. Grades besteht und die Netzkurven sämtlich in Geradenpaare zerfallen, die denselben Doppelpunkt haben. Das identische Verschwinden der *Hesse*'schen und der *Cayley*'schen Form hat zur Folge, dass die Kegelschnitte einem Büschel angehören. Verschwindet die *Cayley*'sche Form allein, so haben alle Kurven des Netzes eine Gerade gemeinsam.

E. Kegelschnittgewebe.

81. Kegelschnittgewebe; seine Hesse'sche und Cayley'sche Kurve. Dual zu $\varkappa f(x, x) + \lambda g(x, x) + \mu h(x, x) = 0$ stellt

$$(57) \qquad \varkappa\varphi(u, u) + \lambda\chi(u, u) + \mu\psi(u, u) = 0$$

den willkürlichen Werten der Parameter $\varkappa, \lambda, \mu$ entsprechend ein System von ∞^2 Kurven 2. Klasse dar, das man als Kegelschnittgewebe oder Scharschar bezeichnet[491]). Für ein solches System gelten

---

$H(J)$ die Determinante der 2. Differentialquotienten von J; t ist eine simultane Invariante von f, g, h; diese Darstellung giebt auch *Burnside* a. a. O.). Die zwei anderen kubischen Formen, deren *Hesse*'sche Determinante bis auf einen Zahlenfaktor gleich J ist, sind von der Form $H(J) + aJ$, wo man für a zwei Werte hat, Wurzeln einer von *Gundelfinger* a. a. O. gegebenen quadratischen Gleichung. Vgl. ferner *White*[475]) und *Gordan*[475]).

489) *Rosanes,* Math. Ann. 17 (1880), p. 21—30. Vgl. auch *B. Igel,* Monatsh. Math. Phys. 5 (1894), p. 289 ff.

490) Math. Ann. 15 (1878), p. 111—121.

491) Die Bezeichnung Gewebe rührt von *Schröter,* Math. Ann. 5 (1871), p. 62 und 72, die Bezeichnung Scharschar von *Reye,* „Geom. d. Lage", 2. Aufl. Hannnover 1877, p. 208; bei englischen Mathematikern web, auch tangential net, französ. réseau tangentiel, ital. rete tangenziale.

natürlich die dual entsprechenden zu den vorerwähnten Sätzen des Netzes; wir nennen nur einige derselben. Alle eine gegebene Gerade berührenden Kurven des Gewebes bilden eine Schar; das Gewebe enthält unendlich viele Scharen, darunter im allgemeinen auch eine Schar von Parabeln. Zugleich folgt, dass die drei Parabeln, die den durch φ und χ, χ und ψ, ψ und φ bestimmten Tangentenvierseiten eingeschrieben sind, drei gemeinsame Tangenten haben[492]). Alle Polarenpaare, die irgend drei Kurven des Gewebes gemeinschaftlich harmonisch zugeordnet sind, berühren eine Kurve 3. Klasse C^3, die Hessiane des Gewebes; diese hat auch die Träger der in dem Gewebe enthaltenen Punktepaare zu Tangenten, ebenso die Seiten der Poldreiseite, die irgend welchen Kurven des Gewebes gemeinsam sind. Wenn zwei Seitenpaare eines vollständigen Vierecks konjugierte Tangenten der Hessiane sind, so gilt dies auch vom dritten Paare, das Viereck ist ein *Polviereck*[493]). Solche Polvierecke lassen sich leicht konstruieren. Es gilt nämlich der Satz, dass die Verbindungslinien der Ecken A, B, C eines Dreiecks mit den Polen der Gegenseiten durch einen und denselben Punkt gehen, der mit A, B, C ein Polviereck bildet. Ebenso wird ein solches Viereck durch ein Poldreieck und einen beliebigen weiteren Punkt der Ebene gebildet[494]).

Die Schnittpunkte konjugierter Polaren erfüllen eine Kurve 3. Ordnung[495]) C_3, die *Cayley*'sche Kurve des Gewebes; sie ist auch Ort aller Punkte, von denen sich an irgend drei Kegelschnitte des Gewebes Tangentenpaare einer Involution legen lassen[496]). Ausserdem wird sie von den im Gewebe enthaltenen Punktepaaren erfüllt[497]).

Weitere wichtige Sätze über Netze und Gewebe folgen in Nr. **84** und **85**.

---

492) *Chasles,* Sect. con., p. 289.

493) Die Bezeichnung *Polviereck* bei *Reye,* Geom. d. Lage, p. 261; vgl. ferner *Hesse,* J. f. Math. 38 (1847), p. 246 f. = Werke, p. 198—200. Hinsichtlich der Bezeichnung *Jacobi*'sche Kurve des Gewebes statt Hessiane vgl. Fussnote 474.

494) *Reye* a. a. O. Dass obige Verbindungslinien durch denselben Punkt gehen, findet man schon bei *Plücker,* J. f. Math. 5 (1830), p. 11 = Ges. Abh. 1, p. 134; vgl. auch *Hesse,* J. f. Math. 20 (1840), p. 302 = Werke p. 42 f. Zahlreiche weitere Sätze über Polvierecke und Polvierseite bei *Reye* a. a. O. p. 261—293; vgl. auch *Pasch,* Zeitsch. Math. Phys. 27 (1881), p. 122—124; *A.* v. *Brill,* Math. Ann. 20 (1882), p. 531—534, sowie *W. Fr. Meyer*[507]).

495) *Hesse,* J. f. Math. 38 (1847), p. 252 = Werke p. 205.

496) *Cayley,* J. de math. 10 (1845), p. 104—106 = Coll. papers 1, p. 191—193. Die Kurve wird auch häufig als *Hermite*'sche Kurve des Gewebes bezeichnet; vgl. hierzu Fussnote 481.

497) Die durch paarweise Kombination von φ, χ, ψ bestimmten drei Kurvenscharen enthalten nun insgesamt neun Punktepaare, also 18 Punkte, die auf

F. Kegelschnitte und Kegelschnittsysteme in konjugierter Lage.

82. Kegelschnitte in konjugierter Lage. *Hesse* hat nach der geometrischen Bedeutung einer linearen Bedingungsgleichung zwischen den Koeffizienten a_{ik} von $f(x, x) = 0$ gefragt und kam auf analytischem Wege zu dem Resultat, dass im Falle einer solchen Bedingung die Kurve $f(x, x) = 0$ einem Poldreieck eines anderen Kegelschnitts $\Phi(x, x) = 0$ umschrieben ist, der sich vermöge der Bedingungsgleichung bestimmen lässt. Ist diese:

$$(58)\quad [a, \alpha] \equiv a_{11}\alpha_{11} + 2a_{12}\alpha_{12} + a_{22}\alpha_{22} + 2a_{13}\alpha_{13} + 2a_{23}\alpha_{23} + a_{33}\alpha_{33} = 0,$$

so wird:

$$(59)\quad \Phi(x, x) \equiv \mathsf{A}_{11}x_1^2 + 2\mathsf{A}_{12}x_1x_2 + \mathsf{A}_{22}x_2^2 + 2\mathsf{A}_{13}x_1x_3 + 2\mathsf{A}_{23}x_2x_3 + \mathsf{A}_{33}x_3^2,$$

unter A_{ik} die Unterdeterminante von α_{ik} in der Determinante der α_{ik} verstanden, oder in Linienkoordinaten ist:

$$(60)\quad \varphi(u, u) \equiv \alpha_{11}u_1^2 + 2\alpha_{12}u_1u_2 + \alpha_{22}u_2^2 + 2\alpha_{13}u_1u_3 + 2\alpha_{23}u_2u_3 + \alpha_{33}u_3^2 = 0$$

die Gleichung des anderen Kegelschnitts. Auch ist (59) die reziproke Polare von $\alpha_{11}x_1^2 + 2\alpha_{12}x_1x_2 + \alpha_{22}x_2^2 + 2\alpha_{13}x_1x_3 + 2\alpha_{23}x_2x_3 + \alpha_{33}x_3^2 = 0$ in Bezug auf $x_1^2 + x_2^2 + x_3^2 = 0$.[498]) Die *Hesse*'sche Deutung der linearen Bedingung (58) bildet die Grundlage für Untersuchungen, die von einander unabhängig *Smith*[499]) und *Rosanes*[500]) anstellten, der erste zum grossen Teil mit rein geometrischen Methoden, der letztgenannte mit Hülfe der Symbolik der ternären Formen. Eine ausführliche Darstellung, die auch viele von *Smith* und *Rosanes* nicht behandelte spezielle Fälle berücksichtigt, wurde von *Picquet* gegeben[501]). *Smith* nennt den Kegelschnitt f *harmonisch umgeschrieben* dem Kegelschnitt Φ, *Rosanes* nennt beide Kurven *konjugiert*, *Reye* sagt die Kurve 2. Ordnung f *stützt* oder *trägt* die Kurve 2. Klasse φ, und umgekehrt *stützt sich* φ auf f oder *ruht* auf f; auch nennt *Reye* beide Kurven *apolar*[502]). (Vgl. auch I B 2, Nr. **24**.)

---

einer C_3 liegen. Haben die drei Kegelschnitte eine gemeinsame Tangente (sind sie z. B. Parabeln), so liegen neun Punkte auf dieser Tangente, die neun übrigen auf einer C_2 (*Picquet*, Étude géom., p. 51).

498) J. f. Math. 45 (1852), p. 83—87 = Werke p. 298—303, in französ. Bearbeitung Nouv. ann. 14 (1855), p. 125—127.

499) Lond. math. soc. Proc. 2 (1868), p. 85—100 = Coll. papers 1, p. 524—540.

500) Math. Ann. 6 (1872), p. 264—312.

501) „Étude géom.", Paris 1872. Vgl. auch *Gundelfinger*, Vorl., p. 228—240 und für spezielle Fälle p. 394—415.

502) *Smith* a. a. O. p. 85 bezw. 524; *Rosanes* a. a. O. p. 268, für binäre Formen J. f. Math. 76 (1873), p. 313; *Reye*, Geom. d. Lage, p. 266. In der

Mit Rücksicht darauf, dass die Ecken zweier Poldreiecke eines gegebenen Kegelschnitts nach *Steiner* wieder auf einem Kegelschnitt liegen[503]), geht f überhaupt durch die Ecken unendlich vieler Poldreiecke von Φ, falls f durch die Ecken von *einem* Poldreieck geht[498]), und die Seiten aller dieser Poldreiecke berühren denjenigen Kegelschnitt, dessen Tangenten die Kurven f und Φ in harmonischen Punktepaaren treffen[499]). Wenn ferner f der Kurve φ harmonisch umschrieben ist und durch drei Ecken eines Polvierecks von φ hindurchgeht, liegt auch die vierte Ecke auf f.[504]) Andrerseits ist im Falle $[a, \alpha] = 0$ die Kurve φ unendlich vielen Poldreiecken von f eingeschrieben, φ ist der Kurve f *harmonisch eingeschrieben*[505]). Auch die Umkehrung gilt: Wenn f und φ in einer der erwähnten Beziehungen zu einander stehen, ist $[a, \alpha] = 0$.[506]) Der Ausdruck $[a, \alpha]$ ist übrigens eine Invariante von f und φ. Die schon in Nr. **46** erwähnte Gleichung 3. Grades $C(\lambda) = 0$ für die Parameterwerte der in einem Büschel $\lambda g - f = 0$ befindlichen Geradenpaare ist nämlich von der Form

---

speziellen Anwendung des Apolaritätsbegriffes auf Kegelschnitte ist freilich die allgemeine Definition dieses Begriffes nicht zu erkennen, vielmehr hatte *Reye* allgemeiner gezeigt [III C 2], dass in Bezug auf eine Fläche n^{ter} Klasse F^n nicht nur den einzelnen Ebenen des Raumes bestimmte Polaren entsprechen, sondern für $k < n$ auch den Flächen k^{ter} Ordnung F_k; ausgenommen sind die zu F^n apolaren F_k, als deren Polaren jede Fläche $(n-k)^{\text{ter}}$ Klasse angesehen werden kann. Vgl. J. f. Math. 82 (1876), p. 2. Den Begriff der Apolarität höherer Flächen definierte *Reye*, J. f. Math. 78 (1873), p. 97. Haben beide Flächen gleichen Grad (Klasse der einen = Ordnung der anderen), so ist die Apolaritätsbedingung von ähnlicher Gestalt wie (58); vgl. J. f. Math. 79 (1874), p. 165 f.

503) Syst. Entw. § 60, Nr. 46 = Werke 1, p. 448. Bewiesen wurde obiger Satz zuerst synthetisch von *Chasles*, J. de math. 3 (1838), p. 396—398, analytisch von *Hesse*, J. f. Math. 20 (1840), p. 292 = Werke p. 31. Es sei hier noch ein ähnlicher Satz erwähnt, den *F. Mertens*, Wien. Ber. 94 (1886), p. 794 ff. analytisch beweist: Ein umschriebenes Dreieck und ein Poldreieck eines Kegelschnitts bilden resp. ein Poldreieck und ein eingeschriebenes Dreieck für einen anderen Kegelschnitt, und umgekehrt. 504) *Reye*, Geom. d. Lage, p. 266.

505) *Hesse*, „Vorl. über analyt. Geom. des Raumes“, 1. Aufl. 1861, p. 175 und 178.

506) *Salmon*, Quart. J. 5 (1862), p. 362 f. Rein analytisch wurden die vorstehenden und einige andere Sätze auch von *Gundelfinger* bewiesen im 3. Suppl. zur 3. Aufl. von *Hesse's* Vorl. über Raumgeometrie, p. 486—497, sowie in *Gundelfinger*, Vorl., p. 161—165; hier werden auch die Fälle berücksichtigt, wo die Kurve f allein, oder f und Φ ausarten. — Unter den Kegelschnitten eines Büschels giebt es offenbar einen, w, der irgend einem Kegelschnitt s harmonisch umschrieben ist, und umgekehrt giebt es zwei Büschelkurven, die der Kurve w eingeschriebene Poldreiecke haben (näheres bei *G. Bauer*, J. f. Math. 68 (1867), p. 293—296).

(61) $$C(\lambda) \equiv \lambda^3 B - 3\lambda^2 \Theta + 3\lambda \mathsf{H} - A = 0,$$

wo $3\Theta = [a, B]$, $3\mathsf{H} = [b, A]$ Invarianten von gleicher Gestalt wie $[a, \alpha]$ sind.

W. F. Meyer setzte den Kegelschnitt φ in der „Normalform" („Normkurve" der Ebene) $u_0 u_2 - u_1^2 = 0$ voraus (vgl. S. 125) und drückte im Falle $\Theta = 0$ die Bedingung für ein in Bezug auf $f(x, x) = 0$ konjugiertes Punktepaar P, Q durch eine Gleichung aus, die die „Argumentenpaare" der von P und Q an $\varphi(u, u) = 0$ gehenden Tangentenpaare in einer *für die vier Argumente symmetrischen* Gestalt enthält und überdies die Deutung zulässt, dass sie die ∞^3-Schar von Polvierseiten des zu $\varphi(u, u) = 0$ apolaren Kegelschnitts $f(x, x) = 0$ darstellt. Vorerwähnte Gleichung bildet bei *Meyer* die Grundlage zur Ableitung mehrerer, teils neuer, teils schon bekannter Sätze, z. B.: Irgend vier einem Kegelschnitt φ umschriebene Vierseite bestimmen einen zu φ apolaren Kegelschnitt f, der aus φ das zu jenen vier Quadrupeln apolare ausschneidet; die Vierseite sind Polvierseite von f. *W. F. Meyer* zeigte auch, wie sich die Bedingung der Apolarität zweier binärer biquadratischer Formen unmittelbar als ternäre Apolaritätsbedingung zweier Kegelschnitte auffassen lässt, und er gewinnt hieraus leicht den Satz: Sind auf einem Kegelschnitt k zwei Punktquadrupel gegeben, so geht durch das eine ein einziger Kegelschnitt f, der k stützt, und die Tangenten des anderen Quadrupels berühren zugleich einen einzigen Kegelschnitt Φ, der auf k ruht. Sind die Quadrupel apolar, so auch die Kurven f und Φ, und umgekehrt. — Von den Polvierseiten der Kurve f gelangt man zu den Poldreiseiten *Hesse*'s, indem man (Nr. **81**) eine Seite der erstgenannten unbestimmt werden lässt. Die dem Kegelschnitt φ umschriebenen Poldreiseite von f sind dann auf φ dargestellt durch die zur Gruppe der ersten Polaren des Schnittpunktquadrupels von f und φ apolare Gruppe. Durch die auf φ liegenden Berührungspunkte der gemeinsamen Tangenten von f und φ geht ferner jener Kegelschnitt H, dem alle φ umschriebenen Poldreiseite von f eingeschrieben sind; jene Berührungspunkte auf φ sind auch die einzigen Punkte dieser Kurve, deren Polaren in Bezug auf f wieder Tangenten von φ sind; dieselben werden von H berührt in ihren Schnittpunkten mit den gemeinsamen Tangenten von f und φ.[507] Soll ferner f der Kurve φ zugleich har-

507) Für das Vorhergehende verweisen wir auf *W. F. Meyer*, „Apolarität und rationale Kurven", Tübingen 1883, p. 84—110; Math. Ann. 21 (1882), p. 536—540; Württemb. Korresp.-Blatt 1884, Heft 7, 8; deutsche Math.-Ver. 1 (1892), p. 261f. Für die Interpretation binärer Formen auf einem Kegelschnitt ist ferner zu erwähnen eine Arbeit von *O. Schlesinger*, Math. Ann. 22 (1883), p. 520; vgl. auch *F. Lindemann*, Par. soc. math. Bull. 5 (1877), p. 119.

monisch um- und eingeschrieben sein, so muss es unendlich viele Poldreiseite von f geben, die φ umschrieben sind, und zugleich unendlich viele Dreiseite, die der Kurve f eingeschrieben, der Kurve φ umschrieben sind. Die notwendige und hinreichende Bedingung hierzu wird, dass das Quadrupel der Schnittpunkte von f und φ äquianharmonisch ist (Nr. **53**)[508]).

83. Weitere Untersuchungen über konjugierte Kegelschnitte. *Smith* benutzt die von ihm gegebenen Sätze auch zur Konstruktion des Kegelschnitts, der durch 3, 2, 1 oder keinen gegebenen Punkt geht und bezw. 2, 3, 4 oder 5 gegebenen Kurven harmonisch umschrieben ist. Gelegentlich der letzten dieser Konstruktionen[509]) beweist er synthetisch die analytisch evidente Thatsache, dass wenn zwei Kurven f und g einem Kegelschnitt s harmonisch umschrieben sind, dies auch von jeder Kurve des Büschels $\lambda g - f = 0$ gilt.

Man kann fragen, welche Bedingung die einem Kegelschnitt k harmonisch umschriebenen Kreise erfüllen oder, was sich gleichzeitig hiermit erledigt, die einem Kreis k_0 harmonisch eingeschriebenen Kegelschnitte. *Faure* hat in dieser Hinsicht den Satz ausgesprochen, dass die vom Mittelpunkt eines solchen Kegelschnitts k an den Kreis gezogenen Tangenten gleich dem Radius des Direktorkreises von k sein müssen[510]). Der Direktorkreis schneidet somit alle Kreise, die Poldreiecken von k umschrieben sind, rechtwinklig. Sind die Kurven k gleichseitige Hyperbeln, so ist der gegebene Kreis k_0 der Ort ihrer Mittelpunkte; es folgt also, dass die Mittelpunkte aller einem gegebenen Dreieck eingeschriebenen gleichseitigen Hyperbeln auf demjenigen Kreis liegen, welcher das Dreieck zum Poldreieck hat[511]).

508) *Gundelfinger,* Zeitschr. Math. Phys. 20 (1874), p. 156; *W. F. Meyer,* „Apolarität“, p. 150 f. Auch *Ferrers* hat sich schon Quart. J. 7 (1866), p. 20 mit der Bedeutung von $\Theta = \mathsf{H} = 0$ beschäftigt. Vgl. noch Fussnote 553.

509) Diese Konstruktion schliesst als besonderen Fall die Lösung einer schon von *Hesse,* J. f. Math. 20 (1840), p. 293 = Werke p. 32 gestellten und von *E. de Jonquières,* Nouv. ann. 14 (1855), p. 435—440 gelösten Aufgabe in sich: den Kegelschnitt zu konstruieren, der fünf gegebene Strecken harmonisch schneidet; für die dual entsprechende Aufgabe vgl. auch *Picquet,* „Étude géom.“, p. 108 f.

510) Nouv. ann. 19 (1860), p. 234. Analytische Beweise des Satzes gaben *L. Painvin,* Nouv. ann. 19 (1860), p. 294; *Salmon,* ebenda p. 347 f.; synthetische Beweise bei *Steiner-Schröter,* p. 178 f. Vgl. ferner *E. de Jonquières,* Nouv. ann. 20 (1861), p. 25 f.; *P. Serret,* ebenda p. 77—80, sowie *J. Taylor,* Quart. J. 10 (1870), p. 129 f. Eine Verallgemeinerung des *Faure*'schen Satzes giebt *A. Cazamian,* Nouv. ann. (3) 13 (1894), p. 229; vgl. auch ebenda, p. 324—348, wo zahlreiche Folgerungen aus dem *Faure*'schen Satze.

511) In ganz anderem Zusammenhange findet sich der Satz bei *Brianchon* und *Poncelet,* Ann. de math. 11 (1821), p. 210 = *Poncelet,* Appl. d'anal. 2, p. 508 f.

Ferner erkennt man, dass die Mittelpunkte der gleichseitigen Hyperbeln, die ein gegebenes Dreieck zum Poldreieck haben, auf dem Umkreis des Dreiecks liegen[512]). Sind die Kegelschnitte k Parabeln, so müssen deren Direktricen durch den Mittelpunkt des gegebenen Kreises gehen, und die Mittelpunkte aller einer Parabel harmonisch umschriebenen Kreise müssen auf der Direktrix der Parabel liegen[513]).

Sollen Kreise einem gegebenen Kegelschnitt k harmonisch eingeschrieben sein, so müssen bei gegebenem Radius ihre Mittelpunkte auf einem gewissen mit k koaxialen und ähnlichen Kegelschnitt k_1 liegen, der insbesondere mit k zusammenfällt, falls k eine gleichseitige Hyperbel ist. Soll ein bestimmter Punkt M Mittelpunkt eines einem Kegelschnitt f und eines einem Kegelschnitt g harmonisch eingeschriebenen Kreises sein, so haben diese zwei Kreise im allgemeinen verschiedene Radien; man kann daher fragen, wie M gelegen sein muss, wenn beide Kreise zusammenfallen sollen. Hat man einen solchen Punkt M gefunden, so ist der zugehörige Kreis allen Kurven des durch f und g bestimmten Büschels harmonisch eingeschrieben, somit auch der im Büschel befindlichen gleichseitigen Hyperbel, es muss daher M auf dieser Kurve liegen, sie ist der gesuchte Ort[514]).

84. Kegelschnittsysteme in konjugierter Lage. *Smith* betrachtet auch Systeme von Kegelschnitten und die zugehörigen „konjugierten Systeme"; sehr ausführlich behandeln die Beziehungen beider *Picquet*[501]), *Rosanes*[500]) und *Reye*[515]).

Ist ein „Kegelschnittsystem k^{ter} Stufe" gegeben durch eine Gleichung

$$(62)\quad \lambda_1 f_1(x, x) + \lambda_2 f_2(x, x) + \cdots + \lambda_{k+1} f_{k+1}(x, x) = 0, \quad k = 1, 2, 3, 4,$$

wo die $f(x, x) = 0$ von einander unabhängige Kegelschnitte darstellen, und sind die Kurven $f(x, x) = 0$ einem gegebenen Kegelschnitt har-

---

Vgl. ferner *L. J. Magnus*, „Sammlung von Aufg. und Lehrs. aus der anal. Geom.", Berlin 1833, p. 185—188; *F. Seydewitz*, Arch. Math. Phys. 3 (1843), p. 228 f. *Steiner* bemerkt J. f. Math. 55 (1858), p. 371 = Werke 2, p. 677, dass er den Satz schon vor 12 Jahren gefunden und hält ihn für neu. Im Zusammenhang mit dem *Faure*'schen Satze beweist ihn auch *J. Taylor*[510]).

512) *Brianchon* und *Poncelet* a. a. O. Alle diese Hyperbeln sind (Nr. **50**) einem Dreieck ABC umschrieben und gehen auch durch dessen Höhenschnittpunkt, das Poldreieck wird durch die Höhenfusspunkte gebildet; da der Umkreis des Poldreiecks somit der *Feuerbach*'sche Kreis von ABC ist, folgt sofort, dass die Mittelpunkte der einem Dreieck umschriebenen gleichseitigen Hyperbeln auf dem *Feuerbach*'schen Kreis des Dreiecks liegen (Nr. **50**).

513) *Salmon*, Nouv. ann. 19 (1860), p. 348.

514) *Picquet*, a. a. O. p. 72—74; *Salmon-Fiedler*, Kegelschn., p. 642.

515) Geom. d. Lage, p. 264—293. Vgl. auch *Darboux*, Bull. scienc. math. astr. 1 (1870), p. 348 ff.

monisch umschrieben, so gilt dies von allen Kurven des Systems. Alle Kegelschnitte eines Systems k^{ter} Stufe sind daher sämtlichen Kurven eines „konjugierten" Systems $(4-k)^{\text{ter}}$ Stufe:

$$(63)\qquad \mu_1\varphi_1(u,u)+\mu_2\varphi_2(u,u)+\cdots+\mu_{5-k}\varphi_{5-k}(u,u)=0$$

harmonisch umschrieben[516]). Umgekehrt bilden alle Kegelschnitte, die den Kurven eines Systems $(4-k)^{\text{ter}}$ Stufe harmonisch umschrieben sind, ein System k^{ter} Stufe. Denkt man sich aus den Matrices der Koeffizienten zweier solchen Systeme die Determinanten gebildet, so sind die der einen Matrix proportional den „komplementären" Determinanten der anderen[517]).

Im Falle $k=4$ reduziert sich das zu (62) konjugierte System auf einen einzigen Kegelschnitt, dessen Tangenten durch die in dem System 4. Stufe enthaltenen Doppelgeraden gebildet werden. Sind andrerseits die $f_i(x,x)=0$ fünf Doppelgeraden $U_i^2=0$, die eine Kurve $\varphi(u,u)=0$ berühren, so steht der Ausdruck für irgend eine sechste Tangente $U_6=0$ dieser Kurve mit den U_i in der Beziehung, dass sich immer sechs Faktoren λ_i $(i=1,2,\ldots,6)$ bestimmen lassen, für die[518]):

$$(64)\qquad \lambda_1U_1^2+\lambda_2U_2^2+\lambda_3U_3^2+\lambda_4U_4^2+\lambda_5U_5^2+\lambda_6U_6^2\equiv 0.$$

Diese Identität liefert auch die C_2, die irgend zwei einem Kegelschnitte umschriebene Dreiecke zu Poldreiecken hat[519]). Die in dem System $\sum_1^5{}_i\,\lambda_iU_i^2=0$ befindlichen Kreise bilden ein Netz; der Potenzmittelpunkt des Netzes (Nr. **85**) ist Mittelpunkt des dem Fünfseit der Ge-

516) *Smith* nennt dieses System the system contravariant to the given system. Bei *Clebsch-Lindemann,* Vorl., p. 385 findet sich die Redeweise, dass das System der φ mit dem der f „in vereinigter Lage" befindlich sei.

517) *Smith,* Lond. Trans. 151 (1861), p. 301 = Coll. papers 1, p. 376 f. Vgl. auch *A. v. Brill,* Math. Ann. 4 (1871), p. 530; *M. Pasch,* J. f. Math. 75 (1872), p. 108; *W. Fr. Meyer,* Apolarität[507]), § 1; *P. Gordan,* „Vorl. üb. Invariantentheorie", hrsgg. von *G. Kerschensteiner* 1 (1885), p. 95—99 und 110—112, sowie I A 2, Nr. **34**.

518) Vgl. *Hesse,* 4 Vorl., p. 19 f. und 31 = Zeitschr. Math. Phys. 11, p. 387 f. und 399. Dort ist allerdings der Gedankengang ganz anders. Ein weiterer Beweis bei *P. Serret,* Géom. de direct., p. 74 f. und 130—137; *Gundelfinger,* Vorl., p. 234. Für das System $k=4$ vgl. auch eine Bemerkung von *Rosanes* für den Fall, dass die konjugierte Kurve $\varphi=0$ ein Punktepaar ist (Math. Ann. 6 (1872), p. 282 f.); ferner allgemein *Picquet,* a. a. O.[501]) p. 35—38, 129—133 und dual p. 56 und 89—92.

519) Vgl. *P. Serret,* a. a. O. p. 209. Die näheren Ausdrücke für die Koeffizienten der Identität giebt *E. Study,* Leipz. Ber. 47 (1895), p. 544.

raden $U_i = 0$ eingeschriebenen Kegelschnitts k, und die in dem Netz befindlichen Grenzpunkte (Nr. **51**) liegen auf dem Direktorkreis von k. Zu den Kreisen des Netzes gehören natürlich auch die konjugierten Kreise der zehn Dreiseite, die sich aus den fünf Geraden bilden lassen[520]). Dem Falle $k = 4$ entspricht dual der Fall $k = 0$; hier ist ein Kegelschnitt $f(x, x) = 0$ gegeben, das konjugierte System ist 4. Stufe.

Im Falle $k = 3$ besteht das konjugierte System aus einer Kegelschnittschar, deren vier Grundtangenten durch die Doppelgeraden des Systems 3. Stufe S_3 gebildet werden; die eigentlichen Geradenpaare von S_3 repräsentieren die Gesamtheit aller der Schar konjugierten Geradenpaare. Auch ist leicht einzusehen, dass für $f_i(x, x) = 0$ $(i = 1, 2, 3, 4)$ als Gleichungen von vier Kegelschnitten man im allgemeinen auf vier verschiedene Arten Faktoren $\lambda_1, \lambda_2, \lambda_3, \lambda_4$ so bestimmen kann, dass $\lambda_1 f_1 + \lambda_2 f_2 + \lambda_3 f_3 + \lambda_4 f_4$ das Quadrat eines linearen Ausdrucks wird[521]). Umgekehrt lässt sich jede Kurve von S_3 durch die vier Doppelgeraden linear darstellen[522]). Die drei in der Schar befindlichen Punktepaare sind dem System S_3 harmonisch eingeschrieben, sie sind Paare von Doppelpunkten je einer Involution, die durch die Kurven von S_3 auf den Trägern der Punktepaare ausgeschnitten wird[523]). Die Direktorkreise der Schar bilden (Nr. **60**) ein Büschel B_1; das Kreisbüschel B_2, das die Kurven von B_1 rechtwinklig schneidet, enthält alle den Kegelschnitten der Schar harmonisch umschriebenen Kreise. Diese gehören somit dem System S_3 an, die in S_3 befindlichen Kreise bilden also ein Büschel[524]). Die unendlich vielen Hessianen, die den in S_3 enthaltenen ∞^1 Netzen zu-

520) *P. Serret*, a. a. O. p. 116 f.; die Grenzpunkte nennt er points cycliques du pentagone.

521) *Salmon-Fiedler*, Kegelschn., p. 634 und 685; *Gundelfinger*, Vorl., p. 237.

522) *Serret*, a. a. O. p. 48 f. und 260 f.; *Rosanes*, Math. Ann. 6 (1872), p. 307—310; J. f. Math. 73 (1870), p. 109 f.

523) *Cremona* hat Educ. Times 4 (1866), p. 109 f. den von *Clifford* zum Beweis gestellten Satz bewiesen, dass irgend vier Kegelschnitte ein self-conjugate quadrilateral (Polvierseit) besitzen. — Schon in *Clebsch*'s Abhandlung über die ebene Abbildung der *Steiner*'schen Fläche 4. Ordnung [III C 6] (J. f. Math. 67 (1866), p. 1 ff.) tritt ein System $S_3 \equiv \lambda_1 f_1 + \lambda_2 f_2 + \lambda_3 f_3 + \lambda_4 f_4 = 0$ auf, gebildet durch alle Kegelschnitte, die die Träger gewisser dreier Punktepaare harmonisch teilen. Diese Punktepaare sind die in der zugehörigen Kegelschnittschar $\Sigma_1 \equiv \mu_1 \varphi_1 + \mu_2 \varphi_2 = 0$ befindlichen ausgearteten Kurven, also die Durchschnitte von vier Geraden, die die Abbildungen der vier Kegelschnitte darstellen, längs deren die Fläche von einer Ebene berührt wird. Die Nebenseiten des durch die Punktepaare bestimmten vollständigen Vierseits entsprechen den drei Doppelgeraden der *Steiner*'schen Fläche.

524) *Picquet*, a. a. O. p. 82.

gehören, gehen durch die erwähnten drei Punktepaare hindurch[525]), denn diese sind allen Netzen von S_3 konjugiert. Alle *Cayley*'schen Kurven dieser Netze werden von den Trägern der drei Punktepaare berührt[526]). —

Wenn die Schar konfokal ist, besteht das System S_3 aus allen gleichseitigen Hyperbeln, denen das reelle Brennpunktepaar der Schar konjugiert ist[527]). Auch alle Kreise der Ebene bilden ein System S_3; ist $k(x, x) = 0$ die Gleichung des einem gegebenen Dreieck, z. B. dem Koordinatendreieck Δ umschriebenen Kreises und sind $g_i(x, x) = 0$ $(i = 1, 2, 3)$ die durch die Ecken von Δ gehenden zirkularen Geradenpaare, so ist jeder Kreis der Ebene darstellbar durch $k + \lambda g_1 + \mu g_2 + \nu g_3 = 0$. Man kann dies folgendermassen geometrisch deuten: Der Ort aller Punkte P, für die der Inhalt und die Quadrate der Seiten des Fusspunktdreiecks einer bestimmten linearen Gleichung genügen, ist ein Kreis; dabei bedeutet Fusspunktdreieck dasjenige, welches durch die Fusspunkte der von P auf die Seiten des Koordinatendreiecks gefällten Lote gebildet wird[528]). —

Gehen die Kurven $f_i(x, x) = 0$ $(i = 1, 2, 3, 4)$ durch einen und denselben Punkt, so besteht die konjugierte Schar aus sich doppelt berührenden Kegelschnitten[529]).

Dem Falle $k = 3$ entspricht dual $k = 1$; hier ist ein Büschel gegeben, das konjugierte System Σ_3 ist dritter Stufe. Jeder Punkt der im Büschel befindlichen gleichseitigen Hyperbel ist (Nr. **83**) Mittelpunkt eines allen Büschelkurven harmonisch eingeschriebenen Kreises, und diese Kreise gehören somit dem System Σ_3 an; umgekehrt erfüllen die Mittelpunkte aller Kreise von Σ_3 die konjugierte gleichseitige Hyperbel[530]).

Im Falle $k = 2$ besteht das zu dem gegebenen Netz S_2 konjugierte System Σ_2 aus einem Kegelschnittgewebe, und zwischen S_2 und Σ_2 finden vielfache Beziehungen statt. So ist z. B. die *Cayley*'sche

525) Dieser Satz rührt von *H. Siebeck,* Ann. di mat. (2) 2 (1868), p. 65—67 her. Das durch die Träger der drei Punktepaare gebildete Dreieck nennt er Chordaldreieck der vier Kegelschnitte. Die Schnittpunkte irgend zweier dieser Kurven liegen mit den Ecken des Dreiecks jedesmal auf einem neuen Kegelschnitt (ebenda, p. 67 f.).

526) *Rosanes,* Math. Ann. 6 (1872), p. 298. — Für eine nähere Betrachtung der Systeme S_3 sei noch verwiesen auf *Picquet,* a. a. O. p. 31—35, 126—129 und dual p. 53—55, 93—95.

527) *Picquet,* a. a. O. p. 128.

528) *P. H. Schoute,* Wien. Ber. 94 (1886), p. 786 f.

529) *Rosanes,* a. a. O. p. 272.

530) *Picquet,* a. a. O. p. 74.

Kurve von S_2 zugleich die Hessiane des Gewebes Σ_2, und die *Cayley*'sche Kurve von Σ_2 ist identisch mit der Hessiane von S_2.[531]) In einem Netz S_2 ist im allgemeinen nur *ein* Kreis enthalten; da die Punktepaare des zugehörigen Gewebes zu ihm konjugiert liegen, schneidet er diejenigen Kreise rechtwinklig, welche die Verbindungsstrecken der konjugierten Punktepaare zu Durchmessern haben, und diese Kreise haben somit denselben Potenzmittelpunkt[532]). Die in S_2 befindlichen gleichseitigen Hyperbeln bilden ein Büschel, denn sie sind alle zu dem imaginären Kreispunktepaar konjugiert. Da die Grundpunkte dieses Büschels die Mittelpunkte von vier den Kurven des Netzes harmonisch eingeschriebenen Kreisen darstellen, giebt es im konjugierten Gewebe Σ_2 vier Kreise, deren Mittelpunkte die eben erwähnte Lage haben[533]).

Der Fall, dass das Netz S_2 durch die in Bezug auf eine Kurve 3. Ordnung $\mathfrak{F} = 0$ genommenen konischen Polaren aller Punkte y der Ebene dargestellt wird, also die Gleichung hat:

$$(65) \qquad y_1 \frac{\partial \mathfrak{F}}{\partial x_1} + y_2 \frac{\partial \mathfrak{F}}{\partial x_2} + y_3 \frac{\partial \mathfrak{F}}{\partial x_3} = 0,$$

wurde schon in Nr. **79** betrachtet. Hier sei noch Folgendes erwähnt. Genau in analoger Beziehung wie $\mathfrak{F}$ zu den Kurven von S_2 steht, befindet sich eine gewisse Kontravariante zu den Kurven von Σ_2, nämlich die aus ihren 2. Differentialquotienten gebildete Determinante stellt gleich Null gesetzt die *Cayley*'sche Kurve von S_2 dar[534]).

---

531) Für die wichtigsten Beziehungen zwischen beiden Systemen vgl. *Picquet,* a. a. O. p. 96—126, sowie *Gundelfinger,* Vorl., p. 228—232, endlich *White*[475]) und *Gordan*[475]). Wir heben nur noch folgende hervor: Die Schnittpunkte der Hessiane von S_2 mit einer Geraden sind zugleich Schnittpunkte der Geraden mit den drei anderen gemeinsamen Tangenten der in dem konjugierten Gewebe enthaltenen Kurven, die jene Gerade berühren. Liegt die Gerade im Unendlichen, so folgt, dass die Asymptotenrichtungen der Hessiane durch die drei gemeinsamen Tangenten der im konjugierten Gewebe befindlichen Parabeln gegeben sind (*Picquet,* a. a. O. p. 102). Ferner sei erwähnt: Die acht Seiten zweier vollständigen Vierseite, deren Paare von Gegenecken konjugierte Pole der Hessiane des Netzes sind, also die acht Seiten zweier Polvierseite eines Netzes, sind einer Kurve des konjugierten Gewebes umschrieben (*Steiner-Schröter,* p. 481; *H. Siebeck,* Ann. di mat. (2) 2 (1868), p. 66; *H. Schröter,* Math. Ann. 5 (1871), p. 71). Dual folgt, dass die acht Ecken zweier Polviereche eines Gewebes auf einer C_2 des konjugierten Netzes liegen (*Rosanes,* Math. Ann. 6 (1872), p. 278).

532) *Picquet,* a. a. O. p. 22 f.

533) Ebenda, p. 75 f.

534) Schon *Cayley* erwähnt diese Kontravariante von $\mathfrak{F}$, deren *Hesse*'sche Determinante zur Pippian von $\mathfrak{F}$ (vgl. Fussnote 481) proportional ist (Lond.

Auch die Kegelschnitte einer Schar bilden zusammen mit ihren konfokalen Kurven ein Gewebe; seine Punktepaare bestehen aus den Brennpunktepaaren der Scharkurven, daher ist (Nr. **81**) die *Cayley*'sche Kurve des Gewebes der Ort der Brennpunkte der Schar, die Hessiane ist Enveloppe der Axen aller Kurven der Schar. Das konjugierte Netz wird durch gleichseitige Hyperbeln gebildet[535]).

85. Besondere Fälle[536]). Gehen alle Kurven eines Netzes durch einen und denselben Punkt P, so ist dieser ein Doppelpunkt der Hessiane; die *Cayley*'sche Kurve zerfällt in P und einen Kegelschnitt[537]). Der Punkt P gehört doppelt zählend dem konjugierten Gewebe als ausgeartete Kurve an. Umgekehrt zerfällt die Hessiane eines einen Doppelpunkt P enthaltenden Gewebes in P und den zu P gehörigen Polarkegelschnitt (Nr. **57**) der Schar, die sich nach Absonderung des Doppelpunktes aus dem Gewebe ergiebt.

Haben alle Netzkurven eine gemeinsame Sehne mit den Endpunkten Q, R, so zerfällt die Hessiane in diese Sehne und einen durch Q und R gehenden Kegelschnitt. Die übrigen Sehnen, die irgend zwei Kurven dieses Netzes gemeinsam sind, gehen alle durch einen und denselben Punkt P, und die *Cayley*'sche Kurve des Netzes zerfällt in P und die zwei Punkte Q, R.[538]). Diese gehören doppelt zählend dem konjugierten Gewebe an. Die Hessiane eines Gewebes, das zwei Doppelpunkte enthält, zerfällt somit in diese zwei Punkte und den in Bezug auf irgend eine Kurve des Gewebes genommenen Pol der Geraden QR; die *Cayley*'sche Kurve eines solches Gewebes zerfällt in die Gerade QR und einen Kegelschnitt, die harmonische C_2 (Nr. **48**) zu dem Punktepaar und irgend einer Kurve des Ge-

Trans. 147 (1856), p. 427 = Coll. papers 2, p. 395); auch bei *Cremona* tritt sie schon auf und wird von ihm mit K_3 bezeichnet (Bologna Mem. 12 (1861), p. 421 = deutsche Übers. von *Curtze*, Greifswald 1865, p. 232).

535) Vgl. *Schröter*, Math. Ann. 5 (1871), p. 61—82; *Picquet*, Étude géom., p. 120—124; *Th. Walter*, Progr. Gymn. Büdingen 1878; *Gundelfinger*, Vorl., p. 404—410, ferner die in Nr. **61** und **62** angegebene Litteratur.

536) Vgl. für diese speziellen Fälle *Cremona*, deutsche Übers. von *Curtze*, p. 275—278; *Picquet*, a. a. O. p. 115—126; *B. Igel*, Wien. Ber. 75 (1877), p. 445—457; *Gundelfinger*, Vorl., § 22—26.

537) Dieser Satz findet sich eigentlich schon bei *Hesse*, J. f. Math. 28 (1844), p. 78—80 = Werke, p. 101—103.

538) Den Satz, dass die irgend zwei Netzkurven noch gemeinsamen Sehnen durch einen und denselben Punkt gehen, beweist *Poncelet*, Traité Nr. 403 aus dem entsprechenden für Kreise gültigen. Analytisch bewiesen findet sich der Satz bei *Plücker*, Anal. Entw. 1, p. 241 und 257. *A. Voss*, Zeitschr. Math. Phys. 18 (1872), p. 104 nennt für drei beliebige Kegelschnitte, die eine Sehne gemeinsam haben, den Schnittpunkt der drei übrigen Sehnen den Zentralpunkt.

webes. — Sind Q, R die imaginären Kreispunkte, so hat man ein Netz von Kreisen. Seine Hessiane zerfällt in die unendlich ferne Gerade g_∞ und einen Kreis o; P wird zum Potenzmittelpunkt aller Kreise des Netzes, zugleich zum Mittelpunkt des Kreises o, der sich überhaupt als „Orthogonalkreis“ aller Netzkreise erweist; das konjugierte Gewebe besteht aus allen Kegelschnitten, die o zum Direktorkreis haben[539]).

Natürlich bilden auch alle C_2, die durch einen fest gegebenen Punkt gehen und zu denselben zwei Punktepaaren konjugiert liegen, ein Netz; ebenso die durch zwei feste Punkte gehenden und einem Punktepaar konjugierten Kegelschnitte[540]).

Haben alle C_2 eines Netzes drei Punkte P, Q, R gemeinsam, so besteht die Hessiane aus deren Verbindungslinien, die *Cayley*'sche Kurve aus den drei Punkten selbst. Das konjugierte Gewebe wird durch die Kegelschnitte gebildet, die PQR zum Poldreiseit haben, und hat gleichzeitig die Eigenschaften eines Netzes und eines Gewebes. Dasselbe wurde von *K. Meister* näher untersucht[541]).

Wir verzichten auf die Wiedergabe aller den angeführten speziellen Sätzen dual entsprechenden, nur einige seien hervorgehoben. Die Hessiane aller Kurven eines Gewebes mit gemeinsamer Tangente t ist eine C^3, die t zur Doppeltangente hat; die *Cayley*'sche Kurve zerfällt in die Gerade t und den Polkegelschnitt N der Geraden t (Nr. **49**) in Bezug auf das Kegelschnittbüschel, das sich nach Absonderung von t aus dem konjugierten Netz ergiebt. Die Berührungspunkte der Doppeltangente t mit der Hessiane sind zugleich die Schnittpunkte von N mit t. Sind die Kurven des Gewebes sämtlich Parabeln und berührt die unendlich ferne Gerade die Hessiane in den imaginären Kreispunkten, so ist N ein Kreis, und das konjugierte Netz wird durch gleichseitige Hyperbeln gebildet, die sämtlich dieselben Asymptoten haben wie die gleichseitigen Hyperbeln eines gewissen Büschels solcher Kurven. Die Hessiane des Gewebes, zugleich die *Cayley*'sche Kurve des konjugierten Netzes gleichseitiger Hyperbeln, wird eine

539) Vgl. *Picquet*, a. a. O. p. 117, sowie *Gundelfinger*, Vorl., p. 389 f. Der Ausdruck Orthogonalkreis rührt von *Plücker*, Anal. Entw. 1, p. 52 her. Die geometrische Bedeutung des Kreises hat schon *Steiner*, J. f. Math. 1 (1826), p. 166 = Werke 1, p. 24. Auch umgekehrt bilden alle Kreise, die einen gegebenen Kreis k rechtwinklig schneiden, ein Netz, dessen Hessiane in k und g_∞ zerfällt. Vgl. *Schröter*, Math. Ann. 6 (1872), p. 110 f.

540) Vgl. für beide Netze *Picquet*, a. a. O. p. 25—31.

541) Zeitschr. Math. Phys. 31 (1886), p. 321—347. Vgl. auch *E. Kurtz*, Diss. Münster 1900.

Hypocykloide mit drei Spitzen[542]). Die Geradenpaare des Netzes sind die Asymptoten der Hyperbeln, die genannte Hypocykloide ist daher Enveloppe dieser Asymptotenpaare (vgl. auch Nr. **55** und **63**). Interessant ist auch der Fall, wo die Kurven des Gewebes zwei gemeinsame Tangenten haben, bestehend aus den von einem festen Punkt F nach den imaginären Kreispunkten gezogenen Geraden; sie haben dann F zum Brennpunkt und sind überdies einem Kegelschnitt harmonisch eingeschrieben[543]).

G. Invarianten von zwei und drei Kegelschnitten.

86. Simultane Invarianten zweier C_2. Ein einziger Kegelschnitt $f(x, x) = 0$ hat nur drei Invarianten: die Form f selbst, die zugehörige (oder adjungierte) Form $F(u, u)$ und die Determinante A (vgl. Nr. **8**, sowie I B 2, Nr. **2**).

Das volle System [I B 2, Nr. **6**] der Invarianten *zweier* ternärer quadratischer Formen wurde zuerst von *P. Gordan* aufgestellt und von *F. Lindemann* mitgeteilt[544]); es besteht aus zwanzig Bildungen. Sind f und g die gegebenen Formen, so treten zunächst ausser diesen die vier eigentlichen Invarianten A, H, Θ, B auf, die bis auf Zahlenfaktoren mit den Koeffizienten von λ^0, λ^1, λ^2, λ^3 in der Determinante von $\lambda g - f$ übereinstimmen (vgl. (61) in Nr. **82**), ferner die Koeffizienten F, $-2H$ und G von λ^0, λ^1, λ^2 in der linken Seite der zu $\lambda g - f = 0$ gehörigen Gleichung in Linienkoordinaten. Hier sind F und G die „zugehörigen Formen" von f und g, während $H = 0$ die harmonische Kurve 2. Klasse (Nr. **48**) von f und g darstellt; ihr entspricht dual die Kovariante $\chi(x, x)$, die gleich Null gesetzt die harmonische Kurve 2. Ordnung von f und g darstellt. Für diese Invarianten bestehen Beziehungen wie:

$$(66)\quad \begin{cases} Bf = -2H(g_1, g_2, g_3) + 3\Theta g, \\ 2\chi = -F(g_1, g_2, g_3) + 3\mathsf{H} g, \quad (g_i = \tfrac{1}{2} g'(x_i)) \end{cases}$$

---

542) *Cremona* zeigte J. f. Math. 64 (1864), p. 101—123, wie sich die wichtigsten Eigenschaften dieser Kurve aus den Untersuchungen von *Hesse* und *Cayley* über C_3 ergeben. Vgl. auch *Picquet,* a. a. O. p. 116, sowie *Gundelfinger,* Vorl., p. 410—415. Bezüglich der übrigen Litteratur vgl. Nr. **55** und **63**, sowie III C 3.

543) Näheres bei *Picquet,* a. a. O. p. 118 f.; andere spezielle Fälle bei *Gundelfinger,* Vorl., p. 394—415. Das Gewebe von Kegelschnitten, die ein gegebenes Tangentendreiseit haben, untersuchte *H. J. Pilgram,* Diss. inaug. Erlangen 1902.

544) *Clebsch-Lindemann,* Vorl. 1, p. 288—302.

und die hieraus durch Vertauschung der a_{ik} und b_{ik} hervorgehenden[545]).

Ferner ist zu erwähnen eine Zwischenform (vgl. I B 2, Nr. 2) $B_1 \equiv \binom{u}{g}_{a_{ik}}$, wo $B_1 = 0$ bei variabelen u den in Bezug auf f genommenen Pol der in Bezug auf g genommenen Polare eines Punktes x darstellt. (Bezüglich der abkürzenden Schreibweise $\binom{u}{g}_{a_{ik}}$ vgl. Nr. 8). Bei variabelen x ist $B_1 = 0$ eine Gerade von solcher Art, dass die in Bezug auf g genommenen Polaren ihrer Punkte konjugiert sind zu der Geraden $u_x = 0$ in Bezug auf $f = 0$. Man könnte auch sagen: die Gerade $B_1 = 0$ hat in Bezug auf g denselben Pol wie $u_x = 0$ in Bezug auf f. Analoge Bedeutung hat $B_2 \equiv \binom{u}{f}_{b_{ik}}$. Die Zwischenform

$$N \equiv \frac{1}{4} \sum \pm \left(\frac{\partial f}{\partial x_1} \frac{\partial g}{\partial x_2} u_3\right) \tag{67}$$

ist gleich Null gesetzt der Polkegelschnitt der Geraden u in Bezug auf das Büschel $\lambda g - f$ (Nr. **49**);

$$\mathsf{N} \equiv \frac{1}{4} \sum \pm \left(\frac{\partial F}{\partial u_1} \frac{\partial G}{\partial u_2} x_3\right) \tag{68}$$

liefert (Nr. **57**) den Polarkegelschnitt des Punktes x in Bezug auf die Schar $\lambda G - F = 0$. Die Formen N und N sind Kombinanten, d. h. solche Invarianten, die sich bei Substitution von $\varkappa_1 f + \lambda_1 g$ und $\varkappa_2 f + \lambda_2 g$ an Stelle von f und g bis auf eine Potenz von $\varkappa_1 \lambda_2 - \varkappa_2 \lambda_1$ als Faktor reproduzieren (I B 2, Nr. **24**). Noch vier weitere Zwischenformen sind vorhanden: $C_1, C_2, \Gamma_1, \Gamma_2$. Die Form C_1 ist die Funktionaldeterminante von B_1, f und u_x, somit $C_1 = 0$ die Bedingung, dass die Polare eines Punktes x in Bezug auf f durch den Schnittpunkt der Geraden B_1 und u geht. Auch als Funktionaldeterminante von F, H und x_u ist C_1 darstellbar. Die Form C_2 geht aus C_1 durch Vertauschung von f und g hervor. Den Formen C_1 und C_2 entsprechen dual Γ_1 und Γ_2; sie stehen mit F und G in demselben Zusammenhang wie C_1 und C_2 mit f und g, nur sind natürlich Differentiationen nach x_i zu ersetzen durch solche nach u_i. Endlich hat man noch zwei duale Formen D und Δ, beide vom 3. Grad in den Koeffizienten von f und g, während D die u_i, Δ die x_i im 3. Grad enthält. $D = 0$ stellt das Produkt der drei Ecken, $\Delta = 0$ das der drei Seiten des gemeinsamen Pol-

545) Die Beziehung $3(\Theta f - \mathsf{H} g) = G(f_1, f_2, f_3) - F(g_1, g_2, g_3)$ hat bereits *Ferrers,* Quart. J. 7 (1866), p. 20; er benutzt sie bei der Frage nach der Bedeutung des gleichzeitigen Verschwindens von Θ und H. Vgl. auch *Gundelfinger,* Vorl. § 17, sowie § 3 des 3. Supplementes zur 3. Aufl. von *Hesse's* „Vorl. über anal. Geom. des Raumes".

dreiecks von f und g dar. Beide Formen sind wieder Kombinanten von f und g. Setzt man die Form N gleich $N_1u_1 + N_2u_2 + N_3u_3$, so ist übrigens Δ gleichbedeutend mit

$$(69) \qquad \sum \pm \left(\frac{\partial N_1}{\partial x_1}\frac{\partial N_2}{\partial x_2}\frac{\partial N_3}{\partial x_3}\right),$$

und in analoger Beziehung steht das Produkt ABD zu N.[546]) Ferner lässt sich Δ darstellen als Funktionaldeterminante von f, g und χ, analog D als solche von F, G und H.

Im ganzen hat man 4 reine Invarianten, 4 reine Kovarianten, 4 Kontravarianten und 8 Zwischenformen (gemischte Kovarianten).

87. Beziehungen zwischen einzelnen Formen. Alle simultanen Formen von f und g sind ganze Funktionen dieses Systems S von 20 Invarianten. *Gordan* hat die Darstellung solcher Funktionen für einige wichtige simultane Formen gegeben[547]); es sei hier nur erwähnt eine gewisse dreireihige Determinante $\mathfrak{H}$ (bei *Gordan* H), sowie die *Taktinvariante* T von f und g. Die Bedingung $T = 0$ für die einfache Berührung der beiden Kurven ergiebt sich auch als dreireihige Determinante. Ferner zeigt *Gordan* an mehreren Fällen, wie sich die Quadrate und die Produkte je zweier im System S enthaltenen schiefen Invarianten (formes gauches [I B 2, Nr. 2], es sind dies die Formen Δ, D, N, N, C_1, C_2, Γ_1, Γ_2) sowie ihre geraden Überschiebungen [I B 2, Nr. **14**] als ganze Funktionen der übrigen Formen ausdrücken lassen. Die Quadrate und Produkte je zweier der drei Formen f, g, χ stellt er als lineare Funktionen der Unterdeterminanten von $\mathfrak{H}$ dar. Durch Adjunktion einer beliebigen Geraden $w_x = 0$, deren Pole in Bezug auf F, G und H man als Ecken eines Koordinatendreiecks wählt, werden f, g, χ in rationaler Weise „typisch dargestellt" [I B 2, Nr. **7**].

Auch *R. Perrin*[548]) hat das vollständige System aufgestellt; ferner zeigte er, dass die Invarianten eines Systems zweier linearen und zweier quadratischen *binären* Formen Leitglieder der invarianten Bildungen zweier C_2 sind. Mit Hülfe der bekannten Syzygien (Relationen, I B 2, Nr. 8) zwischen den genannten binären Grundformen gelangt man so unmittelbar zu den Syzygien der zwei ternären Formen[549]).

546) *Gundelfinger,* Vorl., p. 206 f.

547) Math. Ann. 19 (1882), p. 528—552.

548) Par. soc. math. Bull. 18 (1890), p. 1—80. Das Prinzip seiner Methode, die Invarianten eines „associierten" Systems von Formen beliebig vieler Veränderlichen aufzusuchen, hat *Perrin*, Paris C. R. 104 (1887), p. 108—111, 220—222, 280—282 mitgeteilt [I B 2, Nr. **7**].

549) *Perrin* behandelt dieses System binärer Formen in Par. soc. math. Bull. 15 (1887), p. 45—61. *Perrin* [548]) leitet 67 Syzygien ab; eine der wichtigsten drückt

88. Taktinvariante. Kombinante $\psi(x, x)$. Auf einige besonders wichtige Invarianten möge noch näher eingegangen werden. So z. B. auf die Taktinvariante T (Nr. 87). Man erhält sie, wie schon in Nr. **46** erwähnt, als Diskriminante der kubischen Gleichung (61): $C(\lambda) \equiv \lambda^3 B - 3\lambda^2 \Theta + 3\lambda \mathsf{H} - A = 0$, nämlich:

$$T \equiv 4(B\mathsf{H} - \Theta^2)(A\Theta - \mathsf{H}^2) - (\mathsf{H}\Theta - AB)^2. \tag{70}$$

Im Falle der Oskulation hat die kubische Gleichung drei gleiche Wurzeln; wie in der Theorie der binären kubischen Formen gezeigt wird, muss dann $B : \Theta = \Theta : \mathsf{H} = \mathsf{H} : A$ sein. Die Kegelschnitte berühren sich in zwei verschiedenen Punkten, wenn die der Doppelwurzel λ_1 entsprechende Ausartung $\lambda_1 g - f = 0$ eine Doppelgerade darstellt, d. h. wenn $F - 2\lambda_1 H + \lambda_1^2 G \equiv 0$. Da ausserdem λ_1 schon gemeinsame Wurzel der Ableitungen $\lambda_1^2 B - 2\lambda_1 \Theta + \mathsf{H} = 0$ und $\lambda_1^2 \Theta - 2\lambda_1 \mathsf{H} + A = 0$ der kubischen Gleichung in λ ist, erhält man durch Elimination von λ_1 und λ_1^2 die Determinante:

$$\begin{vmatrix} F & H & G \\ \mathsf{H} & \Theta & B \\ A & \mathsf{H} & \Theta \end{vmatrix} = 0, \tag{71}$$

und durch Benutzung der dual entsprechenden Gleichungen ergiebt sich noch eine andere ähnliche Relation. Im Falle der doppelten Berührung ist der Kegelschnitt $\chi = 0$ dem Büschel $\lambda g - f = 0$ angehörig. Denn $\chi = 0$ geht (Nr. **48**) allgemein durch die acht Berührungspunkte der gemeinsamen Tangenten von f und g hindurch; berühren sich diese Kurven in einem Punkte, so berührt daselbst auch $\chi = 0$, da den Kurven f und g daselbst die Tangente gemeinsam ist. Gleiches gilt von dem Kegelschnitt $H = 0$. Die Oskulation geht in eine vierpunktige Berührung über, wenn für die dreifache Wurzel von $C(\lambda) = 0$ der Ausdruck $F - 2\lambda_1 H + \lambda_1^2 G$ identisch verschwindet[550]).

Gundelfinger[551]) giebt die Kriterien für die einzelnen Fälle der

---

das Produkt ΔD aus durch B_1, B_2, u_x und die vier reinen Invarianten. Überhaupt giebt er die Ausdrücke für die 8 Quadrate und 28 Produkte je zweier der acht schiefen Formen. Mehrere Syzygien benutzt er zur Ableitung geometrischer Resultate und Aufstellung der Gleichungen gewisser kovarianter Kurven. Auch *C. Reuschle* (Verh. des 1. internat. Math.-Kongr. in Zürich, Leipzig 1898, p. 128—139) hat die Invarianten zweier Kegelschnitte abgeleitet, und zwar auf Grund einfacher Polaren- und Eliminationsprozesse mit Hülfe seiner Konstituententheorie.

550) Vgl. *Salmon-Fiedler*, Kegelschn., § 358, § 368, § 370 und § 371. Eine andere Behandlung der Berührung zweier C_2 giebt *Perrin*, a. a. O. [548])

551) Für das nähere vgl. Vorl., p. 372—376.

Berührung wie für die Realität der Schnittpunkte (vgl. Nr. **46**) mit Hülfe einer Kombinante (I B 2, Nr. **24**) $\psi(x, x)$ nebst zugehöriger Form $\Psi(u, u)$, wo sich ψ auch darstellen lässt in der Gestalt: $3F(u,u) - 2(\lambda_1 + \lambda_2 + \lambda_3) H(u,u) + (\lambda_1^2 + \lambda_2^2 + \lambda_3^2) G(u,u)$, wenn man hier u_i durch $\frac{1}{2} g'(x_i)$ ersetzt; $\lambda_1, \lambda_2, \lambda_3$ sind dabei die Wurzeln von $C(\lambda) = 0$. Für $\Psi(u, u)$ findet man $162(h_{11}F + 2h_{12}H + h_{22}G)$, wobei $h_{11} = B\mathsf{H} - \Theta^2$, $2h_{12} = \Theta\mathsf{H} - AB$, $h_{22} = A\Theta - \mathsf{H}^2$. *Gundelfinger* hat überhaupt den Kegelschnitt ψ genauer untersucht und ist dabei u. a. zu folgenden Resultaten gelangt[552]). Mit f, g und χ steht ψ in der Beziehung $-\frac{1}{3}\psi = \Theta f + \mathsf{H} g - 2\chi$. Durch jede Ecke des gemeinsamen Poldreiecks von f und g gehen bekanntlich ein Geradenpaar des Büschels und zwei Seiten des Dreiecks; diese zwei Linienpaare bestimmen eine Involution, deren Doppelstrahlen die Kurve ψ in deren Schnittpunkten mit der dritten Dreiecksseite berühren. Ferner wird ψ von allen Geraden eingehüllt, die die zwei äquianharmonischen Kegelschnitte $\mathfrak{A}$ und $\mathfrak{B}$ des Büschels in harmonischen Punktepaaren treffen und ist auch Ort aller Punkte, von denen sich an diese zwei Kurven harmonische Tangentenpaare legen lassen, d. h. ψ ist zu $\mathfrak{A}$ und $\mathfrak{B}$ harmonische C_2 und harmonische C^2 (vgl. Nr. **53** und **48**). Mit ψ bilden $\mathfrak{A}$ und $\mathfrak{B}$ ein System dreier Kegelschnitte, von denen je zwei einander in Bezug auf den dritten „als Direktrix polar entsprechen“, d. h. die in Bezug auf eine der drei Kurven genommenen Polaren von Punkten einer anderen Kurve des Systems umhüllen die dritte[553]); je zwei der Kegelschnitte $\mathfrak{A}$, $\mathfrak{B}$, ψ sind einander harmonisch eingeschrieben und umschrieben. Ebenso ist ψ jedem der Kegelschnitte

552) Zeitschr. Math. Phys. 20 (1874), p. 156—159; Vorl., p. 207 f. und 368—371.

553) *Ferrers,* Quart. J. 7 (1866), p. 21 f. gelangt zu drei Kegelschnitten, die in dieser Beziehung zu einander stehen, indem er fragt, was es bedeutet, wenn bei zwei gegebenen Kegelschnitten die Invarianten Θ und H verschwinden. Auch erwähnt er, dass immer die eine von drei solchen Kurven Ort aller Punkte ist, von denen sich an die zwei anderen harmonische Tangentenpaare legen lassen. Die Beziehung solcher drei Kurven zum Büschel, insbesondere die Thatsache, dass es in jedem Büschel zwei Kurven giebt, für die Θ und H verschwinden, kannte *Ferrers* noch nicht. Vgl. auch Fussn. 508. Wieder auf anderem Wege gelangte *Rosanes,* Math. Ann. 2 (1870), p. 552 zu drei Kegelschnitten obiger Art, gleichfalls ohne zu erwähnen, dass in jedem Büschel zwei solche Kurven enthalten sind. Hingegen bemerkte *Rosanes,* dass für je zwei der drei Kurven die zugehörige harmonische C_2 und die harmonische C^2 mit der dritten zusammenfallen. Vgl. ferner *G. Battaglini* in der von *L. Cremona* und *E. Beltrami* herausgegebenen Schrift: „In memoriam Dominici Chelini Collectanea mathem.“, Mailand 1881, p. 36; *G. Kohn,* Wien. Ber. 93 (1886), p. 314—336 und 349 f.

f und g harmonisch eingeschrieben[554]) (Nr. **83**), wie auch allen Kurven des Büschels $\lambda g - f = 0$. *Gundelfinger* bemerkt ferner, dass jeder der drei harmonischen Kegelschnitte des Büschels (Nr. **53**) mit ψ eine doppelte Berührung eingeht, wobei die Berührungssehnen die Seiten des gemeinsamen Poldreiecks des Büschels sind. Die bei der Kegelschnittschar $\mu G - F = 0$ auftretende zu ψ duale Kombinante φ ist als Kegelschnitt der vierzehn Punkte mehrfach behandelt. Es lassen sich nämlich leicht vierzehn seiner Punkte bestimmen[555]), ebenso wie man leicht vierzehn Tangenten von ψ (Kegelschnitt der vierzehn Geraden) angeben kann, nämlich ausser den oben genannten sechs Doppelstrahlen dreier Involutionen noch die vier Geradenpaare, von denen sich je eins durch jede Ecke des Vierecks der Grundpunkte von $\lambda g - f = 0$ der Art ziehen lässt, dass jede dieser Geraden mit der durch die betreffende Ecke gehenden Diagonale und dem durch die Ecke gehenden Seitenpaar ein äquianharmonisches System bildet. Jedenfalls dürfte ψ von wichtigerer Bedeutung für das *Büschel* sein als φ, zumal ψ mit den drei Kovarianten f, g, χ in so einfacher Beziehung steht, während φ eine ziemlich komplizierte Kombination von Formen niedrigerer Ordnung ist[556]).

89. Quadratische ternäre und biquadratische binäre Formen. *Burnside* bemerkte, dass sich die Invariantentheorie für die biquadratische binäre Form der für die quadratische ternäre Form unterordnet. Durch die Substitution von x_1, x_2, x_3 an Stelle von x_1^2, $2x_1x_2$, x_2^2 geht nämlich die Form:

$$q \equiv a_0x_1^4 + 4a_1x_1^3x_2 + 6a_2x_1^2x_2^2 + 4a_3x_1x_2^3 + a_4x_2^4 \tag{72}$$

über in:

$$f \equiv a_0x_1^2 + a_2x_2^2 + a_4x_3^2 + 2a_3x_2x_3 + 2a_2x_3x_1 + 2a_1x_1x_2, \tag{73}$$
$$\text{wobei } g \equiv 4x_1x_3 - x_2^2 = 0.$$

Die Diskriminante von $\lambda g - f$ wird hier $4\lambda^3 - i\lambda - j$, unter

$$\left\{\begin{aligned} i &\equiv a_0a_4 - 4a_1a_3 + 3a_2^2, \\ j &\equiv a_0a_2a_4 + 2a_1a_2a_3 - a_2^3 - a_1^2a_4 - a_0a_3^2 \end{aligned}\right. \tag{74}$$

die Invarianten der Form q verstanden [I B 2, Nr. 8, Anm. 169]. Es wird also hier H gleichbedeutend mit i, A mit j, während Θ verschwindet. Ferner zeigt sich, dass die Kovariante χ von f und g gleichbedeutend

554) *J. Casey*, „A treatise on the analytical geometry of the point, line, circle, and conic sections“, 2. Aufl., Dublin 1893, p. 490.

555) *Salmon-Fiedler*, Kegelschn., p. 652; *Casey*, a. a. O. p. 486—490.

556) *Gundelfinger*, Zeitschr. Math. Phys. 20 (1874), p. 159; Vorl., p. 377.

wird mit der *Hesse*'schen Kovariante von q. Die Diskriminante von q ist Taktinvariante von f und g. Analog lassen sich die invarianten Eigenschaften des aus einer biquadratischen und einer quadratischen binären Form bestehenden Systems an die Betrachtung zweier Kegelschnitte und einer Geraden anknüpfen[557]).

90. Invarianten dreier Kegelschnitte. In analoger Weise wie *Gordan* das volle System der Invarianten zweier Kegelschnitte abgeleitet hat, geschah dies [I B 2, Nr. 6] bei drei Kegelschnitten f, g, h durch *C. Ciamberlini*[558]); er findet im ganzen 127 Bildungen. *E. Fischer* und *K. Mumelter*[559]) berechnen das System nach einer von *F. Mertens*[560]) gegebenen Methode, gelangen aber zu 185 Bildungen (11 Invarianten, 38 Kovarianten, 38 Kontravarianten und 98 Zwischenformen); sie haben ihr Ergebnis mit dem von *Ciamberlini* leider nicht verglichen. Ausser den Invarianten je zweier der drei Formen gehören zu den simultanen Invarianten natürlich die *Hesse*'sche und *Cayley*'sche Form des Netzes:

$$\varkappa f(x, x) + \lambda g(x, x) + \mu h(x, x) = 0. \tag{75}$$

Wir erwähnen ferner z. B. den Ort aller Punkte, deren Polaren hinsichtlich zweier der drei Kegelschnitte in Bezug auf den dritten konjugiert sind. Zehn reine Invarianten liefert die Diskriminante D von (75) als Koeffizienten der verschiedenen Potenzen und Produkte von $\varkappa, \lambda, \mu$. Mit Ausnahme des Koeffizienten Θ_{123} von $\varkappa\lambda\mu$ sind diese Invarianten solche, die zu f, g, h einzeln, oder zu je zweien dieser drei Formen gehören[561]). — Auch mehrere andere Grundformen des Systems oder aus diesen abgeleitete Formen waren vor *Ciamberlini* schon bekannt; so stellt z. B. bereits *J. J. Sylvester* die Resultante R der drei Formen ($R = 0$ Bedingung, dass f, g, h und somit alle Kurven des Netzes (75) durch einen und denselben Punkt gehen) durch einen Ausdruck dar[562]) von der Form $3R = 4S_1 - P^2$, wobei die Kombinante S_1 die Koeffizienten jeder der drei Formen f, g, h im 4. Grad enthält und die *Aronhold*'sche Invariante S sowohl der

557) Näheres bei *Burnside*, Quart. J. 10 (1869), p. 211—218; vgl. auch *F. Hofmann*, Zeitschr. Math. Phys. 32 (1886), p. 363—368.

558) Giorn. di mat. 24 (1886), p. 141—157.

559) Monatsh. Math. Phys. 8 (1897), p. 97—114.

560) Wien. Ber. 99 (1890), p. 367—384.

561) *Burnside*, a. a. O. p. 242. Die bei symbolischer Schreibweise selbstverständliche geometrische Bedeutung des Verschwindens von Θ_{123} erwähnt *J. Kraus*, Diss. inaug. Giessen 1886, p. 20: Jede der drei Kurven f, g, h ist zu der den zwei anderen zugehörigen harmonischen Kurve 2. Klasse konjugiert.

Hessiane von (75) als auch der als ternäre kubische Form von $\varkappa$, λ, μ betrachteten Diskriminante D ist, während sich die Kombinante P^2 nach *Burnside*[563]) durch acht andere Invarianten ausdrückt. Sind f, g, h die Differentialquotienten einer ternären kubischen Form $\mathfrak{F}$, so ist P die *Aronhold*'sche Invariante T dieser Form, S_1 wird die *Aronhold*'sche Form S der zu $\mathfrak{F}$ gehörigen *Hesse*'schen Determinante. *Cayley*[564]) zeigte, dass alsdann $S_1 = P^2 - 48 S^3$ ist (unter S die *Aronhold*'sche Invariante S von $\mathfrak{F}$ verstanden), und $R = P^2 - 64 S^3$ wird identisch mit der Diskriminante von $\mathfrak{F}$. *Hermite* stellt R *allgemein* dar in der Form $T^2 - 64\Sigma$, und hier ist Σ eine Kombinante, die sich auf S^3 reduziert, falls f, g, h Differentialquotienten einer Form $\mathfrak{F}$ sind[565]). Auch *Burnside*[566]) hat für R den Ausdruck $T^2 - 64\Sigma$, doch giebt er für Σ eine ganz andere Art der Ableitung an; ferner zeigte er, durch welche zwei Relationen T und Σ (bei ihm P und Q) mit den zehn oben erwähnten und einer elften Invariante zusammenhängen[567]). *Gundelfinger*[568]) führte die Untersuchungen von *Hermite* weiter aus und zeigte, dass sich jede Invariante des Systems rational durch die eben erwähnten zehn Invarianten und durch T ausdrückt, jede Kombinante rational und ganz durch Σ und T (bei ihm s und t)[569]). Auch giebt er eine Gleichung an, die im Falle $R = 0$ den gemeinsamen Punkt der Kurven f, g, h dreifach zählend darstellt, ferner entwickelt er die Bedingungen dafür, dass die Kurven zwei oder auch drei Punkte gemeinsam haben[570]). Im Falle $\Sigma = 0$ besitzt, wie

---

562) Cambr. Dubl. math. J. 8 (1853), p. 267. Man vgl. übrigens hierzu auch *Hesse*, J. f. Math. 28 (1844), p. 68—96 = Werke, p. 89—122.

563) A. a. O. p. 243 f.

564) J. f. Math. 57 (1859), p. 143 ff. = Coll. pap. 4, p. 353 ff.

565) J. f. Math. 57 (1860), p. 372 f. *B. Igel*, Wien. Ber. 77 (1878), p. 783 ff. geht von der Theorie der ternären kubischen Formen aus und folgert aus ihr den Ausdruck für die Resultante R.

566) Quart. J. 10 (1869), p. 239—247. Bei *Hermite* ist Σ eine Determinante 3. Grades, bei *Burnside* (mit Q bezeichnet) eine vom 6. Grad. Die Identität beider bewies *Igel*, Wien. Ber. 74 (1876), p. 365, sowie Monatsh. Math. Phys. 5 (1894), p. 301 f. Übrigens ist der Determinante bei *Burnside* und ebenso bei *Salmon-Fiedler,* Kegelschn., p. 684 ein Minuszeichen vorzusetzen.

567) Später geschah dies noch von *F. Gerbaldi*, Tor. Atti 25 (1890), p. 390 —396, der auch R durch die elf Invarianten ausdrückt. Letzteres thut ebenfalls *A. R. Johnson,* Lond. math. soc. Proc. 21 (1890), p. 434 f.

568) J. f. Math. 80 (1874), p. 73—82.

569) Auch von *F. Mertens,* Wien. Ber. 93 (1886), p. 62—77 werden diese zwei Thatsachen bewiesen.

570) Solche Bedingungen wurden auch von *J. J. Walker,* Lond. math. soc. Proc. 4 (1873), p. 404—416 aufgestellt.

gleichfalls gezeigt wird, die *Cayley*'sche Kurve des Netzes (75) eine Doppeltangente. Sie ist als Doppelgerade in dem Netz (75) enthalten; die Gleichung, die sie doppelt zählend darstellt, wird angegeben. Der symbolische Ausdruck der Bedingungen $\Sigma = 0$ und $R = 0$ findet sich bei *Clebsch*[571]).

571) *Clebsch-Lindemann,* Vorl. 1, p. 526; vgl. hierzu noch *Gordan,* J. de math. (5) 3 (1897), p. 195—201.

(Abgeschlossen im Januar 1903.)

III C 2. FLÄCHEN 2. ORDNUNG UND IHRE SYSTEME UND DURCHDRINGUNGSKURVEN.

VON

O. STAUDE

IN ROSTOCK.

Inhaltsübersicht.

I. Die Klassifikation der Flächen 2. Ordnung*).

II. Fläche 2. Ordnung und Ebene.

III. Fläche 2. Ordnung und gerade Linie.

*) Von zwei dualen Gebilden ist in den Überschriften meist nur das eine genannt.

VIII. Büschel von Flächen 2. Ordnung.

IX. Transformation und Abbildung.

X. Die Raumkurven 3. Ordnung.

XI. Die Raumkurven 4. Ordnung 1. Spezies.

XII. Das Flächenbündel 2. Ordnung.

XIII. Das Gebüsch von Flächen 2. Ordnung.

XIV. Systeme und Gewebe 4. bis 9. Stufe.

Lehrbücher und Monographien.

L. Euler, Introductio in analysin infinitorum, Lausannae *1748,* tom. II, Appendix de superficiebus, p. 373—387 [zitiert unter der Abkürzung: „Euler, Introd."].

G. Monge et *J. N. P. Hachette,* Application d'algèbre à la géométrie, J. éc. polyt. cah. 11 (*1802*), p. 143—169 [„Monge-Hachette, Applic."].

J. N. P. Hachette, Traité des surfaces du second degré. Paris *1807*, 2. Aufl. 1813, 3. Aufl. 1817.

Ch. Dupin, Développements de géométrie, Paris *1813* [„Dupin, Dével."].

G. Lamé, Examen des différentes méthodes employées pour résoudre les problèmes de géométrie. Paris *1818* [„Lamé, Examen"].

J. V. Poncelet, Traité des propriétés projectives des figures, Paris *1822* [„Poncelet, Traité"].

A. Cauchy, Leçons sur les applications du calcul infinitésimal à la géométrie, Paris t. 1, *1826*; [„Cauchy, Applic."].

— Exercises de mathématiques, 1.—4. année, Paris *1826*—1829 (Oeuvres (2) 6—9) [„Cauchy, Exerc."].

A. F. Möbius, Der barycentrische Calcul etc., Leipzig *1827* = Werke 1, p. 1—388 [„Möbius, Baryc. Calc."].

Michel Chasles, Recherches de géométrie pure sur les lignes et les surfaces du second degré, Brux. Mém. 5, *1829.*

Chasles, Mémoire de géométrie pure sur les propriétés générales des cônes du second degré, Brux. Mém. 6, *1830* [„Chasles, Cônes"].

J. Steiner, Systematische Entwicklungen etc., Berlin *1832* = Werke 1, p. 229—460 [„Steiner, Syst. Entw."].

L. J. Magnus, Sammlung von Aufgaben und Lehrsätzen aus der analytischen Geometrie des Raumes, Bd. 2, Berlin *1837* [„Magnus 2"].

Chasles, Aperçu historique sur l'origine et le développement etc., Bruxelles *1837*, 2. Abdr. Paris, 1875 [„Chasles, Aperçu"].

J. Plücker, System der analytischen Geometrie des Raumes etc., Düsseldorf *1846*; 2. Aufl. 1852 [1. Aufl. „Plücker, System"].

G. K. Chr. v. Staudt, Geometrie der Lage, Nürnberg *1847* [„v. Staudt, G. d. L."].

— Beiträge zur Geometrie der Lage, 1.—3. Heft, Nürnberg *1856*—1860 [„v. Staudt, Beitr."].

R. Baltzer, Theorie und Anwendung der Determinanten, Leipzig *1857* (4. Aufl. 1875) [„Baltzer, Det."].

Chasles, Propriétés des courbes à double courbure du troisième ordre, J. de math. (2) 2 (*1857*), p. 397—407 und Par. C. R. 45 (1857), p. 189—197 [im folgenden Abschnitt X „Chasles, propr."].

— Résumé d'une théorie des coniques sphériques homofocales et des surfaces du second ordre homofocales, J. de math. (2) 5 (*1860*), p. 425—454.

— Résumé d'une théorie des surfaces du second ordre homofocales, Par. C. R. 50 (*1860*), p. 1055—1063, 1110—1115.

O. Hesse, Vorlesungen über analytische Geometrie des Raumes etc., Leipzig *1861*, 2. Aufl. 1869; 3. Aufl. 1876, rev. und mit Zusätzen vers. von *S. Gundelfinger* [3. Aufl. „Hesse, Vorles."].

Chasles, Propriétés des courbes à double courbure du 4. ordre etc., Par. C. R. 54 (*1862*), p. 317—324, 418—425.

Chasles, Propriétés des surfaces développables circonscrites à deux surfaces du 2. ordre, Par. C. R. 54 (*1862*), p. 715—722.

Salmon-Fiedler, Analytische Geometrie des Raumes, I. Teil, Leipzig *1863*; 2. Aufl. 1874; 3. Aufl. 1878; 4. Aufl. 1898 [„Salmon-Fiedler, Raum 1"].

L. Cremona, Preliminari di una teoria geometrica delle superficie, Bologna *1866*; deutsch von *M. Curtze,* Berlin 1870 [„Cremona, Grundz."].

Th. Reye, Die Geometrie der Lage, Hannover Bd. 1, *1866*; Bd. 2, 1867; 2. Aufl. Bd. 1, 1877, Bd. 2, 1880; 3. Aufl. Leipzig Bd. 1, 1886, Bd. 2—3, 1892 [„Reye, G. d. L. 2, 3"]; 4. Aufl. Bd. 1, 1899 [„Reye, G. d. L. 1"].

v. Staudt, Von den reellen und imaginären Halbmessern der Kurven und Flächen 2. Ordnung, Nürnberg *1867* [„v. Staudt, Halbm."].

R. Sturm, Synthetische Untersuchungen über Flächen 3. Ordnung, Leipzig *1867* [„Sturm, Flächen 3. O."].

C. A. v. Drach, Einleitung in die Theorie der kubischen Kegelschnitte, Leipzig *1867* [„Drach, Kub. Kegelschn."].

J. de la Gournerie, Recherches sur les surfaces tétraédrales symétriques, Paris *1867*.

J. Plücker, Neue Geometrie des Raumes etc., Leipzig *1868* und 1869 [„Plücker, Neue Geom."].

P. Serret, Géométrie de direction, Paris *1869*.

Chasles, Rapport sur les progrès de la géométrie, Paris *1870* [„Chasles, Rapp."].

W. Fiedler, Die darstellende Geometrie etc., Leipzig *1871*, 2. Aufl. 1875; 3. Aufl. 1883 [„Fiedler, Darst. G."].

W. Killing, Der Flächenbüschel 2. Ordnung, Diss. Berlin *1872* [„Killing, Diss."].

G. Darboux, Sur les théorèmes d'Ivory etc., Paris *1872*.

— Sur une classe remarquable de courbes et de surfaces etc., Paris *1873* [„Darboux, Classe remarqu."].

Th. Reye, Synthetische Geometrie der Kugeln etc., Leipzig *1879* [„Reye, G. d. Kugeln"].

H. Schubert, Kalkül der abzählenden Geometrie, Leipzig *1879* [„Schubert, Kalkül"].

H. Schröter, Theorie der Oberflächen 2. Ordnung und der Raumkurven 3. Ordnung etc., Leipzig *1880* [„Schröter, Oberfl."].

R. Baltzer, Analytische Geometrie, Leipzig *1882* [„Baltzer, Geom."].

W. Fr. Meyer, Apolarität und rationale Kurven, Tübingen *1883* [„Meyer, Apolarit."].

E. d'Ovidio, Le proprietà fondamentali delle superficie di second' ordine, Torino *1883*.

G. Loria, Il passato e il presente delle principali teorie geometriche, Torin. Mem. (2) 38 (*1887*); 2. ed. Torino, 1896. Deutsche Ausg. von *F. Schütte,* Leipzig 1888.

Th. Reye, Der gegenwärtige Stand unserer Kenntnis der kubischen Raumkurven, Mitt. der Hamburger math. Ges. 2 (*1890*), p. 43—60 [„Reye, Hamb. Mitt."].

H. Schröter, Grundzüge einer rein geometrischen Theorie der Raumkurven 4. Ordnung 1. Spezies, Leipzig *1890* [„Schröter, C^4"].

F. Lindemann, Vorlesungen über Geometrie etc., Bd. 2, T. 1, Leipzig *1891* [„Lindemann, Vorles."].

W. Dyck, Katalog mathematischer Modelle etc., München *1892* [„Dyck, Katalog"].

R. Sturm, Die Gebilde 1. und 2. Grades der Liniengeometrie etc., Leipzig *1892* und 1893 [„Sturm, Linieng."].

F. Klein, Einleitung in die höhere Geometrie, autograph. Vorlesungen, Bd. 1, Göttingen *1893* [„Klein, Vorles."].

O. Staude, Die Fokaleigenschaften der Flächen 2. Ordnung, Leipzig *1896.*
E. Kötter, Die Entwicklung der synthetischen Geometrie, Jahresber. der Deutschen Math.-Ver. 5, *1898* [„Kötter, Ber."].
R. Sturm, Zusammenstellung von Arbeiten welche sich mit *Steiner*'schen Aufgaben beschäftigen, Bibliotheca mathematica (3) 4 (1903), p. 160.

I. Die Klassifikation der Flächen 2. Ordnung.

1. Begriff der Fläche 2. Ordnung und das Problem der Klassifikation. Die Theorie der Flächen 2. Ordnung beginnt bei *L. Euler* mit der Untersuchung der *allgemeinen Gleichung 2. Grades zwischen den rechtwinkligen Koordinaten x, y, z.*[1])

In dem Grade der Gleichung, der von einer Koordinatentransformation unberührt bleibt (*Euler,* a. a. O. S. 369), liegt zugleich das *wesentliche Kennzeichen der Fläche 2. Ordnung* ausgesprochen, dass sie von einer Geraden (die ihr nicht ganz angehört) in zwei Punkten und von einer Ebene (die ihr nicht ganz angehört) in einer Linie 2. Ordnung geschnitten wird (S. 34; 348)[2]).

Zum Zwecke der *Klassifikation der Flächen 2. Ordnung* bedient sich *Euler zweier Einteilungsgründe,* indem er *einerseits* (S. 375) den Kegel, der vom Koordinatenanfangspunkt über der Schnittlinie der Fläche mit der unendlich fernen Ebene (nach heutiger Sprechweise) errichtet ist, untersucht (erstes Auftreten der unten Nr. **6** zu besprechenden Einteilung) und *andererseits* (S. 379) die Vorzeichen in der durch Drehung und Parallelverschiebung des Koordinatensystems normierten Gleichung betrachtet (erster Ansatz der Einteilung nach Spezies, vgl. Nr. **5**).

Die Gleichung 2. Grades, auch in schiefwinkligen Koordinaten x, y, z, und ihre Normierung durch Koordinatentransformation bildet wiederum den Ausgangspunkt für die Klassifikation von *G. Monge* und *J. N. P. Hachette,* welche diejenige *Euler*'s wiederholen und erweitern[3]), sowie für die hinsichtlich der uneigentlichen Flächen 2. Ordnung vollständigeren Klassifikationen von *A. Cauchy* und *L. J. Magnus*[4]).

Zwei wesentlich neue Gesichtspunkte erscheinen bei *J. Plücker*:

---

1) *L. Euler,* Introd. (1748), p. 373; über frühere Ansätze vgl. *E. Kötter,* Ber., p. 65.

2) Dasselbe Kennzeichen liegt der synthetischen Behandlung der Fläche 2. Ordnung zu Grunde, vgl. *J. Steiner,* Syst. Entw. (1832), p. 186 = Werke 1, p. 365; *Ch. v. Staudt,* G. d. L. (1847), p. 197; *F. Seydewitz,* Arch. Math. Phys. (1) 9 (1846), p. 190.

3) *G. Monge* et *J. N. P. Hachette,* Applic. (1801), p. 143 ff.; vgl. J. éc. polyt. cah. 2 (1796), p. 104.

4) *A. Cauchy,* Applic. 1 (1826), p. 253 ff.; Exerc. 3 (1828), p. 87 ff.; *L. J. Magnus* 2 (1837), p. 205 ff.

erstens die Anwendung der *Tetraederkoordinaten* x_1, x_2, x_3, x_4 des Punktes, in denen die linke Seite der Gleichung der Fläche *eine quadratische Form* von vier Veränderlichen wird[5]):

$$f = f(x_1, x_2, x_3, x_4) = \sum_1^4{}^i \sum_1^4{}^k a_{ik} x_i x_k = \Big(\Big(\sum_1^4{}^i a_i x_i\Big)\Big)^2 = a_x{}^2 = 0$$
$$(a_{ik} = a_{ki}),$$

und durch die zugleich die bewusste Ausbildung der Einteilung nach Spezies und das Hervortreten eines dritten Einteilungsgrundes (vgl. Nr. **3**) ermöglicht wird; *zweitens* die Einführung *der Fläche 2. Klasse*[6]), ihre analytische Darstellung in Tetraederkoordinaten u_1, u_2, u_3, u_4 der Ebene[7]) und die Aufgabe ihrer Klassifikation.

2. Die Determinante der Fläche 2. Ordnung. Von *Euler* bis auf *Plücker* wiederholen sich in den Untersuchungen über die Klassifikation der Flächen 2. Ordnung gewisse aus den Koeffizienten der Gleichung der Fläche gebildete Aggregate[8]). *Cauchy, C. G. J. Jacobi* und vor allem *O. Hesse*[9]) erkennen in denselben die *Determinante* $A = |a_{ik}|$ der Fläche (*Hesse*'sche Determinante, Diskriminante, Invariante), sowie deren *Unterdeterminanten* 3. Grades $A_{ik}\,(i,k = 1, 2, 3, 4)$ und 2. Grades $\alpha_{ik}\,(i,k = 1, 2, 3, 4, 5, 6)$[10]), welche nunmehr das wesentliche analytische Hülfsmittel jeder Klassifikation bilden.

3. Einteilung nach dem Range. Der durch Einführung der homogenen Koordinaten bedingte Einteilungsgrund[11]) der Flächen

---

5) *J. Plücker,* System (1846), p. 49; die homogene Form der Punktkoordinaten im Raume gebraucht früher schon *O. Hesse,* J. f. Math. 28 (1844), p. 104 = Werke, p. 132; vgl. die Darstellung in barycentrischen Koordinaten bei *A. F. Möbius,* Baryc. Calc. (1827) = Werke 1, p. 136.

6) *Plücker,* J. f. Math. 9 (1832), p. 124 = Werke 1, p. 225, wo als Urheber der Benennung *J. D. Gergonne* genannt wird, und *Plücker,* System, p. 79. *V. Staudt,* G. d. L., p. 80, 196 bezeichnet die Fläche 2. Klasse als *Ebenenbündel* (2. Ordnung).

7) *Plücker,* a. d. beiden a. O. und J. f. Math. 24 (1842), p. 62 = Werke 1, p. 391; nach *Plücker*'s Vorgang auch bei *M. Chasles,* Aperçu (1837), p. 633.

8) Bei *Euler,* Introd., p. 378 und bei *Monge-Hachette,* Applic., p. 153 tritt *unbewusst* die Unterdeterminante A_{44}, bei *Magnus* 2 (1837), p. 208 und *Plücker,* System (1846), p. 52, 57 ebenso die Determinante A auf; *G. Lamé,* Examen (1818), p. 42, 72 führt die Bedingung des Kegels auf die Elimination von x, y, z aus vier linearen Gleichungen zurück, deren Koeffizienten die Determinante A bilden.

9) *Cauchy,* Exerc. 4 (1829), p. 142; *Jacobi,* J. f. Math. 12 (1833), p. 11 = Werke 3, p. 207; *O. Hesse,* Vorles., p. 138; die Determinante als Invariante bei *Hesse,* J. f. Math. 49 (1833), p. 253 = Werke, p. 329.

10) Die Indicesbezeichnung nach *R. Baltzer,* Det., p. 10.

11) *Plücker,* System, p. 55, 59, 81. Vgl. *Baltzer,* Geom., p. 486; Det., p. 42.

2. Ordnung (vgl. oben Nr. **1**) ist *die Anzahl r der nicht verschwindenden Koeffizienten* in der Darstellung der Form f durch eine Summe von Quadraten

$$f = \sum_{1}^{r} {}^{i}\, b_i y_i^2$$

(vgl. I B 2, Nr. **3** und 5, Nr. **5**), wobei die Realität der a_{ik} und der Substitutionskoeffizienten nicht verlangt wird. Diese Anzahl r ist gleich dem *Rang der Determinante A* (vgl. I A 2, Nr. **24**).

Jenachdem $r = 4, 3, 2$ oder 1 ist, sind die Flächen 2. Ordnung entweder *eigentliche* (ordinäre; Flächen ohne singuläre Punkte) oder *singuläre* (Kegel 2. Ordnung[12]); Flächen mit einem singulären Punkt) oder *einfach reduzible* (Ebenenpaare) oder *zweifach reduzible* (Doppelebenen).

Die entsprechenden Formen der Fläche 2. Klasse haben *Plücker* und *Hesse* ermittelt[13]).

4. Identität der Flächen 2. Ordnung und 2. Klasse. Dass die *eigentlichen Flächen 2. Ordnung* auch *eigentliche Flächen 2. Klasse* sind und umgekehrt, stellte *Plücker* fest[14]). Die in Punktkoordinaten gegebene Fläche f hat *in Ebenenkoordinaten* die Gleichung:

$$F = F(u_1, u_2, u_3, u_4) = \sum_{1}^{4} {}^{i} \sum_{1}^{4} {}^{k} A_{ik} u_i u_k = 0;^{15)}$$

— F ist auch die mit den u_i *geränderte*[16]) Determinante $|a_{ik}, u_i|$, *symbolisch*[17]) $F = \frac{1}{6}(abcu)^2$.

Die nicht eigentlichen Flächen sind als Punkt- und Ebenengebilde von verschiedener Mächtigkeit. Der Kegel 2. Ordnung (∞^2 Punkte) ist nach *Plücker*[18]) durch zwei Gleichungen in Ebenenkoordinaten (∞^1 Ebenen) darzustellen. Dabei ist, wie *Hesse*[19]) zeigt,

---

Die Einteilung nach dem Rang ist für n Veränderliche zuerst von *S. Gundelfinger* in *Hesse,* Vorles., p. 449 gegeben.

12) Vor der Kenntnis der allgemeinen Fläche 2. Ordnung wurde der Kegel 2. Ordnung selbständig als Kegel über einer Linie 2. Ordnung definiert, vgl. *Kötter,* Ber., p. 66. Von dieser Definition geht auch *Chasles,* Cônes, p. 2 aus.

13) *Plücker,* J. f. Math. 9 (1832), p. 125 = Werke 1, p. 225; System (1846), p. 82; *Hesse,* Vorles., p. 173.

14) *Plücker,* a. a. O. Werke 1, p. 225; System (1846), p. 22.

15) *Plücker,* System, p. 321.

16) Vgl. *A. Clebsch,* J. f. Math. 53 (1857), p. 294.

17) Nach *Clebsch,* J. f. Math. 59 (1861), p. 56.

18) *Plücker,* J. f. Math. 9 (1832), p. 12 = Werke 1, p. 229.

19) *Hesse,* Vorles., p. 164.

F ein *vollständiges Quadrat* einer linearen Form der u_i. *Die singuläre Fläche 2. Klasse* besteht aus den Tangentenebenen eines Kegelschnittes[20]).

Weitere Formen von nicht eigentlichen Flächen ergeben sich bei *H. Schubert* aus der gleichzeitigen Auffassung von Punkt- und Ebenengebilden[21]).

5. Einteilung nach Spezies. Bei reellen Koeffizienten a_{ik} und Variablen x_i, y_i unterscheidet man für jeden Wert von r (Nr. **3**) auf Grund des *Trägheitsgesetzes* (vgl. I B 2, Nr. **3**) nach der Anzahl der Koeffizienten b_i gleichen Vorzeichens verschiedene *Spezies*, eine Einteilung, die zuerst *Plücker* deutlich herausbildet und als eine *kollineare* bezeichnet[22]).

Es giebt *drei Spezies eigentlicher Flächen*: I. imaginäre oder nullteilige[23]) $(++++)$, II. geradlinige oder ringförmige[23]) $(++--)$, III. nicht geradlinige oder ovale[23]); *zwei Spezies von Kegeln*: IV. imaginäre $(+++)$, V. reelle $(++-)$; *zwei Spezies von Ebenenpaaren*: VI. imaginäre $(++)$, VII. reelle $(+-)$; endlich *eine Spezies*: VIII. *Doppelebenen* $(+)$.

Für *die analytischen Kriterien der Spezies* handelt es sich im wesentlichen um die Bestimmung der Vorzeichen der Werte, welche die Form f in den Ecken irgend eines Polartetraeders (vgl. Nr. **41**) der Fläche $f=0$ hat[24]). Je nach der Wahl des letzteren hat man sehr verschiedene Formen der Kriterien erhalten. Man kann sie in zwei *Hauptarten* teilen, je nachdem nur *eine* oder gleichzeitig *zwei* Flächen auf ein Polartetraeder transformiert werden. Zu der *ersteren Art* gehören die zuerst von *Plücker* angegebenen Kriterien z. B. für die Spezies I: $A>0$, $\alpha_{33}>0$, $a_{11}A_{44}>0$ (vgl. Nr. **2**), ähnlich wie ohne den reinen Begriff des Spezies schon *Magnus* unter der Voraussetzung $a_{33}>0$ für die Spezies I gefunden hatte: $A>0$, $\alpha_{11}>0$, $A_{44}>0$. Hierher gehören auch die von *Jacobi* (Nachlass) und *K. Weierstrass* benutzten Kriterien, sowie die mit unbestimmten Parametern

20) *Plücker,* System, p. 82; *v. Staudt,* Beitr. (1856), p. 22; *Hesse,* Vorles., p. 173 („Grenzfläche", vgl. Nr. **54**).

21) *H. Schubert,* Kalkül, p. 102; *F. Lindemann,* Vorles., p. 201.

22) *Plücker,* System, p. 75, 135.

23) Nach *F. Klein,* Vorles. 1, p. 355, wo dann als „imaginär" die Flächen mit imaginären a_{ik} bezeichnet werden.

24) Vgl. *Plücker,* System, p. 89, wo sich allerdings oft nur die hinreichenden, nicht die notwendigen Kriterien finden; *Lindemann,* Vorles., p. 159, 164, sowie die entsprechenden synthetischen Entwicklungen bei *v. Staudt,* Beitr. (1856), p. 111; *H. Schröter,* Oberfl., p. 166.

ausgestatteten von *G. Darboux*[25]). Für die Kriterien der *zweiten Art* wird ein (i. a. einziges, vgl. Nr. **73**) Polartetraeder benutzt, welches $f = 0$ mit der Fläche $g = \sum_1^4 {}^i x_i^2 = 0$ gemein hat[26]). Dann hängen die Vorzeichen der b_i von den Vorzeichenwechseln der Koeffizienten einer biquadratischen Gleichung ab, welche Invarianten von f sind für jede Transformation des Koordinatentetraeders, welche g in sich überführt (orthogonale Substitution). Für die Spezies I hat man z. B. $A > 0$, $\sum_1^6 {}^i \alpha_{ii} > 0$, $\sum_1^4 {}^i A_{ii} \cdot \sum_1^4 {}^i a_{ii} > 0$.

6. Einteilung nach der Schnittlinie mit der unendlich fernen Ebene. Die Schnittlinie der Fläche 2. Ordnung mit der unendlich fernen Ebene ist ein eigentlicher Kegelschnitt oder ein Geradenpaar oder eine Doppelgerade, oder die unendlich ferne Ebene ist selbst ein Teil der Fläche.

Bei reellen a_{ik} ist daher zu unterscheiden, ob die Schnittkurve 1) ein imaginärer, 2) ein reeller eigentlicher Kegelschnitt, 3) ein imaginäres, 4) ein reelles Geradenpaar, 5) eine Doppelgerade, 6) die ganze unendlich ferne Ebene ist. Die Fälle 1—5 sind in anderer Sprechweise (vgl. Nr. **1**) bereits von *Euler* aufgeführt[27]), die scharfe Trennung dieses ältesten Einteilungsgrundes von den beiden andern (Nr. **3** und Nr. **5**) findet, nachdem *J. V. Poncelet*[28]) die unendlich ferne Ebene eingeführt hatte, bei *Plücker*[29]) statt.

7. Die Arten der Flächen 2. Ordnung. Die Art der Flächen 2. Ordnung ist *durch die Kombination eines der Merkmale I—VIII* (Nr. **5**) *mit einem der Merkmale 1—6* (Nr. **6**) bestimmt, wobei wegen der teilweisen Abhängigkeit der beiderlei Merkmale nicht jede Kombination vorkommt. Auf diese Weise ergiebt sich folgende Tabelle für die Arten der Flächen 2. Ordnung, die im wesentlichen bei *Cauchy*, *Magnus*, *Plücker* mit gleichzeitiger Angabe der analytischen

---

25) *Plücker*, System, p. 54; *Magnus* 2, p. 221; *Jacobi* (Nachlass), J. f. Math. 53 (1856), p. 265 = Werke 3, p. 583. *K. Weierstrass*, Berl. Monatsber. (1868), p. 316 = Werke 2, p. 26; *G. Darboux*, J. de math. (2) 19 (1874), p. 347 und *S. Gundelfinger* in *Hesse*, Vorles., p. 462.

26) *Cauchy*, Exerc. 4, p. 140 ff.; *Jacobi*, J. f. Math. 12 (1834), p. 1 = Werke 3, p. 193; *Weierstrass*, Berl. Monatsber. 1858, p. 207 = Werke 1, p. 240.

27) *Euler*, Introd., p. 377 f.; als Kriterium von 1 giebt *Euler*: $\alpha_{11} > 0$, $\alpha_{22} > 0$, $\alpha_{33} > 0$, $a_{11} A_{44} > 0$, d. h. die Kriterien der definiten quadratischen Form $f(x, y, z, 0)$; vgl. *K. F. Gauss*, Disquis. arithm. 1801 = Werke 1, p. 307; für 3—5 giebt *Euler* die Bedingung $A_{44} = 0$.

28) *J. V. Poncelet*, Traité, p. 373.

29) *Plücker*, System, p. 135.

Kriterien festgestellt[30]) war und sich ebenfalls durch synthetische Methoden[31]) ergab.

	I	II	III	IV	V	VI	VII	VIII
1	Imaginäres Ellipsoid		Reelles Ellipsoid	Imaginärer Kegel				
2		Einschaliges Hyperboloid	Zweischaliges Hyperboloid		Reeller Kegel			
3			Elliptisches Paraboloid	Imaginärer Cylinder	Elliptischer Cylinder	Imaginäres Ebenenpaar		
4		Hyperbolisches Paraboloid			Hyperbolischer Cylinder		Reelles Ebenenpaar	
5					Parabolischer Cylinder	Imaginäre Parallelebenen	Reelle Parallelebenen	Endliche Doppelebene
6							Endliche Ebene + ∞ ferne Ebene	∞ ferne Doppelebene

Die Namen der Arten sind der Hauptsache nach von *Euler* und *Monge-Hachette* eingeführt[32]).

8. Mittelpunkt, konjugierte Durchmesser und Tangenten. Der Begriff des *Mittelpunktes* tritt bei *Euler* und *Monge-Hachette* im Anschluss an die von den linearen Gliedern befreite Gleichung der Fläche hervor[33]). In entsprechender Weise knüpft sich bei *Monge-Hachette*

30) *Cauchy,* Applic. 1 (1826), p. 253 ff.; Exerc. 3 (1828), p. 87 ff.; *Magnus* 2 (1837), p. 221 ff.; *Plücker,* System (1846), p. 73 ff. Vgl. ferner *Hesse,* Vorles., p. 253; *Gundelfinger,* daselbst, p. 465; *Lindemann,* Vorles., p. 161; *K. Hensel,* J. f. Math. 113 (1874), p. 303; *E. Timerding,* J. f. Math. 122 (1900), p. 172; *T. J. Bromwich,* Cambr. Proc. 10 (1900), p. 358; *C. Koehler,* Arch. Math. Phys. (3) 3 (1902), p. 21, 94; *L. Heffter,* J. f. Math. 126 (1903), p. 83; *S. Gundelfinger,* J. f. Math. 127 (1904), p. 85.

31) *Seydewitz,* Archiv Math. Phys. 9 (1846), p. 201.

32) *Euler,* Introd., p. 381 (superficies elliptoides, etc.); *Monge-Hachette,* J. éc. polyt. cah. 11 (1801), p. 158 ff.

33) *Euler,* Introd., p. 380 (auch „unendlich ferner" Mittelpunkt der Para-

der Begriff der *konjugierten Durchmesser und Diametralebenen* an diejenige Gleichung der Mittelpunktsflächen in schiefwinkligen Koordinaten, die nur deren Quadrate enthält[34]). Hieran schliessen sich die zahlreichen metrischen Sätze, die von *Livet, J. Binet* und *M. Chasles* über konjugierte Durchmesser entwickelt worden sind[35]). Die analytische Theorie der konjugierten Durchmesser und Diametralebenen wird sodann von *Cauchy* vervollkommnet[36]).

Die *konjugierten Tangenten* in einem Punkte der Fläche, die zwei konjugierten Durchmessern parallel sind, führt *Ch. Dupin* ein[37]).

In eine neue Phase tritt die Entwicklung aller dieser Begriffe seit *Poncelet* ein, der sie mit Einführung der unendlich fernen Ebene der *Polarentheorie* unterordnet[38]) (vgl. Nr. **38**).

9. Das Hauptachsenproblem. Das Hauptachsenproblem hat *zwei verschiedene Auffassungen* erfahren. Bei der ursprünglichen, *ersten Auffassung* wird im wesentlichen nur die *eine*, gegebene Fläche betrachtet und die Aufgabe gestellt, durch Drehung des rechtwinkligen Koordinatensystems die Produkte yz, zx, xy aus der Gleichung der Fläche zu beseitigen[39]); oder die Durchmesser zu bestimmen, welche zugleich Normalen sind[40]); oder die Richtung zu bestimmen, in der eine konzentrische Kugel die Fläche berührt[41]); oder die Maxima und Minima der Halbmesser zu finden[42]); oder einen Durchmesser zu suchen, dessen konjugierte Diametralebene zu ihm normal ist[43]), be-

---

boloide); *Monge-Hachette,* Applic., p. 151, 153, wo die Bedingung $A_{44} = 0$ für einen unendlich fernen Mittelpunkt sich ergiebt; auf die Möglichkeit unendlich vieler Mittelpunkte weist *Cauchy* hin, Applic. (1826), p. 234.

34) *Monge-Hachette,* a. a. O., p. 151, 154.

35) *Livet,* Corresp. polyt. 1 (1804), p. 29; J. éc. polyt. cah. 13 (1806), p. 270; *J. Binet,* Corr. polyt. 2 (1812), p. 323; J. éc. polyt. cah. 16 (1813), p. 321; *Chasles,* Corr. polyt. 3 (1816), p. 302; J. de math. (2) 2 (1837), p. 388; vgl. *Steiner,* J. f. Math. 31 (1846), p. 90 = Werke 2, p. 357; *Magnus* 2, p. 237; *v. Staudt,* Halbm., p. 50; vgl. III C 1, Nr. **17**.

36) *Cauchy,* Exerc. 3 (1828), p. 3; 32.

37) *Ch. Dupin,* Dével. (1813), p. 44; vgl. *v. Staudt,* Halbm., p. 38.

38) *Poncelet,* Traité (1822), p. 380; J. f. Math. 4 (1829), p. 19, 21. Das System von drei konjugierten Durchmessern als Spezialfall eines Polartetraeders bei *Poncelet,* Traité, p. 396; *Plücker,* J. f. Math. 5 (1830), p. 19 und System (1846), p. 93; als Polardreikant im Polarbündel des Mittelpunktes bei *v. Staudt,* Halbm., p. 39.

39) *Euler,* Introd., p. 379; *Monge-Hachette,* Applic., p. 154.

40) *Hachette,* Corr. polyt. 2 (1813), p. 417.

41) *Monge,* Corr. polyt. 2 (1813), p. 415. 42) *Cauchy,* Applic., p. 240.

43) *Binet,* Corr. polyt. 2 (1809), p. 17; *Cauchy,* Exerc. 3 (1828), p. 5; vgl. *Plücker,* J. f. Math. 24 (1842), p. 60 = Werke 1, p. 387.

ziehungsweise drei zu einander senkrecht konjugierte Durchmesser zu suchen.

Die *zweite Auffassung* verlangt die Bestimmung des *gemeinsamen Systems* konjugierter Durchmesser einer gegebenen Mittelpunktsfläche und einer konzentrischen Kugel[44]) oder des *gemeinsamen Polardreiecks* der Schnittkurve der Fläche in der unendlich fernen Ebene und des imaginären Kugelkreises; analytisch handelt es sich hier um die gleichzeitige Transformation zweier Formen $f(x, y, z, 0)$ und $x^2 + y^2 + z^2$ auf eine Summe von Quadraten[45]).

In allen Fällen führt die analytische Behandlung des Hauptachsenproblems auf eine *kubische Gleichung*. Diese ist aber verschieden, je nachdem das *Verhältnis der Richtungskosinus* oder das *reziproke Quadrat der Länge* einer Hauptaxe als Unbekannte gilt.

Die *erstere* kubische Gleichung leiten *Euler* und später *Hachette-S. D. Poisson*, *J. Binet* und *Bourdon* ab[46]). Sie lautet, wenn α, β, γ die Richtungskosinus einer Hauptachse sind:

$$A_3\beta^3 - \left\{\frac{a_{31}}{a_{23}} A_1 + \frac{a_{22} - a_{33}}{a_{23}} A_3 - A_2\right\}\beta^2\gamma$$
$$+ \left\{\frac{a_{12}}{a_{23}} A_1 - \frac{a_{22} - a_{33}}{a_{23}} A_2 - A_3\right\}\beta\gamma^2 - A_2\gamma^3 = 0,$$

wo für den Augenblick zur Abkürzung gesetzt ist:

$$A_1 = (a_{22} - a_{33})\, a_{31} a_{12} + a_{23}(a_{31}^2 - a_{12}^2),$$
$$A_2 = (a_{33} - a_{11})\, a_{12} a_{23} + a_{31}(a_{12}^2 - a_{23}^2),$$
$$A_3 = (a_{11} - a_{22})\, a_{23} a_{31} + a_{12}(a_{23}^2 - a_{31}^2).$$

Dabei ist vorausgesetzt, dass $a_{23} \neq 0$, $a_{31}^2 + a_{12}^2 \neq 0$. Durch cyklische Vertauschung der Indices würden die kubischen Gleichungen für $\gamma : \alpha$ und $\alpha : \beta$ hervorgehen.

Euler und *Hachette-Poisson* beweisen dabei zugleich die Realität der drei Wurzeln.

Die *andere* kubische Gleichung lautet bei rechtwinkligen Koordinaten x, y, z in der Flächengleichung $f(x, y, z, 1) = 0$:

---

44) *Chasles*, Corr. polyt. 3 (1816), p. 330; *Poncelet*, Traité (1822), p. 399; *Hesse*, J. f. Math. 18 (1838), p. 101 = Werke, p. 1; Vorles., p. 244.

45) *Cauchy*, Exerc. 4, p. 148; *Jacobi*, J. f. Math. 12 (1834), p. 1 = Werke 3, p. 193; vgl. *L. Painvin*, Nouv. ann. (2) 13 (1874), p. 113.

46) *Euler*, Mechanik 3 (1765), deutsch von *J. Ph. Wolfers*, p. 214; *Hachette-Poisson*, J. éc. polyt. cah. 11 (1802), p. 170; *Binet*, Corr. polyt. 2 (1809), p. 17, 78; *Bourdon*, ebenda 2 (1811), p. 250. *Euler*'s Verfahren war (nach *Baltzer*, Det., p. 192) von *Segner*, Specimen theoriae turbinum, Halle 1755 vorbereitet.

$$\Delta(\varrho) = \begin{vmatrix} a_{11}-\varrho & a_{12} & a_{13} \\ a_{21} & a_{22}-\varrho & a_{23} \\ a_{31} & a_{32} & a_{33}-\varrho \end{vmatrix}$$

und bei schiefwinkligen Koordinaten:

$$\Gamma(\varrho) = \begin{vmatrix} a_{11}-\varrho & a_{12}-\gamma\varrho & a_{13}-\beta\varrho \\ a_{21}-\gamma\varrho & a_{22}-\varrho & a_{23}-\alpha\varrho \\ a_{31}-\beta\varrho & a_{32}-\alpha\varrho & a_{33}-\varrho \end{vmatrix},$$

wo α, β, γ die Kosinus der Winkel zwischen den Koordinatenachsen sind. Die Gleichung $\Delta(\varrho) = 0$ erscheint zuerst bei *Hachette-Petit*[47]) in entwickelter und bei *Cauchy*[48]) in Determinantenform. Die Gleichung $\Gamma(\varrho) = 0$ giebt zuerst *Binet*[49]) an.

Zum Beweise der *Realität der drei Wurzeln* der Gleichung $\Delta(\varrho) = 0$ dienen: 1) *besondere* Methoden, wie die Einschliessung der Wurzeln zwischen reelle Grenzen oder indirekter Beweis[50]); 2) die zuerst von *E. E. Kummer* ausgeführte Darstellung der Diskriminante durch eine Summe von Quadraten[51]); 3) der allgemeine Satz, wonach die Wurzeln der Determinante einer Formenschar von n Variabeln reell sind, sobald die Schar eine eigentliche *definite* Form von n Variabeln enthält[52]).

Die Realität der Wurzeln von $\Gamma(\varrho) = 0$ beweisen *Ch. Brisse* und *S. Gundelfinger*[53]).

---

47) *Hachette-Petit*, Corr. polyt. 2 (1812), p. 324, 327; später bei *Cauchy*, Applic. 1 (1826), p. 240.

48) *Cauchy*, Exerc. 4 (1829), p. 142.

49) *Binet*, J. éc. polyt. cah. 16 (1813), p. 50; später *Jacobi*, J. f. Math. 2 (1827), p. 231 = Werke 3, p. 51; *Plücker*, System, p. 219; *Baltzer*, Geom., p. 512.

50) Nächst *J. L. Lagrange*, Berl. Mém. Acad. 1773, p. 85; *Cauchy*, Applic., p. 246; Exerc. 4 (1829), p. 151; vgl. *Jacobi*, J. f. Math. 12 (1834), p. 10 = Werke 3, p. 210; *B. Amiot*, J. de math. (1) 8 (1843), p. 200; *J. J. Sylvester*, Philos. Mag. 2 (1852), p. 138; *J. A. Grunert*, Arch. Math. Phys. 29 (1857), p. 442; *Hesse*, Vorles., p. 254; *Clebsch*, J. f. Math. 62 (1863), p. 232; *L. Kronecker*, Berl. Monatsber. 1868, p. 339 = Werke 1, p. 165; *Weierstrass*, Berl. Ber. 1879, p. 430; *Hensel*, J. f. Math. 100 (1892), p. 180.

51) *E. E. Kummer*, J. f. Math. 26 (1843), p. 268; *C. W. Borchardt*, J. f. Math. 30 (1847), p. 38 und J. de math. (1) 12 (1847), p. 50 = Werke, p. 3, 15; *Jacobi*, J. f. Math. 30 (1847), p. 46 = Werke 3, p. 461; *G. Bauer*, J. f. Math. 71 (1870), p. 40; *Hesse*, J. f. Math. 57 (1859), p. 175 = Werke, p. 489; *C. F. Geiser*, J. f. Math. 82 (1877), p. 47; *E. Sourander*, J. de math. (3) 5 (1879), p. 195.

52) *Weierstrass*, Berl. Ber. 1858, p. 213; *Baltzer*, Geom., p. 508.

53) *Ch. Brisse*, Nouv. ann. (3) (1882), p. 193, 207; *Gundelfinger*, ebenda 13 (1884), p. 7.

Die Koeffizienten von $\Delta(\varrho) = 0$ sind nach *Cauchy*[54]) beim Übergang von einem rechtwinkligen Koordinatensystem zum andern invariant (Simultaninvarianten der Fläche und des imaginären Kugelkreises[55]), vgl. Nr. **68**). Auf der Invarianz der Koeffizienten von $\Gamma(\varrho) = 0$ beim Übergang von einem schiefwinkligen System zum andern beruht ein Teil der Sätze über konjugierte Durchmesser von *Livet, Binet* und *Chasles* (vgl. Nr. **8**).

10. Kanonische Gleichungen und Gestalt der Flächen 2. Ordnung. Die Hauptachsengleichungen der fünf reellen eigentlichen Flächen 2. Ordnung sind zuerst von *Euler* und in der jetzt üblichen Bezeichnung:

$$\frac{x^2}{a^2} \pm \frac{y^2}{b^2} \pm \frac{z^2}{c^2} = 1, \qquad \frac{x^2}{p} \pm \frac{y^2}{q} + 2z = 0 \qquad (pq > 0)$$

von *Monge-Hachette* angegeben und zur Diskussion der Gestalt der Flächen benutzt worden[56]). *Euler* stellt die Flächen unvollkommen durch schiefe Projektion der drei Hauptschnitte auf die Ebene eines derselben dar. Die Darstellung in Grund- und Aufriss geben zuerst *Monge-Hachette*[57]).

11. Unterarten der Flächen 2. Ordnung. Die Bedingungen dafür, dass die Fläche 2. Ordnung eine *Rotationsfläche* sei, sind seit *Monge* auf verschiedenen Wegen abgeleitet worden: 1) mittelst direkter Methoden, und zwar aus der partiellen Differentialgleichung der Rotationsflächen überhaupt von *Monge* und aus der allgemeinen Gleichungsform der Rotationsflächen von *Bourdon, Mondot* und *Lamé*[58]); 2) mittelst der Theorie des Hauptachsenproblems, und zwar aus dem Verschwinden aller Koeffizienten der ersten (vgl. Nr. **9**) kubischen Gleichung des Hauptachsenproblems von *Bourdon*[59]); aus der Gleichheit zweier Wurzeln der zweiten kubischen Gleichung $\Delta(\varrho) = 0$ von

54) *Cauchy,* Applic. 1 (1826), p. 244; *Plücker,* J. f. Math. 24 (1842), p. 283 = Werke 1, p. 390. Darauf beruht der Satz von der konstanten Summe der reziproken Quadrate dreier rechtwinkliger Halbmesser.

55) Über die absoluten Invarianten der unendlich fernen Kurve der Fläche vgl. *Lindemann,* Vorles., p. 193.

56) *Euler,* Introd., p. 380 ff.; *Monge-Hachette,* Applic., p. 157, 165.

57) *Euler,* a. a. O. Figur 143—147; *Monge-Hachette,* a. a. O. p. 168; *Hachette,* Corresp. polyt. 2 (1812), p. 329. *Gipsmodelle* der Flächen 2. Ordnung sind unter Leitung von *A. Brill* von *R. Diesel* (1878) in München angefertigt worden, vgl. *W. Dyck*, Katalog, p. 258. Über andre Modelle der Flächen 2. Ordnung vgl. Nr. **16**, **30**, **46**, **62**.

58) *Bourdon,* Corresp. polyt. 2 (1811), p. 196; *Mondot,* ebenda 2 (1811), p. 205; *Lamé,* Examen (1818), p. 43. Über das Auftreten der Rotationsflächen bei *Archimedes* um 237 v. Chr. vgl. *M. Cantor,* Gesch. d. Math. 1. Aufl. 1, p. 294.

59) *Bourdon,* Corresp. polyt. 2 (1811), p. 252.

Cauchy und *Plücker*[60]); aus dem Unbestimmtwerden einer Hauptachse von *Plücker*[61]); aus dem Verschwinden der Diskriminante an den unter Nr. **9**, [51]) angeführten Stellen. Auch die doppelte Berührung zwischen einer Rotationsfläche und dem imaginären Kugelkreis[62]) ist nach *Weierstrass*[63]) eine Folge der Gleichheit zweier Wurzeln der Gleichung $\Delta(\varrho) = 0$.

Die Fläche 2. Ordnung ist eine *Kugel*, wenn die Wurzeln λ, μ, ν der Gleichung $\Delta(\varrho) = 0$ alle drei gleich sind. In der *Normalform*[64]) der Gleichung der Kugel:

$$(x - a)^2 + (y - b)^2 + (z - c)^2 - r^2 = 0$$

bedeutet die linke Seite, gebildet für einen beliebigen Punkt x, y, z, dessen *Potenz* in Bezug auf die Kugel. Eine Kugel mit verschwindendem Radius heisst eine *Punktkugel* (Nullkugel, Kugelkegel). Der Schnitt jeder Kugel mit der unendlich fernen Ebene ist der von *Poncelet* eingeführte[65]) *imaginäre Kugelkreis.*

Die Fläche $f(x, y, z, 1) = 0$ ist *gleichseitig*, wenn die Wurzeln von $\Delta(\varrho) = 0$ in der Beziehung stehen $\lambda + \mu + \nu = 0$, und *dual gleichseitig*, wenn $\mu\nu + \nu\lambda + \lambda\mu = 0$. Insbesondere sind die beiden *Hyperboloide* (oder *Kegel*):

$$\frac{x^2}{a^2} \pm \frac{y^2}{b^2} - \frac{z^2}{c^2} = 1\ (0)$$

gleichseitig[66]) mit: $\frac{1}{a^2} \pm \frac{1}{b^2} - \frac{1}{c^2} = 0$ (vgl. Nr. **17**, Nr. **30**) und dual gleichseitig mit $a^2 \pm b^2 - c^2 = 0$; ferner ist für $p = q$ das *Paraboloid*

$$\frac{x^2}{p} - \frac{y^2}{q} + 2x = 0$$

gleichseitig[67]).

Die Fläche $f(x, y, z, 1) = 0$ ist *orthogonal*, wenn

$$(\mu + \nu - \lambda)(\nu + \lambda - \mu)(\lambda + \mu - \nu) = 0$$

---

60) *Cauchy*, Exerc. 3 (1828), p. 13; *Plücker*, J. f. Math. 24 (1842), p. 283 = Werke 1, p. 396.

61) *Plücker*, System, p. 175; vgl. die daselbst p. 185 angegebene Litteratur.

62) *v. Staudt*, Beitr. (1856), p. 129.

63) *Weierstrass*, Berl. Ber. 158, p. 214.

64) *Hesse*, Vorles., p. 346.

65) *Poncelet*, Traité (1822), p. 397; vgl. *v. Staudt*, Beitr., p. 129; *Hesse*, Vorles., p. 338 (Gleichung des Kugelkreises in Ebenenkoordinaten $u^2 + v^2 + w^2 = 0$).

66) Den gleichseitigen Kegel betrachtet *Magnus* 2, p. 323, ihn und das gleichseitige Hyperboloid *Plücker*, System, p. 156, 205; weitere Ausführungen neben der Bemerkung von *F. Joachimsthal*, J. f. Math. 56 (1858), p. 284 noch bei *H. Vogt*, J. f. Math. 86 (1879), p. 297; *Schröter*, Oberfl., p. 75, 195.

67) *Steiner*, Syst. Entw., p. 211 = Werke 1, p. 380; *Magnus* 2, p. 249; *A. Schoenflies*, Zeitschr. Math. Phys. 23 (1878), p. 245.

und *dual orthogonal*, wenn

$$(\nu\lambda + \lambda\mu - \mu\nu)(\lambda\mu + \mu\nu - \nu\lambda)(\mu\nu + \nu\lambda - \lambda\mu) = 0.$$

Insbesondere ist das *einschalige Hyperboloid* (oder *Kegel*):

$$\frac{x^2}{a^2} + \frac{y^2}{b^2} - \frac{z^2}{c^2} = 1 \ (0), \qquad a^2 > b^2,$$

orthogonal für $\frac{1}{a^2} - \frac{1}{b^2} + \frac{1}{c^2} = 0$[68]) (vgl. Nr. **16, 46, 51**).

Weitere *Unterarten des Kegels* sind der Kegel von *Pappus* und der von *Hachette*, ferner der Kegel mit rechtwinkligen Fokalaxen (vgl. Nr. **56**) und der mit rechtwinkligen Kreisschnittebenen[69]) (vgl. Nr. **16**).

II. Fläche 2. Ordnung und Ebene.

12. Analytische Darstellung ebener Schnitte. Um die Ordnung eines ebenen Schnittes einer Fläche 2. Ordnung zu bestimmen, transformiert *Euler* die Gleichung der Fläche auf ein neues Koordinatensystem, dessen eine Koordinatenebene in die schneidende Ebene fällt. Diese Methode wird in formal verbesserter Gestalt von *Cauchy* zur Ermittlung der Natur des Schnittes verwertet. Sie wird endlich von *Hesse* in homogenen Koordinaten gehandhabt[70]).

Hiernach stellt sich die Schnittkurve dar 1) *in laufenden Punktkoordinaten x_i des Raumes* durch die beiden Gleichungen:

$$f = \sum_1^4{}^i \sum_1^4{}^k a_{ik} x_i x_k = 0, \qquad u = \sum_1^4{}^i u_i x_i = 0,$$

wobei die mit den u_i geänderte Determinante der Fläche, $|a_{ik}, u_i|$, Simultaninvariante von f und u ist[71]); 2) *in laufenden Dreieckskoordi-*

68) Der Name orthogonal ist von *Schröter,* J. f. Math. 85 (1878), p. 26 eingeführt, aber schon *Binet,* Corr. polyt. 2 (1810), p. 71; *Steiner,* J. f. Math. 2 (1827), p. 292 = Werke 1, p. 162 und Syst. Entw., p. 218, 232 = Werke 1, p. 385, 394; *Chasles,* J. de math. (1) 1 (1836), p. 324 hatten dieses spezielle Hyperboloid (oder Kegel) erhalten. Weitere Untersuchungen über dasselbe bei *Schröter,* a. a. O. und Oberfl., p. 67, 174; *Schoenflies,* Zeitschr. Math. Phys. 23 (1878), p. 269; 24 (1879), p. 62; *F. Ruth,* Wien.Ber. 80 (1879), p. 257; vgl. auch *Lindemann,* Vorles., p. 195.

69) *Pappi* Collectiones 2, p. 581 (ed. F. Hultsch); *Hachette,* Quetelet Corresp. 4 (1828), p. 285; *Chasles,* Cônes, p. 44; *Th. Reye,* G. d. L. 1, p. 260; *Th. Meyer,* Diss. Strassburg 1884.

70) *Euler,* Introd., p. 348 ff.; *Cauchy,* Applic. 1, p. 263; *Hesse,* Vorles., p. 388 ff.

71) *Hesse,* J. f. Math. 49 (1853), p. 255 = Werke, p. 330; vgl. *J. Versluys,* Arch. Math. Phys. 50 (1869), p. 157, 210 und 51 (1870), p. 49.

naten y_i, bezogen auf drei feste Punkte $x_i^{(1)}$, $x_i^{(2)}$, $x_i^{(3)}$ der Ebene u, durch die Gleichung

$$\sum_1^3{}^i \sum_1^3{}^k f_{ik} y_i y_k = 0 \text{ mit } f_{ik} = \sum_1^4{}^\alpha \sum_1^4{}^\beta a_{\alpha\beta} x_\alpha^{(i)} x_\beta^{(k)},$$

wobei die Determinante $|f_{ik}|$ bis auf einen Faktor gleich $|a_{ik}, u_i|$ ist[72]).

Dazu tritt bei *Hesse* noch eine weitere Darstellung der Schnittkurve *in laufenden Ebenenkoordinaten* v_i (als singuläre Fläche 2. Klasse, vgl. Nr. **3**) durch Nullsetzen der mit den u_i und v_i zweimal geränderten Determinante von f:[73]) $|a_{ik}, u_i, v_i| = 0$.

Das zu der Schnittkurve *duale Gebilde* ist der Ebenenbüschel, den die Tangentialebenen eines Berührungskegels der Fläche bilden (über den Berührungskegel als *Linien*gebilde vgl. Nr. **24**).

13. Projektive Einteilung der Schnittkurven (vgl. Nr. **3**). In erster Linie ist nun zu unterscheiden, ob die Schnittkurve: I. ein eigentlicher Kegelschnitt oder II. ein Geradenpaar oder III. eine Doppelgerade ist, oder IV. die schneidende Ebene der Fläche ganz angehört.

Die Bemerkung, dass die Tangentialebene die Fläche in einem Geradenpaar schneidet, ist von *Dupin* gemacht worden[74]). Dass überhaupt die Schnittkurve einer Fläche mit ihrer Tangentialebene im Berührungspunkt einen Doppelpunkt hat, hebt *Plücker* hervor[75]). Auf synthetischem Wege gelangt *Steiner* für das einschalige Hyperboloid zu diesem Ergebnis, sowie zu dem dualen Satze[76]). Die analytische Bedingung dafür, dass die Ebene u in einem nicht eigentlichen Kegelschnitt schneidet, nimmt bei *Hesse*[77]) die Form $|a_{ik}, u_i| = 0$ (vgl. Nr. **12**) an (vgl. Nr. **4**).

14. Metrische Einteilung der Schnittkurven. Je nachdem die Schnittkurve $f \times u$ die unendlich ferne Ebene in zwei imaginären, zwei reellen oder zwei zusammenfallenden Punkten schneidet, kann sie kurz als eine 1) *elliptische* (imaginäre oder reelle Ellipse oder imaginäres Geradenpaar) oder 2) *hyperbolische* (Hyperbel oder reelles

72) *Lindemann,* Vorles., p. 138; *H. M. Taylor-Cayley,* Lond. Math. S. Proc. 11 (1880), p. 141.

73) *Hesse,* Vorles., p. 179.

74) *Dupin,* Dével., p. 51; vgl. *Cauchy,* Applic., p. 220.

75) *Plücker,* J. f. Math. 4 (1829), p. 359 = Werke 1, p. 113.

76) *Steiner,* Syst. Entw., p. 195 = Werke 1, p. 371; vgl. *Seydewitz,* Arch. Math. Phys. 9 (1846), p. 195. Über imaginäre Tangentialebenen vgl. *v. Staudt,* Beitr., p. 112.

77) *Hesse,* Vorles., p. 179.

Geradenpaar) oder 3) *parabolische* (Parabel, imaginäres oder reelles Parallellinienpaar[78]), Doppelgerade) bezeichnet werden. Dazu kommen noch 4) solche Schnitte hinzu, die aus einer endlichen und der unendlich fernen oder der doppelten unendlich fernen Geraden bestehen.

Im Sinne dieser Einteilung bestimmte *Cauchy*[79]) den Mittelpunkt der Schnittkurve und schloss daran die Behandlung des Hauptachsenproblems (vgl. Nr. **15**). Auch *Hesse* hat die Einteilung eingehend behandelt[80]).

Die umgekehrte Aufgabe, eine Fläche 2. Ordnung in einem Kegelschnitt von gegebener Gestalt zu schneiden, geht auf *G. P. Dandelin* zurück[81]).

15. Das Hauptachsenproblem der ebenen Schnitte. Die *erste* Auffassung des Hauptachsenproblems der Schnittkurve $f \times u$ bei *Cauchy* verlangt, durch Transformation des rechtwinkligen Koordinatensystems die Hauptachsengleichung der Schnittkurve herzustellen. Dieser Auffassung folgen in zwei verschiedenen Modifikationen *Hesse* und *O. Henrici*[82]). Eine *zweite* Auffassung verlangt das gemeinsame Paar harmonischer Punkte zu den Schnittpunkten der Schnittkurve mit der unendlich fernen Geraden der Ebene u und den imaginären Kreispunkten dieser Ebene zu finden.

In jedem Fall führt das Problem auf eine *quadratische Gleichung*, die bei Anwendung gewöhnlicher Koordinaten x, y, z des Punktes und u, v, w der schneidenden Ebene lautet:

$$\mathsf{E}(\lambda) = \begin{vmatrix} a_{11} - \lambda & a_{12} & a_{13} & u \\ a_{21} & a_{22} - \lambda & a_{23} & v \\ a_{31} & a_{32} & a_{33} - \lambda & w \\ u & v & w & 0 \end{vmatrix} = 0$$

und sich zuerst bei *Cauchy* findet[83]).

78) *Cauchy*, Applic., p. 271; *Steiner*, J. f. Math. 2 (1827), p. 271 = Werke 1, p. 150; Syst. Entw., p. 196 = Werke 1, p. 371.

79) *Cauchy*, Applic., p. 265. Ordnet man jeder Ebene den Mittelpunkt ihrer Schnittkurve zu, so erhält man nach *Sturm*, Linieng. 1, p. 78, ein höheres Nullsystem.

80) *Hesse*, Vorles., p. 388; vgl. die vollständige Tabelle und die Kriterien von *Gundelfinger*, daselbst, p. 469.

81) *G. P. Dandelin*, Bruxelles Nouv. Mém. 3 (1826), p. 8 und weiter: *Chr. Wiener*, Zeitschr. Math. Phys. 20 (1875), p. 317; *Fr. Ruth*, Wien. Ber. 95 (1887), p. 240; *M. Krewer*, Arch. Math. Phys. (2) 12 (1893), p. 185; *W. Ludwig*, Dissert. Breslau 1898.

82) *Cauchy*, Applic., p. 266; *Hesse*, Vorles., p. 395; *O. Henrici*, J. f. Math. 64 (1865), p. 187.

83) *Cauchy*, Applic., p. 269; *Hesse*, Vorles., p. 398.

Die *Realität ihrer Wurzeln* wird entweder durch indirekten Schluss[84]) oder durch die Darstellung der Diskriminante als Summe von Quadraten bewiesen[85]).

16. Kreisschnitte und Kreispunkte. Die Kreisschnitte der Flächen 2. Ordnung sind nach der Entdeckung spezieller Fälle durch *R. Descartes* und *J. d'Alembert*[86]) zuerst von *Monge-Hachette*[87]) gefunden worden. Beim hyperbolischen Paraboloid treten an Stelle der Kreisschnittebenen diejenigen, welche die Fläche in einer endlichen und einer unendlich fernen Geraden schneiden[88]).

Die *Kreispunkte* hat zuerst *Monge* bestimmt, worauf sie *Dupin*[89]) näher untersucht hat.

Die *Methoden* zur Bestimmung der Kreisschnitte sind entweder speziell für diesen Zweck hergerichtet[90]) oder sie beruhen auf der Darstellung der Diskriminante der quadratischen Gleichung $\mathsf{E}(\lambda) = 0$ (Nr. **15**) durch eine Summe von Quadraten oder sie benutzen die Beziehung zum imaginären Kugelkreis[91]). *P. Serret* zeigt, dass jede Fläche, die zwei Erzeugungen durch parallele Kreise zulässt, eine Fläche 2. Ordnung ist[92]).

Beim *orthogonalen Kegel* (vgl. Nr. **11**) sind nach *Hachette*, beim *orthogonalen Hyperboloid* nach *Steiner* die beiden Scharen von Kreis-

---

84) *Hesse,* Vorles., p. 399; vgl. besonders den allgemeinen Satz von *S. Gundelfinger,* daselbst p. 518.

85) *Hesse,* J. f. Math. 60 (1862), p. 305 = Werke, p. 497; Vorles., p. 406; *Henrici,* J. f. Math. 64 (1865), p. 187; *C. Souillart,* J. f. Math. 65 (1866), p. 320; 87 (1879), p. 220; *G. Bauer,* J. f. Math. 71 (1870), p. 46; *Geiser,* Ann. di mat. (2) 8 (1877), p. 113; *E. Sourander,* J. f. Math. 85 (1878), p. 339. Die Frage der Quadratdarstellung der Diskriminante ist eingeleitet durch *Dupin*'s Paradoxon in Betreff der Gleichheit der beiden Hauptkrümmungsradien (vgl. Nr. **19**); *Dupin,* Dével., p. 129; *Amiot,* J. de math. (1) 12 (1847), p. 130.

86) Vgl. *Kötter,* Ber., p. 72.

87) *Monge-Hachette,* Applic., p. 161; vgl. *D. F. Gregory,* Cambr. Math. J. 1 (1839), p. 100.

88) *G. S. Klügel,* Math. Wörterb. 3 (1808), p. 328; *Hachette,* Corr. polyt. 1 (1808), p. 433; *Steiner,* J. f. Math. 1 (1826), p. 50 = Werke 1, p. 14.

89) *Monge,* J. éc. polyt. cah. 2 (1796), p. 155, 160; Applic. de l'analyse, Paris, 4. Aufl. 1809, p. 127; *Dupin,* Dével., p. 181, 277.

90) *Monge-Hachette,* Applic., p. 161; *Dupin,* Dével., p. 159; *Plücker,* J. f. Math. 19 (1839), p. 8 = Werke 1, p. 346; vgl. *Hesse,* J. f. Math. 41 (1849), p. 264 = Werke, p. 247, wo der Grund für die Auflösbarkeit der Gleichung 6. Grades des Problems entwickelt wird; vgl. auch Nr. **58**.

91) *Poncelet,* Traité, p. 397; *v. Staudt,* Beitr., p. 129; vgl. auch *M. Lyme Ryew,* Gi. di mat. 11 (1873), p. 111; *O. Staude,* Arch. Math. Phys. (3) 7 (1904), p. 183.

92) *P. Serret,* J. de math. (2) 6 (1861), p. 9.

schnittebenen auf einer, bezüglich zwei Erzeugenden senkrecht[93]) (vgl. Nr. **11** unter [68])).

Infolge der Gleichung der Kreisschnitte können die Flächen 2. Ordnung durch zwei Reihen kreisförmig, bezüglich geradlinig begrenzter *Kartonstücke* dargestellt werden. Dies hat auf eine Anregung von *O. Henrici* hin zuerst *A. Brill* (1874) ausgeführt[94]).

17. Gleichseitig hyperbolische Schnitte. Die gleichseitig hyperbolischen (vgl. III C 1, Nr. **3**) Schnitte einer Fläche 2. Ordnung, die auch im allgemeinen mehrfach untersucht sind[95]), haben eine besondere Bedeutung erlangt für das *gleichseitige* (ein- oder zweischalige) *Hyperboloid,* das von allen zu einer Kante des Asymptotenkegels senkrechten Ebenen, und für den *gleichseitigen Kegel,* der von allen zu einer Kante senkrechten Ebenen in einer gleichseitigen Hyperbel, bezüglich zwei zu einander senkrechten Geraden geschnitten wird (vgl. Nr. **11** unter [66])).

18. Brennpunkte ebener Schnitte. Den Ort der Brennpunkte der Schnittkurven eines Ebenenbüschels mit einem Kegel 2. Ordnung hat *Quetelet* eine *Fokale* genannt[96]). Für den Ort der Brennpunkte aller Diametralschnitte einer Mittelpunktsfläche 2. Ordnung findet *Painvin* eine Fläche 8. Ordnung[97]). Über das *Theorem von Dandelin* (vgl. III C 1, Nr. **5**) vgl. Nr. **77**.

19. Hauptkrümmungsradien der Fläche 2. Ordnung. Auf das Hauptachsenproblem der Diametralschnitte kommt nach *Dupin* die Bestimmung der Hauptkrümmungsradien eines Punktes der Fläche 2. Ordnung zurück[98]). Auch schliesst sich an dasselbe die Theorie der *Fresnel'schen Wellenfläche* 4. Ordnung an[99]).

---

93) *Hachette,* Corresp. polyt. 1 (1806), p. 179; *Steiner,* Syst. Entw., p. 232 = Werke 1, p. 394. 94) *Dyck,* Katalog, p. 258.

95) *J. W. Tesch,* Nieuw. Arch. 1 (1875), p. 194; *O. Rupp,* Wien. Ber. 86 (1882), p. 909; *Gillet,* Mathesis (2) 2 (1892), p. 153, 180, 223; *G. D. E. Weyer,* Arch. Math. Phys. (2) 14 (1895), p. 139; *B. Hoppe,* Arch. Math. Phys. (2) 14 (1896), p. 436; *K. Schober,* Monatsh. Math. Phys. 7 (1896), p. 111; *W. Rulf,* ebenda, p. 93; vgl. auch *Steiner,* J. f. Math. 1 (1826), p. 49 = Werke 1, p. 13.

96) *L. A. J. Quetelet,* Dissert. de quibusdam locis, Gand 1819 (nach *Baltzer,* Geom., p. 529); vgl. *Chasles,* Aperçu, p. 285; *G. Huber,* Dissert. Bern 1893; *F. Staehli,* Dissert. Bern 1894.

97) *Painvin,* Nouv. Ann. (2) 3 (1864), p. 481; vgl. *E. Brassine,* J. de math. (1) 7 (1892), p. 120. Weiteres über Brennpunkte ebener Schnitte bei *L. Sallet,* Nouv. Ann. (2) 9 (1870), p. 463; *C. Pelz,* Wien. Ber. 82 (1880), p. 1207; *P. Dronet,* Nouv. Ann. (3) 6 (1887), p. 321; *P. Dittmar,* Diss. Giessen 1888 und Progr. 1894; *H. B. Newson,* Ann. of math. 5 (1889), p. 1; Amer. J. of math. 14 (1891), p. 87.

98) *Dupin,* Dével., p. 151, 29, 205, 223; vgl. *Chasles,* Aperçu, p. 179. 670;

20. Verwandtschaft mehrerer ebener Schnitte einer Fläche 2. Ordnung. Der Satz, dass parallele Schnitte einer Fläche 2. Ordnung im Sinne von Nr. **14** von gleicher Art und *ähnlich und ähnlich liegend* sind (vgl. III C 1, Nr. **16**), wird von *Euler* in unvollkommener Form angedeutet und zuerst von *Monge-Hachette* bewiesen[100]).

Dass beliebige Schnitte eines Cylinders *affin*, eines Kegels *perspektiv* sind, bemerkt *Magnus*[101]). Den allgemeinen Satz, wonach zwei beliebige Schnitte einer Fläche 2. Ordnung auf zwei Weisen perspektiv sind, giebt *Chasles*[102]). Diesem verdankt man auch die Sätze über die Lage der sechs Perspektivitätscentra je zweier von drei beliebigen Schnitten einer Fläche 2. Ordnung.

21. Berührungsprobleme für ebene Schnitte. Das verallgemeinerte *Problem des Apollonius* verlangt die acht ebenen Schnitte einer Fläche 2. Ordnung zu finden, welche drei gegebene ebene Schnitte derselben berühren. Es ist in dieser Allgemeinheit zuerst von *Dupin, Chasles* und *J. B. Durrande* behandelt worden[103]). Für die Kugelfläche findet es sich bei *L. N. M. Carnot, Th. Olivier* und *Steiner*[104]); bei *G. Frobenius* tritt hier an Stelle der Berührung auch der *Schnitt unter beliebigem Winkel*[105]).

Par. C. R. 26 (1848), p. 531; *v. Staudt,* Beitr., p. 393; *Souillart,* J. f. Math. 65 (1866), p. 321; *E. Laguerre,* J. de math. (3) 4 (1878), p. 247; *A. Mannheim,* J. de math. (3) 8 (1882), p. 167 und (5) 2 (1896), p. 51; *K. Cranz,* Zeitschr. Math. Phys. 31 (1886), p. 56.

99) *A. J. Fresnel,* Paris Mém. 7 (1827), p. 45, 176; *A. Ampère,* Ann. chim. phys. (2) 39 (1828), p. 113; *W. R. Hamilton,* Dublin Trans. 17 (1837), part 1, p. 149; *Plücker,* J. f. Math. 19 (1838), p. 1. 91 = Werke 1, p. 339; *A. Cayley,* J. de math. (1) 11 (1846), p. 291 = Coll. pap. 1, p. 302; Quart. J. 3 (1860), p. 16, 142 = Coll. pap. 4, p. 420, 432; *A. Mannheim,* Assoc. Franç. 1877. Die Wellenfläche wird in *elliptischen Koordinaten* dargestellt von *W. Roberts* und *A. Cayley,* Mess. (2) 8 (1879), p. 190 = Coll. pap. 11, p. 71; durch *elliptische Funktionen* von *H. Weber,* J. f. Math. 84 (1878), p. 354 (vgl. IV 4, Nr. **19**).

100) *Euler,* Introd., p. 339; *Monge-Hachette,* Applic., p. 155; vgl. *Baltzer,* Geom., p. 490.

101) *Magnus* 2, p. 156, 174; vgl. *Baltzer,* J. f. Math. 54 (1857), p. 162; Geom., p. 445.

102) *Chasles,* Corr. polyt. 3 (1814), p. 14; 3 (1816), p. 326; *Steiner,* J. f. Math. 1 (1826), p. 45 = Werke 1, p. 9.

103) *Dupin,* Corr. polyt. 2 (1813), p. 420; *Chasles,* Corr. polyt. 3 (1814), p. 16; *J. B. Durrande,* Gerg. Ann. 7 (1816/17), p. 27; vgl. auch *F. Mertens,* Zeitschr. Math. Phys. 25 (1880), p. 156.

104) *L. N. M. Carnot,* Géom. de posit. (Paris 1803), p. 415; *Th. Olivier,* Corr. polyt. 3 (1814), p. 10; *Steiner,* J. f. Math. 1 (1826), p. 182 = Werke 1, p. 38.

105) *G. Frobenius,* J. f. Math. 79 (1875), p. 204; vgl. *Darboux,* Ann. éc.

An das verallgemeinerte Problem des *Apollonius* schliesst sich auch ein entsprechender *Feuerbach'scher Satz* an, den *F. Mertens* ableitet[106]).

Auch das *Malfatti'sche Problem* für ebene Schnitte einer Fläche 2. Ordnung ist von *Dupin* und *Steiner* synthetisch[107]), von *Cayley* analytisch und in Anschluss hieran von *Clebsch* unter Bezugnahme auf elliptische Funktionen behandelt worden[108]) (vgl. Nr. 88).

III. Fläche 2. Ordnung und gerade Linie.

22. Schnittpunkte mit einer Geraden. Die Untersuchung der Fläche 2. Ordnung mittels einer schneidenden Geraden führt *Cauchy* ein[109]).

Das *Schnittpunktpaar* wird analytisch dargestellt: 1) durch drei Gleichungen *in Punktkoordinaten* x_i *des Raumes:*

$$f = 0, \quad u = 0 \text{ (wie in Nr. 12)}, \quad v = \sum_1^4 {}_i v_i x_i = 0,$$

wobei die mit den u_i, v_i zweifach geränderte Determinante von f, $|a_{ik}, u_i, x_i|$, *Simultaninvariante der Fläche und der Geraden* $u \times v$ ist; *symbolisch* wird die Determinante durch $\frac{1}{2}(abuv)^2$ dargestellt[110]). 2) durch die Gleichung:

$$f_{11} y_1^2 + 2 f_{12} y_1 y_2 + f_{22} y_2^2 = 0 \text{ }^{111})$$

(vgl. Nr. 12) *in Zweieckskoordinaten* y_1, y_2 *auf der Geraden,* bezogen

---

norm. (2) 1 (1872), p. 323; auch *Reye*, G. d. Kugeln (1879), p. 56; *F. Schumacher*, Zeitschr. Math. Phys. 34 (1889), p. 257.

106) *Mertens*, a. a. O.

107) *Dupin*, Corr. polyt. 2 (1813), p. 421; *Steiner*, J. f. Math. 1 (1826), p. 183 = Werke 1, p. 39; vgl. auch *Plücker*, J. f. Math. 11 (1831), p. 356 = Werke 1, p. 288; *Mertens*, a. a. O.; für die Kugel *K. H. Schellbach*, J. f. Math. 45 (1852), p. 186. Über *Reihen ebener Schnitte*, welche alle zwei gegebene berühren, vgl. *Steiner*, a. a. O. = Werke 1, p. 44.

108) *Cayley*, Lond. Trans. 1852, p. 253 = Coll. pap. 2, p. 57; *Clebsch*, J. f. Math. 53 (1857), p. 292.

109) *Cauchy*, Exerc. 3, p. 1; in homogenen Koordinaten bei *Hesse*, Vorles., p. 130; vgl. *v. Staudt*, Beitr., p. 286.

110) *Clebsch*, J. f. Math. 59 (1861), p. 56. Das „Übertragungsprinzip" von *Clebsch-Lindemann*, Vorles. (Ebene), p. 274 kann als letzte Phase der *Cauchy*'schen Methode der schneidenden Geraden angesehen werden.

111) Bei *Cauchy* a. a. O. p. 2 und auch später meist als *quadratische Gleichung für den Parameter* λ des laufenden Punktes $x_i^{(1)} + \lambda x_i^{(2)}$ der Geraden $x_i^{(1)} x_i^{(2)}$ in der Form: $f_{11} + 2 f_{12} \lambda + f_{22} \lambda^2 = 0$ aufgefasst, vgl. *Hesse*, Vorles., p. 131; *Lindemann*, Vorles., p. 132.

auf zwei feste Punkte $x_i^{(1)}$ und $x_i^{(2)}$ derselben (vgl. III C 1, Nr. 8); die Determinante $P = f_{11} f_{22} - f_{12}^2$ ist bis auf einen Faktor gleich $|a_{ik}, u_i, v_i|$.[112]) 3) *in laufenden Ebenenkoordinaten* w_i (als reduzible Fläche 2. Klasse, vgl. Nr. 3) durch die mit den u_i, v_i, w_i dreifach geränderte Determinante $|a_{ik}, u_i, v_i, w_i| = 0$.[113]).

Zwischen der auf die zwei genannten Punkte $x_i^{(1)}$ und $x_i^{(2)}$ der Geraden bezüglichen Diskriminante P und der dualen auf zwei Ebenen $u^{(1)}$ und $u^{(2)}$ *derselben* Geraden bezüglichen Diskriminante $Q = F_{11} F_{22} - F_{12}^2$ mit $F_{ik} = \sum_1^4{}^{\alpha} \sum_1^4{}^{\beta} A_{\alpha\beta} u_\alpha^{(i)} u_\beta^{(i)}$ besteht bis auf einen positiven Faktor die Gleichung: $Q = A \cdot P$.[114]) Aus ihr zieht man Schlüsse auf die Beziehung der Realität der Schnittpunkte der Geraden mit der Fläche und der Realität der Tangentialebenen durch dieselbe Gerade an die Fläche[115]).

23. Doppelverhältnisse auf der Verbindungslinie zweier Punkte. Der Ort der Punkte $x^{(2)}$, deren Verbindungslinie mit einem festen Punkte $x^{(1)}$ die Fläche $f = 0$ in zwei Punkten schneidet, die mit $x^{(1)}$, $x^{(2)}$ *ein festes Doppelverhältnis* $\alpha : \beta$ bilden (vgl. III C 1, Nr. 8), ist eine Fläche 2. Ordnung $f' = 0$.[116])

Für $\alpha : \beta = 0$ oder ∞ wird f' mit f identisch, für $\alpha : \beta = 1$ ist f' der *Berührungskegel* von $x^{(1)}$ an f, für $\alpha : \beta = -1$ wird f' die (doppelte) *Polarebene* von $x^{(1)}$ (vgl. Nr. 38).

Alle Flächen f' berühren einander längs des Schnittes dieser Ebene mit f.

24. Der Berührungskegel. Dass der von einem Punkte $x^{(1)}$ an die Fläche gelegte Berührungskegel in einer *ebenen Kurve* berührt, ist von *Monge* erkannt worden[117]). Die Gleichung des Kegels ist in laufenden Koordinaten $x^{(2)}$: $P = f_{11} f_{22} - f_{12}^2 = 0$[118]) (vgl. Nr. 26).

---

112) Die zweifach geränderte Determinante bei *Gundelfinger* in *Hesse,* Vorles., p. 179; *Baltzer,* Geom., p. 497.

113) *Gundelfinger* in *Hesse,* Vorles., p. 129. 471.

114) *Salmon-Fiedler,* Raum 1, p. 102.

115) Diese Schlüsse auf synthetischem Wege bei *R. Sturm,* Flächen 3. O., p. 252; *Schröter,* Oberfl., p. 142. Eine Konstruktion der Schnittpunkte bei *H. G. Zeuthen,* Math. Ann. 13 (1881), p. 33.

116) *Lindemann,* Vorles., p. 134. Auf dies Doppelverhältnis beziehen sich ein Satz von *C. Stéphanos* und die bezüglichen Untersuchungen von *W. Fr. Meyer,* Jahresber. d. D. Math.-Ver. 12 (1903), p. 137.

117) *Monge,* Géom. descr. (1798/99), p. 52 wird der Satz als bekannt vorausgesetzt, Feuilles d'analyse Paris 1880/81, Nr. 5 (nach *R. Haussner*, Ostw. Klassiker

Der Berührungskegel bestimmt den *scheinbaren Umriss* der Fläche[119]).

25. Besondere Formen des Berührungskegels. Der *Asymptotenkegel*, der bei *Euler* in allgemeinerem Sinne aufgefasst wird (vgl. Nr. **1**), erscheint als Berührungskegel vom Mittelpunkt aus bei *Plücker*[120]).

Der Ort der Schnittpunkte von drei rechtwinkligen Tangenten der Flächen 2. Ordnung (*Ort der Spitzen gleichseitiger Berührungskegel*, vgl. Nr. **11**) ist nach *G. Lamé* wieder eine Fläche 2. Ordnung[121]).

Als Ort der Schnittpunkte von drei rechtwinkligen Tangentialebenen (vgl. III C 1, Nr. **16**) fand *Monge* eine Kugel[122]). Dass es sich dabei um den *Ort der Spitzen dual-gleichseitiger Berührungskegel* (vgl. Nr. **12**) handelt, bemerkte im wesentlichen *Plücker*[123]). Für die Paraboloide ist dieser Ort nach *Magnus* und *Plücker* eine Ebene[124]).

Der Ort der Spitzen derjenigen Berührungskegel des Ellipsoides, welche einen rechtwinkligen Hauptschnitt haben, ist nach *A. Mannheim* eine Fresnel'sche Wellenfläche[125]).

Über den Ort der Spitzen derjenigen Berührungskegel, die *Rotationskegel* sind, vgl. Nr. **55**.

26. Der Tangentenkomplex der Fläche 2. Ordnung. Die Tangenten der Fläche 2. Ordnung bilden nach *Plücker*[126]) einen speziellen Komplex 2. Grades, dessen Gleichung in Strahlenkoordinaten durch Entwicklung der Diskriminante P in Nr. **22** folgt (vgl. Nr. **2**):

Nr. 117, p. 197), sowie Applic. de l'analyse (4. Aufl. 1809), p. 14 bewiesen; vgl. *Cauchy,* Applic., p. 209.

118) *Hesse,* Vorles., p. 171; vgl. *Baltzer,* Geom., p. 207, 494.

119) Über die *scheinbare Grösse* eines Ellipsoides vgl. *H. A. Schwarz,* Gött. Nachr. 1883, p. 39; eines elliptischen Paraboloids *G. Pflaumbaum,* Diss. Halle 1888; vgl. *J. Lüroth,* Freiburger Festschrift 1896.

120) *Plücker,* System (1846), p. 95.

121) *Lamé,* Examen (1818), p. 80.

122) Nach *Livet,* Corr. polyt. 1 (1804), p. 30. Vgl. auch *Poisson,* ebenda 1 (1807), p. 239 und 3 (1816), p. 320; *Lamé,* Examen, p. 80.

123) *Plücker,* System, p. 206; vgl. *P. Serret,* Par. C. R. 117 (1893), p. 400, 435, 480, wo die „Richtkugeln" auch für Flächen*systeme* untersucht werden.

124) *Magnus* 2, p. 325; *Plücker*, System, p. 206. Dass der Ort der Achsen rechtwinkliger Tangentialebenenpaare eines Kegels 2. Ordnung wieder ein solcher ist, wird bei *Painvin,* Bull. scienc. math. 2 (1871), p. 371 als bekannt angeführt.

125) Nach einer Aufgabe von *Steiner,* Werke 2, p. 724 in der Anmerkung von *K. Weierstrass,* daselbst p. 742 und bei *A. Mannheim,* Par. C. R. 90 (1880), p. 971 und Lond. Proc. R. Soc. 1881, p. 447. Vgl. zu Nr. **25** auch *O. Böklen,* Bökl. Mitt. 1 (1887), p. 48; *A. Koch,* Archiv Math. Phys. (2) 9 (1899), p. 250.

126) *Plücker,* Neue Geom. (1869), p. 257.

$$P = \sum_1^6{}^i \sum_1^6{}^k \alpha_{ik} p_i p_k = 0.$$

Dies gilt auch für den Kegel, während für das Ebenenpaar P ein *vollständiges Quadrat* wird[127]) (vgl. Nr. 4).

Auf die Darstellung in Linienkoordinaten hat *A. Voss* eine eingehende Theorie der Flächen 2. Ordnung aufgebaut. Er stützt sich dabei besonders auf die Bemerkung, dass bei Anwendung *solcher* Linienkoordinaten, in denen die stets zu erfüllende Identität die Form $\sum_1^6{}^i p_i^2 = 0$ hat, die Koeffizienten α_{ik} als Koeffizienten einer orthogonalen Transformation aufgefasst werden können[128]).

27. Polygone aus Sehnen und Tangenten. Unter Bezugnahme auf *C. J. Brianchon* hat *Poncelet* den Satz ausgesprochen[129]), dass die Berührungspunkte eines einer Fläche 2. Ordnung umbeschriebenen windschiefen *Vierseits* in einer Ebene liegen. Der Satz wurde von *Th. Weddle* dahin berichtigt, dass entweder die *Poncelet*'sche Aussage zutrifft, oder aber jede Seite von ihrem Berührungspunkt und ihrem Schnittpunkt mit der Ebene der drei andern Berührungspunkte harmonisch geteilt wird[130]). Die allgemeine Frage, wann n Punkte einer Fläche 2. Ordnung Berührungspunkte eines geschlossenen Tangentenpolygons sein können, behandelt *Voss*[131]).

Tetraeder, deren sechs Kanten die Fläche 2. Ordnung berühren, sind von *Steiner* und *Weddle* untersucht worden[132]).

Die Aufgabe, einer Fläche 2. Ordnung Polygone einzubeschreiben, deren Seiten durch gegebene Punkte gehen (*Poncelet'sche Polygone*, vgl. III C 1, Nr. 24) hat *Zeuthen* bearbeitet[133]).

---

127) *Plücker*, a. a. O., p. 259; *Lindemann*, Vorles., p. 151.

128) *A. Voss*, Gött. Nachr. 1875, p. 101; Math. Ann. 10 (1876), p. 143; 13 (1878), p. 320; vgl. *F. Klein*, Math. Ann. 2 (1870), p. 198, 366; 4 (1871), p. 356; 5 (1872), p. 257, 278; *F. Aschieri*, Lomb. Rend. Ist. (2) 9 (1876), p. 222; vgl. I B 2, Nr. 3 [67]).

129) *C. J. Brianchon*, Mém. sur les lignes du sec. ordre, Paris 1817, p. 14; *Poncelet*, Traité (1822), p. 81.

130) *Th. Weddle*, Cambr. Dubl. math. J. 8 (1853), p. 106 Anm., vgl. *G. Bruno*, Torin. Atti 17 (1882), p. 35; *Mannheim*, Par. Soc. math. Bull. 25 (1897), p. 78.

131) *Voss*, Math. Ann. 25 (1884), p. 39; 26 (1885), p. 231; *Zeuthen*, Math. Ann. 26 (1885), p. 247.

132) *Steiner*, J. f. Math. 2 (1827), p. 192 = Werke 1, p. 134 und Gerg. Ann. 19 (1828/9), p. 6 = Werke 1, p. 186; *Weddle*, Cambr. Dubl. math. J. 8 (1853), p. 105.

133) *Poncelet*, Traité, p. 338 und Applic. d'anal. et de géom. (1862), p. 145; *Zeuthen*, Math. Ann. 18 (1881), p. 33; vgl. *A. Hurwitz*, Math. Ann. Ann. 15 (1879),

Schliessungssätze über Polygone, die einer Fläche 2. Ordnung ein- und gleichzeitig zwei zu ihr konfokalen Flächen umbeschrieben sind, (vgl. III C 1, Nr. **27**), ergeben sich mit Hilfe der Additionstheoreme der hyperelliptischen Integrale vom Geschlecht 2.[134])

28. Verallgemeinerungen des Potenzbegriffs und der Newton'schen Sätze. Schneiden zwei bezüglich durch die Punkte A und B gelegte parallele Sekanten die Fläche in den Punkten M, M' und N, N', so ist $AM \cdot AM' : BN \cdot BN'$ konstant. Hieran knüpft *J. Neuberg* den Begriff des „Index" eines Punktes mit Bezug auf die Fläche 2. Ordnung[135]).

IV. Die Erzeugenden der Flächen 2. Ordnung.

29. Begriff der Erzeugenden. Eine Gerade, die mehr als zwei Punkte mit der Fläche 2. Ordnung gemein hat, oder durch die mehr als zwei Tangentialebenen an diese gehen, liegt ganz in der Fläche. Die Existenz solcher Geraden, der *Erzeugenden* der Fläche, hat *Monge* entdeckt[136]). Sie erscheinen bei *Dupin* auch als Schnittlinien der Fläche mit ihrer Tangentialebene[137]), ferner als *Inflexionstangenten* und *Asymptotenlinien*[138]), endlich als ihre eignen konjugierten Tangenten (daher Lichtgrenzen)[139]). Sie gehören auch zu den *geodätischen* Linien der Fläche.

Die eigentlichen und singulären Flächen 2. Ordnung enthalten ∞^1 Erzeugende, die jedoch nur bei der Spezies II (geradlinige oder Regelflächen 2. Ordnung; vgl. Nr. **5**) und V (Kegel) *reell* sind. Daher hat *Steiner* bei der projektiven Erzeugung durch Ebenenbüschel (vgl. Nr. **46**) die geradlinigen Flächen abgetrennt behandelt[140]), während

p. 8; *Voss*, a. a. O.; *G. Loria*, I poligoni di Poncelet, Turin 1889 und Biblioth. math. Eneström N. Folge 3, p. 67; *Sturm*, Linieng. 1, p. 33; vgl. auch *P. Serret*, Nouv. Ann. (2) 4 (1865), p. 145, 193, 433.

134) Vgl. *J. Liouville*, J. de math. (1) 12 (1847), p. 255; *G. Darboux*, L'Institut, année 38, Nr. 1896 (1870); *O. Staude*, Math. Ann. 22 (1883), p. 1; *F. Klein*, Math. Ann. 28 (1887), p. 533; *G. Darboux*, Théorie générale des surfaces 2, p. 307.

135) *Salmon-Fiedler*, Raum 1, p. 95; *J. Neuberg*, Nouv. Ann. (2) 9 (1870), p. 317. Vgl. zu Nr. 28 noch *Steiner*, J. f. Math. 31 (1846), p. 90 = Werke 2, p. 357.

136) *Monge*, J. éc. polyt. cah. 1 (1794), p. 5; *Monge-Hachette*, Applic., p. 159; für das Rotationshyperboloid bereits *Wren* (1669) und *Parent* (1702) nach *M. Cantor*, Gesch. d. Math. 1. Aufl. 3, p. 401; vgl. *Kötter*, Ber., p. 75.

137) *Dupin*, Dével., p. 51; vgl. *Möbius*, Baryc. Calc. = Werke 1, p. 139.

138) *Dupin*, Dével., p. 51, 189. 139) Ebenda, p. 52.

140) *Steiner*, Syst. Entw., p. 182 ff. = Werke 1, p. 363 ff.; ebenso *Reye*, G. d. L. 1, p. 122; *Schröter*, Oberfl., p. 87.

nach *Poncelet's* Vorgang *v. Staudt* auch die Flächen mit imaginären Geraden in die synthetische Behandlung einschloss[141]).

30. Die beiden Regelscharen. Eine Regelfläche enthält zwei Scharen von Geraden, deren jede eine *Regelschar* der Fläche heisst. Dass je zwei Gerade, die verschiedenen Scharen der Fläche angehören, sich schneiden, und dass durch jeden Punkt der Fläche zwei solche Gerade gehen, wurde von *Monge-Hachette* festgestellt[142]).

Die Existenz der beiden Regelscharen weist auf die Darstellung der Regelflächen durch Grund- und Aufriss ihrer Geraden[143]) und auf die Herstellung von *Fadenmodellen* der Flächen hin[144]).

Beim einschaligen Hyperboloid ist, wie *Steiner* hervorhebt[145]), jede Gerade der einen Schar einer Geraden der andern und einer Erzeugenden des Asymptotenkegels parallel[146]); beim hyperbolischen Paraboloid sind die Erzeugenden jeder Schar einer Ebene parallel, die durch die unendlich ferne Erzeugende der andern Schar geht.

Für das *gleichseitige Hyperboloid* (vgl. Nr. **11**) ist es charakteristisch[147]), dass jede Erzeugende mit zwei andern derselben Schar ein *Tripel rechtwinkliger Gerader* bildet, ebenso enthält der gleichseitige Kegel ∞^1 Tripel rechtwinkliger Erzeugender (vgl. Nr. **11**; Nr. **41**). Beim *gleichseitigen hyperbolischen Paraboloid* ist jede Erzeugende der einen Schar zu allen der andern rechtwinklig[148]).

31. Analytische Darstellung der Erzeugenden. Die Geraden wurden von *Monge-Hachette* durch die Gleichungen ihrer Projektionen auf zwei Hauptebenen dargestellt[149]). Für die Flächengleichung

$$\frac{x^2}{a^2} + \frac{y^2}{b^2} - \frac{z^2}{c^2} = 1$$

giebt *Cauchy* die Regelscharen in der Form:

$$\frac{y}{b} \pm \frac{z}{c} = \lambda\left(1 - \frac{x}{a}\right), \qquad \lambda\left(\frac{y}{b} \mp \frac{z}{c}\right) = 1 + \frac{x}{a},$$

141) *Poncelet,* Traité, p. 382; *v. Staudt,* Beitr., p. 113; vgl. *Sturm,* Flächen 3. O., p. 248 ff.; *L. Cremona,* Grundz., p. 26; *F. August,* Progr. Berlin 1872.

142) *Monge-Hachette,* Applic., p. 159. 143) Ebenda, p. 168.

144) *Monge,* Géom. descript. (1899), p. 130 f.; *Dyck,* Katalog, p. 259.

145) *Steiner,* J. f. Math. 2 (1827), p. 270 = Werke 1, p. 150; *v. Staudt,* G. d. L., p. 214.

146) Den Ort der Punkte, deren Erzeugende sich unter gegebenem Winkel schneiden, bestimmt *Bobillier,* Quet. Corr. 4 (1828), p. 35; für rechten Winkel vgl. *Plücker,* System, p. 205 und die projektive Verallgemeinerung von *G. Bauer,* Münch. Ber. 1881, p. 242.

147) Die dualen Sätze bei *Plücker,* System, p. 156, 205.

148) *Steiner,* Syst. Entw. 1832, p. 211 = Werke 1, p. 380; *Magnus* 2, p. 249.

149) *Monge-Hachette,* Applic., p. 160.

wo die obern Zeichen der einen, die untern der andern Schar entsprechen[150]). Für die Flächengleichung

$$x_2 x_3 = x_1 x_4$$

erhalten die Regelscharen bei *Plücker* die Darstellung[151]):

$$x_1 - \lambda x_2 = 0, \quad x_3 - \lambda x_4 = 0 \quad \text{und} \quad x_1 - \lambda x_3 = 0, \quad x_2 - \lambda x_4 = 0.$$

Durch drei homogene an die Relation $\lambda^2 + \mu^2 + \nu^2 = 0$ gebundene Parameter λ, μ, ν stellt *F. Schur* die Linienkoordinaten der Erzeugenden dar[152]).

32. Leitstrahlen einer Regelschar. Sind drei Strahlen einer Regelschar als „*Leitstrahlen*" gegeben, so wird die andere Regelschar durch eine Gerade beschrieben, die längs dieser drei gleitet, wie schon *Monge*[153]) gefunden hat. *Möbius* erhielt den Satz aus dem Gebrauch der baryzentrischen Koordinaten[154]). *Steiner* deutet einen analytischen Beweis an[155]), den *Magnus* ausführt[156]), leitet aber später den Satz synthetisch ab[157]). Mit Benutzung der Determinanten giebt *Hesse*[158]) verschiedene analytische Beweise.

Die Aufgabe, die Schnittpunkte einer Geraden mit dem durch drei Leitstrahlen gegebenen Hyperboloid zu finden, behandeln *Brianchon, Petit, Duleau*[159]) und späterhin *Steiner* und *Hesse*[160]).

33. Hyperboloidische Lage von vier Geraden. Mit der zuletzt erwähnten Aufgabe hängt unmittelbar die von *J. D. Gergonne*[161]) gestellte und von verschiedenen Seiten[162]) gelöste Aufgabe zusammen, die *ge-*

---

150) *Cauchy,* Applic. (1826), p. 228; später *Bobillier,* Quetel. Corr. 4 (1828), p. 30; für $a = b = c$ schon 1822 bei *K. F. Gauss,* Werke 4, p. 205.

151) *Plücker,* System, p. 105.

152) *F. Schur,* Math. Ann. 21 (1882), p. 518.

153) *Monge,* Géom. descript. (1799), p. 130; *Monge-Hachette,* Applic., p. 159; vgl. *Hachette,* J. f. Math. 1 (1826), p. 342; *Binet,* ebenda, p. 340.

154) *Möbius,* Baryc. Calc. (1827) = Werke 1, p. 140.

155) *Steiner,* J. f. Math. 2 (1827), p. 271 = Werke 1, p. 150.

156) *Magnus* 2, p. 277.

157) *Steiner,* Syst. Entw., p. 195 = Werke 1, p. 371.

158) *Hesse,* Vorles., p. 113.

159) Vgl. *Hachette,* Corr. polyt. 1 (1808), p. 434.

160) *Steiner*, J. f. Math. 2 (1827), p. 274 = Werke 1, p. 153; *Hesse*, J. f. Math. 26 (1843), p. 148 = Werke, p. 75.

161) *Gergonne,* Gerg. Ann. 17 (1826/7), p. 83.

162) *Brianchon* und *Petit,* Corr. polyt. 1 (1808), p. 434; *Steiner,* J. f. Math. 2, (1827), p. 268 = Werke 1, p. 147 und Syst. Entw., p. 243 = Werke 1, p. 402; *Bobillier* und *Garbinsky,* Gerg. Ann. 18 (1827/8), p. 182; *Garbinsky,* J. f. Math. 5 (1830), p. 174; für einen besondern Fall auch *Möbius*, Baryc. Calc., Werke 1,

meinsamen Transversalen von vier Geraden zu konstruieren. Während es im allgemeinen zwei solche Transversalen giebt, sind ∞^1 solche vorhanden, wenn sich die vier gegebenen Geraden in „*hyperboloidischer Lage*“ befinden[163]), d. h. alle vier einer und derselben Regelschar angehören.

Dass die vier Höhen eines Tetraeders hyperboloidische Lage haben, hat zuerst *Steiner* angegeben[164]). Die Verbindungslinien eines Tetraeders mit den entsprechenden Ecken des ihm in Bezug auf eine Fläche 2. Ordnung polaren Tetraeders sind ebenfalls in hyperboloidischer Lage, wie *Möbius* und *Bobillier* zuerst für spezielle Fälle[165]) und *M. Chasles*[166]) allgemein bewiesen hat. Andere Beispiele bieten die geschart involutorische Kollineation, wo je zwei entsprechende Gerade und die Axen der Kollineation[167]), und das Nullsystem, wo zwei Paar Gegenlinien sich in hyperboloidischer Lage befinden[168]).

34. Komplexe, denen die Erzeugenden angehören. Aus *Plücker*'s Liniengeometrie[169]) ergab sich in erweiterter Auffassung des *Monge*'schen Satzes unter Nr. **33**, dass *die gemeinsamen Linien von drei linearen Komplexen* $P_1 = 0$, $P_2 = 0$, $P_3 = 0$, die zugleich allen Komplexen des dreigliedrigen linearen Systems $\lambda_1 P_1 + \lambda_2 P_2 + \lambda_3 P_3 = 0$ angehören, die *eine* Regelschar, die Direktricen aller Kongruenzen des linearen Systems die *andre* Regelschar einer Regelfläche ausmachen.

---

p. 310. Analytische Lösungen bei *A. Grunert,* Arch. Math. Phys. (1) 1 (1841), p. 136; *A. Cayley,* Cambr. Dubl. J. 3 (1843), p. 232 = Coll. pap. 1, p. 36.

163) Der Ausdruck bei *O. Hermes,* J. f. Math. 56 (1858), p. 218; *Schröter,* Oberfl., p. 95. Über die analytischen Bedingungen der hyperboloidischen Lage *Anonym,* Nouv. Ann. (3) 5 (1886), p. 158; *Salmon-Fiedler,* Raum 1, p. 78; vgl. ferner *Baltzer,* Geom., p. 520; *Hermes,* a. a. O.; *K. Doehlemann,* Arch. Math. Phys. (2) 17 (1899), p. 160.

164) *Steiner,* J. f. Math. 2 (1827), p. 96 = Werke 1, p. 128 und Syst. Entw., p. 316 = Werke 1, p. 454; einen Beweis giebt *O. G. D. Aubert,* J. f. Math. 5 (1830), p. 169; *Hermes,* J. f. Math. 56 (1858), p. 241; *F. Joachimsthal,* Arch. Math. Phys. 32 (1869), p. 109.

165) *Möbius,* Baryc. Calc. (1827) = Werke 1, p. 345; *Bobillier,* Gerg. Ann. 18 (1827/8), p. 321.

166) *Chasles,* Gerg. Ann. 19 (1828/9), p. 65; Aperçu, p. 402. Weitere Ausführungen bei *Hesse,* Werke, p. 642; *O. Hermes,* J. f. Math. 56 (1858), p. 234; *P. Serret,* Géom. de direct., p. 181; *P. Muth,* Zeitschr. Math. Phys. 38 (1893), p. 314; 39 (1894), p. 116; *F. Bützberger,* ebenda 38, p. 1; *J. Valyi,* Monatsh. Math. Phys. 6 (1895), p. 220.

167) *v. Staudt,* Beitr., p. 63.

168) *Möbius,* J. f. Math. 10 (1833), p. 336 = Werke 1, p. 510.

169) *Plücker,* Lond. M. S. Proc. 14 (1865), p. 56 = Werke 1, p. 466; Philos. Trans. 155 (1865), p. 750 = Werke 1, p. 505; Neue Geom. (1868), p. 113.

Nach *F. Klein*[170]) bilden diejenigen linearen Komplexe, die zu jedem Komplex des dreigliedrigen Systems *involutorisch* liegen, wieder ein dreigliedriges System, und die Leitlinien der speziellen Komplexe der beiden dreigliedrigen Systeme bilden die beiden obigen Regelscharen.

Die *Gleichung* der durch drei Komplexe gegebenen Fläche in Punktkoordinaten giebt *Plücker*[171]) und nach anderem Verfahren *P. Gordan*[172]), die Gleichung in Komplexkoordinaten *F. Klein*[173]). Die Frage, in welchen linearen Komplexen die Erzeugenden liegen, behandelt *Gordan*, für das gleichseitige Hyperboloid auch *H. Vogt*[174]). Die beiden Regelscharen einer Regelfläche können nicht demselben linearen Komplex angehören und nach *F. Schur* nur einem einzigen quadratischen Komplex[175]).

35. Die Erzeugenden als Träger projektiver Gebilde. Die dualen Sätze, dass eine Regelschar aus je zwei ihrer Leitstrahlen in projektiven (beim hyperbolischen Paraboloid in ähnlichen[176]) Punktreihen geschnitten und aus je zwei ihrer Leitstrahlen durch projektive Ebenenbüschel projiziert wird, sind die *Grundlage von Steiner's Behandlung* der Regelflächen 2. Ordnung geworden[177]). Bei *v. Staudt*[178]) wurden die Regelscharen als *Elementargebilde 2. Stufe* eingeführt und als projektive und involutorische Regelscharen aufeinander bezogen (vgl. Nr. **46**).

36. Polygone aus Erzeugenden. Die Ecken eines windschiefen Vierecks, dessen Seiten Erzeugende einer Regelfläche sind, bilden zugleich Ecken eines *„Tangentialtetraeders"*, dessen Seitenflächen Tangentialebenen der Fläche sind. Dieses Tetraeder ist von *Magnus* und *Plücker*

---

170) *F. Klein,* Math. Ann. 2 (1869), p. 208.

171) *Plücker,* Neue Geom., p. 118.

172) *P. Gordan,* Zeitschr. Math. Phys. 13 (1868), p. 59; *A. Cayley,* Cambr. Phil. Trans. 11² (1869), p. 290 = Coll. pap. 7, p. 66; Math. Ann. 4 (1871), p. 558 = Coll. pap. 8, p. 401; *M. Pasch,* J. f. Math. 75 (1873), p. 131; *F. Caspary,* Bull. scienc. math. (2) 13 (1889), p. 223; *Salmon-Fiedler,* Raum 1, p. 142.

173) *Klein,* Math. Ann. 2 (1870), p. 209; vgl. *M. Pasch,* J. f. Math. 75 (1873), p. 106; *Klein,* Vorles., p. 178; *Salmon-Fiedler,* Raum 1, p. 422.

174) *Gordan,* a. a. O.; *H. Vogt,* J. f. Math. 86 (1879), p. 297.

175) *F. Schur,* Math. Ann. 21 (1883), p. 515; vgl. auch *A. Voss,* Math. Ann. 8 (1874), p. 54; 10 (1876), p. 143. Hier (p. 160, 175) auch der Begriff der *Involution* eines linearen Komplexes mit einer Fläche 2. O.

176) *Möbius,* Baryc. Calc. = Werke 1, p. 214.

177) *Steiner,* Syst. Entw., p. 194 = Werke 1, p. 370.

178) Doppelverhältnis von vier Elementen einer Regelschar bei *Chasles,* Quetel. Corr. 11 (1839), p. 50; *v. Staudt,* Beitr., p. 5, 49, 55, 63.

im Zusammenhang mit der darauf bezüglichen Gleichungsform: $a_{23}x_2x_3 + a_{14}x_1x_4 = 0$ der Fläche angewendet worden[179]).

Für das aus Erzeugenden einer Regelfläche gebildete *Sechseck* gelten *dem Pascal'schen und Brianchon'schen Sätzen* analoge Sätze, die zuerst von *Hesse* ausgeführt worden sind[180]).

Drei Erzeugende der einen Regelschar eines Hyperboloids und die parallelen der andern bilden ein *Parallelepipedon* von konstantem Volumen[181]).

37. Striktionslinien der Flächen 2. Ordnung. Die Striktionslinie des einschaligen Hyperboloids wurde von *Chasles*[182]) als eine Raumkurve 8. Ordnung angesehen. Sie zerfällt jedoch nach *A. Migotti*[183]) in zwei rationale Raumkurven 4. Ordnung (2. Spezies, vgl. Nr. **111**), von denen jede einer der beiden Regelscharen als Striktionslinie zugehört.

V. Die Polarentheorie der Flächen 2. Ordnung.

38. Begriff und Einteilung der Polarsysteme. Die Polarentheorie der Flächen 2. Ordnung beginnt bei *Monge*[184]) mit den Sätzen, dass der Berührungskegel einer Fläche 2. Ordnung in einer ebenen Kurve berührt, und dass die Ebene dieser Kurve sich um eine Gerade dreht, wenn die Spitze des Kegels eine Gerade durchläuft. Im Anschluss daran wurde die Polarentheorie von *J. D. Gergonne,* der die Begriffe *Polarebene* und *Pol* herausbildet, sowie von *Encontre, de Stainville, J. F. Servois, Livet, Brianchon, Chasles* und *Lamé* weitergeführt[185]).

179) Das Viereck findet sich zuerst bei *Hachette*, J. f. Math. 1 (1826), p. 345; dann bei *Magnus* 2 (1837), p. 292; *Plücker*, J. f. Math. 24 (1842), p. 283 = Werke 1, p. 396; *Schröter*, Oberfl., p. 144; *Klein,* Vorles., p. 29. Zu vergleichen ist auch das Haupttetraeder der allgemeinen Korrelation, Nr. **83**.

180) Nach dem Vorgang von *Dandelin*, Gerg. Ann. 15 (1824/5), p. 387 bei *Hesse,* J. f. Math. 24 (1842), p. 40 = Werke, p. 58; *Plücker*, System (1846), p. 129; Neue Geom., p. 120; *Hesse*, Nachlass, J. f. Math. 85 (1878), p. 304 = Werke, p. 651, 676; vgl. *Hermes*, J. f. Math. 56 (1858), p. 204; *F. Gräfe*, J. f. Math. 93 (1882), p. 87; *London*, Math. Ann. 38 (1891), p. 334. Den *Pascal*'schen Satz für den *Kegel* 2. Ordnung beweist *A. Cayley,* Cambr. Math. J. 4 (1845), p. 18 = Coll. pap. 1, p. 43; Quart. J. 9 (1868), p. 185 = Coll. pap. 6, p. 101.

181) *Hachette,* J. f. Math. 1 (1826), p. 345; *H. Vogt,* J. f. Math. 86 (1879), p. 297; *A. Schumann,* Zeitschr. Math. Phys. 26 (1881), p. 136.

182) *Chasles,* Corresp. Quetel. 11 (1839), p. 49.

183) *A. Migotti,* Wien. Ber. 80 (1879), p. 1023; vgl. *Th. Schmidt,* ebenda 84 (1881), p. 908; *A. Adler,* ebenda 85 (1882), p. 369; vgl. ferner *Rohn-Papperitz,* Darstell. Geom. 2 (1896), p. 233.

184) *Monge,* an den zu Nr. **24** unter 117) angeführten Orten.

185) *Gergonne,* Gerg. Ann. 1 (1810/1), p. 337; 3 (1812/3), p. 293; 17 (1826/7),

Die Unterordnung der Begriffe des Mittelpunktes, der konjugierten Durchmesser und ähnlicher *metrischer Begriffe unter die Polarentheorie* ist sodann *J. V. Poncelet* [186]) zu verdanken, der auch die Polarebene zuerst als Ort der vierten harmonischen Punkte definiert.

Mit der Theorie der projektiven Verwandtschaften trat die Polarentheorie ebenfalls bei *Poncelet* [187]) in Beziehung bei Gelegenheit der involutorischen Centralkollineation der Fläche in sich. Die Erkenntnis aber, dass die *Polarverwandtschaft ein Spezialfall der Korrelation* (Reziprozität) *des Raumes* überhaupt ist, wurde durch *A. F. Möbius, Steiner* und namentlich *Plücker* gewonnen, auch von *Magnus* und *Chasles* ausgeführt [188]).

Ch. v. Staudt hat schliesslich das *Polarsystem* an die Spitze der Betrachtung gestellt und die Fläche 2. Ordnung als *„Ordnungsfläche“* desselben entstehen lassen [189]).

Wenn bei der Fläche 2. Ordnung allgemein zu jedem Punkt eine Polarebene und bei der Fläche 2. Klasse zu jeder Ebene ein Pol gehört, so muss bei der jeweils *umgekehrten* Beziehung nach dem Range der Fläche (Nr. **3**) unterschieden werden. Man hat dementsprechend *eigentliche, singuläre* und *reducible Polarsysteme.*

39. Das eigentliche räumliche Polarsystem. In Bezug auf die eigentliche Fläche 2. Ordnung und 2. Klasse entsprechen sich *Pol und Polarebene* wechselseitig eindeutig. Zwei Punkte x_i und x_k' heissen *konjugierte Punkte* oder *harmonische Pole,* wenn jeder in der Polarebene des andern liegt, analytisch, wenn:

---

p. 273; *Encontre,* Gerg. Ann. 1 (1810/1), p. 122; *de Stainville,* ebenda, p. 190; *Servois,* ebenda, p. 337; *Livet,* Corr. polyt. 1 (1805), p. 75; *C. J. Brianchon,* J. éc. polyt. cah. 13 (1806), p. 297; *Monge,* Corr. polyt. 2 (1812), p. 322; *Chasles,* Corr. polyt. 3 (1816), p. 13; *Lamé,* Exerc. (1818), p. 48.

186) *Poncelet,* Traité (1822), p. 380, 396 und J. f. Math. 4 (1829), p. 19 ff.

187) *Poncelet,* Traité, p. 379.

188) *Möbius,* Baryc. Calc. (1827) = Werke 1, p. 169—318; *Plücker,* J. f. Math. 5 (1829), p. 25 = Werke 1, p. 149; J. f. Math. 6 (1829), p. 107 = Werke 1, p. 178; J. f. Math. 9 (1831), p. 124 = Werke 1, p. 224; Analyt.-geom. Entwickl. 2 (1831), p. V, 259; System d. anal. Geom. (1835); *Steiner,* Syst. Entw. (1832), p. 97 ff. = Werke 1, p. 305 ff.; *Magnus* 2 (1827), p. 127, wo die analytische Bedingung dafür angegeben wird, dass die allgemeine Reziprozität des Raumes in die polare übergeht („symmetrische Determinante“ nach heutiger Sprechweise); *Chasles,* Aperçu (1837), p. 219, 370, 633; vgl. *Steiner,* Syst. Entw., p. VII = Werke 1, p. 234; *Klein,* Gött. gel. Anzeigen (1872) 1, p. 6.

189) *v. Staudt,* G. d. L. (1847), p. 197 und nach ihm *Reye,* G. d. L. 2, p. 128; *Schröter,* Oberfl., p. 126.

$$\sum_1^4{}^i \sum_1^4{}^k a_{ik} x_i x_k' = 0,$$ [190])

(und dual). Zwei sich entsprechende Gerade p_k und q_i' heissen (*reziproke*) *Polaren*[191]); für sie ist:

$$\varrho \cdot q_i' = \sum_1^6{}^k \alpha_{ik} p_k, \qquad (i = 1, 2, 3, 4, 5, 6),$$

wo ϱ ein Proportionalitätsfaktor, die p_k Strahlen- und die q_i' Axenkoordinaten sind.

Zwei Gerade p_i und p_k' heissen *konjugiert*[192]), wenn jede die reziproke Polare der andern schneidet; für sie ist:

$$\sum_1^6{}^i \sum_1^6{}^k \alpha_{ik} p_i p_k' = 0.$$

Bei *vereinigter Lage* von Pol und Polarebene ist diese Tangentialebene und jener Berührungspunkt. Schneiden sich zwei reziproke Polaren, so sind sie konjugierte Tangenten in ihrem Schnittpunkt; fallen sie zusammen, geben sie eine Erzeugende.

40. Singuläre räumliche Polarsysteme. Für den *Kegel* hat jeder Punkt des Raumes, ausser der Spitze, eine bestimmte Polarebene, die ihrerseits durch die Spitze geht; aber jede durch die Spitze gehende Ebene hat ∞^1 Pole, die einen durch die Spitze gehenden Strahl bilden. Daher kommt hier das Polarsystem im wesentlichen auf ein „*Polarbündel*" zurück, in welchem sich *Polstrahl* und *Polarebene* wechselseitig eindeutig entsprechen (dual das „*Polarfeld*"). Das Polarbündel ist zuerst von *Chasles* synthetisch und unabhängig[193]), von *Magnus* analytisch und als Spezialfall der allgemeinen Reziprozität (als „konische Reziprozität") behandelt worden[194]).

Das besondere Polarbündel des Kugelkegels (vgl. Nr. **11**), das *orthogonale Polarbündel* kommt bei *Magnus* und *v. Staudt* zur Sprache[195]).

---

190) Diese Gleichung im wesentlichen bei *Monge*, Applic. de l'analyse (1809), p. 14.

191) *Poncelet,* J. f. Math. 4 (1829), p. 20. Über die Transversalen von zwei reziproken Polaren vgl. *F. Klein und A. Cayley,* Quart. J. 15 (1877), p. 124 = Coll. pap. 10, p. 269; *J. Rosanes,* Math. Ann. 23 (1884), p. 416; *A. Cayley,* Mess. of math. (2) 19 (1890), p. 174 = Coll. pap. 13, p. 51.

192) Zur Terminologie der „konjugierten" Elemente vgl. *v. Staudt,* G. d. L., p. 190 f.

193) *Chasles,* Cônes (1830), p. 3 ff.

194) *Magnus* 2 (1837), p. 145; vgl. *v. Staudt,* G. d. L., p. 211; Halbm., p. 36.

195) *Magnus* 2, p. 149; *v. Staudt,* G. d. L., p. 210.

Es schneidet die unendlich ferne Ebene in dem *Polarfelde des imaginären Kugelkreises.*

Das Polarsystem des *Ebenenpaares* kommt der Hauptsache nach auf die *Ebeneninvolution* zurück[196]).

Das räumliche Polarsystem der *eigentlichen* Fläche 2. Ordnung bestimmt an jedem Punkte ein Polarbündel, in jeder Ebene ein Polarfeld, für jede Gerade eine Punkt- und eine Ebeneninvolution[197]).

41. Poltetraeder. Auf den Begriff des *Poltetraeders* (Polartetraeders) wird *Poncelet* durch die Frage nach den vier Kegeln im Flächenbüschel geführt[198]). Die Mannigfaltigkeit der Polartetraeder einer einzelnen Fläche 2. Ordnung und 2. Klasse (∞^6) ergiebt sich bei *Plücker*[199]) zugleich mit der Tatsache, dass die Bestimmung eines Polartetraeders mit der Transformation der Gleichung der Fläche in homogenen Punkt- oder Ebenenkoordinaten auf eine Summe von vier Quadraten gleichbedeutend ist. Auch die Gleichung der Fläche in Linienkoordinaten mit Bezug auf ein Poltetraeder enthält im Wesentlichen nur die Quadrate der sechs Linienkoordinaten.

Für das Poltetraeder der Flächen 2. Ordnung und 2. Klasse treten beim *Kegel 2. Ordnung*[200]) das *Poldreikant* (*Poldreiflach*) und bei der *singulären Fläche 2. Klasse* das *Poldreieck* (*Poldreiseit*) ein. Ein Poldreiflach eines Kugelkegels (vgl. Nr. **11**) besteht aus drei zueinander senkrechten Ebenen; ein Poldreieck des imaginären Kugelkreises aus den Schnittpunkten eines rechtwinkligen Achsensystems mit der unendlich fernen Ebene.

Über die *Poltetraedern einer Fläche 2. Ordnung umbeschriebenen Flächen 2. Ordnung* hat *Hesse* die beiden Hauptsätze bewiesen[201]): I. Geht eine Fläche 2. Ordnung g durch die vier Ecken *eines* Poltetraeders einer Fläche 2. Ordnung f hindurch, so geht sie durch die Ecken von unendlich vielen Poltetraedern von f hindurch (und dual).

196) Über das Polarsystem des Geradenpaares vgl. *Reye*, G. d. L. 2, p. 137.

197) *v. Staudt,* G. d. L., p. 191.

198) *Poncelet,* Traité, p. 395.

199) *Plücker,* J. f. Math. 24 (1842), p. 285 = Werke 1, p. 399; System (1846), p. 88; vgl. *Jacobi,* J. f. Math. 53 (1857), p. 265 = Werke 3, p. 583; *Gundelfinger* in *Hesse,* Vorles., p. 449.

200) *Plücker,* System, p. 93, 97; vgl. die Sätze über Reihen von Poldreiflachen bei *v. Staudt,* Halbm., p. 36.

201) *Hesse*, J. f. Math. 45 (1852), p. 90 = Werke, p. 305. Über die den Ecken der Polartetraeder einer Fläche 2. Ordnung umbeschriebenen *Kugeln* vgl. *v. Staudt,* Halbm., p. 56; *H. Faure,* Nouv. Ann. (1) 19 (1860), p. 234, 294, 347, nach welchem diese Kugeln einen linearen Kugelkomplex bilden; *Reye,* J. f. Math. 78 (1874), p. 345; *E. Study,* J. f. Math. 94 (1883), p. 223.

II. Durch die acht Eckpunkte von *zwei* Poltetraedern einer Fläche 2. Ordnung f gehen ∞^2 Flächen 2. Ordnung hindurch; jede Fläche 2. Ordnung, die durch sieben von den acht Eckpunkten geht, geht auch durch den letzten (und dual)[202]). Vgl. Nr. **132**.

Ein spezieller Fall des II. Hauptsatzes lautet[203]): Wenn zwei Poltetraeder einer Fläche 2. Ordnung eine Ecke gemein haben, so liegen ihre sechs von dieser ausgehenden Kanten auf einem Kegel 2. Ordnung (und dual). Dieser Satz aber umfasst weiter als Spezialfälle den von *A. Göpel* gefundenen[204]), dass zwei Tripel konjugierter Durchmesser einer Mittelpunktsfläche auf einem Kegel 2. Ordnung liegen, und den von *Steiner* angegebenen[205]), dass zwei Tripel rechtwinkliger Strahlen an einem Punkte einem (gleichseitigen) Kegel 2. Ordnung angehören (vgl. Nr. **30**).

42. Polfünfecke, Polsechsecke, u. s. w. Wie beim Poltetraeder jede Ecke den Pol der Gegenfläche enthält, so enthält bei einem *Polfünfeck* jede Kante, bei einem *Polsechseck* jede Seitenfläche den Pol der Gegenfläche. Je zwei Ebenen, die zusammen alle Ecken enthalten, sind jedesmal harmonische Polarebenen. Auf solche Polfünfecke und Polsechsecke wurde *P. Serret*[206]) bei der Anwendung von Polygonkoordinaten geführt. Später hat *Th. Reye* die Polvielecke synthetisch behandelt[207]).

In einem *konjugierten System von Geraden* ist jede Gerade jeder andern konjugiert (vgl. Nr. **39**). Dass ein solches System höchstens sechs Gerade enthalten kann, zeigt *Rosanes*[208]).

Den Poltetraedern entsprechen in der Liniengeometrie *Polarsextupel linearer Komplexe*[209]).

---

202) *Hesse*, J. f. Math. 20 (1840), p. 297 und Vorles., p. 197 ff.; erster synthetischer Beweis bei *v. Staudt*, Beitr. (1860), p. 373; mit Polygonkoordinaten bewiesen bei *P. Serret*, J. de math. (2) 7 (1862), p. 377; Géom. de dir. (1869), p. 317; vgl. *Reye*, J. f. Math. 82 (1877), p. 66; *Bischoff*, Ann. di mat. (2) 6 (1874), p. 232; *Baltzer*, Geom., p. 499.

203) *Hesse*, Vorles., p. 204.

204) *A. Göpel*, Arch. Math. Phys. 4 (1844), p. 205; *Hesse*, J. f. Math. 18 (1838), p. 107 = Werke, p. 8; *Chasles*, J. de math. (1) 2 (1837), p. 400; *Baltzer*, Geom., p. 506.

205) *Steiner*, Syst. Entw., p. 313 = Werke 1, p. 452.

206) *P. Serret*, Géom. de direct. (1869), p. 56. Über Polygonkoordinaten vgl. *Bobillier*, Gerg. Ann. 18 (1827/8), p. 324; *Plücker*, J. f. Math. 5 (1829), p. 31 = Werke 1, p. 153; *Hermes*, J. f. Math. 56 (1858), p. 249.

207) *Reye*, J. f. Math. 77 (1874), p. 269.

208) *Rosanes*, Math. Ann. 23 (1884), p. 416.

209) *Klein*, Math. Ann. 2 (1869), p. 198.

43. Der Achsenkomplex der Fläche 2. Ordnung. Unter dem *Achsenkomplex* einer Fläche 2. Ordnung, in der von *Plücker* begründeten liniengeometrischen Auffassungsweise, versteht *Reye* den Inbegriff aller Achsen der Fläche, unter einer „*Achse*" aber jedes von Pol auf Polarebene gefällte Perpendikel oder jede Gerade, die zu ihrer reziproken Polare senkrecht steht.

Die Anfänge dieser Theorie gehen auf *Binet* zurück[210]); er fand, dass die den einzelnen Punkten des Raumes zugehörigen Hauptträgheitsachsen eines starren Körpers die ∞^3 Normalen eines Systems konfokaler Flächen sind, die als Mittelpunkt den Schwerpunkt und als Hauptachsen die Hauptträgheitsachsen des Schwerpunktes haben. *A. M. Ampère*[211]) erkannte, dass diejenigen von diesen Normalen, die durch einen Punkt gehen, einen (gleichseitigen) Kegel 2. Ordnung bilden (Komplexkegel des Punktes). Nach *Jacobi*[212]) sind diese Normalen zugleich die Hauptachsen der Berührungskegel einer jeden Fläche des konfokalen Systems und nach *Chasles* die Ortsgeraden der Pole der einzelnen Ebenen des Raumes in Bezug auf die konfokalen Flächen[213]). Zu dem *Ampère*'schen Resultate fügt *Chasles* das duale hinzu, dass die in einer Ebene liegenden Normalen einen Kegelschnitt[213]) und zwar eine Parabel[214]) (Komplexkurve der Ebene) bilden.

Der Achsenkomplex einer Fläche 2. Ordnung besteht[215]) auch aus den Normalen aller mit der Fläche konfokalen Flächen. Er besteht ferner aus den Hauptachsen aller ebenen Schnitte der Fläche. Er ist ein Spezialfall des *tetraedralen Komplexes*; die Abschnitte, welche die Hauptebenen der Mittelpunktsfläche 2. Ordnung auf deren „Achsen" bestimmen, haben konstante Verhältnisse.

44. Die Normalenkongruenz der Fläche 2. Ordnung. Die Normalen der Fläche 2. Ordnung gehören zu deren „Achsen" (vgl.

---

210) *Binet,* J. éc. polyt. cah. **16** (1813), p. 41.

211) *A. M. Ampère,* Mém. Acad. Inst. France **5** (1826), p. 99.

212) *Jacobi,* J. f. Math. **12** (1834), p. 137; *Chasles,* Aperçu (1837), p. 387.

213) *Chasles,* Aperçu, p. 397, 399.

214) *Chasles,* J. de math. (1) **4** (1839), p. 350.

215) *Reye,* G. d. L. **2** (1868), p. 147; Ann. di mat. (2) **2** (1868), p. 1; G. d. L. **2** (1892), p. 138; vgl. *Darboux,* Bull. scienc. math. (1) **2** (1871), p. 301; *E. Schilke,* Zeitschr. Math. Phys. **19** (1874), p. 550; *A. Mannheim,* Assoc. Franç. 1877; *E. Waelsch,* Wien. Ber. **95** (1887), p. 781. Den Achsenkomplex einer Rotationsfläche betrachtet *G. Kilbinger,* Mühlhausen i. Els. Progr. 1896. Über das Vorkommen des Achsenkomplexes in der Theorie der permanenten Rotationsachsen vgl. *O. Staude,* Leipz. Ber. 1899, p. 219; *K. Zindler,* Boltzmann-Festschrift, Leipzig 1904, p. 34; zur Geschichte *Reye,* G. d. L. 2, p. 147; *Kötter,* Ber., p. 403 (vgl. IV 2, Nr. **31**; IV 4, Nr. **18, 21**).

Nr. **43**). Sie bilden im allgemeinen eine Kongruenz 6. Ordnung und 2. Klasse.

Nach verschiedenen Richtungen hat sich *Chasles* mit den Normalen beschäftigt. Für den Ort der Normalen längs einer Erzeugenden findet er ein Paraboloid[216]); er untersucht dann die Normalen, die von den Punkten einer Geraden an die Fläche gehen[217]); ferner die Normalen längs eines ebenen Schnittes[218]). Auch das Problem, die sechs Normalen von einem Punkte an die Fläche 2. Ordnung, die auf einem Kegel 2. Ordnung liegen, zu bestimmen, hat *Chasles* in Angriff genommen[219]) und die sechs Fusspunkte als Schnittpunkte der Fläche mit einer Raumkurve 3. Ordnung bestimmt (vgl. III C 1, Nr. **33**). Die Gleichung 6. Grades des Problems wird von *F. Joachimsthal* und *A. Clebsch* zuerst näher untersucht[220]). Vom Gesichtspunkte eines Maximum-Minimumproblems gehen die Untersuchungen von *J. A. Serret*, *A. Mayer* und *E. Papperitz* aus[221]). Projektive Verallgemeinerungen der Normalentheorie (vgl. III C 1, Nr. **34**) finden sich bei *Clebsch*[222]). Den Ort der Spitzen rechtwinkliger Dreikante aus Normalen untersucht *L. Painvin*[223]). Als Linienkongruenz wird das System der Normalen von *Th. Reye* und *R. Sturm* in Betracht gezogen[224]).

45. Krümmungsmittelpunktsflächen, Parallelflächen, Fusspunktflächen. An die Theorie der Normalen schliesst sich bereits bei *Monge*[225]) die der Krümmungsmittelpunktsfläche der Fläche 2. Ordnung

216) *Chasles*, J. de math. (1) 2 (1837), p. 417.

217) *Chasles*, Quetelet Corr. 9 (1839), p. 49; Par. C. R. 54 (1862), p. 318; vgl. *A. Mannheim*, Par. C. R. 78 (1874), p. 633.

218) *Chasles*, J. de math. (1) 8 (1843), p. 215; vgl. *Plücker*, J. f. Math. 35 (1847), p. 103 = Werke 1, p. 459.

219) *Chasles*, J. de math. (1) 3 (1838), p. 385; Par. C. R. 54 (1862), p. 318; Quetelet Corr. 9 (1839), p. 49; vgl. *Steiner*, J. f. Math. 49 (1854), p. 346 = Werke 2, p. 636.

220) *Joachimsthal*, J. f. Math. 26 (1843), p. 172; 53 (1857), p. 149; 59 (1861), p. 111; 73 (1871), p. 207; *Clebsch*, Ann. di mat. (1) 4 (1861), p. 195; J. f. Math. 62 (1863), p. 64; vgl. *F. Caspary*, J. f. Math. 83 (1877), p. 72; *G. Humbert*, Par. C. R. 111 (1890), p. 963.

221) *J. A. Serret*, Calc. differ., 2. Aufl., p. 226; *A. Mayer*, Leipz. Ber. 1881, p. 28; *E. Papperitz*, Diss. Leipzig 1883.

222) *Clebsch*, Ann. di mat. (1) 4 (1861), p. 195; J. f. Math. 62 (1863), p. 64; vgl. *Cayley*, Cambr. Trans. 12 (1873), p. 319 = Coll. pap. 8, p. 316; *Sturm*, Linieng. 1, p. 374.

223) *L. Painvin*, Nouv. Ann. (2) 10 (1871), p. 337.

224) *Reye*, G. d. L. 2, p. 142; 3, p. 44; sowie J. f. Math. 93 (1882), p. 81; *Sturm*, Linieng. 1, p. 374; *O. Böklen*, J. f. Math. 96 (1884), p. 169.

225) *Monge*, Applic. de l'anal. (1809), p. 117.

an. Die Gleichung derselben findet sich bei *Salmon*[226]. Über ein von *H. A. Schwarz* angefertigtes Modell berichtet *E. E. Kummer*[227]. Die analytische Theorie wird weiter von *Clebsch* bearbeitet[228]. Die Parallelflächen der Flächen 2. Ordnung finden sich bei *A. Cayley*[229], die Fusspunktfläche des Ellipsoides bei *Magnus*, nachdem sie schon von *A. J. Fresnel* als Elastizitätsoberfläche benutzt worden war[230].

VI. Erzeugungen und Konstruktionen.

46. Erzeugung durch projektive Gebilde 1. Stufe. *Hachette* bemerkt die Erzeugung des (orthogonalen) Kegels und *Binet* die des (orthogonalen) Hyperboloids durch zwei Ebenenbüschel, deren entsprechende Ebenen zu einander rechtwinklig sind[231].

In dualer Richtung wird bei *Meier Hirsch* und *Giorgini* das hyperbolische Paraboloid durch ähnliche Punktreihen erzeugt[232], während *Chasles* die Erzeugung des einschaligen Hyperboloids durch projektive Punktreihen der Sache nach ableitet, ohne den Begriff des Doppelverhältnisses als Grundlage zu erkennen[233].

Implicite liegt die Erzeugung der Linienflächen 2. Ordnung durch projektive Ebenenbüschel auch in den Nr. **31** angeführten analytischen Darstellungen der Erzeugenden von *Cauchy* und *Plücker* ausgesprochen.

Systematisch wird im Anschluss an diese Vorläufer die Erzeugung der Regelschar 2. Ordnung als Ort der Schnittlinien entsprechender

---

226) *G. Salmon*, Quart. J. 2 (1858), p. 217.

227) *Kummer*, Berl. Ber. 1862, p. 426; Berl. Abh. 1866, p. 94; vgl. über weitere Modelle *Dyck*, Katalog, p. 282.

228) *Clebsch*, J. f. Math. 62 (1863), p. 64; vgl. auch *Darboux*, Bull. (1) 3 (1872), p. 122; *Cayley*, Cambr. Trans. Phil. Soc. 12 (1873), p. 319 = Coll. pap. 8, p. 316; *E. Laguerre*, Par. C. R. 78 (1874), p. 556; *W. Stahl*, J. f. Math. 101 (1887), p. 73; für das ellipt. Paraboloid *F. Caspary*, J. f. Math. 81 (1875), p. 143; *E. Waelsch*, Nova acta Leop. Carol. 52 (1888), p. 287 und Wien. Ber. 97 (1888), p. 583.

229) *Cayley*, Ann. di mat. (1) 3 (1860), p. 345 = Coll. pap. 4, p. 158; Mess. of math. 5 (1870), p. 191 = Coll. pap. 8, p. 474; *E. Schulze*, Diss. Halle 1886; *A. Ahrendt*, Diss. Rostock 1888; *Th. Craiy*, J. f. Math. 93 (1882), p. 251.

230) *Magnus* 2, p. 402; über die $\frac{1}{2}$-te Fusspunktfläche und ihre Darstellung in elliptischen Koordinaten vgl. *W. Roberts*, Ann. di mat. (1) 4 (1861), p. 143; *Staude*, Diss. Leipzig 1881, p. 58; *F. Spencker*, Diss. Rostock 1888; vgl. III D 1, 2, Nr. 7.

231) *Hachette*, Corr. polyt. 1 (1806), p. 179; *Binet*, ebenda 2 (1810), p. 71; *Hachette*, J. f. Math. 1 (1826), p. 339; der duale Satz bei *Poncelet*, J. f. Math. 4 (1829), p. 49.

232) *Meier Hirsch*, Aufgaben 2. T. (1807), p. 238; *Giorgini*, Corr. polyt. 2 (1813), p. 440.

233) *Chasles*, Corr. polyt. 2 (1813), p. 446.

Ebenen zweier projektiver Ebenenbüschel und der Verbindungslinien entsprechender Punkte zweier projektiver Punktreihen von *Steiner* durchgeführt und zur Ableitung der Eigenschaften der Flächen 2. Ordnung benutzt[234]). An diese Methode schliessen sich *v. Staudt*, *Reye* und *Schröter* an[235]). Vgl. III C 1, Nr. 6.

47. Erzeugung durch projektive Gebilde 2. Stufe. Der Nachteil der in Nr. 46 besprochenen Erzeugung, dass sie bei reellen Grundgebilden nur die geradlinigen Flächen liefert, wird durch die von *F. Seydewitz* [236]) gefundene Erzeugungsweise vermieden: Der Ort der Schnittpunkte je eines Strahles eines Strahlbündels mit der entsprechenden Ebene eines projektiv reziproken Ebenenbündels ist eine Fläche 2. Ordnung.

Auch diese Erzeugung haben *v. Staudt*, *Reye* und *Schröter* weiter ausgeführt[237]); analytisch ist sie von *W. Fiedler* behandelt[238]).

Untersuchungen über Erzeugnisse gleichwinklig reziproker Bündel finden sich bei *A. Schoenflies* [239]).

48. Erzeugung durch projektive Gebilde 3. Stufe. Andeutungen darüber, dass in vereinigt gelegenen reziproken Räumen die Punkte, die mit ihren entsprechenden Ebenen vereinigt liegen, eine Fläche 2. Ordnung bilden, und die Ebenen, die durch ihre entsprechenden Punkte gehen, eine Fläche 2. Klasse umhüllen, sodass *zwei Kernflächen der Reziprozität* erzeugt werden, finden sich bei *Magnus*, weitere Ausführungen bei *Cayley* und *Schröter* [240]).

Wird die Reziprozität die involutorische des Polarsystems, so vereinigen sich beide Kernflächen zu der *Ordnungsfläche* derselben (Nr. 38).

49. Konstruktion der Fläche 2. Ordnung aus neun Punkten. Die Konstruktion einer Fläche 2. Ordnung, die durch neun gegebene

234) *Steiner*, Syst. Entw. 1832 = Werke 1, p. 370; bei *Chasles* erscheint die *Steiner*'sche Erzeugung erst im Mémoire sur deux principes (1837), p. 626. Über entsprechende Modelle von *E. Lange* und *K. Fischer*, sowie von *F. Buka* vgl. *Dyck*, Katalog, p. 260, 276.

235) *v. Staudt*, G. d. L. 1847; *Reye*, G. d. L. 3, p. 122; *Schröter*, Oberfl., p. 87.

236) *F. Seydewitz*, Archiv Math. Phys. 9 (1847), p. 158.

237) *v. Staudt*, Beitr. (1856), p. 29; *Reye*, G. d. L. 2, p. 35; *Schröter*, Oberfl., p. 452.

238) *W. Fiedler*, Darstell. Geom. 3, p. 533; *Salmon-Fiedler*, Raum 1, p. 190.

239) *A. Schönflies*, J. f. Math. 99 (1885), p. 195.

240) *Magnus* 2, p. 120; *A. Cayley*, J. f. Math. 38 (1849), p. 97 = Coll. pap. 1, p. 414; *H. Schröter*, J. f. Math. 77 (1874), p. 105.

Punkte geht, erscheint bei *Lamé* zuerst in der Form, dass Mittelpunkt und drei konjugierte Durchmesser der Fläche konstruiert werden[241]).

Die erste allgemeine Lösung des Problems wird von *Hesse* gegeben[242]) und beruht auf der Polarentheorie des Flächenbündels (vgl. Nr. **130**).

Eine von *Chasles* angegebene Konstruktion bestimmt die drei Kegelschnitte der Fläche in den Ebenen von jedesmal drei der neun Punkte, und ebenso verfährt die aus *Steiner*'s Nachlass von *Geiser* veröffentlichte Konstruktion, die später mannigfache Verbesserungen erfahren hat und zuletzt von *K. Rohn* sehr wesentlich vervollkommnet worden ist[243]).

Die Herstellung reziproker Bündel mittels der gegebenen Punkte bezweckt die von *Seydewitz* gegebene Konstruktion, sowie die von *Schröter*[244]). Auf der Polarentheorie im Flächenbüschel beruht eine bei *v. Staudt* sich ergebende Lösung[245]), auf dem „Problem der Projektivität" eine solche von *Sturm*[246]). Weitere Konstruktionen benutzen quadratische und andere Verwandtschaften[247]).

Als *Analoga des Pascal'schen Satzes* (vgl. III C 1, Nr. **18**) werden von *Chasles*, *Steiner* und andern Sätze über ein die Fläche schneidendes Tetraeder angegeben[248]).

---

241) *Lamé*, Examen (1818), p. 68; vgl. dann *Chasles*, Aperçu, p. 245, 400.

242) *Hesse*, J. f. Math. 24 (1842), p. 36 = Werke, p. 51; reproduziert von *R. Townsend*, Cambr. Dubl. math. J. 4 (1849), p. 241; vervollkommnet von *J. Thomae*, Leipz. Ber. 1892, p. 542 und für gegebene *imaginäre* Punkte ebenda 1897, p. 315.

243) *Chasles*, Par. C. R. 41 (1855), p. 1097; *Steiner-Geiser*, J. f. Math. 68 (1868), p. 191; *H. Müller*, Math. Ann. 1 (1869), p. 627; *R. Heger*, Zeitschr. Math. Phys. 25 (1880), p. 98; *J. Cardinaal*, ebenda 27 (1882), p. 119; *H. Liebmann*, ebenda 41 (1896), p. 120; *J. Kleiber*, ebenda, p. 228; *Schröter*, Oberfl., p. 462; *K. Rohn*, Leipz. Ber. 1894, p. 160; *Rohn-Papperitz*, Darst. Geom. 2 (Leipzig 1896), p. 186. Die *Rohn*'sche Konstruktion kann in einer einzigen Projektionsebene ausgeführt werden.

244) *F. Seydewitz*, Arch. Math. Phys. 9 (1847), p. 158; *H. Schröter*, J. f. Math. 62 (1863), p. 215; *L. Burmester*, Math. Ann. 14 (1879), p. 472.

245) *v. Staudt*, Beitr., p. 380; *Reye*, Zeitschr. Math. Phys. 13 (1868), p. 527; *C. Hossfeld*, ebenda 33 (1888), p. 180 bei gegebenen imaginären Punkten.

246) *Sturm*, Math. Ann. 1 (1869), p. 544.

247) *Darboux*, Bull. soc. math. 5 (1868), p. 72; *F. London*, Math. Ann. 38 (1891), p. 334.

248) *Steiner*, Gerg. Ann. 19 (1828/29), p. 4 = Werke 1, p. 186; *Chasles*, Aperçu, p. 400; vgl. auch *Weddle*, Cambr. Dublin math. J. 4 (1849), p. 26; 5 (1850), p. 58, 226; 6 (1851), p. 114; 7 (1852), p. 10; *Hermes*, J. f. Math. 56 (1858), p. 234; *P. Serret*, Géom. de posit. (1869), p. 434, 515 und Par. C. R. 82 (1876), p. 162, 270; *E. Hunyady*, J. f. Math. 89 (1880), p. 47 weist den analytischen Zusammen-

50. Fläche durch einen Kegelschnitt und vier Punkte. Die Aufgabe, eine Fläche 2. Ordnung zu konstruieren, die durch einen Kegelschnitt und vier Punkte geht, ist zuerst von *Lamé* behandelt und durch *v. Staudt* gelöst worden[249]).

Ein besonderer Fall der Aufgabe ist die Bestimmung einer *Kugel* durch vier Punkte, bezüglich die Auffindung der zwischen fünf Punkten einer Kugel bestehenden Beziehung[250]).

51. Spezielle Erzeugungen. *Dupin* erhält die Fläche 2. Ordnung als Ort eines Punktes einer Geraden, von der drei feste Punkte in drei festen Ebenen gleiten[251]). Die Kongruenz der Geraden selbst betrachtet *Sturm*[252]). *Chasles* erhält[253]) das (orthogonale) Hyperboloid als Ort eines Punktes, dessen Entfernungen von zwei windschiefen Geraden in festem Verhältnis stehen. Eine Konstruktion des Ellipsoides mittels dreier konzentrischer Kugeln (vgl. III C 1, Nr. **3**, Fig. 3) giebt *Ch. Gudermann*[254]). Andere Konstruktionen vgl. Nr. **61—63**.

52. Mehrdeutige Bestimmungen. Die Frage, wie viele Flächen 2. Grades es giebt, die neun gegebene Gerade berühren, wurde von *Steiner*[255]) aufgeworfen. Die Anzahl der Flächen 2. Grades, die neun gegebene solche Flächen berühren, bestimmt *H. Schubert*[256]), wie auch die weiteren hierher gehörigen Fragen durch den Kalkül der abzählenden Geometrie ihre Erledigung finden.

---

hang der verschiedenen Sätze nach (vgl. III C 1, Nr. **7**). Eine Übertragung des *Pascal*'schen Satzes auf den Raum giebt auch *F. Klein,* Math. Ann. 22 (1883), p. 246.

249) *Lamé,* Examen, p. 62; *v. Staudt,* G. d. L., p. 201; Beitr., p. 292; vgl. *Zeuthen,* Math. Ann. 18 (1881), p. 33.

250) *R. A. Luchterhandt,* J. f. Math. 23 (1842), p. 375; *Möbius,* J. f. Math. 26 (1843), p. 26 = Werke 1, p. 583; mit Determinanten zuerst bei *Joachimsthal,* J. f. Math. 40 (1850), p. 21. Vgl. ferner *G. Bauer,* Münch. Ber. (1873), p. 343; *Darboux,* Ann. éc. norm. (2) 1 (1872), p. 323; *Frobenius,* J. f. Math. 79 (1875), p. 223; *Reye,* G. d. Kugeln (1879), p. 75; *A. Schumann,* Zeitschr. Math. Phys. 17 (1882), p. 368; *Baltzer,* Geom., p. 368 und Det., p. 230.

251) *Dupin,* Dével. (1813), p. 340; in ähnlicher Form schon Corr. polyt. 1 (1806), p. 144; J. éc. polyt. cah. 14 (1808), p. 45. Vgl. *E. Lucas,* Mathes. 1 (1881), p. 65; *Mannheim,* Nouv. ann. (3) 8 (1889), p. 308.

252) *Sturm,* Liniengeom. 2, p. 295; *H. Menzel,* Diss. Münster 1891.

253) *Chasles,* J. de math. 1 (1836), p. 324; *Schoenflies,* Diss. 1877 und Zeitschr. Math. Phys. 23 (1878), p. 245, 269 und 24 (1879), p. 62; *Schröter,* J. f. Math. 85 (1878), p. 26; *H. Milinowski,* J. f. Math. 85 (1878), p. 88.

254) *Ch. Gudermann,* J. f. Math. 42 (1851), p. 282.

255) *Steiner,* Syst. Entw. = Werke 1, p. 453, Aufgabe 73.

256) *Chasles,* Par. C. R. 62 (1865), p. 405; *Schubert,* Kalkül, p. 102. Das Weitere vgl. III C 1, Nr. **76**; III C 11.

VII. Die Fokaleigenschaften der Flächen 2. Ordnung.

53. Das konfokale System. In der Entwicklung des Begriffes des konfokalen Systems (vgl. III C 1, Nr. **65**) können drei Epochen unterschieden werden. *Eine einleitende 1. Epoche* beginnt mit den Untersuchungen über die Anziehung homogener Ellipsoide bei *P. S. Laplace*[257]). Hier erscheinen konfokale *Ellipsoide* als solche mit gleichen Exzentrizitäten, zugleich mit der *kubischen Gleichung* der drei durch einen Punkt gehenden konfokalen Flächen, von denen aber nur *eine* benutzt wird. In gleichem Zusammenhang finden sich konfokale Ellipsoide bei *J. Ivory* und *K. F. Gauss*[258]).

Die *2. Epoche* beginnt mit *Ch. Dupin*, der das *vollständige System* (vgl. III D 1, 2, Nr. **23**) konfokaler *Mittelpunktsflächen* oder *Paraboloide* mit seinen drei Arten von Flächen und dem orthogonalen Durchschnitt gestaltlich beschreibt, und mit *J. Binet*, der gleichzeitig die Orthogonalität bemerkt[259]). Das System konfokaler *Kegel* wird später von *M. Chasles* eingehend untersucht[260]). Die Theorie des allgemeinen Systems wird durch die *Jacobi*'schen Sätze bereichert, dass die Berührungskegel von einem Punkte an alle Flächen des Systems ein System konfokaler Kegel bilden, deren Hauptachsen die Normalen der drei durch den Punkt gehenden Flächen und deren Fokallinien Erzeugende der durch den Punkt gehenden Linienfläche des ersteren Systems sind. Analytisch beweist *J. Mac Cullagh* diese Sätze durch Hauptachsentransformation der Berührungskegel[261]). Weitere Entwicklungen verdankt man *G. Lamé* und *Chasles*[262]).

---

257) *Laplace,* Méc. cél. 2 (1799), p. 16 ff.

258) *J. Ivory,* Lond. Phil. Trans. 1809, Part 2, p. 350 ff.; *Gauss,* Werke 5 (1813), p. 19; vgl. *Chasles,* Aperçu, p. 164.

259) *Dupin,* Dével. (1813), p. 269; *Binet,* J. éc. polyt. cah. 16 (1813), p. 59. Vgl. IV 2, Nr. **30**.

260) *Chasles,* Cônes (1830), p. 28.

261) *Jacobi,* J. f. Math. 12 (1834), p. 137 = Werke 7, p. 7; vgl. *Chasles,* J. de math. (1) 11 (1846), p. 121; *Plücker,* System (1846), p. 334; *J. Mac Cullagh,* Werke, p. 311 (1843); vgl. *Cayley,* Cambr. Dubl. math. J. 1 (1846), p. 278; 3 (1848), p. 48 = Coll. pap. 1, p. 255, 362; *J. Y. Rutledge,* ebenda 5 (1850), p. 110; *A. Wangerin,* Zeitschr. Math. Phys. 34 (1889), p. 126; vgl. IV 4, Nr. **13**.

262) *Lamé,* Ann. chim. phys. 53 (1833), p. 199; J. de math. (1) 2 (1837), p. 156; *Chasles,* Aperçu, p. 384—399. Der Name „*konfokal*" (oder „*homofokal*") kommt bei *Laplace, Ivory, Gauss, Dupin, Binet, Chasles, Cônes* (1830) und *Aperçu* (1837) noch nicht vor. Die Bezeichnung „*homofokal*" erscheint bei *Lamé* a. a. O. (1833, 1837). Mit „*konfokal*" bezeichnet gleichzeitig *Magnus,* Aufgaben 1 (1833), p. 204, zwei Kegelschnitte und, Aufgaben 2 (1837), p. 353, zwei Rotationsflächen 2. O., die *einen* Brennpunkt gemein haben. Dagegen erklärt *Jacobi,*

Die *3. Epoche* beginnt mit der Erkenntnis, dass das konfokale System eine *Flächenschar* ist[263]), worauf *Chasles* aufmerksam macht und was *Plücker* analytisch begründet. Diese Auffassung steht im Mittelpunkt der späteren Entwicklungen.

54. Die Fokalkegelschnitte als Grenzflächen. Nachdem schon *Laplace*[264]) das ganz abgeflachte Ellipsoid erwähnt hatte, erhält zuerst *Dupin*[265]) die den Flächen des konfokalen Systems gemeinsam zugehörigen *Fokalkegelschnitte* als *Grenzflächen* im konfokalen System, die den Übergang von einer Flächenart zur andern vermitteln. Aber erst *Chasles* erkennt in diesen Grenzflächen die vier *singulären Flächen* einer Flächenschar, unter denen sich auch der imaginäre Kugelkreis befindet[266]).

55. Die Fokalkegelschnitte als Ort der Spitzen von Rotationskegeln. Den Ort der Spitzen der Rotationskegel über einem Kegelschnitt bestimmt nach dem Vorgang von *Apollonius*[267]) zuerst *Dupin*[268]). Allgemeiner findet *Steiner*[269]) die Fokalkegelschnitte einer Fläche 2. Ordnung als Ort der Spitzen der ihr umbeschriebenen Rotationskegel. Dass sie auch der Ort der *Kreispunkte* der Flächen des konfokalen Systems sind, zeigt *Dupin*[270]).

56. Fokalkegelschnitte und Fokalachsen. In den von *Magnus* (vgl. Nr. 59, [282])) entdeckten *Fokallinien des Kegels* 2. Ordnung erkennt

---

J. f. Math. 12 (1834), p 137 = Werke 7, p. 7 *konfokale Flächen 2. O.* als solche, deren Hauptschnitte gemeinschaftliche Brennpunkte haben.

263) *Chasles,* Aperçu, p. 396; J. de math. (1) 13 (1848), p. 16; *Plücker,* System, p. 255, 325, 331; vgl. *O. Hermes,* Dissert. Breslau 1849; *Hesse,* Vorles., p. 341.

264) *Laplace,* a. a. O. p. 20.

265) *Dupin,* Dével., p. 277, 309.

266) *Chasles,* Aperçu, p. 397; er nennt die Fokalkegelschnitte coniques excentriques, auch lignes de striction (Doppellinien) der umbeschriebenen Developpabeln; analytisch bei *Plücker,* System, p. 255, 325, 331; vgl. *v. Staudt,* Beitr., p. 383; über projektive Verallgemeinerungen *Darboux,* Classe remarquable, p. 177.

267) Nach *Kötter,* Ber., p. 58.

268) *Dupin,* Corr. polyt. 2 (1813), p. 424; Dével. (1813), p. 280.

269) *Steiner,* J. f. Math. 1 (1826), p. 47 = Werke 1, p. 11; bei *Ampère,* Par. Mém. de l'acad. 5 (1826), p. 99 erscheinen die Fokalkegelschnitte dementsprechend als Ort der Punkte mit ∞^1 permanenten Rotationsachsen, bei *Binet,* J. éc. polyt. cah. 16 (1813), p. 63 als Ort der Punkte zweier gleicher Hauptträgheitsachsen; als Spezialfall allgemeinerer Sätze findet sich der *Steiner*'sche Satz bei *Jacobi,* J. f. Math. 12 (1834), p. 137; mit Ebenenkoordinaten behandelt bei *Plücker,* System, p. 250; der fragliche Ort ist nach *C. F. Geiser,* J. f. Math. 82 (1876), p. 47 im allgemeinen eine Fläche 8. Ordnung.

270) *Dupin,* Dével., p. 278, 282; vgl. *Baltzer,* Geom., p. 531.

Chasles[271]) solche Gerade, für welche die zugeordnete (nach Nr. **40**, Schlusssatz) Ebeneninvolution eine Involution *rechtwinkliger* Ebenenpaare ist. Solche Geraden werden später bei jeder Fläche 2. Ordnung *Fokalachsen* genannt (vgl. III C 1, Nr. **29**). *Plücker* bemerkt[272]), dass die *Tangenten der Fokalkegelschnitte* Fokalachsen sind. Allgemeiner sind alle Erzeugenden der Flächen eines konfokalen Systems Fokalachsen einer jeden derselben[273]).

57. Die Fokalkegelschnitte als Ordnungskurven. Nach *Chasles*[274]) schneidet die Tangentialebene und Normale des laufenden Punktes einer Fläche 2. Ordnung in jeder Hauptebene ein Polarsystem aus, dessen Ordnungskurve der Fokalkegelschnitt dieser Ebene ist. Statt der Tangentialebene und Normale kann allgemeiner eine beliebige Ebene und die Ortsgerade ihrer Pole in Bezug auf die Flächen des konfokalen Systems genommen werden[275]).

58. Die Fokalpunkte als Punktkugeln. *B. Amiot* hat zuerst die *Fokalpunkte* (Brennpunkte) der Fläche 2. Ordnung, d. h. die einzelnen Punkte der Fokalkegelschnitte, als solche Punkte a, b, c definiert, in Bezug auf welche die Fläche 2. Ordnung in der Form:

$$(x-a)^2 + (y-b)^2 + (z-c)^2 = U \cdot V$$

dargestellt werden kann, wo $U = 0$ und $V = 0$ zwei Ebenen sind[276]). Die Deutung dieser Fokalpunkte als Mittelpunkte von die Fläche in zwei Punkten berührenden Nullkugeln haben *Chasles* und *Plücker* hinzugefügt[277]). Schon *Amiot* giebt eine planmässig ausgeführte Theorie seiner Fokalpunkte[276]): Die Verbindungslinie der beiden Berührungspunkte der Nullkugel heisst die dem Brennpunkt entsprechende *Direktrix*. Sie ist reell, wenn er reell ist. Die Ebenen $U = 0$ und $V = 0$ heissen die dem Brennpunkt entsprechenden *Direktrixebenen*, die reell oder imaginär sind. *Mac Cullagh* hebt hervor[278]), was aus *Amiot's*

---

271) *Chasles,* Cônes, p. 11; für das orthogonale Hyperboloid *Schröter,* Berl. Monatsber. 1877, p. 594.

272) *Plücker,* System, p. 333.

273) *Reye,* G. d. L. 2, p. 153; vgl. IV 2, Nr. **30**.

274) *Chasles,* Aperçu, p. 384; *Plücker,* System, p. 332 und J. f. Math. 35 (1847), p. 103 = Werke 1, p. 459.

275) *Reye,* G. d. L. 2, p. 150.

276) *Amiot,* J. de math. (1) 8 (1843), p. 163; für den Fall der Rotationsflächen findet sich schon bei *Bourdon,* Corr. polyt. 2 (1811), p. 197 und bei *Magnus* 2 (1837), p. 354 ein entsprechender analytischer Ansatz.

277) *Chasles,* Par. C. R. 16 (1843), p. 831; *Plücker,* System (1846), p. 276; später auch *Townsend,* Cambr. Dubl. math. J. 3 (1848), p. 97 ff.; *W. Fiedler,* Zeitschr. Math. Phys. 7 (1862), p. 299.

278) *Mac Cullagh* (1843) Werke, p. 265; *Plücker,* System (1846), p. 295.

Definitionsgleichung sofort folgt, dass diese Ebenen die Stellung der Kreisschnittebenen liefern, dass ferner die Schnittkurve der Fläche mit der Verbindungsebene eines Fokalpunktes und einer Direktrix jenen zum Brennpunkt und diese zur Direktrix hat. Der letztere Satz ohne die Beziehung zur Direktrix war schon *Chasles* bekannt[279]).

59. Fokaleigenschaften spezieller Flächen. Für die *Rotationsflächen 2. Ordnung* mit ein oder zwei Brennpunkten hat *Dupin* die Eigenschaften abgeleitet[280]), dass von einem Brennpunkt aus ein konjugiertes Tangentenpaar rechtwinklig und ein ebener Schnitt als Kreis erscheint. Für die übrigen Rotationsflächen hat *Chasles* ähnliche Eigenschaften entwickelt[281]). Die Fokaleigenschaft des *Kegels 2. Ordnung*, dass die Summe oder Differenz der Winkel ϱ und ϱ' einer Erzeugenden gegen die beiden Brennlinien (Fokalstrahlen) konstant ist, verdankt man *Magnus*[282]). Sie findet, wie ich an dieser Stelle hinzufüge, ihren analytischen Ausdruck in der *Identität* (vgl. Nr. **63**):

$$a^2(a^2-d^2)(a^2-e^2)\left\{\frac{x^2}{a^2}+\frac{y^2}{a^2-d^2}+\frac{z^2}{a^2-e^2}\right\}$$
$$=(x^2+y^2+z^2)\left(a^2-e^2\sin^2\frac{\varrho+\varrho'}{2}\right)\left(a^2-e^2\sin^2\frac{\varrho-\varrho'}{2}\right).$$

60. Fokaleigenschaften konjugierter Fokalkegelschnitte. Für zwei konjugierte Fokalkegelschnitte hat zuerst *Dupin* gefunden, dass für den einen die Summe oder Differenz der Abstände von zwei festen Punkten der andern konstant ist[283]). Diese Sätze sind von *Chasles* und *Plücker* dahin verallgemeinert worden[284]), dass irgend zwei Punkte eines Fokalkegelschnittes einer Fläche 2. Ordnung die Brennpunkte einer Rotationsfläche 2. Ordnung sind, die jene längs eines Kegelschnittes berührt.

61. Amiot's und Mac Cullagh's Fokaleigenschaften. In *Amiot's* analytischer Definition der Brennpunkte (vgl. Nr. **58**) liegt zugleich

---

279) Für den Kegel *Chasles*, Recherches de géom. (1829), p. 9; Cônes, p. 11, 13; allgemein *Chasles*, Aperçu, p. 391.

280) *Dupin*, Applic. de géom. et de méc. (1822); *Steiner*, J. f. Math. 1 (1826), p. 48 = Werke 1, p. 12; *Magnus* 2, p. 353; *v. Staudt*, G. d. L., p. 215.

281) *Chasles*, J. de math. (1) 1 (1836), p. 187; Aperçu, p. 667.

282) *Magnus*, Gerg. Ann. 16 (1825/26), p. 33; *Magnus* 2, p. 170. Weitere Ausführungen und reziproke Sätze bei *Chasles*, Cônes, p. 16.

283) *Dupin*, Corr. polyt. 1 (1807), p. 218; 2 (1813), p. 434; Dével. (1813), p. 280; vgl. *Dandelin*, Brux. Nouv. mém. Acad. 2 (1822), p. 171; 3 (1826), p. 1; *Jacobi*, J. f. Math. 12 (1834), p. 138 = Werke 7, p. 8. Vgl. III C 1, Nr. 5.

284) *Chasles*, Par. C. R. 16 (1843), p. 1108; *Plücker*, System (1846), p. 259, 273; *Hesse*, Vorles., p. 352.

die *Amiot'sche Fokaleigenschaft*[285]) ausgesprochen, dass das Quadrat des Abstandes eines Punktes der Fläche 2. Ordnung von einem festen Brennpunkt zu dem Rechteck seiner Abstände von den entsprechenden (reellen) Direktrixebenen in einem festen Verhältnis steht. Die hierauf beruhende („umbilicare") Erzeugung giebt alle Flächen 2. Ordnung mit Kreispunkten.

Alle Flächen 2. Ordnung überhaupt liefert dagegen *Mac Cullagh*'s („modulare") *Erzeugung*[286]), die sich von der *Amiot*'s dadurch unterscheidet, dass ein Brennpunkt mit imaginären Direktrixebenen benutzt wird. Die Fläche ist der Ort eines Punktes, dessen Abstand von dem Brennpunkt zu dem Abstand von der entsprechenden Direktrix, dieser letztere aber parallel einer Kreisschnittebene gemessen, in einem festen Verhältnis steht.

62. Ivory's Theorem und Jacobi's Fokaleigenschaften. Die Grundlage des *Ivory'schen Theorems*[287]) bildet die Festsetzung einer affinen Beziehung zwischen zwei konfokalen Mittelpunktsflächen. Sind alsdann P und Q zwei Punkte der einen und P' und Q' die entsprechenden Punkte der andern Fläche, so besteht zwischen den Entfernungen dieser Punkte die Beziehung: $PQ' = P'Q$. In geradlinigen konfokalen Hyperboloiden entsprechen einander die Erzeugenden und zwar sind entsprechende Strecken derselben gleich[288]).

Auf dem *Ivory*'schen Theorem beruht die *Jacobi'sche Fokaleigenschaft*[289]): Der Ort eines Punktes, dessen Entfernungen von drei festen

---

285) *Amiot*, J. de math. (1) 8 (1843), p. 161 ff.; *Plücker*, System (1846), p. 289; *R. Townsend*, Cambr. Dubl. math. J. 3 (1848), p. 1; *Weddle*, ebenda 9 (1854), p. 67; *Baltzer*, Geom., p. 525; *Schröter*, Oberfl., p. 641.

286) *Mac Cullagh*, Dublin Proc. 2 (1843), p. 446 = Werke, p. 267; *Plücker*, a. a. O.; *Townsend*, a. a. O.; *Schröter*, Oberfl., p. 623.

287) *J. Ivory*, Lond. Trans. 1809, p. 353, 355, zunächst nur für zwei Ellipsoide; einen neuen Beweis giebt *Chasles*, J. de math. (1) 5 (1840), p. 485; das *duale* Gegenstück des *Ivory*'schen Theorems bei *W. Fiedler*, Zeitschr. Math. Phys. 7 (1862), p. 310.

288) *A. Cayley*, Mess. of math. 8 (1879), p. 51 = Coll. pap. 11, p. 66; vgl. *G. Durrande*, Ann. éc. norm. (2) 2 (1873), p. 116; *E. Lucas*, Nouv. Ann. (2) 20 (1881), p. 9; *G. Darboux*, Par. C. R. 101 (1885), p. 202; *A. Mannheim*, Par. C. R. 102 (1886), p. 253, 310, 353, 501; *F. Klein*, Vorles., p. 50; *Salmon-Fiedler*, Raum 1, p. 304; *W. Fr. Meyer*, Königsb. phys. ökon. Gesellsch. 1901, p. 24.

289) *Jacobi*, J. f. Math. 12 (1834), p. 137 = Werke 7, p. 7; *Jacobi*'s Nachl. von *O. Hermes*, J. f. Math. 73 (1871), p. 179; *O. Hermes* selbst, ebenda, p. 209; eine die Bestimmung der Normale betreffende Ergänzung von *F. Joachimsthal*, ebenda, p. 207; eine Ableitung aus *Mac Cullagh*'s Theorem (Nr. **61**) von *Townsend*, Cambr. Dubl. math. J. 3 (1848), p. 150 ff.; *Schröter*, Oberfl., p. 639. Er-

Punkten durch dieselbe Relation verbunden sind, welche die Entfernungen eines Punktes der Ebene von den Ecken eines Dreiecks verbindet, ist eine Fläche 2. Ordnung.

Auf zwei konfokale Hyperboloide angewendet, liefert das *Ivory*'sche Theorem auch die Grundlage zur Theorie von *O. Henrici*'s *beweglichem Modell eines Hyperboloids* (oder zweier verbundener konfokaler beweglicher Hyperboloide). Dieses Modell legte *O. Henrici* 1874 der Lond. Math. Soc. vor. Infolge einer von *Greenhill* 1878 gestellten Aufgabe gab *A. Cayley*[288]) den Beweis des entsprechenden Satzes. Das Modell ist nicht nur zur Erläuterung geometrischer Sätze (auch des *Brianchon*'schen Satzes in Nr. **36**), sondern auch wegen seiner Anwendung in der Mechanik (vgl. IV 3, Nr. **31**) von Bedeutung geworden.

63. Staude's Fokaleigenschaften. Bedeuten bei einer Mittelpunktsfläche r_1, r_2, r_1', r_2' die *gebrochenen Fokaldistanzen* des Punktes x, y, z in Bezug auf die Fokalellipse d. h. die kürzesten und weitesten Entfernungen von den Brennpunkten der Fokalellipse, über diese selbst hinweggemessen, oder bei einem Paraboloid $r_1 r_2 r_3$ die *gebrochenen Fokaldistanzen* in Bezug auf die eine Fokalparabel, so liegen die *Staude*'schen Fokaleigenschaften[290]) der drei Mittelpunktsflächen oder der zwei Paraboloide in den Identitäten[291]) ausgesprochen (vgl. Nr. **59**):

$$-a^2(a^2-d^2)(a^2-e^2)\left\{\frac{x^2}{a^2}+\frac{y^2}{a^2-d^2}+\frac{z^2}{a^2-e^2}-1\right\}$$
$$=\left\{a^2-\left(\frac{r_2+r_2'+r_1+r_1'-4e}{4}\right)^2\right\}\left\{a^2-\left(\frac{r_2+r_2'-r_1-r_1'}{4}\right)^2\right\}\times$$
$$\left\{a^2-\left(\frac{r_2-r_2'-r_1+r_1'}{4}\right)^2\right\}$$

---

weiterungen giebt *Darboux*, Sur les théorèmes d'Ivory, Paris 1872; eine Verallgemeinerung auf Flächen n-ter Ordnung *L. Painvin*, Nouv. Ann. 30 (1871), p. 481.

290) Von der allgemeinsten Form aus zuerst von *O. Staude*, Leipz. Ber. 1882, p. 5 und Math. Ann. 20 (1882), p. 147 gefunden; danach von *S. Finsterwalder*, Math. Ann. 26 (1886), p. 546 auch synthetisch bewiesen; ein neuer Beweis *Staude*, Math. Ann. 27 (1886), p. 254; ausführliche Darstellung *Staude*, Fokaleigenschaften der Flächen 2. Ordnung, Leipzig 1896. Über die zugehörigen Modelle vgl. *Dyck*, Katalog, p. 288.

291) Die Identitäten zuerst von *Staude*, Leipz. Ber. 1897, p. 75, 173 und Math. Ann. 50 (1897), p. 398 abgeleitet. Die *Staude*'sche Theorie dehnt *J. Sommer*, Math. Ann. 53 (1900), p. 113 auf vier Dimensionen aus. Wie *J. Sommer* bemerkt hat, beschreibt *J. Cl. Maxwell*, Quart. J. 9 (1868), p. 122 ff. eine Fadenkonstruktion der Flächen 2. O., die sich indessen mit der *Staude*'schen *nicht* deckt, da sie neben dem über die Fokalkurven gleitenden Faden noch zwei starre Stäbe benutzt (a. a. O. p. 124, 125); auch enthalten die vorausgehenden Formeln (a. a. O. p. 122, 123) *keinerlei Beweis* der *Staude*'schen Sätze über die Längen der „ge-

oder bezüglich:

$$-p(p-e)\left\{\frac{y^2}{p}+\frac{z^2}{p-e}+2x-p\right\}$$
$$=(p-x-r_1)(p-x-r_2)(p-x-r_3).$$

Die hierauf beruhenden *Fadenkonstruktionen* der Flächen 2. Ordnung aus den Fokalkegelschnitten können dahin verallgemeinert werden, dass statt dieser zwei ungleichartige konfokale Flächen gegeben sind[290]). Auch ergeben sich im Anschluss an *Plücker katoptrische Eigenschaften* der Flächen 2. Ordnung[292]).

64. Elliptische und parabolische Koordinaten. Die Wurzeln der kubischen Gleichung, welche die drei durch einen Punkt gehenden konfokalen Flächen bestimmt, heissen *elliptische* (*parabolische*) *Koordinaten.* Krummlinige Koordinaten überhaupt erwähnt *Dupin*, aber erst *Lamé* führt prinzipiell die elliptischen Koordinaten ein[293]), die wenig später *Jacobi* als Substitutionsvariable zur Integration der Differentialgleichungen der geodätischen Linien und der Kartenprojektion des Ellipsoids gebraucht[294]). Für die Theorie des konfokalen Systems und der Fokaleigenschaften sind diese Koordinaten ein natürliches Hülfsmittel[295]). Nach *O. Staude* ist in der That die kubische Gleichung der elliptischen Koordinaten die Resolvente der biquadratischen Gleichung der gebrochenen Fokaldistanzen[296]). Alle ihre verschiedenen Formen sind spezielle Fälle der *cyklidischen Koordinaten*[297]). Projektive Verallgemeinerungen sind von *L. Schläfli* und *J. Lüroth* angegeben[298]).

---

brochenen Fokaldistanzen", da die a. a. O. berechneten Grössen $r_1 r_2 r_3 r_4$ nicht als *gebrochene* Distanzen, sondern lediglich als Schnittlinien der beiden Fokalkegel eines Punktes definiert sind (p. 122).

292) *Plücker,* System, p. 334; J. f. Math. 35 (1847), p. 100 = Werke 1, p. 456; *Staude,* Math. Ann. 27 (1886), p. 412; *Finsterwalder,* Münch. Ber. 1887, p. 33.

293) *Dupin,* Dével., p. 20; *Lamé,* J. de math. (1) 2 (1837), p. 156; 4 (1839), p. 134; 8 (1843), p. 397.

294) *Jacobi,* J. f. Math. 19 (1839), p. 309 = Werke 2, p. 57; J. de math. (1) 6 (1840), p. 267.

295) *J. Liouville,* J. de math. (1) 12 (1847), p. 423; *Mac Cullagh,* Werke, p. 310. Darstellung von Flächen höherer Ordnung durch elliptische Koordinaten bei *W. Roberts,* Ann. di mat. 4 (1861), p. 143; J. f. Math. 62 (1863), p. 50; *H. Durrande,* Nouv. Ann. 4 (1865), p. 127; *E. Beltrami,* ebenda, p. 232; *Staude,* Diss. Leipzig 1881.

296) *Staude,* Leipz. Ber. 1897, p. 75.

297) *M. Bôcher* (*Klein*), Gött. Preisschrift 1891.

298) *L. Schläfli,* J. f. Math. 43 (1852), p. 23; *J. Lüroth,* Zeitschr. Math. Phys. 13 (1868), p. 156; *Lindemann,* Vorles., p. 290.

65. Gemeinsame Tangenten zweier konfokaler Flächen. Die Teilstrecken der gebrochenen Fokaldistanzen (Nr. **63**) gehören *gemeinsamen Transversalen der beiden Fokalkegelschnitte* an. Auf den vier gemeinsamen Tangenten, die von einem Punkte P des Raumes an zwei konfokale Flächen gehen, schneiden nach *Mac Cullagh*[299]) die Diametralebenen, die den Tangentialebenen der drei durch P gehenden konfokalen Flächen parallel sind, gleiche Stücke, gleich den ersten Hauptachsen der drei Flächen ab („mittlere Fokaldistanzen des Punktes P"). Dass die gemeinsamen Tangenten zweier konfokaler Flächen diejenigen geodätischen Linien auf beiden Flächen berühren, welche Tangenten der Durchdringungskurve beider Flächen sind, hat *Chasles* gefunden[300]). Auf diesem Satze beruhen Fadenkonstruktionen der Krümmungskurven von *Chasles*[301]) und der Flächen 2. Ordnung von *Staude* (Nr. **63**). Die Differentialgleichungen der gemeinsamen Tangenten sind *hyperelliptische*[302]). Vgl. Nr. **70**.

66. Fokaleigenschaften der Krümmungslinien. Die *Krümmungslinien der Flächen 2. Ordnung* sind zuerst von *Monge* und *Dupin* gefunden und untersucht worden[303]). Sie sind die Durchschnittslinien der konfokalen Flächen. Ihre Fokaleigenschaften sind teils algebraischer, teils transcendenter Natur. Zur ersten Art gehören die von *C. A. Valson* und *H. Heilermann* gefundenen Fokaleigenschaften[304]): Die beiden Hauptnormalebenen eines Punktes der Fläche 2. Ordnung bestimmen in den Hauptachsen Punktepaare einer Involution, deren Doppelpunkte die *Fokalzentra* der Fläche heissen. Eine um ein Fokalzentrum beschriebene und die Fläche in einem entsprechenden

---

299) *Mac Cullagh,* Werke, p. 303; vgl. *Liouville,* J. f. Math. (1) 11 (1846), p. 112; 12 (1847), p. 423; *Rutledge,* Cambr. Dubl. math. J. 5 (1850), p. 69; *W. Roberts,* Ann. di mat. (1) 4 (1861), p. 142. Vgl. die von *R. Diesel* (1878), *E. R. Neovius* (1885) und *R. Haussner* (1887) hergestellten Modelle konfokaler Flächen, *Dyck,* Katalog, p. 286.

300) *Chasles,* J. de math. (1) 11 (1846), p. 11, 105; *Gilbert,* Nouv. Ann. (2) 6 (1867), p. 529; *Staude,* Math. Ann. 20 (1883), p. 156 mit projektiver Verallgemeinerung.

301) *Chasles,* J. de math. (1) 11 (1846), p. 16.

302) *Liouville,* J. de math. (1) 11 (1846), p. 112; *Jacobi,* Vorles. über Dynamik, hrsg. von *Clebsch,* p. 234; *Staude,* Math. Ann. 20 (1883), p. 156.

303) *Monge,* J. éc. polyt. cah. 2 (1795), p. 145; Applic. d'analyse (1809), p. 121; *Dupin,* Dével., p. 305.

304) *C. A. Valson,* Appl. de la théorie des coordinées elliptiques 1854; Par. C. R. 50 (1861), p. 680; Nouv. Ann. 19 (1860), p. 298; *H. Heilermann,* Berl. Monatsber. 1858, p. 270; Nouv. Ann. 17 (1858), p. 242; J. f. Math. 56 (1859), p. 345; *L. Aoust,* Par. C. R. 48 (1859), p. 886; *T. del Beccaro,* Ann. di mat. 2 (1859), p. 30; *H. Schröter,* Oberfl., p. 665; vgl. *O. Böklen,* Zeitschr. Math. Phys. 26 (1881), p. 383.

Kreispunkt berührende Kugel heisst eine *Fokalkugel.* Für alle Punkte einer Krümmungslinie ist die Summe und Differenz der von ihnen an zwei zusammengehörige Fokalkugeln gehenden Tangenten konstant.

Andere den Brennpunkt-Direktrix-Eigenschaften der Kegelschnitte entsprechende Fokaleigenschaften giebt *E. Gradhandt* im Anschluss an die Theorie der gebrochenen Fokaldistanzen[305]).

Transcendente Fokaleigenschaften sind von *Jacobi, W. Roberts* und *Chasles* angegeben[306]).

VIII. Büschel von Flächen 2. Ordnung.

67. Begriff des Büschels. Dass die Gesamtheit aller Flächen 2. Ordnung, welche *durch die Schnittkurve* zweier solcher Flächen $f = 0$ und $g = 0$ hindurchgehen, *der Büschel der Flächen 2. Ordnung,* in einer Gleichung von der Form $f + \lambda g = 0$ enthalten ist, erkannte zuerst *G. Lamé*[307]). Die Definition des Büschels *durch acht willkürliche Punkte* und die Notwendigkeit der unabhängigen Lage dieser Punkte wurde durch *Plücker* begründet[308]).

Der duale Begriff der *Schar* wird durch *Poncelet, Chasles* und *Plücker* entwickelt[309]).

Th. Reye geht vom *Büschel räumlicher Polarsysteme* auf den Büschel der Flächen 2. Ordnung über[310]).

68. Die Determinante des Büschels. Auf die Bildung der Determinante des Büschels:

$$\Delta(\lambda) = | a_{ik} + \lambda b_{ik} | = A + C\lambda + E\lambda^2 + D\lambda^3 + B\lambda^4$$

hat ebenfalls schon *Lamé* hingewiesen[311]).

An die Koeffizienten C, D (Simultaninvarianten von f und g) knüpfen sich eine Reihe durch *Hesse* angebahnter Sätze[312]). Ist nämlich $AB \neq 0$, so ist die Bedingung $C = 0$ notwendig und hinreichend dafür, dass der Fläche $g = 0$ Polartetraeder der Fläche $f = 0$ (und

305) *E. Gradhandt,* Diss. Rostock 1901.

306) *Jacobi,* J. f. Math. 12 (1834), p. 140; *Roberts,* Cambr. Dubl. math. J. 3 (1848), p. 159; *Chasles,* Par. C. R. 22 (1846), p. 107; J. de math. (1) 11 (1846), p. 15.

307) *Lamé,* Examen (1818), p. 28, 35; für zwei concentrische Grundflächen schon *Dupin,* J. éc. polyt. 14 (1808), p. 80.

308) *Plücker,* Gergonne Ann. 19 (1828/9), p. 131 = Werke 1, p. 85; *Magnus* 2, p. 284.

309) *Poncelet,* J. f. Math. 4 (1829), p. 39; *Chasles,* Aperçu, p. 396; *Plücker,* a. a. O.

310) *Reye,* G. d. L. 3, p. 17.

311) *Lamé,* Examen, p. 72.

312) *Hesse,* J. f. Math. 45 (1852), p. 90 = Werke, p. 305.

zwar ∞^3) ein- und der Fläche $f = 0$ Polartetraeder der Fläche $g = 0$ umbeschrieben werden können. Analytisch haben *J. Lüroth* und *S. Gundelfinger* diese Sätze weiter behandelt[313]), synthetisch *Reye*[314]), der f und g *apolar* nennt, wenn $C = 0$ ist. Die Bedeutung von $D = 0$ folgt durch Vertauschung von f und g.

Für $C = 0$ *und* $D = 0$ heissen f und g auch harmonisch zu einander[315]).

Für $E = 0$ giebt es nach *Lüroth*[316]) ∞^1 Polartetraeder von f, deren Kanten g berühren und umgekehrt. *H. Vogt*[317]) fügt dem hinzu, dass die Ecken dieser Tetraeder auf einer Raumkurve 8. Ordnung liegen, die durch hyperelliptische Funktionen darstellbar ist.

Wenn die Invariante $CD - 4AB$ des Büschels verschwindet, enthält nach *F. Schur*[318]) jede der beiden Regelscharen der einen Fläche ∞^1 Tripel von Strahlen, die einander in Bezug auf die andere Fläche konjugiert sind.

Dem Verschwinden der Diskriminante von $\Delta(\lambda) \doteq 0$ entspricht die *Berührung* von f und g (vgl. Nr. **73**).

69. Flächenbüschel und Ebene. Jede Ebene wird von dem Flächenbüschel in einem Kegelschnittbüschel geschnitten und von drei Flächen des Büschels berührt.

Die Gleichung des Büschels *in Ebenenkoordinaten* u_i hat die Form:

$$F + H\lambda + K\lambda^2 + G\lambda^3 = 0,$$

wo $F = 0$ und $G = 0$ die Gleichungen der (eigentlichen) Grundflächen $f = 0$ und $g = 0$ in Ebenenkoordinaten sind (vgl. Nr. **4**). Die Berührungsebenen der Fläche 2. Klasse $H = 0$ schneiden die Grundflächen in zwei Kegelschnitten von solcher Lage[319]), dass dem zweiten Kegelschnitt Poldreiecke des ersten ein- und dem ersten Poldreiecke des zweiten umbeschrieben werden können (vgl. III C 1, Nr. **82**).

---

313) *Lüroth*, Zeitschr. Math. Phys. 13 (1868), p. 405; *Gundelfinger* in *Hesse*, Vorles., p. 487. Für $A = 0$ oder $B = 0$ modifizieren sich die Sätze.

314) *Reye*, J. f. Math. 78 (1874), p. 97, 345; 79 (1874), p. 159; vgl. *v. Staudt*, Halbm. (1867), p. 46; *Rosanes*, Math. Ann. 23 (1884), p. 412. Vgl. III C 1, Nr. **82**.

315) *A. Voss*, Math. Ann. 10 (1876), p. 174; *A. Harnack*, ebenda 12 (1877), p. 74, Anm.; *Reye*, J. f. Math. 82 (1877), p. 1, 54, 173.

316) a. a. O. p. 405; *Voss*, a. a. O. p. 170.

317) *H. Vogt*, Ann. éc. norm. (3) 12 (1895), p. 363.

318) *Schur*, Math. Ann. 18 (1881), p. 9; 21 (1882), p. 315; vgl. auch *Bauer*, Münch. Ber. 9 (1881), p. 238.

319) *Gundelfinger* in *Hesse*, Vorles., p. 497; *Cayley*, Mess. of math. (2) 2 (1873), p. 137; *Salmon-Fiedler*, Raum 1, p. 345.

320) In dualer Fassung *Cayley*, Cambr. Dubl. math. J. 5 (1850), p. 53 = Coll. pap. 1, p. 486.

Durch Nullsetzen der Diskriminante der in λ kubischen Gleichung erhält man nach *A. Cayley*[320]) eine Gleichung 8. Grades in den u_i:

$$(9FG - HK)^2 - 4(3FK - H^2)(3GH - K^2) = 0,$$

welcher die *Tangentialebenen der Grundkurve* $f \times g$ genügen, während für deren *Schmiegungsebenen* die Gleichungen gelten:

$$3F : H = H : K = K : 3G.$$

Duale Sätze bestehen für *die Flächenschar und einen Punkt.*

70. Flächenbüschel und Gerade. Jede Gerade wird von den Flächen des Büschels in einer Punktinvolution geschnitten und von zwei Flächen desselben berührt.

Die Gleichung des Büschels *in Achsenkoordinaten* q_i ist von der Form

$$\varphi + \lambda\chi + \lambda^2\psi = 0,$$

wo $\varphi = 0$ und $\psi = 0$ die Gleichungen der Grundflächen in Achsenkoordinaten sind (vgl. Nr. **26**). Die Gleichung $\chi = 0$ stellt den Komplex 2. Grades derjenigen Strahlen dar, welche die beiden Flächen in harmonischen Punkten schneiden[321]). Dieser spezielle Komplex 2. Grades deckt sich im allgemeinen mit dem von *G. Battaglini*[322]) behandelten und hat nach *F. Klein*[323]) ein Tetraedroid als Singularitätenfläche. Seine hier angegebene Erzeugung rührt von *F. Aschieri*[324]) her. Nach diesem und nach *F. Schur*[325]) wird derselbe Komplex von ∞^1 Flächenpaaren f, g erzeugt. Die Aufzählung aller Arten des Komplexes liefern *C. Segre* und *G. Loria*[326]).

Die Gleichung: $\chi^2 - 4\varphi\psi = 0$ stellt den Komplex 4. Grades der Strahlen dar, welche die Grundkurve schneiden. *Die Strahlenkongruenz der gemeinsamen Tangenten* der Grundflächen ist von der 4. Ordnung und 4. Klasse[327]).

---

321) *Gundelfinger* in *Hesse*, Vorles., p. 473; *Voss*, Math. Ann. 10 (1876), p. 171. Vgl. III C 1, Nr. **48**.

322) *G. Battaglini*, Gi. di mat. 6 (1868), p. 239; 7 (1869), p. 55.

323) *F. Klein*, Math. Ann. 2 (1870), p. 222.

324) *F. Aschieri*, Gi. di mat. 8 (1870), p. 35, 229.

325) *Schur*, Math. Ann. 21 (1882), p. 515.

326) *C. Segre* und *G. Loria*, Math. Ann. 23 (1884), p. 313. Ein Spezialfall des dual erzeugten Komplexes ist der von *L. Painvin*, Bull. scienc. math. 2 (1871), p. 368; Nouv. Ann. (2) 11 (1872), p. 49 untersuchte Komplex der Geraden, durch die zwei rechtwinklige Tangentialebenen an eine Fläche 2. Ordnung gehen; seine Singularitätenfläche ist eine *Fresnel*'sche Wellenfläche; vgl. IV 4, Nr. **19**.

327) Für Flächen mit gemeinsamem windschiefen Vierseit untersucht diese Kongruenz *Schur*, Zeitschr. Math. Phys. 25 (1880), p. 414; über das System kovarianter Komplexe zweier Flächen 2. Ordnung überhaupt vgl. *G. Pick*, Wien. Ber. 100 (1801), p. 561.

71. Polarentheorie im Flächenbüschel. *Die Polarebenen eines Punktes P* in Bezug auf alle Flächen des Büschels bilden in allgemeinen (vgl. Nr. 72) einen Ebenenbüschel. Einen Spezialfall dieses Satzes beweist *Lamé*, während *Plücker* und *Poncelet* den allgemeinen Satz ableiten[328]). Die *Achse* des Ebenenbüschels, sowie ihre einzelnen Punkte heissen *dem Punkte P konjugiert*. Die zwei Punkten P entsprechenden Ebenenbüschel sind projektiv. Die allen Punkten des Raumes konjugierten Achsen bilden nach *G. Darboux* einen tetraedralen Komplex; derselbe enthält auch alle Geraden, deren reziproke Polaren bezüglich der beiden Grundflächen sich schneiden[329]).

Die reziproken Polaren einer Geraden bezüglich aller Flächen des Büschels bilden eine Regelschar und die den Punkten der Geraden konjugierten Achsen deren Leitschar.

Für die Pole einer Ebene in Bezug auf alle Flächen des Büschels fand *Chasles*[330]) als Ort eine Raumkurve 3. Ordnung, deren Sehnenkongruenz von den konjugierten Geraden der Punkte der Ebene gebildet wird.

Der Ort der Schnittpunkte der Polarebene eines Punktes bezüglich der laufenden Fläche des Büschels mit dieser ist, wie *Steiner* bemerkte, eine *Fläche 3. Ordnung* (Pampolare)[331]).

72. Hauptpunkte und Hauptebenen. Der Büschel enthält *vier singuläre*, beziehungsweise reducible *Flächen* 2. Ordnung, den vier Wurzeln λ_i der Gleichung $\Delta(\lambda) = 0$ (vgl. Nr. **68**) entsprechend. Dass die Bedingung eines Kegels im Büschel auf eine biquadratische Gleichung führt, hat *Lamé* gezeigt[332]), während *Poncelet* synthetisch die Existenz der vier Kegel erläutert[333]). Die Doppelpunkte einer

---

328) *Lamé*, Examen, p. 35; *Plücker*, Gerg. Ann. 19 (1828/9), p. 137 = Werke 1, p. 88; ferner System, p. 331; *Poncelet*, J. f. Math. 4 (1829), p. 38; vgl. *v. Staudt*, Beitr., p. 363.

329) *Darboux*, Bull. scienc. math. (1) 1 (1870), p. 349; *Reye*, G. d. L. 2, p. 153; 3, p. 13; *W. Fiedler*, Darst. Geom. 3, p. 585; *Voss*, Math. Ann. 10 (1876), p. 167. Dass der Ort derjenigen Punkte, deren konjugierte Achsen durch einen festen Punkt gehen, eine kubische Raumkurve ist, hatte *Chasles* gefunden und *Cayley*, J. de math. (1) 10 (1845), p. 383 = Coll. pap. 1, p. 212 bewiesen. Für zwei konfokale Grundflächen entsteht der Achsenkomplex des konfokalen Systems (vgl. Nr. **43**).

330) *Chasles*, Aperçu, p. 406; *Hesse*, J. f. Math. 49 (1853), p. 279 = Werke, p. 345; *v. Staudt*, Beitr., p. 364.

331) *Steiner*, J. f. Math. 53 (1857), p. 133 = Werke 2, p. 652; *R. Sturm*, Flächen 3. O., p. 16.

332) *Lamé*, Examen (1818), p. 72.

333) *Poncelet*, Traité (1822), p. 395; andre synthetische Beweise geben *Reye*, J. f. Math. 82 (1877), p. 8; *Schröter*, Oberfl., p. 53. Den vier Kegeln des Büschels

singulären oder zerfallenden Fläche heissen *Hauptpunkte* des Büschels. Die Polarebenen eines Hauptpunktes bezüglich aller Flächen des Büschels fallen nach *Poncelet* in eine *Hauptebene* zusammen, im Gegensatz zu Nr. **71**. Je zwei Hauptpunkte, die verschiedenen Wurzeln λ_i entsprechen, sind harmonische Pole in Bezug auf alle Flächen des Büschels.

Wenn die vier Wurzeln λ_i alle verschieden sind, enthält der Büschel vier Hauptpunkte und vier Hauptebenen, welche das gemeinsame *Poltetraeder*[334]) aller Flächen des Büschels bilden. Die Bestimmung desselben ist durch *Cauchy*, *Jacobi* und *Plücker* auf das Problem der gleichzeitigen Transformation der beiden Formen f und g auf Summen von Quadraten zurückgeführt worden[335]).

73. Die Arten des Büschels. Die Einteilung der Büschel geschieht erstens nach den Multiplizitätszahlen $l_1, l_2, \ldots$ der Wurzeln $\lambda_1, \lambda_2, \ldots$ und zweitens nach den Exponenten $e_1, e_2, \ldots$ der Elementarteiler (I B 2, Nr. **3**; I C 2, Nr. **a**) der Determinante $\Delta(\lambda)$. Man erhält hierdurch 13 Arten nach folgender Tabelle, in der die *Punkte* die von

$e_1, e_2, \ldots \to$ \ $l_1, l_2, \ldots \to$	*a* 1111	*b* 211	*c* 22	*d* 31	*e* 4
I 1111					
II 211			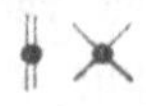		
III 22			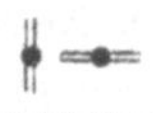		
IV 31					
V 4					

einander *verschiedenen* Wurzeln, die *Anzahl der Striche* durch einen Punkt die *Multiplizität* der betreffenden Wurzel und die Anzahl der je *gleichgerichteten* Striche an jedem Punkte die *Exponenten* der betreffenden Elementarteiler angiebt[336]).

---

entsprechen dual nach *Poncelet,* J. f. Math. 4 (1829), p. 37 die vier Doppelkurven 2. Ordnung („lignes de striction") der einer Flächenschar umbeschriebenen Developpabeln.

334) *Poncelet,* Traité, p. 395; *Plücker,* System, p. 323.

335) *Cauchy,* Exerc. 4, p. 140; *Jacobi,* J. f. Math. 12 (1834), p. 1 = Werke 3, p. 191; *Plücker,* System, p. 324; vgl. I B 2, Nr. **3**.

336) Bezeichnung nach *M. Bôcher,* Götting. Preisschrift 1891, p. 13, und Reihenentwicklungen der Potentialtheorie, Leipzig 1894, p. 54.

Einer Wurzel λ_i entspricht ein Kegel oder ein Ebenenpaar oder eine Doppelebene, je nachdem ihr Punkt in der Tabelle nur Striche von einer oder von zwei oder von drei Richtungen enthält. So enthält das Büschel im Fall II d ein dreifaches Ebenenpaar und einen einfachen Kegel, im Fall II e eine vierfache Doppelebene.

In den Fällen I giebt es bei a nur 1, bei b ∞^1, bei c ∞^2 und bei d ∞^3 *gemeinsame Poltetraeder* von f und g, in den übrigen Fällen *keines.*

Die *kanonischen Gleichungsformen* von f und g sind für alle Fälle einer Zeile bis auf die etwaige Gleichheit einiger Koeffizienten dieselben und zwar:

$$\text{I. } f = \lambda_1 x_1^2 + \lambda_2 x_2^2 + \lambda_3 x_3^2 + \lambda_4 x_4^2 = 0, \quad g = x_1^2 + x_2^2 + x_3^2 + x_4^2 = 0$$
$$\text{II. } f = \lambda_1 x_1^2 + \lambda_2 x_2^2 + 2\lambda_3 x_3 x_4 + x_3^2 = 0 \quad g = x_1^2 + x_2^2 + 2x_3 x_4 = 0$$
$$\text{III. } f = x_1^2 + x_3^2 + 2\lambda_1 x_1 x_2 + 2\lambda_2 x_3 x_4 = 0 \quad g = 2x_1 x_2 + 2x_3 x_4 = 0$$
$$\text{IV. } f = \lambda_1 x_1^2 + \lambda_2 (x_3^2 + 2x_2 x_4) + 2x_2 x_3 = 0 \quad g = x_1^2 + (x_3^2 + 2x_2 x_4) = 0$$
$$\text{V. } f = x_2^2 + 2x_1 x_3 + 2\lambda_1 (x_1 x_4 + x_2 x_3) = 0 \quad g = 2x_1 x_4 + 2x_2 x_3 = 0.$$

Die *Grundkurven* sind bei I a Raumkurve 4. Ordnung ohne singulären Punkt; I b zwei eigentliche Kegelschnitte mit zwei Schnittpunkten; I c ein windschiefes Vierseit; I d ein doppelter eigentlicher Kegelschnitt; II b Raumkurve 4. Ordnung mit Doppelpunkt; II c eigentlicher Kegelschnitt und zwei diesen und sich gegenseitig schneidende Gerade; II d zwei sich berührende Kegelschnitte; II e zwei sich schneidende Doppelgerade; III c Raumkurve 3. Ordnung mit Sehne; III e Doppelgerade und zwei diese schneidende, untereinander windschiefe Gerade; IV d Raumkurve 4. Ordnung mit Spitze; IV e Kegelschnitt und zwei sich auf ihm schneidende Gerade; V e Raumkurve 3. Ordnung mit Tangente.

Die 13 Fälle der Tabelle mit entsprechenden kanonischen Gleichungsformen wurden von *J. J. Sylvester* [337]) auf induktivem Wege hergestellt; synthetisch behandelt *v. Staudt* [338]) die 13 Fälle. *J. Lüroth* [339]), der sie auf Grund der *Hesse*'schen Sätze in Nr. **68** herleitete, übersah den Fall III e. Erst durch *Weierstrass*'s Theorie der Elementarteiler [340]), welche *W. Killing* [341]) auf das Flächenbüschel anwandte, wurde die Einteilung vollständig begründet; *Sylvester* hatte zwar die Multiplizitäts-

---

337) *Sylvester,* Phil. Mag. (4) 1 (1851), p. 119.

338) *v. Staudt,* Beitr. (1860), p. 347—358.

339) *Lüroth,* Zeitschr. Math. Phys. 13 (1868), p. 404.

340) *Weierstrass,* Berl. Monatsber. 1868, p. 316; vgl. I B 2, Nr. **3**.

341) *Killing,* Diss. Berlin 1872; vgl. *Gundelfinger* in *Hesse,* Vorles., p. 518; in anderer Weise bei *Lindemann,* Vorles., p. 215.

zahlen l_i', l_i'' der Linearfaktoren $\lambda - \lambda_i$ der Unterdeterminanten von $\Delta(\lambda)$ gebraucht, aber nicht die gerade wesentliche Bedeutung der Differenzen $e_i = l_i - l_i'$, $e_i' = l_i' - l_i''$, ... erkannt, durch deren Übereinstimmung die Fälle derselben Zeile I—V der Tabelle charakterisiert und die Gleichheit ihrer kanonischen Gleichungsform bedingt ist.

Dass $\Delta(\lambda)$, wenn f und g eine Gerade gemein haben (Fälle c und e), ein vollständiges Quadrat ist, beweist *P. Gordan* auf direktem Wege[342]).

Durch die Einteilung erledigt sich zugleich die Frage nach den Formen der Berührung zweier Flächen 2. Ordnung, welche *Poncelet* und *Plücker* in unvollständiger Weise behandelt hatten und welche die *Sylvester*'sche Benennung der 13 Fälle veranlasste[343]).

74. Realitätsverhältnisse. Innerhalb der einzelnen Arten des Flächenbüschels ist bei reellen a_{ik}, b_{ik} (vgl. Nr. **68**) nach der Realität der Wurzeln λ_i, der Hauptpunkte und der singulären oder zerfallenden Flächen des Büschels zu unterscheiden. Im Falle Ia z. B. giebt es vier Unterfälle: 1) die vier Wurzeln λ_i, die vier Hauptpunkte und die vier Kegel sind reell; 2) die vier Wurzeln λ_i und die vier Hauptpunkte, aber nur zwei Kegel sind reell; 3) zwei Wurzeln, zwei Hauptpunkte und zwei Kegel reell; 4) keine reellen Wurzeln, Hauptpunkte und Kegel (vgl. Nr. **126**). Diese Unterscheidung wurde von *v. Staudt* begonnen und von *R. Sturm, L. Cremona, L. Painvin* und *W. Killing* durchgeführt[344]).

75. Singuläre Büschel. Ein *Kegelbüschel* ($\Delta(\lambda)$ identisch in λ Null) projiziert entweder ein Kegelschnittbüschel oder besteht aus lauter Kegeln, die sich längs einer Geraden berühren und ausserdem einen Kegelschnitt gemein haben; *v. Staudt* und *Reye* haben diesen Büschel synthetisch, *Killing* analytisch behandelt[345]).

76. Flächen mit gemeinsamem Kegelschnitt. Die Fälle Ib und Id in Nr. **73** sind lange vor der Kenntnis der dortigen Einteilung vielfach behandelt worden, wobei sich besonders die von

342) *Gordan,* Zeitschr. f. Math. 13 (1868), p. 62; vgl. *C. Bourlet,* Nouv. Ann. (3) 13 (1897), p. 434.

343) *Poncelet,* Traité, p. 381; *Plücker,* J. f. Math. 4 (1829), p. 349 = Werke 1, p. 107; *Sylvester,* a. a. O.

344) *v. Staudt,* Beitr., p. 361; *Sturm,* Flächen 3. O., p. 254, 304; *L. Cremona,* J. f. Math. 68 (1868), p. 124; Ann. di mat. 2 (1859), p. 65, 201, wo auch die gemeinsame Developpable zweier Flächen 2. Ordnung nach den Kegelschnitten der Schar untersucht wird; *L. Painvin,* Nouv. Ann. (2) 7 (1868), p. 481; *Killing,* Diss. giebt die Realitätsverhältnisse für alle 13 Fälle von Nr. 73.

345) *v. Staudt,* Beitr., p. 346 ff.; *Reye,* G. d. L. 1, p. 134; *Killing,* Diss., p. 39; vgl. I B 2, Nr. 3.

Plücker und *Bobillier* erfundene[346]) *Methode der abgekürzten Bezeichnung* bewährt hat.

Dass zwei Flächen 2. Ordnung, die einen Kegelschnitt gemein haben, sich ausserdem in einem zweiten Kegelschnitt schneiden, findet sich bei *Hachette, Chasles, Poncelet, Steiner*[347]) bemerkt, auch dass sie zugleich zwei gemeinsame Berührungskegel besitzen. Auf die „*doppelte Berührung*" der beiden Flächen in den Schnittpunkten der beiden Kegelschnitte macht *Chasles* aufmerksam[348]). Dass sich zwei Flächen 2. Ordnung *nicht in mehr* als zwei Punkten berühren können, ohne sich längs einer ganzen Linie zu berühren, hebt *Steiner* hervor[349]). *Analytisch* werden alle Flächen 2. Ordnung, die mit $f = 0$ zwei Kegelschnitte in den Ebenen $U = 0$ und $V = 0$ gemein haben, durch die Gleichung:

$$f + \lambda U V = 0$$

dargestellt[350]).

Als *Beispiele* von Flächen 2. Ordnung, die zwei Kegelschnitte gemein haben, finden sich bei *Lamé*[351]) ähnliche und ähnlich liegende Flächen 2. Ordnung erwähnt, bei *Magnus*[352]) Rotationsflächen mit einem gemeinsamen Brennpunkt. Eine Rotationsfläche 2. Ordnung und eine Kugel haben nach *Hesse*[353]) eine doppelte Berührung in zwei Punkten des imaginären Kugelkreises. Zwei nicht konzentrische *Kugeln* schneiden sich in einem Kreise, dessen Ebene die *Potenzebene* beider heisst, und haben zwei gemeinsame Tangentenkegel, deren Spitzen ihre zwei *Ähnlichkeitspunkte* sind[354]).

Die Weiterentwicklung der hierher gehörigen Sätze führt *über das Büschel hinaus* zu einer Reihe von Sätzen über *drei und mehr*

346) *Plücker*, Anal.-geom. Entw. 1 (1828), p. III, p. 256; *Bobillier*, Gerg. Ann. 18 (1827/8), p. 320; vgl. über des ersteren Priorität *F. Klein*, Gött. Anz. 1872, p. 9.

347) *Hachette*, Corr. polyt. 2 (1811), p. 243; *Chasles*, Corr. polyt. 3 (1814), p. 13 (für Kegel und Fläche 2. Ordnung); *Poncelet*, Traité, p. 380; *Steiner*, J. f. Math. 1 (1826), p. 44 = Werke 1, p. 9; vgl. *v. Staudt*, Beitr., p. 293.

348) *Chasles*, Corr. polyt. 3 (1816), p. 335; *Magnus* 2, p. 350.

349) *Steiner*, J. f. Math. 1 (1826), p. 45 = Werke 1, p. 9; *Magnus* 2, p. 351; über Flächen 2. Ordnung, welche zwei windschiefe Gerade gemein haben vgl. *Steiner*, Werke 1, p. 404; *Sturm*, Flächen 3. Ordnung, p. 260; *Lüroth*, Math. Ann. 13 (1878), p. 305.

350) *Plücker*, System, p. 327; *Hesse*, Vorl., p. 121; vgl. *Amiot*, J. de math. (1) 8 (1843), p. 163; *W. Fiedler*, Zeitschr. Math. Phys. 7 (1862), p. 26.

351) *Lamé*, Examen, p. 41; *Fiedler*, a. a. O. p. 27.

352) *Magnus* 2, p. 353.

353) *Hesse*, Vorles., p. 343.

354) Über Ähnlichkeitspunkte mehrerer Kugeln vgl. *Kötter*, Ber., p. 89.

Flächen mit gemeinsamem Kegelschnitt. Wenn drei Flächen durch einen Kegelschnitt gehen, so gehen die Ebenen der drei Kegelschnitte, in denen sie sich ausserdem schneiden, durch eine Gerade (bei drei Kugeln die *Potenzachse*); bei vier solchen Flächen gehen die Ebenen der sechs übrigen Kegelschnitte durch einen Punkt[355]) (bei vier Kugeln den *Potenzpunkt*).

77. Flächen, die sich längs eines Kegelschnittes berühren. Zwei Flächen 2. Ordnung, die sich längs eines Kegelschnittes berühren (Nr. **73**, I d) heissen nach *Monge*[356]) einander ein- und umbeschrieben. *Beispiele* sind: Eine Fläche und ihr Berührungskegel, zwei konzentrische ähnliche und ähnlich liegende Flächen, zwei konzentrische Kugeln[357]).

Analytisch werden alle Flächen, welche die Fläche $f = 0$ längs ihrer Schnittkurve mit der Ebene $U = 0$ berühren, in der Form:

$$f + \lambda U^2 = 0$$

dargestellt, die sich bei *Magnus* und *Chasles* vorfindet[358]) (vgl. III C 1, Nr. **71**).

Wenn zwei Flächen 2. Ordnung sich längs eines Kegelschnittes berühren, so schneidet die Tangentialebene in einem Kreispunkt der einen Fläche die andere in einem Kegelschnitt, für den der Kreispunkt ein Brennpunkt ist. Dies ist die von *Chasles* angegebene und von *Plücker*[359]) analytisch bewiesene Form des *Theorems von Dandelin*[360]), welches sich auf eine Kugel und ihren Berührungskegel bezieht.

Hieran schliessen sich Sätze *über drei und mehr Flächen,* die derselben Fläche 2. Ordnung einbeschrieben sind. Dass sich zwei Berührungscylinder eines Ellipsoids in ebenen Kurven schneiden, war von *Monge*[361]) für die Konstruktion der Kantengewölbe benutzt worden; für zwei Berührungskegel einer Fläche 2. Ordnung wurde von *Chasles*[362]), für zwei einer dritten Fläche umbeschriebene Flächen

---

355) *Magnus* 2, p. 347 (für Kugeln p. 195); *Fiedler,* a. a. O. p. 28.

356) *Monge,* Corr. polyt. 2 (1812), p. 321.

357) *W. Fiedler,* Zeitschr. Math. Phys. 7 (1862), p. 27.

358) *Magnus* 2, p. 352; *Chasles,* J. de math. (1) 2 (1837), p. 308; *Plücker,* System, p. 327; *Fiedler,* a. a. O. p. 27.

359) *Chasles,* Gerg. Ann. 19 (1828/29), p. 157 ff.; Aperçu, p. 286; *Plücker,* Werke 1, p. 428 u. Anm. 2; System, p. 328; vgl. *J. Walker,* Cambr.-Dubl. math. J. 7 (1852), p. 16.

360) *Dandelin,* Brux. Nouv. mém. 2 (1822), p. 171; *Magnus* 2, p. 188; *Baltzer,* Geom., p. 97.

361) *Monge,* Corr. polyt. 3 (1816), p. 302.

362) *Chasles,* ebenda 3 (1814), p. 14.

2. Ordnung überhaupt von *Monge*[363]) bewiesen, dass sie sich in ebenen Kurven schneiden. Die Ebenen dieser Kurven nennt *Chasles*[364]) Symptosenebenen; sie sind mit den Ebenen der Berührungskurven harmonisch. Hierher gehören[364]) auch zwei ähnliche und ähnlich liegende Flächen 2. Ordnung oder zwei Kugeln, insofern sie einer in der unendlich fernen Ebene liegenden singulären Fläche 2. Klasse umbeschrieben sind. Daher ist die Aufgabe[364]), zu vier Flächen 2. Ordnung, die derselben Fläche 2. Ordnung $f = 0$ einbeschrieben sind, eine fünfte zu finden, die ebenfalls der Fläche $f = 0$ einbeschrieben ist und jene vier berührt (128 Lösungen), die Verallgemeinerung des für Kugeln bekannten[365]) *Apollonius'schen Problems* auf Flächen 2. Ordnung überhaupt.

78. Besondere metrische Natur der Grundflächen. Für zwei *konzentrische Mittelpunktsflächen* 2. Ordnung geht das gemeinsame Polartetraeder in das gemeinsame System konjugierter Durchmesser (nicht immer reell) über, mit dessen Aufsuchung sich *Monge* und *Chasles* beschäftigt haben[366]) (Nr. **73**, Fall I a). Für eine Mittelpunktsfläche und eine konzentrische Kugel wird jenes gemeinsame System das der Hauptachsen der ersteren Fläche (vgl. Nr. **9**). Für eine Rotationsfläche und konzentrische Kugel ergeben sich ∞^1 gemeinsame Systeme (Fall I b). Zwei konzentrische ähnliche und ähnlich liegende Mittelpunktsflächen haben alle ihre Systeme konjugierter Durchmesser gemein (Fall I d).

Der durch zwei Kugeln bestimmte *Kugelbüschel* (Fall I b; wenn die Kugeln sich berühren, II c) enthält die Potenzebene und die unendlich ferne Ebene als doppelt zählendes Ebenenpaar und zwei einfach zählende Kugelkegel.

Ist $F(u, v, w, 1) = 0$ die Gleichung einer eigentlichen Fläche

363) *Monge*, ebenda 2 (1812), p. 321; 3 (1816), p. 299; vgl. *Magnus* 2, p. 191; *Chasles*, Corr. polyt. 3 (1816), p. 339; *Steiner*, J. f. Math. 1 (1826), p. 44 = Werke 1, p. 9; *Plücker*, System, p. 327; *Townsend*, Cambr. Dubl. math. J. 3 (1848), p. 101.

364) *Chasles*, Aperçu, p. 372 ff.; vgl. *J. Cardinaal*, Nieuw. Arch. 10 (1883), p. 113; *Fiedler*, a. a. O. p. 30.

365) *Chasles*, Rapport, p. 35; *Salmon-Fiedler*, Raum 1, p. 399; *Kötter*, Ber., p. 109; *Steiner*, J. f. Math. 1 (1826), p. 163 = Werke 1, p. 21 setzt an Stelle der Berührung auch den Schnitt unter beliebigen Winkeln; über das *Malfatti*'sche Problem bei Kugeln vgl. *Steiner*, J. f. Math. 1 (1826), p. 184 = Werke 1, p. 40; *G. Affolter*, Arch. Math. Phys. (1) 57 (1875), p. 1; über Kugelketten vgl. *K. Th. Vahlen*, Zeitschr. Math. Phys. 41 (1896), p. 153.

366) *Monge*, Corr. polyt. 2 (1812), p. 319; *Chasles*, ebenda 3 (1816), p. 328 (die Realitätsfrage ist hier übersehen); *Poncelet*, Traité, p. 396; *Hesse*, J. f. Math. 18 (1838), p. 101 = Werke, p. 2, sowie Werke, p. 619 ff.

2. Klasse in gewöhnlichen Ebenenkoordinaten, so umfasst die Gleichung[367]):

$$F + \lambda(u^2 + v^2 + w^2) = 0$$

alle zu F *konfokalen Flächen*[368]).

79. Fläche 2. Ordnung und linearer Komplex. Für die Fläche $f = \sum_1^4{}^i \sum_1^4{}^k a_{ik} x_i x_k = 0$ $(a_{ik} = a_{ki})$ und den linearen Komplex $g = \sum_1^4{}^i \sum_1^4{}^k b_{ik} x_i x_k = 0$ $(b_{ik} = -b_{ki})$ giebt es, wie *W. Frahm* und *F. Lindemann*[369]) ausführen, ähnlich wie bei zwei Flächen in Nr. 72, im allgemeinen vier Hauptpunkte, denen durch das Polarsystem der Fläche und durch den Komplex je dieselbe Ebene zugeordnet wird. Die Bestimmung dieser Punkte hängt von der biquadratischen Gleichung:

$$\Delta(\lambda) = |\lambda a_{ik} + b_{ik}| = A\lambda^4 + C\lambda^2 + B^2$$

ab, wo $A = |a_{ik}|$ und $B = b_{23} b_{14} + b_{31} b_{24} + b_{12} b_{34}$ ist und das Verschwinden der Simultaninvariante C bedeutet, dass der Komplex mit dem ihm bezüglich der Fläche polaren Komplex in Involution liegt. Die vier Hauptpunkte 1, 2, 3, 4 sind die Ecken eines Tangentialtetraeders der Fläche f (vgl. Nr. **36**), von dem vier Kanten 13, 32, 24, 41 der Fläche f und dem Komplex g angehören und die beiden andern reziproke Polaren in Bezug auf beide sind[370]).

Die kanonischen Gleichungen von f und g in Bezug auf das Tangentialtetraeder sind im Normalfall, wo die Wurzeln $\lambda_1, \lambda_2, -\lambda_1, -\lambda_2$ von $\Delta(\lambda)$ alle verschieden sind:

$$f = x_2 x_3 + x_1 x_4, \quad g = \lambda_1 p_{23} + \lambda_2 p_{14} = 0.$$

Die andern Fälle behandelt *Frahm* teilweise und *Lindemann* erschöpfend[371]).

---

367) *Plücker,* System, p. 331; *Hesse,* Vorles., p. 341; *W. Fiedler,* Zeitschr. Math. Phys. 7 (1862), p. 37.

368) Über das reziproke System der *koncyklischen Flächen* vgl. *Mac Cullagh,* Werke, p. 316; *Hermes,* Diss. Berlin 1849; *Cremona,* Ann. di mat. (1) 3 (1860), p. 264; *Fiedler,* a. a. O. p. 42, 307; über die Beziehung der konfokalen zu den anallagmatischen Flächen *E. Laguerre,* Bull. soc. math. 5 (1868), p. 17; über *Büschel orthogonaler Hyperboloide F. Ruth,* Wien. Ber. 80 (1879), p. 257; *Salmon-Fiedler,* Raum 1, p. 152, 177, 229, 237, 342; vgl. ferner *W. Fr. Meyer,* Arch. Math. Phys. (3) 5 (1902), p. 168.

369) *W. Frahm,* Hab.-Schr. Tübingen 1873; *F. Lindemann,* Diss. Erlangen 1873; Math. Ann. 7 (1873), p. 56; Vorles., p. 343 ff.; *Voss,* Math. Ann. 10 (1876), p. 185.

370) Vgl. auch *Sturm,* Linieng. 1, p. 84, 101.

371) *Lindemann,* Vorles., a. a. O.

Die Grösse $J = C^2 : 4AB^2$ ist absolute Simultaninvariante[372]). Das Quadrat des Parameters des Komplexes $B^2 : (b_{14}^2 + b_{24}^2 + b_{34}^2)^2$ ist absolute Simultaninvariante des Komplexes und des imaginären Kugelkreises.

IX. Transformation und Abbildung.

80. Kollinearverwandtschaft zweier Flächen 2. Ordnung. Eine *Affinität* zweier Ellipsoide liegt bereits dem *Ivory*'schen Theorem (Nr. **62**) zu Grunde; eine Affinität zwischen Kugel und Ellipsoid den Untersuchungen von *Chasles* über konjugierte Durchmesser[373]). Einzelne Sätze über *ähnliche* Flächen 2. Ordnung giebt *Poncelet*[374]). Die systematische Betrachtung der Affinität zweier Flächen 2. Ordnung beginnt mit *Möbius*[375]): Jede eigentliche Fläche 2. Ordnung ist mit jeder gleichartigen affin. Um zwei gleichartige Mittelpunktsflächen affin auf einander zu beziehen, kann man drei beliebigen konjugierten Durchmessern der einen drei solche der andern entsprechend setzen.

Bemerkungen über die *Centralkollineation* zweier Flächen 2. Ordnung finden sich bei *Poncelet* und *Magnus*[376]). Die *Kollinearverwandtschaft* der Flächen gleicher Spezies (Nr. **5**) tritt bei *Plücker*[377]) hervor. Bei Zulassung imaginärer Substitutionskoeffizienten erscheinen schliesslich alle Flächen 2. Ordnung kollinear, die denselben Rang (Nr. **3**) haben[378]).

81. Kollinearverwandtschaft einer Fläche 2. Ordnung mit sich selbst. Es giebt zwei Continua von je ∞^6 Kollineationen, die eine

---

372) *Rosanes,* Math. Ann. 23 (1884), p. 416 betrachtet eine Invariante, deren Verschwinden ausdrückt, dass in g konjugierte Systeme von fünf Geraden in Bezug auf f (vgl. Nr. **42**) liegen.

373) *Chasles,* Corr. polyt. 3 (1816), p. 326; vgl. auch *S. Glaser,* Arch. Math. Phys. (2) 14 (1895), p. 156.

374) *Poncelet,* Traité, p. 381; *Magnus* 2, p. 362; *Weddle,* Cambr. Dubl. math. J. 8 (1853), p. 35; *Reye,* G. d. L. 3, p. 41.

375) *Möbius,* Baryc. Calc., Werke 1, p. 212. Aus der affinen Beziehung folgert *Möbius* auch metrische Sätze über konjugierte Durchmesser p. 212, 215. 219; vgl. *Reye,* G. d. L. 2, p. 67; über die Affinität zwischen den allgemeinen Flächen 2. Ordnung und den Rotationsflächen vgl. *Rohn-Papperitz,* Darst. G. 2, p. 177.

376) *Poncelet,* a. a. O. p. 376; *Magnus* 2, p. 355; vgl. *v. Staudt,* Beitr., p. 294.

377) *Plücker,* System, p. 326; vgl. *Jacobi,* J. f. Math. 8 (1832), p. 338 = Werke 3, p. 138; *F. J. Richelot,* J. f. Math. 70 (1869), p. 137.

378) Vgl. *Klein,* Vorles., p. 356. Über den tetraedralen Komplex der Kollineation vgl. *Reye,* J. f. Math. 93 (1882), p. 81; *A. del Re,* Palermo Rend. 1 (1887), p. 290; *Sturm,* Linieng. 1, p. 373.

eigentliche Fläche 2. Ordnung in sich transformieren: ∞^6 *„eigentliche“* Transformationen, die jede der beiden Regelscharen in sich überführen, und ∞^6 *„uneigentliche“*, die beide Regelscharen mit einander vertauschen. Die eigentlichen Kollineationen bilden nach *S. Lie*[379]) eine sechsgliedrige projektive Gruppe, die durch die Fläche vollständig bestimmt ist. Die eigentliche Fläche 2. Ordnung ist die einzige nicht abwickelbare Fläche, die eine mehr als dreigliedrige projektive Gruppe zulässt. Die Untergruppen der Gruppe der eigentlichen Transformationen der Fläche werden von *Lie* aufgestellt. Die Invariantentheorie der Gruppe einer eigentlichen Fläche ist weiter von *E. Study*[380]) untersucht.

Zu den eigentlichen Transformationen gehören die geschart involutorischen mit zwei reziproken Polaren als Axen, zu den uneigentlichen die centrisch involutorischen, deren Centrum und Ebene zu einander polar sind.

Wenn die Fläche in einen Kegelschnitt ausartet, gestattet sie eine kontinuierliche Gruppe von ∞^7 Kollineationen. Ist sie der imaginäre Kugelkreis, so besteht die Gruppe aus allen Ähnlichkeitstransformationen und hat die sechsgliedrige Gruppe der *Euklid*'schen Bewegungen, die viergliedrige der perspektiven Ähnlichkeit und die dreigliedrige der *Euklid*'schen Schiebungen als Untergruppen[381]).

Nimmt man eine eigentliche Fläche 2. Ordnung mit reellem Polarsystem, aber ohne reelle gerade Linien als „absolute“ Fläche einer projektiven Massbestimmung, so erscheinen die eigentlichen Transformationen der Fläche in sich als Bewegungen des entsprechenden nicht-euklid'schen (elliptischen oder hyperbolischen) Raumes.

82. Analytische Darstellung der Transformation der Fläche in sich. Bei reellem Polarsystem der Fläche kann man die eigentlichen Transformationen als lineare Substitutionen von der Determinante $+1$, die uneigentlichen als solche von der Determinante -1 darstellen. Die Darstellung gestaltet sich am einfachsten, wenn man von einer der kanonischen Formen:

$$x_1^2 + x_2^2 + x_3^2 + x_4^2 = 0 \quad \text{oder} \quad x_2 x_3 - x_1 x_4 = 0$$

ausgeht. Bei der ersteren Form erhält man die *„orthogonalen“* Trans-

379) *S. Lie,* Transfgr. 3, p. 134, 139, 192, 198 ff.

380) *E. Study,* Leipz. Ber. 49 (1897), p. 443.

381) *Lie,* a. a. O. p. 210 ff.; *Klein,* Math. Ann. 4 (1871), p. 412, 622. Über die Transformation des *Flächenbüschels in sich* vgl. *A. Harnack,* Math. Ann. 12 (1877), p. 82; *Lie,* a. a. O. p. 205; *A. Cayley,* Phil. Mag. 6 (1853), p. 326; 7 (1854), p. 208.

formationen[382]); bei der zweiten erhält man die Transformationsgleichungen aus der projektiven Transformation der beiden Scharen von Erzeugenden. Die Transformation der allgemeinen Gleichung $f=\sum_1^4{}^i\sum_1^4{}^k a_{ik}x_ix_k=0$ in sich ist von *A. Cayley, G. Frobenius* und andern behandelt[383]). Synthetisch haben *v. Staudt* und *R. Sturm* die Transformation der Fläche 2. Ordnung in sich studiert[384]). Die Beziehung zur Transformation des linearen Komplexes tritt sowohl bei der analytischen als auch bei der synthetischen Behandlung hervor[385]).

83. Die Fläche 2. Ordnung bei der allgemeinen Korrelation des Raumes. Bei einer Korrelation des Raumes geht jede eigentliche Fläche 2. Ordnung und 2. Klasse wieder in eine solche über. Insbesondere gehen im allgemeinen zwei Flächen 2. Ordnung in sich über und die Flächen des durch diese bestimmten Büschels werden involutorisch gepaart. Synthetisch untersuchte *H. Schröter*[386]) diese Verhältnisse, analytisch *A. Voss* und *F. Lindemann*[387]), die zugleich auf zwei lineare Komplexe von involutorischer Lage hinweisen, die durch die Korrelation in sich übergehen. Dass zwei projektiv reziproke Räume in polarreziproke Lage gebracht werden können, entwickelte *Magnus* und synthetisch *Reye*[388]).

84. Die Fläche 2. Ordnung bei der Polarreziprozität. Bei der Polarreziprozität in Bezug auf eine Fläche 2. Ordnung als Direktrix entspricht einer eigentlichen Fläche 2. Ordnung wieder eine solche, wie für den speziellen Fall konzentrischer Flächen zuerst *Livet* und allgemeiner *Brianchon, Chasles* und *Poncelet* bemerkten[389]). Durch die

382) Vgl. die Litteratur bei *Baltzer,* Det., p. 172 ff. und I B 2, Nr. **3**; über den Zusammenhang mit der Quaternionentheorie und der Theorie der komplexen Zahlen I A 4, Nr. **12**. Weitere Beziehungen bei *Study,* Über nicht-euklidische und Liniengeometrie, Greifswalder Festschrift 1900.

383) *Baltzer,* Det., p. 193; vgl. *Rosanes,* J. f. Math. 80 (1874), p. 53; *Frobenius,* J. f. Math. 84 (1877), p. 37; *Voss,* Math. Ann. 13 (1877), p. 320; 26 (1886), p. 231; Münch. Ber. 26 (1896), p. 1, 211, 273; *Zeuthen,* Math. Ann. 18 (1881), p. 33; 26 (1885), p. 247.

384) *v. Staudt,* G. d. L., p. 199; Beitr., p. 63; *Sturm,* Math. Ann. 26 (1886), p. 465; Liniengeom. 1, p. 309, 374.

385) *Lindemann,* Vorles., p. 357.

386) *Schröter,* J. f. Math. 77 (1874), p. 105; vgl. *F. London,* Math. Ann. 38 (1891), p. 334; *Sturm,* Liniengeom. 1, p. 310.

387) *Voss,* Math. Ann. 13 (1877), p. 355; *Lindemann,* unter Bezugnahme auf ein Manuskript von *Frahm,* Vorles., p. 401 ff.

388) *Magnus* 2, p. 127; *Reye,* J. f. Math. 79 (1876), p. 159.

389) *Livet,* Corr. polyt. 1 (1805), p. 76; *Brianchon,* J. éc. polyt. cah. 13 (1806), p. 297; *Chasles,* Corr. polyt. 3 (1816), p. 319; *Poncelet,* J. f. Math. 4 (1829), p. 31.

bezüglichen Untersuchungen wurde zugleich *das Prinzip der Dualität* vorbereitet, welches durch *Möbius, Plücker, Steiner* und *Chasles* tiefer begründet wurde[390]).

Für viele Anwendungen wird die *Kugel* $x^2 + y^2 + z^2 = -1$ als Direktrix genommen[391]) und ihr Mittelpunkt als *Ursprung der Reziprozität* bezeichnet. Die Reziproke einer Kugel ist dann eine Rotationsfläche, für die der Ursprung ein Brennpunkt wird. Die Reziproke einer beliebigen Fläche 2. Ordnung in Bezug auf einen Fokalpunkt als Ursprung ist eine Rotationsfläche[392]).

Ist die Direktrix ein *Kegel* 2. Ordnung, so entsprechen sich in dem Bündel an der Kegelspitze Strahlen und Ebenen (Nr. **40**). Ist die Direktrix speziell ein Kugelkegel, so entspricht einem Kegel sein *Reziprokalkegel.* Dieses Entsprechen hat *Chasles* eingehend untersucht[393]).

85. Polarverwandtschaft einer Fläche 2. Ordnung mit sich selbst. Bei jeder Polarverwandtschaft in Bezug auf eine Fläche 2. Ordnung $f = 0$ gehen unendlich viele Flächen 2. Ordnung in sich über; und zwar wird für jedes auf der Fläche f mögliche Vierseit eine durch dasselbe hindurchgehende Fläche 2. Ordnung f_1 und für jeden auf f liegenden Kegelschnitt eine längs desselben berührende Fläche 2. Ordnung f_2 in sich übergeführt. Die Beziehung zwischen f und f_1, sowie zwischen f und f_2 ist reziprok. Diese Theorie ist von *P. del Pezzo, R. Sturm, Chr. Wiener, V. Retali* entwickelt worden[394]). *D. Montesano* hat sodann gezeigt, dass es Systeme von Flächen 2. Ordnung giebt, bei denen jede Fläche des Systems in Bezug auf jede andere desselben zu sich selbst polareziprok ist[395]).

86. Polarverwandtschaft zweier gegebener Flächen. Die Frage nach denjenigen Flächen 2. Ordnung, in Bezug auf die zwei gegebene Flächen 2. Ordnung einander polarreziprok sind, ist zuerst von *Steiner*[396])

---

390) Zur Geschichte vgl. *Klein,* Gött. Anz. 1872, p. 7.

391) *Plücker,* Entw. 2 (1831), p. 261.

392) *Poncelet,* a. a. O. p. 48.

393) *Chasles,* Cônes, p. 7, 13 ff.; J. de math. (1) 1 (1836), p. 327; *Hesse,* Vorles., p. 24.

394) *P. del Pezzo,* Nap. Rend. 24 (1885), p. 164; *Sturm,* Math. Ann. 25 (1885), p. 236; 26 (1886), p. 480; Liniengeom. 1, p. 316; *Chr. Wiener,* Naturforschervers. Strassburg 1885; *V. Vetali,* Bologn. Rend. 1885, p. 21; *Lindemann,* Vorles., p. 413.

395) *D. Montesano,* Ann. di mat. (2) 14 (1886), p. 131; vgl. auch *E. Hess,* Nova acta Leop. 55 (1890), p. 97; *Study,* Leipz. Ber. 44 (1892), p. 135.

396) *Steiner,* J. f. Math. 31 (1846), p. 90 = Werke 2, p. 357.

angeregt und von *E. d'Ovidio, H. Thieme* und *P. del Pezzo* beantwortet worden[397]).

87. Quadratische Transformationen einer Fläche 2. Ordnung. Von den quadratischen Transformationen ist in erster Linie die *Transformation durch reziproke Radien* oder *Inversion* behandelt worden. Schon *J. W. Stubbs* fand als Inverse einer Fläche 2. Ordnung eine bicirculare Fläche 4. Ordnung[398]). Ausgedehnte Anwendung findet die Inversion in der *Kugelgeometrie*[399]), wo sie einer linearen Transformation der pentasphärischen Koordinaten entspricht.

88. Abbildung der Fläche 2. Ordnung auf die Ebene. Die Abbildung der eigentlichen Fläche 2. Ordnung auf eine Ebene durch Centralprojektion von einem nicht auf der Fläche liegenden Centrum A ist zwei-eindeutig. Den beiden Regelscharen der Fläche entsprechen dann die Tangenten eines Kegelschnittes k der Bildebene; einem ebenen Schnitt der Fläche ein Kegelschnitt, der k doppelt berührt[400]).

Fällt A in die Fläche, so wird die Abbildung im allgemeinen eineindeutig (*stereographische Projektion*). Für die Kugel war die stereographische Projektion im Altertum bekannt[401]). Bei den Flächen 2. Grades wurde sie zuerst unter der Voraussetzung untersucht, dass die Bildebene der Tangentialebene in A parallel ist, und zwar für das Rotationsellipsoid von *L. G., Fresnel, Daviel, Hachette*[402]), für die allgemeine Fläche 2. Ordnung von *Chasles, Steiner, Dandelin*[403]). Alle ebenen Schnitte der Fläche werden dann in ähnliche und ähnlich

---

397) *E. d'Ovidio,* Gi. di mat. 10 (1872), p. 313; *H. Thieme,* Zeitschr. Math. Phys. 22 (1877), p. 377; *del Pezzo,* Nap. Rend. 24 (1885), p. 164.

398) *J. W. Stubbs,* Phil. Mag. 23 (1843), p. 338; vgl. *Liouville,* J. de math. (1) 12 (1847), p. 265; *Möbius,* Leipz. Abh. 2 (1855), p. 529 = Werke 2, p. 243; *T. A. Hirst,* Ann. di mat. (1) 2 (1859), p. 163; *P. Serret,* Nouv. Ann. (2) 3 (1864), p. 251; *Baltzer,* J. f. Math. 54 (1867), p. 162; *Cayley,* Quart. J. 11 (1871), p. 283 = Coll. pap. 8, p. 67; *Laguerre,* Par. C. R. 92 (1881), p. 71.

399) *Magnus,* J. f. Math. 8 (1832), p. 51; *Klein,* Erlanger Progr. 1872, p. 22; Vorles., p. 89; *Bôcher,* Gött. Preisschr. 1890, p. 7; *Reye,* G. d. L. 1, p. 241. Weitere Litteratur III I A oder III C 9.

400) *Klein,* Erl. Progr. 1872, p. 27, 46; *F. August,* Arch. Math. Phys. 59 (1876), p. 5.

401) Vgl. *Kötter,* Ber., p. 93.

402) *L. G.,* Corr. polyt. 1 (1805), p. 76; *Fresnel,* ebenda, p. 78; *Daviel,* ebenda, p. 80; *Hachette,* Traité (1813), p. 225.

403) *Chasles,* Corr. polyt. 3 (1814), p. 15; Gerg. Ann. 18 (1827/28), p. 305; 19 (1828/29), p. 157; Aperçu, p. 372; J. de math. (1) 7 (1842), p. 272; *Steiner,* J. f. Math. 1 (1826) = Werke 1, p. 10, 73, 133; *Dandelin,* Quetel. Corr. 3 (1827), p. 9.

liegende Kegelschnitte projiziert[404]). Analytisch behandelt *Plücker* diese Projektion[405]). Die Abbildung wird nach dem Vorgange von *Chasles* und *Cayley* besonders auf die auf der Fläche liegenden *Kurven* angewendet[406]) (vgl. Nr. **125**).

Die Probleme von *Apollonius* und *Malfatti* werden von *Cayley, Clebsch, Schellbach* durch stereographische Projektion von Kreisen auf ebene Schnitte der Fläche 2. Ordnung übertragen[407]).

X. Die Raumkurven 3. Ordnung.

89. Allgemeine Übersicht über die grundlegenden Arbeiten. Die ersten Sätze über die Raumkurve 3. Ordnung gab *A. F. Möbius*[408]): Sie ist die Raumkurve niedrigster Ordnung; sie wird analytisch dargestellt, indem die Tetraederkoordinaten (bei *Möbius* speziell baryzentrischen Koordinaten) mit ganzen Funktionen 3. Grades eines Parameters t proportional gesetzt werden; sie ist der teilweise Durchschnitt zweier Kegel 2. Ordnung; die Schnittlinie der laufenden Schmiegungsebene mit einer festen Schmiegungsebene umhüllt in dieser einen Kegelschnitt („Schmiegungskegelschnitt"). Die projektive Erzeugung und die Arten der Kurve stellte zuerst *F. Seydewitz* in synthetischer Behandlung fest[409]), während *H. Schröter* den dualen Charakter der Kurve erkannte[410]). Eine Übersicht der wichtigsten Sätze über die Kurve gab *Chasles* ohne Beweise[411]). Durch *v. Staudt, Sturm, Schröter* und *Reye* wurde die synthetische Theorie weiter ausgebaut[412]); auf analytischem Wege bewies und vervollständigte *L. Cremona* die von *Chasles* mitgeteilten Sätze[413]).

---

404) Vgl. bei *Hachette,* Corr. polyt. 2 (1812), p. 330 einen entsprechenden Satz für das Paraboloid.

405) *Plücker,* J. f. Math. 34 (1847), p. 347, 360 = Werke 1, p. 423, 437.

406) *Cayley,* Phil. Mag. 22 (1861), p. 35 = Coll. pap. 5, p. 70; *Chasles,* Par. C. R. 53 (1861), p. 985, 1077; 54 (1862), p. 320.

407) *Cayley,* Phil. Trans. 1852, p. 253 = Coll. pap. 2, p. 57; *Clebsch,* J. f. Math. 53 (1856), p. 292; *Schellbach,* J. f. Math. 45 (1853), p. 186.

408) *Möbius,* Baryc. Calc. 1832 = Werke 1, p. 117, 118, 121.

409) *Seydewitz,* Arch. Math. Phys. 10 (1847), p. 203.

410) *Schröter,* J. f. Math. 56 (1858), p. 27.

411) *Chasles,* Par. C. R. 45 (1857), p. 189; J. de math. (2) 2 (1857), p. 397; einige Andeutungen schon im Aperçu (1837), p. 250, 403.

412) *v. Staudt,* Beitr. (1860), p. 299; *Sturm,* J. f. Math. 79 (1875), p. 99; 80 (1875), p. 128; 86 (1879), p. 116; Math. Ann. 26 (1886), p. 465; *Schröter,* a. a. O. und Oberfl., p. 227; *Reye,* G. d. L. 2, p. 188.

413) *L. Cremona,* Ann. di mat. (1) 1 (1858), p. 264, 278; 2 (1859), p. 19; 5 (1863), p. 227; Bolog. Mem. (2) 3 (1863), p. 385; J. f. Math. 58 (1861), p. 138;

90. Bestandteile, Ordnung, Rang und Klasse. Eine Gerade, die mit der Kurve zwei Punkte gemein hat, heisst *Sehne* (Sekante, auch Bisekante); je nachdem die beiden Punkte reell oder imaginär sind, werden auch *eigentliche* und *uneigentliche Sehnen* unterschieden. Eine Gerade, die nur einen Punkt mit der Kurve gemein hat, heisst *Transversale* (Sekante); eine Gerade, die durch einen Punkt der Kurve geht und in dessen Schmiegungsebene liegt, *Schmiegungsstrahl*[414]). Die dualen Begriffe zu Sehne und Transversale sind *Achse* (Linie in zwei Schmiegungsebenen) und *Linie in einer* (Schmiegungs-)*Ebene.*

Jede eigentliche Raumkurve 3. Ordnung ist von der 3. Klasse und umgekehrt[415]). Der *Rang* r ist nach einer von *Chasles* gemachten Angabe 4.[416])

Die Tangenten der Raumkurve 3. Ordnung bilden eine Linienfläche 4. Ordnung, deren Gleichung *Cayley* aufstellte[417]). Die Fläche ist nach *Sturm* die einzige abwickelbare Regelfläche 4. Grades[418]). Die Tangenten gehören einem linearen und einem tetraedralen quadratischen Komplex an. Vier willkürliche Gerade können nach *Voss* im allgemeinen nicht Tangenten einer Raumkurve 3. Ordnung sein; vielmehr gehören diejenigen Strahlen, welche mit drei gegebenen zusammen vier Tangenten sein können, einem Komplex 4. Grades an[419]).

Auf die Frage der Realität der drei Schnittpunkte der Kurve mit einer Ebene und die duale Frage gehen *F. Joachimsthal* und *L. Cremona* ein[420]).

91. Schmiegungstetraeder. Ein Schmiegungstetraeder $P_1 P_2 P_3 P_4$ ist durch zwei Punkte P_1 und P_4 der Raumkurve 3. Ordnung φ_3 bestimmt und dadurch gekennzeichnet, dass diejenigen Punkte der Kurve, die in jeder der vier Ebenen des Tetraeders liegen, bezüglich

---

60 (1862), p. 188; 63 (1864), p. 141; Nouv. Ann. (2) 1 (1862), p. 287, 366; im engsten Anschluss an *Cremona* dargestellt bei *C. A. v. Drach,* Kub. Kegelschnitte.

414) *Reye,* G. d. L. 2, p. 219; vgl. auch *W. Fr. Meyer,* Apolarität, p. 47.

415) *Schröter,* J. f. Math. 56, p. 27; *v. Staudt,* Beitr. (1860), p. 319 betrachtet die Raumkurve 3. Ordnung, das zugehörige Ebenen- und Tangentenbüschel als „*Elementargebilde*".

416) *Chasles,* Aperçu, p. 406; vgl. *Cayley,* J. de math. (1) 10 (1845), p. 245; *Salmon,* Cambr. Dubl. math. J. 5 (1850), p. 38; *H. A. Schwarz,* J. f. Math. 64 (1865), p. 4 = Ges. Abh. 2, p. 11; weitere Sätze über Tangenten bei *Cremona,* Ann. di mat. (1) 1 (1858), p. 278.

417) *Cayley,* Cambr. Dubl. math. J. 5 (1850), p. 153 = Coll. pap. 1, p. 500; *Cremona,* a. a. O. p. 164.

418) *Sturm,* Liniengeom. 1, p. 55.

419) *Voss,* Math. Ann. 13 (1878), p. 169; *H. Schubert,* ebenda 15 (1879), p. 529.

420) *Joachimsthal,* J. f. Math. 56 (1859), p. 45; *Cremona,* Ann. di mat. (1) 2 (1859), p. 25; J. f. Math. 58 (1861), p. 146; vgl. *v. Staudt,* Beitr., p. 381.

$P_1P_1P_1$, $P_1P_1P_4$, $P_1P_4P_4$ und $P_4P_4P_4$ sind. In Bezug auf ein solches Tetraeder lautet die *Parameterdarstellung der* φ_3 *in Punktebenen und Strahlenkoordinaten*:

$$x_1 : x_2 : x_3 : x_4 = t^3 : t^2 : t : 1,$$
$$u_1 : u_2 : u_3 : u_4 = 1 : -3t : 3t^2 : -t^3,$$
$$p_{23} : p_{31} : p_{12} : p_{14} : p_{24} : p_{34} = t^2 : -2t^3 : t^4 : 3t^2 : 2t : 1.$$

Das Tetraeder findet sich im wesentlichen bei *Möbius*[421]) und wird weiter bei *Cremona, Schröter* und *Sturm* verwendet[422]), sowie bei der Betrachtung der φ_3 als Normkurve im Raume von drei Dimensionen von *W. Fr. Meyer*[423]).

92. Die Kongruenz der Sehnen. Die Sehnen der φ_3 bilden eine Strahlenkongruenz 1. Ordnung und 3. Klasse. Daher hat die φ_3, wie *Cayley* zuerst fand[424]), einen *scheinbaren Doppelpunkt*. Die φ_3 selbst ist der Ort der singulären Punkte der Kongruenz, die nach *Sturm* keine Brennfläche besitzt[425]). *Sturm* zeigt auch, dass die einem linearen Komplex angehörigen Sehnen eine Regelfläche 4. Ordnung bilden[426]).

93. Der Komplex der Transversalen. Die Transversalen der φ_3 bilden einen Komplex 3. Grades. Der Komplexkegel eines Punktes P ausserhalb der Kurve ist ein Kegel 3. Ordnung mit einer singulären Erzeugenden[427]). Diese letztere ist nach Untersuchungen von *Cremona*[428]) eine isolierte oder eine Knotenlinie oder eine Rückkehrkante, je nachdem durch P drei reelle oder eine reelle Schmiegungsebene gehen oder P auf einer Tangente liegt. Durch Vermittlung des Kegels werden Eigenschaften der ebenen Kurven 3. Ordnung mit Doppelpunkt auf die Raumkurve übertragen und umgekehrt.

---

421) *Möbius*, Baryc. Calc., Werke 1, p. 117.

422) *Cremona*, Ann. di mat. (1) 1 (1858), p. 164; 2 (1859), p. 19; *Schröter*, Math. Ann. 25 (1885), p. 294; *Sturm*, Liniengeom., 1, p. 356.

423) *W. F. Meyer*, Apolarität, p. 47.

424) *Cayley*, J. de math. (1) 10 (1845), p. 250 = Coll. pap. 1, p. 207; *Chasles*, Propr., Nr. 17; *v. Staudt*, Beitr., p. 309; *G. H. Halphen*, Par. Bull. soc. math. 1 (1875), p. 114.

425) *Sturm*, Hamb. Mitt. 2 (1889), p. 61.

426) *Sturm*, Liniengeom. 1, p. 85; 2, p. 35. Über sonstige durch Sehnen erzeugte Linienflächen 4. Ordnung vgl. *Chasles*, Propr., Nr. 55; *Cremona*, Ann. di mat. (1) 1, p. 295; *Reye*, Hamb. Mitt. 2 (1889), p. 46; *Clebsch*, Math. Ann. 2 (1869), p. 1.

427) *Chasles*, Aperçu, p. 251; Propr., Nr. 18, 55—60, 11.

428) *Cremona*, Ann. di mat. (1) 1, p. 167, 290; vgl. *Lindemann*, Vorles., p. 244.

94. Flächen 2. Ordnung durch die φ_3. Nach *Chasles* hat die φ_3 mit einer Fläche 2. Ordnung F_2 sechs Punkte gemein; wenn mehr, liegt sie ganz in der F_2.[429])

Alle durch die φ_3 gehenden F_2 bilden ein F_2-*Bündel*[430]) (vgl. Nr. **133**). Alle nicht eigentlichen F_2 des Bündels sind *Kegel* und die φ_3 ist der Ort der Spitzen dieser (vgl. Nr. **141**). Die Sehnen der φ_3 sind die Erzeugenden der Kegel. Die φ_3 wird aus jedem ihrer Punkte durch einen Kegel 2. Ordnung projiziert[431]). Sie bildet mit jeder ihrer Sehnen den vollständigen Durchschnitt der beiden Kegel 2. Ordnung[432]), welche die Kurve aus den Endpunkten der Sehne projizieren[433]).

Alle *eigentlichen* Flächen des F_2-Bündels sind Regelflächen, deren eine Regelschar aus Sehnen, deren andere aus Transversalen besteht. Der vollständige Durchschnitt irgend zweier durch die φ_3 gehender F_2 besteht stets aus der φ_3 und einer ihrer Sehnen oder Tangenten[434]) (vgl. Nr. **73**, Fall III c und V e). Umgekehrt bildet die φ_3 mit jeder ihrer Sehnen oder Tangenten die Grundkurve eines F_2-Büschels, welches in dem F_2-Bündel enthalten ist. Diejenige Regelschar einer Regelfläche dieses F_2-Büschels, zu welcher die genannte Sehne oder Tangente gehört, besteht aus lauter Sehnen der φ_3, die andere aus lauter Transversalen[435]). Zwei φ_3 auf einer F_2 heissen gleichartig, wenn sie dieselbe Regelschar der F_2 zu Sehnen haben. Zwei gleichartige φ_3 schneiden sich in vier, zwei ungleichartige in fünf Punkten[436]).

95. Polarentheorie der φ_3. Die Polarentheorie der φ_3 wurde von *Chasles*[437]) angeregt. Die Verbindungsebene der Berührungspunkte

---

429) *Chasles*, Propr., Nr. 15; *v. Staudt*, Beitr., p. 308; über die Schnittpunkte der φ_3 mit einem Kegel vgl. *Cremona*, Ann. di mat. (1) 1, p. 294.

430) *Chasles*, Propr., Nr. 19, 24; *Reye*, Ann. di mat. (2) 2 (1868), p. 130.

431) *Chasles*, Propr., Nr. 2; Aperçu, p. 403; *A. Cayley*, Phil. Mag. 12 (1856), p. 20 = Coll. pap. 3, p. 219; alle diese Kegel sind nach *v. Staudt*, Beitr., p. 300 projektiv zu einander.

432) *Hachette*, Corr. polyt. 1 (1808), p. 371; *Möbius*, Baryc. Calc., Werke 1, p. 119; *Hesse*, J. f. Math. 26 (1843), p. 151 = Werke, p. 76.

433) Dual umhüllen die in einer Schmiegungsebene liegenden Achsen einen Kegelschnitt („Schmiegungskegelschnitt") nach *Möbius*, Werke 1, p. 121; *Cremona*, Ann. di mat. (1) 1, p. 172; *Schröter*, J. f. Math. 56 (1858), p. 28; die Benennung bei *Schröter*, Math. Ann. 25 (1884), p. 293.

434) *Chasles*, Propr., Nr. 25; *Cremona*, Ann. di mat. (1) 1, p. 282.

435) *Chasles*, Propr., Nr. 16, 26; *Cremona*, a. a. O. p. 280; nach *v. Staudt*, Beitr., p. 306 enthält jede solche Regelfläche eine zur φ_3 perspektive Regelschar.

436) *Chasles*, Propr., Nr. 28; *Cremona*, a. a. O. p. 284; *v. Staudt*, Beitr., p. 310; *Cayley*, Mess. of math. 14 (1885), p. 129 = Coll. pap. 12, p. 307.

437) *Chasles*, Propr., Nr. 41; *Cremona*, Ann. di mat. (1) 2 (1859), p. 19; J. f. Math. 58 (1861), p. 148.

der drei durch einen Punkt gehenden Schmiegungsebenen heisst die *Polarebene* des Punktes. Der Schnittpunkt der Schmiegungsebenen der drei in einer Ebene liegenden Punkte der Kurve heisst der *Pol* der Ebene. Pol und Polarebene entsprechen sich gegenseitig eindeutig und liegen *vereinigt*.

Bei Ausführung der Polarentheorie fand *Schröter*[438]), dass diese Verwandtschaft von Pol und Polarebene diejenige des *Nullsystems* ist, die bereits *Möbius* unabhängig von der φ_3 als involutorische Korrelation (mit schiefer Determinante) untersucht hatte[439]). Das Nullsystem erscheint hinwiederum bei *Plücker* als *linearer Komplex*[440]). Zu einem gegebenen Nullsystem gehören nach *v. Staudt* ∞^7 φ_3 als Ordnungs- oder Nullkurven[441]).

96. Die Möbius'schen Tetraeder. Vier Punkte einer φ_3 bilden ein Tetraeder, die Schmiegungsebenen in ihnen ein zweites. Das eine Tetraeder ist dem andern gleichzeitig ein- und umbeschrieben[442]).

97. Konjugierte Punkte. Bezüglich der durch die φ_3 gehenden F_2 gehen die Polarebenen eines Punktes P durch einen Punkt P' (vgl. Nr. **130**). P und P' heissen *konjugierte Punkte*[443]) in Bezug auf die φ_3. Die Verbindungslinie zweier konjugierter Punkte ist eine Sehne.

Nach *Reye* bilden die den Punkten einer Geraden oder Ebene konjugierten Punkte eine φ_3, bezüglich eine F_3.[444])

98. Projektive Erzeugung. Der Ort der Schnittpunkte entsprechender Ebenen *dreier projektiver Ebenenbüschel* ist eine φ_3; die Achsen der Büschel werden Sehnen der φ_3. Der Ort der Schnitt-

438) *Schröter,* J. f. Math. 56 (1858), p. 43.

439) *Möbius,* J. f. Math. 10 (1833), p. 317 = Werke 1, p. 489; 3, p. 119; *Magnus* 2, p. 139; *Chasles,* J. de math. (1) 4 (1839), p. 348 konstruiert das Nullsystem durch Zuordnung der Erzeugenden eines Hyperboloids; vgl. *v. Staudt,* G. d. L., p. 191; Beitr., p. 58. Vgl IV 2, Nr. **10**.

440) *Plücker,* Phil. Trans. 155 (1865), p. 725 = Werke 1, p. 481. Vgl. III C 9.

441) *v. Staudt,* Beitr., p. 313; vgl. über die Beziehung der φ_3 zum linearen Komplex auch *Voss,* Math. Ann. 13 (1878), p. 232; *Sturm,* J. f. Math. 86 (1879), p. 116; Liniengeom., 1, p. 325.

442) Zuerst im Nullsystem bei *Möbius,* J. f. Math. 3 (1828), p. 273 = Werke 1, p. 439; J. f. Math. 10 (1833), p. 326 = Werke 1, p. 498; vgl. *Magnus* 2, p. 144; *Steiner,* Syst. Entw., p. 247 = Werke 1, p. 405; *Schröter,* J. f. Math. 56 (1858), p. 40; *O. Hermes*, ebenda, p. 239; *G. Bauer,* Münch. Ber. 27 (1897), p. 359.

443) *Reye,* Zeitschr. Math. Phys. 13 (1868), p. 521.

444) *Reye,* G. d. L. 2, p. 214; Hamb. Mitt. 2, p. 52 ff.; *A. Cantone,* Nap. Rend. 15 (1886), p. 181.

punkte sich schneidender entsprechender Strahlen *zweier projektiver Strahlbündel* ist eine φ_3, welche durch die Centra der Bündel geht. Diese Erzeugungsweisen sind zuerst von *F. Seydewitz*[445]) angegeben und als Grundlagen der Theorie der φ_3 benutzt worden. Implicite liegen sie schon in der *Möbius*'schen Parameterdarstellung (Nr. **91**).

99. Bestimmungsstücke und Konstruktionen. Eine φ_3 ist durch sechs Punkte bestimmt[446]); ihre Konstruktion aus sechs gegebenen Punkten wurde zuerst von *Möbius* ausgeführt[447]). Analoga des *Pascalschen Satzes* (vgl. III C 1, Nr. **18**) werden für die φ_3 von *Chasles, Cremona* und andern zum gedachten Zwecke angegeben[448]). *Reye* giebt auch ein Analogon des Satzes von *Desargues*[449]) (vgl. III C 1, Nr. **47**).

100. Kubische Raumkurven im tetraedralen Komplex. Durch die Kollineation zweier koinzidenter Räume wird jedem Punkte *P*

---

445) *Seydewitz,* Arch. Math. Phys. 10 (1847), p. 203 ff.; vgl. *Chasles,* Aperçu, p. 405 und Propr., p. 398, Nr. 8, 27; 6, 9, 10; *Cremona,* Ann. di mat. (1) 1, p. 165; J. f. Math. 58 (1861), p. 144; *v. Staudt,* Beitr., p. 325; *Schur,* Math. Ann. 18 (1881), p. 1; *A. del Re,* Palermo Rend. 1 (1887), p. 272. Auf der zweiten Erzeugungsweise beruht die Bedeutung der φ_3 als *Horopterkurve,* die zuerst *H. v. Helmholtz* erkannt hat, Poggend. Ann. 123 (1862), p. 158 = Wissensch. Abhandl. 2, p. 440; Handbuch der physiol. Optik (1867), p. 713, 752; *E. Hering,* Beitr. zur Physiologie (1864), Heft 4; *F. Schur,* Dorpater Sitzungsber. 9 (1889), p. 162; ein Modell hat *W. Ludwig* (1902) auf Veranlassung von *F. Klein* und unter Mitwirkung von *Fr. Schilling* angefertigt (Verlag von *Martin Schilling,* Halle a/S.).

446) *Chasles,* Propr., Nr. 3.

447) *Möbius,* Baryc. Calc., Werke 1, p. 94, 119; weitere Konstruktionen aus sechs Punkten geben *Chasles,* Propr., Nr. 12; *Cremona,* Ann. di mat. (1) 1, p. 168, 170; *Seydewitz,* Arch. Math. Phys. 10 (1847), p. 208; über eine unrichtige Konstruktion von *Chasles* vgl. *E. Lange,* Zeitschr. Math. Phys. 26 (1881), p. 98; *Schröter,* ebenda, p. 264; weitere Konstruktionen bei *F. Caspary,* J. f. Math. 100 (1885), p. 405; Bull. scienc. math. (2) 11 (1887), p. 222; 13 (1889), p. 224. Für den Fall, dass fünf Punkte und eine Sehne gegeben ist, giebt *Hesse,* J. f. Math. 26 (1843), p. 147 = Werke, p. 75 die Konstruktion. Bei vier Punkten und zwei Sehnen ist die Konstruktion vieldeutig oder unmöglich, vgl. *Cremona,* J. f. Math. 60 (1862), p. 188. Über die verschiedenen Möglichkeiten gegebener Stücke vgl. *Sturm,* J. f. Math. 79 (1874), p. 79; 80 (1875), p. 128, 334; *Schröter,* Oberfl., p. 253; für den Fall imaginärer Bestimmungsstücke *K. Bobeck,* Prag. Ber. 82 (1883), p. 65; *J. Cardinaal,* J. f. Math. 101 (1887), p. 641; *C. Hossfeld,* Zeitschr. Math. Phys. 33 (1888), p. 111.

448) *Chasles,* Aperçu, p. 403; *Weddle,* Cambr. Dubl. math. J. 5 (1850), p. 68; *Cremona,* Ann. di mat. (1) 1, p. 174; *v. Staudt,* Beitr., p. 320; *Cremona,* J. f. Math. 58 (1861), p. 145; *E. Laguerre,* Instit. 40 (1872), p. 221; *E. Folie,* Bull. Belg. (2) 36 (1873), p. 620; 38 (1874), p. 65; *A. Petot,* Par. C. R. 98 (1884), p. 1245; *A. Buchheim,* Mess. of math. (2) 14 (1884), p. 74.

449) *Reye,* Zeitschr. Math. Phys. 13 (1868), p. 523; Hamb. Mitt. 2, p. 47.

des einen Raumes ein Strahl eines tetraedralen Komplexes zugeordnet, derjenige Strahl, der den Punkt P mit seinem entsprechenden P' verbindet. Der Ort derjenigen Punkte P, deren zugeordnete Strahlen durch einen Punkt O gehen, ist eine φ_3, die durch O und die vier Ecken des Fundamentaltetraeders der Kollineation geht. Dieser Satz ist von *Cayley* bewiesen[450]). Im Achsenkomplex einer Fläche 2. Ordnung ist der Ort der Pole der durch einen Punkt O gehenden Achsen eine kubische Hyperbel (vgl. Nr. **101**), deren drei Asymptoten den Hauptachsen der Fläche parallel sind.

101. Einteilung der φ_3 in Arten. Die Einteilung der φ_3 in Arten hat *Seydewitz*[451]) nach den drei Schnittpunkten mit der unendlich fernen Ebene vorgenommen: I. die *kubische Ellipse* mit einem reellen und zwei konjugiert imaginären Schnittpunkten; II. die *kubische Hyperbel* mit drei getrennten reellen Schnittpunkten; III. die *kubische hyperbolische Parabel* mit einem einfachen und einem zweifachen Schnittpunkt; IV. die *kubische Parabel* mit einem dreifachen Schnittpunkt.

Eine im Endlichen verlaufende Tangente in einem unendlich fernen Punkt der Kurve heisst eine *Asymptote.* Bei II giebt es drei, bei I und III eine, bei IV keine Asymptote. Durch I geht ein elliptischer, durch II drei hyperbolische, durch III ein hyperbolischer und ein parabolischer, durch IV ein parabolischer *Cylinder*[452]).

In schiefwinkligen Koordinaten stellt *Cremona* im Anschluss an *Möbius*[453]) die vier Arten durch folgende Gleichungen dar:

$$x = \frac{at^3}{(\alpha - t)^2 - \beta}, \quad y = \frac{bt^2}{(\alpha - t)^2 - \beta}, \quad z = \frac{ct}{(\alpha - t)^2 - \beta}$$

für I mit $\beta < 0$, für II mit $\beta > 0$, für III mit $\beta = 0$, dagegen für IV:

$$x = at^3, \quad y = bt^2, \quad z = ct.$$

Rotationsflächen 2. Ordnung gehen, wie *Cremona* zeigt, durch I und III zwei, durch II vier und durch III eine hindurch[454]).

450) *Cayley,* J. de math. (1) 10 (1845), p. 383 = Coll. pap. 2, p. 212. Weitere Ausführungen bei *Reye,* G. d. L. 3, p. 46; *Sturm,* Liniengeom. 1, p. 342.

451) *Seydewitz,* Arch. Math. Phys. 10 (1847), p. 203; *Cremona,* J. f. Math. 58 (1861), p. 146.

452) *Cremona,* J. f. Math. 58 (1861), p. 147. Danach sind die vier Arten von *E. Lange* auf *Gypscylindern* dargestellt worden; vgl. *Dyck,* Katalog, p. 268. Darstellungen auf *Celluloidcylindern* von *W. Ludwig* bei *Martin Schilling* in Halle a. S. 1902.

453) *Möbius,* Werke 1, p. 157; *Cremona,* J. f. Math. 58, p. 149; vgl. *Joachimsthal,* J. f. Math. 56 (1858), p. 44.

454) *Cremona,* J. f. Math. 63 (1864), p. 141; *A. C. Dixon,* Quart. J. 24 (1889),

102. Durchmesser der φ_3. Die beiden unter den Kanten eines Schmiegungstetraeders (vgl. Nr. **91**) befindlichen Transversalen sind die Achsen einer geschart involutorischen Kollineation, durch welche die Kurve in sich übergeht; ist die eine Transversale unendlich fern, so halbiert die andere alle durch sie gehenden Sehnen und heisst ein *Durchmesser* der φ_3. Die Lehre von den Durchmessern hat *Cremona* begründet[455]). Die Art I hat einen, II drei, III keinen, IV unendlich viele Durchmesser.

103. Krümmungsverhältnisse. Von den Krümmungsverhältnissen ist besonders die Frage nach den mehrpunktig berührenden Kugeln von *E. Weyr, E. Timerding, Sturm* behandelt worden[456]), ferner die Fläche der Binormalen von *H. Krüger*[457]).

104. Metrische und Fokaleigenschaften. *Brennstrahlen* der φ_3 sind solche Gerade, in denen sich zwei der sechs imaginären Schmiegungsebenen schneiden, die Tangentialebenen des imaginären Kugelkreises sind. Es giebt im allgemeinen drei reelle Brennstrahlen. Auf diese beziehen sich die von *Krüger*[458]) untersuchten Fokaleigenschaften der φ_3. *Krüger* betrachtet auch die Punkte, durch die drei zu einander senkrechte Schmiegungsebenen gehen; solche Punkte giebt es im allgemeinen zwei, bei der kubischen Parabel keine oder ∞^1; ferner die Geraden, durch die zwei senkrechte Schmiegungsebenen gehen; endlich die Geraden, an denen jeder Ebene eine rechtwinklige Ebene konjugiert ist (im dualen Sinne von Nr. **97**).

105. Metrische Unterarten der φ_3. Die *gleichseitige kubische Hyperbel* wird aus jedem ihrer Punkte durch einen gleichseitigen Kegel

---

p. 30. Vgl. über die dem Büschel der Schmiegungsebenen einbeschriebenen Rotationsflächen *H. Krüger,* Diss. Breslau 1885; *Reye,* Hamb. Mitt. 2, p. 59.

455) *Cremona,* J. f. Math. 58 (1861), p. 147; *Schröter,* Oberfl., p. 329. Über den „*Mittelpunkt*" einer φ_3 vgl. *L. Geisenheimer,* Zeitschr. Math. Phys. (1882), p. 321; über die „*Centralebene*" *Cremona,* Ann. di mat. (1) 1, p. 288; *Reye,* Hamburger Mitt., p. 54.

456) *E. Weyr,* Lomb. Rend. Ist. 4 (1871), p. 636; *E. Timerding,* Diss. Strassburg 1894; *J. Sobotka,* Monatsh. Math. Phys. 5 (1894), p. 349; *R. Sturm,* Zeitschr. Math. Phys. 40 (1895), p. 1.

457) *H. Krüger,* Diss. Breslau 1885; *Reye,* Hamburger Mitt., p. 60; *R. Mehmke,* Bökl. Mitt. 4 (1891), p. 69.

458) *Krüger,* a. a. O.; *J. Winzer,* Diss. Leipzig 1888. Über den Ort der Brennpunkte der Schmiegungskegelschnitte der kubischen Parabel handelt *W. Wirtinger,* Wien. Ber. 94 (1886), p. 302. Andere metrische Eigenschaften geben: *A. Hurwitz,* Math. Ann. 25 (1885), p. 287; *Schröter,* ebenda, p. 293; *G. Loria,* Nap. rend. 24 (1885), p. 298; *D. Valeri,* Modena Mem. (2) 8 (1892), p. 385; *E. Heinrichs,* Zeitschr. Math. Phys. 39 (1894), p. 213, 273; *R. Mehmke,* ebenda 40 (1895), p. 211.

projiziert[459]). Bei der *gleichwinkligen kubischen Hyperbel* sind die Schmiegungskegelschnitte gleichseitige Hyperbeln, deren Mittelpunkte auf einem Kreise liegen[460]). Eine besondere Art der *kubischen Ellipse* wird aus jedem ihrer Punkte durch einen orthogonalen Kegel projiziert[461]), eine andere Art liegt auf einem Rotationscylinder[462]). *W. Wirtinger* und *A. Hurwitz*[463]) betrachten eine kubische Raumkurve, die den Kugelkreis zweimal trifft; *O. Böklen* und *W. Fr. Meyer*[464]) die kubische Parabel *mit Direktrix*; diese Direktrix ist die Ortsgerade der Punkte, durch die drei rechtwinklige Schmiegungsebenen gehen (vgl. Nr. **104**).

106. Transformation der φ_3 in sich. Die ∞^3 Kollineationen des Raumes, welche eine φ_3 in sich überführen, sind zuerst von *F. Klein* und *S. Lie* untersucht worden[465]). Synthetisch behandelt *Sturm* die Kollineationen und Korrelationen einer φ_3 in sich[466]).

107. Binäre Formen auf der φ_3. Durch die Parameterdarstellung:

$$x_1 : x_2 : x_3 : x_4 = \lambda^3 : \lambda^3\mu : \lambda\mu^2 : \mu^3$$

werden die Punkte der φ_3 auf die Punkte der Geraden $\lambda : \mu$ bezogen und dadurch die Theorie der binären Formen von λ, μ für die φ_3 verwendbar gemacht[467]).

108. Invariante Beziehung zweier φ_3 oder einer φ_3 und einer F_2. Liegen die acht Ecken zweier Tetraeder auf einer φ_3, so sind die acht Seitenflächen Schmiegungsebenen einer andern φ_3'. Es giebt

459) *Reye,* G. d. L. 2, p. 142; Hamburger Mitt., p. 56; *Ch. Bioche,* Edinb. M. S. Proc. 13 (1895), p. 146; *Staude,* Leipz. Ber. 1899, p. 219.

460) *H. Krüger,* Zeitschr. Math. Phys. 38 (1893), p. 344.

461) *Reye,* G. d. L. 2, p. 176.

462) *R. O. Consentius,* Zeitschr. Math. Phys. 25 (1880), p. 119; *Reye,* a. a. O. p. 176.

463) *W. Wirtinger,* Wien. Ber. 94 (1886), p. 302; *A. Hurwitz,* Math. Ann. 30 (1887), p. 291.

464) *O. Böklen,* Zeitschr. Math. Phys. 29 (1884), p. 378; *W. F. Meyer,* Bökl. Mitt. 1 (1884), p. 11.

465) *Klein* und *Lie,* Par. C. R. 1870, p. 1222, 1275; *Lie,* Transformationsgruppen 3, p. 185, 187; *Klein,* Vorles., p. 391.

466) *Sturm,* Math. Ann. 26 (1886), p. 465; *D. Montesano,* Rom Accad. d. Linc. Mem. (4) 3 (1886), p. 105; *Reye,* G. d. L. 2, p. 99, 208.

467) *E. Laguerre,* Instit. 40 (1872), p. 221; *R. Sturm,* J. f. Math. 86 (1879), p. 116; *A. Voss,* Math. Ann. 13 (1878), p. 232; *E. d'Ovidio,* Gi. di mat. 17 (1879), p. 310; *G. Pittarelli,* ebenda, p. 260; *C. le Paige,* Wien. Ber. 81 (1880), p. 159; *E. Weyr,* Wien. Ber. 84 (1881), p. 1264; *Fr. Meyer,* Apolarit., p. 156; *Lindemann,* Math. Ann. 23 (1884), p. 111; *Fr. v. Krieg,* Zeitschr. Math. Phys. 29 (1884), Suppl., p. 38; *E. Waelsch,* Wien. Ber. 100 (1891), p. 803.

dann noch ∞^1 Tetraeder, welche der φ_3 einbeschrieben und der φ_3' umbeschrieben sind, und zwar ist jeder Punkt von φ_3 Eckpunkt eines solchen Tetraeders. Der Satz ist von *v. Staudt* angegeben und von *A. Hurwitz* und *W. Fr. Meyer* weiter entwickelt und verwertet worden[468]).

Zwei einer φ_3 eingeschriebene Tetraeder sind zugleich Poltetraeder einer F_2; der φ_3 können ∞^1 Poltetraeder der F_2 einbeschrieben werden; die φ_3 heisst *kubische Polkurve* der F_2. Auch diese Beziehungen sind nach Vorgang von *Reye* eingehend von *Fr. Meyer* untersucht worden[469]).

109. Büschel und Bündel von φ_3. Die durch vier Punkte eines Hyperboloides gelegten und auf diesem verlaufenden φ_3 bilden einen φ_3-*Büschel*. Die Kurven des Büschels schneiden die Erzeugenden der einen Regelschar in Punktinvolutionen, die der andern unter gleichen Doppelverhältnissen[470]).

Die einem räumlichen Fünfeck umbeschriebenen φ_3 bilden ein φ_3-*Bündel*. Durch jeden Punkt des Raumes geht im allgemeinen eine Kurve des Bündels. Die Kurven des Bündels werden von einer Ebene in Poldreiecken eines polaren Feldes geschnitten[471]).

XI. Die Raumkurven 4. Ordnung 1. Spezies.

110. Allgemeine Übersicht. Die *1. Entwicklungsstufe* der Theorie der Raumkurven 4. Ordnung beginnt mit der darstellenden Geometrie der Schnittkurven von Kegeln und Cylindern (*Monge* 1799) und mit der Untersuchung spezieller Kurven 4. Ordnung, wie der Krümmungskurven der Flächen 2. Ordnung. Als wichtigste Resultate über die

---

468) *v. Staudt,* Beitr., p. 378; *Hurwitz,* Math. Ann. 15 (1879), p. 14; 20 (1882), p. 135; *Fr. Meyer,* Apolarität; vgl. *Reye,* Hamburger Mitt., p. 47, 52; G. d. L. 2, p. 227; *Sturm,* Liniengeom. 1, p. 329.

469) *Reye,* J. f. Math. 82 (1877), p. 67; *Cremona,* Rend. Ist. Lomb. (2) 12 (1879), p. 347; *W. Fr. Meyer,* a. a. O. und Bökl. Mitt. 2 (1885), und Math. Ann. 26 (1885), p. 154.

470) *Chasles,* Propr., Nr. 34; *Cremona,* Ann. di mat. (1) 1, p. 285 (Büschel auf einem Kegel 2. Ordnung, p. 287).

471) *Reye,* Zeitschr. Math. Phys. 13 (1868), p. 521; G. d. L. 2, p. 223; *H. Müller,* Math. Ann. 1 (1868), p. 407; *R. Sturm,* J. f. Math. 79 (1875), p. 99; *F. Gerbaldi,* Torin. Atti 15 (1880), p. 810; *G. Königs,* Nouv. Ann. (3) 2 (1883), p. 301; *J. Cardinaal,* J. f. Math. 101 (1887), p. 142; *A. C. Dixon,* Quart. J. 23 (1889), p. 343. Über das Bündel von φ_3, welche ein Tetraeder zum gemeinsamen Schmiegungstetraeder haben, vgl. *E. Heinrichs,* Diss. Münster 1887; *Silldorf,* Zeitschr. Math. Phys. 19 (1874), p. 391; *Voss,* Math. Ann. 13 (1878), p. 237; *Sturm,* Math. Ann. 26 (1886), p. 490; 28 (1888), p. 271; *Lelieuvre,* Par. C. R. 117 (1893), p. 537, 616; *G. Kohn,* Wien. Ber. 105 (1896), p. 1035; *Sturm,* Liniengeom. 1, p. 79, 360.

allgemeine Kurve 4. Ordnung ergiebt sich die Existenz der vier Kegel durch dieselbe (*Lamé* 1818, *Poncelet* 1822) und die Dualität zwischen der Kurve 4. Ordnung und der zwei Flächen 2. Klasse umbeschriebenen Developpabeln (*Poncelet* 1829, *Chasles* 1837).

Die *2. Stufe* beginnt mit der Erkenntnis der beiden Doppelpunkte der Centralprojection (*Chasles* 1837), führt alsdann zur Unterscheidung der beiden Spezies (*Steiner* 1856, *G. Salmon* 1850) und der drei Arten 1. Spezies, sowie der Bestimmung ihrer Singularitäten (*Hesse* 1849, *Salmon* und *Cayley* 1850, *Chasles* 1862).

Die *3. Stufe* ist gekennzeichnet durch die Feststellung des Geschlechts der allgemeinen Kurve 4. Ordnung und ihres Zusammenhanges mit der Theorie der elliptischen Funktionen (*Clebsch* 1863). Zugleich mit der Anwendung der elliptischen Funktionen (*Laguerre* 1870, *Killing* 1872, *Harnack* 1877, *Halphen* 1888) trägt die Invariantentheorie (*Voss* 1875, *Harnack* 1877, *Westphal* 1878) und die synthetische Methode (*Sturm* 1867, *Reye* 1868, *Schröter* 1893) zur Ausgestaltung der Theorie bei.

111. Begriff und Arten. Eine Raumkurve 4. Ordnung φ_4 hat mit einer Ebene vier Punkte gemein[472]).

Es giebt *zwei Spezies* von Raumkurven 4. Ordnung[473]). Eine Kurve 4. Ordnung 1. Spezies ist der vollständige Durchschnitt zweier Flächen 2. Ordnung. Durch eine Kurve 4. Ordnung 2. Spezies geht nur eine Fläche 2. Ordnung; die Kurve ist der teilweise Durchschnitt einer Fläche 2. Ordnung und einer Fläche 3. Ordnung, welche zwei windschiefe Gerade gemein haben. Mit einer Geraden kann die Kurve 1. Spezies höchstens zwei, die 2. Spezies aber auch drei Punkte gemein haben.

Die Raumkurven 4. Ordnung 1. Spezies zerfallen in *drei Arten*[474]) φ_4, φ_4', φ_4'', insofern sie entweder keinen singulären Punkt oder einen Doppelpunkt oder eine Spitze haben (vgl. Nr. **73**).

Das duale Gebilde ist der von den gemeinsamen Tangentialebenen

472) Diese Kurven betrachtet als Durchschnitt zweier Flächen 2. Ordnung *Monge*, Géom. descript. 1799, p. 83; ferner *Hachette*, Corr. polyt. 1 (1808), p. 368; *Poncelet*, Traité, p. 392; *Quetelet*, Brux. Corr. math. 5 (1829), p. 195; *Chasles*, Aperçu, p. 248.

473) Die Unterscheidung zuerst bei *G. Salmon*, Cambr. Dubl. math. J. 5 (1850), p. 40; *Steiner*, J. f. Math. 53 (1857), p. 138 = Werke 2, p. 656; vgl. *Sturm*, Flächen 3. O., p. 185; *Cremona*, Ann. di mat. (1) 4 (1861), p. 73. Litteratur der zweiten Spezies bei *K. Rohn*, Leipz. Ber. 1890, p. 208.

474) Die drei Arten mit ihren kanonischen Gleichungenpaaren giebt *Cayley*, Cambr. Dubl. math. J. 5 (1850), p. 48.

zweier Flächen 2. Ordnung gebildete *Ebenenbüschel 4. Ordnung* (*Developpable 4. Klasse*)[475]) mit den Arten Φ_4, Φ_4', Φ_4''.

112. Die Singularitätenzahlen. Bedeutet m die Ordnung, r den Rang, n die Klasse einer Raumkurve, ferner α die Anzahl der stationären Schmiegungsebenen, β die Anzahl der stationären Punkte, x die Anzahl der in einer Ebene liegenden Schnittpunkte zweier Tangenten, y die Anzahl der durch einen Punkt gehenden Verbindungsebenen zweier Tangenten, g die Anzahl der in einer Ebene liegenden Achsen (vgl. Nr. **90**), h die Anzahl der durch einen Punkt gehenden Sehnen, so ist für die drei Arten φ_4, φ_4', φ_4'' neben $m = 4$ bezüglich[476]):

$$r = 8, 6, 5;\quad n = 12, 6, 4;\quad \alpha = 16, 4, 1;\quad \beta = 0, 0, 1;\quad x = 16, 6, 2;$$
$$y = 8, 4, 2;\quad g = 32, 6, 2;\quad h = 2, 3, 2.$$

Die φ_4 ist vom Geschlecht 1,[477]) φ_4' und φ_4'' vom Geschlecht 0. Bei φ_4'' sind die dualen Singularitätenzahlen bezüglich gleich. Jede abwickelbare Linienfläche 5. Ordnung hat als Rückkehrkante eine φ_4'' und als Tangentialebenenbüschel einen Φ_4''.[478])

113. Parameterdarstellung der Raumkurven 4. Ordnung. Die φ_4 wird durch elliptische Funktionen eines Parameters u dargestellt in der Form[479]):

$$x_1 : x_2 : x_3 : x_4 = \sigma_1(u) : \sigma_2(u) : \sigma_3(u) : \sigma(u)\text{[480])}$$

oder:

$$x_1 : x_2 : x_3 : x_4 = p''(u) : p'(u) : p(u) : 1.\text{[481])}$$

---

475) *Poncelet*, J. f. Math. 4 (1829), p. 37; *Chasles*, Aperçu, p. 397; *Cayley* a. a. O. p. 46 („envelope of the fourth class"); *Chasles*, Par. C. R. 54 (1862), p. 419, 715. Die Developpable ist ein Spezialfall der tetraedralen symmetrischen Flächen von *J. de la Gournerie*, Rech. sur les surf. tétraédrales symétriques, Paris 1866, welche 8. Ordnung ist und vier Doppelkegelschnitte besitzt.

476) Einzelne Zahlen bestimmen *Poncelet*, J. f. Math. 4 (1829), p. 36 (obere Grenze für r); *Chasles*, Aperçu, p. 250 (die Zahl r); *Hesse*, J. f. Math. 41 (1851), p. 284 = Werke, p. 278 (die Zahl n). Die vollständige Tabelle giebt *G. Salmon*, Cambr. Dubl. math. J. 5 (1850), p. 37.

477) *Clebsch*, J. f. Math. 64 (1865), p. 99.

478) *Cremona*, Par. C. R. 54 (1862), p. 604; *Chasles*, ebenda, p. 722; *H. A. Schwarz*, J. f. Math. 64 (1865), p. 5; 67 (1867), p. 23 = Ges. Abh., p. 7, 25.

479) Die Grundlagen dieser Darstellung und der Anwendung des *Abel*'schen Theorems gab *A. Clebsch*, J. f. Math. 63 (1864), p. 235; die Ausführung für die Projektion der φ_4 auf die Ebene *Clebsch*, ebenda 64 (1865), p. 224.

480) *W. Killing*, Diss. 1872, p. 11; mit ϑ-Funktionen *G. Loria*, Rom. Linc. Rend. (4) 6^2 (1890), p. 179.

481) *G. H. Halphen*, Traité des fonctions ellipt. 2 (1888), p. 450, die allgemeinste Form der Darstellung bei *F. Klein*, Leipz. Abh. 1885, p. 360, 362.

Der *Modul* der elliptischen Funktionen ist das Doppelverhältnis der vier durch eine Sehne gehenden Tangentialebenen der Kurve[482]) (vgl. Nr. **116**).

Der Vorteil der Darstellung durch elliptische Funktionen besteht besonders darin, dass nach dem *Abel*'schen Theorem, bei geeigneter Wahl des den Parameter $u = 0$ enthaltenden Punktes der Kurve, für die vier Schnittpunkte der φ_4 mit einer Ebene oder für die acht Schnittpunkte mit einer Fläche 2. Ordnung die Summe der Parameter $\equiv 0$ ist in Bezug auf die Perioden $2\omega_1$ und $2\omega_2$.[483])

Die vier Koordinaten des laufenden Punktes einer φ_4' oder φ_4'' (sowie einer Raumkurve 4. Ordnung 2. Spezies) sind proportional ganzen Funktionen 4. Grades eines Parameters[484]) („*rationale Raumkurven 4. Ordnung*").

114. Die Sehnenkongruenz. Die Sehnenkongruenz der φ_4 besteht aus den Erzeugenden aller Flächen 2. Ordnung des Büschels, dessen Grundkurve die φ_4 ist[485]). Sie ist 2. Ordnung[486]) und 6. Klasse[487]). Alle Sehnen, welche eine feste Sehne schneiden, bilden eine Regelschar einer Fläche des Büschels[488]). Sind u, v die Parameter der Endpunkte der laufenden Sehne und $2c$ eine Konstante, so ist für zwei zusammengehörige Regelscharen $u + v \equiv 2c$ und $u + v \equiv -2c$; für die vier Kegel des Büschels ist $2c \equiv 0,\ \omega_1,\ \omega_2,\ \omega_1 + \omega_2$.[489])

Alle Sehnen, die das Polartetraeder des Büschels unter konstantem Doppelverhältnis schneiden, bilden eine Linienfläche 8. Ordnung und 8. Klasse (quadricuspidale); alle, die zwei Gegenkanten des Tetraeders treffen, eine Linienfläche 4. Ordnung (quadricuspidale limite)[490]).

---

482) *A. Harnack*, Math. Ann. 12 (1877), p. 51; *Halphen*, a. a. O. p. 452; vgl. *Clebsch*, J. f. Math. 64 (1865), p. 224.

483) Ausführliche Anwendungen hiervon bei *Laguerre*, J. de math (2) 15 (1870), p. 199; *Killing*, Diss. 1872; *Harnack*, Math. Ann. 12 (1877), p. 47; *E. Westphal*, Math. Ann. 13 (1880), p. 1; *E. Lange*, Zeitschr. Math. Phys. 28 (1883), p. 1; *L. Gegenbauer*, Wien. Ber. 93 (1886), p. 790; *G. Pick*, Wien. Ber. 98 (1889), p. 536; *G. Loria*, a. a. O. p. 179.

484) *Killing*, Diss., p. 30, 36.

485) *Hesse*, J. f. Math. 41 (1849), p. 292 = Werke, p. 278; *Steiner*, J. f. Math. 53 (1857), p. 138 = Werke 2, p. 656; *Reye*, Ann. di mat. (2) 2 (1868), p. 129.

486) Eine Konstruktion der beiden Sehnen durch einen Punkt giebt *G. Salmon*, Cambr. Dubl. math. J. 2 (1847), p. 68; *Hesse*, a. a. O.

487) Vgl. über die Kongruenz *Sturm*, Liniengeom. 2, p. 317.

488) *Chasles*, Par. C. R. 54 (1862), p. 318.

489) *Laguerre*, J. de math. (2) 15 (1870), p. 197; *Killing*, Diss., p. 13.

490) Die von den Sehnen erzeugten Quadricuspidalen erwähnt *De la Gournerie*, J. de math. (2) 15 (1870), p. 264; diejenigen 4. Ordnung behandelt *Laguerre*

115. Die Tangenten der φ_4. Unter den Erzeugenden jeder Fläche des Büschels befinden sich acht *Tangenten* der φ_4 (vier der φ_4', zwei der φ_4'')[491]). Ihre acht Berührungspunkte bilden acht associierte Punkte[492]) (vgl. Nr. **132**). Auf einem Kegel des Büschels liegen vier Tangenten der φ_4. Die Tangenten bilden eine Linienfläche von der Ordnung $r = 8$ ($r = 6$ für φ_4', $r = 5$ für φ_4'') und gehören einem tetraedralen Komplex an. Die Gleichung der Tangentenfläche stellt *Cayley*[493]) auf, die Darstellung der Koordinaten der Tangente durch elliptische Funktionen giebt *G. Loria*[494]).

116. Die Tangentialebenen der φ_4. Durch eine Gerade gehen acht *Tangentialebenen* an die φ_4, deren Berührungspunkte acht associierte Punkte bilden[495]) (Nr. **132**). Durch eine Transversale gehen sechs, durch eine Sehne vier Tangentialebenen, deren Doppelverhältnis konstant ist.

Für die Koordinaten u_i einer Tangentialebene verschwindet die Diskriminante der kubischen Gleichung (Nr. **69**):

$$F + H\lambda + K\lambda^2 + G\lambda^3 = 0.$$ [496])

Die *Doppeltangentialebenen* der φ_4 sind die Tangentialebenen der vier Kegel des Büschels[497]).

117. Die Schmiegungsebenen der φ_4. Die Koordinaten u_i der *Schmiegungsebenen* genügen den Gleichungen:

$$3FK - H^2 = 0, \quad 9FG - HK = 0;$$

ihre entwickelte Gleichung ist von *Hesse* und *Clebsch* angegeben worden[498]).

---

a. a. O. p. 200, 210; die allgemeinen und ihre Beziehungen zum tetraedralen Komplex *Harnack,* Math. Ann. 12 (1877), p. 78; vgl. *A. Ameseder*, Wien. Ber. 87 (1883), p. 1181.

491) *Chasles,* Par. C. R. 54 (1862), p. 320; vgl. *J. Cardinaal,* Nieuw. Archief 13 (1886), p. 213.

492) *Killing,* Diss., p. 13; *Reye,* Ann. di mat. (2) 2 (1868), p. 133.

493) *Cayley,* Cambr. Dubl. math. J. 5 (1850), p. 50 = Coll. pap. 1, p. 486, auch die Gleichung der dualen Linienflächen p. 55; für die Tangentenflächen der φ_4' und φ_4'' vgl. *Schwarz,* J. f. Math. 64 (1865), p. 16, 8.

494) *Loria,* Rom. Linc. Rend. (4) 6^2, p. 184.

495) *Chasles,* Par. C. R. 54, p. 321; *Reye,* Ann. di mat. (2) 2, p. 133.

496) *Cayley,* a. a. O. p. 53.

497) Der duale Satz für die Flächenschar bei *Poncelet,* J. f. Math. 4 (1829), p. 37; vgl. *Chasles,* Par. C. R. 54 (1862), p. 717; *Sturm,* Liniengeom. 2, p. 318.

498) *Hesse,* J. f. Math. 41 (1849), p. 272 = Werke, p. 263; *Clebsch,* J. f. Math. 63 (1864), p. 5; in irrationaler Form und durch elliptische Funktionen bei *Loria,* a. a. O. p. 185.

Die Schmiegungsebenen in den vier Schnittpunkten einer Ebene mit der φ_4 schneiden die φ_4 zum andern Mal in vier Punkten einer Ebene[499]).

Es giebt 24 Punktepaare auf der φ_4 der Art, dass je die Schmiegungsebene des einen durch den andern geht[500]).

Die 16 *Wendeberührungspunkte* der φ_4, die Berührungspunkte der stationären Schmiegungsebenen, sind die Schnittpunkte der φ_4 mit den vier Hauptebenen[501]). Jede Ebene, die durch drei Wendeberührungspunkte geht, geht noch durch einen vierten[502]). Es giebt 745 Tetraeder, deren vier Seitenflächen alle 16 Punkte enthalten[503]).

118. Der Transversalenkomplex. Die Transversalen der φ_4 bilden einen Komplex 4. Grades, dessen Gleichung in Achsenkoordinaten $\chi^2 - 4\varphi\psi = 0$ ist (Nr. **70**). Der Komplexkegel ist für einen Punkt ausserhalb der φ_4 ein Kegel 4. Ordnung mit zwei Doppelgeraden[504]), für einen Punkt der φ_4 ein allgemeiner Kegel 3. Ordnung[505]), für einen Hauptpunkt ein doppeltzählender Kegel 2. Ordnung[506]).

119. Bestimmungsstücke und Konstruktionen. Die φ_4 ist durch acht Punkte von allgemeiner Lage bestimmt. Konstruktionen der Kurve aus acht gegebenen Punkten sind von *Reye, Sturm* und anderen gefunden worden[507]).

---

499) *Reye,* Ann. di mat. (2) 2 (1868), p. 129.

500) *Harnack*, Math. Ann. 12, p. 65; *Schröter*, C^4, p. 81; *Ameseder*, Wien. Ber. 87 (1883), p. 1207.

501) *Clebsch* bestimmt die 16 Punkte als Durchschnitte der φ_4 mit einer F_4, J. f. Math. 63 (1864), p. 5. Über die Wendeberührungspunkte der φ_4' und φ_4'' vgl. *Chasles,* Par. C. R. 54, p. 419.

502) *Reye,* Ann. di mat. (2) 2 (1868), p. 223.

503) Diese und andere Lagebeziehungen *Th. Reye,* a. a. O.; *Harnack,* Math. Ann. 12 (1877), p. 64; *E. Lange,* Zeitschr. Math. Phys. 28 (1883), p. 1; zugleich mit Gruppierung der entsprechenden σ-Relationen, *Ameseder* a. a. O. p. 1179; *Schröter,* C^4, p. 85; *E. Toeplitz,* Progr. Breslau 1895.

504) *Chasles,* Aperçu, p. 249. Über die Konstruktion der beiden Doppelgeraden vgl. Nr. **114**, [486]). *A. Milinowski,* J. f. Math. 97 (1884), p. 277 überträgt die Eigenschaften der φ_4 auf die ebene Kurve 4. Ordnung mit zwei Doppelpunkten; vgl. *Cayley,* Par. C. R. 54 (1862), p. 58, 396 = Coll. pap. 5, p. 7 („monoide"). *Chasles*, Par. C. R. 54, p. 318 betrachtet Linienflächen innerhalb des Komplexes.

505) *L. A. J. Quetelet,* Corr. mathem. Brux. 5 (1829), p. 195; *Chasles,* Aperçu, p. 249; von *Milinowski,* a. a. O. eingehend verwertet.

506) Zugleich mit dem dualen Satze bei *Poncelet,* J. f. Math. 4 (1829), p. 37.

507) Zeitschr. f. Math. 13 (1868), p. 528; *Sturm,* Math. Ann. 1 (1869), p. 533; *E. Folie,* Bull. Belg. (2) 36 (1873), p. 620; *Harnack*, Math. Ann. 12 (1877), p. 70; *P. Serret,* Par. C. R. 82 (1876), p. 322, 370; *Zeuthen,* Math. Ann. 18 (1881), p. 33;

120. Büschel von φ_4 auf einer Fläche 2. Ordnung. Eine φ_4 wird von einer Fläche 2. Ordnung in acht associierten Punkten (Nr. **132**) geschnitten[508]). Zwei auf einer Fläche 2. Ordnung gelegene φ_4 schneiden sich in acht Punkten, durch welche ∞^1 solche φ_4 hindurchgehen, die einen φ_4-*Büschel* bilden. Eine Erzeugende der Fläche wird von den Kurven des φ_4-Büschels in einer Involution geschnitten, deren Doppelpunkte die Berührungspunkte der zwei Kurven des Büschels sind, welche die Erzeugende berühren.

In einem φ_4-Büschel giebt es zwölf φ_4'.[509]) Über das φ_4-*Bündel* vgl. Nr. **128.**

121. Punktquadrupel auf φ_4. Die Berührungspunkte der vier durch eine Sehne gehenden Tangentialebenen bilden ein „Punktquadrupel". Ein beliebiger Punkt der φ_4 bestimmt ein Quadrupel. Die Parameter der vier Punkte sind von der Form: u, $u + \omega_1$, $u + \omega_2$, $u + \omega_1 + \omega_2$.[510]) Die φ_4 berührt auf einer durch sie gelegten Fläche 2. Ordnung je vier Erzeugende beider Scharen; die zweimal vier Berührungspunkte bilden „zwei zusammengehörige Quadrupel". Diese umfassen acht associierte Punkte.

Die Tetraeder zweier zusammengehöriger Quadrupel befinden sich mit dem Poltetraeder des Flächenbüschels in desmischer Lage.

122. Punktetripel auf φ_4. Drei Punkte der φ_4 bilden ein Tripel, wenn ihre Schmiegungsebenen sich in demselben vierten Punkte der φ_4 schneiden, in welchem die Ebene der drei Punkte die φ_4 schneidet[511]).

123. Schliessungssätze. Damit der φ_4 ein und dann unendlich viele $2n$-Ecke einbeschrieben werden können, deren Seiten abwechselnd der einen und andern Regelschar $\pm 2c$ (vgl. Nr. **114**) einer Fläche des Büschels angehören, muss $4nc \equiv 0$ (mod. $2\omega_1$, $2\omega_2$) sein[512]).

A. Petot, Par. C. R. 98 (1884), p. 1245; *H. Piquet,* J. f. Math. 73 (1885), p. 367; *J. H. Engel,* Wolf's Zeitschr. 34 (1889), p. 299; *F. London,* Math. Ann. 38 (1891), p. 364; *Schröter,* C^4, p. 5.

508) *Chasles,* Par. C. R. 54, p. 318; *Reye,* Ann. di mat. (2) 2, p. 129; *Sturm,* Math. Ann. 1, p. 553; *Laguerre,* J. de math. (2) 15 (1870), p. 203.

509) *Chasles,* a. a. O. p. 422, 423; *Schröter,* C^4, p. 5.

510) *Laguerre,* Instit. 36[1] (1868), p. 157; Bull. soc. Phil. 5 (1868), p. 65; J. de math. (2) 15 (1870), p. 199 führt als „konjugierte" Punkte zwei Punkte ein, deren Parameter um halbe Perioden verschieden sind; zu jedem Punkt gehören drei konjugierte. Für die weitere Entwicklung vgl. *Harnack,* Math. Ann. 12 (1877), p. 67; *Schröter,* J. f. Math. 93 (1882), p. 169; C^4, p. 48; *Ameseder,* a. a. O. p. 1180; *Loria,* a. a. O.

511) *Harnack,* Math. Ann. 12, p. 69; *Ameseder,* a. a. O. p. 1179; *Schröter,* C^4, p. 18; *Loria,* a. a. O. p. 183.

512) Das *Abel'sche Theorem* dient als Grnndlage dieser Sätze bei *Clebsch,*

Es giebt sechs Flächen, auf denen unendlich viele der φ_4 einbeschriebene Vierseite liegen[513]). Sie sind die Doppelelemente einer Involution 4. Ordnung der Büschelflächen[514]).

124. Transformation der φ_4. Zwei φ_4 sind kollinear verwandt, wenn sie denselben Modul (Nr. **113**) besitzen[515]). Die φ_4 und mit ihr das Büschel der Flächen 2. Ordnung geht durch 32 Kollineationen in sich über. Sie entsprechen dem Übergang von u in $\pm u + c$, wo $4c \equiv 0$. Unter ihnen befinden sich vier involutorische Centralkollineationen mit Bezug auf je einen Hauptpunkt und die gegenüberliegende Hauptebene, sowie drei geschart involutorische in Bezug auf je zwei Gegenkanten des Haupttetraeders[516]).

Andere eindeutige, nicht kollineare Transformationen lassen die einzelnen Quadricuspidalen in sich übergehen[517]).

125. Stereographische Projektion. Bei der Abbildung einer durch die φ_4 gehenden Fläche 2. Ordnung auf die Ebene durch stereographische Projektion (vgl. Nr. 88) geht die φ_4 in eine ebene Kurve mit zwei Doppelpunkten in den Fundamentalpunkten der Abbildung über, im Gegensatz zu den Raumkurven 4. Ordnung 2. Spezies, deren Projektion einen dreifachen Punkt erhält[518]).

J. f. Math. 63 (1864), p. 239; *E. Westphal,* Math. Ann. 13 (1878), p. 16; *Darboux,* Classe remarqu., p. 105; *Th. Moutard,* Nouv. Ann. (2) 3 (1864), p. 539; auch als Spezialfall geodätischer Polygone bei *Staude,* Math. Ann. 21 (1883), p. 252. *Synthetisch* werden sie entwickelt von *F. August,* Arch. Math. Phys. 59 (1876), p. 1; *F. Schur,* Math. Ann. 20 (1882), p. 264; *V. Eberhardt,* Zeitschr. Math. Phys. 32 (1887), p. 65; vgl. *Steiner,* J. f. Math. 32 (1845), p. 184 = Werke 2, p. 373.

513) Zu diesen sechs Flächen gelangen auf teilweise verschiedenem Wege *Laguerre,* J. de math. (2) 15, p. 193; *Voss,* Math. Ann. 10, p. 177, der auch Vierseite auf *zwei* Büschelflächen betrachtet; *Harnack,* Math. Ann. 12, p. 74; *Westphal,* Math. Ann. 13, p. 16; *Ameseder,* Wien. Ber. 87, p. 1194 (einbeschriebene Achtecke p. 1213); *Schröter,* C^4, p. 69; *J. C. Kluyver,* Amer. J. of math. 19 (1897), p. 319.

514) *De la Gournerie,* J. de math. (2) 15 (1870), p. 264.

515) *Harnack,* Math. Ann. 12, p. 47.

516) *Harnack,* a. a. O. p. 81; *F. Schur,* Math. Ann. 20, p. 262; vgl. auch die Beziehung zu zwei in Quadrupellage befindlichen kollinearen Räumen bei *Schröter,* Math. Ann. 20, p. 243; *Timerding,* Ann. di mat. (3) 1 (1898), p. 95 behandelt die quadratische Transformation einer Geraden in eine φ_4. Über die Transformation der φ_4'' vgl. *Schwarz,* J. f. Math. 64 (1865), p. 7; über die Transformation der 2. Spezies in sich *Rohn,* Leipz. Ber. 1890, p. 212.

517) *Harnack,* a. a. O.

518) *Plücker,* J. f. Math. 34 (1847), p. 341 = Werke 1, p. 417; *Chasles,* Par. C. R. 53 (1861), p. 767; *Cayley,* Phil. Mag. 25 (1863), p. 350 = Coll. pap. 5, p. 106; *Lindemann,* Vorles., p. 421.

126. Realitäts- und Gestaltsverhältnisse. Die φ_4 hat bezüglich ihrer Realität vier Formen, die durch folgende Angaben charakterisiert sind (vgl. Nr. **74**): I. Vier reelle Hauptpunkte, vier reelle Kegel, zwei paare Züge; II. Vier reelle Hauptpunkte, zwei reelle Kegel, keine reellen Züge; III. Zwei reelle Hauptpunkte, zwei reelle Kegel, ein paarer Zug; IV. Kein reeller Hauptpunkt, kein reeller Kegel, zwei unpaare Züge[519]).

127. Besondere Raumkurven 4. Ordnung. Die Schnittlinien einer Fläche 2. Ordnung mit einer Kugel heissen *cyklische Kurven*. Sie sind von *Lamé, Darboux, Chasles, Laguerre* behandelt worden[520]). Zu ihnen gehören die *sphärischen Kegelschnitte*[521]) und das *Viviani*'sche *Fenster*[522]). Eine besondere Form der φ_4 hat *Schröter*[523]) behandelt: Legt man durch jedes der drei Paar Gegenseiten eines Tetraeders ein orthogonales Hyperboloid, so schneiden sich diese drei Hyperboloide zu zweien in einer φ_4, die von jeder zu einer Tetraederkante senkrechten Ebene in vier Punkten eines Kreises geschnitten wird. Die *Krümmungslinien* als Schnittkurven zweier konfokaler Flächen wurden schon in Nr. **66** erwähnt.

---

519) Der erste Versuch einer Aufzählung der Formen rührt von *Hachette,* Corr. polyt. 1 (1808), p. 370 her. Die obige Einteilung fanden gleichzeitig *Sturm,* Flächen 3. O. (1867), p. 264, 304; *Cremona,* J. f. Math. 68 (1868), p. 124; *Painvin,* Nouv. Ann. (2) 7 (1868), p. 481, 529 und 8 (1869), p. 49. Vgl. ferner *Killing,* Diss. 1872, p. 15; *Darboux,* Classe remarqu., p. 29; *J. Carou,* Nouv. Ann. (2) 12 (1873), p. 270; *H. G. Zeuthen,* Om Flader af fjerde Orden, Festkr. Kjöbenhavn 1879. Über die Arten der φ_4' und φ_4'' vgl. *Killing,* a. a. O. p. 29. Besonders durch die *darstellende Geometrie* ist die Kenntnis der Gestalten der Raumkurven 4. O. gefördert worden, vgl. *Pohlke,* Darst. Geom. (1870, 1876) 2, Kap. 5; *Ch. Wiener,* Lehrbuch d. darst. Geom. 2 (1887), p. 285. Hervorzuheben sind ferner die von *H. Wiener* (1889) angefertigten *Fadenmodelle* zur Darstellung der Raumkurven 4. O., vgl. *Dyck,* Katalog, p. 269.

520) *Lamé,* Examen, p. 36; *Darboux,* Nouv. Ann. (2) 3 (1864), p. 199; Classe remarqu., p. 399; *Chasles,* J. de math. (1) 3 (1838), p. 434; *Laguerre,* Soc. phil. 4 (1867), p. 51; 5 (1868), p. 40; vgl. *Townsend,* Cambr. Dubl. math. J. 4 (1849), p. 66.

521) Der Name von *Magnus,* Gerg. Ann. 16 (1825/26), p. 33 und *Magnus* 2, p. 202; vgl. *Chasles,* J. de math. (1) 1 (1836), p. 329; *Steiner,* Werke 1, p. 117; *Chasles,* Par. C. R. 50 (1858), p. 623 und J. de math. (2) 5 (1860), p. 425; *Borgnet,* Nouv. Ann. (1) 7 (1848), p. 147, 174; *Vannson,* Nouv. Ann. (1) 19 (1859), p. 197; *Heilermann,* Zeitschr. Math. Phys. 6 (1861), p. 153, 326; *Fiedler,* ebenda 7 (1862), p. 33, 225.

522) *Darboux,* Classe remarqu., p. 27.

523) *Schröter,* J. f. Math. 93 (1882), p. 132; *H. Thieme,* Zeitschr. Math. Phys. 27 (1882), p. 56; *W. Stahl* zeigt Jahrb. der Fortschr. 14 (1885), p. 567, dass jede φ_4 durch Kollineation in die *Schröter*'sche Form übergeführt werden kann.

XII. Das Flächenbündel 2. Ordnung.

128. Begriff des Flächenbündels 2. Ordnung. Der Begriff des Bündels erscheint zuerst bei *Lamé*[524]): Sind $f=0$, $g=0$, $h=0$ drei Flächen 2. Ordnung (die keinem Büschel angehören), so ist $f+\lambda g+\mu h=0$ der Inbegriff aller Flächen 2. Ordnung, *die durch die acht Schnittpunkte jener drei gehen.* Zugleich wird von *Lamé* der Satz angedeutet[525]), dass durch sieben dieser Schnittpunkte der achte bestimmt ist. Volle Bestimmtheit erhält der Satz erst durch *Plücker*'s Untersuchungen über die Abhängigkeit der Schnittpunkte von drei Flächen n^{ter} Ordnung[526]) („*Cramer*'sches Paradoxon"). Während sich spezielle Fälle gleichzeitig bei einem *Ungenannten*, bei *Steiner* (auch die dualen Sätze) und *Gergonne* finden[527]), erfährt der allgemeine Satz für Flächen 2. Ordnung bald weitere Behandlung durch *Magnus* und *Hesse*[528]). Infolge dieses Satzes kann das Bündel auch definiert werden als der Inbegriff aller Flächen 2. Ordnung, *die durch sieben gegebene Punkte gehen*[529]). In wiefern diese sieben Punkte von *allgemeiner* Lage sein müssen, wird von *v. Staudt* näher besprochen[530]). Statt der sieben Punkte können auch sieben Paar harmonischer Pole zur Bestimmung des Bündels dienen, was *Plücker* für besondere Fälle andeutet, *Chasles* und *E. de Jonquières* aber allgemeiner benutzen[531]). Dass durch zwei beliebige Punkte im allgemeinen *eine* Fläche des Bündels bestimmt ist, kennzeichnet dieses als *lineares System* 2. Stufe. Die Benennung „Bündel" an Stelle des früheren „Netz" ist seit *Sturm* die gebräuchlichste[532]).

Das duale Gebilde nennt *Reye* eine *Scharschar*[533]).

Die durch sieben Punkte gehenden Raumkurven 4. Ordnung 1. Spezies bilden ein φ_4-*Bündel* und sofern sie auf einer Fläche des

---

524) *Lamé,* Examen (1818), p. 29, 37.

525) Ebenda, p. 38.

526) *Plücker,* Gerg. Ann. 19 (1828/9), p. 129 = Werke 1, p. 83; vgl. *Gergonne,* Gerg. Ann. 17 (1826/7), p. 214, sowie *A. Brill-M. Noether,* Jahresber. d. Math.-Ver. 3 (1893), p. 289 ff.

527) *Anonymus,* J. f. Math. 3 (1828), p. 199; *Steiner,* ebenda, p. 205 = Werke 1, p. 171; *Gergonne,* Gerg. Ann. 19 (1828/9), p. 133.

528) *Magnus* 2, p. 287; *Hesse,* J. f. Math. 20 (1840), p. 297 = Werke, p. 37.

529) *Plücker,* Gerg. Ann. 19 (1828/9), p. 133 = Werke 1, p. 86.

530) *v. Staudt,* Beitr. (1860), p. 367.

531) *Plücker,* Gerg. Ann. 19, p. 137 = Werke 1, p. 88; *Chasles,* Par. C. R. 52 (1861), p. 1157; *E. de Jonquières,* J. de math. (2) 7 (1862), p. 412.

532) *Sturm,* Flächen 3. O., p. 37; J. f. Math. 70 (1869), p. 212.

533) *Reye,* J. f. Math. 82 (1877), p. 71; eine spezielle Scharschar untersucht *J. Druxes,* Dissert. Strassburg 1896.

F_2-Bündels liegen, einen φ_4-*Büschel*. Beide Gebilde wurden gleichzeitig mit dem F_2- Bündel synthetisch von *Sturm* untersucht[534]).

129. Bündel und Ebene; Bündel und Gerade. Das Kegelschnittbündel, in welchem das F_2-Bündel von einer Ebene geschnitten wird, untersucht *Sturm*. Eine Gerade wird in jedem ihrer Punkte von einer Fläche des Bündels berührt[535]). Dass die Erzeugenden aller Flächen des Bündels einen Komplex 3. Grades bilden, wird von *Sturm, Darboux* und *Reye* ausgeführt[536]).

130. Polarentheorie im Bündel. Zugleich mit dem Begriff des Bündels ergiebt sich bei *Lamé* in spezieller Form[537]) der Satz, dass die Polarebenen eines Punktes P bezüglich der Bündelflächen durch einen Punkt P' gehen. Den allgemeinen Satz entwickeln *Plücker* und *Bobillier*[538]). P und P' heissen *„zugeordnete Pole“* oder[539]) *„konjugierte Punkte“* im Bündel.

Die Polarentheorie des F_2-Bündels leitet über zu der *Raumkurve* und *Fläche 3. Ordnung*. Die reziproken Polaren einer Geraden in Bezug auf die Bündelflächen bilden die Sehnenkongruenz einer φ_3[540]) und die Pole einer Ebene eine F_3.[541])

131. Die Kernkurve des Bündels. Der Ort der Punkte, deren Polarebenen in Bezug auf die Bündelflächen nicht einen Punkt, sondern eine Gerade gemein haben, ist die *Kernkurve* des Bündels. Sie ist zugleich der Ort der Spitzen der im Bündel enthaltenen Kegel, sowie der Ort der Ecken der Polartetraeder der im Bündel enthaltenen

---

534) *Sturm*, a. a. O. und Math. Ann. 1 (1869), p. 550; analytisch entwickelt die wesentlichsten Sätze über das Bündel *S. Gundelfinger* in Salmon-Fiedler, Raum 1, p. 410 (zuerst in der 2. Aufl. 1874).

535) *Sturm*, J. f. Math. 70 (1869), p. 215.

536) *Sturm*, a. a. O. p. 213; *Darboux*, Bull. scienc. math. (1) 1 (1870), p. 351; *Reye*, J. f. Math. 82 (1877), p. 73; Die Fläche der gemeinsamen Tangenten dreier F_2 untersucht *A. R. Johnson*, Ed. Times 54 (1891), p. 64.

537) *Lamé*, Examen, p. 38; vgl. *Bobillier*, Gerg. Ann. 17 (1826/7), p. 360; *Steiner*, J. f. Math. 3 (1828), p. 206 = Werke 1, p. 173.

538) *Plücker*, Gerg. Ann. 19 (1828/9), p. 137 = Werke 1, p. 88; *Bobillier*, Gerg. Ann. 18 (1827/8), p. 268; vgl. auch *Hesse*, J. f. Math. 24 (1842), p. 37 = Werke, p. 52, der auf den Satz seine Konstruktion der F_2 aus neun Punkten gründet.

539) *Steiner*, Syst. Entw., p. 163 = Werke 1, p. 350; *Hesse*, J. f. Math. 24, p. 38 = Werke, p. 53.

540) *Sturm*, Flächen 3. O., p. 32.

541) *Hesse*, J. f. Math. 49 (1853), p. 279 = Werke, p. 346; *Steiner*, J. f. Math. 53 (1857), p. 134 = Werke 2, p. 653; *R. Sturm*, Flächen 3. O., p. 28; *Geiser*, J. f. Math. 69 (1868), p. 197.

Büschel (daher auch *Quadrupelkurve*). Sie ist zuerst von *Hesse*[542]) betrachtet und für ihn dadurch von Bedeutung geworden, dass sie auf die allgemeine ebene Kurve 4. Ordnung eindeutig abbildbar ist und die Lösung des Problems der Doppeltangenten der letzteren vermittelt. Rang, Klasse und Singularitäten der Kernkurve hat *Sturm* synthetisch untersucht[543]).

132. Das System der acht associierten Punkte. Die unter Nr. **128** erwähnte Abhängigkeit der acht Schnittpunkte dreier Oberflächen 2. Ordnung („acht associierter Punkte“) findet in verschiedenen geometrischen Eigenschaften ihren Ausdruck, die zum Teil auch zur linearen Konstruktion des achten Punktes aus sieben gegebenen dienen.

Von *Hesse*[544]) wurde zuerst der Satz gefunden, dass die Ecken zweier Polartetraeder einer Fläche 2. Ordnung acht associierte Punkte bilden, und umgekehrt acht associierte Punkte irgendwie zu 2×4 verteilt, die Ecken zweier Polartetraeder einer Fläche 2. Ordnung bilden. Einen synthetischen Beweis für diesen Satz gab *v. Staudt*[545]). *P. Serret* verteilt in ähnlicher Weise acht associierte Punkte auf ein Polfünfeck und ein Poldreieck einer singulären Fläche 2. Klasse[546]).

Von *Hesse* wurde ferner ein dem *Pascal*'schen Satze analoger Satz über acht associierte Punkte $1, 2, \ldots, 8$ entwickelt, der später von *Th. Weddle* und *H. G. Zeuthen* in die vervollkommnete Gestalt gebracht wurde[547]): Die Doppellinien der vier Ebenenpaare 123×567, 234×678, 345×781, 456×812 liegen hyperboloidisch.

---

542) *Hesse,* J. f. Math. 49 (1855), p. 282 = Werke, p. 349.

543) *Sturm,* Flächen 3. O., p. 37, 322; Math. Ann. 1 (1869), p. 554; J. f. Math. 70 (1869), p. 223. Weitere Untersuchungen der Kurve finden sich bei *Chasles,* Par. C. R. 52 (1861), p. 1157; *de Jonquières,* J. de math. (2) 7 (1862), p. 412; *Geiser,* J. f. Math. 69 (1868), p. 197, 218; *Darboux,* Bull. scienc. math. (1) 1 (1870), p. 352; *A. Cayley,* Mess. of Math. 5 (1871), p. 200 = Coll. pap. 8, p. 414; *W. Stahl,* J. f. Math. 92 (1882), p. 180.

544) *Hesse* giebt den Satz J. f. Math. 20 (1840), p. 297 = Werke, p. 36 und Vorles., p. 197, die anschliessende Konstruktion des 8. Punktes, Werke, p. 46; vgl. *Schröter,* J. f. Math. 99 (1885), p. 131.

545) *v. Staudt,* Beitr. (1860), p. 373.

546) *P. Serret,* Géom. de direction (1869), p. 317 mit anschliessender Konstruktion des 8. Punktes.

547) *Hesse,* J. f. Math. 20 (1840), p. 307 = Werke, p. 49, die daraus folgende Konstruktion p. 47; ferner J. f. Math. 26 (1843), p. 152 = Werke, p. 80; J. f. Math. 45 (1853), p. 101 = Werke, p. 316; J. f. Math. 73 (1871), p. 371 = Werke, p. 561; aus *Hesse*'s Nachlass J. f. Math. 85 (1873), p. 304 = Werke, p. 651; J. f. Math. 99 (1885), p. 127 = Werke, p. 680. *Weddle,* Cambr. Dubl. math. J. 5 (1850), p. 58, 234 (duale Form des im Text gegebenen Satzes); *Zeuthen,* Acta math. 12 (1889), p. 362. Weitergehende Untersuchungen bei *H. Dobriner,* ebenda,

Endlich hat *Hesse* die Raumkurve 3. Ordnung herangezogen in dem Satze: Eine φ_3, welche durch sechs von acht associierten Punkten geht, hat die Verbindungslinie der beiden übrigen zur Sehne[548]).

Die Abhängigkeit der acht associierten Punkte von einander wird auch dadurch erläutert, dass bei festgehaltenen sechs und gegebener Bewegung des 7. Punktes die Bewegung des 8. untersucht wird[549]).

Zwei andere Probleme stehen mit der Konstruktion des 8. associierten Punktes aus sieben gegebenen in wechselseitiger Beziehung: Die Bestimmung des 9. Schnittpunktes der durch acht Punkte gehenden ebenen Kurven 3. Ordnung[550]) und die Theorie der acht Schnittpunkte zweier Gerader mit der ebenen Kurve 4. Ordnung[551]).

133. Spezielle Bündel. Während zwei Flächen 2. Ordnung im allgemeinen ein gemeinsames Poltetraeder besitzen, haben drei Flächen 2. Ordnung im allgemeinen kein gemeinsames Polfünfeck; wenn sie aber ein solches haben, so haben sie, wie *Darboux* bemerkt, unendlich viele. *W. Frahm* und *E. Toeplitz* finden als notwendige und hinreichende Bedingung hierfür, dass die drei Flächen die ersten Polaren dreier Punkte in Bezug auf eine Fläche 3. Ordnung sind; sie bestimmen dann ein *Bündel mit Polfünfeck*[552]).

Liegen die sieben Grundpunkte des Bündels auf der durch sechs von ihnen bestimmten φ_3, so gehen alle Flächen des Bündels durch die φ_3 und es liegt ein *Bündel mit kubischer Grundkurve* vor[553]) (vgl. Nr. **94**).

---

p. 339; die obige Form des Satzes auch bei *Buchheim,* Mess. of Math. (2) 14 (1884), p. 74; *Schröter,* Acta math. 14 (1890), p. 207. Vgl. auch die Konstruktion von *F. Caspary,* J. f. Math. 99 (1885), p. 128.

548) *Hesse,* J. f. Math. 26 (1843), p. 147 = Werke, p. 79. Über die Konstruktion ausserdem *v. Staudt,* Beitr., p. 366; *Reye,* Ann. di mat. (2) 2 (1869), p. 130; *H. Müller,* Math. Ann. 1 (1869), p. 409. Andere Konstruktionen geben *H. Piquet,* J. f. Math. 73 (1871), p. 365; 99 (1885), p. 230; *Zeuthen,* Math. Ann. 18 (1881), p. 33; *Sturm,* J. f. Math. 99 (1885), p. 317; *Zeuthen,* ebenda, p. 320.

549) *Geiser,* J. f. Math. 67 (1867), p. 88; *Sturm,* Math. Ann. 1 (1869), p. 558 *V. Eberhard,* Diss. Breslau 1885.

550) *J. H. Engel,* Wolf's Zeitschr. 34 (1889), p. 299; *H. Piquet,* Soc. math. France 22 (1894), p. 19.

551) *Hesse,* J. f. Math. 49 (1853), p. 289 = Werke, p. 355.

552) *Darboux,* Bull. scienc. math. (1) 1 (1870), p. 353; *W. Frahm,* Math. Ann. 7 (1874), p. 635; *E Toeplitz,* Dissert. Leipzig 1876 und Math. Ann. 11 (1877), p. 434; vgl. auch *Reye,* J. f. Math. 82 (1877), p. 75; *Townsend,* Quart. J. 11 (1871), p. 347; vgl. auch *Schläfli-Steiner*'s Briefwechsel p. 95.

553) *Geiser,* J. f. Math. 69 (1868), p. 215; *Sturm,* J. f. Math. 70 (1869), p. 238; *J. Cardinaal,* J. f. Math. 101 (1887), p. 142; *Reye,* G. d. L. 2, p. 221. Nach *Sturm,* Liniengeom. 1, p. 252 kann die *Grundkurve in drei Gerade* zerfallen.

Drei Hyperboloide, die eine Gerade gemein haben, schneiden sich noch in vier Punkten und bestimmen ein *Bündel mit Grundgerader und vier Grundpunkten*[554]).

Auch drei Flächen, die *einen Kegelschnitt und zwei Punkte* gemein haben, bestimmen ein spezielles Bündel. Ein besonderer Fall von diesem ist das durch drei Kugeln bestimmte *Kugelbündel* oder die lineare Kugelkongruenz[555]) im engern Sinne (vgl. Nr. **149**).

XIII. Das Gebüsch von Flächen 2. Ordnung.

134. Begriff des Gebüsches. Sind $f=0$, $g=0$, $h=0$, $k=0$ vier Flächen 2. Ordnung, welche keinem Bündel angehören, so bilden die ∞^3 Flächen:

$$f+\lambda g+\mu h+\nu k=0$$

ein *lineares System 3. Stufe* oder *ein Gebüsch von Flächen 2. Ordnung* (F_2-Gebüsch).

Durch einen Punkt des Raumes gehen ∞^2 Flächen des Gebüsches, die ein Bündel bilden. Jeder Punkt gehört einem System associierter Punkte des Gebüsches an. Durch zwei Punkte gehen ∞^1 Flächen des Gebüsches, die einen Büschel bilden. Jedes Punktpaar gehört einer φ_4 des Gebüsches an. Durch drei Punkte geht eine Fläche des Gebüsches.

Der Begriff des Gebüsches tritt bei *E. de Jonquières*[556]) auf, der dasselbe auch durch sechs Paare harmonischer Punkte bestimmt. Es wird weiterhin behandelt von *Sturm*, der es ursprünglich als „Netz" bezeichnet hatte[557]), diesen Namen aber später mit „Gebüsch" vertauschte[558]), und ferner von *Reye*[559]), der daneben auch das duale Gebilde, *das lineare Gewebe 3. Stufe* (Φ_2-Gewebe), in Betracht zieht[560]).

135. Polarentheorie im Gebüsch. *De Jonquières*[561]) bemerkte, dass die Polarebenen zweier Punkte bezüglich der Flächen des Ge-

554) *Chasles*, Propr. der φ_3, Nr. 29; *Sturm*, Math. Ann. 1 (1869), p. 559; *Reye*, G. d. L. 3, p. 140. Nach *Darboux*, Bull. scienc. math. (1) 1 (1870), p. 354 und *Sturm*, Liniengeom. 1, p. 336 zerfällt der Komplex 3. Grades der Nr. **129** in diesem Falle in einen linearen und einen tetraedralen; vgl. auch das von *W. Fr. Meyer*, Arch. Math. Phys. (3) 5 (1902), p. 168 betrachtete Bündel, dessen Grundpunkte die Mittelpunkte der 8 einem Tetraeder einbeschriebenen Kugeln sind.

555) *Reye*, G. d. Kugeln, p. 21, 79.

556) *De Jonquières*, J. de math. (2) 7 (1862), p. 412; vgl. *Cremona*, Grundz., p. 44 und J. f. Math. 68 (1868), p. 11.

557) *Sturm*, Flächen 3. O. (1867), p. 106.

558) *Sturm*, J. f. Math. 70 (1869), p. 212.

559) *Reye*, G. d. L. 3, p. 140. 560) *Reye*, J. f. Math. 82 (1877), p. 5.

561) *De Jonquières*, a. a. O., p. 412.

büsches homologe Ebenen zweier kollinearer Räume sind. Neben *Darboux*[562]) geht besonders *Reye*[563]) auf die Polarentheorie ein. Nach ihm bilden die reziproken Polaren einer Geraden in Bezug auf die Flächen des Gebüsches einen tetraedralen Komplex.

136. Projektive Beziehung auf den Ebenenraum. *Th. Berner*[564]) hat das Gebüsch Σ auf den Ebenenraum Σ_1 projektiv bezogen, indem er jeder Fläche von Σ die Polarebene eines festen Punktes in Bezug auf die Fläche zuordnete. Einem F_2-Bündel oder F_2-Büschel von Σ entspricht dann ein Ebenenbündel oder Ebenbüschel in Σ_1. Jeder φ_4 zweier Flächen von Σ entspricht eine Gerade in Σ_1; jeder Gruppe associierter Punkte dreier Flächen in Σ ein Punkt in Σ_1; und bezüglich umgekehrt. Weiter ausgeführt sind diese Beziehungen von *Reye*[565]).

137. Die Kernfläche des Gebüsches. Der Ort eines Punktes P, dessen Polarebenen bezüglich aller Flächen des Gebüsches durch einen Punkt Q gehen, wird in einer Aufgabe von *Steiner* verlangt[566]). Er ist eine Fläche 4. Ordnung K_4, die *Kernfläche*[567]) (*Jacobi'sche Fläche*) des Gebüsches[568]). Die beiden Punkte P und Q liegen beide auf K_4 und heissen *konjugierte Punkte* bezüglich des Gebüsches. Die Kernfläche ist zugleich der Ort der Spitzen der ∞^2 *Kegel*, die dem Gebüsch angehören. Ihre Gleichung erhält man durch Nullsetzen der Funktionaldeterminante von f, g, h, k. Das Gebüsch enthält nach *Reye*[569]) im allgemeinen *zehn Ebenenpaare*, deren Doppellinien auf K_4 liegen.

Bei der unter Nr. **136** erwähnten Beziehung entsprechen, wie *Reye* ausführt[570]), den Kegeln des Gebüsches Σ im Raume Σ_1 die Berührungsebenen einer Fläche 4. Klasse und 16. Ordnung Φ_4, den Spitzen der Kegel die Berührungspunkte der Ebenen. Die Φ_4 ist die Brennfläche einer Strahlenkongruenz 28. Ordnung und 12. Klasse.

138. Die Hauptstrahlen im Gebüsch. Die Verbindungslinie zweier von acht associierten Punkten des Gebüsches nennt *Reye*[571]) einen *Hauptstrahl*. Ein Hauptstrahl wird, wie der Sache nach schon

562) *Darboux*, Bull. scienc. math. (1) 1 (1870), p. 354.

563) *Reye*, G. d. L. 3, p. 141.

564) *Th. Berner*, Diss. Berlin 1865.

565) *Reye*, G. d. L. 2 (1868), p. 246; 3 (1892), p. 142; J. f. Math. 86 (1879), p. 85; vgl. *Sturm*, Liniengeom. 2, p. 278.

566) *Steiner*, Syst. Entw., p. 310, Aufgabe 51 = Werke 1, p. 450.

567) *Steiner*, J. f. Math. 53 (1857), p. 138 = Werke 2, p. 656.

568) Vgl. *Sturm*, Flächen 3. O., p. 108; *Darboux*, Bull. scienc. math. (1) 1 (1870), p. 354. Die duale Kernfläche des linearen Gewebes 3. Stufe betrachtet *Reye*, J. f. Math. 82 (1877), p. 76.

569) *Reye*, J. f. Math. 86 (1879), p. 89.

570) Ebenda, p. 86.

571) *Reye*, J. f. Math. 86 (1879), p. 86ff.; vgl. *Sturm*, Liniengeom. 2, p. 278; *Reye*, G. d. L. 3, p. 144.

Darboux[572]) bemerkt hatte, von den Flächen des Gebüsches in einer Punktinvolution geschnitten. Die Doppelpunkte dieser, die sich selbst associiert sind, sind konjugierte Punkte bezüglich des Gebüsches. Ein Hauptstrahl ist auch die Verbindungslinie zweier konjugierter Punkte[572]). Die *Kongruenz der Hauptstrahlen*, auf die *Steiner* in der unter Nr. **137** angeführten Aufgabe hinweist, erwähnt *Darboux*[572]). Für das Gebüsch in Nr. **142** hatte schon *Sturm* Ordnung und Klasse der Kongruenz bestimmt[573]). Jedem Hauptstrahl entspricht nach *Reye* im Raume Σ_1 eine *Doppeltangente* der Φ_4.[574])

139. Gebüsch und Steiner'sche Fläche. Einer im Gebüsch Σ angenommenen Ebene, deren Punkten je ein Punkt in Σ_1 entspricht, entspricht hier, wie *Reye*[575]) bemerkt, eine *Steiner'sche (römische) Fläche* von der 4. Ordnung und 3. Klasse.

140. Gebüsch mit einem oder mehreren Grundpunkten. Gehen alle Flächen des Gebüsches durch einen festen Punkt (Grundpunkt), so gehört dieser zu jedem System associierter Punkte. Jede durch ihn gehende Gerade ist ein Hauptstrahl. Er ist Knotenpunkt der Kernfläche. Auf die Fälle mit einem und mit mehr Grundpunkten geht *Reye*[576]) näher ein und zeigt, wie sich die Φ_4 und die *Steiner*'sche Fläche jedesmal spezialisiert.

141. Gebüsch mit sechs Grundpunkten. Am meisten behandelt ist das Gebüsch mit sechs Grundpunkten, seine allgemeine Theorie besonders von *Sturm*[577]) im Zusammenhang mit dem Problem der Projektivität und von *Reye*[578]). Was dagegen die Kernfläche dieses Gebüsches betrifft, so wirft schon *Gergonne*[579]) die Frage nach dem Ort der Spitzen der Kegel 2. Ordnung durch sechs Punkte auf. *Chasles*[580]) giebt irrtümlich als solchen Ort eine φ_8 an. Dies korrigiert zuerst *Weddle*[581]). Die Gleichung der Kernfläche giebt *Cayley* und *C. A. v. Drach*[582]). Weitere analytische Untersuchungen finden

572) *Darboux,* Bull. scienc. math. (1) 1 (1870), p. 354.

573) *Sturm,* Flächen 3. O., p. 139, 114; vgl. *Reye,* G. d. L. 3, p. 121.

574) *Reye,* G. d. L. 3, p. 145.

575) *Reye,* G. d. L. 2 (1868), p. 246; J. f. Math. 86 (1879), p. 89.

576) *Reye,* G. d. L. 3, p. 152; J. f. Math. 86, p. 90.

577) *Sturm,* Math. Ann. 1 (1869), p. 554.

578) *Reye,* G. d. L. 3, p. 158.

579) *Gergonne,* Gerg. Ann. 18 (1827/28), p. 184.

580) *Chasles,* Aperçu, p. 403 f.; vgl. *Cremona,* Ann. di mat. (1) 1, p. 168.

581) *Weddle,* Cambr. Dubl. Math. J. 5 (1850), p. 69; vgl. *E. Laguerre,* Bull. soc. math. 1 (1872). p. 71.

582) *Cayley,* Par. C. R. 52 (1861[1]), p. 1216 = Coll. pap. 5, p. 4; *Drach,* Kub. Kegelschn. (1867), p. 34.

sich bei *C. Hierholzer* und *E. Hunyady*[583]), synthetische bei *Geiser* und *Sturm*[584]). Mit Hilfe der Thetafunktionen von zwei Variabeln wird die Kernfläche von *F. Schottky, F. Caspary* und *G. Humbert* behandelt[585]). Die Kernfläche geht durch die 15 Kanten des Sechsecks der Grundpunkte und die Doppellinien seiner zehn Paar Gegenebenen. Sie enthält die kubische Raumkurve durch die sechs Punkte, deren Sehnen Hauptstrahlen sind und von der Kernfläche in vier harmonischen Punkten geschnitten werden. Die Doppeltangenten der Φ_4 bilden eine Strahlenkongruenz 2. Ordnung und 2. Klasse, deren Brennfläche Φ_4 die *Kummer'sche Fläche* ist[586]).

Das Gebüsch wird von *Sturm* und später von *V. Eberhard* zur Definition einer involutorischen Verwandtschaft benutzt, da jeder Punkt mit den sechs Grundpunkten einen Punkt als achten associierten bestimmt[587]).

142. Das Gebüsch der 1. Polaren einer F_3. Die ersten Polaren aller Punkte des Raumes in Bezug auf eine Fläche 3. Ordnung machen ein spezielles F_2-Gebüsch aus, bei dem die Doppellinien der zehn Ebenenpaare die Kanten eines *Pentaeders* bilden. Die Kernfläche des Gebüsches wird die *Hesse'sche oder Steiner'sche Fläche der F_3* genannt. Eingehende Untersuchungen über dieselbe gaben *Steiner, Sturm* und *Cremona*[588]).

Die Frage, wann das F_2-Gebüsch das hier betrachtete spezielle ist, behandeln *W. Frahm, E. Toeplitz* und *H. Thieme*[589]).

143. Gebüsch mit einer oder zwei Basisgeraden. Vier Flächen 2. Ordnung, die beliebig durch *eine Gerade* gelegt werden, bestimmen im allgemeinen ein F_2-Gebüsch. Die Flächen des Gebüsches schneiden sich büschelweise in der Basisgeraden und einer φ_3, bündelweise in der Basisgeraden und vier associierten Punkten (vgl. Nr. **133**). Die Kernfläche ist der Ort der Doppelgeraden der Ebenenpaare des Ge-

583) *C. Hierholzer,* Math. Ann. 2 (1870), p. 583; 4 (1871), p. 172; *E. Hunyady,* J. f. Math. 92 (1882), p. 304; *F. Caspary,* Bull. scienc. math. (2) 13 (1889), p. 221.

584) *Geiser,* J. f. Math. 67 (1867), p. 89; *Sturm,* a. a. O.

585) *F. Schottky,* J. f. Math. 105 (1889), p. 238; *F. Caspary,* Bull. scienc. math. (2) 15 (1891), p. 308; *G. Humbert,* J. de math. (4) 9 (1893), p. 466.

586) *Reye,* J. f. Math. 86 (1879), p. 97.

587) *Sturm,* a. a. O.; *Eberhard,* Diss. Breslau 1885.

588) *Steiner,* J. f. Math. 53 (1857), p. 138 = Werke 2, p. 656; *Sturm,* Flächen 3. O. (1867), p. 127; *Cremona,* J. f. Math. 68 (1868), p. 46.

589) *Frahm,* Math. Ann. 7 (1874), p. 635; *Toeplitz,* Math. Ann. 11 (1877), p. 432; *Thieme,* Zeitschr. Math. Phys. 24 (1879), p. 221, 276. Vgl. auch *Reye,* G. d. L. 3, p. 96, 113; *Schur,* Math. Ann. 18 (1881), p. 26; *Thieme,* Math. Ann. 28 (1886), p. 133. Vgl. III C 6 a, Nr. **20**.

büsches. Das Gebüsch ist von *R. Krause*, *Reye* und *J. Cardinaal* untersucht worden[590]).

Bei *zwei Basisgeraden* haben die Polarebenen eines Punktes in Bezug auf alle Flächen des Gebüsches einen Punkt gemein und die Kernfläche wird unbestimmt. Bei *Sturm* erscheint dieses Gebüsch als das der Trägerflächen der Regelscharen eines Strahlennetzes, während es selbständig von *Silldorf* und *A. Rasche* behandelt ist[591]).

144. Gebüsch mit Basiskegelschnitt. Die *Jacobi*'sche Fläche von vier Flächen 2. Ordnung, die einen Kegelschnitt gemein haben, besteht nach *Reye*[592]) aus der doppelt zählenden Ebene des letzteren und einer durch ihn gehenden Fläche 2. Ordnung.

Für das hierher gehörige *Kugelgebüsch* (linearer Kugelkomplex im engern Sinne, vgl. Nr. **149**) ist die *Jacobi*'sche Fläche die *Orthogonalkugel* der vier das Gebüsch bestimmenden Kugeln[593]).

145. Gebüsch mit Polartetraeder. Alle Flächen 2. Ordnung, die ein gegebenes Tetraeder als Polartetraeder haben, bilden ein Gebüsch, dessen Kernfläche aus den Seitenebenen des Tetraeders besteht. Das Gebüsch ist zuerst von *L. Painvin* und später von *K. Meister* untersucht[594]). *H. E. Timerding* führt die Ebenen des Raumes durch quadratische Transformation in ein solches Gebüsch über[595]).

Dass es für vier Flächen 2. Ordnung im allgemeinen kein gemeinsames *Polsechseck* (noch weniger Polfünfeck) giebt, bemerkt *G. Darboux*[596]).

XIV. Systeme und Gewebe 4. bis 9. Stufe.

146. Begriff des Systems und Gewebes. Im Anschluss an *Cremona*'s[597]) Untersuchungen über Systeme von Flächen n^{ter} Ordnung hat *Reye* zuerst die Systeme der Flächen 2. Ordnung im Zusammenhang behandelt[598]). Die Gesamtheit aller ∞^9 Flächen 2. Ordnung und 2. Klasse:

---

590) *R. Krause*, Diss. Strassburg 1879; *Reye*, G. d. L. 3, p. 168, 174; *J. Cardinaal*, J. f. Math. 111 (1893), p. 31.

591) *Sturm*, Liniengeom. 1, p. 252, 254; *Silldorf*, Diss. Münster 1882; *A. Rasche*, Zeitschr. Math. Phys. 20 (1875), p. 133.

592) *Reye*, G. d. L. 3, p. 211.

593) *Reye*, G. d. Kugeln, p. 5, 78 und J. f. Math. 99 (1885), p. 205.

594) *Painvin*, J. f. Math. 63 (1864), p. 58; *K. Meister*, Zeitschr. Math. Phys. 31 (1886), p. 321; 34 (1889), p. 6; vgl. *Reye*, G. d. L. 3, p. 216.

595) *Timerding*, Ann. di mat. (3) 1 (1898), p. 95.

596) *Darboux*, Bull. scienc. math. (1) 1 (1870), p. 357.

597) *Cremona*, Grundz., p. 43 ff. und J. f. Math. 68 (1868), p. 11.

598) *Reye*, J. f. Math. 82 (1877), p. 1. Der allgemeine Koordinatenbegriff

$$F^2 = \sum_1^4{}^i \sum_1^4{}^k a_{ik} x_i x_k = 0 \quad \text{oder} \quad \Phi^2 = \sum_1^4{}^i \sum_1^4{}^k \alpha_{ik} u_i u_k = 0$$

im Raume bildet nach ihm ein F^2-*System,* bezüglich Φ^2-*Gewebe* 9. Stufe. Die zehn Koeffizienten a_{ik} und α_{ik} dienen als *homogene Koordinaten* einer Fläche des Systems oder Gewebes. Durch p homogene (algebraische) Gleichungen zwischen den zehn Koordinaten ist im allgemeinen ein F^2-System oder Φ^2-Gewebe $(9-p)^{\text{ter}}$ *Stufe* bestimmt. Es ist *linear,* wenn die Gleichungen linear sind; es ist vom Grade g, wenn es mit einem linearen System p^{ter} Stufe im allgemeinen g Elemente gemein hat.

147. Lineare Systeme und Gewebe. Ein *lineares System* p^{ter} *Stufe* kann durch eine Gleichung von der Form:

$$\sum_0^p{}^i \lambda_i F_i = 0$$

dargestellt werden (vgl. Nr. **67, 128, 134**), wo $F_i = 0$ $p+1$ linear unabhängige Flächen 2. Ordnung und λ_i $p+1$ homogene Parameter sind. In einem solchen System giebt es im allgemeinen *eine* Fläche, die durch p gegebene Punkte geht.

Die Ortskurve gemeinsamer harmonischer Polepaare aller Flächen des Systems 4. Stufe erwähnt *Darboux.* Im übrigen sind die linearen Systeme 8. bis 4. Stufe von *Reye*[599]) untersucht worden, wobei besonders die Beziehung zur *Apolaritätstheorie* hervortritt. Denn ein lineares F^2-System 8. Stufe besteht aus allen Flächen 2. Ordnung, die irgend einem Polartetraeder einer bestimmten Fläche 2. Klasse umbeschrieben sind (vgl. Nr. **68**). Nach *St. Smith* giebt es eine einzige Fläche 2. Klasse $\Phi = 0$, die zu allen Flächen 2. Ordnung des Systems 8. Stufe

$$\sum_0^8{}^i \lambda_i F_i = 0$$

apolar ist. Die Ebenenpaare des Systems sind harmonische Polarebenenpaare in Bezug auf die Fläche $\Phi = 0$.[600])

---

geht nach *F. Klein,* Vorles., p. 160, 230 auf *Plücker* zurück. Lineare Gleichungen zwischen den Koeffizienten der Gleichung einer Fläche 2. Ordnung betrachtet zuerst *Hesse,* J. f. Math. 45 (1852), p. 89 = Werke, p. 303.

599) *Darboux,* Bull. scienc. math. (1) 1 (1870), p. 357; *Reye,* J. f. Math. 82 (1877), p. 1 ff., 54 ff. Auch lineare Systeme von Kegeln betrachtet *Reye,* G. d. L. 1 (1899), p. 266, 293.

600) *St. Smith,* Lond. Trans. 151 (1861), p. 301 = Coll. pap. 1, p. 375. Hierzu weiter *Gundelfinger,* Arch. Math. Phys. (3) 3 (1901), p. 309; 4 (1902), p. 352.

148. Quadratische Systeme. Indem er die zehn homogenen Koordinaten einer Φ^2 proportional setzt homogenen linearen Funktionen der zehn Koordinaten einer F^2, definiert *Reye*[601]) eine *reziproke Verwandtschaft* zwischen den neunfachen Mannigfaltigkeiten der Φ^2 und der F^2. Als zwei involutorische Formen dieser Reziprozität ergeben sich eine *Polar-* und eine *Nullreziprozität.* Bei dieser stützt jede F^2 die entsprechende Φ^2; bei jener bilden die F^2, die ihre entsprechende Φ^2 stützen, ein *quadratisches* F^2-*System 8. Stufe* in analoger Weise, wie im gewöhnlichen Polarsystem die Punkte, die mit ihrer entsprechenden Ebene vereinigt liegen, eine F^2 bilden (vgl. Nr. 48).

149. Die Kugel als Raumelement. Ausgedehnt behandelt ist die Kugel als Raumelement und zwar in doppeltem Sinne. Einerseits betrachtet man mit *Reye*[602]) alle Kugeln des Raumes als ein *lineares System 4. Stufe.* Ist in rechtwinkligen Koordinaten:

$$\varepsilon(x^2 + y^2 + z^2) - 2\alpha x - 2\beta y - 2\gamma z + \delta = 0$$

die Gleichung einer Kugel, so sind alsdann $\alpha, \beta, \gamma, \delta, \varepsilon$ die fünf homogenen Koordinaten der Kugel.

Andererseits kann man mit *S. Lie*[603]) den Kugelraum als *quadratischen Raum* auffassen. Bezeichnet man nämlich mit $\varrho : \varepsilon$ den Radius der Kugel, so ist:

$$\varrho^2 = \alpha^2 + \beta^2 + \gamma^2 - \delta\varepsilon;$$

man nimmt alsdann die durch diese Gleichung verknüpften Grössen $\alpha, \beta, \gamma, \delta, \varepsilon, \varrho$ als die sechs homogenen Koordinaten der Kugel.

Der *allgemeine lineare Kugelkomplex* der *Lie*'schen Kugelgeometrie:

$$A\alpha + B\beta + C\gamma + D\delta + E\varepsilon + R\varrho = 0$$

ist der Inbegriff aller ∞^3 Kugeln, die eine feste Kugel unter festem Winkel φ schneiden. *Reye*'s linearer Komplex umfasst nur die Fälle $R = 0,\ \varphi = \frac{\pi}{2}$.

601) *Reye,* J. f. Math. 82 (1877), p. 173 ff. Über andere nicht lineare Systeme verschiedener Stufe vgl. ebenda, p. 55 ff., sowie p. 8, 59, 63.

602) *Reye,* G. d. Kugeln, p. 80; Anwendungen auf quadratische Kugelkomplexe, J. f. Math. 99 (1885), p. 205.

603) *S. Lie,* Math. Ann. 5 (1872), p. 145; *F. Klein,* Math. Ann. 5 (1872), p. 257; *Lie,* Transf.-Gr. 3, p. 138; *Klein,* Vorles., p. 208; weitere Litteratur vgl. unter III C 9 und III A 7.

(Abgeschlossen im März 1904.)

III C 3. ABZÄHLENDE METHODEN*).

Von

H. G. ZEUTHEN

IN KOPENHAGEN.

Inhaltsübersicht.

I. Allgemeines.

II. Das Prinzip der Erhaltung der Anzahl (Kontinuitätsprinzip).

---

*) Im wesentlichen lag dieser Artikel schon im Jahre 1899 von der Hand des Verfassers vor und war der Redaktion überreicht. Dem damaligen Plan gemäss war ich bestrebt, die Ausdehnung des Artikels auf ungefähr zwei Druckbogen zu begrenzen. Dies ward nur möglich durch eine Begrenzung des Stoffes auf die verlangten eigentlichen „abzählenden Methoden", während die dadurch erhaltenen Ergebnisse, selbst solche abzählende Resultate wie *Plücker*'sche, *Cayley*'sche, *Salmon*'sche, *Veronese*'sche u. s. w. Formeln auf solche Abteilungen der Encyklopädie verwiesen werden mussten, wohin sie nach ihrem Inhalte gehörten. Die Beschreibung der Bedeutung der Bezeichnungen hätte nämlich einen zu grossen Platz eingenommen. Damit musste auch die Besprechung solcher algebraischer Begründungen der Anzahlformeln, die keine Verbindung mit den eigentlichen abzählenden Methoden hatten, wegfallen.

Nachdem ich jetzt das Manuskript zu neuer Durchsicht bekommen habe, habe ich, ohne andere Änderungen zu machen, an Ort und Stelle die Besprechung der nach 1899 erschienenen Arbeiten, namentlich in Nr. **9**, **17**, **26**, **30** zugefügt und einen Abschnitt, Nr. **33**, neu geschrieben.

März 1905. **H. G. Zeuthen.**

Litteratur.

Monographieen.

H. Schubert: Kalkül der abzählenden Geometrie, Leipzig 1879.

Fred. Schuh: Vergelijkend overzicht der methoden ter bepaling van aantallen vlakke krommen. Proefschrift, Amsterdam 1905. [Mit einem ausführlichen Litteraturverzeichnisse.]

Ferner finden die abzählenden Methoden ausführliche Erörterung oder umfassende Anwendung in *J. V. Poncelet,* Traité des propriétés projectives, Paris

1822 [wir zitieren „Propr. proj." nach der unveränderten 2. Ausgabe (Paris 1865), deren 2. Theil (1866) den Wiederabdruck von späteren Abhandlungen enthält]; *G. Salmon,* Higher plane curves, Dublin 1852, 3^0. ed. 1879; *W. Fiedler*'s deutsche Bearbeitung (2. Aufl., Leipzig 1882) und *G. Halphen*'s Anhang zu der französischen Ausgabe von *O. Chemin*: Etude sur les points singuliers des courbes algébriques planes, Paris 1883; *G. Salmon,* Geometry of three Dimensions, Dublin 1862, 4^0. ed. 1882 und *W. Fiedler*'s deutsche Ausgabe (3. Aufl., Leipzig 1879—80); *L. Cremona,* Introduzione ad una teoria geometrica delle curve piane, Bologna 1862 [zit. Introduzione; deutsch von *M. Curtze,* Greifswald 1865] und Preliminari di una teoria geometrica delle superficie, Bologna 1866 [zit. Preliminari; deutsch von *M. Curtze,* Berlin 1870]; *A. Clebsch,* Vorlesungen über Geometrie, bearb. v. *F. Lindemann,* Leipzig 1875/76, franz. Ausgabe von *A. Benoist,* 3 vol., Paris 1879—80—83; *R. Sturm,* Die Gebilde ersten und zweiten Grades der Liniengeometrie, Leipzig 1892/93; *C. Segre,* Introduzione alla geometria sopra un ente algebrico semplicemente infinito (Annali di matematica (2) 22 (1894), p. 41—142); *F. Klein,* Riemann'sche Flächen 2, autogr. Vorl., Göttingen 1892. — Historische Mitteilungen finden sich auch in *M. Chasles,* Rapport sur les progrès de la géométrie en France, Paris 1870; *A. Brill* und *M. Nöther,* Die Entwicklung der Theorie der algebraischen Funktionen in älterer und neuerer Zeit (Bericht, erstattet der deutschen Math.-Verein. 3 (1894), p. 107—566); *G. Loria,* Il passato ed il presente delle principali teorie geometriche, 2. ed., Torino 1896, besonders p. 259—281 (1. Ausg. in deutscher Übersetzung von *F. Schütte,* Leipzig 1888); *G. Loria,* Notizie storiche sulla geometria enumerativa (Bibliotheca mathematica (2) 2 (1888), p. 39 u. 67; (2) 3 (1889), p. 23); *C. Segre,* Intorno alla storia del principio di correspondenza (Bibliotheca mathematica (2) 6 (1892), p. 33).

I. Allgemeines.

1. Zweck. Ein wesentlicher Teil der Lösung eines algebraischen Problems ist erreicht, wenn man den Grad der Gleichung kennt, wovon es abhängt. Dann gehören schon die Wurzeln, durch die Koeffizienten ausgedrückt, gewissen Klassen von irrationalen Grössen an, und die Bestimmung der Koeffizienten wird nachher oft ein viel einfacheres Problem. Wenn die Gleichung mehrere Unbekannte enthält, ist ihre ganzrationale Form bestimmt, wenn man ihre Grade in Beziehung auf jede der Unbekannten, oder ihren Gesamtgrad in Beziehung auf alle kennt. Die Koeffizienten lassen sich dann durch eine endliche Zahl zusammengehöriger Werte der Unbekannten bestimmen.

Daher ist es nützlich, Methoden zu haben zur Bestimmung der Grade der Gleichungen unabhängig von den algebraischen Ausrechnungen. Weil der Grad einer Gleichung mit der Anzahl ihrer Wurzeln identisch ist, wird die genannte Bestimmung auch eine Abzählung der Wurzeln. Diese Abzählung muss jede r-fache Wurzel r-mal mitnehmen, sowohl imaginäre als reelle Wurzeln umfassen, und in den

Fällen, wo sich der Grad in Beziehung auf die gesuchte Grösse für spezielle Werte anderer Grössen um r erniedrigt, ∞ als r-fache Wurzel betrachten[1]). Bei dem Gebrauche homogener Variablen bieten diese r Auflösungen sich von selbst dar. Noch ist hier zu bemerken, dass eine Gleichung, die im allgemeinen n Auflösungen hat, in Spezialfällen unendlich viele bekommen kann, nämlich wenn sie identisch erfüllt wird.

Besonders in der Geometrie hat man solche Abzählungen benutzt. Um dabei die geometrische Auffassung festzuhalten, spricht man von imaginären und unendlich fernen Punkten, Geraden u. s. w., wenn die sie bestimmenden Grössen imaginär sind oder eine unendliche Entfernung angeben. Diese geometrische Redensart erstreckt sich auch auf mehrdimensionale Räume (III C 9, *Segre*: Mehrdimensionale Räume).

2. Allgemeine Grundbegriffe. Bézout's Theoreme. Auf der algebraischen Darstellung fussend, muss die abzählende Geometrie auch ihren Ausgangspunkt von ihr nehmen. Eine ebene Kurve m^{ter} Ordnung ist eine solche, welche in gewöhnlichen Punktkoordinaten durch eine Gleichung vom m^{ten} Grade dargestellt wird, also jede Gerade in m Punkten schneidet. Als Ausgangspunkt für weitere Untersuchungen hat man vor allen anderen den *Bézout*'schen Satz (1 B 1 b, Nr. **6**, *Netto*; III C 4, Nr. **2**, *Berzolari*) benutzt, dass Kurven von den Ordnungen m_1 und m_2 sich in $m_1 m_2$ Punkten schneiden. Dabei muss man jedoch wissen, wie vielmal jeder gemeinschaftliche Punkt mitgezählt wird. Dies kann (da ein unendlich ferner Punkt durch Transformation in endliche Lage gebracht werden kann) durch die folgende Regel *Halphen*'s[2]) geschehen (III C 4, Nr. **14**, *Berzolari*):

Die Anzahl der in einen Punkt A fallenden Schnittpunkte zweier ebenen Kurven ist gleich der Summe der Ordnungen der unendlich kleinen Strecken, welche zwischen den beiden Kurven abgeschnitten werden, auf einer Geraden, deren Abstand von A unendlich klein erster Ordnung ist.

---

1) Siehe jedoch in Nr. **13** einen Fall, wo dieser projektivische Standpunkt nicht ganz eingenommen ist (nämlich von *Chasles*).

2) S. M. F. Bull. 3 (1875), p. 76; Paris Mémoires présentés par divers savants 26, Nr. **9**, 1878 (vorgelegt 1874), p. 13. Über Behandlungen derselben Frage von *M. Nöther* u. a. siehe III C 4, *Berzolari*: Ebene algebraische Kurven u. 11, *Castelnuovo* u. *Enriques*: Algebraische Transformationen; über ähnliche Fragen für Flächen III C 6, *Castelnuovo* u. *Enriques*: Algebraische Flächen u. 11. Hier und in Nr. **3** führen wir nur solche Regeln an, die eine für Abzählungen besonders bequeme Gestalt haben. Die dabei benutzten Ordnungen unendlich kleiner Grössen ergeben sich oft selbst durch andere Abzählungen.

Ähnlich kann man als allgemeinen Begriff eine Fläche ($r-1$-dimensionales Gebilde) m^{ter} Ordnung im gewöhnlichen (oder r-dimensionalen) Raume einführen als eine solche, die durch eine allgemeine Gleichung m^{ter} Ordnung definiert wird, und die Schnittpunkte von drei (oder r) solchen durch die weiteren *Bézout*'schen Theoreme bestimmen. Während die Eigenschaften jeder algebraischen ebenen Kurve oder Fläche m^{ter} Ordnung, auch der zusammengesetzten, in denjenigen der allgemeinen Kurve oder Fläche dieser Ordnung mit umfasst sind, gilt dasselbe nicht von Raumkurven m^{ter} Ordnung und überhaupt nicht von solchen Gebilden, die von mehreren Gleichungen abhängen. Wenn auch die Kurven m^{ter} Ordnung gewisse Eigenschaften haben, die allein von der Zahl m abhängen (z. B. die Anzahl der Schnittpunkte mit einer gegebenen Fläche), teilen sich diese Kurven in verschiedene Spezies (III C 8, *Rohn*: Algebraische Raumkurven), die für beliebig hohes m weder durch m noch durch m und die Anzahl der scheinbaren Doppelpunkte, noch — unseres Wissens — durch eine endliche Menge von Anzahlen charakterisiert werden können[3]). Ähnliches gilt für die durch Schneiden mehrdimensionaler Gebilde entstehenden Gebilde.

3. Die Begriffe „allgemein“ und „speziell“; Plücker's, Cayley's, Salmon's Formeln u. s. w. An eine ebene Kurve m^{ter} Ordnung kann man $m(m-1)$ Gerade ziehen, welche mit ihr zwei zusammenfallende Schnittpunkte haben. *Poncelet*, der dieses Resultat gefunden hat (Nr. 5[19])), erklärt auch das Paradoxon[4]), dass eine Kurve m^{ter} Ordnung im allgemeinen von höherer Klasse, eine Kurve n^{ter} Klasse, das heisst eine solche, an die man von einem Punkte P n Tangenten ziehen kann (Dualitätsprinzip III A, B 1, *Enriques*: Prinzipien der Geometrie; 3a, *Fano*, Analytische und synthetische Geometrie, u. 5, *Müller*: Die verschiedenen Koordinatensysteme) im allgemeinen von höherer Ordnung ist. Zwar betrachtet man alle die erst gefundenen $m(m-1)$ Geraden als Tangenten, so lange man die Kurve als Spezialfall der allgemeinen Kurve m^{ter} Ordnung auffasst; wenn man sie als Klassenkurve betrachtet, sind die Tangenten dagegen nur diejenigen, welche

3) Siehe *G. Halphen*, S. M. F. Bull. 2 (1874), p. 69; siehe auch Nr. 9. Es giebt z. B. zwei ganz verschiedene Spezies von Raumkurven 9. Ordnung, mit 18 scheinbaren Doppelpunkten, was ausser *Halphen Ed. Weyr* bemerkt hatte (Inauguraldissertation, Prag 1873; siehe im folgenden [135])).

4) Propr. proj. 2, p. 67 u. 228 = J. f. Math. 4 (1829), p. 12 und 8 (1832), p. 392. *Gergonne* war durch das scheinbare Paradoxon zu der Annahme geführt, dass eine Kurve immer von derselben Ordnung und Klasse wäre (Férussac Bull. 9 (1828), p. 302; 10 (1829), p. 285).

eine irreduktible Mannigfaltigkeit bilden. Von den $m(m-1)$ Tangenten sind also diejenigen auszusondern, welche durch einen doppelten oder mehrfachen Punkt gehen, und dualistisch. Das Paradoxon wird also dadurch erklärt, dass die Kurve für $m > 2$ ($n > 2$) entweder singuläre Punkte oder Tangenten haben muss. Hier wie sonst oft (Nr. **9**, **20**, **21**) hängt, namentlich wenn man Figuren durch Anzahlen definiert, die Auffassung von allgemein und speziell von der Fragestellung ab [5]).

Durch solche Betrachtungen wurde *J. Plücker* dazu geführt, in seinen Formeln (III C 4, Nr. **8**, *Berzolari*) alle solche Singularitäten zu beachten, deren irgend einige sich notwendig vorfinden auf einer Kurve, der man entweder eine hinlänglich hohe Klasse oder eine hinlänglich hohe Ordnung beilegt, nämlich Doppelpunkte, Spitzen, Doppeltangenten und Wendetangenten. Regeln, die diesen Formeln entsprechen, aber auf Kurven mit allerlei Singularitäten passen, hat *G. Halphen* (III C 4, Nr. **15**, **18**) die folgenden für Abzählungen bequemen Formen gegeben [6]):

In der Anzahl $m(m-1)$ der durch einen ausserhalb der Kurve liegenden Punkt P gehenden und die Kurve in zusammenfallenden Punkten schneidenden Geraden ist eine durch P gehende Gerade a so vielmal zu zählen, wie es die doppelte Summe der Ordnungen der unendlich kleinen Sehnen angiebt, welche die Kurve auf einer Geraden durch P, die einen unendlich kleinen Winkel erster Ordnung mit a bildet, abschneidet — und die dualistisch entsprechende Regel [7]).

Wenn m und n die Ordnung und Klasse einer Kurve bezeichnen, μ und ν die Punkt- und Tangentenmultiplizität eines (durch eine unendliche Reihe darstellbaren) vollständigen Zweiges (cycle) (III C 4, Nr. **13**) — das ist die Anzahl der zusammenfallenden Schnittpunkte mit einer durch seinen singulären Punkt gehenden, nicht mit der Tangente zusammenfallenden Geraden und die dualistisch entsprechende Anzahl — ist

$$3(n-m) = \sum(\nu - \mu),$$

wo die Summe auf alle solche Zweige der Kurve, für welche

---

5) Daher unterscheidet *H. G. Zeuthen* in seinen Definitionen der Flächensingularitäten (Math. Ann. 4 (1871), p. 633 und 10 (1876), p. 446) ausdrücklich, welche durch Spezialisierung der punktallgemeinen Fläche, und welche durch Spezialisierung der tangentenebenen-allgemeinen Fläche hervorgehen sollen.

6) Siehe die in Nr. 2 [2]) zitierten Arbeiten.

7) In der Folge lassen wir oft Übertragungen auf dualistisch entsprechende Figuren als selbstverständlich aus.

$\nu \gtrless \mu$, zu erstrecken ist. Hieran schliesst sich noch die folgende Regel[8]):

Ein vollständiger Zweig mit den Multiplizitäten μ und ν wird von seiner Tangente in $\mu + \nu$ zusammenfallenden Punkten geschnitten.

Um auch die ursprünglichen *Plücker*'schen Formeln auf jede algebraische Kurve anwendbar zu machen, hat man[9]) die sogenannten *Plücker*'schen Äquivalente der höheren Singularitäten eingeführt. Solche geben an, für wie viele Doppelpunkte, Spitzen, Doppel- und Wendetangenten eine Singularität zu zählen ist, um die drei *Plücker*schen Gleichungen und die Geschlechtsformel (Nr. **18**) zu befriedigen. Ihre Bedeutung bezieht sich ursprünglich nur auf diese Formeln, ward aber dadurch ausgedehnt, dass *A. Brill* bewies, dass eine Kurve mit höheren Singularitäten immer als Grenzfall von Kurven auftreten kann, wo die durch die Äquivalente angegebenen *Plücker*'schen Singularitäten getrennt auftreten[10]).

Den *Plücker*'schen Formeln schliessen sich an die *Cayley*'schen für Singularitäten von Raumkurven und developpablen Flächen (III C 8, *Rohn*) und ihre Erweiterung auf Räume mehrerer Dimensionen (III C 9, *Segre*), auch die *Salmon*'schen u. s. w. für Flächen (III C 6, *Castelnuovo* und *Enriques*). Weiter hat man Anzahlenformeln entwickelt für Komplexe und Kongruenzen (III C 10, *Wälsch*: Liniengeometrie), für Transformationen, speziell *Cremona*'sche (III C 11, *Castelnuovo* u. *Enriques*), und überhaupt für die Bestimmung von Gebilden aus gegebenen Punkten, Geraden u. s. w. Diese Formeln mögen sowohl analytisch als durch

8) *Halphen* a. a. O.; *O. Stolz*, Math. Ann. 8 (1875), p. 415; *M. Nöther*, ib. 9 (1875), p. 166.

9) Zuerst *A. Cayley* in Quart. J. 7 (1866), p. 212 = Papers 5, p. 520 (III C 4, Nr. **18**).

10) Math. Ann. 16 (1880), p. 348. — Hieraus darf man doch nicht schliessen, dass eine Singularität sich überall in der abzählenden Geometrie durch ihre *Plücker*'schen Äquivalente, eine Kurve durch die so gebildeten *Plücker*'schen Zahlen, repräsentieren lässt; denn 1) bilden die Kurven mit gewissen *Plücker*'schen Zahlen möglicher Weise verschiedene Spezies (vgl. Nr. **2** u. **9**); 2) kann es geschehen, dass die Auflösungen von Aufgaben, die Kurven mit höheren Singularitäten betreffen, nur mit fremden Auflösungen verbunden vorkommen, wenn man die Kurve als Spezialfall von solchen mit *Plücker*'schen Singularitäten betrachtet; 3) können abzählende Aufgaben auch allein solche Kurven betreffen, die von einer durch *Plücker*'sche Zahlen bestimmten Spezies eine durch besondere Moduln bestimmte Unterklasse bilden (Nr. **17** [116]) u. [118]) und Nr. **32** [216]) u. [219])). Weiter bemerken wir, dass andere *Plücker*'sche Äquivalente nützlich sind, wo Kurven als Spezialfälle von solchen auftreten, welche zwar dieselbe Ordnung oder Klasse, aber nicht dasselbe Geschlecht haben (*Zeuthen*, Math. Ann. 10 (1876), p. 210 u. 446). — Siehe auch *Brill-Nöther*, den voran zitierten Bericht, p. 393.

die im folgenden zu nennenden abzählenden Methoden entwickelt werden; die Resultate gehören doch immer der abzählenden Geometrie an und können zur Herleitung weiterer Resultate ähnlicher Natur benutzt werden. So hat man immer die *Bézout*'schen Sätze benutzt; die *Cayley*'schen Formeln sind aus den *Plücker*'schen hergeleitet; die *Salmon*'schen führten *Cayley* unmittelbar zur Anzahl der Geraden einer Fläche 3. Ordnung (III C 7, *F. Meyer*: Flächen dritter Ordnung) u. s. w.

4. Synthetische Benutzung schon gefundener Resultate. *Bézout*'s, damals übrigens noch nicht streng bewiesener Satz ist schon in *Maclaurin*'s[11]) und *Braikenridge*'s[12]) abzählenden Bestimmungen der Ordnung gewisser Kurven benutzt, auf welche diese Verfasser durch Erweiterung von *Newton*'s organischer Erzeugung einer Kurve 3. Ordnung mit Doppelpunkt geführt waren (III C 4, Nr. **10**). *Braikenridge* z. B. geht von dem Satze aus, dass der Ort einer Ecke (C) eines Dreiecks (ABC), dessen Seiten sich um die festen Punkte E, F, G drehen, während A und B auf Geraden a und b gleiten, ein Kegelschnitt ist. Davon leitet er her, durch Abzählung der Schnittpunkte mit einer willkürlichen Geraden, dass die Kurve von der Ordnung $2m$ wird, wenn die Gerade a mit einer Kurve m^{ter} Ordnung vertauscht wird, weiter von der Ordnung $2mn$, wenn gleichzeitig b mit einer Kurve n^{ter} Ordnung vertauscht wird. Durch Abzählung der Weisen, wie C in E und F fallen kann, findet er, dass diese mn-fache Punkte des Ortes sind. Für spezielle Lagen der gegebenen Punkte untersucht er, wie sich Gerade vom Orte aussondern können und bestimmt dann die Ordnung der Restkurve.

Ähnlich verfuhr *J. Steiner* in seinen anzahl-geometrischen Untersuchungen, welche 1845 anfingen und sowohl allgemeine algebraische Kurven und Flächen als solche von bestimmter niedriger Ordnung umfassen. Durch Abzählungen findet er[13]) (1848) Ordnungen oder Klassen und einzelne Singularitätenzahlen gewisser Kurven, Polarkurven u. dgl., Örter von Mittelpunkten der auf einer Geradenschar abgeschnittenen Sehnen einer gegebenen Kurve oder von Geraden, auf welchen zwei Sehnen denselben Mittelpunkt haben u. s. w. *Bézout*'s und *Plücker*'s Sätze geben dann neue Anzahlen, die weiter zu ähnlichen Bestimmungen benutzt werden können. Ein solches Verfahren lässt sich

11) Geometria organica, London 1720.

12) Exercitatio geometrica, London 1733.

13) Berliner Monatsbericht 1848; J. f. Math. 47 (1854), p. 1—105 = Werke 2 p. 493—601.

aus der Folge der meistens ohne Beweis gegebenen Resultate ersehen. Ein konsequenter Gebrauch mehr spezieller Methoden lässt sich schon daher nicht nachweisen, weil er gewöhnlich nichts über Einzelheiten sagt; er scheint übrigens selten einen solchen gemacht zu haben. Vielmehr hat *Steiner* es verstanden, für jede Aufgabe solche Hilfsmittel aufzufinden, die eben für sie am besten passten. Darunter verschmähte er nicht den Gebrauch algebraischer Gleichungen, doch ohne dass er die Ausrechnung weiter durchführte, als sein Zweck es forderte. Einzelne seiner Kunstgriffe werden später (Nr. **6**, **12** und **20**) genannt. Als Beispiele anderer führen wir an, dass er die Anzahl, m^2, der Normalen von einem Punkte P an eine ebene Kurve m^{ter} Ordnung durch Abzählung der Schnittpunkte mit derselben unendlich wenig um P gedrehten Kurve findet[14]). Die Anzahlen der Kegelschnitte durch drei Punkte, welche mit einer gegebenen Kurve zweifache oder stationäre Berührung haben, dürfte er durch die ihm bekannte quadratische eindeutige Transformation (III C 11, *Castelnuovo* und *Enriques*) aus den entsprechenden Bestimmungen von Doppel- und Wendetangenten erhalten haben[15]).

Durch Fortsetzung solcher sukzessiver Benutzungen der schon gewonnenen Resultate hat man nach und nach die im Schlusse von Nr. **3** berührten Untersuchungen geometrisch durchgeführt, indem man doch dabei mehr und mehr die speziellen Methoden, welche uns jetzt beschäftigen sollen, zu Hilfe nahm. Wie vollständig ganze Theorien sich schon dann anzahl-geometrisch entwickeln liessen, als solche Spezialmethoden noch wenig ausgebildet waren, ersieht man aus *Cremona*'s voranzitierten Theorien der algebraischen Kurven und Oberflächen.

II. Das Prinzip der Erhaltung der Anzahl (Kontinuitätsprinzip).

5. Poncelet's Kontinuitätsprinzip (III A, B, Nr. **7**, *Fano*). Schon in der Vorrede des Traité des propriétés projectives (1822; vorbereitet seit 1812) hebt *J. V. Poncelet* die ausgedehnte Bedeutung des von ihm ge-

14) J. f. Math. 49 (1855), p. 333 = Werke 2, p. 621. Später hat *August* (J. f. Math. 68 (1868), p. 242) und *A. Mannheim* (Par. C. R. 70 (1870), p. 1025) dieselbe kinematische Methode benutzt zur Bestimmung der durch einen Punkt gehenden Normalen einer algebraischen Fläche, und zur Untersuchung ihrer Normalflächen.

15) J. f. Math. 49 (1854), p. 273 = Werke 2, p. 615 (s. *Th. Berner*, Dissertation, Berlin 1865). *E. de Jonquières* verwendet eine ähnliche Methode zur Bestimmung der Kurven m^{ter} Ordnung mit einem festen $(m-1)$-fachen Punkte, welche dieselben Bedingungen erfüllen (Nouv. Ann. (2) 3 (1864)).

nannten Kontinuitätsprinzips stark hervor. Es geht darauf hinaus, dass gewisse Eigenschaften während der sukzessiven Änderungen von Figuren, welche doch immer eine allgemeine Definition erfüllen, beibehalten werden. Solche sind in den Grenzfällen oft leichter zu erkennen und können dann von diesen auf die allgemeinen Figuren übergeführt werden. Dass dieses Prinzip wirklich, wenigstens in abzählenden Untersuchungen, eine ausserordentliche Tragweite hat, geht schon aus den sehr verschiedenartigen Anwendungen hervor, welche im genannten Werke und den sich ihm anschliessenden Abhandlungen zerstreut sind, z. B. von den folgenden: *Poncelet* löst die in Nr. 4 genannte *Braikenridge*'sche Aufgabe dadurch[16]), dass er die Anzahl der Schnittpunkte sucht, nicht mit einer willkürlichen Geraden, sondern mit einer Geraden durch den Punkt, welchen wir hier E genannt haben. Zufolge der Konstruktion fallen dann mn Schnittpunkte in E, mn ausser E. Die Ordnung ist also $2mn$. Diese Methode lässt sich schon auf den Fall anwenden, wo $m = 1$, $n = 1$, und wo der gesuchte Ort ein Kegelschnitt ist, und *Poncelet* zeigt, dass der Satz dann den Ausgangspunkt für eine anzahl-geometrische Behandlung der Kegelschnitte bilden kann. Um ihre Allgemeingiltigkeit zu beweisen, benutzt er den Satz, dass zwei Kurven 2. Ordnung sich in vier Punkten schneiden. Auch dieser Satz — und auf dieselbe Weise der allgemeine *Bézout*'sche Satz — folgt aus dem Kontinuitätsprinzipe durch Betrachtung des Falles, wo die eine Kurve aus Geraden zusammengesetzt ist[17]). *Poncelet* giebt auch die anzahl-geometrische Grundlage der Theorie der Flächen 2. Ordnung[18]). In dieser findet man den Schluss, dass eine Kurve ein Kegelschnitt ist, weil sie einen gegebenen Kegelschnitt in vier Punkten schneidet.

Um die Klasse einer Kurve m^{ter} Ordnung zu finden, benutzt er[19]) einen Büschel von parallelen Geraden. Auf diesen trägt er von den Schnittpunkten mit einer festen Geraden l in beiderlei Sinne die auf denselben abgeschnittenen $\frac{m(m-1)}{2}$ Sehnen ab. Dass der Ort der

16) Propr. proj. 1, p. 321. *Poncelet* behandelt den allgemeineren Fall, wo das Dreieck von einem Vieleck ersetzt wird. Die allgemeine Anwendbarkeit dieser Abzählungsweise auf Örter von Punkten, die auf den Geraden eines Büschels liegen, hebt er hervor in 2, p. 129 = J. f. Math. 8 (1832), p. 29. In viel späteren Untersuchungen ähnlicher Art verfährt *A. Jacobi* (J. f. Math. 31 (1846), p. 40) wie *Braikenridge, H. G. Zeuthen* (Tidsskr. f. Math. 1861, p 12) wie *Poncelet*.

17) 1, p. 374.

18) 1, p. 384 ff.; der zitierte Schluss p. 406.

19) 2, p. 216 = J. f. Math. 8 (1832), p. 394.

anderen Endpunkte von der Ordnung $m(m-1)$ ist, findet er durch Abzählung der Schnittpunkte mit einer Geraden des Büschels. Die Schnittpunkte dieser Kurve mit l bestimmen $m(m-1)$ dem Büschel gehörige Tangenten und dadurch auch die Anzahl der Tangenten durch einen willkürlichen Punkt. Der Einfluss der Doppelpunkte der gegebenen Kurve wird zugleich bestimmt, und die Anwendung auf eine zusammengesetzte Kurve giebt ihm einen neuen Beweis des *Bézout*schen Satzes. — Anderswo beachtet er auch die Anzahl der Asymptoten oder der Schnittpunkte mit einer unendlich fernen Geraden[20]).

Poncelet's Beispiele zeigen, dass er sein Prinzip auf solche Fälle angewandt dachte, wo ein einfacher Hinweis auf die analytisch-geometrische Darstellung ohne irgend eine Ausrechnung hinreichen würde, um einen vollständigen Beweis zu haben. Er sagt auch[21]), dass sein Prinzip sich leicht vollständig durch die Algebra beweisen lasse. Dieses Mittel wünscht er jedoch zu umgehen, indem sein Prinzip eben als geometrisches auftreten und der Geometrie dieselbe Allgemeinheit gewähren solle, welche die algebraisch-analytische Behandlung schon besass. Ebendaher erreicht er keine wirkliche Begründung seines Prinzips und kann also auch nicht scharfe Grenzen seiner Gültigkeit festsetzen. *Cauchy* hat es denn auch in seinem Rapport[22]) als „une forte induction" bezeichnet. Dieses Urteil mag dazu beigetragen haben, dass man es lange nicht wagte, die durch die vorliegenden Anwendungen gegebenen Anweisungen auf eine — wenn man nur die Verbindung mit der Algebra nicht abbricht — ebenso sichere als erfolgreiche abzählende Methode zu befolgen.

6. Gebrauch des Kontinuitätsprinzips nach Poncelet. Um die Anzahl der Punkte zu finden, in welchen drei Flächen von den Ordnungen m, n und p, die schon durch eine vollständige Schnittkurve zweier anderer Flächen gehen, sich ausser dieser Kurve schneiden, lässt *G. Salmon* 1847 die erste der drei Flächen sich in eine Ebene und eine Fläche $(m-1)^{\text{ter}}$ Ordnung auflösen[23]). Später hat er dieselbe Methode zur Lösung der entsprechenden Aufgaben in einem mehr-

20) 2, p. 287 u. 293; diese Zitate gehören jedoch zu einem erst 1866 publizierten Abschnitt. Die für Abzählungen notwendige Projektivierung metrischer Eigenschaften ist jedenfalls durch *Poncelet's* 1822—32 publizierte Arbeiten eingeführt.

21) Einleitung p. XIV.

22) Abgedruckt vor der ersten Ausgabe des „Traité" und in Gergonne's Ann. 11 (1821), p. 69.

23) Cambr. a. Dublin math. Journ. 2 (1847), p. 71. Siehe jedoch in der Folge Nr. 9 [46]).

dimensionalen Raume benutzt[24]). Die Ordnung der Regelfläche, deren Erzeugende eine Kurve zweimal und noch eine Gerade l schneiden, erhält er durch Betrachtung eines durch l gelegten ebenen Schnittes[25]). Um die Normalen von einem Punkte an eine Kurve oder Fläche abzuzählen, entfernt er den Punkt ins Unendliche[26]). Später hat (III C 4, Nr. **22**) *J. Steiner* (1854) auch die Ordnung der Evolute durch Abzählung ihrer unendlich entfernten Punkte gefunden[27]). Aus dem ganzen Zusammenhange geht auch hervor, dass viele von *Steiner*'s Bestimmungen[28]) von der Ordnung und der Klasse von Örtern von Punkten, die auf den Strahlen eines Büschels liegen, durch Abzählungen der Schnittpunkte mit einem Strahle des Büschels und der durch den Scheitel des Büschels gehenden Tangenten ausgeführt sind.

An einem entscheidenden Orte wagt es *Steiner* jedoch nicht das Prinzip anzuwenden. Durch eine nicht genannte Methode (siehe jedoch Nr. **20**) glaubt er[29]) gefunden zu haben, dass es 6^5 Kegelschnitte gebe, welche 5 gegebene Kegelschnitte berühren. Um die Möglichkeit einer so grossen Anzahl zu illustrieren, sucht er die Anzahlen der eigentlichen Auflösungen, welche man erhält, wenn die gegebenen Kegelschnitte aus zwei Geraden oder zwei Punkten zusammengesetzt sind. Durch Mitnahme der uneigentlichen Auflösungen, nämlich der Kegelschnitte, die durch einen Doppelpunkt eines ausgearteten Kegelschnittes gehen oder eine Doppelgerade berühren, würde er gefunden haben, dass sein vermutetes Resultat unrichtig war. Eben dieses Verfahren hat 1865 *Th. Berner* auf das richtige, dann eben von *Chasles* anders (Nr. **21**) gefundene Resultat geführt[30]).

---

24) Quart. Journ. 7 (1866), p. 327. Er hebt ausdrücklich die algebraische Bedeutung dieser „hypergeometrischen“ Untersuchungen hervor.

25) Cambr. a. Dublin math. Journ. 8 (1853), p. 45.

26) ib. 3 (1848), p. 47.

27) J. f. Math. 49 (1855), p. 333 = Werke 2, p. 630. Ebenso haben später *G. Darboux,* Par. C. R. 70 (1870), p. 328 und *L. Marcks* (Math. Ann. 5 (1872), p. 27) den unendlich fernen Schnitt zur abzählenden Untersuchung der Krümmungsmittelpunktsfläche benutzt.

28) J. f. Math. 47 (1851), p. 7—105 = Werke 2, p. 501. Methodisch wendet *E. de Jonquières* ein solches Verfahren an in seinen durch *Steiner*'sche Resultate veranlassten Untersuchungen ähnlicher Natur (J. f. Math. 59 (1861), p. 313); auch bei der Bestimmung von Polarkurven (J. de math. (2) 2 (1857), p. 249). Siehe übrigens Note [16]) u. [19]) (*Poncelet*).

29) J. f. Math. 37 (1848), p. 161 = Werke 2, p. 417.

30) Dissertation, Berlin 1865, p. 14. *E. de Jonquières* hatte schon 1859 auf dieselbe Weise wie *Berner* dasselbe und allgemeinere Resultate gefunden, war aber durch die Nichtübereinstimmung mit *Steiner* und durch *Chasles*' Miss-

M. Chasles umging gern den Gebrauch des Kontinuitätsprinzips. Nachdem er z. B.[31]) gefunden hat, dass eine gesuchte Kurve eine gewisse Fläche m^{ter} Ordnung in $m(4m+n)$ Punkten schneidet, hält er es für gut, um die Ordnung $4m+n$ der Kurve sicher zu stellen, auf anderem Wege zu beweisen, dass sie auch eine ganz willkürliche Ebene in $4m+n$ Punkten schneidet. Sonst war um diese Zeit (1861) wenigstens der umgekehrte Gebrauch von *Bézout*'s Theorem den Geometern ganz geläufig[32]).

7. Vollständigere Wiederaufnahme des Kontinuitätsprinzips. Auch weitere Anwendungen des Kontinuitätsprinzips kommen nun vor. *L. Cremona* beweist 1862 wie *Poncelet* (Nr. **5**[17])) *Bézout*'s Theorem durch Zerfällung der einen Kurve in Gerade[33]) und gibt, um die Anzahl der eine Kurve m^{ter} Ordnung bestimmenden Punkte zu finden, letzteren bestimmte Lagen[34]). Es war doch erst *E. de Jonquières*, der einen systematischen Gebrauch von dem Prinzip machte[35]). Zugleich stellte er es auf festen Boden, indem er auf seine Identität mit dem algebraischen Satze, dass jede Gleichung n^{ten} Grades n Wurzeln hat, hinweist[36]). Um sehr allgemeine Sätze über Kurven, welche mit einer gegebenen Kurve vielfache Berührungen beliebiger Ordnungen haben (III C 4, Nr. **34**), zu finden, betrachtet er entweder den Fall, wo die gegebene Kurve durch Einführung von neuen Doppelpunkten rational wird, und die Anzahlen durch das Korrespondenzprinzip (Nr. **17**[109])) bestimmt werden können, oder denjenigen, wo sie aus Geraden zusammengesetzt ist. Wie der Verfasser gesteht, sind jedoch im letzteren Falle mehrere der benutzten Zahlen noch nicht auf einen genauen Grenzübergang, sondern auf Induktion von bekannten Resultaten gestützt. (Siehe Nr. **9** und über die notwen-

---

trauen in seine Methode von einer Veröffentlichung abgeschreckt; Par. C. R. 58 (1864), p. 308; J. f. Math. 66 (1866), p. 316 (s. auch Nr. **7**[35])).

31) Par. C. R. 53 (1861), p. 887.

32) Als Beispiel eines späteren noch freieren Gebrauches nennen wir *R. Sturm*'s Bildung von Anzahlengleichungen zweiten Grades zur Bestimmung der Ordnung x einer Fläche: ihre Schnittkurve mit einer ähnlichen Fläche umfasst teils bekannte Kurven, teils x kubische Kurven (J. f. Math. 80 (1875), p. 132). In seinen Beweisen der Geschlechtssätze (Nr. **18**) benutzt *H. G. Zeuthen*, dass die Abzählung der Tangenten an eine Kurve von zwei verschiedenen Punkten dasselbe Resultat geben muss (Math. Ann. 3 (1870), p. 150).

33) Introduzione, p. 25.

34) ib. p. 27.

35) J. f. Math. 66 (1866), p. 289. Siehe auch das voran zitierte Buch von *F. Schuh*, p. 112—150 u. 214.

36) ib. p. 314.

dige Begrenzung Nr. **20.**) Im Jahre 1877 hat *Jonquières*[37]) für andere Abzählungen einen ähnlichen Gebrauch sowohl von derselben Ausartung als von der entsprechenden Ausartung einer algebraischen Fläche gemacht. Als Punktort ist die ausgeartete Fläche aus m Ebenen zusammengesetzt; ein umgeschriebener Kegel aus den $\frac{m(m-1)}{2}$ Ebenen, welche die Schnittlinien projizieren, jede zweimal gezählt; und ihre Tangentenebenen sind erstens sechsmal diejenigen, welche durch die $\frac{m(m-1)(m-2)}{6}$ Schnittpunkte der Ebenen gehen, weiter diejenigen, welche durch zwei feste Punkte jeder Schnittlinie gehen. Die Erklärung der letzten Tangentenebenen, welche übrigens schon für $m = 2$ bekannt waren (Nr. **28**[180])), gelang ihm doch nicht vollständig. Auf diese Weise bestimmte er z. B. die Klasse einer Fläche.

8. Prinzip der Erhaltung der Anzahl. Von nun an werden auch die allgemeineren Anwendungen des Kontinuitätsprinzips mannigfaltiger[38]). Dazu trug eine neue Benennung bei, durch welche *H. Schubert* es — vorläufig — von den Vorurteilen frei machte, die so lange seinen Gebrauch gehemmt hatten. Da der zuerst[39]) von *Schubert* vorgeschlagene Name: „Prinzip der speziellen Lage" nicht auf die Anwendung der in Nr. **7** besprochenen Ausartungen passt, wählte er 1876 einen anderen[40]): „Prinzip der Erhaltung der Anzahl". Er spricht es so aus[41]): Eine Anzahl wird unendlich oder bleibt erhalten, wenn die gegebenen Gebilde spezielle Lagen im Raume oder zueinander einnehmen, oder wenn an die Stelle der zunächst allgemein gedachten, gegebenen Gebilde speziellere Gebilde treten, welche die Definition erfüllen. Indem er wie *Jonquières* auf die algebraische Begründung hinweist, ist diese Aussage zu verstehen in Übereinstimmung mit den allgemeinen anzahl-geometrischen Voraussetzungen (Nr. **1—3**; s. auch Nr. **9**[59])).

---

37) Annali di mat. (2) 8 (1877), p. 312. Einen umgekehrten Gebrauch von Grenzfällen macht *Jonquières* in Math. Ann. 1 (1869), p. 424, wo er Ausdrücke, betreffend die Bestimmung von Flächen, welche zwei verschiedene Ebenen berühren, auf den Fall anwendet, wo die Ebenen zusammenfallen, um dadurch die Anzahl der Kurven in einem Netze, welche zwei Doppelpunkte haben, zu bestimmen.

38) *A. Voss* bestimmt z. B. die Anzahl der Kreispunkte einer Oberfläche dadurch, dass er den unendlich fernen Kugelkreis durch einen aus zwei Geraden zusammengesetzten Kegelschnitt ersetzt (Math. Ann. 9 (1875), p. 241).

39) Gött. Nachr. 1874, p. 274.

40) Math. Ann. 10 (1876), p. 23.

41) Kalkül der abz. Geometrie p. 12.

Als Beispiele von Anwendungen, welche in die erste Zeit nach dieser Namensverbesserung fallen, nennen wir (1879) *Schubert*'s [42]) und *H. G. Zeuthen*'s [43]) Anwendungen der Ausartungen einer Kurve oder Fläche, welche man erhält, wenn ihre Punkte durch unendliche Verkleinerung von einer resp. zwei Dimensionen auf eine Gerade fallen. Dadurch bestimmten sie die Anzahlen der Kurven und Flächen eines ∞^1- oder ∞^2-Systems (oder zweier ∞^1-Systeme), welche einfachen oder doppelten Berührungsbedingungen mit einer gegebenen Kurve oder Fläche (oder unter sich) genügen. Eine ähnliche Reduktion wendet *Schubert* auch auf Gebilde höherer Dimensionen an [44]). *H. Krey* hat die Anzahlen der Kegelflächen m^{ter} Ordnung, welche gegebene Bedingungen erfüllen, dadurch gefunden, dass er den gegebenen Gebilden einfache Lagen giebt [45]). Das Prinzip findet vielfache Anwendung in *R. Sturm*'s Liniengeometrie. — Weitere Anwendungen des Prinzips knüpfen sich an *Schubert*'s aus ihm hervorgegangene Inzidenzformeln (Nr. **24** und **26**).

9. Induktive Erweiterungen; Cayley's funktionale Methode; weitere Kritik. Die auf das hier genannte Prinzip gestützten Beweise sind nur dann vollgültig, wenn 1) der benutzte Spezialfall wirklich als Grenzfall im aufgestellten allgemeinen Falle enthalten ist; 2) die Auflösungen, welche man im Spezialfalle abzählt, wirklich auch die Grenzfälle sind derjenigen, welche man im allgemeinen sucht; 3) jede solche Auflösung für so viele gezählt wird, als sie wirklich ersetzt. Die Erfüllung dieser Voraussetzungen sichert man durch Vergleich mit der algebraischen Darstellung und durch darauf gebaute Regeln, wovon wir in Nr. **2** und **3** die einfachsten Proben gegeben haben (s. auch Nr. **14** [90])). Die Erfüllung der dritten unserer Forderungen kann auch durch solche indirekte Bestimmungen, wie die in Nr. **14** zu besprechenden, geschehen.

Als Beispiel der Bedeutung der ersten (von *Halphen* [Nr. **2** [3])]) hervorgehobenen Forderung bemerken wir, dass man zwar die Anzahl mn der Schnittpunkte einer Fläche m^{ter} Ordnung und einer Raumkurve n^{ter} Ordnung durch Ersetzung der Fläche durch m Ebenen

---

42) ib. p. 14; die von *Schubert* und *Zeuthen* benutzten Ausartungen können durch eine (oder zwei wiederholte) spezielle zentrische Kollineationen erhalten werden (p. 91).

43) Par. C. R. 89 (1879), p. 899 u. 946. *Zeuthen*'s Resultate wurden fast gleichzeitig anders gefunden von *Schubert* (Nr. **25** [160])). Ähnliche Fragen behandelt *C. Mineo* in Palermo Rend. 17 (1903), p. 297.

44) Hamb. Mitt. 1886, p. 134.

45) Acta math. 5 (1884), p. 83.

bestimmen darf[46]), nicht aber — wie wir bald sehen werden — durch Ersetzung der Raumkurve durch n Gerade.

Öfters hat man doch solche unbewiesene Voraussetzungen, wie diejenige, dass eine gewisse gesuchte Anzahl ausschliesslich von gewissen Zahlen abhängt, gewagt; *A. Cayley* hat sogar 1863 eine Methode (die „funktionale“) entwickelt, um in solchen Fällen die Form des Ausdruckes zu bestimmen[47]). Er benutzt sie zum Beispiel, um die Ordnung $G(m^3)$ des Ortes der dreifachen Sekanten einer Raumkurve m^{ter} Ordnung zu finden. Durch Betrachtung einer zusammengesetzten Kurve findet er:

$$G(m+m')^3 = G(m^3) + G(m'^3) + G(m, m'^2) + G(m', m^2),$$

wo die Ordnungen $G(m, m'^2)$ und $G(m^2, m')$ der Örter der Doppelsekanten der einen Kurve, welche die andere schneiden, im voraus bekannt sind. Unter der Voraussetzung, dass $G(m^3)$ ausschliesslich von der Ordnung m und der Anzahl der scheinbaren Doppelpunkte abhängt, leitet *Cayley* aus dieser Funktionalgleichung einen Ausdruck für $G(m^3)$ her. Zwei unbekannte Konstanten in diesem lassen sich durch Spezialfälle bestimmen[48]). Ebenso fand *Cayley* die Anzahl der vierfachen Sekanten und später die Anzahl der Kegelschnitte, welche fünffache Berührungsbedingungen mit einer einzigen Kurve erfüllen[49]).

Das Problem über die mehrfachen Sekanten einer Raumkurve hat *G. Castelnuovo* erweitert, indem er die r-dimensionalen Räume be-

---

46) *Salmon,* Geometry of three dimensions (4. Ausgabe, Dublin 1882, p. 299). Der Verfasser wagt es doch nicht, darauf einen eigentlichen Beweis zu gründen; mit ähnlicher Vorsicht drückt er sich über die in Nr. 6 [28]) zitierte Beweisführung aus. — In Übereinstimmung mit den hier genannten Forderungen begrenzt *G. Z. Giambelli* (Torino Mem. (2) 52 (1902), p. 172 u. 176) die Anwendung des Prinzips auf einen Fall, wo seine Berechtigung sich kontrollieren lässt. — Jetzt wird *Salmon*'s Beweis für die Schnittpunktsätze auch von algebraischen Verfassern benutzt (*H. Weber,* Lehrbuch der Algebra, 1. Aufl. 1894, 1, p. 163). — Anders bewiesen von *Fouret* [93]).

47) Lond. Trans. 153 (1863), p. 462 = Papers 5, p. 177. Über die hier genannten Voraussetzungen siehe Nr. **32** [213]).

48) Ähnlich verfährt *H. Picquet,* S. M. F. Bull. 1 (1873), p. 260. Wenn ebenfalls *Geiser* (In Memoriam Dom. Chelini, Mediolani 1881, p. 294), um dieselbe Aufgabe zu lösen, die Kurve in zwei solche niedrigerer Ordnung auflöst, geschieht dieses — abgesehen von einer Erweiterung auf Fälle, wo Anzahlenausdrücke negativ werden — durch eigentliche Anwendung des Kontinuitätsprinzips. Er umgeht nämlich *Cayley*'s Postulat dadurch, dass er sich zuerst mit vollständigen Schnittkurven beschäftigt. — An eine Abänderung dieser Untersuchung schliesst *L. Berzolari* die Erweiterungen an auf vierfache Sekanten und vierdimensionale Räume (Palermo Rend. 9 (1895), p. 186).

49) Lond. Trans. 158 (1868), p. 99 = Papers 6, p. 216. Siehe Nr. **27** [178]).

stimmt, welche in einem s-dimensionalen Raume eine algebraische Kurve $(r+2)$- oder $(2r+2)$-mal schneiden[50]). Dabei postuliert aber auch er, dass in dieser Anzahl die Kurve ausschliesslich durch ihre Ordnung und ihr Geschlecht repräsentiert ist. Eine entsprechende Voraussetzung ist also auch gemacht in seiner darauf gegründeten Bestimmung der Anzahl der Spezialgruppen auf einer Kurve, welche hinlänglich viele gegebene Punkte enthalten (III C 4, Nr. 28).

Auch *A. Tanturri* und *A. Crepas*, die die Bestimmungen von *Castelnuovo* fortsetzen[51]), indem sie auch andere mehrfach schneidende r-dimensionale Räume suchen, betrachten die betreffende Kurve als durch ihre Ordnung und ihr Geschlecht hinlänglich bestimmt. Daher darf *Tanturri* sie auch durch eine solche ersetzen, die aus Geraden zusammengesetzt ist. Besonders benutzt er diese Auflösung für Kurven vom Geschlechte 0 oder 1; die Geraden bilden dann beziehungsweise ein offenes oder geschlossenes Polygon. Teilweise benutzt auch *F. Severi* die funktionale Methode zur Abzählung der Singularitäten einer Kurve in einem mehrdimensionalen Raume[52]). Neben dieser Methode benutzt auch *F. Severi* die Auflösung einer Raumkurve in Gerade, um die Anzahlen ihrer mehrfach schneidenden oder berührenden Kegelschnitte zu bestimmen[53]).

Als einen Versuch, die Tragweite der hier genannten Beweisführung für abzählende Sätze über Raumkurven, und dadurch diejenige der gewonnenen Resultate zu erfahren, stellte die Kgl. Dänische Gesellschaft der Wissenschaften 1901 eine Preisfrage[54]) darüber, ob alle

50) Rom Linc. Rend. (4) 5^2 (1889), p. 130; Pal. Rend. 3 (1889), p. 27. Siehe auch *F. Klein,* Riemann'sche Flächen 2 (1892), p. 110—115. (Über eine andere Bestimmung der Spezialgruppen siehe [120]).)

51) *Tanturri* in Ann. di mat. (3) 4 (1900), p. 67, Torino Atti 35 (1900), p. 427 und 37 (1902), p. 322); *Crepas* in Lomb. Ist. Rend. (2) 35 (1902), p. 883. Teilweise sind *Tanturri*'s zusammenfassende Formeln durch Induktion hergeleitet. Seine die rationalen Kurven betreffende allgemeine Formel war früher von *F. Meyer* induktiv hergeleitet aus Resultaten, die er mehr analytisch gefunden hatte (Apolarität und rationale Kurven, Tübingen 1883, p. 363). *F. Severi* bewies dieselbe Formel durch das Korrespondenzprinzip Nr. **17** und erweiterte sie (Rom Linc. Rend. (5) 9^1 (1900), p. 379).

52) Nämlich am Schlusse der Abhandlung in Torino Mem. (2) 51 (1901), p. 81; übrigens benutzt er das *Brill-Cayley*'sche Korrespondenzprinzip Nr. **17** [122]).

53) Torino Atti 35 (1900), p. 774 und 36 (1901), p. 74. Gleichzeitig teilte *L. Berzolari* (Lomb. Ist. Rend. (2) 33 1900, p. 664 u. 809) dieselben Anzahlen mit, ohne doch seine, auf das Prinzip der Erhaltung der Anzahl begründete, Beweisführung zu geben. *A. Crepas,* der dieselben Untersuchungen auf einen mehrdimensionalen Raum erweitert hat, benutzt auch die funktionale Methode (Lomb. Ist. Rend. (2) 36 (1903), p. 255 u. 381).

54) Kjöbenhavn Overs. 1901, p. (29) u. III.

Spezies algebraische Raumkurven (s. Nr. 2 und besonders Note [3])) solche Grenzformen haben, die aus lauter Geraden zusammengesetzt sind, aber ohne Erfolg. Da die Frage auch sonst nicht die für dies Ziel nötige vollständige Beantwortung gefunden hat, sind die hier genannten Resultate nicht allgemein bewiesen, sondern nur für die Fälle, wo die Gültigkeit der benutzten Voraussetzungen gesichert ist.

Während diese Voraussetzungen der Beweisführung meistens von den genannten Verfassern offen gelassen waren, hat *G. Kohn* die allgemeinen Formulierungen des Prinzips, besonders *Schubert's*, wegen des Mangels solcher Begrenzungen, die auch die hier genannte umfassen würden, getadelt [55]). Diese Formulierung sollte, ausser der algebraischen Natur der Frage, auch noch die Forderung enthalten, dass die Gebilde, von welchen man Spezialfälle betrachtet, 1) eine im *Cantor*'schen Sinne des Wortes abgeschlossene Menge bilden (I A 5, Nr. **13**, *Schönflies*), weiter sollte sie 2) den Fall ausschliessen, wo diese Menge von mehreren wohldefinierten Bedingungen eine erfüllen soll, und wo es unter diesen solche giebt, die überbestimmt sind und also gewöhnlich von keinem, in Spezialfällen aber von einzelnen Bedingungen erfüllt sind.

Zwar wird man in allen solchen Anwendungen der durch das Prinzip ausgedrückten Methode, die auf Exaktheit Anspruch machen, auf die erste Forderung *Kohn*'s, soweit sie jeweils berechtigt ist, Bezug nehmen [56]), und die letztere Bemerkung wird die wirklichen Anwen-

---

55) Arch. Math. Phys. (3) 4 (1902), p. 312; er zitiert dabei Mitteilungen von *E. Study*, der auch anderswo (Geometrie der Dynamen, Leipzig 1901—3) und besonders auf dem Kongresse in Heidelberg 1904 (Verhandlungen, p. 388) dieselben Ansichten vertreten hat. Neben der Formulierung kritisiert er auch die oft nachlässige Ausdrucksweise bei den Anwendungen und bezweifelt die Ergebnisse gewisser Anwendungen, namentlich wohl der nämlichen, von welchen hier in Nr. **9** gesprochen ist.

56) Im allgemeinen ist sie zu weitgehend, und auch mit einer gewissen Willkür behaftet, da es von der algebraischen oder sonstigen Definition abhängt, ob eine Menge abgeschlossen ist, oder nicht, und ein- und dieselbe Menge häufig auf mehrere ganz verschiedene Weisen zu einer abgeschlossenen ergänzt werden kann. Beispiele gibt *Study* (Geom. der Dynamen); ein ganz einfaches liefern die Raumkurven 3. Ordnung C_3. Sind diese definiert durch $\varrho x_i = a_i + b_i\lambda + c_i\lambda^2 + d_i\lambda^3$ $(i = 1, \ldots, 4)$, so gehören die *ebenen* rationalen C_3 dazu; wenn aber die C_3 im Raume als Schnitte zweier F_2 mit gemeinsamer Geraden definiert sind, so gehören die ebenen rationalen C_3 nicht dazu. In beiden Fällen sind sie aber Grenzfälle, was für Abzählungen die Hauptsache ist. Übrigens genügt die Existenz gemeinsamer Grenzfälle — wie z. B. die ebenen rationalen C_3 es sind für die ebenen C_3 und die räumlichen C_3 — nicht, um Anzahlen von der einen Menge auf die andere zu übertragen; denn

dungen nicht berühren, weil man dort immer die Spezialfälle als Grenzfälle[57]) auffasst. Wenn aber die Formulierung einen Satz schaffen soll, der sich geometrisch anwenden lässt ohne irgend welche Rücksicht auf die Beschaffenheit oder auch nur die Existenz der algebraischen Gleichungen, deren Grade durch die gesuchten Anzahlen gegeben werden[58]), so sind natürlich genaue Forderungen an die Formulierung zu stellen, und solche sind bis jetzt nicht erfüllt. *Kohn* hält sie für unerfüllbar[59]).

10. Aufgaben mit unendlich vielen Auflösungen. Wenn man von einer Aufgabe, die im allgemeinen n Lösungen hat, in einem Grenzfalle mehr als n Auflösungen abzählen kann, muss sie in diesem unendlich viele haben[60]). Man darf z. B. schliessen, dass wenn $mn+1$ Punkte einer Kurve n^{ter} Ordnung C_n auf einer Kurve oder Fläche m^{ter} Ordnung liegen, C_n ganz oder teilweise mit der anderen Kurve zusammenfällt oder auf der Fläche liegt. Durch diese Schliessungsweise beweist schon *Maclaurin*, dass eine irreduktible Kurve m^{ter} Ordnung höchstens $\frac{(m-1)(m-2)}{2}$ Doppelpunkte hat[61]). *Poncelet* be-

---

die verschiedenen Grenzübergänge können für den gemeinsamen Grenzfall verschiedene Anzahlen geben[57]).

57) Dieser Auffassung gemäss hat man z. B. in verschiedenen Fragen verschiedentlich darüber entscheiden müssen, ob eine Gerade durch einen wirklichen Doppelpunkt einer Raumkurve unter den Doppelsekanten zu zählen ist oder nicht (*G. B. Guccia*, Pal. Rend. 1 (1885), p. 27; *L. Berzolari*, Pal. Rend. 9 (1895), p. 190; *A. Tanturri*, Ann. di mat. (3) 4 (1900), p. 97); als solche wird sie zu betrachten sein, wenn die Kurve einer Kurvenmenge vom selben Geschlecht angehört und nur so entartet ist, dass zwei sich sonst nicht schneidende Zweige sich schneiden; nicht aber wenn sie einer Kurvenmenge von höherem Geschlechte angehört und der Doppelpunkt also neu entstanden ist, z. B. durch die Berührung zweier durch die Kurve gehenden Flächen. Zur selben Kategorie gehören die von *Study* genannten „Ausnahmen" [55]).

58) Auf eine solche Auffassung, die dem Prinzip dieselbe geometrische Unabhängigkeit verleihen sollte, welche *Poncelet* vergebens dem „Kontinuitätsprinzipe" zu geben versuchte (Nr. **5** [21]) u. [22])), deutet *D. Hilbert*'s Forderung einer strengen Begründung und Abgrenzung (Par. C. R. du 2e Congrès international des mathématiciens en 1900, Paris 1902, p. 95; Gött. Nachr. 1900; Arch. d. Math. (3) 1 (1901)).

59) Vielleicht darf man in *Schubert*'s Formulierung den Ausdruck „Spezialfall" als mit „Grenzfall" identisch auffassen; aber was Grenzfall ist und wie dann die zusammenfallenden Lösungen abzuzählen sind, lässt sich vielleicht nicht durch eine allgemeine Regel ausdrücken. Dann muss man sich also wie bis jetzt an besondere Regeln (Nr. **2**, **3**) oder an besondere Untersuchungen für die besonderen Fälle halten. Siehe übrigens im folgenden Nr. **33** besonders [237a]).

60) Kalk. der abz. Geom. p. 13.

61) Geometria organica, London 1720, p. 137.

nutzt sie häufig[62]) und betrachtet sie ausdrücklich als eine Anwendung des Kontinuitätsprinzips. Sie liegt zu Grunde für die von den Unsicherheiten der Konstantenzählungen befreiten Darstellungen der Sätze über Schnittpunktgruppen[63]) und für die Bestimmungen von den Geraden oder Kurven, die auf gewissen Flächen liegen können. Ähnliches gilt für höhere Raumelemente[64]).

Besonders hat *A. Hurwitz* 1879 den Beweis der sogenannten Schliessungssätze (III C 1, Nr. 28, *Dingeldey*) auf die hier erklärte Weise auf Abzählungen gegründet[65]). Wenn man versucht in einen gegebenen Kegelschnitt ein einem anderen gegebenen Kegelschnitt umgeschriebenes n-Eck einzuschreiben, wird das Zusammenfallen des ersten Eckes mit dem $(n+1)^{\text{ten}}$ von einer Gleichung vom 4. Grade abhängen. Wenn ein n-Eck die verlangten Bedingungen erfüllt, geben seine n Ecken schon n doppelte Wurzeln dieser Gleichung, die also identisch erfüllt sein muss. Die Aufgabe hat also dann unendlich viele Auflösungen. Die vier Wurzeln, welche die Gleichung jedenfalls hat, entsprechen uneigentlichen Auflösungen. Ähnlich verhält es sich mit den anderen *Poncelet*'schen Schliessungssätzen[66]), mit den *Steiner*'schen Polygonen und mit *G. Kohn*'s Polygonen mit wenigstens sechs Seiten, die einer kubischen Raumkurve einbeschrieben, einer anderen umbeschrieben sind[67]) u. s. w., auch mit *Hurwitz*'s ∞^1 Tetraedern, deren Ecken sich auf einer Raumkurve 3. Ordnung befinden, während ihre Seitenflächen eine andere oskulieren, weiter mit einigen

62) Z. B. um zu beweisen, dass die Berührungskurve zweier Flächen zweiter Ordnung eben ist (die Ebene durch drei ihrer Punkte schneidet nämlich die Flächen in Kegelschnitten mit sechs gemeinschaftlichen Punkten; Propr. proj. 1, p. 374). Auch in seinem eigenen Beweise seines bald zu nennenden Schliessungssatzes 1, p. 347).

63) Dieser anzahl-geometrische Gesichtspunkt ist hervorgehoben von *H. G. Zeuthen*, Math. Ann. 31 (1888), p. 235.

64) *H. Schubert* bemerkt z. B., dass seine Bestimmung der Anzahl der Büschel, in welchen fünf Strahlen eines algebraischen Komplexes fünf gegebene Gerade schneiden (siehe [158]), diejenige der Büschel, welche einem Komplexe vierten Grades ganz angehören, umfasst (Math. Ann. 12 (1877), p. 220).

65) Math. Ann. 15 (1879), p. 8. — Die einer kubischen Raumkurve ein- und einer zweiten umgeschriebenen ∞^1 Tetraeder hat später *F. Meyer* systematisch untersucht (Apolarität und rationale Kurven, Tübingen 1883).

66) Doch nicht ganz unmittelbar für den auch von *Poncelet* betrachteten Fall, wo in der ersten Aufgabe der eine oder andere Kegelschnitt mit mehreren Kegelschnitten eines Büschels oder einer Schar, wozu dann auch der andere gehört, vertauscht wird (Propr. proj. 1, p. 315).

67) Wien. Ber. 106 (1897), p. 481.

von *M. Gardiner* und *H. G. Zeuthen*[68]) bestimmten ∞^2 Polygonen, die einer Fläche zweiter Ordnung einbeschrieben sind, während ihre Seiten durch gewisse feste Punkte gehen oder gewissen Kongruenzen angehören. Neue räumliche Erweiterungen des Schliessungsproblems haben *G. Humbert* und *G. Fontené* gemacht[69]).

Als eine solche Anwendung des Prinzips der Erhaltung der Anzahl betrachtet *Zeuthen* auch die gewöhnlichen Schlüsse von den unendlich vielen Fällen, wo gewisse Teile der Figur reell sind, auf die allgemeine Richtigkeit eines durch eine algebraische Gleichung ausdrückbaren Satzes[70]).

11. Aufgaben mit 0 Auflösungen. Wichtige Resultate geben auch die Abzählungen, die 0 Auflösungen einer Aufgabe erweisen. Betrifft eine solche die Anzahl der Schnittpunkte einer Enveloppe oder der Rebroussementskurve einer Enveloppenfläche mit einer Linie oder Fläche, so zeigt sie, dass die eingehüllten Linien oder Flächen durch feste Punkte oder Linien gehen[71]). — Allgemeiner kann man folgendermassen schliessen. Wenn in einer algebraischen[72]) Gleichung $f(x, y) = 0$ y irgend einen bestimmten Wert für keinen Wert von x (auch nicht für $x = \infty$) annehmen kann, muss y von x unabhängig sein. Da der konstante Wert von y weiter aus einem Spezialfalle gefunden werden kann, lässt sich mittelst einer solchen Abzählung mit dem Resultate 0 jeder durch eine algebraische Gleichung ausdrückbare geometrische Satz beweisen. Diese Methode hat zuerst *E. B. Holst* systematisch zur Herleitung zahlreicher metrischer Sätze benutzt[73]). *H. G. Zeuthen* hebt besonders ihre Anwendbarkeit

68) Quart. Journ. 7 (1866), p. 284 (*Gardiner*) und Math. Ann. 18 (1881), p. 33 (*Zeuthen*); siehe auch *C. Juel* in Nyt Tydsskr. for Math. 1 B (1890), p. 11.

69) S. M. F. Bull. 32 (1904), p. 135 u. 284.

70) Universitätsfestschrift, Kopenhagen 1879, p. 5 = Ann. di mat. (2) 14, p. 33.

71) *H. G. Zeuthen* schliesst, dass die Enveloppe der Ebenen, welche eine Fläche vierter Ordnung mit Doppelkegelschnitt in zwei Kegelschnitten schneiden, aus Kegeln besteht, daraus, dass ihre Rebroussementskurve nicht die Ebene des Doppelkegelschnitts schneidet (Schrift zit. [70]), p. 22 = Ann. di mat. (2) 14, p. 47).

72) Die Abänderung, welche nötig ist, um dasselbe Verfahren auch auf gewisse transzendente Gleichungen anzuwenden, geht aus *E. Picard*'s Satz hervor (II B 1, Nr. **29**, *Osgood*).

73) S. M. F. Bull. 8 (1880), p. 52 und namentlich Doktordissertation, Christiania, Vidensk. Selsk. Forh. 1882, Nr. 11 (deutsch in Archiv for Math. og Naturv. 1882, p. 240). Als Beispiel nennen wir folgenden Satz: Durch einen Punkt P zieht man eine Transversale g, welche eine algebraische Kurve mit den Asymptoten $a_1, a_2, \ldots, a_n$ in $S_1, S_2, \ldots, S_n$ schneidet, dann ist das Produkt:

$$PS_1 \cdot PS_2 \cdots PS_n \cdot \sin g a_1 \cdot \sin g a_2 \cdots \sin g a_n$$

auf Beweise der Sätze, welche ausdrücken, dass Doppelverhältnisse konstant bleiben, hervor; es genügt zu zeigen, dass nicht zwei, und dann nur zwei, der vier Elemente zusammenfallen können[74]).

III. Das Korrespondenzprinzip.

12. Vorbereitung des Korrespondenzprinzips. *Steiner* und *Chasles*, die beide die Erzeugung durch projektive Büschel zur Grundlage der Lehre von den Kegelschnitten genommen hatten, haben auch die analoge Erzeugung einer Kurve von der Ordnung $m + n$ durch Kurvenbüschel von den Ordnungen m und n, die sich eindeutig entsprechen (III C 4, Nr. **10**, *Berzolari*), benutzt. *J. Steiner* stellt sie 1848 als besonders fruchtbar an die Spitze seiner Untersuchungen über algebraische Kurven[75]). Seine Anwendungen dieses Satzes haben oft den Gebrauch des Korrespondenzprinzipes zu ersetzen vermocht, und sie weisen für seine vielen unbewiesenen Sätze auf den Gebrauch von derselben Verbindung der Algebra mit Abzählungen hin, aus welcher eben das Prinzip hervorgegangen ist.

M. Chasles wendet 1853 die genannte Erzeugung auf Kurven 3. und 4. Ordnung an[76]); im ersten Falle findet er die Ordnung dadurch, dass die Schnittpunkte mit einer willkürlichen Geraden entsprechend gemein sein müssen in (1-2)-korrespondierenden Punktreihen. Ihre Anzahl wird bestimmt durch Gleichsetzen der Abscissen der entsprechenden Punkte, welche einer Gleichung von den Graden 1 und 2 in den zwei Variablen unterworfen sind. Zwar wird die (1-2)-deutige Verbindung hier durch die geometrischen Begriffe: Homographie und Involution angegeben. Im Jahre 1855 spricht *Chasles* aber aus, dass jede (algebraisch ausdrückbare) (1-1)-Korrespondenz eine Homographie ist, und dass die den einzelnen Punkten entsprechenden Punktepaare einer (1-2)-Korrespondenz eine Involution bilden[77]). Als weitere Vorbereitungen des vollständigeren Korrespondenzprinzipes, welches eine Verallgemeinerung der hier genannten

---

von der Richtung von g unabhängig; es kann nämlich für keine Richtung 0 werden (III C 4, Nr. **21**).

74) Nyt Tidsskr. f. Math. 10 B (1899), p. 49. *Zeuthen* hatte früher andere Anwendungen gemacht, Math. Ann. 26 (1885), p. 247.

75) J. f. Math. 47 (1854), p. 2 = Werke 2, p. 496. Die entsprechende Erzeugung von Flächen wendet *Steiner* auf Flächen 3. Ordnung an (III C 7, *F. Meyer*).

76) Par. C. R. 36 (1853), p. 943 u. 37 (1853), p. 272.

77) Par. C. R. 41 (1855), p. 1097. Hier wird schon dieser Satz „Korrespondenzprinzip" genannt.

Betrachtungen ist, nennen wir von *Chasles* die Darstellung einer Kurve auf einem Hyperboloide, welche die zwei Reihen Erzeugender in resp. p und q Punkten trifft, durch eine Gleichung von den Graden p und q in zwei Variablen[78]) und von *E. de Jonquières* die Lehre von den höheren Involutionen auf einer Geraden (1859), wenn er auch vorläufig die Anzahl der Doppelpunkte aus der algebraischen Bestimmung der Diskriminante folgerte[79]).

13. Das Korrespondenzprinzip und seine ersten Anwendungen. In einer algebraisch darstellbaren $(\alpha\text{-}\beta)$-Korrespondenz der Punkte einer Geraden, das ist eine solche, wo jedem Punkte x β Punkte y, jedem Punkte y α Punkte x entsprechen, giebt es $\alpha + \beta$ Punkte, wo x mit einem entsprechenden Punkte y zusammenfällt[80]). Von diesem Prinzipe macht *E. de Jonquières* 1861 in einer auch in Nr. **20**[140]) zu besprechenden Arbeit zwei ganz allgemeine Anwendungen[81]). Zwar spricht er nicht das Prinzip ausdrücklich aus; die Anwendbarkeit der Beweisführung auf alle Fälle, wo man überhaupt das Prinzip anwenden kann, tritt aber so deutlich hervor, dass *L. Cremona* schon in seiner 1863 erschienenen Introduzione dasselbe Prinzip mehrmals anwenden darf, ohne jedesmal diese Beweisführung zu wiederholen. Nur *Chasles*, der (siehe Nr. **20**) einige unrichtige Resultate von *Jonquières* einem fehlerhaften Gebrauche des Korrespondenzprinzipes zuschrieb, hielt seine Anerkennung zurück. Namentlich trat er nicht dem Schlusse bei, dass eine Gleichung vom Grade α in x und vom Grade β in y für $y = x$ vom Grade $\alpha + \beta$ wird. Der Grad könnte sich ja erniedrigen[82]). Als *Chasles* endlich selbst das Korrespondenz-

---

78) Par. C. R. 53 (1861), p. 985. Besonders die Bestimmung der Anzahl $p + q$ der Schnittpunkte mit einer willkürlichen Ebene (p. 990) weicht von dem Beweise des Korrespondenzprinzips nicht wesentlich ab.

79) Ann. di mat. 2 (1859), p. 86. Eine ähnliche Verbindung von Algebra mit mehr komplizierten Abzählungen findet sich in seiner in Nr. **13**[81]) u. **20**[140]) zu besprechenden Arbeit neben den direkten Anwendungen des Korrespondenzprinzips. Die Untersuchungen über höhere Involutionen werden fortgesetzt und verwertet von *L. Cremona* in Introduzione. Siehe übrigens Nr. **15**.

80) Dieselben Benennungen behalten im folgenden ihre Bedeutung.

81) J. de math. (2) 6 (1861), p. 117 u. 119. Siehe auch *Segre*'s voran zitierten „Intorno“.

82) Dass sein Bedenken eben dieses war, ersieht man aus einem Schreiben von *Cremona* an *Jonquières* vom 29. Jan. 1864, wo eben dieses Bedenken durch einen Hinweis auf die unendlichen Wurzeln beseitigt wird (Documents relatifs à une revendication de priorité, lithographiés, Paris 4 février 1867, p. 14). Ähnliche Zweifel äussert *Chasles* auch später in seinem Rapport sur les progrès de géométrie, p. 329.

prinzip, welches er auch seinerseits entwickelt und zur Herleitung seiner zahlreichen, 1864 publizierten neuen Resultate (Nr. **21**) benutzt hatte, aussprach, setzte er[83]) voraus, dass auch einem unendlich fernen Punkte x β nicht unendlich ferne Punkte y entsprechen, und in den späteren Anwendungen versichert er sich immer, dass dies wirklich der Fall ist. Es war offenbar überflüssig in *Jonquières*' projektivisch angelegten Untersuchungen (Nr. **1**).

Die grosse Fruchtbarkeit des Korrespondenzprinzips und die Einfachheit seiner Anwendung ist dargelegt von *Chasles* durch die Fülle von Aufgaben, welche er dadurch gelöst hat und worüber er eine lange Reihe von Mitteilungen gegeben hat[84]). Im Anfang benutzte er wesentlich die Methode zur Ausführung der damals ganz neuen Lehre von Systemen von Kegelschnitten, höheren Kurven und Flächen (Nr. **21**—**22**). Zwar giebt er meistens nur die Resultate. Die Erklärung, dass er überall das Korrespondenzprinzip benutzt hat[85]), nebst der Aufeinanderfolge der Sätze, genügt aber fast überall, um seine einfache Begründung jedes neuen Satzes wiederzufinden[86]). Später hat er durch Anwendung auf äusserlich variierte Klassen von Aufgaben gezeigt, wie das Prinzip überall die weitläufigen Eliminationen der analytischen Geometrie ersetzen kann, so lange man nicht spezielle Ausrechnungen wünscht. Dies geht übrigens aus seiner Anwendung auf den Beweis des *Bézout*'schen Satzes hervor[87]).

14. Bestimmung der Anzahl zusammenfallender Auflösungen; weitere Anwendungen. Bei den weitergehenden Anwendungen des Korrespondenzprinzips entsteht — wie bei der algebraischen Auflösung — die Schwierigkeit, dass die gefundene Zahl $\alpha + \beta$ ausser der gesuchten Anzahl oft die Anzahl der Lösungen anderer Aufgaben, die vom selben Zusammenfallen abhängen, enthält. Letztere Anzahlen müssen dann entweder selbständig bestimmt werden oder man muss durch verschieden angelegte Anwendungen des Prinzips eine zur Be-

---

83) Man sieht es aus seiner Beweisführung, Par. C. R. 58 (1864), p. 1175.

84) Par. C. R. 1864—1877; teilweise auch in Nouvelles Annales aufgenommen.

85) Par. C. R. 58 (1864), p. 1167.

86) Es ist daher irreleitend, wenn man oft sagt, dass *Chasles* nur die Sätze gibt. Besonders enthalten die Angaben in Par. C. R. 58 (1864), p. 308 und der für Kegelschnittsysteme vollständige Beweis 59 (1864), p. 210 hinreichendes, um auch seinen Beweis dafür, dass in einem Kurvensysteme (μ, ν) $n\mu + m\nu$ Kurven eine gegebene Kurve von der Ordnung m und der Klasse n berühren, vollständig zu rekonstruieren (Nr. **22**[149])).

87) Par. C. R. 75 (1872), p. 756; 76 (1873), p. 126.

stimmung aller Unbekannten hinreichende Anzahl von Gleichungen herleiten. In jeder Gleichung werden die verschiedenen gesuchten oder voraus bekannten Anzahlen je mit einem Koeffizienten vorkommen, der angiebt, wie viele der durch das Prinzip gefundenen $\alpha + \beta$-Koinzidenzen zusammenfallen müssen, um eine der durch die resp. Anzahl angezeigten Lösungen zu geben. Diese Schwierigkeit kann man dadurch umgehen (was namentlich *Zeuthen* und *Schubert* sehr oft in ihren in Nr. **27—29** zu besprechenden Untersuchungen über Systeme von Kurven gethan haben), dass man durch das Prinzip überzählige Gleichungen und daraus Identitäten herleitet, woraus auch die unbekannten Koeffizienten bestimmt werden können. Dazu können auch bekannte Spezialfälle benutzt werden.

Zur direkten Bestimmung der Koeffizienten dient die folgende Regel von *H. G. Zeuthen* (1873): Die Anzahl der Koinzidenzen, welche in einem Punkte d stattfinden, ist gleich der Summe der Ordnungen der unendlich kleinen Strecken xy zwischen einem Punkte x, dessen Abstand von d unendlich klein erster Ordnung ist, und den entsprechenden Punkten y[88]).

Solche kompliziertere Anwendungen des Korrespondenzprinzips hat *Zeuthen* gemacht: 1869 auf die Singularitäten algebraischer Raumkurven[89]); 1873 auf allgemeine Eigenschaften von Systemen ebener Kurven[90]); 1876 auf Singularitätenrelationen der algebraischen Flächen[91]). Ausser verschiedenen Anwendungen von *G. Darboux*[92]),

88) Bull. sci. math. 5 (1873), p. 186. Während diese Regel sich an die *Halphen*schen Regeln Nr. **2** und **3** anschliesst, hatte *Zeuthen* früher dieselbe Multiplizität anders bestimmt und zu einer Herleitung der *Plücker*'schen Formeln benutzt (Nouv. Ann. (2) 6 (1867)). *O. Zimmermann*'s Ableitung derselben Formeln geschieht durch dieselben Anwendungen des Korrespondenzprinzips (J. f. Math. 123 (1901), p. 1 und 175).

89) Namentlich solche, welche mehrfache Sekanten und davon gebildete Dreiecke betreffen, Ann. di mat. (2) 3 (1869), p. 175. Für rationale Kurven siehe [109]).

90) Kjöbenhavn Skrifter (5) 10 (1873), p. 287 (auch zitiert Nr. **29** [188]); Auszug in Bull. sci. math. 7 (1874), p. 97). Zur Hilfe bei der Koeffizientenbestimmung studiert der Verfasser eingehend die Nachbarkurven der mit besonderen Singularitäten versehenen Kurven. (Siehe auch *W. Bouwman*, Math. Ann. 49 (1897), p. 24.) Die dadurch gewonnenen Ergebnisse würden auch bei der Anwendung des Prinzips der Erhaltung der Anzahl nützlich sein. Ähnliches gilt der in [91]) zitierten Arbeit.

91) Math. Ann. 10 (1876), p. 446. In weniger ausgedehntem Masse hatte *R. Sturm* früher das Prinzip auf solche Relationen angewandt (J. f. Math. 72 (1870), p. 350).

92) In der Bestimmung der Krümmungsmittelpunktsfläche (Par. C. R. 70 (1870), p. 1328).

G. Fouret[93]), *R. Sturm* und anderen, nennen wir gleich hier einige der Anwendungen, welche *H. Schubert* auch auf andere Gebiete als das schon genannte der Kurvensysteme gemacht hat, wenn er auch meistensteils dem Prinzip die in Nr. **25** zu besprechende Gestalt giebt: nämlich 1877 seine Bestimmungen mehrfacher Tangenten einer allgemeinen Fläche m^{ter} Ordnung[94]) und der Singularitäten eines Linienkomplexes[95]). Erstere hat *H. Krey* (1879) auf Flächen mit gewissen Singularitäten[96]), *H. Schubert* selbst (1885) auf Räume höherer Dimensionen erweitert[97]). *H. Krey* hat (1881) das Prinzip benutzt zur Abzählung der Lösungen von algebraischen Gleichungen mit gewissen Besonderheiten[98]).

15. Verwandte Methoden. Dieselbe algebraische Darstellung von anzahl-geometrischen Ergebnissen, auf welcher das Korrespondenzprinzip beruht, hat auch etwas modifizierte Methoden geliefert. *L. Saltel* hat ein Korrespondenzprinzip für n Punkte einer Geraden, die einer Gleichung unterworfen sind, aufgestellt: die Anzahl der Koinzidenzen aller dieser Punkte ist gleich der Summe der Gradzahlen, in welchen die Abscissen der verschiedenen Punkte vorkommen[99]). Hierher gehört auch die allgemeine Lehre von höheren Involutionen der Punkte einer Geraden (Nr. **12**[79])) und von symmetrischen Punktsystemen. Namentlich in der geometrischen Gestalt, welche *Em. Weyr* durch Darstellung auf Kegelschnitten oder anderen dazu geeigneten Kurven gewinnt[100]), ist diese Lehre für geometrische Abzählungen sehr geeignet, wenn sie sich auch eben durch diese geometrische Darstellung vom ursprünglichen algebraischen Ausgangspunkte des Korrespondenzprinzips entfernt (siehe übrigens III C 4, Nr. **3**, *Berzolari* und 11, *Castelnuovo* und *Enriques*).

---

93) Z. B. zur Bestimmung der Anzahl der Schnittpunkte einer Raumkurve mit einer Fläche (S. M. F. Bull. 1 (1873), p. 122 u. 258).

94) Math. Ann. 11 (1877), p. 347; Kalk. d. abz. Geom., p. 232.

95) ib. 12 (1877), p. 202; Kalk. d. abz. Geom., p. 262.

96) ib. 15 (1879), p. 211.

97) ib. 26 (1885), p. 52.

98) ib. 19 (1882), p. 497.

99) Er hat es z. B. zur Bestimmung der Enveloppe eines Flächensystems mit zwei Variablen benutzt (Thèse, La Rochelle 1877). Siehe auch eine Reihe von Mitteilungen in Par. C. R. 1875—76, Brux. Bulletin 1875—79 und Bordeaux Mém. (2) 4 (1882). Andere Erweiterungen des Prinzips giebt *K. Clifford* in Math. from the Educational Times 49—50, 1866.

100) *Em. Weyr* giebt eine Übersicht über den Hauptinhalt seiner in periodischen Schriften zerstreuten Arbeiten in „Beiträge zur Kurvenlehre“, Wien 1880.

16. Korrespondenz in der Ebene und im Raume von drei oder mehreren Dimensionen. *G. Salmon* hat 1865 ein Korrespondenzprinzip für die Ebene aufgestellt[101]), beachtet jedoch nur den Fall, wo allein in isolierten Punkten Koinzidenzen stattfinden. Vollständiger hat es *H. G. Zeuthen* (1874) so aufgestellt[102]): Wenn in einer Ebene jedem Punkte x β Punkte y und jedem Punkte y α Punkte x entsprechen, und die den Punkten x einer Geraden entsprechenden Punkte y auf einer Kurve von der Ordnung γ liegen, so ist $\alpha + \beta + \gamma$ die Summe der Anzahl der isolierten Koinzidenzpunkte und der Klasse der Enveloppe der Verbindungsgeraden der in allen Punkten der Koinzidenzkurve zusammenfallenden Punkte[103]). Teilweise hat *Zeuthen*, vollständig *H. Schubert* (1876) diesen Satz auf den Raum erweitert[104]). In *Schubert's* System (Nr. **25**) nimmt er übrigens eine andere Gestalt an, in welcher *Schubert* ihn auf mehrdimensionale Räume erweitert hat (Nr. **26**). Letztere Erweiterungen haben *E. Caporali*[105]) und *M. Pieri*[106]) teilweise auch in einer mit der ursprünglichen übereinstimmenden Form gefunden. Letzterer hat auch Anzahlen zusammenfallender entsprechender Strahlen in einem mehrdimensionalen Raume bestimmt[107]) *F. Severi* ist noch weiter gegangen, indem er eine allgemeine Formel aufstellt für das Zusammenfallen zweier

101) Geometry of three dimensions, 2. Ausgabe, Dublin 1865, p. 511.

102) Par. C. R. 78 (1874), p. 1553.

103) *A. Brill* benutzt (Math. Ann. 8 (1875, p. 534) die Korrespondenzformel für die Ebene und den einfachen Korrespondenzsatz zu analogen Beweisen für die (in Nr. **22** [149]) und [151])) zu nennenden Berührungssätze von *Jonquières* und *Chasles*. Diese und weitergehende Sätze von *H. Schubert* (Math. Ann. 10 (1876), p. 109) und *G. Fouret* (Par. C. R. 80 (1875), p. 805) sind einbegriffen in *M. Pieri's* Lösung der folgenden allgemeinen Aufgabe: In einem linearen Raume von n Dimensionen sind gegeben ein ∞^i und ein $\infty^{i'}$ System von Varietäten mit $n-1$ Dimensionen; welches ist dann die Ordnung des Ortes (mit $i+i'-1$ Dimensionen) der Berührungspunkte von Varietäten der zwei Systeme (Giorn. di mat. 30 ((1892), p. 131)? Die Auflösung stimmt mit *Brill's* überein, indem *Pieri* auf eine (dualistisch) entsprechende Weise einen Korrespondenzsatz für ∞^{n-1} Punktepaare benutzt, welcher aus seinem [106]) zitierten Satze durch Projektion folgt. Doch stützt er ihn nicht eben auf letzteren, sondern auf *Schubert's* Koinzidenzformeln (Nr. **25**). Weiter ist das Korrespondenzprinzip in der Ebene angewandt von *H. G. Zeuthen* (Math. Ann. 18 (1881), p. 33), der es hier in eine Korrespondenzformel für Flächen 2. Ordnung umformt; von *Pieri* (Rom Linc. Rend. (4) 2^1 (1886), p. 327; 2^2 (1886), p. 40) und *A. Del Re* (Pal. Rend. 1 (1887), p. 272).

104) Math. Ann. 10 (1876), p. 57.

105) *Caporali*, Mem. di geom. (Napoli 1888), p. 331.

106) Rom Linc. Rend. (4) 3^1 (1887), p. 196; Pal. Rend. 5 (1891), p. 252. Anwendung Pal. Rend. 11 (1897), p. 58.

107) Torino Atti 25 (1890), p. 365.

k-dimensionalen linearen Räume, die in einem linearen r-dimensionalen Raume einer passenden Anzahl von elementaren Bedingungen unterworfen sind [108]).

17. Korrespondenz auf einer Kurve (II B 2, Nr. 51—53). Das Korrespondenzprinzip ward gleich im Anfang auf Strahlen- oder Ebenenbüschel angewandt, dadurch auch bald auf die Punkte einer Kurve m^{ter} Ordnung mit einem $(m-1)$-fachen Punkte, und da die Haupteigenschaft der unikursalen (rationalen) Kurven schon um diese Zeit bekannt war (I B 1 c, Nr. 22, *Landsberg*; III C 5, *Kohn*: Spezielle Kurven und 11, *Castelnuovo* und *Enriques*), lag es nicht fern, es auch auf die Punkte einer solchen zu erweitern. Dies machte *Chasles* 1866 [109]). Unmittelbar nachher führte „eine Induktion, welche ihm hinreichend vorkam" [110]), *A. Cayley* zu einem für jede algebraische Kurve giltigen Korrespondenzprinzip: Die Anzahl der Koinzidenzen einer $(\alpha$-$\beta)$-Korrespondenz auf einer Kurve vom Geschlechte p ist

$$\alpha + \beta + 2\gamma p,$$

wenn die einem Punkte x der Kurve entsprechenden y als Schnittpunkte mit einer Kurve bestimmt werden, welche die gegebene noch teils in festen Punkten, teils in γ mit x zusammenfallenden Punkten schneidet. Dieser Satz enthält denjenigen, dass γ sich durch Vertauschung von x und y nicht ändert. In den Anwendungen [111]) begegnet man oft dem Falle, dass die Hilfskurve verschiedene Arten von beweglichen Schnittpunkten hat, von welchen n in Punkte y zusammenfallen, mit welchen x eine $(\alpha$-$\beta)$-Korrespondenz mit c Koinzidenzen hat, n' in Punkte y', mit welchen x eine $(\alpha'$-$\beta')$-Korre-

108) Linc. Rend. (5) 9^1 (1900), p. 321. Diese Formel hat er nachher in der [232]) zitierten Arbeit benutzt.

109) Par. C. R. 62 (1866), p. 579; die weitergehende Anwendung, welche *Jonquières* noch im selben Jahre von dadurch erreichten Resultaten machte, in einer [35]) zitierten Arbeit, ist in Nr. 7 besprochen. Das Prinzip, das doch auf eigentümlichen algebraischen Umwegen ergänzt werden musste, hat *F. Meyer* zu eingehenden Herleitungen von Singularitätenrelationen bei ebenen und räumlichen Kurven benutzt (Math. Ann. 38 (1891), p 369; Wien Monatshefte für Math. u. Phys. 4 (1893), p. 229 u. 331).

110) Par. C. R. 62 (1866), p. 586 = Papers 5, p. 542; Lond. M. S. Proc. 1, Nr. 7 (1866) = Papers 6, p. 385. *Cayley* scheint damals noch nicht *Chasles*' Mitteilung gekannt zu haben.

111) *Cayley* hat seinen Satz angewandt zur Bestimmung von Kurven, welche verschiedene Berührungen mit einer gegebenen Kurve haben (Lond. Trans. 158 (1868), p. 145 = Papers 6, p. 263) und von Dreiecken, welche gegebenen Kurven ein- und umgeschrieben sind (Lond. Phil. Trans. 161 (1871), p. 369 = Papers 8, p. 212.

spondenz mit c' Koinzidenzen hat u. s. w. Dann nimmt die Formel folgende Gestalt an:

$$n(c-\alpha-\beta)+n'(c'-\alpha'-\beta')+\cdots=2\gamma p.$$

Cayley's Korrespondenzformel ist zuerst von *A. Brill* bewiesen. Die Beschäftigung (1871) mit der algebraischen Behandlung von den eben (Note [111])) zitierten Berührungsaufgaben, für welche *Jonquières* (Nr. 7 [35])) und *Cayley* die Zahl der Lösungen gefunden hatten, führte ihn [112]) auf die allgemeine Bestimmung von Punktpaaren auf einer Kurve, deren Koordinaten zugleich zwei algebraische Gleichungen befriedigen [113]) und hieran knüpfte sich — neben der entsprechenden Bestimmung von Punktetripeln und -quadrupeln — sowohl [114]) (1873) ein vollständiger algebraischer als [115]) (1874) ein mehr geometrischer Beweis der von *Cayley* vermuteten Sätze, wobei auch der Einfluss singulärer Punkte vollständig berücksichtigt wurde. *Brill* setzt noch dieselbe Bestimmungsart der entsprechenden Punkte voraus wie *Cayley*, wodurch die Zahl γ, welche *Brill* die Wertigkeit der Korrespondenz genannt hat, positiv oder Null sein muss. *A. Hurwitz* hat 1886 die Frage über alle möglichen algebraischen Korrespondenzen auf einer algebraischen Kurve durch Benutzung von *Abel*'schen Integralen erledigt [116]). Es ergab sich, dass die *Cayley-Brill*'sche Formel giltig ist für alle solche Korrespondenzen auf einer algebraischen Kurve (Wertigkeitskorrespondenzen), deren Existenz nicht auf solche Kurven begrenzt ist, welche durch besondere Werte der Moduln charakterisiert sind; doch kann die Zahl γ auch negativ werden, aber nur für solche Korrespondenzen, welche durch das rationale Zerfallen einer durch eine Gleichung bestimmten Korrespondenz entstehen, also erst durch wenigstens zwei Korrespondenzgleichungen vollständig bestimmt werden. Dieses Zerfallen ist ja übrigens beachtet in *Cayley*'s zweiter Formel [117]).

112) Math. Ann. 3 (1871), p. 459; 4 (1871), p. 527. — Ausführlicheres über die hier zu nennenden Untersuchungen findet sich in *Brill-Nöther*'s voran zitiertem Berichte, 10. Abschnitt.

113) ib. 4 (1871), p. 510.

114) ib. 6 (1873), p. 38.

115) ib. 7 (1874), p. 607.

116) Leipz. Ber. 1885, p. 10; Math. Ann. 28 (1887), p. 561; weiter benutzt 32 (1888), p. 290. Ähnliche Behandlungswege des Prinzips hatte *F. Lindemann* früher eingeschlagen (J. f. Math. 84 (1878), p. 300 und *Clebsch-Lindemann*'s Vorlesungen über Geometrie, 6. Abt. (Leipzig 1875/6)). Die algebraischen Korrespondenzen sind im Anschluss an *Hurwitz* behandelt in *Klein-Fricke,* Theorie der elliptischen Modulfunktionen (Leipzig 1892) 2, p. 518; siehe auch *Baker,* Abel's Theorem and the allied theory (Cambridge 1897), p. 639, sowie *H. Burkhardt,* Par. C. R. 126 (1898), p. 1854.

117) Siehe *Brill* in Math. Ann. 31 (1888), p. 406. Diese (p. 374 anfangende)

Für die Anzahl der Koinzidenzen der singulären Korrespondenzen auf Kurven mit ganz bestimmten Moduln fand *Hurwitz* den Ausdruck:

$$\alpha + \beta + c_1 \lambda_1 + c_2 \lambda_2 + \cdots + c_\mu \lambda_\mu,$$

wo die c eine endliche Anzahl zu der Kurve gehörigen Zahlen bezeichnen, während die Zahlen λ die Korrespondenz charakterisieren [118]). — Die positive oder negative Wertigkeit einer vorgelegten Wertigkeitskorrespondenz findet *H. G. Zeuthen* als die halbe Anzahl der Koinzidenzen, welche verloren resp. gewonnen werden durch Einführung eines neuen Doppelpunktes [119]).

Ausser den Anwendungen, welche sich an den schon citierten Orten den Beweisen anschliessen [120]), nennen wir diejenigen von *C. Küpper,* der z. B. dadurch die Anzahl der *Weierstrass*-Punkte einer

---

und eine folgende Arbeit (Math. Ann. 36 (1890), p. 321) ist der Ausführung der den Korrespondenzformeln entsprechenden algebraischen Operationen gewidmet. — Siehe auch *F. Junker,* Inauguraldissertation, Tübingen 1889.

118) Beispiele für solche singuläre Korrespondenzen, welche eben für *Hurwitz* Anlass zur Aufstellung seiner Theorie wurden, geben die sogenannten irrationalen Modulargleichungen ab (*Klein* in Math. Ann. 17 (1880), p. 62). Als besonders einfaches Beispiel mag diejenige (1-1)-Korrespondenz auf einer harmonischen Kurve 3. Ordnung, auf welche *F. Klein* aufmerksam gemacht hat in Math. Ann. 15 (1879), p. 279, dienen. Sie lässt sich folgendermassen bestimmen: Von einem festen Punkte a der Kurve gehen zwei harmonisch konjugierte Tangentenpaare aus; die Strahlenpaare axx' und ayy' der Involution, von welchen das eine Tangentenpaar die Doppelelemente bildet, werden auf der Kurve eine (2-2)-Korrespondenz (x, y) ausschneiden, die sich rational in zwei (1-1)-Korrespondenzen spaltet (siehe *C. Segre,* Torino Atti 24 (1889), p. 734 und *F. Amodeo,* Ann. di mat. (2) 19 (1891), p. 145).

119) Math. Ann. 40 (1892), p. 99 zweiter Beweis. Dieser Beweis, der jedoch die Reduzierbarkeit der betreffenden Kurvenspezies auf rationale Kurven voraussetzt (Nr. **3** und **9**), beruht auf derselben Anwendung des Kontinuitätsprinzips, mittels welcher *Jonquières* früher, zwar nicht die *Cayley-Brill*'sche Korrespondenzformel, sondern einige ihrer geometrischen Resultate gefunden hatte (Nr. **7** [85])). *Zeuthen*'s zwei Beweise erzielen übrigens die Überführung der für das einfache Korrespondenzprinzip giltigen direkten Regel zur Abzählung zusammenfallender Auflösungen (Nr. **14**) auf das *Cayley-Brill*'sche Korrespondenzprinzip. Solche Bestimmungen erleichtert *F. Severi* dadurch, dass er die betreffende Kurve durch solche einfachere Kurven ersetzt, für welche dieselbe Bestimmung einfacher ist und doch zum selben Resultat führen muss (Torino Mem. (2) 51 (1901), p. 82). Andere geometrische Beweise für die *Cayley-Brill*'sche Korrespondenzformel waren geführt von *H. Schubert* (Kalk. der abz. Geom., p. 86), *K. Bobek* (Wien. Ber. 93 (1886), p. 899). *C. Segre* hat sie durch eine Überführung in einen Raum mit mehreren Dimensionen erhalten (Ann. di mat. (2) 22 (1894), p. 1).

120) Darunter *Brill*'s (Math. Ann. 4 (1871), p. 522) auf Raumkurven, *Brill*'s und *Zeuthen*'s auf die Bestimmung von Spezialgruppen (Math. Ann. 36 (1890), p. 321 und 40 (1892), p. 118); anders bestimmt von *Castelnuovo* [50]).

algebraischen Kurve bestimmt [121]), und von *F. Severi* zur Bestimmung einiger Singularitäten einer Kurve in einem mehrdimensionalen Raume [122]).

Die geometrischen Bedeutungen der allgemeinen von *Hurwitz* gefundenen Gesetze des Entsprechens von Punktreihen auf einer Kurve werden genauer studiert von *F. Severi* [123]), der ausser den Anzahlen der Koinzidenzpunkte auch lineare Reihen von Punktgruppen bestimmt, welchen sie angehören. Er wendet noch die Korrespondenz an auf die Geometrie der Flächen mit zwei Büscheln von Kurven, die einander nur einmal schneiden, und findet z. B. den *Bézout*'schen Satz für solche Flächen.

IV. Gebrauch von den Geschlechtssätzen.

18. Der einfache und erweiterte Geschlechtssatz für algebraische Kurven. Den Satz, dass zwei Kurven, deren Punkte sich (1-1)-deutig entsprechen, vom selben Geschlecht sind, hat zuerst *A. Clebsch* (1864) für geometrische Abzählungen verwertet [124]) (III C 4, Nr. **4**, **15**). Weitere Anwendungen wurden durch geometrische Beweise des Satzes von *L. Cremona* [125]), *E. Bertini* [126]) und *H. G. Zeuthen* [127]) gefördert. Letzterer wurde dabei (1870) auf die folgende Erweiterung des Satzes geführt [128]): Wenn eine $(x_1 - x_2)$-Korrespondenz stattfindet zwischen zwei Kurven von den Geschlechtern p_1 und p_2, und y_1 und y_2 die Anzahlen von Koinzidenzen der Punkte der einen Kurve,

---

121) Prag Ber. 1892, p. 257 (III C 4, Nr. 27).

122) Torino Mem. (2) 51 (1901), p. 81. Am Schlusse benutzt der Verfasser jedoch die in Nr. **9** besprochene funktionale Methode [52]).

123) Torino Mem. (2) 54 (1903), p. 1. Die obengenannte Anwendung auf Flächen geschieht im Anschluss an Arbeiten von *A. Maroni*, Torino Atti 38 p. 149; *M. de Franchis*, Pal. Rend. 17, p. 104; Rom Linc. Rend. (5) 12^1, p. 303 und *Severi* selbst, Torino Atti 38, p. 185, alle 1903.

124) J. f. Math. 64 (1865), p. 98. Er bestimmt dadurch, ausser der dritten *Plücker*'schen Formel, die Singularitätenzahlen der Evolute (ein eingeflossener Fehler wurde bald korrigiert) (III C 4, Nr. **22**).

125) Preliminari (1866), p. 45.

126) Giorn. di mat. 7 (1869), p. 105.

127) Par. C. R. 70 (1870), p. 105. Später hat *H. Schubert* das einfache Korrespondenzprinzip benutzt (Math. Ann. 16 (1880), p. 180).

128) Math. Ann. 3 (1870), p. 150. Aus einem selbständig mittels der *Riemann*'schen Fläche bewiesenen Spezialfalle dieser Formel hat *H. Weber* (Z. f. Math. 76 (1873), p. 345) für $p > 1$ eine Umkehrung des *Riemann*'schen Geschlechtssatzes gefolgert.

welche demselben Punkte der anderen entsprechen, bezeichnen, so ist

$$y_1 - y_2 = 2x_2(p_1 - 1) - 2x_1(p_2 - 1).$$

Wo diese Formel überhaupt anwendbar ist, hat sie vor anderen abzählenden Methoden den Vorzug, dass die Abzählung mehrfach zählender Koinzidenzen ohne Vergleichung der Ordnungen unendlich kleiner Grössen geschieht[129]). Dieses erlangt man durch die folgende Verbesserung (1876) von *G. Halphen*[130]): $y_1 - y_2$ wird ersetzt durch $\sum(\eta_1 - \eta_2)$, wo die Zahlen η_1 und η_2 zwei entsprechenden Punkten M_1 und M_2 so zugehören, dass η_1 (resp. η_2) die Anzahl der in M_1 (resp. M_2) zusammenfallenden Punkte, welche M_2 (resp. M_1) entsprechen, bezeichnet, und wo die Summe Σ auf alle solche entsprechenden Punktepaare M_1 und M_2, für welche $\eta_1 \gtrless \eta_2$ ist, zu erstrecken ist. Gleichzeitig ist p auf eine für alle algebraische Kurven giltige Weise zu bestimmen durch

$$2(p-1) = n + \sum(\mu - 1) - 2m,$$

wo m und n die Ordnung und Klasse, μ die Multiplizität eines mehrfachen vollständigen Zweiges bezeichnen, und Σ auf alle solche zu erstrecken ist (Nr. **3**)[131]). Ausser den von den genannten Verfassern an diese Formeln geknüpften Anwendungen, am meisten auf Berührungsprobleme, nennen wir diejenigen von *C. Segre*[132]) auf die Geometrie auf einer Regelfläche und auf entsprechende mehrdimensionale Untersuchungen und von *A. Wiman*[133]) auf die Doppelkurve einer Regelfläche, sowie auf algebraische Kurven, welche eindeutige Trans-

---

129) Sie ist auch nicht denselben Begrenzungen unterworfen wie das *Cayley-Brill*'sche Korrespondenzprinzip in seiner ursprünglichen Gestalt (Nr. **17**) und darf also nicht wohl aus diesem gefolgert werden. Über *Zeuthen*'s Beweis siehe Nr. **6**[32]). *De Paolis* hat später den Satz durch Anwendung der *Analysis situs* (III A, B 4, *Dehn* u. *Heegaard*) auf die *Riemann*'schen Flächen bewiesen (Mem. delle società Italiana (3) 7, Nr. 6 (1890), p. 124, s. auch Note [128])). Über geometrische Interpretationen siehe *G. Castelnuovo*, Linc. (4) 7^2 (1891), p. 294 und *F. Severi*, Lomb. Rend. (2) 36 (1903), p. 495, von letzterem auch auf das Entsprechen von Flächen erweitert.

130) S. M. F. Bull. 5 (1876), p. 9. In Acta math. 1 (1892), p. 171 hat *Zeuthen* seinen anzahl-geometrischen Beweis bis auf den von *Halphen* berücksichtigten allgemeineren Fall erweitert.

131) S. M. F. Bull. 4 (1875), p. 29.

132) Rom Linc. Rend. (4) 3^2 (1887), p. 3; Math. Ann. 34 (1889), p. 1.

133) Dissertation, Lund. 1892; Acta math. 19 (1895), p. 63; Stockholm Wetensk. Bihang 21^1, n. 3 (1895). Weiter finden die Geschlechtssätze Anwendung zu Abzählungen in *G. Castelnuovo*'s Untersuchungen über rationale und irrationale Involutionen auf einer Kurve (Rom Linc. Rend. (4) 5^2 (1889), p. 130 und (4) 7^2 (1891), p. 295), in *M. de Franchis*' [123]) zitierter Arbeit u. s. w.

formationen in sich besitzen. *Zeuthen* benutzt die hier genannten Formeln zur methodischen Untersuchung der Singularitätenzahlen einer als Punkt- oder Tangentenort gegebenen Kurve [134]). Die Bestimmung des Geschlechts spielt eine besondere Rolle bei der Untersuchung darüber, ob eine Kurve zusammengesetzt ist [135]).

19. Das Flächengeschlecht und ähnliche Zahlen (III C 6, *Castelnuovo* und *Enriques*). In räumlichen Untersuchungen kann man von der Gleichheit der Geschlechter zweier sich eindeutig entsprechender Flächen ähnlichen Gebrauch machen. Dann ist besonders das sogenannte numerische Flächengeschlecht zu beachten. Nützlich sind auch die Anzahlen der einem solchen Entsprechen gehörigen Fundamentalpunkte. *H. G. Zeuthen* hat durch abzählende Methoden Formeln entwickelt, welche die Zusammenhänge dieser verschiedenen Zahlen mit denjenigen angeben, welche die Flächen charakterisieren [136]). Er hat auch eine Formel entwickelt, welche das Geschlecht eines ebenen Kurvensystems durch die den Kurven des Systems und ihrer Enveloppe gehörigen Zahlen ausdrückt, und sie zur anzahl-geometrischen Bestimmung von Enveloppen benutzt [137]).

---

134) Bull. sci. math. (2) 11 (1887), p. 82; Pal. Rend. 3 (1889), p. 171. Die Bestimmung als Punktort giebt gewöhnlich ziemlich leicht die Ordnung und die Punkte mit mehrfachen Zweigen (nicht aber die Schnittpunkte verschiedener Zweige). Die noch fehlende Bestimmung des Geschlechts erhält man aus dem ein- oder mehrfachen Entsprechen der Punkte mit denjenigen einer gegebenen Kurve.

135) Siehe namentlich *M. Nöther,* Acta math. 8 (1886), p. 161. Beispiele andersartigen Gebrauchs des Kurvengeschlechts in abzählenden Untersuchungen findet man schon in *Ed. Weyr*'s Inauguraldissertation (Prag 1873).

136) Math. Ann. 4 (1871), p. 21; 10 (1875), p. 545. *C. Segre* hat später von einem etwas weiteren Gesichtspunkte aus, den er schon für das Geschlecht von einfach unendlichen algebraischen Gebilden eingenommen hatte (Ann. di mat. (2) 22 (1894), p. 1; zitiert [119])), eine dieser Formeln entwickelt und bis auf Varietäten mit drei Dimensionen erweitert (Torino Atti 31 (1896), p. 485). Über die ganze Theorie und Anwendung der verschiedenen Flächengeschlechter verweisen wir auf III C 6 und 11, *Castelnuovo* und *Enriques* und nennen hier nur besonders die Übersichten, welche *G. Castelnuovo* und *F. Enriques* über ihre diesbezüglichen Arbeiten in Math. Ann. 48 (1896), p. 241 und Ann. di mat. (3) 6 (1901), p. 165 gegeben haben.

137) Par. C. R. 78 (1874), p. 274 u. 339. — Übrigens sind die Bestimmungen der sämtlichen Geschlechter durch Anzahlen linear unabhängiger algebraischer Ausdrücke oder Integrale, sowie die Sätze über Spezialgruppen (*Brill* und *Nöther*) vielfach benutzt worden, auch in der Gestalt rein geometrischer Abzählungen. Siehe III C 4, 6, 8, 9, 11 (*Berzolari, Castelnuovo* u. *Enriques, Rohn, Segre, Castelnuovo* u. *Enriques*).

V. Sukzessive Einführung der Bedingungen; symbolischer Kalkül (III C 4, Nr. 9).

20. Systeme von Kurven; Jonquières' Index. Schon *Braikenridge* erhob sich nach und nach von einfacheren zu schwierigeren Aufgaben, indem er die Geraden durch Kurven ersetzte (Nr. **4** [12])). Ein so natürliches Verfahren mag auch *J. Steiner*, der die Anzahl $m(m + 2n - 3)$ der Kurven C_n eines Büschels von Kurven n^{ter} Ordnung, welche eine Kurve m^{ter} Ordnung C_m berühren, kannte [138]), benutzt haben, um Anzahlen von Kurven, welche verschiedene Bedingungen erfüllen, zu bestimmen (siehe Nr. **6** [29]) und [30])). Jedenfalls ward es benutzt von den Verfassern, die durch die von ihm mitgeteilten Resultate zu solchen Untersuchungen angeregt wurden. Die eben genannte Anzahl findet *J. N. Bischoff* (1858) algebraisch dadurch, dass die Bedingungsgleichung der Berührung vom Grade $m(m + 2n - 3)$ in den Koeffizienten der Kurve C_n ist [139]). Daraus schliesst er, dass die Anzahl der Kurven C_n, welche die Kurven $C_{m_1}, C_{m_2}, \ldots, C_{m_n}$ berühren und sonst durch gegebene Punkte bestimmt sind, dem Produkte $\Pi m(m + 2n - 3)$ gleich ist. Ähnlich verfuhr er bei anderen Bestimmungen von Kurven.

In geometrischer Gestalt nahm *E. de Jonquières* 1861 dasselbe Verfahren auf [140]). Die Anzahl μ der Kurven eines ∞^1-Systems, welche durch einen gegebenen Punkt gehen, nannte er den Index des Systems, und fand dann in mehreren Fällen, dass die Anzahl der Kurven des Systems, welche eine andere Bedingung erfüllen, $\alpha\mu$ ist, wo α ausschliesslich von der Bedingung abhängt. Dadurch konnte auch er durch sukzessive Ersetzung von gegebenen Punkten durch andere Bedingungen die Anzahl der Kurven finden, welche mehrere solche Bedingungen erfüllen. Namentlich meinte auch er dadurch *Bischoff*'s Formel bewiesen zu haben. Zwar erkannte er ihre Unanwendbarkeit auf gewisse Fälle, fand aber doch weder die Erklärung dieser Abweichung noch die dadurch nötige Begrenzung der Formel.

Auch *Chasles* irrte sich in betreff dieser Erklärung (Nr. **13** [82])). Sie war auch nicht in der fehlerhaften Voraussetzung zu suchen, welche *Jonquières* machte, dass jedes System mit dem Index μ durch eine Gleichung darstellbar ist, deren Koeffizienten rationale Funktionen

138) J. f. Math. 47 (1851), p. 6 = Werke 2, p. 500. Auch die Ordnung des Ortes der Berührungspunkte von Kurven zweier Büschel giebt er an; siehe [103]) (III C 4, Nr. **38**).

139) J. f. Math. 56 (1859), p. 166.

140) J. de math. (2) 6 (1861), p. 113.

μ^{ten} Grades eines Parameters sind. Auf diesen Fehler ward *G. Battaglini* aufmerksam [141]); zugleich bewies er, dass die Koeffizienten als rationale Funktionen zweier Variablen, die durch eine algebraische Gleichung verbunden sind, darstellbar sind [142]).

Den wirklichen Grund der Abweichungen entdeckte *L. Cremona* (1864), indem er besonders für die Kegelschnitte auf die in einem System enthaltenen Doppelgeraden hinwies [143]). *Bischoff*'s Formel ist nicht unrichtig, wenn man nur alle Konsequenzen der Betrachtung der gesuchten Kurve als Punktort n^{ter} Ordnung (Nr. **3**) festhält, und also jeden Punkt, wo zwei Schnittpunkte zweier Kurven zusammenfallen, als einen Berührungspunkt betrachtet. Die gefundene Zahl 8 der Kegelschnitte, welche durch zwei Punkte gehen und drei Gerade berühren, umfasst dann, ausser vier eigentlichen Auflösungen, (viermal) die Doppelgerade durch die gegebenen Punkte. Dagegen wird die Anzahl 16 der Kegelschnitte, welche durch einen Punkt gehen und vier Gerade berühren, bedeutungslos, weil es im jetzigen Sinne der Berührung unendlich viele Auflösungen giebt (Nr. **1**). Übereinstimmend mit dieser Erklärung hat *Jonquières* später sowohl *Bischoff*'s Formel als seine eigenen weitergehenden Formeln, durch welche die Anzahlen von Kurven bestimmt wurden, die mehrere Berührungen von höheren Ordnungen mit einer gegebenen haben (Nr. **7** [35]), auf die Fälle begrenzt, wo die Anzahl der gegebenen Punkte hinreicht, um das Vorkommen von Kurven mit mehrfachen Zweigen zu hindern. Ähnlich begrenzte Resultate hat *H. Krey* gefunden für Systeme von Kurven, welchen man ausser ihrer Ordnung gewisse Singularitäten beilegt [144]).

21. Chasles' zwei Charakteristiken. Unabhängig von *Jonquières*' Untersuchungen umging *M. Chasles* in seinen Bestimmungen von Kegelschnitten durch gegebene Bedingungen (1864) die genannten Mängel dadurch, dass er ein System durch zwei sogenannte Charakteristiken μ und ν charakterisierte, von welchen zwar μ mit *Jonquières*' Index (Nr. **20**) identisch ist, während ν die Anzahl der Kegelschnitte des

141) Nap. Rend. (2) 1863, p. 149.

142) Dadurch haben spätere Forscher jedes ∞^1-System von Kurven durch eine Kurve darstellen können, wodurch die Bestimmung von Kurven eines Systems durch gegebene Bedingungen auf diejenige von Punkten einer Kurve reduziert wird (Nr. **31** [208]) und **33**).

143) Giorn. di mat. 2 (1864), p. 17.

144) Acta math. 7 (1885), p. 49. Es geschieht im Anschluss an *Zeuthen*'s allgemeine Formeln für Systeme ebener Kurven [90]).

Systems, welche eine gegebene Gerade berühren, bezeichnet[145]). Er fand dann durch das Korrespondenzprinzip (Nr. **13**) eine grosse Menge von Ausdrücken von Anzahlen der Kegelschnitte eines Systems, die verschiedene vom System unabhängige Bedingungen erfüllen. Alle nahmen sie die Form $\alpha\mu + \beta\nu$ an, wo α und β allein von der gegebenen Bedingung abhängen. Mittelst dieser Ausdrücke, welche er die Moduln der Bedingungen nannte[146]), kann man aus den bekannten Charakteristiken der elementaren Systeme, das heisst solcher, deren Bedingungen alle in gegebenen Punkten und Tangenten bestehen, durch sogenannte geometrische Substitution[147]) nach und nach die Anzahl der Kegelschnitte herleiten, welche fünf andere unter sich unabhängige Bedingungen erfüllen. Wenn diese Bedingungen durch $\alpha, \beta;\ \alpha', \beta';\ \ldots;\ \alpha^{IV}, \beta^{IV}$ charakterisiert waren, fand *Chasles* den Ausdruck

$$\alpha\alpha'\alpha''\alpha'''\alpha^{IV} + 2\,\Sigma\alpha\alpha'\alpha''\alpha'''\beta^{IV} + 4\,\Sigma\alpha\alpha'\alpha''\beta'''\beta^{IV}$$
$$+ 4\,\Sigma\alpha\alpha'\beta''\beta'''\beta^{IV} + 2\,\Sigma\alpha\beta'\beta''\beta'''\beta^{IV} + \beta\beta'\beta''\beta'''\beta^{IV}.$$

Die Allgemeinheit dieser Bestimmungsweise voraussetzend, wendete *Chasles* sie auf die Fälle an, wo zwei oder mehrere Bedingungen unter sich abhängen[148]), indem er eine doppelte Bedingung durch die in die Formel eingehenden drei Zahlen $\alpha\alpha'$, $\Sigma\alpha\beta'$ und $\beta\beta'$ repräsentierte.

22. Charakteristiken von Kurven- und Flächensystemen. *Chasles* hatte einen Fall gefunden, wo die Formel $\alpha\mu + \beta\nu$ auch auf ein ∞^1-System von Kurven beliebiger Ordnung anwendbar ist, nämlich für die Anzahl der Kurven des Systems, welche eine gegebene Kurve berühren; dann ist α die Klasse, β die Ordnung dieser Kurve[149]). Für andere Resultate derselben Form hat *E. de Jonquières* dieselbe Erweiterung gemacht[150]). Weiter fand derselbe für mehrere Anzahlen von Flächen in einem ∞^1-Systeme, welche eine neue Bedingung erfüllen, Ausdrücke von der Form $\alpha\mu + \beta\nu + \gamma\varrho$, wo die Charakteristiken μ, ν, ϱ die Anzahlen der Flächen des Systems bezeichnen, welche durch einen Punkt gehen oder eine Gerade oder Ebene berühren[151]). Besonders für die Bedingung, eine gegebene Fläche zu

145) Par. C. R. 58 (1864), p. 222 und 297.

146) ib. 59 (1864), p. 348.

147) ib. 59 (1864), p. 216.

148) ib. 59 (1864), p. 315; etwas modifiziert von *L. Cremona* (Par. C. R. 59, p. 776, siehe [176])).

149) Par. C. R. 58 (1864), p. 308. Siehe auch Nr. **13** [86]).

150) Par. C. R. 58 (1864), p. 535.

151) ib. 58 (1864), p. 567; 61 (1865), p. 440.

berühren, werden α, β und γ ihre Klasse, Rang und Ordnung. Um darauf eine vollständige Bestimmung der Kurven oder Flächen, welche solche verschiedene Bedingungen erfüllen, zu gründen, braucht man noch die Charakteristiken der elementaren Systeme. Diese hat *Chasles* später für Flächen 2. Ordnung mitgeteilt, nachdem er die entsprechenden Zahlen für Kegelschnitte im Raume aufgestellt hatte [152]).

In Nr. **31** werden wir sehen, dass nicht alle Anzahlen von Kurven oder Flächen 2. Ordnung, die eine gegebene Bedingung erfüllen, geschweige denn diejenigen von Kurven und Flächen höherer Ordnung, sich durch Ausdrücke von den Formen $\alpha\mu + \beta\nu$ oder $\alpha\mu + \beta\nu + \gamma\varrho$ darstellen lassen. Die Methode der sukzessiven Einführungen und daher auch die Bestimmung der Charakteristiken allerlei gegebener Systeme behält doch immer ihren Wert für diejenigen Bedingungen, für welche dieses der Fall ist, und solche sind bei weitem die wichtigsten für Kegelschnitte und Flächen 2. Ordnung. Doch muss man natürlich in gegebenem Falle diese Form nicht voraussetzen, sondern ihre Giltigkeit direkt beweisen.

23. Symbolische Multiplikation. *Chasles'* in Nr. **21** genannte allgemeine Formel stellte *G. Halphen* (1873) symbolisch durch das folgende Produkt dar [153]):

$$(\alpha\mu + \beta\nu)(\alpha'\mu + \beta'\nu)(\alpha''\mu + \beta''\nu)(\alpha'''\mu + \beta'''\nu)(\alpha^{IV}\mu + \beta^{IV}\nu),$$

wo nach der Multiplikation $\mu^r\nu^s$ durch die Anzahl der Kegelschnitte, welche durch r Punkte gehen und s Gerade berühren, zu ersetzen ist. Die symbolischen Faktoren $\alpha\mu + \beta\nu$ sind dann die Moduln der respektiven Bedingungen (Nr. **21** [146])). Ebenso bestimmte *Halphen* die Anzahlen von Flächen 2. Ordnung, welche gegebene Bedingungen erfüllen, durch symbolische Multiplikation ihrer Moduln $(\alpha\mu + \beta\nu + \gamma\varrho)$. Aus dieser für die genannten Fälle gebildeten Symbolik hat *H. Schubert* ein allgemeines Mittel geschaffen zur sukzessiven anzahl-geometrischen Einführung von neuen, von den früheren unabhängigen Bedingungen, welchen man irgend eine Figur unterwirft. Wie im genannten Beispiele wird jede Bedingung mittels eines Moduls linear durch Symbole gewisser elementarer Bedingungen ausgedrückt. Durch Ausfüh-

152) Par. C. R. 62 (1866), p. 405 und 61 (1865), p. 389. Auch *G. Salmon* beschäftigte sich gleichzeitig mit denselben Bestimmungen (Quart. Journ. 8 (1867), p. 1). Über andere Bestimmungen dieser und anderer Charakteristiken siehe Nr. **27—30**. Die Zahl der Kegelschnitte, welche acht Geraden schneiden, bestimmte *J. Lüroth* noch anders (J. f. Math. 68 (1868), p. 185); auch *J. de Vries* (Amsterdam. Akad. Versl. 10 (1902), p. 192).

153) Par. C. R. 76 (1873), p. 1074.

rung der Multiplikation der Moduln einfacher Bedingungen bildet man diejenigen der aus ihnen zusammengesetzten Bedingungen und zuletzt einen Ausdruck für die Anzahl der durch hinreichend viele Bedingungen bestimmten Figuren. Um diese Anzahl zu haben, genügt es sodann in den einzelnen Termen das Produkt der Symbole elementarer Bedingungen mit der Anzahl der sie erfüllenden Figuren zu ersetzen. Sind für gewisse Terme letztere Bedingungen kontradiktorisch (verlangen sie z. B., daß eine Gerade auf einmal in einer Ebene liege und durch einen ausser dieser Ebene liegenden Punkt gehe), so verschwinden solche Terme.

Nachdem *Schubert* schon in seinen „Beiträgen zur abzählenden Geometrie“[154]) diesen Bedingungskalkül entwickelt und vielfach angewandt hatte, fand er darin das Mittel zu einem systematischen Aufbau der abzählenden Geometrie, welchen sein „Kalkül der abzählenden Geometrie“ enthält. Diese wird unmittelbar an die ersten geometrischen Axiome geknüpft, nicht an fertige algebraische Ergebnisse. Zwar beruht die Bildung der zu diesem Aufbau notwendigen Moduln auf der Anwendung der von der Algebra herrührenden Hauptmethoden, nämlich des Prinzips der Erhaltung der Anzahl und des Korrespondenzprinzips. Diese Anwendungen geschehen aber ein für alle Mal, wonach man durch fortgesetzte symbolische Multiplikation und Kombination der gefundenen Gleichungen solche Resultate herleitet, welche man sonst durch wiederholte Anwendungen der beiden Prinzipe erhält. Diese Prinzipe geben dann beziehungsweise die sogenannten Inzidenzformeln (Nr. 24) und Koïnzidenzformeln (Nr. 25). Die ganze Symbolik und die dadurch mögliche präzise Formulierung jedes gewonnenen Resultats erlaubt übrigens diese bestimmt festzuhalten, um darauf Neues zu begründen.

24. Schuberts Inzidenzformeln[155]). Zwei Elemente sind inzident[156]), wenn sie in einander liegen — zwei Gerade, wenn sie sich schneiden. Die erste Inzidenzformel betrifft eine Gerade g und einen Punkt p derselben. p und g bezeichnen auch die Anzahl der Punkte p, welche in einer gegebenen Ebene liegen und die Anzahl der Geraden g, welche eine gegebene Gerade schneiden, pg also die Anzahl der inzidenten Elemente, welche beides thun. Durch Verlegen der gegebenen Geraden in die gegebene Ebene sieht man dann, dass

---

154) Math. Ann. 10 (1876), p. 1 und 318; vorläufige Mitteilungen in den Gött. Nachr. 1874—75.

155) Math. Ann. 10 (1876), p. 26; Kalk. der abz. Geom., p. 25.

156) Diese Benennung rührt von *Grassmann* her.

$$pg = p_g + g_e,$$

wo p_g die Anzahl der Fälle bezeichnet, wo p in einer gegebenen Geraden liegt, g_e diejenige der Fälle, wo g in einer gegebenen Ebene liegt. Hier und in ähnlichen Fällen ist immer die Voraussetzung, dass die Figuren, ausser den durch die Symbole bezeichneten, noch dieselben zu ihrer Bestimmung nötigen Bedingungen erfüllen. Solche führt man durch Multiplikation ein. — *Schubert* fängt damit an, mit p und g zu multiplizieren, kombiniert weiter die gefundenen Formeln und die dualistisch entsprechenden unter sich. Die Tragweite dieses Verfahrens geht daraus hervor, dass jede von Punkten, Geraden und Ebenen zusammengesetzte Figur durch die Inzidenz solcher Elemente graphisch definiert ist. Die Anzahlen solcher Figuren, welche Bedingungen der hier genannten Art erfüllen, werden also bestimmt durch Multiplikation der den verschiedenen Elementen entsprechenden Moduln. Weiter lässt schon die erste Formel sich auf die Punkte einer Raumkurve und die Tangenten in denselben anwenden; dann wird z. B. g_e die Bedingung bezeichnen, dass die Kurve eine gegebene Ebene berührt.

25. Schubert's Koïnzidenzformeln; weitere Formelbildungen. Die einmalige Anwendung des Korrespondenzprinzips, woraus die Koïnzidenzformeln[157]) hervorgehen (Nr. **23**), giebt die (auch sonst oft benutzte) Anzahl $(p + q - g)$ der Koïnzidenzen eines ∞^1-Systems von Punktepaaren (pq), wo p (resp. q) die Anzahl der Punktepaare bezeichnet, deren Punkt p (resp. q) in einer Ebene liegt, g derjenigen, deren Verbindungsgerade eine gegebene Gerade trifft. Die daraus erhaltenen Koïnzidenzformeln umfassen das Korrespondenzprinzip für Ebene und Raum (Nr. **16**), und vertreten überhaupt in *Schubert*'s Untersuchungen seit 1876 die unmittelbaren Anwendungen des Korrespondenzprinzips (Nr. **13**). *H. Schubert* hat ähnlich die mehrfachen Koïnzidenzen einer Gruppe von Punkten einer beweglichen Geraden behandelt[158]) (wie *Saltel* für eine feste; Nr. **15**[99])). Die gefundenen Formeln benutzt er zu einer neuen Bestimmung der zuerst durch die einfachen Koïnzidenzformeln gefundenen Anzahlen singulärer Tangenten einer Fläche (Nr. **14**[94])). Dasselbe leisten für die Singularitäten eines Linienkomplexes die entsprechenden Formeln für Gruppen von Strahlen eines Büschels[159]).

157) Math. Ann. 10 (1876), p. 54; Kalk. der abz. Geom., p. 42.

158) Math. Ann. 12 (1877), p. 180; Kalk. der abz. Geom., p. 228.

159) Math. Ann. 12 (1877), p. 202.

H. Schubert ist im systematischen Aufbau von Formeln weiter gegangen, indem er durch Multiplikation der betreffenden Inzidenz- und Koïnzidenzformeln die Formeln gebildet hat, welche Zusammenhänge unter Anzahlen von Dreiecken, bestimmt durch gegebene Bedingungen, und den Anzahlen der verschiedenen ausgearteten Dreiecke ausdrücken[160]). Durch Anwendung auf Dreiecke, gebildet von drei konsekutiven Punkten einer Kurve hat er dadurch verschiedene höhere Berührungsaufgaben gelöst (vgl. [43]).

26. Fundamentale Anzahlen, Inzidenz- und Koïnzidenzformeln im n-dimensionalen Raume. Um die symbolische Rechnung und die dadurch ausgedrückte allgemeine Darstellung der abzählenden Formeln fruchtbar auf die Räume von mehr als 3 Dimensionen zu erweitern, galt es vor allem, die dazu gehörigen *Fundamentalzahlen* zu kennen. Damit bezeichnet (1884) *H. Schubert*[161]) für den Strahl die Anzahlen der durch Inzidenz mit gegebenen linearen Räumen von den verschiedenen Dimensionen bestimmten Strahlen. Diese Bestimmung geschieht durch Anwendung des Prinzips der Erhaltung der Anzahl und durch symbolische Multiplikation. Als dreidimensionales Vorbild dieser — und damit der folgenden weitergehenden — Bestimmungen dient die folgende Bestimmung der Anzahl von Strahlen einer gegebenen Kongruenz, welche zwei feste Geraden a und b schneiden. Durch Betrachtung des Spezialfalles, wo a und b sich schneiden, ersieht man, dass das Produkt der Bedingungen, a und b zu schneiden, gleich ist der Summe der Anzahlen derjenigen Strahlen, die durch einen Punkt gehen, und derjenigen die in einer Ebene liegen. Die dadurch erhaltene Gleichung wird demnächst mit den Bedingungen der Kongruenz multipliziert. Die von *Schubert* gesuchten *Fundamentalzahlen* werden durch ähnliche Auflösungen von Produkten verschiedener Bedingungen, die zugleich erfüllt werden sollen, durch Summen einfacherer Zahlen bestimmt.

Schon zur selben Zeit regte *H. Schubert* die Frage an über die fundamentalen Anzahlen für einen im n-dimensionalen Raume enthaltenen linearen s-dimensionalen Raum $[s]$. In seinen Untersuchungen hierüber[162]) benutzt er das Bedingungssymbol $(a_0, a_1, a_2, \ldots, a_s)$, welches voraussetzt, dass ein $[a_0]$, ein $[a_1]$, usw. bis $[a_s]$ so gegeben sind, dass immer jeder $[a_i]$ in dem $[a_{i+1}]$ liegt, und dann verlangt, dass der $[s]$

160) Math. Ann. 17 (1880), p. 153.

161) Math. Ann. 26 (1885), p. 26; die Resultate hat *Schubert* später in eine allgemeine Formel zusammengefasst Hamb. Mitt. 3 (1892), p. 86.

162) Acta math. 8 (1886), p. 97.

mit jedem $[a_i]$ einen $[i]$ gemeinsam haben soll[163]). Die Fundamentalzahlen der Räume $[s]$ sind die Anzahlen der Räume, welche eine hinreichende Zahl von solchen Bedingungen erfüllen, und welche man als Produkt der Bedingungen darstellt. Um sie zu bestimmen, kommt es darauf an, das Produkt zweier solcher Bedingungen als Summe solcher einfachen Bedingungen darzustellen. In diesen Beziehungen hat man allmählich folgendes erreicht: *Schubert* selbst hat die Anzahlen der $[s]$ bestimmt, welche die Bedingung $(a_0, a_1, a_2, \ldots, a_s)$ erfüllen und ausserdem eine hinreichende Anzahl von gegebenen $[n - s - 1]$ je einpunktig treffen[164]), *G. Castelnuovo* die Anzahl derjenigen, welche ausserdem eine hinreichende Anzahl von Geraden treffen[165]); *M. Pieri* hat das Produkt einer $(a_0, a_1, a_2, \ldots, a_s)$ und entweder der Bedingung, einen gegebenen $[h]$ einpunktig zu treffen[166]), oder der Bedingung, einen gegebenen $[n - s + r - 1]$ in einem $[r]$ zu treffen[167]), oder der Bedingung, einen gegebenen $[r]$ in einem $[r - 1]$, der einer gegebenen Fundamentalform angehört, zu treffen[168]), durch eine Summe von einfachen Fundamentalbedingungen ausgedrückt. Weiter haben *F. Palatini* und *G. Z. Giambelli* die genannten Produkte für die Ebenen der mehrdimensionalen Räume bestimmt[169]), und endlich hat *G. Z. Giambelli*[170]) eine explizite Formel für das Produkt zweier charakteristischer Bedingungen gefunden. Dazu benutzt er eine erweiterte symbolische Rechnung. Diese bietet mit der Theorie der symmetrischen Funktionen der Wurzeln einer algebraischen Gleichung eine Übereinstimmung dar, die es zulässt, Schlüsse von einem dieser Bezirke auf den anderen zu machen. Diese Übereinstimmung hat er später weiter verwertet[171]).

Die Kenntnis der Fundamentalanzahlen erlaubt es, sowohl die

---

163) Später haben sowohl *Schubert* (Math. Ann. 57 (1903), p. 210) als *G. Z. Giambelli* (siehe [170])) diese Symbolik verschiedentlich modifiziert.

164) Spezialfälle waren früher von *W. F. Meyer* (Math. Ann. 21 (1882), p. 132) und *C. Stephanos* (Thèse 1884) analytisch bewiesen oder von *Schubert* selbst aufgestellt (Hamb. Mitt. 1 (1886), p. 134). Später hat letzterer (Math. Ann. 38 (1891), p. 598) eine Fortsetzung gegeben.

165) Rom. Linc. Rend. (4) 5^2 (1889), p. 71.

166) Lomb. Ist. Rend. (2) 26 (1893), p. 534.

167) ib. 27 (1894), p. 214.

168) ib. 28 (1895), p. 441.

169) Torino Atti 36 (1901), p. 459.

170) Torino Mem. (2) 52 (1902), p. 171.

171) Torino Atti 38 (1903), p. 823. Dabei beweist er auch eine neue abzählende Formel, die *H. Schubert* ohne Beweis aufgestellt hatte (Hamb. Ber. 4 (1903), p. 104).

Inzidenz- als die Koïnzidenzformeln (Nr. **24** und **25**) auf mehrdimensionale Räume zu erweitern. Dies hat *H. Schubert* schon 1884 gethan[172]) und die so erlangten Formeln zur n-dimensionalen Erweiterung der Anzahlbestimmungen der vielpunktig berührenden Tangenten einer punktallgemeinen Fläche benutzt (Nr. **14**[94])). Die hierher gehörigen Fortsetzungen der Koïnzidenzformeln haben wir in Nr. **16** genannt. *Schubert*'s ursprüngliche Inzidenzformel, die sich auf einen Strahl bezieht, dem ein Punkt inzident ist, hat *M. Pieri* erweitert[173]). Später hat *H. Schubert* ganz allgemein m Inzidenzformeln abgeleitet, welche sich darauf beziehen, dass ein m-dimensionaler, linearer Raum ganz innerhalb eines $(m+q)$-dimensionalen, linearen Raums liegt[174]).

VI. Berechnung der Charakteristiken eines Systems durch Ausartungen.

27. Systeme von Kegelschnitten. *M. Chasles* hat 1864 für die Anzahlen der in einem ∞^1-Systeme von Kegelschnitten mit den Charakteristiken μ und ν (Nr. **21**) enthaltenen Ausartungen, nämlich 1) Doppelgeraden mit zwei Scheiteln und 2) Kegelschnitten mit Doppelpunkt, welche also aus zwei Geraden bestehen, die folgenden Ausdrücke gefunden[175]):

$$\lambda = 2\mu - \nu, \quad \pi = 2\nu - \mu.$$

Mittelst des ersten dieser Ausdrücke bestimmte *L. Cremona* gleich die Charakteristik ν einiger Systeme, wo μ schon bekannt war[176]). *H. G. Zeuthen* gründete 1865 auf die beiden Formeln eine allgemeine Methode zur gleichzeitigen Bestimmung von μ und ν[177]). Die Zahlen λ und π hängen nämlich nur von der Bestimmung von Geraden und Punkten ab, und diese ist wesentlich einfacher als die durch die Zahlen μ und ν ausgedrückte Bestimmung von Kegelschnitten. *Zeuthen*

172) Math. Ann. 26 (1885), p. 54 u. 55.

173) Pal. Rend. 5 (1891), p. 261.

174) Math. Ann. 57 (1903), p. 209; Deutsche Math.-Ver. 12 (1903), p. 89.

175) Par. C. R. 58 (1864), p. 1173.

176) Par. C. R. 59 (1864), p. 776. Siehe Nr. **20**[143]). Von *Steiner*'s Ausdrücken für die Anzahlen der durch drei Punkte gehenden Kegelschnitte, welche eine Kurve zweifach oder dreipunktig berühren (Nr. **4**[15])) ausgehend, fand er solche für die Fälle, wo die gegebenen Punkte teilweise oder ganz durch gegebene Tangenten ersetzt werden.

177) Nyt Bidrag usw. Doktordissertation, Kjöbenhavn 1865. Französisch in Nouv. Ann. (2) 5 (1866).

wendet seine Methode an zur Bestimmung der Systeme von Kegelschnitten, welche allerlei vorgeschriebene Berührungen — auch mehrfacher und höherer Ordnung — mit gegebenen Kurven mit *Plücker*'schen Singularitäten haben[178]). Analoge Bestimmungen von Kegelschnitten im Raume, z. B. *M. Botasso*'s Bestimmungen der zweifach berührenden Kegelschnitte gegebener Flächen[179]), können in Anschluss an die Bestimmung von Kegelschnitten in einer Ebene geschehen. Öfters waren sie jedoch mit der jetzt zu besprechenden Bestimmung von Flächen 2. Ordnung verbunden.

28. Systeme von Flächen und Räumen 2. Ordnung. Unmittelbar nachher wendete *Zeuthen* dieselbe Methode an zur Bestimmung der Charakteristiken μ, ν, ϱ (Nr. 22) der elementaren Systeme von Flächen zweiter Ordnung[180]). Ein ∞^1-System von solchen Flächen enthält φ Kegel, χ von Kegelschnitten begrenzte Doppelebenen und ψ Flächen, die aus zwei Ebenen oder zwei Punkten auf der Schnittlinie der Ebenen zusammengesetzt sind, je nachdem man sie als Punkt- oder Tangentenebenenörter betrachtet. Diese Anzahlen werden bestimmt durch

$$\varphi = 2\varrho - \nu, \quad \chi = 2\mu - \nu, \quad \psi = 2\nu - \mu - \varrho.$$

Zeuthen wendete umgekehrt diese Gleichungen zur Bestimmung von μ, ν, ϱ an, indem φ, χ, ψ einfacheren Gebilden angehören. Dieselbe Bestimmung gab später *H. Schubert* in vollständigerer Darstellung[181]), welche auch die Bestimmung der Charakteristiken von Kegelschnittsystemen im Raume mittelst ihrer Degenerationen umfasste.

---

178) *Chasles*' Methode (Nr. **21**) setzt voraus, dass die Bedingungen unter sich unabhängig sind; dies braucht nicht bei *Zeuthen*'s Methode für die ein System bestimmenden Bedingungen der Fall zu sein. Dagegen führt diese nicht zur Bestimmung der Anzahlen der eine fünffache Bedingung erfüllenden Kegelschnitte. Solche Anzahlen bestimmte aber *A. Cayley* in Anschluss an *Zeuthen*'s Resultate, Nr. **9** [49]).

179) Ann. di mat. (3) 8 (1903), p. 233.

180) Kjöbenhavn Overs. 1866, p. 91. Die Bestimmungen waren vorher bei der Gesellschaft deponiert, weil der Verfasser *Chasles*' 1865 gegebene Bestimmungen der Charakteristiken der elementaren Systeme von Kegelschnitten im Raume benutzt hatte, und daher nicht *Chasles*' erst 1866 erschienenen, weiteren Mitteilungen vorgreifen wollte (Nr. **22** [15])).

181) J. f. Math. 71 (1870), p. 366. *Schubert* (der damals *Zeuthen*'s Untersuchungen nicht kannte) kann sich damit begnügen, nur die einfachsten Werte von φ und ψ direkt zu bestimmen; denn wegen der Identität verschiedener Charakteristiken in verschiedenen Systemen überschreitet die Anzahl der Gleichungen diejenige der gesuchten Charakteristiken.

Zeuthen[182]) und *Schubert*[183]) haben auch dieselbe Methode auf andere Systeme von Flächen zweiter Ordnung angewandt. *Schubert* hat sie 1889[184]) erweitert auf einen n-dimensionalen Raum und hat damit die Anzahlen der in einem vierdimensionalen Raume durch elementare Bedingungen bestimmten Kegelschnitte, Flächen und Räume zweiter Ordnung numerisch bestimmt. Später hat er sich auf einen allgemeineren Standpunkt erhoben, indem er sich nicht damit begnügt, die Anzahlen der Gebilde zweiten Grades, welche in einem Raume von n Dimensionen eine Bedingung Z_1 z_1-mal, Z_2 z_2-mal usw. erfüllen, nach und nach für bestimmte Werte von $n, z_1, z_2, \ldots$ zu bestimmen, sondern diese Anzahlen als Funktionen von $n, z_1, z_2, \ldots$ ausdrückt. Solche Funktionen leitet er für Punkträume zweiter Ordnung und jeder Dimension ab[185]).

29. Kurvensysteme höherer Ordnung. Die Berechnung von Charakteristiken durch Abzählung von Ausartungen hat auch Anwendung gefunden auf die Charakteristiken elementarer Systeme von ebenen Kurven dritter (*Maillard*[186]) und *H. G. Zeuthen*[187])) und vierter Ordnung (*Zeuthen*[188]) und von Raumkurven dritter Ordnung (*Schubert*[189]). Dabei musste man sukzessiv verfahren. Unter die Ausartungen allgemeiner Kurven vierter Ordnung z. B. gehören solche, welche einen Doppelpunkt haben. Daher musste die Bestimmung der Charakte-

182) Nouv. Ann. (2) 7 (1868), p. 345; Ann. di mat. (2) 4 (1871), p. 331. Die ersteren Untersuchungen hat *R. Sturm* in Math. Ann. 7 (1874), p. 578 vervollständigt. Wie *Zeuthen* die Charakteristiken der Systeme von Kegelschnitten (Nr. **27** [178])) zur Bestimmung der Evolute und Katakaustika einer gegebenen Kurve benutzt hatte, wendet *Sturm* diejenige der Systeme von Flächen zweiter Ordnung in seinen Untersuchungen über Normalen einer algebraischen Fläche an.

183) Math. Ann. 10 (1876), p. 318 zur Bestimmung der Moduln (Nr. **23**) zusammengesetzter elementarer Bedingungen, z. B. derjenigen eine Gerade zu enthalten. Letzteren Modul bestimmt *A. Hurwitz* (ib.) durch Verlegung dreier gegebener Punkte in die Gerade. Siehe auch *Schubert's* Abhandlung in Zeitschr. f. Math. 15 (1870), p. 126.

184) Hamb. Mitt. 1 (1889), p. 290; Festschrift der Math. Gesellsch. in Hamburg 1890, p. 172.

185) Hamb. Mitt. 3 (1891), p. 12; Math. Ann. 45 (1894), p. 153. — Später hat *P. H. Schoute* (Amst. Akad. Verh. 7, Nr. 4, 1900) für einen vierdimensionalen Raum dieselben Probleme anders, aber doch wesentlich mit denselben abzählenden Methoden behandelt.

186) Thèse, Paris 1871.

187) Par. C. R. 74 (1872), p. 521, 664, 726.

188) Kjöbenhavn Skrifter (5) 10 (1873), p. 287 (zitiert Nr. **14** [90])).

189) Kalk. der abz. Geom., p. 163; *R. Sturm* hatte gleichzeitig einen Teil der Resultate anders gefunden (J. f. Math. 79 (1875), p. 99; 80 (1875), p. 128).

ristiken von Systemen von Kurven mit einem Doppelpunkte derjenigen, welche allgemeine Kurven betrifft, vorausgehen. Erstere setzt ebenso diejenigen voraus, welche Kurven mit zwei Doppelpunkten oder einer Spitze betreffen u. s. w. Ähnliches gilt von Raumkurven dritter Ordnung; den diese betreffenden Bestimmungen musste *Schubert* solche vorausschicken, welche sich auf Anzahlen von ebenen Kurven dritter Ordnung mit Spitze oder Doppelpunkt, deren singuläre Punkte oder Tangenten Lagenbedingungen unterworfen sind[190]), beziehen.

Die Gleichungen zwischen Charakteristiken und Anzahlen verschiedenartiger Ausartungen sind in allen hier zitierten Arbeiten meistenteils durch das Korrespondenzprinzip gefunden. Daher liessen ihre Koeffizienten sich auf die Nr. **14** besprochenen Weisen (indirekt und direkt) bestimmen. Erstere wird dadurch möglich, dass gewöhnlich dieselbe Zahl als μ des einen und ν eines anderen Systems figuriert. Um letztere anzuwenden, muss man die Ordnungen der unendlich kleinen Grössen der Nachbarkurven der Ausartungen untersuchen; umgekehrt kann man diese Ordnung aus den auf die erste Weise bestimmten Koeffizienten folgern. Überhaupt gewähren die hier genannten Bestimmungen eine Übersicht über die den Systemen angehörigen Ausnahmekurven, darunter diejenigen mit mehrfachen Zweigen[191]).

30. Paare entsprechender Figuren. Wie *T. A. Hirst* 1874 bemerkt hat[192]), gelten die Formeln der Nr. **27** auch für ein ∞^1-System von zwei ebenen reziproken (korrelativen) Figuren, wenn μ und ν die Anzahlen von Figurenpaaren sind, welche durch zwei entsprechende Punkte (das heisst solche, die je auf der dem anderen entsprechenden Geraden liegen) oder Geraden bestimmt werden, λ (und π) die Anzahl von Fällen, wo einer gewissen Geraden (einem Punkte) alle Punkte einer festen Geraden (alle Geraden durch einen festen Punkt) entsprechen. Bilden alle Figurenpaare des Systems Polarsysteme, so hat man eben den in Nr. **27** betrachteten Fall. Durch Auffindung der λ und π Ausartungen bestimmt *Hirst* dann μ und ν. Auf diese Weise hat er alle Anzahlen der durch einander entsprechende Punkte und Geraden bestimmten reziproken Figuren gefunden. Die Zahlen λ und π waren vorher durch verschiedenartige Untersuchungen bestimmt,

---

190) Math. Ann. 13 (1878), p. 429; Kalk. der abz. Geom., p. 106.

191) Einzelne Beispiele solcher Kurven von *Chasles, De la Gournerie, Cayley, Cremona, Crofton* und *Hirst* findet man schon früher Par. C. R. 64 (1867), p. 799 u. 1079, auch Lond. M. S. Proc. 2 (1867), p. 45; weiter (aber nicht ganz genau) Par. C. R. 74 (1872), p. 708 und Messenger 1 (1872), p. 178 (= *Cayley,* Papers 8, p. 258 u. 526).

192) Lond. M. S. Proc. 5 (1874), p. 40 = Ann. di Mat. (2) 6 (1875), p. 260.

später durch eine ähnliche Benutzung einer Ausartung zweiter Stufe, welche allgemein in solchen Systemen vorkommt, deren Figurenpaare schon die ebengenannten besitzen[193]). *Hirst* hat ebenso die Formeln der Nr. 28 zur Bestimmung von reziproken Figuren im Raume angewandt. Im Jahre 1874 stellte er jedoch nur die Formeln auf[194]). Die wirkliche Ausführung, bei welcher die drei Ausartungen erster Stufe durch Ausartungen höherer Stufe bestimmt werden, veröffentlichte er erst 1890[195]), nachdem schon *P. Visalli*, wenigstens teilweise, dasselbe erreicht hatte[196]).

Für zweidimensionale reziproke Figuren hatte *R. Sturm* (1877) die Methode so erweitert, dass sie auch auf solche Bündel anwendbar sind, deren Scheitel unbekannt ist, während eine hinreichende Zahl von entsprechenden Strahlen und Ebenen durch gegebene Punkte und Geraden im Raume gehen sollen[197]). Die Berechnung durch Abzählung der Ausartungen hat *Sturm* auch auf das von ihm früher behandelte Problem der räumlichen Projektivität (III B 9, *Schönflies*: Projektive Geometrie und III C 11, *Castelnuovo* und *Enriques*: Korrespondenzen) angewandt[198]), und *H. Schubert* hat diese Untersuchungen vervollständigt durch Mitberücksichtigung der noch fehlenden Fälle von projektiven Gebilden von einer oder zwei Dimensionen[199]). Er hat sie auch auf reziproke p-dimensionale Räume[200]), auf (1—2)-korrespondierende einstufige Grundgebilde[201]) und auf das, auf die trilineare Verwandtschaft ausgedehnte Projektivitätsproblem angewandt[202]). Die Lösungen letzteren Problems sind nützlich für die Bestimmung einer Fläche dritter Ordnung durch 19 Bedingungen.

---

193) Lond. M. S. Proc. 8 (1877), p. 262.

194) Lond. M. S. Proc. 6 (1874), p. 7.

195) Lond. M. S. Proc. 21 (1890), p. 92. Gefunden hatte er jedoch die numerischen Resultate schon 1877, indem er zur Bestimmung der Ausartungen erster Stufe *Sturm*'s gleich zu besprechende Resultate [197]) benutzte.

196) Rom Acc. Lincei Mem. (4) 3 (1886), p. 579; Rend. (4) 3^1 (1887), p. 118.

197) Math. Ann. 12 (1877), p. 254, siehe weiter ibid. 19 (1882), p. 461.

198) ib. 15 (1879), p. 407.

199) Kalk. der abz. Geom., p. 194. Später hat *Schubert* einige von *Hirst*'s, *Sturm*'s und seinen eigenen Resultaten in allgemeine Formeln zusammengestellt Hamb. Mitt. 3 (1891), p. 12.

200) Letzt zitierte Arbeit [199]), p. 20; Deutsche Math.-Ver. 4 (1895), p. 158. *Schubert*'s Formel ist erst bewiesen und bedeutend erweitert von *G. Z. Giambelli*, Ist. Lomb. Memorie (3) 19 (1903), p. 155. Er benutzt dabei *G. del Prete*'s Untersuchungen über ausgeartete projektive Korrespondenzen, Lomb. Ist. Rend. (2) 30 (1897), p. 400 u. 464.

201) J. f. Math. 88 (1880), p. 311.

202) Programm des Johanneum in Hamburg 1882.

Durch Abzählung der Ausartungen hat *H. Schubert* auch Anzahlen von linearen Linienkongruenzen bestimmt[203]).

VII. Das Charakteristikenproblem.

31. Systeme zweiter Ordnung. *Chasles* vermutete, dass die Anzahl von Kegelschnitten eines ∞^1-Systems, welche eine vom Systeme unabhängige Bedingung erfüllen, sich *immer* durch die Formel $\alpha\mu + \beta\nu$ darstellen lässt, wo μ und ν die Charakteristiken des Systems sind, α und β nur von der Bedingung abhängen (Nr. **21**). μ und ν würden dann das System, α und β die Bedingung anzahlgeometrisch vollständig *charakterisieren* (daher der Name Charakteristiken), und um die Lösung aller hierher gehörigen Aufgaben zu erhalten, würde man nur die den verschiedenen Systemen und Bedingungen zugehörigen Zahlen zu suchen brauchen. Dies würde weiter durch Kombination des betreffenden Systems (resp. der betr. Bedingung) mit zwei besonders einfachen Bedingungen (resp. Systemen) geschehen können. Das durch *Chasles'* Vermutung angeregte theoretische Problem erhielt dadurch auch eine grosse praktische Bedeutung. Mehrere Geometer haben es auch versucht, die Richtigkeit von *Chasles'* Vermutung zu beweisen[204]). Es gelingt aber — ganz wie bei *Jonquières'* noch viel engerer Formulierung, welche schon der Formel $\alpha\mu$ eine gewisse Bedeutung gegeben hatte (Nr. **20**) — nur durch Hineinpassen aller Aufgaben in solche Formulierungen, welche mit sich bringen, dass die Anzahl der Lösungen gewisser Aufgaben[205]) nur zusammen mit denjenigen von fremden Lösungen auftritt, ja durch identische Erfüllung der so erweiterten Aufgabe ganz verborgen wird. Um dieses zu zeigen genügte eine einzige Aufgabe, für welche *Chasles'* Vermutung nicht bestätigt wird. Beispiele solcher Aufgaben fand *G. Halphen* 1876[206]). Er wies zugleich nach, warum diese Beispiele nicht in die zur Formel $\alpha\mu + \beta\nu$ führenden Formulierungen hineingepasst werden konnten.

203) Math. Ann. 10 (1876), p. 83; Kalk. der abz. Geom., p. 188.

204) *A. Clebsch,* Math. Ann. 6 (1873), p. 1; *G. Halphen,* S. M. F. Bull. 1 (1873), p. 130; *F. Lindemann* in *Clebsch*: Vorl. über Geometrie 1, p. 399; *H. Schubert* und *A. Hurwitz,* Gött. Nachr. 1876, p. 507; *E. Study,* Math. Ann. 27 (1886), p. 58 und 40 (1892), p. 551. Letzterer giebt in ersterer Abhandlung den Systemen eine solche algebraische Definition, die die schon damals von *Halphen* gefundenen Ausnahmefälle wirklich ausschliesst.

205) Um allgemein gültig zu sein, müsste der von *Chasles'* vermutete Satz auf jede Aufgabe der angegebenen Natur passen, die sich durch eine irreduktible algebraische Gleichung lösen lässt, und dann den Grad dieser Gleichung angeben (Nr. **1**).

206) Par. C. R. 83 (1876), p. 537 u. 866.

In allen diesen waren nämlich nur die (in Nr. 27) mit λ und π bezeichneten Ausartungen berücksichtigt, eine Doppelgerade, deren zwei Scheitel zusammenfallen, also nur insofern sie unter diesen beiden Ausartungen mitzuzählen ist. Dass damit nicht der Einfluss dieser *Halphen*'schen Ausartungen erschöpft war, zeigte sich eben bei den Beispielen, wo eine solche Ausartung erst vollständig bestimmt ist, wenn man ausser der Lage der Geraden und des Punktes noch den Grenzwert des Verhältnisses $x^m : y^n$ kennt, wo x die von einem Nachbarkegelschnitte im Systeme auf einer gegebenen Geraden abgeschnittene Strecke, y den Sinus des Winkels, unter welchem er von einem gegebenen Punkt gesehen wird, bezeichnen[207]). In der Folge bewies er, dass alle Ausnahmen der Formel $\alpha\mu + \beta\nu$ von diesen Ausartungen herrühren — sodass man die genannte Formel überall auf die vorgenannte Weise anwenden darf, wenn nur entweder das System eine solche Ausartung nicht enthält oder die Bedingung sie nicht gestattet — und er gab genau die Modifikationen an, welche ein solcher ausgearteter Kegelschnitt mit sich führt[208]). Weil $\frac{m}{n}$ unendlich viele Werthe annehmen kann, lässt die Anzahl von Auflösungen sich überhaupt nicht allgemein durch eine Formel mit einer endlichen Anzahl von Gliedern ausdrücken. Daran hat er noch eine ganz allgemeine Bestimmung der Anzahl von Kegelschnitten, welche fünf willkürliche unter sich unabhängige Bedingungen erfüllen, geknüpft[209]). *Halphen* hat auch die entsprechende Modifikation gefunden, welche der Ausdruck $\alpha\mu + \beta\nu + \gamma\varrho$ (Nr. 22) der Anzahl der Flächen zweiter Ordnung eines ∞^1-Systems, die eine gegebene Bedingung erfüllen, erfährt, wenn andere Ausartungen als die in Nr. 28 berücksichtigten vorkommen[210]). Seine Untersuchungen sind auf mehrstufige Systeme erweitert von *P. del Pezzo*[211]) und *C. Burali Forti*[212]).

---

207) Siehe auch *H. Schubert*, S. M. F. Bull. 8 (1880), p. 61; *H. G. Zeuthen* und *E. Study,* Math. Ann. 37 (1890), p. 461; 40 (1892), p. 559; 41 (1893), p. 539, *W. G. Alexejew,* Gel. Mosk. Univ. Verhandl., Phys.-math. Abth. 10 (1893).

208) Lond. M. S. Proc. 9 (1878), p. 149 = Math. Ann. 15 (1879), p. 16; J. éc. polyt. cahier 45 (1879), p. 27. In der Beweisführung stellt er das System durch eine Kurve dar, deren Schnittpunkte mit einer anderen die gesuchten Kegelschnitte geben (Nr. 20 [142])). Die im Anfangspunkte zusammenfallenden Schnittpunkte entsprechen den *Halphen*'schen Ausartungen. *E. Study* hat die Kegelschnitte der Ebene auf eine 5-dimensionale Mannigfaltigkeit von Punkten abgebildet (Math. Ann. 40 (1892), p. 551).

209) Lond. M. S. Proc. 10 (1879), p. 76.

210) J. éc. polyt. cah 45 (1879), p. 76.

211) Napoli Rend. 23 (1885), p. 61.

212) Giorn. di mat. 24 (1886), p. 309 u. 334.

32. Andere Charakteristikensätze. Wenn eine gewisse Art von Figuren von $r+s$ Bedingungen abhängt, wird es — wenn nur möglich — nützlich sein (Nr. **31**), die Anzahl der durch gegebene Bedingungen bestimmten Figuren durch einen endlichen Ausdruck von der Form

$$N = Aa + Bb + \cdots + Kk \tag{1}$$

darzustellen, wo die Zahlen $A, B, \ldots K$ ausschliesslich von den r Bedingungen, $a, b, \ldots k$ ausschliesslich von den s übrigen abhängen[213]). $A, \ldots K$ und $a, \ldots k$ charakterisieren dann resp. das durch die r Bedingungen bestimmte ∞^s-, und das durch die s Bedingungen charakterisierte ∞^r-System. Beispiele, wo dieses gelungen ist, sind *Bézout*'s Theorem[214]) und *Halphen*'s Satz über die Anzahl der zwei Kongruenzen gemeinschaftlichen Geraden (III C 10, *Wälsch*). Im ersten Falle wird die Formel eingliedrig, im zweiten zweigliedrig. *H. Schubert* hat ähnliche Formeln für die Bestimmung von linearen Räumen von k Dimensionen durch $r+s$ Bedingungen in einem Raume von n Dimensionen gegeben[215]).

Hierher gehören auch *G. Halphen*'s Untersuchung (1876) der Fälle, in welchen jede ebene algebraische Kurve mit willkürlichen Singularitäten sich durch die *Plücker*'schen Zahlen und die *Plücker*'schen Äquivalente für die höheren Sigularitäten (Nr. **3**[10])) repräsentieren lässt?[216]), und ihre Erweiterung auf den Raum[217]). Die Anzahl der Punkte, wo eine algebraische Kurve eine von der Kurve unabhängige, projektive Differentialgleichung erster Ordnung befriedigt, wird durch einen zweigliedrigen Ausdruck von der Form (1) dargestellt[218]); diejenige der Punkte, wo sie eine solche Differentialgleichung zweiter Ordnung befriedigen, durch einen drei- oder viergliedrigen Ausdruck

---

213) Wo man Sicherheit hat, dass die Gruppen von Bedingungen sich überhaupt durch eine solche endliche Zahl von Anzahlen charakterisieren lassen, kann *Cayley*'s funktionale Methode oft benutzt werden, um die genannte Form herzuleiten (Nr. **9**).

214) Die besonders in Nr. **5** und **6** besprochenen umgekehrten Anwendungen von *Bezout*'s Theorem sind als Spezialfälle des Gebrauchs, welchen man überhaupt von Charakteristikensätzen machen kann, zu betrachten (Nr. **31**).

215) Hamb. Mitt. 1886, p. 134 (auch zitiert in Nr. **8** [44])). Siehe auch die in Nr. **26** zitierten Arbeiten und eine Abhandlung von *Schubert* in Math. Ann. 38 (1891), p. 598.

216) J. de math. (3) 2 (1876), p. 257; Étude sur les points singuliers (voran zit.), p. 60.

217) S. M. F. Bull. 6 (1877), p. 10.

218) Dieses Resultat ist in *G. Fouret*'s Erweiterung der Formel $n\mu + m\nu$ einbegriffen (Nr. **34** [289])).

resp. für die Ebene und den Raum. Ist die Differentialgleichung dritter Ordnung, so kann man nicht mehr einen für alle Fragen giltigen Ausdruck mit endlicher Gliederzahl aufstellen[219]).

H. Schubert, der 1877 dem Charakteristikenproblem die hier betrachtete allgemeine Fassung gab[220]), hat Charakteristikensätze für folgende Gebilde aufgestellt[221]): 1) für einen Strahl und einen auf ihm liegenden Punkt; 2) für einen Strahlbüschel; 3) für einen Strahl, einen auf ihm liegenden Punkt und eine durch den Strahl gehende Ebene; 4) für einen Strahl und n darauf liegende Punkte; 5) für einen Strahlbüschel und n darin befindliche Strahlen, und später[222]), 6) für Dreiecke. Doch sind nur in den drei ersten Fällen die Formeln allgemeingiltig. In den drei letzteren Fällen können nämlich auf einmal zwei Grössen unendlich klein werden, welches ähnliche Folgen hat wie derselbe Umstand bei den Systemen von Kegelschnitten[223]). Ein Charakteristikensatz ist auch *A. Hurwitz*' Ausdruck für die Anzahl von Koïnzidenzen in einer willkürlichen Korrespondenz auf einer algebraischen Kurve mittelst derjenigen, welche einer begrenzten Zahl von Korrespondenzen gehören (Nr. **17**[116])).

VIII. Anhang.

33. Erneuerte Fühlung mit der algebraischen Behandlung. Wie schon bemerkt (Nr. **1**) operiert die abzählende Geometrie mit den Gradzahlen algebraischer Gleichungen. Die wachsende Selbständigkeit der Methoden und die immer weitergehende Abstraktion der behandelten Fragen, die sich zuletzt auf Gebilde beliebig hoher Dimension bezogen, machte es nach und nach schwierig, die Verbindung der gesuchten und gefundenen Anzahlausdrücke mit den algebraischen

---

219) Ein einfaches Beispiel dafür bietet die Bestimmung der Evolute einer gegebenen Kurve. Diese hat im allgemeinen keine Wendetangente, bekommt aber eine solche, wenn auf der gegebenen Kurve ein mit einer Spitze zusammen fallender Doppelpunkt diese zu einer Knotenspitze macht. Dann ändert sich auch z. B. die Anzahl der Spitzen der Evolute, die ja eben solchen Punkten der gegebenen Kurve entsprechen, die durch eine Differentialgleichung dritter Ordnung bestimmt werden.

220) Gött. Nachr. 1877, p. 401. Gleichzeitig haben *Chasles* und *Fouret* speziellere Sätze ähnlicher Natur in Paris C. R. 85 (1877) aufgestellt.

221) Kalk. der abz. Geom., p. 289.

222) Math. Ann. 17 (1880), p. 153.

223) Siehe für die Fälle 4. und 5. *G. Halphen*'s und *H. Schubert*'s Bemerkungen im S. M. F. Bull. 8 (1879), p. 31 u. 60; für den 6. Fall hat *Schubert* gleich selbst die Begrenzung beobachtet.

Gleichungen, welchen sie angehören, festzuhalten. Und doch ist eben diese Verbindung, welche den Ausgangspunkt der Untersuchungen bildete, äusserst wichtig für beide Teile. Mit ihr als Führerin finden die abzählenden Untersuchungen sowohl die ergiebigsten Wege als die grösste Sicherheit; sie erlaubt es umgekehrt, die abzählenden Resultate auch algebraisch zu verwerten, und dadurch auch dieselben Resultate von gewissen geometrischen Untersuchungen auf andere zu übertragen, welche sich durch dieselben algebraischen Gleichungen ausdrücken lassen. Daher ist man auch in der letzten Zeit bestrebt, diese Verbindung wieder anzuknüpfen[224]).

Was das Korrespondenzprinzip betrifft, so hat es in seiner ursprünglichen einfachen Form (Nr. **13**) einen unmittelbaren Anschluss an die die Koïnzidenzpunkte bestimmende algebraische Gleichung[225]), und die Abzählung ihrer verschiedenartigen Auflösungen ergiebt eine Auflösung ihrer linken Seite in ein Produkt. Auch für die daraus durch symbolische Multiplikation entstehenden höheren Koïnzidenzformeln (Nr. **25** u. **26**) lässt sich der Zusammenhang mit der algebraischen Darstellung leicht festhalten. Ein von *K. Th. Vahlen* gegebener algebraischer Beweis des für höhere Räume giltigen Korrespondenzprinzipes[226]) lässt diesen Zusammenhang unmittelbar hervortreten, und dasselbe gilt von den algebraischen Beweisen des *Cayley-Brill'*schen Korrespondenzprinzipes (Nr. **17**).

Bei den Anwendungen des Prinzips der Erhaltung der Anzahl dagegen setzt man die Existenz der entsprechenden algebraischen Gleichung voraus (Nr. **9**). Man kann aber auch die Anwendung des Prinzipes unmittelbar an die algebraischen Gleichungen anknüpfen. Dies hat schon 1866 *S. Roberts* gethan, indem er bei der Bestimmung der Anzahlen von Auflösungen gewisser Systeme von Gleichungen[227])

---

224) Dies geschieht nicht eben durch solche Untersuchungen, welche nur dazu bestimmt sind, die abzählenden Resultate algebraisch zu kontrollieren, sei es nun, dass die abzählende Begründung wirklich unvollständig gewesen ist, oder dass man selbst mit den algebraischen Methoden mehr vertraut ist. In solchen Fällen wird die abzählende Untersuchung nur als heuristische Vorbereitung betrachtet. Bei der Vielseitigkeit und dem Reichtum der mathematischen Untersuchungen giebt es ausserordentlich viele Beispiele dieser doppelten Behandlung derselben Frage. Nennen wir hier nur als ähnliche Fragen behandelnd, wie diejenigen, die uns jetzt beschäftigen sollen, *M. Caspar's* Abhandlung in Math. Ann. 59 (1904), p. 517.

225) Damit wurde sogar Homographie und Involution durch Abzählungen bewiesen (Nr. **12** [77])).

226) J. f. Math. 113 (1894), p. 348.

227) J. f. Math. 67 (1867), p. 266. *Roberts* macht selbst auf die Übereinstimmung

diese durch solche ersetzt, die aus linearen Faktoren zusammengesetzt sind. Seine dadurch gewonnenen Resultate betreffen die Ordnung der Bedingung der Koexistenz eines Systems von algebraischen Gleichungen zwischen einer kleineren Zahl von Unbekannten. Dabei macht er ziemlich allgemeine Voraussetzungen über die Gradzahlen der Koeffizienten in anderen Variablen, und die Ordnung der Bedingungen bezeichnet die Anzahl der Lösungen der Bedingungsgleichungen und einer hinreichenden Zahl von linearen Gleichungen in letzteren Variablen. Auf eben solche Bestimmungen zielen aber die Anwendungen der abzählenden Methoden der Geometrie ab. Daher schliessen sich die neueren Bestrebungen, diesen Methoden Fühlung mit der Algebra zu geben, den Aufgaben der hier zitierten Abhandlung an.

Vor allem galt es aber, genaue Definitionen der Gebilde zu haben, mit welchen die auf Räume mit einer beliebigen Anzahl von Dimensionen sich erstreckenden, abzählenden Untersuchungen sich beschäftigen. Solche hat *C. Segre* (1894) allgemein gegeben im ersten einleitenden Abschnitte seiner: Introduzione alla geometria sopra un

---

seiner Methode mit derjenigen, welche *Jonquières* in seiner [35]) zitierten, auf dem genannten Prinzip beruhenden Untersuchung benutzt, aufmerksam. *Roberts*' Untersuchungen sind übrigens Erweiterungen derjenigen, welche *Salmon* (Higher Algebra 2. ed., p. 229, auch unsere Note [24])), mittelst desselben Prinzipes ausgeführt hat. Das von *Roberts* behandelte System von Gleichungen ward nachher von *A. Brill* weiter untersucht (Math. Ann. 5 (1872), p. 378) (I B 1 c, Nr. **14**, *Landsberg*). *D. Hilbert* benutzt seine an dieselbe algebraische Theorie geknüpfte charakteristische Funktion (I B 1 c, Nr. **18**, *Landsberg*) zu den hierher gehörigen Abzählungen (Math. Ann. 36 (1890), p. 520—521; siehe auch unsere Note [229])). Übrigens kommt eine ähnliche Schlussweise, wie die des Prinzips von der Erhaltung der Anzahl, auch in der Funktionentheorie vor, und die *Hilbert*'sche charakteristische Funktion leistet in der Theorie der θ-Funktionen (II B 6, *Krazer* und *Wirtinger*) in einfacher Weise Bestimmungen von Zahlen. *H. Poincaré* (Soc. M. F. B. 11 (1883), p. 129; Am. J. of Math. 8 (1886), p. 289; J. de math. (5) 1 (1895), p. 219), und nach ihm *Laurent, Picard* u. A., haben folgende Schlussweise angewendet. Man kann die Anzahl der Lösungen eines analytischen Gleichungssystems mittels der *Kronecker*'schen Formel durch ein bestimmtes Integral darstellen. Dieses ist unter gewissen Voraussetzungen eine stetige Funktion der Parameter und kann also überhaupt bei Variation der Parameter nicht geändert werden. Man kann daher für die Parameter Spezialwerte einsetzen und dann abzählen. So hat *Poincaré* θ-Funktionen behandelt, indem er an solchen abzählt, die in lauter elliptische zerfallen.

W. Wirtinger hat diese und weitergehende Sätze mit *Hilbert*'s charakteristischer Funktion bewiesen (Untersuchungen über θ-Funktionen, Leipzig 1895, § 15, 16), und auch mittels des *Cauchy*'schen Integrals in Verbindung mit einer eigenartigen Schlussweise durch Berechnung eines vielfachen Integrals (Monatsh. Math. Phys. 6 (1895), p. 69; 7 (1896), p. 1)

ente algebrico semplicemente infinito[228]). Als ein algebraisches Gebilde (varietà) definiert er die Gesamtheit der Punkte, deren Koordinaten eine willkürliche Anzahl von gegebenen algebraischen Gleichungen befriedigen, welche auch unbestimmte Parameter rational enthalten können. Zwar kann ein auf diese Weise definiertes Gebilde aus Teilen mit verschiedenen Dimensionszahlen zusammengesetzt sein. *Segre* hebt aber hervor, dass es wegen eines Satzes von *L. Kronecker*[229]) dann noch möglich ist, jeden Teil für sich darzustellen, eine Bemerkung, welche gewöhnlich benutzt werden kann, um sich die Existenz der algebraischen Gleichung, deren Grad man durch das Prinzip der Erhaltung der Anzahl bestimmen will, zu sichern, ohne doch diese Gleichung wirklich algebraisch zu bilden[230]). Bedeutungsvoll für die Anwendung abzählender Methoden ist es auch, dass man jedem k-dimensionalen Gebilde ein anderes k-dimensionales Gebilde, das einem linearen Raume von $k+1$ Dimensionen angehört und also durch eine einzige Gleichung darstellbar ist, birational entsprechen lassen kann[231]).

Die von *Segre* definierten Gebilde umfassen — wie bei den schon in Nr. **31**[208]) besprochenen Abbildungen *G. Halphen*'s und *E. Study*'s von Kegelschnitten einer Ebene — alle solche geometrische Gestalten, die mittelst irgend welcher geometrischen Interpretation durch dieselben Gleichungen dargestellt werden können. Daher darf *F. Severi*, der die charakteristischen Zahlen und Singularitäten der durch das Schneiden algebraischer Gebilde entstehenden Gebilde bestimmt hat[232]), die gefundenen Ergebnisse so benutzen, dass er z. B. am Schlusse seiner

---

228) Ann. di mat. (2) 22 (1894).

229) J. f. Math. 92 (1882), p. 28; *J. Molk* in Acta math. 6 (1885), p. 147; *A. Brill* giebt in seinem Vortrag auf dem Kongresse in Heidelberg 1904 (Verhandlungen, p. 275) eine vollständigere Übersicht über die algebraischen Voraussetzungen der abzählenden Methoden. Siehe übrigens I B 1 b, Nr. **9** und Nr. **16** (*Netto*) und I B 1 c, Nr. **14** ff. und als später erschienen *J. König*: Einleitung in die Theorie der algebraischen Grössen, Leipzig 1903 und *Lasker*'s[237]) zitierte Abhandlung.

230) Daher wird derselbe Satz wieder hervorgehoben in der [237]) zu nennenden Arbeit von *Giambelli*.

231) *Kronecker* l. c. p. 31, *Molk* l. c. p. 155. Daran knüpfen sich Erweiterungen der Darstellung einer Raumkurve durch einen Kegel und ein Monoid (III C 8, *Rohn*) auf mehrdimensionale Räume. Über *Segre*'s Abhandlung verweisen wir übrigens auf III C 9, (*Segre*).

232) Torino Mem. (2) 52 (1902), p. 61. Dabei benutzt er die verschiedenen Methoden der abzählenden Geometrie. Unter den gefundenen Ergebnissen trifft man in anderer Gestalt diejenigen der eben zitierten Abhandlung von *Robert*'s [227]).

Abhandlung die Anzahl der Kegelschnitte einer Ebene, die fünf gegebene Kegelschnitte berühren (siehe [80])) als Anzahl der Schnittpunkte fünf 4-dimensionaler Gebilde in einem 5-dimensionalen Raume findet.

Anregend zu weiteren Untersuchungen war ein Aufsatz von *C. Segre*[233]), wo er Ergebnisse der abzählenden Geometrie[234]) verwertet, um die Ordnung solcher algebraischen Varietäten zu bestimmen, die durch das Nullsetzen aller in einer rektangulären oder quadratischen — und im letzten Falle allgemeinen oder symmetrischen — Matrix enthaltenen Determinanten mit gegebener Seite dargestellt werden. *Segre* schliesst daran andere geometrische Sätze, die durch dieselben algebraischen Ordnungsbestimmungen ausgedrückt werden. *F. Severi* hat daran auch eine Bestimmung der mehrfach schneidenden Räume einer einfach unendlichen Mannigfaltigkeit von Räumen geknüpft[235]). Zu den von *Segre* und *Schubert* angeregten Arbeiten gehören auch verschiedene abzählende Untersuchungen von *F. Palatini*[236]).

Vor allem musste aber der Aufsatz *Segre*'s zwei Wünsche erregen, nämlich 1) einer direkten algebraischen Begründung seiner an algebraische Formen geknüpften Abzählungen; 2) einer solchen anzahlgeometrischen Begründung der damit identischen geometrischen Abzählungen, die gegen die in neuerer Zeit erhobenen Einwände (Nr. **9** besonders Note [55])) sicher gestellt war. Beides hat *G. Z. Giambelli* vorgenommen. Er beweist[237]) algebraisch *Segre*'s Sätze und erweitert sie bedeutend, indem er nicht nur alle in einer gewissen Matrix enthaltenen Determinanten einer gewissen Ordnung, sondern zugleich alle Determinanten zweier in der gegebenen Matrix einbegriffenen Matrices gleich null setzt. Später hat er[237a]) das Prinzip

233) Rom Linc. Rend. (5) 9^2 (1904), p. 253; (*Severi*'s eben [232]) genannte Abhandlung von 1902 ist also jünger).

234) Die benutzten Ergebnisse waren in den Arbeiten von *Schubert*, die wir in den Fussnoten [200]) und [185]) zitiert haben, aufgestellt. Ersteres ward erst nach *Segre*'s hier genannter Benutzung von *G. Z. Giambelli* bewiesen.

235) Rom Linc. Rend. (5) 11^1 (1902), p. 52. Der Aufsatz enthält Beweise einiger in [51]) besprochenen Ergebnisse.

236) Ven. Ist. Atti 60 (1901), p. 371 u. Rom Linc. Rend. (5) 11^1 (1902), p. 315.

237) Lomb. Ist. Mem. (3) 20 (1904), p. 101. Vorläufig hatte er einen weniger allgemeinen Satz in Rom Linc. Rend. (5) 12^1 (1903), p. 294 bewiesen. *E. Lasker* kündigt am Schlusse seiner Arbeit über Moduln und Ideale (Math. Ann. 60 (1905), p. 20) folgende abzählende Anwendungen der da bewiesenen, algebraischen Resultate an: 1) eine Interpretation und Begründung des Bedingungskalküls von *Schubert* (**23—26**); 2) die Ordnungsbestimmungen für die *Salmon-Roberts*'schen Gleichungssysteme (siehe Note [227])); 3) die Begründung und mehrdimensionale Erweiterung der *Plücker*'schen Formeln.

237a) Deutsche Math.-Ver. Jahresb. 13 (1904), p. 545.

der Erhaltung der Anzahl in folgender sich an den symbolischen Kalkül anschliessenden Gestalt ansgesprochen und bewiesen:

Wenn C' eine eindeutige Spezialisierung der einem Gebilde Γ auferlegten Bedingung C ist, und sie in mehrere Bedingungen C_0', C_1', ..., C_t' von derselben Dimension wie C' so zerlegt ist, dass jede C_i' durch Verbindung mit anderen Lagerelationen zwischen dem Gebilde Γ und allen Gebilden, die (explizite oder implizite) eingeführt sind, um die Bedingung C' zu definieren, nicht äusserlich in mehrere Bedingungen zerlegt werden kann, ohne dass diese alle, eine ausgenommen, von höherer Dimension als C_i' werden, so gilt die symbolische Relation

$$C \equiv \sum_{i=0}^{i=t} a_i C_i',$$

wo die Zahlen a_0, a_1, ..., a_t ganz und positiv oder Null sind, doch nicht alle Null.

Diesen Satz wendet er sowohl auf die Beispiele von *Study* und *Kohn*[55]), als auf die weitgehenden mehrdimensionalen Ergebnisse des genannten Prinzips an.

34. Anwendungen auf transzendente Aufgaben. Solche Sätze über Systeme von algebraischen Kurven und Flächen, welche unabhängig von der Ordnung dieser Gebilde sind, gelten auch für Systeme von transcendenten Kurven und Flächen, die durch algebraische Differentialgleichungen definiert sind. Dadurch kann man auch die abzählenden Methoden für die von *A. Clebsch* eingeführten, durch eine algebraische Differentialgleichung mit zwei Variabeln definierten Konnexe (III C 10, *Wälsch*) verwerten[238]). *G. Fouret* benutzt, für das dadurch definierte System von algebraischen oder transzendenten Kurven, die Charakteristiken μ und ν (Nr. 22) zur Lösung vieler Aufgaben[239]). Das durch eine algebraische partielle Differentialgleichung mit drei Variabelen definierte Flächensystem nennt *Fouret* einen Implex von Flächen. Er charakterisiert einen solchen durch die Anzahlen ϑ und φ der Flächen, welche eine gegebene Gerade so berühren, dass auch entweder der Berührungspunkt oder die Tangentenebene gegeben ist[240]). Die Anzahlen der Fälle, wo der Implex verschiedene gegebene alge-

238) Math. Ann. 6 (1873), p. 203. *Clebsch-Lindemann,* Geometrie 1, p. 926. In den in Nr. **32** ([216]) u. [217])) besprochenen Sätzen von *Halphen* über die Bestimmung von Punkten einer Kurve durch eine Differentialgleichung ist es gleichgültig, ob diese algebraisch integrierbar ist oder nicht.

239) Paris C. R. 78 (1874) passim; S. M. F. Bull. 2 (1874), p. 72 u. 96.

240) Paris C. R. 79 (1874) passim.

braische Bedingungen erfüllt, drückt er durch diese Zahlen aus. Weiter hat *Fouret* ein algebraisches oder transzendentes ∞^1-System von Flächen mit den gewöhnlichen Charakteristiken μ, ν, ϱ (Nr. 22) durch gewisse Büschel von Implexen bestimmt[241]). Die hierauf beruhenden abzählenden Untersuchungen hat er in der Folge fortgesetzt, auch zur Integration benutzt.

A. Voss hat *Schubert*'s Untersuchungen über singuläre Tangenten einer algebraischen Fläche [94]) auf die Tangenten eines durch eine Differentialgleichung definierten, rationalen Punkt-Ebenensystems erweitert[242]).

Die durch solche Untersuchungen enthaltenen Resultate können zur Einsicht führen, dass eine Gleichung algebraisch integrierbar ist; die Abzählungen geben nämlich mehr oder weniger vollständig die Form der gesuchten algebraischen Gleichung, falls sie existiert. Ob dieses wirklich der Fall ist, kann man nachher durch Einsetzen probieren[243]).

---

241) Paris C. R. 80 (1875), p. 167.

242) Math. Ann. 23 (1884), p. 359. Ein solches System gehört übrigens zu den von *Schubert* in anderer Beziehung behandelten Systemen von Strahlenbüscheln (Nr. **25** und **32**). Siehe auch *R. Sturm*'s Untersuchungen über höhere Nullsysteme (Math. Ann. 28 (1886), p. 277).

243) Als ein Beispiel, wo dieser anzahlgeometrische Gesichtspunkt hervortritt, nennen wir eine von *H. G. Zeuthen* vorgeschlagene Methode zur Prüfung der algebraischen Integrabilität der Gleichung $f\left(x, \frac{dy}{dx}\right) = 0$ (Paris C. R. 90 (1880), p. 1114).

(Abgeschlossen im Dezember 1905.)

Verbesserung.

p. 283, Z. 9. Nach „isolierten Koinzidenzpunkte" fehlt: „der Ordnung der Koinzidenzkurve".

III C 4. ALLGEMEINE THEORIE DER HÖHEREN EBENEN ALGEBRAISCHEN KURVEN.

Von

LUIGI BERZOLARI

IN PAVIA.

Inhaltsübersicht.

I. Allgemeines.

II. Die singulären Punkte.

III. Realitätsfragen und metrische Eigenschaften.

IV. Die Geometrie auf einer algebraischen Kurve.

V. Die linearen Kurvensysteme.

Litteratur.

Lehrbücher.

C. MacLaurin, Geometria organica, sive descriptio linearum curvarum universalis, London 1720.

W. Braikenridge, Exercitatio geometrica de descriptione linearum curvarum, London 1733.

J. P. de Gua de Malves, Usages de l'analyse de *Descartes* pour découvrir sans le secours du calcul différentiel les propriétés ou affections principales des lignes géométriques de tous les ordres, Paris 1740 *).

C. MacLaurin, De linearum geometricarum proprietatibus generalibus tractatus. Appendix zu „A treatise of Algebra", London 1748 (5. ed. 1788). Französische Ausgabe von *E. de Jonquières* in „Mélanges de Géométrie pure", Paris 1856 (p. 197—261).

L. Euler, Introductio in analysin infinitorum, Lausannae 1748, vol. II.

G. Cramer, Introduction à l'analyse des lignes courbes algébriques, Genève 1750.

---

*) Vgl. dazu: *P. Sauerbeck,* Einleitung in die analytische Geometrie der höheren algebraischen Kurven, nach den Methoden von *Jean Paul de Gua de Malves.* Ein Beitrag zur Kurvendiskussion (Abh. zur Gesch. d. Math., Heft XV), Leipzig 1902.

L. I. Magnus, Sammlung von Aufgaben und Lehrsätzen aus der analytischen Geometrie, Berlin 1833 (p. 241—292).

J. Plücker, Theorie der algebraischen Kurven, gegründet auf eine neue Behandlungsweise der analytischen Geometrie, Bonn 1839.

G. Salmon, A treatise on the higher plane curves, Dublin 1852 (3. ed. 1879). Deutsche Ausgabe von *W. Fiedler*, Analytische Geometrie der höheren ebenen Kurven, 2. Aufl. Leipzig 1882 („*Salmon-Fiedler*"); franz. Ausgabe: Traité de géométrie analytique (courbes planes), par *O. Chemin*, et suivi d'une étude sur les points singuliers, par *G. Halphen*, Paris 1884.

F. Lucas, Études analytiques sur la théorie générale des courbes planes, Paris 1864.

R. F. A. Clebsch, Vorlesungen über Geometrie, bearb. von *F. Lindemann*, Bd. I, Leipzig 1875—76 („*Clebsch-Lindemann*"). Franz. Ausg. von *A. Benoist*, 2 Teile, 3 vol., Paris 1879—80—83.

G. A. von Peschka, Darstellende und projektive Geometrie, Bd. II, Wien 1884.

C. Reuschle, Praxis der Kurvendiskussion, I. Teil, Stuttgart 1886.

G. B. Guccia, Lezioni di geometria superiore (lith.), Palermo 1890.

H. Wieleitner, Theorie der ebenen algebraischen Kurven höherer Ordnung, Leipzig 1905*).

Monographien.

L. Cremona, Introduzione ad una teoria geometrica delle curve piane, Bologna Mem. (1) 12 (1861), p. 305—436 („Intr."). Deutsch bearb., mit Zusätzen vom Verf., von *M. Curtze*, Greifswald 1865.

A. Brill und *M. Noether*, Über die algebraischen Funktionen und ihre Anwendung in der Geometrie, Math. Ann. 7 (1873), p. 269—310.

R. Dedekind und *H. Weber*, Theorie der algebraischen Funktionen einer Veränderlichen, J. f. Math. 92 (1880), p. 181—290.

G. Halphen, Étude sur les points singuliers des courbes algébriques planes, 1884. Anhang zu der oben zitierten franz. Übers. von *Salmon*'s Treatise ..., p. 535—648 („Étude").

E. Kötter, Grundzüge einer rein geometrischen Theorie der algebraischen ebenen Kurven. Von der Berliner Akad. gekrönte Preisschrift; Berl. Abh. 1887 („Preisschrift").

E. Bertini, La geometria delle serie lineari sopra una curva piana secondo il metodo algebrico, Ann. di mat. (2) 22 (1893), p. 1—40.

C. Segre, Introduzione alla geometria sopra un ente algebrico semplicemente infinito, Ann. di mat. (2) 22 (1893), p. 41—142.

— Le moltiplicità nelle intersezioni delle curve piane algebriche, con alcune applicazioni ai principii della teoria di tali curve, Giorn. di mat. 36 (1897), p. 1—50.

Historische Darstellungen.

A. Cayley, Curve. Encycl. Britannica, Ninth Ed. 6 (1877), p. 716—728 = Papers 11, p. 460—489.

A. Brill und *M. Noether*, Die Entwickelung der Theorie der algebraischen Funktionen in älterer und neuerer Zeit, Jahresb. der deutschen Math.-Ver. 3 (1894), p. 107—566 („Bericht").

---

*) S. auch *H. Wieleitner*, Bibliographie der höheren algebraischen Kurven für den Zeitabschnitt von 1890—1904, Jahresb. Gymn. Speyer, 1904—05.

E. Kötter, Die Entwickelung der synthetischen Geometrie. I. Teil: Von *Monge* bis auf *v. Staudt* (1847). Jahresb. der deutschen Math.-Ver. 5 (1898—1901), p. 1—486 („Bericht").

M. Cantor, Vorlesungen über Geschichte der Mathematik. Bd. II, III, 2. Aufl., Leipzig 1900—01.

H. G. Zeuthen, Geschichte der Mathematik im 16. und 17. Jahrhundert; deutsche Ausg. von *R. Meyer* (Abh. zur Gesch. der Math., Heft XVII), Leipzig 1903.

Überdies finden sich verschiedene Teile der Theorie behandelt in Werken über Analytische Geometrie und Analysis:

R. Baltzer, Analytische Geometrie, Leipzig 1882.

H. Laurent, Traité d'analyse, Paris, vol. 2, 4; 1887, 1889.

F. Klein, Riemann'sche Flächen (lith.), 2 Bde., Göttingen 1891—92.

F. Klein, Einleitung in die geometrische Funktionentheorie, Vorl. gehalten in Leipzig 1880—81 (lith. 1892).

C. Jordan, Cours d'analyse, 2. éd., Paris, vol. 1, 1893.

Ch. A. Scott, An introductory account of certain modern ideas and methods in plane analytical geometry, London 1894.

B. Niewenglowski, Cours de géométrie analytique, Paris, vol. 1, 2, 1894—96.

P. Appell et *É. Goursat,* Théorie des fonctions algébriques et de leurs intégrales, Paris 1895.

H. Stahl, Theorie der *Abel*'schen Funktionen, Leipzig 1896.

H. Andoyer, Leçons sur la théorie des formes et la géométrie analytique supérieure, Paris, vol. 1, 1900.

É. Picard et *G. Simart,* Théorie des fonctions algébriques de deux variables indépendantes, Paris, vol. 2, 1900.

É. Picard, Traité d'analyse, 2. éd., Paris, vol. 2, 1905.

Für die algebraisch-arithmetische Theorie kommt besonders in Betracht:

K. Hensel und *G. Landsberg,* Theorie der algebraischen Funktionen einer Variabeln und ihre Anwendung auf algebraische Kurven und *Abel*'sche Integrale, Leipzig 1902.

Vgl. auch noch, hinsichtlich der Beziehungen zur abzählenden Geometrie:

H. Schubert, Kalkül der abzählenden Geometrie, Leipzig 1879 („Kalkül").

I. Allgemeines.

1. Algebraische ebene Kurven; deren reelle Darstellung. Eine ebene algebraische Kurve C^n von der Ordnung n[1]) ist der Ort der

1) Die Darstellung und Untersuchung der geometrischen Örter mittels Gleichungen zwischen Variabeln verdankt man insbesondere *P. de Fermat* und *R. Descartes*; der letztere hat zuerst die Kurven in algebraische und transzendente unterschieden [von ihm „geometrische" und „mechanische" genannt; die Namen „algebraisch" und „transzendent" rühren von *G. W. Leibniz* her, Acta Erud., Leipzig 1684, p. 470, 587; 1686, p. 292 = Math. Schriften, herausg. von *C. I. Gerhardt,* Halle 1858, 5, p. 223, 127, 226] und die höheren algebraischen Kurven betrachtet: vgl. *Descartes,* La Géométrie, Leyde 1637 (in „Discours de la méthode etc.") = Oeuvres, éd. *V. Cousin,* Paris 1825, 5, p. 313—428; nouv. éd. Paris,

— reellen und imaginären — Punkte, deren homogene projektive Koordinaten (im besondern z. B. homogene Cartesische Koordinaten) x_1, x_2, x_3 einer Gleichung $f(x) = 0$ genügen, unter f eine ternäre Form der Ordnung n, mit konstanten, reellen oder komplexen Koeffizienten verstanden[2]). Dividiert man mit x_3^n und setzt $x = x_1 : x_3$, $y = x_2 : x_3$, so nimmt die Gleichung $f = 0$ die Gestalt $F(x, y) = 0$ an, von einem Grade $m \leqq n$ in y, und $m' \leqq n$ in x.

C^n heisst *einfach* (*irreduzibel*) oder aber *reduzibel*, je nachdem er f ist [I B 1 b, Nr. **5**, *Netto*; I B 2, [405]) *Meyer*; I B 3 b, Nr. **26**, *Vahlen*][3]).

1886; deutsch von *L. Schlesinger,* Berlin 1894. — Die Einteilung der Kurven nach der Ordnung stammt von *I. Newton* her [23]), und [52]) = Opuscula 1, p. 247—248. — Übrigens hat bei *Newton*, wie auch schon bei *Descartes* und andern Geometern jener Zeit, das Studium der Kurven den Zweck, Probleme (d. h. höhere algebraische Gleichungen) zu lösen durch Schnitte von Kurven möglichst geringer Ordnung: „Curvarum usus in geometria est, ut per earum intersectiones problemata solvantur" (*Newton* [52]) = Opuscula 1, p. 267).

2) Eine algebraische Kurve kann auch mittels Polarkoordinaten untersucht werden (III B 8, *Müller*). Bedeuten ϱ und ϑ den Radiusvektor und die Anomalie, und setzt man $\lambda = e^{i\vartheta} = \cos\vartheta + i \sin\vartheta$, so wird eine solche Kurve definiert durch eine algebraische Gleichung zwischen ϱ und λ. Vgl. speziell *G. Halphen,* Étude, p. 550 ff., wo die Singularitäten auf Grund von Reihenentwicklungen (Nr. **13**) untersucht, und insbesondere Ordnung und Klasse einer in Polarkoordinaten definierten Kurve berechnet werden. — Eine C^n lässt sich auch durch eine Gleichung vom Grade n zwischen zwei konjugiert-komplexen Koordinaten darstellen; die Gleichungskoeffizienten sind alsdann an gewisse Relationen gebunden, die *A. Perna* studiert hat, Palermo Rend. 17 (1902), p. 65. — Einige Sätze über C^n, die einem Kegelschnitt umbeschriebenen Polygonen umbeschrieben sind, hat *G. Darboux* mittels eines Koordinatensystems abgeleitet, das man durch Betrachtung eines Kegelschnitts als Normkegelschnitt erhält (I B 2, Nr. **24**, *Meyer*): Sur une classe remarquable de courbes et de surfaces algébriques, Paris 1872, 2. éd. 1896, p. 183 ff.; vgl. auch *J. Neuberg,* Nouv. corr. math. 2 (1876), p. 1, 34, 65; systematisch verwendet derartige Koordinatensysteme *W. F. Meyer,* Apolarität und rationale Kurven, Tübingen 1883.

3) Algebraische (invariante) Kriterien für das Zerfallen einer C^n in Gerade findet man bei *F. Junker,* Math. Ann. 45 (1893), p. 1 [vgl. auch Math. Ann. 38 (1890), p. 91; 43 (1893), p. 225; und [17])]; *A. Brill,* Gött. Nachr. 1893, p. 757; Math. Ann. 50 (1897), p. 157 [Auszug Deutsch. Math.-Ver. Jahresb. 5 (1896), p. 52]; *P. Gordan,* Math. Ann. 45 (1894), p. 410; *J. Hadamard,* Soc. math. de France Bull. 27 (1899), p. 34. Die Bedingungen für die Spaltung einer Form eines beliebigen Gebietes in lineare Faktoren hat *F. Hočevar* untersucht, Wien Ber. 113 (1904), p. 407 [Auszug Paris C. R. 138 (1904), p. 745]; Verh. d. dritten intern. Math.-Kongr. zu Heidelberg, Leipzig 1905, p. 151. Im ternären Gebiet erweist es sich als notwendig und hinreichend, dass die *Hesse*'sche Kovariante durch die Urform teilbar ist. Für eine C^3 findet sich dies Ergebnis schon bei *G. Salmon,* Higher plane curves, Dublin 1852, p. 182. Über die Zerlegung einer C^3 vgl. *S. H. Aronhold,* J. f. Math. 55 (1857), p. 97; *P. Gordan,* Math. Ann. 1 (1871),

Die Ordnung n von C^n ist von der Wahl des Fundamentaldreiecks unabhängig, ist also ein projektiver Charakter der Kurve: n ist die Anzahl der Punkte, in denen die Kurve von jeder (ihr nicht als Bestandteil angehörigen) Geraden der Ebene getroffen wird[4]).

Analytisch wird durch die Gleichung $F(x, y) = 0$ eine der beiden komplexen Variabeln x, y als algebraische Funktion der andern definiert.

Repräsentiert man die Werte von x, y durch die Punkte zweier reeller Ebenen (nach *C. Wessel, J. R. Argand, C. F. Gauss,* vgl. I A 4[10]), *Study*), oder auch zweier reeller Kugeln (nach *C. F. Gauss, B. Riemann, C. Neumann,* vgl. II B 1[40]), *Osgood*), so sind die komplexen (reellen und imaginären) Punkte von C^n ∞^2 (sie entsprechen nämlich, in einer stetigen Korrespondenz mit endlichen Indices, den Werten zweier *reeller*, unabhängiger Parameter), und sind von den reellen Punkten der Ebene (oder der Kugel) x dargestellt, derart, dass in jedem solcher Punkte die m entsprechenden Werte von y vereinigt sind[5]).

---

p. 631; *S. Gundelfinger,* Math. Ann. 4 (1871), p. 561; Ann. di mat. (2) 5 (1871), p. 223; *F. Brioschi,* Ann. di mat. (2) 7 (1875), p. 189; Lincei Atti (2) 3 (1876), p. 89 = Opere, Milano 2 (1902), p. 137; 3 (1904), p. 345; „*Clebsch-Lindemann*", p. 594—601; *A. Thaer,* Diss. Giessen 1878 = Math. Ann. 14 (1878), p. 545; *K. Bes,* Math. Ann. 59 (1904), p. 77. Für eine C^4 vgl. *F. Brioschi,* Lincei Atti (2) 3 (1876), p. 91 = Opere 3, p. 349; *E. Pascal,* Napoli Atti (2) 12 (1905) (in § 19 die Zerlegung einer C^3 in drei Geraden). — Über die Bedingungen, damit eine ternäre Form eine Potenz einer andern sei (I B 1a, Nr. **11**, *Netto*), vgl. *C. Weltzien,* Progr. Oberrealsch. Berlin 1892. S. noch Nr. **7**, Anm. 77). Über ein allgemeines Reduzibilitätskriterium von *E. B. Christoffel* s. Nr. **32**.

4) Dass die Ordnung bei Projizieren und Schneiden ungeändert bleibt, erkannte *Newton*[52]) = Opuscula 1, p. 264; dass sie dies beim Wechsel des Cartesischen Koordinatensystems nicht ändert, hatte schon *Descartes* beobachtet, La géométrie, nouv. éd. (Paris 1886), p. 19 [vgl. auch Oeuvres, éd. par *V. Cousin,* 7 (1824), p. 11, 97, 178], und erkannte weiter *Newton,* l. c., p. 247 ff., sodann *J. P. De Gua de Malves,* Usages de l'analyse de Descartes, Paris 1740, p. 340—342; *L. Euler,* Introductio in analysin inf., Lausannae 1748, 2, p. 25; *G. Cramer,* Introduction à l'analyse des lignes courbes algébriques, Genève 1750, p. 54. Die Invarianz der Ordnung bei einer linearen Transformation solcher Koordinaten stellte in einem besondern Falle *Newton*[23]) fest, lib. 1, lemma 22; allgemein *E. Waring,* Miscellanea analytica, Cantabr. 1762, p. 82. Die Auffassung einer solchen Transformation als einer Kollineation zwischen zwei Ebenen verdankt man jedoch *A. F. Möbius,* Der barycentrische Calcül, Leipzig 1827 = Ges. Werke 1, hrsg. von *R. Baltzer,* Leipzig 1885, p. 1 (s. p. 268, 269); sie wurde wiedergefunden von *M. Chasles,* Aperçu hist. [Mém. Brux. cour. 11 (1837); deutsch von *L. A. Sohncke,* Halle 1839], Paris, 3. éd. 1889, p. 764 ff.

5) Liegt die Kurve in einer reellen Ebene, so können ihre (komplexen) Punkte auch dargestellt werden durch die ∞^2 sie enthaltenden reellen Geraden der Ebene, jede eine gewisse Anzahl von Malen gezählt, oder auch mittels

Oder auch, es lässt sich über der x-Ebene eine m-blättrige *Riemann*'sche Fläche ausbreiten, deren reelle Punkte die Bilder der komplexen Kurvenpunkte sind; die Fläche ist zusammenhängend, wenn die Kurve einfach ist, und umgekehrt; die Fläche ist symmetrisch, wenn die Kurve reell ist (d. h. wenn F reelle Koeffizienten besitzt), und umgekehrt (vgl. Nr. **20**). Alle zu einer gegebenen algebraischen Kurve gehörigen *Riemann*'schen Flächen stehen unter einander in eineindeutiger reeller konformer Korrespondenz.

Andererseits kann man auch sagen, dass die Gleichung $F = 0$ eine Korrespondenz (m, m') zwischen den reellen Punkten der y- und x-Ebene (Kugel)[6]) herstellt; oder auch — indem man y und x als Koordinaten zweier Geradenbüschel mit den Zentren (1, 0, 0) und (0, 1, 0) auffasst — zwischen den Geraden der beiden Büschel: je zwei sich entsprechende Geraden schneiden sich auf der Kurve. Verlegt man die beiden Büschelzentra in die „Kreispunkte" der Ebene (III A, B 3 a, Nr. 7, *Fano*), und repräsentiert eine durch je einen derselben gehende (imaginäre) Gerade stets durch ihren reellen Punkt, so gelangt man zu der obigen Korrespondenz zwischen den reellen Punkten der beiden reellen Ebenen zurück[7]).

Hieraus geht hervor, dass man auf der Kurve von irgend einem ihrer Punkte zu einem andern noch auf unendlich vielen (komplexen) Wegen gelangen kann, auch wenn die beiden Punkte einem und demselben reellen Kurvenzuge angehören.

---

der diesen Geraden in einer reellen Polarität entsprechenden Punkte. — Über die duale, von *F. Klein* verwendete Darstellung für die Klassenkurven s. Nr. **20**.

6) *K. Weierstrass* in seinen Vorl. über *Abel*'sche Funktionen hat die algebraische Kurve (das „Gebilde") dargestellt durch das algebraische System der reellen Geraden, die die (reellen) homologen Punkte der beiden reellen (parallel gedachten) *Gauss*'schen Ebenen verbinden: s. Math. Werke 4, bearb. von *G. Hettner* und *J. Knoblauch*, Berlin 1902, p. 323; vgl. auch *G. Vivanti*, Pal. Rend. 9 (1894), p. 108. — Eine andere reelle Darstellung einer algebraischen Kurve mittels einer reellen Kongruenz von Geraden benützt *G. Sforza*, Origine geometrica delle superf. di *Riemann*, Reggio Emilia Ist. Tecnico Annuario 1899—1900, auf Grund der von *F. Klein*, Erl. Ber. 1873 = Math. Ann. 22 (1883), p. 246 gegebenen Darstellung der komplexen Geraden einer Ebene vermöge der reellen Geraden des Raumes, die eine elliptische Fläche 2. Ordnung schneiden resp. berühren. — Die Kongruenz derjenigen reellen Geraden, welche in *v. Staudt*'s Sinne Träger der Punkte einer in einer imaginären Ebene liegenden algebraischen Kurve sind, hat *C. Juel*, Diss. Kopenh. 1884, und Math. Ann. 61 (1904), p. 77, studiert.

7) Für diese und ähnliche Darstellungen (insbesondere mittels einer reellen *algebraischen* Fläche), und ihren gegenseitigen Zusammenhang, vgl. *C. Segre*, Math. Ann. 40 (1891), p. 413. S. auch *E. Busche*, J. f. Math. 122 (1900), p. 227. Vgl. noch die in [160]) zitierte autogr. Vorles. von *Klein*; ferner *Klein*, Math. Ann. 9 (1875), p. 476.

2. Definitionen und elementare Eigenschaften. Da die Anzahl der wesentlichen Koeffizienten in $f = 0$ gleich

$$\binom{n+2}{2} - 1 = \tfrac{1}{2} n(n+3)$$

ist, so ist eine C^n eindeutig bestimmt, wenn sie durch $\frac{1}{2} n(n+3)$ gegebene Punkte „allgemeiner Lage" hindurchgehen soll[8]); C^n kann dabei einfach oder zusammengesetzt sein (wegen der Ausnahmefälle s. Nr. **33**).

Sei $f_0 + f_1 + \cdots + f_n = 0$ die Gleichung einer C^n, wo f_i eine Binärform der x, y von der Ordnung i bedeutet. Ist $f_0 = 0$, während f_1 nicht identisch verschwindet, so ist der Ursprung O ein *einfacher Punkt* der Kurve. Die Tangente in O ist $f_1 = 0$, und zwar trifft sie die Kurve daselbst gerade k-punktig, wenn f_1 ein Teiler von $f_2, \ldots, f_{k-1}$, aber nicht von f_k ist. Für $k = 3$ wird O ein *gewöhnlicher Wendepunkt* (*flesso*), für $k > 3$ ein höherer Wendepunkt, spez. für $k = 4$ ein *Undulationspunkt*[9]).

Verschwinden $f_1, \ldots, f_{s-1}$ identisch, aber f_s nicht, so sind von den n Schnittpunkten einer „allgemeinen" durch O gelegten Geraden

8) *J. Stirling,* Lineae tertii ordinis Newtonianae etc., Oxoniae 1717, p. 3, 69. — *M. Reiss,* Math. Ann. 2 (1867), p. 385, und *Ch. Méray,* Ann. éc. norm. sup. (3) 2 (1885), p. 289, haben die Bedingung für die Lage von $\frac{1}{2}n(n+3)+1$ Punkten auf einer C^n in eine Gestalt gebracht, die eine Verbindung zwischen den Inhalten der aus je drei jener Punkte gebildeten Dreiecke ausdrückt (nebst der Ausdehnung auf höhere Gebiete). *K. Cwojdziński,* Arch. Math. Phys. (3) 9 (1903), p. 8, beweist den Satz: „Die Determinante aus den n^{ten} Potenzen der Lote von $\frac{n(n+3)}{2}+1$ Punkten auf ebensoviele Gerade der Ebene verschwindet dann und nur dann, wenn entweder die Punkte auf einer Kurve n^{ter} Ordnung liegen oder die Geraden eine Kurve n^{ter} Klasse berühren." Diese Eigenschaft steht in Zusammenhang mit einer von *P. Serret*[65]), chap. IV, herrührenden: „Die n^{ten} Potenzen der Abstände von $\frac{n(n+3)}{2}+1$ Punkten einer gegebenen C^n von einer *beliebigen* Geraden ihrer Ebene sind an eine lineare homogene Relation gebunden (und dualistisch die n^{ten} Potenzen der Abstände ebensovieler Tangenten einer Kurve n^{ter} Klasse von einem *beliebigen* Punkte ihrer Ebene)."

9) *Point de serpentement,* nach *P. L. M. de Maupertuis,* Paris Mém. 1729, p. 277. — Die Wendepunkte hat zuerst *P. de Fermat* 1638 betrachtet, Varia Opera math., Tolosae 1679, p. 73 = Oeuvres, Paris 1891, 1, p. 166; sodann *Fr. van Schooten* (Sohn) in der zweiten latein. Ausgabe der Géométrie von *Descartes,* Amst. 1659, 1, p. 258, und *R. F. de Sluse* im Anhang (Miscellanea) zur 2. Ausg. des Mesolabum, Liège 1668 (vgl. *C. Le Paige,* Boncompagni Bull. 17 (1884), p. 475—76). — Über Tangenten- und Normalenaufgaben und deren Lösungen durch *de Fermat, Descartes, de Sluse* u. a., sowie auch über umgekehrte Probleme s. die in der Litteratur angeführten Schriften von *M. Cantor* und *H. G. Zeuthen.*

mit der Kurve nur $n - s$ von O verschieden. O heisst ein *s-facher Punkt* der Kurve, und die s Geraden $f_s = 0$ seine *Tangenten*, von deren n Schnittpunkten mit der Kurve wenigstens $s + 1$ in O hineinfallen. Sind alle s Tangenten von einander verschieden, so heisst O ein „gewöhnlicher" s-facher Punkt. Irgend eine seiner Tangenten trifft die Kurve in O $(s + k + 1)$-punktig, wenn der bezügliche Linearfaktor von f_s in $f_{s+1}, \dots, f_{s+k}$ aufgeht, aber nicht in f_{s+k+1}.[10])

Für $s = 2$ entsteht ein Doppelpunkt, und zwar ein *eigentlicher Doppelpunkt* (*noeud, node, nodo*), oder aber ein *Rückkehrpunkt* oder eine *Spitze* (*point de rebroussement, cusp, cuspide* oder *regresso*), je nachdem die beiden Tangenten getrennt sind oder nicht; die Gleichung der C^n kann dann auf die kanonische Gestalt $xy + f_3 + \cdots = 0$, resp. $y^2 + f_3 + \cdots = 0$ gebracht werden.

Ist der Doppelpunkt reell, aber seine beiden Tangenten konjugiert-komplex, so nennt man ihn einen *isolierten* oder *konjugierten* Punkt der Kurve.

Die Spitze heisst eine *gewöhnliche* oder *erster Art* (*Spitze* in engerem Sinne), wenn ihre Tangente die Kurve in O dreipunktig trifft, also y kein Teiler von f_3 ist; ist dagegen y ein Teiler von f_3, aber nicht von f_4, so entsteht im allgemeinen ein *Selbstberührungspunkt (tacnode, tacnodo)*[11]). Genauer, wenn die Gleichung der C^n die Gestalt hat:

$$y^2 + y(ax^2 + bxy + cy^2) + (a'x^4 + \cdots) + \cdots = 0,$$

10) Vgl. *de Gua*[4]) p. 64, 91, 93, 116 f.; *Cramer*[4]) chap. 10, 11, die sich der Methode des Textes bedienen, und den Fall eines irgendwo gelegenen singulären Punktes zurückführen auf den, wo er der Ursprung ist, vermöge einer Parallelverschiebung der Koordinatenachsen. — Singuläre Punkte treten schon in besonderen Fällen bei den Alten auf (z. B. bei der Cissoide des *Diocles*); die Differentialrechnung wandten auf sie an *G. W. Leibniz*, Acta Erud., Leipz. 1684, p. 468 = Math. Schriften, 5, p. 221; *Joh. Bernoulli*, Brief an *Leibniz*, Juni 1695 = *Leibniz*, Math. Schr. 3, p. 185; *G. F. de l'Hospital*, Analyse des infiniment petits, Paris 1696, sections 4, 5, 10; *Jac. Bernoulli*, Acta Erud. 1697, p. 410 = Opera, Genevae 1744, 2, p. 779; *J. Saurin*, Paris Mém. 1716, p. 59, 275; 1723, p. 222; *Chr. B. de Bragelongne*, Paris Mém. 1730, p. 158, 363; 1731, p. 10; Paris Hist. 1732, p. 63; s. auch *de Gua*, l. c. p. 236 ff.

11) Der Name *tacnode* (und analog *oscnode*, ...: vgl. [164])) stammt von *A. Cayley* her, Cambr. Dubl. Math. J. 7 (1852), p. 166 = Papers 2, p. 28. — *E. Wölffing*, Diss. Tübingen 1889 = Math. Ann. 36 (1889), p. 97 (bes. p. 119) hat den speziellen Selbstberührungspunkt (den harmonischen oder symmetrischen) betrachtet, wo f_3 den Faktor y^2 enthält, d. i. der Annahme $a = 0$ entsprechend. Solche bieten sich dar beim Studium der parabolischen Kurve einer Fläche: *C. Segre*, Rom Linc. Rend. (5) 6^2 (1897), p. 168.

so liegt ein Selbstberührungspunkt vor für $a^2 \gtrless 4a'$; für $a^2 = 4a'$ dagegen im allgemeinen eine *Spitze zweiter Art* oder ein *Schnabelpunkt*[12]).

Die vorstehenden Eigenschaften ergeben sich auch (vgl. Nr. **5**), und zwar in allgemeiner Form, aus der Entwickelung der Gleichung $f(\lambda x + \mu y) = 0$, die die Schnittpunkte der die Punkte x, y verbindenden Geraden mit der C^n liefert[13]) („*Joachimsthal'sche Methode*").

Die notwendigen und hinreichenden Bedingungen dafür, dass ein Punkt $P(y)$ ein s-facher Punkt der C^n ist, bestehen darin, dass seine homogenen Koordinaten alle Ableitungen der Ordnung $s-1$ von f (aber nicht alle der Ordnung s) zu Null machen[14]); bei gegebenem Punkte $P(y)$ sind das $\frac{1}{2}s(s+1)$ in den Koeffizienten von f lineare und unabhängige Relationen, und $\frac{1}{2}(s^2+s-4)$, die aber nicht lineare sind, wenn $P(y)$ nicht gegeben ist[15]). Die zusammenfassende Gleichung der Tangenten in P erhält man durch Nullsetzen des Koeffizienten von $\lambda^s \mu^{n-s}$ in der obigen Entwickelung.

Insbesondere ist die Gleichung der Tangente eines einfachen Kurvenpunktes (y):

$$\sum_{i=1}^{3} x_i \frac{\partial f}{\partial y_i} = 0.$$[16])

Soll C^n vielfache Punkte (y) besitzen, so ist jedenfalls

$$\frac{\partial f}{\partial y_i} = 0 \quad (i = 1, 2, 3);$$

eliminiert man die y, so folgt, dass die Diskriminante von f (I B 1 b, Nr. **18**, *Netto*) verschwinden muss, deren Grad in den Koeffizienten von f $3(n-1)^2$ ist[17]).

12) Diese Singularität wurde, beim Studium der Evolute, entdeckt von *de l'Hospital*[10]), p. 102, und sodann von *de Maupertuis*[9]), p. 279, untersucht. Deren Schlüsse wurden von *de Gua*[4]) p. 74—85 bestritten, der die Existenz einer solchen Singularität leugnete. Ihre Natur wurde aufgehellt durch *L. Euler*, Berlin Hist. 5 (1749), p. 203; *Cramer*[4]), p. 572, nennt sie *rebroussement en bec*, oder kurz *bec*. — Vgl. auch *Euler*[4]), p. 180; *J. Plücker*, Th. d. alg. Kurven, Bonn 1839, Abschn. 2; *A. Cayley*, Quart. J. 6 (1864), p. 74 = Papers 5, p. 265.

13) *F. Joachimsthal*, J. f. Math. 33 (1846), p. 371.

14) Oder auch (falls y im Endlichen liegt), dass seine nicht homogenen Koordinaten F nebst den 1ten, 2ten, ..., $(s-1)^{\text{ten}}$ partiellen Ableitungen nach x, y zu Null machen.

15) *de Gua*[4]), p. 238; *Cramer*[4]), p. 441.

16) In dieser Gestalt zuerst von *J. Plücker* gegeben, J. f. Math. 5 (1829), p. 1 = Math. Abh. 1, her. von *A. Schoenflies*, Leipz. 1895, p. 124 (bes. p. 154).

17) Über die algebraischen Bedingungen dafür, dass eine Kurve eine gegebene Anzahl (unbekannter) Doppelpunkte (und über die, dass drei oder vier

Eine C^n mit n-fachem Punkt zerfällt in n Gerade durch den Punkt[18]).

C. Mac Laurin[19]) hat gezeigt, dass eine irreduzible C^n höchstens $\frac{1}{2}(n-1)(n-2)$ Doppelpunkte besitzen kann, wobei ein s-facher Punkt als äquivalent mit $\frac{1}{2}s(s-1)$ Doppelpunkten zu betrachten ist (Nr. **18**). Das Maximum von $\frac{1}{2}(n-1)(n-2)$ Doppelpunkten kann erreicht werden, die Kurve ist dann eine *rationale* oder (nach *Cayley*)[20]) *unicursale*; die Koordinaten ihrer Punkte sind darstellbar als rationale Funktionen eines Parameters [vgl. den Satz von *Lüroth* in [292])][21]).

Allgemeiner, wenn sich eine C^n zusammensetzt aus a irreduzibeln von einander verschiedenen Kurven, so gilt:

$$(1)\qquad \sum_i \tfrac{1}{2} s_i(s_i-1) \leqq \tfrac{1}{2}(n-1)(n-2)+a-1,$$

wo sich die Summe auf alle vielfachen Punkte der C^n erstreckt[22]).

Eine C^m und eine C^n ohne gemeinsame Teilkurven schneiden sich in mn Punkten (*Bézout*'s Theorem)[23]), wobei jeder gemeinsame

---

Kurven zwei oder mehr gemeinsame Schnittpunkte) besitzen, s. *S. Roberts,* J. f. Math. 67 (1867), p. 266; Quart. J. 9 (1868), p. 176; *Ch. Hermite,* J. f. Math. 84 (1877), p. 298; *F. Lindemann,* ib., p. 300; *F. Junker,* Wiener Denkschr. 64 (1896), p. 439; Württemb. neues Korrespondenzblatt 3 (1896), p. 434, 476.

18) *Cramer*[4]), p. 455. Vgl. auch *Chr. B. de Bragelongne,* Paris Mém. 1730, p. 194 ff.

19) Geometria organica, London 1720, p. 137. In einen sonderbaren Irrtum verfiel dabei *Euler*[4]), p. 164.

20) *A. Cayley,* Lond. Math. Soc. Proc. 1 (1865), III, p. 1 = Papers 6, p. 1.

21) *A. Clebsch*[39]), p. 44. Das Umgekehrte gilt nur für Kurven mit gewöhnlichen vielfachen Punkten (vgl. Nr. **15**). — Aus der Anzahl $3(n-2)-2r$ der Wendepunkte einer rationalen C^n mit r Spitzen (Nr. 8) hat *Clebsch* gefolgert, l. c. p. 51, dass die Zahl der Spitzen einer $C^n \leqq \frac{3}{2}(n-2)$ ist: das Maximum wird bei den C^3 und C^4 erreicht. Vgl. auch *A. Transon,* Nouv. Ann. de math. (1), 10 (1851), p. 91; 18 (1859), p. 142; *F. Padula,* Ann. sc. fis. mat. 3 (1852), p. 211; *E. Pellet,* Nouv. Ann. de math. (2) 20 (1881), p. 444; *E. C. Valentiner,* Tidsskr. f. Math. (5) 3 (1885), p. 179.

22) *E. Bertini*[161]), p. 329.

23) Durch Induktion, nach dem Beweis für $m=2, 3$, erhalten von *Mac Laurin*[19]), p. 135—36 [p. 137 wird bemerkt, dass wenn eine C^m und C^n $(m \leqq n)$ $mn+1$ Punkte gemein haben, die C^n zerfällt], der daraus die Eindeutigkeit seiner organischen Konstruktionen (Nr. **10**) ableitete. *Newton,* Principia, Lond. 1687, lib. 1, lemma 28, hatte schon bemerkt, dass das Problem, irgend einen jener Schnittpunkte zu finden, von ein- und derselben Gleichung des Grades mn abhängt. — Beweise gaben *L. Euler,* Berlin Hist. 4 (1748), p. 221, 234, und *Cramer*[4]), p. 76, und Appendix II, p. 660; der erstere präzisierte das Theorem, indem er die Anwesenheit gemeinsamer Teile ausschloss, und die imaginären und unendlichen Schnittpunkte berücksichtigte; vgl. auch [4]) cap. 19, 20.

Punkt eine geeignete Anzahl von Malen (im Sinne von Nr. **14**) zu zählen ist: diese Anzahl heisst die *Multiplizität* des betr. Schnittpunktes (III C 3, Nr. **2**, *Zeuthen*).

Nach dem Gesetz der Dualität (III A, B 3 a, Nr. **7**, **12**, *Fano*) übertragen sich die vorstehenden Sätze auf algebraische Enveloppen von Geraden, die durch eine Gleichung $\varphi(u) = 0$ dargestellt sind, unter φ eine ternäre Form der Ordnung n' in Linienkoordinaten u_1, u_2, u_3 verstanden. Die Zahl n' heisst die *Klasse* der Enveloppe; die zu Doppelpunkt und Rückkehrpunkt dualen Singularitäten sind *Doppeltangente* und *Wendetangente*.

Die homogenen Koordinaten der Tangente der Kurve $f = 0$ in einem Punkte (y) waren $\varrho u_i = \frac{\partial f}{\partial y_i}$ $(i = 1, 2, 3)$. Eliminiert man aus diesen Gleichungen und aus $\sum_{i=1}^{3} u_i y_i = 0$ die y, sowie den Proportionalitätsfaktor ϱ, so erhält man als Resultante eine algebraische homogene Gleichung in den u, die nicht nur von den Tangenten (u) der einfachen Kurvenpunkte erfüllt ist, sondern auch von allen Geraden, die durch vielfache Punkte von f laufen. Dividiert man daher die Resultante durch die Linearformen, die die Geradenbüschel der vielfachen Punkte repräsentieren, jede erhoben auf einen Exponenten, der die bez. Multiplizität angiebt, so gelangt man zu einer algebraischen Gleichung $\varphi(u) = 0$, der die Tangenten von f (einschliesslich der Tangenten der vielfachen Punkte) und nur diese genügen; sie heisst die *Tangentengleichung* (oder *Klassengleichung*) von f.[24]) Aus dem

---

Vollständiger *É. Bézout,* Paris Mém. 1764, p. 288; Th. gén. des équ. alg., Paris 1779 (z. B. p. 32, 45), der seine Methode auf eine beliebige Anzahl von Gleichungen mit ebensovielen Unbekannten ausdehnte (vgl. I B 1b, Nr. **6**, *Netto*). — Rationale Beweise des Theorems lieferten *M. Noether*[180]); *P. Gordan,* Vorl. üb. Invariantentheorie, her. von *G. Kerschensteiner,* Leipz. 1 (1885), p. 148. Beweise mittels des Korrespondenzprinzips für einfache Gebilde (III C 3, Abschn. III, *Zeuthen*) gab *M. Chasles,* Paris C. R. 75 (1872), p. 736; 76 (1873), p. 126 = J. de math. (2) 18 (1873), p. 202, 212; dort findet sich auch die Untersuchung der endlichen Schnittpunkte; vgl. über diese auch *O. Stolz*[180]), p. 148.

24) Für die Bildung dieser Gleichung und die damit verknüpften algebraischen Fragen vgl. *A. Cayley*[82]); *L. O. Hesse,* J. f. Math. 40 (1849), p. 317 = Ges. Werke, München 1897, p. 259; *S. H. Aronhold*[3]), p. 185; *A. Clebsch,* J. f. Math. 59 (1860), p. 35; *M. Pasch,* ib. 74 (1871), p. 92. Für $n = 3, 4$ s. noch *Cayley,* Cambr. Dubl. Math. J. 1 (1846), p. 97 = Papers 1, p. 230; *Hesse,* J. f. Math. 36 (1847), p. 172; 41 (1850), p. 285 = Werke, p. 187, 279. Über die Methode von *Clebsch* und weitere Anwendungen seines „Übertragungsprinzips" (I B 2, Nr. **12**, *Meyer*) s. „*Clebsch-Lindemann*", p. 274.

Prinzip der Dualität folgt umgekehrt, dass eine algebraische Enveloppe von Geraden, abgesehen von eventuellen Geradenbüscheln, aus den Tangenten einer *algebraischen* Kurve besteht[25]).

Diese doppelte Art, eine ebene Kurve zu betrachten als Ortkurve (Ordnungskurve, Punktort) und Klassenkurve (Geradenort) verdankt man *J. Plücker*[26]) (s. auch Nr. **19**).

Die Ordnung von φ nennt man die *Klasse*[27]) der C^n; sie ist aber die Anzahl der von einem Punkte $P(p)$ an die Kurve gehenden Tangenten, deren Berührungspunkte zugleich mit P variieren, oder auch die Anzahl der mit dem Punkte (p) variabeln Schnittpunkte von C^n mit der Kurve $\sum_{i=1}^{3} p_i \frac{\partial f}{\partial x_i} = 0$, der „*ersten Polare*" eines Punktes P allgemeiner Lage in der Ebene (Nr. **5**). Die Klasse einer von vielfachen Punkten freien Kurve ist demnach $n(n-1)$[28]) (Nr. **8**).

3. Fortsetzung; lineare Kurvensysteme (vgl. Abschn. V). Es bestimmen $k+1$ Kurven $f_1 = 0, \ldots, f_{k+1} = 0$ der Ordnung n, die linear unabhängig sind (so dass keine Identität $\sum_{i=1}^{k+1} a_i f_i = 0$ mit konstanten, nicht sämtlich verschwindenden Koeffizienten a besteht) ein *Linear-*

25) Eine strenge und rein algebraische Behandlung dieser Eigenschaften lieferte *C. Segre*, Giorn. di mat. 36 (1897) p. 1.

26) s. [54]), p. 241; [12]), p. 200 ff.

27) Nach *J. D. Gergonne*, Ann. de math. 18 (1827/28), p. 151. — Bezüglich der Polemik zwischen *Gergonne* und *Poncelet* (und *Plücker*) über das Dualitätsprinzip und über die Klasse einer C^n, vgl. *E. Kötter*, Bericht, p. 160 ff., sowie III A, B, 3a, Nr. 7, *Fano*.

28) Der Satz findet sich zuerst in der anonymen Schrift Traité des courbes alg., Paris 1756, p. 88, die *Dionis du Séjour et Goudin* zugeschrieben wird (vgl. *G. Loria*, Bibl. math. (2) 13 (1899), p. 10), und wurde wiedergefunden von *J. V. Poncelet*, Ann. de math. 8 (1817/18), p. 213 = Applications d'analyse et de géom. 2, Paris 1864, p. 484; während *Waring*[4]), p. 100 bemerkt hatte, dass die Klasse $\leqq n^2$ sein müsse, und *G. Monge*, Feuilles d'anal. appliquées à la géom., Paris 1801, N. 5, und Application de l'analyse à la géom., Paris 1807 (5. éd. von *J. Liouville*, Paris 1850), p. 16 beobachtet hatte, dass ein einer Fläche der Ordnung n umbeschriebener Kegel sie längs einer Kurve berührt, die auf der Fläche von einer andern Fläche der Ordnung $n-1$ ausgeschnitten wird. — Nach *Joachimsthal*[13]) sind die weiteren Schnittpunkte einer C^n mit den von einem Punkte P an sie gelegten Tangenten der vollständige Schnitt der C^n mit einer $C^{(n-1)(n-2)}$, die *Cremona*, Intr. no. 138, die *Satellitkurve* von P genannt und für $n = 3$ untersucht hat. Allgemein wurde sie von *G. Kohn* behandelt, Wien Ber. 89 (1883), p. 144; vgl. auch *Castelnuovo*[152]); mit stereometrischer Methode von *H. de Vries*, Diss. Amsterdam 1901, und Rotterdam, Nat.- en gen. congr. hand. 1901, p. 116.

system der Ordnung n von ∞^k Kurven (von der *Stufe* oder *Dimension* k), bestehend aus allen durch $\sum_{i=1}^{k+1} \lambda_i f_i = 0$ dargestellten Kurven, wo die λ variable Parameter sind[29]).

Für $k = 0$ hat man eine einzelne Kurve; für $k = 1, 2$ ein *Büschel (faisceau ponctuel, pencil, fascio)* resp. *Netz (réseau ponctuel, net, rete)*, während die dualen Systeme als *Schar* (*faisceau tangentiel, tangential pencil* oder *range, schiera)* resp. als *Gewebe* oder *Scharschar (réseau tangentiel, tangential net* oder *web, tessuto)* bezeichnet werden.

Das durch irgend eine Anzahl von Kurven des Systems bestimmte Linearsystem ist in ersterem enthalten; $\infty^{k'}$ ($k' \leqq k$) Linearsysteme, die in einem ∞^k-System enthalten sind, giebt es $\infty^{(k-k')(k'+1)}$. Liegen zwei Linearsysteme derselben Ordnung und von den Dimensionen k, k' vor, und bedeutet c die Dimension des kleinsten, beide Systeme enthaltenden Systems, s dagegen die des grössten in beiden enthaltenen, so ist $c + s = k + k'$. Hieraus gründet sich die Erzeugung eines Linearsystems aus Linearsystemen geringerer Dimension[30]).

---

29) Systeme von Kurven mit variabeln Parametern betrachtete *G. W. Leibniz,* Acta Erud., Leipz. 1692, p. 168 = Math. Schr. 5, p. 266; Systeme, die linear von willkürlichen Parametern abhängen, *L. Euler,* Berlin Hist. 4 (1748), p. 219. — Dass alle Kurven (und Flächen) der Ordnung n, die durch die zweien, $f_1 = 0$, $f_2 = 0$, von jener Ordnung gemeinsamen Punkten hindurchgehen, durch eine Gleichung der Form $f_1 + \lambda f_2 = 0$ dargestellt werden, bemerkte *G. Lamé,* Ann. de math. 7 (1816/17), p. 229; Examen des diff. méthodes etc., Paris 1818 (Réimpression 1903), p. 28—29 (ein Ursprung jedoch bei *Waring*[4]), p. 100 ff.). Von neuem, und mit weiteren Folgerungen, bei *J. D. Gergonne,* Ann. de math. 17 (1826/27), p. 218, 255; vgl. auch *Bobillier,* ib. 18 (1827/28), p. 25. — Hier ist der Ursprung der Methode der abgekürzten Bezeichnung [zuerst entwickelt von *Bobillier,* l. c. p. 320, und unabhängig von ihm, aber systematischer, von *J. Plücker,* Anal.-geom. Entwickelungen, Essen, 1 (1827), 2 (1831), und J. f. Math. 5 (1829), p. 268 = Abh. 1, p. 159], und weiterhin das erste algebraische Fundament der Schnittpunktsätze (Nr. **33**).

Die Betrachtung der linearen Systeme spielt eine Hauptrolle bei der Bestimmung der endlichen Gruppen (*Kantor, Wiman*) und der kontinuierlichen Gruppen (*Enriques*) von ebenen birationalen Transformationen (III C 11, *Castelnuovo* und *Enriques*), da sich beweisen lässt, dass stets solche Systeme existieren, die in Bezug auf die Gruppe invariant sind: s. [320]). — *G. Fano,* Pal. Rend. 11 (1897), p. 240 hat bewiesen, dass ein lineares System von C^n, das in sich übergeht durch eine kontinuierliche primitive Gruppe von (∞^8, ∞^6 oder ∞^5) ebenen Kollineationen, notwendig aus allen C^n der Ebene besteht [aber, wenn die Gruppe eine ∞^6- oder ∞^5-fache ist, auch gebildet sein kann aus allen $C^{n'}$ ($n' < n$), zu denen als fester Teil die invariante, $(n - n')$-mal gezählte, Gerade hinzutritt].

30) Diese Begriffe haben einen mehrdimensionalen Charakter (III C 9, *Segre*),

Die Kurven eines gegebenen Linearsystems, die durch gegebene Punkte mit gegebener Multiplizität und gegebenen (getrennten oder nicht getrennten) Tangenten hindurchgehen, bilden ein neues Linearsystem.

Schneidet man die Kurven eines Linearsystems der Ordnung n mit einer Geraden, so erhält man eine *Involution* vom Grade n,[31]) die, wenn die Gerade von h linear unabhängigen Kurven des Systems ein Bestandteil ist, von der Dimension (Stufe) $k - h$ ist (vgl. [289])).

Ein s-facher Punkt ($s \geqq 1$) der erzeugenden Kurve des Systems — es genügt, wenn er ein solcher für $k+1$ linear unabhängige Kurven f_i des Systems ist — heisst ein s-facher *Basis*- oder *Fundamentalpunkt*. Die Gruppen der Tangenten in ihm bilden eine, durch die Tangenten der Kurven f_i bereits bestimmte Involution vom Grade s, die von der Stufe k resp. $< k$ ist, je nachdem alle Systemkurven daselbst genau die Multiplizität s besitzen, oder aber irgend eine von ihnen eine höhere Multiplizität[32]). Die Anzahl der Basispunkte ist eine endliche, vorausgesetzt, dass sich nicht von allen Kurven des Systems ein fester Bestandteil absondert.

---

und sind schon bei *H. Grassmann* entwickelt, Die lineale Ausdehnungslehre, Leipzig 1844 (2. Ausg. 1878); Die Ausdehnungslehre, Berlin 1862. So findet sich der vorletzte Satz resp. in § 126 und Nr. 25 = Ges. Werke, her. von *F. Engel*, Leipzig, 1¹ (1894), p. 208; 1² (1896), p. 21 [ein direkter algebraischer Beweis von *C. Segre* bei *Bertini* [287]), Anm. zu p. 7—8]; dagegen entspricht die letzte Eigenschaft der Erzeugung eines linearen Raumes durch Projektion, mit Hilfe von Räumen geringerer Dimension, welche von *Grassmann* beobachtet worden ist, l. c., Werke 1¹, p. 46 ff. (vgl. auch 1², p. 21, Nr. 24), sowie von *B. Riemann*, Habil.-Schrift, Göttingen 1854 = Gött. Abh. 13 (1867), p. 1 = Ges. Werke, her. von *H. Weber*, Leipzig 1876, p. 254; 2. Aufl. 1892, p. 272; franz. von *J. Hoüel*, Ann. di mat. (2) 3 (1870), p. 309 = Oeuvres de *R.*, par *L. Laugel*, Paris 1898, p. 280; englisch von *W. K. Clifford*, Nature 8 (1873), Nr. 183/84 = Math. Papers, ed. by *R. Tucker*, Lond. 1882, p. 55. Vgl. auch *G. Veronese*, Math. Ann. 19 (1881), p. 163.

31) Vgl. *J. V. Poncelet*, Traité des propr. proj. des fig., Paris 2 (1866), sect. IV, § 1, 2 [Vom ersten Bande erschien die 1. éd. 1822, die 2. éd. 1865. Vom zweiten Bande wurden Sect. I (p. 1—56) und II (p. 57—121) der Pariser Akad. 1824 vorgelegt, III (p. 122—234) 1831, IV (p. 235—310) wurde 1830/31 verfasst; die ersten drei erschienen zuerst in J. f. Math. resp. 3 (1828), p. 213; 4 (1829), p. 1; 8 (1831), p. 21, 117, 213, 370. Im Folgenden wird der Traité zitiert.]. Vgl. auch *Poncelet*, Paris C. R. 16 (1843), p. 947 = Traité 2, p. 345; *E. de Jonquières*, Ann. di mat. (1) 2 (1859), p. 86.

32) Sätze über Kurven eines linearen Systems, die in einem Basispunkt eine höhere Singularität besitzen als die erzeugende, bei *L. Cremona*, Intr., n. 47, 48; *K. Doehlemann*, Math. Ann. 41 (1892), p. 545; *G. B. Guccia*, Pal. Rend. 7 (1893), p. 193 (§ 1, 2, 3). Für ein Büschel s. auch *Em. Weyr*, Wien Ber. 61 (1870), p. 82; *S. Kantor*, ib. 75 (1877), p. 791.

Ein Linearsystem heisst *irreduzibel* oder *reduzibel*, je nachdem es die allgemeine Kurve des Systems ist. Schliesst man die Systeme mit festen Bestandteilen aus, so setzt sich die allgemeine Kurve eines reduzibeln ∞^k-Linearsystems zusammen aus $t\,(\geqq k)$ irreduzibeln Kurven, die einem und demselben Büschel angehören (und in ihm eine ∞^k Involution vom Grade t bilden)[33]).

Besitzt jede Kurve des Systems (ausserhalb der Basispunkte) einen s-fachen Punkt, so ist der Ort des letzteren eine Kurve, die, $(s-1)$-mal gezählt, einen Bestandteil jeder Systemkurve ausmacht, so dass die allgemeine Kurve eines irreduzibeln linearen Systems keine beweglichen vielfachen Punkte haben kann[34]).

Die Eigenschaft, dass durch k Punkte allgemeiner Lage in der Ebene eine und nur eine Kurve eines gegebenen Linearsystems ∞^k geht, ist charakteristisch für die irreduzibeln Systeme, d. h. jedes algebraische System ∞^k von ebenen algebraischen irreduzibeln Kurven, für das durch k Punkte allgemeiner Lage eine und nur eine Kurve des Systems geht, ist ein Linearsystem[35]).

Grad eines Linearsystems ist die Zahl der variabeln Schnittpunkte irgend zweier seiner erzeugenden Kurven: er ist nur dann gleich Null, wenn der variable Teil des Systems aus einer oder mehreren Kurven eines Büschels besteht. In allen andern Fällen ist der Grad D endlich und > 0, und jene D variabeln Schnittpunkte erfüllen die ganze Ebene. Für ein irreduzibles System ist $D \geqq k-1$.[36])

33) *E. Bertini*, Lomb. Ist. Rend. (2) 15 (1880), p. 24. Vgl. auch *J. Lüroth*, Math. Ann. 42 (1892), p. 457; 44 (1894), p. 539; *E. Netto*, Oberhess. Ges. f. Naturk. Ber., Giessen, 33 (1899), p. 41 (I B 1 b, Nr. 5, *Netto*).

34) *Bertini*, l. c.; s. auch [417]), p. 246; *É. Picard-G. Simart*[287]) p. 51; für den Fall eines homaloiden Netzes (Nr. 36) *J. Rosanes*, J. f. Math. 73 (1870), p. 100 = „*Clebsch-Lindemann*", p. 480.

35) Ein Beweis dieser Eigenschaft [die früher die synthetischen Geometer als Definition eines Linearsystems nahmen: vgl. *E. de Jonquières*, J. de math. (2) 7 (1862), p. 409; *Cremona* [39]), n. 42] findet sich z. B. bei *G. Humbert*, J. de math. (4) 10 (1894), p. 169 [Auszug Par. C. R. 116 (1893), p. 1350], (Anm. zu p. 174) = *Picard-Simart* [287]), p. 56; vgl. auch *Segre* [287]), n. 23. — Bei $k > 1$ gilt der Satz auch für ein algebraisches System irreduzibler Kurven auf irgend einer algebraischen Fläche (und noch allgemeiner): *G. Castelnuovo*, Torino Atti 28 (1893), p. 727; *F. Enriques*, Rom Linc. Rend. (5) 2^2 (1893), p. 3; *Segre*, l. c. n. 27.

36) Die vorstehenden Eigenschaften gelten auch für die Linearsysteme von Kurven auf irgend einer algebraischen Fläche: *F. Enriques*, Torino Mem. (2) 44 (1893), p. 171 (I, n. 1, 2); Soc. ital. (dei XL) Mem. (3) 10 (1896), p. 1 (n. 3, 5) (III C 6, Flächen, *Castelnuovo* und *Enriques*). — Für die Ebene bei *E. Bertini*, Rom Linc. Rend. (5) 10^1 (1901), p. 73, wo auch bemerkt wird, dass, wenn die durch einen Punkt gehenden Kurven eines Linearsystems daselbst auch die nämliche Tangente besitzen, der Grad gleich Null ist.

4. Das Geschlecht; der Riemann'sche Satz über dessen Erhaltung bei birationalen Transformationen; Zeuthen's Erweiterung. Nach *B. Riemann*[37]) gehören zwei irreduzible algebraische Kurven (oder deren Gleichungen) zu derselben *Klasse*, wenn zwischen ihnen eine birationale Korrespondenz besteht, derart, dass sich die Koordinaten x', y' der Punkte der einen Kurve ausdrücken lassen als rationale Funktionen der Koordinaten x, y der Punkte der andern Kurve, und dass umgekehrt, vermöge der Gleichung der letzteren, die x, y ausdrückbar sind als rationale Funktionen der x', y'.[38])

Die allen Kurven einer Klasse gemeinsamen Eigenschaften, oder auch die bei birationaler Transformation der Kurve unveränderlichen Eigenschaften der letzteren, bilden den Inhalt der *Geometrie auf einer algebraischen Kurve* (vgl. Abschn. IV und III A, B 3a, Abschn. VII, *Fano*).

Der wichtigste unter den numerischen Charakteren (Invarianten), die für alle Kurven einer Klasse den nämlichen Wert besitzen, ist das *Geschlecht*[39]).

Sei $F(x, \overset{m}{y}) = 0$ die Gleichung einer irreduzibeln Kurve, so konstruiere man über der x-Ebene die zugehörige m-blättrige *Riemann*-sche Fläche T (Nr. **1**); diese besitzt als geschlossene Fläche den Zusammenhang $2p + 1$, wo p das Geschlecht der Fläche T (resp. Kurve F) bezeichnet. Dann gilt die Relation (III C 3, Nr. **18**, *Zeuthen*):

---

37) J. f. Math. 54 (1857), p. 115 = Werke, 1. Ausg., p. 93; 2. Ausg., p. 100; franz. Ausg., p. 106. [Für das Ganze vgl. II B 2, Nr. **5**, **9**, **10**, *Wirtinger*.]

38) In den arithmetischen Untersuchungen von *H. Poincaré*, J. de math. (5) 7 (1901), p. 161, über algebraische Kurven, die durch eine homogene Gleichung *mit ganzen Koeffizienten* dargestellt sind, dient als Basis der Klassifikation die Gruppe der birationalen Transformationen mit rationalen Koeffizienten, die die Kurve zulässt, d. h. es werden als äquivalent angesehen zwei vermöge einer solchen Transformation je aus einander ableitbare Kurven. So treten neben das Geschlecht andere invariante Charaktere ein. Es werden besonders (vornehmlich hinsichtlich der Verteilung der rationalen Punkte auf ihnen, d. i. derer mit zwei rationalen Koordinaten) untersucht die Kurven vom Geschlecht $p = 0, 1$: die ersteren sind stets äquivalent einer Geraden oder einem Kegelschnitt [vgl. *Noether*[414]), § 2]; und es wird auch die Erweiterung auf irgend einen Rationalitätsbereich für die Substitutionskoeffizienten vorgenommen. Vgl. auch *D. Hilbert* und *A. Hurwitz*[197]), und *S. Kantor* in Nr. **37**.

39) Der Name stammt von *A. Clebsch*, J. f. Math. 64 (1864), p. 43. Die Zahl p hat *A. Cayley*[20]) *deficiency* (Defekt) genannt; *genere* bei *L. Cremona*, Bologna Mem. (2) 6 (1866), p. 91; 7 (1867), p. 29 (deutsch von *M. Curtze*, Berlin 1870) (s. n. 54). — Die irreduziblen Kurven mit $p = 0$ sind rational (Nr. **2** u. **15**); die mit $p = 1$ heissen *elliptische; Cayley*, Lond. Math. Soc. Proc. 4 (1873), p. 347 = Papers 8, p. 181 hat auch den Namen *bicursal* vorgeschlagen.

(2) $$2p - 2 = w - 2m,$$

wenn w die Summe der Ordnungszahlen der Verzweigungspunkte von T (oder auch der algebraischen Funktion y von x) bedeutet[40]).

Die Gleichheit von p für zwei in ein-eindeutiger Korrespondenz stehende Kurven F hat *Riemann* (l. c. Art. 11) aus der entsprechenden Korrespondenz zwischen den Flächen T abgeleitet, welche deswegen also auch den gleichen Zusammenhang haben.

In anderer Weise hat *K. Weierstrass*[41]) das Geschlecht definiert; er nennt es *Rang* und bezeichnet es mit ϱ.

Die Bedeutung von p für die Geometrie der algebraischen Kurven hat vor allem *R. F. A. Clebsch*[42]) erkannt, dem man die Einteilung der (ebenen und nicht ebenen) algebraischen Kurven nach dem Geschlecht verdankt.

Nach *Riemann* (l. c. Art. 4, 9) ist p auch gleich der Anzahl der zur Kurve gehörigen und linear unabhängigen Integrale erster Gattung (d. i. solcher, die überall auf T endlich bleiben) [vgl. Nr. **27**, **33**][43]). Dieses Theorem haben für den Fall einer irreduzibeln C^n, deren Punktsingularitäten nur aus d Doppelpunkten und r Spitzen bestehen, *A. Clebsch* und *P. Gordan*[44]) in geometrische Form gebracht, indem p die Anzahl der linear unabhängigen Kurven von der Ordnung $n - 3$ bedeutet, die durch jene $d + r$ Punkte einfach hindurchgehen[45]), woraus die *Clebsch*'sche Formel[46]) folgt:

40) *Riemann*[37]), art. 7. Ein einfacher Beweis bei *C. Neumann*, Vorl. üb. *Riemann's* Th. d. Abel'schen Integrale, Leipzig, 1. Aufl. 1865, p. 312; 2. Aufl. 1884, p. 171; ein anderer, auf dem *V. Puiseux*'schen Prozesse (Nr. **13**) beruhender bei *M. Elliot*, Ann. éc. norm. sup. (2) 5 (1876), p. 399, reproduziert von *Ch. Briot*, Th. des fonctions Abéliennes, Paris 1879, chap. I. — Die Bestimmung von p mittels w, von anderem Gesichtspunkt aus, findet sich auch bei *K. Weierstrass*, Werke 4, Kap. 5.

41) S. Nr. **27**, besonders [314]).

42) S. [360]), [39]), [46]), erstes Zitat [69]). — Unabhängig von *Clebsch* wurde die Bedeutung von p für die Geometrie auch von *H. A. Schwarz* betont, J. f. Math. 64 (1864), p. 1 = Ges. math. Abh., Berlin 1890, 2, p. 8.

43) Von diesem Gesichtspunkt aus könnte der Begriff des Geschlechts auf *N. H. Abel* zurückgehen, Par. Mém. prés. (sav. étr.) (2) 7 (1841), p. 176 (vorgelegt 1826) = Oeuvres, éd. par *L. Sylow* et *S. Lie*, Christiania 1 (1881), p. 145, der das Problem der kleinsten Anzahl von Integralen stellte, auf die eine Summe von Integralen mit gegebenen Grenzen zurückgeführt werden kann. Vgl. *A. Cayley*, Lond. Trans. 172 (1880), p. 751 = Papers 11, p. 29; *Brill-Noether*, Bericht, p. 205 ff. [II B 5, Abel'sche Funktionen, *Wellstein*].

44) Th. der *Abel*'schen Funktionen, Leipzig 1866, p. 15.

45) Solche Kurven heissen *adjungiert* zur C^n: über deren allgemeine Definition s. Nr. **15**.

(3) $$p = \tfrac{1}{2}(n-1)(n-2) - d - r,$$

und die duale:

(3′) $$p = \tfrac{1}{2}(n'-1)(n'-2) - d' - r',$$

vorausgesetzt, dass C^n, als Klassenkurve der Klasse n', nur die zu den obigen dualen Singularitäten besitzt, nämlich d' Doppeltangenten und r' Wendetangenten.

Gestützt auf die Betrachtung der Integrale erster Gattung haben *Clebsch*[46]) und *Clebsch-Gordan* (l. c. § 15) einen Beweis für den invarianten Charakter von p geliefert; ein rein algebraischer Beweis, der direkt auf der Diskussion der Transformation und der numerischen Definition (3) von p begründet ist, ist zuerst von *Clebsch-Gordan* (l. c. § 16) erbracht worden. Geometrische Beweise des Theorems gaben, von (3) ausgehend, *L. Cremona*[47]) und *E. Bertini*[48]), und mit demselben Beweisgedanken, wie der letztere, aber unabhängig, *H. G. Zeuthen*[49]), der mittels der nämlichen Methode das Theorem auch erweitert hat [III C 3, Nr. 18, *Zeuthen*]. *Zeuthen* fand[50]) zwischen den Geschlechtern

46) J. f. Math. 64 (1864), p. 98; vgl. auch [360]), p. 192.

47) S. [39]). *Cremona* nimmt die beiden Kurven in verschiedenen Ebenen an, und untersucht die Ordnung der Doppelkurve der von den, homologe Punkte verbindenden Geraden gebildeten Regelfläche.

48) Giorn. di mat. 7 (1869), p. 105, reproduziert in *„Salmon-Fiedler"*, p. 84 und in *G. A. von Peschka,* Darstellende und projektive Geometrie, Bd. II, Wien 1884, p. 139 (desgl. nebst weiteren Beweisen in *„Clebsch-Lindemann"*, p. 458, 666, 681). Nimmt man beide Kurven in derselben Ebene an, so betrachtet man die Klasse des Ortes der Schnittpunkte der Geraden, die die homologen Punkte von zwei festen homologen Punkten aus projizieren.

49) Paris C. R. 70 (1870), p. 743. — Modifikationen der *Zeuthen*'schen Methode bei *A. Voss,* Gött. Nachr. 1873, p. 414 (und Anm. zu p. 550), der die Enveloppe der homologe Punkte verbindenden Geraden untersucht [man beweist leicht den Satz: Stehen zwei Kurven der Ordnung n, n' in derselben Ebene in einer algebraischen Korrespondenz (x, x'), und existieren k entsprechende zusammenfallende Punkte, so umhüllen die, homologe Punkte verbindenden Geraden eine Kurve von der Klasse $nx' + n'x - k$; diese Zahl ist durch 2 zu teilen, wenn die Korrespondenz zwischen den Punkten ein und derselben Kurve statthat, und eine involutorische ist]; und bei *Clebsch,* dessen Beweis *Noether* mitgeteilt hat, Math. Ann. 8 (1874), p. 497, der auch auf höhere Singularitäten Rücksicht nimmt und seinen Beweis als eine algebraische Einkleidung des *Zeuthen*'schen ansieht; übrigens so gefasst, dass er sich auch auf mehrdeutige Korrespondenzen ausdehnen lässt. Eine analytische Modifikation gibt *T. Brodén,* Stockh. Öfversigt 50 (1893), p. 345.

50) Math. Ann. 3 (1871), p. 150. — Durch stereometrische Betrachtungen ist Formel (4) von *W. Weiss* abgeleitet worden, Math. Ann. 29 (1886), p. 382. Auch der Beweis, den *H. Schubert* vom *Riemann*'schen Theorem geliefert hat, Math. Ann. 16 (1879), p. 180, führt bei leichten Modifikationen zur allgemeineren

p, p' zweier Kurven f, f', die durch eine algebraische Korrespondenz (x, x') auf einander bezogen sind, die Relation:

$$(4) \qquad y - y' = 2x(p' - 1) - 2x'(p - 1),$$

unter y, y' die Anzahlen der Korrespondenzverzweigungspunkte auf f, f' verstanden, d. h. der Punkte dieser Kurven, für die zwei ihrer entsprechenden Punkte zusammenfallen.

Wegen der Ausdehnung auf irgend eine singuläre Kurve s. Nr. **15.**

5. Polareigenschaften. Sind x_i, y_i $(i = 1, 2, \ldots, m)$ zwei Reihen von m kogredienten Variabeln, und f eine Form der Ordnung n, so nennt man die Operation $\Delta_y = \sum_{i=1}^{m} y_i \frac{\partial f}{\partial x_i}$ die *Polaroperation* in Bezug auf den *Pol* y (I B 2, Nr. **13**, *Meyer*); sie ist eine invariante (projektive) Operation. Übt man r sukzessive Polaroperationen aus mit den Polen y, z, $\ldots$, so hat deren Reihenfolge keinen Einfluss auf das Resultat, da:

$$\Delta_y \Delta_z \ldots f(x) = \sum y_i z_k \cdots \frac{\partial^r f}{\partial x_i \partial x_k \ldots},$$

wo sich die Summe auf alle m^r Anordnungen mit Wiederholungen der Zahlen 1, 2, …, m zur Klasse r erstreckt. Setzt man $\Delta_y^r = \Delta_y \Delta_y^{r-1}$, so heisst $\Delta_y^r f(x)$ die r^{te} *Polare* (oder von der *Ordnung* $n - r$) von y in Bezug auf f $(r = 1, 2, \ldots, n - 1)$. Man hat:

$$\Delta_y^r \Delta_y^s f(x) = \Delta_y^{r+s} f(x), \quad \Delta_z^s \Delta_y^r f(x) = \Delta_y^r \Delta_z^s f(x).$$

Weiter liefert die *Taylor*'sche Entwickelung:

$$f(\lambda x + \mu y) = \sum_{r=0}^{n} \frac{1}{r!} \lambda^{n-r} \mu^r \Delta_y^r f(x) = \sum_{r=0}^{n} \frac{1}{(n-r)!} \lambda^{n-r} \mu^r \Delta_x^{n-r} f(y),$$

also:

$$\frac{1}{r!} \Delta_y^r f(x) = \frac{1}{(n-r)!} \Delta_x^{n-r} f(y).$$

Im besondern ist z. B. $\frac{\partial^r f}{\partial x_1^r}$ die r^{te} Polare des Poles $(1, 0, 0, \ldots, 0)$.

Formel (4). — Aus $x' = 1$ folgt $y = 0$; nimmt man also $p = p' > 1$, so liefert (4) $x = 1$, d. h. zwischen zwei Kurven desselben Geschlechts $p > 1$ kann keine algebraische Korrespondenz existieren, die nur in dem einen Sinne rational wäre: *H. Weber*, J. f. Math. 76 (1873), p. 345; *J. Thomae*, Zeitschr. Math. Phys. 18 (1873), p. 401; Leipz. Ber. 41 (1889), p. 365. — Eine geometrische Deutung von (4), als Ausdruck eines Bandes zwischen den kanonischen linearen Scharen (Nr. **27**) auf f und f' liefert *F. Severi*, Ist. Lomb. Rend. (2) 36 (1903), p. 495; für eine Korrespondenz $(1, x)$ zuvor schon *Castelnuovo*[294]).

Für $m = 3$ [51]) gehen hieraus Definitionen und Sätze über *Polarkurven* der Punkte der Ebene in Bezug auf die Grundkurve $f = 0$ hervor [52]).

So gilt das Theorem über die *gemischten* Polaren: „Die s^{te} Polare eines Punktes z in Bezug auf die r^{te} Polare eines Punktes y fällt zusammen mit der r^{ten} Polare von y in Bezug auf die s^{te} Polare von z“ (*Plücker* [52])), sowie das Theorem der *Reziprozität*: „Gehört x der r^{ten} Polare von y an, so auch y der $(n-r)^{\text{ten}}$ Polare von x“ (*Bobillier* [52])).

---

51) Viele der folgenden Sätze gelten auch für eine beliebige Anzahl von Dimensionen. — Für $m = 2$ repräsentiert $f = 0$ n Punkte $M_1, \ldots, M_n$ einer Geraden, und die r^{te} Polare eines Punktes P besteht aus $n - r$ Punkten, die *E. de Jonquières*, J. de math. (2) 2 (1857), p. 266, „harmonische Mittelpunkte“ vom Grade $n - r$ der gegebenen Punkte in Bezug auf P nannte. Vgl. *Cremona*, Intr. art. 3. Bezeichnet man sie mit Q, so bestimmen sie sich aus:

$$(\alpha) \qquad \sum \frac{QM_{i_1}}{PM_{i_1}} \cdot \frac{QM_{i_2}}{PM_{i_2}} \cdots \frac{QM_{i_{n-r}}}{PM_{i_{n-r}}} = 0,$$

wo sich die Summe erstreckt auf alle Kombinationen (ohne Wiederholung) $i_1, i_2, \ldots, i_{n-r}$ der Zahlen $1, 2, \ldots, n$ zur Klasse $n - r$. Für $r = n - 1$ existiert nur ein einziger Punkt Q, gegeben durch:

$$(\beta) \qquad \frac{1}{PQ} = \frac{1}{n} \sum_{i=1}^{n} \frac{1}{PM_i},$$

den *Poncelet* untersucht hat, Traité 2, sect. I, unter dem Namen des Zentrums der harmonischen Mitten der Punkte M_i in Bezug auf P (vgl. IV 4, Nr. 5, *Jung*). Vgl. *Chasles* [4]), p. 713 ff.; *Cremona*, l. c. — Liegt P im Unendlichen, so folgt aus (α): $\sum QM_{i_1} \cdot QM_{i_2} \ldots QM_{i_{n-r}} = 0$, und für $r = n - 1$: $\sum_{i=1}^{n} QM_i = 0$; Q ist dann das Zentrum der mittleren Abstände der Punkte M_i. Diese Beobachtung rührt von *Poncelet* her, l. c., der mittels Projektion die Eigenschaften des ersten Punktes aus denen des letzten ableitet. — Formel (β) findet sich schon bei *C. Mac Laurin*, De linearum geometricarum proprietatibus generalibus tractatus (Appendix zu „A treatise of algebra“), Lond. 1748, § 27 (franz. von *E. de Jonquières*, in Mélanges de géom. pure, Paris 1856, p. 197 ff.).

52) Diese Polaren, für den Pol im unendlich fernen Punkte der y-Axe, untersucht *Cramer* [4]), p. 129 ff., der sie diamètres curvilignes nennt. Die geradlinigen Durchmesser hat schon *Newton*, Enumeratio linearum tertii ordinis (etwa 1676), Lond. 1704 = Opuscula ed. *J. Castillioneus*, Lausannae et Genevae 1744, 1, p. 247—270 (bes. p. 248), eingeführt. — Die Polargerade eines eigentlichen Punktes betrachtet zuerst *R. Cotes*, vgl *Mac Laurin* [51]), § 28 ff. = Mélanges p. 204 ff.; s. auch *Poncelet*, Traité 2, sect. III, IV. — Den Pol einer Geraden in Bezug auf eine Klassenkurve führt *M. Chasles* ein, Corresp. math. 6 (1830), p. 1, der ihn ableitet aus dem Begriff des Durchmessers einer C^n vermöge einer Polarität in Bezug auf eine Parabel („transformation parabolique“). Über dies alles s. auch Nr. 21, besonders [246]). — Weiter wurde die Theorie der Polaren,

Die Polaren eines Punktes y in Bezug auf eine C^n sind die Örter der entsprechenden Polargruppen von y in Bezug auf die Gruppe der n Punkte, die eine durch y gehende bewegliche Gerade aus C^n ausschneidet. Zerfällt also C^n in n Gerade durch einen Punkt z, so besteht die r^{te} Polare von y aus $n-r$ Geraden durch z, die im Büschel z die r^{te} Polare der Geraden yz in Bezug auf die n Geraden der Grundkurve bilden.

Ist y ein s-facher Punkt ($n \geqq s \geqq 1$) der C^n, so sind die Polaren von y von der Ordnung $1, 2, \ldots, s-1$ unbestimmt, und die übrigen besitzen in y einen s-fachen Punkt mit den nämlichen Tangenten, wie C^n. Umgekehrt ist ein Punkt y, den irgend eine seiner (nicht identisch verschwindenden) Polaren zum s-fachen Punkt besitzt, auch s-facher Punkt der C^n (und somit auch jeder Polare von y)[53].

Damit ein Punkt y s-facher Punkt der C^n sei, ist notwendig und hinreichend, dass seine Polare der Ordnung $s-1$ unbestimmt ist (vgl. Nr. 2); alsdann stellt $\Delta_y^{n-s} f(x) = 0$ die Tangenten in y dar.

Ist y ein s-facher Punkt von C^n, so besitzt die r^{te} Polare eines (von y verschiedenen) Punktes z für $r < s$ in y einen $(s-r)$-fachen Punkt, und seine Tangenten bilden die r^{te} Polare von z in Bezug auf die Gruppe der s Tangenten von C^n in y.[54])

Besitzt die r^{te} Polare von y im Punkte z einen s-fachen Punkt, so besitzt auch die Polare der Ordnung $r+s-1$ von z in y einen s-fachen Punkt, und umgekehrt[55]).

---

mit den gegenwärtigen Benennungen, entwickelt von *Bobillier,* Ann. de math. 18 (1827/8), p. 89, 157, 253; 19 (1828/9), p. 106, 138, 302; sodann, mittels homogener Koordinaten, von *J. Plücker* [16]), p. 156. Vgl. auch *H. Grassmann,* J. f. Math. 24 (1842), p. 262, 372; 25 (1842), p. 57 = Werke 2^1, p. 3; *Joachimsthal* [13]). Über all' diese Arbeiten vgl. *E. Kötter,* Bericht, p. 219 ff., 246 ff., 468 ff. — Eine geometrische Behandlung (wenn sie auch ihren Ausgang von der algebraischen Definition *Grassmann's* nimmt) gab auf Grund der Theorie der harmonischen Mittelpunkte *Cremona,* Intr., Abschn. II.

53) Trifft eine der Tangenten im s-fachen Punkte y die C^n daselbst $(s+k)$-punktig, so treffen alle Polaren von y jene Gerade in y $(s+k)$-punktig; im besondern enthalten die Polaren der Ordnungen $s, s+1, \ldots, s+k-1$ jene Gerade selbst. So zerfällt der Polarkegelschnitt eines Wendepunktes in die Wendetangente und eine weitere Gerade, die nicht durch den Wendepunkt geht; dies ist auch die hinreichende Bedingung, dass ein (einfacher) Punkt der Kurve ein Wendepunkt ist.

54) Vgl. *Cremona,* Intr. n. 73, 74, und [39]), n. 79. Für $s = 2$, $r = 1$ vgl. *J. Plücker,* System der anal. Geom., Berlin 1835, p. 247. — Es folgt, dass die Multiplizität jener Polare in $y > s-r$ ist, wenn und nur wenn $s-r+1$ Tangenten von C^n in y mit der Geraden yz koinzidieren.

55) *Cremona* [39]), n. 84; für $s = 2$ s. auch Intr. n. 78; zuerst bei *J. Steiner,*

Die ersten Polaren der Punkte einer Geraden bilden ein Büschel (*Bobillier* [52])), dessen Basispunkte die $(n-1)^2$ „*Pole*" [56]) sind, die im allgemeinen zu den Geraden gehören. Daraus folgt, dass die ersten Polaren der Punkte der Ebene ein Netz [57]) bilden (das indessen für $n > 3$ kein allgemeines mehr ist [58])). Die ersten (und ebenso die r^{ten}) Polaren eines Punktes in Bezug auf die Kurven eines Büschels bilden ein zu diesem projektives Büschel [vgl. Nr. **38**a)]; beschreibt der Punkt eine Gerade, so erzeugen die Basispunkte eine $C^{2(n-1)}$, die auch der Ort für die Pole der Geraden in Bezug auf die Kurven des gegebenen Büschels ist [59]).

Zahlreiche andere Eigenschaften der Polaren finden sich bei *Steiner* [60]), *Clebsch* und *Cremona* (s. auch Nr. **6**, **7**). So haben *Steiner* und *Cremona* die Enveloppe der r^{ten} Polare eines Punktes untersucht, wenn dieser eine Kurve γ von der Ordnung m und Klasse m' durchläuft. Diese Enveloppe ist von der Ordnung $(n-r)[m'+2m(r-1)]$, und entsteht auch als Ort eines Punktes, dessen $(n-r)^{\text{te}}$ Polare γ

Berlin. Ber. 1848, p. 310 = J. f. Math. 47 (1853), p. 1 = Ges. Werke, herausg. von *K. Weierstrass,* Berlin 1882, 2, p. 495.

56) *Points polaires* nach *Bobillier; poli congiunti* nach *Cremona.* Jeder s-fache Punkt der Grundkurve absorbiert $(s-1)^2$ dieser Pole, und mehr als $(s-1)^2$ nur dann, wenn die s Tangenten des s-fachen Punktes nicht alle getrennt sind. Beschreibt ein Punkt eine C^m, so durchlaufen seine konjugierten Pole eine $C^{mn(n-2)}$ nach *Cremona,* Intr. n. 105. — S. auch *R. H. Vivian,* Diss. Philad. 1901. — Haben die ersten Polaren dreier nicht auf einer Geraden befindlichen Punkte einen s-fachen Punkt gemein, so ist dieser wenigstens ein $(s+1)$-facher für die Grundkurve. Einzelne Sätze über erste Polaren bei *C. le Paige,* Brux. Bull. (2) 44 (1877), p. 365; (3) 1 (1881), p. 134; Brux. Mém. cour. 42 (1878), (n. 22); Časopis 10 (1881), p. 212.

57) *Steiner* [55]). — *E. Bertini,* Torino Atti 33 (1897), p. 23 hat alle Fälle bestimmt, wo zwei C^n das nämliche Netz der ersten Polaren besitzen; Erweiterungen in Rom. Linc. Rend. (5) 7^2 (1898), p. 217, 275.

58) Vgl. *Cremona,* Ann. di mat. (1) 6 (1864), p. 153. Für $n = 3$ s. III C 1, Nr. **79**, *Dingeldey.*

59) *Bobillier* [52]); vgl. *Cremona,* Intr. n. 86.

60) S. [55]), sowie [254]). — *Steiner,* J. f. Math. 45 (1852), p. 377 = Werke 2, p. 489, und l. c. = Werke 2, p. 537, 599 hat auch eine der Definitionen der Polargeraden in Bezug auf einen Kegelschnitt ausgedehnt, durch Betrachtung des Ortes der Schnittpunkte der Tangenten, die in denjenigen Punkten einer C^n gelegt sind, wo letztere von den Geraden eines Büschels getroffen wird. Dieser Ort ist genauer untersucht von *H. Schubert* [103]), p. 195; *P. H. Schoute,* Bull. sci. math. (2) 10^1 (1886), p. 242; *H. G. Zeuthen,* ib. (2) 11^1 (1887), p. 82; *J. C. Kluyver,* Nieuw Arch. v. Wisk. 17 (1890), p. 1. Über diese Kurve, sowie über die analoge mittels der Normalen erhaltene und über analoge auf ein Kurvenpaar bezügliche Örter, sprach Sätze aus *E. de Jonquières,* Nouv. Ann. de math. (1) 20 (1861), p. 83, 140 [Beweise bei *E. Dewulf,* ib. (2) 2 (1863), p. 111]; s. auch J. de math. (2) 6 (1861), p. 113; sowie *A. Beck,* Zürich. Vierteljahrsschr. 37 (2), 38 (3, 4) (1893).

berührt; *Steiner* hat sie die r^{te} Polare von γ in Bezug auf die Grundkurve genannt. *Cremona* (Intr. n. 104) hat daraus eine Definition der r^{ten} Polare eines Punktes abgeleitet als Enveloppe der Geraden, deren $(n-r)^{te}$ Polaren durch den Punkt hindurchgehen, und allgemeiner den Satz, dass, wenn die r^{te} Polare einer Kurve γ eine Kurve γ' berührt, auch die $(n-r)^{te}$ Polare von γ' die Kurve γ berührt. *Clebsch*[61]) hat, u. a., den Ort der Schnittpunkte der ersten und zweiten Polare eines Punktes, wenn dieser eine C^m durchläuft, untersucht; dieser Ort ist von der Ordnung $m(3n-4)$, besitzt einen m-fachen Punkt in jedem Wendepunkt der Grundkurve, und berührt dieselbe in allen Schnittpunkten dieser mit C^m.[62])

Edm. Laguerre[63]) hat vom Standpunkt der Formentheorie aus die *gemischte Gleichung* einer Kurve von der Klasse m studiert, d. h., wenn $\lambda_1 A + \lambda_2 B = 0$ das durch einen gegebenen Punkt gehende Geradenbüschel darstellt, die Gleichung vom Grade m in λ_1, λ_2, die die vom Punkte an die Kurve gelegten Tangenten liefert; hieraus ergeben sich verschiedene Eigenschaften der Polaren[64]), sowie der Cayleyana (Nr. **7**) einer Kurve[78]).

Bezüglich der Erweiterung der Polarentheorie auf die der *Apolarität* s. I B 2, Nr. **10**, **24**, *Meyer*[65]), und wegen des Zusammenhanges der ersteren mit der Geometrie der Massen s. IV 4, Nr. **25**—**29**, *Jung*.

61) J. f. Math. 58 (1860), p. 273. *Clebsch* stützt sich dabei auf eine allgemeine Methode der Elimination von m Variabeln aus m homogenen Gleichungen, von denen $m-2$ linear sind, eine quadratisch und eine von beliebiger Ordnung, und gelangt so auch zu den Gleichungen der fraglichen Örter.

62) Vgl. auch *Cremona,* Intr. n. 106. Eine Reihe von Sätzen gab *Cremona* über Polaren in Verbindung (art. 14) mit Systemen von ∞^1 Kurven (Nr. **9**); sowie über die Kurve, die ein Punkt beschreibt, dessen *Indicatrices* (d. s. die von ihm an seinen Polarkegelschnitt gelegten Tangenten) nach einem gegebenen Gesetze variieren (art. 19); endlich über reine und gemischte zweite Polaren (art. 21).

63) J. de math. (2) 17 (1872), p. 1; (3) 1 (1875), p. 99, 265; (3) 4 (1878), p. 213; Paris C. R. 78 (1874), p. 744; 80 (1875), p. 1218; Bull. soc. math. de France 3 (1875), p. 174 = Oeuvres 2, Paris 1905, p. 188, 377, 398, 507, 372, 427, 410. Der Ausgangspunkt bei *Laguerre* ist der: Sind $f_1 = 0$, $f_2 = 0$, ... die gemischten Gleichungen mehrerer Kurven, so erhält man durch Nullsetzen einer Invariante der Formen f_i die Gleichung einer Kurve, deren Ordnung durch das Gewicht der Invariante angegeben wird; dies kommt also bei der Formulierung auf das *Clebsch*'sche [24]) Übertragungsprinzip hinaus.

64) So z. B. (s. die beiden letztzitierten Arbeiten), wenn von einem Punkte die Tangenten an eine Kurve der Klasse m gesetzt werden, so koinzidieren die Polargeraden des Punktes in Bezug auf die Kurve und in Bezug auf die Kurve der $\frac{1}{2}m(m-1)$ Verbindungslinien der Berührungspunkte. Vgl. auch *M. d'Ocagne,* Bull. soc. math. de France 12 (1884), p. 114.

65) Über diesen Gegenstand s. auch die später erschienenen Arbeiten:

6. Die Jacobi'sche Kurve dreier Kurven. Setzt man die *Jacobi*sche (oder Funktional-) Determinante der linken Seiten von den Gleichungen dreier Kurven C^{n_1}, C^{n_2}, C^{n_3} [I B 1 b, Nr. **17**, **19**, **21**, *Netto*] gleich Null, so erhält man eine Kurve J der Ordnung $n_1 + n_2 + n_3 - 3$, die *Jacobi'sche Kurve* oder die *Jacobiana*[66]) der drei gegebenen Kurven. Sie ist der Ort eines Punktes, dessen Polargeraden in Bezug auf die drei gegebenen Kurven durch einen und denselben Punkt gehen, sowie auch der Ort eines Punktes, in dem die ersten Polaren eines und desselben Punktes in Bezug auf jene Kurven sich schneiden[67]). Ein gemeinsamer, resp. s_1-, s_2-, s_3-facher Punkt der gegebenen Kurven ist wenigstens ein $(s_1 + s_2 + s_3 - 2)$-facher Punkt[68]) von J.

Für $n_2 = n_3$ ist J eine Kombinante [I B 2, Nr. **25**, *Meyer*] der Büschels (C^{n_2}, C^{n_3}) und zugleich der Ort eines Punktes, der die nämliche Polargerade in Bezug auf C^{n_1} und einer gewissen Kurve des Büschels besitzt[69]).

Haben alle drei Kurven dieselbe Ordnung n, so ist J eine Kom-

---

A. Grassi, Giorn. di mat. 38 (1900), p. 244; *F. Palatini,* Torino Atti 38 (1902), p. 43; 41 (1906), p. 634; Rom Linc. Rend. (5) 12^1 (1903), p. 378, in welchen letzteren eine Form, insbes. eine ternäre als Summe von Potenzen von Linearformen dargestellt wird. Hierüber, und allgemeiner, über kanonische Formen vgl. noch *P. Serret,* Géom. de direction, Paris 1869; *H. W. Richmond,* Quart. J. 33 (1902), p. 331; *E. Lasker,* Math. Ann. 58 (1903), p. 434. Über die zu einer C^n konjugierten $(n+1)$-Ecke s. auch für $n = 3, 4, 5$ *G. Manfredini,* Giorn. di mat. 39 (1901), p. 145; 40 (1902), p. 16. Einige allgemeine Sätze über projektive Erzeugung (Nr. **10**) konjugierter und apolarer Kurven hat *O. Schlesinger* aufgestellt, Math. Ann. 22 (1883), p. 520 (§ 7); 30 (1887), p. 453 (§ 2).

66) Nach *J. J. Sylvester,* Lond. Trans. 143 (1853), p. 546 = Math. Papers, Cambridge, 1 (1904), p. 583.

67) Die J ist untersucht von *Cremona,* Intr. n. 93 ff., als erzeugt durch zwei projektive Büschel; von *Guccia*[32]), § 6, als erzeugt durch die drei projektiven Netze der ersten Polaren der gegebenen Kurven.

68) Vgl. *Guccia,* l. c., wo auch die Tangenten von J im vielfachen Punkte bestimmt, und viele Spezialfälle untersucht werden. — *F. Gerbaldi,* Pal. Rend. 8 (1893), p. 1 hat analytisch alle Fälle angegeben, wo die Multiplizität von J im Punkte die Angabe $s_1 + s_2 + s_3 - 2$ um 1 oder 2 überschreitet.

69) *Cremona,* Intr. n. 87, 94. — Ein s-facher Punkt der C^{n_1}, der s'-fach ist für die Kurven des Büschels, die daselbst wenigstens eine bewegliche Tangente besitzen, ist für J ein $[s + 2(s' - 1)]$-facher Punkt, und s der Tangenten fallen mit denen von C^{n_1} zusammen: *Noether*[49]), p. 500; *Guccia,* l. c. p. 249. Für $s = s' = 1$ wird der Satz *O. Hesse* verdankt, J. f. Math. 41 (1850), p. 286 = Werke, p. 281; für $s = 2$, $s' = 1$ *A. Clebsch,* J. f. Math. 64 (1864), p. 210 (§ 3); beide Fälle werden von neuem behandelt bei „*Clebsch-Gordan*“[44]), § 17; für beliebiges s und $s' = 1$, *Clebsch,* J. f. Math. 65 (1865), p. 363. Für $s' = s - 1$ s. „*Clebsch-Lindemann*“, p. 380.

binante des durch die drei Kurven bestimmten Netzes[70]), und wird nur dann unbestimmt, wenn das Netz vom Grade (Nr. 3) Null ist[71]). Schliesst man diesen Fall aus, so ist J von der Ordnung $3(n-1)$, und ist der Ort der Doppelpunkte von Netzkurven, wie auch der Ort eines Punktes, in dem sich zwei (und damit unendlich viele) Kurven des Netzes berühren, sowie endlich der Ort eines Punktes, dessen Polargeraden in Bezug auf die Netzkurven je durch einen und denselben Punkt gehen[72]). Der Ort S dieses letzteren Punktes ist die *Steiner'sche Kurve* oder die *Steineriana* des Netzes, von der Ordnung $3(n-1)^2$. Die Kurven J und S sind punktweise ein-eindeutig auf einander bezogen; die Gerade, die zwei entsprechende Punke verbindet, berührt in dem Punkte von J alle durch ihn gehenden Kurven des Netzes: die Enveloppe dieser Geraden ist die *Cayley*'sche *Kurve* oder die *Cayleyana*[73]) des Netzes, und von der Klasse $3n(n-1)$.

Besitzt das Netz einen s-fachen $(s > 1)$ Basispunkt, in dem die Gruppen der Tangenten eine Involution zweiter Stufe und vom Grade s bilden, so besitzt J daselbst die Multiplizität $3s-1$.[74])

---

70) J nennt *Cremona,* Intr. n. 92, die *Hessiana* (statt Jacobiana) des Netzes.

71) Für $n=2$, *J. Hahn,* Diss. Giessen 1878 = Math. Ann. 15 (1879), p. 111; *M. Pasch,* Math. Ann. 44 (1893), p. 89; für beliebiges n, *M. Pasch,* Math. Ann. 18 (1881), p. 93; *A. Levi,* Giorn. di mat. 34 (1896) [Auszug Torino Atti 31 (1896), p. 502], p. 218; *Bertini* [36]).

72) *Cremona,* Intr. n. 92, 95. — Auf Grund der ersten Definition ist die J zuerst von *Steiner* [55]) betrachtet worden, der ihre Ordnung angiebt und bemerkt, dass sie in jedem einfachen Basispunkt des Netzes einen Doppelpunkt besitzt. Von der zweiten Definition geht *Kötter* [155]) aus, und gelangt so zu einer Erzeugung von J durch zwei projektive Büschel. Eine andere projektive, aber von der Polarentheorie unabhängige Konstruktion, gab *Guccia* [440]), § 9. Diese Konstruktionen, sowie die von *Cremona* [67]) für die J dreier beliebiger Kurven, liefern auch einen zu J fremden Bestandteil. — Über J und andere kovariante Kurven eines Netzes, mit Anwendungen auf Kurventransformationen, s. *Ch. A. Scott,* Nieuw Arch. v. Wisk. (2) 3 (1898), p. 243; Ass. franç. 26me session, St. Étienne, 1897, p. 50, und besonders Quart. J. 29 (1898), p. 329; 32 (1900), p. 209. — Mittels der Kurve J des Netzes $\sum_{\lambda=1}^{3}\lambda_i f_i = 0$ der Ordnung n hat *A. Cayley,* Quart. J. 8 (1867), p. 334 = Papers 6, p. 65 auch das System $\sum_{i=1}^{3}\sqrt{\lambda_i f_i} = 0$ von Kurven [„Trizomal Curves": vgl. *Cayley* [252])] der Ordnung $2n$ mit n^2 Berührungen mit jeder $f_i = 0$ untersucht; unter ihnen befinden sich insbesondere $\frac{3}{2}(n-1)(27n^3-63n^2+22n+16)$ Individuen mit zwei Doppelpunkten.

73) *Cremona,* Intr. n. 92, 98.

74) *Cremona* [58]); weitere Sätze dort und Intr. art. 15; sowie bei *Döhlemann* [32]); *Guccia* [67]), [72]); *Gerbaldi* [68]).

7. Kovariante Kurven einer Grundkurve; Hesse'sche, Steiner-sche, Cayley'sche Kurve; Bitangentialkurve. Liegt eine Grundkurve $f = 0$ der Ordnung n vor, so heissen die Jacobiana, Steineriana und Cayleyana des Netzes der ersten Polaren von f resp. die *Hesse'sche, Steiner'sche, Cayley'sche Kurve* oder die *Hessiana, Steineriana* und *Cayleyana* von f (H, S und C von f). H ist auch der Ort der Punkte, deren Polarkegelschnitt in zwei Gerade zerfällt, S der Ort der Doppelpunkte jener Geradenpaare[75]). Zwei korrespondierende Punkte auf H, S genügen den Gleichungen $\sum_{i=1}^{3} y_i \frac{\partial^2 f}{\partial x_i \partial x_k} = 0$ $(k = 1, 2, 3)$, aus denen durch Elimination der y resp. x die Gleichungen von H resp. S hervorgehen; die erstere ist $\left| \frac{\partial^2 f}{\partial x_i \partial x_k} \right| = 0.$[76])

Für $n = 3$ fallen H und S zusammen.

Nach *Hesse*[77]) ist das identische Verschwinden von H die not-

---

75) Diese Geraden umhüllen eine Kurve der Klasse $3(n-2)^2$; es sind die, deren zweite Polaren einen Doppelpunkt besitzen, und diese Doppelpunkte liegen auf H: *Cremona*, Intr. n. 128. Die Bestimmung der Wendepunkte mittels jener Definition von H gab *G. Salmon*, Cambr. Dubl. Math. J. 2 (1846), p. 74; vgl. auch [3]), p. 71.

76) Diese Kurve heisst nach *O. Hesse*, der sie zuerst J. f. Math. 28 (1844), p. 68 = Werke, p. 89 untersucht hat, *Hessiana* [I B 1 b, Nr. **22**, *Netto*], auf den Vorschlag von *J. J. Sylvester*, Cambr. Dublin math. J. 6 (1851), p. 186 = Papers **1**, p. 184. — Die geometrischen Definitionen von H und deren wesentlichste Eigenschaften hat *Steiner* [55]) ausgesprochen, der auch als erster S und C betrachtete. Die Namen dieser beiden stammen von *Cremona*, Intr. n. 88, 133; die letztere nach *Cayley* benannt, der sie für $n = 3$ studierte, J. de math. (1) 9 (1844), p. 285; Lond. Trans. 147 (1857), p. 415 = Papers 1, p. 183; 2, p. 381. H und S nannte *Steiner* nebst andern „konjugierte Kernkurven" von f. Die von ihm ausgesprochenen Sätze bewies, mit vielen andern, geometrisch *Cremona*, Intr. Abschn. II; einige davon analytisch *A. Clebsch*, J. f. Math. 59 (1860), p. 125. — Die zu H, S, C analogen Kurven für die r^{ten} $(r > 1)$ Polaren („konjugierte Kernkurven r^{ter} Ordnung") behandeln *O. Henrici*, Lond. Math. Soc. Proc. 2 (1868/69), p. 104, 177; *F. G. Affolter*, Diss. Zürich, Solothurn 1875; *„Salmon-Fiedler"*, p. 464; *G. Maisano*, Pal. Rend. 1 (1886), p. 66; *A. Voss*, Math. Ann. 27 (1886), p. 381.

77) J. f. Math. 42 (1851), p. 117; 56 (1858), p. 263 = Werke, p. 289, 481 [I B 1 b, Nr. **22** *Netto*; I B 2, Nr. **27** *Meyer*]. — Vgl. auch *J. J. Sylvester*, Phil. Mag. (4) 5 (1853), p. 119 = Papers 1, p. 587; *P. Gordan*, Erl. Ber. 1875; *P. Gordan* und *M. Noether*, Math. Ann. 10 (1876), p. 547 (Auszug Erl. Ber. 1876); *„Clebsch-Lindemann"*, Anm. auf p. 598 (hier, in der Anm. p. 599, werden die Bedingungen für die Zerlegung einer C^n in einer n-fachen Gerade durch das identische Verschwinden einer Zwischenform dargestellt). — *Wölffing* [11]) hat die Hessiana einer ganzen rationalen Funktion ternärer Formen untersucht [für den Fall eines Produktes *„Salmon-Fiedler"*, p. 277; *F. Gerbaldi*, Pal. Rend. 3 (1889),

wendige und hinreichende Bedingung für das Zerfallen von f in n Gerade eines Büschels[78]).

Nach dem *Riemann*'schen Theorem (Nr. 4) besitzen H, S und C dasselbe Geschlecht, das, solange f keine vielfachen Punkte besitzt, den Wert $\frac{1}{2}(3n-7)(3n-8)$ hat; in diesem Falle entnehme man die Ordnung N, die Anzahlen D, R der Doppelpunkte und Spitzen, sowie die dualen Zahlen N', D', R'[79]) für die drei Kurven der Tabelle[80]):

---

p. 60; *Pascal*[3]), § 14], mit Erweiterungen in Math. Ann. 43 (1892), p. 26 [I B 2, Nr. **12**, Anm. 228, *Meyer*].

78) Die Polargerade eines Punktes von H berührt S im entsprechenden Punkte, sodass S die Wendetangenten von f zu Tangenten hat. Die Kurve S zusammen mit ihren stationären Tangenten bildet die $(n-1)^{\text{te}}$ Polare von H (vgl. Nr. 5). Die Tangente von H in einem Punkte x ist harmonisch konjugiert zu der, x mit dem homologen Punkte y von S verbindenden Geraden in Bezug auf die beiden Tangenten der ersten Polare von y in ihrem Doppelpunkte x. Über diese und viele weitere Sätze s. *Cremona,* Intr. art. 19, 20, 21; *„Clebsch-Lindemann“,* p. 359 ff.; *A. Voss,* Math. Ann. 30 (1887), p. 423; *Kötter*[155]). — Sätze über die Cayleyana leitete *Laguerre*[63]) aus der gemischten Gleichung einer Kurve ab. So z. B. (s. die erste Note in Paris C. R.): „Wenn die erste Polare eines Punktes in Bezug auf eine C^n eine Gerade als Teil enthält, so ist diese $[2(n-2)]$-fache Tangente der Cayleyana.“ Die Cayleyana einer allgemeinen C^4 besitzt daher 21 vierfache Tangenten (und keine weiteren vielfachen), ein von *E. Bertini* wiedergefundener Satz, Torino Atti 32 (1896), p. 32; vgl. auch *G. Scorza,* Ann. di mat. (3) 2 (1898), p. 162.

79) Dass die Hessiana einer allgemeinen f keine vielfachen Punkte besitzt, bewies für $n=4$ (aber unvollständig) *C. F. Geiser,* Ann. di mat. (2) 9 (1878), p. 35; der Beweis wurde allgemein geführt von *P. del Pezzo,* Napoli Rend. 22 (1883), p. 203; *E. C. Valentiner,* Tidsskr. f. Math. (5) 6 (1888), p. 48; vgl. *Gerbaldi*[68]). — *Del Pezzo* (l. c.) und *Kötter*[155]) haben, der erstere analytisch, der letztere geometrisch, Fälle studiert, wo H vielfache Punkte ausserhalb f besitzt. — Die auf S bezüglichen Anzahlen, ebenso die Klasse von C, wurden von *Steiner*[55]) angegeben, geometrisch von *Cremona* bewiesen, Intr. n. 118; die auf S und C bezüglichen analytisch durch *A. Clebsch* bestimmt, J. f. Math. 64 (1864), p. 288. — Eine charakteristische Eigenschaft der Wendepunkte von S gab *Voss*[76]), p. 389; er bestimmte auch analytisch die Spitzen der Enveloppe der Geraden, die die homologen Punkte zweier durch drei biternäre Gleichungen ein-eindeutig aufeinander bezogener Kurven verbinden, und im besondern die Spitzen von C: Math. Ann. 30 (1887), p. 241, 287.

80) Aus diesen Anzahlen zieht man ebenso viele Sätze über erste Polaren: so existieren $\frac{3}{2}(n-2)(n-3)(3n^2-9n-5)$ erste Polaren mit zwei Doppelpunkten, und ihre Pole sind die Doppelpunkte von S; ferner giebt es $12(n-2)(n-3)$ erste Polaren mit Spitze. *Clebsch*[76]) für $n=4$, und *Cremona,* Intr. n. 121 allgemein, haben hinzugefügt, dass die Pole der ersten Polaren mit Spitze die Spitzen von S sind; vollständiger: wenn die erste Polare eines Punktes y eine Spitze in x hat, so hat auch S eine Spitze in y, und zur Spitzentangente die Polargerade von x, während die Spitzentangente jener ersten Polare H in x berührt.

Wenn f weder vielfache noch geradlinige Bestandteile enthält, und nur dann, ist kein Teil von f in H enthalten[81]); f und H schneiden sich in einer endlichen Anzahl von Punkten, nämlich in den vielfachen Punkten und Wendepunkten von f. Trifft die Tangente eines einfachen Punktes von f die Kurve $(\sigma+1)$-punktig $(\sigma > 1)$, so fallen in ihm $\sigma - 1$ Schnittpunkte von f mit H hinein, d. h. $\sigma - 1$ gewöhnliche Wendepunkte von f.[82]) In einem s-fachen Punkte A von f $(s < n)$ besitzt H wenigstens die Multiplizität $3s - 4$, und als Tangenten ausser denen von f die $2(s-2)$ Geraden, die im Büschel A die *Hesse*'sche Gruppe von jenen s Geraden bilden[83]).

	Hesse'sche Kurve	*Steiner*'sche Kurve	*Cayley*'sche Kurve
N	$3(n-2)$	$3(n-2)^2$	$3(n-2)(5n-11)$
N'	$3(n-2)(3n-7)$	$3(n-1)(n-2)$	$3(n-1)(n-2)$
D	0	$\frac{3}{2}(n-2)(n-3)(3n^2-9n-5)$	$\frac{9}{2}(n-2)(5n-13)(5n^2-19n+16)$
D'	$\frac{27}{2}(n-1)(n-2)(n-3)(3n-8)$	$\frac{3}{2}(n-2)(n-3)(3n^2-3n-8)$	$\frac{9}{2}(n-2)^2(n^2-2n-1)$
R	0	$12(n-2)(n-3)$	$18(n-2)(2n-5)$
R'	$9(n-2)(3n-8)$	$3(n-2)(4n-9)$	0

81) *Segre* [25]), p. 41.

82) *Segre,* l. c., p. 42; für $\sigma = 3$ *Cayley*, J. f. Math. 34 (1846), p. 30 = Papers 1, p. 337.

83) Die beiden ersten Teile des Satzes findet man bei *G. Salmon* [3]), p. 74; vollständig gab den Satz *A. Brill,* Math. Ann. 13 (1877), p. 175; auf Grund der Reihenentwicklungen (Nr. **13**) bewies ihn *M. Elliot,* Bull. sci. math. (2) 2^1 (1878), p. 216. — Koinzidieren s' $(< s)$ Tangenten von f in A, so fallen damit auch in jene Tangente $3s' - 2$ Tangenten von H zusammen. H besitzt in A eine Multiplizität $> 3s - 4$ nur dann, wenn alle s Tangenten von f koinzidieren: $2s - 2$ Tangenten von H fallen dann mit jener Geraden zusammen. Zu diesen und weiteren Eigenschaften vgl. *Segre,* l. c., p. 42 ff.; *Kötter* [155]). — Im besondern ist ein Doppelpunkt von f auch ein solcher für H, und zwar mit denselben Tangenten; in einer gewöhnlichen Spitze von f besitzt H einen dreifachen Punkt, und zwei seiner Tangenten fallen in die Spitzentangente: *Cayley* [82]), *Salmon* [75]); während, wenn A ein Selbstberührungspunkt ist, auch die dritte Tangente mit jener zusammenfällt; H besitzt daselbst nur dann einen vierfachen Punkt, wenn der Selbstberührungspunkt ein symmetrischer ist: *Wölffing* [11]), p. 118; *Segre,* l. c., p. 48. — Einige singuläre Beobachtungen über Berührungen von H mit Geraden, die von einem vielfachen Punkte von f ausgehen, stellt *Segre* (auch in höheren Gebieten)

A. Cayley[84]) fand, dass die Berührungspunkte der Doppeltangenten von f durch eine Kurve B, die *Bitangentialkurve*, der Ordnung $(n-2)(n^2-9)$ ausgeschnitten werden, und gab auch eine Methode zur Aufstellung ihrer Gleichung an mittels der schon in Nr. 2 und 5 erwähnten Gleichung $f(\lambda x + \mu y) = 0$, die die Schnittpunkte von f mit der Geraden xy liefert. Soll diese f in x berühren, muss $f = 0$, $\Delta_y f = 0$ sein, und damit sie in einem zweiten Punkte berühre, muss die Diskriminante Λ der reduzierten Gleichung vom Grade $n-2$ verschwinden, muss also $\Delta_y f$ als Faktor enthalten. *Cayley* erhält die Gleichung von B durch Elimination der y aus den Gleichungen $\Lambda = 0$, $\Delta_y f = 0$, $\sum \alpha_i y_i = 0$, wo die α willkürliche Grössen sind.

Eine andere Methode, mit Benützung einer Kurve T (der *Tangentialkurve*) der Ordnung $n-2$, die durch die weiteren $n-2$ Schnittpunkte von f mit einer ihrer Tangenten geht, gab *G. Salmon* an[85]). Die allgemeine Gleichung von T stellte *Cayley* auf[86]); aus ihr geht die von B hervor vermöge der Bedingung, dass T die betreffende Tangente von f berührt.

8. Die Plücker'schen Formeln. Es war bereits bemerkt (Nr. 2), dass die Klasse einer von vielfachen Punkten freien C^n den Wert $n(n-1)$ hat. Durch jeden vielfachen Punkt der C^n erleidet die Klasse eine Erniedrigung um die Multiplizität, die in ihm als Schnittpunkt die C^n und die erste Polare irgend eines (nur nicht auf einer Tangente des fraglichen Punktes gelegenen) Punktes aufweisen. Somit erniedrigt ein s-facher Punkt der C^n mit lauter getrennten Tangenten die Klasse um $s(s-1)$ Einheiten[87]).

---

an, Rom Linc. Rend. (5) 4^2 (1895), p. 143. — *Wölffing,* Zeitschr. Math. Phys. 40 (1895), p. 31 untersucht mit Reihenentwicklungen, wie sich in verschiedenen Fällen H, S, C und andere kovariante Kurven in einem singulären Punkte von f verhalten.

84) S. [82]). Vgl. auch *O. Hesse,* J. f. Math. 36 (1847), p. 155 = Werke, p. 168; *Jacobi* [92]); *Clebsch*[24]), p. 45; für $n = 4$ *Hesse,* J. f. Math. 40 (1849), p. 260; 41 (1850), p. 291; 52 (1855), p. 97 = Werke, p. 260, 287, 405.

85) Phil. Mag. (4) 16 (1858), p. 318; Quart. J. 3 (1859), p. 317.

86) London Trans. 149 (1859), p. 193; 151 (1861), p. 357 = Papers, 4, p. 186, 342. — Diese Methoden, mit Anwendungen auf C^4 und C^5, sind wiedergegeben in „*Salmon-Fiedler*", p. 432 ff. Die *Salmon-Cayley*'sche Methode vereinfachte *O. Dersch,* Math. Ann. 7 (1873), p. 497. Für die C^4 vgl. noch *J. Freyberg,* Math. Ann. 17 (1880), p. 329. Die Methode von *Clebsch* [92]) hat *G. Maisano* mit symbolischer Rechnung auf $n = 5$ angewendet, Math. Ann. 29 (1886), p. 431.

87) *Poncelet,* Traité 2 (auf p. 68 ein Irrtum), p. 219; *Plücker* [12]), p. 224. — Sind von den s Tangenten im s-fachen Punkte λ ($\leqq s$) getrennt, und treffen sämtlich daselbst $(s+1)$-punktig, so beträgt die Erniedrigung $s^2 - \lambda$: sie ab-

Aus Nr. 7 folgt, dass eine C^n ohne vielfache Punkte $3n(n-2)$ Wendepunkte besitzt, die Schnittpunkte von C^n mit ihrer Hessiana[88]) H. Ein vielfacher Punkt der C^n erniedrigt diese Anzahl um die Multiplizität des Schnittes mit H daselbst; ist der Punkt ein s-facher, so beträgt der Abzug wenigstens $3s(s-1)$;[89]) er wird grösser, wenn entweder die s Tangenten nicht alle mehr getrennt sind, oder wenn irgend eine derselben die C^n daselbst mehr als $(s+1)$-punktig trifft[90]).

Ist eine Kurve von der Ordnung n und der Klasse n', und besitzt sie keine andern Singularitäten, als die gewöhnlichen, d Doppelpunkte, r Spitzen, d' Doppeltangenten und r' Wendetangenten[91]), so folgen aus obigem die „*Plücker'schen Formeln*"[92]):

---

sorbieren $s+\lambda$ unter den vom Punkte an die C^n gelegten Tangenten, vgl. *Cremona,* Intr. n. 74; *Segre* [25]), p. 34 ff. — Im besondern erniedrigt ein Doppelpunkt die Klasse um Zwei: *Poncelet,* l. c., p. 68. S. auch *Plücker* [92]), der hinzufügt, dass eine Spitze die Klasse um Drei erniedrigt, während *Poncelet,* l. c., p. 70, bereits bemerkt hatte, dass diese Erniedrigung mindestens Zwei betrage.

88) Die Zahl der Wendepunkte verdankt man *Plücker* [92]). Dass sie den völligen Schnitt mit einer kovarianten Kurve bildeten, entdeckte *O. Hesse,* J. f. Math. 28 (1844), p. 104 = Werke, p. 131 (wo sich auch der analoge Satz für Flächen findet). S. auch J. f. Math. 34 (1846), p. 202; 36 (1847), p. 161; 38 (1847), p. 241; 41 (1849), p. 272 = Werke, p. 147, 174, 193, 263.

89) *Plücker* [12]), p. 224.

90) *Segre* [25]), p. 48/9. — Im besondern vermindern ein gewöhnlicher Doppelpunkt und eine gewöhnliche Spitze die Zahl der Wendepunkte um 6 resp. 8: *Plücker* [54]), p. 266 für eine C^3; [12]), p. 208 für beliebiges n.

91) Dies sind die sogenannten „notwendigen Singularitäten", da für $n>2$ keine Kurve existiert, die alle entbehrte.

92) Formel (5) und die Anzahlen der Wendepunkte und der Doppeltangenten einer C ohne vielfache Punkte finden sich bei *Plücker* [54]), p. 243 f., 264, 292 [ohne Beweis schon J. f. Math. 12 (1834), p. 105 = Abh. 1, p. 298]. Die vollständige Ableitung von (5), (6), und von (5'), (6') aus jenen durch das Dualitätsprinzip mittels Kontinuitätsbetrachtungen, gab *Plücker* [12]), p. 200 ff. Dass sich nicht nur Doppelpunkte und -tangenten, sondern auch Spitzen und Wendetangenten dual entsprechen, hatte schon *Poncelet* [28]), p. 216, und Traité 2, p. 67 f. bemerkt. Ohne das Dualitätsprinzip hat *C. G. J. Jacobi,* J. f. Math. 40 (1850), p. 237 = Ges. Werke, herausg. von *K. Weierstrass,* Berlin 1884, 3, p. 519; ital. Ausgabe (mit Anm.) von *R. Rubini,* Ann. sc. fis. mat. 2 (1851), p. 435, analytisch die Zahl der Doppel- (und Wende-) Tangenten für eine C^n ohne vielfache Punkte wiedergefunden; sein Verfahren hat *A. Clebsch* vereinfacht, J. f. Math. 63 (1863), p. 186. Vgl. auch *F. Padula,* Napoli Rend. 1845 (§ 3). Direkte (analytische) Beweise der *Plücker*'schen Formeln hatte schon *Cayley* [82]) geliefert. — Ein geometrischer Beweis desselben bei *Cremona,* Intr. art. 16; weitere Beweise bei *Cayley,* Paris C. R. 62 (1866), p. 586; London Math. Soc. Proc. 1 (1866), p. 1 = Papers, 5, p. 542; 6, p. 9; *H. G. Zeuthen,* Nouv. Ann. de math. (2) 6 (1867), p. 200; Tidsskr. f. Math. (3) 4 (1874), p. 129; *J. N. Bischoff,* Ann. di mat. (2) 6 (1873), p. 144; *A. Beck,* Math. Ann. 14 (1878), p. 207; *Wolf,* Zeitschr. 30 (1889), p. 173 [vgl.

$$\begin{aligned}
&(5) & n' &= n(n-1) - 2d - 3r,\\
&(6) & r' &= 3n(n-2) - 6d - 8r,\\
&(5') & n &= n'(n'-1) - 2d' - 3r',\\
&(6') & r &= 3n'(n'-2) - 6d' - 8r',
\end{aligned}$$

von denen die beiden letzten aus den beiden ersten nach dem Dualitätsprinzip hervorgehen [93]). Von diesen Formeln sind nur drei unabhängig von einander, da sowohl aus (5), (6), wie aus (5′), (6′) die in sich duale Formel [94]) folgt:

$$(7) \qquad r - r' = 3(n - n').$$

Durch drei der Zahlen n, d, r, n', d', r' sind also die drei andern bestimmt [95]).

---

v. Peschka [48]), p. 67, 134]; *Guccia* [440]), § 11; *W. Weiss,* Monatsh. Math. Phys. 11 (1900), p. 367; *O. Zimmermann,* J. f. Math. 123 (1901), p. 1, 175. — Eine Deutung der *Plücker*'schen Formeln, als Ausdruck einer birationalen involutorischen Transformation der Variabeln n, d, r in die andern n', d', r' giebt *S. Kantor,* Ist. Ven. Atti (8) 3 (1901), p. 769.

93) Mittels seiner Formeln hat *Plücker* [z. B. [12]), p. 211] zuerst die völlige Erklärung des „*Poncelet'schen. Paradoxons*" [vgl. *Poncelet* [92]), und Traité 2, p. 228; *J. D. Gergonne,* Ann. de math. 19 (1828/9), p. 218; Férussac Bull. 9 (1828), p. 302; 10 (1829), p. 285; *Plücker* [255]), Anm. zu p. 288; [54]), p. 291/2] geliefert, d. h. er hat aufgeklärt, warum die Reziproke der Reziproken einer C^n, die mit der C^n zusammenfällt, von der Ordnung n ist, während sie zunächst, nach dem Satze über die Klasse, die Ordnung $n(n-1)[n(n-1)-1]$ besitzen sollte [III C 3, Nr. **3**, *Zeuthen*]. — Die Eliminationsprobleme, zu denen das algebraische Studium dieser Frage Veranlassung giebt, hat *Cayley* behandelt für eine von vielfachen Punkten freie C^n in [82]), für eine C^n mit d Doppelpunkten und r Spitzen in J. f. Math. 64 (1864), p. 167 = Papers 5, p. 416 [vgl. *Pasch* [24])]. Er verwendet dabei die „*Spezialdiskriminante*", d. i. die Funktion, deren Verschwinden aussagt, dass die C^n einen weiteren Doppelpunkt erhält; nach *Cayley,* J. f. Math. 63 (1863), p. 34 = Papers 5, p. 162 ist ihr Grad $3(n-1)^2 - 7d - 11r$. S. auch [377]), wo man von der „*reduzierten Resultante*" spricht (I B 1 b, Nr. **15**, *Netto*; I B 2, Nr. **25**, *Meyer*).

94) *Plücker* [12]), p. 212. — Aus den obigen Formeln lassen sich noch weitere bemerkenswerte ableiten, z. B.:

$$d - d' = \tfrac{1}{2}(n - n')(n + n' - 9),$$

$$d' = \tfrac{1}{2}n(n-2)(n^2-9) - (2d+3r)(n^2-n-6) + 2d(d-1) + \tfrac{9}{2}r(r-1) + 6dr,$$

$$(r-r')^2[(r-r')^2 - 54(r+r') - 36(d+d') + 405] + 756(d-d')(r-r')$$
$$+ 324(d-d')^2 = 0.$$

Vgl. *Plücker,* l. c., p. 211 ff.; J. de math. (1) 2 (1836), p. 11 = Abh. 1, p. 334.

95) *Plücker* hat übrigens auch die Reduktionen berücksichtigt, die an der Klasse und der Zahl der Wendepunkte durch einige höhere singuläre Punkte hervorgebracht werden. So betragen sie für eine Spitze 2. Art 5 resp. 15; und ein s-facher Punkt mit getrennten Tangenten ist dabei äquivalent mit $\frac{1}{2}s(s-1)$ Doppelpunkten: vgl. [12]), p. 216 ff.

Führt man mit *Clebsch* das Geschlecht p ein [Nr. 4, s. (3), (3')], so nehmen die obigen Formeln die Gestalt an:

$$(8)\qquad \begin{aligned} 2p-2 &= n(n-3)-2d-2r = r+n'-2n \\ &= n'(n'-3)-2d'-2r' = r'+n-2n'. \end{aligned}$$

9. Algebraische ∞^1 Kurvensysteme; Charakteristikentheorie [III C 3, Abschn. V—VII, *Zeuthen*]. Ein algebraisches System ∞^1 algebraischer Kurven einer gegebenen Ordnung erhält man, indem man die Koeffizienten der Punktgleichung einer solchen Kurve als algebraische Funktionen eines variabeln Parameters annimmt, oder, was auf dasselbe hinauskommt, als rationale Funktionen zweier Parameter, die einer gegebenen algebraischen Gleichung genügen[96]). Die allgemeinen Eigenschaften solcher Systeme sind zuerst von *E. de Jonquières*[97]) untersucht worden, der den Begriff des *Index* μ des Systems einführte als die Anzahl der Kurven des Systems, die durch einen gegebenen Punkt gehen[98]). *M. Chasles*[99]) führte (vor allem für Systeme von

---

96) Über die *Plücker*'schen Charaktere der von den Kurven eines solchen Systems eingehüllten Kurve s. *H. G. Zeuthen*, Paris C. R. 78 (1874), p. 274, 339: vermöge der „Charakteristiken" des Systems (s. u.) tritt hier auch eine Zahl auf, die für beide sich birational entsprechende Systeme den nämlichen Wert besitzt, von *Zeuthen* das *Geschlecht* des Systems genannt. — Spezielle Fälle bei *Henrici* [76]); *L. Saltel*, Paris C. R. 83 (1876), p. 608; *O. Zimmermann*, J. f. Math. 116 (1895), p. 10.

97) J. de math. (2) 6 (1861), p. 113. Hier und Giorn. di mat. 4 (1865), p. 45 glaubt *de Jonquières* [und auch *M. Chasles*, Paris C. R. 63 (1866), p. 818], dass sich die Gleichung des Systems stets so schreiben liesse, dass die Koeffizienten *rationale* Funktionen eines Parameters wären, was indessen nur für ein *rationales* System zutrifft (der Index des Systems ist dann gleich dem Grade des Parameters zu der Kurvengleichung). Wie sich der Satz modifizieren lässt, wenn man durch eine Gleichung nicht eine einzelne Kurve, sondern eine Gruppe von Kurven des Systems darstellt, bemerkt *G. Battaglini*, Napoli Rend. 2 (1863), p. 149 = Giorn. di mat. 1, p. 170 = Archiv Math. Phys. 41, p. 26. — Einige der Sätze von *de Jonquières* (nebst weiteren) hat *Cremona* in der Intr. art. 14 aufgenommen. — Über die Geschichte der Theorie der ∞^1 Systeme (und des Korrespondenzprinzips für rationale ∞^1 Gebilde), und die bezügliche Polemik zwischen *Chasles* und *de Jonquières* s. *C. Segre*, Bibl. math. 6 (1892), p. 33 [III C 3, Abschn. III, *Zeuthen*].

98) Ein System von ∞^r Kurven, vom Index μ, derart, dass durch r allgemeine Punkte der Ebene μ Kurven hindurchgehen, ist stets in einem linearen System einer Dimension $\leqq r+\mu-1$ enthalten. Zwei ∞^r, $\infty^{r'}$ Systeme mit dem Indizes μ, μ', und in einem linearen ∞^k System $(r+r'\geqq k)$ enthalten, haben im allgemeinen ein $\infty^{r+r'-k}$ System vom Index $\mu\mu'$ gemein. Ist ein ∞^1 System vom Index μ in einem linearen ∞^μ System enthalten, so ist es ein rationales. Diese und analoge Sätze lassen sich auffassen als Sätze von Räumen höherer Dimension: man hat nur die Kurven eines linearen ∞^k Systems zu deuten als die Punkte eines linearen Raumes von k Dimensionen (III C 9, *Segre*). Eben dies

Kegelschnitten [III C 1, Nr. 76, *Dingeldey*]), auch die korrelative Anzahl ν ein, die Anzahl der eine gegebene Gerade berührenden Systemkurven. Diese beiden Anzahlen μ, ν spielen eine Hauptrolle bei abzählenden Fragen über Kurvensysteme ∞^1. So ist die Anzahl der Kurven eines solchen Systems (μ, ν), die eine gegebene Kurve von der Ordnung n und der Klasse n' berühren — mag diese Kurve, sowie das System selbst auch irgendwelche Singularitäten besitzen — gleich $\mu n' + \nu n$[100]).

Bei zwei Systemen (μ_1, ν_1), (μ_2, ν_2) erfüllen die Punkte der Berührung einer Kurve des einen Systems mit einer des andern eine Kurve der Ordnung $\mu_1\nu_2 + \mu_2\nu_1 + \mu_1\mu_2$, und dualistisch umhüllen die Tangenten jener Punkte eine Kurve von der Klasse $\mu_1\nu_2 + \mu_2\nu_1 + \nu_1\nu_2$.[101])

Bei drei Systemen (μ_1, ν_1), (μ_2, ν_2), (μ_3, ν_3) giebt es $\mu_2\mu_3\nu_1 + \mu_3\mu_1\nu_2 + \mu_1\mu_2\nu_3 + \mu_1\nu_2\nu_3 + \mu_2\nu_3\nu_1 + \mu_3\nu_1\nu_2$ Tripel von Kurven, die sich in einem Punkte berühren[102]).

---

ist der Gesichtspunkt von *Cayley* [375]) [vgl. auch London Trans. 160 (1869), p. 51 = Papers 6, p. 456].

99) Paris C. R. 58 (1864), p. 222, 297, 425, 1167; 59 (1864), p. 7, 93, 209, 345.

100) Ausgesprochen von *M. Chasles*, Paris C. R. 58 (1864), Anm. zu p. 300 [und von ihm für Kegelschnittsysteme vollständig bewiesen: Paris C. R. 59 (1864), p. 210]; allgemein bewiesen zuerst von *Zeuthen* [50]) als Anwendung seiner Korrespondenzformel. Vgl. *von Peschka* [48]), p. 146. — Einen andern allgemeinen Beweis (mit Erweiterung auf Systeme von Raumkurven und Flächen) gab *A. Brill*, Math. Ann. 8 (1874), p. 534; vgl. *G. Fouret*, Bull. soc. math. de France 5 (1876), p. 19. Weitere Beweise bei *H. Schubert*, J. f. Math. 71 (1870), p. 367; Kalkül, p. 14, 51, 295; *„Clebsch-Lindemann"*, p. 424; *Zeuthen* [116]).

101) *H. Schubert*, Math. Ann. 10 (1876), p. 108; Kalkül, p. 52. Im besondern ist $\mu + \nu$ ebensowohl die Ordnung des Ortes der Berührungspunkte der von einem festen Punkte A (der μ-facher Punkt des Ortes wird) an die Kurven eines Systems gelegten Tangenten, wie die Klasse der durch die duale Konstruktion entstehenden Enveloppe: *Schubert*, Kalkül, p. 27. — Nimmt man A als Pol einer gegebenen Geraden a in Bezug auf das Paar der Kreispunkte, so folgt, dass $\mu + \nu$ auch die Zahl der zu a senkrechten Kurven des Systems angiebt.

102) Diese und viele weitere Formeln sind Spezialfälle der Charakteristikenformeln von *H. Schubert*, Gött. Nachr. 1877, p. 401; Kalkül, p. 289, für das aus einem Strahl und einem mit ihm inzidenten Punkte bestehende Gebilde.

Bei den vorangehenden Fragen kann man an Stelle einer Schar von ∞^1 Kurven eine Differentialgleichung 1. Ordnung zwischen x, y, d. h. ihre ∞^1 Integralkurven zu Grunde legen. Daher gelten diese und analoge Sätze auch für ∞^1 (μ, ν)-Systeme von *transzendenten* Kurven, wenn sie nur die Integrale einer solchen *algebraischen* Differentialgleichung in x, y, y' sind. Diesen Gedanken hat *G. Fouret* entwickelt, Paris C. R. 78 (1874), p. 831, 1693, 1837; 82 (1876), p. 1328; 83 (1876), p. 633; 86 (1878), p. 586; 102 (1886), p. 415; Bull. soc. math. de France 2 (1874), p. 72, 96; 5 (1877), p. 19, 130; 7 (1879), p. 177; 19 (1891), p. 128; Bull. soc. philom. (6) 11 (1878), p. 72; Ausdehnungen auf Flächen

Bei zwei Systemen (μ_1, ν_1), (μ_2, ν_2) seien n_1, n_2 die Ordnungen, n_1', n_2' die Klassen der Kurven, d_1, d_2 die Ordnungen der Örter der Doppelpunkte, k_1, k_2 die der Örter der Spitzen, sowie d_1', d_2', k_1', k_2' die dualen Anzahlen, so existieren

$$\mu_1 k_2' + \mu_2 k_1' + \nu_1 k_2 + \nu_2 k_1 + 3\mu_1\mu_2 + 3\nu_1\nu_2$$

Paare von Kurven mit einer Berührung zweiter Ordnung, und

$$(n_1 n_2 - 4)\nu_1\nu_2 + (n_1' n_2' - 4)\mu_1\mu_2 + (n_1 - 1)(n_2' - 1)\mu_1\nu_2 \\ + (n_2 - 1)(n_1' - 1)\mu_2\nu_1 + d_1\nu_2 + d_2\nu_1 + d_1'\mu_2 + d_2'\mu_1$$

Paare von Kurven mit einer doppelten Berührung[103]).

M. Chasles[104]) hat durch Induktion das Theorem ausgesprochen, dass die Anzahl der Kurven eines Systems (μ, ν), die einer weiteren,

in 9 Noten der Paris C. R. 79, 80, 82, 83, 84, 85, 86. Die Theorie steht in engem Zusammenhange mit der der *Konnexe* (III C 10, Höhere Raumelemente, *Waelsch*): *A. Clebsch*, Gött. Nachr. 1872, p. 429 = Math. Ann 6, p. 203; *„Clebsch-Lindemann"*, p. 924 ff. (besonders p. 962 f.) Die oben definierten transzendenten Kurven sind untersucht von *G. Loria*, Prag Böhm. Ges. Ber. 1901, n. 36 = Le mat. pure appl. 2 (1902), p. 73; [272]), p. 724, der sie *panalgebraische* nennt [III D 4, Nr. 38, *Scheffers*].

103) *H. G. Zeuthen*, Paris C. R. 89 (1879), p. 946, wo dieselben Fragen auch für zwei Systeme von ∞^1 Flächen gelöst werden. — Formeln gleicher Natur sind auch für ∞^2-Systeme angegeben worden. Enthält ein solches System (μ^2), $(\mu\nu)$, (ν^2), $[\mu\nu]$, D, K Kurven, die resp. durch zwei gegebene Punkte gehen, durch einen solchen gehen und eine gegebene Gerade berühren, zwei gegebene Gerade berühren, eine gegebene Gerade in einem gegebenen Punkte berühren, einen Doppelpunkt oder eine Spitze in einem gegebenen Punkte besitzen, und bedeuten D', K' die zu D, K dualen Zahlen, so ist die Anzahl der Kurven des Systems, die mit einer gegebenen Kurve der Ordnung n, der Klasse n', mit r Spitzen eine Berührung 2. Ordnung resp. zwei einfache Berührungen eingehen, resp.:

$$nK' + n'K + (3n' + r)\cdot[\mu\nu],$$

$$\tfrac{1}{2}n'(n'-1)\cdot(\mu^2) + nn'\cdot(\mu\nu) + \tfrac{1}{2}n(n-1)\cdot(\nu^2) + nD' + n'D - \tfrac{3}{2}(3n' + r)\cdot[\mu\nu].$$

Die erstere Formel stammt von *G. Halphen*, Bull. soc. math. de France 5 (1876), p. 14; die letztere von *Zeuthen*, Paris C. R. 89 (1879), p. 899, der auch die erstere bewies (und analoge Fragen für Flächen behandelte). — Obige Formeln und viele weitere analoge, bis auf vier ∞^2-Systeme bezügliche, hat *H. Schubert*, Math. Ann. 17 (1880), p. 188 (Auszug Gött. Nachr. 1880, p. 369) abgeleitet aus seinen Formeln für die Anzahl der zwei Systemen von Dreiecken gemeinsamen Dreiecke. — Als weitere Anwendungen erhält *Schubert* die Anzahl $n(n-1)(2n-3)$ der einer C^n einbeschriebenen Dreiecke, deren Seiten durch drei gegebene Punkte laufen (p. 165), sowie die Anzahl $\frac{1}{6}mn(m-1)(n-1)(2mn-3m-3n+4)$ der einer C^n einbeschriebenen und einer Kurve der Klasse m umbeschriebenen Dreiecke (p. 182): vgl. auch *Cayley* [378]).

104) S. [99]), besonders Paris C. R. 58, p, 300, 537, 1167; 59, p. 217; sowie auch Paris C. R. 62 (1866), p. 325, und Rapport sur les progrès de la géom., Paris 1870, p. 274.

vom System unabhängigen Bedingung genügen, stets auf die Form $\alpha\mu + \beta\nu$ (den *Modul* der Bedingung) gebracht werden kann, wo α, β Anzahlen sind, die überhaupt nicht vom gegebenen System abhängen, sondern lediglich von der auferlegten Bedingung; darum bezeichnet er μ, ν als die *Charakteristiken* des Systems. Weitere Untersuchungen von *G. Halphen*[105]) haben ergeben, dass das Theorem für Systeme von Kegelschnitten nicht exakt gilt, falls man ausgeartete Kegelschnitte ausschliessen will. Bei derartigen Fragen ist es eine stillschweigende Forderung, dass die auferlegten Bedingungen *eigentlich* erfüllt sein müssen; z. B. wenn es sich um Kegelschnitte handelt, die eine gegebene Kurve f berühren sollen, so sind die Kegelschnitte, die als Örter in eine Doppelgerade r ausarten, und als Enveloppen zweier Centra (*sommets*) A und B auf r erscheinen, nur dann als *eigentliche* Lösungen anzusehen, wenn entweder r eine Tangente von f ist, oder wenn einer der Punkte A, B auf f liegt[106]). Die Berücksichtigung der *uneigentlichen* Lösungen und der Multiplizität, mit der sie in Anrechnung zu bringen sind, bietet im allgemeinen die grösste Schwierigkeit bei diesen Problemen. Für Systeme von Kegelschnitten verdankt man deren Untersuchung *L. Cremona*[107]) und insbesondere *M. Chasles*[99]); für höhere Kurven *M. Chasles*[108]) und *H. G. Zeuthen*[109]). Im Ausschluss der uneigentlichen Lösungen in den zu bestimmenden Anzahlen besteht gerade der Fortschritt von *Chasles'* Theorie („Charakteristikentheorie") gegenüber der ursprünglichen Theorie von *de Jonquières*.

---

105) J. éc. polyt. 45. cah. (1878), p. 27 [Auszüge Paris C. R. 83 (1876), p. 537, 886; Lond. Math. Soc. Proc. 9 (1878), p. 149 = Math. Ann. 15 (1879), p. 16]. — Vgl. auch *A. Clebsch*, Math. Ann. 6 (1872), p. 1; *L. Saltel*, Brux. Bull. (2) 42 (1876), p. 617.

106) Ausführliches hierüber, sowie über die Arbeiten von *Zeuthen, Schubert, E. Study* u. a. s. III C 3, *Zeuthen,* worauf wir bezüglich der ganzen Nr. verweisen. — Über eine allgemeine Auffassung der Charakteristikentheorie und über deren Zusammenhang mit dem Problem der Schnitte mehrerer irgendwie ausgedehnter Mannigfaltigkeiten vgl. *Schubert,* Kalkül, p. 274 ff. und III C 3, *Zeuthen*; III C 9, Mehrdimensionale Räume, *Segre.*

107) Ann. di mat. (1) 5 (1863), p. 330 = Giorn. di mat. 1 (1863), p. 225; Giorn. di mat. 2 (1864), p. 17, 192; vgl. auch Ann. di mat. (1) 6 (1864), p. 179 = Giorn. di mat. 3 (1865), p. 60, 113.

108) S. [99]), sowie Paris C. R. 62 (1866), p. 325; 64 (1867), p. 799, 1079 (wo auch Beispiele von *Cayley, Cremona, Crofton, de la Gournerie* und *Hirst* mitgeteilt werden). Vgl. auch (aber nicht ganz genau) *A. Cayley,* Paris C. R. 74 (1872), p. 708; Messenger 1 (1872), p. 178 = Papers 8, p. 258, 526.

109) Kopenhagen Vidensk. Selsk. Skr. (5) 10 (1873), IV, p. 287; mit einem Resumé en français [Auszug Bull. scie. math. 7 (1874), p. 97]. Vgl. *„Clebsch-Lindemann"*, p. 408, und die algebraischen Betrachtungen auf p. 419 ff.

Die von *Chasles* und *Zeuthen* entwickelte Methode, die dann von *Schubert*[110]) weiter verfolgt wurde, um die Anzahl der Gebilde von gegebener Definition mit einer Konstantenzahl c zu bestimmen, die eine gegebene c-fache Bedingung erfüllen, besteht im wesentlichen in der Untersuchung von Formeln, die die gesuchte Anzahl auf solche — als bekannt vorausgesetzte — Anzahlen von anderen einfacheren Gebilden (Ausartungen) mit einer geringeren Konstantenzahl[111]) zurückführen. Alsdann drückt sich die gesuchte Anzahl aus als homogene lineare Funktion einer endlichen Anzahl von *Charakteristiken*, d. h. von ganzen Zahlen, die nur von den die Gebilde definierenden Bedingungen abhängen.

Die von *Zeuthen* betrachteten Ausartungen (courbes singulières) in einem ebenen Kurvensystem ∞^1 sind solche („gewöhnliche"), wie sie sich bei *elementaren Systemen* (die lediglich durch gegebene Punkte und Tangenten bestimmt sind)[112]) darbieten: nämlich entweder die Kurven, die einen neuen Doppelpunkt besitzen (von der Anzahl $\alpha = \alpha_0 + \alpha_1 + \alpha_2$, unter $\alpha_0, \alpha_1, \alpha_2$ resp. die Anzahlen der Kurven verstanden, für die keiner, einer oder beide den Doppelpunkt bildenden Züge geradlinig sind), oder aber eine neue Doppeltangente, oder endlich einen vielfachen Zug[113]). Nimmt man zuvörderst an, dass das

110) S. [118]), p. 429; Kalkül, Abschn. 4.

111) Derartige Formeln werden durch das *Chasles*'sche Korrespondenzprinzip und das Prinzip der Erhaltung der Anzahl abgeleitet. Die verschiedenen Spezies von Ausartungen hat *Zeuthen* aus der analytischen Definition des Gebildes (Kurve) heraus entwickelt, und *Schubert* durch eine uneigentliche homographische Abbildung (durch eine Homologie mit unendlich kleinem Doppelverhältnis) aus dem allgemeinen Gebilde gewonnen. So z. B. lässt sich eine C^n der Klasse m als Punktort auf eine n-fache Gerade und als Geradenort auf m Büschel mit Zentren auf jener Geraden zurückführen. — Es ist zu beachten, dass die bei der zweiten Methode erhaltenen ausgezeichneten Elemente der Ausartungen Lagen einnehmen, die nicht unabhängig von einander sind, was zu bemerkenswerten Sätzen auch für allgemeine Gebilde führt. Vgl. *Schubert* [118]), p. 507 f., 536 f., und Kalkül, p. 129, 161, 185. Z. B.: Legt man von einem Punkte der Ebene einer allgemeinen C^3 die 6 Tangenten, und die 9 Geraden durch die Wendepunkte, so ist die Gesamtheit dieser so auf die C^3 bezogenen Geraden bereits durch 6 von ihnen bestimmt, *eindeutig*, wenn die 6 Tangenten, *120-deutig*, wenn 5 Tangenten und 1 Wendepunktsstrahl gegeben sind. So sind die 12 von einem Punkte an eine allgemeine C^4 gehenden Tangenten derart verknüpft, dass durch 11 derselben die letzte *451440-deutig* bestimmt ist: vgl. *Zeuthen* [109]), p. 391.

112) Dies sind auch die einzigen in einem System von Kurven, die gegebene, von einander unabhängige Kurven berühren.

113) Diese Ausartungen hat *Zeuthen* genau untersucht durch Betrachtung zweier jenen unendlich benachbarter Kurven des Systems, indem er zeigt (auch mittels Zeichnungen), wie der Übergang von der einen zur andern durch die Ausartung hindurch erfolgt.

System die letzte Gattung von Ausartungen nicht besitzt, und sind n, d, e die Ordnung, sowie die Anzahlen der Doppelpunkte und Spitzen einer allgemeinen Kurve des Systems, sodass solche Kurven noch weiteren $\frac{1}{2}n(n+3)-d-2e-1$ Bedingungen unterworfen sind, so sieht *Zeuthen* als singuläre Kurven des Systems auch solche an, für die entweder ein Doppelpunkt in eine Spitze ausgeartet ist, oder eine Spitze in einen Selbstberührungspunkt, oder für die zwei Doppelpunkte resp. ein Doppelpunkt und eine Spitze resp. zwei Spitzen zusammengerückt sind, oder für die drei Doppelpunkte (in einen dreifachen Punkt), oder auch zwei Doppelpunkte und eine Spitze oder endlich ein Doppelpunkt und zwei Spitzen zusammenfallen. Seien die bezüglichen Anzahlen β, γ ($=\gamma_0+\gamma_1$, wo γ_0, γ_1 die Anzahlen der Kurven bezeichnen, für die keiner oder einer der beiden Züge geradlinig ist), $(2d)$, (de), $(2e)$, $(3d)$, $(2de)$, $(d2e)$. Ausser der Zahl μ führt *Zeuthen* noch die Ordnungen b', c des Ortes der Doppelpunkte resp. Spitzen ein, ferner die Klassen p, q; u, v; x, y, z der Enveloppen der Tangenten der Doppelpunkte resp. Spitzen; der von diesen resp. ausgehenden Tangenten; endlich der Enveloppen der Geraden, die zwei Doppelpunkte, oder einen Doppelpunkt und eine Spitze, oder endlich zwei Spitzen verbinden. Dazu kommen die dualen Ausartungen, deren bezügliche Anzahlen durch einen Akzent charakterisiert seien[114]).

Zwischen diesen 40 Anzahlen bestehen 28 Relationen, die *Zeuthen* auf Grund des „Korrespondenzprinzipes" (III C 3, Abschn. III)[115]) hergeleitet hat, nämlich:

$$2(n-1)\cdot\mu=\mu'+2b+3c+\alpha',$$
$$d\cdot\mu'+n'\cdot b=2p+u+\beta,$$
$$e\cdot\mu'+n'\cdot c=3q+v+\gamma,$$
$$2(d-1)\cdot b=2x+(2d)+6(3d)+3(2de)$$
$$+(n-6)\alpha_0'+(n-4)\alpha_1'+(n-2)\alpha_2',$$
$$e\cdot b+d\cdot c=y+(de)+2(2de)+3(d2e),$$
$$2(e-1)\cdot c=2z+(2e)+3(d2e)+4\alpha_0'+2\alpha_1'+\beta'+12\gamma_0',$$
$$(n-2)\cdot\mu'+(n+n'-4)\cdot\mu=c'+p+2q,$$
$$(n-2)\cdot b+d\cdot\mu=p+3(3d)+3(2de)+2(d2e)$$
$$+(n-6)\alpha_0'+(n-4)\alpha_1'+(n-2)\alpha_2',$$

114) Mithin fallen γ_1', $(2d')$, $(d'e')$, $(2e')$ resp. mit γ_1, $(2d)$, (de), $(2e)$ zusammen.

115) Die Bestimmung der Koeffizienten geschieht durch Anwendung einer Regel von *Zeuthen*, Bull. sci. math. 5 (1873), p. 186, und unter Berücksichtigung der singulären Kurven und ihnen unendlich benachbarter.

$$(n-2)\cdot c + e\cdot \mu = 2q + (2de) + 4(d2e) + 4\alpha_0' + 2\alpha_1' + 8\gamma_0',$$

$$(n-3)[(n-2)\cdot \mu' + 2(n'-2)\cdot \mu] = 2b' + 2u + 3v$$
$$+ n'\alpha_0' + (n'-1)\alpha_1' + (n'-2)\alpha_2',$$

$$(n-3)[(n-2)\cdot b + 2d\cdot \mu] = u + 4x + 3y$$
$$+ [d-2(n-6)]\alpha_0' + [d-2(n-4)]\alpha_1' + [d-2(n-2)]\alpha_2',$$

$$(n-3)[(n-2)\cdot c + 2e\cdot \mu] = v + 2y + 6z$$
$$+ (e-6)\alpha_0' + (e-3)\alpha_1' + e\alpha_2',$$

$$2p = 2b + \beta + 2(2d) + 3(de) + (d2e),$$

$$2(n-1)\cdot \mu + 2\mu' = q' + 2b + 2c + \alpha_1 + 2\alpha_2 + 2\alpha' + 2\beta' + 3\gamma',$$

nebst den dualen. Von den 28 Relationen sind nur 23 unabhängig, und diese können dazu dienen, 23 dieser Zahlen linear mittels der übrigen 17 (ausser n, d, e) auszudrücken; die letzteren können also als die *Charakteristiken* des gegebenen Systems angesehen werden. Irgend eine Bedingung, wenn sie nur unabhängig von den das System bestimmenden ist, kann als linear homogene Funktion jener 17 Charakteristiken ausgedrückt werden[116]).

Enthält das System noch singuläre Kurven anderer Art[117]), so wächst die Zahl der Charakteristiken, und die obigen Formeln sind um Terme zu vermehren, die gebildet sind aus den Anzahlen der neuen Ausartungen multipliziert mit numerischen Koeffizienten[118]).

Eine besondere Schwierigkeit bietet die Betrachtung der mit vielfachen Zügen behafteten singulären Kurven (die, zum Unterschied von den andern, für verschiedene Werte von n, d, e verschieden ausfallen), die daher bei den allgemeinen Untersuchungen ausgeschlossen

---

116) Handelt es sich z. B. um die Berührung mit einer gegebenen Kurve der Ordnung m und der Klasse m', so findet man (p. 337) die *Chasles*'sche Anzahl $\mu m' + m\mu'$; s. oben und [100]). So findet man auch (p. 338/9) die Ordnungen der Örter der weiteren Schnittpunkte einer Systemkurve mit den Tangenten in ihren Doppelpunkten, resp. Spitzen, oder mit den Geraden, die irgend zwei ihrer Doppelpunkte resp. Spitzen resp. einen Doppelpunkt und eine Spitze verbinden.

117) *Zeuthen,* l. c., p. 344 hat den Fall behandelt, wo das System aus den Zentralprojektionen der Schnitte einer gegebenen Fläche mit den Ebenen eines Büschels besteht, und daher eine n-fache Gerade enthält. Dehnt man hierauf die Formeln des Textes aus, so erhält man von neuem die Formeln von *Salmon* und *Cayley,* die die Beziehungen zwischen den Anzahlen der Singularitäten einer algebraischen Fläche liefern (III C 6, Flächen, *Castelnuovo* und *Enriques*).

118) Daher, sagt *Schubert,* Math. Ann. 13 (1877), p. 443 von diesen Formeln: „sie bilden das *Fundament für den Formelapparat,* welcher zur Bestimmung aller fundamentalen Anzahlen jeder beliebigen Plankurve nach der *Chasles-Zeuthen*'schen Methode notwendig ist“.

werden[119]): *Zeuthen* (l. c. p. 348) untersucht insbesondere singuläre Kurven mit vielfachen Klassenpunkten (sommets), und dualistisch, mit vielfachen Ordnungsgeraden (branches droites)[120]).

Unter der Voraussetzung, dass das gegebene System frei von Ausartungen mit vielfachen Zügen ist (also auch frei von Kurven mit einer neuen Doppeltangente, Kurven, die indessen in den Formeln von *Zeuthen* berücksichtigt sind), hat *H. Krey* gezeigt, dass sich alle in Rede stehenden Anzahlen auch für Kurven beliebiger Ordnung bestimmen lassen[121]).

Die *Zeuthen*'schen Formeln hat *Schubert*[122]) ausgedehnt auf ebene Systeme ∞^1 in einer variabeln Ebene[123]); zu den rechten Seiten der Formeln tritt dann je ein Term hinzu, der die Bedingung enthält, dass die Ebene der Kurve durch einen gegebenen Punkt geht. Auf Grund dieser erweiterten Formeln hat *H. Krey*[124]) einige seiner Ergebnisse ausgedehnt auf ebene Kurven in einer nicht festen Ebene.

119) Die Schwierigkeiten treten schon auf bei der Bestimmung der auf die elementaren Systeme von C^3 und C^4 bezüglichen Zahlen; für die C^3 gleichzeitig bei *S. Maillard,* Diss. Paris 1871, und *Zeuthen,* Paris C. R. 74 (1872), p. 521, 604, 726; *Schubert* hat noch weitere, auch höhere elementare Bedingungen und Ausartungen betrachtet, die sich auf die singulären Punkte und Tangenten der Kurve (auch in einer beweglichen Ebene) beziehen: Gött. Nachr. 1874, p. 267; 1875, p. 359; [118]), p. 451, 509; Kalkül, §§ 23, 24. Die Bestimmung der Charakteristiken der elementaren Systeme von C^4 hat *Zeuthen* geleistet, Paris C. R. 75 (1872), p. 703, 950 und [109]), p. 376 ff.; vgl. *Schubert,* Kalkül, § 26.

120) *Sommet (Klassenscheitel)* ist ein solcher Punkt einer singulären Kurve, dass jede Gerade durch ihn die Kurve daselbst berührt.

121) Acta math. 7 (1884), p. 49. So findet *Krey* viele Anzahlen für C^n, die durch gegebene Punkte gehen und mit Doppelpunkten und Spitzen behaftet sind, oder auch mit zwei Punkten beliebiger Multiplizität, ebensowohl, wenn diese Punkte gegeben sind, als wenn sie auf gegebenen Geraden beweglich, oder endlich ganz frei sind.

122) S. [118]), § 35; vgl. auch Math. Ann. 12 (1877), p. 194.

123) *H. W. L. Tanner,* Lond. Math. Soc. Proc. 13 (1882), p. 125, hat die Untersuchungen erweitert, die *W. Spottiswoode,* Brit. Ass. Rep. Dublin 1878; Lond. Math. Soc. Proc. 10 (1879), p. 185, und *A. Cayley,* ib. p. 194 = Papers 11, p. 82 [vgl. auch Quart. J. 3 (1859), p. 225 = Papers 4, p. 446] über die Koordinaten eines Kegelschnitts im Raume angestellt haben, d. h. er hat eine im Raume gelegene ebene C^n durch eine gewisse Anzahl von Koordinaten bestimmt.

124) S. [121]), §§ 5, 6. In § 4 findet er durch ein Rekursionsverfahren die Anzahl der ebenen C^n, die $\frac{1}{2}n(n+3)+a$ gegebene Gerade treffen, während deren Ebene durch $3-a$ ($a=1, 2, 3$) gegebene Punkte geht. Diese drei Anzahlen sind resp.:

$$\frac{1}{3}n(n+1)(n+2),$$
$$\frac{1}{36}n(n+1)(n+2)(2n^3+6n^2+7n-3),$$
$$\frac{1}{324}n(n^2-1)(n+2)(2n^5+14n^4+49n^3+91n^2+90n+18).$$

10. Kurvenerzeugungen. Die Untersuchungen über die projektive Erzeugung der Kurven beginnen mit *I. Newton*[125]), der ohne Beweis solche Erzeugungen für die Kegelschnitte und höhere Kurven mit Doppelpunkten angiebt; er lässt zwei Winkel von konstanter Grösse um ihre Scheitel rotieren, derart, dass zwei der Schenkel sich auf einer festen Kurve niedrigerer Ordnung schneiden: der Schnittpunkt der beiden übrigen Schenkel erzeugt die fragliche Kurve.

Diese („organischen") Konstruktionen sind bewiesen und bedeutend erweitert von *C. Mac Laurin*[126]), der bereits im wesentlichen entweder mehrdeutige Korrespondenzen zwischen rationalen Formen ∞^1[127]) oder

---

Krey, Acta math. 5 (1883), p. 83, bestimmt durch das Prinzip der Erhaltung der Anzahl (und zwar behandelt er durch Kegelflächen) weitere Anzahlen für C^n in beweglicher Ebene, vornehmlich die Anzahl der durch $3-a$ gegebene Punkte gehenden Ebenen, die $\frac{1}{2}n(n+3)+a$ gegebene Ebenen in Tangenten einer C^n schneiden ($a = 1, 2, 3$). Diese Anzahlen sind resp.:

$$\tfrac{1}{6}n(n+1)(n+2), \quad \tfrac{1}{72}n(n^2-1)(n+2)(n^2+4n+6),$$

$$280\binom{n+4}{9}+280\binom{n+4}{8}+105\binom{n+3}{7}+77\binom{n+3}{6}+43\binom{n+2}{5}$$

$$-16\binom{n+2}{4}+20\binom{n+1}{3}-\frac{1}{360}n(n^2-1)(n^2-4)(n-3).$$

Bezüglich der dritten s. die Berichtigung im Index des Bandes (der Zeitschrift).

125) S. [52]) = Opuscula 1, p. 265. Hier konstruiert *Newton* einen Kegelschnitt durch 5 Punkte [vgl. [23]), lib. 1, lemma 21, und Prop. 22 ff.] und eine C^3 durch 7 gegebene Punkte, deren einer ein Doppelpunkt sein soll; diese letztere Konstruktion hatte *Newton* bereits angedeutet im zweiten Brief an *H. Oldenburg* vom 24. Okt. 1676 = Opuscula 1, p. 340/1. Vgl. auch *Chr. B. de Bragelongne,* J. des Sav. Suppl. Paris 1708, p. 337. — Über diese älteren Arbeiten von *Newton, Mac Laurin* u. a. vgl. *E. Kötter,* Bericht, p. 9 ff.; eine historische Studie über die organische Erzeugung von Kurven bis zum Ende des 18. Jahrhunderts giebt *A. v. Braunmühl,* Katalog von Modellen etc., hrsg. von *W. Dyck,* Deutsche Math.-Ver. München 1892, p. 54.

126) S. [19]); vgl. auch Lond. Trans. 30 (1719), p. 939; 39 (1735), p. 143. In der zweiten, 1732 vorgelegten und schon 1721 als Anhang zur Geom. org. verfassten Abhandlung zeigt *Mac Laurin,* dass, wenn sich ein ebenes Polygon so ändert, dass seine Seiten um feste Punkte rotieren, und alle Ecken, bis auf eine, Kurven der Ordnungen $l, m, n, \ldots$ beschreiben, die letzte Ecke eine Kurve durchläuft, die im allgemeinen von der Ordnung $2lmn\ldots$ ist; letztere reduziert sich auf $lmn\ldots$, wenn die Punkte alle auf einer Geraden liegen. Den Fall $l = m = n = \cdots = 1$ behandelt auch *Braikenridge*[129]), p. 60. — Vgl. *Poncelet,* Traité 1, p. 319 ff.; Appl. d'anal. et de géom. 2, p. 52 ff.; *M. Chasles,* Paris C. R. 78 (1874), p. 922; *S. Roberts,* Lond. Math. Soc. Proc. 14 (1883), p. 110. — Hier sei auch bemerkt, dass *W. Fr. Meyer,* Deutsche Math.-Ver. Jahresb. 9 (1901), p. 91 das *Pascal*'sche Theorem auf C^m resp. C^{2m} ausgedehnt hat.

127) Geometrische Beweise in diesem Sinne gab für einige Sätze von *Mac*

eine quadratische Transformation zwischen zwei Ebenen[128]) verwendet [III C 11, *Castelnuovo* und *Enriques*].

Analoge Konstruktionen, unter Benutzung von Winkeln mit der Grösse Null, d. h. von Geraden, die sich um feste Punkte drehen, gab *W. Braikenridge*[129]), bei dem der Begriff einer quadratischen Transformation eine neue Belebung erfährt[130]).

J. Steiner[131]), sodann systematischer und mit Anwendungen auf viele besondere Fälle *H. Grassmann*[132]), später *M. Chasles* und *E. de*

Laurin E. de Jonquières, J. de math. (2) 2 (1857), p. 153. — Indem er die Voraussetzung fallen lässt, dass die Spitzen der Winkel fest seien, betrachtet *Mac Laurin* z. B. (Geom. org. p. 72) zwei Vielseite $a_1 a_2 \ldots a_{m+1}$, $b_1 b_2 \ldots b_{n+1}$ mit konstanten Winkeln, und zeigt (durch Rechnung), dass, wenn sich deren m, n Ecken auf ebensoviel festen Geraden bewegen, während sich die Seiten a_{m+1}, b_{n+1} auf einer festen Geraden schneiden, und a_1, b_1 um zwei feste Punkte A, B rotieren, der Schnittpunkt von a_1, b_1 eine Kurve Γ der Ordnung $m+n+2$ beschreibt, die in A, B die Multiplizitäten $m+1$, $n+1$ besitzt. Während a_1, b_1 um A, B rotieren, umhüllen a_{m+1}, b_{n+1} zwei Kurven der Klassen $m+1$, $n+1$ (für die die unendlich ferne Gerade eine m-fache, resp. n-fache Tangente ist), so dass Γ als erzeugt erscheint durch die Büschel A, B, deren Geraden durch eine Korrespondenz $(m+1, n+1)$ verknüpft sind. — So sind auch die Erzeugungen einer rationalen C^3 (p. 11, 30) gleichbedeutend mit den durch die Geraden eines Büschels (C) hervorgebrachten, die projektiv auf die Tangenten (NL) einer gewissen Parabel bezogen sind, resp. durch eine (1, 2)-Korrespondenz zwischen den Geraden zweier Büschel (C und S); etc. *Mac Laurin* giebt auch Erweiterungen durch Betrachtung, statt Geraden, irgend welcher fester Kurven; indem er sodann die gegebenen in spezielle Lagen bringt, auch so, dass der erzeugte Ort zerfällt, erhält er C^3 mit und ohne Doppelpunkt, C^4 mit Doppelpunkten oder einem dreifachen Punkt, etc.

128) *Mac Laurin* geht von *Newton's* organischer Erzeugung der Kegelschnitte aus; daraus, dass jeder Geraden der Ebene ein Kegelschnitt durch drei feste Punkte zugeordnet wird (l. c. p. 85), schliesst er, dass, wenn ein Punkt eine C^n durchläuft, der homologe Punkt eine C^{2n} mit der Multiplizität n in jenen 3 Punkten, etc. Auf p. 137 konstruiert er eine C^n, von der $2n+1$ Punkte gegeben sind, von denen einer ein $(n-1)$-facher sein soll, indem er sie mittels sukzessiver organischer Erzeugungen aus einem durch 5 Punkte bestimmten Kegelschnitt herleitet (andere analoge Konstruktionen auf p. 138/9). Eine andere Konstruktion einer C^n mit $(n-1)$-fachem Punkt, mittels eines variabeln n-Ecks, lieferte *W. Braikenridge,* Lond. Trans. 39 (1735), p. 25.

129) Exercitatio geometrica de descriptione linearum curvarum, Lond. 1733.

130) So beweist er, dass wenn die Seiten eines Dreiecks um drei feste Punkte rotieren, während eine der Ecken eine Gerade, und eine zweite eine C^n durchläuft, der Ort der dritten Ecke eine C^{2n} ist. Zu dem Behuf nimmt er an, dass sich die dritte Ecke auf einer Geraden bewege, und sucht die Schnitte der C^n mit dem alsdann von der zweiten Ecke beschriebenen Kegelschnitt: l. c. p. 26 ff.

131) S. [55]), sowie [268]), p. 334 = Werke 2, p. 624.

132) J. f. Math. 42 (1851), p. 193, 204 = Werke 2[1], p. 86, 99.

Jonquières[133]) haben den Ort Γ der Schnittpunkte homologer Kurven in zwei projektiven Kurvenbüscheln der Ordnung n, n' untersucht. Die Kurve Γ ist von der Ordnung $n + n'$ (sie kann auch zerfallen), und geht durch die Basispunkte beider Büschel; ist A ein Basispunkt der ersten, so ist die Tangente von Γ in A die Gerade, die dort diejenige Kurve des ersten Büschels berührt, die der durch A gehenden des zweiten korrespondiert.

Wenn zwei homologe Kurven C^n, $C^{n'}$ in einem gemeinsamen Punkte die Multiplizitäten s, s' ($s \leqq s'$) besitzen, so ist dieser Punkt ein s-facher für Γ; wenn $s < s'$, und nur dann, fallen die Tangenten von Γ daselbst mit denen von C^n zusammen[134]). In einem s- resp. s'-fachen Basispunkt beider Büschel besitzt Γ die Multiplizität $s + s'$ [*de Jonquières*[133])] und als Tangenten daselbst die Geraden, die den beiden projektiven durch die Tangenten der beiden Büschel gebildeten Involutionen vom Grade s, s' gemeinsam sind[135]).

Grassmann, später *Chasles* und *de Jonquières* haben auch die umgekehrte Frage untersucht: wenn eine C^m vorliegt, zwei Büschel der Ordnung n, $n'(n + n' = m)$ zu suchen, die auf die angegebene Art die C^m erzeugen.

Grassmann[132]) hat erkannt, dass eine solche Erzeugung stets möglich ist.

De Jonquières[133]) wählt behufs projektiver Konstruktion einer C^m, die durch gegebene Punkte gehen soll, die Basispunkte beider unbekannter Büschel teils aus den gegebenen Punkten, teils aber aus

---

133) Konstruktionen von C^3 und C^4 gab *Chasles*, Paris C. R. 36 (1853), p. 943; 37 (1853), p. 272, 372, 437; 41 (1855), p. 1102, 1190; J. de math. (1) 19 (1854), p. 366; von C^3, C^4, C^5 etc. *de Jonquières*, Par. [Sav. étr.] Mém. prés. (2) 16 (1858), p. 159 [vorgelegt 1857, s. den „Bericht" von *Chasles*, Paris C. R. 45 (1857), p. 318]; vgl. auch J. de math. (2) 1 (1856), p. 411; 2 (1857), p. 267; [31]), und Mélanges[51]), ch. IV. — Über die projektive Erzeugung von Kurven und deren Linearsystemen s. auch *H. Kortum*, Preisschr. üb. geom. Aufg. dritten u. vierten Grades (zwei Abhdlgn.), Bonn, 1869; *Olivier* [358]); Zeitschr. Math. Phys. 14 (1869), p. 209; *Joerres*, J. f. Math. 72 (1870), p. 327; *A. Milinowski*, Zeitschr. Math. Phys. 21 (1876), p. 427; 23 (1878), p. 85, 211, 343; *E. Kötter*, Preisschrift, § 129 f. und [155]); eine Arbeit von *G. Härtenberger*, J. f. Math. 58 (1859), p. 54, gestützt auf die erste Abhandlung von *de Jonquières*, ist irrtümlich. — Die allgemeinen Ergebnisse von *Chasles* und *de Jonquières* fasst zusammen *Cremona*, Intr. art. 10; vgl. auch *„Clebsch-Lindemann"*, p. 375, 760; *v. Peschka* [48]), p. 53.

134) *Cremona*, Intr. n. 51, wo ein allgemeinerer Satz steht.

135) *Cremona*, Intr. n. 52. — Diese Sätze dehnt *Guccia*[32]), §§ 4, 5 aus, indem er die Singularitäten des Ortes (der Ordnung Σn_i) der Punkte untersucht, durch die $k + 1$ entsprechende Kurven von $k + 1$ zueinander projektiven ∞^k Linearsystemen der Ordnungen $n_1, n_2, \ldots, n_{k+1}$ gehen.

solchen, die erst aus jenen zu bestimmen sind, und zeigt, dass die Anzahl der Punkte der zweiten Gruppe $nn' - 1$ ist. *Chasles*[136]) geht von einem Büschel der Ordnung n aus, dessen Basispunkte alle auf C^m liegen: nachher bestimmt man, auf Grund des „Restsatzes" (Nr. **25**)[137]), ein zugehöriges Büschel der Ordnung n', dessen Basispunkte ebenfalls der C^m angehören. — Die Untersuchung des ersten Büschels geschieht bei *Chasles*[138]) in der Weise, dass für $n' \geqq n - 2$ noch $3n - 2$ seiner Basispunkte willkürlich (auf C^m) wählbar sind.

Aber die Schlüsse dieser beiden Autoren, nur auf einfachen Abzählungen beruhend, sind unzureichend und können zu falschen Ergebnissen führen: insbesondere unterliegt das obige Theorem Ausnahmen. Durch Betrachtung von Kurven mit Doppelpunkten haben das *K. Bobek*[139]) und *K. Küpper*[140]) nachgewiesen, die dabei von der Theorie der linearen Scharen (Nr. **23** ff.) Gebrauch machten und klarlegten, dass bei der Diskussion der Möglichkeit der projektiven Erzeugung einer C^m nicht nur auf die Anzahl der gegebenen Punkte Rücksicht zu nehmen ist, sondern auch auf ihre Lage[141]).

Die Konstruktion von Kurven (und Flächen) mittels zweier linearer reziproker Systeme — so dass deren Parameter an eine bilineare Gleichung gebunden sind — hat *G. von Escherich*[142]) verfolgt.

Eine andere Methode der Erzeugung einer Kurve, durch einen

---

136) Paris C. R. 45 (1857), p. 1061.

137) Vgl. *J. Bacharach,* Diss. [366]), § 2. — *Chasles* (und ebenso *Cremona*) stützt sich auf den Schnittpunktsatz von *Cayley* (Nr. **33**).

138) Paris C. R. 45 (1857), p. 393.

139) Math. Ann. 25 (1884), p. 448.

140) Prag Ber. 1896, Nr. 1 (und 1897, Nr. 5) = Math. Ann. 48 (1896), p. 401. Vgl. auch Prag Abh. (7) 1 (1884), Nr. 1 (n. 17); Prag Ber. 1888, p. 265 und besonders Math. Ann. 32 (1888), p. 282, wo *Küpper* den Mangel an Exaktheit in den mit jener Methode von *de Jonquières* [Paris C. R. 105 (1887), p. 917, 971, 1148; vgl. auch Pal. Rend. 2 (1888), p. 118] hinsichtlich der Konstruktion von C^m mit Doppelpunkten erhaltenen Resultaten nachweist.

141) *Küpper* hat eine präzise Bestimmung des Textsatzes gegeben, und die Möglichkeit erörtert, Kurven mit Doppelpunkten projektiv zu erzeugen. Es ergiebt sich, dass sich *sämtliche* $C^{2n+\nu}$ mit δ gegebenen Doppelpunkten erzeugen lassen durch zwei projektive Büschel von C^n, $C^{n+\nu}$, die jene δ Punkte zu Basispunkten haben, für $\nu > 0$ *nur dann,* wenn $\delta \leqq 3n - 2$, und für $\nu = 0$ *nur dann,* wenn $\delta \leqq 3n - 3$ ist. Allerdings unter der Voraussetzung, dass die δ Doppelpunkte den C^n lauter unabhängige Bedingungen auferlegen; andernfalls können obige Maximalwerte von δ überschritten werden. Vgl. [389]). — Konstruktionen von Kurven mit gegebenen Doppelpunkten erzielt mittels „Absplitterung" *H. Oppenheimer,* Zeitschr. Math. Phys. 41 (1896), p. 305.

142) Wien Ber. 75 (1877), p. 523; 85 (1882), p. 526, 893; 90 (1884), p. 1036.

linearen Mechanismus, rührt von *Grassmann*[143]) her, der sich dabei auf die Prinzipien seiner Ausdehnungslehre stützt [III A B, 3 a, Nr. **23**, *Fano*; III A B, 9, *H. Burkhardt*, Systeme geometrischer Analyse]. Wenn die Lage eines (in einer Ebene) beweglichen Punktes x daran gebunden ist, dass ein Punkt und eine Gerade — die durch lineare Konstruktionen aus x und einem System von festen Punkten und Geraden hergeleitet sind — mit einander inzident sind (d. h. der Punkt auf der Geraden liegt), so beschreibt x eine algebraische Kurve, und zwar von der Ordnung m, wenn x bei diesen Konstruktionen m-mal verwendet worden ist[144]). Umgekehrt kann jede C^m so erzeugt werden[145]).

Allgemeiner, wenn in der Ebene m Geradenbüschel beliebig gewählt sind, so lässt sich zwischen ihnen eine m-lineare Korrespondenz herstellen, und der Ort des Punktes, in dem m homologe Gerade zu-

---

143) Ausdehnungslehre von 1844, § 145/8 = Werke 1, p. 245 f.; unabhängig von der Ausdehnungslehre, J. f. Math. 31 (1845), p. 111; 42 (1851), p. 187 = Werke 2^1, p. 49, 80; die Fälle $m = 3, 4$ auch J. f. Math. 36 (1847), p. 177; 52 (1855), p. 254 und resp. 44 (1851), p. 1 = Werke 2^1, p. 73, 218, 109 [Ausdehnungen auf den Raum in fünf Noten, J. f. Math. 49 (1852), p. 1—65 = Werke 2^1, p. 136 bis 198]. Vgl. auch *G. Bellavitis*, Ist. Venet. Atti (3) 1 (1854), p. 53; Ist. Venet. Mem. 8 (1859), p. 161. — Für solche Konstruktionen und ihren Zusammenhang mit andern, insbesondere durch projektive Büschel, s. die Anmerkungen von *G. Scheffers* in *Grassmann's* Ges. Werke 2^1 (1904), p. 370—421, 423—29; sodann *A. Clebsch*, Math. Ann. 5 (1872), p. 422; *V. Schlegel*, Math. Ann. 6 (1872), p. 321; *F. Dingeldey*, Diss. Leipzig 1885; *H. Schroeter*, J. f. Math. 104 (1888), p. 62; *„Clebsch-Lindemann"*, p. 536 f.; *A. N. Whitehead*, A treatise on universal algebra, Cambr. 1 (1898), p. 229 ff.; vgl. auch *Klein* [160]), 1, p. 193; und Anwendung der Diff.- und Integralrechnung auf Geom., autogr. Vorl. Sommersem. 1901, Leipz. 1902, p. 266 ff. Übrigens hat *Grassmann* selbst [132]), wie auch *Scheffers* bemerkt, l. c. p. 395/8, gezeigt, wie sich aus seiner linealen Konstruktion diejenige vermöge zweier projektiver Büschel herleiten lässt.

144) So z. B. entsteht eine C^3 als Ort eines Punktes, der mit drei festen Punkten durch drei Geraden verbunden ist, derart, dass diese die Seiten eines gegebenen Dreiecks in drei Punkten einer Geraden treffen.

145) Eine in gewissem Sinne mit der obigen verwandte Konstruktion beruht darauf, dass man stets ein *Gelenksystem* finden kann, von dem ein Punkt eine gegebene algebraische Kurve beschreibt. Dieser Satz (dessen Umkehrung auf der Hand liegt) wurde zuerst von *A. B. Kempe* nachgewiesen, Lond. Math. Soc. Proc. 7 (1876), p. 213; How to draw a straight line, Lond. 1877, p. 33 ff. Hierüber und allgemein über Gelenksysteme (IV 3, Nr. **24**, **25**, *Schoenflies*) s. besonders *G. Koenigs*, Leçons de cinématique, Paris 1897, chap. 11. Eine reiche Bibliographie findet man bei *V. Liguine*, Bull. sci. math. (2) 7^1 (1883), p. 145; sowie bei *J. Neuberg*, Sur quelques systèmes de tiges articulées, Liège 1886, der auch eine Beschreibung vieler Gelenksysteme liefert. — Vgl. auch, für C^4, *F. Dingeldey* [143]).

sammenlaufen, ist eine C^m, die durch die Zentra der m Büschel hindurchgeht; umgekehrt kann jede C^m so erzeugt werden, indem auf ihr die Zentra der m Büschel beliebig wählbar sind[146]).

Wegen der Konstruktion von Kurven mittels Polarsystemen s. Nr. **11**.

11. Rein geometrische Untersuchungen [III A, B 3, Nr. **24**—**27**, *Fano*]. Der Gedanke, die Eigenschaften von algebraischen Kurven (und Flächen) rein geometrisch zu begründen, findet sich schon bei *J. Steiner* [s. z. B. [55])], wie auch in den Arbeiten von *Grassmann*, *Chasles* und *de Jonquières* über die Erzeugung der Kurven (Nr. **10**); und für die Kurven (und Flächen) 2. Ordnung wurde von *K. G. C. von Staudt*[147]), der diese als Fundamentalörter einer Polarität betrachtete, und überdies eine streng geometrische Theorie der imaginären Elemente entwickelte, vollständig ausgeführt.

Für die ebenen Kurven beliebiger Ordnung findet sich ein rein geometrisches Ausführungsprinzip in der „Introduzione" von *L. Cremona* (1861), der jedoch der Algebra einige Fundamentalprinzipien entlehnt, so das von *Lamé* über Büschel[29]), das Korrespondenzprinzip für rationale Formen ∞^1, u. a. Im besondern beruht die Theorie der Polarität, auf welche er grösstenteils die „Introduzione" gegründet hat, auf der der harmonischen Mittelpunkte, die (s. das. art. 3) auf Grund von Segmentrelationen entwickelt wird. Unabhängig von metrischen Begriffen, aber gestützt auf einige algebraische Theoreme, behandeln die Polarität, mittels der Methode von n auf $n+1$, *F. Schur*[148]), unter Verwendung der projektiven Erzeugung einer C^n aus zwei Büscheln von C^1 und C^{n-1}, und *G. Lazzeri*[149]), der von einigen Sätzen über die Polargerade eines Punktes in bezug auf ein n-Seit[150]) ausgeht.

---

146) *E. Kötter*, Preisschr. § 173 f.

147) S. [213]), und Beiträge zur Geom. d. Lage, 3 Hefte, Nürnberg 1856, 1857, 1860.

148) Zeitschr. Math. Phys. 22 (1876), p. 220 = *v. Peschka* [48]), p. 71. — Eine geometrische Darstellung der Polargruppen, zunächst im binären, dann im ternären Gebiet, mittels einer C^n mit $(n-1)$-fachem Punkt, gab *E. Waelsch*, Wien Ber. 88 (1883), p. 418. — *C. Rodenberg*, Math. Ann. 26 (1885), p. 557 leitet die Polareigenschaften konstruktiv her, indem er von der Konstruktion der ersten Polare mittels zweier, die gegebene Kurve projizierenden Kegel ausgeht.

149) Ist. Lomb. Rend. (2) 24 (1891), p. 1021.

150) Vgl. *E. Caporali*, Mem. di geom., Napoli 1888, p. 258; *A. Sannia*, Lez. di geom. projettiva, Napoli 1895, 2. ed., p. 438 ff. Der allgemeinste Satz lautet: „Kennt man für einen Punkt P die Polargeraden in bezug auf die r-Seite, die sich aus den Seiten eines gegebenen n-Seits durch Kombinierung zu je r ergeben, sowie in bezug auf die $(n-r)$-Seite, die durch die entsprechenden

H. Thieme[151]) hat zuerst auf streng geometrischem Wege das System der ersten Polaren einer C^{n+1} konstruiert, indem er die entsprechenden Konstruktionen für die C^n bereits als ausgeführt ansieht. Zu dem Behuf ordnet er den Punkten der Ebene projektiv die Kurven eines Netzes der Ordnung n zu, derart, dass die durch das Theorem über die gemischten Polaren involvierte Bedingung erfüllt wird; er erhält so auch eine rein geometrische Definition einer Kurve (und weiterhin von linearen Kurvensystemen), unabhängig von ihren Punkten, und darüber hinaus die Mannigfaltigkeit aller C^n der Ebene.

G. Kohn[152]) hat die Theorie der harmonischen Mittelpunkte auf die der Involutionen gegründet; er zeigt, dass die r^{te} Polargruppe eines Punktes P in bezug auf n mit ihm auf einer Geraden befindliche Punkte gebildet wird durch die $(r+1)$-fachen Punkte der Involution n^{ten} Grades r^{ter} Stufe, von der eine Gruppe aus den gegebenen Punkten besteht, und der zugleich alle Gruppen angehören, die sich aus $r-1$ beliebigen Punkten der Geraden und dem $(n-r+1)$-fach gezählten Punkte P zusammensetzen.

Die *Kohn*'sche Definition ist von *G. B. Guccia* und in anderer Weise von *G. Kohn* selbst[153]) auf die Polaren im ternären Gebiet ausgedehnt worden.

Restseiten geliefert werden, so ergeben sich zwei Vielseite, die sich in einer Homologie mit dem Zentrum P entsprechen, die als Axe die Polargerade von P in bezug auf das n-Seit besitzt, und deren charakteristisches Doppelverhältnis $\frac{-r}{n-r}$ ist." Für $r=1$ steht ein Teil des Satzes schon bei *Cayley,* J. f. Math. 34 (1847), p. 274 = Papers 1, p. 360; vgl. *Cremona,* Intr. n. 76.

151) Zeitschr. Math. Phys. 24 (1878), p. 221, 276; vgl. auch Math. Ann. 20 (1882), p. 144. *Thieme* entwickelt die Theorie für Flächen, indessen gilt sie für jedes Gebiet [auch für das binäre; vgl. Math. Ann. 23 (1884), p. 597]; in Math. Ann. 28 (1886), p. 133 wird der Fall der Fläche dritter Ordnung eingehend untersucht. — Zu einem analogen Ergebnis gelangte auf anderem Wege, aber auch mittels der Methode von n auf $n+1$, im binären Gebiet *H. Wiener,* Habilitationsschr., Darmstadt 1885. Vgl. auch *E. Kötter,* Preisschr; *R. de Paolis,* Torino Mem. (2) 42 (1891), p. 495; *H. Thieme,* Arch. Math. Phys. (3) 10 (1903), p. 137.

152) Wien Ber. 88 (1883), p. 424. Vgl. *G. B. Guccia,* Pal. Rend. 8 (1894), p. 245; *H. de Vries,* Nieuw Archief v. Wisk. (2) 5 (1901), p. 68. — Die Methode von *Kohn* hat *G. Castelnuovo* auf gemischte Polargruppen ausgedehnt, Ist. Venet. Atti (6) 4 (1886), p. 1167, 1559, der geometrisch die Theorie der Involution aus der der rationalen Normkurven von höheren Räumen herleitet, und hieraus die Polarität in bezug auf eine ebene Kurve. — Einzelne Sätze, u. a. den über gemischte Polaren, haben *Cremona*[58]) [s. auch [39]), n. 77], und *Kötter*[155]) geometrisch bewiesen.

153) Pal. Rend. 7 (1893), p. 263, resp. p. 307. Eine allgemeinere Eigenschaft giebt *E. Kötter* an, Jahrb. Fortschr. Math. 25 (1897), p. 980. Die Definition von

Indem wir von andern, auf speziellere Ziele gerichteten[154]) Arbeiten absehen, kommen wir zu der rein synthetischen Behandlung, die *E. Kötter* wenigstens mehreren Gebieten der Theorie der ebenen algebraischen Kurven hat werden lassen, in seiner *Preisschrift* von 1887[155]). Er geht (Kap. 1) aus von der realen Darstellung des Imaginären bei *v. Staudt*, und nachdem er (Kap. 2, 3) mittels der Methode von n auf $n+1$ die Involutionen n^{ter} Ordnung und deren Netze μ^{ter} Stufe, sowie die Involutionen μ^{ten} Ranges und m^{ter} Ordnung[156]) untersucht hat, bedient er sich derselben zur Aufstellung

---

Guccia hat *G. Aguglia* verallgemeinert [441]), p. 40. — Über die geometrische Theorie der Kurven und ihrer Linearsysteme, besonders der Polaren, vgl. auch *Guccia,* Pal. Rend. 16 (1902), p. 204.

154) Von *M. Chasles, A. Milinowski, F. Schur, Th. Reye, H. J. St. Smith, H. Kortum, F. Siebeck* u. a., wo es sich um C^3 und C^4 handelt, um kubische und biquadratische Probleme u. a. — In den Preisschriften von *Smith,* Ann. di mat. (2) 3 (1869), p. 112, 218 = Papers ed. by *J. W. L. Glaisher,* Oxford 1894, 2, p. 1, und von *Kortum* [138]) werden rein geometrische Konstruktionen zur Lösung aller kubischen und biquadratischen Probleme angegeben, im besondern der folgende, von der Berliner Akad. 1868 vorgeschlagen: Gegeben 13 der Schnittpunkte zweier C^4, die andern drei zu finden [*Smith,* l. c. p. 239 = Papers 2, p. 65 hat allgemeiner dieses gelöst: Gegeben $4n-3$ der Schnittpunkte einer C^4 und C^n, die andern drei zu finden]. Über dies Problem vgl. auch *J. N. Bischoff,* Ann. di mat. (2) 6 (1874), p. 145.

155) Ergänzungen (projektive Erzeugung von Kurven mit vielfachem Punkt, Theorie der Polaren, Jacobiana eines Netzes, Hessiana einer Kurve) lieferte *Kötter,* Math. Ann. 34 (1888), p. 123.

Ausgehend vom Studium eines n-Punktsystems r_{nn} (Gesamtheit der aus den Punkten einer Geraden herstellbaren Gruppen von n Punkten) und der darin enthaltenen Systeme $r_{n,n-i}$ geringerer, der $(n-i)^{\text{ten}}$ Stufe, gelangt auch *R. Schumacher,* J. f. Math. 110 (1892), p. 230, aber auf einem andern Wege (obgleich ebenfalls mittels der Methode von n auf $n+1$, wie es in der Natur der Sache liegt; auch *R. de Paolis* geht so vor) zu einer rein geometrischen Konstruktion (vermöge kollinearer und reziproker Beziehungen) von „Band“ und „Kette“, d. i. zu Involutionen höheren Ranges (es sind das zu einander duale Gebilde und entsprechen den Normbüscheln und Normkurven eines Raumes von n Dimensionen), und im besondern zur „Normalkette“, dem Bilde einer algebraischen Gleichung des Grades n zwischen zwei Variabeln, deren eine als Parameter aufgefasst wird, während die andere die Punkte der Geraden bestimmt. Auf diesen letzteren Begriff baut *Schumacher,* J. f. Math. 111 (1893), p. 254 die geometrische Definition der C^n und ihrer Linearsysteme auf, durch Feststellung einiger, von der geometrischen Interpretation des Fundamentalsatzes der Algebra unabhängiger Eigenschaften. So giebt er eine Definition der ersten Polare, und die projektive Erzeugung einer C^n durch ein Büschel von Geraden und ein solches von C^{n-1}, bis er zur Mannigfaltigkeit aller C^n der Ebene gelangt.

156) Die *Kötter*'schen Involutionsnetze μ^{ter} Stufe sind identisch mit von *G. Battaglini, Em. Weyr, W. Fr. Meyer* u. a. untersuchten Involutionen μ^{ter} Stufe,

(Kap. 4) der fundamentalen Theoreme über ebene Kurven und deren lineare Systeme. Die Basis des Ganzen bildet die Konstruktion einer C^n aus zwei projektiven Büscheln von Kurven geringerer Ordnung, sowie die Methode von n auf $n+1$. So beweist er das *Bézout*'sche Theorem über die Anzahl der einer C^m und C^n gemeinsamen Punkte[157]), sowie die Schnittpunktsätze von *Gergonne*, *Plücker*, *Jacobi*, *Cayley* (Nr. **33**); sodann die wesentlichsten Sätze über Polarität, endlich die Erzeugung einer C^n aus n in n-linearer Korrespondenz stehenden Geradenbüscheln (Nr. **10**), aus der eine lineare Konstruktion einer C^n durch $\frac{1}{2}n(n+3)$ — reelle oder nicht reelle — gegebene Punkte folgt.

Gleichzeitig mit *Kötter*, aber unabhängig von ihm, hat sich *R. de Paolis* eingehend mit derselben Frage beschäftigt, aber er konnte nur noch die einleitenden Teile seiner Theorie[158]) veröffentlichen. Während *Kötter* den von *Steiner* und *Chasles* für Kegelschnitte eingeschlagenen Weg erweiterte, indem er die Kurven mittels projektiver Büschel

---

und sind analytisch äquivalent mit den linearen Systemen ∞^μ binären Formen der Ordnung n. Eine Involution erster Stufe und n^{ter} Ordnung erzeugt *Kötter* als Ort der Gruppe der Koinzidenzelemente zweier fester Involutionen von den niedrigeren Ordnungen m und $n-m$, die, vermöge einer, in einem gegebenen Büschel variabeln Projektivität, auf einander bezogen sind, und aus ihnen gehen sukzessive [wie bei dem *Grassmann*'schen und *Riemann*'schen Prozesse für die Erzeugung eines linearen Raumes von μ Dimensionen, vgl. [30])] die Involutionsnetze μ^{ter} Stufe hervor. Die völlige Analogie, die diese letzteren mit jenen linearen Räumen darbieten, kommt bei *Kötter* zum Ausdruck zur sukzessiven Konstruktion und Untersuchung der Involutionen μ^{ten} Ranges und m^{ter} Ordnung, die gleichbedeutend sind mit der zwischen den Elementen zweier einförmiger Gebilde mittels einer algebraischen Gleichung von den Graden m und μ in zwei Variabeln hergestellten Beziehung. So führt die Analogie eines Involutionsnetzes zweiter Stufe mit einer Ebene zu den Involutionen zweiten Ranges, als den Analoga der durch zwei projektive Strahlbüschel erzeugten Kegelschnitte.

157) Von *J. Lüroth*, Math. Ann. 8 (1874), p. 145 (Auszug Gött. Nachr. 1873, p. 767) (§ 19) wird dies Theorem bewiesen durch Einführung der Theorie der *v. Staudt*'schen Imaginären in die nach der *Grassmann*'schen Methode definierten C^n.

158) Soc. ital. (dei XL) Mem. (3) 7 (1890), Nr. 6 [Auszug Ann. di mat. (2) 18 (1890), p. 93]; Torino Mem. (2) 42 (1891), p. 495. Die erstere Arbeit enthält, ausser andern zur Analysis situs gehörigen Dingen, die Theorie des Zusammenhanges der Flächen, sowie rein geometrische Beweise von Eigenschaften, die gleichbedeutend sind mit bekannten Sätzen von *K. Weierstrass*, *G. Cantor* u. a. aus der allgemeinen Funktionentheorie. Die zweite Arbeit beschäftigt sich spezieller mit den algebraischen Funktionen einer Veränderlichen, und entspricht in der Sache, aber nicht in der Methode, den ersten drei Kapiteln der *Kötter*'schen Preisschrift. Den Ausgangspunkt bilden die n-linearen Korrespondenzen zwischen n Gebilden erster Stufe, die also analytisch durch eine Gleichung $a_x b_y c_z \cdots = 0$ definiert werden würden.

geringerer Ordnung erzeugte, scheint *de Paolis* vielmehr das Ziel verfolgt zu haben, die Idee von *v. Staudt*, die Kegelschnitte auf Grund der Polarität zu erzeugen, auf dem *Thieme*'schen Wege in geeigneter Weise auf höhere Kurven zu übertragen[159]).

II. Die singulären Punkte.

12. Auflösung der singulären Punkte durch birationale Transformationen. Den Gedanken, die singulären Punkte durch einen rein algebraischen Prozess aufzulösen, verdankt man *L. Kronecker*[160]), der vermöge birationaler Transformation der irreduzibeln Kurve $F(x, y) = 0$

159) Vgl. den „Bericht" von *C. Segre*, Torino Atti 27 (1892), p. 366, sowie seine „Cenni biografici su *R. de P.*", Pal. Rend. 6 (1892), p. 208; endlich die nachgelassene Note von *de Paolis*, Rom. Linc. Rend. (5) 3^2 (1894, datiert vom 30. Dez. 1887), p. 225, mit Anhang von *Segre*, p. 227.

160) J. f. Math. 91 (1881), p. 301 = Werke, her. von *K. Hensel*, Leipz. 1897, 2, p. 193; der Berliner Akad. vorgelegt 1862, in Vorlesungen vorgetragen 1870/1. — Die *Kronecker*'sche Methode beruht auf der Tatsache, dass die „Diskriminante von y", d. i. die Resultante $Q(x)$ der Elimination von y aus $F = 0$, $\frac{\partial F}{\partial y} = 0$, in zwei Faktoren D, D_1 zerfällt: der eine ist der „wesentliche Teiler", der andere der „ausserwesentliche", der quadratisch auftritt; so dass $Q = D D_1^2$. Der erste Faktor hängt nur von den Verzweigungspunkten x der Funktion y und deren Multiplizitäten ab: weder die einen noch die andern, also auch D nicht, ändern sich bei der Transformation. Der zweite Faktor hängt dagegen von den vielfachen Punkten der Kurve ab, und die Transformation erlaubt, seine quadratischen Faktoren von einander und von den Faktoren von D zu trennen. — Die genannte Zerlegung, die *Kronecker* direkt auf algebraischem Wege ausführt, hatte bereits *Riemann* auf transzendentem Wege geliefert [37]), art. 6. — Die *Kronecker*'sche Methode hat, mit einigen Abänderungen, *K. Weierstrass* adoptiert in seinen Vorl. üb. *Abel*'sche Funktionen, Sommersem. 1869. Vgl. dazu, wie zum ganzen Abschnitt II, den Bericht von *Brill-Noether*, Abschn. VI. — S. auch *F. Klein*, autogr. Vorl., *Riemann*'sche Flächen, Göttingen 1892, 1, p. 83, 105 ff.; sowie I B 1 c, Nr. **11**, *Landsberg;* II B, Ergänzungsteil, 2, *Hensel.* Zur arithmetischen Behandlung der Singularitäten ziehe man *K. Hensel* und *G. Landsberg,* Th. der alg. Funktionen etc., Leipzig, 1902, p. 365 ff. heran (die Reduktion der Singularitäten wird in Vorl. 24 behandelt), mit Ergänzungen von *G. Landsberg,* J. f. Math. 131 (1906), p. 152; wegen des Zusammenhanges mit der Theorie der Moduln und Ideale vgl. auch *E. Lasker,* Math. Ann. 60 (1904), p. 20. — Eine andere Methode, mit Anwendungen auf die Theorie der linearen Differentialgleichungen mit mehrwertigen algebraischen Koeffizienten, entwickelt *L. W. Thomé,* J. f. Math. 126 (1903), p. 52. — Das Band zwischen der Theorie der Singularitäten (der ebenen Kurven, wie der Mannigfaltigkeiten von $n - 1$ Dimensionen in einem linearen Raume von n Dimensionen) und der der Elementarteiler, sowohl der gewöhnlichen (*Sylvester-Weierstrass*'schen) wie der höheren Stufen, verfolgt eingehend *S. Kantor,* Monatsh. Math. Phys. 11 (1899), p. 193.

(nicht der ganzen Ebene), wobei x ungeändert bleibt, schliesslich als Transformierte eine Kurve erhält, die im endlichen nur noch Doppelpunkte mit getrennten Tangenten aufweist.

Unabhängig von *Kronecker* hat *M. Noether*[161]) festgestellt, dass sich jede ebene algebraische, einfache oder zusammengesetzte Kurve f — wenn sie nur frei ist von vielfachen Bestandteilen — vermöge einer endlichen Zahl von quadratischen Transformationen (d. h. einer geeigneten *Cremona*'schen Transformation) in eine Kurve überführen lässt, die nur mit gewöhnlichen Singularitäten behaftet ist[162]). Um einen singulären, s-fachen Punkt A von f aufzulösen, genügt es, A als eine Ecke des Fundamentaldreiecks der (quadratischen) Transformation zu nehmen, und die beiden andern Ecken B, C ausserhalb f so, dass die drei Seiten des Dreiecks nicht etwa Tangenten von f werden. Die korrespondierende Kurve f' wird in den Fundamentalpunkten A', B', C' der zweiten Ebene gewöhnliche vielfache Punkte besitzen, während die von A verschiedenen vielfachen Punkte von f in vielfache, bez. gewöhnliche und nicht gewöhnliche Punkte von f', mit derselben

161) Gött. Nachr. 1871, p. 267; ausführlicher [169]), [197]). Dass die Reihe der quadratischen Transformationen abbrechen muss, bewies vor allem *M. Hamburger*, Zeitschr. Math. Phys. 16 (1871), p. 461. In mehr geometrischer Art bei *E. Bertini*, Ist. Lomb. Rend. (2) 21 (1888), p. 326, 413. Vgl. auch *E. Picard*, Traité d'analyse, 2, 2. éd., Paris 1905, p. 404.

162) Dasselbe Ziel erreicht mittels einer birationalen Transformation von f (nicht der ganzen Ebene) *G. Halphen*, Paris C. R. 80 (1875), p. 638; J. de math. (3) 2 (1876), p. 87; die zweite Methode [über diese s. auch *A. R. Forsyth*, Mess. of math. 30 (1900), p. 1] ist in *P. Appell* et *E. Goursat*, Th. des fonctions alg., Paris 1895, p. 276 ff. und in *A. R. Forsyth*, Theorie of functions of a complex variable, Cambr., 2. ed. 1900, p. 554 ff. wiedergegeben. — Vermöge einer derartigen Transformation lässt sich f auch stets reduzieren auf eine Kurve, die nur Doppelpunkte mit getrennten Tangenten besitzt, vgl. oben *Kronecker*, *Hensel-Landsberg* [160]); einen einfachen Beweis mittels einer ebenen ein-zweideutigen Transformation gab *E. Bertini*, Riv. mat. 1 (1891), p. 22 = Math. Ann. 44 (1894), p. 158 = *Picard* [161]), p. 408. Weitere Beweise bei *G. Simart*, Paris C. R. 116 (1893), p. 1047; *E. Vessiot*, Toulouse Ann. 10 (1896), D; *Halphen*, Étude, p. 630; *Appell-Goursat*, l. c.; *Forsyth*, l. c.; *del Re* [273]), n. 25. Das nämliche Theorem lässt sich durch Projektion gewinnen, indem sich eine ebene Kurve (ohne vielfache Teile) birational [wenn man will, auch durch eine birationale (*Cremona*'sche) Transformation *des ganzen Raumes*] auf eine von vielfachen Punkten freie Raumkurve beziehen lässt (auch lässt sie sich betrachten als Projektion einer derartigen Kurve eines geeigneten Raumes): vgl. *Veronese* [30]), p. 213; *H. Poincaré*, Paris C. R. 117 (1893), p. 18; *P. del Pezzo*, Napoli Rend. (2) 7 (1893), p. 15, 45; *M. Pieri*, Riv. mat. 4 (1894), p. 40; *E. Vessiot*, Soc. math. de France Bull. 22 (1894), p. 208; *C. Segre*, Ann. di mat. (2) 25 (1896), p. 43; *B. Levi*, Rom Linc. Rend. (5) 7^1 (1898), p. 111; *Hensel-Landsberg* [160]), p. 418.

Multiplizität übergehen. Wenn von den s Tangenten von f in A resp. $\tau_1, \tau_2, \ldots$ in die Geraden $t_1, t_2, \ldots$ fallen, so entstehen auf $B'C'$, ausserhalb B' und C', Punkte $A_1', A_2', \ldots$ von f', welche unter den Schnittpunkten von $B'\,C'$ mit f' resp. τ_1-, τ_2-, ...-fach zählen, also für f' gewisse vielfache Punkte sein werden, und zwar resp. s_1-, s_2-, ...-fache, wo jedenfalls $s_i \leqq \tau_i$, also auch $\sum s_i \leqq s$. Die Punkte A_i' sind für f' entweder von einer Multiplizität $< s$, oder aber sie können sich event. auch auf einen einzigen s-fachen Punkt A' reduzieren. Im letzteren Fall wende man auf f' wiederum eine quadratische Transformation an, indem man A' zu einem Fundamentalpunkt wählt, u. s. f. Nach einer endlichen Anzahl von Operationen gelangt man so von A zu Punkten geringerer Multiplizität[163]). Unterwirft man diese den nämlichen Prozessen, so wird man schliesslich eine Kurve erhalten, für die die Bilder von A lauter *einfache* Punkte sind. Verfährt man entsprechend mit allen nicht gewöhnlichen vielfachen Punkten von f, so gelangt man nach einer endlichen Zahl von Transformationen zu einer Kurve Φ, die nur mit gewöhnlichen vielfachen Punkten behaftet ist; überdies lässt sich erreichen, dass die Umgebungen aller vielfachen Punkte von f in Umgebungen einer gewissen (endlichen) Anzahl einfacher Punkte von Φ übergegangen sind.

Hiermit verbindet man eine von *Noether* verwendete Ausdrucksweise. Danach sind dem s-fachen Punkte A resp. auf den Tangenten $t_1, t_2, \ldots$ „unendlich benachbart" gewöhnliche vielfache Punkte $A_1', A_2', \ldots$ von den Ordnungen $s_1, s_2, \ldots$ (die die *Umgebung erster Ordnung* von A auf f bilden). Geht dann der Punkt A_i' durch eine entsprechende quadratische Transformation über in vielfache Punkte $A_{i1}, A_{i2}, \ldots$ der Ordnung $s_{i1}, s_{i2}, \ldots$, so sind mit *Noether* dem zu A unendlich benachbarten s_i-fachen Punkte wiederum benachbart —

163) S. [161]). Der geometrische Beweis von *Bertini* ist folgender. Ist n die Ordnung von f und $r_1, r_2, \ldots$ ihre Multiplizitäten ausserhalb A, so setze man:

$$\pi = \frac{(n-1)(n-2)}{2} - \frac{s(s-1)}{2} - \sum \frac{r(r-1)}{2},$$

und verstehe unter $\pi', \pi'', \ldots$ die analogen Ausdrücke für $f', f'', \ldots$ Besitzt f' in A_i' noch die Multiplizität s, so ist $\pi' = \pi - \frac{s(s-1)}{2}$. Fährt man so fort, und besitzt $f^{(k)}$ in einem der transformierten $A^{(k)}$ noch die Multiplizität s, so ist $\pi^{(k)} = \pi - k\frac{s(s-1)}{2}$. Wenn aber f, und also auch $f^{(k)}$, aus a getrennten irreduzibeln Teilen besteht, so folgt aus Formel (1) der Nr. 2, dass $\pi^{(k)} \geqq 1 - a$, so dass k die grösste in der (endlichen) Zahl $2\frac{(\pi + a - 1)}{s(s-1)}$ enthaltene ganze Zahl nicht überschreiten kann.

indem sie die *Umgebung zweiter Ordnung* von A auf f bilden — s_{i1}-, s_{i2}-, ...-fache gewöhnliche Punkte, wo $\sum_k s_{ik} \leqq s_i$; u. s. f.[164]).

13. Zweige (vollständige und partielle) als Punktörter und als Geradenörter. Reihenentwicklungen. Wenn vermöge der quadratischen Transformationen der Nr. **12** dem s-fachen Punkte A von f die einfachen Punkte $P, Q, \ldots$ (in endlicher Anzahl) auf Φ entsprechen, so entsprechen umgekehrt den Punkten von Φ in einer Umgebung eines der letzteren Punkte die Punkte einer gewissen Umgebung von A auf f; diese stellt dann einen „*Zweig*" von f dar mit dem (singulären) Punkt A als „*Ursprung*".

Eine allgemeine Gerade r, deren Abstand von A unterhalb einer gewissen Grenze bleibt, schneidet einen Zweig in einer konstanten Anzahl Δ von Punkten; Δ heisst die „*Ordnung*" des Zweiges, so dass die Summe der Ordnungen aller Zweige mit dem Ursprung A gleich

---

164) Diese Art der Auffassung eines singulären Punktes A lässt sich dadurch rechtfertigen, dass man sie von der Reihe der ausgeführten quadratischen Transformationen unabhängig macht, entweder durch Kontinuitätsbetrachtungen, oder indem man die Anzahl der in A fallenden Schnittpunkte von f mit einer andern durch A gehenden algebraischen Kurve ausdrückt. Vgl. Nr. **14**. — Die Singularität einer Kurve in einem Punkte, und der Begriff von unendlich benachbarten vielfachen Punkten lassen sich auch direkt definieren auf Grund der Differentiale verschiedener Ordnung der Koordinaten. Hierüber, und über die Theorie der „Elemente erster und höherer Ordnung", die für die Theorie der Differentialgleichungen erster und höherer Ordnung bedeutungsvoll ist, s. *F. Engel*, Leipz. Ber. 45 (1893), p. 468; 54 (1902), p. 17 [Auszug Deutsche Math.-Ver. Jahresber. 11 (1902), p. 187]; *E. Study*, Leipz. Ber. 53 (1901), p. 338; *M. Noether*, Math. Ann. 56 (1902), p. 677 [Auszug Erlanger Ber. 1902]; vgl. auch *Noether* [202]). — Im besondern kann man die Doppelpunkte mit einer einzigen Tangente in zwei Gattungen unterscheiden: eigentliche *Knotenpunkte* (tacnode, oscnode, ...), und *Spitzen* (erster, zweiter, ... Art), jenachdem sie sich nach einer endlichen Zahl k von quadratischen Tansformationen in zwei einfache Punkte auflösen oder aber in einem, oder auch (Nr. **13**), je nachdem sie Ursprung von zwei Zweigen sind, oder aber nur von einem einzigen. Im ersten Fall ist die Zusammensetzung nach *Noether*:

$$s=2,\quad s_1=2,\quad s_{11}=2,\quad \ldots,\quad s_{\underbrace{11\ldots1}_{k-1}}=2,\quad s_{\underbrace{11\ldots1}_{k}}=1,\quad s_{\underbrace{11\ldots12}_{k}}=1;$$

im zweiten:

$$s=2,\quad s_1=2,\quad s_{11}=2,\quad \ldots,\quad s_{\underbrace{11\ldots1}_{k-1}}=2,\quad s_{\underbrace{11\ldots1}_{k}}=1.$$

Die charakteristische Form, die die Gleichung einer Kurve mit einer solchen Singularität im Ursprunge annimmt, giebt *B. Levi*, Torino Atti 40 (1905), p. 139 (n. 15, 16).

s ist. Es existiert jedoch eine Gerade a, eine der Tangenten von f in A derart, dass, wenn r mit a einen Winkel unterhalb einer gewissen Grenze bildet, r den Zweig in mehr als Δ Punkten trifft; a heisst die (singuläre) *Tangente* des fraglichen Zweiges in A. „*Klasse*" des Zweiges ist die Anzahl Δ' derjenigen seiner von einem von A verschiedenen Punkte ausgehenden Tangenten, deren Abstand von a unterhalb einer gewissen Grenze bleibt. Mit andern Worten, Ordnung und Klasse eines Zweiges sind die Grade der Multiplizität des, einmal als Punktort, das andere Mal als Geradenort betrachteten Zweiges[165]).

Die Betrachtung der Zweige ist für die Untersuchung der birationalen Korrespondenzen zwischen zwei Kurven wesentlich; einem Zweige entspricht dann wiederum ein Zweig, und zwei (singuläre) Punkte entsprechen sich, wenn sie Ursprünge zweier entsprechenden Zweige sind[166]).

A. Cayley[167]) und vollständiger *G. Halphen*[168]) haben die Ab-

---

165) Für einen gewöhnlichen einfachen Punkt, Wendepunkt, Spitze erster oder zweiter Art sind die Zahlen Δ, Δ' resp. gleich 1, 1; 1, 2; 2, 1; 2, 2. — Die Begriffe von Ordnung und Klasse eines Zweiges, wenn auch in der Beschränkung auf reelle Zweige, stammen von *Plücker* her [12]), p. 205 (vgl. auch Nr. **19**). — Über die Zweige und die bezüglichen Reihenentwicklungen s. *Picard* [161]), chap. 13; *Appell-Goursat* [162]), chap. 6; *C. Jordan,* Cours d'analyse, 2. éd., Paris 1893, 1, p. 397, 561; und besonders *Halphen,* Étude, und [168]). Für die reellen Zweige: *E. Cosserat,* Toulouse Ann. 4 (1890), O; *E. Vessiot,* Bull. sci. math. (2) 20^1 (1896), p. 29; über ihre Gestalt s. Nr **19**. Eine (analytische) Untersuchung einer Kurve in der Umgebung eines ihrer (im endlichen oder unendlich fernen) Punkte giebt *Ch. Biehler,* Nouv. Ann. de math. (2) 19 (1880), p. 492; 20 (1881), p. 97, 489, 537; (3) 2 (1883), p. 354, 397; 3 (1884), p. 367; 4 (1885), p. 153, 223, 249. — Synthetisch behandelt die höheren Singularitäten *M. de Franchis,* Pal. Rend. 11 (1897), p. 104.

166) Eine quadratische Transformation mit einem ihrer Fundamentalpunkte im Ursprunge eines Zweiges (Δ, Δ') verwandelt diesen in einen Zweig von der Ordnung Δ, wenn $\Delta \lesseqgtr \Delta'$, dagegen von der Ordnung Δ', wenn $\Delta' < \Delta$, und mit der Klasse $\Delta' - \Delta$ oder $\Delta - \Delta'$, je nachdem $\Delta' > \Delta$ oder $\Delta > \Delta'$, während sich für $\Delta = \Delta'$ nichts über die Klasse aussagen lässt. — Hieraus lässt sich, lediglich mittels der Zahlen Δ, Δ', die *Noether*'sche Komposition (Nr. **12**) des Δ-fachen Punktes (der Ursprung eines einzigen Zweiges von der Ordnung Δ ist) entnehmen, wenn Δ und Δ' teilerfremd sind. Sind k, k_1, ..., δ_1, δ_2, ... die Quotienten resp. Reste bei dem auf $\Delta + \Delta'$ und Δ angewandten Verfahren des grössten gemeinsamen Teilers, so ist der Punkt äquivalent mit k (unendlich benachbarten) Δ-fachen, k_1 δ_1-fachen, ... So ist ein Zweig der zweiten Ordnung und ungeraden Klasse $2k - 1$ äquivalent mit k Doppelpunkten.

167) Quart. J. 7 (1866), p. 212 = Papers 5, p. 520 [Auszug J. f. Math. 64 (1865), p. 369 = Papers 5, p. 424].

168) Paris Mém. prés. (sav. étr.) (2) 26 (1877, vorgelegt 1874) [Auszug Paris C. R. 78 (1874), p. 1105], art. 4, 5.

bildung singulärer Punkte bei korrelativen Kurven untersucht. Einem Zweige (Δ, Δ') der einen Kurve entspricht ein Zweig (Δ', Δ) der andern, dem Ursprung des einen Zweiges die singuläre Tangente des andern. Die Anzahl der in A hineinfallenden Schnittpunkte des Zweiges (Δ, Δ') mit a ist gleich der Anzahl der von A ausgehenden und mit a zusammenfallenden Tangenten des Zweiges, nämlich gleich der Zahl $\alpha = \Delta + \Delta'$ [169]) (III C 3, Nr. **3**).

Aus der Reihe von quadratischen Transformationen, vermöge deren ein singulärer Punkt A von f aufgelöst wird, folgt auf Grund eines Theorems von *A. L. Cauchy* (II B 1, Nr. **7**, *Osgood*), dass sich die Koordinaten x, y der Punkte eines Zweiges von f entwickeln lassen in Reihen von ganzen positiven Potenzen eines Parameters t, die für Werte von t mit hinreichend kleinem Modul konvergieren, während t in ein-eindeutiger Korrespondenz mit den Punkten des Zweiges steht (A selbst entspricht dem Werte $t = 0$); zudem ist t eine rationale Funktion der x, y (II B 1, Nr. **10, 11, 12**, *Osgood*; II B 2, Nr. **2, 3**, *Wirtinger*).

Sind x_0, y_0 die Koordinaten von A, und ist, was sich stets annehmen lässt, die singuläre Tangente verschieden von $x = x_0$, so leitet man aus der obigen Darstellung her, dass:

$$y - y_0 = (x - x_0)^{\frac{\alpha}{\Delta}}\left[(x - x_0)^{\frac{1}{\Delta}}\right],$$

wo $[k]$, nach *Halphen*, eine nach ganzen positiven Potenzen von k fortschreitende Reihe bedeutet, mit nicht verschwindendem Anfangsgliede; in jedem Gliede der rechten Seite hat man für $(x - x_0)^{\frac{1}{\Delta}}$ ein und dieselbe, im übrigen nach Belieben ausgewählte Δ^{te} Wurzel zu nehmen. Ferner ist $\alpha \geqq \Delta$; für $y = y_0$ als singuläre Tangente ist $\alpha > \Delta$, und zwar, nach dem Theorem von *Cayley-Halphen* [169]), $\alpha = \Delta + \Delta'$. Die (auf die kleinste Benennung gebrachten) gebrochenen Exponenten der Potenzen von $x - x_0$ haben Δ als kleinsten gemeinsamen Nenner [170]).

169) Angedeutet von *Cayley* [167]); bewiesen mittels der analytischen Darstellung der Zweige als Geradenörter von *Halphen* [168]). Vgl. auch *O. Stolz* [176]), p. 441 (nach einer Bemerkung von *Weierstrass*); *M. Noether*, Math. Ann. 9 (1875), p. 166 (bes. p. 182); *H. G. Zeuthen*, Math. Ann. 10 (1876), p. 210; *Halphen*, Étude, p. 544 f.; *Segre* [287]), n. 43.

170) Man hat auch die einfachere Darstellung:

$$x - x_0 = \tau^{\Delta}, \quad y - y_0 = \tau^{\alpha}[\tau],$$

wo τ ein neuer Parameter ist, von hinreichend kleinem Modul, der eindeutig den Punkten des Zweiges entspricht (aber im allgemeinen keine rationale Funk-

Cayley[167]) hat auch die *partiellen* Zweige in Betracht gezogen, die aus der obigen Darstellung des *vollständigen* Zweiges hervorgehen, wenn man einen der Δ Werte $(x - x_0)^{\frac{1}{\Delta}}$ festlegt. Von den Δ Schnittpunkten des vollständigen Zweiges mit einer zu A, aber nicht zu a benachbarten Geraden befindet sich stets je einer auf jedem partiellen Zweige[171]).

Ein vollständiger Zweig, bezogen auf das Gebilde $F = 0$, heisst nach *Weierstrass* „*Element des Gebildes*", nach *Cayley* „*superlinearer Zweig*" (superlinear branch) der Kurve, einfach „*Zweig*" nach *Noether*, endlich „*cyklische Gruppe*" (*groupe circulaire* oder *cycle*) nach *Halphen*.

Eine Methode, die obigen Reihenentwicklungen explizite zu gewinnen, findet sich schon bei *Newton*[172]), und ist verwendet und weiter vertieft von *Cramer*[212]); es kommt darauf an, die Ordnung des ersten Termes jeder Entwicklung zu erkennen; der Koeffizient dieses Termes berechnet sich dann mittels des „*Newton*'schen *Parallelogrammes*"[173]).

V. Puiseux[174]) hat die Methode vervollkommnet, indem er nach-

---

tion von x, y ist). Er tritt schon bei *Puiseux*[174]) auf, und wird (zugleich mit t) von *Weierstrass* in seinen Vorlesungen verwendet, indessen hat ihn *Riemann*[37]) zuerst betrachtet als unendlich klein von der ersten Ordnung für den Zweig. Besitzt dann ein Punkt des Zweiges vom Ursprunge einen Abstand, unendlichklein von der Ordnung Δ, so bildet seine Tangente mit der singulären einen unendlich kleinen Winkel von der Ordnung Δ'.

171) Anders liegt die Sache, wenn die Gerade Tangente ist: vgl. *Halphen*[168]), art. 2, 3, wo die partiellen Zweige eingehend untersucht werden.

172) Analysis per aequationes numero terminorum infinitas (um 1669), Lond. 1711 = Opuscula 1, p. 3—28; ausführlicher in Methodus fluxionum et serierum infinitarum (1671), ed. *J. Colson,* Lond. 1736 = Opuscula 1, p. 31—199. Vgl. auch den zweiten Brief an *H. Oldenburg* vom 24. Okt. 1676 = Opuscula 1, p. 328—357. *Newton* verdankt man den Begriff der algebraischen Funktion; übrigens dachte er, wie die Mathematiker seiner Zeit, weder an eine Trennung der verschiedenen einem singulären Punkte der Kurve zugehörigen Entwicklungen, noch an imaginäre Zweige der Kurve. Vgl. *Brill-Noether,* Bericht, Abschn. I.

173) l. c., Opuscula 1, p. 41, 351. *De Gua*[4]), p. 24 ff., gebraucht dafür den *triangle algébrique,* auch *Cramer,* p. 54 ff., 155 ff., unter dem Namen des *triangle analytique.*

174) J. de math. (1) 15 (1850), p. 365; 16 (1851), p. 228; deutsch von *H. Fischer,* Halle 1861. — Der Fall eines unendlich grossen y wird von *Puiseux* auf den obigen mittels einer rationalen Transformation von y zurückgeführt: dann treten in den Entwicklungen von y ausser positiven noch negative Potenzen von x auf, aber diese nur in endlicher Anzahl. — Derselbe Begriff und dieselbe Einteilung der Entwicklungen in Klassen findet sich schon, wenn auch nur für den Fall eines unendlich entfernten singulären Punktes, bei *E. F. A. Minding,*

weist, wie sich die Reihenentwicklungen in Klassen (systèmes circulaires) gruppieren, derart, dass zu einer und derselben Klasse Werte von y gehören, die, während x in der *Gauss*'schen Ebene einen kleinen Kreis mit dem Zentrum x_0 beschreibt, sich zyklisch unter einander vertauschen, aber nicht mit denen einer andern Klasse. Ein vollständiger Zweig entspricht einem *Puiseux*'schen zyklischen System von Bestimmungen der algebraischen Funktion y.

M. Hamburger[161]) gelangt zu den gesuchten Entwicklungen vermöge eines allgemeinen analytischen Prozesses, der eine vorangehende Bestimmung der Ordnungen des Unendlichkleinen nicht erfordert. Er verwendet eine Reihe spezieller quadratischer Transformationen (mit zwei benachbarten Fundamentalpunkten) vom Typus $y_1 = \frac{y - y_0}{x - x_0}$;[175]) dass die Reihe der analytischen Operationen abbricht, geht hervor aus der Diskriminante von F, F als Funktion von y aufgefasst. Die Entwicklungskoeffizienten werden berechnet, indem $\frac{dy}{dx}, \frac{d^2y}{dx^2}, \cdots$ aus $F(x, y) = 0$ entnommen werden[176]).

Ohne die Existenz einer Entwicklung in einem einfachen Punkte vorauszusetzen, führt *A. Brill*[177]) direkt die Spaltung der — in geeigneter Weise nach dem „*Vorbereitungssatze*" von *Weierstrass*[178]) umgeformten — Funktion $F(x, y)$ in Linearfaktoren von y (Potenzreihen von x).

Ein direktes Verfahren zur Trennung der Entwickelungen von y

J. f. Math. 23 (1841), p. 255. — Über die Methode von *Newton-Puiseux* vgl. I B 1 b, Nr. **10**, *Netto*; II B 2, Nr. **2**, *Wirtinger*, und die dort zitierten Arbeiten; sodann noch, auch wegen der Berechnung der Reihen auf arithmetischer Grundlage, *Hensel-Landsberg* [160]), p. 25 ff., sowie II B 2, *Hensel*, Ergänzungsteil.

175) Über die Anwendung singulärer birationaler (quadratischer und kubischer) Transformationen s. *G. Riess*, Diss. Erlangen 1893.

176) Nicht wesentlich verschieden davon verfährt *Weierstrass* in Vorlesungen seit 1873 (vgl. Werke 4, Kap. 1), und *L. Königsberger*, Vorl. über die Theorie der elliptischen Funktionen, Leipzig 1874, 1, p. 189 ff.; vgl. auch *O. Biermann*, Theorie der analytischen Funktionen, Leipzig 1887, p. 193 ff. — *Plücker* [12]), p. 155 ff. hatte schon die sukzessiven Differentialgleichungen betrachtet, die sich für die Schnitte der Kurve mit einer Geraden durch A darbieten, und aus der Art und Weise, wie sich die $\frac{dy}{dx}, \frac{d^2y}{dx^2}, \ldots$ für A ergeben, hatte er die Singularität in A erschlossen, ohne auf Reihenentwicklungen Rücksicht zu nehmen. Vgl. auch *O. Stolz*, Math. Ann. 8 (1874), p. 415.

177) München Ber. 21 (1891), p. 207.

178) Abh. aus der Funktionenlehre, Berlin 1886, p. 107 = Werke 2, p. 135 (II B 1, Nr. **45**, *Osgood*).

und zur Bestimmung der Koeffizienten hat *L. W. Thomé*[179]) aus der Theorie der linearen Differentialgleichungen hergeleitet.

14. Anwendungen; Multiplizität des Schnittes. Gegeben seien zwei Kurven f, f_1 der Ordnung n, n_1 mit beliebigen Singularitäten, jedoch ohne gemeinsame Bestandteile; um die Multiplizität eines gemeinsamen Punktes A innerhalb der Anzahl nn_1 (Nr. 2) ihrer Schnittpunkte zu bestimmen, wähle man etwa den Punkt $x_1 = 0$, $x_2 = 0$ ausserhalb dieser Schnittpunkte und ihrer Verbindungsgeraden, und eliminiere sodann x_3 aus $f = 0$, $f_1 = 0$. Die Schnittpunkte beider Kurven werden durch die Linearfaktoren der Resultante R geliefert; als Definition der Multiplizität in A (von der sich zeigen lässt, dass sie unabhängig vom Koordinatensystem ist) wähle man die des entsprechenden Linearfaktors von R.[180]) Haben f, f_1 in A die Multiplizität s, r, so ist die des Schnittpunktes $\geqq sr$, und zwar $> sr$ nur dann, wenn beide Kurven in A irgend eine gemeinsame Tangente besitzen[181]). — *Cayley*[167]), und mit ihm *Halphen* (s. z. B.[168]), Étude, ...) und *H. J. St. Smith*[182]) legen als Definition der Resultante die des

---

179) J. f. Math. 104 (1888), p. 1; 108 (1891), p. 335; 112 (1893), p. 165; 122 (1900), p. 1 (bes. p. 21—23).

180) Vgl. *O. Stolz*, Math. Ann. 15 (1879), p. 122; *Noether*[197]), p. 315 ff.; *Segre*[25]).

181) Rein rationale Beweise gaben *Noether*[180]); *A. Voss*[284]), p. 533. Den Prozess von *Voss* hat *Segre*[25]) weiter verfolgt, und *L. Berzolari* hat ihn auf die Flächen ausgedehnt, Ann. di mat. (2) 24 (1896), p. 165.

182) Lond. Math. Soc. Proc. 6 (1873/76), p. 153 = Papers 2, p. 101. — Die Multiplizität lässt sich nach *Weierstrass* auch so definieren, dass man in f_1 die (auf f bezüglichen) Entwicklungen von x, y in Potenzreihen des Parameters t (Nr. **13**) einsetzt und die kleinste Potenz von t ermittelt. Diese Definition ist übrigens nur ein besonderer Fall einer allgemeineren von *Weierstrass*, Werke 4, Kap. 2, 6, die dann auch *Halphen* entwickelt hat, Soc. math. de France Bull. 4 (1875), p. 59; Étude, p. 575 ff. Wenn man in einer rationalen Funktion $\varphi(x, y)$, die ausser x, y auch die Ableitungen von y nach x enthalten kann, für y und ihre Ableitungen die auf einen Zweig der gegebenen Kurve f bezüglichen Potenzreihen nach t einsetzt und das Resultat nach wachsenden Potenzen von t ordnet, so ist der Grad des ersten Terms unabhängig von der Auswahl des den Punkten des Zweiges ein-eindeutig entsprechenden Parameters t und heisst *Ordnungszahl* des Zweiges in bezug auf φ. Die Summe der Ordnungszahlen aller Zweige von f in bezug auf φ ist gleich Null; ein Satz, den *Halphen*, l. c., anwendet auf die Untersuchung der Anzahl der Punkte, für die die infinitesimalen Elemente von f einer gegebenen, von der Kurve unabhängigen projektiven Beziehung genügen (d. h. der Punkte, für die eine gegebene Differential-Invariante oder -Kovariante verschwindet). S. auch *Halphen*, J. de math. (3) 2 (1876), p. 257, 371 [Auszug Paris C. R. 81 (1875), p. 1053]; Thèse sur les invariants différentiels, Paris 1878; *R. F. Gwyther*, Lond. Trans. 184 (1893), p. 1171; Lond. R. Soc. Proc. 53

Produktes der Differenzen der Werte von y zu Grunde, die vermöge $f=0$, $f_1=0$ einem und demselben Werte von x entsprechen. Für $A=(x_0, y_0)$ genügen die Bestimmungen der y, die für $x=x_0$ den Wert y_0 annehmen: setzt man für die y ihre Entwickelungen nach Potenzen von $x-x_0$ ein, so giebt der kleinste Exponent, mit dem $x-x_0$ im Resultate behaftet ist, die gesuchte Multiplizität an[183]).

Die Definition der Schnittpunktmultiplizität lässt sich nach *Halphen*[184]) (III C 3, Nr. **2**, *Zeuthen*) in eine geometrische Form bringen als die Summe der Ordnungen der unendlich kleinen Segmente, die zwischen den beiden Kurven auf einer Transversalen angeschnitten werden, deren Abstand von A unendlich klein von der ersten Ordnung ist. *Cayley*[167]) und mit ihm *Halphen*[185]) führen formal auch gebrochene Multiplizitäten ein für die isoliert betrachteten partiellen Zweige: die Multiplizität wird dann sr, vermehrt um die Summe der Ordnungen der Berührung, die alle partiellen Zweige von f mit allen denen von f_1 eingehen[186]).

(1893), p. 420; und I B 2, Nr. **20**. Im besondern, für die Differentialgleichung einer C^n, vgl. *Halphen*, Thèse zit.; *J. J. Sylvester*, Paris C. R. 103 (1886), p. 408; Nature 34 (1886), p. 365; Am. J. of math. 9 (1887), p. 345; *M. Philippoff*, Diss. Heidelberg 1892.

Aus den Untersuchungen von *Halphen* geht hervor, dass auf einer C^n der Klasse n' die Anzahl der Punkte, in deren jedem eine Differentialkovariante der 1ten Ordnung verschwindet, *unabhängig von der Kurve*, den Wert $\omega n' + \omega' n$ besitzt, wo ω, ω' lediglich von der Kovariante abhängige Zahlen sind. Diese Formel drückt einen Satz aus, mit dem *G. Fouret*, Soc. math. de France Bull. 2 (1874), p. 72 einen Satz von *M. Chasles*[100]) über algebraische ∞^1 Systeme von Kurven ausgedehnt hat, vgl. [102]). Die Formel gilt auch für Differentialkovarianten beliebiger Ordnung, so lange C^n nur lineare Zweige besitzt; andernfalls ist für eine Kovariante Γ der 2ten Ordnung die genaue Formel $\omega n' + \omega' n + \gamma \sum(\Delta - \Delta')$, wo γ den Grad von Γ bez. $\frac{d^2y}{dx^2}$ bedeutet (oder auch die Anzahl der Integralkurven der Differentialgleichung 2ter Ordnung $\Gamma=0$, die durch einen gegebenen Punkt gehen und daselbst eine gegebene Gerade berühren), und die Summe sich erstreckt auf alle Zweige von C^n, für die $\Delta > \Delta'$. Hinsichtlich der Kovarianten einer Ordnung > 2 vgl. [209]).

183) Der Beweis der Äquivalenz beider Definitionen ist durch *Stolz*[180]) mittels der charakteristischen Kombinationen (Nr. **16**) geführt worden. Vgl. auch *Smith*[182]); *Halphen*, Étude, p. 637; *Noether*[199]).

184) Über diese und andere Formen vgl. *Halphen*[168]), art. 1, 4; Soc. math. de France Bull. 1 (1873), p. 133; 2 (1873), p. 35; er macht verschiedene Anwendungen davon, vornehmlich auf die Charakteristikentheorie der Systeme von Kegelschnitten und Flächen 2. Ordnung (III C 3, Abschn. V, VI, *Zeuthen*).

185) S. [168]), art. 1; Étude, p. 648. Anwendungen giebt *J. de la Gournerie*, J. de math. (2) 14 (1869), p. 425; 15 (1870), p. 1; Paris C. R. 77 (1873), p. 573.

186) Von diesem Satze ging *Halphen* aus, Soc. math. de France Bull. 3

Noether[169]), [197]) geht nicht auf die Betrachtung der Ordnungen des Unendlichkleinen ein, sondern spaltet die Schnittmultiplizität in Teile, indem er zurückgeht auf die quadratischen Transformationen, die die Singularitäten von f und f_1 in A auflösen (Nr. **12**). Bedeuten $r_i, r_{ik}, \ldots$ für f_1 die analogen Zahlen, wie $s_i, s_{ik}, \ldots$ für f, so ist die Anzahl der in A fallenden Schnittpunkte von f und f_1 gleich rs, vermehrt um die in $A_1', A_2', \ldots$ fallenden der transformierten Kurven f', f_1', daher wenigstens gleich $rs + \sum_i r_i s_i$ (wo einige der r_i, s_i verschwinden können). Diese Zahl wird überschritten, wenn f', f_1' in einem der Punkte A_i' eine gemeinsame Tangente besitzen; dann ist die Anzahl der in A_i' fallenden Schnittpunkte von f', f_1' gleich $r_i s_i + \sum_k r_{ik} s_{ik}$; u. s. f. Treibt man den Prozess so weit, bis eine von zwei homologen Zahlen s, r Null ist, so drückt sich die genaue Schnittmultiptizität von f und f_1 in A aus durch:

$$rs + \sum_i r_i s_i + \sum_{i,k} r_{ik} s_{ik} + \cdots;$$

sie ist gerade dieselbe, als wenn f und f_1 nur gewöhnliche vielfache Punkte von der Multiplizität $s, r; s_1, r_1; \ldots$ gemein hätten und überdies noch eine gewisse Anzahl einfacher Punkte, alle zu A benachbart und zu je zweien ohne gemeinsame Tangenten.

Hieran knüpft sich ein weiterer Charakter eines singulären Punktes, auf den *C. Segre*[187]) aufmerksam gemacht hat. Bei einigen Fragen genügt es nicht, auf die *Noether*'sche Zusammensetzung des singulären Punktes und auf die Ordnungen der von ihm ausgehenden Kurvenzweige zu achten; sondern bei der Folge von unendlich benachbarten Punkten mit den Multiplizitäten s, s_i, $s_{ik}, \ldots$ kommt auch die Natur der durch sie laufenden Kurvenzweige zur Geltung. So können z. B. drei benachbarte Punkte von f zwei verschiedene Fälle darbieten, je nachdem durch sie lineare oder nur superlineare Zweige hindurchgehen[188]).

Eine andere Methode zur Bestimmung der Schnittmultiplizität

(1875), p. 76, in der Absicht — nach Massgabe der Formulierung der Frage bei *L. Painvin,* Nouv. Ann. de math. (2) 6 (1867), p. 113; Bull. sci. math. (1), 4 u. 5 (1873), p. 131 und 138 — eine allgemeine Formel zu finden für die Schnittmultiplizität, wennn f und f_1 gegeben wären durch ihre Gleichungen. Über rationale Prozesse s. Nr. **15**, Ende.

187) S. [162]), p. 5—10; [416]).

188) Im zweiten Falle könnten sie also nicht als (unendlich benachbarte) Basispunkte einer quadratischen Transformation genommen werden, vgl. [416]).

in Verbindung mit dem *Noether*'schen Fundamentalsatz (Nr. **23**) und der Schnittpunkttheorie (Nr. **33**) hat *F. S. Macaulay*[188a]) angegeben.

15. Das Geschlecht und die adjungierten Kurven bei beliebig singulären Kurven; Erweiterung der Plücker'schen Formeln. Die *Noether*'sche Auffassung der Singularitäten bietet den Vorteil, dass sich die für Kurven mit nur gewöhnlichen Singularitäten gültigen Begriffe und Sätze in derselben Gestalt auf irgendwie singuläre Kurven (nur ohne vielfache Bestandteile) ausdehnen lassen, sobald man mit den *unmittelbaren* Multiplizitäten auch die *sukzessiven* oder *benachbarten* berücksichtigt.

Für das Geschlecht p einer solchen Kurve f der Ordnung n findet man:

$$p = \tfrac{1}{2}(n-1)(n-2) - \sum \tfrac{1}{2}s(s-1), \tag{9}$$

wo sich die Summe erstreckt auf alle — unmittelbaren und benachbarten — Multiplizitäten s von f.[189]) Für eine irreduzible Kurve f ist $p \geqq 0$ (für $p = 0$ entstehen die rationalen Kurven); zerlegt sich dagegen f in a getrennte und irreduzible Teile, so wird $p \geqq 1 - a$ (vgl. Formel (1) in Nr. **2**), oder genauer $p = \sum_i p_i - a + 1$, unter $p_1, p_2, \ldots, p_a$ die Geschlechter der Komponenten verstanden.

Auch die *Zeuthen*'sche Formel (4) für eine algebraische Korrespondenz (x, x') zwischen zwei Kurven mit den Geschlechtern p, p' (Nr. **4**) erweitert sich auf irgendwie singuläre Kurven[190]) wie folgt:

188a) Siehe die in [366]) zitierten Arbeiten von *Macaulay* und *Scott*.

189) *Weierstrass*, Werke **4**, Kap. 6; *Noether*, z. B. [49]), p. 501. — In einer rein algebraischen Theorie kann (9) als *Definition* von p gewählt werden (so z. B. bei *Noether* [197]), p. 332): alsdann ergiebt sich, dass p gleich dem Geschlecht der mit nur gewöhnlichen Singularitäten behafteten Kurve ist, die aus f durch quadratische Transformationen hervorgeht, so dass auch für irgendwie singuläre Kurven der Satz von *Riemann* folgt (Nr. **4**).

Bedeutet C die Anzahl der linearen Bedingungen, die einer Kurve aufzuerlegen sind, damit sie in einem gegebenen Punkte eine gegebene Singularität aufweist, E die Erniedrigung, die diese Singularität im Geschlecht der Kurve hervorbringt, und I die Schnittmultiplizität, die in diesem Punkte zwei Kurven mit der gegebenen Singularität besitzen, so rührt von *G. B. Guccia*, Paris C. R. 103 (1886), p. 594 [vgl. auch *M. Noether*, Pal. Rend. 4 (1890), p. 300] die Relation $C = I - E$ her. Sie ist eine unmittelbare Folge aus (9) und aus der Identität $\frac{1}{2}s(s+1) = s^2 - \frac{1}{2}s(s-1)$: *Brill-Noether*, Bericht, p. 385. Sätze ähnlicher Art gab *Guccia*, Paris C. R. 107 (1888), p. 656, 903; Rom. Linc. Rend. (4) 5^1 (1889), p. 18 [vgl. *H. G. Zeuthen*, Pal. Rend. 3 (1889), p. 171]; Pal. Rend. 3 (1889), p. 241.

190) *G. Halphen*, Soc. math. de France Bull. 5 (1876), p. 7; Étude, p. 626. Einen mehr geometrischen Beweis, auf Grund des Satzes $\alpha = \Delta + \Delta'$ (Nr. **13**)

$$(10)\qquad \sum(\nu' - \nu) = 2x(p' - 1) - 2x'(p - 1),$$

die Summe erstreckt auf alle Paare entsprechender Punkte A, A' derart, dass, wenn ein Punkt gegen A (resp. A') auf einem Zweige von f (resp. f') unendlich nahe rückt, sich unter den x' (resp. x) entsprechenden Punkten ν' (resp. ν) befinden, die auf einem und demselben Zweige von f' (resp. f) gegen A' (resp. A) unendlich nahe rücken.

Adjungiert zu f heisst irgend eine Kurve (irreduzibel oder nicht), die in allen s-fachen ($s > 1$), unmittelbaren und benachbarten Punkten von f (wenigstens) die Multiplizität $s - 1$ besitzt[191]). Diese Adjungierten, bei genügend hoher Ordnung, existieren stets und bilden ein lineares System; solche sind z. B. die ersten Polaren, die aber unter den Adjungierten nur projektiv ausgezeichnet sind. Über die Definition von p auf Grundlage der Adjungierten s. Nr. 27.

Die *Noether*'sche Methode für die Schnittmultiplizität kann im besonderen auf die Bestimmung der Klasse n' von f angewendet werden, d. h. (Nr. 2) auf die Schnittpunkte von $f = 0$ mit einer der ersten Polaren $\sum_{i=1}^{3} p_i \frac{\partial f}{\partial x_i} = 0$[192]). Ist $\lambda_1 A_1 + \lambda_2 A_2 = 0$ ein allgemeines Geradenbüschel, so liefert die Elimination der x_i aus dieser und den beiden vorigen Gleichungen eine Resultante $D(\lambda_1, \lambda_2)$ vom

---

giebt *Zeuthen* [202]), n. 5; einen andern, mittels desselben Gedankenganges, wie bei der Definition von p durch lineare Scharen ∞^1 (Nr. 24), *Segre* [287]), § 10. — Wiederum einen andern Beweis entnimmt *A. Hurwitz* [379]), p. 416, der Formel $2P - 2 = W + n(2p - 2)$, die das Geschlecht P einer n-blättrigen *Riemann*'schen Fläche mit W einfachen Verzweigungspunkten liefert, die über einer gegebenen *Riemann*'schen Fläche vom Geschlecht p ausgebreitet ist. Diese Formel, die für $p = 0$ in die *Riemann*'sche Formel (2) übergeht, leitet *Hurwitz* aus der Betrachtung der endlichen Integrale her; einen Beweis auf Grund der Analysis situs hatte er schon Math. Ann. 39 (1891), p. 53 gegeben. — Ebenfalls mittels Analysis situs beweist und erweitert die Formel (10) *X. Stouff*, Ann. éc. norm. sup. (3) 5 (1888), p. 222, und wendet sie auch bei den *Fuchs*'schen Funktionen an; sowie *de Paolis*, erstes Zitat [158]), n. 201.

191) *Brill-Noether* [287]), § 7; *Noether* [197]), p. 336 ff. — Zur Diskussion der die Adjunktion definierenden Gleichungen s. *Noether*, l. c., §§ 26, 30, 31; [350]), n. 9—13; sodann *O. Biermann*, Monatshefte Math. Phys. 10 (1899), p. 373; *J. C. Fields*, Acta math. 26 (1901), p. 157; J. f. Math. 124 (1902), p. 179; 127 (1904), p. 277; *H. Stahl*, Arch. Math. Phys. (3) 6 (1902), p. 177; 7 (1902), p. 15. — Das Verhalten einer Adjungierten in einem singulären Punkte von f untersucht mit Reihenentwickelungen *W. Köstlin*, Diss. Tübingen 1895 = Zeitschr. Math. Phys. 41 (1896), p. 1.

192) *Noether* [169]), [197]).

Grade $n(n-1)$ in λ_1, λ_2, die *Noether* in zwei Faktoren D_0 und D_p zerlegt; von diesen hängt der erstere nicht von den p_i ab, sondern allein von den vielfachen Punkten von f, während der letztere keinen von den p_i unabhängigen Linearfaktor enthält. Weiterhin spaltet sich D_0, mittels quadratischer Transformationen, eindeutig in zwei Faktoren, deren einer, der *Doppelfaktor* T^2 von D, im Quadrat auftritt; das Produkt V des andern mit D_p — so dass $D = T^2 V$ — nennt *Noether* den *Verzweigungsfaktor* von D. Einem bestimmten s-fachen Punkt A, dem (gewöhnliche) s_i-, s_{ik}-...-fache Punkte unendlich benachbart sind, entspricht als Grad von T^2:

$$s(s-1) + \sum_i s_i(s_i - 1) + \sum_{i,k} s_{ik}(s_{ik} - 1) + \cdots;$$

andererseits ist der bezügliche Grad des zweiten Faktors von D_0, wenn man mit Δ die Ordnungen der von A ausgehenden superlinearen Zweige bezeichnet, nach *Riemann*[160]) gleich $\sum(\Delta - 1)$. Diese Anzahl (die übereinstimmt mit $s - \varrho$, unter ϱ die Anzahl der von A ausgehenden Zweige verstanden) heisst nach *Noether* die „*Verzweigung*" der singulären Stelle (nach *Smith* der „*Kuspidalindex*" von A), d. i. die Anzahl der daselbst festliegenden einfachen Verzweigungspunkte[193]). Der Grad von T^2 ist die Schnittmultiplizität von f in A mit irgend einer Adjungierten, während die von f mit einer allgemeinen ersten Polare jene Anzahl um die Verzweigung übertrifft[194]).

---

193) Die obige Spaltung hängt zusammen mit der *Kronecker*'schen [160]) der Diskriminante von y in wesentliche und ausserwesentliche Teiler. Der zweite Faktor gehört ganz dem festen Faktor D_0 an, der erste dagegen zum Teil D_0, zum Teil dem beweglichen Faktor D_p. — $\sum s(s-1)$ und $\sum(\Delta - 1) + n'$ sind resp. die Grade des ausserwesentlichen und des wesentlichen Faktors der Diskriminante in bezug auf eine allgemeine erste Polare; beim zweiten sind $\sum(\Delta - 1)$ und n' resp. die Grade seines festen und beweglichen Teilers. — Eine mehr geometrische Bestimmung der Verzweigung findet sich bei *Bertini* [161]), und Ist. Lomb. Rend. 23 (1890), p. 307.

194) Obige Anzahlen ergeben sich auch, wenn man, wie *Cayley* [167]), ausgeht von der Definition der Diskriminante als Produkt der Quadrate der Differenzen der y-Werte, und in diese ihre Reihenentwickelungen nach Potenzen von x einsetzt. Der Grad von D_0 für den Punkt A ergiebt sich so als das Doppelte der Summe der Ordnungen der unendlich kleinen Segmente, die durch f auf einer Sekante ausgeschnitten werden, deren Abstand von A unendlich klein von der ersten Ordnung ist, und die nicht mit einer der Tangenten in A zusammenfällt: *Halphen* [168]), art. 5; *Zeuthen* [169]). Man kann auch sagen, dass dieser Grad gleich $s(s-1)$ ist, vermehrt um das Doppelte der Summe der Berührungsordnungen aller partiellen von A ausgehenden Zweige, zu je zweien: *Cayley*, l. c.; *Halphen*, Étude, p. 646.

Man hat daher:

$$(11)\qquad n' = n(n-1) - \sum s(s-1) - \sum(\Delta - 1),$$

nebst der dualen Formel:

$$(11')\qquad n = n'(n'-1) - \sum s'(s'-1) - \sum(\Delta' - 1),$$

wo sich die ersten Summen resp. auf alle Punkt- und Tangenten-Multiplizitäten (unmittelbare und benachbarte) s und s' von f erstrecken, die letzteren dagegen auf alle bezüglichen Zweige, die als Punktörter die Ordnung Δ (>1), als Geradenörter die Klasse Δ' (>1) besitzen.

Wendet man sodann das Theorem von *Riemann* an auf die Punktkurve f und das Umhüllungsgebilde ihrer Tangenten, so folgt aus (9):

$$(12)\qquad n(n-3) - \sum s(s-1) = n'(n'-3) - \sum s'(s'-1).$$

Die Formeln (11), (11′), (12) treten für eine Kurve mit irgendwelchen Singularitäten an die Stelle der gewöhnlichen *Plücker*'schen Formeln (Nr. 8). Bei Einführung des Geschlechts lassen sie sich (vgl. Formeln (8))[195]) auch so schreiben:

$$(13)\qquad \begin{aligned} 2p-2 &= n(n-3) - \sum s(s-1) = \sum(\Delta - 1) + n' - 2n \\ &= n'(n'-3) - \sum s'(s'-1) = \sum(\Delta' - 1) + n - 2n'. \end{aligned}$$

Hieraus gehen bemerkenswerte Erweiterungen von andern *Plücker*schen Relationen hervor (III C 3, Nr. 3), z. B. (s. (7)):

$$\sum(\Delta - \Delta') = 3(n - n'), \qquad \sum(2\Delta + \Delta' - 3) = 3(n + 2p - 2),$$

wo die erste Summe auf alle solche Zweige der Kurve, für welche $\Delta \gtrless \Delta'$, die zweite auf alle solche, für welche $\Delta\Delta' > 1$, zu erstrecken ist.

Eliminiert man p aus der letzten Formel und aus (9) und bezeichnet mit r' die Anzahl der in einfache Punkte fallenden Wendepunkte, jeden die erforderliche Anzahl von Malen gerechnet (Nr. 7), so kommt:

$$r' = 3n(n-2) - 3\sum s(s-1) - \sum(2\Delta + \Delta' - 3),$$

wo sich die zweite Summe auf die Zweige mit $\Delta > 1$ bezieht.

195) Für alle diese Formeln vgl. *Noether* [169]), p. 182. Über den zweiten der Ausdrücke (13) von p — der äquivalent mit (2) ist — und für die auf ihm beruhenden Beweise der Invarianz von p s. *Noether,* l. c., und [49]), p. 499; *Smith* [182]), n. 17; *Halphen,* Paris C. R. 78 (1874), p. 1833; [162]); Ass. Franç. 4ᵉ session, Nantes, 1875, p. 237; Soc. math. de France Bull. 4 (1875), p. 29; Étude, p. 624; *Zeuthen* [169]). Vermöge derselben Formel leitet *Thomé* [179]) aus der Theorie der linearen Differentialgleichungen eine Bestimmung von p her.

Demnach erniedrigt ein singulärer Punkt von f das Geschlecht, die Klasse, und die Anzahl der Wendepunkte resp. um:

$$\tfrac{1}{2}\sum s(s-1), \quad \sum s(s-1)+\sum(\Delta-1),$$
$$3\sum s(s-1)+\sum(2\Delta+\Delta'-3),$$

wo sich die Summen auf die *Noether*'schen Komponenten des vielfachen Punktes und auf die durch ihn gehenden superlinearen Zweige erstrecken[196]).

Eine rein *rationale* Ausführung aller beschriebenen Prozesse (d. h. derart, dass bei beliebig gegebener Gleichung $f=0$ nur die Lösung linearer Gleichungen erfordert wird), insbesondere zur Bestimmung des Geschlechts und der adjungierten Kurven, verdankt man *Noether*[197]).

16. Charakteristische Zahlen eines Zweiges. *Smith* und *Halphen*[198]) haben beobachtet, dass in der Entwickelung von y nach wachsenden Potenzen (mit positiven, gebrochenen Exponenten) von x, die zu einem Zweige mit dem Ursprunge $x=y=0$ und mit der Tangente $y=0$ gehört, lediglich die Exponenten $t, t_1, \ldots, t_k$ gewisser in endlicher Anzahl vorhandener Terme — *kritische* bei *Smith*, *charakteristische* bei *Halphen* genannt — in die Definition der auf die

196) Z. B. für einen Zweig der Ordnung Δ und der Klasse Δ', wo Δ, Δ' teilerfremd und $\alpha=\Delta+\Delta'$ gesetzt ist, betragen diese Erniedrigungen

$$\tfrac{1}{2}(\Delta-1)(\alpha-1), \quad \alpha(\Delta-1), \quad 3\Delta\alpha-2(\Delta+\alpha),$$

vgl. [166]). — Für einen s-fachen Punkt mit t ($\leqq s$) verschiedenen, $(s+1)$-punktig treffenden Tangenten sind sie $\frac{1}{2}s(s-1)$, s^2-t, $s(3s-1)-2t$.

197) Math. Ann. 23 (1883), p. 311. Vgl. überdies, zu dem Problem der Schnittpunktsmultiplizität, *L. Painvin* [186]); *A. Brill*, München Ber. 18 (1888) p. 81; zu p: *L. Raffy,* Ann. éc. norm. sup. (2) 12 (1883), p. 156; Math. Ann. 23 (1883), p. 527; zu p und den Adjungierten: *M. Tikhomandritzky,* Bull. sci. math. (2) 17^1 (1893), p. 51; Ann. éc. norm. sup. (3) 10 (1893), p. 151, der sich auch mit der rationalen Untersuchung der vielfachen Punkte beschäftigt: Charkow Ber. (2) 2 (1890), p. 114; in arithmetischer Hinsicht (II B Ergänzungsteil 2, *Hensel*) s. *K. Hensel,* J. f. Math. 109 (1892), p. 1 (Auszug Deutsche Math. Ver. Jahresb. 1 (1892), p. 56); Acta math. 18 (1894), p. 247. — Zur praktischen Ermittelung von p und der Adjungierten s. auch *H. F. Baker,* Cambr. Trans. 15^4 (1894), p. 403 (Auszug Math. Ann. 45 (1894), p. 133). — Von den *Noether*'schen Ergebnissen haben *D. Hilbert* und *A. Hurwitz,* Acta math. 14 (1889), p. 217 eine Anwendung gemacht auf die Aufsuchung aller ganzzahligen Lösungen einer Gleichung $f(x_1, x_2, x_3)=0$, wo f eine ganze ganzzahlige homogene Funktion der x ist, und die Kurve $f=0$ das Geschlecht Null besitzt; oder, was dasselbe ist, auf die Aufsuchung aller Punkte dieser Kurve, deren Koordinaten rationale Zahlen sind.

198) *Smith* [182]); *Halphen* [168]), art. 3, 4; J. de math. (3) 2 (1876), p. 87; Étude, p. 636. Vgl. auch *Königsberger* [176]); *Briot* [40]); *Stolz* [180]); *Brill* [177]); *Jordan* [165]), p. 567 ff.

Singularität des Zweiges bezüglichen Zahlen (Erniedrigung des Geschlechtes, der Klasse u. s. w.) eintreten. Es sind das solche, die, auf die kleinste Benennung gebracht, im Nenner einen im Gegensatz zu den Nennern der vorangehenden Exponenten neuen Faktor aufweisen; sie sind invariant gegenüber linearen Transformationen der Ebene. *Halphen* hat sie auf die Form gebracht:

$$t = \frac{s}{q}, \quad t_1 = t + \frac{s_1}{q q_1},$$

$$t_2 = t_1 + \frac{s_2}{q q_1 q_2}, \ldots, t_k = t_{k-1} + \frac{s_k}{q q_1 \ldots q_k},$$

wo s_i, q_i ganze, positive, relativ prime Zahlen sind, und $q q_1 \ldots q_k$ der allen Exponenten gemeinsame Nenner Δ; die t_i nennt er die *charakteristischen Exponenten* und die Brüche $\frac{s_i}{q_i}$ die *charakteristischen Zahlen* des Zweiges.

Setzt man:

$$q = \frac{\Delta}{\Delta_1}, \quad q_1 = \frac{\Delta_1}{\Delta_2}, \ldots, \quad q_{k-1} = \frac{\Delta_{k-1}}{\Delta_k}, \quad q_k = \Delta_k,$$

$$s = \frac{\alpha}{\Delta_1}, \quad s_1 = \frac{\alpha_1}{\Delta_2}, \ldots, \quad s_{k-1} = \frac{\alpha_{k-1}}{\Delta_k}, \quad s_k = \alpha_k,$$

so verwendet *Smith* die Zahlen $\Delta, \Delta_1, \ldots, \Delta_k$, sowie:

$$\gamma = \alpha, \quad \gamma_1 = \alpha + \alpha_1, \ldots, \quad \gamma_k = \alpha + \alpha_1 + \cdots + \alpha_k,$$

und nennt die $\frac{\gamma_i}{\Delta}$ (oder t_i) die *kritischen Exponenten.*

Noether[199]) hat diese Zahlen geometrisch aus der Reihe der quadratischen Transformationen erhalten, die den singulären Punkt auflösen; er nennt *charakteristische Kombinationen* der Singularität des Zweiges die Zahlenpaare $\Delta, \alpha; \Delta_1, \alpha_1; \ldots; \Delta_k, \alpha_k$.[200])

199) Pal. Rend. 4 (1890), p. 89, 300.

200) Δ ist die Ordnung des Zweiges, α die Multiplizität des Schnittes mit der singulären Tangente; Δ_i erhält man als grössten gemeinsamen Teiler von Δ_{i-1} und α_{i-1}, und man hat $\alpha > \Delta$, $\Delta \geq \Delta_1$, $\Delta_1 > \Delta_2 > \cdots > \Delta_{k+1} = 1$. Die Entwickelung von y nach Potenzreihen in x nimmt die Form an:

$$y = x^{\frac{\alpha}{\Delta}} \left[x^{\frac{\Delta_1}{\Delta}} \right] + x^{\frac{\alpha + \alpha_1}{\Delta}} \left[x^{\frac{\Delta_2}{\Delta}} \right] + \cdots + x^{\frac{\alpha + \alpha_1 + \cdots + \alpha_k}{\Delta}} \left[x^{\frac{1}{\Delta}} \right],$$

wo für die Potenzreihen die *Halphen*'sche Bezeichnung (Nr. **13**) gebraucht ist. Kehrt man die Reihe um, so ändern sich die charakteristischen Kombinationen im wesentlichen nicht, denn sie werden $\alpha, \Delta; \Delta_1, \alpha_1; \ldots; \Delta_k, \alpha_k$: vgl. *Halphen, Stolz* [198]). Stellt man den Zweig als Geradenort dar (Nr. **13**), so gelangt man zu den charakteristischen Kombinationen $\Delta' = \alpha - \Delta, \alpha; \Delta_1, \alpha_1; \ldots; \Delta_k, \alpha_k$: *Smith* [182]), n. 18; *Halphen* [168]), art. 4; Étude, p. 642; s. auch *Manchester* [210]).

Nach *Smith* (s. auch *Halphen, Noether,* l. c.) drücken sich die Reduktionen K und Π, die ein Zweig der Kurve f an der Klasse („*Diskriminant-Index*" des Zweiges) und am Geschlecht hervorbringen, mittels der α und Δ so aus:

$$(14)\qquad \begin{cases} K = \alpha(\Delta - 1) + \sum_{i=1}^{k} \alpha_i(\Delta_i - 1), \\ \Pi = \frac{1}{2}(\alpha - 1)(\Delta - 1) + \frac{1}{2} \sum_{i=1}^{k} \alpha_i(\Delta_i - 1), \end{cases}$$

so dass:

$$K = 2\Pi + (\Delta - 1).$$

Es seien $\overline{\Delta}$, $\overline{\alpha}$, $\overline{\Delta_i}$, $\overline{\alpha_i}$, $\overline{K}$, $\overline{\Pi}$ die den obigen Zahlen analogen für einen Zweig einer andern Kurve f_1, mit demselben Ursprunge; besitzt dann der erste Term, in dem sich die Entwickelungen von y für f, f_1 unterscheiden, den Exponenten

$$\frac{\alpha + \alpha_1 + \cdots + \alpha_\nu}{\Delta} + \varrho \frac{\Delta_{\nu+1}}{\Delta} \quad (\varrho > 0),$$

so ist die Schnittmultiplizität S beider Zweige[201]):

$$(15)\qquad S = \alpha\overline{\Delta} + \alpha_1\overline{\Delta_1} + \cdots + \alpha_\nu\overline{\Delta_\nu} + \varrho\,\Delta_{\nu+1}\overline{\Delta_{\nu+1}}.$$

Gehören beide Zweige derselben Kurve an, und bedeuten K_0 und Π_0 die von ihnen zusammen an der Klasse und dem Geschlecht hervorgebrachten Reduktionen, so ist (*Noether,* l. c.):

$$\Pi_0 = \Pi + \overline{\Pi} + S,$$
$$K_0 = K + \overline{K} + 2S = 2\Pi_0 + (\Delta - 1) + (\overline{\Delta} - 1).$$

17. Formeln von Halphen, Smith, Zeuthen. *Halphen* und *Smith* haben die Existenz von Relationen bemerkt, die nur die *unmittelbaren* (Punkt- und Tangenten)-Multiplizitäten enthalten, deren Anwendung also keinerlei Bestimmung von Ordnungen des Unendlichkleinen (oder irgendeine äquivalente Untersuchung) erfordert. Derart ist schon:

$$(16)\qquad \alpha = \Delta + \Delta',$$

und die Formel (10) von *Zeuthen* (und *Halphen*), die die Ausdehnung des *Riemann*'schen Theorems über die Erhaltung des Geschlechts (Nr. **15**) liefert.

201) *Stolz* [180]); *Smith* [182]), n. 8; *Halphen,* Étude, p. 637; *Noether* [199]). Der Ausdruck für S bestätigt dessen Invarianz bei linearen Transformationen der Ebene.

Einen Zusammenhang zwischen diesen verschiedenen Relationen hat *Zeuthen*[202]) ermittelt, ohne auf die Reihenentwickelungen zu rekurrieren, sondern, bei Ausgang von (16), unter Anwendung von (10) auf geeignete Korrespondenzen.

Sind K' und Π' die zu K und Π dualen Zahlen, so folgen aus (14) die Formeln von *Smith*[203]):

$$(17)\quad \begin{cases} K - K' = \Delta^2 - \Delta'^2, \\ \Pi - \Pi' = \frac{1}{2}\Delta(\Delta - 1) - \frac{1}{2}\Delta'(\Delta' - 1) = \frac{1}{2}(\alpha - 1)(\Delta - \Delta'). \end{cases}$$

Für zwei Kurven der Ordnung n, $\bar{n}$, resp. Klasse n', $\bar{n}'$, die die *unmittelbaren* Punkt- resp. Tangentenmultiplizitäten s, $\bar{s}$, resp. s', $\bar{s}'$ besitzen, gilt[204]):

$$n\bar{n} - n'\bar{n}' = \sum s\bar{s} - \sum s'\bar{s}'.$$

Für eine einzige Kurve gilt hingegen die *Zeuthen*'sche Formel[205]):

$$n(n-3) - \sum s(s-1) = n'(n'-3) - \sum s'(s'-1),$$

die sich von der *Noether*'schen Formel (12) dadurch unterscheidet,

---

202) Acta math. 1 (1882), p. 171. Von diesen und weiteren Eigenschaften hat *Noether*, Chicago Congr. Math. Papers 1896 (1893), p. 253 nachgewiesen, wie sie sich aus den Begriffen „konsekutiver" und „koinzidierender" Elemente einer Kurve ableiten lassen, indem ein „Kurvenelement" [oder „Element 1ter Ordnung", vgl. [164])] durch einen Punkt eines Zweiges und die bezügliche Tangente gebildet wird. Stellt man einen Punktzweig mit dem Ursprunge $x = 0$, $y = 0$ durch zwei Potenzreihen in t (Nr. **13**) dar, die für $t = 0$ verschwinden, so erhält man (von einander verschiedene) „konsekutive" Punkte, entsprechend den sukzessiven Werten 0, dt, $2dt$, ... von t. Der Begriff „koinzidierender" Punkte bezieht sich auf *verschiedene*, in $x = y = 0$ hineinfallende Punkte, die im übrigen ebensowohl getrennten Zweigen angehören, wie konsekutive Punkte des nämlichen Zweiges sein können: im letzteren Falle liegt ein Punkt *in* der Stelle $x = y = 0$, oder aber er ist dieser Stelle nur benachbart, je nachdem für ihn $\frac{y}{x}$ keinen oder aber einen bestimmten Wert hat.

203) S. [182]), n. 12. Aus der ersten Formel folgt, dass für einen vollständigen Zweig die Summe der Ordnungen von den Berührungen der zu je zwei genommenen partiellen Zweige, als Punktorte betrachtet, und die duale Summe voneinander ebenso abweichen, wie die Hälfte der Ordnung und der Klasse des Zweiges (vgl. *Halphen,* Étude, p. 643). Hingegen [vgl. (15)] für zwei vollständige Zweige (ein und derselben oder zweier verschiedener Kurven) mit demselben Ursprung und derselben Tangente, ist die Summe der Ordnungen von den Berührungen der partiellen Zweige des einen mit denen des andern gleich der dualen Summe; oder, mit andern Worten, die Anzahl der Schnittpunkte zweier Zweige ausserhalb des Ursprunges, aber diesem unendlich benachbart, ist gleich der dualen Anzahl: *Smith,* l. c., n. 13; *Halphen* [168]), art. 4; Étude, p. 643.

204) *Halphen* [168]), art. 1, 4; *Smith,* l. c., n. 13; vgl. *Zeuthen,* l. c., n. 6.

205) l. c., n. 8; vgl. *Halphen,* Étude, p. 647.

dass sich hier die Summen lediglich auf die *unmittelbaren* Multiplizitäten beziehen.

18. Plücker'sche Äquivalente; Erzeugung der Singularität durch Grenzübergang. Die *Plücker*'schen Formeln (Nr. 8) lassen sich auch auf Kurven mit höheren Singularitäten anwenden, sobald man in ihnen jeden singulären Punkt resp. Tangente als *äquivalent* ansieht mit gewissen Anzahlen δ, ε von Doppelpunkten und Spitzen resp. δ', ε' von Doppel- und Wendetangenten[206]). Diese vier Zahlen, die die *„Plücker'schen Äquivalente"* der Singularität (nach *Zeuthen*[169]) die „allgemeinen Werte" der Äquivalente) heissen, sind im allgemeinen nicht eindeutig bestimmt, da zu ihrer Bestimmung nur die drei *Plücker*'schen Gleichungen vorliegen[207]).

Berücksichtigt man noch die Gleichung für das Geschlecht p, so hat *Cayley*[208]) auf Grund der Reihen bewiesen, dass diese Zahlen völlig bestimmte Werte δ_1, ε_1, δ_1', ε_1' (die *„Prinzipaläquivalente"* nach *Zeuthen*; δ_1, ε_1 *„Nodalindex"* und *„Kuspidalindex"* nach *Smith*) annehmen, mittels deren die allgemeinen Werte den Ausdruck erhalten:

$$\delta = \delta_1 - 3\alpha, \quad \varepsilon = \varepsilon_1 + 2\alpha, \quad \delta' = \delta_1' - 3\alpha, \quad \varepsilon' = \varepsilon_1' + 2\alpha,$$

unter α irgendeine ganze Zahl verstanden, die die rechten Seiten positiv macht.

Die Prinzipaläquivalente sind, für einen Zweig (Δ, Δ'), der die Klasse und Ordnung der Kurve um K, K' erniedrigt, bestimmt durch die Formeln:

$$\varepsilon_1 = \Delta - 1, \quad \varepsilon_1' = \Delta' - 1, \quad 2\delta_1 + 3\varepsilon_1 = K, \quad 2\delta_1' + 3\varepsilon_1' = K'.$$

Zwischen ihnen besteht die *Smith*'sche Relation (l. c., n. 12):

$$\delta_1 - \delta_1' = \tfrac{1}{2}(\varepsilon_1 - \varepsilon_1')(\varepsilon_1 + \varepsilon_1' - 1),$$

die aus der ersten Gleichung (17) abgeleitet werden kann. *Zeuthen*[205]) hat ihr die Erweiterung gegeben:

$$\overline{\delta_1} - \overline{\delta_1'} = \tfrac{1}{2}(\overline{\varepsilon_1} - \overline{\varepsilon_1'})(\overline{\varepsilon_1} + \overline{\varepsilon_1'} + 2\gamma - 3),$$

die sich auf γ einander berührende Zweige bezieht, deren Äquivalente $\overline{\varepsilon_1}$, $\overline{\varepsilon_1'}$, $\overline{\delta_1}$, $\overline{\delta_1'}$ sind.

---

206) Dieser Gedanke, wie auch der der Betrachtung einer gegebenen Singularität als Grenze von gewöhnlichen, findet sich schon bei *Plücker*[12]), p. 216 ff.

207) Nichtsdestoweniger treten sie oft in Anwendungen auf, z. B. bei der Untersuchung der Formeln für die Reziprokalfläche, vgl. *Zeuthen*, Math. Ann. 10 (1876), p. 446.

208) S. [167]); Ergänzungen bei *Stolz*[176]), p. 442; *Smith*[182]); *Zeuthen*[169]). S. auch *C. F. E. Björling*, Stockh. Öfvers. 35 (1878), p. 33.

Die *Cayley*'schen Prinzipaläquivalente können eine beliebige Singularität nicht nur in den *Plücker*'schen Formeln darstellen, sondern überall da, wo es sich um birationale Transformationen der Kurve handelt[209]).

A. Brill[210]) hat diese Ergebnisse wesentlich vervollständigt durch den mittels der Reihen geführten Nachweis, dass jede höhere Singularität auf Grund eines systematischen Deformationsprozesses als Grenzfall gewöhnlicher Singularitäten angegeben werden kann. Wird ein Zweig dargestellt durch: $x = t^{\Delta}$, $y =$ Potenzreihe nach t, und bricht man die Reihe bei einer genügend hohen Potenz ab, so erhält man eine rationale Kurve C, die für die in Rede stehende Singularität die gegebene Kurve mit beliebiger Genauigkeit ersetzen kann. Die Koeffizienten dieser parametrischen Darstellung lassen sich so variieren, dass man zu einer andern Kurve gelangt, die mit C Ordnung, Klasse und Geschlecht gemein hat, bei der aber die gegebene Singularität ersetzt ist durch äquivalente gewöhnliche Singularitäten[211]).

---

209) Aber nicht darüber hinaus! Allgemeiner, es giebt Fragen, bei denen singuläre Punkte nicht durch Äquivalente in endlicher Anzahl ersetzt werden dürfen (III C 3, Nr. **3**, *Zeuthen*), und deren Definition unabhängig wäre sowohl von der betrachteten Kurve wie von der speziellen in Rede stehenden Frage. Derart sind die Probleme, die zum Ziel haben, auf einer gegebenen Kurve die Zahl der Punkte zu ermitteln, in denen eine, von der Kurve unabhängige und die Differentiale der Koordinaten enthaltende projektive Relation von höherer Ordnung als der zweiten erfüllt ist: *G. Halphen*, J. de math. (3) 2 (1876), p. 281 ff.; Étude, p. 608; [105]), p. 76; ferner die Probleme, die sich auf Berührungen mit nicht adjungierten Kurven beziehen (Nr. **34**): *W. Weiss*, Prag Deutsche math. Ges. Mitt. 1892, p. 139; Wien Ber. 102 (1893), p. 1025.

210) Math. Ann. 16 (1879), p. 348; Katalog d. math. Ausst. d. deutschen Math.-Ver., München 1892, p. 27. Vgl. auch *J. E. Manchester*, Diss. Tübingen 1899. — Ein anderer Weg, um in bestimmter Weise die gewünschte Deformation der Kurve zu erzielen, wird durch die Reihe der die Singularität auflösenden quadratischen Transformationen geliefert: vgl. *Noether* [169]); sodann *Ch. A. Scott*, Am. J. of math. 14 (1892), p. 301; 15 (1893), p. 221, wo der Prozess durch viele Zeichnungen erläutert wird; *Baker* [197]), der mit dem *Newton*'schen Polygon operiert.

211) Die C ist ein besonderer Fall der von *Brill*, l. c., unter dem Namen „rational-ganze Kurve" untersuchten, von gleicher Ordnung und Klasse, für die sich ebenso die Punktkoordinaten x, y, wie die Linienkoordinaten u, v (so dass $y = ux - v$) ausdrücken lassen als rational-ganze Funktionen eines Parameters t, nämlich in der Gestalt:

$$x = \int \varrho\, dt, \quad u = \int \omega\, dt, \quad y = \int u \varrho\, dt, \quad v = \int x \omega\, dt,$$

wo die Wurzeln von $\varrho(t) = 0$, $\omega(t) = 0$ die Parameter der im Endlichen gelegenen Rückkehr- und Wendepunkte sind. — Die rationale Kurve wird von *Brill*

III. Realitätsfragen und metrische Eigenschaften.

19. Reelle Zweige und Züge einer ebenen algebraischen Kurve[212]. Nach *Plücker* lässt sich eine ebene Kurve f erzeugen durch stetige Bewegung eines Punktes P auf einer Geraden t, während sich gleichzeitig t um P dreht; t ist die Tangente von f in P und dreht sich so ohne Gleitung entlang f. Die beiden Bewegungen von P und f lassen sich resp. auf einen festen Punkt auf der Tangente und auf eine feste Gerade in der Ebene von f beziehen: deren Bewegungssinne wechseln nur in einzelnen singulären Lagen der erzeugenden Elemente, die „*Rückkehrelemente*" heissen. Bezeichnet $+$ den Fall eines rückschreitenden Elementes, und $-$ den entgegengesetzten Fall, so bieten sich bei jedem Paar Pt von f vier mögliche Fälle dar: $--$, $-+$, $+-$, $++$, d. i. der gewöhnliche einfache Punkt, der gewöhnliche Wendepunkt, die gewöhnliche Spitze und die Spitze zweiter Art. Für zwei reziproke Kurven entsprechen sich die Fälle xy und yx, es ist also die Anzahl der Wendepunkte jeder von beiden gleich der Anzahl der (gewöhnlichen) Spitzen der andern[213].

Für einen reellen Zweig darf seine Darstellung durch Potenzreihen nach einem Parameter t (Nr. **13**) mit reellen Koeffizienten

---

(l. c. § 11) auch noch benützt zur Herstellung von Kurven, die sich in einer gegebenen Singularität adjungiert (Nr. **15**) verhalten.

212) Die ersten Untersuchungen über die Gestalt ebener Kurven rühren von *Newton*[52]) her, der erkannte, wie sich perspektivisch alle C^3 aus fünf fundamentalen Typen (III C 5, spezielle Kurven, *Kohn*) herleiten lassen. Mit der Gestalt einer Kurve in der Nachbarschaft eines singulären (im Endlichen oder Unendlichen gelegenen) Punktes hat sich, unter Erläuterung durch viele Beispiele und Zeichnungen, *Cramer*[4]) beschäftigt, der *Newton*'s Verfahren der Reihenentwickelungen [s. [172]) und [173])] (chap. 7, 8 und p. 517 ff.) anwendet, manchmal auch (p. 33—37, 288, 616, 626, 636, 638) besondere (rationale und nichtrationale) Transformationen, um die verschiedenen Zweige zu trennen, oder um die Konstruktion der ganzen Kurve zu vereinfachen. — Die Analogie zwischen den Zweigen im Unendlichen und den singulären Punkten im Endlichen war schon von *De Gua*[4]), p. 148, 194 bemerkt und mit den Mitteln der Perspektive behandelt worden.

213) Diese Betrachtungen sind von *Plücker*[12]), p. 200 ff., und finden sich auch bei *v. Staudt*, Geom. d. Lage (Nürnberg 1847, ital. von *M. Pieri*, Torino 1888), n. 197—204, der die Bezeichnungen $+-$ übernommen hat, und durch weitere Sätze der obigen Theorie einer ebenen Kurve [vgl. *A. Kneser*, Math. Ann. 34 (1888), p. 205] eine grössere Bestimmtheit verliehen hat; in n. 205—212 giebt er die Ausdehnung auf Raumkurven. Vgl. auch *Chr. Wiener*, Lehrb. d. darstell. Geom., Leipzig 1 (1884), p. 204, 214, mit vielen Abbildungen. — Analytische Kriterien liefert *A. Meder*, J. f. Math. 116 (1895), p. 50, 247 (bes. § 7).

vorausgesetzt werden derart, dass die reellen Punkte des Zweiges reellen Werten von t entsprechen. Der Ursprung A $(t = 0)$ teilt den reellen Zweig in zwei Teile, je nachdem t positiv resp. negativ ist. Bedeuten wiederum Δ, Δ' Ordnung und Klasse des Zweiges, so durchsetzt für ungerades Δ eine allgemeine Gerade durch A den Zweig, und falls auch Δ' ungerade, so lässt allein die Tangente den Zweig nur auf der einen Seite, während er bei geradem Δ' auch von der Tangente durchsetzt wird. Ist dagegen Δ gerade, so hat eine allgemeine Gerade durch A den Zweig ganz auf der einen Seite; bei ungeradem Δ' durchsetzt allein die Tangente den Zweig, während bei geradem Δ' auch die Tangente den Zweig nur auf der einen Seite hat. In den vier Fällen ist die Gestalt des Zweiges resp. die eines gewöhnlichen einfachen Punktes, eines Wendepunktes, eine Spitze erster, zweiter Art[214]). Hierzu vergleiche auch III D 1, 2, Nr. **19**, *von Mangoldt.*

---

214) *Plücker* [213]), der zuerst zum Begriffe der Ordnung und Klasse eines (reellen) Zweiges gelangte, indem er ihn als Grenze eines polygonalen Zuges auffasste, und die Anzahlen der aufeinanderfolgenden Sinnesänderungen in dessen Seiten und Winkeln beachtete. — Eine bestimmtere Vorstellung von den verschiedenen Gestalten der Zweige erhält man durch Vergleichung der letzteren und durch Beachtung der Innigkeit ihrer Berührung mit der Tangente. Vergleicht man z. B. die Krümmung eines Zweiges mit der eines Kreises, so ergiebt sich, dass, je nachdem $\Delta' > \Delta$ oder $\Delta > \Delta'$, der Zweig schwächer oder stärker gekrümmt ist, als *irgendein* berührender Kreis; hingegen existiert für $\Delta = \Delta'$ ein bestimmter Kreis (der oskulierende), der mit dem Zweige eine innigere Berührung eingeht als jeder andere und im allgemeinen den Zweig in A durchsetzt. Vgl. *Stolz* [176]), p. 433; *Smith* [182]), n. 14, 15, 16. Hinsichtlich der Krümmung (III D 1, 2, Nr. **14**, **17**, *von Mangoldt*) s. auch [248]), [257]), sowie *Mac Laurin* [247]); *Plücker* [255]), Anm. zu p. 159; J. f. Math. 6 (1830), p. 210; 9 (1832), p. 411 = Abh. 1, p. 220; *O. Hesse,* J. f. Math. 28 (1844), p. 97; 38 (1847), p. 241 = Werke, p. 123, 192; *P. Breton (de Champ),* Nouv. Ann. de math. (1) 13 (1854), p. 127; *de la Gournerie* [185]); *L. Painvin,* Ann. di mat. (2) 4 (1869), p. 215; Bull. sci. math. (1) 3 (1872), p. 174; *S. Gundelfinger,* Vorl. a. d. anal. Geom. der Kegelschnitte, her. von *F. Dingeldey,* Leipzig 1895, § 21; *Segre* [11]). Die Krümmung der Polaren haben untersucht *T. Moutard,* Nouv. Ann. de math. (1) 19 (1860), p. 195, 431; *C. Servais*, Brux. Bull. (3) 21 (1891), p. 362; *M. Stuyvaert,* Brux. Mém. cour. 55 (1898), Nr. 6; die Krümmungsverhältnisse eines Büschels in einem Basispunkte *Em. Weyr,* Zeitschr. Math. Phys. 15 (1870), p. 486. Sätze über die Krümmung in Verbindung mit der Hessiana bei *„Clebsch-Lindemann“*, Anm. zu p. 325; *R. Mehmke,* Böklen mat.-nat. Mitt. 2 (1887), p. 101. — Über die Gestalt der reellen Zweige, die aus den die Singularität auflösenden quadratischen Transformationen hervorgeht, s. *Scott* [210]). — Es sei noch bemerkt, dass man hinsichtlich der Gestalt einer ebenen Kurve in der Nähe eines einfachen Punktes auch (bez. der infinitesimalen Elemente 3ter Ordnung) die *Abweichungskegelschnitte* heranziehen kann [277]); *Ch. Dupin,* Paris C. R. 25 (1847), p. 689, 769; 26 (1848), p. 321, 393 hat hierfür noch eine andere Figur vorgeschlagen, die er „geometrischen Telegraph“ nennt.

Nach *v. Staudt*[215]) kann ein geschlossener Kurvenzug[216]) von zweierlei Art sein, ein *paarer* oder ein *unpaarer*, je nachdem er von einer willkürlichen Geraden der Ebene in einer geraden oder ungeraden Anzahl von Punkten getroffen wird. Zwei Züge schneiden sich in einer geraden oder ungeraden Anzahl von Punkten, je nachdem wenigstens einer der beiden Züge ein paarer ist, oder aber beide unpaar. Ein paarer Zug ohne vielfache Punkte teilt die Ebene in zwei Gebiete, von denen das eine („*äussere*") unpaare Züge enthalten kann, das andere („*innere*") nicht[217]). Ein Zug hat eine gerade oder ungerade Anzahl von Wendepunkten, je nachdem er paar oder unpaar ist[218]).

Zu denselben Ergebnissen gelangte gleichzeitig *Möbius*[219]) bei

215) S. [213]), § 12, wo auch die analogen Unterscheidungen für geschlossene Raumkurven und Flächen getroffen werden, in n. 15—17 für die vollständigen und geschlossenen Kegelflächen.

216) *Branche complète* nach *Zeuthen*[227]), *vollständiger Zug* nach *Harnack*[223]), *circuit* nach *Cayley*, vgl. Litteratur = Papers 11, p. 480. Ein solcher Zug (Teil einer ebenen Kurve, der sich stetig von einem Punkt durchlaufen lässt, der nach im allgemeinen nur einmaliger Durchlaufung eines jeden Punktes des Zuges zur Ausgangslage zurückkehrt) kann sich im Endlichen auch in verschiedene Äste spalten (wie bei der Hyperbel). Allen diesen Untersuchungen liegt der Gesichtspunkt der projektiven Geometrie zugrunde, so dass das Dualitätsprinzip stets anwendbar ist und das Unendlichferne nur als specieller Fall erscheint. — Einen Satz über die Begegnungen zweier Punkte, die sich auf einer sich selbst nicht schneidenden geschlossenen Bahn bewegen, der sich auf jeden sich selbst nicht schneidenden Zug einer algebraischen Kurve anwenden lässt, giebt *E. Kötter*, Diss. Berlin 1884, p. 7, und wendet ihn an auf die Untersuchung von Realitätseigenschaften der Punkte, in denen eine gegebene C^3 eine C^n $3n$-punktig berührt.

217) Einfache Beweise, ohne aus der Ebene herauszugehen, liefert *Zeuthen*[227]). Vgl. auch *Jordan*[165]), p. 90 ff. — *Ch. A. Scott*, Am. Math. Soc. Trans. 3 (1902), p. 388 nennt *Ordnung* und *Index* eines Zuges die grösste resp. kleinste Anzahl von Punkten, in denen er von einer Geraden getroffen werden kann, und beweist mittels *Cremona*-Transformationen, dass für jedes n C^n vom Geschlecht $p = 0$ und $p = 1$ existieren, die aus einem einzigen Zuge vom Index $n - 2r$ gebildet sind, wo r jeden ganzen positiven Wert von 1 bis $\frac{n}{2}$ resp. $\frac{n-1}{2}$, je nachdem n gerade oder ungerade ist, annehmen kann.

218) *v. Staudt*[213]), n. 203. — *Möbius*, Leipz. Abh. 1 (1852), p. 1 = Werke 2 (1886), her. von *F. Klein*, p. 91 (§§ 10, 17) hat überdies bemerkt, dass ein unpaarer, von Knoten und Spitzen freier Zug mindestens drei Wendepunkte besitzt, und auch nicht mehr, falls er von keiner Geraden in mehr als drei Punkten geschnitten wird; andere Beweise bei *A. Kneser*, Math. Ann. 41 (1891), p. 349 (bes. p. 368). — Über die Lage der reellen Wendepunkte auf einer C^n s. *Ch. A. Scott*, Am. Math. Soc. Trans. 3 (1902), p. 399.

219) S. [218]). Andere Eigenschaften, betreffend die Gestalt der von singulären Punkten freien sphärischen Kurven, in Leipz. Ber. 1848, p. 179 = Werke 2,

Abbildung der projektiven Geometrie der Ebene auf die Geometrie der Kugel vermöge Projektion der Ebene auf die Kugel von deren Zentrum aus[220]). Der Trennung der Züge in paare und unpaare entspricht dann die der geschlossenen sphärischen Kurven in Zwillingskurven und Doppelkurven, je nachdem sie von ihrer Gegenkurve verschieden sind oder nicht (im ersteren Fall ist die Zwillingskurve die Gesamtheit beider Gegenkurven).

A. Kneser[221]) hat die vorstehenden Untersuchungen auf synthetischem Wege verfolgt und ausgedehnt, indem er für Bogen, die entweder frei von Singularitäten oder aber mit Doppelpunkten, Doppel- und Wendetangenten behaftet sind, die Zahl der Schnittpunkte mit einer Geraden der Ebene resp. die der von einem Punkte ausgehenden Tangenten bestimmte[222]).

---

p. 185. — Die Untersuchungen von *Möbius*, die mit 1846 beginnen, waren schon anfangs 1848 abgeschlossen: vgl. l. c., p. 12 = Werke 2, p. 179, und Werke 4, p. 721—22.

220) Dadurch wird zwischen der Ebene und der Kugel eine (1, 2)-Korrespondenz hergestellt, was darauf hinauskommt, dass man sich die Ebene der projektiven Geometrie doppelt denkt und die beiden Blätter derselben längs irgendeiner Geraden (z. B. der unendlichen) verbindet: eine von *F. Klein* wiederholt benutzte, von *L. Schläfli* angeregte Auffassung, z. B. Math. Ann. 7 (1874). p. 549; vgl. auch [160]), 1, p. 198.

221) S. [213]) und bes. [218]). Vgl. auch Math. Ann. 31 (1887), p. 507, wo die gegenseitige Lage benachbarter Krümmungskreise irgendeiner ebenen Kurve (im besonderen die Anzahl der reellen unter ihnen, die durch einen gegebenen Punkt laufen) untersucht wird. Die Methode besteht in der stereographischen Projektion der Ebene auf eine Kugel und der Anwendung der zuvor für die sphärischen Kurven erhaltenen Ergebnisse; in der That sind die Bilder der Oskulationskreise die Schnitte der Kugel mit den Schmiegungsebenen der sphärischen Bildkurve. Ähnlich werden, mittels der Projektion eines einschaligen Hyperboloides von einem seiner Punkte aus auf die Ebene, aus den Eigenschaften der Schmiegungsebenen einer auf der Fläche gezogenen Kurve die des Systems von Kegelschnitten abgeleitet, die durch zwei reelle feste Punkte gehen und eine gegebene Kurve oskulieren.

222) Vgl. auch *E. Czuber*, Monatshefte Math. Phys. 3 (1892), p. 337. — Unter den *Kneser*'schen Sätzen sei der folgende von ihm durch Kontinuitätsprozesse gewonnene erwähnt: „Bestehen die Singularitäten eines paaren Zuges nur aus $2w$ Wendepunkten und δ Doppeltangenten, so gilt die Kongruenz $\delta \equiv w$ (mod. 2); auch für einen unpaaren Zug mit nur $2w+3$ Wendepunkten und δ Doppeltangenten“. — Die reellen im Endlichen liegenden geschlossenen Kurven und Flächen, die mit jeder sie durchsetzenden Geraden zwei und nur zwei Punkte gemein haben („Ovale“ und „Eiflächen“), hat *H. Brunn* studiert, Diss. München 1887; desgl. die reellen ebenen Kurven, an die sich von jedem unendlichfernen Punkte eine feste Zahl N von Tangenten legen lassen (für $N=2$ die Ovale), Habilit.-Schr. München 1889; vgl. auch München Ber. 24 (1894), p. 93; sodann

Auf Grund von Kontinuitätsbetrachtungen hat *A. Harnack*[223]) gezeigt, dass eine reelle (d. h. eine durch eine Gleichung mit reellen Koeffizienten dargestellte) algebraische Kurve vom Geschlecht p (mag sie im übrigen beliebige Singularitäten aufweisen) nicht mehr als $p+1$ reelle Züge besitzen kann; überdies[224]), dass für jedes Geschlecht p wirklich Kurven mit $p+1$ Zügen existieren. Die gegenseitigen Lagen, die in diesem Falle die $p+1$ Züge einnehmen können, sind noch wenig untersucht worden; für Kurven C^n ohne vielfache Punkte hat *D. Hilbert*[225]) gefunden, dass bei geradem n von solchen Zügen (die alsdann alle paar sind) höchstens $\frac{n-2}{2}$ ineinander eingeschachtelt sein können, d. h. so, dass der erste völlig innerhalb des zweiten liegt, der zweite innerhalb des dritten u. s. f., während bei ungeradem n einer der Züge unpaar ist, und von den übrigen (sämtlich paaren) höchstens $\frac{n-3}{2}$ dieselbe Einschachtelung aufweisen. Kurven mit solchen Maximalzahlen von ineinander geschachtelten Zügen existieren immer, während die noch verbleibenden Züge alle voneinander getrennt verlaufen.

Für eine reelle algebraische Kurve der Ordnung n und Klasse k, mit w' reellen Wendungen, t'' reellen aber isolierten Doppeltangenten (d. i. deren Berührungspunkte konjugiert imaginär sind), r' reellen Spitzen, und d'' reellen aber isolierten (d. i. mit konjugiert imaginären Tangenten versehenen) Doppelpunkten hat *F. Klein*[226]), in Verall-

H. Minkowski, Geom. der Zahlen, Leipz. 1896, p. 236 ff. — *C. Juel*, Kjöbenh. Skrift. 1899, p. 1 untersucht die geschlossenen (algebraischen oder nicht algebraischen) Kurven, von denen man nur weiss, dass sie von einer Geraden höchstens in einer gegebenen Anzahl von Punkten getroffen werden (die er Ordnung der Kurve nennt), insbesondere die der 2ten, 3ten, 4ten Ordnung. Er benützt die Tatsache, dass in bestimmten Fällen eine reelle Korrespondenz (m, n) immer $m+n$ reelle Koinzidenzen hat.

223) Math. Ann. 10 (1876), p. 189. Einige Beobachtungen über den „Realitätsgrad" einer algebraischen reellen Kurve stellt *P. Appell* an, Arch. Math. Phys. (3) 4 (1902), p. 20; von einer Gleichung mit einer Unbekannten vom Grade n und mit reellen Koeffizienten sagt er, sie besitze die Realität $n-2i$ bei $n-2i$ reellen Wurzeln; es handelt sich dann um die Ausdehnung dieses Begriffes auf Kurven.

224) Dies giebt schon *F. Schottky* an, Diss. Berlin 1875 = J. f. Math. 83 (1877), p. 300 (bes. p. 314).

225) Math. Ann. 38 (1890), p. 115 (mit Ausdehnungen auf Raumkurven). Andere Beweise bei *L. S. Hulburt,* Am. Math. Soc. Bull. 1 (1892), p. 197; mit Ausdehnungen auf C^n mit höchstens n Doppelpunkten, Am. J. of Math. 14 (1892), p. 246. — Nach *Hilbert,* l. c., Anm. zu p. 118, können z. B. die elf Züge einer C^6 keinesfalls sämtlich ausserhalb und voneinander getrennt verlaufen.

226) Math. Ann. 10 (1876), p. 199 (= Erlanger Ber. 1875). Vgl. auch

gemeinerung von *Zeuthen*'schen Sätzen [227]) über reelle Doppeltangenten einer C^4, auf Grund von kontinuierlichen Gestaltsänderungen [228]) der Kurve, die Relation abgeleitet:

$$n + w' + 2t'' = k + r' + 2d'' \text{ }^{229})$$.

Das algebraische Fundament derselben erkannte *A. Brill* [230]) in der Zerfällbarkeit der Diskriminante der Doppelpunkts- und Doppeltangentengleichung einer „rational-ganzen" Kurve [vgl. [211])] [231]). Es ergiebt sich weiter, dass, wenn r', w' d', t' die Anzahlen der reellen Rückkehr- und Wendepunkte, isolierten Doppelpunkte und Doppel-

---

R. Perrin, Soc. math. de France Bull. 6 (1877), p. 84; *C. Juel* [6]); *Klein* [143]), letztes Zitat, p. 371 ff. — Eine Reihe weiterer Realitätsrelationen stellt *W. F. Meyer* auf, Monatshefte Math. Phys. 4 (1893), p. 354. — Die *Klein*'sche Relation hat *F. Schuh* auf Kurven mit höheren Singularitäten ausgedehnt: Amsterdam Wet. Versl. (2) 12 (1904), p. 845; vgl. auch *Juel*, zweites Zitat [6]), p. 85.

227) Math. Ann. 7 (1873), p. 410. Vgl. auch Paris C. R. 77 (1873), p. 270; Tidsskr. f. Math. (3) 3 (1873), p. 97.

228) Über die stetige Deformation der durch Gleichungen mit unbestimmten Koeffizienten definierten Kurven, Flächen u. s. w. und über die Zerlegung ihrer Singularitäten höherer Ordnung vgl. *D. J. Korteweg*, Math. Ann. 41 (1891), p. 286. — Hier sind auch die zahlreichen Arbeiten von *J. B. Listing, P. G. Tait, T. P. Kirkman, C. N. Little, O. Simony, H. Brunn* u. a. aus dem Gebiet der Topologie (III A, *Heegaard* und *Dehn*) zu erwähnen. Über deren Zusammenhang mit *Kronecker*'s Charakteristik eines Funktionensystems (I B 3a, Nr. 7, *Runge*), sowie hinsichtlich der Litteratur, vgl. *W. Dyck*, Math. Ann. 32 (1888), p. 457 [Auszug Leipz. Ber. 37 (1885), p. 314; 38 (1886), p. 53; 39 (1887), p. 40]. Die topologische *Tait*'sche Theorie der Knoten hat *W. Fr. Meyer*, Diss. München 1878 verwendet zur Untersuchung der Gestalten der ebenen algebraischen Kurven mit Knoten, bes. der rationalen C^4 und C^5; eine algebraische Begründung und Ergänzung dieser Ergebnisse liefert er in Edinb. R. Soc. Proc. 13 (1886), p. 931. — Einen Existenzhilfssatz über reelle ebene algebraische Kurven stellt *D. Hilbert* auf, Acta math. 17 (1892), p. 169, bei Gelegenheit seiner Untersuchungen über ternäre *definite* Formen. — Über algebraische Kurven, die sich beliebig eng an gegebene Kurvenpolygone anschliessen, vgl. *O. Herrmann*, Städt. Realgymn. Leipzig, Jahresber. 1897.

229) Vereinigt man eine *komplexe* Kurve (d. i. eine, die zwar in einer reellen Ebene liegt, aber deren Gleichung komplexe Koeffizienten besitzt) von der Ordnung n, der Klasse k, mit δ reellen isolierten Punkten und τ reellen isolierten Tangenten, mit ihrer komplex-konjugierten, so resultiert eine Kurve der Ordnung $2n$, der Klasse $2k$, die ausser δ isolierten Doppelpunkten und τ isolierten Doppeltangenten im allgemeinen keine weiteren reellen Elemente aufweist. Die *Klein*'sche Formel giebt dann die Relation $n + \tau = k + \delta$.

230) Math. Ann. 16 (1879), p. 388.

231) Diese Zerspaltung hat *W. F. Meyer* ausgedehnt auf beliebige rationale ebene Kurven, Math. Ann. 38 (1890), p. 369 (Auszug Gött. Nachr. 1888, p. 73); weiterhin auf beliebige (insbesondere rationale) Raumkurven, Monatshefte Math. Phys. 4 (1893), p. 354 (I B 2, Nr. 25, *Meyer*).

tangenten sind, die bei der Auflösung irgendeiner Singularität in äquivalente elementare Singularitäten (Nr. **18**) auftreten, die Zahl $r' - w' + 2(d' - t')$ bei jeder Auflösungsart einen und denselben Wert (positiv, negativ oder Null) behält [232]).

20. Klein-Riemann'sche Flächen. Beim Studium einer algebraischen Funktion y von x bedient man sich zweier anschauungsmässiger Hilfsmittel, einmal der gewöhnlichen analytischen Geometrie, die x, y als Cartesische Koordinaten eines Punktes der Ebene auffasst, sodann der Funktionentheorie, die die komplexe Variable x als reellen Punkt einer reellen Ebene deutet; das Bild der Funktion ist im ersten Falle die ebene algebraische Kurve, im zweiten die über der x-Ebene konstruierte *Riemann*'sche Fläche (Nr. **1**). Zwischen beiden Anschauungsbildern hat *Klein* [233]) einen Übergang geschaffen durch Einführung einer neuen Art *Riemann*'scher Flächen. Betrachtet man die algebraische Kurve f als Klassenkurve, so lasse man einer jeden Tangente einen bestimmten reellen Punkt von ihr entsprechen, nämlich, bei imaginärer Tangente, ihren einzigen reellen Punkt (den Schnittpunkt mit der konjugiert-imaginären), und (folglich) bei reeller Tangente ihren Berührungspunkt. Die ∞^2 reellen, so hervorgehenden Punkte bilden eine geschlossene Fläche F, die die verschiedenen Gebiete der Ebene mit einer Anzahl von Blättern bedeckt, gleich der Anzahl der imaginären Tangenten, die von irgendeinem Punkte des fraglichen Gebietes an die Kurve gehen [234]). Längs der etwaigen reellen Züge hängen jedesmal zwei der Blätter zusammen.

232) Diese von *Brill* „Realitätsindex der betrachteten Singularität" genannte Anzahl spielt für die *Klein*'sche Formel dieselbe Rolle, wie die Äquivalenzzahlen für die *Plücker*'schen Formeln. — *Plücker* [54]), p. 266 und [12]), p. 208 hatte schon aus der C^3 erschlossen, dass die sechs von einem Doppelpunkte absorbierten Wendepunkte alle imaginär sind, falls dieser isoliert ist, während andernfalls nur zwei reell sind; desgleichen, dass von den acht durch eine reelle Spitze absorbierten Wendepunkten zwei reell sind. Einen Beweis mittels Lagenbetrachtungen gab *Möbius* [218]).

233) Math. Ann. 7 (1874), p. 558 (vorher zwei Noten in Erl. Ber. 1874); 10 (1876), p. 398; [160]), 1, p. 208 ff. — In Math. Ann. 9 (1875), p. 476 entwickelt *Klein* das enge Band zwischen der neuen Art *Riemann*'scher Flächen („projektiver Flächen") und der *v. Staudt*'schen Theorie des Imaginären. — Eine andere Konstruktion, die sich schon bei *Juel,* Diss. Kopenh. 1884 findet [vgl. auch Math. Ann. 47 (1895), p. 72], giebt *Klein* [160]), 1, p. 220 ff., indem er jedem imaginären Kurvenpunkt den reellen Punkt der ihn mit einem der Kreispunkte verbindenden Geraden zuordnet. Die so erhaltenen Flächen („metrische Flächen") haben ihre Verzweigungspunkte in den Brennpunkten (Nr. **21**) der Kurve; sie wurden von *F. H. Loud,* Ann. of Math. 8 (1893), p. 29 untersucht.

234) Ist z. B. die Kurve eine Ellipse, so erfüllen diese Punkte deren Inneres

Die Fläche F, die ein vollständiges Bild der durch die Kurve f definierten algebraischen Funktion darstellt, ist auf die gewöhnliche *Riemann*'sche Fläche im allgemeinen eindeutig bezogen; indessen existieren auf der letzteren, entsprechend den reellen isolierten Doppeltangenten und den reellen Wendetangenten von f, Fundamentalpunkte, deren Bilder auf F ganze Linien sind [235]).

Klein hat (unter Annahme einer Kurve mit nur einfachen Singularitäten) die Anordnung und Verzweigung der Blätter bestimmt. Wenn f reell ist — so dass jeder Teil der Ebene mit einer geraden (inkl. 0) Anzahl von Blättern bedeckt ist, die sich zu je zweien derart zusammenordnen, dass die Punkte der einen die konjugiert imaginären Werte zu denen der Punkte der andern repräsentieren — so entstehen Verzweigungspunkte [236]) nur durch die isolierten Doppelpunkte von f und durch die reellen Schnittpunkte zweier konjugiert imaginärer Wendetangenten. Ist f vom Geschlechte p und besitzt w' reelle Wendetangenten und t'' isolierte Doppeltangenten, so wird der Zusammenhang von F gleich $2p + w' + 2t''$, wie sich entweder aus der Beziehung von F zur gewöhnlichen *Riemann*'schen Fläche (vom Zusammenhange $2p$) ergiebt, oder auch direkt aus der Gestalt der Klassenkurve. *Klein* hat auch die Bedeutung der reellen Züge der (reellen) Kurve für die zugehörige *Riemann*'sche Fläche dargelegt und die Kurven in zwei Arten getrennt, die *orthosymmetrischen* und die *diasymmetrischen*, je nachdem die *Riemann*'sche Fläche, längs aller Züge aufgeschnitten, zerfällt oder nicht [237]).

---

doppelt, so dass F die Gestalt eines ellipsoidischen Doppelblattes annimmt, mit der Ellipse als scheinbarer Kontur. *Klein* behandelt auch die Kurve 3ter Klasse und einige Beispiele von Kurven 4ter Klasse. Bez. der ersteren s. auch *A. Harnack*, Diss. Erlangen 1874 = Math. Ann. 9 (1874), p. 1; mit der speziellen Kurve 4ter Klasse $u_1{}^3 u_2 + u_2{}^3 u_3 + u_3{}^3 u_1 = 0$, die in enger Beziehung zu der Theorie der Modulfunktionen 7ter Stufe steht (II B 4, *Fricke*) [und bes. studiert wurde bei *F. Klein,* Math. Ann. 14 (1878), p. 428; 15 (1879), p. 251; *P. Gordan,* Math. Ann. 17 (1880), p. 217, 359; 20 (1882), p. 487, 515; *F. Brioschi,* Rom Lincei Trans. (3) 8 (1884), p. 164 = Opere 3, p. 399; *F. Klein* und *R. Fricke,* Vorl. über die Theorie der elliptischen Modulfunktionen 1, Leipzig 1890, p. 369—385 und 692—762; *E. Ciani,* Pal. Rend. 14 (1899), p. 16], beschäftigt sich *M. W. Haskell,* Diss. Göttingen 1889 = Am. J. of Math. 13 (1890), p. 1. — Erweiterungen bei *P. del Pezzo,* Pal. Rend. 6 (1892), p. 115.

235) Hieraus lässt sich die eindeutige Korrespondenz herleiten, indem man F längs jener Tangenten zerschneidet: *F. Klein,* l. c., Math. Ann. 10 (1876), p. 399 und [160]), 1, p. 213.

236) Eigentlich „Doppelverzweigungspunkte", in denen sich sowohl zwei obere als zwei untere Blätter der *Riemann*'schen Fläche miteinander verzweigen. Bei einer reellen Kurve können nur solche Doppelverzweigungspunkte auftreten.

237) Seine neuen *Riemann*'schen Flächen hat *Klein* angewendet auf die

Zu weiteren Ergebnissen ist *Klein*[238]) auf Grund der allgemeinen *Riemann*'schen Theorie (II B 2, Nr. **54**, *Wirtinger*) gelangt. Eine konforme Abbildung einer Fläche auf sich selbst ist von der ersten oder zweiten „Art", je nachdem sie die Winkel nicht umlegt oder aber umlegt; man nennt *symmetrisch* solche Flächen, die eine konforme Abbildung zweiter Art, mit der Periode zwei (die also, zweimal angewandt, zur Identität führt), auf sich zulassen. Es ist ein fundamentaler Satz[239]), dass den reellen algebraischen Kurven symmetrische *Riemann*'sche Flächen zugehören und dass umgekehrt unter den unendlich vielen algebraischen Kurven, die einer solchen Fläche entsprechen, sich immer reelle befinden. Die „Symmetrielinien" der Fläche, d. h. solche Kurven, deren Punkte bei der genannten symmetrischen Abbildung ungeändert bleiben, entsprechen genau den reellen Zügen der reellen Kurve. Hierauf beruht die Scheidung der symmetrischen Flächen und der entsprechenden reellen Kurven in $\left[\frac{3p+4}{2}\right]$ Arten (die auch wirklich existieren), je nach der Zahl und Art solcher Symmetrielinien. Es giebt resp. $p+1$ und $\left[\frac{p+2}{2}\right]$ Arten diasymmetrischer und orthosymmetrischer Flächen (Kurven) mit resp. 0, 1, ..., p und $p+1$, $p-1$, $p-3$, ... Symmetrielinien (reellen Zügen): längs aller Symmetrielinien aufgeschnitten, bilden die ersteren Flächen noch ein zusammenhängendes Ganze, während die andern in zwei zueinander symmetrische Stücke zerfallen[240]). Der Satz von *Harnack* (Nr. **19**) geht hieraus als ein Korollar hervor.

Anschauungsbehandlung des Verlaufs der überall endlichen Integrale bei reellen Kurven. Für die Kurven 3ter Klasse, Math. Ann. 7 (1874), p. 558 [sowie *Harnack* [234])]; für die 4ter Klasse mit $p=3$ (Realitätsverhältnisse des *Jacobi*'schen Umkehrproblems, reelle Lösungen des Problems der Berührungskurven etc., vgl. Nr. **34**), Math. Ann. 10 (1876), p 365; 11 (1876), p. 293.

238) S. [344]), p. 64 ff.; sowie Math. Ann. 19 (1881/2), p. 159, 565; u. insbes. [160]), 1, p. 227, und 2, p. 117 ff., und Math. Ann. 42 (1892), p. 1 [Auszug Gött. Nachr. 1892, p. 310; Deutsche Math.-Ver. Jahresber. 2 (1893), p. 61].

239) S. [344]), p. 74; [160]), 2, p. 118. — Vgl. auch für einen allgemeineren Satz *Segre* [7]), p. 441.

240) Die Flächen ein- und derselben Art (sowie die zugehörigen algebraischen Gebilde) machen ein zusammenhängendes Kontinuum aus, und jede Art hängt von $3p-3+\sigma$ *reellen Moduln* ab, wo σ die Anzahl der reellen Parameter ist, die in die reellen eindeutigen Transformationen der betrachteten Flächen in sich eintreten ($\sigma=3$, 1, 0, je nachdem $p=0$, 1, >1). Vgl. *Klein* [160]), 2, p. 133 —37 und auch [344]), p. 75—78; Math. Ann. 19 (1881), p. 159. — Ausführlicheres über die Einteilung der symmetrischen Flächen in Arten bei *G. Weichold,* Diss. Leipzig 1883 = Zeitschr. Math. Phys. 28 (1883), p. 321, wo für die Fläche gewisse Normalformen, sowie ein kanonisches Querschnittsystem gegeben werden,

Die Untersuchung der allgemeinen Realitätsverhältnisse bei algebraischen Kurven irgendeines Geschlechtes p hat *Klein*[241]) auf *Riemann's* Existenztheorem der algebraischen Funktionen [vgl. Nr. **30** und [342])] gegründet, und auf die Eigenschaften der *Abel*'schen Integrale, unter Herannahme der Normalkurven der φ [vgl. [319])], die zu den symmetrischen Flächen gehören. Im besonderen hat er durch Kontinuitätsprozesse (Übergang zum hyperelliptischen Gebilde und Einführung eines isolierten Doppelpunktes) die auf die Berührungsgebilde[242]) bezüglichen Realitätsfragen gelöst.

21. Asymptoten, Durchmesser, Mittelpunkt, Brennpunkte. Die Eigenschaften der unendlichfernen Punkte[243]) einer C^n (III D 1, 2, Nr. 8, *von Mangoldt*) untersucht man am einfachsten mittels homogener Koordinaten x, y, z, indem man in der Kurvengleichung $z = 0$

und bei *Klein*[160]), 2, p. 117—191 und p. 218—253. Vgl. auch *W. Dyck*[228]). — Zahlreiche symmetrische Flächen werden bei *Klein-Fricke*[234]) betrachtet. Vgl. auch *F. Klein* und *R. Fricke,* Vorl. über die Theorie der automorphen Funktionen 1, Leipzig 1897, p. 180 ff.

241) S. [160]), 2, p. 141 ff.; Math. Ann. 42 (1892), p. 1.

242) Ist λ die Anzahl der reellen Züge der gegebenen (reellen) Kurve f, so ist die der reellen Berührungs-φ (d. i. der, die f überall berühren, wo sie sie treffen, also in $p-1$ Punkten: s. die Definition der „Berührungskurven" Nr. **34**), für $\lambda = 0$ gleich Null oder 2^{p-1}, je nachdem p gerade oder ungerade ist; sie ist $2^{p+\lambda-2}$ in den diasymmetrischen Fällen mit $\lambda > 0$, und $2^{p-1}(2^{\lambda-1}-1)$ in den orthosymmetrischen. *Klein* untersucht auch die Verteilung der reellen Berührungspunkte dieser φ auf die verschiedenen Züge von f. Für $p = 3$ gelangt man zu den Sätzen von *Zeuthen*[227]) über die Doppeltangenten der C^4 zurück.

243) Mit den unendlichen Zügen und ihren gerad- und krummlinigen Asymptoten beschäftigten sich *Newton; Stirling*[8]), p. 41 ff.; *F. Nicole,* Paris Mém. 1729, p. 194; *De Gua*[4]), p. 31; *Cramer*[4]), p. 215; *Euler*[4]), p. 83, 99, deren erster die Asymptoten als Tangenten in den unendlichfernen Kurvenpunkten auffasste [[23]), lib. 1, Prop. 27, Scholium], die unendlichen Züge in hyperbolische und parabolische unterschied und einen bekannten Satz über die Hyperbel (III C 1, Nr. **11**, *Dingeldey*) dahin ausdehnte, dass jede Gerade eine C^n und ihre Asymptoten in zwei Gruppen von Punkten mit demselben Zentrum der mittleren Abstände trifft [[52]) = Opuscula 1, p. 249, 250]. Einen Satz, den man durch Projektion hieraus ableitet, hat *Mac Laurin*[51]) = *de Jonquières,* Mélanges, p. 201 gegeben. Vgl. *O. Terquem,* Nouv. Ann. de math. (1) 9 (1850), p. 440. — Ausführlich untersucht *Plücker*[12]), p. 14 ff. die Asymptoten, der auch den Begriff der Asymptote m^{ter} Ordnung einführt, d. i. eine C^m, die m geradlinige Asymptoten vertritt. Einige seiner Sätze erhält *Plücker* als besondere Fälle der Schnittpunktsätze (Nr. **33**): vgl. auch *A. Cayley,* Cambr. math. J. 4 (1843), p. 102 = Papers 1, p. 46. Vgl. *Kötter,* Bericht, p. 455 ff. — Die *Plücker*'schen Betrachtungen hat *O. Stolz,* Math. Ann. 11 (1877), p. 41 mit Reihenentwickelungen verfolgt und so strenger gestaltet.

setzt. Ist diese $\sum_{i=0}^{n} u_i z^{n-i} = 0$, wo u_i eine binäre Form in x, y der Ordnung i bedeutet, so besitzen die unendlichfernen Punkte der Kurve Richtungen, die durch $u_n = 0$ bestimmt sind; die einem solchen als einfach vorausgesetzten Punkte $(x_0, y_0, 0)$ angehörige Tangente oder „*Asymptote*“ ist somit dargestellt durch:

$$x\frac{\partial u_n}{\partial x_0} + y\frac{\partial u_n}{\partial y_0} + u_{n-1}(x_0, y_0) = 0.$$

Analoge Gleichungen erhält man, wenn der Punkt ein vielfacher ist[244]).

„*Durchmesser*“, gerad- und krummlinige, sind die sukzessiven Polaren der verschiedenen unendlichfernen Punkte[245]); ihre Eigenschaften entnimmt man alle[246]) den Formeln der Anm. [51]); viele davon[247]) gehören der Theorie der Transversalen an[248]).

---

244) *D. F. Gregory*, Cambr. math. J. 4 (1843), p. 42 = The math. writings, ed. by *W. Walton*, Cambr. 1865, p. 261; *L. Painvin*, Nouv. Ann. de math. (2) 3 (1864), p. 145, 193, 241; *Em. Weyr*, Časopis 1 (1872), p. 161; *F. Casorati*, Ist. Lomb. Rend. (2) 12 (1879), p. 117; Pal. Rend. 3 (1889), p. 49; *G. Lazzeri*, Per. di mat. (3) 3 (1905), p. 6. — Hinsichtlich der Klassifikation der Gestalten der C^3 und C^4 auf Grund der Anzahl und Natur der unendlichen Züge, s. III C 5, Spezielle algebraische Kurven, *G. Kohn*.

245) S. [52]). — Eine Erweiterung („Begleitkurven“ eines endlichen Punktes in Bezug auf eine C^n) bei *H. R. Hugi*, Diss. Bern 1900. — *E. Dewulf*, Nouv. Ann. de math. (1) 18 (1859), p. 322; 19 (1860), p. 175; (2) 11 (1872), p. 297; Bull. sci. math. (2) 2^1 (1878), p. 41, 372 hat die *schiefe Polare* eines Punktes P in bezug auf C^n untersucht, d. i. den Ort eines Punktes M derart, dass die Polargerade von M mit dem Radiusvektor PM einen konstanten Winkel bildet, und sie angewendet auf die *schiefe Enveloppe* [*developpoïde*, nach *A. Lancret*, Par. Mém. prés. (Sav. étr.) (1) 2 (1811), p. 1] einer C^n, d. i. die Enveloppe der von den Punkten von C^n ausgehenden und mit den resp. Tangenten einen gegebenen Winkel bildenden Geraden. Über diese Gerade s. auch *M. Chasles*, Paris C. R. 74 (1872), p. 1146, 1277; Erweiterungen ib. 80 (1875), p. 505.

246) Insbesondere den zu den geradlinigen Durchmessern führenden Satz von *Newton*, sowie den von *R. Cotes*, der davon eine Erweiterung ist, in bezug auf die Polargerade (*harmonische Axe*) eines im Endlichen gelegenen Punktes: s. [52]). Wie schon *Stirling* [8]), p. 71 f. bemerkte, ist der Satz von *Newton*, sowie der der Anm. [247]) eine unmittelbare Folge der Relationen, die die Koeffizienten und die Wurzeln einer algebraischen Gleichung verknüpfen (I B 1a, Nr. 8, *Netto*). — Über Durchmesser (und harmonische Axen) und insbesondere über die Symmetrieaxen s. auch *L. Euler*, Berlin Mém. 1 (1745), p. 71; [4]), p. 181; *Waring* [4]), p. 66 ff.; [258]), p. 4 ff.; *Poncelet*, Traité, 2, sect. 4, § 3; *L. Wantzel*, J. de math. 14 (1849), p. 111; *P. Breton (de Champ)*, Nouv. Ann. de math. (1) 14 (1855), p. 7; *Steiner* [254]); *M. Chasles*, Paris C. R. 72 (1871), p. 794 [= Nouv. Ann. de math. (2) 10 (1871), p. 529]; 73 (1871), p. 229, 1241, 1289, 1405; 74 (1872), p. 21; *A. de Saint-Germain*, Nouv. Ann. de math. (2) 19 (1880), p. 350; *E. Ciani*, Pisa Scuola

Nach *Plücker* [249]) heisst „*Brennpunkt*“ (*foyer, focus, fuoco*) einer Kurve ein Punkt, für den zwei seiner an die Kurve gehenden Tan-

norm. Ann. 6 (1889), p. 1. — Über die Existenzbedingungen für Symmetriezentren und -axen einer Kurve und über ihre Bestimmung, falls sie existieren (und über analoge Fragen bei Flächen) s. *S. Mangeot*,, Ann. éc. norm. (3) 14 (1897), p. 9; Soc. math. de France Bull. 25 (1897), p. 54; Nouv. Ann. de math. (3) 15 (1896), p. 403; 17 (1898), p. 215; über die Ähnlichkeit und Symmetrie (in bezug auf einen Punkt) zweier algebraischer Kurven (oder Flächen), Ann. éc. norm. (3) 15 (1898), p. 385; Nouv. Ann. de math. (3) 19 (1900), p. 451.

247) Es sei erwähnt der Satz von *Newton* [52]) = Opuscula 1, p. 249: „Schneiden zwei von einem Punkte P ausgehende Gerade eine C^n in $A_1, \ldots, A_n$ und $B_1, \ldots, B_n$, so bleibt das Verhältnis $\frac{PA_1 \ldots PA_n}{PB_1 \ldots PB_n}$ konstant bei Veränderung von P, falls jene Geraden sich parallel mit sich selbst bewegen“; sodann der Satz von *L. N. M. Carnot*, Géom. de position, Paris 1803, p. 291, 436: „Schneiden die Seiten BC, CA, AB eines Dreiecks die C^n resp. in den Punkten A_i, B_i, C_i $(i = 1, \ldots, n)$, so ist

$$\frac{BA_1 \ldots BA_n}{CA_1 \ldots CA_n} \cdot \frac{CB_1 \ldots CB_n}{AB_1 \ldots AB_n} \cdot \frac{AC_1 \ldots AC_n}{BC_1 \ldots BC_n} = 1$$

(und entsprechend für ein beliebiges Polygon).“ Jeder der beiden Sätze kann aus dem andern abgeleitet werden. Vgl. *Poncelet*, Traité 1, p. 73 ff. und [52]); *M. Chasles*, Géom. sup., Paris 1852, 2. éd. 1880, p. 315—336; *Cremona*, Intr., n. 38—40; „*Clebsch-Lindemann*“, p. 829; *C. A. Laisant*, Nouv. Ann. de math. (3) 9 (1890), p. 5; *L. Ravier*, ib. 11 (1892), p. 349; *A. Cazamian*, ib. 14 (1895), p. 30; *F. Ferrari*, ib. p. 41; *A. Demoulin*, Brux. Mém. 45 (1891); *A. Gob*, Ass. franç. 22. session, Besançon 1893, p. 258; Brux. Bull. (3) 28 (1894), p. 57. — Aus dem *Newton*'schen Satze folgt, dass die von einem Punkte P gelegten Transversalen, für die das Produkt $PA_1 \ldots PA_n$ ein Maximum oder Minimum ist, von P unabhängige Richtungen besitzen; über diese s. *J. Steiner*, J. f. Math. 55 (1858), p. 356 = Werke 2, p. 663; *C. Stephanos*, Soc. math. de France Bull. 9 (1881), p. 49; *R. Molke*, Diss. Breslau 1897, der (wie auch, für Kegelschnitte, *O. Gutsche*, Breslau Progr. 1896) noch verschiedene weitere, von *Steiner*, l. c., nur ausgesprochene Sätze bezüglich der durch einen Punkt an eine C^n gezogenen Transversalen beweist. — Anwendungen der Sätze von *Newton, Mac Laurin, Carnot* auf die graphische Konstruktion von Tangenten, oskulierenden Kreisen und Kegelschnitten giebt *Mac Laurin* [51]), § 14 ff. = Mélanges, p. 206 ff.; *Poncelet*, Traité 2, Sect. 4, § 4; Applic. d'anal. et de géom. 2, p. 78 ff.; *M. Chasles*, Férussac Bull. 13 (1830), p. 391; [4]), Anm. zu p. 221 und p. 846; *H. J. St. Smith*, Cambr. Dubl. math. J. 7 (1852), p. 118 = Papers 1, p. 25.

248) S. insbesondere *Mac Laurin* [247]); *Poncelet* [52]) und *Steiner* [254]); sodann *E. F. Minding*, J. f. Math. 11 (1833), p. 20; *Reiss*, Corr. math. 9 (1837), p. 249; *S. Gundelfinger*, Zeitschr. Math. Phys. 19 (1874), p. 68; vgl. *Kötter*, Bericht, p. 219 ff. Von *Reiss* stammt der Satz: „Sind φ_i die Winkel, unter denen eine C^n einer Geraden begegnet, und r_i die Krümmungsradien in den Schnittpunkten, so gilt $\sum_{i=1}^{n} \frac{1}{r_i \sin^3 \varphi_i} = 0$; s. auch *A. Mannheim*, Nouv.

genten mit einer beliebigen Geraden Winkel bilden, deren trigonometrische Tangenten $\pm i$ $(i = \sqrt{-1})$ sind, oder [250]), was dasselbe ist, der Schnittpunkt zweier („isotroper") Tangenten, von denen die eine durch den einen und die andere durch den andern der beiden Kreispunkte geht. Ist also in Linienkoordinaten u, v, w (die mit den rechtwinkligen Cartesischen Koordinaten x, y durch die Relation $ux + vy + w = 0$ verbunden sind), $\varphi(u, v, w) = 0$ die Gleichung der Kurve, so bestimmen sich die Brennpunkte aus

$$\varphi(-1, -i, x + iy) = 0.$$ [251])

Ann. de math. (2) 1 (1862), p. 123; Cours de géom. descriptive, 2e éd., Paris 1886, p. 215; Géom. cinématique, Paris 1894, p. 56; *A. Chemin,* Nouv. Ann. de math. (2) 7 (1868), p. 120; *A. V. Bäcklund,* Lund Årsskr. 8 (1868) (n. 79); *E. Ch. Catalan,* Mélanges math. 2 (1877) [Liège Mém. (2) 13 (1886)], p. 132. — *M. d'Ocagne,* Nouv. Ann. de math. (3) 9 (1890), p. 445; Soc. math. de France Bull. 19 (1891), p. 26 hat auch die Formel $\sum_{i=1}^{n} \frac{r_i}{t_i^3} = 0$ gegeben, wo die t_i die Längen der von einem Punkte an eine Kurve der Klasse n gelegten Tangenten bedeuten, und r_i die Krümmungsradien in den Berührungspunkten; sie rührt jedoch von *A. Mannheim* her, Nouv. Ann. de math. (2) 4 (1865), p. 430; 7 (1868), p. 181, und findet sich auch, nebst weiteren Sätzen über die Krümmung, am Ende der Arbeit von *Bäcklund* [268]), und wurde erweitert von *A. Demoulin,* Brux. Bull. (3) 23 (1892), p. 527. Ähnliche Sätze bei *A. Ribaucour,* Nouv. Ann. de math. (2) 7 (1868), p. 189; 11 (1872), p. 331; *E. Ghysens,* Nouv. Corr. math. 3 (1877), p. 194; Brux. Bull. (2) 43 (1877), p. 544; 45 (1878), p. 231; *M. d'Ocagne,* J. de math. spec. (3) 10 (1886), p. 193; Soc. math. de France Bull. 19 (1891), p. 31; Mathesis (2) 2 (1892), p. 100.

249) J. f. Math. 10 (1832), p. 84 = Abh. 1, p. 290. Für den Fall der Kegelschnitte s. jedoch *Poncelet,* Traité 1, p. 252 ff., vgl. auch *Plücker* [255]), p. 64.

250) *A. Cayley,* J. de math. (1) 15 (1850), p. 354 = Papers 1, p. 478; *G. Salmon,* J. f. Math. 42 (1851), p. 275; [3]), p. 119. — Weitere Eigenschaften bei *E. E. Kummer,* J. f. Math. 35 (1847), p. 5, wo bewiesen wird, dass orthogonale Kurven stets homofokal sind; *L. Cremona,* Nouv. Ann. de math. (2) 3 (1864), p. 21, wo der Ort der Brennpunkte der Kurven eines Büschels untersucht wird; *E. Laguerre,* ib. p. 141 (fehlt in den Oeuvres); *M. Cornu,* ib. 4 (1865), p. 518; *W. K. Clifford,* Papers, p. 130 (Auszug Brit. Ass. Rep., Exeter 1869, p. 9) (s. insbesondere p. 147, 164 und auch p. 612); *A. Fuchs,* Diss. Marburg 1887; *E. Goursat,* Nouv. Ann. de math. (3) 6 (1887), p. 465; *E. Amigues,* ib. 11 (1892), p. 163. Über die Konstruktion der Brennpunkte und deren Leitlinien [*Leitlinie (Directrix)* eines Brennpunktes heisst die Gerade, die die Berührungspunkte der beiden durch den Brennpunkt gehenden isotropen Geraden verbindet] s. *O. Zimmermann,* J. f. Math. 126 (1903), p. 171.

251) *Salmon* [3]), p. 120; *H. Siebeck,* J. f. Math. 64 (1864), p. 175. Bei *Siebeck* tritt durch die Auffassung von $\varphi(-1, -i, x + iy)$ als monogene Funktion von $x + iy$ das Band zwischen der Theorie der Brennpunkte der algebraischen Kurven und der Algebra der binären Formen deutlich hervor; daraus werden

Eine Kurve der Klasse m besitzt m^2 Brennpunkte, von denen bei reeller Kurve nur m reell sind [252]).

„*Mittelpunkt*" (*centre, centro*) [253]) heisst gewöhnlich ein Punkt, der Symmetriezentrum für die C^n ist; für $n > 2$ giebt es im allgemeinen keinen; wenn aber, nur einen einzigen (falls nicht etwa die C^n in lauter parallele Gerade zerfällt); je nachdem n gerade oder ungerade ist, geht die Kurve eine gerade (inkl. 0) oder aber ungerade Anzahl von Malen durch ihn hindurch. Ausgedehnte Untersuchungen über C^n mit Mittelpunkt hat *Steiner* [254]) angestellt.

---

eine Reihe von Sätzen abgeleitet, von denen einige durch andere Autoren wiedergefunden wurden. So z. B.: „Die Wurzelpunkte (bei der *Gauss*'schen Darstellung) der Ableitung einer algebraischen Gleichung mit n getrennten Wurzeln sind die reellen Brennpunkte einer Kurve der Klasse $n-1$, die die $\frac{n(n-1)}{2}$, die Wurzelpunkte der ursprünglichen Gleichung zu je zweien verbindenden Strecken in ihren Mittelpunkten berührt", ein später von *F. J. van den Berg* [und noch von *J. Juhel-Rénoy,* Paris C. R. 142 (1906), p. 700] gegebener Satz, Nieuw Arch. v. Wisk. 15 (1888), p. 140 (in einem Anhang ein allgemeinerer, auf Gleichungen mit vielfachen Wurzeln bezüglicher Satz). S. auch [257]) und [263]).

252) Man erkennt leicht die Reduktionen dieser Anzahlen, wenn die Kurve die unendlich ferne Gerade berührt oder durch die Kreispunkte geht, vgl. *A. Cayley,* Edinb. R. Soc. Trans. 25 (1868), p. 1 = Papers 6, p. 470 (n. 105—110); *„Salmon-Fiedler",* p. 151. Wenn die Kurve reell ist und s-mal durch jeden der Kreispunkte geht, so existieren $m-2s$ reelle Brennpunkte, als die Schnittpunkte der isotropen Tangenten, deren Berührungspunkt nicht in einen der Kreispunkte fällt, sowie noch weitere s reelle Brennpunkte (deren jeder doppelt zu zählen ist), die durch die Tangenten in den Kreispunkten geliefert werden. Sie besitzen im allgemeinen verschiedene Eigenschaften, und werden von *Laguerre* [259]) als *gewöhnliche* resp. *singuläre* bezeichnet.

253) *Centrum generale* nach *Newton* [247]); *de Gua* [4]), p. 1; *Cramer* [4]), p. 144.

254) J. f. Math. 47 (1854), p. 7, 106 = Werke 2, p. 503, 599. S. auch *P. Breton (de Champ),* J. de math. (1) 10 (1845), p. 430; 11 (1846), p. 153; Nouv. Ann. de math. (1) 7 (1848), p. 187. — *Steiner,* l. c., hat auch solche Kurven betrachtet, die sich bei einer allgemeinen C^n darbieten. Durch jeden Punkt P der Ebene gehen $\frac{n(n-1)}{2}$ Gerade („Sehnen"), die zwei in bezug auf P symmetrische Punkte von C^n enthalten, und letztere, die „Endpunkte" der Sehnen, liegen auf einer Kurve J^{n-1} mit P als Mittelpunkt (der „inneren Polare" von P bez. C^n). Variiert C^n in einem Büschel (und damit auch J^{n-1}), so erfüllen die Endpunkte aller Sehnen durch P eine Kurve der Ordnung $2n-1$ mit P als Mittelpunkt, die „innere Panpolare" von P. — Einige der vielen von *Steiner,* l. c., nur ausgesprochenen Sätze beweisen *J. N. Bischoff,* J. f. Math. 56 (1858), p. 166; Zweibrücken Progr. 1866; *E. de Jonquières,* J. f. Math. 59 (1861), p. 313; *P. Güssfeldt,* Math. Ann. 2 (1868), p. 65; *A. Milinowski,* J. f. Math. 78 (1873), p. 177; *K. Bobek,* Wien Ber. 98 (1888/9), p. 5, 394, 526; *B. Sporer,* Böklen math.-nat. Mitt. 3 (1890), p. 55; Zeitschr. Math. Phys. 37 (1891), p. 65, 340. Vgl. auch *R. Sturm,* ib. 45 (1900), p. 239.

Die Definition des Mittelpunktes eines Kegelschnitts lässt sich aber noch nach andern Richtungen hin erweitern, indem man darunter z. B. einen der Pole resp. den Pol der unendlichfernen Geraden in bezug auf die C^n versteht, jene als Punkt- resp. Tangentenort [255]) aufgefasst.

Bemerkenswert ist insbesondere jener letztere Punkt, der — wenn nur die C^n keine parabolischen Züge besitzt — auch das Zentrum der mittleren Entfernungen ist: 1. für die Berührungspunkte aller in irgendeiner festgehaltenen Richtung gezogenen Tangenten [256]); 2. für die Krümmungsmittelpunkte solcher Berührungspunkte; 3. für die $(n-1)^2$ Pole der unendlichfernen Geraden; 4. für die $\frac{n(n-1)}{2}$ Schnittpunkte je zweier Asymptoten; 5. für die reellen Brennpunkte der C^n und die aller sukzessiven Polaren der unendlichfernen Geraden in bezug auf die gegebene Kurve als Klassenkurve [257]).

---

255) Andere Erweiterungen bei *Plücker,* Anal.-geom. Entw., Essen 2 (1831), Anm. zu p. 97—101.

256) *Chasles* [52]); [4]), p. 622; Géom. sup., p. 332; *Poncelet,* Traité 2, p. 277; Applic. d'anal. et de géom. 2, p. 159; *L. Painvin,* Nouv. Ann. de math. (2) 5 (1866), p. 55; *S. Roberts,* Quart. J. 9 (1868), p. 25; *Serret* [257]); *M. d'Ocagne,* Nouv. Ann. de math. (3) 3 (1884), p. 521; 9 (1890), p. 445; (4) 1 (1901), p. 433; Soc. math. de France Bull. 18 (1890), p. 108; *L. Geisenheimer,* Zeitschr. Math. Phys. 31 (1886), p. 193; *Weill,* Nouv. Ann. de math. (3) 6 (1887), p. 82.

257) Die zweite Eigenschaft folgt sofort aus der Bemerkung von *J. M. C. Duhamel,* dass die Summe der Krümmungsradien in jenen Berührungspunkten verschwindet: s. *Liouville* [258]), der bewies, dass auch die Summe der Reziproken jener Krümmungsradien Null ist, und weiter die Sätze 3) und 4). Der fünfte Satz rührt von *Siebeck* her [251]), wurde wiedergefunden von *P. Serret,* Paris C. R. 86 (1878), p. 39, 116, 385; ausgedehnt von *E. Laguerre,* Soc. philom. Bull. (6) 4 (1867), p. 15 = Oeuvres 2, p. 23 und [64]) und Nouv. Ann. de math. (2) 18 (1879), p. 57 = Oeuvres 2, p. 537; weitere Folgerungen aus der *Serret*'schen Methode bei *J. v. Puzyna,* Krak. Abh. 22 (1892), p. 1. Zu den obigen Sätzen s. noch *O. Terquem,* Nouv. Ann. de math. (1) 4 (1845), p. 153, 178; *Bäcklund* [248]), [268]), [359]); *C. Servais,* Brux. Bull. (3) 21 (1891), p. 587; 22 (1892), p. 512; *F. Balitrand,* Nouv. Ann. de math. (3) 12 (1893), p. 256. — Zu beachten ist, dass mittels Transformation durch reziproke Polaren aus dem Satze von *Duhamel* der von *Reiss* [248]) folgt, und aus diesem der von *Mannheim* [248]): vgl. *Mannheim,* Nouv. Ann. de math. (3) 11 (1892), p. 431; eine korrelative Transformation der Sätze von *Newton* [246]) und *Chasles* [256]) gab *M. d'Ocagne,* Coordonnées parallèles et axiales, Paris 1885, p. 34. — Die Bemerkung von *C. Neumann,* Ann. di mat. (2) 1 (1867), p. 280 = Zeitschr. Math. Phys. 12 (1867), p. 172, 425, dass derselbe Punkt zugleich der „Krümmungsschwerpunkt" der C^n ist [nach *Steiner,* J. f. Math. 21 (1840), p. 33, 101 = Werke 2, p. 99, der Schwerpunkt der materiell gedachten Kurve, bei einer dem jeweiligen Krümmungsradius umgekehrt proportionalen Dichtigkeit], findet sich bereits bei *H. Grassmann,* J. f. Math. 25 (1842), p. 67 = Ges. W. 2^1, p. 43.

Die ersten der genannten Eigenschaften (nebst weiteren) hat *J. Liouville* [258]) aus Sätzen über Elimination (I B 1b, Nr. **13**, **23**, *Netto*) abgeleitet; andere stellten *E. Laguerre* und *Ell. Holst* [259]) auf, indem sie nach einer geometrischen Deutung der Grösse $F(\alpha, \beta)$ suchten, wenn α, β die rechtwinkligen Cartesischen Koordinaten eines Punktes P sind und $F(x, y) = 0$ die Gleichung einer C^n; *Holst* bringt dabei diese Gleichung auf eine Normalform analog der *Hesse*'schen für die Gleichung einer Geraden [260]).

Alle diese Sätze (die teilweise auch auf den Raum übertragen

258) J. de math. (1) 6 (1841), p. 345 [Auszug Paris C. R. 13 (1841), p. 412]; 9 (1844), p. 337, 435; Anfänge bei *E. Waring*, Proprietates algebraicarum curvarum, Cantabr. 1762, p. 53 ff. — Im besondern ergiebt sich so die Erweiterung eines Satzes von *Newton* [243]): „Das Zentrum der mittleren Entfernungen der Schnittpunkte zweier (nicht parabolischer) algebraischer Kurven fällt zusammen mit dem der Schnittpunkte ihrer Asymptoten“; sodann: „Die Summe der Kotangenten der Winkel, unter denen zwei Kurven sich schneiden, ist gleich der analogen Summe bezüglich ihrer Asymptoten.“ Vgl. auch *Bäcklund* [248]) und [359]); *S. Roberts*, Quart. J. 9 (1868), p. 63; *G. Humbert*, J. de math. (4) 1 (1885), p. 347; *G. Fouret*, Pal. Rend. 5 (1890), p. 75. Der Fall, wo eine der beiden Kurven ein Kreis ist, bei *M. d'Ocagne*, Nouv. Ann. de math. (3) 5 (1886), p. 295; Soc. math. de France Bull. 30 (1902), p. 83; *R. W. Genese*, Nouv. Ann. de math. (3) 6 (1887), p. 297; Lond. Math. Soc. Proc. 18 (1887), p. 304.

259) *Laguerre*, Paris C. R. 60 (1865), p. 70 = Oeuvres 2, p. 18; *E. Holst*, Math. Ann. 11 (1876/77), p. 341, 575; Soc. math. de France Bull. 8 (1879), p. 52; *A. R. Johnson*, Quart. J. 22 (1887), p. 325. Über analoge Fragen vgl. auch *E. Beltrami*, Giorn. di mat. 4 (1866), p. 76 = Opere mat. 1, Milano 1902, p. 281; *C. A. Laisant*, L'enseignement math. 3 (1901), p. 406; sodann (auch hinsichtlich der Sätze von *Chasles, Reiss, Duhamel, Mannheim*) *E. Holst*, Archiv f. Math. og Nat. 7 (1882), p. 109, 177, 240; Christiania Forh. 1882, Nr. 11; 1883, Nr. 13 (vgl. III C 3, Nr. **11**, *Zeuthen*).

260) Ist $k(x + \alpha_1 y)(x + \alpha_2 y) \ldots (x + \alpha_n y)$ die in ihre linearen Faktoren zerlegte homogene Gruppe n^{ten} Grades von F, so nimmt man als linke Seite $\Phi(x, y)$ der Normalgleichung: $\Phi(x, y) = \frac{F(x, y)}{k\sqrt{(1+\alpha_1^2)\ldots(1+\alpha_n^2)}}$. Bedeuten (A), (B) resp. die Produkte der Abstände von P von den Asymptoten und den (reellen) Brennpunkten, ferner (T), (N) die Produkte der Längen der von P an die Kurve gelegten Tangenten und Normalen, endlich (ϑ) das Produkt der Radienvektoren, die von P aus gelegt die C^n unter einem gegebenen Winkel ϑ treffen, so gilt:

$$\Phi(\alpha, \beta) = \frac{(N)}{(B)} = \frac{(A)\cdot(T)}{(B)} = \frac{(\vartheta)\sin^n\vartheta}{(B)}.$$

Allgemeiner, sind T, N die Produkte der zwei algebraischen Kurven gemeinsamen Tangenten resp. Normalen, N_1, N_2 die Produkte der Normalen, die der ersten Kurve und den Asymptoten der zweiten gemein sind resp. vice versa, so ist: $N = TN_1N_2$.

wurden) beruhen auf Ausdrücken für gewisse symmetrische Funktionen der Koordinaten der Schnittpunkte zweier algebraischer Kurven, genauer, für Summe und Produkt der Werte, die in jenen Punkten eine bestimmte rationale Funktion der Koordinaten annimmt. Deren Berechnung hat *G. Humbert*[261]) mittels der Theorie der *Fuchs*'schen Funktionen aus derjenigen der im *Abel*'schen Theorem (vgl. Nr. **33**; II B 2, C, *Wirtinger*, und II B 5, *Wellstein*) auftretenden Integrale abgeleitet und hat zahlreiche Anwendungen[262]) davon gemacht, auf Flächeninhalte, auf die Orientierung von Richtungen[263]), auf Abstände[264]),

261) J. de math. (4) 3 (1887), p. 327 [Auszug Paris C. R. 103 (1886), p. 919]; 4 (1888), p. 129; *Appell-Goursat*[162]), p. 520; *Ch. Michel*, Ann. éc. norm. (3) 18 (1901), p. 77 [Auszug Paris C. R. 130 (1900), p. 885].

262) Einige der Sätze von *Chasles*, *Liouville*, *Laguerre*, *Humbert* nebst weiteren bewiesen mehr elementar *G. Humbert*, Nouv. Ann. de math. (3) 6 (1887), p. 526; *G. Fouret*, Pal. Rend. 3 (1889), p. 42; Nouv. Ann. de math. (3) 9 (1890), p. 258; *E. Borel*, ib. p. 123; s. auch *Ch. Michel*, Nouv. Ann. de math. (3) 19 (1900), p. 169. — Unter den Sätzen der zweiten Abhandlung von *Fouret* sei der folgende [ausgesprochen von *Humbert*, Soc. math. de France Bull. 16 (1887), p. 188] erwähnt: „Der Ort eines Punktes, für den die Quadratsumme der Längen der von ihm an eine gegebene C^n gelegten Normalen konstant bleibt, ist ein Kegelschnitt; die den verschiedenen Werten der Konstanten entsprechenden Kegelschnitte sind konzentrisch und homothetisch, und für deren gemeinsamen Mittelpunkt ist jene Summe ein Minimum." Vgl. auch *C. A. Laisant*, Soc. math. de France Bull. 18 (1889), p. 141; *K. Birkeland*, Monatshefte Math. Phys. 1 (1890), p. 417.

263) Nach *E. Laguerre*, Soc. philom. Bull. (6) 4 (1867), p. 15 = Oeuvres 2, p. 23, besitzen zwei Gruppen von gleichvielen Geraden die nämliche Orientierung, wenn die Differenz zwischen den Summen der Winkel, die die Geraden beider Gruppen mit einer gegebenen (im übrigen willkürlichen) Geraden bilden, ein Vielfaches von π ist. — Als Orientierung eines Systems von Geraden, die vom Ursprung ausgehen und durch die homogene Gleichung $f(x, y) = 0$ definiert werden, nimmt *Humbert* das Verhältnis $\frac{f(1, i)}{f(-1, i)}$, Am. J. of Math. 10 (1888), p. 258; Nouv. Ann. de math. (3) 12 (1893), p. 37, 123; s. *F. Franklin*, Am. J. of math. 12 (1890), p. 161; *P. H. Schoute*, Amsterdam Versl. 1 (1892), p. 53, 62. — Von den *Humbert*'schen Sätzen führen wir folgende an: „Die beiden Gruppen von Geraden, die von einem Punkte P aus die Schnittpunkte zweier algebraischer Kurven derselben Ordnung mit einer andern algebraischen Kurve f projizieren, besitzen die nämliche Orientierung, falls von den Kurven des von den beiden ersten bestimmten Büschels eine existiert, die durch alle Punkte geht, in denen f die von P ausgehenden isotropen Geraden trifft." „Die beiden Systeme von Tangenten, die resp. zwei Kurven gleicher Klasse mit einer andern algebraischen Kurve f gemein sind, besitzen die nämliche Orientierung, wenn unter den Kurven der von den beiden ersten bestimmten Schar eine existiert, die alle Brennpunkte von f zu Brennpunkten hat." Einige besondere Fälle des zweiten Satzes hatte *E. Laguerre*[259]), und Soc. philom. Bull. (6) 7 (1870), p. 140 = Oeuvres 2, p. 18, 131 ausgesprochen; aus dem Satze,

sodann auf Kurven, deren Bogen sich durch ein zugehöriges *Abel*sches Integral ausdrückt [265]), indem er insbesondere alle Kurven bestimmte, deren Bogen durch ein Integral erster Gattung darstellbar ist [266]).

---

dass die zweien Kurven gemeinsamen Tangenten mit dem System der die reellen Brennpunkte der einen mit denen der andern verbindenden Geraden die gleiche Orientierung aufweisen, hat *Humbert*, Nouv. Ann. de math. (3) 7 (1888), p. 5 [vgl. auch J. éc. pol. cah. 57 (1887), p. 171] einen Satz über die Bogen algebraischer Kurven abgeleitet, der eine Erweiterung des Satzes von *C. Graves* und *M. Chasles* über die Bogen von Kegelschnitten (III C 1, Nr. 69, *Dingeldey*) darstellt. Jedoch war der spezielle Fall, wo sich eine der beiden Kurven, als Geradenort, auf einen Punkt reduziert, den man gewöhnlich *Laguerre* [259]) zuschreibt, bereits von *Siebeck* [251]) bewiesen worden.

264) Z. B.: „Das Zentrum der mittleren Entfernungen der Schnittpunkte einer Kurve f mit der variierenden Kurve eines Büschels bleibt fest, wenn jede Asymptote von f eine solche einer Büschelkurve ist.“ Analoge Sätze gelten für das Produkt der Abstände und für die Summe der Reziproken der Abstände jener Punkte von einer festen Geraden. — Es ergiebt sich weiter, dass das Zentrum der mittleren Entfernungen der Fusspunkte von den Loten, die sich von einem Punkte P auf die gemeinsamen Tangenten zweier algebraischer Kurven fällen lassen, sowie die Quadratsumme der Abstände, die P von jenen Tangenten besitzt, fest bleiben, wenn eine der beiden Kurven derart variiert, dass ihre Brennpunkte und deren Leitlinien dieselben bleiben; desgleichen, wenn eine der beiden Kurven eine Schar durchläuft, falls nur unter den Kurven der Schar eine existiert, die zu Brennpunkten und zugehörigen Leitlinien die der zweiten ursprünglichen Kurve besitzt. — Weitere Sätze über Schwerpunkte bei *Weill*, Soc. math. de France Bull. 10 (1882), p. 137; 16 (1888), p. 155; *M. d'Ocagne*, Paris C. R. 99 (1884), p. 744, 779.

265) Solche Kurven lassen sich auffassen als Enveloppen von Halbgeraden, d. i. von Geraden mit einem bestimmten Sinne, und unter diesem Gesichtspunkte sind sie zuerst von *E. Laguerre*, Soc. math. de France Bull. 8 (1880), p. 196 = Oeuvres 2, p. 592; Paris C. R. 94 (1882), p. 778, 832, 933, 1033, 1160 = Oeuvres 2, p. 620; ib. 96 (1883), p. 769 = Oeuvres 2, p. 671; Nouv. Ann. de math. (3) 1 (1882), p. 542; (3) 2 (1883), p. 65, 97; (3) 4 (1885), p. 5 = Oeuvres 2, p. 608, 651, 660, 675 (s. auch Recherches sur la géom. de direction, Paris 1885) unter dem Namen „Richtungskurven“ („courbes de direction“) untersucht worden. Ihre allgemeine Gleichung in Linienkoordinaten u, v (die mit den orthogonalen Cartesischen x, y durch $ux + vy + 1 = 0$ verbunden sind) lautet $(u^2 + v^2)\,\varphi^2(u, v) = \psi^2(u, v)$, unter φ, ψ zwei ganze Polynome in u, v verstanden. Hierauf, und über die damit verbundene Transformation von *Laguerre* mittels Halbstrahlen, vgl. auch *Dautheville*, Soc. math. de France Bull. 14 (1886), p. 45; *C. Juel*, Nyt Tidsskr. f. Math. 3 (1892), p. 10. — *Laguerre*, Nouv. Ann. de math (3) 2 (1883), p. 16 = Oeuvres 2, p. 636, zeigt, dass jede Richtungskurve auf unendlich viele Arten als Reflexions-Anticaustica (bei parallel einfallenden Strahlen) einer algebraischen Kurve angesehen werden kann; auch die Umkehrung gilt, bis auf einen von *G. Humbert*, J. de math. (4) 4 (1888), p. 141 bemerkten Ausnahmefall.

266) Vgl. auch *G. Kobb*, Stockh. Öfvers. 44 (1887), No. 10, p. 713; *T. Brodén*,

J. Hadamard[267]) hat dieselben Eigenschaften aus der Resultante mehrerer algebraischer Gleichungen erhalten.

22. Evolute und andere abgeleitete Kurven. Die Evolute (III D 1, 2, Nr. **16**, **17**, *von Mangoldt*) E einer C^n mit nur gewöhnlichen Singularitäten (deren Anzahlen wie in Nr. 8 bezeichnet seien), und ohne spezielle Beziehungen zur unendlichfernen Geraden ist von der Ordnung $3n + r'$ und von der Klasse $n + n'$, besitzt im Endlichen $\frac{1}{2}(n'^2 + 2nn' - 4n' - r)$ Doppeltangenten (Doppelnormalen der C^n), keinen Wendepunkt, $\frac{1}{2}(3n' + r)^2 - 5(3n' + r) + 4(n + n')$ Doppelpunkte und $5n - 3n' + 3r'$ Spitzen (Mittelpunkte ebensovieler Kreise, die mit C^n eine Berührung dritter Ordnung besitzen); die noch übrigen $\frac{1}{2}n(n - 1)$ Doppeltangenten von E fallen in die unendlichferne Gerade, die selbst eine n-fache Rückkehrtangente darstellt; die n entsprechenden Spitzen geben die zu den Asymptoten der C^n senkrechten Richtungen an[268]).

Die Erniedrigungen, die ein irgendwie singulärer Punkt P der

Stockh. Vetensk. Bihang 15 (1890), No. 5. — *W. Wirtinger,* Monatshefte Math. Phys. 5 (1894), p. 92 hat die Bedingungen dafür angegeben, dass für eine gegebene algebraische Kurve f ein Kegelschnitt derart existiert, dass, wenn auf letzterem eine projektive Massbestimmung im Sinne *Cayley*'s (III A 1, *Enriques,* Prinzipien der Geometrie, Abschn. IV) getroffen wird, bei dieser der Bogen von f als ein zu f gehöriges *Abel*'sches Integral dargestellt wird.

267) Acta math. 20 (1897), p. 201.

268) *Salmon* [3]), p. 109 ff.; *H. G. Zeuthen,* Diss. Kopenh. 1865, p. 88 = Nouv. Ann. de math. (2) 5 (1865), p. 534; mittels des Geschlechtes von C^n, *A. Clebsch,* J. f. Math. 64 (1864), p. 99 und Anm. zu p. 293; für eine von vielfachen Punkten freie C^n, *J. Steiner,* J. f. Math. 49 (1854), p. 333 = Werke 2, p. 623 (unrichtig bezüglich der Wendetangente von E); *A. V. Bäcklund,* Lund Årsskr. 6 (1869), p. 37. Dass die Evolute, die Kaustik, die Diakaustik etc. einer algebraischen Kurve algebraisch sind, bemerkten *Joh. Bernoulli,* Lectiones math. de methodo integralium, aliisque (1691/92), lect. 15, coroll. = Opera, Laus. et Gen. 1742, 3, p. 434, und *Jac. Bernoulli,* Acta erud. 1692, p. 209; 1693, p. 245 = Opera, Genevae, 1744, 1, p. 495, 552. — *Waring* [28]) gab an, dass durch einen Punkt höchstens n^2 Normalen an eine C^n gehen; dass es gerade n^2 sind, fand *O. Terquem,* J. de math. (1) 4 (1839), p. 176; s. auch *G. Salmon,* Cambr. Dublin math. J. 3 (1847), p. 46; *Steiner,* l. c. Allgemeiner, zwei Kurven der Ordnung m, n und der Klasse m', n' besitzen $mn' + m'n + m'n'$ gemeinsame Normalen: *M. Chasles,* Paris C. R. 76 (1873), p. 126; *G. Fouret,* Soc. math. de France Bull. 6 (1877), p. 43. — *A. Cayley,* Phil. Mag. 29 (1865), p. 344; Quart. J. 11 (1871), p. 183 = Papers 5, p. 473; 8, p. 31 betrachtet die projektive Evolute („Quasi-Evolute") einer C^n, d. i. die Enveloppe der „Quasi-Normalen", die den beweglichen Punkt der C^n mit dem Pole seiner Tangente in bezug auf einen festen Kegelschnitt verbinden; vgl. auch *A. Voss,* München Abh. 16^2 (1887), p. 291; *Halphen* [269]); *„Salmon-Fiedler“,* p. 114 ff.

C^n in der Ordnung und Klasse von E hervorbringt, wie auch die Natur von E in den entsprechenden Punkten, hat in allen Fällen *G. Halphen* [269]) auf Grund von Reihenentwicklungen bestimmt. Ein endlicher Punkt P erniedrigt die Klasse von E ebenso wie die von C^n selbst, und die Ordnung von E um die Anzahl der von P absorbierten Wendepunkte der C^n, vermindert um die Anzahl der *„effektiven Wendepunkte“*, die in P, in den Zweigen von C^n enthalten sind, deren Tangenten nicht isotrop sind (indem die Anzahl solcher effektiven Wendepunkte gegeben ist durch die Multiplizität des Schnittes der Evolute mit der unendlichfernen Geraden im entsprechenden Punkte). — Für einen unendlichfernen Punkt P sind verschiedene Fälle zu unterscheiden; ist er kein Kreispunkt, so bewirkt er an der Klasse von E eine Erniedrigung, gleich der für die Klasse von C^n, vermehrt um die Summe der Ordnungen der Berührungen, die C^n in P mit der unendlichfernen Geraden eingeht; hingegen an der Ordnung von E eine Erniedrigung, die das dreifache der obigen ist.

Beachtenswert sind auch die von *Halphen* für die sukzessiven Evoluten einer C^n aufgestellten Sätze. Diese sind sämtlich homofokal mit C^n und besitzen mit der unendlichfernen Geraden, in einem Kreispunkte, die nämliche Schnittmultiplizität. Von einer bestimmten Evolute (in der Reihe der Evoluten) an sind alle endlichen Punkte einer Evolute derart, dass die ihnen bei allen folgenden korrespondierenden Punkte niemals im Unendlichen liegen; überdies, wiederum von einer bestimmten Evolute an, bilden die Ordnungen und Klassen der sukzessiven Evoluten zwei arithmetische Reihen mit derselben Differenz (der auch Null sein kann, wie z. B. bei den algebraischen Epizykloiden) [270]).

Jede algebraische Kurve, die algebraisch rektifizierbar ist, d. h. für die die Länge des von einem festen Ausgangspunkt aus gerechneten Bogens eine algebraische Funktion der Koordinaten des Endpunktes ist, ist die Evolute einer algebraischen Kurve und umgekehrt. Der Bogen s einer solchen Kurve $f(x, y) = 0$ wird durch einen Aus-

269) S. [168]), art. 5—7; vgl. auch J. de math. (3) 2 (1876), p. 87; Étude, p. 563 (in der ersteren Abhandlung werden, in dualer Gestalt, die sukzessiven Quasi-Evoluten einer C^n untersucht); sodann *C. F. E. Björling,* Upsala Nova Acta 1879.

270) Bei einer allgemeinen C^n gilt dieser Satz von der zweiten Evolute inkl. an. Die Ordnungen $n_1, n_2, \ldots$ und die Klassen $n_1', n_2', \ldots$ der sukzessiven Evoluten sind gegeben durch

$$n_1 = 3n(n-1), \quad n_2 = n(9n-13), \ldots, n_{i+2} = n_2 + 2in(3n-5);$$
$$n_1' = n^2, \quad n_2' = 4n(n-1), \ldots, n'_{i+2} = n_2' + 2in(3n-5).$$

druck von der Gestalt $s = \omega + P\sqrt{\left(\frac{\partial f}{\partial x}\right)^2 + \left(\frac{\partial f}{\partial y}\right)^2}$ gegeben, wo x, y die Koordinaten des Endpunktes bedeuten, ω eine von der Wahl des Ausgangspunktes abhängige Konstante, und P eine rationale Funktion von x, y[271]) (vgl. III D 1, 2, Nr. **11**, *von Mangoldt*).

Vielfach sind noch andere Kurven untersucht, die aus einer gegebenen durch metrische Konstruktionen hervorgehen, insbesondere hinsichtlich ihrer *Plücker*'schen Anzahlen.

Es seien erwähnt[272]) die Reflexionskaustiken (oder Katakaustiken, vgl. III D 1, 2, Nr. **22**, *von Mangoldt*)[273]); die Parallelkurven[274]); die positiven und negativen Fusspunktkurven (III D 1, 2, Nr. **7**, *von Mangoldt*)[275]); die isoptischen Kurven, die durch die Spitze eines konstanten einer gegebenen Kurve umschriebenen Winkels erzeugt werden (speziell, bei rechtem Winkel, orthoptisch)[276]); die Abweichungs-

---

271) *G. Humbert,* J. de math. (4) 4 (1888), p. 133 [Auszug Paris C. R. 104 (1887), p. 1051]; vgl. auch *L. Königsberger,* Math. Ann. 32 (1888), p. 589. — *Humbert,* l. c., bestimmt auch alle ebenen algebraischen Kurven, deren Bogen sich durch eine *rationale* Funktion der Koordinaten ausdrücken lässt: es sind die Evoluten der „einfachen" algebraischen Richtungskurven, wenn man einfache Kurven solche nennt, die von ihren Normalen nur je in einem einzigen Punkte orthogonal getroffen werden. — *Humbert,* J. éc. pol., cah. 57 (1887), p. 171 [Auszug Paris C. R. 104 (1887), p. 1826]; J. de math. (5) 1 (1895), p. 181 beweist, dass sich auf irgendeiner (ebenen oder nicht ebenen) algebraischen Kurve stets, und noch auf unendlich viele Weisen, eine gewisse Anzahl von Bögen bestimmen lässt, deren algebraische Summe durch rationale Funktionen darstellbar ist; auch hier spielen eine Hauptrolle die Richtungskurven (Nr. **21**).

272) Wegen dieser und anderer abgeleiteter Kurven s. *„Salmon-Fiedler"*, Kap. 3; *G. Loria,* Spezielle . . . Kurven, Leipzig 1902, Abschn. 7 (p. 592 ff.).

273) *Zeuthen,* Diss. [268]), p. 93; *M. Chasles,* Paris C. R. 72 (1871), p. 394 = Nouv. Ann. de math. (2) 10 (1871), p. 97; *A. del Re,* Modena Mem. (2) 10 (1895), p. 415 (bei denen auch die Evolute behandelt wird); *G. F. Steiner,* Diss. Lund 1896; *W. A. Versluys,* Amsterdam Verh. 8 (1903), n. 5; Amsterdam Versl. (2) 12 (1903), p. 709. — Hinsichtlich des Problems der Glanzpunkte s. *P. H. Schoute,* Wien Ber. 90 (1884), p. 983; *del Re,* l. c.

274) *A. Cayley,* Quart. J. 11 (1871), p. 183 = Papers 8, p. 31; *S. Roberts,* Lond. Math. Soc. Proc. 3 (1871), p. 209; *Björling* [269]). — Über die Zerlegung der einem Zuge einer algebraischen Kurve parallelen Linien s. *A. Ferrari,* Rom Lincei Rend. (5) 14^2 (1905), p. 275.

275) Über positive Fusspunktkurven s. *de Jonquières* [127]) und J. de math. (2) 6 (1861), p. 113; *M. Chasles,* Paris C. R. 51 (1860), p. 860; *R. Sturm,* Math. Ann. 6 (1872), p. 241; *C. Juel,* Tidsskr. f. math. (3) 3 (1873), p. 177; 4 (1874), p. 3; über negative Fusspunktkurven *A. Ameseder,* Arch. Math. Phys. 64 (1879), p. 164; über sukzessive positive und negative *A. Rosén,* Diss. Lund 1884.

276) [Unrichtig bei *Steiner* [268]), p. 343 = Werke 2, p. 632; *E. Dewulf,* Nouv. Ann. de math. (1) 18 (1859), p. 174]; *G. Salmon,* Nouv. Ann. de math. (1) 18

kurve, der Ort der Mittelpunkte der mit einer gegebenen Kurve in Berührung 4ter Ordnung befindlichen Kegelschnitte[277]); die Radialen, Ort der Endpunkte von Segmenten, die von einem festen Punkte ausgehen und mit den Krümmungsradien der gegebenen Kurve gleich und gleichgerichtet sind[278]); ferner die Kurve, die ein Punkt eines ebenen starren Systems beschreibt, das sich in seiner Ebene so bewegt, dass zwei seiner Punkte zwei gegebene algebraische Kurven oder auch eine und dieselbe durchlaufen (IV 3, Nr. **11**, *Schoenflies*)[279]).

Zahlreiche metrische Sätze abzählenden Charakters rühren von *M. Chasles* her, der sie auf Grund seines Korrespondenzprinzips ableitete: über ähnliche[280]) oder isoperimetrische[281]), gegebenen Kurven ein oder umbeschriebene Dreiecke; über Geraden, die zu einer oder mehreren Kurven tangent oder normal sind, über Segmente, die auf

---

(1859), p. 314; *E. de Jonquières,* ib. 20 (1861), p. 206; *C. Taylor,* Lond. R. Soc. Proc. 37 (1884), p. 138; Brit. Ass. Rep. 1885, p. 909; Messenger 16 (1886), p. 1; *A. T. Ljungh,* Diss. Lund. 1895; *M. Bernhard,* Diss. Tübingen 1897; *Zimmermann*[250]), p. 183.

277) *W. Bouwman,* Diss. Groningen 1896 = Math. Ann. 49 (1897), p. 24. — Die Abweichungs- oder Deviationsaxe a eines gewöhnlichen Punktes P einer Kurve f ist die Gerade, die P mit dem Mittelpunkte einer zur Tangente in P parallelen und unendlich benachbarten Sehne verbindet, also der Ort der Mittelpunkte der mit f in P sich in 3ter Ordnung berührenden Kegelschnitte. Der Winkel von a mit der Normalen in P an f heisst die *Abweichung* oder *Deviation* von f in P. Die Einführung dieser für das Studium der Gestalt von f in der Nähe von P nützlichen Elemente pflegt man nur *A. Transon* zuzuschreiben, J. de math. (1) 6 (1841), p. 191 (vgl. „*Salmon-Fiedler*", p. 467; III D 1, 2, Nr. **18**, *von Mangoldt*); sie findet sich aber schon bei *Carnot*[247]), p. 473 ff., und bei *G. Bellavitis,* Ann. sci. Regno Lomb.-ven. 5 (1835), p. 257; 8 (1838), p. 111 ff.; der erstere führt sie ein bei Aufstellung eines Systems *natürlicher Koordinaten* der Kurve (Krümmungsradius und Komplement der Deviation) [III D 1, 2, Nr. **15**, *von Mangoldt,* weitere Litteratur bei *E. Wölffing,* Bibl. math. (3) 1 (1900), p. 142]. Die bezüglichen Formeln von *F. J. van den Berg,* Amst. Versl. en Meded. (3) 9 (1892), p. 85, die *Bouwman,* l. c., anwendet, finden sich bereits, nebst vielen andern, in der umfassenden Abhandlung von *S. R. Minich,* Ist. Ven. Mem. 6 (1856), p. 111.

278) *R. Tucker,* Lond. Math. Soc. Proc. 1 (1865), V; *G. Loria,* Pal. Rend. 16 (1901), p. 46; Period. di mat. (2) 4 (1901), p. 30.

279) *S. Roberts,* Lond. Math. Soc. Proc. 3 (1871), p. 286; 7 (1876), p. 216; *M. Chasles,* Paris C. R. 80 (1875), p. 346; 82 (1876), p. 431; *A. Cayley,* Cambr. Trans. 15 (1894), p. 391 = Papers 13, p. 505. Vgl. auch *C. Rodenberg,* Gött. Nachr. 1888, p. 176. — Über das System von zwei in derselben Ebene gleichen Kurven s. *Chasles*[275]).

280) Paris C. R. 78 (1874), p. 1373, 1599; 79 (1874), p. 877, 1427.

281) Paris C. R. 84 (1877), p. 55, 471, 627, 1051.

ihnen abgetragen sind und gegebene Verhältnisse haben, oder auch gegebene Winkel einschliessen, überhaupt Punkt- und Tangentenörter, die auf mannigfaltige Art erzeugt werden[282][283]).

IV. Die Geometrie auf einer algebraischen Kurve.

23. Fundamentalsatz von Noether (vgl. I B 1c, Nr. **18**, **20**, **21**, *Landsberg*). *M. Noether* hat zuerst, für alle Fälle und streng, ohne auf Abzählungen Bezug zu nehmen, die notwendigen und hinreichenden Bedingungen dafür aufgestellt, dass, wenn gegeben sind zwei teilerfremde ganze rationale Funktionen $f(x, y)$, $\varphi(x, y)$ von x, y, eine weitere ganze Funktion $F(x, y)$ in der Form $F = Af + B\varphi$ darstellbar ist, wo A, B ebenfalls ganze Funktionen von x, y bedeuten. Für jeden, beiden Kurven $f = 0$, $\varphi = 0$ gemeinsamen Punkt (x_0, y_0) müssen sich zwei Reihenentwicklungen A', B' nach ganzen, positiven, steigenden Potenzen von $x - x_0$, $y - y_0$ finden lassen, derart, dass, bis auf Terme einer genügend hohen Dimension identisch

282) Paris C. R. 72 (1871), p. 577 [= Nouv. Ann. de math. (2) 10 (1871), p. 385]; 78 (1874), p. 577, 922; 81 (1875), p. 253, 355, 643, 757, 993, 1221; 82 (1876), p. 1399, 1463; 83 (1876), p. 97, 467, 495, 519, 589, 641, 757, 867, 1123, 1195. — S. auch *Steiner*[247]), p. 360 = Werke 2, p. 667 [Beweise bei *O. Zimmermann*, Zeitschr. Math. Phys. 32 (1887), p. 373; *Bernhard*[276])]; *H. Faure*, Nouv. Ann. de math. (2) 1 (1862), p. 64; 3 (1864), p. 331; *E. Laguerre*, Soc. philom. Bull. 1868 und 1871 = Oeuvres 2, p. 64, 178; *L. Saltel*, Brux. Bull. (2) 40 (1876), p. 586; 42 (1876), p. 300; Paris C. R. 82 (1876), p. 63, 324; 83 (1876), p. 529; *E. de Jonquières*, J. de math. (2) 6 (1861), p. 113; Paris C. R. 58 (1864), p. 535 (vgl. *M. Chasles*, ib. p. 537); Ann. di mat. (2) 8 (1877), p. 312; *M. Pieri*, Giorn. di mat. 24 (1884), p. 13; *K. Th. Vahlen*, J. f. Math. 118 (1896), p. 251; *E. Dewulf*, Nouv. Ann. de math. (3) 16 (1897), p. 385. — Über die Ordnung des Ortes eines Punktes, dessen Abstände von gegebenen Kurven eine vorgegebene Relation befriedigen, s. *G. Fouret*, Paris C. R. 83 (1876), p. 605; Erweiterungen bei *G. Halphen*, ib., p. 705; *G. Fouret*, Soc. philom. Mém. an centenaire . . ., Paris 1888, p. 77. — Über die Normale des Ortes eines solchen Punktes, dass die Länge der von ihm an eine gegebene Kurve gelegten Tangente oder Normale an eine bestimmte Relation gebunden sind [z. B. eine konstante Quadratsumme haben: s. [262])], s. *E. Jubé*, Nouv. Ann. de math. (1) 9 (1850), p. 209; *O. Terquem*, ib., p. 211; ib. 13 (1854), p. 315; *L. Painvin*, ib., 16 (1857), p. 85; *G. Bardelli*, Ist. Lomb. Rend. (2) 5 (1872), p. 167; *H. Laurent*, Traité d'analyse, Paris 2 (1887), p. 26.

283) Anwendungen der Cyklographie auf C^n hat *H. de Vries* gegeben, Amsterdam Verh. 8 (1904), N. 7. Er studiert hauptsächlich die „cyklographische Fläche" einer gegebenen Kurve, d. h. die abwickelbare Fläche (von gleichförmiger Neigung), die von jenen Normalen der Kurve, die gegen dessen Ebene um 45° geneigt sind, erzeugt ist; und macht von dieser eine Anwendung auf die Kreise, die eine oder mehrere Kurven berühren.

$$F = A'f + B'\varphi$$

wird[284]).

E. Bertini[285]) hat bemerkt, dass es für jeden r- resp. s-fachen Punkt von $f = 0$, $\varphi = 0$, der α ($\geqq rs$) Schnittpunkte beider Kurven absorbiert, genügt, die Vergleichung bis zu den Termen der Dimension

$$\alpha - rs + r + s - 2$$

inkl. zu treiben.

Bieten in einem solchen Punkte beide Kurven den „einfachen Fall" dar, d. h. besitzen sie daselbst keine gemeinsamen Tangenten, so genügt die Vergleichung bis zu den Termen der Dimension $r + s - 2$ inkl.; es ist z. B. *hinreichend*, dass $F = 0$ dort die Multiplizität $r + s - 1$ aufweist; die Kurven $A = 0$, $B = 0$ haben daselbst dann die Multiplizität $s - 1$, $r - 1$ resp.[286]): dies ist gerade der Fall, welcher in der *Brill-Noether*'schen Theorie der linearen Scharen zur Anwendung gelangt.

24. Die linearen Scharen[287]) von Punktgruppen. Auf einer ebenen algebraischen irreduzibeln Kurve f schneiden die Kurven eines

284) Für einfache Schnittpunkte von $f = 0$, $\varphi = 0$ hat *Noether* seinen Satz Math. Ann. 2 (1869), p. 314 aufgestellt; einen für alle Fälle gültigen Beweis gab er Math. Ann. 6 (1872), p. 351 (Auszug Gött. Nachr. 1872, p. 490). Weitere Untersuchungen behufs Vereinfachung des Beweises resp. Umformung des Kriteriums von *Noether* rühren her von *G. Halphen,* Soc. math. de France Bull. 5 (1877), p. 160; *A. Voss,* Math. Ann. 27 (1886), p. 527; *Noether,* Math. Ann. 30 (1887), p. 410; *W. Weiss,* Monatshefte Math. Phys. 7 (1896), p. 321; auf funktionentheoretischem Wege *L. Stickelberger,* Math. Ann. 30 (1887), p. 401; *A. Brill,* Math. Ann. 39 (1891), p. 129; auf mehr geometrischem Wege *H. G. Zeuthen,* Tidsskr. f. Math. (5) 5 (1887), p. 65 = Math. Ann. 31 (1887), p. 235; *Macaulay*[366]); *Scott*[366]). Vgl. auch, bezüglich Erweiterungen und des Zusammenhanges mit *Kronecker*'s Theorie der Modulsysteme (I B 1c, *Landsberg*), *D. Hilbert,* Math. Ann. 36 (1890), p. 473 (Auszug Gött. Nachr. 1888, p. 450; 1889, p. 25, 423); *F. Severi,* Rom Linc. Rend. (5) 11^1 (1902), p. 105; Pal. Rend. 17 (1902), p. 73; Torino Atti 41 (1905), p. 205; *J. König,* Einleitung in die allg. Theorie der alg. Grössen, Leipzig 1903 (ungarisch 1902), p. 385 ff.; *E. Lasker*[160]); *R. Torelli,* Torino Atti 41 (1905), p. 224; weitere Verallgemeinerungen bei *G. Z. Giambelli,* Torino Atti 41 (1906), p. 235. — Eine neue, einfachere und mehr geometrische Darlegung seines ersten allgemeinen Beweises entwickelte *M. Noether,* Math. Ann. 40 (1891), p. 140; vgl. auch *Picard-Simart*[287]), p. 1—7.

285) Math. Ann. 34 (1889), p. 447. Vgl. auch *Noether*, ib. p. 450; *H. J. Baker,* Math. Ann. 42 (1893), p. 601. — *Bertini,* l. c., hat bemerkt, dass Satz und Beweis einen ausschliesslich algebraischen Charakter besitzen; von diesem Gesichtspunkt aus entwickelt er die Theorie systematisch, Ist. Lomb. Rend. (2) 24 (1891), p. 1095.

286) Ein einfacher und direkter algebraischer Beweis bei *Voss*[284]), p. 532; ein geometrischer bei *Ch. A. Scott,* Math. Ann. 52 (1899), p. 593.

287) In diesem Artikel wird die Theorie der linearen Scharen nach der

linearen Systems ∞^r $(r \geqq 0)$ [Nr. **3**] S[288]) eine *lineare Schar* von Punktgruppen aus, unter denen wir nach unserer Willkür einige oder auch keine der auf f gelegenen Basispunkte von S einschliessen können; im ersten Falle besitzt die lineare Schar in den bezüglichen Basispunkten ebensoviel *feste Punkte.* Man darf annehmen, dass keine Kurve von S die Kurve f enthält[289]); alsdann hat man ∞^r solcher Punktgruppen, und, wenn jede aus n Punkten besteht, sagt man, dass sie eine lineare Schar g_n^r bilden, von der *Ordnung* n und der *Dimension* r; eine einzelne Gruppe der Schar wird mit G_n bezeichnet. Der Begriff der linearen Schar ist gegenüber birationalen Transformationen von f, sogar gegenüber nur rationalen, invariant[290]).

---

algebraisch-geometrischen Methode von *A. Brill* und *M. Noether* behandelt, Math. Ann. 7 (1873), p. 269 (vorher Gött. Nachr. 1873, p. 116), die zuerst darauf ausgingen, die auf transzendentem Wege durch *Riemann*[37]) und *Clebsch-Gordan*[44]) aufgestellten Theoreme über algebraische Funktionen (Kurven) rein algebraisch herzuleiten. Vgl. auch *Noether,* Preisschr., Berlin Abh. 1882 [Auszug J. f. Math. 93 (1882), p. 271]; *E. Bertini,* Ann. di mat. (2) 22 (1893), p. 1; *H. Stahl,* Theorie der *Abel*'schen Funktionen, Leipzig 1896, Abschn. 2 u. 4; *E. Picard* et *G. Simart,* Théorie des fonctions alg. de deux variables indép., 2, Paris, 1900. — Hinsichtlich der funktionentheoretischen Methode s. II B 2, *Wirtinger*; der arithmetischen II B, Ergänzungsteil, 2; *Hensel,* der mehrdimensionalen III C 9, *Segre.* Arithmetische Entwickelungen geben *R. Dedekind* und *H. Weber,* J. f. Math. 92 (1880), p. 181; *Hensel-Landsberg*[160]); mehrdimensionale *C. Segre,* Ann. di mat. (2) 22 (1893), p. 41. — Bibliographische Notizen über die Theorie der Punktgruppen bei *F. Hardcastle,* Am. math. soc. Bull. (2) 4 (1898), p. 390; Brit. Ass. Rep., Bradford 1900, p. 121; Belfast 1902, p. 81; Cambridge 1904, p. 20.

288) Die Voraussetzung der Irreduzibilität von f ist *nicht* durchaus notwendig für *alles* folgende: so z. B. *nicht* für den Restsatz (Nr. **25**); über die bei reduziblem f eintretenden Modifikationen s. Nr. **32**. — Man darf stets annehmen (Nr. **12**), dass f und die Kurve von S nur gewöhnliche vielfache Punkte mit getrennten Tangenten besitzen; jedoch bleiben die nachfolgenden, auf die Adjungierten, den Restsatz etc. bezüglichen Eigenschaften ungeändert auch bei beliebig singulärer Kurve f, falls man nicht nur die unmittelbaren, sondern auch die sukzessiven Multiplizitäten (Nr. **12, 14, 15**) berücksichtigt. Vgl. *Brill-Noether*[287]), § 7; *Noether*[197]).

289) In der That, wenn f zusammen mit einer variablen Kurve eines linearen Systems ∞^t ein lineares System bildet, das in einem gegebenen linearen System ∞^h S' enthalten ist, so gehen durch jede Gruppe der von S' ausgeschnittenen Schar ∞^{t+1} Kurven von S', und die Schar selbst ist eine ∞^r, wo $r = h - t - 1$. Sie lässt sich also stets auf f ausschneiden durch ein lineares System ∞^r, von dem eine und nur eine Kurve durch jede Gruppe der Schar hindurchgeht. Vgl. *Bertini*[287]), n. 3; *Segre*[287]), n. 13.

290) Besteht hingegen zwischen zwei Kurven f, f' eine algebraische Korrespondenz mit beliebigen Indizes, so entsprechen einer linearen Schar auf f Gruppen einer algebraischen Schar auf f', die in einer und derselben linearen Schar enthalten sind: *F. Severi*[295]), erstes Zitat, p. 190.

Nimmt man hinweg resp. fügt man hinzu n' feste Punkte bei allen Gruppen einer g_n^r, so entsteht eine $g_{n \pm n'}^r$.

Eine Gruppe von g_n^r kann auch *vielfache* Punkte besitzen. Ist ein Punkt A von f kein Basispunkt von S, und besitzt ein von A ausgehender Kurvenzweig in A mit einer Kurve von S die Schnittmultiplizität ν, so ist A als Ursprung des Zweiges ein ν-facher Punkt der so bestimmten Gruppe. Ist dagegen A ein Basispunkt von S, und seien I und $I + \nu$ die Schnittmultiplizitäten des Zweiges mit einer *allgemeinen* und einer *besonderen* Kurve von S in A, dann ist A, als Ursprung des Zweiges, ein ν-facher resp. $(i + \nu)$-facher Punkt der besonderen Gruppe, je nachdem A nicht als fester Punkt der Schar angesehen ist, oder aber als i-facher $(i \leqq I)$ für eine allgemeine Gruppe.

Durch r allgemeine Punkte von f wird eine und nur eine Gruppe der g_n^r bestimmt; allgemeiner legen k $(\leqq r)$ allgemeine Punkte von f k Bedingungen den sie enthaltenden Gruppen auf, und gehören daher ∞^{r-k} Gruppen der Schar an. Reduziert sich dagegen die Anzahl der Bedingungen für obige Gruppen auf $k' < k$, so sagt man, dass sie für g_n^r eine *neutrale Gruppe* von der Gattung $k - k'$ bilden (vgl. Nr. 28).

Der Begriff der linearen Schar ist indessen nicht an das lineare System S gebunden, von dem er seinen Ausgang genommen hat. Jedes ∞^r System von Gruppen von je n Punkten auf f, derart, dass seine Gruppen rational von r Parametern abhängen, so dass die Bedingung, einen beliebig auf f fixierten Punkt zu enthalten, eine lineare Relation zwischen den Parametern involviert, ist eine g_n^r.[291])

Eine andere Definition von g_n^r bekommt man, wenn man die Frage stellt, ob jedes algebraisches System von ∞^r Gruppen von je n Punkten auf f, derart, dass r allgemeine Punkte von f einer und nur einer Gruppe angehören (diese heisst auch eine *Involution* der Ordnung n und der Dimension oder Stufe r) eine g_n^r sei. Für eine rationale Kurve f ist das immer richtig[292]); andernfalls ist die erwähnte Eigenschaft nicht

291) Über die analytische Definition der g_n^r mittels der rationalen Funktionen der an die Gleichung $f(x, y) = 0$ gebundenen Koordinaten x, y, vgl. II B 2, Nr. 9, 25, *Wirtinger.* Solche Funktionen repräsentieren die linearen Scharen, falls man nur von den festen Punkten absieht; die Berücksichtigung der letzteren, die für die rein algebraische Theorie wesentlich ist, verdankt man *Brill-Noether* [287]).

292) Vgl., auch für eine allgemeinere Eigenschaft, *Segre* [287]), n. 24. — Im Besondern ist auf einer rationalen Kurve jede Involution ∞^1 rational, was auch z. B. aus der Formel von *Zeuthen* (Nr. 4) hervorgeht, wo aus $x' = 1$ und daher $y = 0$ folgt, dass für $p = 0$ auch $p' = 0$. Das liefert auch den Satz von *J. Lüroth,*

immer giltig für $r=1$, [293]) d. h. es existieren *irrationale* [294]) Involutionen ∞^1; indessen haben *G. Castelnuovo* und *G. Humbert* [295]) festgestellt,

---

Math. Ann. 9 (1875), p. 163, dass, wenn für eine Kurve die Koordinaten ihrer Punkte rationale Funktionen eines Parameters sind, sich stets der Parameter rational in einen andern derart transformieren lässt, dass zwischen dessen Werten und den Kurvenpunkten *ein-eindeutige* Korrespondenz besteht [I B 1 c, Nr. **22**, *Landsberg*]. Vgl. auch *W. F. Osgood,* Am. Math. Soc. Bull. (2) 2 (1896), p. 168; und weiter, auch für Ausdehnungen, *P. Gordan,* Math. Ann. 29 (1886), p. 318; *H. Weber,* Lehrbuch der Algebra 2, Braunschweig 1892, p. 404 ff.; *E. Netto,* Vorl. üb. Algebra, 2, Leipzig 1900, p. 505; *L. Autonne,* Brux. Mém. cour. 59 (1901), p. 245 (App. I). — Bezüglich der zahlreichen Arbeiten (von *G. Battaglini, Em. Weyr, C. le Paige, W. F. Meyer, G. Castelnuovo, F. Deruyts, W. Stahl, L. Berzolari* u. a.) über die Theorie der Involutionen auf den rationalen Kurven (vielfache Elemente, neutrale Gruppe, u. s. w.), s. III C 5, *Kohn,* Spezielle algebraische Kurven; III C 9, *Segre,* Mehrdimensionale Räume.

293) Überdies ist notwendig und hinreichend, dass die Gruppen der Schar ein-eindeutig den Werten eines Parameters entsprechen: *Bertini* [287]), n. 42; *Segre* [287]), n. 30.

294) Einige Eigenschaften solcher Involutionen, insbesondere eine Ausdehnung des *Riemann-Roch*'schen Satzes (Nr. **27**) auf sie, gab *G. Castelnuovo,* Rom Linc. Rend. (4) 7^2 (1891), p. 294. Vgl. auch *F. Amodeo,* Ann. di mat. (2) 20 (1892), p. 227. Über irrationale Involutionen auf hyperelliptischen Kurven s. *R. Torelli,* Palermo Rend. 19 (1905), p. 297.

295) S. [85]), wo *Abel*'sche Integrale verwendet werden; der Beweis von *Humbert* ist von *Picard-Simart* [287]) p. 64 aufgenommen. Einen geometrischen Beweis liefert *M. de Franchis,* Rom Linc. Rend. (5) 12^1 (1903), p. 303, mittels der algebraischen Fläche, die die ∞^2 Paare von Punkten zweier algebraischer Kurven abbildet [für diese Flächen s. *A. Maroni,* Torino Atti 38 (1903), p. 149; *M. de Franchis,* Pal. Rend. 17 (1903), p. 104; *F. Severi,* Torino Atti 38 (1903), p. 185; Torino Mem. (2) 54 (1903), p. 1 (n. 12 ff.)]; für die elliptischen Kurven (d. h. für $p=1$) war der Satz bereits geometrisch von *G. Castelnuovo* bewiesen, Torino Atti 24 (1888), p. 4 (n. 15). — Nach *F. Enriques,* Pal. Rend. 10 (1895), p. 30 ist eine rationale Schar ∞^r $(r \geqq 1)$ von Gruppen von n Punkten auf f entweder eine lineare Schar, oder in einer solchen Schar g_n^s $(s > r)$ enthalten [vgl. auch *F. Severi,* Ann. di mat. (3) 12 (1905), p. 55 (Auszug Paris C. R. 140 (1905), p. 926) (n. 2), wo ein Satz über die Korrespondenzen mit der Wertigkeit Null zwischen zwei Kurven bewiesen wird, welcher den vorigen Satz umfasst]. Für $r=1$ hängt das zusammen mit der Darstellung der Koordinaten x, y der Punkte von f als „irrationaler Funktionen vom Grade n" eines Parameters z, d. i. als rationale Funktionen von z und der Wurzel einer Gleichung n^{ten} Grades, mit in z rationalen Koeffizienten; hierüber und über allgemeinere Fragen vgl. auch *Enriques,* Math. Ann. 51 (1897), p. 134. — *F. Severi,* letztes Zitat, n. 1, hat auf transzendentem Wege bewiesen, dass, wenn ein irreduzibles algebraisches ∞^1 System S von Gruppen aus n Punkten auf f derart ist, dass sich die Gesamtheit der ν Gruppen, die einen variabeln (ν-mal gezählten) Punkt x enthalten, in einer linearen Schar (der Ordnung $n\nu$) bewegt, alsdann alle Gruppen von S in ein und derselben linearen Schar (der Ordnung n) enthalten sind [er macht hiervon Anwendung, um das *Abel*'sche Theorem (Nr. **33**) auf Flächen auszu-

dass mit Ausnahme der Involutionen ∞^r, deren Gruppen erhalten werden, indem man auf alle möglichen Arten r ($\geqq 1$) Gruppen einer irrationalen Involution ∞^1 vereinigt, jede Involution der Dimension > 1 eine lineare Schar ist.

Es kann vorkommen, dass eine g_n^r ($r > 1$) so beschaffen sei, dass jene ihrer Gruppen, die einen beweglichen Punkt gemein haben, stets auch weitere $\varrho - 1$ Punkte ($1 < \varrho < n$) gemein haben. Alsdann existiert auf f eine Involution ∞^1 (rational oder nicht) der Ordnung ϱ, derart, dass jede Gruppe der g_n^r aus k von deren Gruppen ($n = k\varrho$) besteht; g_n^r heisst dann mit dieser Involution *zusammengesetzt*. *Bertini* hat bewiesen, dass mit Ausnahme des erwähnten Falles es unmöglich ist, dass die Gruppen einer g_n^r, die s ($1 < s < r$) bewegliche Punkte von f gemein haben, weitere gemeinsame Punkte notwendig besitzen[296]). — Wenn eine g_n^r k ($\geqq 0$) feste Punkte hat, und die durch deren Wegnahme entstehende g_{n-k}^r mit einer Involution ∞^1 der Ordnung ϱ zusammengesetzt ist, so gilt $n \geqq \varrho r + k$. Für $r = n$ wird $k = 0$, $\varrho = 1$; wenn also auf f eine g_n^n existiert, so ist sie aus allen Gruppen von n Punkten von f gebildet, und f ist rational: mithin ist für eine g_n^r auf einer nicht rationalen Kurve stets $n > r$.

Vermöge der linearer Scharen ∞^1 lässt sich ein neuer Ausdruck für das Geschlecht p herstellen[297]). Sind ν die Multiplizitäten einer solchen g_m^1, so zeigt man mittels des Korrespondenzprinzips für rationale Gebilde, dass die Differenz $\sum(\nu - 1) - 2m$ ungeändert bleibt,

---

dehnen]. Einen algebraischen Beweis dieses Satzes hat *G. Castelnuovo* abgeleitet, Rom Linc. Rend. (5) 15[1] (1906), p. 337, auf Grund eines Kriteriums, das entscheidet, wann auf einer Kurve f vom Geschlechte p ein algebraisches irreduzibles ∞^1 System von Gruppen von n Punkten (d. h. der *Ordnung* n) — so beschaffen dass ein allgemeiner Punkt von f einer endlichen Zahl ν (> 0) von Gruppen des Systems angehört — in einer linearen Schar von der Ordnung n enthalten ist. *Castelnuovo* beweist, dass ein solches System höchstens $2\nu(n+p-1)$ Doppelpunkte besitzt, und dass dasselbe dann und nur dann in einer linearen Schar der Ordnung n enthalten ist, wenn das Maximum erreicht ist. Es ergiebt sich ausserdem, wenn f zwei Involutionen von Ordnungen n, n' und von Geschlechtern π, π' enthält, die Beziehung:

$$p \leqq (n-1)(n'-1) + n\pi + n'\pi'.$$

296) Hieraus folgt, dass wenn g_n^r weder zusammengesetzt ist, noch feste Punkte besitzt, r *beliebig* aus irgend einer allgemeinen Gruppe der g_n^r herausgegriffene Punkte nur dieser Gruppe allein angehören. Zu alle dem s. *Bertini*[308]), und auch [287]), n. 29, 34, 36.

297) *Segre* [287]), § 8. In mehr analytischer Gestalt bei *Noether* [49]); *Dedekind-Weber* [287]), p. 264.

wenn man auf f die lineare Schar wechselt. In der That erhält man[298]):

$$\sum(\nu - 1) - 2m = 2p - 2.$$

25. Der Restsatz; Voll- und Teilscharen. Teilt man die Schnittpunkte von f mit einer Adjungierten, abgesehen von den vielfachen Punkten von f, irgendwie in zwei Gruppen, so heissen diese zu einander *residual*, oder die eine der *Rest* (das *Residuum*) der andern[299]). Zwei Gruppen G_n und $G_{n'}$, die zu einer und derselben Gruppe G_q residual sind, heissen *korresidual*: übrigens dürfen die beiden Adjungierten, die f in G_n, G_q resp. $G_{n'}$, G_q schneiden, gleicher oder verschiedener Ordnung sein, mithin kann $n \gtreqless n'$ sein[300]).

Brill und *Noether*[301]) haben, gestützt auf den *Noether*'schen Fundamentalsatz (Nr. **23**) den „*Restsatz*" aufgestellt: „Wenn G_n und $G_{n'}$ Reste von G_q sind, und überdies G_n Rest von $G_{q'}$, so ist auch $G_{n'}$ Rest von $G_{q'}$." Mit andern Worten: Der Begriff korresidualer Gruppen G_n, $G_{n'}$, ... ist unabhängig von einem partikulären Reste. — Im besondern erhellt, dass eine lineare Schar stets aus f ausgeschnitten gedacht werden kann durch ein lineares System von Adjungierten (genügend hoher Ordnung); der Restsatz sagt daher aus, dass, wenn eine Punktgruppe Rest von irgend einer Gruppe einer linearen Schar ist, sie auch Rest jeder andern Gruppe der Schar ist, somit als „Rest der Schar" bezeichnet werden kann. Kurz, eine lineare Schar ist nichts anderes als eine Schar korresidualer Gruppen.

Eine g_n^r heisst eine *Vollschar* (serie *completa* oder *normale*), wenn keine Schar der Ordnung n und einer Dimension $> r$ existiert, die g_n^r (d. h. alle Gruppen g_n^r) enthielte; andernfalls wird g_n^r eine *Teilschar* (serie *incompleta* oder *parziale*) genannt. Alle Adjungierten von einer gegebenen Ordnung, mögen sie durch feste einfache Punkte von f gehen oder nicht, schneiden f, ausser jenen festen Punkten und den

298) Insbesondere ergiebt sich für die aus f von einem allgemeinen Geradenbüschel ausgeschnittene Schar der zweite der in (13) Nr. **15** angegebenen Ausdrücke von p; die *Riemann*'sche Formel (2) erhält man beim Schnitt mit dem Büschel $x =$ const.

299) Nach *J. J. Sylvester*, vgl. „*Salmon-Fiedler*", p. 174, 414.

300) Statt der *Brill-Noether*'schen Bezeichnung „korresidual" pflegt man auch mit *Dedekind-Weber* [287]) „äquivalent" zu sagen. — Gegenwärtig heissen jedoch, nach allgemeinem Gebrauche, zwei Gruppen korresidual oder äquivalent, nur wenn sie Reste von G_q in bezug auf zwei Adjungierte *derselben Ordnung* sind, d. h. wenn sie derselben linearen Schar angehören.

301) S. [287]), § 1. Hinsichtlich des Restsatzes, auch für irgendwie singuläre Kurven, s. noch *Noether* [197]), n. 27, 28; [285]), p. 451.

vielfachen Punkten von f, in einer Vollschar; umgekehrt lässt sich jede Vollschar auf diese Weise erzeugen[302]). Daher existiert eine und nur eine Vollschar der Ordnung n, die eine gegebene g_n enthält (im besondern, die eine gegebene G_n enthält, so dass zwei g_n mit einer gemeinsamen Gruppe in ein und derselben Vollschar der Ordnung n enthalten sind). Um sie zu konstruieren, hat man nur durch eine ihrer Gruppen G irgend eine Adjungierte zu legen; diese schneidet f, abgesehen von G und den vielfachen Punkten, in einer Gruppe G', und die Adjungierten der nämlichen Ordnung, die durch G' gehen, schneiden f in der gesuchten Vollschar[302a]).

Daraus geht hervor, dass sich der Restsatz in zwei Teile spaltet, von denen der eine *invariante* (proprio sensu der Geometrie auf der Kurve angehörige) aussagt, dass jede Gruppe eine Vollschar bestimmt (und sich auf die Operationen der Addition und Subtraktion von Scharen bezieht, vgl. Nr. **26**), während der andere *projektive* Teil (zur Geometrie der Ebene gehörig) die Eigenschaft ausdrückt, dass sich jede Vollschar durch ein System von Adjungierten in der bezeichneten Weise ausschneiden lässt[303]).

Ist g_n^s die Vollschar, in der eine g_n^r enthalten ist, so nennt man $s - r\ (\geqq 0)$ den *Defekt* (*défaut*, *deficiency*, *deficienza*) der g_n^r; er ist invariant gegenüber birationaler Transformation von f.

Zwei Scharen g_n^r und $g_n^{r'}$, die eine g_n^ϱ $(\varrho \geqq 0)$, aber nicht eine $g_n^{\varrho+1}$ gemein haben, sind in einer g_n^σ, aber nicht in einer $g_n^{\sigma-1}$ enthalten, wenn $r + r' = \varrho + \sigma$; und umgekehrt (vgl. Nr. **3**).

26. Anwendung elementarer Operationen auf lineare Scharen. Scharen, welche die Summen oder Vielfache andrer Scharen sind; Residualscharen. Liegen zwei Vollscharen g_n^r und $g_{n'}^{r'}$ auf f vor, so sind alle Gruppen von $N = n + n'$ Punkten, die durch Vereinigung irgend einer Gruppe von g_n^r mit irgend einer von $g_{n'}^{r'}$ entstehen, in ein

302) *Noether* [197]), n. 27, 28.

302a) Die Eindeutigkeit der Vollschar, welcher eine gegebene Punktgruppe angehört, kann in einfacher Weise festgestellt werden, indem man den *Enriques*-schen Beweis[322]) von dem analogen Satz bezüglich der Flächen nachbildet. Dadurch hat man auch den Vorzug, sogleich zur invarianten Form des Restsatzes zu gelangen: s. unten und Nr. **26**.

303) Vgl. *G. Castelnuovo* und *F. Enriques*, Math. Ann. 48 (1896), p. 260. — Analytisch besteht die durch eine gegebene G_n bestimmte Vollschar aus den Gruppen der Nullstellen der rationalen Funktionen von x, y (die an die Gleichung von f gebunden sind) der Ordnung n, die ihre Pole in G_n besitzen. So ersetzt (*Brill-Noether*, Bericht, p. 356) der Restsatz in der rein algebraischen Theorie „die *Riemann*'sche Bestimmung der *allgemeinsten* durch ihre Unendlichkeitspunkte gegebenen algebraischen Funktion".

und derselben Vollschar g_N^R enthalten, der „*Summe*" der beiden gegebenen; man schreibt $g_N^R = g_n^r + g_{n'}^{r'}$.[304]) Fallen die beiden gegebenen Scharen zusammen, so erhält man die *doppelte* Schar einer gegebenen; Analoges gilt für die Summe mehrerer Vollscharen und für die k-fache Schar einer gegebenen Vollschar.

Um die entgegengesetzte Operation, die *Subtraktion* zweier linearer Scharen zu definieren, beachte man zunächst, dass, wenn G_n eine beliebige Gruppe auf f ist, und g_N^R $(N = n + n',\ n' \geqq 0)$ eine Vollschar, die Reste von G_n in Bezug auf g_N^R (d. h. diejenigen Gruppen von g_N^R, die G_n enthalten, vermindert um G_n), falls sie existieren, eine Vollschar $g_{n'}^{r'}$ bilden[305]), die „*Residualschar*" von G_n in Bezug auf g_N^R. — Sind nun auf f zwei Vollscharen g_N^R und g_n^r gegeben, und ist eine Gruppe von g_n^r in irgend einer Gruppe von g_N^R enthalten, so gilt das Nämliche für jede weitere Gruppe von g_n^r, und es existiert eine dritte völlig bestimmte Vollschar $g_{n'}^{r'}$ $(n + n' = N)$, so, dass $g_n^r + g_{n'}^{r'} = g_N^R$ (das kann man die «invariante Form» des Restsatzes nennen). Die beiden Scharen g_n^r und $g_{n'}^{r'}$ stehen also in der Beziehung, dass jede von ihnen alle Reste irgend einer Gruppe der andern in Bezug auf g_N^R umfasst; sie sind „*Residuen*" von einander in Bezug auf g_N^R, oder auch, jede ist die *Differenz* von g_N^R und der andern $(g_{n'}^{r'} = g_N^R - g_n^r)$.[306])

Bei einigen Fragen ist es zweckmässig, als *Summe* zweier *beliebiger* Scharen g_n^r und $g_{n'}^{r'}$ die Schar von der Ordnung $n + n'$ und von der niedrigsten Dimension ($\geqq r + r'$, wo sicherlich das Zeichen $>$ gilt, wenn $rr' > 0$) zu definieren, die die aus irgend einer Gruppe von g_n^r und irgend einer von $g_{n'}^{r'}$ zusammengesetzten Gruppe enthält; hieraus verstehen sich ohne weiteres die Definitionen der Summe mehrerer linearer Scharen und der k-fachen Schar einer gegebenen. Die Eigenschaften dieser sukzessiven Vielfachen einer linearen Schar sind vor allem von *G. Castelnuovo*[307]) untersucht worden, der ver-

304) Vgl. *Castelnuovo-Enriques*, l. c., p. 257.

305) *Bertini* [287]), n. 11, 12; *Segre* [287]), n. 56. — r' ist die Differenz zwischen R und der Anzahl $(\leqq n)$ der unabhängigen Bedingungen, die G_n den Gruppen von g_N^R auferlegt. — Der Satz des Textes gilt auch noch, wenn alle Punkte von G_n für g_N^R fest sind; die Bedingungen, dass dann auch die umgekehrte Eigenschaft besteht, werden durch den Reduktionssatz (Nr. 27) ausgedrückt.

306) *Bertini*, l. c. n. 13; *Segre*, l. c. n. 58.

307) Pal. Rend. 7 (1893), p. 89. Diese Eigenschaften sind eng verknüpft mit der Untersuchung der *Postulation* einer gegebenen Kurve eines Raumes von l $(\geqq 3)$ Dimensionen für die Gebilde von $l-1$ Dimensionen eines gegebenen linearen Systems (III C 8, 9, *Rohn*; *Segre*). Nach *Castelnuovo*, l. c., ist für $k > \chi + \pi - p$ die k-fache Schar von g_n^r eine nicht speziale g_{nk}^{nk-p-d} (Nr. 27),

schiedene Anwendungen davon gemacht hat, so z. B. auf die Bestimmung des (auch wirklich erreichten) Maximalgeschlechts π einer Kurve, die eine nicht zusammengesetzte g_n^r enthält, nämlich:

$$\pi = \chi [n - r - \tfrac{1}{2}(\chi - 1)(r - 1)],$$

unter χ die grösste ganze Zahl $< \frac{n-1}{r-1}$ verstanden[308]).

27. Speziale und nicht-speziale Scharen. Ist f irreduzibel, von der Ordnung m und dem Geschlecht p, so ist das lineare System der Adjungierten einer gegebenen Ordnung $l \geqq m - 3$ *„regulär"* in Bezug auf die Gruppe der vielfachen Punkte von f.[309]) Ist $l > m - 3$, also $l = m - 3 + \alpha$ $(\alpha \geqq 1)$, so ist die auf f von diesen Adjungierten ausgeschnittene Vollschar eine $g_{m\alpha+2p-2}^{m\alpha+p-2}$; wenn also $m > 2$, existieren immer Adjungierte irgend einer Ordnung $> m - 3$. Die Adjungierten der Ordnung $m - 3$, die *„φ-Kurven"*, existieren noch nicht für $p = 0$, wohl aber stets für $p \geqq 1$ (für $p = 1$, $m > 3$ eine einzige); sie sind dadurch charakterisiert, dass von den Schnittpunkten (abgesehen von den vielfachen Punkten) von f mit einer Adjungierten der Ordnung l höchstens p oder aber $p - 1$ durch die übrigen bestimmt sind, je nachdem $l > m - 3$ oder aber $= m - 3$ ist, während für $l < m - 3$ jene Zahl nicht mehr ausschliesslich von p abhängt[310]).

Eine lineare Schar heisst eine *speziale* oder *nicht-speziale*, je nachdem sie vermöge eines linearen Systems von φ (also für $p > 1$) erhalten werden kann oder nicht. Das (reguläre) System aller φ schneidet f in einer Vollschar g_{2p-2}^{p-1}, der einzigen g_{2p-2}^{p-1} auf f; man nennt sie

---

deren Defekt d $(0 \leqq d \leqq \pi - p)$ nicht mehr von k abhängt; damit $d = 0$ ist, ist notwendig und hinreichend, dass auf der Kurve nicht $\geqq 2$ Punkte existieren, die der g_n^r eine einzige Bedingung auferlegen. Für die Schar, die von allen C^k aus einer irreduzibeln C^n vom Geschlecht p ausgeschnitten wird (d. h. für die k-fache Schar der von allen Geraden ausgeschnittenen g_n^2) gilt genauer, dass wenn $k \geqq n - 2$, die Dimension $nk - \pi$ ist, und $d = \pi - p$, indem alsdann $\pi = \frac{1}{2}(n-1)(n-2)$ wird.

308) Dasselbe Ergebnis erhielt *Castelnuovo,* Torino Atti 24 (1889), p. 346 (n. 27), bei Behandlung der Theorie der linearen Scharen nach mehrdimensionaler Methode; sodann, ohne aus der Ebene herauszugehen, *Bertini*, Torino Atti 26 (1890), p. 118. Ein anderer Beweis bei *S. Kantor,* Acta math. 25 (1900), p. 113.

309) D. h. die von diesen Punkten einer allgemeinen Kurve des Systems auferlegten Bedingungen sind alle unabhängig von einander (Nr. 35). Der Satz wurde mittels des *Dirichlet*'schen Prinzips von *Riemann* [37]), art. 4 bewiesen; algebraisch von *Brill-Noether* [287]), p. 277; er gilt im allgemeinen nicht mehr für die Adjungierten der Ordnung $< m - 3$. Vgl. *Bertini* [287]), n. 17.

310) *Brill-Noether,* l. c., p. 278.

die *kanonische Schar*[311]); sie besitzt keine festen Punkte[312]) und ist nicht zusammengesetzt, so lange nicht f *hyperelliptisch* ist[313]). Die Spezialscharen sind somit die kanonische Schar und die in ihr ent haltenen Scharen; für sie ist $r \leqq p-1$, $n \leqq 2p-2$.[314])

Die vorstehenden Eigenschaften fliessen alle aus folgenden zwei Sätzen:

Reduktionssatz: „Damit die durch eine gegebene Gruppe von $n+1$ Punkten bestimmte Vollschar der Ordnung $n+1$ in einer derselben, P, einen festen Punkt besitze, ist notwendig und hinreichend, dass sich durch die übrigen n Punkte der Gruppe eine nicht durch P gehende φ legen lässt“[315]).

---

311) Nach *Segre* [287]), n. 75. — Analytisch sind die Gruppen der kanonischen Schar die Gruppen von Nullstellen der zu f gehörigen *Abel*'schen Differentiale 1. Gattung (Nr. **33**).

312) *Brill-Noether,* l. c., p. 285. Nicht einmal die (nicht speziale) von den Adjungierten der Ordnung $> m-3$ aus f ausgeschnittene Vollschar hat feste Punkte. Die φ können jedoch ausserhalb f gemeinsame Punkte besitzen.

313) Ausgesprochen von *Brill-Noether,* l. c., p. 286, bewiesen von *Noether* [372]), p. 266. Vgl. *Picard* [161]), p. 490; *Bertini* [287]), n. 35. — *Hyperelliptisch* heisst eine Kurve vom Geschlecht $p>1$ mit einer g_2^1 (im besondern also jede Kurve vom Geschlecht $p=2$). Bei ihr ist jede speziale, von festen Punkten freie g_n^r zusammengesetzt mit der g_2^1, und falls sie eine Vollschar ist, gilt überdies $n=2r$, während die einzige nicht speziale zusammengesetzte Vollschar von einer Dimension >1 eine mit der g_2^1 zusammengesetzte g_{2p}^p ist. Umgekehrt ist jede Kurve mit einer zusammengesetzten g_{2r}^r $(r>1)$ eine hyperelliptische, oder elliptische $(p=1)$, oder rationale $(p=0)$. — Aus der *Riemann*'schen Formel [383]) für die Anzahl der zwei linearen Scharen ∞^1 gemeinsamen Punktepaare folgt, dass die die Paare der g_2^1 einer ebenen hyperelliptischen Kurve verbindenden Geraden eine (rationale) Kurve der Klasse $m-p-1$ umhüllen; vgl. auch *Humbert* [364]), p. 316; *C. Segre,* Math. Ann. 30 (1887), p. 218.

314) Die durch eine Gruppe von n *allgemein* gewählten Punkten bestimmte Vollschar ist, sobald $n>p$, eine (nicht speziale) g_n^{n-p}, während sie sich für $n \leqq p$ auf jene einzige Gruppe reduziert. Danach ist $p+1$ die kleinste Anzahl von Punkten, die man *in allgemeiner Lage* auswählen darf, um eine Gruppe einer Schar ∞^1 zu bestimmen. Diese Eigenschaft nahm *Weierstrass,* Werke 4, p. 69, als (ersichtlich bei birationalen Transformationen invariante) Definition von p. S. auch *Ed. Weyr,* Diss. Gött. 1873 = Prag. Abh. (6) 6 (1874); Wien Ber. 69 (1874), p. 399; *Halphen,* Étude, p. 632, und [328]), p. 37; *Picard* [161]), p. 473 und 503 ff. — Eine andere invariante Definition von p wird bei *Weierstrass* durch den „Lückensatz“ geliefert, s. unten. Zu alledem vgl. *Brill-Noether,* Bericht, Abschn. VII, und auch II B 2, Nr. **23**, *Wirtinger.*

315) *Brill-Noether* [287]), p. 279. Vgl. auch *Bacharach,* Diss. [366]), p. 17, 29; *Noether* [323]) und Math. Ann. 37 (1890), p. 424; *Bertini* [287]), n. 20, 27; *Segre* [287]), n. 86. Bei *Segre* wird der Satz angewendet, um zu entscheiden, wann eine C^m irgend eines linearen Raumes die Projektion einer C^{m+i} von einem i-mal treffenden linearen Raume aus ist. So ist eine ebene C^m die Projektion einer Raumkurve

Spezialgruppensatz: „Für eine Vollschar g_n^r ist $r > n - p$ oder aber $r = n - p$, je nachdem sie eine speziale ist, oder nicht; umgekehrt ist eine Voll- oder Teilschar g_n^r mit $r > n - p$ eine speziale“ [316]).

Als eine Präzisierung und Vervollständigung des Obigen ist der von *Brill* und *Noether* als *Riemann-Roch*'scher Satz [317]) bezeichnete anzusehen: „Wenn eine Gruppe G_n auf f eine Vollschar der Dimension r bestimmt, und $r' + 1$ ($\geqq 0$) linear unabhängigen Kurven φ angehört, so gilt $r' = p - n + r - 1$.“ Mit andern Worten, G_n ist eine neutrale Gruppe der Gattung r (Nr. **24**) für die kanonische Schar, d. h. sie legt den φ genau $n - r$ (statt n) Bedingungen auf, um sie zu enthalten.

Brill und *Noether* (l. c. p. 283) haben bemerkt, dass sich der Satz auch unter der Form des später von *Klein* [318]) sogenannten *Reziprozitätssatzes* aussprechen lässt, indem er eine Art von Reziprozität zwischen den Spezialscharen herstellt: „Jede Spezialvollschar g_n^r gestattet als Residualschar in Bezug auf die kanonische Schar eine zweite Spezialvollschar $g_{n'}^{r'}$, wo

$$n + n' = 2p - 2, \quad n - n' = 2(r - r').\text{“}$$

Diese Sätze lassen für eine irreduzible Kurve f die geometrische Bedeutung des Geschlechtes p erkennen als die Anzahl der linear unabhängigen φ; überdies den invarianten Charakter gegenüber birationalen Transformationen von f, nicht nur von p selbst, sondern auch von den Spezialscharen; eine derartige Transformation von f ist äquivalent mit einer *linearen Transformation* der φ („*Invarianzsatz*“) [319]).

C^{m+1} von einem ihrer Punkte aus nur dann, wenn sie entweder keine Adjungierten der Ordnung $m - 4$ zulässt, oder andernfalls, wenn diese auf C^m, ausserhalb der vielfachen Punkte, noch gemeinsame feste Punkte besitzen.

316) *Brill-Noether,* l. c. p. 278. Vgl. *Bertini,* l. c. n. 21.

317) S. l. c., § 5; vgl. *Bertini,* l. c., n. 23. Weitere Untersuchungen und Ausdehnungen bei *E. Study,* Leipz. Ber. 42 (1890), p. 153; *Macaulay* [366]); *Fields* [191]); *Stahl* [191]); *F. Severi*, Ist. Lomb. Rend. (2) 38 (1905), p. 865. — Bezüglich der analytischen Bedeutung des letzten Satzes, sowie der zugehörigen Litteratur vgl. *Brill-Noether,* Bericht, p. 360; ferner II B 2, Nr. **19**, *Wirtinger*; s. auch *Segre* [287]), § 19.

318) *F. Klein-R. Fricke* [284]), p. 554. — Einige Sätze über autoresiduale Scharen in Bezug auf die kanonische Schar giebt *G. Castelnuovo,* Ist. Lomb. Rend. (2) 24 (1890), p. 307 (n. 1).

319) *Brill-Noether* [287]), § 6. Die Bezeichnungen stammen von *Noether* [287]), § 1, n. 1. — Sind y_i ($i = 0, 1, \ldots, p - 1$) die homogenen Koordinaten eines Punktes in einem linearen Raume R_{p-1} von $p - 1$ Dimensionen, und $\varphi_i(x) = 0$ die Gleichungen von p linear unabhängigen φ, so bestimmen die Formeln $y_0 : y_1 : \cdots : y_{p-1} = \varphi_0 : \varphi_1 : \cdots : \varphi_{p-1}$ (wo die x der Gleichung $f(x) = 0$ genügen) im R_{p-1} eine Kurve der Ordnung $2p - 2$ und vom Geschlecht p (die

Überdies ist das *reine adjungierte System* von f, d. i. das lineare System der φ (für $p > 1$) nach Hinwegnahme etwaiger fester Teile, für birationale Transformationen der Ebene invariant[320]); es schneidet auf f die kanonische Schar aus; ist es reduzibel, so muss f hyperelliptisch sein (aber nicht umgekehrt)[321]).

Übrigens lassen sich die kanonische Schar und ihre Eigenschaft der Invarianz auch direkt herleiten, indem man nur *auf* der Kurve operiert, auf Grund von Methoden, wie sie analog *F. Enriques*[322]) entwickelt hat zur Begründung der Fundamentalsätze der Geometrie auf einer Fläche. Versteht man unter *Jacobi'scher Gruppe* einer g_n^1 die Gruppe ihrer Doppelpunkte (Nr. **34**), so ergiebt sich, dass die *Jacobischen* Gruppen der linearen Scharen ∞^1 die einer gegebenen Schar g

---

nur im hyperelliptischen Falle eine vielfache ist und zwar dann eine doppelt zählende Kurve der Ordnung $p - 1$): die „Normalkurve der φ" (Nr. **29**). Alsdann lässt sich der Satz des Textes dahin aussprechen, dass die Geometrie auf der algebraischen Kurve (Gebilde) vom Geschlecht $p > 1$ (i. e. die Geometrie der birationalen Transformationen der Kurve) äquivalent ist mit der *projektiven* Geometrie der Normalkurven vom Geschlecht p. Die Normalkurve der φ hat *Riemann* eingeführt, Werke, 2. Aufl., p. 487 ff.; vgl. *Weber* [329]); *Kraus* [329]); *Noether* [372]); *F. Klein,* Math. Ann. 36 (1889), p. 1, und [160]), 1, p. 152, 170, 184; 2, p. 88 ff.; *Klein-Fricke*[234]), p. 556—571; s. auch *Segre* [287]), n. 75 [II B 2, Nr. **28**, *Wirtinger*; III C 9, *Segre,* Mehrdimensionale Räume]. Über Realitätsverhältnisse bei der Kurve der φ, vgl. Nr. **20** und die Zitate, bes. in [238]).

320) *Noether* [197]), n. 31; *Castelnuovo* [386]), n. 27, von dem der Name herrührt. — Anwendungen der sukzessiven Adjungierten der Ordnungen $m - 3$, $m - 6$, ... (der „*Indices*" 1, 2, ...) und ihrer Invarianz machten *Brill-Noether,* Gött. Nachr. 1873, p. 127, bei einem (dem zweiten der beiden dort gegebenen) Beweise des *Riemann-Roch*'schen Satzes, und vornehmlich *S. Kantor* (der diese Methode „Prinzip der Verminderung der φ" nennt), Paris C. R. 100 (1885), p. 343; Preisschrift (1883/4), Napoli Mem. (2) 4 (1891), Teil 4 [Auszug J. f. Math. 114 (1895), p. 50]; Acta math. 19 (1894), p. 115, auf die Typen von ebenen birationalen zyklischen Transformationen; sodann *S. Kantor,* Theorie der endlichen Gruppen von eind. Transf. in der Ebene, Berlin 1895; *A. Wiman,* Math. Ann. 48 (1896), p. 195 auf die Typen endlicher Gruppen von ebenen birationalen Transformationen (I B 3 f, Nr. **25**, *Wiman*); *F. Enriques,* Rom Linc. Rend. (5) 2^1 (1893), p. 468 auf die Typen kontinuierlicher Gruppen solcher Transformationen; *Castelnuovo,* l. c., systematisch auf die linearen Systeme ebener Kurven (Nr. **36**). Die analoge Betrachtung spielt eine Hauptrolle auch bei dem grössten Teile der neueren Arbeiten über die Geometrie auf einer algebraischen Fläche (III C 6, *Castelnuovo* und *Enriques*).

321) *Castelnuovo,* l. c., n. 28.

322) Torino Atti 37 (1901), p. 19. — Eine Entwicklung der Theorie der linearen Scharen in diesem Sinne, bei der die invarianten Begriffe deutlicher hervortreten, hat *Enriques* in Vorlesungen zu Bologna 1897/8 geliefert: vgl. Boll. di bibl. e storia 2 (1899), p. 76; *F. Severi,* Pal. Rend. 17 (1902), Anm. zu p. 82/3.

der Ordnung n angehören, in einer und derselben Vollschar der Ordnung $2n+2p-2$, der „*Jacobi'schen Schar*" von g, enthalten sind. Man beweist dann, dass die zum Doppelten von g (gemäss der ersten Definition der Nr. **26**) residuale Schar in Bezug auf die *Jacobi*'schen Scharen von g unabhängig von g selbst ist, und eben mit der kanonischen Schar zusammenfällt.

Auf Grund des Reduktionssatzes hat *Noether* [323]) den sogenannten „*Lückensatz*" von *Weierstrass* [324]) erweitert: „Betrachtet man auf f n *beliebige* Punkte — in einer gewissen Reihenfolge $P_1, P_2, \ldots, P_n$ angeordnet, wobei n so gross sei, dass durch sie keine φ hindurchgeht — unter den Gruppen $P_1, P_2, \ldots, P_\nu$ von ν solchen Punkten ($\nu = 1, 2, \ldots, n$) die einzigen, die mit festen Punkten Vollscharen bestimmen, entsprechen p bestimmten Werten von ν." Der Lückensatz geht im besondern hieraus hervor, wenn alle n Punkte in einen einzigen Punkt P zusammenfallen: dann sind jene Werte von ν $1, 2, \ldots, p$, wenn P allgemein [325]) ist, indessen verschieden davon für eine endliche Anzahl besonderer Punkte, der sogenannten „*Weierstrass'schen Punkte*" [379]).

Von einer *nicht gegebenen* Vollschar g_n^r $(r > 0)$ kann man, falls sie keine speziale ist, alle n Punkte einer Gruppe beliebig annehmen (Nr. **25**), ist sie hingegen eine speziale, höchstens $n - r$ solcher Punkte (nach dem *Riemann-Roch*'schen Satz). *Noether* [326]) hat diese Eigenschaft dahin präzisiert, dass, mit Ausnahme des hyperelliptischen Falles, eine speziale g_n^r, für die man gerade $n-r$ allgemeine Punkte einer Gruppe vorgeben kann, die kanonische Schar ist, oder auch die bez. dieser residuale Schar irgend einer Zahl von in Bezug auf sie unabhängigen Punkten. Hieraus folgt sofort [327]), dass für jede speziale g_n^r $n \geqq 2r$ sein muss, wo das Gleichheitszeichen nur dann gilt, wenn es sich entweder um die kanonische Schar handelt, oder aber wenn f hyperelliptisch ist [328]).

---

323) J. f. Math. 97 (1882), p. 224; mehr geometrisch bei *Segre* [287]), n. 87.

324) Werke 4, Kap. 9. Vgl. auch *Schottky* [224]), p. 312 ff. [II B 2, Nr. **23**].

325) Ein Beweis des Lückensatzes für diesen Fall bei *Noether,* J. f. Math. 92 (1881), p. 301.

326) S. [287]), Satz III''. Vgl. auch *C. Küpper,* Prag Abh. (7) 3 (1889), Nr. 4 (n. 2); *Bertini* [287]), n. 40; *Segre* [287]), n. 84.

327) *W. K. Clifford,* Lond. Trans. 169 (1878), p. 681 = Papers, p. 331; im zweiten Teile vervollständigt von *Bertini,* l. c., n. 25, 38 und von *Segre,* l. c., n. 72, 84.

328) Aus dem *Riemann-Roch*'schen Satze und aus [296]) folgt, dass bei einer spezialen Vollschar g_n^r $n-r$ *beliebig* herausgegriffene Punkte einer allgemeinen Gruppe den φ lauter unabhängige Bedingungen auferlegen: *Bertini* [308]) und [287]),

28. Das Problem der Spezialgruppen und ausgezeichneten Gruppen. Für eine irreduzible Kurve f, vom Geschlecht p, mit *allgemeinen Moduln* (Nr. **30**), haben *Brill* und *Noether*[329]) die Untersuchung der spezialen g_n^r $(n - r < p)$ ausgeführt, indem sie dieselbe, auf Grund des *Riemann-Roch*'schen Satzes, zurückführten auf die einer Gruppe G_n derart, dass durch sie $\infty^{r'}$ $(r' \geqq 0)$ Kurven φ hindurchgehen, wo $r' = r - (n - p + 1)$. Vor allem ergiebt sich als Grenze für die Möglichkeit der Problems:

$$n \geqq \frac{r(r+p+1)}{r+1}\,{}^{330)} \quad \text{oder auch} \quad p \geqq (r+1)(r'+1).$$

Setzt man $\tau = (r+1)(n-r) - rp = p - (r+1)(r'+1)$, so lassen sich von der gesuchten G_n beliebige $r + \tau$ Punkte vorgeben, während die übrigen in einer endlichen Anzahl α von Arten alge-

---

n. 37. — Eine weitere Anwendung des *Riemann-Roch*'schen Satzes lässt auf die Untersuchung der notwendigen und hinreichenden Bedingung dafür machen, dass eine irreduzible C^n vom Geschlecht p die Projektion einer Kurve derselben Ordnung des gewöhnlichen (oder auch eines höheren) Raumes ist, da dies darauf hinauskommt zu entscheiden, wann die auf C^n von den Geraden ihrer Ebene ausgeschnittene g_n^2 eine Teilschar ist. Für $n > p + 2$ ist die Kurve stets Projektion einer Raumkurve der Ordnung n; für $n \leqq p + 2$ ist die Bedingung hierfür, dass von den, den Adjungierten der Ordnung $n - 4$ durch ihre vielfachen Punkte auferlegten Bedingungen eine eine Folge der übrigen ist: *H. Valentiner*, Diss. Kopenh. 1881 (p. 32) = Acta math. 2 (1882/3), p. 136 (bes. p. 170 ff.); *Noether* [287]), § 3; *G. Halphen,* Preisschrift, J. éc. pol. cah. 52 (1882) [Auszug Paris C. R. 70 (1870), p. 380], p. 26 ff.; *C. Küpper,* Prag Ber. 1887, p. 477; 1892, p. 264; Math. Ann. 31 (1887), p. 291. Ein vollständigerer Satz wird mittels höherer Räume abgeleitet von *Bertini* [308]), *Segre* [287]), n. 85. — Weitere Sätze über Spezialgruppen bei *C. Küpper*, Prag Ber. 1897, Nr. 31.

329) S. [287]), §§ 9—12. Für aussergewöhnliche Spezialgruppen auf besondern Kurven vgl. *H. Weber,* Math. Ann. 13 (1877), p. 35; *L. Kraus,* Math. Ann. 16 (1879), p. 245; *A. Wiman,* Stockh. Handl. Bihang 21^1 (1895), Nr. 1, 3; *F. Hardcastle,* Lond. Math. Soc. Proc. 29 (1897), p. 132.

330) Für jedes gegebene r liefert dies den kleinsten Wert von n, d. i. die „Minimalscharen" (*Brill-Noether,* l. c., § 10). So existieren für $r = 1$ eine endliche Anzahl von $g^1_{\frac{p+2}{2}}$, oder aber ∞^1 $g^1_{\frac{p+3}{2}}$, je nachdem p gerade oder ungerade ist; für $r = 2$ giebt es g_n^2 der kleinsten Ordnung, wo $n = \frac{1}{3}(2p+6)$, $\frac{1}{3}(2p+7)$, $\frac{1}{3}(2p+8)$, resp. in endlicher Anzahl, ∞^1, ∞^2; etc. — Aus dem Falle $r = 2$ folgt, dass eine irreduzible C^n vom Geschlecht p, die eine allgemeine ihres Geschlechtes ist (d. i. *mit allgemeinen Moduln:* Nr. **30**) für $n > 4$ vielfache Punkte besitzen muss, und dass, wenn diese s-fache gewöhnliche sind, dann

$$\sum \frac{s(s-1)}{2} \geqq \frac{(n-2)(n-4)}{2}.$$

braisch bestimmt sind. Somit giebt es ∞^τ speziale g_n.[331]) Das „*Problem der Spezialgruppen*" besteht in der Ermittelung der Zahl α, und führt auf die noch nicht abgeschlossene Diskussion eines gewissen Systems algebraischer Gleichungen mit ebensoviel Unbekannten (s. u.).

Für $r = 1$ [332]) ist der von *Brill* und *Noether* angegebene (l. c. p. 296, Formel [B]) und sodann von *Brill*[335]) bewiesene Wert von α:

$$\frac{1}{\sigma}\binom{2\sigma}{\sigma-1} \text{ für } p = 2\sigma, \quad \frac{2}{\sigma}\binom{2\sigma+1}{\sigma-1} \text{ für } p = 2\sigma + 1,$$

während für $\tau = 0$ *Castelnuovo*[333]) gefunden hat:

$$\alpha = \frac{1!\,2!\,\ldots r!\;1!\,2!\,\ldots r'!\,p!}{1!\,2!\,\ldots (r + r' + 1)!}.$$

Das Problem der Spezialgruppen lässt sich verallgemeinern, indem man f mit einem beliebigen linearen System von Kurven ψ schneidet: es können dann auf f „ausgezeichnete Gruppen" oder „neutrale Gruppen" von k Punkten existieren (Nr. 24), die zur Bestimmung der ψ weniger als k unabhängige Bedingungen erfordern[334]). Deren Bestimmung hat *Brill*[335]) algebraisch ausgeführt für ein lineares System ∞^{k+i-1} von adjungierten Kurven ψ irgend einer Ordnung (die auch eine gewisse Anzahl einfacher Punkte von f gemein haben dürfen), und für Gruppen von k Punkten, von denen nur einer eine Folge der übrigen sein soll („Neutrale Gruppen der ersten Spezies"). Die durch wiederholte Anwendung des *Cayley-Brill*'schen Korrespondenzprinzips (II B 2,

331) Auch die nicht spezialen g_n^r hängen von τ Konstanten ab (wo τ stets > 0, da dann $n - r \geqq p$ ist). Vgl. *Segre*[313]), p. 205. — Die Zahl r' ist die Dimension der zu g_n^r reziproken Schar, nach dem Reziprozitätssatze von *Brill-Noether* (Nr. 27); mithin ist die Anzahl der Spezialscharen die nämliche für zwei reziproke Scharen: *Brill-Noether,* l. c., § 9.

332) Vgl. *Clebsch-Gordan*[44]), § 61. — Für den schon von *Riemann*[37]) art. 5 betrachteten Fall, wo überdies n den kleinsten Wert hat [s.[330])], haben *Brill-Noether,* l. c., § 12 eine indirekte Bestimmungsweise gegeben.

333) Rom Linc. Rend. (4) 5² (1889), p. 130. Vgl. auch[336]). Für $r = 1$ wird die Formel von *Castelnuovo* bei geradem p zu der von *Brill-Noether* angeführten [B]: s. *Brill*[335]), p. 358. Für letztere s. auch *E. Ritter,* Math. Ann. 44 (1893), p. 321; einige besondere Fälle zuerst bei *Brill,* Math. Ann. 6 (1872), p. 60.

334) Anwendungen auf Spezial- und ausgezeichnete Gruppen bei irreduzibeln, von vielfachen Punkten freien C^n macht *C. Küpper,* Prag Ber. 1888, p. 265; Prag Abh. (7) 3 (1890), Nr. 7; 4 (1891), Nr. 5, 7; Monatshefte Math. Phys. 6 (1895), p. 5, 127; *Noether*[287]), § 5.

335) Math. Ann. 36 (1890), p. 321 (§§ 7, 8). — Für ein lineares System nicht adjungierter Kurven (Nr. 31) vgl. *Noether*[348]), § 8, wo es sich um die „σ-Kurven" der Ordnung $m - 3$ handelt (für m als die Ordnung von f).

Nr. **51, 52**, *Wirtinger*; III C 3, Abschnitt III, *Zeuthen*) erhaltene Lösung kommt zurück auf das algebraische Problem, alle Systeme von Wertepaaren $x_1, y_1; \ldots; x_k, y_k$ zu finden, die alle Determinanten der Ordnung k aus der Matrix:

$$|\psi_1(x_j y_j), \ldots, \psi_{k+i}(x_j, y_j)| \quad (j = 1, 2, \ldots, k)$$

zum Verschwinden bringen, und zugleich den Bedingungen $f(x_1, y_1) = 0, \ldots, f(x_k, y_k) = 0$ genügen. Durch den Schluss von $i - 1$ auf i findet man, dass wenn $k - i - 1$ Punkte auf f gegeben sind, die mit ihnen eine Gruppe der gewünschten Eigenschaft bildende Systeme von $i + 1$ Punkten in der Anzahl $\sum_{\lambda=0}^{\Lambda} (-1)^\lambda \binom{p}{\lambda} \binom{M - 2\lambda + 1}{i - 2\lambda + 1}$ vorhanden sind, wo $M + k$ die Zahl der beweglichen Schnittpunkte der ψ mit f ist, und $\Lambda = \frac{1}{2} i$ resp. $\frac{1}{2}(i + 1)$, je nachdem i gerade oder ungerade ist. Gestützt auf das Prinzip von der Erhaltung der Anzahl (III C 3, Abschn. II, *Zeuthen*), hatte *Castelnuovo* die Formel schon vorher aufgestellt; nachher wurde sie von neuem von *Zeuthen* abgeleitet [336]).

336) *Castelnuovo*, Pal. Rend. 3 (1888), p. 27 (n. 1); *Zeuthen*, Math. Ann. 40 (1891), p. 118. Bei *Zeuthen* handelt es sich um eine Anwendung der von ihm angegebenen Methode, um die Anzahl der Koinzidenzen im *Cayley-Brill*'schen Korrespondenzprinzip zu bestimmen. Bei *Castelnuovo* [vgl. auch [333])] wird das Problem auf ein projektives zurückgeführt, nämlich das der linearen Räume von h Dimensionen, die eine birational auf f bezogene algebraische Kurve eines höheren Raumes in $k > h + 1$ Punkten schneiden, und wird auf Grund einer Zerfällung der Kurve gelöst [eine Rechtfertigung des Prozesses gaben *Klein* [160]), 2, p. 110 ff.; *E. Ritter*, Math. Ann. 46 (1894), p. 247, auf Grund der Ausartung *Riemann*'scher Flächen]; in dieser Form ist es weiterhin von verschiedenen anderen Autoren behandelt worden (III C 9, *Segre*, Höhere Räume). Eine derartige Methode nebst ihrer Anwendung besonders auf Berührungen einer gegebenen ebenen Kurve mit Kurven eines Linearsystems (Nr. **34**) verdankt man *A. Brill*, Gött. Nachr. 1870, p. 525; Math. Ann. 2 (1870), p. 473; 3 (1871), p. 459; 4 (1871), p. 527; 6 (1872), p. 49; vgl. [377]). — Über den engen Zusammenhang zwischen den beiden — obwohl der Form nach durchaus verschiedenen — Methoden von *Castelnuovo* und *Zeuthen* vgl. *Brill-Noether*, Bericht p. 544—49, s. auch *J. Sommer*, Diss. Tübingen 1898. — *A. Tanturri*, Torino Atti 39 (1904), p. 483 hat auf einer Kurve vom Geschlecht p die Gruppen von $2s$ Punkten betrachtet, deren jeder neutral von der 2. Spezies ist für eine von festen Punkten freie und nicht zusammengesetzte g_n^r; für $r = 3(s - 1)$ ist deren Anzahl endlich und gegeben durch:

$$\sum (-1)^i 2^{p-i-k} \frac{p!}{i!\,k!\,(p-i-k)!} \frac{1}{s-k+1} \binom{n-2s-p-i-k+2}{s-k} \binom{n-2s-p-i-k+1}{s-k},$$

wo sich die Summe erstreckt auf alle ganzzahligen positiven Werte (incl. 0) von i und k, für die $i + k \leqq p$. — Für $p = 0$ hat die Formel, die das Problem der neutralen Gruppen für Gruppen mit nur einfachen Elementen löst, durch Induk-

29. Normalkurven. Die Minimalscharen[330]) können zur Transformation einer Kurve f (mit allgemeinen Moduln) in eine *„Normalform“*[337]) dienen. Für $r = 1$ erhält man die *Riemann*'sche Normalkurve[332]), d. i. je nachdem p gerade oder ungerade ist, eine Kurve der Ordnung $p + 2$ mit zwei $\frac{1}{2}(p + 2)$-fachen und weiteren $\frac{1}{4}p(p - 4)$ Doppelpunkten, oder aber eine von der Ordnung $p + 3$ mit zwei $\frac{1}{2}(p + 3)$-fachen und weiteren $\frac{1}{4}(p - 1)^2$ Doppelpunkten. Von ihnen aus gelangt man mittels einer quadratischen Transformation (für $p > 4$) zu einer Normalkurve entweder der Ordnung p mit zwei $\frac{1}{2}(p - 2)$-fachen und $\frac{1}{4}p(p - 4) - 1$ Doppelpunkten, oder aber zu einer der Ordnung $p + 1$ mit zwei $\frac{1}{2}(p - 1)$-fachen und $\frac{1}{4}(p - 1)^2 - 1$ Doppelpunkten.

Der Fall $r = 2$ führt auf ebene Normalkurven niedrigster Ordnung[338]): lässt man den Geraden einer Ebene die durch eine solche

---

tion *W. Fr. Meyer* erhalten [2]), p. 363, sodann *A. Tanturri,* Ann. di mat. (3) 4 (1900), p. 67 (wo durch Induktion auch die Formel für $p = 1$ gefunden wird); sie wurde bewiesen von *F. Severi,* Rom Linc. Rend. (5) 11^1 (1902), p. 52. Aus ihr hat *Severi,* ib. (5) 9^1 (1900), p. 379 die Formel abgeleitet, die die Frage ganz allgemein, d. i. auch für Gruppen mit vielfachen Elementen beantwortet. — Für ein beliebiges p findet sich eine allgemeine Methode, auf der Integration einer gewissen Funktionalgleichung [II A 11, Nr. 27 c), *Pincherle*] beruhend, um die Zahl der neutralen Gruppen mit vielfachen Elementen einer einfachen linearen Schar g_n^r zu bestimmen, bei *F. Severi,* Torino Mem. (2) 50 (1900), p. 81. Insbesondere sind hier (n. 18 und 26) die Formeln angegeben, welche das Problem für $r = 4, 5$ explizit lösen.

337) *Brill-Noether* [287]), § 13.

338) *Brill-Noether,* l. c. — Durch birationale Transformation von f mittels eines Netzes von φ durch $p - 3$ allgemeine Punkte von f erhielten *Clebsch-Gordan* [44]), § 18 eine C^{p+1} mit $\frac{1}{2}p(p - 3)$ Doppelpunkten [$p > 2$; die Fälle $p = 0, 1, 2$ in §§ 19, 20, 21 direkt behandelt, geben als Normalkurve resp. eine Gerade, eine allgemeine C^3 und eine C^4 mit einem Doppelpunkt; und führen zum Ausdrucke der Koordinaten des laufenden Punktes auf der Kurve als rationale Funktionen eines veränderlichen Parameters λ, oder resp. von λ und der Quadratwurzel eines Polynoms, mit lauter einfachen Wurzeln, und vierten oder sechsten Grades in λ; für $p = 2$ eine Berichtigung von *Clebsch,* Math. Ann. 1 (1868), p. 170]; diese ist aber nicht, wie sie glaubten, die Normalkurve niedrigster Ordnung. Vgl. auch *Ch. A. Scott,* Quart. J. 28 (1896), p. 377. Diese Transformation ist möglich, so lange f nicht hyperelliptisch ist: vgl. [313]). Eine hyperelliptische Kurve vom Geschlecht p lässt sich stets auf eine C^{p+2} mit einem p-fachen Punkte birational beziehen (*Brill-Noether,* l. c. p. 287); sie lässt sich auch auf eine „homologe harmonische“ Kurve zurückführen, *L. Cremona,* Ist. Lomb. Rend. (2) 2 (1869), p. 566; vgl. auch *„Clebsch-Lindemann“*, p. 718. Die Koordinaten eines ihrer Punkte kann man als rationale Funktionen eines Parameters λ und der Quadratwurzel eines Polynoms, mit lauter einfachen Wurzeln, vom Grade $2p + 1$ oder $2p + 2$ in λ, darstellen: vgl. *„Clebsch-Lindemann“,* p. 915 ff.; *Segre* [287]), n. 67; *Picard* [161]), p. 491 ff.

Punktgruppe gehenden φ entsprechen, so geht f über in eine Normalkurve der Ordnung $p-\pi+2$ mit $\frac{1}{2}(p-\pi+1)(p-\pi)-p$ Doppelpunkten, wo p resp. $=3\pi,\ 3\pi+1,\ 3\pi+2$ ist. — Für $r>2$ ergeben sich die niedrigsten Normalkurven in linearen Räumen von $\geqq 3$ Dimensionen. Im Falle der kanonischen Schar erhält man (wofern f nicht hyperelliptisch ist) die Normalkurve der Ordnung $2p-2$ im R_{p-1} (die Normalkurve der φ): von linearen Transformationen abgesehen, ist sie die einzige, und liefert mittels Projektion alle übrigen Normalkurven[339]).

Zu einigen der vorstehenden Darstellungen, und zu weiteren, führt auch folgender Satz[340]): „Eine Kurve f, die zwei Scharen g_n^1 und $g_{n'}^1$ ohne (rationale oder nicht rationale) gemeinsame Schar enthält, lässt sich birational beziehen auf eine Kurve f' der Ordnung $n+n'-k$ $(k\geqq 1)$ mit einem $(n-k)$-fachen und einem $(n'-k)$-fachen Punkte, den Zentra zweier Strahlbüschel, die die beiden Scharen ausschneiden.“ Die Zahl k bezieht sich auf die Existenz von zwei, beiden Scharen angehörigen Gruppen mit k gemeinsamen Punkten; und wenn die beiden Scharen überdies α_i Paare von Gruppen mit i $(=2, 3, \ldots)$ gemeinsamen Punkten enthalten, so besitzt f' α_i i-fache Punkte, und das Geschlecht von f (und f') hat den Wert

$$(18)\qquad p=(n-1)(n'-1)-\tfrac{1}{2}k(k-1)-\sum_i \alpha_i\frac{i(i-1)}{2}.$$

30. Die Moduln einer Klasse von algebraischen Kurven. Eine Klasse (Nr. 4) algebraischer irreduzibler Kurven des gegebenen Geschlechts p (>1) hängt von $3p-3$ stetig veränderlichen unabhängigen

---

339) S. [319]). — *M. Noether* definierte für $p=5, 6, 7$ Normalkurven mittels aller quadratischen Relationen zwischen den φ [für diese s. [372])], und brachte sie durch eine lineare Transformation auf eine Gestalt, in der die $3p-3$ Moduln (Nr. **30**) in Evidenz treten, Math. Ann. 26 (1885), p. 143. Für $p=4$ vgl. auch *B. Riemann,* Ges. math. Werke, Nachträge, herausg. von *M. Noether* und *W. Wirtinger,* Leipzig 1902, p. 15 ff. und p. 63; für $p=4, 5, 6$ vgl. auch *C. E. Pengra,* Wisconsin Trans. 14³ (1903), p. 655.

340) *Bertini* [287]), n. 41. Vgl. *Riemann* [37]), art. 7; *Castelnuovo* [308]), n. 4. — Hieraus leitet man z. B. ab, dass sich eine f mit einer g_n^1 $(n\leqq p+2)$ in eine C^{p+2} mit einem $(p-n+2)$-fachen Punkte transformieren lässt: *Segre* [313]), p. 220. — Eigenschaften der Kurven mit einer von festen Punkten freien g_n^1 $(n\leqq p$, also einer spezialen Schar) bei *Bertini,* l. c. n. 44. Im besondern heisst eine Kurve, die eine g_n^1, aber keine g_{n-1}^1 enthält, eine „n-gonale“ (für $n=2$ sind es die hyperelliptischen Kurven, während eine Kurve mit zwei g_2^1 rational oder elliptisch ist, je nachdem diese Scharen ein Paar gemein haben oder nicht). Vgl. *Bertini,* l. c., n. 45; wegen der Litteratur s. *F. Amodeo,* Congrès math. Paris 1902 (1900), p. 313 = Period. di mat. (2) 3 (1900), p. 69.

Parametern ab, die gegenüber birationalen Transformationen absolut invariant sind. *Riemann*[341]), der sie zuerst betrachtete, nannte sie die *Moduln* der Klasse und bestimmte ihre Anzahl auf transzendentem Wege (II B 2, Nr. **31**, *Wirtinger*), einmal von den Integralen erster Gattung ausgehend, sodann auf Grund des Existenztheorems der algebraischen Funktionen[342]). Für $p = 0$ existiert kein Modul, und für $p = 1$ nur ein einziger[343]). Man kann alle Fälle in einer einzigen Formel zusammenziehen[344]) durch Einführung der Mannigfaltigkeit ϱ

341) S. [37]), art. 12. — Eine neue transzendente Definition der Moduln gab *F. Klein* in der Theorie der automorphen Funktionen: Math. Ann. 19 (1882), p. 566 ff.; 21 (1882), p. 216 ff. (II B 4 c, *Fricke,* Automorphe Funktionen).

342) L. c. art. 3, 5. Repräsentiert man ein Gebilde vom Geschlecht p mit einer g^1_m durch eine ebene Kurve, auf der die Schar durch ein Geradenbüschel (Nr. **29**, Ende) ausgeschnitten wird, so bezieht sich der Satz auf die Existenz einer endlichen Anzahl N von Klassen von Kurven des Geschlechts p, die die Geraden eines gegebenen Büschels in m variabeln Punkten treffen, und mit $w = 2(m + p - 1)$ beliebig gegebenen Verzweigungsgeraden (Gerade, die berühren, und solche, die durch die Spitze gehen). — Über diesen Satz und die Versuche, seinen Beweis streng zu machen (*Riemann* hatte ihn auf das *Dirichlet*sche Prinzip gestützt) s. II A 7 b, Nr. **24** ff., *Burkhardt* und *Meyer*; II B 1, Nr. **19**, **22**, *Osgood*; II B 2, Nr. **12**, *Wirtinger*. — Die Aufgabe, N in Funktion von m und p zu bestimmen, hat für $m = 3$ *H. Kasten,* Diss. Gött. 1876 behandelt, allgemein *A. Hurwitz,* Math. Ann. 39 (1891), p. 1 [italienisch von *A. Brambilla,* mit Zusätzen des Verfassers, Giorn. di mat. 31 (1893), p. 229; 41 (1903), p. 337]; 55 (1901), p. 53, der auch die Gruppe der algebraischen Gleichung vom Grade N untersucht, von der die Bestimmung dieser Klassen (d. h. *Riemann*'schen Flächen) abhängt, ebenso wie die Realität ihrer Wurzeln, wenn die gegebenen Verzweigungswerthe zum Teil reell, zum Teil zu je zweien konjugiert imaginär sind. So erhält man für $m = 2, 3, 4$:

$$N = 1, \quad \frac{1}{3!}\left(3^{w-1} - 3\right), \quad \frac{1}{4!}\left(2^{w-2} - 4\right)\left(3^{w-1} - 3\right).$$

343) Für besondere Kurven muss natürlich die Anzahl der Moduln $< 3p - 3$ werden. Für eine hyperelliptische Kurve sind es $2p - 1$, die unabhängigen Doppelverhältnisse der $2p + 2$ Verzweigungspunkte ihrer $g_2{}^1$ [*Brill-Noether* [287]), p. 302]: sie treten in Evidenz bei der Darstellung von *Cremona* [338]). Allgemeiner besitzt eine Kurve mit einer (einzigen) Involution 2. Grades vom Geschlecht π $2p - \pi - 1$ Moduln: *Segre* [287]), n. 90. — Wenn die Kurve elliptisch ist, so sind für ihre unendlich vielen $g_2{}^1$ die Quadrupel ihrer Verzweigungspunkte sämtlich zu einander projektiv, und ihr Doppelverhältnis ist der einzige Modul: *Clebsch,* erstes Zitat[69]), § 6; *Clebsch-Gordan*[44]), p. 74—77, mit einem von *A. Cayley* mitgeteilten Beweise [vgl. *Cayley*[20]), n. 24, 25]; *Bertini* [287]), n. 46, 47; *Segre,* l. c. § 16; als ein Korollar hiervon erscheint der Satz von *G. Salmon,* J. f. Math. 42 (1851), p. 274; [5]), p. 151 über die Konstanz des Doppelverhältnisses der 4, an eine allgemeine C^3 von irgend einem ihrer Punkte ausgehenden Tangenten (III C 5, *Kohn,* Spezielle algebraische Kurven).

344) *F. Klein,* Über *Riemann*'s Theorie der alg. Funktionen; Leipzig 1882

der eindeutigen Transformationen, die eine Kurve der Klasse in sich selbst zulässt. Da (II B 2, Nr. **31**, *Wirtinger*; III C 11, *Castelnuovo* und *Enriques*) $\varrho = 3, 1, 0$ ausfällt, je nachdem $p = 0, 1, > 1$, so beträgt die Anzahl der Moduln in jedem Falle $3p - 3 + \varrho$.[345])

Die Bestimmung der Moduln auf algebraischem Wege, die schon *Cayley*[346]) in Angriff nahm, wurde von *Brill* und *Noether* auf verschiedenen Wegen geleistet (die indessen nicht so streng sind, wie die vom Existenzsatze ausgehende), vermöge geometrischer Auffassung der Moduln als Doppelverhältnisse, und unter Zugrundelegung entweder einer g_p^1 mit einem p-fachen Punkte[347]), oder der Minimalscharen, oder endlich der Normalkurven (l. c. § 16). So giebt die Minimalschar g_n^1 mit ihren $3p$ oder $3p+1$ (je nachdem p gerade oder ungerade ist) Verzweigungsgruppen die $3p - 3$ Moduln als Doppelverhältnisse dieser Gruppen (wo man im zweiten Falle unter den ∞^1 g_n^1 etwa eine solche mit einem doppelten Verzweigungselement auswähle).

31. Erweiterungen. Die Systeme von Schnittpunkten einer algebraischen Kurve mit nicht-adjungierten Kurven. *M. Noether*[348]) hat festgestellt, dass sich die Sätze über lineare Vollscharen, im besondern

---

(englisch von *F. Hardcastle,* Cambr. 1893), § 19. — Über die reellen Moduln bei den reellen eindeutigen Transformationen reeller Kurven s. [240]).

345) *Klein,* l. c., und [160]), 1, p. 95, bemerkt, dass die Gleichung vom Grade N der Anm. [342]) irreduzibel ist, sodass die Gesamtheit der Klassen algebraischer Gebilde vom Geschlecht p eine einzige $(3p - 3 + \varrho)$-fach ausgedehnte zusammenhängende Mannigfaltigkeit bildet.

346) S. [20]). Hier hat *Cayley,* ausgehend von der Normalkurve der Ordnung $p+1$ $(p > 2)$ [338]), $4p - 6$ Moduln gefunden. Deren Inexaktheit deckte *A. Brill* auf Habilitationsschrift Giessen, 1867; Math. Ann. 1 (1869), p. 401, indem er auf direktem Wege für $p = 4$ eine Normalkurve mit nur 9 Moduln fand [vgl. *Cayley,* Math. Ann. 3 (1870), p. 270 = Papers 8, p. 387 (und auch Papers 6, p. 593)]; für den allgemeinen Fall s. *Brill-Noether* [287]), p. 304. — Vgl. auch *F. Casorati* und *L. Cremona,* Ist. Lomb. Rend. (2) 2 (1869), p. 620; *A. Brill,* Math. Ann. 2 (1870), p. 471; *A. Cayley,* Math. Ann. 8 (1874), p. 362 = Papers 9, p. 507.

347) S. [287]), §§ 14, 15. Diesen Weg zur Auffindung von Normalgleichungen und Moduln hatte schon *Weierstrass* eingeschlagen, Vorlesungen; s. Brief an *H. A. Schwarz,* Okt. 1875 = Werke 2 (1895), p. 235; auch Werke 3 (1903), p. 297. Vgl. auch *Schottky* [224]), p. 317; *Hensel-Landsberg* [160]), Vorl. 31; *Brill-Noether,* Bericht, p. 366, 431.

348) Math. Ann. 15 (1879), p. 507 (Auszug Erlangen Ber. 1879). — Die Ausdehnung des *Riemann-Roch*'schen Satzes auf nicht adjungierte Kurven versuchte zuerst *F. Lindemann* (Unters. üb. d. *Riemann-Roch*'schen Satz, Programmschrift Leipzig 1879), dessen Untersuchung jedoch eine, von *Noether,* l. c., bemerkte Lücke (p. 29) aufweist.

der Restsatz und der *Riemann-Roch*'sche Satz, erweitern lassen mittels derselben in der Abhandlung von *Brill* und *Noether* [287]) befolgten algebraischen Methode, mit dem „Fundamentalsatz" als Ausgangspunkt, in einer für alle Fälle giltigen Form, auch auf solche (im allgemeinen nicht vollständigen) Scharen, die auf der irreduzibeln Grundkurve f durch nicht-adjungierte Kurven ausgeschnitten werden, d. i. durch die sogenannten „σ-Kurven", die in den s_i-fachen Punkten von f die Multiplizität $\sigma_i \leqq s_i - 1$ besitzen. Hierzu gelangt man vermöge des Begriffes einer σ-Kurve χ, die mit einer anderen gegebenen ψ „gleichsingulär" sei, d. h. dieselbe in jedem s_i-fachen Punkte von f derart trifft, dass in jeden der σ_i Zweige von ψ, ausser den σ_i Schnittpunkten, die ein solcher Punkt als σ_i-facher von χ absorbiert, noch weitere $s_i - \sigma_i - 1$ hineinfallen, sodass für jeden solchen Punkt die Schnittmultiplizität von ψ und χ gleich $(s_i - 1)\sigma_i$ wird.

Alsdann nimmt der „Restsatz der σ-Kurven" zwei Gestalten an. Der „erste Restsatz" sagt aus, dass wenn eine Schar von Gruppen von n Punkten auf f durch die ganze Schar von σ-Kurven einer gewissen Ordnung bestimmt ist, die eine feste Gruppe auf f enthalten, diese auch erhalten werden kann, wenn man durch die von irgend einer dieser Kurven bestimmte Gruppe nach Belieben eine mit ihr gleichsinguläre σ-Kurve χ legt, und f mit dem ganzen linearen System von σ-Kurven (gleicher Ordnung wie χ) schneidet, die durch die weiteren Schnittpunkte von f mit χ hindurchgehen [349]). Die Umkehrung macht den „zweiten Restsatz der σ-Kurven" aus.

Die weiteren Sätze lassen eine einfache Erweiterung zu, indem sich jeder in zwei entsprechende Sätze zerlegt, falls man an Stelle des Geschlechtes $p = \frac{1}{2}(m-1)(m-2) - \frac{1}{2}\sum_i s_i(s_i - 1)$ der gegebenen Kurve f von der Ordnung m die beiden andern Anzahlen einführt:

$$\pi = p + \tfrac{1}{2}\sum_i (s_i - \sigma_i)(s_i - \sigma_i - 1),$$

$$\pi' = p + \tfrac{1}{2}\sum_i s_i(s_i - 1) - \tfrac{1}{2}\sum_i \sigma_i(\sigma_i + 1) = \pi + \sum_i \sigma_i(s_i - \sigma_i - 1).$$

So sind (vgl. Nr. 27) von den Schnittpunkten von f mit einer σ-Kurve χ der Ordnung l (ausserhalb der vielfachen Punkte von f) im allgemeinen und höchstens π, oder aber $\pi - 1$ — je nachdem $l > m - 3$

349) Diese Eigenschaft weicht also von der durch den Restsatz für adjungierte Kurven (Nr. 25) ausgedrückten nur darin ab, dass die entsprechenden Kurven der beiden Linearsysteme mit einander gleichsingulär sein müssen; es genügt, wenn dies für *zwei* entsprechende Kurven der Fall ist.

oder aber $= m - 3$ ist — durch die übrigen bestimmt, wenn die ψ im übrigen willkürlich sind; hingegen werden jene Anzahlen π' resp. $\pi' - 1$, wenn die ψ mit einer gegebenen σ-Kurve gleichsingulär sind.

Es giebt $\infty^{\pi'-1}$ σ-Kurven der Ordnung $m - 3$, dagegen $\infty^{\pi-1}$ solche, die mit einer gegebenen gleichsingulär sind. Auf diese bezieht sich der erweiterte *Riemann-Roch*'sche Satz, der in folgende zwei zerfällt:

a) „Wenn eine Schar von Gruppen von n Punkten auf f durch ein lineares System von σ-Kurven ausgeschnitten wird, und wenn durch eine dieser Gruppen, die von der Kurve ψ bestimmt ist, $\infty^{r'}$ $(r' \geqq 0)$ mit ψ gleichsinguläre σ-Kurven der Ordnung $m - 3$ hindurchgehen, so hat die Dimension r der Schar den Wert $r = n - \pi + r' + 1$."

b) „Wenn eine Schar von Gruppen von n' Punkten auf f von einem linearen System von σ-Kurven ausgeschnitten wird, welche mit einander gleichsingulär sind, und wenn durch eine dieser Gruppen ∞^{r} $(r \geqq 0)$ σ-Kurven der Ordnung $m - 3$ hindurchgehen, so hat die Dimension r' der Schar den Wert $r' = n' - \pi' + r + 1$."

32. Reduzible Grundkurven. *M. Noether* [350]) hat die Modifikationen untersucht, die die Sätze über das Verhalten der φ-Kurven in Bezug auf eine Grundkurve f der Ordnung m erleiden, wenn f zerfällt (ohne jedoch vielfache Teile zu enthalten) [351]).

Zerfällt f in zwei irreduzible Kurven $f^{(1)}, f^{(2)}$ von den Ordnungen m_1, m_2 $(m_1 + m_2 = m)$, die sich in $m_1 m_2$ einfachen Punkten begegnen, so ist von den $m_1 m_2$ Bedingungen für das Hindurchgehen einer φ-Kurve durch dieselben *irgend eine* die Folge der übrigen (Nr. **33**); anders verhält es sich, wenn die Schnittpunkte von $f^{(1)}, f^{(2)}$ vielfache Punkte der Kurven sind. Spaltet man sukzessive eine der beiden Komponenten abermals in zwei Teile, so gelangt man zum allgemeinsten Falle, wo f sich zusammensetzt aus λ irreduzibeln Kurven der Ordnungen $m_1, \ldots, m_\lambda$ $(m_1 + \cdots + m_\lambda = m)$; bedeuten $\alpha_1, \ldots, \alpha_\lambda$ $(\geqq 0)$ die Multiplizitäten eines gemeinsamen Punktes dieser Kurven, so repräsentieren die

$$k = \tfrac{1}{2} \sum (\alpha_1 + \alpha_2 + \cdots + \alpha_\lambda)(\alpha_1 + \alpha_2 + \cdots + \alpha_\lambda - 1)$$

linearen Gleichungen, die für die φ die Bedingungen des Adjungiertseins ausdrücken — deren Struktur von *Noether* vollständig untersucht ist — für die φ genau $k - \lambda + 1$ linear unabhängige Bedingungen.

350) Acta math. 8 (1886), p. 161 (Auszug Erlangen Ber. 1885).

351) In [288]) ist schon erwähnt, dass der Restsatz auch für reduzible Kurven giltig bleibt.

Sind also p das Geschlecht von $f, p_1, p_2, \ldots, p_\lambda$ die der Komponenten:

$$p = \tfrac{1}{2}(m-1)(m-2) - k, \quad p_i = \tfrac{1}{2}(m_i - 1)(m_i - 2) - \tfrac{1}{2}\sum_i \alpha_i(\alpha_i - 1),$$

so ist die Anzahl der linear unabhängigen φ:

$$p_1 + p_2 + \cdots + p_\lambda = p + \lambda - 1,$$

ein schon vorher von *E. B. Christoffel*[352]) algebraisch bewiesener Satz.

Da sich (vgl. Ende von Nr. **15**) p, wie auch $p + \lambda - 1$, und damit auch λ, lediglich — mit Hilfe von $f = 0$ — durch rationale Operationen finden lassen, so gewinnt man von hier aus ein Kriterium für die Irreduzibilität von f resp. für die Anzahl der irreduzibeln Komponenten von f.

Bezüglich des *Riemann-Roch*'schen Satzes ergiebt sich, dass die Formel $r' = p - n + r - 1$ der Nr. **27** noch giltig bleibt, wenn nur r, r' jetzt die Mannigfaltigkeiten der φ bedeuten, nicht die der von denselben auf f ausgeschnittenen Punktsysteme.

33. Anwendungen. Schnittpunktsätze. Unter dem Namen „*Cramer'sches Paradoxon*" ist die Tatsache bekannt, dass eine C^n nicht immer durch $\frac{1}{2}n(n+3)$ ihrer Punkte bestimmt zu sein braucht, da (für $n \geqq 3$) diese Zahl nicht grösser ausfällt, als die Zahl n^2 der Schnittpunkte der C^n mit einer andern C^n. Diese Beobachtung stammt von *C. Mac Laurin*[353]) her, und wurde von *L. Euler* und *G. Cramer*[354]) dadurch erklärt, dass die n^2 linearen Gleichungen, die von den Koeffizienten der Gleichung einer C^n erfüllt sein müssen, damit sie durch die Schnittpunkte zweier anderer hindurchgehe, nicht von einander unabhängig sind (I B 1 b² *Netto*; III C 3, Nr. **3**, *Zeuthen*). — Aus der *Lamé*'schen Darstellung eines Büschels in der Gestalt $f + \lambda\varphi = 0$ [29]) folgerte *J. D. Gergonne*[355]), dass, wenn von den Schnittpunkten zweier C^{p+q} $p(p+q)$ einer C^p angehören, die andern $q(p+q)$ auf einer C^q liegen. — Einen wesentlichen Fortschritt in den Schnittpunktsätzen einer als fest betrachteten C^n machte *J. Plücker*[356]), indem die die gegebene C^n schneidende C^n als beweglich ansah: mittels

352) Ann. di mat. (2) 10 (1880), p. 81.

353) S. [19]), p. 137.

354) *Euler* [29]); *Cramer* [4]), p. 78.

355) S. [29]), p. 220.

356) Anal.-geom. Entw., Essen 1 (1827), Anm. zu p. 228; 2 (1831), p. 242; ausführlicher Ann. de math. 19 (1828/9), p. 97 = Abh. 1, p. 76. — Vgl. *A. Clebsch*, Zum Gedächtniss an *J. Plücker*, Gött. Abh. 15 (1872) [französisch von *P. Mansion*, Bull. Boncompagni 5 (1872), p. 183; italienisch von *E. Beltrami*, Giorn. di mat. 11 (1873), p. 153] = *Plücker*'s Abh., 1, p. XXIII; *Brill-Noether*, Bericht, p. 290/1.

Konstantenzählung erkannte er, dass alle C^n, die durch $\frac{n(n+3)}{2} - 1$ gegebene Punkte „allgemeiner Lage“ gehen, sich noch in weiteren $\frac{1}{2}(n-1)(n-2)$ festen Punkten schneiden. *C. G. J. Jacobi* und *J. Plücker* haben gleichzeitig[357]) auch Kurven ungleicher Ordnung in Betracht gezogen, indem sie zeigten, dass für $m > n - 3$ von den mn Schnittpunkten einer gegebenen C^n mit einer C^m $\frac{1}{2}(n-1)(n-2)$ mittels der übrigen „in allgemeiner Lage“ gewählten bestimmt sind, für $m \leqq n - 3$ dagegen $mn - \frac{1}{2}m(m+3)$ durch die übrigen. Ein allgemeineres Theorem gab *A. Cayley*[358]) (s. unten).

Die Relationen — von der Anzahl $mn - 3n + 1$ für $m > n$ und $n^2 - 3n + 2$ für $m = n$ — zwischen den Koordinaten der Schnittpunkte einer C^m mit einer C^n hat *Jacobi*[357]) algebraisch untersucht, gestützt auf sein algebraisches Theorem[359]) welches in I B 1 b, Nr. **23**, *Netto*, enthalten ist. Aus eben diesem Theorem hat *A. Clebsch*[360]) das *Abel*'sche Theorem (II B 2, C, *Wirtinger;* II B 5, *Abel*'sche Funktionen, *Wellstein*) für Integrale erster Gattung[361]) abgeleitet, und vermöge

---

357) *Jacobi,* J. f. Math 15 (1836), p. 285 = Werke 3, p. 331; *Plücker,* J. f. Math. 16 (1836), p. 47 = Abh. 1, p. 323; vgl. auch *Plücker* [12]), p. 7—13.

358) Cambr. math. J. 3 (1843), p. 211 = Papers 1, p. 25. Zu den obigen Sätzen und deren Ausdehnungen vgl. *E. Kötter,* Bericht, p. 243, 471 ff. — Geometrische Beweise bei *Cremona,* Intr. n. 41—45; *„Salmon-Fiedler“,* p. 23; *„Clebsch-Lindemann“,* p. 425, 753; *v. Peschka* [48]), p. 37; *E. Kötter,* Preisschrift, §§ 153—172; vgl. auch *Guccia* [421]), p. 181. — Weitere Sätze bei *F. Woepcke,* J. de math. (1) 19 (1854), p. 407; 20 (1855), p. 139; J. f. Math. 53 (1856), p. 260; 54 (1857), p. 274; *A. Olivier,* J. f. Math. 70 (1868), p. 156; 71 (1869), p. 1; *H. Valentiner,* Tidsskr. f. Math. (4) 5 (1881), p. 1, 167, und besonders [328]), wo auf Grund von Konstantenzählungen (für Kurven in Ebene und Raum) viele Sätze der Schnittpunkttheorie entwickelt werden, insbesondere eine Umkehrung des *Cayley*'schen Satzes.

359) J. f. Math. 14 (1835), p. 281 = Werke 3, p. 287. Daraus hat einen geometrischen Beweis von dem ersten der in [358]) zitierten Sätze *Liouville*'s *A. V. Bäcklund* abgeleitet, Acta math. 26 (1902), p. 287.

360) *Clebsch,* J. f. Math. 63 (1863), p. 189; *Clebsch-Gordan* [44]), p. 34 ff.; *„Clebsch-Lindemann“,* p. 818.

361) Über die zu einer algebraischen Kurve gehörigen *Abel*'schen Integrale und das *Abel*'sche Theorem (II B 2, *Wirtinger*; II B 5, *Wellstein,* Abelsche Funktionen) s. *Clebsch* [360]); *Clebsch-Gordan* [44]); *L. Cremona,* Bologna Mem. (2) 10 (1869), p. 3; *A. Harnack,* Erlangen Ber. 1875; Math. Ann. 9 (1876), p. 371; Ann. di mat. (2) 9 (1878), p. 302; *„Clebsch-Lindemann“,* p. 764 ff. [für $p = 0, 1$ *Clebsch* [39]), erstes Zitat [69]); für $p = 2$ *A. Brill,* J. f. Math. 65 (1865), p. 269; Math. Ann. 6 (1872), p. 66; für diese Fälle auch *„Clebsch-Lindemann“,* p. 883 ff.]. — Die Untersuchung der algebraischen Differentiale in homogenen Koordinaten (II B 1, Nr. **49**, *Osgood*; II B 2, Nr. **21**, *Wirtinger*) verdankt man *S. Aronhold,* Berlin Ber. 1861, p. 461; J. f. Math. 61 (1862), p. 95; s. die zitierten Abhandlungen.

dieses Theorems und seiner Umkehrung erhielt er in transzendenter Gestalt die notwendigen und hinreichenden Bedingungen für die Korresidualität von zwei Gruppen $x^{(1)}, x^{(2)}, \ldots, x^{(k)}$; $y^{(1)}, y^{(2)}, \ldots, y^{(k)}$ von k Punkten[362]). Ist $f = 0$ die homogene Kurvengleichung und $\varphi_i = 0$ die einer Adjungierten φ, so ist ein Integral erster Gattung dargestellt durch:

$$\int \frac{\varphi_i \sum \pm c_1 x_2 dx_3}{c_1 \frac{\partial f}{\partial x_1} + c_2 \frac{\partial f}{\partial x_2} + c_3 \frac{\partial f}{\partial x_3}} = \int du_i,$$

und ist unabhängig von den Konstanten c_1, c_2, c_3; die Indizes $i = 1, 2, \ldots, p$ entsprechen p linear unabhängigen Integralen erster Gattung (oder Kurven φ). Die gemeinten Bedingungen bestehen im Verschwinden (bis auf Vielfache bestimmter Perioden) der p Summen:

$$\sum_{\lambda=1}^{k} \int_{x^{(\lambda)}}^{y^{(\lambda)}} du_i \quad (i = 1, 2, \ldots, p).$$

Handelt es sich um die Schnitte mit nicht adjungierten Kurven, so muss man auch die Integrale dritter Gattung und das erweiterte Umkehrproblem[363]) heranziehen.

Die nämlichen Probleme hat *G. Humbert*[364]) verfolgt, indem er der Theorie der *Fuchs*'schen Funktionen einen Parameter entnimmt, durch welchen die Koordinaten x, y als eindeutige (automorphe) Funktionen darstellbar sind (II B 1, Nr. 28, *Osgood*; II B 4, Automorphe Funktionen, *Fricke*)[365]).

---

362) Eine einfache geometrische Deutung solcher Bedingungen erhält man nach *G. Castelnuovo,* Ist. Lomb. Rend. (2) 25 (1892), p. 1189 (n. 5, 6) mittels der eindeutigen Korrespondenzen zwischen Gruppen von p Punkten auf f [für $p = 1$ schon Torino Atti 24 (1888), p. 4 (n. 7)]. *Castelnuovo* studiert hier algebraisch die Gruppe der birationalen zu je zweien permutablen Transformationen, welche die algebraische p-dimensionale Mannigfaltigkeit V_p der nicht spezialen linearen Scharen g_n^{n-p} gegebener Ordnung $n > p$ die in f existieren, in sich transformieren. Diese V_p ist unabhängig von dem gegebenen n, solange es $> p$ ist; daher kann sie als Bild der ∞^p Gruppen von p Punkten der f betrachtet werden. Vgl. *Castelnuovo,* Rom. Linc. Rend. (5) 14^1 (1905), p. 545, 593, 655.

363) Für $p = 0$, 1, 2 s. [361]); allgemein *Clesch-Gordan* [44]), p. 143, 270 ff.; „*Clebsch-Lindemann*", p. 866.

364) J. de math. (4) 2 (1886), p. 239.

365) Eine solche Darstellbarkeit wurde von *H. Poincaré* und *F. Klein* entdeckt: vgl. *Poincaré,* Acta math. 1 (1882), p. 1, 193; 3 (1883), p. 49; 4 (1883), p. 201; 5 (1884), p. 209 [vorher eine Reihe von Noten in Paris C. R. 92, 93, 94 (1881—82); s. noch die Zusammenstellung in Math. Ann. 19 (1881), p. 553];

Hieraus gehen als Korollare die erwähnten Schnittpunktsätze hervor, sowie viele Sätze über Kurven, die mit f gewisse Berührungen eingehen, vgl. Nr. **34**.

In rein algebraischer und für irgend welche Punktgruppen gültiger Gestalt ergiebt sich die genaue Bestimmung aller Schnittpunktsätze, unter Berücksichtigung auch zusammengesetzten oder mit vielfachen gemeinsamen Punkten behafteten Kurven, bei Zugrundelegung des *Noether*'schen Fundamentalsatzes und des Restsatzes[366]). So gilt z. B. hinsichtlich des *Cayley*'schen Satzes[358]), im Falle einfacher Schnittpunkte, nach *J. Bacharach*[366]), dass, wenn eine C^p gezwungen wird, durch die Schnittpunkte zweier gegebener C^m, C^n $(p \geqq m, p \geqq n)$ zu gehen, für $p > m + n - 3$ die mn der C^p aufzuerlegenden Bedingungen von einander unabhängig sind; dass dagegen für $p \leqq m + n - 3$ von diesen Bedingungen genau

$$\alpha = \tfrac{1}{2}(m + n - p - 1)(m + n - p - 2)$$

eine Folge der übrigen sind[367]); oder genauer, eine C^p durch $mn - \alpha$ jener Schnittpunkte geht auch durch die α übrigen, mit Ausnahme des Falles, dass diese auf einer $C^{m+n-p-3}$ liegen; im letzteren Falle enthält eine beliebig durch die $mn - \alpha$ Punkte gelegte C^p *nicht* alle α

Klein, Math. Ann. 19 (1882), p. 565; 20 (1882), p. 49; 21 (1882), p. 141; in letzterer Abhandlung findet man viele Litteraturangaben.

366) S. Nr. **23**, **25**, **31**, **32** und die dort zitierten Arbeiten; sodann *J. Bacharach,* Erlangen Ber. 1879; Diss. Erl. 1881 = Math. Ann. 26 (1885), p. 275 [vgl. *A. Cayley,* Math. Ann. 30 (1887), p. 85 = Papers 12, p. 500]. Bei *Bacharach,* Diss. p. 9, und schon vorher bei *Ch. Méray,* Ann. éc. norm. (1) 4 (1865), Anm. zu p. 180 [vgl. auch ib. (2) 8 (1877), p. 359], wird der „Fundamentalsatz" für einfache Schnittpunkte in geometrische Form gebracht: „Liegen mp der Schnittpunkte einer C^m mit einer C^n auf einer C^p, so befinden sich die übrigen $m(n-p)$ auf einer C^{n-p}." Dagegen beweist *Zeuthen*[284]) direkt diesen Satz und leitet daraus die analytische Darstellung einer durch die Schnittpunkte von zwei Kurven gehenden dritten her. Der Satz selbst gilt *ausnahmslos:* für $m = n$ kommt man auf den Satz von *Gergonne* zurück; für eine in m Gerade zerfallende C^m auf einen solchen von *Poncelet,* Traité 2, p. 211. — Ausdehnungen der Sätze von *Olivier*[358]) erhielt aus der Identität des Restsatzes *E. Study,* Math. Ann. 36 (1889), p. 216. Zum „Fundamentalsatz" und andern Hauptsätzen der Schnittpunkttheorie (*Riemann-Roch*'scher Satz u. a.) vgl. auch *F. S. Macaulay,* Lond. Math. Soc. Proc. 26 (1895), p. 495 [dazu *Ch. A. Scott,* Am. Math. Soc. Bull. (2) 4 (1898), p. 260; *F. S. Macaulay,* ib., p. 540]; 29 (1898), p. 673; 31 (1899), p. 15, 381, 401; 32 (1900), p. 418; *Ch. A. Scott,* Am. Math. Soc. Trans. 3 (1902), p. 216; *F. S. Macaulay,* ib. 5 (1904), p. 385, und Verh. d. dritten intern. Math.-Kongr. zu Heidelberg, Leipzig 1905, p. 284. — Über die Beziehungen zwischen Restsatz und *Abel*'schem Theorem vgl. *„Clebsch-Lindemann",* p. 808 ff.; *Brill-Noether,* Bericht, p. 358.

367) Für $p = m$ in dieser exakten Form schon bei *Jacobi*[357]).

übrigen, d. h. es bleibt eine geringere Anzahl von Punkten durch die übrigen bestimmt. Wenn $p = m + n - 3$, so enthalten alle durch $mn - 1$ *irgendwie ausgewählte* Schnittpunkte von C^m und C^n gelegten C^p auch den letzten; es ist dies also der einzige Fall, wo der *Cayley*'sche Satz ausnahmslos gilt.

34. Weitere abzählende Fragen über lineare Scharen (vgl. Nr. **28**); **Berührungsaufgaben.** Das Problem, die Anzahl der Gruppen einer g_n^r, die mit gegebenen Multiplizitäten behaftet sind, zu bestimmen, ist äquivalent mit dem andern, die Anzahl der Kurven eines linearen Systems zu ermitteln, die mit einer gegebenen Kurve f gegebene Berührungen eingehen[368]); es ist in dieser Form, auf transzendentem Wege, allgemein von *A. Clebsch* behandelt worden (III A, B 3a, Nr. **31**, *Fano*), der die *Berührungskurven* und deren *Systeme*[369]) untersuchte, d. i. Kurven durch feste Punkte von f, die mit f Berührungen ein und derselben Ordnung in jedem weiteren Treffpunkte besitzen, resp. Systeme solcher Kurven von gleicher Ordnung, die aus einer gegebenen stetig hergeleitet werden können[370]). Es besitze z. B. f (von

---

368) *Steiner*[55]) hatte schon beobachtet, dass es in einem Büschel von C^n $m(m + 2n - 3)$ Kurven giebt, die eine gegebene C^m berühren. Dies ist der Grad der „Taktinvariante", deren Verschwinden die Berührung der C^n mit einer C^m ausdrückt, in den Koeffizienten der C^n: *G. Salmon,* Quart. J. 1 (1857), p. 329. — *Bischoff* erstes Zitat [254]) leitete daraus ab, dass durch $\frac{1}{2} n(n + 3) - \mu$ Punkte $\prod_{i=1}^{\mu} m_i(m_i + 2n - 3)$ Kurven C^n gehen, die μ gegebene Kurven der Ordnungen $m_1, m_2, \ldots, m_\mu$ berühren. Vgl. auch *S. Gundelfinger,* J. f. Math. 73 (1870), p. 171. Indessen enthalten für $\mu > 2n - 2$ einige der C^n einen vielfachen Teil, so dass, wenn man solche singulären Lösungen nicht berücksichtigen will, das obige Ergebnis zu modifizieren ist (Nr. 9); vgl. *Zeuthen,* Diss. [268]), p. 100; *E. de Jonquières,* Paris C. R. 63 (1866), p. 793; Recherches sur les séries etc., Paris 1866, p. 10; J. f. Math. 66 (1866), p. 302. — Der Grad der Taktinvariante in den Koeffizienten von C^n vermindert sich für jeden Doppelpunkt von C^m um 2, und für jede Spitze um 3, so dass, wenn C^m die Klasse m' besitzt, jener Grad $2m(n - 1) + m'$ wird: *„Salmon-Fiedler",* p. 102; *G. B. Guccia,* Pal. Rend. 1 (1885), p. 26.

369) Über adjungierte Berührungskurven s. *Clebsch* und *Brill*[361]); *Clebsch-Gordan*[44]), p. 230 ff.; *„Clebsch-Lindemann",* p. 838; *Stahl* [287]), 6. und 7. Abschn., bei denen man die Umkehrung des *Abel*'schen Theorems anwendet. Für nicht adjungierte Berührungskurven s. die Zitate in [363]), wo das erweiterte Umkehrproblem gebraucht wird; sodann *G. Roch,* J. f. Math. 66 (1864), p. 97; *Humbert*[364]), wo solche Berührungskurven als Spezialisierungen von adjungierten erscheinen; von algebraischer Seite (vgl. Nr. **31**): *W. Weiss,* Diss. Erlangen 1887 = Wien Ber. 99 (1890), p. 284; [209]); Monatshefte Math. Phys. 7 (1896), p. 370; *A. C. Dixon,* Cambr. Phil. Soc. Proc. 12 (1904), p. 458.

370) Diese Begriffe stammen von *O. Hesse,* der deren Entwicklung für C^3

der Ordnung n und vom Geschlecht p) nur d Doppelpunkte und Spitzen, so kommt dem Problem, durch $mn - 2d - pr$ fester Punkte auf f eine Adjungierte der Ordnung $m > n - 3$ zu legen, die überdies f in p Punkten von der Ordnung $r - 1$ berühre, im allgemeinen eine endliche Anzahl von Lösungen zu, nämlich r^{2p} (die aus der r-Teilung der *Abel*'schen Funktionen hervorgehen [III B 5, *Wellstein*]). Enthält eine durch die festen Punkte gelegte Adjungierte der Ordnung m die Berührungspunkte von $r - 1$ jener Kurven, so auch die einer r^{ten}. — Ist die Anzahl der festen Punkte nur $mn - 2d - (p + k)r$, so teilen sich solche, f in $p + k$ Punkten in der $(r - 1)^{\text{ten}}$ Ordnung berührenden Adjungierten, in r^{2p} Systeme je von ∞^k Kurven, die überdies die Eigenschaft besitzen, dass die Berührungspunkte von r beliebigen Berührungskurven ein und desselben Systems auf einer durch die festen Punkte gehenden Adjungierten der Ordnung m liegen.

Von besonderer Wichtigkeit ist der Fall, wo $mn - 2d$ teilbar ist durch r: man hat dann „*reine* Berührungskurven", die, von den vielfachen Punkten von f abgesehen, *überall*, wo sie f begegnen, eine Berührung von gegebener Ordnung λ mit f eingehen. Für $\lambda = 1$ sind die Untersuchungen von *Hesse*[370]) durch *Clebsch*[371]) auf eine beliebige f ausgedehnt worden, der die Anzahl der f in $p - 1$ Punkten berührenden φ als $2^{p-1}(2^p - 1)$ bestimmte, sodann durch *M. Noether*[372]),

und C^4 in algebraischer Form giebt: J. f. Math. 28 (1844), p. 68, 97; 36 (1847), p. 143; 49 (1853), p. 243, 279; 55 (1857), p. 83 = Werke, p. 89, 123, 155, 319, 345, 469. Hierüber und über die anschliessenden Arbeiten von *Plücker* und *Steiner* [III C 5, *Kohn*, Spezielle algebraische Kurven] vgl. *Brill-Noether*, Bericht, p. 305 ff. — Hinsichtlich der Beziehung zwischen Berührungskurven und „Wurzelfunktionen und -Formen" (II B 2, Nr. **40**, *Wirtinger*; II B 5 a, *Wellstein, Abel*'sche Funktionen) vgl. *Brill-Noether*, l. c., p. 312—18, und Abschn. IX. — Die Berührungskurven für eine C^n lassen sich auch, nach dem Vorgange von *Hesse* l. c., für $n = 3, 4$, untersuchen, indem man C^n als symmetrische Determinante darstellt: *H. E. Timerding*, Math. Ann. 55 (1902), p. 149; bez. dieser Darstellung s. *A. C. Dixon*, Cambr. Phil. Soc. Proc. 11 (1902), p. 350; 12 (1904), p. 449.

371) S. [360]) § 8; sodann *Clebsch-Gordan*[44]), p. 264; „*Clebsch-Lindemann*", p. 847. — Die Gruppe der algebraischen Gleichung, von der die Bestimmung der Berührungs-φ abhängt, untersucht *C. Jordan*, Traité des subst., Paris 1870, p. 229, 305, 329; *L. E. Dickson*, Am. Math. Soc. Trans. 3 (1901/2), p. 38, 377.

372) Math. Ann. 17 (1880), p. 263 (Auszug Erlangen Ber. 1880). Die invariante Darstellung erhält man, abgesehen vom hyperelliptischen Falle, mittels Quotienten der φ. Behufs Ermittelung der Dimension von Zähler und Nenner dieser Ausdrücke in den φ muss man für die p linear unabhängigen φ die Anzahl der linear unabhängigen Relationen irgend einer Ordnung $\mu > 1$ kennen. Dies Problem, für $\mu = 2$ von *Riemann* [319]) und [339]) behandelt, sodann von *Weber* und *Kraus* [329]), hat vollständig *Noether*, l. c. gelöst; nach ihm ist die Anzahl jener Relationen:

der auf Grund (gegenüber birationalen Transformationen) invarianter Darstellung der algebraischen Funktionen die Kurven untersuchte, die durch Nullsetzen einer in den φ ganzen homogenen Funktion der Dimension μ entstehen: je nachdem μ ungerade oder gerade ist, zerfallen sie in zwei gänzlich verschiedene Arten, jede von 2^{2p} Klassen von Kurven[373]).

Das allgemeine Problem, die Anzahl der Kurven eines gegebenen linearen ∞^r Systems zu ermitteln, die mit f Berührungen *beliebig gegebener Ordnungen* eingehen, wurde geometrisch von *E. de Jonquières* gelöst, zunächst für rationale f mittels des Korrespondenzprinzips auf der Kurve, sodann für eine f mit einer Anzahl von Doppelpunkten, die geringer ist, als das Maximum, indem er den Einfluss bestimmte, welchen das Streichen eines Doppelpunktes auf die vorher erhaltene Formel ausübt[374]). Zu derselben Formel gelangte *A. Cayley*[375]) durch Anwendung gewisser Funktionalgleichungen, wobei zugleich der

---

$$\frac{p(p+1)\cdots(p+\mu-1)}{\mu!} - (2\mu-1)(p-1),$$

hingegen im hyperelliptischen Falle:

$$\frac{p(p+1)\cdots(p+\mu-1)}{\mu!} - \mu(p-1) - 1.$$

Zu alle dem vgl. *Brill-Noether,* Bericht, Abschn. VIII, wo von *Christoffel's* und *Klein's* Normalformen, sowie von der Formentheorie auf einer algebraischen Kurve die Rede ist (II B 2, Nr. **27**, **28**, **30**, **37—40**, *Wirtinger*).

373) Diese Klassen teilen sich weiterhin, bei ungeradem μ, in $2^{p-1}(2^p-1)$ und $2^{p-1}(2^p+1)$ je unter sich gleichberechtigte, dagegen bei geradem μ in eine ausgezeichnete und $2^{2p}-1$ unter sich gleichberechtigte Klassen. *Noether* hat gezeigt, wie man alle Berührungskurven ein- und derselben Art aus irgend einer von ihnen ableiten kann, und welches die Beziehungen zwischen den verschiedenen Arten sind. Vgl. noch, auch wegen der Verbindung mit der Charakteristikentheorie und dem Umkehrproblem in der Theorie der *Abel*'schen Funktionen, *Noether,* Math. Ann. 28 (1886), p. 354.

374) *De Jonquières,* J. f. Math. 66 (1866), p. 289 [Auszug Paris C. R. 63 (1866), p. 423, 485, 522; vgl. auch *Cayley,* ib. p. 666 = Papers 7, p. 41]. — *De Jonquières,* l. c., p. 309 wies noch auf eine zweite, auf das Prinzip der Erhaltung der Anzahl gestützte Lösungsart hin, indem man f durch eine Gruppe von Geraden ersetzt. Andere Anwendungen dieser Methode gab *de Jonquières,* Ann. di mat. (2) 8 (1877), p. 312; sie war schon von *Poncelet*[52]) benutzt worden, sodann eben von *de Jonquières,* Brief an *M. Chasles,* 17. Febr. 1859 [vgl. *de Jonquières,* Lettre à *M. Chasles* sur une question en litige, Paris 31. Mai 1867, p. 8; *Chasles*[100]), Anm. zu p. 308] und von *Th. Berner,* Diss. Berlin 1865, p. 13, um z. B. die Anzahl der 5 gegebene Kegelschnitte berührenden Kegelschnitte zu ermitteln [s. *Segre*[97])]; algebraisch verwendete sie *S. Roberts,* J. f. Math. 67 (1867), p. 266.

375) Lond. Trans. 158 (1867), p. 75 = Papers 6, p. 191 (n. 74 ff.).

Einfluss einer Spitze festgestellt wurde; durch Einführung des Geschlechtes p von f brachte er das Resultat auf die Gestalt:

$$\frac{\nu_1 \nu_2 \ldots \nu_k}{\alpha_1! \alpha_2! \ldots \alpha_k!} \Big\{ (n-r)(n-r-1) \cdots (n-r-k+1)$$

$$+ (n-r-1)(n-r-2) \cdots (n-r-k+1) p \cdot \sum (\nu_1 - 1)$$

$$+ (n-r-2)(n-r-3) \cdots (n-r-k+1) p (p-1) \cdot \sum (\nu_1 - 1)(\nu_2 - 1)$$

$$+ \cdot \; \cdot \; \cdot \; \cdot \; \cdot \; \cdot \; \cdot \; \cdot \; \cdot \; \cdot$$

$$+ (n-r-k+1) p (p-1) \cdots (p-k+2) \cdot \sum (\nu_1 - 1)(\nu_2 - 1) \cdots (\nu_{k-1} - 1)$$

$$+ p(p-1) \cdots (p-k+1)(\nu_1 - 1)(\nu_2 - 1) \cdots (\nu_k - 1) \Big\},$$

wo n die Anzahl der beweglichen Schnittpunkte von f mit einer Kurve des gegebenen Systems ist, und wo von den betrachteten Berührungen angenommen wird, dass α_i ν_i-punktig ($i = 1, 2. \ldots, k$) sein sollen, die ν_i alle verschieden voneinander und > 1, und derart, dass $\sum \nu_i = r + k$ wird; die Summen erstrecken sich dann auf alle Kombinationen des Indizes $1, 2, \ldots, k$ resp. zu den Klassen $1, 2, \ldots, k-1$.[376]) Einen *algebraischen* Beweis obiger Formel gab *A. Brill*[377]) vermöge

376) Für $p = 0$ vgl. auch *M. Lerch*, Prag Ber. 1885, p. 600. — Die Anzahl der Gruppen einer g_n^r mit r Doppelpunkten wurde für die „kanonische" Schar von *Clebsch* gefunden; für $r = 0$ von neuem durch *Em. Weyr*, Wien Ber. 79 (1879), p. 694 (vgl. auch „Beiträge zur Kurvenlehre", Wien 1880, p. 44); allgemein durch *Castelnuovo*[336]), n. 3. Andere besondere Fälle s. in [379]).

377) Math. Ann. 6 (1872), p. 46. Vgl. auch *R. Torelli*, Pal. Rend. 21 (1905), p. 58, wo auch noch die von der Gruppe der Berührungspunkte bestimmte lineare Schar angegeben wird, als Summe eines gewissen Vielfachen der vom ∞^r System ausgeschnittenen Schar, und eines gewissen Vielfachen der kanonischen Schar von f. — Die Theorie der Berührungskurven (und der Spezialscharen: Nr. 28) hat *Brill* algebraisch vermöge Zurückführung auf Eliminationsprozesse behandelt. Für den einfachsten Fall der Kurven eines Netzes hat er die Kovariante untersucht, die aus f die Punkte der Berührung 2ter Ordnung mit einer Netzkurve ausschneidet: Math. Ann. 3 (1871), p. 459. Ähnlich finden *H. Krey*, Math. Ann. 10 (1875), p. 221; *W. Spottiswoode*, Paris C. R. 83 (1876), p. 627; Lond. Math. Soc. Proc. 8 (1876), p. 29; *F. Lindemann*, Soc. math. de France Bull. 10 (1882), p. 21 die Kurven eines linearen Systems ∞^3, die f in der 3ten Ordnung berühren. *Brill*, Math. Ann. 4 (1871), p. 527 (Auszug Gött. Nachr. 1870, p. 525) beschäftigt sich auch mit f in r^{ter} Ordnung resp. in 2 verschiedenen Punkten in s^{ter}, s'^{ter} Ordnung ($s + s' = r$) berührenden Kurven eines linearen Systems ∞^r. Die einschlägigen Eliminationsfragen, die einmal mit dem Verschwinden der Determinanten einer Matrix (I B 1 c, Nr. 14, *Landsberg*) zu-

des „*Cayley-Brill*'schen" Korrespondenzprinzips für Kurven beliebigen Geschlechtes[378]) [II B 2, Nr. **51**, **52**, *Wirtinger*; III C 3, Abschn. III, *Zeuthen*].

Insbesondere hat hinsichtlich der Anzahl $(r+1)(n+rp-r)$ der $(r+1)$-fachen Punkte einer g_n^r [379]) *C. Segre* die Reduktion ermittelt, die sie durch einen irgendwie singulären Punkt der g_n^r erleidet; ist

---

sammenhängen, sodann mit der „reduzierten Resultante" der Gleichungen von drei Kurven [i. e. der ganzen Funktion der Koeffizienten, deren Verschwinden aussagt, dass die drei — bereits eine gewisse Anzahl gegebener Punkte gemein habenden — Kurven noch einen weiteren gemeinsamen Punkt besitzen: vgl. [17])] (I B 1a, Nr. **18**, *Netto*; I B 1b, Nr. **15**, *Netto*; I B 2, Nr. **25**, *Meyer*) verfolgt *Brill*, Math. Ann. 5 (1871), p. 378; 6 (1872), p. 60; 36 (1890), p. 321; resp. Math. Ann. 4 (1871), p. 510; München Abh. 17 (1889), p. 91. Hierüber, sowie über ein durch Determinantensätze vermitteltes Reziprozitätsprinzip von *Brill*, l. c., Math. Ann. 4, p. 533, vgl. „*Clebsch-Lindemann*", p. 459—474, 720—753; *W. Meyer* [2]), p. 1; *B. Igel*, Wien Denkschr. 54² (1888), p. 75; *F. Junker*, Diss. Tübingen 1889. Wegen der Beziehungen zu höheren Räumen s. [386]).

378) Die sich beim Problem von *de Jonquières* darbietenden Korrespondenzen sind solche mit positiver „Wertigkeit"; aber schon *Cayley* stiess bei Anwendungen auf viele Fälle von Korrespondenzen mit negativer Wertigkeit: Lond. Trans. 158 (1867), p. 145; 161 (1870), p. 369 = Papers 6, p. 263; 8, p. 212. In der zweiten Abhandlung [vgl. auch Quart. J. 1 (1856), p. 344; 2 (1856), p. 31 = Papers 3, p. 67, 80] bestimmt er in allen (52) Fällen die Anzahl der Dreiecke mit Ecken auf gegebenen Kurven, und mit Seiten, die ebenfalls (verschiedene oder nicht verschiedene) gegebene Kurven berühren. — Anwendungen der *Cayley-Brill*'schen Korrespondenzformel auf verschiedene Fragen der Geometrie auf einer Kurve machte *C. Küpper*, Prag Ber. 1892, p. 257.

379) S. auch *A. Brill*, Math. Ann. 4 (1871), p. 528 f.; *Veronese* [30]), p. 201; *Castelnuovo* [308]), n. 7; *Segre* [287]), § 11; *S. Kantor*, Wien Ber. 110 (1901), p. 1331. — Im besondern giebt es $p(p^2-1)$ „*Weierstrass*'sche" Punkte (Nr. **27**), d. s. die p-fachen Punkte der kanonischen Schar. Nach *A. Hurwitz*, Math. Ann. 41 (1892), p. 411 ist die Anzahl der unter jenen verschiedenen $> 2p+2$, excl. den hyperelliptischen Fall, wo es gerade $2p+2$ sind (es sind die $2p+2$ Doppelpunkte der auf der Kurve existierenden g_2^1). *C. Segre*, Rom. Linc. Rend. (5) 8² (1899), p. 89 fügt hinzu, dass die in Rede stehende Zahl auch

$$\geqq 2p+6+\frac{8(p-3)}{p(p-3)+4}$$

sein muss, also für $p>3$ auch $>2p+6$. Eine noch weitere Einschränkung giebt *I. Cipolla* an, Rom Linc. Rend. (5) 14¹ (1905), p. 210. Weitere Untersuchungen bei *Küpper* [378]); *M. Haure*, Ann. éc. norm. (3) 13 (1896), p. 115; *E. van de Kamer*, Diss. Utrecht 1901; *I. Cipolla*, Pisa Scuola norm. Ann. 10 (1905). — Von der obigen Grenze macht *Hurwitz*, l. c., p. 406 eine Anwendung auf einen einfachen Beweis des *Schwarz-Klein*'schen Satzes, dass ein algebraisches Gebilde ∞^1 vom Geschlecht $p>1$ nur eine endliche Anzahl von eineindeutigen Transformationen in sich zulässt (II B 2, Nr. **53**, *Wirtinger*; III C 11, *Castelnuovo* und *Enriques*, Transformationen).

dieser, betrachtet auf einem der Zweige von f mit ihm als Ursprung, ein i-facher für die ∞^{r-1} allgemeinen, ihn enthaltenden Gruppen, ein i_1-facher für ∞^{r-2} Gruppen, ..., ein i_{r-2}-facher für ∞^1 Gruppen und ein i_{r-1}-facher für eine Gruppe, so beträgt die auf jenen Zweig bezügliche Reduktion[380]):

$$i + i_1 + \cdots + i_{r-1} - \tfrac{1}{2} r (r + 1).$$

Aus diesen Formeln lässt sich in jedem Falle die Anzahl der Punkte herleiten, in denen eine gegebene Kurve die höchstmögliche Berührung mit Kurven eines gegebenen linearen Systems besitzt[381]); so z. B. ergiebt sich die Anzahl der *sextaktischen* Punkte einer gegebenen Kurve, d. i. der Punkte, in denen mit ihr ein Kegelschnitt eine Berührung 5ter Ordnung eingeht[382]).

Zwei lineare Scharen g^q_m und g^r_n $(m, n \geqq q + r)$ auf einer Kurve

380) *Segre* [287]), § 11. Einige besondere Fälle schon bei *Veronese* [30]), p. 201; für $p = 0$ bei *G. B. Guccia,* Pal. Rend. 7 (1893), p. 54 [s. auch *Guccia* [152]), p. 227; dazu *F. Gerbaldi,* Pal. Rend. 9 (1894), p. 167]; für die kanonische Schar [die Zahlen $i, i_1, \ldots$ sind dann die des Lückensatzes von *Weierstrass* (Nr. 27] bei *Hurwitz* [379]), p. 408.

381) Algebraische Untersuchungen dazu bei *W. Spottiswoode,* Lond. Trans. 152 (1862), p. 41; Quart. J. 7 (1866), p. 114.

382) *A. Cayley,* Lond. Trans. 149 (1859), p. 371 = Papers 4, p. 207, giebt die Gleichung des Kegelschnitts, der mit einer C^n in einem gegebenen Punkte eine Berührung 4ter Ordnung eingeht [für $n = 3$ zuerst bei *G. Salmon,* Lond. Trans. 148 (1858), p. 535]; weiter fand er, Lond. Trans. 155 (1864), p. 545; Paris C. R. 62 (1866), p. 590 = Papers 5, p. 221; 7, p. 39, dass die sextaktischen Punkte einer von vielfachen Punkten freien C^n in der Anzahl $n(12n - 27)$ vorhanden sind und die Schnittpunkte der C^n mit einer C^{12n-27} bilden, deren Gleichnng er aufstellt; ein Doppelpunkt resp. eine Spitze vermindern jene Anzahl um 24, resp. 27. Vgl. auch *W. Spottiswoode,* Lond. Trans. 155 (1865), p. 653; *L. Painvin,* Paris C. R. 78 (1874), p. 55, 436, 835; *F. Gerbaldi,* Pal. Rend. 4 (1890), p. 65. Die Untersuchung der sextaktischen Punkte wurde von *G. Battaglini* begonnen, Rom Linc. Rend. (4) 4^2 (1888), p. 238 [vgl. auch *A. Cayley,* Papers 5 (1892), p. 618] auf Grund der *Sylvester*'schen Theorie der Reziprokanten (I B 2, Nr. 20, *Meyer*), wobei er jedoch auf komplizierte Rechnungen stiess. — Die an der Zahl der sextaktischen Punkte durch einen singulären Punkt der C^n verursachte Reduktion berechnete *G. Halphen,* Soc. math. de France Bull. 4 (1875), p. 59 (wo auch die analoge Frage nach den Punkten gelöst wird, in denen die Kurve eine Berührung 9ter Ordnung mit einer C^3 hat); Étude, p. 585, 609, wo von der Differentialgleichung der Kegelschnitte Gebrauch gemacht wird. Dasselbe Ergebnis erzielt *Segre* [287]), n. 45, indem er die sechsfachen Punkte der aus C^n von den Kegelschnitten der Ebene ausgeschnittenen g^5_{2n} aufsucht: Ist C^n vom Geschlecht p, so beträgt deren Anzahl $12n + 30(p - 1)$; sie wird durch jeden Zweig der Ordnung Δ und Klasse Δ' vermindert um $8\Delta + 4\Delta' - 15$, falls $\Delta \gtrless \Delta'$, und im allgemeinen um $12\Delta - 14$ für $\Delta = \Delta' > 1$.

vom Geschlecht p haben eine endliche Anzahl von Gruppen von $q+r$ Punkten gemein, nämlich[383]):

$$\sum_i (-1)^i \binom{m-q-i}{r-i} \binom{n-r-i}{q-i} \binom{p}{i}.$$

V. Die linearen Kurvensysteme.

35. Durch die Basispunkte bestimmte lineare Kurvensysteme. Ein lineares Kurvensystem (dessen Kurven nicht in Kurven eines Büschels zerfallen) so beschaffen,dass die durch einen allgemeinen Punkt gehenden Kurven desselben zugleich $\mu - 1$ ($\mu \geqq 2$) weitere Punkte enthalten, heisst ein *zusammengesetztes:* es ist mittels einer *ebenen Involution der Ordnung* μ[384]) zusammengesetzt; man sagt auch, dass es der Involution *angehöre*[385]). Ein nicht zusammengesetztes System heisst ein *einfaches.*

Sei $|C|$ ein *durch die Basispunkte bestimmtes,* lineares System d. h. ein aus allen Kurven einer gegebenen Ordnung n (beliebig, nur hoch genug, damit das System existiere) gebildetes, denen auferlegt ist, mit gegebenen Multiplizitäten $\nu_1, \nu_2, \ldots, \nu_h$ durch h *irgendwie* (unter sich in endlicher oder unendlich kleiner Entfernung befindliche, ...: vgl. Nr. **12**) gegebene Punkte der Ebene zu gehen, deren Gesamtheit mit A bezeichnet sein soll. Um der Untersuchung solcher Systeme die möglichste Allgemeinheit zu verleihen (s. Nr. **36**), hat

---

383) *Castelnuovo* [336]), n. 5, 6. Für $p = 0$ vgl. *C. Le Paige,* Brux. Bull. (3) 11 (1886), p. 121; für $q = r = 1$ und beliebiges p geht die Formel über in den speziellen schon von *Riemann* [340]) betrachteten Fall der (18) [vgl. auch *Em. Weyr,* Wien Ber. 100 (1891), p. 595]; für $q = 1$ und beliebige r, p *Castelnuovo* [308]), n. 8, und, als Korollar zu einer allgemeinen Formel, *Segre* [287]), n. 53, wo sich ergiebt, dass die Anzahl der Gruppen von $r + 1$ Punkten einer Kurve vom Geschlecht p, die einer g_n^r und einer Involution vom Grade m ($> r$) und vom Geschlecht π (deren ∞^1 Gruppen sich also ein-eindeutig den Punkten einer Kurve vom Geschlecht π zuordnen lassen, s. Nr. **24**) gemeinsam sind, gleich

$$\binom{m-1}{r}(n-r) - \binom{m-2}{r-1}(p - m\pi)$$

ist. Vgl. auch *Segre,* Rom Linc. Rend. (4) 3^2 (1887), p. 3, 149.

384) D. i. ein algebraisches System ∞^2 von Gruppen aus μ Punkten der Ebene, derart, dass ein allgemeiner Punkt einer und nur einer dieser Gruppen angehört.

385) Umgekehrt gehören jeder Involution unendlich viele lineare Systeme an. Solche Systeme spielen eine Hauptrolle bei dem Beweise von *G. Castelnuovo* für die Rationalität aller ebenen Involutionen, Math. Ann. 44 (1893), p. 125 [Auszug Rom Linc. Rend. (5) 2^2 (1893), p. 205].

G. Castelnuovo[386]) die folgenden Begriffe und Bezeichnungen eingeführt. Die Zahlen ν_i heissen die *virtuellen* Multiplizitäten der allgemeinen Kurve C des Systems, und *virtuelle Basisgruppe* von $|C|$ heisst die Gesamtheit der Punkte von A mit den respektiven Multiplizitäten ν_i. Nun kann es geschehen, dass den von dieser Gruppe auferlegten Bedingungen gemäss, die Kurve C in einigen der Punkte von A höhere Multiplizitäten besitzt, als die respektiven ν_i, und dass ausserdem noch andere Basispunkte existieren: wenn A' die Gesamtheit der wirklich existierenden Basispunkte von $|C|$ ist, so heissen *effektive* Multiplizitäten von C diejenigen, welche diese in den Punkten von A' besitzt, und *effektive Basisgruppe* von $|C|$ die Gesamtheit der Punkte von A' mit den relativen effektiven Multiplizitäten. Die Punkte, welche bei A' und nicht bei A eintreten, sind *virtuell nichtexistierende* Basispunkte.

Totalkurve von $|C|$ ist eine mit der virtuellen Basisgruppe behaftete C. Ein lineares System nennt man *vollständig enthalten* in einem andern, wenn seine allgemeine Totalkurve eine Totalkurve des zweiten Systems ist. Ein lineares System, das nicht vollständig in irgend einem andern enthalten ist, heisst *vollständig (completo)*; andernfalls *unvollständig (incompleto* oder *parziale)*. Jedes lineare ∞^k $(k \geqq 0)$ System ist entweder vollständig, oder aber vollständig in einem vollständigen $\infty^{k'}$ $(k' \geqq k)$ Systeme enthalten, das durch das erstere völlig bestimmt ist[387]); im letzteren Falle versteht man unter dem *Defekt (deficienza)* des gegebenen Systems die Differenz $k' - k$.

Liegen zwei vollständige lineare Systeme $|C_1|$ und $|C_2|$ vor, mit den virtuellen Basisgruppen A_1 und A_2, so heisst *Summe* der beiden das lineare System $|C_1 + C_2|$, dessen Totalkurve erhalten wird durch Vereinigung zweier beliebiger Kurven C_1, C_2 und indem man diesen als virtuelle Basisgruppe die Gruppe $A_1 + A_2$ zuerteilt (so dass jeder virtuelle Basispunkt, s_1-fach für $|C_1|$, s_2-fach für $|C_2|$, ein $(s_1 + s_2)$-fach für $|C_1 + C_2|$ wird). Im besondern gehen daraus die *vielfachen* Systeme eines gegebenen hervor.

Umgekehrt, wenn eine Kurve eines vollständigen Systems $|C_1|$ einen Teil irgend einer Kurve eines zweiten vollständigen Systems $|C|$ ausmacht, und in der virtuellen Basisgruppe von $|C|$ nicht höhere

386) Torino Mem. (2) 42 (1891), p. 3 (Kap. I). Vgl. auch *Noether* [348]). Die virtuellen Charaktere haben eine wesentliche Bedeutung auch für die linearen Kurvensysteme auf irgend einer algebraischen Fläche (III C 6, *Castelnuovo* und *Enriques*, algebraische Flächen; III C 8, *Rohn*, algebraische Raumkurven).

387) Ein partielles System kann zusammengesetzt sein, auch wenn das vollständige System, in dem es enthalten ist, ein einfaches ist.

virtuelle Multiplizitäten als C besitzt, so sagt man, dass $|C_1|$ *teilweise (parzialmente)* in $|C|$ enthalten ist, oder dass die Totalkurve von $|C_1|$ eine *Teilkurve (curva parziale)* von $|C|$ ist. Es existiert alsdann ein bestimmtes vollständiges System $|C_2|$, welches in jedem Basispunkte von den virtuellen Multiplizitäten s, s_1 für $|C|$, $|C_1|$ einen Basispunkt von der virtuellen Multiplizität $s - s_1$ hat. Kurz, ist das System $|C_2|$ durch die Relation $|C| = |C_1 + C_2|$ definiert; so heissen $|C_1|$ und $|C_2|$ *residual* zu einander in bezug auf $|C|$, und $|C_2| = |C - C_1|$ die *Differenz* zwischen $|C|$ und $|C_1|$.[388])

Ein lineares System $|C|$ von der Ordnung n, das durch die Basispunkte bestimmt ist — deren Gesamtheit, wie vorher, wir A nennen werden, mit den virtuellen Multiplizitäten $\nu_1, \nu_2, \ldots, \nu_h$ — ist ein vollständiges. *Virtuelle Dimension* von $|C|$ ist die Zahl

$$\mathbf{k} = \tfrac{1}{2} n(n+3) - \tfrac{1}{2} \sum_{i=1}^{h} \nu_i(\nu_i + 1),$$

und *effektive Dimension* die Anzahl k der Punkte (der Ebene) in allgemeiner Lage, durch die eine und nur eine Kurve von $|C|$ geht. Die Differenz $s = k - \mathbf{k}$ $(\geqq 0)$ ist der *Überschuss (sovrabbondanza)* von $|C|$, und giebt die Anzahl derjenigen, C durch A auferlegten Bedingungen an, die eine Folge der übrigen sind. Das System heisst *regulär* für $s = 0$, *überschüssig (sovrabbondante)* für $s > 0$.[389]) Hält man die Gruppe A und die Zahlen ν_i fest, so lässt sich n stets derart vergrössern, dass das System regulär wird und dann bleibt[390]).

388) Die obigen Begriffe und Sätze, Erweiterungen anderer über lineare Scharen auf einer algebraischen Kurve (Nr. **24**, **25**, **26**), wurden auf die linearen Systeme von Kurven auf irgend einer algebraischen Fläche von *F. Enriques* übertragen: s. [36]), besonders die zweite Abhandlung, n. 1—13.

389) Die „Spezialpunktgruppen" in der Ebene, für die $s > 0$ bezüglich C^n ist, spielen eine Hauptrolle bei vielen geometrischen Fragen, so bei der eindeutigen Abbildung von Flächen auf die Ebene. Die Zahl s heisst „n^{ic} excess" nach *Macaulay,* „Exzess von A bez. C^n" nach *Küpper,* der A „normal" resp. „anormal" für C^n nennt, je nachdem $s = 0$ oder $s > 0$ ist [und die Bedeutung dieser Unterscheidung, z. B. bei der projektiven Erzeugung der Kurven (Nr. **10**), zeigt]. Vgl. dazu (s. Nr. **33**) *A. Cayley,* Lond. Math. Soc. Proc. 3 (1870), p. 196 = Papers 7, p. 253; *Brill-Noether* [287]), § 18; *J. Rosanes,* J. f. Math. 76 (1873), p. 312 (§ 2); 88 (1879), p. 241; 90 (1880), p. 303; 95 (1883), p. 247; *H. Krey,* Math. Ann. 19 (1881), p. 497; *Küpper* [334]) und Prag Ber. 1892, p. 403; *Macaulay* [366]); *Bernhard* [276]). — Auf diesen Gegenstand (vgl. Nr. **28**) kann man auch die Sätze über die Zusammenhänge zwischen den Berührungspunkten der an eine (resp. mehrere) Kurve von einem ihrer vielfachen Punkte ausgehenden Tangenten beziehen: *E. Bertini,* Rom Lincei Atti (3) 1 (1876), p. 92; *E. Caporali,* Nap. Rend. 20 (1881), p. 143 = Memorie, p. 164; *Guccia* [440]), n. 76; Pal. Rend. 9 (1894), p. 268; *S. Kantor,* Pal. Rend. 9 (1894), p. 68.

Adjungiert zu $|C|$, oder zu einer C, in bezug auf A, heisst eine Kurve mit der virtuellen Multiplizität $\nu - 1$ in jedem ν-fachen Punkte ($\nu > 1$) von A. Sind k' und $\mathbf{k}'$ die effektive und virtuelle Dimension des linearen zu $|C|$ in bezug auf A adjungierten Systems der Ordnung $n - 3$, so werden $p = k' + 1$, $\mathbf{p} = \mathbf{k}' + 1$ *effektives* und *virtuelles Geschlecht* von $|C|$ oder einer C, in bezug auf A genannt, so dass also $p \geqq \mathbf{p}$.

Endlich wird noch die Definition des *Grades* (Nr. **3**) ausgedehnt, indem darunter die Differenz $D = n^2 - \sum_{i=1}^{h} \nu_i^2$ [391]) verstanden wird[392]).

Die Zahlen $k, p, \mathbf{k}, \mathbf{p}, D$ („Charaktere" von $|C|$ in bezug auf A), die offenbar an die Relation[393])

$$D = \mathbf{k} + \mathbf{p} - 1 \tag{19}$$

gebunden sind, verhalten sich invariant gegenüber birationalen Transformationen der Ebene. Genauer, geht man von der Ebene σ von $|C|$ über zu einer andern σ' vermöge einer solchen Transformation T, und definiert man in geeigneter Weise die virtuelle Gruppe A', auf die sich das transformierte System von $|C|$ beziehen soll, so bleibt jeder der Charaktere (also auch s) bei Anwendung von T ungeändert: es genügt, A' mit den Fundamentalpunkten von T in σ' und mit den

390) Ein für Anwendungen auf die Geometrie auf algebraischen Flächen nützlicher Satz ist: „Sind $|C^n|$ und $|C^{n+1}|$ zwei vollständige und reguläre, durch dieselbe Gruppe A, mit denselben Zahlen ν_i, definierte Systeme, so ist das System $|C^{n+2}|$ kleinster Dimension, das alle C^{n+2} enthält, die aus jeder Kurve von $|C^{n+1}|$ und jeder Geraden der Ebene zusammengesetzt sind, ein vollständiges, und lediglich durch A und die ν_i bestimmt." *Enriques*[36]), III, n. 2, resp. n. 36; *G. Castelnuovo,* Ann. di mat. (2) 25 (1897), p. 240.

391) Vgl. *G. Jung,* Ann. di mat. (2) 15 (1887), p. 277 [Auszug Ist. Lomb. Rend. (2) 20 (1887), p. 275]. Die Zahl D kann auch keine geometrische Bedeutung haben, z. B. negativ sein. — Allgemeiner heisst für zwei Kurven der Ordnung n', n'', mit den Multiplizitäten ν_i', ν_i'' in den Punkten von A, die Differenz $n'n'' - \sum_{i=1}^{h} \nu_i' \nu_i''$ die Summe der Schnittmultiplizitäten der Kurven in bezug auf A.

392) Ist ein irreduzibles System vollständig oder teilweise in einem andern enthalten, so ist der Grad des ersten resp. gleich oder kleiner als der des zweiten. Ein irreduzibles System wird daher einfacher als ein vollständiges erklärt, wenn es nicht in einem andern vom selben Grade und höherer Dimension enthalten ist.

393) Wäre das System unvollständig, mit dem Defekt ε, so hätte man $D = \mathbf{k} + \mathbf{p} - 1 + \varepsilon$, und auch ε besässe invarianten Charakter.

Punkten, in die sich die in σ nicht fundamentalen Punkte von A verwandeln, zusammenzusetzen. Hieraus folgt (Nr. **12**), dass man im Folgenden (Nr. **36**) A als aus lauter getrennten Punkten zusammengesetzt annehmen darf[394]).

36. Eigenschaften der linearen, vollständigen, irreduzibeln Kurvensysteme, die bei birationalen ebenen Transformationen ungeändert bleiben. Ist das vollständige System $|C|$ irreduzibel, indem man als Gruppe A (Nr. **35**) die aus allen Basispunkten gebildete festsetzt [die dann notwendig in endlicher Anzahl existieren und stets (s. Ende von Nr. **35**) als gewöhnliche mit variabeln Tangenten vorausgesetzt werden dürfen], und nimmt man als Multiplizitäten ν_i die effektiven der allgemeinen Kurve C, so erhält man *absolute* Charaktere von $|C|$: k, $\mathbf{k}$, $s = k - \mathbf{k}$, $p = \mathbf{p}$ (*Geschlecht* in der gewöhnlichen Bedeutung), D (*Grad* im Sinne von Nr. **3**), und *absolute* Eigenschaften von $|C|$. Aus Formel (19), die sich jetzt so schreiben lässt:

$$D = k + p - s - 1, \tag{20}$$

folgt, dass für ein Büschel ($k = 1$) $s = p$[395]) wird; weiter, dass für $D = 1$ das System ein reguläres ist, und zwar ein Netz rationaler Kurven; solche Netze heissen *homaloide*, und sie bestimmen die ebenen birationalen Transformationen[396]) (III C 11, *Castelnuovo* und *Enriques*).

In der Geometrie der Ebene, wo man als „Fundamentalgruppe"[397]) die der *Cremona*-Transformationen nimmt, besitzen für $|C|$ — ausser den schon genannten numerischen Invarianten — wesentliche Bedeutung zwei mit $|C|$ invariant — für die Transformationen jener Gruppe — verknüpfte Gebilde: die *charakteristische Schar*, d. i. die lineare vollständige Schar g_D^{k-1}, die aus einer allgemeinen C durch die andern ausgeschnitten wird, und das *reine adjungierte System* $|C'|$, d. h. (Nr. **27**)

394) *Castelnuovo* [386]), n. 7—10.

395) *Bertini* [417]), p. 282; auf p. 247 (vgl. auch p. 281—82) findet sich auch die Formel (20).

396) Allgemeiner ist ein algebraisches System einer Dimension > 1, von dem zwei allgemeine Kurven einen und nur einen variablen Schnittpunkt haben, ein homaloides Netz.

397) Im Sinne von *F. Klein*, Progr. Erlangen 1872 = Math. Ann. 43 (1893), p. 63 [ital. von *G. Fano*, Ann. di mat. (2) 17 (1890), p. 307; franz. von *H. Padé*, Ann. éc. norm. (3) 8 (1891), p. 87, 173; englisch von *W. Haskell*, Am. Math. Soc. Bull. 2 (1893), p. 215; polnisch von *S. Dickstein*, Prace mat.-fiz. 6 (1895), p. 27; russisch von *D. M. Sintsoff*, Kasan Abh. (2) 5, 6 (1895/6)].

das einer allgemeinen C.[398]) Aus (20) und den Sätzen über lineare Spezialscharen geht hervor, dass $|C|$ regulär oder aber überschüssig ist, je nachdem seine charakteristische Schar eine nicht speziale oder aber speziale ist[399]); überdies, dass für $s > 0$ $s \leqq p - k + 1$ ausfällt[400]). — Aus einem Satze der Nr. **27** folgt, dass, wenn $|C'|$ reduzibel ist, $|C|$ hyperelliptisch sein muss; umgekehrt, wenn $|C|$ hyperelliptisch, einfach und von einem Geschlecht $p > 2$ ist, muss $|C'|$ reduzibel sein[401]); ist weiter, bei reduziblem $|C'|$, $|C|$ einfach, so zerfällt die allgemeine Kurve von $|C'|$ in $p - 1$ rationale Kurven[402]).

Fundamentalkurve von $|C|$ ist jede, einfache oder zusammengesetzte Kurve, die von einer allgemeinen Kurve C, ausserhalb A, nicht getroffen wird[403]). Die Gesamtheit zweier Fundamental-

398) Das erste betrachten schon *Brill-Noether* [287]), p. 308, und beweisen seine Vollständigkeit; sodann *C. Segre,* Pal. Rend. 1 (1887), p. 217; das zweite *Castelnuovo* [386]): vgl. [320]). — Das adjungierte System $|C'|$ lässt sich auch unabhängig von den projektiven Charakteren von $|C|$ definieren; dazu genügt nicht immer die Eigenschaft (Nr. 27), dass $|C'|$ aus der allgemeinen Kurve von $|C|$ die kanonische Schar ausschneiden soll [sie genügt, im allgemeinen, wenn $|C|$ keine eigentlichen Fundamentalkurven besitzt [407])]: *Enriques,* zweite in [36]) zitierte Arbeit, n. 25—30; *Castelnuovo-Enriques* [303]), n. 15—17.

399) *Castelnuovo* [386]), n. 18. Spezielle Fälle sind die beiden Sätze von *Segre* [398]): „für $D > 2p - 2$, oder für $k > p$, ist das System regulär; für $D > 2p$, oder für $k > p + 1$, ist das System einfach". Aus dem ersten folgt, dass alle rationalen Systeme ($p = 0$), und alle elliptischen ($p = 1$) excl. die Büschel, regulär sind; hierfür s. auch *Guccia* erstes Zitat [189]), [420]), [421]). Aus dem zweiten Satze folgt, dass alle vollständigen rationalen, sowie alle elliptischen Systeme vom Grade oder der Dimension > 2 einfach sind.

400) Somit gilt für ein überschüssiges System ∞^k, wenn es nicht hyperelliptisch ist, und wenn $p > k > 1$, dass $s \leqq p - k$ ist, im hyperelliptischen Falle hingegen $s = p - k + 1$, und das System ist zusammengesetzt (mit einer Involution 2ten Grades): *Castelnuovo* [386]), n. 19. — Damit ein reguläres System hyperelliptischer Kurven zusammengesetzt sei (und dann nur mit einer Involution 2ten Grades), ist notwendig und hinreichend, dass die charakteristische Schar auf einer seiner allgemeinen Kurven eine g_{2p}^p ist, die mit der g_2^1 der Kurve selbst zusammengesetzt ist. Ein derartiges System ist z. B. das der C^6 mit 8 gemeinsamen Doppelpunkten: *Bertini* [417]), p. 272, [287]) n. 53.

401) *Castelnuovo* [411]), p. 126. Ein solches System (auch für $p = 2$) lässt sich vermöge einer *Cremona*-Transformation auf ein solches einer gewissen Ordnung ν mit einem $(\nu - 2)$-fachen Basispunkt zurückbringen: vgl. auch *Castelnuovo,* Pal. Rend. 4 (1890), p. 81.

402) *Castelnuovo* [386]), n. 28.

403) Diese Kurven sind schon in den ersten Arbeiten über lineare Systeme betrachtet worden: in der Theorie der ebenen birationalen Transformationen (*de Jonquières, Cremona,* . . .), wo es sich um homaloide Netze handelt; bei der der ebenen Abbildung der Flächen (*Clebsch, Noether, Cremona, Caporali,* . .) und in andern Theorien (III C 11, *Castelnuovo* und *Enriques,* Transformationen).

kurven ist daher wiederum eine Fundamentalkurve, und umgekehrt ist jede Komponente einer Fundamentalkurve selbst fundamental. Die Anzahl der Fundamentalkurven ist eine endliche, falls nicht $|C|$ aus den Kurven eines Büschels zusammengesetzt ist.

G. Jung[404]) hat gefunden, dass der „*Exzess* der fundamentalen Elemente", d. i. die Differenz zwischen der Anzahl der fundamentalen Punkte und der einfachen fundamentalen Kurven, gegenüber birationalen Transformationen der Ebene invariant ist.

Die Anzahl der Bedingungen, denen eine Kurve von $|C|$ zu genügen hat, um eine gegebene Fundamentalkurve zu enthalten, heisst *Valenz* oder *Postulation* derselben in bezug auf $|C|$; eine irreduzible Fundamentalkurve ist monovalent. Dieser Begriff verbindet sich mit dem einer *zusammenhängenden* Kurve (in bezug auf eine Gruppe ihrer Punkte), d. i. einer zusammengesetzten Kurve, von der jeder irreduzible oder reduzible Teil mit der Restkomponente entweder unendlich viele Punkte gemein oder wenigstens einen Schnitt in bezug auf die Gruppe besitzt. Eine Kurve ist sicher zusammenhängend, wenn ihr effektives Geschlecht dem virtuellen gleich ist; ist die Kurve frei von vielfachen Komponenten, gilt auch das Umgekehrte[405]). Es ergiebt sich dann, dass jede Fundamentalkurve von $|C|$, die zusammenhängend in bezug auf A ist, und keine vielfachen Komponenten hat, monovalent ist (aber nicht umgekehrt)[406]).

Castelnuovo (l. c. n. 23 ff.) hat die Fundamentalkurven mit einem wenigstens ∞^0 Residualsystem (d. h. mit einer Valenz $\leqq k$) untersucht[407]), und hat festgestellt, dass das effektive Geschlecht (in bezug auf A) einer solchen Kurve $\leqq s$ ist, und dass im Falle es $= s$ ist,

404) S. [391]), §§ 3, 9; Ist. Lomb. Rend. (2) 21 (1888), p. 719, 723. Vgl. auch *Bertini* [408]), n. 14; *E. Ciani,* Giorn. di mat. 33 (1895), p. 68 (n. 14—16). Der Satz über den Exzess ist bisher streng nur für lineare Systeme mit gewöhnlichen Basispunkten bewiesen worden. — Bei *Segre* [441]) hängt er ab von einer Deutung des Exzesses als eines gewissen *Charakters* der Bildfläche (Nr. **37**) des linearen Systems (falls sie existiert).

405) *Castelnuovo* [386]), n. 15. Vgl. auch *Noether* [350]).

406) *Castelnuovo,* l. c., n. 22.

407) Es sind das *eigentliche* oder *uneigentliche,* je nachdem das effektive Geschlecht des Restsystems in bezug auf $|C| < p$ oder aber $= p$ ist. *G. Castelnuovo,* Soc. ital. (dei XL) Mem. (3) 10 (1896), p. 103 (n. 2—7), und p. 222, hat alle reduzibeln linearen Systeme bestimmt, die entweder zusammengesetzt, oder vom Geschlecht $\leqq 1$ sind, zu denen die wiederholt ausgeführte Operation der Adjunktion führt, falls man von einem irreduzibeln, einfachen, von eigentlichen Fundamentalkurven freien Systeme ausgeht. *F. Enriques,* ib. p. 201, wendet das an auf die Untersuchung der Doppelebenen vom Geschlecht 1.

falls überdies die Residualschar der charakteristischen Schar (d. h. die g^{s-1}_{2p-2-D}, welche auf der allgemeinen C von ihren Adjungierten der Ordnung $n-3$, die durch eine Gruppe ihrer charakteristischen Schar gehen, ausgeschnitten ist) keine festen Punkte besitzt, die Fundamentalkurve jeden Basispunkt von $|C|$ enthält[408]). Weitere Sätze hat er aus der Betrachtung der virtuellen Charaktere einer Fundamentalkurve abgeleitet, und sie auf (irreduzible) überschüssige Systeme mit der Minimalzahl von Basispunkten angewendet[409]).

Weitere Ergebnisse erhielt *Castelnuovo* (l. c. n. 28 ff.) durch Verbindung von $|C'|$ mit der linearen Schar, die auf einer allgemeinen C durch alle Geraden der Ebene, oder auch nur durch die Geraden eines Büschels ausgeschnitten wird, oder auch durch Betrachtung der virtuellen Charaktere von $|C|$ und $|C'|$ in bezug auf A. Bedeuten $\mathbf{p}'$ und $\mathbf{k}'$ das virtuelle Geschlecht und die virtuelle Dimension von $|C'|$ — dessen effektive Dimension ist $p-1 \geqq \mathbf{k}'$ —, so ergibt sich, falls die allgemeine Kurve von $|C'|$ nicht Teil einer Kurve von $|C|$ ist, dass $\mathbf{k} < 2p - \mathbf{p}' - 1$ wird, während, wenn $|C'|$ ein Residualsystem von der virtuellen Dimension $\mathbf{k}''$ besitzt, die Beziehung statt hat:

$$\mathbf{k} = 2p - \mathbf{p}' + \mathbf{k}'' - 1.$$

Überdies ist, für $\mathbf{k} > p + 1$, $|C'|$ regulär[410]) und $\mathbf{p}' < p - 1$. Alsdann wird bewiesen, dass $\mathbf{k}'' \leqq 9$ ausfällt, so dass aus dem Vorstehenden die allgemeine Relation folgt:

$$\mathbf{k} \leqq 2p - \mathbf{p}' + 7,$$

mit alleiniger Ausnahme der Systeme, die birational in ein aus allen Kurven der Ebene einer gewissen Ordnung transformierbar sind, in welchem Falle $\mathbf{k} = 2p - \mathbf{p}' + 8$.

---

408) Daraus folgt, dass, wenn $|C|$ regulär ist, jede irreduzible Fundamentalkurve rational ist, und völlig bestimmt durch ihre Multiplizitäten in A; zwei solche Kurven schneiden sich ausser A nicht. Einfache und direkte Beweise dieser und anderer Sätze bei *E. Bertini*, Pal. Rend. 3 (1888), p. 5.

409) Ein solches System besitzt wenigstens 9 Basispunkte. Sind es genau 9, so ist es ein Büschel von (elliptischen) Kurven der Ordnung $3r$ mit der Multiplizität r ($\geqq 1$) in jedem Basispunkte [über solche Büschel [418])]; ist es hingegen durch 9 seiner Basispunkte bestimmt, während jedenfalls noch weitere Basispunkte existieren, und vom Geschlecht p, so lässt es sich stets durch eine birationale Transformation auf den Typus $(a_1^p\, a_2^p \ldots a_8^p\, a_9^{p-1}\, b)$ der Ordnung $3p$ und der effektiven Dimension p reduzieren; die zehn Basispunkte $a_1, a_2, \ldots, a_9, b$ liegen auf einer (fundamentalen) C^3. Diese und einige weitere Sätze von *Castelnuovo* reproduziert *Bertini* [287]), § 9.

410) Man bemerke, dass, während das adjungierte System stets regulär ist, das reine adjungierte System, bei $k \leqq p + 1$ ein überschüssiges sein kann.

Für $k > p + 1$ — so dass das System regulär und einfach ist[399]) — folgen daraus die Werte $3p + 5$ und $4p + 4$ als obere Grenzen (die für jeden Wert von p erreicht werden) der Dimension k und des Grades D eines linearen irreduzibeln vollständigen Systems von gegebenem Geschlecht $p > 1$;[411]) weiterhin eine Reihe von Sätzen über lineare Systeme, bei denen k eine gewisse Funktion von p überschreitet. Der allgemeinste derselben, den *Castelnuovo* (l. c., n. 32) mittels vollständiger Induktion beweist — indem er aus der Gültigkeit für das reine adjungierte System die für das primitive ableitet —, lautet: „Ein lineares System vom Geschlecht p und der Dimension k, für das

$$k \geqq (\mu + 2)\left(\frac{p}{\mu} + 2\right) \quad (\mu \text{ ganz positiv}),$$

lässt sich birational entweder in ein System einer Ordnung $\leqq 2\mu + 1$ transformieren, oder in ein solches einer gewissen Ordnung M mit einem Basispunkt von einer Multiplizität $\geqq M - \mu$."

37. Klassifikation der linearen Kurvensysteme. Reduktion auf Minimalordnung durch birationale Transformationen. Lineare Kurvensysteme, welche die Abbildung von Flächen verschiedener Räume geben. Kantor's Äquivalenztheorie. Handelt es sich um die Eigenschaften linearer Systeme ebener algebraischer Kurven, die gegenüber birationalen Transformationen der Ebene invariant sind, so hat man zwei ineinander birational transformierbare Systeme als identisch anzusehen. Es erwächst daraus das Problem, alle linearen Systeme auf bestimmte *Typen* zurückzuführen, die in projektivem Sinne die grösste Einfachheit besitzen: vor allem wurden die von der

411) Für $p = 0$ giebt es weder für k noch für D eine Grenze, für $p = 1$ ist der Maximalwert von k wie von D gleich 9, und wird beim System aller ebenen C^3 erreicht. — Die Bestimmung der Grenzen von k und D — schon versucht von *P. del Pezzo,* Napoli Rend. (2) 1 (1887), p. 40; Ann. di mat. (2) 15 (1887), p. 115, ohne dass das Ziel erreicht wird, und von *G. Jung,* Ann. di mat. (2) 16 (1888), p. 291 (§ 10, 11) [Auszug Ist. Lomb. Rend. (2) 21 (1888), p. 488], welcher nicht erreichbare Grenzen angegeben hat — war schon von *Castelnuovo* ausgeführt worden, Ann. di mat. (2) 18 (1890), p. 119, vermöge einer durchaus anderen Methode, indem er davon ausgeht, dass in einem linearen System mit $p > 0$, $k > p + 2$ (das also regulär und einfach ist) die durch einen beliebig gegebenen Punkt doppelt hindurchgehenden Kurven ein neues lineares System bilden vom Geschlecht $p - 1$, der Dimension $k - 3$ und vom Grade $D - 4$. — Hier hat er auch gezeigt, dass ein lineares System von gegebenem Geschlecht $p > 1$ und von der Maximaldimension $3p + 5$ (oder vom Maximalgrade $4p + 4$) sich aus hyperelliptischen Kurven zusammensetzt, oder aber auf das System aller C^4 reduzierbar ist.

kleinsten Ordnung gewählt[412]). Eine solche Reduktion wurde zuerst für homaloide Netze, unabhängig von einander, durch *W. K. Clifford*[413]), *M. Noether*[414]) und *J. Rosanes*[415]) in Angriff genommen, wonach sich jede birationale Transformation zwischen zwei Ebenen zerlegen lässt in ein Produkt quadratischer Transformationen; den allgemeinen und strengen Beweis dieses Theorems verdankt man erst *G. Castelnuovo*[416]).

Nachher hat *E. Bertini*[417]) die fragliche Reduktion ausgeführt für die Büschel[418]) und für einige Netze vom Geschlecht $p = 1$, und für einige andere Systeme insbesondere vom Geschlecht $p = 2$. Mit den ∞^k linearen Systemen für $p = 0$ haben sich *E. Picard*[419]) und *G. B.*

---

412) Man darf nicht schliessen, dass ein lineares System deshalb von der Minimalordnung ist, weil seine Ordnung durch eine *einzelne* quadratische Transformation nicht erniedrigt werden kann, während das durch eine Reihenfolge quadratischer Transformationen, d. h. durch eine geeignete *Cremona*-Transformation, möglich sein kann: *Jung* [411]), § 8 (nach einer Bemerkung von *E. Bertini*).

413) S. *A. Cayley,* Lond. Math. Soc. Proc. 3 (1869/70), p. 161 = Papers 7, p. 222. Vgl. auch *Clifford,* Papers, p. 538.

414) Math. Ann. 3 (1870), p. 161 (Auszug Gött. Nachr. 1869, p. 1), § 1.

415) S. [34]), p. 106.

416) Torino Atti 36 (1901), p. 861. — Während sich *Clifford* beschränkt auf die Auflösung für Netze der Ordnung $\leqq 8$ mit getrennten Basispunkten, haben *Noether* und *Rosanes* bemerkt, dass in einem homaloiden Netz der Ordnung n die Summe der drei höchsten Multiplizitäten der Basispunkte $> n$ ausfällt, so dass vermöge einer quadratischen Transformation, die in jenen ihre Fundamentalpunkte besitzt, das Netz in ein anderes von geringerer Ordnung übergeht. Den Fall von unendlich benachbarten Basispunkten des Netzes hat *Noether* diskutiert, Math. Ann. 5 (1872), p. 635 [eine Ergänzung bei *Guccia* [420]), p. 148], welcher zum Schlusse gekommen ist, dass es noch möglich ist eine quadratische Transformation zu finden, die die Ordnung des Netzes erniedrigt. *C. Segre*, Torino Atti 36 (1901), p. 645, hat anstatt bemerkt, dass eine solche Transformation *fehlt,* wenn die drei unendlich benachbarten, wenn auch in derselben Richtung befindlichen Fundamentalpunkte nicht auf irgend einem linearen Zweige liegen. Vgl. Schluss von Nr. **14**. — Den strengen Beweis des Satzes giebt *Castelnuovo,* l. c., indem er zeigt, dass sich die Ordnung des Netzes in jedem Falle durch eine *de Jonquières*'sche Transformation erniedrigen lässt [wo die Kurven des homaloiden Netzes C^n sind, die einen $(n-1)$-fachen Punkt und weitere einfache Punkte gemein haben], und er sodann irgend eine dieser Transformationen in ein Produkt von quadratischen auflöst.

417) Ann. di mat. (2) 8 (1877), p. 244 (§ 1).

418) Es ergiebt sich, dass sich ein Büschel elliptischer Kurven auf ein solches der Ordnung $3r$ mit 9 r-fachen Basispunkten zurückführen lässt (l. c., p. 248); diese letzteren hat besonders *G. Halphen* untersucht, Soc. math. de France Bull. 10 (1882), p. 162.

419) Soc. philom. Bull. (7) 2 (1878), p. 127 = J. f. Math. 100 (1885), p. 71. Vgl. auch *Picard-Simart* [287]), p. 59; *E. Picard,* Torino Atti 36 (1901), p. 684;

Guccia[420]) beschäftigt; für $p = 1$ *Guccia*[421]) und *V. Martinetti*[422]), der auch[423]) die überschüssigen Systeme mit $p = 2$ behandelt hat; *G. Jung*[391]), [411]) hat ausführlich ein beliebiges p berücksichtigt mit Anwendungen auf die ersten Werte von p; *M. de Franchis* hat die Büschel für $p = 2$ bestimmt, und die ∞^k Systeme mit $k > 1$ für $p = 3$[424]).

So z. B. sind die, wenigstens ∞^1,[425]) linearen Systeme der kleinsten Ordnung die folgenden:

für $p = 0$: 1) Systeme von C^n $(n \geqq 1)$ mit zwei getrennten Basispunkten, von denen der eine ein $(n-1)$-facher, der andere ein einfacher ist; 2) Systeme von C^n mit einem $(n-1)$-fachen Basispunkte und μ einfachen, die jenem in μ getrennten Richtungen $(n \geqq 1,\ 0 \leqq \mu \leqq n-1)$ benachbart sind; 3) Systeme von Kegelschnitten ohne Basispunkte;

für $p = 1$: 1) Systeme von C^3 mit μ einfachen (getrennten oder nicht getrennten) Basispunkten $(0 \leqq \mu \leqq 7)$; 2) Systeme von C^4 mit zwei (getrennten oder zusammenfallenden) Basisdoppelpunkten; 3) Büschel von C^{3r} mit 9 r-fachen Basispunkten $(r \geqq 1)$[426]).

Eine andere, gänzlich von der obigen verschiedene Methode zur Klassifikation und Untersuchung der ∞^k linearen Systeme (die jedoch nur für $k \geqq 2$ anwendbar ist) erhält man, wenn man ein solches System

---

G. B. Guccia, Pal. Rend. 1 (1886), p. 165. *Picard* (erstes Zitat) setzt $k \geqq 2$ voraus und untersucht die algebraischen Flächen, deren ebene Schnitte rational sind (es sind das nur die *Steiner*'sche Fläche und die rationalen Regelflächen) (III C 7, *Meyer,* Spezielle algebraische Flächen).

420) Pal. Rend. 1 (1886), p. 139.

421) Pal. Rend. 1 (1887), p. 169.

422) Ist. Lomb. Rend. (2) 20 (1887), p. 264.

423) Pal. Rend. 1 (1887), p. 205; eine Ergänzung bei *M. de Franchis,* Pal. Rend. 13 (1899), p. 200. — Eine Anwendung davon macht *M. Noether* auf die Bestimmung der rationalen Flächen 4. Ordnung, Math. Ann. 33 (1888), p. 546.

424) Pal. Rend. 13 (1898), p. 1, 130.

425) Für die Systeme ∞^0 ergiebt sich als notwendige und hinreichende Bedingung, damit eine rationale resp. elliptische Kurve vermöge einer birationalen Transformation *der Ebene* in eine Gerade resp. eine elliptische C^3 transformiert werden kann, dass bei ihr alle sukzessiven adjungierten Systeme resp. alle adjungierten Systeme der Indizes > 1 fehlen: *Ferretti*[426]).

426) Die Behandlungen der oben zitierten Autoren (bis auf die von *Picard,* die von anderer Natur und einwurfsfrei ist) weisen, da sie den *Noether*'schen[416]) Weg verfolgen, die nämliche, von *Segre*[416]) bemerkte Lücke auf. Die strengen Beweise in den Fällen $p = 0, 1, 2$ sind, nach dem Vorgange von *Castelnuovo*[416]), von dessen Schüler *G. Ferretti* geliefert worden, Pal. Rend. 16 (1902), p. 236; sie bestätigen die Ergebnisse jener Autoren.

$\sum_{i=1}^{k+1} \lambda_i f_i(x) = 0$, vom Geschlecht p und vom Grade D (das sich nicht mit den Kurven eines Büschels zusammensetzt), auffasst als Bild der „Fläche“ F eines R_k (und nicht eines niedrigeren Raumes), der Ordnung D und mit überebenen Schnitten vom Geschlecht p, die durch die Gleichungen $\varrho y_i = f_i(x)$[427]) gegeben ist. Vermöge einer solchen Abbildung werden die gegenüber birationalen Transformationen der Ebene invarianten Eigenschaften des linearen Systems zu *projektiven* Eigenschaften der Flächen F, und umgekehrt. Diese Methode, die für $k = 3$ (Nr. **38**) besonders von *E. Caporali*[428]) für abzählende Fragen verwendet wurde, hat allgemein *C. Segre*[429]) angegeben, der damit auf die Nachteile der auf die Systeme kleinster Ordnung[430]) gegründeten Klassifikation, hingewiesen hat, und *P. del Pezzo*[431]) und *G. Castelnuovo*[432]) weiter verfolgt, ersterer für die Reduktion der elliptischen Systeme, letzterer für die der einfachen hyperelliptischen Systeme, sowie derer vom Geschlecht 3.[433])

---

427) III C 9 (*Segre*, Mehrdimensionale Räume). Ist das System mit einer Involution μ^{ten} Grades (Nr. **35**) zusammengesetzt, so reduziert sich die Fläche F auf eine von der Ordnung $\frac{D}{\mu}$, die μ-mal zu zählen ist, so dass jedem ihrer Punkte μ solche in der Ebene des Systems entsprechen, und auf F eine *Übergangskurve (curva limite)* auftritt. — Ist das System völlig bestimmt durch seine Basispunkte, so ist F *normal*, d. i. keine Projektion einer andern Fläche derselben Ordnung eines R_h $(h > k)$. — Enthält ein System ∞^k ein anderes, $\infty^{k'}$, so ist die Bildfläche des zweiten eine Projektion des Bildes vom ersten. — Zu alle dem vgl. *Segre*[287]), Kap. I.

428) Collectanea math. in mem. *D. Chelini*, Mediol. 1881 (1879), p. 144 = Memorie, p. 171. — Siehe auch die zahlreichen Arbeiten (von *Clebsch*, *Noether*, *Cayley*, *Cremona*, *Humbert*, ...) über die ebene Abbildung der rationalen Flächen (III C 7, *Meyer*, Spezielle algebraische Flächen; III C 11, *Castelnuovo* und *Enriques*, Transformationen).

429) S. [398]), und Pal. Rend. 4 (1890), Anm. zu p. 86.

430) Vgl. *G. Jung*, Pal. Rend. 4 (1890), p. 253.

431) Pal. Rend. 1 (1887), p. 241 (§ 13).

432) Pal. Rend. 4 (1890), p. 73; resp. Torino Atti 25 (1890), p. 695.

433) Übrigens lassen sich auch verschiedene von den Prozessen anderer Autoren unter mehrdimensionaler Gestalt darstellen. So ist die Methode von *Picard*, erstes Zitat[419]) gleichbedeutend mit einer Projektion einer Fläche F der Ordnung D des R_{D+1} von $D - 1$ ihrer Punkte aus [*P. del Pezzo*, Napoli Rend. 24 (1885), p. 212, zeigt, dass eine solche F eine (rationale) Regelfläche ist, oder aber die F^4 des R_5 („*Veronese*'sche Fläche“)]. Und die erste Bestimmung der Maximaldimension eines linearen Systems von gegebenem Geschlecht bei *Castelnuovo*[411]) kommt darauf hinaus, die Bildfläche des Systems von einer ihrer Tangentialbenen aus zu projizieren [III C 9, *Segre*, Mehrdimensionale Räume].

Auf andere Prinzipien zur Klassifikation und Untersuchung der linearen Systeme haben *Castelnuovo*[434]) und *Castelnuovo* und *Enriques*[435]) hingewiesen.

Eine andere Äquivalenztheorie, die ihn zu neuen Sätzen und Typen führte, hat *S. Kantor*[436]) entwickelt für die linearen Systeme rationaler, elliptischer und hyperelliptischer Kurven. Indem er durch die Koeffizienten von Kurvengleichungen einen Rationalitätsbereich fixiert, geht er von rational gegebenen Kurvensystemen aus, und vermöge ebener birationaler Transformationen reduziert er jene Systeme auf den einfachsten Typen auf rein rationalem Wege, d. h. auf Typen, die sich in jedem Falle angeben lassen, ohne dass man in die Gleichungen der Kurven neue Irrationalitäten einzuführen hat[437]).

38. Spezielle Untersuchungen über lineare $\infty^1, \infty^2, \infty^3$ Kurvensysteme. Das lineare System sei von der Ordnung n, vom Grade D, vom Geschlecht p, und besitze σ Basispunkte mit variabeln Tangenten.

a) *Büschel.* Ein Büschel ($D = 0$) enthält $\sigma + 4p - 1$ Kurven mit einem Doppelpunkt ausserhalb der Basispunkte[438]).

434) S. [386]), Vorrede (Schluss), wo er vorschlägt die Klassifikation auf die Geschlechter der sukzessiven reinen adjungierten Systeme zu stützen; diese Geschlechter sind ersichtlich invariante Charaktere des gegebenen Systems.

435) Pal. Rend. 14 (1900), p. 290. Hier sind in sehr einfacher Form die Bedingungen für die Rationalität einer Doppelebene entwickelt, von der die Verzweigungskurve gegeben ist — durch Betrachtung der sukzessiven Adjungierten der Indices 2, 3, . . . dieser Kurve —; es wird dabei ein Reduktionsprozess benützt, der mit Vorteil auch auf die linearen Kurvensysteme (Reduktion auf Minimalordnung etc.) anwendbar ist, und wurde eben von *Castelnuovo*[416]) und *Ferretti*[426]) angewendet. — Die Fruchtbarkeit desselben Begriffes ist durch *Castelnuovo* und *Enriques* ins Licht gesetzt worden, Ann. di mat. (3) 6 (1900), p. 165 [Auszug Paris C. R. 131 (1900), p. 739], auch für verschiedene Grundfragen der Geometrie auf einer algebraischen Fläche (III C 6, *Castelnuovo* und *Enriques,* Algebraische Flächen).

436) Monatshefte Math. Phys. 10 (1899), p. 18.

437) In demselben Gedankenganges hat *S. Kantor,* Monatshefte 10 (1899), p. 54 [Auszug Paris C. R. 126 (1898), p. 946], auf verschiedene Arten nachgewiesen, dass jede ebene birationale Transformation T, die rational gegeben ist [so dass sich unter ihren Fundamentalpunkten nur rationale Gruppen (in bezug auf den ursprünglichen Rationalitätsbereich) befinden], ohne Einführung neuer Irrationalitäten in gewisse 16 einfachere Transformationen (Primfaktoren) zerlegt werden kann, die er vollständig angiebt, und die für jede T nach Art, nach Aufeinanderfolge und nach gegenseitiger Lage der Fundamentalsysteme eindeutig bestimmt sind. Seine Ergebnisse hat *Kantor* auch zahlentheoretisch formuliert durch Betrachtung ganzzahliger birationaler Transformationen zwischen zwei Ebenen, sowie den Zusammenhang mit der Idealtheorie nachgewiesen. — S. auch *Kantor,* Am. J. of math. 24 (1902), p. 205.

438) *Steiner*[55]) hatte schon bemerkt, dass in einem allgemeinen Büschel

J. Steiner[439]) hat die Kurve Φ der Ordnung $2n - 1$ untersucht, die der Ort der Berührungspunkte der von einem Punkte P an die Kurven des Büschels gelegten Tangenten ist (die „äussere Panpolare" von P in bezug auf das Büschel): sie geht einfach durch P hindurch und lässt sich auch erzeugen durch das gegebene Büschel projektiv auf das der ersten Polaren von P bezogen. Die Φ aller Punkte der Ebene bilden ein Netz[440]).

Bei zwei Büscheln der Ordnung n, n', des Geschlechts p, p', mit σ, σ' Basispunkten (mit variabeln Tangenten) ist der Ort T der Punkte, in denen sich zwei ihrer Kurven berühren von der Ordnung $2(n + n') - 3$, und es giebt t resp. d Paare von Kurven, die eine Berührung 2ter Ordnung resp. eine doppelte Berührung eingehen[441]), wo:

---

der Ordnung $n\ 3(n-1)^2$ Kurven mit Doppelpunkt existieren. *Cremona*[58]) hat hinzugefügt, dass diese Anzahl durch jeden s-fachen Basispunkt mit variabeln Tangenten um $(s-1)(3s+1)$ vermindert wird, woraus *Caporali*[428]), n. 13, die Formel des Textes abgeleitet hat. Andere Fälle bei *Cremona,* l. c., und Intr. n. 88; allgemeinere Sätze bei *Guccia*[440]), § 8. — Über die algebraischen Bedingungen dafür, dass ein gegebenes Büschel eine Kurve mit einer Spitze oder mit zwei Doppelpunkten enthält, oder eine Kurve, die durch zwei der Schnittpunkte zweier gegebener Kurven hindurchgeht, s. *A. Cayley*[442]), resp. Quart. J. 11 (1871), p. 99 = Papers 8, p. 22. — Einige (zum Teil metrische) Sätze über die Schnittpunkte der Kurven eines Büschels mit Geraden oder mit Kurven eines andern Büschels gab *A. V. Bäcklund,* Lund Årsskr. 5 (1868), der davon eine Anwendung macht auf die projektive Konstruktion einer C^4 durch gegebene 14 Punkte (Nr. **10**).

439) S. [254]), § 21; vgl. *Cremona,* Intr. n. 85.

440) *Em. Weyr*[32]). — Der Fall eines Büschels mit einem vielfachen Basispunkt bei *F. Chizzoni,* Rom Linc. Mem. (3) 19 (1883), p. 301 (n. 13, 14, 23); *Pieri*[282]). — Systematisch untersucht die Φ *G. B. Guccia,* Pal. Rend. 9 (1894), p. 1; die Φ besitzen viele Eigenschaften, die denen der ersten Polaren analog sind, an deren Stelle wir sie bei manchen Fragen treten lassen können. *Guccia* (l. c., auch Lezioni litog. Palermo 1889/90, p. 155 ff.) wendet sie an z. B. auf die Konstruktion und Untersuchung der Jacobiana eines Netzes (Nr. **6**), und auf die *Plücker*schen Formeln (Nr. **8**); er beschäftigt sich auch mit der Jacobiana des Netzes der Φ, die ebensowohl als Ort der Berührungspunkte der von den Punkten der Ebene an die bezüglichen Φ gelegten Tangenten angesehen werden kann, wie als Ort der Wendepunkte der Kurven des gegebenen Büschels. Die Ordnung $6(n-1)$ und die Klasse $6(n-2)(4n-3)$ des letzteren Ortes giebt schon *K. Bobek* an, Časopis 11 (1882), p. 283; vgl. auch *Doehlemann*[32]), p. 553; die Enveloppe der Wendetangenten der Büschelkurven besitzt die Klasse $3n(n-2)$. S. auch *J. de Vries,* Amst. Versl. (2) 13 (1905), p. 711; 14 (1906), p. 817. — Über das Netz der Φ s. auch *W. Bouwman,* Nieuw Arch. v. Wisk. (2) 4 (1900), p. 258.

441) *C. Segre,* Torino Atti 31 (1896), p. 485, wo diese Formeln aus andern abgeleitet werden, die sich auf Kurvenbüschel auf irgend einer algebraischen Fläche beziehen. Für zwei allgemeine Büschel gab *Steiner*[55]) die Ordnung von T

$$t = 12(nn' + p + p') - 3(\sigma + \sigma') - 9,$$

$$d = 4[n^2n'^2 + (nn' - 6)(p + p') + pp' - 7nn' + \sigma + \sigma' + 5].$$

b) *Netze* (vgl. Nr. **6**). Für ein Netz (in einer Ebene π) ist die Bildfläche (Nr. **37**) eine D-fache Ebene π', von der jeder Punkt einer Gruppe von D Basispunkten eines Büschels von Netzkurven entspricht. Ein Punkt P, der für eine solche Gruppe, d. h. für eine Kurve des Netzes Doppelpunkt ist, entspreche einem Punkte P' von π': der Ort J von P ist die Jacobiana des Netzes, die „*Doppelkurve*“ von π, der Ort J' von P' ist die *Grenzkurve* von π'. J und J' stehen in ein-eindeutiger Korrespondenz, haben also das nämliche Geschlecht $9p - \sigma + 1$ (dies unterliegt Modifikationen, wenn Fundamentalkurven existieren, da diese Teile von J sind). Die Tangenten von J' entsprechen den mit Doppelpunkt behafteten Kurven des Netzes. J' besitzt die Ordnung $2(D + p - 1)$ und die Klasse $D + 4p + \sigma - 1$, und die *Plücker*'schen Formeln liefern damit die Anzahlen ihrer Doppel- und Wendetangenten, ihrer Doppelpunkte und Spitzen; diese Anzahlen sind ebensoviele Charaktere für das Netz, nämlich (indem von der ersten die Anzahl der *einfachen* Basispunkte des Netzes in Abzug zu bringen ist, zu dessen jedem eben eine Doppeltangente von J' entspricht) die Anzahlen seiner Kurven mit zwei Doppelpunkten oder mit einer Spitze, und die seiner Büschel, die miteinander eine zweimalige Berührung oder eine solche zweiter Ordnung eingehen[442]).

---

und den Wert von t ohne Beweis an; Beweise der ersten Angabe lieferten *Cremona*, Intr. n. 90; *Kötter*[155]), p. 131; beider *J. N. Bischoff*, J. f. Math. 64 (1864), p. 185; *L. Berzolari*, Torino Atti 31 (1896), p. 476, die auch (der zweite mit stereometrischer Methode) den Wert von d berechneten. — *M. de Franchis*, Pal. Rend. 10 (1895), p. 118; 11 (1896), p. 12 hat synthetisch die Kurve T untersucht, und allgemeiner den Ort der Punkte der Berührung k^{ter} Ordnung der Kurven eines Büschels mit denen eines linearen Systems ∞^k, und vielfache Anwendungen davon gemacht. Den Fall $k = 2$ behandelt auch, analytisch, *G. Bagnera*, Pal. Rend. 10 (1895), p. 81; den Fall eines beliebigen k und eines Strahlbüschels *Guccia*[153]) und [440]), p. 63, der hieraus eine synthetische Definition der Polarkurven (Nr. **11**) herleitet. Diesen letzteren Fall hat methodisch untersucht, mit verschiedenen Ausdehnungen und Anwendungen auf eine synthetische Theorie der Polarkurven, *G. Aguglia*, La curva Φ_P^k etc., Palermo 1904. — Über einige allgemeinere Fragen s. Nr. **9**.

442) Für ein Netz von ersten Polaren s. [80]); für irgend ein Netz *A. Cayley*, Cambr. Trans. 11 (1863), p. 21 = Papers 5, p. 295; *Cremona*[58]); *E. de Jonquières*, Paris C. R. 67 (1868), p. 1338; Math. Ann. 1 (1869), p. 424; *A. V. Bäcklund*, Stockh. Vet.-Ak. Handl. 9² (1870), Nr. 9 (n. 52, 53); *Köhler*, Soc. math. de France Bull. 1 (1873), p. 124 (wo jedoch Einiges nicht exakt ist); *J. de Vries*, Amst. Versl. (2) 13 (1905), p. 708. Die allgemeinen Formeln des Textes verdankt man *Caporali*[428]), § 2; als spezielle Fälle anderer, die sich auf Kurvennetze auf irgend

Über die besonderen Eigenschaften *homaloider Netze*, die sich übrigens sämtlich aus den allgemeinen Sätzen über lineare Systeme vom Geschlecht $p = 0$ ableiten lassen, siehe III C 11 (*Castelnuovo* und *Enriques*).

c) ∞^3 *Systeme.* Für ein lineares ∞^3 System von Kurven f, dem Bilde einer Fläche F (Nr. **37**), ist die Klasse von F gleich der Anzahl $D + 4p + \sigma - 1$ der Doppelpunkte eines Büschels von Kurven f ausserhalb der fundamentalen Punkte und Kurven. Einem Netze des Systems entsprechen die Schnitte von F mit den durch einen Punkt O gehenden Ebenen; der Jacobiana J des Netzes die Berührungskurve des von O an F gelegten Berührungskegels. Die ∞^3 Netze des Systems liefern ∞^3 J, die ein lineares System bilden. Zwei der J schneiden sich, ausser in den Basispunkten, in $3D + 12p - \sigma - 3$ Punkten; schliesst man von diesen die Doppelpunkte des beiden Netzen gemeinsamen Büschels aus, so verbleiben $2(D + 4p - \sigma - 1)$ Punkte C derart, dass die Polargeraden eines jeden in bezug auf alle f durch ein- und denselben Punkt C' laufen. Die Punkte C liegen also auf allen J und sind die Berührungspunkte für Netze von f (mit der gemeinsamen Tangente CC'), oder auch die Doppelpunkte für ein ganzes Büschel von f (und damit Spitzen zweier f); sie sind die Bilder der Kuspidalpunkte[443]), die auf der Doppelkurve von F liegen. Diese Kurve ist von der Ordnung $\frac{1}{2}(D-1)(D-2) - p$[444]) und ihre Bildkurve Δ, der Ort der „neutralen Paare" von Punkten für das ∞^3 System (d. i. der Paare, die den f nur eine Bedingung statt zweier auferlegen) besitzt die Ordnung $(D-4)n + 3$, und in jedem ν-fachen Basispunkte die Multiziplität $(D-4)\nu + 1$;[445]) sie geht überdies durch jeden Punkt C und berührt daselbst die Gerade CC'. Jene Doppelkurve hat

$$t = \tfrac{1}{6}(D-1)(D^2 - 8D + 18) - p(D-8) - \sigma$$

dreifache Punkte, die auch dreifache Punkte für F[446]) sind; obige

---

einer algebraischen Fläche beziehen, wurden sie wiedergefunden von *F. Severi*, Torino Atti 37 (1902), p. 625 (n. 10); s. auch *M. Pannelli*, Pal. Rend. 20 (1905), p. 34.

443) „Pinch-points" nach *Cayley*, Quart. J. 9 (1868), p. 332 = Papers 6, p. 123. Über die obigen Eigenschaften s. *Caporali* [428]).

444) Ist s der Überschuss des Systems, so folgt aus [393]), dass jene Ordnung $\gtreqless \frac{1}{2}(D-2)(D-3) - s$ ist; vgl. *Clebsch* [445]), p. 255.

445) Analytisch bewiesen von *A. Clebsch*, Math. Ann. 1 (1868), p. 253 (§ 7); geometrisch von *Caporali*, l. c., n. 17.

446) *A. Cayley*, Math. Ann. 3 (1870), p. 469 = Papers 8, p. 388; *Caporali*, l. c., n. 19.

Anzahl ist daher auch die der „neutralen Tripel" für das System (die nur reine Bedingung involvieren); deren $3t$ Punkte sind Doppelpunkte für Δ. — Die Jacobiana eines Netzes von Kurven J setzt sich zusammen aus einer f und dem Orte der Spitzen von f-Kurven: dieser Ort [das Bild der parabolischen Kurven von F, die von der Ordnung $4(D + 2p - 2)$ ist] besitzt demnach die Ordnung $4(2n - 3)$, die Multiplizität $4(2\nu - 1)$ in jedem ν-fachen Basispunkte, und einen Doppelpunkt in jedem Punkte C.

Diese Eigenschaften verdankt man *Caporali*[428]), der auf dem nämlichen Wege noch andere abzählende Aufgaben gelöst und u. a. die Anzahlen der f mit einem Selbstberührungspunkt resp. mit einem Doppelpunkt und einer Spitze resp. mit drei Doppelpunkten bestimmt hat[447]). Diese Anzahlen sind resp.:

$$2(64p - 7D - 6\sigma + 20),$$
$$24p(D + 4p + \sigma - 25) + 48(D + \sigma - 3),$$
$$\tfrac{1}{6}(D + 4p + \sigma)^3 - (D + 4p + \sigma)(2D + 41p + \sigma)$$
$$- \tfrac{1}{6}(175D - 3434p + 223\sigma) + 106.$$

In manchen besondern Fällen (z. B. wenn irgend einer der Basispunkte ein einfacher oder doppelter ist) erleiden einige der obigen Anzahlen Reduktionen, die *Caporali* angegeben hat, l. c. § 6.

447) Für ein allgemeines System ∞^3 von C^n, d. i. mit
$$p = \tfrac{1}{2}(n-1)(n-2), \quad D = n^2, \quad \sigma = 0,$$
wurden die Werte der zweiten und dritten Anzahl schon von *Bäcklund*[442]), n. 95 angegeben.

Zusätze:

An den Schluss der Anm. 4), p. 318:

Ein Satz, der die Zahl n als Doppelverhältnis von vier Geraden eines Büschels giebt, bei *G. B. Guccia*, Paris C. R. 142 (1906), p. 1256; Ausdehnungen auf die Flächen, ib., p. 1494, auf die Raumkurven, Pal. Rend. 21 (1906), p. 389.

Anmerkung 8a), p. 320, Z. 7 noch die Worte: „C^n kann dabei einfach oder zusammengesetzt sein (wegen der Ausnahmefälle s. Nr. **33**)":

8a) In der Tat ist es möglich, die $\frac{n(n+3)}{2}$ Punkte derart zu wählen, dass durch dieselben eine einzige C^n hindurchgeht: es genügt,

n Geraden $a_1, a_2, \ldots, a_n$ zu nehmen, und auf a_1 zwei Punkte, auf a_2 drei Punkte, ..., auf a_n $n+1$ Punkte zu fixieren. Eine C^n durch diese $2+3+\cdots+(n+1)=\frac{n(n+3)}{2}$ Punkte enthält a_n, dann a_{n-1}, u. s. w. Diese Bemerkung, welche mir von *F. Severi* mitgeteilt wurde, kann auf die Gebilde im R_r, die durch eine Gleichung vom Grade n in den $r+1$ homogenen Koordinaten dargestellt sind, ausgedehnt werden, indem man die Formel

$$\binom{n+r+1}{r-1}+\binom{n+r-2}{r-1}+\cdots+\binom{r}{r-1}=\binom{n+r}{r}-1$$

gebraucht.

Am Ende der Anmerkung 34):

Sätze, die diesen beiden von *Bertini* analog sind, gelten auch für die Linearsysteme von Kurven auf irgend einer algebraischen Fläche. Für den ersten s. *Noether*[414]), p. 171; Math. Ann. 8 (1874), p. 524; für beide *F. Enriques*[36]); ein geometrischer Beweis des zweiten für die höheren algebraischen Gebilde bei *F. Severi*, Torino Atti 41 (1905), p. 205 (n. 1).

Am Ende der Anmerkung 74):

Über die *Jacobi*'sche Kurve eines Netzes auf irgend einer algebraischen Fläche, s. *Enriques*[322]), n. 13 ff.; für die Bestimmung ihrer Multiplizität in einem s-fachen Basispunkte des Netzes s. *Severi*[442]), Anm. zu n. 2.

Ende der Anm. 295), nach der Formel $p \leqq (n-1)(n'-1) + n\pi + n'\pi'$, *ist hinzuzufügen:*

Andere Anwendungen des Kriteriums von *Castelnuovo* — auf Kurven, Flächen und höhere algebraische Gebilde — hat *F. Severi* gegeben, Veneto Ist. Atti (8) 8 (1906), p. 625, insbesondere eine Erweiterung seines letzten Satzes auf reduzible Systeme, und einen algebraischen Beweis des folgenden — von ihm vorher schon, Pal. Rend. 21 (1905), p. 257 (Anm. zu p. 281), auf transzendentem Wege bewiesenen — Satzes: „Wenn es auf einer algebraischen Kurve ein irreduzibles algebraisches ∞^1 System von Gruppen aus n Punkten giebt, derart, dass die Vielfachen nach k von diesen Gruppen einer linearen Schar angehören, so gehören auch die Gruppen selbst einer linearen Schar an."

(Abgeschlossen im Juni 1906.)

III C 5. SPEZIELLE EBENE ALGEBRAISCHE KURVEN.

VON

G. KOHN UND G. LORIA

IN WIEN IN GENUA.

ERSTER TEIL: EBENE KURVEN DRITTER UND VIERTER ORDNUNG.

VON G. KOHN IN WIEN.

Inhaltsübersicht.

A. Ebene Kurven dritter Ordnung.

I. Einteilung und gestaltliche Verhältnisse.

II. Polarentheorie.

III. Wendepunktfigur.

B. Ebene Kurven vierter Ordnung.

I. Einteilung und gestaltliche Verhältnisse.

II. Polaren- und Formentheorie.

III. Die allgemeine Kurve vierter Ordnung als Hüllkurve von Kegelschnittsystemen.

IV. Weitere Entstehungsarten.

V. Gruppierungsverhältnisse der Doppeltangenten und der Systeme von Berührungskurven.

VI. Spezielle nichtsinguläre Kurven vierter Ordnung.

Literatur.

Lehrbücher.

J. Plücker, System der analytischen Geometrie, Berlin 1835 („System").

— Theorie der algebraischen Kurven, Bonn 1839 („Algebr. Kurven").

G. Salmon, A treatise on the higher plane curves, Dublin 1852 („Treatise"). Deutsche Ausgabe von *W. Fiedler,* 2. Aufl., Leipzig 1882, („Salmon-Fiedler, Höh. Kurven"). Franz. von *O. Chemin,* 2. Abdruck, Paris 1903.

L. Cremona, Einleitung in eine geometrische Theorie der ebenen Kurven. Deutsch von *M. Curtze,* Greifswald 1865 („Ebene Kurven"). Vorher Bologna Mem. 12 (1861).

Em. Weyr, Theorie der mehrdeutigen geometrischen Elementargebilde und der algebraischen Kurven und Flächen als deren Erzeugnisse, Leipzig 1869.

R. F. A. Clebsch, Vorlesungen über Geometrie, bearbeitet von *F. Lindemann,* 1^2, Leipzig 1876 („*Clebsch-Lindemann,* Vorlesungen"). Franz. von *A. Benoist,* Paris 1883.

G. Darboux, Sur une classe rémarquable de courbes et de surfaces algébriques, Paris 1872 (zweiter Abdruck, Paris 1896).

Th. Reye, Die Geometrie der Lage, 3. Aufl. III. Abt., Leipzig 1892 (1. Aufl. II. Abt. 1867) („Geom. d. L.").

H. Durège, Die ebenen Kurven dritter Ordnnng, Leipzig 1871.

W. Fiedler, Die darstellende Geometrie in organischer Verbindung mit der Geometrie der Lage 3, 3. Aufl., Leipzig 1888.

W. Franz Meyer, Apolarität und rationale Kurven, Tübingen 1883 („Apolarität").

E. Kötter, Grundzüge einer rein geometrischen Theorie der algebraischen ebenen Kurven, Preisschrift, Berlin Abh. 1887.

H. Schröter, Die Theorie der ebenen Kurven dritter Ordnung, Leipzig 1888.

W. Binder, Theorie der unikursalen Plankurven vierter bis dritter Ordnung, Leipzig 1896.

H. Andoyer, Leçons sur la théorie des formes et la géométrie analytique supérieure 1, Paris 1900.

G. Loria, Spezielle algebraische und transzendente ebene Kurven. Deutsch von *F. Schütte,* Leipzig 1902.

A. B. Basset, An elementary treatise on cubic and quartic curves, Cambridge 1901.

F. Dumont, Introduction à la géométrie du troisième ordre, Annecy 1904.

F. Gomes Teixeira, Tratado de las curvas especiales notables, Madrid 1905. Franz. vermehrte Ausgabe 1, Paris 1908.

H. Wieleitner, Theorie der ebenen algebraischen Kurven höherer Ordnung, Leipzig 1905.

Historische und bibliographische Schriften.

A. Brill und *M. Noether,* Die Entwicklung der Theorie der algebraischen Funktionen in älterer und neuerer Zeit, Berlin 1894, in Bd. 3 des Jahresber. der Deutschen Math.-Vereinigung.

G. Loria, Il passato ed il presente delle principale teorie geometriche, 3. Aufl., Turin 1907.

H. Brocard, Notes de bibliographie des courbes géométriques. Zwei Bände. Bar-le Duc 1897 und 1899.

E. Kötter, Die Entwicklung der synthetischen Geometrie, Leipzig 1899—1901 in Bd. 5 der Jahresberichte der Deutschen Math.-Vereinigung („Bericht").

E. Wölffing, Mathematischer Bücherschatz, Leipzig 1903*).

H. Wieleitner, Bibliographie der höheren algebraischen Kurven für den Zeitabschnitt 1890—1904 (Pr. Speyer), Leipzig 1905.

A. Ebene Kurven dritter Ordnung.

I. Einteilung und gestaltliche Verhältnisse.

1. Newtons Ergebnisse. Nachdem durch die Koordinatenmethode der Begriff der Kurven dritter Ordnung[1]) geschaffen war, der diese

---

*) Außerdem stand dem Verfasser eine Bibliographie der speziellen algebraischen Kurven im Manuskript zur Verfügung, wofür er an dieser Stelle Herrn *Wölffing* den verbindlichsten Dank sagt.

1) Erst *I. Newton* klassifiziert die algebraischen Kurven nach dem Grade ihrer Gleichung in cartesischen Koordinaten x, y und scheidet die reduziblen

Kurven als die nach den Kegelschnitten nächst einfachen ebenen Kurven hinstellte, erschien eine Einteilung dieser Kurven in Arten, entsprechend der Einteilung der Kegelschnitte in Ellipsen, Hyperbeln, Parabeln, als die nächste Aufgabe. *Newton*[2]) gab eine Lösung durch Reduktion der Kurvengleichung auf gewisse Formen und gelangte zur Unterscheidung von 72 verschiedenen Kurvenarten, welchen noch 6 von ihm übersehene hinzuzuzählen sind[3]). Freilich fehlt eine präzise Definition dafür, was als besondere Kurvenart angesehen werden solle[4]).

Außerhalb dieser Einteilung in Arten steht ein merkwürdiges Ergebnis *Newtons*[5]), das später zur Grundlage für die Klassifikation nach der Gestalt gemacht wurde: ähnlich wie alle Kegelschnitte als Schatten eines Kreises entstehen, entstehen alle Kurven dritter Ordnung als Schatten der Kurven von der Gleichungsform

$$y^2 = ax^3 + bx^2 + cx + d.$$

Von den Kurven dieser Gleichungsform jedoch, den divergierenden Parabeln, gibt es 5 verschiedene Typen, entsprechend den Realitätsverhältnissen der Wurzeln des Polynoms $ax^3 + bx^2 + cx + d$. Diese Typen sind in Fig. 1 veranschaulicht[6]).

2. Einteilung nach Klasse und Geschlecht. Neue in der Geometrie zur Herrschaft kommende Gesichtspunkte geben der Fragestellung einen anderen Charakter. Das mit dem projektiven Gesichts-

---

Linien ab (Enumeratio linearum tertii ordinis, zuerst erschienen als Anhang zu den Optics, London, 1704). Vgl. *Newton*, Principia 1, p. 30.

2) *Newtons* Enumeratio enthält keine ausgeführten Beweise, Erläuterungen gibt *J. Stirling* (Liniae tertii ordinis Newtonianae, Oxford 1717). Eine eingehende historisch-kritische Darstellung der Newtonschen Klassifikation verdankt man *W. W. Rouse Ball* (Proc. London Math. Soc. 22 (1891), p. 104); vgl. dazu *M. Baur* Synthetische Einteilung der ebenen Linien III. Ordnung, Stuttgart 1888.

3) Vier Arten hat *Stirling* a. a. O.[2]) hinzugefügt, zwei weitere *E. Stone,* Lond. Trans. 41 (1740), p. 319; *P. Murdoch* (Newtoni genesis curvarum per umbras, Leiden 1740) und *G. Cramer* (Introd. à l'analyse des lignes courbes algébriques, Genève 1750).

4) Diesen Übelstand suchen *L. Euler* (Introductio in analysin infinitorum, Lausanne 1748 2, c. 9) und *G. Cramer* (Introd. à l'analyse des lignes courbes algébriques, Genève 1750, chap. 9) dadurch zu vermeiden, daß sie als einheitliches Einteilungsprinzip das Verhalten der Kurve im Unendlichen zu Grunde legen.

5) *Newton* gibt den Satz ohne Beweis in dem „De generatione curvarum per umbras" überschriebenen fünften Abschnitt der Enumeratio. Bewiesen wurde der Satz von *A. Clairaut* (Mém. Paris 1731) und *P. Murdoch* (Newtoni generis curvarum per umbras, Leiden 1740). Seine einfachste Form erhielt der Beweis durch *M. Chasles* (Aperçu hist., Bruxelles 1837, Note XX, p. 348).

6) Näheres über die Formen der divergierenden Parabeln bei *A. Cayley,* Quart. J. 9 (1868), p. 185 = Papers 6, p. 101.

punkt eng verbundene Dualitätsgesetz läßt der Ordnung einer algebraischen Kurve als gleichberechtigt ihre Klasse gegenübertreten und die Einteilung der Kurven dritter Ordnung nach ihrer Klasse [7]) ist

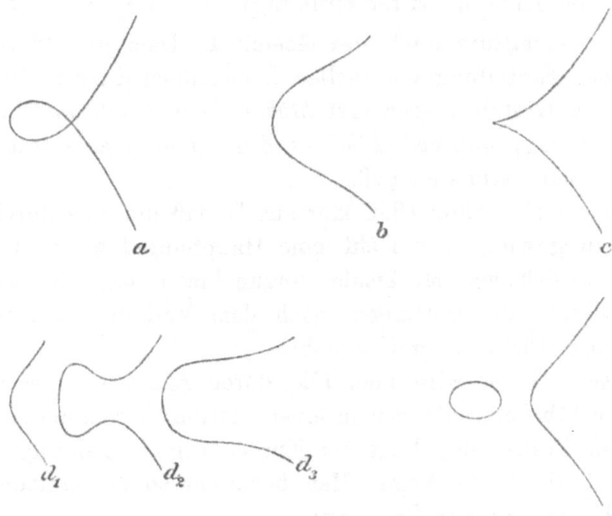

Fig. 1.

gegeben, sowie *Plücker* [8]) noch den Einfluß der Spitze auf die Klasse feststellt (vgl. III C 4 Nr. 8, *Berzolari.*) Man hat zu unterscheiden [9]):

1) Kurven dritter Ordnung, 6. Klasse;
2) „ „ „ 4. „
3) „ „ „ 3. „

Die Kurven 6. Klasse sind die Kurven ohne vielfachen Punkt und werden auch als allgemeine oder nichtsinguläre Kurven dritter Ordnung bezeichnet. Die Kurven dritter Ordnung, 4. Klasse sind durch den Besitz eines Doppelpunktes mit zwei verschiedenen Tangenten, die Kurven dritter Ordnung, 3. Klasse durch den Besitz einer Spitze charakterisiert.

In jüngerer Zeit hat ein anderer Gesichtspunkt zur Einteilung der algebraischen Kurven nach dem Geschlecht geführt [10]). Die nicht-

7) Der Begriff der Klasse einer Kurve wurde als Anzahl ihrer durch einen beliebigen Punkt der Ebene gehenden Tangenten von *J. D. Gergonne* eingeführt, Gerg. Ann. 18 (1827), p. 149.

8) *J. Plücker*, J. f. Math. 12 (1834), p. 107 und System d. anal. Geom., Berlin 1835; vgl. *J. Poncelet*, J. f. Math. 4 (1828), p. 12, wo der Einfluß eines Doppelpunktes auf die Klasse richtig beurteilt ist.

9) Diese Einteilung legt *G. Salmon* 1852 in seinem Treatise zu Grunde.

10) *A. Clebsch*, J. f. Math. 63 (1863), p. 189 f.; vgl. C III 4, Nr. 4, *Berzolari*.

singulären Kurven dritter Ordnung sind vom Geschlecht Eins (elliptische Kurven dritter Ordnung), die singulären Kurven dritter Ordnung d. h. solche mit Doppelpunkt oder Spitze vom Geschlecht Null (rationale oder unikursale Kurven dritter Ordnung).

3. Die Einteilung nach der Gestalt I. Dem projektiven Standpunkt bei der Einteilung der reellen irreduziblen Kurven dritter Ordnung nach der Gestalt tragen erst *Möbius*[11]) und *Salmon*[12]) in vollem Umfang Rechnung, während *Plückers* Einteilung[13]) eine solche Rücksichtnahme noch vermissen ließ.

Möbius spricht schon 1848 klar aus[14]), daß um eine durchsichtige Einteilung zu gewinnen, zunächt eine Haupteinteilung in Gattungen auf Grund projektiver Merkmale vorzunehmen sei, und dann erst eine Unterteilung der Gattungen nach dem Verhalten zur unendlich fernen Geraden Platz zu greifen habe.

In diesem Sinne wird man alle durch reelle Kollineationen ineinander überführbaren Kurven in einer Gattung zusammenfassen, und einer solchen Festsetzung liegt bei Kurven dritter Ordnung vom Geschlecht Null nichts im Wege. Man bekommt so drei Gattungen von rationalen Kurven dritter Ordnung:

1) Kurven mit Knotenpunkt (Selbstschnitt).
2) Kurven mit isoliertem Punkt.
3) Kurven mit Spitze.

Die Formen dieser Kurven sind durch die Figuren 1a, 1b, 1c der entsprechenden divergierenden Parabeln gekennzeichnet.

Die Kurve mit Knotenpunkt wird durch diesen in zwei Teile zerlegt. Der eine enthält einen Wendepunkt, der andere, die sogenannte Schleife, besitzt keine Wendung. Von jedem Punkte des ersten Teiles gehen zwei reelle Tangenten an die Kurve, von einem Punkte der Schleife aber keine[15]). Die Kurve mit isoliertem Punkt besteht aus einem einzigen unpaaren Zuge mit drei in gerader Linie gelegenen Wendepunkten. Die Kurve mit Spitze weist einen Wendepunkt auf.

4. Das Doppelverhältnis. Würde man auch bei den Kurven vom Geschlecht Eins die kollinear verwandten zu je einer Gattung

11) *A. F. Möbius*, Leipzig Abh. 1 (1852), p. 1 = Werke 2, p. 89.

12) *G. Salmon*, Treatise, Dublin 1852.

13) *J. Plücker*, System d. anal. Geom., Berlin 1835, p. 220f.; vgl. *A. Cayley*, Cambridge Trans. 11 (1866), p. 81 = Papers 5, p. 354; *G. Bellavitis*, Ist. Veneto Atti (2) 4 (1853), p. 234 und Soc. Ital. Modena Mem. 25² (1855), p. 1.

14) *A. F. Möbius*, Leipzig Ber. 2 (1849), p. 12 = Werke 2, p. 177.

15) *H. Durège*, J. f. Math. 75 (1872), p. 164.

vereinigen, so käme man, wie schon *Möbius* erkennt, zu unendlich vielen Gattungen, entsprechend den Werten einer gewissen Konstanten.

Als diese Konstante kann man infolge eines merkwürdigen Satzes von *G. Salmon* das sogenannte Doppelverhältnis einer Kurve dritter Ordnung annehmen, d. i. das Doppelverhältnis der vier Tangenten, welche von einem beliebigen Punkte einer nichtsingulären Kurve (außer der Tangente des Punktes) an die Kurve gelegt werden können. Die Konstanz dieses Doppelverhältnisses bei Variation des Kurvenpunktes ist es, was der *Salmon*sche Satz aussagt[16]).

Den beiden ausgezeichneten Werten dieses Doppelverhältnisses, dem äquianharmonischen und dem harmonischen, entsprechen zwei ausgezeichnete Gattungen von Kurven dritter Ordnung: die äquianharmonischen und die harmonischen Kurven[17]).

Das Doppelverhältnis einer Kurve dritter Ordnung ist nicht nur projektiven Transformationen der Kurve gegenüber invariant, sondern überhaupt eindeutigen algebraischen Transformationen gegenüber; es ist ein (und zwar der einzige) „Modul" der Kurve[18]).

5. Die beiden Grundformen der nichtsingulären Kurve. Will man Gattungen in nur endlicher Anzahl unterscheiden, so darf man für Kurven derselben Gattung bei den nichtsingulären Kurven dritter

---

16) *G. Salmon*, J. f. Math. 42 (1851), p. 274 und Treatise, p. 150 gründet seinen Beweis darauf, daß die Berührungspunkte der vier von einem Kurvenpunkte ausgehenden Tangenten von dem Polarkegelschnitt dieses Punktes ausgeschnitten werden und daß dieser die Grundkurve in seinem Pole berührt; vgl. *R. Sturm*, J. f. Math. 90 (1881), p. 91. *L. Cremona* (Ebene Kurven Art. 149) beweist den Satz durch Betrachtung der von drei in gerader Linie liegenden Kurvenpunkten ausgehenden Tangentenquadrupel; vgl. *S. Roberts*, Quart. Journ. 3 (1860), p. 121; *K. Rohn*, Leipzig Ber. 58 (1906), p. 199. Andere Beweise bei *H. G. Zeuthen*, Nyt Tidsskr. 10 (1894), p. 49; *V. Jamet*, Soc. Math. Fr. 15 (1887), p. 35; *E. Goursat*, Soc. Math. Fr. Bull. 22 (1894), p. 45 f. und Nouv. Ann. (3) 15 (1896), p. 20; *A. C. Dixon*, Mess. (2) 26 (1896), p. 53; *J. Richard*, Revue math. spéc. 14 (1904), p. 289; *A. Labrousse*, ibid. p. 322; *J. Thomae*, Leipzig Ber. 54 (1902), p. 125, daselbst Näheres über synthetische Beweise des Satzes.

Daß der Satz von *Salmon* im Wesen identisch ist mit einem Theorem über die (2,2)-Korrespondenz, hat zuerst *L. Cremona* bemerkt (Ist. Lomb. Rend. 4 (1867), p. 199); vgl. *A. Cayley*, Quart. J. 11 (1870), p. 84 = Papers 8, p. 14; *Em. Weyr*, Ann. di mat. (2) 4 (1871), p. 272; *H. G. Zeuthen*, London Math. Proc. 10 (1879), p. 196; *A. Capelli*, Giorn. di mat. 17 (1879), p. 69; *G. Frobenius*, J. f. Math. 106 (1890), p. 125.

17) Die harmonische Kurve weist zwei gestaltlich verschiedene Typen auf, sie kann sowol einteilig wie zweiteilig sein, wie schon *L. Cremona* (Giorn. di mat. 2 (1864), p. 78) bemerkt hat. Näheres über äquianharmonische und harmonische Kurven in Nr. **33**.

18) *A. Clebsch*, J. f. Math. 64 (1864), p. 223. Vgl. III C 4, Nr. **30**, *Berzolari*.

Ordnung nicht volle Übereinstimmung im projektiven Sinn verlangen, sondern muß sich mit einer geringeren Übereinstimmung bescheiden

Durch Stetigkeitsbetrachtungen, deren Methode für derartige Untersuchungen richtunggebend geworden ist, zeigt *Möbius*[11]), daß auch schon für nicht analytische Kurven dritter Ordnung ohne Doppelpunkt[19]) zwei vom Standpunkte der Analysis situs verschiedene Grundformen resultieren. Die eine Grundform ist einteilig und wird von einem unpaaren Zug mit drei Wendungen gebildet, die andere zweiteilige besteht aus einem ebensolchen Zug in Verbindung mit einem Oval, d. i. einem paaren Zug ohne Wendepunkt. Das Vorkommen beider Formen bei algebraischen Kurven dritter Ordnung ist dann durch die Formen von divergierenden Parabeln sichergestellt.

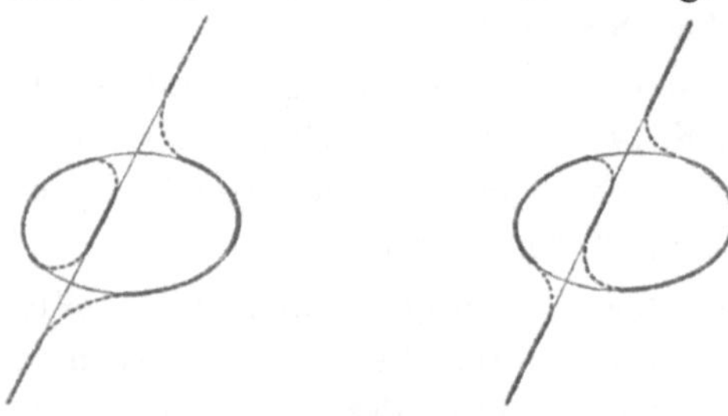

Fig. 2.

Die beiden Grundformen werden der Anschauung näher gerückt, wenn man sie mit *J. Plücker* aus einer in Gerade und Kegelschnitt zerfallenden Kurve durch „Auflösung" der Doppelpunkte hervorgehen läßt, wie die Fig. 2 andeutet[20]).

6. Einteilung nach der Gestalt II. Wenn man den drei Gattungen von singulären Kurven die beiden Grundformen der nichtsingulären Kurven angliedert, so erhält man die Newtonsche Fünfteilung, welche den fünf Typen der divergierenden Parabeln entspricht. *Möbius* ersetzt diese Fünfteilung durch eine Siebenteilung, indem er

19) *C. Juel* (Abh. Akad. Kopenhagen 1899) bezeichnet als Ordnung einer nichtanalytischen Kurve die Maximalzahl ihrer Schnittpunkte mit einer Geraden und zeigt, daß jede geschlossene stetige, wenn auch nicht analytische Kurve ohne andere Singularitäten als drei Wendepunkte notwendig von der dritten Ordnung ist. *R. Sturm* bemerkt (J. f. Math. 90 (1881), p. 85), daß die drei Wendepunkte den unpaaren Zug einer Kurve dritter O. in drei „Hauptbogen" zerlegen, so daß von den zwei Tangenten, welche von einem Punkte eines Hauptbogens ausgehen, die eine ihren Berührungspunkt auf dem zweiten, die andere auf dem dritten Hauptbogen hat und so, daß, wenn eine Gerade den Zug in drei Punkten trifft, immer zwei davon demselben und der dritte einem anderen Hauptbogen angehört. *E. Kötter* (J. f. Math. 114 (1895), p. 170) findet, daß wenn zwei Geraden den Zug in je drei Punkten treffen, mindestens zwei von den drei Schnittpunkten der einen Geraden in dem nämlichen von den drei Bogen liegen, in welche der Zug von der anderen Geraden zerlegt wird.

20) *F. Klein*, Math. Ann. 6 (1873), p. 501 führt diesen Vorgang auf *Plücker* zurück. — Zu den beiden Grundformen vgl. auch *L. Cremona*, Giorn. di mat. (2) 1864), p. 78; *M. Disteli*, Zeitschr. Math. Phys. 36 (1891), p. 138.

drei Gattungen des einteiligen Typus der nichtsingulären Kurve zu unterscheiden sich veranlaßt sieht[21]). Die Kurve von diesem Typus kann nämlich entweder 1) ganz innerhalb der vier Dreiecke oder 2) ganz innerhalb der drei Vierecke verlaufen, in welche die projektive Ebene durch die Gerade der drei (reellen) Wendepunkte und ihre drei Tangenten zerlegt wird, oder es kann endlich 3) der Übergangsfall eintreten, in welchem diese drei Tangenten durch denselben Punkt gehen[22]).

H. Wiener vermeidet jede Willkür bei der Einteilung in Gattungen durch Verwertung des Gedankens, daß wenn auch nicht je zwei nichtsinguläre Kurven dritter Ordnung, doch je zwei syzygetische Büschel von solchen Kurven kollinear verwandt sind[23]).

Von der Newtonschen Fünfteilung ausgehend hat *G. Salmon*[22]) eine Unterteilung der Kurven dritter Ordnung in Arten vom Standpunkt der affinen Metrik aus vorgenommen[24]). Von der *Möbius*schen Siebenteilung[23]) aus bringt *M. Baur*[2]) denselben Standpunkt zur Geltung[25]).

II. Polarentheorie.

7. Die beiden Polaren eines Punktes. Aus der Polarentheorie der Kegelschnitte ist durch Verallgemeinerung die Polarentheorie der Kurven n^{ter} und insbesondere auch dritter Ordnung hervorgewachsen[26]).

---

21) *A. F. Möbius*, a. a. O.[11]). Allein schon *P. Murdoch* unterschied drei Gattungen der einteiligen nichtsingulären unter den divergenten Parabeln.

22) Fig. 1 d_1, d_2, d_3. Wesentliche Unterschiede bietet der Tangentenort der Kurve in diesen drei Fällen dar. Das im zweiten Fall vorhandene Gebiet von Punkten, durch welche je 6 Kurventangenten gehen, zieht sich beim Übergang zum dritten Falle auf einen Punkt zusammen und ist im ersten Falle ganz verschwunden; vgl. *E. Kötter*, Bericht 2, p. 437.

23) *H. Wiener*, Die Einteilung der ebenen Kurven und Kegel dritter Ordnung in 13 Gattungen, Halle 1901. Die Abhandlung begleitet die zugehörige Serie von Modellen des Verfs., welche bei Martin Schilling in Halle a. S. erschienen sind; vgl. *F. Kölmel*, Progr. Ettenheim 1894, Progr. Mosbach 1895, Progr. Baden-Baden 1904. Um Gestaltunterschiede der Gattungen zum Ausdruck zu bringen, werden auch die Gestalten kovarianter Kurven mit in Betracht gezogen. Für den Zusammenhang der Gestalt der C_3 und der *Hesse*schen und *Cayley*schen Kurve vgl. auch *A. Harnack*, Erlanger Diss. Leipzig 1875, p. 10 (= Math. Ann. 9 (1876), p. 10) und *Ch. A. Scott*, Lond. Trans. 185ᵃ (1894), p. 247. Näheres über die *Wiener*sche Einteilung in Nr. 33.

24) *G. Salmon*, Treatise, Dublin 1852. In den späteren Auflagen des Buches ist auf Grund von *A. Cayley*'s Untersuchungen die Einteilung ausgestaltet. Vgl. auch *H. Durège*, J. f. Math. 75 (1872), p. 153; 76 (1873), p. 59.

25) *M. Baur*[2]) unterscheidet 96 Spezies.

26) Vgl. III C 4, Nr. 5, *Berzolari*.

In Bezug auf eine Kurve dritter Ordnung C_3 bestimmt ein beliebiger Punkt (Pol) O ihrer Ebene zwei Polaren. Die erste Polare (konische Polare, Polarkegelschnitt) ist die Kurve zweiter Ordnung, welche die Berührungspunkte der sechs vom Pol aus an die C_3 gehenden Tangenten ausschneidet, die zweite oder gerade Polare ist die Polare von O bezüglich der ersten Polare.

Wenn $f(x_1, x_2, x_3) = 0$ die Gleichung der Kurve C_3 in homogenen Koordinaten bedeutet und der Pol O die Koordinaten y_1, y_2, y_3 besitzt, so lauten die Gleichungen seiner beiden Polaren bez.

$$\Delta f = 0 \quad \text{und} \quad \Delta^2 f = 0,$$

wobei Δ den Polarenbildungsprozeß

$$y_1 \frac{\partial}{\partial x_1} + y_2 \frac{\partial}{\partial x_2} + y_3 \frac{\partial}{\partial x_3}$$

bedeutet. Setzt man symbolisch[27]) $f(x_1, x_2, x_3) \equiv a_x^3$, so wird

$$\Delta f \equiv a_x^2 a_y, \quad \frac{1}{1 \cdot 2} \Delta^2 f \equiv a_x a_y^2.$$

Geht die erste Polare des Pols O durch den Punkt O', so geht die zweite Polare von O' durch O und umgekehrt.

Man kann die beiden Polaren eines Punktes O dadurch entstehen lassen, daß man auf jeder durch O gelegten Transversale die erste und zweite Polargruppe des Poles O in Bezug auf das Tripel der Schnittpunkte mit der C_3 markiert[28]).

Zu einer rein geometrischen Entwicklung der Polarentheorie der C_3 haben *H. Milinowski*, *F. Schur*, *R. Sturm*, *H. Thieme*, *Th. Reye* Beiträge geliefert[29]).

8. Die gemischte Polare zweier Punkte und die Polare eines Kegelschnitts. Man kommt, wie zuerst *J. Plücker* bemerkt hat, zur selben Geraden, ob man die Polare eines Punktes O in Bezug auf den Polarkegelschnitt eines zweiten Punktes O' bildet, oder die

27) Näheres über die Symbolik I B 2, Nr. 12, *Fr. Meyer*.

28) Markiert man auf jeder Transversale die zu O in Bezug auf zwei von den Kurvenschnittpunkten harmonischen Punkte, so erhält man die von *J. Steiner*, Werke 2, p. 584 = J. f. Math. 47 (1854) in metrischer Form eingeführte harmonische Polarkurve des Punktes O. Über diese Kurve vgl. *H. Milinowski*, J. f. Math. 78 (1874), p. 177 und *J. de Vries*, Amsterdam Versl. 11 (1903), p. 197.

29) *H. Milinowski*, Zeitschr. Math. Phys. 21 (1876), p. 436; *R. Sturm*, J. f. Math. 88 (1880), p. 225 u. 90 (1881), p. 85; *F. Schur*, Zeitschr. Math. Phys. 22 (1877), p. 233; *H. Thieme*, Math. Ann. 28 (1886), p. 133 (vgl. Zeitschr. Math. Phys. 24 (1878), p. 221, 276 u. Math. Ann. 20 (1882), p. 144); *Th. Reye*, Geom. d. L., 3. Aufl. 3, p. 96.

Polare von O' in Bezug auf den Polarkegelschnitt von O konstruiert. Diese Gerade heißt die gemischte Polare der Punkte O und O'.

Einer beliebigen Kurve 2. Klasse wird erst durch Erweiterung der Polarentheorie durch *Th. Reye* und *W. K. Clifford* als Polare in Bezug auf die C_3 eine Gerade zugeordnet[30]). Ein Punktepaar O, O' stellt eine ausgeartete Kurve 2. Klasse dar und die Polare des Punktepaares ist nichts anderes als die gemischte Polare der Punkte O, O'. Wenn in symbolischer Schreibweise $u_\alpha{}^2 = 0$ die Gleichung der Kurve 2. Klasse und $a_x{}^3 = 0$ die Gleichung der C_3 darstellt, so lautet die Gleichung der Polare

$$a_\alpha{}^2 a_x = 0.$$

Ist diese Gleichung identisch erfüllt, d. h. wird die Polare unbestimmt, so heißt die Kurve 2. Klasse nach *Reye* apolar bezüglich der C_3. Damit ein Klassenkegelschnitt bezüglich der C_3 apolar sei, ist notwendig und ausreichend, daß er konjugiert (apolar, harmonisch eingeschrieben) sei allen ihren Polarkegelschnitten.

Weitere Relationen zwischen einem solchen Kegelschnitt und der C_3 geben *C. Stephanos*, *O. Schlesinger* und insbesondere *W. Fr. Meyer*[31]).

9. Hessesche und Cayleysche Kurve. Um aus der C_3 ihre Wendepunkte auszuschneiden, verwendete *O. Hesse*[32]) eine Kurve, welche sich bald auf das engste mit der Polarentheorie verwachsen erwies[33]). Diese Kurve dritter Ordnung Δ, welche heute den Namen Hessesche Kurve der C_3 führt[34]), hat die Gleichung

$$\sum' \pm f_{11} f_{22} f_{33} = 0,$$

wobei $\dfrac{\partial^2 f}{\partial x_i \partial x_k} = f_{ik}$ $(i, k = 1, 2, 3)$ gesetzt ist.

Die Hessesche Kurve Δ ist, wie man ihrer Gleichungsform entnimmt, der Ort der Doppelpunkte der zerfallenden Polarkegelschnitte

---

30) Diese Erweiterung ist dargelegt in *Th. Reyes* Arbeiten in den Bänden 72, 78, 79, 82 des J. f. Math. (1870—77) und von *W. K. Clifford*, London Math. Soc. Proc. 2 (1869), p. 116 = Papers, p. 115.

31) *C. Stephanos*, Paris Mém. sav. étr. 27 (1883), p. 20; Paris C. R. 93 (1881), p. 994; *O. Schlesinger*, Diss. Breslau 1882; *Fr. Meyer*, Apolarität § 26, daselbst weitere Literatur.

32) *O. Hesse*, J. f. Math. 28 (1844), p. 68 = Werke, p. 123. Eine (nicht kovariante) Kurve dritter Ordnung, welche die Wendepunkte ausschneidet, hatte schon *J. Plücker* angegeben (System, p. 265).

33) *J. Steiner*, J. f. Math. 47 (1854), p. 1 = Werke 2, p. 493 (Berlin Monatsber. 1848); vgl. *G. Salmon*, Treatise, p. 154.

34) Nach einem Vorschlage von *L. Cremona* (Eb. Kurven, p. 128).

und zugleich der Ort ihrer Pole. Sie erscheint so als Ort der bezüglich der C_3 apolaren Punktepaare oder, was dasselbe ist, der Punktepaare, welche zu gleicher Zeit bezüglich aller Polarkegelschnitte konjugiert sind. Ein solches Punktepaar wird als Paar konjugierter Pole der Kurve Δ bezeichnet und seine Lage auf der Hesseschen Kurve scharf charakterisiert durch den Satz: Die Tangenten in zwei konjugierten Polen treffen sich auf der Kurve[35]). Die ∞^1 Polepaare führen zu ∞^2 der Hesseschen Kurve eingeschriebenen vollständigen Vierseiten vermöge der Bemerkung, daß für ein Vierseit alle drei Gegeneckenpaare Polepaare sind, sobald es zwei sind.

Die Verbindungslinien konjugierter Pole der Hesseschen Kurve umhüllen eine Kurve 3. Klasse Σ. Diese Kurve wird als Cayleysche Kurve der C_3 bezeichnet[36]). Die Definition der Cayleyschen Kurve läßt in ihr die Einhüllende der Geraden erkennen, auf welchen die Polarkegelschnitte eine Involution von Punktepaaren ausschneiden.

Die Geradenpaare der zerfallenden Polarkegelschnitte stellen ∞^1 Tangentenpaare der Cayleyschen Kurve dar. *A. Cayley* und *L. Cremona*[37]) finden für diese ∞^1 Paare „konjugierter" Tangenten der Kurve 3. Klasse Σ Eigenschaften, welche korrelativ sind den Eigenschaften der ∞^1 Polepaare auf der Kurve 3. Ordnung Δ, über welche oben berichtet wurde.

L. Cremona hat die Punkte und Tangenten bestimmt, welche die Cayleysche Kurve mit der Hesseschen gemein hat[38]). Es hat sich ergeben, daß sich die beiden Kurven in neun Punkten berühren, eine Beziehung, welche nach *G. Halphen* bei einer Kurve dritter Ordnung und einer Kurve 3. Klasse i. a. auch ausreicht, damit sie als Hessesche und Cayleysche Kurve für dieselbe Grundkurve dritter Ordnung angesehen werden können[39]).

---

35) *O. Hesse*, J. f. Math. 36 (1848), p. 143—176 = Werke p. 155—192. Die Tangente des einen Pols ist die gerade Polare des anderen; vgl. *G. Salmon*, Treatise, p. 155.

36) Weil sie eine sehr eingehende Behandlung erfahren hat von *A. Cayley*, Lond. Trans. 147 (1857), p. 415 = Papers 2, p. 381; vgl. auch vorher J. d. math. 9 (1844), p. 285; 10 (1845), p. 102 = Papers 1, p. 283, 290. In Verbindung mit der *Hesse*schen Kurve war sie auch schon von *O. Hesse* betrachtet worden (J. f. Math. 38 (1849), p. 241 = Werke, p. 193). Derselbe zeigt u. a. (Werke, p. 210), daß die beiden Polepaare der *Hesse*schen Kurve, als deren Verbindungslinien zwei konjugierte Tangenten der *Cayley*schen Kurven auftreten, den nämlichen Tangentialpunkt auf der *Hesse*schen Kurve besitzen.

37) *A. Cayley*, a. a. O.; *L. Cremona*, Eb. Kurven, p. 231.

38) *L. Cremona*, Eb. Kurven, p. 230.

39) *G. H. Halphen,* Bull. soc. math. Fr. 9 (1881), p. 96.

10. Das Netz der Polarkegelschnitte und die Scharschar der apolaren Kegelschnitte[40]. Die konischen Polaren der sämtlichen Punkte der Ebene in Bezug auf die C_3 bilden ein Netz. Ein beliebiges Kegelschnittnetz, das keine Doppelgerade aufweist, kann als Netz der Polarkegelschnitte einer ganz bestimmten Kurve dritter Ordnung angesehen werden[41].

Die bezüglich der C_3 apolaren Kegelschnitte (Nr. 8) bilden eine Scharschar und es gibt deswegen dual eine ganz bestimmte von *S. Aronhold* in die Theorie eingeführte Kurve 3. Klasse Π_3, für welche sie die Scharschar der Polarkegelschnitte darstellt.

Die Beziehung zwischen Netz und Scharschar wird von *H. J. St. Smith* vollständig klar gelegt: jedes dieser beiden Kegelschnittsysteme umfaßt die Kegelschnitte, welche zu sämtlichen Kegelschnitten des anderen Systems konjugiert sind. Die Beziehung zwischen der Kurve dritter Ordnung C_3 und der Kurve 3. Klasse Π_3 ist also im dualen Sinn vertauschungsfähig und die beiden Kurven bestimmen einander wechselseitig. Die schon von *Cayley* und *Cremona* bemerkte Reziprozität in den Eigenschaften der Hesseschen Kurve Δ und der Cayleyschen Kurve Σ tritt in Evidenz, denn die Kurven Δ und Σ sind durch das Netz der Polarkegelschnitte genau in der reziproken Weise gegeben, wie die Kurven Σ und Δ durch die Scharschar der apolaren Kegelschnitte[42].

11. Polokoniken. Autopolokoniken. Durchläuft ein Punkt eine Gerade g, so umhüllen seine linearen Polaren einen Kegelschnitt, die Polokonik der Geraden g[43]. Dieser Kegelschnitt läßt sich auch

40) Vgl. III C 1, *F. Dingeldey*, Nr. 84.

41) Die Gleichung dieser Kurve hat *Ch. Hermite*, J. f. Math. 57 (1860), p. 372 aufgestellt; *L. Cremona* beweist die Existenz der Kurve geometrisch Ann. di mat. 7 (1865) Nr. 4; vgl. *H. J. St. Smith*, London Math. Soc. 2 (1868), p. 95 = Papers 1, p. 534. Einen einfachen Beweis hat *J. Hadamard* gegeben, Bull. sc. math. (2) 25 (1901), p. 27; vgl. *J. P. Johnston*, Dublin Proc. (3) 8 (1903), p. 66. Formentheoretische Entwicklungen bei *W. S. Burnside*, Quart. J. 10 (1869), p. 243; *J. Rosanes*, Math. Ann. 6 (1872), p. 288; *S. Gundelfinger*, J. f. Math. 80 (1875), p. 73; *P. Gordan*, Amer. Trans. 1 (1900), p. 402.

42) *H. J. S. Smith*, London Math. Soc. 2 (1868), p. 85 = Papers 1, p. 524; vgl. *G. Darboux*, Bull. sc. math. 1 (1870), p. 348; *J. Rosanes*, Math. Ann. 6 (1872), p. 264; ferner *G. Battaglini*, Collectanea math., Mailand 1879, p. 27; *W. K. Clifford*, Papers (1882), p. 532; *A. Wlassoff*, Moskau Abh. 16 (1901), *H. Wieleitner*, Theorie der eb. alg. Kurven höh. Ordnung, Leipzig 1905, p. 233.

43) Dieser Name rührt von *L. Cremona* her (Ebene Kurven Nr. 36); *A. Cayley*, Lond. Trans. 147 (1857), p. 416 = Papers 2, p. 381 nennt ihn Lineopolarenveloppe; bei *Salmon-Fiedler* (Höh. Kurv.) heißt er Polarkegelschnitt der Geraden g. Die Polokonik der unendlich fernen Geraden betrachtet schon *J. Plücker*, System, p. 196.

definieren als Ort der Pole von konischen Polaren, welche g berühren oder als Ort der Pole der Geraden g bezüglich der Polarkegelschnitte ihrer Punkte.

Diese Definition erweitert *L. Cremona*[44]) und definiert die (gemischte) Polokonik von zwei Geraden g, g' in einer Weise, daß, wenn g' mit g zusammenfällt, die Polokonik von g zum Vorschein kommt: Die gemischte Polokonik zweier Geraden ist einerseits der Ort der Pole in Bezug auf deren Polarkegelschnitte, die beiden Geraden konjugiert sind, und andererseits auch der Ort der Pole der einen Geraden in Bezug auf die Polarkegelschnitte der Punkte der anderen.

Cremona ist es auch, welcher die markante Beziehung zu Tage fördert, in welcher die Polokoniken zur Hesseschen Kurve stehen: Die Polokonik der Geraden g berührt die Hessesche Kurve in drei Punkten, den konjugierten Polen ihrer Schnittpunkte, während die gemischte Polokonik von g und g' die beiden Punktetripel ausschneidet, in welchen die Polokoniken der einzelnen Geraden g, g' die Hessesche Kurve berühren.

Man kann in der Verallgemeinerung noch einen weiteren Schritt tun und als Polokonik eines Kegelschnitts K den Ort der Punkte definieren, deren Polarkegelschnitte auf K ruhen und dann mit *D. Hilbert*[45]) die Frage nach jenen Kegelschnitten aufwerfen, welche ihre eigenen Polokoniken sind. Diese „Autopolokoniken“ bilden nach *Hilbert* zwei Kegelschnittnetze und zwar sind dies nach *H. White* die Polarennetze der beiden Kurven dritter Ordnung, welche dieselbe Cayleysche Kurve haben wie die C_3[46]). Die Beziehung zwischen einem Kegelschnitt und seiner Polokonik stellt nach *G. Manfredini* in dem linearen Raume von fünf Dimensionen, dessen Elemente die Ordnungskegelschnitte der Ebene sind, eine windschiefe Involution dar, deren zweidimensionale Achsenräume von den beiden Netzen von Autopolokoniken gebildet werden. Jedem Polarkegelschnitt der C_3 entspricht der Polarkegelschnitt ihrer Hesseschen Kurve für denselben Pol[47]).

12. Konjugierte Dreiecke und Vierecke. Drei Punkte bilden ein konjugiertes Dreieck[48]) für die C_3, wenn der dritte auf der ge-

44) *L. Cremona*, Ebene Kurven, p. 220.

45) *D. Hilbert*, J. de math. (4) 4 (1888), p. 249.

46) *H. J. S. White*, Amer. Soc. Trans. 1 (1900), p. 1.

47) *G. Manfredini*, Giorn. di mat. 39 (1901), p. 145

48) *G. Battaglini*, Nap. Atti 4 (1869), p. 1; Giorn. di mat. 9 (1871), p. 152, 193; vgl. *H. Graßmann*, Gött. Nachr. (1872), p. 567 = Werke 2, p. 250. Dieser Begriff ist als Verallgemeinerung des Begriffs eines in Bezug auf einen Kegelschnitt konjugierten Punktepaars anzusehen. Einen hierher gehörigen Satz gibt *Fr. Meyer*, Apolarität, p. 227.

mischten Polare der beiden ersten liegt; es liegt dann jeder auf der gemischten Polare der beiden anderen, je zwei sind konjugiert bezüglich des Polarkegelschnitts des dritten. Eine Anzahl von Sätzen über konjugierte Dreiecke hat *E. Caporali* ohne Beweis veröffentlicht, z. B.: Liegen die Ecken eines vollständigen Vierecks auf der C_3, so ist sein Diagonaldreieck der C_3 konjugiert[49]).

Der Begriff eines konjugierten Vierecks entstammt einer allgemeineren Konzeption *Reyes*[50]). Das von vier Punkten gebildete Viereck heißt konjugiert, wenn je drei davon ein konjugiertes Dreieck bilden. Ein konjugiertes Viereck ist nach *Caporali*[49]) durch zwei Ecken oder zwei Seiten eindeutig bestimmt, sein Diagonaldreieck ist stets ein konjugiertes Dreieck. *G. Manfredini* hat einen vollen Einblick in das System der konjugierten Vierecke dadurch gewonnen, daß er ihre Beziehung zu den beiden Netzen von Autopolokoniken aufgedeckt hat: Die Eckenquadrupel dieser Vierecke sind nichts anderes als die Schnittpunktquadrupel von Autopolokoniken aus verschieden Netzen[51]).

13. Apolarität. Polarseite. Die dreifach genommenen Punkte der C_3 stellen Kurven 3. Klasse dar und gehören einem linearen System (Gewebe) 8ter Stufe von solchen Kurven an, das sie bestimmen. Die Kurven dieses Gewebes heißen nach *Reye* apolar, nach *Rosanes* konjugiert zur C_3[52]). In die Theorie der Apolarität ordnet sich die Polarentheorie folgendermaßen ein. Der Polarkegelschnitt eines Punktes O ist der Ort der Punkte, welche doppelt gezählt mit O zusammen eine apolare Kurve 3. Klasse bilden, die Polargerade einer Kurve 2. Klasse der Ort der Punkte, welche sie zu einer apolaren Kurve 3. Klasse ergänzen, und apolar ist die Kurve 2. Klasse, wenn sie mit jedem beliebigen Punkte zusammen eine apolare Kurve 3. Klasse bildet.

Die Beziehung einer apolaren Kurve 3. Klasse $u_\alpha^3 = 0$ zur C_3 $a_x^3 = 0$ ist durch das Verschwinden der bilinearen Invariante a_α^3 gegeben; sie läßt sich aber auch mit Hilfe des an sich bemerkenswerten Begriffs des Polarseits scharf kennzeichnen.

---

49) *E. Caporali*, Rom Lincei Trans. (3) 1 (1877), p. 236 = Mem. di geom., Napoli 1888, p. 47.

50) *Th. Reye*, J. f. Math. 72 (1870), p. 293; vgl. *J. Rosanes*, J. f. Math. 76 (1873), p. 313. Dieser Begriff ist als Verallgemeinerung des Begriffs des Polardreiecks für einen Kegelschnitt anzusehen.

51) *G. Manfredini*, Giorn. di mat. 39 (1901), p. 145 f.; vgl. Nr. 11.

52) *Th. Reye*, J. f. Math. 78 (1874), p. 97; 79 (1875), p. 165; vgl. *J. Rosanes*, J. f. Math. 76 (1873), p. 313. Zur Erzeugung der apolaren Kurven 3. Klasse vgl. *O. Schlesinger*, Math. Ann. 30 (1887), p. 457

Von n Geraden $g_1 = 0,\ g_2 = 0, \ldots, g_n = 0$ $(n \leqq 9)$ sagt man mit *Reye* und *Rosanes*, sie bilden ein Polar-n-Seit der C_3, wenn deren Gleichung sich in der Form schreiben läßt

$$\lambda_1 g_1^3 + \lambda_2 g_2^3 + \cdots + \lambda_n g_n^3 = 0$$

und eine Kurve 3. Klasse ist zur C_3 apolar, wenn sie einem solchen Polarseit eingeschrieben ist.

Die Polarvierseite der C_3 sind, wie *Rosanes* bemerkt, nichts anderes als die ∞^2 Vierseite, welche drei Polepaare der Hesseschen Kurve zu Gegeneckenpaaren haben, d. h. die Basisvierseite der in der Scharschar der apolaren Kegelschnitte enthaltenen Scharen[53]).

R. de Paolis[54]) und *O. Schlesinger*[55]) zeigen, daß jede zur C_3 apolare Kurve 3. Klasse ∞^1 Polarfünfseiten von C_3 eingeschrieben ist, und *O. Schlesinger* konstruiert diese Fünfseite. Die Polarseite, welche einen apolaren Kegelschnitt umschrieben werden können, untersucht *Fr. Meyer*[56]). *F. London* hat die Betrachtung von Polarseiten zu konstruktiven Zwecken verwertet[57]).

14. Satellitkegelschnitt, Satellitgerade. Nicht nur die Berührungspunkte des sechs von einem beliebigen Punkte O der Ebene ausgehenden Tangenten der C_3, sondern auch ihre sechs einfachen Schnittpunkte werden von einem Kegelschnitt ausgeschnitten[58]). Dieser letztere Kegelschnitt wird nach *L. Cremona* als Satellitkegelschnitt von O bezeichnet[59]). Er berührt den Polarkegelschnitt dieses Punktes in seinen Schnittpunkten mit der geraden Polare[60]) und ist unendlich vielen, dem Polarkegelschnitt eingeschriebenen Dreiecken eingeschrieben[61]).

An die Definition des Satellitkegelschnitts erinnert jene der Sa-

---

53) *J. Rosanes*, J. f. Math. 76 (1879), p. 328. Über die Bestimmung der Polarvierseite vgl. auch J. *Walker*, London Math. Soc. 10 (1879), p. 182; *R. A. Roberts* bestimmt das Polarvierseit, das die C_3 mit einem Kegelschnitt gemein hat London Math. Soc. 21 (1890), p. 62.

54) *R. de Paolis*, Rom Linc. Rend. (4) 3 (1886), p. 265.

55) *O. Schlesinger*, Math. Ann. 30 (1887), p. 457; 31 (1888), p. 183. Daselbst auch die entsprechenden Sätze für Polarseite mit mehr als fünf Seiten.

56) *W. Fr. Meyer*, Apolarität § 26.

57) *Fr. London*, Math. Ann. 36 (1890), p. 585; vgl. 36 (1890), p. 535, und *G. Scorza*, Math. Ann. 51 (1898), p. 154.

58) *F. Joachimsthal*, J. f. Math. 33 (1846), p. 371.

59) *L. Cremona*, Ebene Kurven, p. 223.

60) *G. Salmon*, Treatise, p. 68. Geometrische Beweise bei *R. Slawyk*, Diss. Breslau 1872 und *H. Milinowski*, J. f. Math. 89 (1880), p. 136.

61) *G. Kohn*, Wien Ber. 89 (1884), p. 158.

tellitgeraden, welche auf *Maclaurin* zurückgeht[62]) und sie mag hier anhangsweise ihre Stelle finden, trotzdem sie mit der Polarentheorie nicht explizite zusammenhängt. Ihre Definition liegt in dem Satze: Liegen drei Punkte einer Kurve dritter Ordnung in einer Geraden g, dann liegen ihre drei Tangentialpunkte ebenfalls in einer Geraden, der Satellitgeraden oder Begleiterin von g. Als Tangentialpunkt eines Kurvenpunktes ist dabei mit *G. Salmon* der Punkt bezeichnet, in welchem die Tangente des Kurvenpunktes der Kurve nochmals begegnet[63]). Es sei noch erwähnt, daß *A. Cayley* den Schnittpunkt einer Geraden g mit ihrer Satellitgeraden als Satellitpunkt von g bezeichnet[64]).

III. Die Wendepunktfigur.

15. Die Wendepunkte. Die Punkte, in welchen die Kurve dritter Ordnung ihre Tangente nicht nur berührt, sondern auch durchsetzt, haben schon in *Newtons* Enumeratio Beachtung gefunden.

Später gewinnen *De Gua*[65]) und *Maclaurin*[66]) auf verschiedenen Wegen das Ergebnis, daß die Verbindungslinie von zwei Wendepunkten der C_3 die Kurve stets noch in einem dritten Wendepunkte schneidet. *Maclaurin* kommt zu diesem Resultat durch Spezialisierung seines Satzes von der Satellitgeraden.

Allgemeine tiefergehende Ergebnisse vermag jedoch erst *J. Plücker*[67]) vermöge seines prinzipiellen Standpunktes zu erlangen, der Imaginäres mit Reellem gleichmäßig in Betracht zieht. Von diesem Standpunkte aus besitzt jede nichtsinguläre Kurve dritter Ordnung neun Wendepunkte und der Satz von *De Gua* und *Maclaurin* erlaubt es tabellarisch anzugeben, in welcher Weise sich die Wendepunkte zu je 3 auf 12 gerade Linien, die 12 Wende(punkts)linien (Inflexionsachsen), verteilen. *Plücker* schließt ferner, daß von den 9 Wendepunkten drei immer reell, die sechs übrigen aber imaginär sind.

Hatte schon *Plücker* die Anzahl der Wendepunkte der C_3 dadurch bestimmt, daß er die Gleichung einer Kurve dritter Ordnung

62) *C. Maclaurin*, De linearum geometricarum proprietatibus (in De Jonquières, Mélanges de géométrie pure, Paris 1856, p. 223).

63) *G. Salmon*, Lond. Trans. 148 (1858), p. 535.

64) *A. Cayley*, Lond. Trans. 147 (1857), p. 416 = Papers 2, p. 415.

65) *J. P. de Gua*, Usage de l'analyse de Descartes etc., Paris 1740, p. 225, 313; vgl. *P. Sauerbeck*, Progr. Reutlingen 1902 = Einl. i. d. anal. Geom. usw., Leipzig 1902.

66) *C. Maclaurin*, De linearum geometricarum etc. (in E. de Jonquières, Mélanges de géométrie pure, Paris 1856, p. 223).

67) *J. Plücker*, System, p. 284 f.

aufstellte, die diese Punkte ausschneidet, so verwendet *O. Hesse*[68]) zur Bestimmung der Wendepunkte eine kovariante Kurve dritter Ordnung Δ (die Hessesche Kurve der C_3 s. Nr. **9**) und gewinnt aus dem algebraischen Ergebnis, daß für jede Kurve von der Gleichungsform $\lambda_1 f + \lambda_2 \Delta = 0$ die Hessesche in derselben Gleichungsform geschrieben werden kann, den Satz: Alle Kurven dritter Ordnung, welche durch die 9 Wendepunkte der C_3 gehen, haben in diesen Punkten selbst ihre Wendepunkte. Geometrische Entwicklungen, die mit diesem Satze zusammmenhängen, gaben *Salmon, Hart, S. Kantor* und *Wiman*[69]).

H. White bemerkt, daß sich die Dreiecke aus Wendepunkten zu je drei so in Zyklen ordnen, daß jedes Dreieck eines Zyklus dem folgenden umschrieben und dem vorhergehenden eingeschrieben ist. Jeder Zyklus umfast alle 9 Wendepunkte als Ecken seiner drei Dreiecke und ist durch eines seiner Dreiecke bestimmt[70]).

16. Die vier Wendedreiseite. *Plückers* Tabelle für die Verteilung der 9 Wendepunkte auf den 12 Wendelinien erlaubt die folgende Bemerkung. Die 12 Wendelinien spalten sich in vier Tripel in der Weise, daß auf jedes Tripel alle 9 Wendepunkte zu liegen kommen. Diese Zerfällung der 12 Wendelinien in 4 „Wendedreiseite" erweist sich bei *O. Hesse* nicht blos in geometrischer Richtung als bedeutungsvoll.

In der Aufgabe der Koordinatenbestimmung für die 9 Wendepunkte erkennt er ein mit Hilfe von *Wurzelzeichen* lösbares Problem, das im Wesen darauf hinauskommt, die in dem Büschel $\lambda_1 f + \lambda_2 \Delta = 0$ als Kurven enthaltenen Wendedreiseite zu finden[71]). (Vgl. I B 3 c, d, Nr. **29** *Hölder.*)

Durch die Annahme eines Wendedreiseits als Koordinatendreiecks gewinnt er für die Kurvengleichung eine kanonische Form, welche die analytische Behandlung wesentlich erleichtert. Dabei sei bemerkt, daß von den Wendedreiseiten immer eines vollständig reell ist, ein zweites eine reelle und zwei konjugiert imaginäre Seiten hat, während die beiden restlichen ganz imaginär sind.

Der Tabelle für die Verteilung der 9 Wendepunkte auf den 12 Wendelinien kann man eine sehr einfache Form geben[72]). Man kann

68) *O. Hesse*, J. f. Math. 28 (1844), p. 88 = Werke, p. 111. Eine Verallgemeinerung dieses Satzes für kubische Formen von beliebig vielen Veränderlichen gab *A. Voß*, Math. Ann. 27 (1886), p. 515.

69) *G. Salmon*, J. f. Math. 39 (1850), p. 365; *S. Kantor*, Wien Ber. 79 (1879), p. 787; *A. Wiman*, Nyt Tidsskr. 5 (1894), p. 17.

70) *H. S. White*, Amer. Soc. Bull. (2) 4 (1898) p. 258.

71) *O. Hesse*, J. f. Math. 28 (1844), p. 68 = Werke, p. 89; ferner J. f. Math. 28 (1841), p. 97 = Werke, p. 123.

72) Vgl. *Salmon-Fiedler*, Höhere Kurven, p. 192.

die 9 Wendepunkte in einem Determinantenschema so anschreiben, daß diejenigen Tripel immer in einer Geraden liegen, welche derselben Reihe des Determinantenschemas angehören oder bei Entwicklung der Determinante in dem nämlichen Gliede erscheinen. Die drei Zeilen des Schemas liefern ein Wendedreiseit, die Spalten ein zweites, die positiven und die negativen Glieder der Determinante bez. das dritte und vierte. Diese schematische Übersicht über die Gruppierung der Wendepunkte ist nicht wesentlich verschieden von derjenigen, zu welcher die Verteilung eines elliptischen Parameters auf der Kurve geführt hat (Nr. **38**). Hier erscheint jeder Wendepunkt durch zwei Indizes, welche 0 oder 1 oder 2 sind, gegeben, und drei Wendepunkte liegen in gerader Linie, sobald für sie sowohl die Summe der ersten als der zweiten Indizes $\equiv 0 \pmod 3$[73]).

Auf die Figur zweier Wendedreiseite derselben Kurve dritter Ordnung stoßen *J. Rosanes* und *H. Schröter* bei Beantwortung der Frage nach der Lage zweier Dreiecke, welche auf möglichst viele (sechs) Arten perspektiv liegen[74]). Daß je zwei sechsfach perspektive Dreiecke Wendedreiseite derselben Kurve dritter Ordnung sind, hebt *S. Gundelfinger* hervor[75]). Weitere Beziehungen zwischen den Wendedreiseiten bei *G. H. Halphen* und *F. Morley*[76]).

17. Die harmonischen Polaren der Wendepunkte. Der Ort der Punkte, welche auf den durch einen Wendepunkt hindurchgelegten Geraden diesen Punkt von den beiden anderen Schnittpunkten der Geraden mit der C_3 harmonisch trennen, ist, wie schon *Maclaurin*[77]) erkennt, eine gerade Linie. Sie heißt die harmonische Polare des Wendepunktes. Mit der Tangente des Wendepunktes zusammen bildet die harmonische Polare seine konische Polare. Sie schneidet die Berührungspunkte der drei Tangenten aus, welche neben der Wendetangente durch den Wendepunkt gehen und diese drei Punkte sind sextaktische Punkte der C_3, d. h. Punkte sechspunktiger Berührung eines Kegelschnitts. Solcher Punkte gibt es im ganzen $3 \cdot 9 = 27$ entsprechend den neun harmonischen Polaren der neun Wendepunkte[78]).

73) Vgl. *Clebsch-Lindemann*, Vorl., p. 507 und Nr. **38**.

74) *J. Rosanes*, Math. Ann. 2 (1870), p. 549; *H. Schröter*, Math. Ann. 2 (1870), p. 553.

75) *S. Gundelfinger*, Math. Ann. 7 (1874), p. 252.

76) *G. Halphen*, Math. Ann. 15 (1879), p. 359. Nach *F. Morley*, Amer. Journ. 10 (1887), p. 141 zählen die 12 Wendedreiseitsecken für eine Kurve fünfter Ordnung, welche die 9 Wendepunkte enthält nur für 9 Bedingungen.

77) *C. Maclaurin*, De linearum geometricarum proprietatibus in Jonquières Mélanges, p. 228.

78) Über die sextaktischen Punkte vgl. *J. Steiner*, J. f. Math. 32 (1846),

Die Figur der neun harmonischen Polaren hat *Plücker*[79]) und später genauer *Hesse* untersucht[80]). Das Ergebnis gipfelt in dem Satze, daß die Figur vollständig dual ist zur Figur der neun Wendepunkte. Dabei spielen die vier Wendedreiseite eine analoge Rolle in beiden Figuren. Diese Dualität kommt in den folgenden Sätzen zum Ausdruck. Die harmonischen Polaren dreier Wendepunkte in gerader Linie gehen durch denselben Punkt. Die gerade Linie ist Seite in einem Wendedreiseit, der Punkt ihr Gegeneckpunkt. Durch einen Wendepunkt gehen vier Wendelinien, jede ist Seite eines anderen Wendedreiseits, ihre vier Gegenecken in den vier Wendedreiseiten liegen in der harmonischen Polare des Wendepunktes.

18. Die Hessesche Kollineationsgruppe. Die Figur der neun Wendepunkte, ihrer neun harmonischen Polaren und der vier Wendedreiseite wird durch eine Gruppe von 216 Kollineationen in sich transformiert. Eigentlich ist schon *Hesse* im Besitze dieser Gruppe, da er Kollineationen angibt, welche sie erzeugen[81]). Mit Rücksicht auf diesen Umstand hat sie *C. Jordan* als Hessesche Kollineationsgruppe bezeichnet[82]). *H. Maschke*, der die Gruppe eingehend untersucht, hat ihr vollständiges Formensystem aufgestellt[83]).

Man kann die Hessesche Kollineationsgruppe erweitern, indem man ihr die 216 Korrelationen hinzufügt, welche die Figur der neun Wendepunkte mit der Figur ihrer neun harmonischen Polaren vertauschen. Einen Schritt in dieser Richtung hat *G. Battaglini* ge-

p. 182, p. 300 = Werke 2, p. 371 f. Richtigstellung seiner Angaben bei *J. Plücker*, J. f. Math. 34 (1847), p. 329 = Abh. 1, p. 404 und *O. Hesse*, J. f. Math. 36 (1848), p. 143 = Werke, p. 183. Vgl. ferner *A. Emch*, Palermo Rend. 23 (1907), p. 251.

79) *J. Plücker*, System, p. 288.

80) *O. Hesse*, J. f. Math. 38 (1849), p. 257 = Werke, p. 211 und vorher J. f. Math. 38 (1849), p. 241 = Werke, p. 193. Die Dualität tritt in Evidenz, so wie *Hesse* neben dem Büschel von Kurven dritter Ordnung, welche mit der C_3 gemeinsame Wendepunkte haben, die Schar von Kurven 3. Klasse betrachtet, welche die harmonischen Polaren der Wendepunkte zu gemeinsamen Rückkehrtangenten besitzen.

81) *O. Hesse*, J. f. Math. 28 (1844), p. 95 = Werke, p. 121. Über eine formentheoretische Bestimmung solcher Kollineationen vgl. *D. Hilbert*, J. d. math. (4) 4 (1888), p. 249.

82) *C. Jordan*, J. f. Math. 84 (1878), p. 89; vgl. I B 2, Nr. 5, *Fr. Meyer*; I B 3, Nr. 5, *E. Wiman.*

83) *H. Maschke*, Gött. Nachr. 1888, p. 78; Math. Ann. 33 (1890), p. 324; vgl. auch *P. Muth*, Diss. Gießen 1890; *A. Boulanger*, Paris C. R. 122 (1896), p. 178; *H. Wiener*, Die Einteilung der ebenen Kurven und Kegel dritter Ordnung, Halle a. S. 1901; *H. B. Newson*, Kansas Univ. Quart. 10 (1901), p. 13; *P. Patrassi*, Giorn. di mat. 40 (1902), p. 154; *W. Burnside*, Lond. Math. Soc. (2) 3 (1906), p. 54.

tan, indem er 36 Kegelschnitte angibt, in Bezug auf welche die beiden Figuren zueinander polar sind[84]).

19. Die Wendetangenten. *L. Cremona* bemerkt, daß sich auf der harmonischen Polare eines Wendepunktes vier Paare von Wendetangenten schneiden, die vier Paare, deren Berührungspunkte mit dem Wendepunkte je in einer Geraden liegen[85]). *E. Laguerre* findet, daß die neun Wendetangenten einer C_3 und die sechs Tangenten dieser Kurve in den Schnittpunkten eines beliebigen Kegelschnitts dieselbe Kurve 4. Klasse berühren[86]).

Zwei Tripel von Wendetangenten, die ihre Tripel von Berührungspunkten auf zwei demselben Wendedreiseit angehörigen Wendelinien haben, bilden zwei demselben Kegelschnitt eingeschriebene Dreiecke, nämlich dem Polarkegelschnitt des Wendedreiseitseckpunkts, in dem sich die beiden Wendelinien treffen. Diese beiden Dreiecke sind deshalb auch demselben Kegelschnitt umschrieben und man gewinnt so die 12 Kegelschnitte, von denen jeder, wie *E. Laguerre* zuerst bemerkt hat, sechs von den neun Wendetangenten berührt[87]). Diese Kegelschnitte sind nach *G. Kohn* die Satellitkegelschnitte der 12 Wendedreiseitsecken. Berührt von drei Kegelschnitten ein jeder zwei andere Seiten eines Dreiecks in den Schnittpunkten mit der dritten, so sind die neun Geraden, welche außer den Dreieckseiten noch als gemeinsame Tangenten von zwei unter den Kegelschnitten auftreten, Wendetangenten für eine Kurve dritter Ordnung und man kann in dieser Weise die 9 Wendetangenten jeder nichtsingulären Kurve dritter Ordnung auf vier Arten ableiten[88]).

IV. Bestimmungsarten für die Kurven dritter Ordnung.

20. Gleichungsformen. Die Gleichung einer Kurve dritter Ordnung in homogenen Koordinaten

$$f = \sum a_{ikl} x_i x_k x_l = 0 \qquad (i, k, l = 1, 2, 3)$$

enthält 10 Koeffizienten; infolge dessen ist eine Kurve dritter Ord-

84) *G. Battaglini*, Collectanea mathematica, Mailand 1879, p. 27; *C. C. Grove*, J. Hopkins Univ. Circ. (1905), Nr. 1; vgl. *G. Veronese*, Rom Linc. Mem. (3) 9 (1880), p. 24 des Sonderabdrucks.

85) *L. Cremona*, Ebene Kurven Nr. 139b; vgl. *J. Plücker*, System, p. 288.

86) *E. Laguerre*, Oeuvres 2, p. 188 f. = J. de math. (1872); vgl. Oeuvres 2, p. 338 (= Nouv. Ann. 1872).

87) *E. Laguerre*, Oeuvres 2, p. 188 f. = Journ. de math. (1872); vgl. *W. Wirtinger*, Wien Monatsh. 4 (1893), p. 395; *N. M. Ferrers*, Mess. of math. (2) 24 (1894), p. 77.

88) *G. Kohn*, Wien Monatsh. 4 (1893), p. 398.

nung durch 9 voneinander unabhängig gegebene Punkte eindeutig bestimmt.

Macht man ein Wendedreiseit zum Koordinatendreieck, so erscheint die Gleichung in der kanonischen Form *Hesses*:

$$a(x_1^3 + x_2^3 + x_3^3) + 6b\,x_1 x_2 x_3 = 0\ ^{89)}.$$

Verlegt man einen Eckpunkt des Koordinatendreiecks in einen Wendepunkt und seine Gegenseite in dessen harmonische Polare, so erreicht man bei passender Wahl der beiden anderen Seiten die Gleichungsformen:

$$\alpha) \ldots x_3^2 x_1 = x_2(x_1 - x_2)(x_1 - k^2 x_2)\ ^{90)}$$

$$\alpha') \ldots x_3^2 x_1 = 4x_2^3 - g_2 x_2^2 x_1 - g_3 x_2 x_1^2$$

(*Weierstraß*sche Normalform)[91].

Die linke Seite der Kurvengleichung läßt sich auf unendlich viele Arten in Determinantenform anschreiben

$$f \equiv \sum \pm\, \varphi_{11}\, \varphi_{22}\, \varphi_{33}\ ^{92)}$$

und man kann sie speziell auf drei wesentlich verschiedene Arten in die Form setzen:

$$f \equiv \begin{vmatrix} \frac{\partial \varphi}{\partial x_1}, & \frac{\partial \varphi}{\partial x_2}, & \frac{\partial \varphi}{\partial x_3} \\ \frac{\partial \psi}{\partial x_1}, & \frac{\partial \psi}{\partial x_2}, & \frac{\partial \psi}{\partial x_3} \\ \frac{\partial \chi}{\partial x_1}, & \frac{\partial \chi}{\partial x_2}, & \frac{\partial \chi}{\partial x_3} \end{vmatrix}.$$

Zwei bez. in Nr. **27** und Nr. **22** besprochene Erzeugungsarten der Kurve kommen in diesen Formen zum Ausdruck[93].

Die Gleichungsform

$$p\varphi' - p'\varphi = 0$$

entspricht der *Chasles*schen Erzeugungsweise (Nr. **26**). *Plücker* verwendet die Gleichungsformen

$$pqr - \mu s = 0 \quad \text{und} \quad pqr - s^3 = 0\ ^{94)}.$$

---

89) *O. Hesse*, Werke, p. 115 = J. f. Math. 28 (1844), p. 68—96 hat diese Normalform zum ersten Mal gegeben; vgl. Nr. **31**.

90) *Clebsch* und *Gordan*, *Abel*sche Funktionen, Leipzig 1866, p. 72.

91) Vgl. II B 3 Elliptische Funktionen, *Harkness* und *Wirtinger*.

92) Die φ_{ik} bedeuten hier lineare Funktionen der Koordinaten.

93) Die Darstellung einer C_3 als Hessescher Kurve einer anderen Kurve dritter Ordnung gibt zum ersten Mal *O. Hesse*, Werke, p. 113 = J. f. Math. 28 (1844). Vgl. I B 2, Nr. **11** *Fr. Meyer*.

94) *J. Plücker*, System § 8. Es bedeuten p, q, r, s lineare Funktionen der rechtwinkligen Koordinaten, μ eine Konstante.

Sind die Geraden $p = 0$, $q = 0$, $r = 0$, $s = 0$ Seiten eines der Kurve eingeschriebenen vollständigen Vierseits, so schreibt sich deren Gleichung in der Form

$$\frac{\alpha}{p} + \frac{\beta}{q} + \frac{\gamma}{r} + \frac{\delta}{s} = 0\text{ [95]},$$

sind sie Seiten eines Polarvierseits der Kurve, so schreibt sich deren Gleichung in der Form

$$p^3 + q^3 + r^3 + s^3 = 0.$$

21. Parameterdarstellung. Bedeutet λ den Parameter in einem Strahlenbüschel, dessen Scheitel auf der C_3 liegt, so drücken sich die Koordinaten (x_1, x_2, x_3) eines Kurvenpunktes folgendermaßen in irrationaler Weise durch den Parameter λ des projizierenden Strahls aus:

$$\varrho x_i = a_i + b_i\lambda + c_i\lambda^2 + d_i\sqrt{R(\lambda)} \qquad (i = 1, 2, 3)\text{ [96]}.$$

S. Aronhold hat zuerst eine derartige Parameterdarstellung und zwar in kovarianter Form gegeben[97]). *A. Clebsch* ersah aus ihr die folgenreiche Möglichkeit, die Koordinaten der Punkte der Kurve als elliptische Funktionen eines Parameters auszudrücken[98]).

Die Gleichungsformen α) und α') (Nr. **20**) führen unmittelbar bezw. zu den folgenden Formen für eine solche Parameterdarstellung:

$$\varrho x_1 = \operatorname{sn}^3 u, \quad \varrho x_2 = \operatorname{sn} u, \quad \varrho x_3 = \operatorname{sn} u \operatorname{dn} u,$$
$$\varrho x_1 = 1, \quad \varrho x_2 = \wp u, \quad \varrho x_3 = \wp' u.$$

Nicht eine derartige Parameterdarstellung an und für sich ist es, welche für die Geometrie der Kurve eine hervorragende Bedeutung gewonnen hat, sondern lediglich die Parameterverteilung auf der Kurve, welche zu ihrem Gefolge gehört. Deswegen ist es die Verteilung eines elliptischen Parameters auf der Kurve, der die Geometer ihrerseits mit rein geometrischen Mitteln beizukommen suchen. *C. Juël* beweist ihre Möglichkeit unter der Voraussetzung eines reellen Moduls auch für die komplexen Punkte der Kurve[99]), *E. Kötter* allgemein, aber nur für die reellen Punkte[100]).

95) *A. Cayley*, J. d. math. 9 (1844), p. 285 = Papers 1, p. 183.

96) Hier bedeutet $R(\lambda)$ das Polynom, welches die Parameter der vier im Strahlenbüschel enthaltenen Kurventangenten zu Wurzeln hat, die a_i, b_i, c_i, d_i sind Konstanten und nicht unabhängig voneinander; vgl. *A. Clebsch*, J. f. Math. 64 (1864), p 223.

97) *S. Aronhold*, Berlin Monatsber. vom 15. April 1861.

98) *A. Clebsch*, J. f. Math. 63 (1863), p. 94.

99) *C. Juël*, Math. Ann. 47 (1896), p. 72.

100) *E. Kötter*, J. f. Math. 114 (1894), p. 170.

Die Verteilung des elliptischen Parameters auch für das komplexe Gebiet hat unter Zugrundelegung von *F. Kleins* Riemannscher Fläche *A. Harnack* ins einzelne verfolgt[101]). *O. Schlesinger* hat, gestützt auf die Parameterdarstellung, eine Übertragung der für rationale Kurven gültigen Methoden angebahnt[102]).

22. Die Kurve dritter Ordnung als Hessesche Kurve. Eine beliebige Kurve dritter Ordnung kann als Hessesche Kurve und zwar für drei andere Kurven dritter Ordnung angesehen werden[103]). Diese Erkenntnis erwächst *Hesse* aus dem Satze, daß für jede Kurve des Büschels $\lambda_1 f + \lambda_2 \varDelta = 0$ die Hessesche wieder in diesem Büschel liegt und ermöglicht ihm die für die Hessesche Kurve gefundenen Eigenschaften in dreifacher Weise auf die C_3 zu übertragen[104]).

Er kann die C_3 und zwar auf drei Arten auffassen als Ort der Doppelpunkte der Kegelschnitte eines Netzes, d. h. als Jacobische oder Hessesche Kurve dieses Netzes und hat damit eine äußerst fruchtbare Entstehungsweise der Kurve gewonnen, die sich mannigfach formulieren läßt: Die Kurve ist der Ort der Polartripel, welche je zwei Kegelschnitte eines Netzes gemein haben (Tripelkurve). Sie entsteht als Ort eines Punktes O, dessen Polaren bezüglich dreier gegebenen Kegelschnitte sich in demselben Punkte O' treffen, und zugleich als Ort dieser Treffpunkte O'; sie ist der Ort der Punktepaare OO', welche zu gleicher Zeit bezüglich der drei Kegelschnitte konjugiert sind[105]). Diese Punktepaare sind die zerfallenden Kegelschnitte der dem Kegelschnittnetze konjugierten Kegelschnittscharschar und die C_3 tritt so in Erscheinung als „Hermitesche oder Cayleysche Kurve einer Kegelschnittscharschar.“ (Vgl. Nr. **10**.)

23. Die drei Systeme von korrespondierenden Punkten. Bei dieser letzten Auffassung der Kurve erscheinen ihre Punkte in sehr

---

101) *A. Harnack*, Math. Ann. 9 (1876), p. 1; *Clebsch-Lindemann*, Vorl., p. 610; *G. Humbert*, Thèse, Paris 1885.

102) *O. Schlesinger*, Math. Ann. 31 (1887), p. 183. Eine geometrische Bemerkung zur elliptischen Parameterverteilung bei *R. A. Roberts*, London Math. Soc. 15 (1884), p. 4. Eine Anwendung auf die Theorie der Gelenkvierecke macht *G. Darboux*, Bull. sc. math. (2) 3 (1879), p. 109; vgl. dazu *R. Bricard*, Bull. soc. math. Fr. 28 (1900), p. 39.

103) *O. Hesse*, Werke, p. 113 = J. f. Math. 28 (1844). Vgl. I B 2, Nr. 11 *Fr. Meyer*.

104) *O. Hesse*, J. f. Math. 28 (1844), p. 97 = Werke, p. 123; J. f. Math. 36 (1884), p. 143 = Werke, p. 155; J. f. Math. 38 (1849), p. 241 = Werke, p. 193.

105) Die Auffassung der C_3 als Tripelkurve kommt bei *H. Schröter* zur Geltung, *Steiner-Schröter*, Kegelschnitte, 2. Aufl., Leipzig 1876; vgl. *L. Cremona*, Ebene Kurven § 24.

bemerkenswerter Weise zu Paaren gruppiert, in einer Gruppierung, welche schon *Maclaurin* studiert hat[106]).

Zwei Punkte der C_3, deren Tangenten in demselben Punkte dieser Kurve zusammentreffen, nennt *Maclaurin* korrespondierende Punkte. Projiziert man zwei korrespondierende Punkte aus einem beliebigen Kurvenpunkte auf die Kurve, so erhält man ein neues Paar von korrespondierenden Punkten. Aus einem Paar leitet man so ein ganzes „System" von korrespondierenden Punkten ab. Man kommt im ganzen zu drei solchen Systemen. Die Berührungspunkte der vier Tangenten, welche von einem beliebigen Kurvenpunkte ausgehen, lassen sich nämlich auf drei Arten in zwei Paare zerlegen und diese stellen jedesmal zwei Paare korrespondierender Punkte eines anderen von den drei Systemen dar. Jedes der Kurve eingeschriebene Vierseit hat zu Gegeneckenpaaren drei Paare korrespondierender Punkte desselben Systems und je zwei solche Paare sind Gegeneckenpaare für ein eingeschriebenes Vierseit.

Hesse rückt diese Theorie *Maclaurins* in ein neues Licht. Er erkennt die drei Systeme korrespondierender Punkte in den drei Systemen von konjugierten Polen wieder, welche aus den drei möglichen Auffassungen der C_3 als Hessescher Kurve entspringen[107]).

Wieder in anderer Beleuchtung erscheinen die drei Systeme von korrespondierenden Punkten vom Standpunkte der Geometrie auf der Kurve (Nr. **37**), nämlich als die involutorischen unter den (1, 1)-Korrespondenzen zweiter Art.

24. Die drei Systeme von Berührungskegelschnitten. Mit den drei Systemen von korrespondierenden Punkten hängen nach *Hesse* die drei Systeme von Kegelschnitten eng zusammen, welche die C_3 an drei Stellen berühren[108]). Die Berührungspunkte eines solchen

106) *C. Maclaurin*, De linearum geometricarum proprietatibus (in *E. de Jonquières* Mélanges, p. 239 f.); vgl. *A. Cayley*, J. de math. 9 (1844), p. 285 = Papers 1, p. 183.

107) *O. Hesse*, J. f. Math. 36 (1848), p. 143 = Werke, p. 155. Projiziert man die Polepaare eines Systems aus einem beliebigen Kurvenpunkte, so erhält man die Strahlenpaare einer Involution. Dies ist offenbar die Involution, welche *J. Steiner* im Sinne hat, wenn er von der C_3 sagt, „daß das eigentliche Wesen vieler ihrer Eigenschaften vornehmlich auf der sogenannten Involution beruht" (Werke 2, p. 500 = J. f. Math. 47 (1854), p. 6). Projiziert man die Punktquadrupel mit gemeinsamem Tangentialpunkt aus einem beliebigen Kurvenpunkte, so erhält man die Strahlenquadrupel einer (syzygetischen) biquadratischen Involution, wie *C. Le Paige* hervorhebt, Brux. Bull. (3) 4 (1882), p. 334; vgl. *A. C. Dixon*, London Math. Soc. 34 (1902), p. 291.

108) *O. Hesse*, J. f. Math. 36 (1848), p. 143 = Werke, p. 155.

Kegelschnitts sind nämlich drei den Schnittpunkten der C_3 mit einer Geraden im selben Systeme korrespondierende Punkte. Es entspricht so jedem System von korrespondierenden Punkten ein System von Berührungskegelschnitten und *Hesse* zeigt, daß zwei solche Kegelschnitte, wenn sie dem nämlichen System angehören, ihre sechs Berührungspunkte auf derselben Kurve zweiter Ordnung haben.

L. Cremona erhält die drei Systeme von Berührungskegelschnitten als die drei Systeme von Polokoniken, welche den Geraden der Ebene bei den drei möglichen Auffassungsweisen der C_3 als Hessescher Kurve entsprechen, die Kegelschnitte, welche zwei Tripel von Berührungspunkten ausschneiden, als die gemischten Polokoniken für die Geradenpaare der Ebene[109]).

25. Eine Gruppe von Erzeugungsarten. Eine Kurve dritter Ordnung kann, wie schon oben (Nr. 22) hervorgehoben, als Ort der in einer Kegelschnittscharschar enthaltenen Punktepaare angesehen werden. Dieser Auffassungsweise entstammt eine ganze Reihe von besonderen Entstehungsarten für die Kurven dritter Ordnung.

A. Cayley erhält eine allgemeine Kurve dritter Ordnung als Ort der Punkte, von welchen aus drei gegebene Punktepaare durch drei Strahlenpaare einer Involution projiziert werden[110]), oder auch allgemeiner als Ort der Punkte, von denen aus an drei gegebene Kegelschnitte drei einer Involution angehörende Tangentenpaare gehen[111]). *H. Schröter* macht darauf aufmerksam, daß man aus drei Paaren von korrespondierenden Punkten desselben Systems der C_3 beliebig viele weitere Paare in einfachster Weise linear ableiten kann, da jedes Vierseit, das zwei solche Punktepaare zu Gegeneckenpaaren hat, in seinem dritten Gegeneckenpaar ein neues solches Punktepaar liefert. Ist eine Kegelschnittschar und ein Punktepaar O, O' gegeben, so erzeugt man eine Kurve dritter Ordnung, wenn man die beiden Tangentenpaare jeweils zum Durchschnitt bringt, welche sich aus den Punkten O und O' an die einzelnen Kegelschnitte der Schar legen lassen. *Schröter* gibt dieser Erzeugungsweise nur eine andere Wendung, wenn er die Kurve dritter Ordnung als Erzeugnis von zwei projektiven Strahleninvolutionen in halbperspektiver Lage definiert. Diese Definition liegt seiner rein geometrischen Behandlung der Kurve zugrunde[112]).

---

109) *L. Cremona*, Ebene Kurven, p. 253.

110) *A. Cayley*, J. de math. 9 (1844), p. 285 = Papers 1, p. 183.

111) *A. Cayley*, J. de math. 10 (1845), p. 102 = Papers 1, p. 190.

112) *H. Schröter*, Math. Ann. 5 (1872), p. 50. *A. Clebsch* (Math. Ann. 5 (1872), p. 422) betont, daß diese Konstruktion an Einfachheit das Äußerste leistet. Gestützt auf die elliptische Parameterverteilung hat *A. Hurwitz* (J. f. Math. 107

Em. Weyr läßt die Kurve dritter Ordnung als Involutionskurve einer biquadratischen Tangenteninvolution auf einem Kegelschnitt hervorgehen[112a]).

H. Graßmann hat durch Anwendung seines allgemeinen Satzes über Kurvenerzeugung drei Methoden zur Erzeugung einer Kurve dritter Ordnung abgeleitet, nach welchen jede solche Kurve entsteht[113]). Wir führen die eine an, welche, wie alle Erzeugungsarten dieser Nr., mit einem System korrespondierender Punkte der erzeugten Kurve zusammenhängt: Bewegt sich ein Punkt so, daß seine Verbindungslinien mit drei festen Punkten einzeln drei feste Geraden in drei Punkten treffen, welche in gerader Linie liegen, so beschreibt er eine Kurve dritter Ordnung.

26. Konstruktion aus 9 Punkten. Die Erzeugung durch zwei projektive Büschel, von denen das eine von der ersten, das zweite von der zweiten Ordnung ist (als Ort der Schnittpunkte einer Geraden des Strahlenbüschels mit dem entsprechenden Kegelschnitt des Kegelschnittbüschels) hat sich in den Händen von *M. Chasles* als geeignete Grundlage für eine konstruktive Theorie der C_3 erwiesen[114]). Mittelst derselben löst er das Fundamentalproblem, die durch neun von ihren Punkten gegebene Kurve zu konstruieren, auf die folgende Weise[115]).

(1890), p. 141) die Kurvenpunkte näher bestimmt, welche sie liefert, und insbesondere auf einen Sonderfall hingewiesen, in welchem sie gänzlich versagt. vgl. auch *H. Oppenheimer*, Wien Monatsh. 16 (1905), p. 193. Eine Verallgemeinerung dieser Konstruktion für die biquadratische Raumkurve erster Art gibt *A. Harnack*, Math. Ann. 12 (1877), p. 47; vgl. ferner *H. Schröter*, Theorie der ebenen Kurven dritter Ordnung, Leipzig 1888; *H. Durège*, Math. Ann. 5 (1872), p. 83; vgl. auch *A. Harnack*, Zeitschr. Math. Phys. 22 (1877), p. 38.

112a) *Em. Weyr*, Prag Ber. 1877, p. 131; Wien Ber. 83 (1881), p. 300; *S. Kantor*, J. f. Math. 86 (1879), p. 269.

113) *H. Graßmann*, J. f. Math. 31 (1845), p. 123 = Werke 2^1, p. 63; J. f. Math. 36 (1848), p. 177 = Werke 2^1, p. 74; J. f. Math. 52 (1856), p. 254 = Werke 2^1, p. 218. Zu den *Graßmann*schen Erzeugungsweisen vgl. *A. Clebsch*, Math. Ann. 5 (1872), p. 422; *F. Kölmel*, Diss. Straßburg 1886; *H. Schröter*, J. f. Math. 104 (1888), p. 62; *Gundelfinger-Dingeldey*, Vorl. a. d. analyt. Geom. d. Kegelschnitte, Leipzig 1895, p. 410; *F. London*, Math. Ann. 45 (1895), p. 557.

114) Schon *J. Steiner* hat Werke 2, p. 496 = J. f. Math. 47 (1854), p. 1 (Berlin Monatsber. 1848) auf die „Erzeugung der Kurven durch Kurvenbüschel niedrigen Grades" hingewiesen, „ganz analog, wie Kegelschnitte durch projektivische Strahlenbüschel erzeugt werden"; *H. Graßmann* hat zuerst den Beweis erbracht, daß jede algebraische Kurve so erzeugt werden kann (J. f. Math. 42 (1851), p. 193, 204 = Werke 2^1, p. 86, 99; vgl. auch die Anm. Werke, p. 395). Ansätze zur projektiven Erzeugung der C_3 sind schon bei *J. Plücker*, System (1835), p. 166 f. vorhanden.

115) *M. Chasles*, Paris C. R. 36 (1853), p. 943; vgl. Paris C. R. 37 (1853),

Die Scheitel des erzeugenden Kegelschnittbüschels werden in vier von den gegebenen neun Punkten angenommen und der Scheitel des erzeugenden Strahlenbüschels als jener Punkt O konstruiert, von welchem aus die fünf übrigen von den neun Punkten durch fünf Strahlen projiziert werden, welche projektiv sind den fünf Kegelschnitten des Büschels, welche die fünf Punkte einzeln enthalten. Der Punkt O ergibt sich als vierter Schnittpunkt von zwei Kegelschnitten, welche drei von den gegebenen Punkten gemein haben, im Hinblick auf den Umstand, daß der Ort eines Punktes, der vier gegebene Punkte durch vier Strahlen gegebenen Doppelverhältnisses projiziert, ein die vier Punkte enthaltender Kegelschnitt ist (III C 1 Nr. **6**, *F. Dingeldey*).

Auch andere Konstruktionsaufgaben für eine durch neun Punkte gegebene C_3 als: die Konstruktion der Tangente in einem Punkte, die Konstruktion der drei Schnittpunkte mit einer Geraden usw. sind gestützt auf seine Erzeugung von *M. Chasles* selbst gelöst worden.

Konstruktionen der Kurve aus neun Punkten nach verschiedenen Methoden geben *H. Graßmann, F. H. Siebeck, Em. Weyr, H. Valentiner, F. London, Ch. Beyel* und in besonders einfacher Art *K. Rohn*[116]).

27. Weitere Erzeugungsarten. Auf *H. Graßmann* ist die Auffassung der C_3 als Ort der Punkte zurückzuführen, in denen drei entsprechende Strahlen dreier derselben Ebene angehörigen kollinearer Strahlenfelder zusammentreffen[117]). Diese Erzeugung hat *Th. Reye* seiner rein geometrischen Behandlung der Kurve zugrunde gelegt[118]). *F. Schur* hat die Mannigfaltigkeit dieser Erzeugungsarten genauer erforscht[119]).

Durch drei trilinear verwandte Strahlenbüschel erzeugen *C. Le Paige*

---

p. 272, 372, 437; Journ. de math. 19 (1854), p. 366; Paris C. R. 41 (1855), p. 1102, 1190. Zur synthetischen Ableitung der *Chasles*schen Erzeugung *Reye*, Geom. d. L., 1. Aufl. und *J. Thomae*, Leipzig Ber. 54 (1902), p. 125.

116) *H. Graßmann* a. a. O.; *F. H. Siebeck*, Ann. di mat. (2) 3 (1868—69), p. 65; *Em. Weyr*, Wien Ber. 69 (1874), p. 784; *H. Valentiner*, Nyt Tidsskr. 3 (1892), p. 33; *F. London*, Math. Ann. 44 (1894), p. 402; *A. Sauve*, Rom N. Linc. Atti 53 (1900), p. 129; *Ch. Beyel*, Zeitschr. Math. Phys. 40 (1895), p. 99; *K. Rohn*, Leipzig Ber. 58 (1906), p. 199; Jahresb. d. Math.-Ver. 16 (1907), p. 265.

117) *H. Graßmann* gibt die entsprechende Erzeugung der Flächen dritter Ordnung J. f. Math. 49 (1855), p. 47 = Werke 2^1, p. 180; vgl. *H. Schröter*, J. f. Math. 62 (1863), p. 265; *H. Milinowski*, J. f. Math. 78 (1875), p. 140. (Vgl. III C 7, *Fr. Meyer*.)

118) *Th. Reye*, Geom. d. L. 3, 8. Vortrag, p. 67f. vgl. J. f. Math. 74 (1872), p. 1.

119) *F. Schur*, Habilitationsschrift Leipzig 1881; Math. Ann. 18 (1881), p. 1; *J. Rosanes*, J. f. Math. 88 (1880), p. 248.

und *F. Folie* die Kurve als Ort der Schnittpunkte von *drei* entsprechenden Strahlen der drei Büschel. *G. Castelnuovo* und *F. London* haben diese Erzeugungsart studiert[120]).

H. Schröters Erzeugung der C_3 durch zwei projektive Strahleninvolutionen in halbperspektiver Lage ist ein Sonderfall der folgenden zwei Erzeugungsarten. Die C_3 wird erhalten als Erzeugnis von zwei Strahlenbüscheln in (2, 2)-Korrespondenz, vorausgesetzt, daß der gemeinschaftliche Strahl sich (einmal) selbst entspricht[121]) und als Erzeugnis von zwei projektiven Kegelschnittbüscheln, vorausgesetzt, daß sich eine Gerade vom Erzeugnis abspaltet[122]).

Als Spezialfall der Erzeugungsweise durch projektive Büschel kann die folgende Entstehungsart gedeutet werden, der *Maclaurin* nahe gekommen ist[123]) und die *G. Salmon* formuliert hat[124]). Die Berührungspunkte der Tangenten, welche sich von einem Punkte O an die Kegelschnitte eines Büschels legen lassen, erfüllen eine Kurve dritter Ordnung. Der Punkt O ist auf der zu erzeugenden Kurve beliebig wählbar, als Basispunkte des Kegelschnittbüschels sind die Berührungspunkte der vier von ihm ausgehenden Kurventangenten zu wählen.

Neuerdings hat *K. Rohn* eine Konstruktion der C_3 gegeben, welche an Einfachheit mit der *Schröter*schen wetteifert. Das System der durch ein Punktepaar der Kurve gehenden Kegelschnitte ist projektiv bezogen auf das System der durch ein beliebiges, zu ihm korresiduales Punktepaar gehenden Kegelschnitte, wenn je zwei Kegelschnitte einander zugeordnet werden, die dasselbe Restquadrupel auf der Kurve bestimmen. *Rohn* bemerkt nun, daß die variablen Schnittpunkte von zwei Kegelschnitten des ersten Systems stets dieselbe Verbindungslinie aufweisen wie die variablen Schnittpunkte der entsprechenden Kegel-

120) *C. Le Paige* et *M. F. Folie*, Brux. Mém. 45 (1882); p. 1; *C. Le Paige,* Liège Mém. (2) 10 (1883), p. 1, 105; Belg. Bull. (3) 5 (1883), p. 85; *G. Castelnuovo*, Ven. Ist. Atti (6) 5 (1887), p. 1041; *F. London*, Math. Ann. 44 (1894), p. 402; 45 (1895), p. 567. Drei Strahlenbüschel, deren Scheitel auf der Kurve liegen, können auf ∞^1 Arten trilinear so aufeinander bezogen werden, daß sie die Kurve erzeugen.

121) *Em. Weyr*, Wien Ber. 69 (1874), 784; *A. Capelli*, Giorn. di mat. 17 (1879), p. 69; *H. Heger,* Zeitschr. Math. Phys. 25 (1880), p. 100.

122) *M. Chasles*, Paris C. R. 36 (1853), p. 347; 41 (1855), p. 1102; *H. Siebeck*, Ann. di mat. (2) 2 (1869), p. 67; *G. Castelnuovo*, Venet. Ist. Atti (6) 5 (1887), p. 1041; *O. Tognoli* erzeugt die C_3 durch zwei projektive Kreisbüschel (Giorn. di mat. 11 (1873), p. 376).

123) *Maclaurin* a. a. O.[106]), Proposition XIII, p. 236.

124) *G. Salmon*, Lond. Trans. 148 (1858), p. 535; *A. Cayley*, Educ. Times (2) (1864), p. 70 = Papers 5, p. 578; *Em. Weyr*, Wien Ber. 58 (1868), p. 633.

schnitte des zweiten Systems. Diese Bemerkung kommt für zerfallende Kegelschnitte zur Verwendung[125]).

Man kann endlich die Kurve dritter Ordnung auch ansehen als Projektion der Basiskurve eines Flächenbüschels zweiter Ordnung aus einem ihrer Punkte[126]).

Den Zusammenhang zwischen den einzelnen Erzeugungsarten und Übergänge von der einen zur anderen behandeln *H. Graßmann, A. Clebsch, Th. Reye, H. Schröter, F. Schur, G. Castelnuovo, E. Kötter, F. London*[127]).

V. Ternäre kubische Formen.

28. Grundlegung der Theorie. Durch Anpassung der Algebra an den projektiven Standpunkt der Geometrie ist die Invariantentheorie und insbesondere deren auf die Kurven dritter Ordnung bezüglicher Abschnitt, die Theorie der ternären kubischen Formen, entstanden.

Die ersten Ansätze in dieser Richtung sind bei *O. Hesse* vorhanden. *S. Aronhold* geht mit Erfolg voran[128]). Mit Hilfe seiner symbolischen Methode, welche später in der Invariantentheorie durch *Clebsch* zur allgemeinen Geltung gekommen ist, stellt er die beiden Invarianten der Form $f = a_x^3 = b_x^3 \dots$ her: $S = (abc)(abd)(acd)(bcd)$ und $T = (abc)(abd)(ace)(bcf)(def)^2$, zeigt, daß jede andere Invariante sich ganz und rational durch diese beiden ausdrückt und findet insbesondere die Diskriminante $R = T^2 - \frac{1}{6}S^3$. Er betrachtet nicht nur die Komitanten der Stammform f, sondern auch die der Stammform $\varkappa f + \lambda \Delta$, wo Δ die *Hesse*sche Kovariante bedeutet, und benutzt dabei ausgiebig den Prozeß, den wir heute als *Aronhold*schen bezeichnen (I B 2, Nr. **13** *Fr. Meyer*). Die wichtige Kontravariante Π tritt bei ihm zum erstenmal auf, er zeigt, daß $\Delta^{(\Pi)} = \frac{1}{3}R^2\Sigma$, wobei Σ

125) *K. Rohn*, Leipzig Ber. 58 (1906), p. 199; D. Math.-Ver. Jahresber. 16 (1907), p. 265. Andere Erzeugungsarten bei *Em. Weyr*, Math. Ann. 3 (1870), p. 34; *S. Roberts*, London Math. Soc. Proc. 28 (1897), p. 448.

126) *W. Fiedler*, Züricher Viertelj. 29 (1884), p. 432; *M. Disteli*, ebenda, 35 (1890), p. 145.

127) *H. Graßmann* a. a. O.[113]); *A. Clebsch*, Math. Ann. 5 (1872), p. 422; *V. Schlegel*, Math. Ann. 6 (1873), p. 321; *H. Milinowski*, Zeitschr. Math. Phys. 21 (1876), p. 427; 23 (1878), p. 327; *Th. Reye*, Geom. d. L. 3, p. 70; *H. Schröter*, J. f. Math. 104 (1888), p. 62; *F. Schur*, Zeitschr. Math. Phys. 24 (1879), p. 119; *G. Castelnuovo*, Venet. Ist. Atti (6) 5 (1887), p. 1041; *E. Kötter*, Math. Ann. 38 (1891), p. 287; *F. London*, Math. Ann. 45 (1895), p. 557.

128) *S. Aronhold*, J. f. Math. 39 (1850), p. 140; 55 (1858), p. 97. Zur Entstehung dieser Arbeiten vgl. *S. Gundelfinger*, J. f. Math. 124 (1901), p. 59, 80, 83 und *E. Lampe*, Arch. Math. Phys. (3) 1 (1901), p. 38.

die *Cayley*sche Kontravariante von f bedeutet und damit, daß Π und Σ in derselben Beziehung zueinander stehen, wie f und Δ, woraus ein Reziprozitätsgesetz in der Theorie der ternären kubischen Formen abfließt.

Neue Komitanten, Zusammenhänge zwischen ihnen nebst geometrischer Deutung bringen *A. Cayley, G. Salmon*[129]) und in Verbindung mit der typischen Darstellung *Clebsch* und *Gordan*[130]).

29. Das vollständige Formensystem. Der analytischen Kraft *P. Gordans* gelingt es, die Theorie zu einem gewissen Abschluß zu führen. (Vgl. I B 2 *Fr. Meyer* Nr. 27.) Er stellt mit Hilfe symbolischer Rechnung 34 Komitanten auf, durch welche sich alle anderen ganz und rational ausdrücken lassen[131]). Innerhalb dieses „vollständigen Formensystems" der ternären kubischen Form ist, abgesehen von den Invarianten S und T, noch ein weiterer Kreis von Bildungen bemerkenswert, der in sich geschlossen ist: das System der Kombinanten des Büschels $\varkappa f + \lambda\Delta$.

S. Gundelfinger vereinfacht die Darstellung *Gordans*[132]), *F. Mertens* zeigt die Leistungsfähigkeit der ihm eigentümlichen nichtsymbolischen Methoden, indem er auf Grund derselben das volle Formensystem einer ternären kubischen Form aufstellt[133]).

Für die *Hesse*sche Normalform einer ternären kubischen Form hat *A. Cayley*[134]), für die *Weierstraß*sche Normalform *F. Dingeldey* die 34 Komitanten des vollen Formensystems berechnet[135]).

Verzichtet man bei der Darstellung aller Komitanten durch eine endliche Anzahl von ihnen darauf, die Darstellung ganz und rational zu gestalten, so genügt die Wahl von acht Komitanten, denn nur so viel unabhängige gibt es. Doch ist nicht jede Komitante eine rationale Funktion von solchen acht Bildungen, insbesondere ist nicht schon die erste Potenz, sondern erst das Quadrat des Produkts der neun harmonischen Polaren und ebenso reziprok erst das Quadrat

---

129) *A. Cayley*, London Trans. 146 (1856), p. 627; 151 (1861), p. 277 = Papers 2, p. 310; 4, p. 325; *F. Brioschi*, Paris C. R. 56 (1863), p. 304; *Ch. Hermite*, J. f. Math. 63 (1863), p. 30; *G. Salmon*, Treatise (1852); London Trans. 148 (1858), p. 535 und Algebra Introd. Lessons, Dublin 1859.

130) *Clebsch* und *Gordan*, Math. Ann. 1 (1869), p. 56.

131) *P. Gordan*, Math. Ann. 1 (1869), p. 90.

132) *S. Gundelfinger*, Math. Ann. 4 (1871), p. 144. Für die Analogie mit der Theorie der binären biquadratischen Form vgl. auch *F. Brioschi*, Ann. di mat. (2) 7 (1875), p. 52.

133) *F. Mertens*, Wien Ber. 97 (1888), p. 437; vgl. Wien Ber. 95 (1887) p. 942.

134) *A. Cayley*, Amer. Journ. 4 (1881), p. 1 = Papers 11, p. 342.

135) *F. Dingeldey*, Math. Ann. 31 (1888), p. 157.

des Produkts der neun Wendepunkte durch diese acht Bildungen rational darstellbar[136]).

30. Die wichtigsten Komitanten und ihre geometrische Deutung. Steht die Theorie der kubischen Formen anfangs vor der Aufgabe, geometrisch definierte Gebilde analytisch darzustellen, z. B. die Kurve dritter Ordnung in Linienkoordinaten F, ihre *Cayley*sche Kurve Σ, die Wendepunkte und Wendetangenten usw., so kehrt sich das Sachverhältnis bald um: zahlreiche in der algebraischen Theorie auftretende Komitanten und Relationen zwischen ihnen heischen eine geometrische Deutung. Die Invarianten S und T finden eine solche, wenn auch nicht in der folgenden Form, schon durch *Aronhold.* Die Kurve dritter Ordnung ist äquianharmonisch, wenn $S=0$ und harmonisch, wenn $T=0$ ist. Wenn α das Doppelverhältnis der Kurve bedeutet, so ist die absolute Invariante $\frac{S^3}{T^2}=24\frac{(1-\alpha+\alpha^2)^3}{(1+\alpha)^2(2-\alpha)^2(1-2\alpha)^2}$. Ist $R=T^2-\frac{1}{6}S^3$ positiv, so ist die Kurve einteilig, ist R negativ, zweiteilig. Ist $R=0$, so hat die Kurve einen isolierten Punkt, einen Knotenpunkt oder eine Spitze, je nachdem T positiv, negativ oder null ist. Auch für die verschiedenen möglichen Arten des Zerfallens sind Invariantenkriterien von *P. Gordan* und *S. Gundelfinger* ermittelt worden[137]).

Für die drei Bildungen, welche nach der symbolischen Methode durch Ränderung aus den drei Komitanten der binären kubischen Form entspringen, vermögen *Clebsch* und *Gordan* unmittelbar die geometrische Deutung zu geben. Die wichtigste darunter $\theta=(abu)a_x b_x$ gibt $=0$ gesetzt für konstante x den Polarkegelschnitt dieses Punktes in Linienkoordinaten und für konstante u die Polokonik dieser Geraden in Punktkoordinaten. Dieser Bildung ist schon bei *Aronhold* eine besonders wichtige Rolle zugefallen. Mehrere Kombinanten des Büschels $\varkappa f+\lambda\Delta$ besitzen eine einfache geometrische Bedeutung und führen zu geometrischen Beziehungen, die man neben *Clebsch* und *Gordan* in erster Linie *S. Gundelfinger* verdankt[138]). Unter den

136) Vgl. *Salmon-Fiedler,* Höhere Kurven Art. 233; *Clebsch-Gordan,* Math. Ann. 1 (1869), p. 57.

137) *P. Gordan,* Math. Ann. 3 (1871), p. 631; *S. Gundelfinger,* Math. Ann. 4 (1871), p. 561; Ann. di mat. (2) 5 (1872), p. 223; vgl. auch *F. Brioschi,* Ann. di mat. (2) 7 (1875), p. 189; *A. Thaer,* Math. Ann. 14 (1879), p. 545; *H. M. Taylor,* London Math. Soc. 28 (1897), p. 545. (Vgl. I B 1 b, Nr. 5, Anm. 5), *E. Netto.*)

138) *Clebsch* und *Gordan,* Math. Ann. 6 (1873), p. 436; *S. Gundelfinger,* Math. Ann. 8 (1875), p. 136. Einzelne Punkte bei *F. Gerbaldi,* Torino Atti 15 (1880), p. 467; *P. Muth,* Diss. Gießen 1890. Eine zusammenfassende Darstellung in *Clebsch-Lindemann,* Vorl.

Formenrelationen erwähnen wir ausdrücklich die *Salmon*sche Identität, aus welcher ihr Entdecker mehrere geometrische Folgerungen gezogen hat[139]).

31. Kanonisierung. Irrationale Kovarianten. Mit der fundamentalen Aufgabe, eine ternäre kubische Form f in die kanonische Form $a(y_1^3 + y_2^3 + y_3^3) + 6\,by_1y_2y_3$ überzuführen, haben sich neben *O. Hesse* und *S. Aronhold*[140]) auch *A. Clebsch*, *F. Brioschi* und *S. Gundelfinger*[141]) befaßt (I B 2, Nr. **11** *Fr. Meyer*). Da der kanonischen Gleichungsform einer Kurve dritter Ordnung ein Wendedreiseit derselben als Koordinatendreieck zugrunde liegt, so kommt es auf die Bestimmung der Wendedreiseite an. In dem Büschel $\varkappa f + \lambda\Delta = 0$ erscheinen die vier Wendedreiseite als die vier Kurven, welche bez. mit ihren *Hesse*schen Kurven zusammenfallen, und sie sind infolgedessen durch die formentheoretisch wichtige Gleichung gegeben:

$$\varkappa^4 - S\varkappa^2\lambda^2 - \tfrac{4}{3}T\varkappa\lambda^3 - \tfrac{1}{12}S^2\lambda^4 = 0.$$

Auf einen eigenartigen Weg zur Bestimmung der Wendedreiseite hat *D. Hilbert* hingewiesen[142]). Er definiert die ternär-zyklischen Kollineationen $\varphi = \alpha_x u_\beta$, welche die Kurve $a_x^3 = 0$ in sich überführen, durch die Bedingung $(a\alpha u)\,a_\beta a_x = \lambda\alpha_x u_\beta$, aus welcher für λ die Gleichung $\lambda\{\lambda^8 - 6S\lambda^4 - T\lambda^4 - 3S^2\} = 0$ resultiert, die neben der Wurzel $\lambda = 0$ acht Paare entgegengesetzt gleicher Lösungen besitzt, zu deren jeder eine Form φ gehört. Gehören $\alpha_x u_\beta$ und $\bar{\alpha}_x\bar{u}_\beta$ zu zwei entgegengesetzt gleichen Lösungen, so besitzen die zugehörigen Kollineationen das nämliche Doppelpunktsdreieck, und dieses Wendedreiseit der Kurve ist durch $(\beta\bar{\beta}x)\alpha_x\bar{\alpha}_x = 0$ gegeben.

D. Hilbert wirft auch die Frage auf nach den Kegelschnitten $\varphi = \alpha_x^2$, für welche $(ab\alpha)^2 a_x b_x = \lambda\alpha_x^2$ wird und findet den beiden sich ergebenden Werten $\lambda = \pm 2\sqrt{S}$ entsprechend zwei Kegelschnittnetze. *H. White* bestimmt diese beiden Netze von Autopolokoniken nach der geometrischen Seite hin (Nr. **11**) und erweitert die *Hilbert*sche Fragestellung. Durch jede Zwischenform von f, für welche Ordnung und Klasse übereinstimmen, ist ihm ein „Transformer" für

139) *G. Salmon,* Lond. Trans. 148 (1858), p. 535; *Salmon-Fiedler*, Höhere Kurven, 2. Aufl., p. 268.

140) *O. Hesse,* J. f. Math. 28 (1844), p. 68, 97; 36 (1848), p. 143; 38 (1849), p. 241 und p. 257 = Werke, p. 89, 123, 155, 193, 211; *S. Aronhold,* J. f. Math. 39 (1850), p. 140; 55 (1858), p, 97.

141) *A. Clebsch,* Math. Ann. 2 (1870), p. 384; *S. Gundelfinger,* Math. Ann. 5 (1872), p. 442; 8 (1874), p. 136; *F. Brioschi,* Ann. di mat. (2) 7 (1875), p. 189, Paris C. R. 81 (1875), p. 590.

142) *D. Hilbert,* J. de math. (4) 4 (1888), p. 249; für die angewandte Methode vgl. Leipzig Ber. (1885), p. 427; Math. Ann. 28 (1886), p. 381.

Formen derselben und höherer Ordnung gegeben, und in Kurven, welche bei Anwendung des Transformers in sich übergehen, gewinnt er irrationale Kovarianten[143]). *G. Halphen* findet zerfallende Kovarianten, welche in den Punkten der C_3 verschwinden, in denen sie von einer C_n $3n$-punktig geschnitten wird. Nach *R. A. Roberts* wird der Ort der Punkte, welche drei Tangentenpaare an die C_3 schicken, die einer Involution angehören (von den neun harmonischen Polaren abgesehen), von 12 Kurven dritter Ordnung gebildet, deren Produkt *J. J. Walker* durch Kovarianten darstellt[144]).

VI. Systeme von Kurven dritter Ordnung.

32. Das Kurvenbüschel dritter Ordnung. Sind $f = 0$ und $\varphi = 0$ die Gleichungen von zwei Kurven dritter Ordnung, so ist durch die Gleichung $\varkappa f + \lambda\varphi = 0$ das durch die beiden Kurven f und φ bestimmte Kurvenbüschel dritter Ordnung gegeben. Es besteht aus allen Kurven dritter Ordnung, welche durch die neun Schnittpunkte von f und φ, die „Grundpunkte" des Kurvenbüschels, hindurchgehen. Alle Kurven dritter Ordnung, welche durch acht beliebige Punkte der Ebene hindurchgehen, enthalten sämtlich denselben neunten Punkt und bilden ein Büschel[145]). Die Konstruktion des neunten Basispunktes aus acht gegebenen, ein Problem, das zuerst durch *T. Weddle* und *A. Hart* eine Lösung erfahren hat, gehört zu den am häufigsten behandelten Aufgaben der Kurventheorie[146]). Algebraische Relationen zwischen den Koordinaten der neun Basispunkte eines Kurvenbüschels dritter Ordnung geben *A. Hart*, *F. Schottky* und *H. M. Taylor*[147]). Die geometrische Verwandtschaft zwischen dem achten und neunten Basis-

---

143) *H. White,* Amer. Trans. 1 (1900), p. 1, 170; *P. Gordan,* Amer. Trans. 1 (1900), p. 9, 402.

144) *G. Halphen,* Math. Ann. 15 (1879), p. 376; *R. A. Roberts,* London Math. Soc. 13 (1881), p. 25; *J. J. Walker,* London Math. Soc. 13 (1881), p. 66.

145) *G. Lamé,* Examen des différentes méthodes etc. Paris 1818, p. 28. Nach *J. Plücker* (Alg. Kurven, p. 56) ist der Ort des Gegenpunktes von vier Basispunkten der die fünf übrigen verbindende Kegelschnitt.

146) *T. Weddle,* Cambr. Dublin J. 6 (1851), p. 83; *A. Hart,* Cambr. Dublin J. p. 6 (1851), p. 181; Quart. J. 22 (1887), p. 199; *M. Chasles,* Paris C. R. 41 (1855), p. 1197; *A. Cayley,* Quart. J. 5 (1862), p. 222 = Papers 4, p. 495; *H. Müller,* Math. Ann. 2 (1870), p. 281; *F. London,* Math. Ann. 36 (1890), p. 535; 44 (1894), p. 402; *R. Russel,* Dublin Trans. 30 (1893), p. 295; *E. Lange,* Progr. Wismar 1893; *H. Picquet,* Soc. math. Fr. Bull. 22 (1894), p. 19; *Ch. Beyel,* Zeitschr. Math. Phys. 40 (1895), p. 99; *T. Kirboe,* Nyt Tidsskrift 7 (1896), p. 53.

147) *A. Hart,* Dublin Trans. 26 (1879), p. 449; *F. Schottky,* J. f. Math. 119 (1898), p. 72; *H. M. Taylor,* London Math. Soc. Proc. 29 (1898), p. 265; *K. Bes,* Amsterdam Versl. 10 (1901), p. 115.

punkt, wenn die sieben übrigen festliegen, hat zuerst *F. Geiser* behandelt[148]).

Als kritische Zentra des Kurvenbüschels bezeichnet man mit *A. Cayley* die (12) Punkte, in welchen Kurven des Büschels Doppelpunkte haben, oder was auf dasselbe hinauskommt, die Punkte, für welche die nämliche Gerade Polargerade in bezug auf alle Kurven des Büschels ist. Genaueres über die Lage der kritischen Zentra ist für ein spezielles Kurvenbüschel dritter Ordnung durch *J. Plücker* und *A. Cayley* festgestellt worden[149]). Ein anderes, besonders ausgezeichnetes Kurvenbüschel dritter Ordnung hat nach allen Seiten hin eine eingehende Untersuchung erfahren:

33. Das syzygetische Büschel. Die äquianharmonischen und die harmonischen Kurven dritter Ordnung. Das Büschel von Kurven dritter Ordnung, welche in den nämlichen neun Punkten ihre Wendepunkte haben, tritt zuerst bei *O. Hesse* auf und wird nach *L. Cremona* als syzygetisch bezeichnet[150]). Wenn die Gleichung einer beliebigen von seinen Kurven $f = 0$ lautet, so ist das Büschel durch die Gleichung $\varkappa f + \lambda \Delta = 0$, in der Δ die *Hesse*sche Kovariante von f bedeutet, gegeben (Nr. **16**). Eine Gruppe von 216 Kollineationen, die *Hesse*sche Gruppe (Nr. **18**), führt das System der neun Wendepunkte, also auch das syzygetische Büschel, in sich über. Dabei erfahren die Kurven innerhalb des Büschels die linearen Transformationen einer Tetraedergruppe. (I B 3c, d, Nr. **29**, *O. Hölder*; I B 3f, Nr. **5**, *A. Wiman.*) Tetraeder und Gegentetraeder werden durch die vier im Büschel als zerfallende Kurven vorkommenden Wendedreiseite und durch die vier äquianharmonischen Kurven des Büschels dargestellt, das Oktaeder durch seine sechs harmonischen Kurven. Die drei Kurven des Büschels, welche dieselbe *Hesse*sche haben, bilden die erste Polare dieser Büschelkurve in bezug auf die vier zerfallenden Kurven des Büschels. Äquian-

---

148) *F. Geiser*, J. f. Math. 67 (1867), p. 78; vgl. *W. G. Alexejew*, Moskau math. Sammlung 16 (1892), p. 256. Eine Anwendung dieser Verwandtschaft bei *K. Rohn*, Math. Ann. 25 (1885), p. 598. Andere Transformationen betrachtet *K. Bobek*, Wien Ber. 91 (1885), p. 476. Sind die sieben gegebenen Punkte die Ecken und Diagonalpunkte eines vollständigen Vierecks, so sind nach *Em. Weyr* (Wien Ber. 58 (1868), p. 663) der achte und neunte Punkt konjugierte Punkte bez. des Vierecks.

149) *J. Plücker*, System, p. 193; *A. Cayley*, Cambr. Trans. 11 (1866), p. 39 = Papers 5, p. 313. Über die Realitätsverhältnisse der mit Doppelpunkten behafteten Kurven eines Kurvenbüschels dritter Ordnung s. *J. E. Wright*, Lond. Math. Soc. (2) 5 (1907), p. 52. *P. H. Schoute*, Nieuw Arch. 13 (1886), p. 1, betrachtet die Kurven mit Mittelpunkt in einem Büschel.

150) *L. Cremona*, Ebene Kurven, p. 288.

harmonisch sind die Kurven, deren *Hesse*sche Kurve in ein Dreiseit zerfällt, harmonisch diejenigen, für welche die Beziehung zu ihrer *Hesse*schen Kurve vertauschungsfähig ist[151]). Von solchen zwei harmonischen Kurven berührt jede die Wendetangenten der anderen und zwar jede Wendetangente in dem Schnittpunkt mit der zugehörigen harmonischen Polare, wie *A. Clebsch* gezeigt hat.

Die sechs Hauptdreiecke der ternär-zyklischen Kollineationen in sich, welche bei der äquianharmonischen Kurve zu den 18 (Nr. **37**) des allgemeinen Falles hinzutreten, sind der Kurve sowohl ein- als umgeschrieben und haben ihre Ecken paarweise auf neun Kegelschnitten. Die 18 Ecken dieser sechs Dreiecke liegen zu je drei auf 18 Geraden, welche zu je sechs durch die drei Eckpunkte des Dreiecks gehen, in welches die *Hesse*sche Kurve der Kurve zerfällt. Ein und dieselbe Kurve sechster Ordnung, die *Brioschi*sche Kombinante ψ, schneidet zu gleicher Zeit auf den vier äquianharmonischen Kurven des Büschels die genannten 18 Ecken aus. Sie ist allen $4 \cdot 6 = 24$ Dreiecken nicht allein umgeschrieben, sondern auch eingeschrieben und berührt jede der sechs harmonischen Kurven des syzygetischen Büschels in neun Punkten, deren jeder einen Wendepunkt zum Tangentialpunkt hat, legt ihre 72 Wendepunkte zu je sechs auf die 12 Wendegeraden und schickt ihre 72 Wendetangenten zu je sechs durch die 12 Ecken der vier Wendedreiseite. Die 54 Wendetangenten der sechs harmonischen Kurven werden von ihr berührt[152]).

Die Realitätsverhältnisse der ausgezeichneten Kurven im syzygetischen Büschel haben dadurch an Bedeutung gewonnen, daß die Ein-

---

151) Zu geometrisch ausgezeichneten Gruppen von äquianharmonischen C_3 gelangen *A. Clebsch*, J. f. Math. 57 (1860), p. 239; *A. G. Halphen*, Math. Ann. 15 (1879), p. 359; *Ch. A. Scott*, Mess. (2) 25 (1896), p. 180; *H. S. White*, Amer. Soc. Trans. 1 (1900), p. 170; *M. B. Porter*, Amer. Soc. Trans. 2 (1901), p. 32.

152) Bei der Entwicklung dieser Eigenschaften, welche zum größten Teile von *Clebsch* und *Gordan* herrühren (Math. Ann. 1 und 6, vgl. *Clebsch-Lindemann*, Vorl., p. 647), hat sich neben einer gewissen Formenbeziehung die von ihnen ausgeführte typische Darstellung für eine beliebige Kurve des syzygetischen Büschels als wirksam erwiesen. Ergänzungen zu ihren Entwicklungen geben *S. Gundelfinger* (Math. Ann. 8 (1875), p. 136) und *P. Muth*, Diss. Gießen 1890; *H. Maschke*, Math. Ann. 33 (1898), p. 324.

Unter Auszeichnung einer seiner Kurven behandelt *E. Laguerre*, Oeuvres 2, p. 509 (= Journ. de math. (3) 4 (1878) das syzygetische Büschel. Die ausgezeichnete Kurve bestimmt in Verbindung mit ihrer doppelt gezählten *Cayley*schen Kurve eine Schar von Kurven sechster Klasse, für die zahlreiche Beziehungen zu den Kurven des syzygetischen Büschels sich ergeben. Die Enveloppe der geraden Polaren der Punkte einer Kurve des syzygetischen Büschels in bezug auf eine zweite betrachtet *F. Gerbaldi*, Palermo Rend. 7 (1893), p. 19.

teilung der nichtsingulären Kurven dritter Ordnung in zehn Gattungen von *H. Wiener* (Nr. **6**) auf ihnen beruht[153]). Von den vier zerfallenden Kurven des Büschels sind zwei reell: die eine W besteht aus drei reellen Geraden, die andere W' aus einer reellen und zwei konjugiert imaginären; von den vier äquianharmonischen Kurven sind zwei reell, und wir bezeichnen die eine, deren drei reelle Wendetangenten im selben Punkt zusammentreffen, mit A, die andere mit A'; von den sechs harmonischen Kurven sind ebenfalls zwei reell: eine einteilige H_1 und eine zweiteilige H_2. Diese sechs ausgezeichneten Kurven kommen nun im syzygetischen Büschel in der zyklischen Folge $(W' H_2 W A H_1 A')$ vor und zerlegen das Büschel in sechs Gebiete. *Wieners* Einteilung entsteht dadurch, daß die Kurven jedes Gebietes zu einer Gattung zusammengefaßt werden, und die vier nichtsingulären unter den Grenzkurven als besondere Gattungen hinzutreten.

34. Das Kurvennetz dritter Ordnung und weitere Systeme. Das System aller durch die Gleichung $\varkappa f + \lambda\varphi + \mu\psi = 0$ gegebenen Kurven dritter Ordnung, wo $f = 0$, $\varphi = 0$, $\psi = 0$ drei Kurven dritter Ordnung bedeuten, heißt Netz oder Bündel (III C 4, Nr. **3**, *Berzolari*). *F. London* beweist, daß es für ein Kurvennetz dritter Ordnung im allgemeinen genau zwei Polarsechsseite gibt, die er konstruiert[154]); unendlich viele gibt es, wenn das Netz aus den ersten Polaren einer Kurve vierter Ordnung besteht. Existiert für die Kurven eines Netzes dritter Ordnung ein gemeinsames Polarfünfseit, so hat man nach *G. Scorza* das Netz der ersten Polaren einer besonderen Kurve vierter Ordnung, einer Kurve von *Clebsch* (Nr. 77), vor sich[155]).

Das System aller Kurven dritter Ordnung durch sechs Punkte hat wegen seiner Bedeutung für die Abbildung einer Fläche dritter Ordnung auf eine Ebene (III C 7, *Fr. Meyer*), Beachtung gefunden, die einem vollständigen Vierseit umschriebenen Kurven dritter Ordnung hat *E. d'Ovidio* behandelt[155a]). Andere Arten von Kurvensystemen, die man genauer kennt, sind die beiden Arten von Systemen Berührungskurven dritter Ordnung einer ebenen Kurve vierter Ordnung (Nr. **67**).

Nach der anzahlgeometrischen Seite haben *H. G. Zeuthen* und *S. Maillard* eine Theorie der Systeme von Kurven dritter Ordnung gegeben[156]).

---

153) *H. Wiener*, Die Einteilung der ebenen Kurven und Kegel dritter Ordnung, Halle a. S. 1901.

154) *F. London*, Math. Ann. 36 (1890), p. 35; *G. Scorza*, Math. Ann. 51 (1898), p. 154.

155) *G. Scorza*, Ann. di mat. (3) 2 (1899), p. 155.

155a) *E. d'Ovidio*, Giorn. di mat. 10 (1872), p. 16.

VII. Die Geometrie auf der Kurve.

35. Vollständige Schnittpunktsysteme. Der Restsatz. Die Anfänge der Theorie der Punktsysteme auf Kurven dritter Ordnung sind auf *Maclaurin* zurückzuführen (Nr. **23**). Später machen *Poncelet* und *Plücker*[157]) gewisse Eigenschaften der vollständigen Schnittpunktsysteme der C_3 mit anderen algebraischen Kurven für die Geometrie der C_3 fruchtbar. *Poncelets* Ergebnisse beruhen auf einem Spezialfall des folgenden Theorems. Ist ein vollständiges Schnittpunktsystem der C_3 so beschaffen, daß ein Teil seiner Punkte für sich ein vollständiges Schnittpunktsystem bildet, so gilt dasselbe vom restlichen Teil. Bei *Plücker* kommt, und zwar für den Fall $n = 3$, der Satz zur Geltung: Von den $3n$ Punkten eines vollständigen Schnittpunktsystems mit einer C_n können alle bis auf einen auf der C_3 willkürlich angenommen werden, der letzte ist dann schon bestimmt. *Poncelet* beweist, daß, wenn von den vier Seiten eines beweglichen der C_3 eingeschriebenen einfachen Vierecks drei durch feste Punkt der C_3 hindurchgehen, dasselbe auch von der vierten Seite der C_3 gilt. *Plücker* leitet sein Theorem von dem Gegenpunkt eines Punktquadrupels auf der C_3 ab, welches aussagt, das jeder durch das Quadrupel hindurchgelegte Kegelschnitt die C_3 noch in zwei Punkten trifft, deren Verbindungslinie durch den Gegenpunkt läuft. Beide gewinnen Aufschlüsse über die Lage der Berührungspunkte von Kegelschnitten, welche die C_3 mehrfach berühren.

Eine Punktgruppe auf der C_3 heißt Rest einer zweiten, wenn sie mit ihr zusammen ein vollständiges Schnittpunktsystem der C_3 bildet, und zwei Punktgruppen heißen korresidual, wenn ein und dieselbe Punktgruppe Rest von ihnen beiden ist. Die Wichtigkeit dieser Begriffsbildung beruht auf dem Restsatz, welcher aussagt, daß, wenn zwei Punktgruppen einen gemeinsamen Rest haben, jeder Rest für die eine Punktgruppe auch Rest für die andere ist. *J. J. Sylvester*[158]) entnimmt diesen Satz für die C_3 aus dem Schnittpunkttheorem, das oben als Quelle von Ergebnissen *Poncelets* erwähnt ist. Über den von *Brill* und *Noether* herrührenden Restsatz in seiner allgemeinen Fassung

156) *H. G. Zeuthen*, Paris C. R. 74 (1872), p. 521, 604, 726; vgl. Almindelige Egenskaber ved Systemer of plane Curver, Kopenhagen Abh. (3) 4 (1873), p. 287; *S. Maillard,* Thèse Paris 1871. (III C 3, Nr. **29**, *H. G. Zeuthen.*)

157) *J. V. Poncelet*, Traité 2, sect. 3, und Corr. math. phys. 7 (1832), p. 79. Wie *Maclaurin* geht auch *Poncelet* von Transversalenrelationen aus. *J. Plücker*, Algebr. Kurven, p. 56.

158) *J. J. Sylvester* hat seine Resttheorie zuerst der math. Gesellschaft in London vorgelegt; vgl. darüber Amer. Journ. 3 (1880), p. 60.

ist III C 4, *Berzolari* Nr. **25** berichtet. *G. Salmon* macht bei seiner Darstellung, die sich an *Sylvester* anlehnt, darauf aufmerksam, wie der Restsatz in prinzipiell ganz einfacher Weise erlaubt, die Konstruktion des $3n^{\text{ten}}$ Punktes eines vollständigen Schnittpunktsystems, von dem $3n - 1$ Punkte gegeben sind, auf die wiederholte Lösung der Aufgabe zu reduzieren, den dritten Schnittpunkt der Verbindungslinie zweier gegebener Punkte der C_3 mit dieser Kurve zu zeichnen. Überhaupt lassen sich die meisten Schlüsse, welche bei der geometrischen Behandlung von Problemen der Geometrie auf der Kurve sich als wirksam erwiesen haben, als Anwendungen des Restsatzes kennzeichnen[159]).

Von Bedeutung ist der Begriff einer Vollschar n^{ter} Ordnung, das ist der Schar aller Gruppen von je n Punkten, welche untereinander korresidual sind[160]). Aus dieser Definition folgt, daß jede Punktgruppe der C_3 die Vollschar bestimmt, der sie angehört. Nach geometrischen Methoden hat *Em. Weyr* die Vollscharen einer C_3 untersucht[161]).

36. Grundlagen für die Verwertung der Parameterverteilung. (Nr. **21**) *A. Clebsch* erkennt, daß man vermöge der Parameterverteilung, welche einem Punkt der C_3 den Wert des bis zu ihm hin erstreckten zur Kurve gehörigen Integrals erster Gattung (vgl. II B 3, *Harkness-Wirtinger*) zuordnet, die Geometrie auf der Kurve beherrscht[162]). Einem Parameterwert u entspricht dann immer ein ganz bestimmter Kurvenpunkt (den wir gleichfalls mit u bezeichnen), demselben Punkt kommen aber unendlich viele Parameterwerte zu, nämlich die Werte $u + m\omega + m'\omega'$, wo ω und ω' ein Paar von Elementarperioden, m, m' beliebige ganze Zahlen bedeuten.

Das *Abel*sche Theorem liefert *Clebsch* die Bedingung dafür, daß drei Punkte u_1, u_2, u_3 in gerader Linie liegen, in der Form

$$u_1 + u_2 + u_3 \equiv 0 \pmod{\omega, \omega'},$$

vorausgesetzt, daß die Parameterverteilung so gewählt ist, daß ihr Nullpunkt in einen Wendepunkt fällt. Allgemein ist dann

$$u_1 + u_2 + \cdots u_{3n} \equiv 0$$

159) *G. Salmon*, Higher plane curves, 2^d ed. (1873), p. 133 f. Korrektur eines Versehens bei *A. Cayley*, Mess. (2) 3 (1874), p. 62 = Papers 9, p. 211. Unter den zahlreichen geometrischen Anwendungen seien die von *K. Rohn*, Leipzig Ber. 58 (1906), p. 199 hervorgehoben.

160) Vgl. III C 4, *Berzolari* Nr. **25**.

161) *Em. Weyr*, Wien Ber. 88 (1883), p. 436; 101 (1892), p. 1457, 1506 und 1695; vgl. auch Wien Ber. 97 (1888), p. 606 und Wien Monatsh. 2 (1891), p. 60; ferner *K. Küpper*, Prag Abh. (6) 12 (1883), p. 1.

162) *A. Clebsch*, J. f. Math. 63 (1863), p. 94; 64 (1864), p. 210.

die Bedingung dafür, daß die Punkte $u_1, u_2, \ldots, u_{3n}$ ein vollständiges Schnittpunktsystem bilden und deshalb

$$u_1 + u_2 + \cdots + u_\mu \equiv v_1 + v_2 \cdots + v_\nu$$

die Bedingung dafür, daß die beiden Punktgruppen $u_1, u_2, \cdots, u_\mu$ und $v_1, v_2, \cdots, v_\nu$ korresidual sind. In dieser Weise erscheint der Restsatz in Evidenz gesetzt.

Umgekehrt erlaubt der Restsatz, ohne von dem elliptischen Parameter Gebrauch zu machen, indem man $u_1, u_2, \cdots, u_\mu$ und $v_1, v_2, \cdots, v_\nu$ lediglich als Zeichen für die Punkte ansieht, die Korresidualität der beiden Punktgruppen in Form der obigen Kongruenz symbolisch anzuschreiben und mit solchen Kongruenzen zu rechnen, d. h. sie zu addieren und subtrahieren. Dies ist im Wesen durch *J. Sylvester*[163]) und *Em. Weyr*[164]) geschehen.

Eine Vollschar ist durch irgend eine ihrer Gruppen bestimmt und erscheint gegeben durch eine Kongruenz von der Form

$$u_1 + u_2 + \cdots + u_n \equiv \text{const.}$$

37. Die eindeutigen algebraischen Transformationen der elliptischen Kurve in sich. *G. Salmon* hat zuerst die beiden Arten von eindeutigen algebraischen Transformationen bemerkt, welche eine Kurve dritter Ordnung vom Geschlecht Eins in sich überführen[165]). *A. Harnack* hat sie von der Parameterdarstellung[166]), *Em. Weyr* von geometrischen Überlegungen ausgehend studiert[167]).

Sind u und u' entsprechende Punkte und zugleich ihre Parameter, so ist eine Beziehung der ersten Art dargestellt durch

$$u' \equiv -u + c \quad (\operatorname{mod} \omega, \omega'),$$

eine Beziehung der zweiten Art durch

$$u' \equiv +u + c \quad (\operatorname{mod} \omega, \omega'),$$

wobei c eine Konstante bedeutet.

163) *G. Salmon*, Higher plane curves, 2[d] ed. (1873), p. 135; vgl. *W. E. Story*, Amer. Journ. 3 (1880), p. 356.

164) *Em. Weyr*, Wien Ber. 103 (1894), p. 365.

165) *Salmon-Fiedler*, Höhere ebene Kurven, 1. Aufl., p. 395 f.

166) *A. Harnack*, Erlangen Diss. Leipzig 1875, p. 42 = Math. Ann. 9 (1875), § 5.

167) *Em. Weyr*, Wien Ber. 87 (1883), p. 837. Eine Bemerkung dazu von *T. Brodén*, Stockholm Förh. 1893, p. 45; vgl. ferner *C. Segre*, Math. Ann. 27 (1886), p. 295; Torino Atti 24 (1889), p. 734; *G. Castelnuovo*, Torino Atti 24 (1889), p. 4; *S. Kantor*, Torino Atti 29 (1893), p. 9; *F. Klein* und *R. Fricke*, Vorl. über die Theorie der elliptischen Modulfunktionen 2 (Leipzig 1892), p. 241 (*F. Klein*, Leipzig Abh. 1885, p. 337); *H. Oppenheimer*, Wien Monatshefte 12 (1901), p. 219; *H. Burkhardt*, Elliptische Funktionen, Leipzig 1906, § 133.

Jede Beziehung der ersten Art ist involutorisch; sie ordnet je zwei Punkte der C_3 einander zu, welche mit einem bestimmten Punkt, dem Punkt $-c$, in gerader Linie liegen. Eine Beziehung zweiter Art ist i. a. nicht involutorisch; sie entsteht, wenn man zwei Beziehungen erster Art nacheinander anwendet. Ebenso wie die Beziehung erster Art ist auch diejenige von der zweiten Art durch ein Paar von entsprechenden Punkten u, u' gegeben, das willkürlich angenommen werden darf. Durch Projektion des Paares u, u' von einem beliebigen Kurvenpunkte aus auf die Kurve entsteht ein neues Paar v', v der Beziehung.

Unter den Beziehungen zweiter Art gibt es (von der Identität abgesehen) lediglich drei involutorische. Sie sind durch die Werte

$$\frac{\omega}{2}, \quad \frac{\omega'}{2}, \quad \frac{\omega+\omega'}{2}$$

der Konstanten c charakterisiert und stellen die drei Systeme korrespondierender Punkte (Nr. **23**) auf der Kurve dar. Allgemein besteht die notwendige und hinreichende Bedingung dafür, daß eine Beziehung zweiter Art zyklisch ist, so zwar, daß sie n-mal nacheinander angewandt die Identität gibt, darin, daß die Konstante c dem n^{ten} Teil einer Periode gleich ist.

Durch sukzessive Anwendung von Beziehungen erster und zweiter Art erhält man eine Beziehung, die von der ersten oder zweiten Art ist je nachdem die Anzahl der verwendeten Beziehungen erster Art ungerade oder gerade war.

Em. Weyr hat einen geometrischen Beweis dafür erbracht, daß die Beziehungen erster und zweiter Art die einzigen algebraischen (1, 1)-Korrespondenzen auf der Kurve sind. Dieser Beweis versagt für den Fall, daß die Kurve entweder harmonisch oder äquianharmonisch ist, und tatsächlich treten in diesen beiden Fällen noch (1, 1)-Korrespondenzen auf, welche bez. durch

$$u' \equiv \pm 2u + c \quad \text{und} \quad u' \equiv \pm c^{\frac{2\pi i}{3}} u + c$$

gegeben sind[168]).

Man kann jede algebraische eindeutige Transformation einer C_3

168) Diese Korrespondenzen sind zuerst von *F. Klein* bemerkt worden Math. Ann. 15 (1879), p. 279; vgl. *C. Segre*, Torino Atti 24 (1889), p. 734; *F. Amodeo*, Ann. di mat. (2) 19 (1891), p. 145; *T. Brodén*, Stockholm Förh. (1893), p. 213; *H. Burkhardt* a. a. O.[167]). Über die verschiedenen Fälle, welche die iterierte Beziehung zweiter Art darbieten kann, vgl. *P. Koebe*, Berlin, Math. Ges. 5 (1906), p. 57.

in sich als durch eine quadratische Verwandtschaft in der Ebene hervorgerufen ansehen[169]).

Die 18 Kollineationen der C_3 in sich, auf welche zuerst *F. Klein* hingewiesen hat, rufen auf ihr die Beziehungen hervor

$$u' \equiv \pm u + \frac{m\omega + m'\omega'}{3}.$$

Ist die C_3 harmonisch oder äquianharmonisch, so existieren weitere Kollineationen in sich, entsprechend den Beziehungen

$$u' \equiv \pm iu + \frac{m\omega + m\omega'}{4} \quad \text{und} \quad u' \equiv \pm e^{\frac{2\pi i}{3}} u + \frac{m\omega + m'\omega'}{3}\ ^{170}).$$

38. Die Systeme von n-fachen Punkten der Vollscharen n^{ter} Ordnung. Eine Vollschar $u_1 + u_2 + \cdots + u_n \equiv c$ enthält n^2 Gruppen, welche von je einem n-fachen Punkte gebildet werden. Die Parameter dieser Punkte sind die n^2 inkongruenten Werte

$$\frac{c}{n} + \frac{\mu\omega + \mu\omega'}{n} \qquad (\mu, \mu' = 0, 1, \cdots, (n-1)),$$

woraus *F. Klein* einen Satz über die Gruppierung dieser Punkte entnimmt[171]). Weitere Gruppierungssätze werden durch die Überlegung *C. Segres* nahe gelegt, daß eine (1, 1)-Korrespondenz auf der Kurve ein System von n^2 n-fachen Punkten einer Vollschar n^{ter} Ordnung in ein zweites ebensolches System transformiert, welches mit dem ersten zusammenfällt, sobald die Korrespondenz einem Punkte des Systems einen zweiten desselben Systems zuordnet, der auch mit dem ersten identisch sein darf[172]). Jeder Punkt der C_3 gehört einem einzigen derartigen System von n^2 Punkten an, weil er die Vollschar n^{ter} Ordnung bestimmt, der er als n-facher Punkt angehört, und es folgt,

169) *C. Segre,* Torino Atti 24 (1889), p. 734; vgl. *H. S. White*, Amer. Soc. Bull. (2) 4 (1897), p. 17; *K. Doehlemann,* Zeitschr. Math. Phys. 36 (1891), p. 356; *V. Martinetti,* Giorn. di mat. 23 (1885), p. 37.

170) *F. Klein,* Math. Ann. 4 (1871), p. 353; vgl. *A. Harnack*, Math. Ann. 9 (1875), p. 44; *P. Muth,* Gießen Diss. (1890). Die Kollineationsgruppen mit invarianten Kurven dritter Ordnung bestimmt *H. S. White,* Amer. Math. Soc. Bull. (2) 4 (1897), p. 17.

Die 18 Kollineationen der C_3 in sich bilden eine Untergruppe der *Hesse*schen Kollineationsgruppe (Nr. **18**) und dementsprechend ist $\frac{a}{b}$ in der *Hesse*schen Normalform (Nr. **20**) zwölfwertig und nichts anderes als die zur absoluten Invariante der C_3 gehörige Tetraederirrationalität. Vgl. *F. Klein,* Leipzig Abh. 13 (1885), Nr. 4 und *Klein-Fricke,* Ellipt. Modulfunktionen 2, sowie I B 3f Nr. **17**, *A. Wiman.*

171) *F. Klein,* Leipzig Abh. 1885.

172) *C. Segre,* Math. Ann. 27 (1886), p. 295; vgl. *Em. Weyr*, Wien Ber. 101 (1892), p. 1724 f.; Wien Monatsh. 2 (1891), p. 458.

daß alle derartigen Systeme von je n^2 Punkten aus einem beliebigen von ihnen dadurch abgeleitet werden können, daß man es von den einzelnen Punkten der Kurve auf diese projiziert.

Für $n = 2$ erhält man die Quadrupel von Punkten mit gemeinsamem Tangentialpunkt, für $n = 3$ hat man je neun Punkte, in denen die C_3 von Kegelschnitten oskuliert wird, die durch dieselben drei Punkte dieser Kurve gehen[173]).

Zu solchen Punktsystemen gehört das System der Punkte, in welchen die C_3 von einer C_k $3k$-punktig berührt wird. Für $k = 2$ besteht es aus den neun Wendepunkten und den 27 „sextaktischen" Punkten, in denen ein eigentlicher Kegelschnitt die C_3 sechspunktig schneidet, für $k = 3$ umfaßt es neben den neun Wendepunkten die 72 „Koinzidenzpunkte" der C_3, in denen eine eigentliche Kurve dritter Ordnung neunfach schneidet. Dies sind nach *G. Salmon* die Punkte, die bez. mit ihren dritten Tangentialpunkten übereinstimmen, die Ecken der 24 *Hart*schen Dreiecke, welche der C_3 zugleich um- und eingeschrieben sind[174]).

39. Schließungsprobleme, eingeschriebene Polygone und Konfigurationen. Zahlreiche Schließungsaufgaben führen auf die in der letzten Nummer besprochenen Punktsysteme der C_3 oder auf Teile von ihnen.

Soll der C_3 ein Polygon eingeschrieben werden, das die Seiten abwechselnd durch einen von zwei auf der Kurve gewählten Fundamentalpunkten O, O' hindurchschickt, so kann man aus jedem Eckpunkte den folgenden ableiten. Nach einer Angabe von *J. Steiner* schließt sich aber das entstehende Polygon im allgemeinen nicht; falls aber für zwei Fundamentalpunkte O, O' bei einer Wahl des ersten Polygoneckpunktes ein geschlossenes $2n$-Eck entsteht, dann auch bei jeder anderen Wahl[175]). Damit zwei Kurvenpunkte O, O' Fundamentalpunkte eines *Steiner*schen $2n$-Ecks sind, ist notwendig und ausreichend, daß

173) Über diese „Inflexionsgruppen" näheres bei *R. Gent*, Zeitschr. Math. Phys. 17 (1872), p. 476; *H. Durège*, Die ebenen Kurven dritter Ordnung, Leipzig 1871, p. 286 f. (Beiträge von *K. Küpper*), Prag Ber. (1871), p. 47; *A. Harnack*, Math. Ann. 9 (1876), p. 47; *A. Schwarz*, Wien Monatsh. 11 (1900), p. 87.

174) *G. Salmon*, Lond. Trans. 148 (1858), p. 535; *A. S. Hart*, Dublin Trans. 25 (1875), p. 559, daselbst auch eine Untersuchung der Realitätsverhältnisse. Eine Erweiterung dieser Betrachtungen bei *E. Kötter*, Diss. Berlin 1884; vgl. noch *M. Disteli*, Zeitschr. Math. Phys. 38 (1893), p. 257. Neue Eigenschaften der Koinzidenzpunkte gibt *G. H. Halphen*, Math. Ann. 15 (1879), p. 359; vgl. *J. J. Sylvester*, Amer. Journ. 2 (1879), p. 383; *T. Tuch*, Diss. Jena 1890; *M. B. Porter*, Amer. Trans. 2 (1901), p. 37.

175) *J. Steiner*, J. f. Math. 32 (1846), p. 182 = Werke 2, p. 371.

sie n-fache Punkte derselben Vollschar n-ter Ordnung darstellen. An dem Problem der *Steiner*schen Polygone hat *A. Clebsch* zum ersten mal die Fruchtbarkeit seiner elliptischen Parameterdarstellung der C_3 erprobt[176]). Geometrische Entwicklungen und Erweiterungen haben *K. Küpper* und andere gegeben[177]). Es hat sich insbesondere gezeigt, daß die geradstelligen und die ungeradstelligen Ecken eines *Steiner*schen $2n$-Ecks sich als zwei beliebige Zyklen derselben zyklischen (1, 1)-Korrespondenz auf der Kurve ansehen lassen, daß die Fundamentalpunkte O, O' einem bestimmten dritten Zyklus angehören und die Beziehung zwischen den drei Zyklen vertauschungsfähig ist.

Ein anderes Schließungsproblem entsteht durch fortgesetztes Tangentenziehen: die Frage nach geschlossenen m-Ecken, welche der C_3 gleichzeitig ein- und umgeschrieben sind. *H. Picquet* hat dieses Schließungsproblem, gestützt auf die elliptische Parameterverteilung, nicht nur für ein beliebiges m behandelt, sondern auch das allgemeinere, das an die Stelle einer Tangente die C_k setzt, welche die C_3 in einem Punkte $(3k - 1)$-punktig schneidet[178]).

Verschiedene ausgezeichnete der Kurve eingeschriebene Polygone und Konfigurationen behandeln *W. K. Clifford*, *S. Kantor*, *J. de Vries*, *A. Schönflies*, *J. Vályi*, *P. Serret*[179]). Besonders bemerkenswert ist die Konfiguration, die von den 12 Berührungspunkten der Tangenten

176) *A. Clebsch*, J. f. Math. 63 (1863), p. 94.

177) *K. Küpper*, Prag Abh. (6) 6 (1873); (6) 12 (1884), p. 1 = Math. Ann. 24 (1884), p. 1; *F. August*, Arch. Math. Phys. 59 (1876), p. 1; *H. Graßmann*, Gött. Nachr. (1872), p. 509 = Werke 2¹, p. 247; *P. H. Schoute*, J. f. Math. 95 (1883), p. 106; 96 (1883), p. 105, 201, 317; *M. Disteli*, Diss. Zürich Leipzig 1888; *V. Martinetti*, Palermo Rend. 5 (1891), p. 109; *Em. Weyr*, Wien Ber. 101 (1892), p. 1457, 1695; 103 (1894), p. 365; *J. de Vries*, Arch. Néel. 25 (1891), p. 1; *E. Czuber*, J. f. Math. 114 (1895), p. 312; *H. Schröter*, Theorie der ebenen Kurven dritter Ordnung, Leipzig 1888, p. 256 f.

Andere Schließungsprobleme behandeln *R. A. Roberts*, London Math. Soc. 17 (1886), p. 158; *H. S. White*, Amer. Math. Soc. 1905; *F. Morley*, London Math. Soc. Proc. (2) 4 (1907), p. 384.

178) *H. Picquet*, Journ. éc. polyt., cah. 54 (1884), p. 31; vgl. *J. J. Sylvester*, Amer. Journ. 2 (1879), p. 383 f.; 3 (1880), p. 51; *W. E. Story*, Amer. Journ. 3 (1880), p. 356; *Em. Weyr*, Wien Monatsh. 4 (1893), p. 120, 154. *H. Oppenheimer*, Wien Monatsh. 18 (1907), p. 71 vervollständigt die *Picquet*schen Ergebnisse.

179) *W. K. Clifford*, Quart. Journ. 6 (1864), p. 216 = Papers, p. 72; *S. Kantor*, Wien Ber. 84 (1881), p. 915, 1297; J. f. Math. 95 (1883), p. 147; *J. de Vries*, Amst. Versl. (3) 6 (1889), p. 232; Wien Ber. 98 (1889), p. 446, 1290; *A. Schönflies*, Göttinger Nachr. (1889), p. 334; *J. Vályi*, Ungarn Ber. 8 (1890), p. 69; 9 (1891), p. 143; 10 (1892), p. 168; *P. Serret*, Paris C. R. 115 (1892), p. 406, 436. Beweise der *Serret*schen Sätze bei *V. Rouquet*, Toulouse Mém. (9) 5 (1893), p. 113.

gebildet wird, die von drei in gerader Linie befindlichen Punkten der C_3 an diese Kurve gezogen werden können. Sie ist von *J. Plücker*, *O. Hesse*, *S. Roberts*, *E. Caporali*, *J. de Vries*, *H. Schröter*, *K. Rohn*, *S. Nakagawa* eingehend untersucht worden[180]).

VIII. Projektive Theorie der rationalen Kurven dritter Ordnung.

40. Kanonische Gleichungsform und Singularitäten. Für die Kurven dritter Ordnung mit Doppelpunkt oder Spitze werden einerseits die markantesten Modifikationen der allgemeinen Theorie namhaft zu machen sein, andererseits müssen die speziellen nur auf diese Kurven bezüglichen Theorien Berücksichtigung finden.

Für diese Kurven versagt *Hesses* kanonische Gleichungsform $a(x_1^3 + x_2^3 + x_3^3) + 6bx_1x_2x_3 = 0$ und man hat für die Kurven mit Doppelpunkt an ihrer Stelle die Gleichungsform

$$a(x_1^3 + x_2^3) + 6bx_1x_2x_3 = 0$$ [181]).

Die formentheoretische Reduktion auf diese Gleichungsform findet man bei *F. Dingeldey*[182]). Das Fundamentaldreieck des Koordinatensystems besteht hier aus den beiden Tangenten des Doppelpunktes in Verbindung mit der Wendelinie, das ist der Geraden, in welcher die drei Wendepunkte liegen, welche die Kurve besitzt. Das Dreieck ist nicht reell, wenn der Doppelpunkt ein isolierter ist. In diesem Falle sind, wie schon *J. Plücker* bemerkt hat, die drei Wendepunkte immer reell, während wenn der Doppelpunkt ein Knoten ist, lediglich einer von ihnen reell ist. *J. Plücker* hebt auch hervor, daß in bezug auf das Dreieck der drei Wendetangenten dem Doppelpunkt die Wendelinie als harmonische Polare entspricht[183]).

Für die Kurve mit Spitze ist die Gleichung $x_1x_3^2 - 4x_2^3 = 0$ als Normalform anzusehen[184]). Das Koordinatendreieck ist hier das „Hauptdreieck" der Kurve, die beiden ausgezeichneten Punkte, der

---

180) *J. Plücker*, System, p. 272. Für den Fall der unendlich fernen Geraden, allgemein *O. Hesse*, J. f. Math. 36 (1848), p. 153 = Werke, p. 166; *S. Roberts*, Quart. Journ. 3 (1860), p. 121; 9 (1868), p. 232; *E. Caporali*, Memorie di geometria, Neapel 1888, p. 338; *H. Schröter*, J. f. Math. 108 (1891), p. 269; *K. Rohn*, Leipzig Ber. 58 (1906), p. 199; *S. Nakagawa*, Tokio Proc. 4 (1907), p. 52.

181) Vgl. *O. Hesse*, J. f. Math. 36 (1848), § 5 = Werke, p. 182. Bezogen auf das Dreieck der Inflexionstangenten nimmt die Kurvengleichung nach *G. Salmon* (Treatise, p. 172) die Form an $x_1^{\frac{1}{3}} + x_2^{\frac{1}{3}} + x_3^{\frac{1}{3}} = 0$.

182) *F. Dingeldey*, Math. Ann. 31 (1888), p. 178.

183) *J. Plücker*, System, Art. 325.

184) Für die Reduktion auf diese Form vgl. *F. Dingeldey*, Math. Ann. 31 (1888), p. 157.

Rückkehrpunkt und der Wendepunkt, sind zwei seiner Ecken, die beiden ausgezeichneten Tangenten, Rückkehr- und Wendetangente, zwei seiner Seiten.

41. Polarentheorie, Hessesche und Cayleysche Kurve. Hat eine Kurve dritter Ordnung einen Doppelpunkt, so gehen alle ihre Polarkegelschnitte durch ihn hindurch; umgekehrt stellt ein beliebiges Netz von Kegelschnitten mit einem gemeinsamen Punkte das Polarennetz für eine bestimmte Kurve dritter Ordnung mit einem Doppelpunkt in diesem Punkte dar.

Die *Hesse*sche Kurve erscheint vollständig charakterisiert durch den Satz von *G. Pittarelli*[185]), nach welchem sie aus der Grundkurve durch die zentrische Kollineation hervorgeht, welche den Doppelpunkt zum Zentrum, die Wendelinie zur Achse hat und das Doppelverhältnis — 3 besitzt. Die *Cayley*sche Kurve zerfällt in den Doppelpunkt und einen dem Wendetangentendreieck eingeschriebenen Kegelschnitt, welcher die Tangenten des Doppelpunktes in ihren Schnittpunkten mit der Wendelinie berührt[186]) (Cayleyscher Kegelschnitt).

Entsprechend dem Umstande, daß von einem Kurvenpunkte neben seiner Tangente nur zwei Kurventangenten ausgehen, hat man auf der Kurve dritter Ordnung mit Doppelpunkt nur *ein* System konjugierter Pole und die Kurve tritt demgemäß nur auf eine Art als Tripelkurve auf. Sie läßt sich als Tripelkurve eines Netzes von Kegelschnitten definieren, welche sämtlich einen Punkt gemein haben. Die Verbindungslinien der Paare von konjugierten Polen umhüllen einen Kegelschnitt, den Cayleyschen Kegelschnitt der Kurve dritter Ordnung, für welche die Grundkurve die Hessesche darstellt. Er berührt die Grundkurve in den konjugierten Polen ihrer drei Wendepunkte.

42. Erzeugungsarten und konstruktive Behandlung. *Em. Weyr* hat einer konstruktiven Theorie der rationalen Kurven dritter Ordnung ihre Erzeugung durch eine (1, 2)-Korrespondenz zwischen zwei Strahlenbüscheln, das ist eine projektive Beziehung zwischen einem Strahlenbüschel und einer Strahleninvolution, zugrunde gelegt[187]). Es ist dies ein Spezialfall der *Chasles*schen Erzeugung (Nr. 26), denn die Strahleninvolution läßt sich als spezielles Kegelschnittbüschel auffassen. Von hier aus löst *Weyr* das Fundamentalproblem, die Kurve

185) *G. Pittarelli,* Napoli Rend. 24 (1885), p. 111.

186) Die Polygone, welche dem *Cayley*schen Kegelschnitt umschrieben und zugleich der *Hesse*schen Kurve eingeschrieben sind, bestimmt *H. Rosenow* (Diss. Breslau, Leipzig 1873).

187) *Em. Weyr*, Theorie der mehrdeutigen geometrischen Elementargebilde usw., Leipzig 1869.

aus dem Doppelpunkt und sechs weiteren Punkten zu konstruieren, und andere Probleme. Sieht man genauer zu, worauf der Erfolg seiner Methode beruht, so erkennt man, daß im Grunde die Ableitung der Kurve aus einem Kegelschnitt durch eine quadratische Transformation wirksam ist, eine Ableitung, von der man Spezialfälle auch sonst vielfach in der Literatur antrifft[188]).

Vermöge einer quadratischen Verwandtschaft zwischen einem Punktfelde und einem Punkt- oder Strahlenfelde entspricht nämlich jeder Kurve dritter Ordnung in der ersten Ebene, welche in einem von ihren drei Hauptpunkten einen Doppelpunkt, in den beiden anderen einfache Punkte hat, ein durch einen Hauptpunkt gehender, bezw. eine Hauptgerade berührender Kegelschnitt in der anderen Ebene, wodurch gewisse Eigenschaften der Kurve dritter Ordnung und sie betreffende Konstruktionen auf Kegelschnitteigenschaften und -konstruktionen zurückgeführt erscheinen[189]).

Eine Erzeugung, welche oft als geometrische Definition für die rationale Kurve dritter Ordnung zugrunde gelegt wird, stammt von *H. Schröter*. Sie läßt die Kurve entstehen als Ort der entsprechenden Strahlen zweier projektiver Strahlenbüschel bezw. erster und zweiter Ordnung; als Träger des ersten ist der Doppelpunkt, als Träger des zweiten ein beliebiger Berührungskegelschnitt der Kurve zu wählen[190]).

Manche Eigenschaften lassen sich leicht aus folgender Entstehung der Kurve folgern. Die Kurve ist der Ort der Berührungspunkte der Tangenten, die sich aus einem beliebigen Punkte der Ebene an die Kegelschnitte einer Schar legen lassen.

Für einzelne Erzeugungsarten der allgemeinen Kurve dritter Ordnung sind die Bedingungen untersucht worden, unter denen sie eine rationale Kurve ergeben. *F. Dingeldey* zeigt, wie man nicht nur die Kurve, wenn der Doppelpunkt und 6 weitere Punkte für sie ge-

---

188) Im Grunde liegen Erzeugungen dieser Art schon bei *Newton* und *Maclaurin* vor, vgl. darüber *E. Kötter*, Bericht, p. 10.

189) Vgl. III C 8, *G. Castelnuovo* und *F. Enriques*. Eine Konstruktion der Kurve aus dem Doppelpunkt und sechs weiteren Punkten auf dieser Grundlage gibt bereits *F. Seydewitz*, Arch. Math. Phys. 7 (1846), p. 136. Vgl. für spezielle Anwendungen z. B. *P. H. Schoute*, Arch. Néerl. 20 (1885), p. 49.

190) *H. Schröter*, J. f. Math. 54 (1857), p. 32. Konstruktive Verwertung bei *C. Juël*, Tidsskr. 4 (1877), p. 17 und *D. N. Lehmer*, Amer. Trans. 3 (1902), p. 372. *G. Battaglini*, Napoli Rend. (1865), p. 390; Giorn. di mat. 4 (1860), p. 214 und *G. Pittarelli*, Rom Lincei Mem. (4) 3 (1886), p. 375 betrachten die C_3 mit Doppelpunkt als Erzeugnis einer (1, 2)-Korrespondenz auf einem Kegelschnitt, eine Erzeugungsart, welche mit der *Schröter*schen auf das engste zusammenhängt, vgl. *A. Ameseder*, Arch. Math. Phys. (1) 64 (1879), p. 109, Wien Ber. 80 (1879), p. 487.

geben sind, sondern auch ihre *Hesse*sche nach einer *Graßmann*schen Methode erzeugen kann[191]).

43. Fortsetzung. Oskulanten. Auf die Bedeutung der Kegelschnitte, welche dem Dreieck der Wendetangenten eingeschrieben sind und die rationale Kurve dritter Ordnung in einem Punkte berühren, hat zuerst *F. H. Siebeck* aufmerksam gemacht[192]). Er bemerkt, daß zwei solche Kegelschnitte zu einer projektiven Erzeugung der Kurve als Tangentengebilde dienen können: es ist zwischen den beiden Kegelschnitten eine projektive Beziehung vorhanden, in der den Berührungspunkten der drei Wendetangenten mit dem einen Kegelschnitt, bez. ihre Berührungspunkte mit dem anderen entsprechen, und die Kurve entsteht als Einhüllende der Verbindungslinien entsprechender Punkte dieser Beziehung. Das System aller Kegelschnitte, welche paarweise je einer solchen Siebeckschen Erzeugung zugrunde gelegt werden können, ist nichts anderes als die Gesamtheit der Kegelschnitte, welche den einzelnen Tangenten des Cayleyschen Kegelschnitts als Polarkegelschnitte bezüglich des Wendetangentendreiecks zugehören. Das System dieser Kegelschnitte hat auch *W. Frahm* insbesondere rücksichtlich der Polardreiecke untersucht, welche seine Kegelschnitte paarweise gemeinsam haben[193]).

Ein neues Licht fällt auf dieses Kegelschnittsystem, sowie es von einer ganz anderen Seite her als System der ersten Oskulanten in die Theorie der Kurve einzieht[194]). Indem *W. Stahl* die Kurve als Projektion einer kubischen Raumkurve ansieht, erhält er als Projektion der ersten Oskulanten der Raumkurve, das ist der Schnittkegelschnitte der Tangentenfläche mit den Schmiegungsebenen, die ersten Oskulanten der Kurve. Je zwei dieser Kegelschnitte haben neben den drei Wendetangenten eine weitere Tangente gemein. Nimmt man drei solche Oskulanten an, so laufen die drei weiteren Tangenten, welche sie paarweise bestimmen, durch denselben Punkt Z der Ebene[195]).

191) *F. Dingeldey*, Math. Ann. 27 (1886), p. 81, 272. Die Frage, wann eine durch 9 Punkte gegebene C_3 einen Doppelpunkt hat, beantwortet *J. Thomae*, Leipzig Ber. 47 (1895), p. 515.

192) *F. H. Siebeck*, J. f. Math. 66 (1866), p. 344. Die dortigen Ergebnisse sind dual zu den im Texte angeführten.

193) *W. Frahm*, Diss. Tübingen 1873.

194) Vgl. III C 5, *Loria*.

195) *W. Stahl*, J. f. Math. 104 (1889), p. 38. Wird der Punkt Z festgehalten, so bilden sowohl die zugehörigen Tripel von Oskulanten eine Involution, als auch die Tripel ihrer weiteren Tangenten. Die Involution der entsprechenden Punkte der C_3 ist wie *L. Berzolari*, Ist. Lomb. Rend. (2) 25 (1892), p. 1025 hervorhebt, der die Theorie des Oskulantensystems invariantentheoretisch be-

44. Die Kurve als rationaler Träger. An die Stelle der Parameterdarstellung durch elliptische Funktionen der C_3 von Geschlecht Eins tritt bei den C_3 vom Geschlecht Null die rationale Parameterdarstellung[196]). Eine solche Kurve ist definiert durch die Gleichungen

$$\varrho x_1 = \varphi_1(\lambda), \quad \varrho x_2 = \varphi_2(\lambda), \quad \varphi x_3 = \varphi_3(\lambda),$$

wobei φ_1, φ_2, φ_3 ganze Funktionen dritten Grades bedeuten[197]).

In spezieller Gestalt hatte schon 1852 *G. Salmon* eine solche Parameterdarstellung verwertet[198]). Für die Kurve mit Spitze wählt er die Parameterdarstellung $x_1 : x_2 : x_3 = 1 : \lambda : \lambda^3$, so daß die Bedingung dafür, daß die den drei Parametern λ', λ'', λ''' entsprechenden Punkte in gerader Linie liegen (das „Schnittpunkttheorem") lautet:

$$\lambda' + \lambda'' + \lambda''' = 0;$$

für die Kurve mit Doppelpunkt wählt er

$$x_1 : x_2 : x_3 = (1 \pm \lambda^2) : \lambda(1 \pm \lambda^2) : 1$$

als Parameterdarstellung, für welche das Schnittpunkttheorem die Form annimmt

$$\lambda''\lambda''' + \lambda'''\lambda' + \lambda'\lambda'' = 0.$$

Von hier aus beherrscht er die Fragen, die mit Punktsystemen auf der Kurve zusammenhängen[199]). Die Auffassung der Kurve als rationalen Trägers kommt in einer Reihe von Untersuchungen *Em. Weyrs* zur Geltung, der namentlich als Hilfsmittel zum Studium der Kurve ihre Abbildung auf einen Kegelschnitt verwendet und durch Betrachtung der quadratischen Involutionen auf der Kurve Eigenschaften ihrer dreifach berührenden Kegelschnitte gewinnt. Die Verbindungslinien der Paare einer solchen Involution umhüllen nämlich i. a. einen Berührungskegelschnitt; nur wenn die Nachbarpunkte des Doppel-

---

handelt hat, nichts anderes als die kubische Involution, welche konjugiert ist zu der vom Strahlenbüschel des Punktes Z auf der C_3 ausgeschnittenen Involution. Übrigens ist schon bei *Fr. Meyer*, „Apolarität", das Prinzip, rationale Kurven als Projektionen von Normkurven in höheren Räumen aufzufassen, allgemein ausgebildet.

196) Für den Grenzübergang vgl. *G. Pittarelli*, Napoli Rend. 24 (1885), p. 216.

197) Die allgemeine Theorie bei *A. Clebsch*, J. f. Math. 64 (1864), p. 43; auf p. 124 eine kanonische Parameterdarstellung für die rationale C_3.

198) *G. Salmon*, Treatise, p. 164, 170.

199) *Salmon-Fiedler*, Höhere Kurven, 2. Aufl., p. 232 f. Das Problem des fortgesetzten Tangentenziehens behandelt auf Grund der Parameterdarstellung *H. Durège*, Prag Abh. (6) 3 (1869); Math. Ann. 1 (1869), p. 509; die *Steiner*schen Polygone *Em. Weyr*, Math. Ann. 3 (1870), p. 235 und *G. Loria*, Prag Ber. (1896) Nr. 36; andere eingeschriebene Polygone *R. A. Roberts*, London Math. Soc. 14 (1882), p. 56; verwandte Probleme *K. Zahradnik*, Prag Ber. (1875), p. 12; *K. Petr*, Casopis 35 (1906), p. 36.

punktes ein Paar der Involution darstellen, laufen sie durch denselben Kurvenpunkt (zentrale Involution)[200]).

Jede binäre Form n^{ter} Ordnung stellt auf der Kurve eine Gruppe von n Punkten dar, die projektiv ausgezeichneten darunter sind als die Kombinanten der drei binären kubischen Formen φ_1, φ_2, φ_3 gegeben, ein Gesichtspunkt, der zuerst bei *H. Rosenow* und *B. Igel* zur Geltung kommt. Die zu den drei Formen φ_1, φ_2, φ_3 konjugierte kubische Form stellt die drei Wendepunkte dar und ist fundamental, weil ihre Kovarianten mit den Kombinanten von φ_1, φ_2, φ_3 übereinstimmen. Ihre Hessesche Kovariante liefert die Parameter des Doppelpunktes, ihre kubische Kovariante, die zu den Wendepunkten konjugierten Pole, ihre Polare die Beziehung zwischen einem Punkt und seinem Tangentialpunkt usw.[201]).

Zur Darstellung aller mit der Kurve invariant verknüpfter Gebilde, nicht nur der auf der Kurve gelegenen, sondern auch der in der Ebene befindlichen, dient das erweiterte Kombinantensystem, das Formensystem der Form $u_1\varphi_1(\lambda) + u_2\varphi_2(\lambda) + u_3\varphi_3(\lambda)$, gemäß einer allgemein von *E. Study* gemachten Bemerkung[202]). *W. Groß*, welcher dann die Aufstellung dieser Kombinanten im weiteren Sinn nach einer Methode von *A. Brill* unternimmt, hat den Fall dritter Ordnung genauer behandelt und für die hier auftretenden einfacheren Formen nebst ihrer geometrischen Bedeutung eine tabellarische Übersicht gegeben[203]).

45. Die Kurve mit Spitze. Die Eigenschaft, welche den Fall der rationalen Kurve dritter Ordnung mit zusammenfallenden Doppelpunktstangenten vor dem allgemeinen Falle in erster Linie auszeichnet, ist eine kontinuierliche Gruppe von linearen Transformationen, welche die Kurve in sich überführen. *F. Klein* und *S. Lie*, welche diese Eigenschaft namhaft machen, weisen auch auf ihre Folgen hin. Man schließt z. B. sofort, daß das Doppelverhältnis, das auf einer Kurventangente der Berührungspunkt zusammen mit den drei Schnittpunkten der Seiten des Hauptdreiecks bestimmt, ein konstantes ist[204]).

Bestimmt jede projektive Beziehung zwischen den Punkten der

200) *Em. Weyr*, Zeitschr. Math. Phys. 15 (1870), p. 344, 383; Giorn. di mat. 9 (1871), p. 145; Wien Ber. 79 (1879), p. 429; 80 (1879), p. 1041; 81 (1880), p. 169.

201) *H. Rosenow*, Diss. Breslau (1873); *B. Igel*, Math. Ann. 6 (1873), p. 633.

202) *E. Study*, Leipzig Ber. 38 (1886), p. 3; vgl. *Fr. Meyer*, Math. Ann. 29 (1887), p. 455; 30 (1887), p. 32; *W. Groß*, Diss. Tübingen (1887) = Math. Ann. 32 (1888), p. 136.

203) *W. Groß*, Math. Ann. 32 (1888), p. 136. Über die Wendegerade *T. Bromwich*, Mess. of Math. 32 (1902), p. 113.

204) *F. Klein* und *S. Lie*, Math. Ann. 4 (1871), p. 50. Weitere Ergebnisse bei *A. Voß*, Zeitschr. Math. Phys. 17 (1872), p. 385.

Kurve, welche den Rückkehr- und den Wendepunkt in Ruhe läßt, eine Kollineation der Ebene, welche sie hervorruft, so bestimmt nach *M. Disteli* jede Involution auf der Kurve, für welche die genannten zwei Punkte ein Paar bilden, ein Polarsystem, in dem die Kurve sich selbst zugeordnet ist, in der Weise, daß jeder Punkt die Tangente in dem ihm vermöge der Involution entsprechenden Punkte zur Polare hat[205]).

Die Beziehung zwischen einem Punkt der Kurve und seinem Tangentialpunkt ist eine projektive, die Beziehung zwischen einer Geraden und ihrer Satellitgeraden eine kollineare Beziehung der Ebene. Diese Kollineation hat *K. Zahradnik* genauer untersucht. Leitet man aus einer Geraden ihre Satellitgerade ab, aus dieser wieder ihre Satellitgerade und so fort, so berühren alle diese Geraden eine und dieselbe Kurve dritter Ordnung und dritter Klasse[206]).

IX. Metrik und metrisch ausgezeichnete Kurven dritter Ordnung.

46. Metrische Eigenschaften der allgemeinen Kurve dritter Ordnung sind nur in geringer Anzahl bekannt geworden. Sieht man von Sätzen ab, welche für Kurven jeder Ordnung Geltung haben, so wird man mit *J. Plücker* die ersten metrischen Sätze in der geometrischen Deutung der einfacheren Gleichungsformen der Kurve erblicken. Einer von diesen Sätzen sagt, daß das Produkt der Entfernungen eines Kurvenpunktes von den drei Asymptoten zu seiner Entfernung von der Begleiterin der unendlich fernen Geraden in konstantem Verhältnis steht[207]). Besonderes Interesse wendet *Plücker* den kritischen Zentren des Büschels der Kurven dritter Ordnung zu, die mit der Grundkurve Asymptoten und Begleiterin der unendlich fernen Geraden gemein haben. Diese kritischen Zentra bilden ein Poldreieck für den Kegelschnitt, der die Seiten des Asymptotendreiecks in ihren Mittelpunkten berührt, und jedes von ihnen halbiert die drei Abschnitte, welche die Kurve auf seinen Verbindungslinien mit ihren Asymptotenschnittpunkten bestimmt[208]).

---

205) *M. Disteli*, Zeitschr. Math. Phys. 36 (1891), p. 138.

206) *K. Zahradnik*, Nouv. Ann. (3) 18 (1899), p. 389. Konstruktion bei *M. d'Ocagne*, Nouv. Ann. (3) 9 (1892), p. 386. Über gewisse eingeschriebene Polygone *R. A. Roberts*, London Math. Soc. 13 (1881), p. 148; *J. F. Messick*, Ann. of math. (2) 9 (1906), p. 29. Anzahlgeometrisches *H. G. Zeuthen*, Paris C. R. 74 (1872), p. 521; *H. Schubert*, Göttinger Nachr. (1875), p. 359.

207) *J. Plücker*, System Nr. 166.

208) *J. Plücker* (System § 4) bezeichnet diese drei Punkte als Mittelpunkte der C_3; sie sind für seine Klassifikation von Bedeutung. In dem Kegelschnitt des Textes erkennt er nicht nur die Polokonik der unendlich fernen Geraden,

M. Stuyvaert hat auf die Bedeutung des „Kreispols", des Punktes, dessen Polarkegelschnitt ein Kreis ist, aufmerksam gemacht[209]), *J. Thomae* auf die „orthische Gerade", die gemischte Polare der beiden imaginären Kreispunkte[210]). Letzterer hat eine systematische Untersuchung der Metrik der Kurven dritter Ordnung angebahnt durch Aufstellung und geometrische Deutung von orthogonalen Invarianten. Er findet zwei Invarianten zweiten, eine dritten Grades usf. und drückt durch das Verschwinden orthogonaler Invarianten aus, daß zwei Asymptoten aufeinander senkrecht stehen, daß die Kurve einen Mittelpunkt hat, daß sie zirkular ist, daß sie ∞^1 Kreispole hat usw.

Unter Zugrundelegung einer projektiven Maßbestimmung hat *H. F. Stecker* mehrere metrische Sätze entwickelt[211]) und *W. Wirtinger* unter demselben Gesichtswinkel die Rektifikation der Kurve untersucht[212]).

47. Zirkularkurven dritter Ordnung vom Geschlecht Eins. Die Kurven dritter Ordnung, welche durch die imaginären Kreispunkte hindurchgehen, sind in metrischer Hinsicht ganz besonders ausgezeichnet. Ihre Theorie wird eröffnet durch einen Satz von *A. Hart*, nach welchem die 12 Brennpunkte einer solchen Kurve zu je vier auf vier Kreisen liegen. Zwischen den Distanzen r_1, r_2, r_3 eines beliebigen Punktes einer Zirkularkurve dritter Ordnung von drei konzyklischen ihrer Brennpunkte findet *A. Hart* eine Relation von der Form $lr_1 + mr_2 + nr_3 = 0$ und zeigt, daß umgekehrt alle Punkte, deren Distanzen r_1, r_2, r_3 von drei festen Punkten durch eine Relation von dieser Form verbunden sind, $l \pm m \pm n = 0$ vorausgesetzt, auf

---

nämlich den Ort der Punkte, welche Parabeln zu Polaren haben, sondern auch den Ort der Spitzen für die Kurven dritter Ordnung, welche mit der C_3 das Asymptotendreieck gemein haben.

209) *M. Stuyvaert,* Nouv. Ann. (3) 18 (1899), p. 275. Auf jeder durch diesen Punkt gezogenen Transversale steht das Produkt der durch ihn und die drei Kurvenschnittpunkte bestimmten Segmente zu ihrer Summe in konstantem Verhältnis. Als Schnittpunkt der geraden Polaren der imaginären Kreispunkte bez. der C_3 und also auch bez. ihres Asymptotendreiecks, ist dieser Punkt der Punkt von Lemoine (III A 13, *J. Neuberg*) für das Asymptotendreieck. Vgl. *V. Retali,* L'interm. math. 6 (1899), p. 205.

210) *J. Thomae,* Leipzig Ber. 51 (1899), p. 317; 55 (1903), p. 108.

211) *H. F. Stecker,* Amer. Journ. 22 (1900), p. 31; 24 (1902), p. 399.

212) *W. Wirtinger,* Wien Monatshefte 5 (1894), p. 92. Über Rektifikation der *rationalen* Kurven dritter Ordnung bei gewöhnlicher Maßbestimmung Näheres bei *L. Raffy,* Ann. éc. norm. (3) 6 (1889), p. 103.

Einzelne Punkte der Metrik bei *A. Mannheim* (abgedruckt in *J. V. Poncelet,* Applications d'analyse et de Géométrie 2, Paris 1868, p. 161); *R. A. Roberts,* Amer. Journ. 23 (1901), p. 85; 24 (1902), p. 61; Quart. J. 35 (1903), p. 297; *J. G. Hun,* Amer. Soc. Trans. 5 (1904), p. 39.

einer Zirkularkurve dritter Ordnung liegen[213]). Jeder Kegelschnitt, welcher durch vier konzyklische Brennpunkte einer Zirkularkurve dritter Ordnung hindurchgeht, hat nach *H. Faure* einen seiner beiden Brennpunkte auf dieser Kurve[214]).

Vom Standpunkte der Inversionsgeometrie aus erscheinen die Zirkularkurven dritter Ordnung als ein Sonderfall der Bizirkularkurven vierter Ordnung, und wir verweisen deswegen auf Nr. **84** und **85**. Bemerkt sei hier, daß für eine Zirkularkurve dritter Ordnung die vier Inversionszentra in die Berührungspunkte der vier zur reellen Asymptote parallelen Tangenten fallen, daß die Deferenten Parabeln sind, und daß umgekehrt ein Kreis, dessen Zentrum auf einer Parabel sich bewegt und der einen gegebenen Kreis senkrecht schneidet, eine Zirkularkurve dritter Ordnung einhüllt. Auf dem *Feuerbach*schen Kreise des von irgend dreien von den vier Inversionszentren gebildeten Dreiecks liegen der singuläre Brennpunkt und der „Hauptpunkt" (Schnittpunkt der Kurve mit ihrer reellen Asymptote) einander diametral gegenüber. Diese und andere Sätze findet *J. Casey,* der bei seinen Untersuchungen über Bizirkularkurven vierter Ordnung auch besonders auf die Zirkularkurven dritter Ordnung eingeht, unter anderem auch auf ihre Schnitte mit Kreisen[215]).

Als Spezialfall der *Chasles*schen Erzeugung geht *E. Czuber*s Erzeugung der Kurve durch ein Büschel konzentrischer Kreise und ein zu ihm projektives Strahlenbüschel hervor[216]). Zentrum der Kreise ist der singuläre Brennpunkt, Zentrum des Strahlenbüschels der Hauptpunkt der Kurve. Die Parallele zur reellen Asymptote, welche vom singulären Brennpunkt halb so weit absteht, wie sie, ist einer Bemerkung von *R. Doelle* zufolge, der die Orthogonalinvarianten der Zirkularkurven dritter Ordnung untersucht hat, die orthische Gerade der Kurve[217]).

---

213) *G. Salmon,* Treatise, sect. VIII, p. 172f. Dieser Abschnitt ist im wesentlichen ein Beitrag von *A. Hart*, vgl. *Salmon-Fiedler,* Höhere ebene Kurven, p. 328. Daß je zwei *Hart*sche Kreise einander orthogonal schneiden, zeigt *S. Roberts,* Quart. J. 2 (1859), p. 196.

214) *H. Faure,* Nouv. Ann. (3) 8 (1889), p. 98.

215) *J. Casey,* Dublin Trans. 24 (1871), p. 457; Auszug Dubl. Proc. 10 (1869), p. 44. Zu den Sätzen Caseys gehört auch der folgende: Die Symmetrieachsen aller Punktepaare der Kurve, deren Verbindungslinien durch denselben Kurvenpunkt laufen, umhüllen eine Parabel.

216) *E. Czuber,* Zeitschr. Math. Phys. 32 (1887), p. 257; vgl. *H. Durège,* Zeitschr. Math. Phys. 14 (1869), p. 368; *F. Fricke,* Diss. Jena 1898; *M. Disteli,* Zürich Vierteljahrsschr. 36 (1891), p. 255; *T. Lemoyne,* Nouv. Ann. (4) 4 (1904), p. 357. Die Krümmungskreise betrachtet *A. Schwarz,* Wien Monatsh. 11 (1900), p. 71.

217) *R. Doelle,* Diss. Jena 1905.

48. Die Fokalkurve. *Van Rees* hat die Zirkularkurve dritter Ordnung studiert, für welche der singuläre Brennpunkt (Schnittpunkt der Tangenten in den Kreispunkten) auf der Kurve liegt, anders ausgesprochen, für welche die Kreispunkte korrespondierende Punkte (Nr. **23**) darstellen[218]). Als Fokalkurve bezeichnet er sie aus dem Grunde, weil er sie in Verallgemeinerung einer Betrachtung *A. Quetelets* als Ort der Brennpunkte der Schnittkegelschnitte eines beliebigen Kegels zweiter Ordnung mit den Ebenen eines Ebenenbüschels erhält, dessen Achse eine zur Kegelachse senkrechte Tangente des Kegels ist[219]).

Die Sätze von *van Rees* betreffen das ausgezeichnete System korrespondierender Punkte auf der Kurve, dem das Paar der Kreispunkte angehört. Für manche unter ihnen, sowie für manche von den etwas später von *M. Chasles* gegebenen Sätzen hätte es nur einer projektiven Verallgemeinerung bedurft, um aus ihnen wichtige Sätze über die allgemeine Kurve dritter Ordnung hervorgehen zu lassen[220]). *Van Rees* zeigt, daß die Fokale dadurch konstruiert werden kann, daß man jeden Kreis eines Kreisbüschels mit demjenigen seiner Durchmesser zum Durchschnitt bringt, der einem bestimmten Strahlenbüschel angehört[221]). Er weist nach, daß das Produkt der Abstände des singulären Brennpunktes von zwei korrespondierenden Punkten des ausgezeichneten Systems konstant ist und macht auf die ∞^2 vollständigen Vierseite aufmerksam, deren Gegeneckenpaare von Paaren solcher korrespondierenden Punkte gebildet werden. Jedes solche Vierseit ist, wie *M. Chasles* erkennt, die Basis für eine Kegelschnittschar, als deren Brennpunktsort die Kurve aufgefaßt werden kann[222]), und *van Rees* selbst hatte schon die mit dieser Auffassung nahe verwandte Entstehungsweise als Ort der Punkte, von denen aus zwei Strecken unter gleichen Winkeln erscheinen, angegeben[223]). Diese beiden

218) *K. van Rees,* Corr. math. 5 (1829), p. 361.

219) *A. Quetelet,* der diesen Ort in seiner Diss. (Gent, 1819) für den Fall eines geraden Kegels untersucht hat, glaubte, er wäre für den schiefen Kegel eine Kurve doppelter Krümmung, vgl. a. a. O. p. 34.

220) Vgl. *E. Kötter,* Bericht, p. 235.

221) *Van Rees,* a. a. O. p. 367. Diese Erzeugung der Fokalkurve wird von *H. Durège* im fünften Bande der Math. Ann. p. 87 *K. Küpper* zugeschrieben, eine Angabe, die sich dann in der Literatur wiederholt. Von neuem findet die Erzeugung *M. Lagrange*, Nouv. Ann. (3) 19 (1900), p. 66, bei Verallgemeinerung der Strophoide; seine Strophoidale ist mit der Fokalkurve identisch.

222) *M. Chasles,* Bruxelles Bull. 2 (1835), p. 35; vgl. *G. Humbert,* Paris C. R. 105 (1887), p. 54 und Nouv. Ann. (3) 12 (1893), p. 59, 123.

223) *K. van Rees,* a. a. O. p. 375. Genauer sagt *J. Steiner,* Werke 2,

Entstehungsweisen sind später der Ausgangspunkt von Untersuchungen über die Kurve von *H. Schröter* und *H. Durège* gewesen[224]).

Eine weitere Erzeugungsweise von *Chasles* läßt die Fokalkurve als Ort der Berührungspunkte von Kreisen eines Kreisbüschels mit den Strahlen eines Strahlenbüschels hervorgehen[225]).

Den Spezialfall, in welchem ihr reeller unendlich ferner Punkt ein Wendepunkt ist, d. h. die Fokalkurve mit Symmetrieachse, haben *C. A. Bretschneider* und später *E. Rosenstock* studiert[226]).

49. Rationale Zirkularkurven dritter Ordnung. Zissoide, Strophoide, Slusesche Conchoide, Maclaurinsche Trisectrix. Bekommt eine Zirkularkurve dritter Ordnung einen Doppelpunkt, so fallen zwei, bekommt sie eine Spitze, so fallen drei von ihren vier anallagmatischen Erzeugungen (Nr. **84**) in eine singuläre zusammen. Diese singuläre anallagmatische Erzeugung läßt die Kurve entstehen als Einhüllende der Kreise, welche durch den Doppelpunkt gehen und ihre Mittelpunkte auf einer bestimmten Parabel haben, die Kurve ist also der Ort, der zum Doppelpunkte in bezug auf die Tangenten dieser Parabel symmetrischen Punkte.

Man kann deshalb eine rationale Zirkularkurve dritter Ordnung als Fußpunktkurve einer Parabel definieren. Man kann sie auch ableiten als Inverse eines Kegelschnitts in bezug auf ein auf ihm gelegenes Zentrum[227]). Speziell ergibt sich eine Kurve mit Spitze, eine sogenannte *Zissoide,* als Inverse einer Parabel für ein auf ihr gelegenes Zentrum und als Fußpunktkurve einer Parabel für einen auf ihr gelegenen Pol.

Ausgezeichnet sind die Kurven mit Symmetrieachse. Sie ent-

---

p. 487 = J. f. Math. 45 (1852), p. 375, daß der Ort der Punkte, von welchen aus zwei Strecken unter gleichen Winkeln (oder unter Winkeln, die zusammen zwei Rechte betragen) gesehen werden, aus zwei Kurven dritter Ordnung besteht.

224) *H. Schröter,* Math. Ann. 5 (1872), p. 50; 6 (1873), p. 85; *H. Durège,* Math. Ann. 5 (1872), p. 83.

225) *M. Chasles,* Bruxelles Bull. 2 (1835); vgl. *C. Pelz,* Wien Ber. 64 (1871), p. 730. — Die eindeutige Beziehung, welche zwischen zwei Fokalkurven mit gleichen Fokalwinkeln (Winkeln zwischen den beiden reellen, vom singulären Brennpunkt ausgehenden Tangenten) möglich ist, in welcher die singulären Brennpunkte der beiden Kurven einander entsprechen, hat *R. Bricard,* Bull. Soc. Math. Fr. 28 (1900), p. 39, studiert.

226) *C. A. Bretschneider,* Arch. Math. Phys. 50 (1869), p. 475; *E. Rosenstock,* Progr. Gotha 1886; *A. Andreasi,* Giorn. di mat. 30 (1892), p. 241.

227) Diese Auffassung läßt sich auf *G. P. Dandelin,* (Bruxelles Nouv. Mém. 4 (1827), p 1) zurückführen. Die Brennpunkte einer Parabelfußpunktkurve bestimmt *J. Wolstenholme,* London Math. Soc. 13 (1881), p. 77.

stehen durch Inversion aus einem Kegelschnitt, deren Zentrum in einem seiner Scheitel liegt und als Fußpunktkurven einer Parabel für einen in ihrer Achse gelegenen Pol. Hat eine Zissoide eine Symmetrieachse, so heißt sie *gerade*, sonst *schief*. Die gerade Zissoide führt auch den Namen *Zissoide des Diokles*, weil sie schon im Altertum von diesem Geometer zur Lösung des Delischen Problems der Verdoppelung des Würfels (I B 3, c, d, Nr. 28, *O. Hölder*) verwendet worden sein dürfte[228]). Sie kann in folgender Weise konstruiert werden.

Ist O der Punkt eines Kreises und t dessen Tangente im diametral gegenüberliegenden Punkte, so hat man auf jedem Strahl durch O als Radiusvektor der Kurve eine Strecke aufzufassen, die gleich ist dem Abschnitt dieses Strahles, der zwischen dem Kreis und seiner Tangente t liegt. Durch Verallgemeinerung dieser Konstruktion, indem er an Stelle des Kreises einen beliebigen Kegelschnitt, an Stelle der Kreistangente t eine beliebige Gerade der Ebene treten läßt, ist *K. Zahradnik* zu seiner „zissoidalen“ Konstruktion für eine beliebige rationale Kurve dritter Ordnung gelangt. Eine beliebige rationale Zirkularkurve dritter Ordnung entsteht, wie schon *J. Casey* erkannt hat, wenn der Kegelschnitt ein Kreis bleibt[229]).

Mit den Zirkularkurven dritter Ordnung mit Doppelpunkt und Symmetrieachse hat sich zuerst *R. de Sluse* beschäftigt[230]); man nennt sie deswegen nach einem Vorschlage von *G. Loria Sluse*sche *Conchoiden*[231]). *Sluse* erzeugt sie folgendermaßen. Schneidet ein variabler Strahl des Strahlenbüschels O die diesem Strahlenbüschel nicht angehörige Gerade d im Punkte D, so ist auf diesem Strahl jener Punkt P zu verzeichnen, für welchen das Streckenprodukt $OD \cdot DP$ gegebene Größe hat. Der Punkt O ist der Doppelpunkt,

---

228) Eine Liste von Diss. und Progr., welche die Geometrie der Zissoide betreffen, findet sich in *E. Wölffing*, Math. Bücherschatz 1, Leipzig 1903, p. 300. Für die Geschichte der Zissoide *G. Loria*, Spezielle Kurven, p. 36f., daselbst weitere Literatur.

229) *K. Zahradnik*, Arch. Math. Phys. 56 (1874), p. 8; *J. Casey*, Dublin Trans. 24 (1871), Art. 114. Vgl. *P. Mansion*, Nouv. Corr. 2 (1876), p. 120, 331, 404. Eine Verwertung für die Metrik der rationalen C_3 bei *G. Stiner*, Wien Monatsh. 4 (1893), p. 99. Neuerdings hat *K. Zahradnik*, Prag Ber. 30 (1906), Nr. 30 eine zusammenfassende Darstellung für die Anwendungen seiner zissoidalen Erzeugung auf die speziellen rationalen C_3 gegeben und u. a. auf die Identität der Begleiterin der Zissoide mit der Visiera von *Peano* (vgl. *Loria*, Spezielle Kurven, p. 83) hingewiesen. Über diese Identität auch *H. Wieleitner*, Wien Monatsh. 18 (1907), p. 132.

230) Siehe Oeuvres de *Ch. Huygens* 4, p. 247.

231) *G. Loria*, Mathesis (2) 7 (1897), p. 5 und Spezielle Kurven, p. 71.

die Gerade d die reelle Wendeasymptote der erzeugten Kurve[232]). Der ausgezeichnete Spezialfall dieser Kurve, in welchem die unendlich ferne Gerade die Wendegerade ist, heißt *Trisektrix von Maclaurin*, weil sie dieser durch eine einfache Transformation aus dem Kreise abgeleitet hat[233]) und weil sie zur Dreiteilung eines Winkels verwendet worden ist.

Als rationale Zirkularkurve dritter Ordnung mit rechtwinkligen Doppelpunktstangenten kann man die *Strophoide* definieren, welche frühzeitig Gegenstand der Untersuchung geworden ist[234]). Als Fokalkurve mit Doppelpunkt (focale à noeud) behandelt sie *K. van Rees* und erkennt in ihr die Brennpunktskurve einer Kegelschnittschar, in welcher ein Kreis vorkommt, ein Standpunkt, von welchem sie später *H. Schröter* betrachtet hat[235]). Nach *P. Dandelin* ist sie die Inverse der gleichseitigen Hyperbel in bezug auf ein auf ihr gelegenes Zentrum, nach *M. Chasles* die Fußpunktskurve der Parabel für einen auf der Leitlinie gelegenen Pol[236]). Der Physiker *J. A. F. Plateau* findet sie als Ort der Schnittpunkte von zwei Strahlen, die sich um zwei Zentra mit im Verhältnis 1 : 2 stehenden konstanten Winkelgeschwindigkeiten drehen[237]).

Hat die Strophoide eine Symmetrieachse, so heißt sie gerade, sonst schief. Mit der geraden Strophoide hat sich *J. Booth*, der sie wegen ihrer Beziehungen zum Kreise und zu den Logarithmen „logozyklische Kurve" nennt, eingehend beschäftigt. Eine einfache Behandlung hat sie durch *S. Günther* erfahren[238]).

232) Eine andere Erzeugung bei *G. Cramer*, Introd. à l'anal. des lignes algèbr. Genève 1750, p. 441.

233) *C. Maclaurin*, Treatise of fluxions 1; franz. Übers. Paris 1749, p. 198. Literatur bei *R. C. Archibald*, Diss. Straßburg 1900, p. 23; L'interméd. 8 (1901), p. 10; *J. Neuberg*, Mathesis (3) 7 (1907), p. 89.

234) Über die Geschichte dieser Kurve und ihre Literatur näheres bei *G. Loria*, Sp. Kurv., p. 58. Eine Verallgemeinerung ist die *Ophiuride*, welche sich als rationale Zirkularkurve dritter Ordnung charakterisieren läßt, für welche die reelle Asymptote auf einer Doppelpunktstangente senkrecht steht. Über diese Kurve vgl. *Loria*, Spezielle Kurven, p. 38.

235) *K. van Rees*, Corr. math. 5 (1829), p. 378; *H. Schröter*, Math. Ann. 6 (1873), p. 85; *G. Humbert*, Nouv. Ann. 12 (1893), p. 126.

236) *P. Dandelin*, Brux. Nouv. Mém. 2 (1822), p. 169; *M. Chasles*, Aperçu historique, Bruxelles 1837, Note 4. Die Kurve ist auch der Ort der Berührungspunkte der Tangenten und der Fußpunkte der Normalen, die sich von einem Punkte aus an die Kegelschnitte einer konfokalen Schar legen lassen.

237) *J. A. F. Plateau*, Corr. math. 4 (1828), p. 393; *Le François*, Corr. math. 5 (1829), p. 379.

238) *J. Booth*, Quart. J. 3 (1860), p. 38; Treatise on some new geom. methods 1, London 1877, p. 292; *S. Günther*, Parabolische Logarithmen und parabolische Trigonometrie, Leipzig 1882, daselbst Literaturverzeichnis.

Eine mechanische Beschreibung der rationalen Zirkularkurven dritter Ordnung kann nach einer für Fußpunktkurven überhaupt gültigen Methode vorgenommen werden. Man erhält diese Kurven als Bahnkurven der Bewegung, eines mit einer Parabel fest verbundenen Punktes, die auf einer zu ihr bezüglich einer Tangente symmetrischen Parabel ohne zu gleiten rollt. Die bewegte Parabel bleibt zur festen während der Bewegung in bezug auf die Tangente der Berührung symmetrisch, was zur Folge hat, daß der mitbewegte Punkt die zum nämlichen festen bezüglich der Tangenten der fixen Parabel symmetrischen Punkte durchläuft. *Newtons* mechanische Beschreibung der Zissoide des Diokles ist als Spezialfall dieser Beschreibung aller rationalen Zirkularkurven dritter Ordnung anzusehen[239]).

50. Andere metrisch ausgezeichnete Kurven dritter Ordnung haben nicht in demselben Maße die Aufmerksamkeit auf sich gezogen, wie die zirkularen. Wir heben unter ihnen in erster Linie die Richtungskurven hervor, von denen es zwei Arten gibt. Die *kubische Richtungskurve vom Geschlecht 1* kann man dadurch charakterisieren, daß ihre *Hesse*sche Kurve durch ein gleichseitiges Dreieck dargestellt wird, *die kubische Richtungskurve vom Geschlecht 0* dadurch, daß ihre drei Wendetangenten von der unendlich fernen Geraden und einem Paar konjugierter Minimalgeraden dargestellt sind[240]).

Von elliptischen Kurven dritter Ordnung nennen wir noch diejenigen, welche die unendlich ferne Gerade zur Wendegeraden haben[241]), und welche sie als harmonische Polare eines Wendepunktes besitzen (Mittelpunktskurven von *Chasles*)[242]), ferner die *orthischen Kurven,*

239) Vgl. *M. Chasles*, Aperçu historique, Bruxelles (1837), p. 411. Die Bewegung läßt sich auf verschiedene Arten realisieren und demgemäß die Erzeugung in verschiedenen Formen aussprechen. Bezüglich der allgemeinen kinematischen Gesichtepunkte s. IV 3, Nr. 8 f., *A. Schoenflies*.

240) Vgl. *G. Humbert*, J. de math. (4) 3 (1887), p. 327. Die zweite Kurve ist die erste negative Fußpunktskurve der Parabel in bezug auf den Brennpunkt. *A. Cazamian* (Nouv. Ann. (3) 13 (1894), p. 307) nennt sie Kubik von *L'Hospital*; *C. R. Archibald* (Diss. Straßburg 1900) bezeichnet sie als Kubik von *Tschirnhausen*; *G. Loria* (Spezielle Kurven, p. 86) gibt ihr den Namen Trisektrix von *Catalan*. Nach *L. Raffy* (Ann. éc. norm. (3) 6 (1889), p. 103) ist sie die einzige rationale Kurve dritter Ordnung, für welche der Bogen eine rationale Funktion der Koordinaten seiner Endpunkte ist. Eine Zusammenstellung der Literatur bei *Archibald*, a. a. O. p. 18.

241) *L. Painvin*, Nouv. Ann. (2) 6 (1867), p. 439; *G. Korneck*, Progr. Oels 1868. Vgl. *E. Czuber*, Wien Monatsh. 3 (1892), p. 217.

242) *M. Chasles*, Aperçu historique, Bruxelles 1839, Note XX; *B. Sporer*, Zeitschr. Math. Phys. 40 (1895), p. 159.

d. h. die Kurven, für welche die orthische Gerade (Nr. **46**) unbestimmt wird[242a]).

Von rationalen Kurven erwähnen wir als historisch bemerkenswert das Cartesische Blatt, das nach *Maclaurin* aus seiner Trisektrix dadurch hervorgeht, daß die Entfernungen der Punkte von der Symmetrieachse im Verhältnis 1 : 3 verkürzt werden[243]). Von den Kurven mit Spitze fügen wir diejenigen hinzu, für welche das Hauptdreieck von der unendlich fernen Geraden im Verein mit den Schenkeln eines rechten Winkels gebildet wird: die *semikubische Parabel*, für welche die Wendetangente und die *kubische Parabel*, für welche die Rückkehrtangente ins Unendliche fällt.

In Bezug auf andere spezielle Kurven dritter Ordnung, welche zum Teil den Charakter von Übungsbeispielen haben, sei auf das reichhaltige Buch von *G. Loria* verwiesen[244]).

B. Ebene Kurven vierter Ordnung.

I. Einteilung und gestaltliche Verhältnisse.

51. Die projektive Einteilung. Die *Plücker*schen Zahlen: Ordnung, Anzahl der Doppelpunkte, der Spitzen, Klasse, Anzahl der Doppeltangenten, Wendetangenten, sind so hervorstechende Merkmale einer ebenen algebraischen Kurve, daß sie jede auf projektivem Boden stehende Klassifikation in erster Linie zu berücksichtigen hat. Wir reproduzieren hier nach *G. Salmon* in Tabellenform die Einteilung der irreduziblen Kurven vierter Ordnung, welche auf Grund der *Plücker*schen Formeln (C III 4, *Berzolari* Nr. 8) aus der alleinigen Berücksichtigung der *Plücker*schen Zahlen hervorgeht[245]). In dieser Tabelle bedeuten n, d, r, n', d', r' die *Plücker*schen Zahlen in der Reihenfolge, in der sie eben angeführt wurden. Außer diesen ist noch das Geschlecht p angegeben.

Mit Rücksicht darauf, daß die Geschlechtszahl einer algebraischen Kurve nicht allein vom projektiven, sondern auch von einem höheren Standpunkt ein wichtiges Merkmal der Kurve ist, erscheint im vor-

---

242a) *C. E. Brooks*, J. Hopkins Univ. Circ. 2 (1904), p. 47; Amer. Ph. Soc. Proc. 43 (1904), p. 294.

243) *C. Maclaurin*, Treatise of fluxions, franz. Übersetzung, Paris 1749, p. 198

244) *G. Loria*, Spezielle Kurven; ferner *G. de Longchamps*, Géométrie de la règle et de l'équerre, Paris 1890; *F. Gomes-Teixeira*, Tratado de las curvas especiales notables, Madrid 1905; *K. Zahradnik*, Prag Ber. 30 (1906), Nr. 30.

245) *Salmon-Fiedler*, Höhere Kurven, 2. Aufl., p. 278.

liegenden Bericht diese Zahl in erster Reihe berücksichtigt. Es werden unterschieden:

1) Die Kurve vom Geschlecht $p = 3$ (die allgemeine oder nichtsinguläre Kurve).

2) Die Kurve vom Geschlecht $p = 2$ (hyperelliptische Kurve), das ist die Kurve mit einem Doppelpunkt, welcher auch in eine Spitze übergehen kann.

	n	d	r	n'	d'	r'	p
I	4	0	0	12	28	24	3
II	4	1	0	10	16	18	2
III	4	0	1	9	10	16	2
IV	4	2	0	8	8	12	1
V	4	1	1	7	4	10	1
VI	4	0	2	6	1	8	1
VII	4	3	0	6	4	6	0
VIII	4	2	1	5	2	4	0
IX	4	1	2	4	1	2	0
X	4	0	3	3	1	0	0

3) Die Kurve vom Geschlecht $p = 1$ (elliptische Kurve), das ist die Kurve mit zwei zweifachen Punkten, von der ausgezeichnete Unterarten entstehen, wenn von den zweifachen Punkten einer oder beide Spitzen sind.

4) Die Kurve vom Geschlecht $p = 0$ (rationale Kurve), das ist die Kurve mit drei zweifachen Punkten, von der ausgezeichnete Unterarten entstehen, wenn von den zweifachen Punkten einer, zwei oder drei Spitzen sind.

Auch jede Kurve vierter Ordnung mit einer höheren Singularität, dreifachem Punkt, Berührungsknoten (Selbstberührungspunkt), Oskulationsknoten, Knotenspitze (Schnabelspitze) usw. erscheint damit vermöge ihrer *Plücker*schen Äquivalente (C III 4, *Berzolari* Nr. **18**) in bestimmter Weise eingereiht.

52. Die Einteilung nach der Gestalt für die nichtsinguläre C_4. Wenn wir die älteren auf eine gestaltliche Klassifikation der reellen Kurven vierter Ordnung abzielenden Versuche von *Ch. B. de Bragelogne, L. Euler, G. Cramer* und *E. Waring*[246]) übergehen dürfen, weil

246) *Ch. B. de Bragelogne*, Paris Mém. 1730, p. 158, 363; *L. Euler*, Introductio in analysin infinitorum 2, Lausanne 1748, p. 139; *G. Cramer*, Introduction à l'analyse des lignes courbes algébriques, Genf 1750; *E. Waring*, Miscellaneae analytica 2, chapt. 5, Lausanne 1762.

sie ohne bleibenden Einfluß geblieben sind, müssen wir *J. Plückers* gedenken, trotzdem von seiner Einteilung ein Gleiches gilt[247]). Denn *Plücker* verwertet den Gedanken, daß in einem Kurvensystem nur die Kurven mit Doppelpunkt verschiedene gestaltliche Typen voneinander trennen und leitet eine nichtsinguläre Kurve vierter Ordnung mit durchaus reellen Doppeltangenten durch Variieren aus einer Kurve vierter Ordnung mit drei Doppelpunkten ab.

In einem Kurvenbüschel vierter Ordnung wird die Anzahl der reellen Doppeltangenten einer Kurve sich nur ändern, wenn eine Kurve mit Doppelpunkt passiert wird, und zwar werden es ausschließlich gemeinsame Tangenten zweier verschiedener Kurvenzweige sein, welche dabei entstehen oder verschwinden.

Diese Erkenntnis führt *H. G. Zeuthen* zu einer Unterscheidung von zweierlei Doppeltangenten: 1) Doppeltangenten erster Art, das sind die Doppeltangenten, welche entweder denselben Kurvenzug in zwei Punkten berühren oder konjugiert imaginäre Berührungspunkte haben; 2) Doppeltangenten zweiter Art, d. h. gemeinsame Tangenten verschiedener Kurvenzüge.

Die Unveränderlichkeit der Anzahl von Doppeltangenten erster Art, welche bei einer nichtsingulären C_4 immer 4 bleibt, bildet die Grundlage für *Zeuthens* Klassifikation.

Durch das Vierseit der reellen Doppeltangenten erster Art wird die projektive Ebene in sieben Gebiete, drei Vierecke und vier Dreiecke, zerlegt und es zeigt sich, daß die C_4 entweder ganz innerhalb der Vierecke oder ganz innerhalb der Dreiecke verläuft, entweder eine „Dreieckskurve" oder eine „Viereckskurve" ist.

In erster Linie wesentlich ist aber, daß sich die vier Paare von Berührungspunkten der Kurve mit den Seiten des Vierseits als auf einem Kegelschnitt liegend erweisen. *Zeuthen* vermag infolge dessen seine Diskussion der Kurvenformen auf die Gleichung

$$xyzt + k\varphi^2 = 0$$

zu gründen, worin x, y, z, t die reellen Doppeltangenten erster Art bedeuten und φ den ihre Berührungspunkte enthaltenden Kegelschnitt. Indem er die verschiedenen Lagen in Betracht zieht, welche dieser Kegelschnitt gegen das Vierseit einnehmen kann, und für jede Lage

247) *J. Plücker*, Algebraische Kurven, Bonn 1839, unterscheidet 152 Arten von Kurven vierter Ordnung.

248) *G. H. Zeuthen*, Math. Ann. 7 (1874), p. 410 und Tidsskr. (3) 3 (1873), p. 97; (3) 4 (1874), p. 14; Vgl. *A. Cayley*, Phil. Mag. (4) 29 (1865), p. 105 = Papers 5, p. 468 und *C. Piper*, Diss. Rostock 1876; *C. Hoßfeld*, Zeitschr. Math. Phys. 31 (1886), p. 1.

die möglichen Kurventypen diskutiert, gelangt er zur Unterscheidung von 36 Typen für die allgemeine Kurve vierter Ordnung.

Das markanteste gestaltliche Merkmal einer Kurve ist die Anzahl ihrer Züge, wobei noch paare und unpaare Züge auseinander zu halten sind[249]). Diese Unterscheidung kommt für die nichtsinguläre C_4 nicht in Frage, weil sie nur paare Züge enthalten kann. Allein *Zeuthen* zieht nicht nur die Anzahl der paaren Züge bei seiner Einteilung in 36 Arten in Betracht, sondern unterscheidet noch einen Zug als Oval, Unifolium, Bifolium, Trifolium und Quadrifolium, je nachdem die Anzahl seiner Doppeltangenten 0, 1, 2, 3 oder 4 beträgt. Liegt ein Oval im Innern eines Kurvenzuges, so setzt sich die ganze Kurve aus diesen beiden Kurvenzügen zusammen. Sie wird als ringförmige oder Gürtelkurve bezeichnet.

Berücksichtigt man bei der Unterscheidung von Kurventypen lediglich die Anzahl der Züge und der (reellen) Doppeltangenten, so kommt man mit *Zeuthen* zu den folgenden sechs Hauptformen für die reelle nichtsinguläre C_4:

Hauptform	I	II	III	IV	V	VI
Anzahl der Züge	4	3	2	1	0	2
„ „ Doppeltangenten	28	16	8	4	4	4

Die Hauptform VI gibt die Gürtelkurve. Für jede der fünf ersten Hauptformen setzen sich die reellen Doppeltangenten zusammen aus den vier Doppeltangenten erster Art und aus den Quadrupeln von gemeinsamen Tangenten je zweier Kurvenzüge.

Die nebenstehende Figur (Fig. 3) deutet an, wie man mit *F. Klein* die Hauptformen aus einer in zwei Kegelschnitte zerfallenden C_4 durch Variation gewinnt[250]).

Da *Zeuthen* bemerkt, daß jede Doppeltangente eines Kurvenzuges zwei Wendepunkte auf jenem Teil des Kurvenzuges bedingt, welchen sie abschließt, und daß andere Wendungen nicht vorkommen, so vermag er für jede seiner 36 Kurvenarten die Anzahl der reellen Wendepunkte anzugeben. Es folgt, daß eine C_4 nicht mehr als acht reelle Wendepunkte aufweisen kann.

F. Klein hat die Diskussion der Realitätsverhältnisse auf eine andere Basis gestellt dadurch, daß er die Betrachtung *Riemann*scher Flächen und der zugehörigen *Abel*schen Integrale herangezogen hat. Die Unterscheidung von zweierlei Formen bei reellen algebraischen

249) Vgl. C III 4, *Berzolari* Nr. **19**.

250) *F. Klein*, Math. Ann. 10 (1876), p. 11.

Kurven hat sich dabei als wesentlich erwiesen, welche der Unterscheidung von Ortho- und Diasymmetrie bei symmetrischen *Riemann*schen Flächen entspricht (vgl. III C 4, *Berzolari* Nr. **20**). Von den sechs Hauptformen der C_4 sind I und VI orthosymmetrisch, alle übrigen diasymmetrisch[251]).

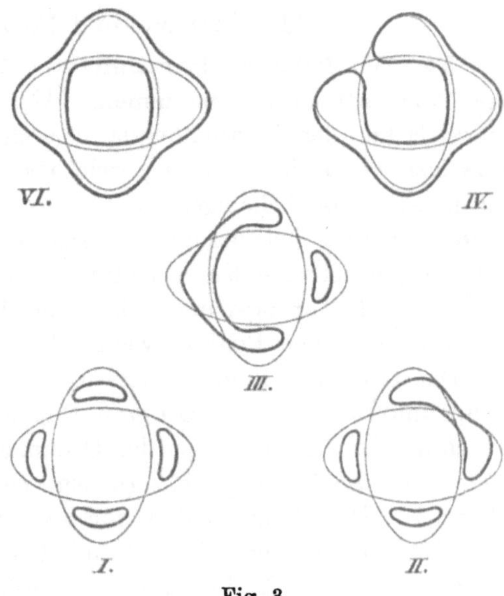

Fig. 3.

53. Die Gestalten der singulären Kurven. *H. G. Zeuthen* hat seine Klassifikationsmethode auch auf Kurven vierter Ordnung mit Doppelpunkten angewandt, indem er sie als Grenzfälle von nichtsingulären Kurven auffaßt.

Bekommt eine veränderliche Kurve vierter Ordnung einen Doppelpunkt dadurch, daß einer ihrer Züge auf einen Punkt zusammenschrumpft oder im Falle der Gürtelkurve dadurch, daß die beiden Züge zum Schnitt kommen, so bleibt die Anzahl der Doppeltangenten erster Art ungeändert. Ändern kann sie sich aber, wenn der Doppelpunkt dadurch entsteht, daß außer einander liegende Züge zum Schnitt kommen, oder ein paarer Zug in zwei unpaare zerfällt. *Zeuthen* diskutiert diese Fälle wieder gestützt auf die Gleichungsform $xyzt + k\varphi^2 = 0$, wobei jetzt der Kegelschnitt φ durch einen Eckpunkt des Vierseits $xyzt$ gehend angenommen wird, bez. vorausgesetzt wird, daß zwei Seiten des Vierseits zusammenfallen. Dabei werden Relationen zwischen den Anzahlen reeller Singularitäten gewonnen[252]).

Über *Zeuthen* hinaus ist die Einteilung nach der Form ins einzelne von *A. Brill* für die Kurven vom Geschlecht Null, von *H. W. Richmond* für die Kurve mit Spitze verfolgt worden, während *R.*

251) *F. Klein*, Math. Ann. 10 (1876), p. 11; 11 (1876), p. 293; 42 (1892), p. 5; vgl. auch *G. Weichold*, Zeitschr. Math. Phys. 28 (1883), p. 321.

252) *G. H. Zeuthen*, Math. Ann. 7 (1874), p. 410; Paris C. R. 77 (1873), p. 170; Tidsskr. (3) 3 (1873), p. 97. Für die Verallgemeinerung einer solchen Relation durch *F. Klein* vgl. C III 4, *Berzolari* Nr. **19**. Daselbst werden auch Verallgemeinerungen in anderer Richtung durch *W. Fr. Meyer* erwähnt.

Gentry und *W. G. Bullard* die Aufstellung der Typen aller singulären Kurven vierter Ordnung im Anschluß an *Zeuthen* durchgeführt haben [253]).

II. Polaren- und Formentheorie.

54. Die Polaren eines Punktes. Kovariante Kurven, welche der Polarentheorie entstammen. Wir wiederholen hier zunächst einige Sätze der Polarentheorie der algebraischen Kurven (C III 4, *Berzolari* Nr. 5) in der Form, welche sie für Kurven vierter Ordnung annehmen. Ein beliebiger Punkt (Pol) in der Ebene einer Kurve vierter Ordnung hat bezüglich dieser Grundkurve drei Polaren. Die erste Polare ist eine Kurve dritter Ordnung, welche aus der Grundkurve die Berührungspunkte der vom Pol ausgehenden Tangenten (und die vielfachen Punkte, wenn solche da sind) ausschneidet.

Der Ort eines Punktes, dessen zweite Polare einen Doppelpunkt besitzt und zugleich der Ort von Doppelpunkten erster Polaren, ist die *Hesse*sche Kurve Δ von der Ordnung 6, welche auf der Grundkurve nur die Wendepunkte (neben den vielfachen Punkten) ausschneidet. Die Doppelpunkte von zweiten Polaren und zugleich die Pole der mit Doppelpunkten behafteten ersten Polaren erfüllen die *Steiner*sche Kurve R, eine Kurve 12. Ordnung mit 21 Doppelpunkten und 24 Spitzen. Die 21 Doppelpunkte sind die 21 Pole, deren erste Polare in Gerade und Kegelschnitt zerfällt, die 24 Spitzen die 24 Pole, für welche sie eine Spitze hat [254]).

Ihrer Definition nach sind *Hesse*sche und *Steiner*sche Kurve eindeutig aufeinander bezogen; als Einhüllende der Verbindungslinien entsprechender Punkte wird die *Cayley*sche Kurve definiert. Sie ist von der 18. Klasse und sollte der allgemeinen Theorie zufolge 126 Doppeltangenten haben, die indessen, wie *E. Laguerre* und *E. Bertini* erkannt haben, durch 21 vierfache Tangenten vertreten werden, nämlich durch die geraden Bestandteile der 21 zerfallenden ersten Polaren [255]).

---

253) *A. Brill*, Math. Ann. 12 (1877), p. 90, vgl. *Fr. Meyer*, Diss. München (1878); Edinburgh Proc. 13 (1886), p. 931; *K. Bobek*, Wien Ber. 81 (1879); *H. W. Richmond*, Quart. Journ. 26 (1892), p. 5; *R. Gentry*, Diss. New-York 1896; *W. G. Bullard*, Diss. Worcester, Mass., 1899 = Math. Review 1 (1897), p. 193. Die Kurve mit zwei Doppelpunkten behandeln *P. Vogel*, Diss. München 1880; *H. Wiener*, Diss. München (1881); *H. M. Jeffery*, London Math. Soc. 23 (1892), p. 18.

254) Vgl. *A. Clebsch*, J. f. Math. 59 (1861), p. 125. Über die Gleichung, von welcher die 24 Wendepunkte abhängen, *F. Gerbaldi*, Palermo Rend. 7 (1893), p. 178.

255) *E. Laguerre*, Oeuvres 2, p. 375 = Paris C. R. (1874); *E. Bertini*, Torino Atti 32 (1896—97), p. 32; vgl. *G. Scorza*, Ann. di mat. (3) 2 (1898), p. 162.

A. Clebsch tritt an die Polarentheorie der Kurve vierter Ordnung mit seinen invariantentheoretischen Hilfsmitteln heran und gewinnt ihre wichtigsten kovarianten Kurven[256]): Die Kurve vierter Ordnung S wird von den Punkten erfüllt, welche eine äquianharmonische, die Kurve sechster Ordnung T von den Punkten, welche eine harmonische kubische Polare haben. Die 24 Schnittpunkte dieser beiden Kurven sind die Spitzen der *Steiner*schen Kurve R, deren Gleichung sich in der Form schreibt $S^3 - 6\,T^2 = 0$. Die Kurve S ist nicht nur der Ort eines Punktes, dessen Polhessesche Kurve[257]) in die Seiten eines Dreiseits zerfällt (Polhessesches Dreiseit), sondern auch der Ort der Ecken der Polhesseschen Dreiseite. Die Seiten der Polhesseschen Dreiseite umhüllen eine Kurve 6. Klasse ψ, welche *E. Ciani* näher untersucht hat[258]). *G. Scorza* hat gezeigt, daß eine beliebige Kurve vierter Ordnung als Kovariante S einer anderen angesehen werden kann und zwar auf 36 Arten, welche einzeln den 36 Systemen erster Art von kubischen Berührungskurven der Kurve vierter Ordnung (Nr. 67) entsprechen[259]).

55. Die Polare einer Kurve 2. Klasse, die Antipolare einer Geraden, die Kurve 4. Klasse Ω. Durch die *Reye-Clifford*sche Erweiterung der Polarentheorie bekommt die Untersuchung der Kurve vierter Ordnung einen neuen Anstoß. Es erscheint jetzt einer beliebigen Kurve 2. Klasse $u_\alpha^2 = 0$ als Polare bezüglich der Kurve vierter Ordnung $a_x^4 = 0$ die Kurve zweiter Ordnung $a_\alpha^2 a_x^2 = 0$ zugeordnet.

G. Scherrer führt aus[260]), welchen Charakter die Beziehung zwischen diesen beiden Kegelschnitten hat. Die Klassenkegelschnitte der Ebene erscheinen dergestalt aufeinander bezogen, daß eine Polarität vorliegt in dem linearen fünfdimensionalen Gebiete, dessen Elemente die Klassenkegelschnitte der Ebene sind. *Scherrer* zeigt nämlich, daß, wenn von zwei Kurven 2. Klasse die eine zum Polarkegelschnitt der anderen apolar ist, auch das Umgekehrte zutrifft und nennt zwei

256) *A. Clebsch*, J. f. Math. 59 (1861), p. 125; vgl. *E. Caporali*, Memorie di geometria, Napoli 1888, p. 344.

257) So nennt *Caporali* a. a. O. die *Hesse*sche der ersten Polare eines Punktes.

258) *E. Ciani*, Ann. di mat. (2) 20 (1892), p. 257. Ein voreiliger Schluß hatte *A. Clebsch* a. a. O. verleitet, die Kurve 6. Klasse ψ mit der weiter unten besprochenen Kurve Q zu identifizieren. *Ciani* stellt die Sachlage richtig.

259) *G. Scorza*, Math. Ann. 52 (1899), p. 457.

260) *G. Scherrer*, Ann. di mat. (2) 10 (1882), p. 212 = Progr. Frauenfeld 1881. *Scherrers* Untersuchung ist zu der, über welche im Texte berichtet wird, dual, sie betrifft eine Kurve vierter Klasse.

solche Kurven 2. Klasse assoziiert bezüglich der Kurve vierter Ordnung[261]).

Den Kegelschnitt, welchem eine doppelt gezählte Gerade g als Polare entspricht, bezeichnet *E. Caporali*[262]) als Antipolare von g und den Pol der Geraden g in bezug auf ihre Antipolare nennt er Antipol von g. Es ergibt sich nun eine Kurve 4. Klasse Ω, die übrigens schon bei *Clebsch* vorkommt[263]), als Einhüllende der Geraden, welche von ihren Antipolaren berührt werden und zugleich als Ort der Berührungspunkte, d. h. als Ort der Geraden, welche durch ihre Antipole gehen und zugleich als Ort dieser Antipole. Zwischen der Grundkurve vierter Ordnung und der Kurve 4. Klasse Ω besteht ein gewisses Reziprozitätsverhältnis, das *E. Cianis* Untersuchungen noch klarer hervortreten lassen[264]).

56. Die Kontravarianten P und Q und die Wendetangenten. Als eine der ersten Anwendungen seines Übertragungsprinzips erhält *A. Clebsch*[265]) die Linienkoordinatengleichung der C_4 in der *Salmon*schen Form

$$P^3 - 3Q^2 = 0,$$

worin $P = \frac{1}{2}(uab)^4$ und $Q = \frac{1}{6}(uab)^2(ubc)^2(uca)^2$. Die Kurve 4. Klasse P und die Kurve 6. Klasse Q werden eingehüllt von den Geraden, deren Schnittpunktquadrupel mit der C_4 äquianharmonisch bez. harmonisch sind.

Clebsch bemerkt, daß sowohl die Kurve P als die Kurve Q die 24 Wendetangenten der Grundkurve berührt, und daß bei der Kurve Q der Berührungspunkt jedesmal in den Wendepunkt fällt. Damit hat er zwischen den Wendetangenten die bemerkenswerte Relation gewonnen, daß diese 24 Geraden die gemeinschaftlichen Tangenten einer Kurve 4. und 6. Klasse sind.

E. Laguerre hat Beziehungen zwischen dem Polarsystem der

---

261) Vgl. *Th. Reye*, J. f. Math. 78 (1873), p. 97; *C. Segre,* Ann. di mat. (2) 20 (1892), p. 237.

262) *E. Caporali* a. a. O. Frammento 2, p. 353; vgl. *G. Scherrer*[260]), Progr. Frauenfeld 1881, p. 19.

263) *A. Clebsch*, J. f. Math. 59 (1861), p. 125.

264) *E. Ciani*, Rom Linc. Rend. (5) 4 (1895), p. 274. Systeme von 2 · 6 Kegelschnitten, welche für die C_4 eine Verallgemeinerung des Polardreiecks eines Kegelschnitts darstellen, bei *A. B. Coble,* Amer. Trans. 4 (1903), p. 65.

265) *A. Clebsch*, J. f. Math. 59 (1861), p. 43; vgl. *G. Salmon*, Treatise, p. 101, der schon die Konsequenz hervorhebt, daß alle 24 Wendetangenten eine Kurve 4. Klasse berühren.

Kurve 4. Klasse P und dem Polarsystem der Grundkurve aufgefunden[266]). Er zeigt insbesondere, daß die lineare Polare in bezug auf die Kurve 4. Klasse P für jede der 21 Geraden, welche Bestandteile einer der 21 zerfallenden kubischen Polaren der Grundkurve ist, vom Pol dieser kubischen Polare bezüglich der Grundkurve gebildet wird. *Laguerre* hat ferner zuerst bewiesen, daß alle ∞^2 Kurven 9. Klasse, welche die sämtlichen Wende- und Doppeltangenten der C_4 berühren, auch die 21 geraden Bestandteile der 21 zerfallenden kubischen Polaren zu Tangenten haben[267]).

57. Polarfiguren. Die Polarentheorie führt zu ausgezeichneten Figuren in der Ebene der C_4. Man sagt die n Geraden $(n \leqq 14) g_1, g_2, \ldots, g_n$ bilden ein Polar-n-seit der $C_4(f=0)$, wenn $f \equiv \lambda_1 g_1^4 + \lambda_2 g_2^4 \cdots + \lambda_n g_n^4$, worin die λ Konstanten bedeuten (I B 2, *W. Fr. Meyer* Nr. **24**).

Wie schon *A. Clebsch* bemerkt hat, gibt es für eine C_4 im allgemeinen kein Polarfünfseit[268]). Polarsechsseite giebt es ∞^3 und die Seiten von je zwei unter ihnen berühren nach *J. Rosanes* die nämliche Kurve 3. Klasse[269]). Jede zur C_4 apolare Kurve 3. Klasse entsteht in dieser Weise. Ein Eckentripel eines Polarsechsseits ist immer zur C_4 apolar und ein beliebiges zur C_4 apolares Punktetripel gehört als Eckentripel zwei Polarsechsseiten an, wie *G. Scorza* bemerkt hat. *G. Scherrer* zeigt, daß die ∞^1 Fünfseite, welche durch die nämliche Gerade g_1 zu Polarsechsseiten ergänzt werden, der Antipolare von g_1 umschrieben sind und auf diesem Kegelschnitt die Gruppen einer Tangenteninvolution fünfter Ordnung bilden. *G. Scorza* hat auch die Polarseite von mehr als sechs Seiten untersucht. Es gibt ∞^6 Polarsiebenseite; durch Annahme von drei seiner Seiten ist i. a. eines bestimmt. Es giebt ∞^9 Polarachtseite. Vier beliebige Gerade haben an ∞^1 Polarachtseiten teil, die ergänzenden Vierseite umhüllen eine zur C_4 apolare die vier Geraden berührende Kurve 4. Klasse[270]).

Ein Fünfeck heißt konjugiert zur C_4 oder ein Polfünfeck dieser Kurve, wenn je vier seiner Ecken ein zur C_4 apolares Punktquadrupel bilden. Nach einem allgemeinen Satze von *J. Rosanes* bilden die

---

266) *E. Laguerre*, J. de math. (3) 1 (1875), p. 265 = Oeuvres 2, p. 398. Eine Beziehung dieser Art gibt auch *G. Scorza*, Ann. di mat. (3) 2 (1899), p. 183.

267) *E. Laguerre*, Oeuvres 2, p. 221 = J. de math. (2) 17 (1872), p. 1; vgl. *G. Kohn*, Wien Ber. 95² (1887), p. 318. Über die Identität der Doppelpunkte von P und Q mit denen der Grundkurve auch *H. Jeffery*, Bull. Soc. math. Fr. 17 (1889), p. 176; Quart. J. 24 (1890), p. 250.

268) *A. Clebsch*, J. f. Math. 59 (1861), p. 125.

269) *J. Rosanes*, J. f. Math. 76 (1873), p. 329; vgl. *G. Scherrer*, Progr. Frauenfeld, p. 17.

270) *G. Scorza*, Ann. di mat. (3) 2 (1899), p. 155.

zehn Seiten eines konjugierten Fünfecks stets ein Polarzehnseit der C_4, und jedes Fünfeck, dessen zehn Seiten ein Polarzehnseit bilden, ist zur C_4 konjugiert[271]). Es giebt ∞^5 zur C_4 konjugierte Fünfecke. Nimmt man zwei Ecken für ein solches Fünfeck beliebig an, so beschreiben die übrigen eine die zwei Ecken enthaltende Kurve fünfter Ordnung. Es gibt aber ∞^1 Punktepaare, welche als Eckenpaare ∞^6 konjugierten Fünfecken angehören. Der Ort dieser Punktepaare ist nach *G. Manfredini* die kovariante Kurve vierter Ordnung S. Dieser Kurve sind ∞^1 konjugierte Fünfecke eingeschrieben, jeder Kurvenpunkt ist Eckpunkt von 18 unter ihnen[272]).

58. **Das Formensystem.** Die einfachsten von den Invarianten im engeren Sinn, welche eine ternäre biquadratische Form f besitzt, treten frühzeitig auf. Es sind dies die Invariante dritten Grades $A=(abc)^4$ und die Invariante sechsten Grades B, welche man als Resultat der Elimination der Variablen aus den 6 durch Nullsetzen der zweiten Differentialquotienten von f entstehenden Gleichungen bekommt. In dem Verschwinden der Invariante B erkennt *Clebsch* die notwendige und ausreichende Bedingung für die Darstellbarkeit von f als Summe von fünf Biquadraten von Linearformen, aus der Invariante A leitet er als Evektante die Kontravariante Ω ab[273]).

Trotzdem, wie aus dem Vorhergehenden deutlich ist, die Geometrie zu einer ganzen Reihe von Invarianten und Invariantenrelationen geführt hat, ist ein vollkommen befriedigender Abschluß für die algebraische Theorie noch nicht gewonnen. Das volle Formensystem einer ternären biquadratischen Form ist bisher nicht aufgestellt.

G. Salmon hat eine größere Anzahl von Invarianten für eine in den Quadraten der Variabeln quadratische Form berechnet, *G. Maisano* hat für die allgemeine Form die Invarianten bis zum sechsten Grade hin hingeschrieben[274]) und *P. Gordan* ist es gelungen, für die biquadratische Form $x_2x_3^3+x_3x_1^3+x_1x_2^3$ das volle Formensystem aufzu-

271) *J. Rosanes*, J. f. Math. 76 (1873), p. 323.

272) *G. Manfredini*, Giorn. di mat. 40 (1902), p. 16, insbesondere p. 20; vgl. *G. Scorza* a. a. O.[270])

273) *A. Clebsch*, J. f. Math. 59 (1861), p. 125f.; vgl. *J. J. Sylvester*, Paris C. R. 102 (1886), p. 1532. Die Invariante B erscheint in Form einer Determinante sechsten Grades. Das Verschwinden aller ihrer Unterdeterminanten fünften Grades ist die Bedingung für die Existenz eines Polarvierseits und aller Unterdeterminanten vierten Grades für die Existenz eines Polardreiseits.

274) Vgl. *Salmon-Fiedler*, Höh. eb. K. 2 Aufl., p. 349; *G. Salmon*, Cambridge Math. J. 9 (1854), p. 19 über gewisse Kovarianten; vgl. *A. R. Johnson*, London Math. Soc. 21 (1890), 432; *G. Maisano*, Giorn. di mat. 19 (1881), p. 198; Palermo Rend. 1 (1887), p. 54.

stellen[275]). Neuerdings hat *E. Pascal* Untersuchungen über das Formensystem der C_4 angestellt und invariantentheoretische Kriterien für die verschiedenen möglichen Arten ihres Zerfallens gewonnen, während *Emmy Noether* bis zur Aufstellung eines „relativ vollständigen" Formensystems vorgedrungen ist[275a]). Bemerkenswerte Ausführungen über irrationale Kovarianten findet man bei *F. Klein*[276]).

III. Die allgemeine Kurve vierter Ordnung als Hüllkurve von Kegelschnittsystemen.

59. Die Steinersche Gruppe von sechs Doppeltangentenpaaren. Die Untersuchung der Doppeltangenten einer C_4 eröffnet *J. Plücker*. Durch Konstantenzählung schließt er auf die Möglichkeit, die Kurvengleichung in der Form

$$g_1 g_2 g_3 g_4 = \varphi^2$$

zu schreiben und folgert voreilig, daß die Berührungspunkte für vier *beliebige* Doppeltangenten auf einem Kegelschnitt liegen[277]). Bald darauf überrascht *J. Steiner*[278]) die mathematische Welt durch eine Fülle von Sätzen über die Doppeltangenten der C_4. Die wichtigsten darunter betreffen gewisse Gruppen von sechs Paaren von Doppeltangenten, welche man heute als *Steiner*sche Gruppen bezeichnet.

Durch ein beliebiges Paar von Doppeltangenten der C_4 ist eine *Steiner*sche Gruppe festgelegt. Ihre übrigen fünf Paare sind jene Doppeltangentenpaare, deren Berührungspunkte sich mit den Berührungspunkten des angenommenen Paares durch einen Kegelschnitt verbinden lassen. Die zwölf Geraden einer *Steiner*schen Gruppe berühren eine und dieselbe Kurve 3. Klasse Γ_3. Diese Kurve berührt auch die übrigen Seiten der sechs vollständigen Vierecke, welche von den Berührungspunkten der sechs Doppeltangentenpaare der Gruppe gebildet werden. Diese sechs Vierecke haben ihre 18 Diagonalpunkte auf derselben Kurve dritter Ordnung H_3. Aus ihr werden die sechs Schnittpunkte der Doppeltangentenpaare der *Steiner*schen Gruppe durch einen Kegelschnitt G_2 ausgeschnitten[279]).

---

275) *P. Gordan*, Math. Ann. 20 (1882), p. 487; vgl. ebenda 17 (1880), p. 359.

275a) *E. Pascal*, Napoli Atti (2) 12 (1905), p. 1; *Emmy Noether*, J. f. Math. (1908), p. 134 = Diss. Erlangen 1908.

276) *F. Klein*, Gött. Nachr. (1888), p. 191; ausführlicher Math. Ann. 36 (1890), p. 45.

277) *J. Plücker*, Algebraische Kurven, Bonn 1839, p. 228. Als unrichtig bezeichnet wurde *Plücker*s Angabe zuerst von *O. Hesse*, J. f. Math. 40 (1850), p. 260 = Werke, p. 260.

278) *J. Steiner*, J. f. Math. 49 (1855), p. 265 = Werke 2, p. 605.

279) Einen besonders einfachen Grund dafür, daß diese sechs Punkte auf

Den *Steiner*schen Resultaten kann man noch ein *Hesse*sches Ergebnis in der Form hinzufügen, daß jeder Kegelschnitt, welcher fünf einzeln aus fünf verschiedenen Paaren einer *Steiner*schen Gruppe entnommene Doppeltangenten berührt, auch eine Doppeltangente des sechsten Paares zur Tangente hat[280]).

60. Die C_4 als Einhüllende eines eindimensonalen quadratischen Kegelschnittsystems. Die Ergebnisse *Steiners* entstammen unzweifelhaft der Auffassung der C_4 als Hüllkurve eines quadratischen Kegelschnittsystems. Diese Auffassung, welche von *G. Salmon*[281]) ausgeht, kommt auf die Einsicht hinaus, daß die linke Seite der Gleichung einer Kurve vierter Ordnung in der Form $UW - V^2$ geschrieben werden kann und sich deshalb als Diskriminante nach λ der Gleichung

$$\lambda^2 U + 2\lambda V + W = 0$$

eines quadratischen Kegelschnittsystems ansehen läßt.

Jeder Kegelschnitt dieses Systems ist „Berührungskegelschnitt" für die C_4, d. h. er berührt diese Kurve in allen vier Punkten, in welchen er ihr begegnet. Alle Kegelschnitte des Systems gehören offenbar demselben Kegelschnittnetze an, nämlich dem Netze, das durch die drei Kegelschnitte U, V, W bestimmt ist. In diesem Netze liegt überhaupt jeder Kegelschnitt, der durch die vier Punkte hindurchgeht, in denen ein beliebig gewählter Systemkegelschnitt die C_4 berührt. Diese Kurve wird von dem Kegelschnitt außerdem in den vier Berührungspunkten eines zweiten Systemkegelschnitts getroffen.

In dem System von Berührungskegelschnitten kommen sechs zerfallende vor und das sind sechs Doppeltangentenpaare einer *Steiner*schen Gruppe. Aus drei Paaren xx', yy', zz' davon läßt sich die Kurvengleichung in der folgenden Form zusammensetzen

$$\sqrt{xx'} + \sqrt{yy'} + \sqrt{zz'} = 0.$$

Die *Cayley*sche Kurve des Netzes ist die Kurve 3. Klasse Γ_3, welche die 12 Doppeltangenten der *Steiner*schen Gruppe berührt. Γ_3 wird

einem Kegelschnitte liegen, gibt *E. Caporali*, Memorie di geometria, Napoli 1888, p. 364.

280) *O. Hesse,* J. f. Math. 55 (1857), p. 83 = Werke, p. 469. Von verschiedenen Seiten kommen zu diesen Kegelschnitten *S. Aronhold,* Berlin Monatsber. (1864), p. 505; *G. Kohn*, J. f. Math. 107 (1891), p. 5; *W. Wirtinger*, Untersuchungen über Thetafunktionen, Leipzig, 1895.

281) *G. Salmon*, Treatise, p. 196; vgl. *O. Hesse*, J. f. Math. 49 (1855), p. 243 f., §§ 10 u. 11 = Werke, p. 339; J. f. Math. 49 (1855), p. 279 f. bes. §§ 10 und 15 = Werke, p. 345 f.

eingehüllt von den Seiten der ∞^1 vollständigen Vierecke, deren Ecken von den Quadrupeln von Berührungspunkten der Systemkegelschnitte gebildet werden. Die Diagonalpunkte dieser Vierecke erfüllen eine Kurve dritter Ordnung, die *Hesse*sche Kurve des Netzes, und das ist die oben mit H_3 bezeichnete Kurve.

61. Entstehungsarten eines eindimensionalen quadratischen Kegelschnittsystems. Ein quadratisches System von ∞^1 Kurven zweiter Ordnung läßt sich definieren als Kurve zweiter Ordnung des linearen fünfdimensionalen Gebiets, dessen Elemente die Ordnungskegelschnitte der Ebene sind. Als Kurve zweiter Ordnung liegt das System in einer zweidimensionalen Ebene des Gebiets, das ist in einem Kegelschnittnetze, wie schon hervorgehoben wurde, und bestimmt in dieser Ebene, das ist dem Netze, eine Polarität. Diese Polarität verwertet *G. Salmon* für die Theorie des quadratischen Kegelschnittsystems[282]).

Man kann nun ein Kegelschnittnetz in kovarianter Weise projektiv abbilden auf die Punkte seiner Ebene vermöge des Satzes, daß ein beliebiges Kegelschnittnetz als Polarennetz einer bestimmten Kurve dritter Ordnung C_3 angesehen werden kann. Ein quadratisches Kegelschnittsystem, das im Netze enthalten ist, wird dadurch auf die Punkte eines Kegelschnitts abgebildet und man kommt mit *S. Aronhold*[283]) zu jener Entstehungsweise eines quadratischen Kegelschnittsystems, welche den späteren Untersuchungen von *C. F. Geiser* und *A. Ameseder* zugrunde liegt. Das quadratische Kegelschnittsystem wird gebildet von den Polarkegelschnitten, welche die Punkte eines Kegelschnitts in Bezug auf eine Kurve dritter Ordnung besitzen oder auch von den Polen der Tangenten dieses Kegelschnitts bezüglich der Kurve dritter Ordnung[284]).

Man kann mit *G. Kohn* ein quadratisches System von ∞^1 Kegelschnitten auch dadurch gewinnen, daß man aus einem Netze die Kegelschnitte auswählt, welchen sich Dreiecke einschreiben lassen, die einem willkürlich vorgelegten Kegelschnitt I_2 umschrieben sind. Von diesem Gesichtspunkt aus erscheint die C_4 bestimmt durch Annahme

282) *Salmon-Fiedler,* Höhere Kurven, 2. Aufl., p. 293 f.; vgl. auch *G. Kohn*, Wien Monatsh. 1 (1890), p. 1.

283) *S. Aronhold,* Berlin Monatsber. 1864, p. 499; das C_2-Netz als Polarennetz einer C_3 formentheoretisch bei *Ch. Hermite,* J. f. Math. 57 (1860), p. 371; ausführlicher bei *S. Gundelfinger,* J. f. Math. 80 (1875), p. 73.

284) *C. F. Geiser*, J. f. Math. 72 (1870), p. 370; *A. Ameseder*, Wien Ber. 85 (1882), p. 396; vgl. auch *H. Andoyer*, Théorie des formes etc. Paris 1900, p. 356. Über den besonderen Fall, daß die Kurve dritter Ordnung äquianharmonisch ist, *G. B. Mathews,* London Math. Soc. 22 (1891), p. 173. Auf einen anderen Spezialfall geht *A. Ameseder* näher ein.

einer quadratischen Mannigfaltigkeit von ∞^2 Tangententripeln eines Kegelschnitts I_2 und zwar als Ort derjenigen Punkte, deren Tangentenpaar nur durch eine einzige Tangente zu einem Tripel der Mannigfaltigkeit ergänzt wird. Es zeigt sich, daß ein solcher Kegelschnitt I_2 sechs Doppeltangenten der C_4 berührt und daß diese projektiv sind zu den sechs zerfallenden Kegelschnitten in einem bestimmten unter den 63 Systemen von Berührungskegelschnitten der C_4[285]).

62. Beziehungen zwischen den 63 Systemen von Berührungskegelschnitten. Je zwei von den 28 Doppeltangenten der C_4 bestimmen ein System von Berührungskegelschnitten, für das sie einen zerfallenden Kegelschnitt bilden. Da in jedem Systeme sechs Paare von zerfallenden Kegelschnitten, die sechs Geradenpaare der zugehörigen *Steiner*schen Gruppe, vorkommen, so gibt es im ganzen 63 verschiedene Systeme von Berührungskegelschnitten der C_4[286]).

Zwei *Steiner*sche Gruppen von Doppeltangenten und somit auch zwei Systeme von Berührungskegelschnitten können eine doppelte Beziehung gegeneinander aufweisen. Zwei *Steiner*sche Gruppen heißen *azygetisch*, wenn jedes Paar der einen Gruppe eine Doppeltangente aus der anderen Gruppe enthält und sie heißen *syzygetisch*, wenn von den Doppeltangenten eines Paares der einen Gruppe entweder beide unter den Doppeltangenten der anderen Gruppe vorkommen oder keine. Diese Terminologie überträgt sich auf die beiden Systeme von Berührungskegelschnitten[287]).

Bei zwei azygetischen Systemen haben die zugehörigen *Steiner*schen Gruppen sechs Doppeltangenten gemein, welche einen Kegelschnitt berühren, den gemeinsamen Involutionskegelschnitt der beiden Systeme. Dieser Kegelschnitt wird, wie *G. Kohn* bemerkt, eingehüllt von den Geraden, auf welchen die Kegelschnitte beider Systeme dieselben ∞^1 Punktepaare ausschneiden. Bei zwei syzygetischen Systemen haben die zugehörigen *Steiner*schen Gruppen vier Doppeltangenten gemein, welche auf zwei verschiedene Arten in zwei Paare zerlegt, ein-

285) *G. Kohn*, J. f. Math. 107 (1890), p. 1. Der Kegelschnitt I_2 tritt als Träger von ∞^1 kubischen Tangenteninvolutionen auf, deren Erzeugnisse die einzelnen Kegelschnitte des quadratischen Systems sind und wird deshalb als Involutionskegelschnitt des Systems bezeichnet. Involutionskegelschnitte für ein quadratisches Kegelschnittsystem sind die 32 Kegelschnitte, welche je sechs Geraden der zugehörigen *Steiner*schen Gruppe berühren.

286) Über die 63 Systeme von Berührungskegelschnitten vgl. neben den bereits angegebenen Arbeiten noch *E. Ciani*, Ist. Lomb. Rend. (2) 28 (1895), p. 659.

287) *J. Steiner*, J. f. Math. 49 (1855), p. 265 = Werke 2, p. 605. Die Terminologie rührt von *G. Frobenius* her (J. f. Math. 103 (1888), p. 151).

mal zwei Paare der einen, das andere mal zwei Paare der anderen *Steiner*schen Gruppe bilden. In der dritten möglichen Zerlegung in zwei Paare bestimmt jedes davon einen Schnittpunkt und die Geraden, auf welchen die Kegelschnitte der beiden Systeme dieselben ∞^1 Punktepaare ausschneiden bilden zwei Strahlenbüschel, welche die zwei genannten Schnittpunkte zu Scheiteln haben[288]).

In der eben angegebenen Weise ist durch jedes Systempaar eine Kurve 2. Klasse bestimmt: durch ein azygetisches Systempaar eine eigentliche, durch das syzygetische eine in ein Punktepaar ausgeartete. Es besteht nun der Satz, daß die $\frac{r(r-1)}{2}$ Kurven 2. Klasse, welche r Systeme von Berührungskegelschnitten paarweise bestimmen, immer dem nämlichen $(r-2)$-dimensionalen linearen System (Gewebe) angehören, was für $r \leqq 6$ eine Relation zwischen ihnen bedeutet. Diese Relation ist von *G. Kohn* allgemein, für einen besonderen Fall von *G. Humbert* aufgestellt worden[289]).

Die *Hesse*schen Kurven der Netze, in welchen die einzelnen Systeme von Berührungskegelschnitten liegen, hat *G. Frobenius* eingehend studiert. Er findet, daß in dem Büschel, dem die der *Hesse*schen Kurven zweier azygetischer Systeme angehören, eine Kurve dritter Ordnung vorkommt, welche jede der 6 den beiden Systemen gemeinsamen Doppeltangenten in ihren Berührungspunkten mit der C_4 trifft und außerdem in dem Punkte, in dem sie von dem die 6 Doppeltangenten berührenden Kegelschnitt I_2 tangiert wird[290]).

63. Die 315 Kegelschnitte, welche je acht Berührungspunkte von vier Doppeltangenten ausschneiden. Die Gruppierung der 315 Kegelschnitte, welche die C_4 in den Berührungspunkten von vier ihrer Doppeltangenten treffen, haben *M. Noether*[291]) und *E. Pascal*[292]) untersucht.

288) *G. Kohn,* Wien Monatsh. 1 (1890), p. 71, 129.

289) *G. Humbert,* Paris C. R. 120 (1895), p. 863; *G. Kohn,* a. a. O.[288]) zeigt, daß die drei *Cayley*schen Kurven der drei Kegelschnittnetze, in denen einzeln die drei Systeme eines Tripels erster Art enthalten sind, drei demselben Strahlenbüschel angehörige Tangenten gemein haben.

290) *G. Frobenius*, J. f. Math. 99 (1886), p. 313; 103 (1888), p. 169. Beziehungen zwischen Berührungskegelschnitten verschiedener Systeme bei *G. Humbert,* Toulouse Ann. 4 (1890), p. 1. Über Beziehungen zwischen mehreren *Steiner*schen Gruppen untereinander und zu *Aronhold*schen Siebensystemen vgl. *H. Weber,* Theorie der *Abel*schen Funktionen vom Geschlecht 3, Berlin 1876, § 3, und *M. Nöther*, Math. Ann. 15 (1879), p. 89.

291) *M. Nöther*, Math. Ann. 15 (1879), p. 89; 46 (1895), p. 545; München Ber. 25 (1895), p. 93.

292) *E. Pascal*, Rom Linc. Rend. (5) 1 (1892), p. 385, 417; (5) 2 (1893), p. 8.

Schon *O. Hesse* hatte Systeme von sieben solchen Kegelschnitten namhaft gemacht, welche zusammen die Berührungspunkte aller 28 Doppeltangenten ausschneiden, und die Frage nach allen solchen Systemen gestellt[293]). *M. Noether* findet zunächst 135 solche Siebensysteme, die (im Gegensatz zum *Hesse*schen) irreduktibel sind, weist für dieselben „Tripeleigenschaft" nach und verwertet sein Ergebnis in algebraischer Richtung. Jedes dieser 135 Siebensysteme entspricht, wie er zeigt, einem Tripelsystem von sieben *Steiner*schen Gruppen.

Später nimmt *Nöther* die Frage im vollen Umfang auf und bestimmt alle möglichen Siebensysteme von der angegebenen Beschaffenheit. Während fünf Arten von Siebensystemen sich ergeben, deren sieben Kegelschnitte nicht sämtlich gleichberechtigt sind, gibt es neben der schon genannten nur noch eine zweite Art von irreduziblen Siebensystemen. Diese umfaßt 5! 36 · 8 Individuen, die zu je 5! den 36 · 8 *Aronhold*schen Siebensystemen von Doppeltangenten entsprechen. Jedes solche System führt auf eine *Galois*sche Gleichung siebenten Grades (I A 2, Nr. **10**, *E. Netto*; I A 6, Nr. **13**, Anm. 67, *H. Burkhardt*; I B 2, Nr. **5**, *Fr. Meyer*; I B 3 c, d, Nr. **24**, *O. Hölder*; I B 3 b, Nr. **23**, *K. Th. Vahlen*; I B 3 f, Nr. **16**, *A. Wiman*).

IV. Weitere Entstehungsarten.

64. Projektive Erzeugung. Konstruktionen. Die konstruktiven Theorien legen zumeist die Erzeugung einer C_4 durch projektive Kurvenbüschel zugrunde. Eine C_4 kann (auf ∞^5 Arten) erzeugt werden durch zwei projektive Kegelschnittbüschel und (auf ∞^7 Arten) durch ein Kurvenbüschel dritter Ordnung und ein zu ihm projektives Strahlenbüschel[294]). *H. Graßmann* hat seine „lineale" Erzeugung in mehrfacher Weise zur Beschreibung einer C_4 angewandt[295]).

Auf die projektiven Erzeugungen stützen sich die meisten Lösungen der Fundamentalaufgabe der konstruktiven Theorie der C_4, nämlich der Konstruktion der Kurve aus 14 für sie beliebig in der Ebene gegebenen Punkten und der Konstruktion der Schnittpunkte einer Geraden mit einer so gegebenen Kurve. Lösungen dieser Aufgabe oder Beiträge dazu geben *M. Chasles, E. de Jonquières, H. J. St. Smith,*

---

293) *O. Hesse*, J. f. Math. 40 (1850), p. 260 = Werke, p. 260; vgl. *G. Salmon*, Treatise, p. 199.

294) Vgl. C III 4, *Berzolari* Nr. **10**.

295) *H. Graßmann*, J. f. Math. 44 (1852), p. 1 = Werke 2^1, p. 107; vgl. *F. Dingeldey*, Diss. Leipzig 1885. Für die Auffassung einer *Graßmann*schen Erzeugung als Erzeugung durch drei quadrilinearverwandte Strahlenbüschel vgl. *E. Kötter*, Grundzüge einer rein geometrischen Theorie der algebraischen ebenen Kurven, Berlin 1887, VI. Abschnitt.

H. Kortum, *F. H. Siebeck*, *H. Milinowski*, *H. Valentiner*, *J. Cardinaal*, *C. Le Paige*[296]). Konstruktionen der drei Punkte, welche alle durch 13 beliebig in der Ebene gewählte Punkte gelegten Kurven vierter Ordnung neben den 13 Punkten noch gemein haben, rühren von *H. J. St. Smith* und *Kortum* her[297]).

65. Hesses Darstellung der C_4. Grundlegend für *Hesse*s Untersuchungen ist seine kanonische Form für die Kurvengleichung. Er beweist, daß die linke Seite der Gleichung einer C_4 in Form einer symmetrischen Determinante $|\varphi_{1i}\varphi_{2i}\varphi_{3i}\varphi_{4i}|$ geschrieben werden kann, deren Elemente φ_{ik} lineare Funktionen der Koordinaten z_1, z_2, z_3 eines Punktes der Ebene sind[298]).

Hesse faßt nun diese Determinante als Diskrimante der Gleichung $\sum\varphi_{ik}x_ix_k = 0$ $(i, k = 1, 2, 3, 4)$ auf und deutet die x als Koordinaten eines Punktes im Raume, während er die in den φ_{ik} linear vorkommenden Größen z_1, z_2, z_3 als Parameter ansieht. Die Kurvengleichung stellt ihm dann die Bedingung dar, welche die Parameter z erfüllen müssen, wenn die zugehörige Fläche $\sum\varphi_{ik}x_ix_k = 0$ ein Kegel sein soll und die folgende Entstehungsweise für die C_4 ist gewonnen:

Bildet man ein Netz von Flächen zweiter Ordnung projektiv ab auf die Punkte einer Ebene, so entsteht als Ort der den Kegeln des Netzes entsprechenden Punkte eine allgemeine Kurve vierter Ordnung.

Die Abbildung ordnet einer Geraden der Ebene, ein Büschel des Flächennetzes zweiter Ordnung zu und den vier Schnittpunkten der Geraden mit der C_4 die vier im Büschel enthaltenen Kegel. Den 28 Doppeltangenten der C_4 werden aus diesem Grunde die 28 Büschel des Netzes entsprechen, für welche die vier Kegel paarweise zusammenfallen und dies sind die 28 Flächenbüschel zweiter Ordnung, deren Basiskurve sich zusammensetzt aus einer Verbindungslinie von zwei unter den acht Grundpunkten 1, 2, ..., 8 des Netzes und der die übrigen sechs enthaltenden kubischen Raumkurve. Eine Frucht

296) *M. Chasles*, Paris C. R. 37 (1853), p. 372, 437; *E. de Jonquières*, Essai sur la génération etc. Paris 1858; J. de math. (2) 1 (1856), p. 411; *H. J. St. Smith,* Ann. di mat. (2) 3 (1869), p. 218 = Papers 2, p. 1; *H. Kortum*, Preisschr. Bonn 1869; *F. H. Siebeck*, Ann. di mat. (2) 3 (1869), p. 65; *H. Milinowski,* Zeitschr. Math. Phys. 23 (1878), p. 85, 213; *C. Le Paige,* Prag Ber. (1881), p. 61; Paris C. R. 98 (1884), p. 353; Brux. Mém. 8 B (1884), p. 87; *J. Cardinaal,* J. f. Math. 102 (1887), p. 166; *H. Valentiner*, Nyt Tidsskr. 3 (1892), p. 33. Vgl. auch *R. Heger,* Zeitschr. Math. Phys. 31 (1886), p. 89.

297) *H. J. St. Smith* und *H. Kortum* [296]); *J. N. Bischoff*, Ann. di mat. (2) 6 (1874), p. 145.

298) *O. Hesse,* Werke p. 376 = J. f. Math. 49 (1855), p. 279.

dieser Überlegungen ist *Hesses* Bezeichnungsweise für die 28 Doppeltangenten durch je zwei von den acht Ziffern 1, 2, 3, 4, 5, 6, 7, 8.

66. Hesses Algorithmus für die Doppeltangenten. Die in Rede stehende Abbildung hat eine eindeutige Beziehung zwischen der C_4 und der Raumkurve sechster Ordnung im Gefolge, welche die Scheitel der im Netze vorhandenen Kegel erfüllen, der „Kegelspitzenkurve" des Netzes. Aus den zugehörigen Transformationsformeln ersieht *Hesse*[299]), daß den Punktgruppen, welche die ∞^9 Flächen zweiter Ordnung im Raume auf der Kegelspitzenkurve ausschneiden, die Punktgruppen der C_4 entsprechen, in welchen sie von den ∞^9 Kurven dritter Ordnung ihrer Ebene getroffen wird, so daß den (doppelt gezählten) Ebenen des Raumes ein gewisses System von ∞^3 Berührungskurven dritter Ordnung der C_4 zugewiesen erscheint.

Dieses System von kubischen Berührungskurven der C_4 erweist sich nun als eines unter 36 gleichberechtigten Systemen, unter welchen es die *Hesse*sche Darstellung der Kurve auszeichnet. Es gelingt *Hesse*, den Übergang von dem ausgezeichneten System zu den 35 übrigen zu vollziehen und damit den Übergang von einer Bezeichnungsweise der 28 Doppeltangenten durch zwei von den acht Ziffern 1, 2, ..., 8 zu den 35 übrigen gleichberechtigten Bezeichnungsweisen zu gewinnen. Man hat nur die acht Punkte 1, 2, ..., 8 in die Ecken zweier Tetraeder z. B. 1234 und 5678 zu zerfällen, was auf 35 Arten möglich ist, und in jedem Tetraeder jede Kante durch die Gegenkante zu ersetzen, so daß in dem gewählten Beispiel 12 durch 34, 13 durch 25 usw. zu ersetzen sein wird, während 15, 25 usw. bestehen bleiben[300]).

M. Nöther hat Rechnungsregeln angegeben, welche erlauben, von der *Hesse*schen Bezeichnungsweise aus die verschiedenen möglichen Gruppen von Doppeltangenten und ihre Beziehungen zu überblicken[301]).

67. Die 64 Systeme von Berührungskurven dritter Ordnung. Wie schon erwähnt, ist bei der *Hesse*schen Darstellung der Kurve in der Form $|\varphi_{1i}\,\varphi_{2i}\,\varphi_{3i}\,\varphi_{4i}| = 0$ eines von 36 gleichberechtigten Systemen von kubischen Berührungskurven ausgezeichnet. Die Gleichung des ausgezeichneten Systems stellt *Hesse* auf, indem er die Determinante der φ_{ik} seitlich und unten mit den nämlichen vier Parametern rändert[302]).

---

299) *O. Hesse* a. a. O.[298])

300) Die *Hesse*sche Bezeichnungsweise hat *A. Cayley* eingehend diskutiert J. f. Math. 68 (1868), p. 176 = Papers 7, p. 123; vgl. *Salmon-Fiedler*, Höhere Kurven, 2. Aufl., p. 285.

301) *M. Nöther*, Math. Ann. 15 (1879), p. 89; München Abh. 17 (1889), p. 105.

302) *O. Hesse*, J. f. Math. 49 (1855), p. 243, 279 = Werke p. 319, 345. Zwei

Hesse erkennt, daß es noch eine zweite Art von Systemen kubischer Berührungskurven gibt. Diese Systeme entsprechen einzeln den 28 Doppeltangenten, indem die sechs Berührungspunkte irgend einer Systemkurve immer auf einem Kegelschnitt liegen, der auf der C_4 außerdem noch die Berührungspunkte einer bestimmten Doppeltangente ausschneidet. Es gibt also im ganzen 64 Systeme von Berührungskurven dritter Ordnung: 36 von der ersten Art und 28 von der zweiten Art. Während eine Berührungskurve aus einem System der ersten Art ihre Berührungspunkte niemals auf einem Kegelschnitt hat, trifft dies bei einer Kurve aus einem System zweiter Art immer zu.

Damit zwei ebene Kurven dritter Ordnung demselben System erster Art von kubischen Berührungskurven einer C_4 angehören, ist notwendig und ausreichend, daß sie einen gemeinsamen Berührungskegelschnitt haben; damit sie demselben System zweiter Art angehören, ist notwendig und ausreichend, daß drei von ihren Schnittpunkten in dieselbe Gerade fallen, wie *C. Rosati* bemerkt hat[303]).

A. Clebsch hat in jedem System erster Art von kubischen Berührungskurven der C_4 acht gleichberechtigte Untersysteme von ∞^2 Kurven mit Doppelpunkt festgestellt[304]).

Hesse selbst hat aufmerksam gemacht, daß die Berührungskurven zweiter Art mit der Gleichungsform $\psi g - \varphi^2 = 0$ für die C_4 in Verbindung stehen, indem ψ eine Berührungskurve zweiter Art, φ den ihre Berührungspunkte enthaltenden Kegelschnitt und g die dem System entsprechende Doppeltangente bedeutet.

68. Die Aronholdsche Erzeugungsweise. *S. Aronhold*[305]) legt seiner Erzeugungsweise sieben beliebige Geraden der Ebene zugrunde. Er betrachtet die ∞^2 Kurven dritter Klasse, welche die sieben Geraden zu Tangenten haben, und erhält die allgemeine C_4 als Ort der Punkte, in denen sich zwei (und dann schon ∞^1) von diesen Kurven berühren. Die sieben Geraden erweisen sich als Doppeltangenten der erzeugten Kurve; aber nicht jede Gruppe von sieben Doppeltangenten der C_4 kann einer Aronholdschen Erzeugung zugrunde gelegt werden, sondern nur eine azygetische[306]). Solcher Gruppen von sieben Doppeltangenten besitzt eine allgemeine C_4 im ganzen $8 \cdot 36 = 288$[307]).

---

kubische Berührungskurven gehören demselben System an, sobald ihre Berührungspunkte durch eine Kurve dritter Ordnung verbunden werden können.

303) *C. Rosati*, Giorn. di mat. 38 (1900), p. 165.

304) *A. Clebsch*, Math. Ann. 3 (1871), p. 45; vgl. *M. Nöther*, München Abh. 17 (1889), p. 105.

305) *S. Aronhold*, Berlin Monatsber. (1864), p. 499.

306) So heißt nach *G. Frobenius* eine Gruppe von Doppeltangenten, wenn

Ist schon die *eindeutige* Bestimmung einer C_4 durch eine gewisse Gruppe von sieben ihrer Doppeltangenten an und für sich merkwürdig, so hat doch als geometrisches Hauptresultat *Aronholds* die lineare Bestimmung aller 21 übrigen Doppeltangenten aus den *sieben* eines Aronholdschen Siebensystems zu gelten. Unter den ∞^2 Kurven dritter Klasse, welche die Geraden des Siebensystems berühren, gibt es 21, welche in einen Schnittpunkt von zwei unter ihnen und in einen die übrigen fünf berührenden Kegelschnitt zerfallen und dieser Kegelschnitt berührt noch eine von den 21 Doppeltangenten, für die sich von hier aus eine lineare Konstruktion ergibt[308]).

In *Aronholds* Gedankengang und seinen Ergebnissen haben wir die wesentliche Grundlage für die vollständige Herstellung der Gleichungen aller Doppeltangenten aus sieben eines Aronholdschen Siebensystems zu erblicken, wie sie zuerst *B. Riemann* geleistet hat[309]).

69. Zusammenhang zwischen den Entstehungsarten von Hesse und Aronhold. Hat Hesse seine Erzeugung der C_4 auf die Betrachtung eines Flächennetzes zweiter Ordnung gegründet, so betrachtet *A. Clebsch* und eingehender *G. Frobenius* die Figur, welche dieses Netz in einem seiner acht Basispunkte induziert[310]). Durch den Basispunkt gehen zwei Erzeugende einer beliebigen Fläche des Netzes. Beschreibt die Fläche ein Büschel, so beschreiben die zwei Erzeugenden einen Kegel dritter Ordnung, und die ∞^2 Kegel dritter Ordnung, welche die sieben Verbindungslinien des gewählten Basispunktes mit den übrigen zu Kanten haben, sind dadurch einzeln den ∞^2 Büscheln des Netzes zugewiesen. Berühren sich zwei solche Kegel dritter Ordnung, so tangiert die Ebene der Berührung eine im Netz

---

keine drei darunter ihre Berührungspunkte auf demselben Kegelschnitte haben (J. f. Math. 99 (1886), p. 290).

307) Vgl. *A. Cayley,* J. f. Math. 68 (1868), p. 176 = Papers 7, p. 123; *H. Weber,* Theorie der Abelschen Funktionen $p = 3$, Berlin 1876, p. 83. Über den Zusammenhang zwischen den „Würfen" der 288 Aronholdschen Siebensysteme vgl. *G. Kohn,* Wien Ber. 114 (1905), p. 1431.

308) Auf anderen Wegen gewinnen dieselbe Konstruktion *W. Godt,* Diss. Göttingen 1873; *G. Kohn,* J. f. Math. 107 (1890), p. 1; vgl. *E. Timerding,* Math. Ann. 53 (1900), p. 193.

309) *B. Riemann,* Werke, 2. Aufl., p. 487. Vgl. *J. Cayley,* J. f. Math. 94 (1883), p. 93; *H. Weber,* Theorie der Abelschen Funktionen vom Geschlecht drei, Berlin 1876; *F. Schottky,* Abriß einer Theorie der Abelschen Funktionen von drei Variabeln, Leipzig 1880; *G. Frobenius,* J. f. Math. 99 (1886), p. 275; *E. Timerding,* Math. Ann. 53 (1900), p. 193.

310) *A. Clebsch,* Math. Ann. 3 (1871), p. 45; *G. Frobenius,* J. f. Math. 99 (1886), p. 275; vgl. *R. Sturm,* J. f. Math. 70 (1869), p. 229 und die Erörterung vom Standpunkt der Resultantentheorie bei *Fr. Meyer,* D. Math.-Ver. Ber. 16 (1907), p. 16.

enthaltene Kegelfläche und diese Ebenen hüllen einen Kegel vierter Klasse ein. Man braucht nun lediglich zu der entwickelten Figur die duale zu nehmen, um die Aronholdsche Erzeugung der C_4 vor sich zu haben.

Von hier aus tritt insbesondere die Übereinstimmung in Evidenz, welche, wie *Cayley* zuerst nachgewiesen hat, zwischen der Bezeichnungsweise der 28 Doppeltangenten durch je zwei von acht Ziffern, welche Aronholds Methode nahe legt, und der Hesseschen Bezeichnungsweise besteht[311]).

70. Die Auffassung von Clebsch und weitere Erzeugungsarten. Der betretene Weg führt, wie *A. Clebsch* erkennt und *G. Frobenius* genauer ausführt[312]), über *Aronhold* hinaus. Man hat in einer Basisebene einer Scharschar von Flächen zweiter Klasse nicht blos die Aronholdsche Figur, man hat auch eine 1-2-deutige Beziehung zwischen dem Punktfeld η und dem Strahlenfeld η' dieser Ebene. In einem beliebigen ihrer Punkte wird die Ebene η von einer bestimmten Fläche der Scharschar berührt, welche die Ebene in den beiden dem Punkte in η' entsprechenden Geraden trifft. Beschreibt der Punkt in η eine der ∞^2 Geraden seiner Ebene, so beschreibt das entsprechende Geradenpaar in η' eine der ∞^2 Kurven dritter Klasse, welche die sieben Spurlinien der übrigen sieben Basisebenen der Scharschar berühren. Beschreibt die Gerade in η' eines der ∞^2 Strahlenbüschel dieser Ebene, so beschreibt der entsprechende Punkt in η eine rationale Kurve dritter Ordnung, welche einem bestimmten ∞^2-Untersysteme des Systems erster Art von Berührungskurven dritter Ordnung der C_4 angehört[313]).

Die C_4 selbst tritt auf als „Übergangskurve" bei der 1-2-deutigen Abbildung, d. h. als Ort der Punkte von η, denen zwei zusammenfallende Geraden in η' entsprechen. Der Ort dieser Geraden ist eine eindeutig auf die C_4 bezogene Kurve sechster Klasse, die Jacobische Kurve des erwähnten linearen Systems von ∞^2 Kurven dritter Klasse.

M. Nöther und *R. de Paolis* haben diese Auffassung der C_4 als Übergangskurve bei einer gewissen Art von 1-2-deutigen Ebenen-

---

311) *A. Cayley,* J. f. Math. 68 (1868), p. 176 = Papers 7, p. 123 vgl. *Salmon-Fiedler,* Höhere Kurven, 2. Aufl., p. 311.

312) *A. Clebsch,* Math. Ann. 3 (1871), p. 45; *G. Frobenius,* J. f. Math. 99 (1886), p. 275.

313) *Clebsch* findet ausgezeichnete Lageneigenschaften für die Schnittpunkte von je zwei Kurven irgend eines dieser 8 · 36 Untersysteme. Erweiterungen seiner Sätze bei *M. Nöther,* München Abh. 17 (1889), p. 105.

transformationen von allen räumlichen Betrachtungen losgelöst und weiter verfolgt[314]).

E. Godt erhält die Beziehung von Clebsch zwischen Punkten der Ebene und Paaren hindurchgelegter Geraden als Hauptkoinzidenz eines Konnexes erster Ordnung und zweiter Klasse. Eine besondere Wahl unter den Konnexen (1, 2) mit gemeinsamer Hauptkoinzidenz führt nach *E. Godt*[315]) und *E. Timerding*[316]) zu einer Erzeugung der allgemeinen Kurve vierter Ordnung durch zwei in quadratischer Verwandtschaft stehende Geradenfelder einer Ebene als Ort der Punkte, welche in den ihnen entsprechenden Kegelschnitten liegen.

71. Geisers Erzeugungsweise. Den einfachen Zusammenhang, welcher zwischen der Figur der 28 Doppeltangenten einer C_4 und der Figur der 27 Geraden einer Fläche dritter Ordnung besteht, hat *C. F. Geiser* entdeckt[317]). Er bemerkt, daß man die allgemeine Kurve vierter Ordnung als Umrißkurve einer Fläche dritter Ordnung ansehen kann für ein Projektionszentrum, das auf der Fläche liegt. Die 27 Geraden der Fläche projizieren sich in 27 Doppeltangenten und die Tangentialebene des Projektionszentrums schneidet die 28te aus.

Die ∞^3 ebenen Schnittkurven der Fläche ergeben projiziert die ∞^3 kubischen Berührungskurven der C_4 des Systems zweiter Art, das der ausgezeichneten Doppeltangente entspricht; die 36 *Schläfli*schen Doppelsechsen von Flächengeraden projizieren sich in die 36 Steinerschen Gruppen der C_4, in denen die ausgezeichnete Doppeltangente nicht vorkommt; die Steinerschen Trieder liefern eine neue Doppeltangenteneigenschaft. (Vgl. III C 7 *Fr. Meyer.*)

72. Weitere Erzeugungen. Abbildungen. Eine andere aus der Ebene heraustretende Erzeugung haben *W. Wirtinger* und *E. Ciani* den Untersuchungen der Doppeltangentenfigur zugrunde gelegt. Sie sehen die C_4 als Schnitt der Ebene mit einer Kummerschen Fläche an[318]).

314) *M. Nöther,* Erlangen Ber. 10 (1878), p. 81 und München Abh. 17 (1889), p. 105; *R. de Paolis,* Rom Linc. Mem. (3) 2 (1878), p. 152.

315) *E. Godt,* Diss. Göttingen 1873; vgl. *Clebsch-Lindemann,* Vorl., p. 1007.

316) *E. Timerding,* Math. Ann. 53 (1900), p. 193.

317) *C. F. Geiser,* Math. Ann. 1 (1869), p. 129; vgl. *H. G. Zeuthen,* Math. Ann. 8 (1875), p. 1. Von der üblichen Bezeichnungsweise der 27 Geraden der Fläche, welche unter Auszeichnung einer Doppelsechs $a_i b_i$ $(i = 1, 2, \ldots, 6)$ die übrigen Geraden mit c_{ik} $(i, k = 1, 2, \ldots, 6)$ bezeichnet, vollzieht man den Übergang zu einer Hesseschen Bezeichnungsweise für die aus ihnen hervorgehenden Doppeltangenten der C_4, wenn man $7i$ an Stelle von a_i, $8i$ an Stelle von b_i und ik an Stelle von c_{ik} schreibt. Anwendungen bei *E. Ciani,* Rend. Ist. Lomb. 28 (1895), p. 683; *G. Kohn,* Wien Ber. 114 (1905), p. 1457.

318) *W. Wirtinger,* Untersuchungen über Thetafunktionen, Leipzig 1895;

E. Caporali hat mehrere Erzeugungsarten unter einem einheitlichen Gesichtspunkt zusammengefaßt[319]): Ein quadratisches System von ∞^{k-1} Kegelschnitten, das in einem linearen System S von ∞^k Kegelschnitten der Ebene enthalten ist, bestimmt im System S eine Polarität. Durch jeden Punkt der Ebene geht ein lineares System von ∞^{k-1} Kegelschnitten von S. Ihm entspricht in der Polarität ein Kegelschnitt von S. Der Ort der Punkte, welche auf ihren entsprechenden Kegelschnitten liegen, ist eine Kurve vierter Ordnung.

Vom niedrigsten Fall $k = 2$ abgesehen, haben wir hier neue Erzeugungen vor uns. Den Fall $k = 3$ verwertet *W. Wirtinger* unter Heranziehung mehrdimensionaler Betrachtungen, den Fall $k = 5$ hat *E. Ciani* eingehend behandelt[320]).

G. Humbert[321]) hat die Punktepaare der C_4 ($p = 3$) auf die Punkte einer Fläche sechster Ordnung abgebildet, die mit der Kummerschen Fläche in einer gewissen Beziehung steht. *W. Wirtinger* hat die Punktetripel der Kurve abgebildet auf eine dreidimensionale Fläche 24. Ordnung eines linearen Raumes von sieben Dimensionen.

V. Gruppierungsverhältnisse der Doppeltangenten und der Systeme von Berührungskurven.

73. Gruppen von Doppeltangenten. Während alle 378 Paare von Doppeltangenten noch gleichberechtigt sind, gibt es schon zweierlei Tripel: 1260 syzygetische und 2016 azygetische (Nr. **68**). Von den $20 \cdot 475$ Quadrupeln sind 315 so beschaffen, daß die acht Berührungspunkte ihrer vier Doppeltangenten durch einen Kegelschnitt verbunden werden können (Nr. **63**); für $15 \cdot 120$ Quadrupel liegen sechs von diesen Punkten auf einem Kegelschnitt, was für die restlichen 5040 Quadrupel nicht mehr zutrifft (azygetische Quadrupel)[322]).

Indem wir die Quintupel übergehen, führen wir noch die zwei

E. Ciani, Ann. di mat. (3) 2 (1899), p. 53. Einen Zusammenhang dieser Auffassungsweise der C_4 mit der Hesseschen Entstehungsart hatte schon *Th. Reye,* Geometrie der Lage, 2. Aufl., 3, 18. Vortrag angegeben.

319) *C. Segre,* Ann. di mat. (2) 20 (1892), p. 237; vgl. *E. Caporali,* Memorie di geometria, Neapel 1888.

320) *W. Wirtinger,* Math. Ann. 40 (1891), p. 361; *E. Ciani,* Rom Lincei Rend. (5) 4 (1895), p. 659.

321) *G. Humbert,* Paris C. R. 120 (1895), p. 863.

322) Die einfachsten Gruppen von Doppeltangenten betrachtet *O. Hesse,* J. f. Math. 49 (1855), p. 279 = Werke, p. 345; ausführlicher *A. Cayley,* J. f. Math. 68 (1868), p. 176 = Papers 7, p. 123. Eine Tabelle der 315 Quadrupel, die ihre 8 Berührungspunkte je auf einem Kegelschnitte haben, gibt bereits *G. Salmon,* Treatise, p. 198.

ausgezeichneten Arten von Doppeltangentensextupeln an, welche die zwölf Berührungspunkte je auf einer Kurve dritter Ordnung haben. Es sind dies die 1008 azygetischen Sextupel, welche je einen Kegelschnitt berühren und die 5040 Sextupel, welche sich aus drei Doppeltangentenpaaren zusammensetzen, die ihre drei Schnittpunkte in einer Geraden haben. Die wichtigsten Gruppen von sieben Doppeltangenten, die 288 Aronholdschen Siebensysteme, sind schon oben besprochen. Für eine ganze Anzahl von Doppeltangentengruppen hat *M. Nöther* geometrische Eigenschaften entwickelt. Er findet z. B. von Doppeltangenten gebildete einfache Achtecke, welche je einem Kegelschnitte eingeschrieben sind[323]).

Von den Gruppen, welche mehr als sechs Doppeltangenten umfassen, sind neben den schon besprochenen Steinerschen Gruppen ihre komplementären die wichtigsten, d. h. die Gruppen, welche entstehen, wenn man von den 28 Doppeltangenten zwölf einer Steinerschen Gruppe wegläßt. *E. Ciani* nennt sie Kummersche Gruppen, weil die 16 singulären Ebenen einer durch die C_4 hindurch gelegten Kummerschen Fläche die 16 Doppeltangenten einer solchen Gruppe ausschneiden. Diesen Gesichtspunkt hat er für ihr Studium verwertet. *Cianis* Ergebnisse hat dann *E. Timerding* im Zusammenhange dargestellt und vervollständigt. Es ergaben sich ausgezeichnete Gruppen von Doppeltangenten als Teile einer Kummerschen Gruppe und Eigenschaften der je drei Doppeltangentenschnittpunkte enthaltenden 5040 Geraden. Diese Geraden laufen zu dritt nicht nur durch 6720 (Geisersche) Punkte, sondern auch durch 60450 andere (Cianische) Punkte[324]). *G. Kohn* hat gezeigt, daß die 16 Geraden einer Kummerschen Gruppe auf 15 Arten in vier Polarvierseite eines Kegelschnitts zerfallen[325]).

74. **Berührungskurven. Charakteristikentheorie.** Sowohl der Begriff einer Berührungskurve als auch der Begriff eines Systems von solchen Kurven rührt von *Hesse* her[326]). Eine C_n ist (reine) Be-

---

323) *O. Hesse,* J. f. Math. 55 (1857), p. 83 = Werke, p. 469; vgl. *S. Aronhold,* Berlin Monatsber. 1864, p. 499. *M. Nöther,* München Abh. 17 (1879), p. 105 f. beweist für das Sextupel der ersten Art, daß jede Zerfällung in zwei Tripel zwei einem Kegelschnitt eingeschriebene Dreiecke liefert, der die Berührungspunkte einer bestimmten Doppeltangente enthält; für das Sextupel der zweiten Art, daß die C_3, welche die 12 Berührungspunkte seiner drei Doppeltangentenpaare enthält, auch durch die Doppelpunkte dieser Paare hindurchgeht.

324) *E. Ciani,* Ann. di mat. (3) 2 (1897), p. 53; Rend. Ist. Lomb. (2) 28 (1895), p. 274; (2) 31 (1895), p. 310; *E. Timerding,* J. f. Math. 122 (1900), p. 209.

325) *G. Kohn,* Wien Monatsh. 1 (1890), p. 100.

326) *O. Hesse,* J. f. Math. 49 (1855), p. 243 = Werke, p. 319; vgl. C III 4, Nr. 34 *Berzolari.*

rührungskurve der C_4 (einfachen Kontakts), wenn sie die C_4 in $2n$ Punkten einfach berührt, und zwei Berührungskurven n^{ter} Ordnung gehören demselben System an, wenn die beiden Gruppen ihrer Berührungspunkte durch eine Kurve n^{ter} Ordnung verbunden werden können. Durch eine beliebige seiner Kurven ist das System bestimmt, denn man erhält die Gruppen von Berührungspunkten für alle Kurven des Systems als jene Punktgruppen, welche auf der C_4 die Gruppe der Berührungspunkte der angenommenen Kurve zu dem vollständigen Schnittpunktsystem einer Kurve n^{ter} Ordnung ergänzen.

Die Berührungskurven jeder geraden Ordnung $2k$ bilden 63 eigentliche gleichberechtigte Systeme und ein ausgezeichnetes uneigentliches, dem die doppelt gezählten Kurven k^{ter} Ordnung der Ebene angehören. Die Berührungskurven der ungeraden Ordnung $2k+1$ zerfallen in zwei Arten, von denen die eine 36, die andere 28 Systeme umfaßt. Wir haben für ein beliebiges k genau dieselben Verhältnisse, wie wir sie für $k=1$ (Nr. **62** und **67**) angetroffen haben.

M. Nöther hat gezeigt, daß auch in allen höheren Systemen von Berührungskurven quadratische Untersysteme mit analogen Eigenschaften existieren, wie sie *A. Clebsch* bei den kubischen Berührungskurven erster Art angetroffen hat. Man verdankt ihm auch eine algebraische „Charakteristikentheorie", die zu den Systemen der die C_4 in der ersten Ordnung berührenden Kurven gehört, der Hesses Bezeichnungsweise für die Doppeltangenten zugrunde liegt[327]).

Auf transzendentem Wege war einem jedem System von Berührungskurven der C_4 ein System von sechs Zahlen $\begin{pmatrix} g_1 & g_2 & g_3 \\ h_1 & h_2 & h_3 \end{pmatrix}$ als „Charakteristik" zugeordnet worden, wobei die sechs Zahlen nur *mod.* 2 bestimmt und also $=0$ oder 1 vorausgesetzt sind[328]). Die Zuordnung hängt von der Zerschneidung der Riemannschen Fläche ab und bei Änderung der Zerschneidung zeigen die Charakteristiken der Systeme von Berührungskurven gerader Ordnung — man nennt sie *Periodencharakteristiken* — ein anderes Verhalten als die Charakteristiken der Systeme ungerader Ordnung die sogenannten *Thetacharakteristiken*[329]). (Vgl. II B 6, *A. Krazer-W. Wirtinger.*)

327) *M. Nöther,* München Abh. 17 (1879), p. 105; vgl. Math. Ann. 28 (1886), p. 354.

328) *B. Riemann,* Werke, 2. Aufl., p. 487; vgl. *A. Clebsch,* J. f. Math. 63 (1863), p. 189 und *Brill-Nöther,* Jahresb. d. Math.-Ver. 3, 1894.

329) Es lassen sich im ganzen 64 verschiedene Charakteristiken $\begin{pmatrix} g_1 & g_2 & g_3 \\ h_1 & h_2 & h_3 \end{pmatrix}$ bilden, 36 gerade und 28 ungerade; dabei wird eine Charakteristik als gerade oder ungerade bezeichnet, je nachdem die Zahl $g_1h_1+g_2h_2+g_3h_3$ gerade oder ungerade ist. Die 64 Charakteristiken entsprechen als Thetacharakteristiken den

75. Realitätsfragen. Die verschiedenen Fälle, welche die Realitätsverhältnisse der Doppeltangenten darbieten können, hat, wie schon bemerkt (Nr. 52) *H. G. Zeuthen* festgestellt. Die Realitätsverhältnisse bei den 63 Systemen von Berührungskegelschnitten haben *C. Crone*[330]) und *F. Klein*[331]) klargelegt, insbesondere die Einordnung der reellen Doppeltangenten in diese Systeme. *F. Kleins* mit transzendenten Hilfsmitteln geführte Untersuchungen haben auch Realitätsfragen, welche Berührungskurven höherer Ordnung sowohl einfachen als höheren Kontakts betreffen, beantwortet. Seine ersten die C_4 betreffenden Untersuchungen sind jedoch durch seine späteren allgemeinen überholt. Die Ergebnisse fallen verschieden aus je nachdem die Kurve ortho- oder diasymmetrisch ist[332]).

VI. Spezielle nichtsinguläre Kurven vierter Ordnung.

76. Die Kurven mit Polardreiseit und die Kurven mit Polarvierseit (Nr. 57). Die durch eine Gleichung der Form $x_1^4 + x_2^4 + x_3^4 = 0$ darstellbaren Kurven vierter Ordnung sind von *A. Cayley*, *W. Dyck* und *U. Masoni* untersucht worden. Eine solche Kurve wird durch eine Gruppe von 96 Kollineationen in sich transformiert und besitzt 12 Undulationspunkte in ihren Schnittpunkten mit den Seiten des Koordinatendreiseits. Die Beziehung zwischen der Kurve und ihrer Kontravariante vierter Klasse P erweist sich als im dualen Sinn vertauschungsfähig[333]).

---

beiden Arten von Systemen von Berührungskurven $(2k+1)^{\text{ter}}$ Ordnung, welche es gibt. Dies gilt auch noch für $k = 0$, insofern als den 28 Doppeltangenten die 28 ungeraden Thetacharakteristiken zugewiesen sind. Bei den Systemen von Berührungskurven $2k^{\text{ter}}$ Ordnung ist die Charakteristik $\begin{pmatrix} 0 & 0 & 0 \\ 0 & 0 & 0 \end{pmatrix}$ ausgezeichnet und entspricht dem uneigentlichen Systeme, welchem die doppelt gezählten Kurven k^{ter} Ordnung angehören, während die übrigen als gleichberechtigte Periodencharakteristiken den 63 eigentlichen Systemen entsprechen. Vgl. *F. Klein*, Math. Ann. 36 (1890), p. 32.

Der transzendente Weg führt über die besprochenen Ergebnisse hinaus zu einer eindeutigen Zuordnung zwischen den Systemen von Kurven gemeinsamer Ordnung, welche mit den C_4, von festen Punkten abgesehen, nur Punkte gemein haben, in denen ein Kontakt $(m-1)^{\text{ter}}$ Ordnung stattfindet, zu den Systemen von Perioden-m-teln und ermöglicht eine Einsicht in die Gruppierung dieser Systeme (vgl. *A. Clebsch*, J. f. Math. 63 (1863), p. 189). Gewisse Fragen dieser Art hat schon *Hesse* auf algebraischer Grundlage beantwortet.

330) *C. Crone*, Tidsskr. (3) 5 (1875), p. 161; (4) 1 (1877), p. 97.

331) *F. Klein*, Math. Ann. 10 (1876), p. 11; 11 (1876), p. 293.

332) *F. Klein*, Math. Ann. 42 (1892), p. 1.

333) *A. Cayley*, Ed. Times 36 (1882), p. 64 = Papers 10, p. 603; *W. Dyck*, Math. Ann. 17 (1880), p. 473, 510; *U. Masoni*, Napoli Rend. 21 (1882), p. 45.

Die Kurven mit einem Polarvierseit behandelt *P. del Pezzo* und zeigt, daß sie beschrieben werden von den Ecken zweier Systeme von vollständigen Vierecken, deren Seiten die Kontravariante sechster Klasse Q berühren und deren Diagonalpunkte die Hessesche Kurve Δ erfüllen[334]).

Einen merkwürdigen Spezialfall dieser Kurven hat *E. Caporali* betrachtet[335]). Die 24 Wendepunkte einer Caporalischen Kurve zerfallen in zwei Gruppen von je zwölf Punkten, von denen jede die zwölf Ecken der vier Wendedreiseite eines syzygetischen Kurvenbüschels dritter Ordnung darstellt. Die Wendetangenten schneiden sich zu drei und drei in vier in gerader Linie liegenden Kurvenpunkten. Es gehört so zu jedem der syzygetischen Büschel eine Gerade und die Caporalische Kurve ist die Jacobische Kurve gebildet für das Büschel und die zugehörige Gerade. In dieser Weise tritt die Kurve im Formensystem einer C_3 auf als gegeben durch die Zwischenform N.

77. Die Kurven von Clebsch, Lüroth und Humbert. Besitzt eine Kurve vierter Ordnung ein Polarfünfseit, so pflegt man sie als Kurve von Clebsch zu bezeichnen, weil dieser zuerst erkannt hat, daß eine solche C_4 speziell ist[336]). Er bemerkt auch, daß die Kontravariante Ω für eine solche Kurve in einen doppelt gezählten Kegelschnitt ausartet. *J. Lüroth* stellt dann fest, daß diesem Kegelschnitt ∞^1 Polarfünfseite der Kurve von Clebsch umschrieben sind und daß deren Ecken die Kovariante vierter Ordnung S erfüllen[337]).

Auch diese Kurve vierter Ordnung ist eine spezielle, denn *Lüroth* beweist, daß einer allgemeinen C_4 kein vollständiges Fünfseit eingeschrieben werden kann. Eine *Lüroth*sche Kurve, d. i. Kurve vierter Ordnung, für welche ein eingeschriebenes vollständiges Fünfseit existiert, läßt sich als Erzeugnis einer Tangenteninvolution fünfter Ordnung auf einem Kegelschnitt definieren, d. h. als Ort der Eckpunkte der ∞^1 Fünfseite, welche von den Gruppen der Involution gebildet werden.

---

334) *P. del Pezzo*, Napoli Rend. 22 (1882), p. 203; *E. Caporali*, Mem. p. 349.

335) *E. Caporali*, Napoli Rend. 21 (1882), p. 227 = Memorie di geometria, p. 338 f.; *G. Maisano*, Palermo Rend. 4 (1890), p. 153; *E. Ciani*, Napoli Rend. (3) 2 (1896), p. 126.

336) *A. Clebsch*, J. f. Math. 59 (1861), p. 125.

337) *J. Lüroth*, Math. Ann. 1 (1869), p. 37; 13 (1878), p. 548 gibt auch genaueres über Spitzen und Spitzentangenten der 24 mit Spitzen behafteten kubischen Polaren, sowie ihre Pole. Vgl. auch *Em. Weyr*, Wien Ber. 81 (1880), p. 80; *A. Grassi*, Giorn. di mat. 38 (1900), p. 244. Die Bedingung, daß durch die Hessesche Erzeugung (Nr. 65) eine Lürothsche Kurve hervorgeht bei *W. Frahm*, Math. Ann. 7 (1874), p. 635; vgl. *E. Töplitz*, Math. Ann. 11 (1877), p. 432.

Jede Lürothsche Kurve stellt für eine bestimmte Kurve von Clebsch die Kovariante S dar.

Als desmische Kurven vierter Ordnung bezeichnet *G. Humbert* eine Gattung von durch Eigenschaften der Doppeltangentenfigur ausgezeichneten Kurven vierter Ordnung, die er als ebene Schnitte einer desmischen Fläche erhält[338]). (III C 7 *Fr. Meyer.*) *F. Schur* hat erkannt, daß sie eine Varietät der Kurven von Lüroth darstellen[339]). Eine C_4 ist nach *Humbert* desmisch, sobald für drei von ihren Doppeltangenten die Paare von Berührungspunkten die Gegeneckenpaare eines vollständigen Vierseits bilden. Es gibt dann immer sechs Doppeltangententripel von dieser Beschaffenheit, und die 18 Doppeltangenten, aus denen sie bestehen, berühren sämtlich eine und dieselbe Kurve dritter Klasse, welche zu drei verschiedenen Steinerschen Gruppen als Cayleysche Kurve gehört.

78. Kurven mit Kollineationen in sich, namentlich die Kleinsche Kurve. *A. Wiman* hat das Problem der Bestimmung aller nichtsingulären Kurven vierter Ordnung mit linearen Transformationen in sich gelöst[340]). Er findet zwölf verschiedene Arten mit den folgenden kanonischen Gleichungsformen:

$$G_2 \dots x_3^4 + x_3^2(bx_1^2 + cx_1x_2 + dx_2^2) + x_1^4 + ax_1^2x_2^2 + cx_2^4 = 0,$$
$$G_4 \dots x_3^4 + x_3^2(bx_1^2 + cx_2^2) + x_1^4 + ax_1^2x_2^2 + cx_2^2 = 0,$$
$$G_3 \dots x_3^2x_2 + x_1^4 + ax_1^3x_2^2 + bx_1^2x_2^2 + x_1x_2^3 = 0,$$
$$G_6 \dots (x_1^2 + x_2^2)^2 + ax_3x_1(x_1^2 - 3x_2^2) + bx_3^2(x_1^2 + x_2^2) + x_3^4 = 0,$$
$$G_8 \dots x_1^4 + x_2^4 + x_3^4 + ax_3^2(x_1^2 + x_2^2) + bx_1^2x_2^2 = 0,$$
$$G_6' \dots x_3^3x_2 + x_1^4 + ax_1^2x_2^2 + x_2^4 = 0,$$
$$G_{16} \dots x_3^4 = x_1^4 + ax_1^2x_2^2 + x_2^4,$$
$$G_{24} \dots x_1^4 + x_2^4 + x_3^4 + a(x_1^2x_2^2 + x_2^2x_3^2 + x_3^2x_1^2) = 0,$$
$$G_9 \dots x_2x_3^3 = x_1(x_1^3 + x_2^3),$$
$$G_{48} \dots x_3^4 = x_1^4 + x_1x_2^3,$$
$$G_{96} \dots x_1^4 + x_2^4 + x_3^4 = 0,$$
$$G_{168} \dots x_1^3x_2 + x_2^3x_3 + x_3^3x_1 = 0.$$

Das für eine Kurvenart gewählte Symbol G_r (bzw. G_r') gibt durch den Index r die Ordnung der zugehörigen Kollineationsgruppe an.

338) *G. Humbert,* J. de math. (4) 6 (1890), p. 423; vgl. auch J. de math. (4) 7 (1891).

339) *F. Schur,* J. f. Math. 95 (1883), p. 217. — Ein Netz von ausgezeichneten Kurven vierter Ordnung behandelt *G. Sardi,* Giorn. di mat. 6 (1868), p. 217.

340) *A. Wiman,* Stockholm Bihang 21 (1895), Nr. 3; vgl. *E. Ciani,* Ist. Lomb. Rend. (2) 33 (1900), p. 1170. (I B 2, Nr. 5, *Fr. Meyer*; I B 3 f, *A. Wiman,* Nr. 17.)

Es ergeben sich aus der Kenntnis der Transformationsgruppe Lagenbeziehungen zwischen den Singularitäten für die einzelnen Kurvenarten. Für eine G_{24} z. B. sind vier Doppeltangenten ausgezeichnet und die Kollineationsgruppe der Kurve besteht aus den Kollineationen, welche das Vierseit dieser Doppeltangenten in sich transformieren. Von den 24 Doppeltangenten laufen zwei durch je einen Eckpunkt des Vierseits und vier durch je einen Diagonalpunkt desselben.

Gewisse von den in Rede stehenden Kurven, nämlich diejenigen, welche durch mehrere Involutionen der Ebene in sich transformiert werden, hat *E. Ciani* untersucht und insbesondere genaueres über die Lage ihrer Wendepunkte festgestellt.

Die Kurve G_4 kann nach *E. Schmidt* als Ort der Punkte erhalten werden, von denen aus an zwei feste Kegelschnitte Tangenten gegebenen Doppelverhältnisses gehen[341]).

Die drei letzten unter den Kurvenarten: G_{48}, G_{96} (vgl. Nr. 76) und G_{168} treten in der Theorie der elliptischen Modulfunktionen auf[342]), die letzte und bei weitem wichtigste ist die sogenannte *Klein*sche Kurve. Neben anderen Relationen für diese Kurve gibt *F. Klein*[343]) die folgende Eigenschaft ihrer Wendepunkte und Wendetangenten. Die 24 Wendepunkte ordnen sich zu Ecken von acht Dreiecken an, deren Seiten die 24 Wendetangenten bilden.

E. Ciani hat bewiesen, daß die *Klein*sche Kurve die einzige irreduzible C_4 ist, welche mit ihrer kovarianten Kurve S zusammenfällt[344]).

VII. Die Kurven vom Geschlecht Zwei.

79. Modifikationen der allgemeinen Theorie. Besitzt eine Kurve vierter Ordnung einen Doppelpunkt, so ist dieser Punkt singulär nicht nur für die *Hesse*sche Kurve Δ, sondern auch für andere kovariante Kurven. An die Stelle der Relation von *Clebsch* (Nr. **56**) zwischen den Wendetangenten tritt infolge dessen der Satz, daß diese

---

341) *E. Ciani,* Palermo Rend. 13 (1899), p. 347; *E. Schmidt,* Tidsskr. (4) 5 (1881), p. 145. Über die Kurve G_4 vgl. auch *F. Gerbaldi,* Palermo Rend. 7 (1893), p. 178; *G. B. Mathews,* London Math. Soc. 22 (1891), p. 173.

342) *Klein-Fricke,* Vorlesungen über die Theorie der elliptischen Modulfunktionen, Leipzig 1892, p. 675, 678, 701. (II B 4, *R. Fricke.*)

343) *F. Klein,* Math. Ann. 14 (1879), p. 428; *F. Brioschi,* Rom Lincei Rend. (3) 8 (1884), p. 164; *M. W. Haskell,* Amer. J. 13 (1890), p. 1 = Göttinger Diss. Baltimore 1890.

344) *E. Ciani,* Palermo Rend. 13 (1899), p. 347; Ist. Lomb. Rend. (2) 33 (1900), p. 565; Palermo Rend. 14 (1900), p. 16; Ann. di mat. (3) 5 (1901), p. 33. Daselbst auch weitere Eigenschaften der Kleinschen Kurve.

16 Graden zusammen mit den beiden Tangenten des Doppelpunktes die 20 gemeinsamen Tangenten einer Kurve 4. Klasse und einer Kurve 5. Klasse bilden[345]).

Alle Entstehungsarten des allgemeinen Falles können auch zur Erzeugung der Kurve mit Doppelpunkt dienen. Zu konstruktiven Zwecken eignet sich in erster Linie die Erzeugung durch zwei projektive Kegelschnittbüschel mit einem gemeinsamen Basispunkt, der zum Doppelpunkt der erzeugten Kurve wird[346]). Die *Hesse*sche Erzeugungsart liefert eine Kurve mit Doppelpunkt, wenn zwei von den acht Basispunkten des zugrunde liegenden Flächennetzes zweiter Ordnung zusammenfallen; die *Aronhold*sche, wenn von den sieben ihr zugrunde liegenden Geraden drei durch denselben Punkt gehen; die *Geiser*sche, wenn das Projektionszentrum auf einer Geraden der zugrunde gelegten Fläche dritter Ordnung angenommen wird.

Zu diesen Entstehungsarten hat *K. Bobek* eine weitere hinzugefügt, indem er die Kurve als Ort der Schnittpunkte der Strahlen eines Strahlenbüschels und der ihnen in einer projektiven Beziehung entsprechenden Kegelschnitte eines quadratischen ∞^1-Kegelschnittsystems entstehen läßt. Dieses quadratische Kegelschnittsystem darf speziell auch eine Kegelschnittschar sein und *Bobek* kommt dadurch zu einer kanonischen Gleichungsform für die Kurve[347]).

Von den 28 Doppeltangenten der allgemeinen C_4 bleiben für die Kurve mit Doppelpunkt die 16 einer *Kummer*schen Gruppe als eigentliche Doppeltangenten bestehen. Die übrigen 12 Doppeltangenten gehen paarweise in die sechs Tangenten über, welche man vom Doppelpunkte aus an die Kurve legen kann. Von den 63 Systemen von Berührungskegelschnitten des allgemeinen Falles bleiben 30 als Systeme reiner Berührungskegelschnitte bestehen und die zugehörigen *Steiner*schen Gruppen setzen sich aus je einem doppeltzählenden Paar von uneigentlichen Doppeltangenten und vier Paaren von eigentlichen zusammen. Die 32 übrigen Systeme werden paarweise identisch und bestehen aus dreifach berührenden, durch den

345) *G. Kohn*, Wien Ber. 95 (1887), p. 321; vgl. *H. M. Jeffery*, Quart. Journ. 24 (1890), p. 250.

346) Von dieser Erzeugungsart aus hat *W. Wirtinger* eine Abbildung der Paare von beigeordneten linearen Scharen von Punktetripeln der Kurve auf die Punkte einer *Kummer*schen Fläche hergestellt, D. Math.-Ver. Jahresber. 4 (1894—5), p. 97.

347) *K. Bobek*, Wien Denkschr. 53 (1887), p. 119. Eine irrationale Parameterdarstellung bei *A. Clebsch*, Math. Ann. 1 (1869), p. 170; vgl. *Clebsch* und *Gordan*, Abelsche Funktionen § 21.

Doppelpunkt gehenden Kegelschnitten; für jedes dieser 16 Systeme setzt sich jeder zerfallende Kegelschnitt aus einer eigentlichen und einer uneigentlichen Doppeltangente zusammen.

Nicht genau in der eben dargelegten Form hat *A. Brill*[348]) diese Ergebnisse auf transzendentem Wege (auf Grund des erweiterten Umkehrproblems) erhalten, insofern bei ihm noch ein weiteres System von Berührungskegelschnitten auftritt, das *K. Bobek* und *H. Andoyer*[349]) als identisch mit dem System der doppelt gezählten Geraden durch den Doppelpunkt erkannt haben.

Der transzendente Weg war es auch, welcher zuerst *G. Roch* und *G. Humbert*[350]) zu einem neuen Gesichtspunkt bei Unterscheidung von Systemen von Berührungspunkten geführt hat, nämlich zum Begriff des Systems im adjungierten Sinne. *W. Weiß*[351]) hat dann eine algebraische Theorie angebahnt. Im adjungierten Sinne gibt es nur 15 Systeme eigentlicher Berührungskegelschnitte, deren jedes in zwei im nichtadjungierten Sinne getrennte Systeme zerfällt. Zwei Berührungskegelschnitte, welche einzeln einem von zwei solchen Systemen entnommen sind, haben acht Berührungspunkte, welche nach *K. Bobek*[347]) mit dem Doppelpunkt zusammen die Basispunkte eines C_3-Büschels bilden.

80. Der Kegelschnitt von Bertini. Man verdankt *E. Bertini*[352]) einen Satz über Kurven n^{ter} Ordnung mit $(n-2)$-fachem Punkte, welcher für $n = 4$ das Folgende aussagt: Die Berührungspunkte der sechs vom Doppelpunkte ausgehenden Tangenten liegen auf einem Kegelschnitt, welcher je zwei mit dem Doppelpunkt in gerader Linie liegende Kurvenpunkte harmonisch trennt.

In dem Umstande, daß die C_4 mit Doppelpunkt durch eine projektiv verallgemeinerte Inversion in sich selbst übergeht, für welche der Doppelpunkt das Zentrum und der *Bertini*sche Kegelschnitt den Inversionskegelschnitt darstellt, hat man die natürliche geometrische Grundlage für gewisse Sätze zu suchen, welche *W. R. W. Roberts* mit

348) *A. Brill*, Math. Ann. 6 (1872), p. 66.

349) *K. Bobek* a. a. O.[347]); *H. Andoyer*, Toulouse Ann. 3 1889; vgl. *H. Andoyer*, Théorie des formes, Paris 1900, chap. XIV, III. Über die Berührungskurven dritter Ordnung vgl. *F. Klein*, Math. Ann. 36 (1890), p. 59.

350) *G. Roch*, J. f. Math. 66 (1866), p. 114; *G. Humbert*, J. de math. (4) 2 (1886), p. 239. Zwei Berührungskurven gehören demselben System im adjungierten Sinne an, wenn die zugehörigen Gruppen von Berührungspunkten zugleich residual und korresidual sind.

351) *W. Weiß*, Wien Ber. 99 (1890), p. 284.

352) *E. Bertini*, Rom Lincei Trans. (3) 1 (1877), p. 92; vgl. *H. Picquet*, Assoc. Franç. 7 (1878), p. 95; *E. Caporali*, Napoli Rend. 1881 = Memorie, p. 164.

transzendenten Mitteln abgeleitet hat[353]). Von hier aus folgen nämlich Eigenschaften des Punktepaares, welches der *Bertini*sche Kegelschnitt neben den sechs Berührungspunkten der vom Doppelpunkte ausgehenden Tangenten auf der C_3 ausschneidet: Die Tangenten des *Bertini*schen Kegelschnitts in diesem Punktepaar treffen sich im Doppelpunkt und die Verbindungslinie des Punktepaares schneidet die C_4 noch in denjenigen zwei Punkten, in welchen die beiden Tangenten des Doppelpunktes der Kurve nochmals begegnen. Vier in gerader Linie gelegene Punkte der Kurve ergeben vom Doppelpunkt aus auf die Kurve projiziert vier Punkte, die mit dem in Rede stehenden Punktepaar durch einen Kegelschnitt verbunden werden können, der auch noch den Doppelpunkt enthält usw.

81. Spezielle Kurven vom Geschlecht Zwei. Geht der Doppelpunkt einer C_4 vom Geschlecht Zwei in eine Spitze über, so werden 6 von den 16 Doppeltangenten dieser Kurve mit den 6 von der Spitze ausgehenden Tangenten identisch. Es bleiben nur 15 verschiedene Systeme von vierfach berührenden Kegelschnitten übrig, weil die zwei nichtadjungierten Systeme identisch werden, in welche jedes der 15 adjungierten Systeme bei der C_4 mit Doppelpunkt zerfällt. Die hier waltenden Verhältnisse sind durch *K. Bobek*, *H. Andoyer*, und *G. Fontené*[354]) von verschiedenen Seiten klar gelegt worden. Eine eingehende Untersuchung der C_4 mit Spitze verdankt man *H. W. Richmond*[355]).

Ein besonderer Fall der C_4 vom Geschlecht Zwei liegt auch vor, wenn die beiden Tangenten des Doppelpunktes Inflexionstangenten sind. Dieser Kurve, welche durch eine Involution der Ebene in sich transformiert wird, haben *F. Brioschi* und *L. Cremona* Aufmerksamkeit zugewendet[356]).

G. Humbert hat seine desmische Kurve auch für den Fall, daß sie einen Doppelpunkt bekommt, eingehend behandelt. Der *Bertini*sche Kegelschnitt zerfällt für eine solche Kurve[357]).

---

353) *W. R. W. Roberts*, London Math. Soc. 25 (1894), p. 151; vgl. *J. de Vries*, Musée Teyler Arch. (2) 9 (1904), p. 255; Nieuw Arch. (2) 3 (1897), p. 158. Über die Lage der 18 Inflexionspunkte vgl. *A. Brill*, Math. Ann. 13 (1878), p. 175; *H. W. Richmond*, Quart. J. 26 (1892), p. 5.

354) *K. Bobek*[347]), *H. Andoyer*[349]), vgl. *G. Fontené*, Soc. Math. Fr. Bull. 27 (1899), p. 229.

355) *H. W. Richmond*, Quart. Journ. 26 (1892), p. 5.

356) *F. Brioschi*, Math. Ann. 4 (1871), p. 95; *L. Cremona*, ebenda, p. 99.

357) *G. Humbert*, J. de math. (4) 7 (1891), p. 385.

VIII. Die Kurven vom Geschlecht Eins. Bizirkularkurven vierter Ordnung.

82. Modifikationen der allgemeinen Theorie. Beim Übergang von der allgemeinen Kurve vierter Ordnung zur C_4 mit zwei Doppelpunkten werden von diesen 12 Wendepunkte absorbiert, so daß nur 12 Wendepunkte übrig bleiben. *H. W. Richmond* bemerkt, daß diese 12 Punkte durch eine adjungierte Kurve vierter Ordnung (und dann schon durch ∞^1) ausgeschnitten werden können[358]). An die Stelle der Relation zwischen den Wendetangenten des allgemeinen Falles tritt für die C_4 mit zwei Doppelpunkten der Satz, daß die 12 Wendetangenten zusammen mit den zwei Paaren von Doppeltangenten die Basis für eine Schar von Kurven 4. Klasse darstellen[359]).

Von den 28 Doppeltangenten des allgemeinen Falles bleiben nur acht als eigentliche Doppeltangenten bestehen, von den 63 Systemen von reinen Berührungskegelschnitten nur 13 Systeme. Von diesen 13 Systemen an vier Stellen berührender Kegelschnitte ist das eine, die doppelt gezählte Verbindungslinie der beiden Doppelpunkte enthaltende, ausgezeichnet. Die 12 übrigen sind gleichberechtigt und schließen sich zu je vier zu drei Systemen im adjungierten Sinne zusammen[360]).

Wenig untersucht ist der spezielle Fall einer Kurve mit einem Doppelpunkt und einer Spitze[361]). Dagegen liegt in der Theorie der Cartesischen Ovale (Nr. **90**) eine eingehende Theorie der Kurven mit zwei Spitzen in metrischem Gewande vor.

83. Erzeugungsweisen. Für die Geometrie der Kurven vierter Ordnung mit zwei Doppelpunkten sind mehrere ihnen eigentümliche Erzeugungsweisen von Bedeutung, welche untereinander enge Fühlung haben.

Eine solche Kurve ist das Erzeugnis von zwei Strahlenbüscheln in (2,2)-Korrespondenz, deren Scheitel in den Doppelpunkten liegen[362]).

---

358) *H. W. Richmond*, Quart. Journ. 32 (1900), p. 63; vgl. *H. W. Richmond* und *T. Stuart*, London Math. Soc. (2) 1 (1903), p. 129. Die ∞^2 C_3, welche durch die 12 Wendepunkte hindurchgehen, hat *A. Brill* dargestellt, Math. Ann. 17 (1880), p. 103, 517.

359) *G. Kohn* a. a. O.[345])

360) *G. Humbert*, *W. Weiß* a. a. O.[350]) [351]); *O. Richter*, Zeitschr. Math. Phys. 35 (1890) Supplement, p. 1; Progr. kgl. Gymn. Leipzig 1897. — Eigenschaften der Bizirkularkurven überträgt *H. M. Jeffery*, London Math. Soc. 21 (1890), p. 287.

361) *A. Ameseder*, Wien Ber. 87 (1883), p. 15; *E. Schulze*, Progr. Friedr. Werder-Gymn. Berlin 1904.

362) Von diesem Standpunkt behandeln die Kurve *H. Wiener*, Diss. München (1881); *J. Thomae*, Leipzig Abh. 21 (1895), p. 439.

Sie entsteht allgemeiner als Erzeugnis einer (2, 2)-Korrespondenz zwischen den Tangenten eines Kegelschnittes, welcher unter den Berührungskegelschnitten des ausgezeichneten Systems beliebig gewählt werden kann. Aus der ersten speziellen Erzeugung folgt der Satz, daß die beiden Tangentenquadrupel, welche von den beiden Doppelpunkten ausgehen, projektiv sind und ihr Doppelverhältnis der Modul der Kurve ist. Eine Verallgemeinerung dieses Satzes, welche an die Stelle der beiden Doppelpunkte einen beliebigen Berührungskegelschnitt des ausgezeichneten Systems treten läßt, folgt nach *H. G. Zeuthen*[363]) aus der zweiten allgemeineren Erzeugung.

Beide Erzeugungsarten stehen in enger Beziehung zur Auffassung der Kurve als Projektion der Basiskurve eines Flächenbüschels zweiter Ordnung. Als fruchtbar erweist sich diese Auffassung, wenn man zu gleicher Zeit auch diejenige Fläche des Büschels durch Projektion mit abbildet, welche durch das Projektionszentrum geht (stereographische Projektion). Von hier aus eröffnet sich ein fast unmittelbarer Einblick in die vier Systeme von Kegelschnitten, welche durch die Doppelpunkte gehen und die Kurve an je zwei Stellen berühren. Von hier aus wird deutlich, daß die Kurve (auf ∞^1 Arten) erhalten werden kann als Ort der Doppelpunkte eines zweidimensionalen quadratischen Kegelschnittsystems, das aus dem dreidimensionalen linearen System der Kegelschnitte ausgeschieden ist, welches von den durch die Doppelpunkte der Kurve hindurchgehenden Kegelschnitten gebildet wird[364]).

Die Kurve vierter Ordnung mit zwei Doppelpunkten kann auch durch quadratische Transformation aus der allgemeinen Kurve dritter Ordnung abgeleitet werden. Wegen der Geometrie auf der Kurve, die mit derjenigen auf der C_3, der Normalkurve des Geschlechts Eins, übereinstimmt, können wir deshalb auf Abschnitt A dieses Artikels verweisen. Erwähnt sei, daß schon *J. Steiner* bemerkt, daß im allgemeinen kein der Kurve eingeschriebenes $2n$-Eck existiert, dessen Seiten abwechselnd durch die beiden Doppelpunkte laufen, daß aber die Existenz eines solchen Polygons die Existenz von unendlich vielen nach sich zieht[365]).

---

363) *H. G. Zeuthen*, Kopenhagen Forh. 1879, p. 89.

364) *H. G. Zeuthen* a. a. O.; *W. Fiedler*, Zürich Vierteljahrschr. 29 (1884), p. 432; Darstellende Geometrie 3, 2. Aufl., p. 25, 45; vgl. *W. E. Story*, J. Hopkins Circ. (1882), p. 178; *J. Thomae*, Zeitschr. Math. Phys. 29 (1884), p. 282; *H. Liebmann*, Zeitschr. Math. Phys. 41 (1896), p. 85; *M. Weill*, Nouv. Ann. (3) 6 (1887), p. 272.

365) *J. Steiner*, J. f. Math. 32 (1846), p. 184 = Werke 2, p. 373; vgl.

Die elliptische Parameterdarstellung für die Kurve hat zuerst *A. Clebsch* gegeben und für die Theorie der Doppeltangenten verwertet[366]).

84. Die bizirkularen Kurven vierter Ordnung als Hüllkurven von Kreissystemen. Eine große Anzahl von Eigenschaften der Kurven vierter Ordnung mit zwei Doppelpunkten liegt in der Literatur in metrischem Gewande vor, namentlich Eigenschaften, welche sich auf die vier Systeme von Kegelschnitten beziehen, die durch die Doppelpunkte gehen und die Kurve in je zwei Punkten berühren:

Ein veränderlicher Kreis, dessen Zentrum auf einem gegebenen Kegelschnitte, dem „Deferent", wandert und der zu einem gegebenen Kreis, dem „Direktorkreis", beständig senkrecht bleibt, umhüllt eine bizirkulare Kurve vierter Ordnung, d. h. eine Kurve vierter Ordnung, welche in den imaginären Kreispunkten Doppelpunkte hat. Eine beliebige bizirkulare Kurve läßt sich auf vier Arten in dieser Weise erzeugen. Die vier Direktorkreise der vier Erzeugungen stehen paarweise aufeinander senkrecht, die vier Deferenten sind konfokal und haben die singulären Brennpunkte der Kurve zu gemeinsamen Brennpunkten, d. h. die Schnittpunkte der Tangenten in dem einen imaginären Kreispunkte mit den Tangenten im anderen. Die Ecken des gemeinsamen Polardreiecks eines Direktorkreises und des zugehörigen Deferenten sind die Zentra der drei übrigen Direktorkreise[367]).

M. Stuyvaert, Nouv. Ann. (4) 5 (1905), p. 455, 481. Andere eingeschriebene Polygone bei *R. A. Roberts,* Mess. of Math. 34 (1905), p. 161.

366) *A. Clebsch*, J. f. Math. 64 (1864), p. 64; vgl. *E. W. Davis,* Amer. J. 5 (1883), p. 331; *A. Cayley,* Cambr. Trans. 14 (1889), p. 484 = Papers 13, p. 9; *P. Vogel,* Diss. München 1880; *H. Siebeck,* J. f. Math. 57 (1860), p. 359; 59 (1861), p. 173, ferner *G. Humbert,* Paris C. R. 97 (1883), p. 1287; Thèse Paris 1885. Eine Anwendung der Theorie der elliptischen Parameterdarstellung auf Gelenkvierecke bei *G. Koenigs*, Leçons de cinématique, Paris 1897, p. 253.

367) Diese Sätze gehen auf *T. Moutard* zurück; vgl. darüber *A. Mannheim*, Journ. de math. (2) 7 (1862), p. 121 und *E. Laguerre,* Paris C. R. 60 (1865), p. 70 = Oeuvres 2, p. 19, sowie Nouv. Ann. (2) 9 (1870) = Oeuvres 2, p. 136. *J. Casey* hat sie wieder entdeckt und eine ganze Reihe neuer hinzugefügt Dublin Proc. 10 (1869), p. 44; Dublin Trans. 24 (1871), p. 457. Eine eingehende Theorie der bizirkularen C_4 findet man auch bei *G. Darboux*, Sur une classe remarquable de courbes etc., Paris 1873 (Wiederabdruck Paris 1896) und bei *G. Koenigs*, Leçons de l'agrégation classique de math., Paris 1892. Das Buch von *Darboux* enthält ein Verzeichnis der älteren Literatur, dem wir nur *A. Cayley*, Edinburgh Trans. 25 (1868), p. 1 = Papers 6, p. 470 hinzuzufügen haben. Eine elementare Ableitung der Hauptergebnisse der Theorie geben *E. M. Laquière,* Nouv. corr. 6 (1880), p. 352, 402 und *F. Michel,* Journ. math. spéc. 16 (1892), p. 257, 278; 17 (1893), p. 15, 25, 51. Über die Deferentenkegelschnitte

Für das rechtwinklige Koordinatensystem, dessen Achsen die gemeinsamen Achsen der Deferenten sind, nimmt die Kurvengleichung die Normalform an:

$$(x^2 + y^2)^2 + ax^2 + a'y^2 + bx + b'y + c = 0.$$

Den Anfangspunkt dieses Koordinatensystems hatte schon *Cayley* als Mittelpunkt, seine Achsen als Achsen der Kurve bezeichnet. *G. Humbert*[368]) findet, daß der Fußpunkt des von ihm auf eine beliebige Gerade gefällten Lotes mit dem Zentrum der mittleren Entfernungen der vier auf der Geraden gelegenen Kurvenpunkte zusammenfällt.

85. Fortsetzung. Anallagmatien. Fokaleigenschaften. Die Auffassung einer bizirkularen Kurve vierter Ordnung als Enveloppe eines Kreissystems läßt sofort erkennen, daß sie sich selbst reproduziert, wenn sie an dem Direktorkreis des Systems invertiert wird, denn jeder Systemkreis geht dabei in sich selbst über[369]). Gemäß einer von *T. Moutard* eingeführten Ausdrucksweise[370]) pflegt man zu sagen, daß eine bizirkulare Kurve vierter Ordnung vier *Anallagmatien* (d. h. Inversionen in sich) zuläßt. Ein Satz über die Beziehung zwischen Bogen, welche von Kurvenpunkten beschrieben werden, die sich vermöge dieser Anallagmatien entsprechen, liefert *J. Casey* den Schlüssel zu einer Rektifikation der Kurve durch elliptische Integrale[371]).

Jeder Direktorkreis wird von dem zugehörigen Deferenten in vier Brennpunkten der Kurve geschnitten, denn jeder Schnittpunkt stellt einen die Kurve doppelt berührenden Nullkreis dar. Daß die 16 Brennpunkte einer bizirkularen Kurve vierter Ordnung sich zu je vier auf vier Kreise verteilen, hatte schon *A. Hart* erkannt[372]). Zwischen

vgl. ferner *H. Hart*, London Math. Soc. 11 (1880), p. 143. *C. M. Jessop*, Quart. Journ. 23 (1889), p. 371 bemerkt, daß die Summe (oder Differenz) der Winkel, unter welchen zwei Berührungskreise desselben Systems von einem variablen eines zweiten Systems geschnitten werden, konstant ist.

368) *G. Humbert*, Journ. éc. polyt. cah. 55 (1885), p. 142; vgl. *Elgé*, Journ. math. spéc. (4) 5 (1896), p. 150. Zur mechanischen Beschreibung vgl. *A. Mannheim*, Géométrie cinématique, Paris 1894, p. 79; *H. Hart*, London Math. Soc. 11 (1883), p. 199.

369) Aus diesem Grunde bezeichnet *J. Casey* a. a. O.[367]) die Direktorkreise als Inversionskreise der Kurve; aus einem weiter unten angegebenen Grunde bezeichnet er die Deferenten als Fokalkegelschnitte, eine Ausdrucksweise, die man bei vielen, namentlich den englischen Autoren wiederfindet.

370) *T. Moutard*, Nouv. Ann. (2) 3 (1864), p. 306.

371) *J. Casey*, London Trans. 167 (1878), p. 432; vgl. *A. Cayley*, ib., p. 441 = Papers 10, p. 223. Fast gleichzeitig gelangt auch *G. Darboux* zur Rektifikation (Paris C. R. 87 (1878), p. 692).

372) Vgl. *Salmon-Fiedler*, Höhere Kurven, 2. Aufl., p. 318.

den Distanzen eines beliebigen Kurvenpunktes von drei konzyklischen Brennpunkten besteht eine homogene lineare Relation, und es läßt sich umgekehrt eine bizirkulare Kurve vierter Ordnung definieren als Ort der Punkte, deren Distanzen von drei festen Punkten durch eine homogene lineare Gleichung verbunden sind. Dieses Ergebnis wurzelt in der Bemerkung, daß, wenn $K_1 = 0$, $K_2 = 0$, $K_3 = 0$ drei Berührungskreise desselben Systems sind, die Kurvengleichung in der Form geschrieben werden kann $\lambda_1\sqrt{K_1} + \lambda_2\sqrt{K_2} + \lambda_3\sqrt{K_3} = 0$[373]).

Mit den Relationen zwischen Fokaldistanzen ist die Analogie zwischen der Theorie der bizirkularen Kurven vierter Ordnung mit jener der Kegelschnitte nicht erschöpft. Der Satz, daß der Winkel der Brennstrahlen eines Kegelschnittpunktes von seiner Tangente halbiert wird, hat sein Analogon[374]), und vor allem kommt ein solches der konfokalen Kegelschnittschar zu[375]). Sind vier konzyklische Brennpunkte und damit das System aller 16 Brennpunkte für eine bizirkulare Kurve vierter Ordnung gegeben, so gehen zwei von diesen Kurven durch einen beliebigen Punkt der Ebene und schneiden sich rechtwinklig. Analytisch tritt die Analogie noch klarer zu Tage, wenn man bei der Darstellung der konfokalen Schar mit *G. Darboux* tetrazyklische Koordinaten zugrunde legt.

86. Die reinen Berührungskegelschnitte einer Bizirkularkurve vierter Ordnung bilden 12 gleichberechtigte Systeme und ein ausgezeichnetes.

Das ausgezeichnete System ist von *G. Humbert* und *O. Richter* untersucht worden[376]). Die vier Berührungspunkte liegen für jeden Kegelschnitt dieses Systems auf einem um das Zentrum der Kurve beschriebenen Kreise. Diesem Zentrum gehört bezüglich aller Kegelschnitte des Systems dieselbe Apollonische Hyperbel (C III 1, Nr. 33

373) Vgl. *G. Darboux,* Nouv. Ann. (2) 3 (1864), p. 156; Paris C. R. 59 (1864), p. 240; *T. Moutard,* ib., p. 336. Vgl. die Darstellung als Verallgemeinerung des Ptolemäischen Kreissatzes bei *W. Fr. Meyer,* Arch. Math. Phys. (3) 7 (1904), p. 1.

374) Ein solches Analogon gab *W. K. Clifford.* Siehe *M. W. Crofton,* London Math. Soc. 2 (1869), p. 33.

375) Zur konfokalen Schar von bizirkularen C_4 vgl. *E. E. Kummer,* J. f. Math. 35 (1847), p. 5; *Th. Berner,* Zeitschr. Math. Phys. 9 (1864), p. 369; *M. W. Crofton,* a. a. O.[374]); *F. Franklin,* Amer. J. 12 (1890), p. 323; *A. C. Dixon,* London Math. Soc. 24 (1893), p. 306. — Mit Hilfe von elliptischen Koordinaten behandelt *O. Staude* (Diss. Leipzig 1881) die bizirkularen C_4, vgl. *E. Haentzschel,* Arch. Math. Phys. 59 (1883), p. 395. Konstruktion bei *A. Cayley,* London Math. Soc. 5 (1874), p. 29; Quart. J. 13 (1875), p. 328 = Papers 9, p. 13, 535.

376) *G. Humbert,* Journ. éc. polyt. cah. 55 (1885), p. 139, 208; *O. Richter*[360]), Zeitschr. Math. Phys. 36 (1891), p. 191; Progr. kgl. Gymn. Leipzig 1897; vgl. auch *G. Darboux,* Sur une classe etc., p. 34.

Dingeldey) zu, der „Hauptkegelschnitt" der Kurve. Die Achsen der Kegelschnitte sind parallel zu den Achsen der Kurve und die Brennpunkte erfüllen die beiden zirkularen Kurven dritter Ordnung, welche mit der Grundkurve konfokal sind.

Die 12 gleichberechtigten Systeme von Berührungskegelschnitten hat *O. Richter* untersucht[377]). Sie zerfallen in sechs Paare. Die Kegelschnitte eines beliebigen von den 12 Systemen sind untereinander ähnlich und entsprechende Tangenten seiner Kegelschnitte umhüllen je einen Kegelschnitt des konjugierten Systems. Die Mittelpunkte der Kegelschnitte zweier konjugierter Systeme erfüllen den nämlichen um das Zentrum der Kurve beschriebenen Kreis. Zwei Durchmesser dieses Kreises sind ausgezeichnet: durch die Endpunkte des einen laufen die Achsen der Kegelschnitte des einen Systems, durch die Endpunkte des anderen die Achsen der Kegelschnitte des konjugierten Systems. Die Mittelpunkte kongruenter Kegelschnitte des ersten Systems liegen symmetrisch bezüglich des zweiten Durchmessers, die Mittelpunkte kongruenter Kegelschnitte des zweiten Systems symmetrisch bezüglich des ersten Durchmessers.

Die acht Doppeltangenten der Kurve zerfallen in vier Paare von gegen ihre Achsen entgegengesetzt gleich geneigten Geraden; die Schnittpunkte dieser Geradenpaare sind die vier Inversionzentra der Kurve.

87. Die bizirkularen Kurven vierter Ordnung vom Standpunkt der Inversionsgeometrie. Durch Anwendung einer Inversion auf eine bizirkulare Kurve vierter Ordnung vom Geschlecht Eins geht eine neue solche Kurve hervor und die Berührungskreise und die Brennpunkte der einen Kurve gehen in die Berührungskreise und Brennpunkte der anderen über. Freilich sind, wenn dieser Satz ausnahmslose Gültigkeit haben soll, die Zirkularkurven dritter Ordnung, welche mit der unendlich fernen Geraden eine Kurve vierter Ordnung mit Doppelpunkten in den imaginären Kreispunkten darstellen, als spezielle Bizirkularkuren vierter Ordnung anzusehen. Vom Standpunkte der Inversionsgeometrie des Raumes erscheinen wiederum die bizirkularen Kurven vierter Ordnung als besondere Zykliken (so nennt man nach *G. Darboux*[378]) die nichtzerfallenden Schnittkurven einer Kugel mit einer Fläche zweiter Ordnung). Denn durch eine räumliche Inversion wird eine bizirkulare Kurve vierter Ordnung in eine Zyklik transformiert. Für eine sphärische Zyklik ergeben sich aber

377) *O. Richter,* Zeitschr. Math. Phys. 35 (1890), Supplement, p. 1.

378) *G. Darboux* a. a. O.[376]); vgl. *G. Loria,* Quart. J. 22 (1886), p. 44.

nach *E. Laguerre*[379]) die vier Systeme von Berührungskreisen als die Schnitte der Trägerkugel mit den Tangentialebenen der vier Kegel zweiter Ordnung, welche durch die Zyklik hindurchgehen, und die Theorie dieser vier Kreissysteme und der Fokaleigenschaften gestaltet sich überaus durchsichtig.

Nicht nur durch Inversion sondern auch durch stereographische Projektion einer Kugelfläche kann man aus ihren Zykliken die bizirkularen Kurven vierter Ordnung der Ebene ableiten. Analytisch findet diese Ableitung in der Einführung von tetrazyklischen Koordinaten und den zu ihnen im Sinne der Kreisgeometrie dualen ihren Ausdruck. Geometrisch führt sie zur Auffassung der Kurve als Ort der Nullkreise eines quadratischen ∞^2-Systems von Kreisen[380]). Die Einteilung der Bizirkularkurven vierter Ordnung kommt auf die der Zykliken, also der biquadratischen Raumkurven erster Art hinaus[381]).

Als Gegenstück zu dem *Dupin*schen Satze über Fokalkegelschnitte ist der folgende von *G. Darboux* und *M. Moutard* herrührende Satz[382]) anzusehen, der auch für die ebenen Zykliken von Bedeutung ist. Als Fokalkurven von Scharen konfokaler Zykliden sind die Zykliken zu je fünf geordnet, jede bestimmt die vier übrigen, ihre „Fokalen“. Drei beliebige feste Punkte derselben Fokale haben von einem variablen Punkte der Zyklik Abstände, zwischen denen eine homogene lineare Relation besteht. (Vgl. III C 7, *Fr. Meyer.*)

88. Symmetrische Bizirkularkurven vierter Ordnung. Von den vier Anallagmatien einer bizirkularen C_4 kann eine oder es können zwei durch Symmetrien vertreten sein. Die Kurve mit einer Symmetrieachse wird erzeugt, wenn man den Direktorkreis für das einhüllende Kreissystem so annimmt, daß sein Mittelpunkt auf eine der beiden Achsen des Deferenten fällt, die Kurve mit zwei Symmetrieachsen, wenn man ihn ins Zentrum des Deferenten fallen läßt.

J. A. R. de la Gournerie hat für die Bizirkularkurven vierter Ordnung mit einer Symmetrieachse, die er genauer studiert hat[383]), den

379) *E. Laguerre,* Bull. soc. philomath. (6) 4 (1867), p. 15 = 2, Oeuvres p. 27.

380) Die entsprechenden Betrachtungen für den Raum (pentasphärische Koordinaten) bei *G. Darboux,* Sur une classe etc. IV u. Note X; vgl. *W. K. Clifford,* Papers, p. 546. Die Erzeugung bei *C. Crone,* Tidsskr. (4) 3 (1879), p. 81, vgl. Anm. [364]).

381) *G. Darboux,* Sur une classe etc., p. 32; vgl. *G. Loria,* Quart. Journ. 22 (1886), p. 44.

382) *G. Darboux,* Nouv. Ann. (2) 3 (1864), p. 199; *T. Moutard,* ib., p. 306, 536.

383) *J. A. R. de la Gournerie,* J. de math. (2) 14 (1869), p. 9, daselbst ein-

Namen *spirische Linien* gebraucht. Die metrischen Eigenschaften einer spirischen Linie nehmen eine andere Form an, je nachdem ihre beiden reellen oder ihre beiden konjugiert imaginären Brennpunkte auf die Symmetrieachse zu liegen kommen. Für die erste Kategorie hat *E. Laguerre* eine Reihe von merkwürdigen Sätzen veröffentlicht[384]). Sie betreffen namentlich die beiden „Fokalkreise" der Kurve, d. i. die beiden Kreise, welche je einen singulären Brennpunkt der Kurve zum Mittelpunkt haben und die Kurve in den imaginären Kreispunkten oskulieren.

Kurven mit zwei Symmetrieachsen wurden schon im Altertum unter dem Namen Spiren von *Perseus* behandelt als Schnittlinien des Kreisrings mit zu seiner Achse parallelen Ebenen. Sie treten dann als isoptische Kurven für die Kegelschnitte auf und werden nach dieser Richtung von *F. H. Siebeck* betrachtet[385]) (III C 1, Nr. **16**, *F. Dingeldey*). Die durch die Gleichung $w = \sin am\, z$ vermittelte konforme Abbildung liefert *Siebeck* eine Konfokalschar von solchen Kurven. Eine bemerkenswerte Erzeugung dieser Kurven, die eine Eigenschaft gewisser Punktepaare zum Ausdruck bringt, rührt ebenfalls von ihm her[386]).

89. Die Cassinischen Kurven können als Kurven vierter Ordnung charakterisiert werden, welche in den imaginären Kreispunkten doppelte Inflexionsknoten aufweisen und sind deswegen unter den Bizirkularkurven vierter Ordnung durch die Eigenschaft gekennzeichnet, die singulären Brennpunkte zu gewöhnlichen Brennpunkten zu haben[387]). Will man eine Cassinische Kurve als Hüllkurve eines Systems von Kreisen erzeugen, so ist als Deferent des Systems ein Mittelpunktskegelschnitt zu wählen und sein orthoptischer Kreis als Direktorkreis anzunehmen.

Das Produkt der Entfernungen eines beliebigen Punktes der Kurve von ihren zwei reellen singulären Brennpunkten ist konstant, eine Eigenschaft, in welcher die ursprüngliche Definition der Kurve

gehende Literaturangaben; *G. Darboux*, Nouv. Ann. (2) 3 (1864), p. 156; *H. M. Jeffery*, London Math Soc. 14 (1883), p. 239.

384) *E. Laguerre*, Oeuvres 2, p. 73 = Bull. soc. philom. 6 (1869), p. 39; vgl. Oeuvres 2, p. 454.

385) *F. H. Siebeck*, J. f. Math. 59 (1861), p. 173. Die Identität einer isoptischen Kurve eines Mittelpunktskegelschnitts mit einem Schnitt einer Ringfläche durch eine zu ihrer Achse parallelen Ebene bemerkt schon *J. Garlin* (Nouv. Ann. 13 (1854), p. 415); vgl. *F. Gomes Teixeira*, Arch. Math. Phys. (3) 11 (1907), p. 64, andere Konstruktionen *F. Gomes Teixeira*, Porto Ann. 2 (1907), p. 160.

386) *F. H. Siebeck*, J. f. Math. 57 (1860), p. 359; 59 (1861), p. 175.

387) *A. Cayley*, Mess. of math. (2) 4 (1875), p. 187 = Papers 9, p. 261.

durch den Astronomen *J. D. Cassini* sich ausspricht[388]). Jeder Kurvenpunkt halbiert die Strecke, welche auf seiner Tangente abgeschnitten wird, durch die auf seinen Brennstrahlen in den Brennpunkten errichteten Lote, wie *J. Steiner* bemerkt und zur Tangentenkonstruktion verwertet[389]).

Die Cassinischen Kurven sind nicht nur besondere Bizirkularkurven vierter Ordnung mit zwei Symmetrieachsen, sondern sie gehören auch einer metrisch ausgezeichneten Kurvenart an, welche *G. Darboux* in Verallgemeinerung des Kreises erhalten hat[390]). Man kann dementsprechend eine Cassinische Kurve und zwar auf unendlich viele Arten als Ort eines Punktes erhalten, für welchen das Produkt der Abstände von zwei festen Punkten zu dem von zwei anderen festen Punkten in konstantem Verhältnis steht.

Bogen und Fläche der Cassinischen Kurve hat *J. A. Serret* durch elliptische Integrale ausgedrückt[391]).

90. Cartesische Kurven nennt man die Kurven vierter Ordnung mit Spitzen in den imaginären Kreispunkten[392]). Die anallagmatischen Erzeugungen einer solchen Kurve sind dadurch charakterisiert, daß als Deferent ein Kreis figuriert[393]). Von den vier Anallagmatien geht eine in eine Symmetrie über und auf der Symmetrieachse liegen drei Brennpunkte der Kurve, welche zugleich die Inversionszentra darstellen[394]). Die Distanzen r, r' eines Kurvenpunktes von zwei unter ihnen sind durch eine Relation von der Form $\alpha r + \alpha' r' = 1$

388) *J. D. Cassini* (Éléments d'astronomie, Paris 1749, p. 149) wollte diese Kurven als Planetenbahnen den Ellipsen Keplers substituieren. Über die ältere Literatur siehe *O. Terquem,* Nouv. Ann. 14 (1855), p. 265.

389) *J. Steiner,* J. f. Math. 14 (1835), p. 80 = Werke 2, p. 21. Verallgemeinerung der Tangentenkonstruktion bei *A. Hurwitz,* Math. Ann. 22 (1883), p. 230. Konstruktion des Krümmungszentrums bei *A. Mannheim,* Géom. cin., Paris 1894, p. 317.

390) *G. Darboux,* Sur une classe remarquable etc., Paris 1873, Art. 28 u. 32. Für die Cassinischen Kurven hatte die entsprechenden Eigenschaften schon *E. Laguerre* gegeben Bull. soc. philom. (1868). p. 40 = Oeuvres 2, p. 46.

391) *J. A. Serret,* J. de math. 8 (1843), p. 145.

392) Vgl. *A. Cayley,* J. de math. 15 (1850), p. 354 = Papers 1, p. 476.

393) *J. A. R. de la Gournerie,* J. de math. (2) 14 (1869), p. 49; *J. Casey,* Dublin Trans. 24 (1871), p. 457; *A. Cayley,* Edinburgh Trans. 25 (1868), Art. 132 = Papers 6, p. 470.

394) Konfokale cartesische Ovale betrachtet *G. Darboux,* Ann. éc. norm. 4 (1867), p. 81; *A. Greenhill* zieht sie heran, um die doppelte Periodizität der elliptischen Funktionen in Evidenz zu setzen (Les fonctions elliptiques et leurs applications, Paris 1895, p. 129). Über konfokale Cartesische Ovale im Zusammenhang mit den Erzeugenden eines Hyperboloides bei Einführung bipolarer Koordinaten *A. Cayley,* Mess. of math. (2) 18 (1889), p. 128 = Papers 12, p. 587 und *J. de Vries,* Amsterdam Versl. 4 (1896), p. 252. Vgl. *W. W. Johnson,* Analyst 2

verbunden. Eine leichte Umformung dieser Gleichung spricht aus, daß für einen gewissen Brechungsexponenten jeder Strahl durch den einen Brennpunkt an der Kurve in einen Strahl durch den anderen Brennpunkt gebrochen wird. Dies ist der historische Ausgangspunkt bei *Descartes*[395]), der auch eine Methode angegeben hat, die Kurve zu beschreiben. *Newton* erhält die Kurve als Ort eines Punktes, dessen Entfernungen von zwei festen Kreisen in konstantem Verhältnis stehen[396]). Weitere Entstehungsarten rühren von *A. Quetelet*[397]) und *M. Chasles*[398]) her, Methoden zur mechanischen Beschreibung von *A. Cayley*, *H. G. Zeuthen* und *J. Hammond*[399]).

Da man in der Theorie der Cartesischen Kurven eine metrisch formulierte Theorie der C_4 mit zwei Spitzen sehen kann, gewinnt die Bemerkung von *S. Roberts* an Interesse, daß die acht Wendepunkte einer Cartesischen Kurve auf einer Zirkularkurve dritter Ordnung liegen[400]) und die Bemerkung, daß die sechs Tangenten von derselben

---

(1875), p. 106. Unter den Bizirkularkurven vierter Ordnung sind die Cartesischen Ovale nach *G. Darboux* dadurch ausgezeichnet, daß von ihren vier Fokalen eine eben und von der dritten Ordnung ist.

395) *R. Descartes,* Géométrie, Paris 1705, p. 79. Vgl. *Ch. Huygens,* Traité de la lumière, Leyden 1690, p. 101. Manche Autoren reservieren den Namen „cartesische Ovale" für den Fall, daß alle drei Brennpunkte der Symmetrieachse reell sind, andere gebrauchen die Namen „cartesische Kurven" und „cartesische Ovale" als gleichbedeutend.

396) *J. Newton,* Philosophiae naturalis principia math., London 1686, lib. I, prop. 14.

397) *A. Quetelet,* Corr. math. phys. 5 (1829), p. 109 erkennt, daß, wenn die von einem Punkt ausgehenden Strahlen an einem Kreise gebrochen werden, eine Evolvente der gebrochenen Strahlen eine cartesische Kurve ist. Vgl. *A. Cayley,* Lond. Trans. 147 (1857), p. 273 = Papers 2, p. 336. *G. Salmon* (Treatise, p. 203) entnimmt aus der Gleichung in Polarkoordinaten, daß die Summe der Abstände der vier Schnittpunkte einer Geraden von jedem Brennpunkte konstant ist.

398) *M. Chasles* zeigt, daß, wenn zwei Punkte A, A' sich auf zwei Kreisen mit den Mittelpunkten C, C' so bewegen, daß ihre Verbindungslinie durch einen festen Punkt der Geraden CC' läuft, der Schnittpunkt der beiden Geraden CA und $C'A'$ eine cartesische Kurve beschreibt, Aperçu historique, Brüssel 1837, Note XXI, p. 350. Eine andere Bemerkung von M. *Chasles* ist korrigiert bei *M. d'Ocagne,* Paris C. R. 97 (1883), p. 1424; vgl. vorher *A. Cayley*, J. de math. 15 (1850), p. 351 = Papers 1, p. 476.

399) *A. Cayley,* Quart. J. 13 (1875), p. 328 und 15 (1878), p. 34 = Papers 9, p. 535; 10, p. 261; *H. G. Zeuthen,* Tidsskr. (4) 6 (1882), p. 145; *J. Hammond,* Amer. J. 1 (1878), p. 283.

Eine Liste der Arbeiten über die cartesischen Ovale findet man bei *V. Liguine,* Bull. sc. math. (2) 6 (1882), p. 40 und *H. Brocard,* L'intermédiaire des math. 3 (1896), p. 238; *A. Mannheim,* L'interm. des math. 3 (1896), p. 238.

400) *S. Roberts,* London Math. Soc. 3 (1870), p. 106, daselbst auch Flächen-

beliebig gegebenen Richtung ihre Berührungspunkte immer auf einem Kegelschnitte haben.

IX. Die Kurven vom Geschlecht Null.

91. Ausgezeichnete Punkte und Tangenten. Kovariante Kurven. Die allgemeinste Kurve vierter Ordnung vom Geschlecht Null hat drei Doppelpunkte, sechs Wende- und vier Doppeltangenten; jede besondere C_4 dieses Geschlechts kann aus einer solchen durch Grenzübergang gewonnen werden.

Die sechs Wendepunkte liegen auf einem Kegelschnitte W[401]) und ihre Tangenten berühren einen zweiten I; die Berührungspunkte der Doppeltangenten werden von einem dritten D ausgeschnitten[402]). Ein vierter Kegelschnitt C wird von den sechs Tangenten in den Doppelpunkten[403]), ein fünfter G von den sechs Tangenten aus den Doppelpunkten berührt[404]). Ein sechster C' verbindet die sechs einfachen Schnittpunkte der sechs Tangenten in den Doppelpunkten[405]), ein siebenter G' die sechs Berührungspunkte der sechs Tangenten aus den Doppelpunkten[406]).

Es giebt eine Kurve dritter Klasse J, welche von den sechs Wendetangenten jede im zugehörigen Wendepunkt berührt und eine zweite Kurve dritter Klasse Γ, welche nicht nur die sechs Wendetangenten sondern auch die sechs Doppelpunktstangenten zu Tangenten

inhaltsrelationen; vgl. *A. W. Panton,* Ed. Times Question 4297. Über die Rektifikation *W. Roberts,* J. de math. 15 (1850), p. 194; *A. Genocchi,* Il cimento 1855; Mathesis 4 (1884), p. 49; *S. Roberts,* London Math. Soc. 5 (1874), p. 6; *G. Darboux,* Paris C. R. 87 (1878), p. 559; *A. Mannheim,* Géom. cin., Paris 1894, p. 81.

401) *J. Graßmann,* Diss. Berlin (1875); *A. Brill,* Math. Ann. 12 (1877), p. 104; 13 (1878), p. 175; *W. Fr. Meyer,* Apolarität 2, p. 284; *W. Stahl,* J. f. Math. 101 (1887), p. 307, 321; *H. W. Richmond* und *T. Stuart,* London Math. Soc. (2) 1 (1903), p. 129. — Das Paar der Restschnittpunkte des Wendekegelschnitts mit der Kurve erscheint bei *Fr. Meyer* (l. c.) als einfache Kombinante der 3 binären Grundformen (Nr. **93**).

402) *E. Schmidt,* Tidsskr. (4) 5 (1881), p. 145; *N. M. Ferrers,* Quart. J. 13 (1882), p. 73. Nach *W. Stahl* a. a. O.[401]) p. 308 schneidet der Kegelschnitt I die C_4 in zwei Gruppen von je vier äquianharmonischen Punkten.

403) *J. Plücker,* Theorie der algebraischen Kurven, Bonn 1839, p. 196.

404) *A. Cayley,* Cambr. Dublin J. 5 (1850), p. 150 = Papers 1, p. 496.

405) *G. Salmon,* Treatise, p. 201.

406) *A. Ameseder,* Wien Ber. 93 (1885), p. 53 zeigt, daß sich aus diesen Berührungspunkten vier Pascalsche Sechsecke bilden lassen, welche zu Pascallinien die vier Doppeltangenten der C_4 haben; *J. C. Malet,* Mathesis 9 (1889), p. 89; *E. Jolliffe,* Mess. of math. (2) 33 (1903), p. 54, 90, daselbst noch ein zweiter verwandter Satz.

hat[407]). Eine Kurve dritter Ordnung ergibt sich als Ort der Punkte, welche sechs Tangenten aussenden, deren Berührungspunkte sich durch einen Kegelschnitt verbinden lassen[408]).

Die drei Kegelschnitte C, G und I berühren einander doppelt und die Verbindungslinien des Berührungspols mit den drei Doppelpunkten sind gemeinsame Tangenten der beiden Kurven dritter Klasse J und Γ[409]). Der Kegelschnitt W ist ein Berührungskegelschnitt für die Kurve dritter Klasse J[410]) und liegt mit den beiden Kegelschnitten I und D in dem nämlichen Büschel[411]). Jeder von den drei Kegelschnitten W, G', C' trifft die C_4, von den sechs für ihn schon angegebenen ausgezeichneten Punkten abgesehen, in demselben Punktepaar, nämlich in denjenigen zwei Kurvenpunkten, welche äquianharmonische Tangentenquadrupel an die Kurve aussenden[412]).

92. Erzeugungsarten. Nach *H. Schröter* entsteht eine C_4 mit drei Doppelpunkten als Ort der Schnittpunkte entsprechender Tangenten zweier projektiv aufeinander bezogenen Klassenkegelschnitte[413]). Diese zwei Kegelschnitte kann man noch willkürlich einem ∞^1 System von „erzeugenden" Kegelschnitten entnehmen, dem ausgezeichneten unter den vier Systemen von (reinen) Berührungskegelschnitten, welche die Kurve zuläßt. Nicht nur das System erzeugender Kegelschnitte, sondern auch das vollständige System der „erzeugenden" d. i. auf die C_4 perspektiv beziehbaren Kurven dritter Klasse hat unter Zugrundelegung der Parameterdarstellung für die C_4 *Fr. Meyer* dargestellt[414]).

407) *G. Kohn,* Wien Ber. 95 (1887), p. 318.

408) *R. A. Roberts,* London Math. Soc. 16 (1884), Nr. 7.

409) *E. Schmidt* a. a. O.[402]); *R. A. Roberts,* London Math. Soc. 16 (1884), Nr. 6; *G. Kohn* a. a. O.[407])

410) *W. Stahl,* J. f. Math. 101 (1887), p. 307.

411) *W. Groß,* Diss. Tübingen (1887), § 4; *W. Stahl,* J. f. Math. 104 (1890), p. 302; *E. Meyer,* Diss. Königsberg 1888, p. 37.

412) *A. Brill,* Math. Ann. 13 (1878), p. 340; *W. Fr. Meyer,* Apolarität, p. 283; *J. de Vries,* Amsterdam Versl. 7 (1899), p. 340. In diesen Abhandlungen auch Sätze über weitere ausgezeichnete Kegelschnitte. Vgl. noch *A. Basset,* Amer. J. 26 (1904), p. 169.

413) *H. Schröters* synthetische Entwicklungen, J. f. Math. 54 (1857), p. 32 hat *W. Bretschneider,* Diss. Erlangen 1875, analytisch weiter verfolgt und dabei die Gleichung für das System von erzeugenden Kegelschnitten aufgestellt. Vgl. *A. Ameseder,* Wien Ber. 83 (1881), p. 829. Neben diesem ausgezeichneten System von vierfach berührenden Kegelschnitten besitzt die Kurve noch drei weitere gleichberechtigte Systeme; vgl. *A. Clebsch,* J. f. Math. 64 (1864), p. 64; *Em. Weyr,* Wien Ber. 80 (1879), p. 1027; 83 (1881), p. 807; *A. Ameseder,* Wien Ber. 87 (1883), p. 15; *R. A. Roberts,* London Math. Soc. 16 (1884), p. 50, 60; *J. de Vries,* Arch. Teyler (2) 7 (1902), § 16; *C. Juël,* Nyt Tidsskr. 15 (1904), p. 1.

Bei Berücksichtigung des Umstandes, daß jeder der drei Doppelpunkte der C_4 doppelt gezählt einen erzeugenden Kegelschnitt darstellt, erkennt man in der folgenden von *A. Ameseder* herrührenden Erzeugung[415]) einen Spezialfall der Schröterschen. Die Kurve entsteht als Ort der Schnittpunkte der Strahlen eines Strahlenbüschels bzw. mit den ihnen in einer projektiven Beziehung entsprechenden Tangentenpaaren einer Tangenteninvolution auf einem Kegelschnitt.

Eine ausgedehntere Verwendung in der konstruktiven Geometrie als die genannten zwei Entstehungsarten hat die, abgesehen von dem Fall einer Kurve mit dreifachem Punkt, für alle Fälle anwendbare Ableitung der Kurve aus einem Kegelschnitt vermöge einer quadratischen Verwandtschaft gefunden. Die ersten Spuren einer solchen Ableitung finden sich schon bei *Newton*[416]). Jede projektive Abbildung der C_4 auf einen Kegelschnitt läßt sich als durch eine quadratische Verwandtschaft hervorgerufen ansehen. Auch bei der algebraischen Behandlung spielt der Umstand eine wesentliche Rolle, daß man aus dem Kegelschnitte $\sum a_{ik} x_i x_k = 0$ $(i, k = 1, 2, 3)$ die Gleichung der Kurve gewinnt, indem man $\varrho x_i = \frac{1}{y_i}$ setzt.

Eine Reihe von geometrischen Ergebnissen hat *W. Stahl* dadurch gewonnen, daß er die Kurve als Projektion einer rationalen Raumkurve vierter Ordnung ansieht[417]).

93. Die Kurve als rationaler Träger. Der Ausgangspunkt für eine große Reihe ergebnisreicher Untersuchungen der rationalen C_4 ist ihre Parameterdarstellung:

$$\varrho x_i = a_i \lambda_1^4 + 4 b_i \lambda_1^3 \lambda_2 + 6 c_i \lambda_1^2 \lambda_2^2 + 4 d_i \lambda_1 \lambda_2^3 + e_i \lambda_2^4 = \varphi_i(\lambda) \qquad (i = 1, 2, 3).$$

Die von hier aus erwachsenden Aufgaben: Aufstellung der Kurvengleichung in Punkt- und Linienkoordinaten, Bestimmung der Para-

---

414) *Fr. Meyer*, Math. Ann. 31 (1888), p. 96; vgl. ebenda 29 (1887), p. 447; 30 (1887), p. 30; *R. A. Roberts*, London Math. Soc. 16 (1884), p. 44.

415) *A. Ameseder*, Wien Ber. 79 (1879), p. 241; Arch. Math. Phys. 64 (1879), p. 109; Prag Ber. (1880), p. 3. Der Scheitel des Strahlenbüschels ist der eine Doppelpunkt, die Achse der Involution verbindet die beiden anderen; vgl. *J. Grünwald*, Wien Ber. 108 (1899), p. 1009. Die Amesedersche Erzeugung läßt sich auch als projektive Verallgemeinerung der Auffassung einer rationalen bizirkularen C_4 als Fußpunktkurve eines Kegelschnitts ansehen.

416) *I. Newton*, Enumeratio linearum tertii ordinis, 6. Abschn.; *F. Dingeldey*, Diss. Leipzig 1885, 4. Abschn.; vgl. *Salmon-Fiedler*, Höhere Kurven; *A. Brill*, Math. Ann. 12 (1877), p. 104; *Fr. Meyer*, Apolarität § 27; *K. Bobek*, Wien Ber. 80 (1879), p. 361. Vgl. III C 8, *Castelnuovo-Enriques* usw.

417) *W. Stahl*, J. f. Math. 101 (1887), p. 300.

meter für ihre Doppelpunkte, Wendepunkte, Berührungspunkte der Doppeltangenten usw., Darstellung des Schnittpunkttheorems (d. i. der notwendigen und hinreichenden Bedingung dafür, daß drei Punkte in gerader Linie liegen) haben durch *A. Brill*, *Fr. Meyer*, *R. A. Roberts*[418]), ferner durch *Ph. Friedrich*, *W. Groß*, *E. Meyer*, *W. Stahl* Lösungen erfahren[419]). Mehrere von den in Nr. **91** besprochenen kovarianten Kurven sind dabei zum erstenmal aufgetreten und zwar als Kombinanten im weiteren Sinn dieses Wortes der drei biquadratischen binären Formen $\varphi_i(\lambda)$ und es haben sich Relationen zwischen diesen Kurven ergeben. Bei *Ph. Friedrich*, *E. Meyer* und *W. Stahl* hat der Satz von *F. Lindemann*[420]) eine Rolle gespielt, wonach sich die drei Formen $\varphi_i(\lambda)$ als zweite Polaren einer gewissen Binärform sechster Ordnung ansehen lassen.

Die Geometrie der Kurve hängt ab von der Invariantentheorie der Formengruppe $\varkappa_1\varphi_1(\lambda) + \varkappa_2\varphi_2(\lambda) + \varkappa_3\varphi_3(\lambda)$ oder geometrisch gesprochen der biquadratischen Involution zweiter Stufe, deren Quadrupel die Geraden der Ebene auf der C_4 ausschneiden. *Em. Weyr* untersucht eine solche Involution, indem er als ihren Träger einen Kegelschnitt ansieht und verwertet seine Ergebnisse für die C_4[421]). *Fr. Meyer* zeigt, daß die Involution erster Stufe, welche zu der durch die Geraden der Ebene auf der C_4 bestimmten Involution zweiter Stufe konjugiert ist, sowie das zur Kurve gehörige Schnittpunkttheorem durch die Tangentenquadrupel gegeben ist, welche die dem Doppeltangentenvierseit der C_4 eingeschriebenen Kegelschnitte mit dieser Kurve gemein haben[422]). Die Beziehungen dieser „Fundamentalinvolution" zu den Oskulanten hat *W. Stahl* klargelegt[423]):

418) *A. Brill*, Math. Ann. 12 (1877), p. 90; *Fr. Meyer*, Apolarität, p. 4, 180, 238; über das Schnittpunkttheorem vgl. auch Math. Ann. 31 (1888), p. 100, daselbst p. 124 näheres über ausgeartete Kurven; *R. A. Roberts*, London Math. Soc. 16 (1884), p. 44; vgl. ibid. 17 (1885), p. 25.

419) *Ph. Friedrich*, Diss. Gießen 1886, gibt u. a. auch eine Darstellung der zur C_4 adjungierten Kurven dritter Ordnung; *W. Groß*, Diss. Tübingen 1887, behandelt die Kombinanten der C_4 im weiteren Sinne des Wortes; *E. Meyer*, Diss. Königsberg 1888; *W. Stahl*, J. f. Math. 101 (1887), p. 300; 104 (1880), p. 302.

420) *Clebsch-Lindemann*, Vorl., p. 900.

421) *Em. Weyr*, Wien Ber. 81 (1880), p. 1007, gibt u. a. die Beziehung zwischen den Berührungspunkten der von den Doppelpunkten ausgehenden Tangenten und den Berührungspunkten der Doppeltangenten.

422) *Fr. Meyer*, Apolarität, p. 238; vgl. *Em. Weyr*, Wien Ber. 81 (1880), p. 1017.

423) *W. Stahl*, J. f. Math. 101 (1887), p. 300. Über die Benützung der Oskulanten zur Erzeugung rationaler Kurven vgl. *W. Fr. Meyer*, Böklen Mitt. 2 (1887), p. 33.

Die erste Oskulante eines Kurvenpunktes besitzt als rationale C_3 drei Wendetangenten und eine Wendegerade. Die ∞^1 Wendegeraden umhüllen einen Kegelschnitt N, der auf die C_4 projektiv abgebildet erscheint, und die Ecken der ∞^1 Wendetangentendreiecke umhüllen einen zweiten solchen Kegelschnitt K. Die Abbildung ist für diesen Kegelschnitt so geartet, daß den vier Tangenten, welche irgend ein dem Doppeltangentenvierseit eingeschriebener Kegelschnitt mit der C_4 gemein hat, die vier Tangenten entsprechen, welche er mit dem Kegelschnitt K gemein hat. Die Kegelschnitte N und K gehören dem Büschel der Kegelschnitte W, S, D an[424]).

94. Kurven vierter Ordnung mit drei Inflexionsknoten. Lemniskate von Bernoulli. Unter den rationalen Kurven vierter Ordnung sind diejenigen, welche die sechs Doppelpunktstangenten zu Inflexionstangenten haben, in mehrfacher Hinsicht ausgezeichnet. Zunächst durch die Gruppe von 24 Kollineationen in sich, welche sie zulassen, entsprechend dem Umstande, daß eine solche Kurve durch das Vierseit ihrer Doppeltangenten eindeutig bestimmt ist[425]); dann aber namentlich durch die Eigentümlichkeiten ihres Polarsystems. Eine solche Kurve besitzt ∞^1 zerfallende kubische Polaren, indem die erste Polare jedes Kurvenpunktes eine Gerade als Bestandteil enthält. Nach *Em. Weyr* und *E. Laguerre* liegen nämlich die vier Berührungspunkte der vier von einem Kurvenpunkte ausgehenden Tangenten auf einer Geraden[426]). Allgemein gehören nach *P. H. Schoute* und *R. A. Roberts* die sechs Berührungspunkte der sechs von einem beliebigen Punkt der Ebene ausgehenden Tangenten demselben Kegelschnitt an[427]).

Die bizirkulare Kurve vierter Ordnung mit drei Inflexionsknoten trägt den Namen *Lemniskate von Bernoulli*[428]). Diese spezielle Cassini-

---

424) *W. Stahl,* J. f. Math. 104 (1890), p. 308.

425) Von diesem Standpunkte aus behandelt *L. Berzolari,* Ist. Lomb. Rend. (2) 37 (1904), p. 277 die Kurve mit Hilfe einer quadratischen Verwandtschaft; *K. Küpper,* Prag Abh. (6) 6 (1873); *H. Durège,* Wien Ber. 72 (1875), p. 495; *P. H. Schoute,* Arch. Math. Phys. (2) 2 (1885), p. 113; (2) 3 (1885), p. 113, 308; (2) 4 (1886), p. 308; (2) 6 (1888), p. 113; vgl. *Ch. Beyel,* Zeitschr. Math. Phys. 30 (1885), p. 1, 65. Auch die Arbeiten über die Evolute eines Mittelpunktkegelschnitts gehören hierher, weil diese zur C_4 mit drei Inflexionsknoten dual ist.

426) *Em. Weyr,* Prag Abh. (6) 6 (1873); *E. Laguerre,* Paris C. R. 84 (1877), p. 225; Nouv. Ann. (2) 17 (1878), p. 181, 337 (fehlt in den Oeuvres); vgl. *P. H. Schoute,* Amsterdam Versl. (2) 19 (1883), p. 220; *G. Kohn,* Wien Ber. 95 (1887), p. 337.

427) *P. H. Schoute,* Wien Ber. 89 (1883), p. 1252; vgl. *R. A. Roberts,* London Math. Soc. 16 (1884), p. 48.

428) Über die Geschichte der Lemniskate *G. Loria,* Spezielle Kurven, p. 199, daselbst auch der wichtigste Teil der ausgedehnten Literatur.

sche Kurve (Nr. 89) entsteht als Ort der Punkte, deren Distanzen von zwei festen Punkten, den Brennpunkten, ein Produkt haben, das gleich ist dem Quadrat aus der halben Entfernung der Brennpunkte. Man kann die Kurve auch als Inverse oder Fußpunktkurve der nämlichen gleichseitigen Hyperbel in bezug auf deren Zentrum ableiten[429]) und sie tritt als Lösung von zahlreichen geometrischen und physikalischen Ortsaufgaben auf.

Von ihrer Parameterdarstellung aus hat *Em. Weyr* die Kurve eingehend studiert, namentlich ihre Schnitte mit Kreisen[430]).

Die Teilung des Lemniskatenbogens, ein von *G. C. Fagnano* und später von *H. Abel* behandeltes Problem, spielt in der Geschichte der elliptischen Funktionen eine Rolle[431]).

Von speziellen Kurven vierter Ordnung mit drei Inflexionsknoten sind noch die Kurven $\frac{a^2}{x^2} \pm \frac{b^2}{y^2} = 1$ zu erwähnen, welche *P. H. Schoute* wegen ihrer Gestalt als *Kreuz-* bzw. *Kohlenspitzenkurve* bezeichnet. Es sind die reziproken Polaren der Evolute einer Ellipse bzw. Hyperbel in bezug auf diesen Kegelschnitt[432]).

95. Die rationalen Bizirkularkurven vierter Ordnung kann man durch Inversion aus einem Kegelschnitt für ein ihm nicht angehöriges Zentrum ableiten, oder als Fußpunktkurven der Mittelpunktskegelschnitte[433]). Sie sind Bizirkularkurven vierter Ordnung mit einer

429) *S. J. Magnus,* Sammlung von Aufgaben und Lehrsätzen 1, Berlin 1833, p. 286 gibt diese Entstehungsweise wohl zum erstenmal; *H. Charpentier,* Nouv. Ann. 4 (1845), p. 142 verfolgt sie genauer.

430) *Em. Weyr,* Prag Abh. (6) 6 (1873); Soc. Math. Fr. Bull. 1 (1873), p. 73. Über die Krümmungskreise *K. Zahradnik,* Casopis 28 (1899), p. 27; Arch. Math. Phys. (2) 16 (1899), p. 327. Einzelne metrische Beziehungen bei *G. C. H. Vechtmann,* Diss. Göttingen 1843; *A. W. Philipps,* Amer. J. 1 (1878), p. 386; *W. Heß,* Zeitschr. Math. Phys. 26 (1881), p. 143; *M. Chini,* Giorn. di mat. 25 (1887), p. 51; *E. Grigorjew,* Kasan Ges. 11 (1901), p. 130; *H. de Vries,* Nieuw Arch. (2) 5 (1902), p. 329.

431) Vgl. über die Literatur der Lemniskatenteilung II B 3 *Harkness* und *Wirtinger.* Geometrische Sätze über Lemniskatenbögen bei *M. Chasles,* Paris C. R. 21 (1845), p. 199; *G. Humbert,* J. de math. (5) 1 (1895), p. 216 und *R. Bricard,* Nouv. Ann. (4) 2 (1903), p. 150. Verallgemeinerungen der Lemniskate sind *A. Serrets* elliptische Kurven der ersten Klasse; vgl. III C 5, *Loria.*

432) *P. H. Schoute,* Amsterdam Abh. (2) 19 (1883), p. 420; Arch. Math. Phys. (2) 6 (1888), p. 113; *O. Terquem,* Nouv. Ann. 6 (1847), p. 394; *J. Neuberg,* Mathesis (2) 4 (1894), p. 47.

433) *L. J. Magnus,* Aufgaben und Lehrsätze usw. 1, Berlin 1833; *S. Roberts,* London Math. Soc. 3 (1870), p. 88; *F. Dingeldey,* Diss. Leipzig 1885, p. 31; *J. Neuberg,* Liège Bull. 6 (1886), p. 39; *J. Wolstenholme,* London Math. Soc. 13 (1881), p. 70.

doppelt zählenden (singulären) Anallagmatie[434]), und zwei anderen, bei denen der Direktorkreis den zugehörigen Deferenten in einem Punkte berührt. Ausgezeichnete Unterarten entstehen, wenn von diesen beiden Anallagmatien die eine oder beide durch Symmetrien vertreten sind: die rationalen Bizirkularkurven vierter Ordnung mit einer Symmetrieachse, welche sich als Inverse oder Fußpunktkurven eines Kegelschnitts in bezug auf einen Punkt seiner Achse definieren lassen und diejenigen mit zwei Symmetrieachsen, für welche dieser Punkt der Mittelpunkt des Kegelschnitts ist.

Die letzteren haben zuerst als Verallgemeinerungen der Lemniskate von Bernoulli *J. A. Serret* und *W. Roberts* und später *J. Booth* behandelt, der sie, je nachdem der Kegelschnitt eine Ellipse oder Hyperbel ist, als elliptische oder hyperbolische Lemniskaten bezeichnet[435]).

G. Teixeira hat gezeigt, daß die rationalen Bizirkularkurven durch eine „zissoidale" Erzeugung aus zwei Kreisen abgeleitet werden können: Man hat von einem Punkte des einen Kreises auf jeder hindurchgehenden Geraden die zwei Strecken aufzutragen, welche den auf dieser Geraden von dem zweiten Schnittpunkt dieses Kreises und einem Schnittpunkte des anderen Kreises begrenzten Strecken gleich sind[436]).

96. Die Pascalsche Schnecke und die Cardioide lassen sich als cartesische Ovale definieren, welche im Endlichen einen Doppelpunkt bzw. Rückkehrpunkt haben. Auch als Inverse eines Kegelschnitts in bezug auf einen Brennpunkt kann man sie definieren und zwar resultiert die Cardioide, wenn der Kegelschnitt eine Parabel ist[437]).

434) Die zugehörige Erzeugung der Kurve als Enveloppe der Kreise, welche durch ihren Doppelpunkt D gehen und ihre Mittelpunkte auf dem Kegelschnitt haben, gibt die Kurve als Ort der Spiegelbilder des Punktes D bezüglich der Tangenten des Kegelschnitts. Vgl. *J. W. Stubbs,* Phil. Mag. 23 (1843), p. 18; *N. M. Ferrers,* Quart. J. 1 (1857), p. 32. Eine mechanische Beschreibung dieser Kurven geben *S. Roberts,* London Math. Soc. 2 (1869), p. 133; 3 (1870), p. 88; *A. Cayley,* London Math. Soc. 3 (1870), p. 100 = Papers 7, p. 182; *A. Mannheim,* London Math. Soc. 6 (1874), p. 35. Eine Übersicht bei *V. Liguine,* Nouv. Ann. (2) 14 (1875), p. 529.

435) *J. A. Serret,* J. de math. 8 (1843), p. 145; *W. Roberts,* J. de math. 12 (1847), p. 41; *J. Booth,* Treatise on some new geometrical methods 1 (London 1877), p. 162; *G. Loria* bezeichnet die Kurven als Lemniskaten von Booth (Spezielle Kurven, p. 126). Vgl. *S. Roberts,* Nouv. Ann. (2) 10 (1871), p. 208.

436) *F. Gomes Teixeira,* Ann. di mat. (3) 11 (1904), p. 9; *M. E. Malo,* Arch. Math. Phys. (1907), p. 345. Eine beliebige rationale Bizirkularkurve läßt vier derartige Erzeugungen zu und die Mittelpunkte der zugehörigen Kreise stehen in einer engen Lagenbeziehung zu den Brennpunkten der erzeugten Kurve.

437) Diese Entstehungsweise rührt von *L. J. Magnus* her, Aufgaben und Lehrsätze usw. 1, Berlin 1833, p. 292. Die Methode der Inversion verwerten für unsere Kurven u. a. *J. W. Stubbs,* Phil. Mag. 23 (1843), p. 18; *A. Mannheim,* Nouv.

Wesentlich identisch mit der singulären anallagmatischen Erzeugung als Enveloppe eines Kreises, der beständig durch denselben Punkt geht, während sein Zentrum auf einem Kreise läuft, ist die Auffassung der Pascalschen Schnecke als Fußpunktkurve eines Kreises[438]. Wesentlich identisch mit der Schröterschen Erzeugung (Nr. **42**) ist die Entstehung der Kurve als Ort des Scheitels eines Winkels, dessen Schenkel an zwei festen Kreisen gleiten[439]. Diese Entstehung hängt wieder mit der Auffassung der Pascalschen Schnecke als Epitrochoide eng zusammen: Man erhält Pascalsche Schnecken als Bahnkurven der Bewegung, die dadurch gegeben ist, daß ein Kreis auf einem anderen gleich großen, ohne zu gleiten rollt. Die Punkte des Kreises selbst beschreiben Cardioiden, die sich so als besondere Epizykloiden erweisen[440]. Mit dieser Entstehungsweise verwandt ist jene, welche den historischen Ausgangspunkt darstellt[441]. Markiert man auf jeder Sehne eines Kreises mit dem Radius a, die von einem festen Punkte des Kreises ausgeht, die beiden von ihrem Endpunkte in der gegebenen Distanz l gelegenen Punkte, so erhält man eine Pascalsche Schnecke und im besonderen, wenn $2a = l$ ist, eine Cardioide.

Als rationale Kurven sind Pascalsche Schnecke und Cardioide von der Parameterdarstellung aus eingehend studiert worden[442]. Die Cardioide erfreut sich als Kurve dritter Klasse besonders ausgezeichneter metrischer Eigenschaften. Die Sehnen durch die Spitze sind

Ann. 15 (1856), p. 239; *M. Weill,* Nouv. Ann. (2) 20 (1881), p. 160; *Ch. Taylor,* Ancient and modern geometry of conics, Cambridge 1881, p. 354; *J. P. Weinmeister,* Die Herzlinie, Leipzig 1884; *H. Nägelsbach,* Progr. Gymn. Erlangen 1885; *H. C. Riggs,* Kansas Univ. Quart. 1 (1892), p. 89.

438) Diese Erzeugung findet sich schon bei *P. de Roberval,* Paris Mém. 6 (1630), p. 42.

439) Vgl. *W. Bretschneider,* Diss. Erlangen 1875, p. 55 f.

440) Vgl. IV 3, *Schönflies* und *Grübler,* Nr. **11**, **12**.

441) Für die Geschichte der Pascalschen Schnecke neben *G. Loria,* Spezielle Kurven, p. 136 noch *R. C. Archibald,* L'Interméd. 7 (1900), p. 1. Über die Berührungskegelschnitte der Pascalschen Schnecke *O. Richter,* Zeitschr. Math. Phys. 34 (1889), p. 338. Sind E, F diametral gegenüberliegende Punkte eines Kreises mit dem Radius ϱ und bewegt sich eine Ellipse mit den Halbachsen a, b, für welche $a \pm b = 2\varrho$, so daß ihre Achsen beständig durch E, F gehen, dann wird ihre Peripherie beständig durch einen festen Punkt D der Geraden EF gehen und eine Pascalsche Schnecke einhüllen mit D als Doppelpunkt. Weitere Literatur findet man für die Pascalsche Schnecke bei *T. Lemoyne,* L'Intermédiaire 11 (1904), p. 107, 222, für die Cardioide bei *R. C. Archibald,* Diss. Straßburg 1900 und L'Intermédiaire 3 (1896), 4 (1897). Wir heben noch hervor *F. Morley,* London Math. Soc. 29 (1898), p. 83 und Amer. Trans. 1 (1900), p. 97.

442) *G. Pittarelli,* Giorn. di mat. 21 (1883), p. 145, 173 für die Pascalsche Schnecke; *K. Zahradnik,* Prag Ber. (1875), p. 180; (1877), p. 184 für die Cardioide.

gleich lang, die Tangenten in ihren Endpunkten stehen aufeinander senkrecht und schneiden sich auf einem Kreise. Dieser Kreis zusammen mit einer Pascalschen Schnecke bildet die orthoptische Kurve der Cardioide.

97. Die Steinersche Hypozykloide läßt sich definieren als C_4 mit drei Spitzen, welche die unendlich ferne Gerade in den Kreispunkten berührt[443]). *J. Steiner* hat die Kurve als Enveloppe der Fußpunktsgeraden (Wallace-Simsonschen Geraden) für ein Dreieck erhalten und durch Angabe einer Reihe von Eigenschaften ein lebhaftes Interesse für sie wachgerufen[444]). *H. Schröter* und namentlich *L. Cremona* haben dann für die Steinerschen und andere Sätze Beweise gegeben, gestützt auf projektive Methoden, welche für alle Kurven dritter Klasse mit Doppeltangente (und C_3 mit Doppelpunkt) Geltung haben und dadurch die Theorie auch dieser Kurven gefördert[445]): Jedes Dreieck, dessen Ecken einem und demselben von den ∞^2 der Steinerschen Hypozykloide umschriebenen vollständigen Vierecken angehören, kann einer Steinerschen Erzeugung zugrunde gelegt werden[446]). Für alle diese Dreiecke stellt der die Kurve dreimal berührende Kreis K mit dem Radius r den Feuerbachschen Kreis dar. Die drei Spitzen der Kurve bilden ein gleichseitiges Dreieck, seine Höhen, die Rückkehrtangenten, sind Symmetrieachsen für die Kurve und sein Umkreis vom Radius $3r$ bildet ihren Cayleyschen Kegelschnitt[447]). Je zwei zueinander senkrechte Tangenten sind korrespondierend (Nr. 23) und schneiden sich auf dem Kreise K[448]). Die zugehörige Berührungssehne

443) Vgl. *L. Cremona,* J. f. Math. 64 (1864), p. 104.

444) *J. Steiner,* J. f. Math. 53 (1856), p. 231 = Werke 2, p. 639. Für eine Verallgemeinerung der Steinerschen Entstehungsweise (Einhüllende der schiefen Fußpunktlinien) vgl. *P. J. J. Barbarin,* Mathesis 2 (1882), p. 106; *H. G. L. Schotten,* Zeitschr. Math. Phys. 34 (1889), p. 311; insbesondere *H. A. Converse,* J. Hopkins Univ. Circ. 22 (1902), p. 1, 22; Harvard Univ. Ann. (2) 5 (1904), p. 105.

445) *H. Schröter,* J. f. Math. 54 (1857), p. 32; *L. Cremona,* J. f. Math. 64 (1864), p. 101. Für analytische Beweise der Sätze von Steiner und Cremona und ihre Ausgestaltung vgl. *N. M. Ferrers,* Quart. J. 8 (1866), p. 209; 9 (1868), p. 147; *L. Painvin,* Nouv. Ann. (2) 9 (1870), p. 202, 256. Weitere Literatur und Darstellung von Ergebnissen III C 1, Nr. 55, 63. Bibliographie der Steinerschen Hypozykloide bei *H. Brocard,* L'Intermédiaire 3 (1896), p. 166 und *W. S. Mackay,* Edinb. Proc. 23 (1904), p. 80.

446) In den Berührungspunkten der Seiten eines solchen Dreiecks wird die Steinersche Hypozykloide von einer Ellipse berührt. Eine Reihe von Eigenschaften dieser dreifach berührenden Kegelschnitte geben *S. Kantor,* Wien Ber. 78 (1879), p. 204; *G. Stiner,* Progr. Kantonsch. St. Gallen 1899; *A. Gob,* Liège Soc. Mém. (3) 6 (1906).

447) Vgl. *P. Delens,* J. math. spéc. (4) 1 (1892), p. 193.

448) Das vom Schnittpunkt zweier orthogonaler Tangenten auf die Be-

hat die konstante Länge $4r$, ihr Mittelpunkt liegt auf dem Kreise K und halbiert auch die Strecke, welche von dem zweiten Schnittpunkt des Kreises und dem Punkt begrenzt wird, in welchem sie die Hypozykloide berührt. Indem *Cremona* beweist, daß die Kurve als Bahnkurve eines Punktes der Peripherie eines Kreises entsteht, der im Innern eines Kreises von dreimal größerem Radius rollt, ohne zu gleiten, wird für die Kurve die allgemeine Theorie der zyklischen Kurven fruchtbar. (Vgl. III D 4, Nr. 4 *Scheffers.*)

Von den vielen Erzeugungsarten der Kurve, welche einen leichten Eingang zu ihren wichtigsten Eigenschaften gestatten, sei erwähnt ihre Auffassung als Einhüllende der Verbindungslinien zweier Punkte, die sich in entgegengesetztem Sinn auf einem Kreise mit Geschwindigkeiten bewegen, welche im Verhältnis 1 : 2 stehen[449]). Mit der Steinerschen Erzeugung eng verwandt ist die Auffassung der Kurve als Hüllkurve der Achsen oder Scheiteltangenten einer Parabelschar, sowie auch als Hüllkurve der Asymptoten für ein Büschel gleichseitiger Hyperbeln[450]). Aus *E. Laguerres* Bemerkung, daß die Tangententripel, die von irgend zwei Punkten der Ebene an die Kurve gehen, gleich orientiert sind, hat *G. Humbert* eine Reihe von Folgerungen gezogen[451]).

---

rührungssehne gefällte Perpendikel ist die dritte von diesem Punkte ausgehende Tangente. Weitere Tangentenrelationen bei *S. Kantor,* Wien Ber. 78 (1878), p. 204; *P. Serret,* Paris C. R. 125 (1897), p. 404, 423, 445, 459; *F. Morley,* Amer. Trans. 1 (1900), p. 97.

449) *E. Eckardt,* Zeitschr. Math. Phys. 15 (1870), p. 129; *L. Kiepert,* Zeitschr. Math. Phys. 17 (1872), p. 129; *A. Gob,* Liège Mém. (3) 4 (1902); 6 (1906); *J. Neuberg,* Liège Mém. (3) 6 (1906). Die letzten beiden Schriften enthalten einfache Herleitungen der Haupteigenschaften.

450) Vgl. *C. Intrigila,* Giorn. di mat. 23 (1885), p. 263; *K. Dörholt,* Progr. Rheine 1891; *O. Rupp,* Wien Monatsh. 4 (1893), p. 135; *W. Godt,* Jahresber. d. deutsch. Math.-Ver. 4 (1897), p. 161; München Ber. 24 (1896), p. 119; *W. Meister,* Zeitschr. Math. Phys. 31 (1886), p. 321 beweist in § 4, daß für die Parabeln, welche ein gegebenes Dreieck zum Poldreieck haben, die Scheiteltangenten eine, die Achsen eine zweite Steinersche Hypozykloide erfüllen; *C. Wirtz,* Diss. Straßburg 1900. Andere Entstehungsarten bei *H. Brocard,* Soc. Math. Fr. Bull. 1 (1873), p. 224; *C. H. P. Cahen,* Nouv. Ann. (2) 14 (1875), p. 21; *M. Trebitscher,* Wien Ber. 80 (1879), p. 932; *J. Barbarin,* Mathesis 2 (1882), p. 122. Nach *G. Darboux,* Ann. éc. norm. (3) 7 (1890), p. 327 läßt sich die Kurve durch eine lineare Relation zwischen den Abschnitten definieren, welche eine variable Tangente auf drei festen bestimmt, auf denen die Anfangspunkte der Abschnitte beliebig angenommen wurden. Zu den bemerkenswerten Erzeugungsarten von *N. Salvatore-Dino,* Nap. Rend. (7) 14 (1875) vgl. *R. E. Allardice,* Ann. of math. (3) 2 (1902), p. 154; Amer. Soc. Trans. 4 (1903), p. 103 und *H. A. Converse*[444]).

451) *E. Laguerre,* Oeuvres 2, p. 139 = Nouv. Ann. (2) 9 (1870), p. 254; *G. Humbert,* Nouv. Ann. (3) 12 (1893), p. 48. Gleich orientiert heißen zwei

98. Rationale Kurven vierter Ordnung mit höheren Singularitäten. Die Kurven vierter Ordnung mit dreifachem Punkt können nicht, wie die übrigen rationalen Kurven dieser Ordnung durch eine quadratische Verwandtschaft aus Kegelschnitten abgeleitet werden, auch nicht als Erzeugnisse einer projektiven Beziehung zwischen zwei Klassenkegelschnitten. *W. Franz Meyer*, der diese Kurven von ihrer Parameterdarstellung aus betrachtet hat, bemerkt nämlich, daß, wenn eine rationale C_4 einen dreifachen Punkt bekommt, sich das ganze System der erzeugenden Kegelschnitte auf den doppeltgezählten dreifachen Punkt reduziert. Dagegen kann man jede solche Kurve erhalten als Erzeugnis einer projektiven Beziehung zwischen dem Strahlenbüschel des dreifachen Punktes und einer beliebigen Tangentenkurve aus dem System der erzeugenden Kurven dritter Klasse[452]).

Gewisse metrisch ausgezeichnete Kurven vierter Ordnung mit dreifachem Punkt, die sich als Fußpunktkurven der Steinerschen Hypozykloide ergeben, haben *G. de Longchamps* und *H. Brocard* betrachtet[453]).

Von den rationalen Kurven vierter Ordnung mit Selbstberührungspunkt[454]) hat die *Konchoide des Nikomedes* um ihrer einfachen Ent-

---

Gruppen von je *n* Strahlen, wenn die Summe der Neigungswinkel gegen eine Achse für die eine Gruppe dieselbe ist wie für die andere. *E. Laguerre*, Soc. Math. Fr. Bull. 7 (1879), p. 108 = Oeuvres 2, p. 576 zeigt, daß durch Drehung der Tangenten einer Steinerschen Hypozykloide um ihre Schnittpunkte mit einer festen Tangente um den nämlichen Winkel die Tangenten einer kongruenten Hypozykloide hervorgehen.

452) *W. Fr. Meyer*, Math. Ann. 31 (1888), p. 96. Den dort bewiesenen Satz, daß eine rationale C_4 einen dreifachen Punkt besitzt, sobald die zu den geraden Schnitten derselben konjugierten Formen die ersten Polaren einer Form fünfter Ordnung sind, hat *W. Stahl*, Math. Ann. 38 (1890), p. 561 verallgemeinert. *R. A. Roberts* zeigt, daß die Seiten eines beliebigen der Kurve eingeschriebenen Dreiecks auf ihr drei Punktepaare ausschneiden, welche derselben Involution angehören (London Math. Soc. 16 (1884), p. 56). Über die Berührungskegelschnitte der C_4 mit dreifachem Punkt *W. Weiß*, Wien Ber. 102 (1893), p. 1025 und in Verbindung mit quadratischen Involutionen auf der Kurve *J. de Vries*, Amsterdam Versl. 10 (1901), p. 696.

453) *G. de Longchamps*, J. math. spéc. (3) 1 (1887), p. 203, 220 und Essai sur la géométrie de la règle et de l'équerre, Paris 1890, p. 125; *H. Brocard*, J. math. spéc. (3) 5 (1891), p. 32, 56, 80, 106, 123, 149; weitere Literatur bei *H. Brocard*, Notes de bibliographie des courbes géométriques, Bar-le-Duc 1897, p. 285 f. Ferner *E. Janisch*, Pr. Wien 1896; *J. Neuberg*, Notes sur l'hypocycloide à trois rebroussements, Bruxelles 1906, p. 16 f.

454) Die C_4 mit einem Doppel- und einem Selbstberührungspunkt behandelt *Ch. Regel*, Zürich Vierteljahrschr. 31 (1886), p. 561 mit Hilfe einer quadratischen Verwandtschaft; vgl. auch *V. Retali*, Ist. Lomb. Rend. (2) 32 (1899), p. 1051.

stehungsweise willen von alters her Beachtung gefunden[455]) und ist regelmäßig bei den verschiedenen Methoden der Kurvendiskussion als Beispiel herangezogen worden. Sie entsteht, wenn man auf jedem Strahle eines Strahlenbüschels die beiden Punkte markiert, welche von dem Schnittpunkte des Strahles mit einer gegebenen Geraden (Basis) eine gegebene Entfernung haben. Eine weitere metrisch ausgezeichnete rationale C_4 mit einem Selbstberührungspunkt ist die *Kappakurve*[456]).

Neben den in diesem Bericht erwähnten metrisch ausgezeichneten Kurven gibt es noch eine ganze Reihe anderer, welche in der Literatur Beachtung gefunden haben. Ein Teil davon hat historisches Interesse, ein anderer umfaßt Übungsbeispiele. Näheres findet man in dem reichhaltigen Buche von *G. Loria*[457]).

455) Geschichtliches bei *G. Loria,* Spezielle Kurven, p. 128; vgl. Mathesis (2) 7 (1897), p. 5. *Wegen* der Bedeutung der Kurve für die Kinematik vgl IV 3 Nr. **11**, *A. Schoenflies.*

456) Über die Geschichte der Kappakurve und ihre Literatur *G. Loria,* Spezielle Kurven, p. 182. Die Kappakurve ist der geometrische Ort der Berührungspunkte der Tangenten, die man von einem Punkte einer festen Geraden an die unendlich vielen Kreise von gegebenem Radius, die ihren Mittelpunkt auf der Geraden haben, ziehen kann. Zu den rationalen C_4 mit Selbstberührungspunkt gehört auch die *Lemniskate von Gerono*; vgl. *G. Loria,* Spezielle Kurven, p. 173.

457) Vgl. außer *G. Loria* noch: *F. Gomes Teixeira,* Tratado de las curvas especiales notables, Madrid 1905. Ferner *H. Brocard,* Notes de bibliographie des courbes géométriques. Zwei Bände. Bar-le-Duc 1897 und 1899.

(Abgeschlossen im Mai 1908.)

III C 5b. SPEZIELLE EBENE ALGEBRAISCHE KURVEN VON HÖHERER ALS DER VIERTEN ORDNUNG.

VON

GINO LORIA

IN GENUA.

Inhaltsübersicht.

Literatur.

G. Loria, Spezielle algebraische und transzendente ebene Kurven. 1. Aufl., Leipzig 1902; 2. Aufl. in zwei Bänden, Leipzig 1910 und 1911. (Zitiert als „*Loria*".)

F. Gomes Teixeira, Tratado de las curvas especiales notables, Madrid 1905; Traité des courbes spéciales remarquables planes et gauches (Obras sobre matematicas, Vol. IV und V, Coimbra 1908 und 1909. (Zitiert als „*Teixeira* Tratado" und „*Teixeira* Traité".)

H. Wieleitner, Bibliographie der höheren algebraischen Kurven für den Zeitabschnitt 1890—1904 (Programm Gymnasium Speyer 1904—1905).

F. Ebner, Leitfaden der technisch-wichtigen Kurven. Leipzig 1906.

H. Wieleitner, Spezielle ebene Kurven. Leipzig 1908.

J. de Vargas y Aguirre, Catalogo general de curvas. Memorias de la R. Academia de ciencias exactas, fisicas y naturales de Madrid. T. XXVI, 1908.

L. Crélier, Systèmes cinématiques. Collection „Scientia". Paris, 1910.

Einleitung. Die Eigenschaften, die eine spezielle Kurve charakterisieren, können invariant sein *entweder* in bezug auf eine projektive (eventuell metrisch spezialisierte) Verwandtschaft *oder aber* in bezug auf eine beliebige birationale Transformation. Zur ersten Kategorie gehören alle Kurven einer bestimmten Ordnung wie auch die Kurven beliebiger Ordnung, welche speziell sind wegen des Auftretens außerordentlicher Singularitäten oder wegen ihrer speziellen Beziehung zur unendlich fernen Geraden der Ebene oder zu den Kreispunkten derselben. Zur zweiten Kategorie gehören die Kurven bestimmten Geschlechtes, wie auch diejenigen, welche besondere Moduln oder im allgemeinen Besonderheiten besitzen, welche durch *Cremona*sche Transformationen nicht zerstört werden. Die Verschiedenheit unter diesen zwei Kurvenkategorien ist so tiefgreifend, daß es notwendig erscheint, die Darstellung der Eigenschaften der einen von der Auseinandersetzung der Eigenschaften der anderen getrennt zu halten; daher haben wir den gegenwärtigen Artikel in zwei Abschnitte geteilt:

A. Kurven, die vom Standpunkt der Ordnung aus speziell sind;

B. Kurven, die vom Standpunkt des Geschlechtes aus speziell sind.

A. Kurven, die vom Standpunkt der Ordnung aus speziell sind.

I. Kurven 5. Ordnung.

1. Allgemeines. Die frühesten uns bekannten Untersuchungen über die Kurven 5. Ordnung verdankt man *Cramer,* der, auf Grund der Anzahl und Realität der unendlich fernen Punkte der Kurven, die Einteilung derselben in *elf* Klassen vorschlug.[1]) Eine gleiche Allgemeinheit besitzen zwei Sätze, von denen der eine ungefähr im Jahre 1851

---

1) Introduction à l'analyse des lignes courbes algébriques. Genève 1750, p. 397—399.

durch *J. Steiner*[2]), der andere 34 Jahre später durch *K. Rohn*[3]) entdeckt wurde; sie lauten folgendermaßen:

1. Eine beliebige Kurve 5. Grades hat im allgemeinen 165 „harmonische" Tangenten, bei denen der Berührungspunkt und die drei Schnittpunkte harmonisch sind;

2. Für eine allgemeine Kurve 5. Ordnung gibt es 208 fünfmal berührende Kegelschnitte.

Die In-, Ko- und Kontravarianten einer ternären Form 5. Ordnung wurden durch *A. Perna*[4]) untersucht, während die Reduktion einer solchen Form auf die Summe von sieben Potenzen linearer Formen von *H. G. Dawson*[5]) ausgeführt wurde. Algebraischer Natur sind auch die Studien *G. Maisanos*[6]), die auf die symbolische Form der Gleichung der Kurve 48. Ordnung führten, welche eine allgemeine Kurve 5. Ordnung in den Berührungspunkten ihrer Doppeltangenten schneidet; auf dieselbe Frage beziehen sich ein Aufsatz von *W. E. Heal*[7]), eine darauf folgende Bemerkung *A. Cayleys*[8]) und endlich eine Abhandlung von *U. S. Hanna*[9]).

Topologisches über die Kurven 5. Ordnung findet man in der Inaugural-Dissertation von *H. L. Slobin*[10]).

In bezug auf eine Kurve 5. Ordnung kann man[11]) Punktsechstupel („Polsechstupel") solcher Art betrachten, daß je fünf Punkte eines Sechstupels ein „Polfünfeck" bilden (ein Eckpunkt eines Polfünfecks gehört zur Polargeraden der vier anderen[12])); drei beliebige Punkte der Kurvenebene gehören zu fünf Sechstupeln, während ∞^4 Polsechstupel vier Elemente auf einer Geraden oder drei auf einer und drei auf einer anderen Geraden haben usf.

Unter den ∞^3 Kurven 3. Ordnung, die durch sechs Punkte gehen, befinden sich ∞^1 solche, die einen Mittelpunkt besitzen; Ort der Mittelpunkte ist[13]) eine Kurve 5. Ordnung, die folgende Punkte enthält:

2) Ges. Werke 2. Berlin 1882, p. 593.

3) Math. Ann. 25 (1885), p. 602.

4) Giorn. di mat. 40 (1902), p. 142—153.

5) Quarterly Journ. of math. 37 (1906), p. 3.

6) Math. Ann. 29 (1887), p. 431—437.

7) Ann. of math. 5 (1889), p. 33—41.

8) Ib. p. 90—91; oder The collected Papers 13, p. 21.

9) Palermo Rend. Circ. matem. 38 (1909), p. 185—209.

10) Der Clark Universität vorgelegt im Jahre 1908; Auszug in Am. Math. Soc. Bull. (2) 17 (1911), p. 303.

11) *G. Manfredini,* Giorn. di mat. 40 (1902), p. 16—26.

12) Wie bekannt, gehört jeder Eckpunkt eines *Polfünfecks* zur polaren Geraden der vier anderen.

13) *J. Steiner,* Ges. Werke 2, p. 109.

a) die sechs gegebenen Punkte; b) die Mittelpunkte der fünfzehn Strecken, die die sechs Punkte zu je zweien verbinden; c) die Mittelpunkte der sechs Kegelschnitte, die die gegebenen Punkte zu je fünf bestimmen; d) die Mittelpunkte der dreißig Kegelschnitte, von denen jeder durch vier der gegebenen Punkte geht und dessen Mittelpunkt auf der Verbindungslinie der beiden übrigen liegt.[14])

Eine bemerkenswerte Kurve 5. Ordnung ohne vielfache Punkte wurde durch *F. Morley*[15]) entdeckt; sie besitzt die Eigentümlichkeit, daß ihre 45 Wendetangenten zu je neun durch fünf Punkte der Kurve gehen. Alle anderen bis jetzt bekannten speziellen Kurven 5. Ordnung sind mit vielfachen Punkten versehen; während daher die *Morley*sche Kurve das Geschlecht 6 hat, sind alle, die wir jetzt betrachten werden, niedrigeren Geschlechtes[16]); sie besitzen verschiedene Eigenschaften, die zum Teil denen der entsprechenden Kurven 4. Ordnung analog sind[17]).

Die Kurven 5. Ordnung, die eine Gruppe linearer Transformationen in sich selbst besitzen, bilden mehrere Klassen, die *V. Snyder*[18]) und *E. Ciani*[19]) bestimmt haben.

2. Die rationalen Kurven 5. Ordnung im allgemeinen. [Vgl. Nr. **26.**] Vom topologischen Standpunkt wurden die Kurven 5. Ordnung mit der größten Anzahl von Doppel- und Rückkehrpunkten zuerst durch *W. Fr. Meyer*[20]) und neuerdings durch *P. Field*[21]) eingehend erforscht. Eine Konstruktion einer Kurve 5. Ordnung, deren sechs Doppelpunkte gegeben sind, verdankt man *K. Rohn*[3]), der aus derselben einige bemerkenswerte Eigenschaften der Kurve ableitete. Wir führen als Beispiel den folgenden Satz an: Jede rationale ebene Kurve 5. Ordnung besitzt 16 fünfmal berührende Kegelschnitte; infolgedessen kann sie auf 16 verschiedene Weisen als Projektion einer Raumkurve 5. Ord-

---

14) Die entsprechende Ortskurve für Kurven beliebiger Ordnung wurde durch *P. H. Schoute* untersucht: man sehe Bull. sc. math. 10 (1882), p. 219—220.

15) London Math. Sco. Proceedings (2) 2 (1904), p. 114—121.

16) Die möglichen Singularitäten einer Kurve 5. Ordnung wurden durch *A. B. Basset* untersucht (Quarterly Journ. of math. 36 (1905), p. 106—121 und 359—372; 37 (1906), p. 106—121 u. p. 199—214). Wir bemerken ferner, daß *G. Frattini* (Giorn. di mat. 16 (1878), p. 377) ohne Beweis die Gleichung einer Kurve 5. Ordnung gegeben hat, welche drei Schnabelspitzen (Spitzen 2. Art.) besitzt.

17) *A. B. Basset,* Quarterly Journ. of. math. 36 (1905), p. 43—51.

18) Amer. Journ. of Mathem. 31 (1908) p. 1—9.

19) Palermo Rend. Circ. matem. 36 (1913) p. 58—78.

20) Inauguraldissertation, München 1878; mit Erweiterungen in Proc. R. Society Edinburgh 13 (1886), p. 931—946.

21) American Joun. of math. 26 (1906), p. 149—164.

nung dargestellt werden, und zwar 15 mal als Projektion einer solchen Raumkurve 5. Ordnung, die den teilweisen Schnitt einer Fläche 2. und einer Fläche 3. Ordnung bildet, und *ein*mal als Projektion einer solchen Raumkurve 5. Ordnung, die den teilweisen Schnitt einer Fläche 2. und einer Fläche 4. Ordnung bildet.

Eine andere Konstruktion der durch ihre Doppelpunkte bestimmten rationalen ebenen Kurve 5. Ordnung rührt von *E. de Jonquières*[22]) her und ist auf die Betrachtung zweier projektiver Büschel von Kurven 3. Ordnung gegründet; diese erzeugen im allgemeinen eine Kurve 6. Ordnung, die jedoch in besonderen Fällen eine Gerade als Bestandteil enthält.

Eine dritte Erzeugungsmethode für die in Rede stehenden Kurven[23]) geht von der Betrachtung zweier rationalen Kurven aus, deren Tangenten sich eindeutig entsprechen; sind die Klassen derselben 2, 3 oder 1, 4, so ist der geometrische Ort der Durchschnittspunkte der entsprechenden Tangenten eine Kurve 5. Ordnung vom Geschlechte Null; im ersten Falle besitzt sie im allgemeinen sechs Doppelpunkte, im zweiten aber immer einen vierfachen Punkt; wenn im ersten Fall die gegebene Enveloppe 2. Klasse in einen Doppelpunkt ausartet, so bekommt die Kurve einen dreifachen Punkt. Die entstehende Kurve kann 1, 2, 3 oder 4 Rückkehrpunkte statt einer gleichen Anzahl von Doppelpunkten besitzen. Die Kurven 5. Ordnung mit einem vierfachen Punkt als Erzeugnis zweier 1—4 deutiger Strahlenbüschel wurden von *B. Kalichun* untersucht.[23a])

Wenn die Punkte einer rationalen Kurve 5. Ordnung vermöge einer Involution gepaart werden, so hüllen die Verbindungslinien entsprechender Punkte eine Kurve 4. Klasse ein; wenn man jedoch im besondern die zwei in einen Doppelpunkt fallenden Punkte der Kurve sich entsprechen läßt, so zerfällt die Einhüllende in einen Strahlenbüschel und eine Kurve 3. Klasse. Geschieht das zweimal, so erhält man zwei Strahlenbüschel und einen Kegelschnitt; so entstehen auf einer Kurve 5. Ordnung mit sechs Doppelpunkten 15 „Fundamentalinvolutionen“; jede derselben wird auf der Kurve durch das Büschel von Kegelschnitten ausgeschnitten, die durch vier Doppelpunkte der Kurve gehen.[24])

Führen wir noch die algebraisch-geometrischen Entwicklungen an, die *W. Stahl* von dem *Brill*schen Begriffe der „Fundamental-

22) Rend. Palermo 2 (1887), p. 118—123.

23) *J. I. Eberle,* Inauguraldissertation. München 1887 (daselbst 1892 gedruckt).

23a) Wien Sitzgsb. 119_2 (1910), p. 1351—1379.

24) *J. de Vries,* Amsterdam Academy Proceedings 12 (1904), p. 742—744.

involution" einer rationalen Kurve gegeben hat[25]); liegt im besondern eine Kurve 5. Ordnung vor, so ist diese Involution 5. Grades und 2. Stufe; und wenn noch spezieller die drei darstellenden binären Formen 5. Ordnung die zweiten Polaren derselben Form 7. Ordnung sind, so hat die gegebene Kurve einen vierfachen Punkt. Die rationalen Kurven 5. Ordnung können endlich[26]) als Projektionen der Normalkurven des fünfdimensionalen Raumes betrachtet und auf Grund dieser Betrachtung erforscht werden. Vgl. die allgemeine Theorie der rationalen Kurven in Nr. **26** ff.

3. Aufzählung einiger wichtiger spezieller rationaler Kurven 5. Ordnung. Viele Kurven der 5. Ordnung und des Geschlechtes 0 sind bereits untersucht worden; eine große Zahl derselben ist aus der Kegelschnittstheorie entsprossen[27]) und verdienen zuerst eine Erwähnung:

a) Durch Spezialisierung eines Satzes, den *M. Chasles* in seiner ersten Mitteilung an die Pariser Akademie über die Charakteristikentheorie (15. Febr. 1864) gegeben hat, bewies *A. Cayley*[28]), daß „der Ort der Brennpunkte der einem Dreieck umbeschriebenen Parabeln eine zirkuläre rationale Kurve 5. Ordnung" ist, deren Gleichung er aufstellte. Die analytische Darstellung desselben Ortes findet man unter einer anderen Form in einem Aufsatze von *S. Haller*[29]); hier wird auch bewiesen, daß die Kurve sechs imaginäre Doppelpunkte besitzt, die sich auf drei Geraden befinden, die durch denselben Punkt gehen; sie besitzt ferner als Doppeltangenten die sechs Geraden, die die Eckpunkte des gegebenen Dreiecks aus den beiden imaginären unendlich fernen Kreispunkten der Ebene projizieren.

b)[30]) Läßt man zwei Punkte einer Ebene sich so entsprechen, daß sie die Endpunkte eines Durchmessers eines einem gegebenen Büschel angehörigen Kegelschnittes sind, so entsteht eine involutorische eindeutige Transformation, in der einer Geraden der Ebene eine Kurve 5. Ordnung entspricht, die als Doppelpunkte die Grundpunkte des

---

25) J. f. Math. 104 (1889), p. 51—55; Math. Ann. 38 (1891), p. 577—580.

26) *G. Marletta,* Palermo Rend. 19 (1905), p. 113—115.

27) Wir bemerken hier im allgemeinen, daß viele spezielle Kurven der Ordnungen 3 bis 9, die mit der Theorie der Kurven 2. Ordnung verbunden sind, in der Inauguraldissertation von *K. Dörholt*, „Über einem Dreieck um- und eingeschriebene Kegelschnitte" (Münster 1884) untersucht sind, und andere in der von *G. Eggers* „Über gewisse mit den Kegelschnitten zusammenhängende Kurven höherer Ordnung" (Halle a. S. 1911). Vgl. III AB 10, Dreiecksgeometrie, *Berkhan,* Abschn. IV.

28) The Educational Times 7 (1867), p. 17—19, oder The collected Papers 7, p. 569. Vgl. III AB 10, Nr. 36.

29) Progr. Kreisrealschule München 1905.

30) L'intermédiaire des Math. 5 (1898), p. 137—138.

Büschels und die unendlich fernen Punkte der beiden in dem Büschel enthaltenen Parabeln hat (*P. H. Schoute*).

c)[30]) Rollt eine Parabel auf einer anderen von gleichem Parameter und fallen ihre Scheitelpunkte ursprünglich zusammen, so hüllt sie eine Kurve 5. Ordnung ein, welche zwei reelle und zwei imaginäre Rückkehrpunkte nebst zwei Doppelpunkten besitzt (*W. Mantel*).

d)[30]) Die Enveloppe der Kreise, deren Mittelpunkte einer Hyperbel angehören und die eine Asymptote derselben berühren, ist eine bizirkuläre rationale Kurve 5. Ordnung (*J. Neuberg*).

e)[30]) Die Normale in einem Punkte A einer Parabel schneide die Kurve zum zweiten Male in B; der über AB als Durchmesser beschriebene Kreis schneide die Kurve noch in C; die Enveloppe der Geraden BC ist eine rationale Kurve 5. Ordnung (*G. de Longchamps*).

f)[30]) Eine rationale Kurve 5. Ordnung ist eine solche Kurve 5. Ordnung, daß der Ort der Mittelpunkte der gleichseitigen hyperoskulierenden Hyperbeln eine Gerade wird.

Von anderen analogen Kurven wird der Kürze wegen die Erklärung unterdrückt[31]); aber andere, welche aus Kurven höherer Ordnung abgeleitet werden, verdienen mindestens eine Erwähnung:

a) Der geometrische Ort der Ähnlichkeitszentra der Paare von Kreisen, die über zwei durch die Spitze einer Kissoide gehenden und zueinander rechtwinkligen Sehnen als Durchmesser stehen, ist eine Kurve 5. Ordnung, welche die Spitze als vierfachen Punkt hat[32]).

b) Die Tangente in einem Punkte M einer Kissoide schneide in P die Symmetrieachse Oy und in Q die entsprechende Normale durch die Spitze; der geometrische Ort der Mittelpunkte der Strecken PQ ist eine rationale Kurve 5. Ordnung, welche als Spitze die Spitze der Kissoide und als dreifachen Punkt den unendlich fernen Punkt der Geraden Oy hat[33]).

c) Man betrachte ein Dreieck, dessen Eckpunkte gebildet sind durch einen Punkt M einer Kissoide, die Spitze derselben und den Schnittpunkt der entsprechenden Tangenten; der geometrische Ort des Höhenschnittpunktes des Dreiecks ist eine rationale Kurve 5. Ordnung, die einen Doppelpunkt im Endlichen und einen dreifachen unendlich fernen besitzt[34]).

d) Eine andere rationale Kurve 5. Ordnung entsteht aus einer Kardioide, indem man die Mittelpunkte der Strecken betrachtet, die

---

31) A. a. O. 7 (1900), p. 55—56 u. p. 277; 8 (1901), p. 89 u. p. 144.

32) Ib. 8 (1901), p. 89.

33) Ib. 7 (1900), p. 56.

34) Ib. p. 277.

auf ihren Tangenten durch die Achse der Kurve und die Normale zu derselben durch die Spitze ausgeschnitten werden[35]).

e) Eine Kurve derselben Spezies entspricht einer beliebigen Geraden vermöge der Transformation, die zwischen zwei Ebenen besteht, wenn man je zwei Punkte M, M' sich entsprechen läßt, von denen aus die entsprechenden Seiten zweier gegebenen Dreiecke ABC, $A'B'C'$ unter gleichen Winkeln erscheinen[36]).

f) Geht man von einer Kurve zu ihrer Fuß- oder Gegenfußpunktkurve über, so bleibt das Geschlecht dasselbe; ist daher die Fuß- oder Gegenfußpunktkurve einer rationalen Kurve eine Kurve von der Ordnung 5, so gehört sie zu der in Rede stehenden Kategorie; dies trifft zu u. a. für die Gegenfußpunktkurve einer Parabel, für die Fußpunktkurve einer semi-kubischen Parabel ($x^3 = ay^2$), wenn der Pol in den Ursprung fällt[37]), sowie für die Gegenfußpunktkurve einer Kissoide, wenn der Pol in den Durchschnittspunkt der Achse und der Asymptote fällt[38]).

g) Endlich befindet sich unter den von *V. Lebeau* auf mechanischem Wege erzeugten Kurven[39]) eine Kurve 5. Ordnung mit einem dreifachen Punkt.

4. Elliptische Kurven 5. Ordnung. [Vgl. Nr. **35**.] Die explizite Darstellung der Koordinaten der Punkte einer Kurve 5. Ordnung vom Geschlechte Eins durch elliptische Funktionen eines Parameters rührt her von *G. Humbert*[40]), der sich dazu der fünf Funktionen $\Theta\left(z + \frac{i\omega}{5}\right)$ $(i = 0, 1, \ldots, 4)$ mit den Perioden ω, ω' bediente. Hieraus folgerte er, daß eine solche Kurve immer als Projektion der Kurve erhalten werden kann, die der Durchschnitt zweier kubischen Flächen ist, die längs eines Kegelschnitts sich berühren, und zwar unter der Voraussetzung, daß die Geraden, in denen diese Flächen durch die Ebene des Berührungsschnitts noch geschnitten werden, sich in einem Punkte des Kegelschnitts schneiden. Durch Anwendung der allgemeinen Theorie der elliptischen Kurven bewies ferner derselbe Geometer folgende Sätze[41]):

35) Ib. p. 55.

36) Ib. p. 277.

37) *A. B. Basset*, «An elementary treatise on cubic and quartic curves» (Cambridge 1901), p. 9.

38) L'intermédiaire des Math. 7 (1900), p. 278.

39) *V. Lebeau*, «Sur un nouveau curvigraphe», Liège Soc. Mém. (3) 5 (1904), Nr. 7; *J. Neuberg*, «Sur les lignes tracées par le curvigraphe *Victor Lebeau*», ib.

40) Bull. sc. math. 9 (1881), p. 166—172.

41) Thèse: «Sur les courbes de genre 1» (Paris 1885), p. 71.

Die 5mal berührenden Kegelschnitte einer elliptischen Kurve 5. Ordnung bilden vier verschiedene Systeme; die Summe der Argumente der fünf Berührungspunkte ist für jedes System konstant; drei der Systeme umfassen je 16 Kegelschnitte, während dasjenige, welches als Argumentensumme $\frac{1}{2}(\omega + 5\omega')$ hat, nur fünf eigentliche Kegelschnitte umfaßt, abgesehen von den Geraden der Ebene. Diesen letzteren Systemen von Kegelschnitten begegnet man auch von einem anderen Gesichtspunkt aus: sind nämlich A, B, C, D, E die Kurvendoppelpunkte, und läßt man durch vier derselben (A, B, C, D) irgendeinen Kegelschnitt gehen, so schneidet derselbe die Kurve in zwei Restpunkten; die Verbindungslinie derselben hat als Einhüllende einen der fünf oben definierten Kegelschnitte; dessen fünf Berührungspunkte und die Punkte A, B, C, D, E gehören einer Kurve 3. Ordnung an, die den Kegelschnitt $ABCDE$ in E berührt[42]).

Vom topologischen Standpunkt aus wurden die elliptischen Kurven 5. Ordnung durch *P. Field* untersucht[43]).

Die Existenz von Kurven 5. Ordnung mit fünf Spitzen wurde von *Clebsch* stillschweigend angenommen[44]) und durch *P. del Pezzo*[45]) mittels einer quadratischen Transformation bewiesen. Eine besondere elliptische Kurve 5. Ordnung ist der Ort der Scheitel der Hyperbeln, die die Achse Ox in einem Punkte berühren und als Asymptote die Gerade Oy haben[46]).

5. Kurven 5. Ordnung mit 4 Doppelpunkten. Wenn eine Kurve 5. Ordnung vier Doppelpunkte besitzt, so schneidet jeder der ∞^1 durch dieselben gehenden Kegelschnitte die Kurve in zwei weiteren Punkten, die eine Involution auf der Kurve bilden; die Verbindungsgeraden der Punktepaare umhüllen im allgemeinen einen eigentlichen Kegelschnitt, der die gegebene Kurve 5 mal berührt und als „fundamental" bezeichnet wird[47]). Sind A, B, C drei ternäre Formen ersten und P, Q zwei solche zweiten Grades der homogenen Koordinaten eines Punktes

42) Ib. p. 87, wo man noch andere Sätze über dieselben Kurven findet.

43) American Journ. of math. 27 (1905), p. 243—247.

44) J. f. Math. 64 (1865), p. 250, wo auch, ohne Beweis, der folgende Satz gegeben ist: Eine Kurve 5. Ordnung mit fünf Spitzen besitzt drei 5mal berührende Kegelschnitte; die 15 Berührungspunkte gehören einer Kurve 3. Ordnung an.

45) Napoli Rend. Acc. (2) 3 (1889), p. 46—49.

46) *P. Barbarin* in L'interm. des Math. 8 (1901), p. 89.

47) *J. de Vries*, Wien Ber. 104 (1895), p. 46—59. Die Eigenschaften der Kurven 5. Ordnung mit 4 Doppelpunkten sind besondere Fälle derjenigen der Kurven von der Ordnumg $m + n$, deren Doppelpunkte die Grundpunkte eines Büschels m^{ter} Ordnung sind; eine durch *J. de Vries* gemachte und entwickelte Bemerkung (Amsterdam R. Acad. Proc. 1894—95, p. 139—144).

in der Ebene und λ ein Parameter, so kann die in Rede stehende Kurve durch die projektiven Scharen (zweiter resp. erster Klasse)

$$A + 2B\lambda + C\lambda^2 = 0, \qquad P + \lambda Q = 0$$

oder auch durch die folgenden projektiven Strahlenbüschel

$$(AQ - BP) + (BQ - CP)\lambda = 0, \qquad P + \lambda Q = 0$$

erzeugt werden, woraus als Kurvengleichung folgt:

$$AQ^2 - 2BPQ + CP^2 = 0.$$

Der Fundamentalkegelschnitt kann in besonderen Fällen als Enveloppe in einen Doppelpunkt ausarten; die Kurve wird von der „2. Art" und kann durch einen Strahlenbüschel und eine projektive Involution in einem anderen Strahlenbüschel erzeugt werden. Dieser Kurvenklasse gehört u. a. eine Kurve an, die *G. Espanet* zuerst betrachtete[48]) und dann *G. Loria* genauer untersuchte[49]).

Die Kurven 5. Ordnung mit vier Doppelpunkten gehören zu der ausgedehnten Kurvenklasse, deren homogene Punktkoordinaten sich rational und ganz durch zwei lineare Funktionen und zwei Quadratwurzeln aus ganzen Funktionen eines Parameters darstellen lassen; von diesem Gesichtspunkt aus wurden sie durch *C. Weltzien* unter sucht[50]), der die Gleichung und die Doppelpunkte derselben bestimmte.

Kurven der Ordnung 5 und des Geschlechts 3. Zu dieser Kurvenklasse gehören die Kurven 5. Ordnung mit einem dreifachen Punkte, deren allgemeine Gleichung die folgende ist

$$Az^2 + 2Bz + C = 0,$$

wo A, B, C binäre Formen in x, y der Ordnungen 3, 4, 5 sind. Im Falle[51]) $C = AB$ schneiden die Tangenten im dreifachen Punkte die Kurve noch in drei Punkten, die auf einer Geraden liegen; infolgedessen besitzt die Kurve weitere besondere Eigenschaften.

Ist P ein Punkt einer Parabel, t dessen Tangente und Γ der Kreis, der durch den Parabelscheitel O geht und P als Mittelpunkt hat, so ist der Ort der Punktepaare (t, Γ) eine Kurve der Ordnung 5 und des Geschlechtes 3, die O als dreifachen Punkt hat[52]).

---

48) L'interm. des Math. 9 (1902), p. 3.

49) Ib. 13 (1906), p. 265 und *Loria*, II. Aufl. 1, p. 247—248.

50) Math. Ann. 30 (1887), p. 537—539, 543—544.

51) *W. R. Westroop Roberts* in Dublin R. Acad. Proc. 24 A (1902), p. 34—44.

52) *G. Cardoso-Laynes* in L'interm. des Math. 6 (1899), p. 181.

II. Kurven 6. Ordnung.

6. Allgemeines. Die einzigen uns bekannten Eigenschaften der allgemeinen Kurven 6. Ordnung sind die von *Clebsch*[53]) gefundenen, die die Zahl (3^{20}) der Kurven 5. Ordnung betreffen, welche eine solche Kurve in zehn Punkten oskulieren, und den Zusammenhang ihrer Oskulationspunkte bestimmen. Eingehende Untersuchungen über ihre Gestalten verdankt man *A. Rosenblatt*[54]), während früher *D. Hilbert*[55]) den folgenden Satz entdeckt hat, der in zwei Göttinger Dissertationen (1909, 1910), von *Grete Kahn* und *Klara Löbenstein* bewiesen wurde: «eine ebene algebraische Kurve 6. Ordnung mit 11 sich einander einschließenden Ovalen existiert nicht»

Um an einem Beispiele (vgl. III C 4, Allg. Theorie der algebr. Kurven, *Berzolari*, Abschn. IV) die *Brill-Noether*sche Theorie der algebraischen Funktionen zu beleuchten, betrachtete *A. Cayley*[56]) eine allgemeine Kurve 6. Ordnung mit fünf Doppelpunkten und auf derselben die g_4^1 mit der folgenden Eigenschaft: jede Kurve 3. Ordnung, die durch die Doppelpunkte der Kurve und drei Punkte einer Gruppe der g_4^1 geht, enthält auch den vierten; *Cayley* bewies direkt, daß zwei beliebige Punkte der Kurve zu fünf Gruppen aus ebensovielen g_4^1 gehören.

Die Bestimmung aller Kurven 6. Ordnung, die eine Gruppe linearer Transformationen in sich besitzen, wurde neuerdings von *J. Vojtěch* unternommen[57]).

Früher entdeckte *G. Valentiner*[58]) eine fundamentale Kurve 6. Ordnung, die eine Gruppe G_{360} von 360 Kollinationen in sich zuläßt. In homogenen Koordinaten x_0, x_1, x_2 kann man die Kurve durch die folgende Gleichung darstellen:

$$\begin{aligned} &x_0^6 + x_1^6 + x_2^6 \\ &- \frac{15 - 3i\sqrt{5}}{4}(x_0^4x_1^2 + x_0^4x_2^2 + x_1^4x_0^2 + x_1^4x_2^2 + x_2^4x_0^2 + x_2^4x_1^2) \\ &+ (15 + 3i\sqrt{5})\, x_0^2x_1^2x_2^2 = 0; \end{aligned}$$

53) Journ. f. Mathem. 64 (1865), p. 250.

54) Acad. Bull. Cracovie (1910), p. 635—676.

55) Math. Annalen 38 (1891), p. 115—138.

56) Math. Ann. 8 (1875), p. 359; The collected Papers 9, p. 504.

57) Prager Ber. 1913.

58) „De endelige Transformations-Gruppen-Theorie", Kopenhagen Abh. (6) 5 (1889), p. 64ff. Näheres hierüber findet man in *R. Fricke* und *F. Klein* „Vorlesungen über die Theorie der automorphen Funktionen", Bd. 2, Leipzig 1902, p. 610ff., wo auch die weitere Literatur eingehend berücksichtigt ist.

während jene Gruppe G_{360} aus den drei Kollinationen erzeugbar ist:

$$x_0' = -x_1, \quad x_1' = x_0, \quad x_2' = x_2;$$

$$x_0' = x_2, \quad x_1' = -x_1, \quad x_2' = x_0;$$

$$\begin{cases} x_0' = \frac{1}{2} x_0 - \frac{1}{2} x_1 + \frac{\sqrt{5} - i\sqrt{3}}{4} x_2, \\ x_1' = \frac{1}{2} x_0 - \frac{1}{2} x_1 - \frac{\sqrt{5} + i\sqrt{3}}{4} x_2, \\ x_2' = \frac{\sqrt{5} - i\sqrt{3}}{2} x_0 + \frac{\sqrt{5} - i\sqrt{3}}{4} x_1. \end{cases}$$

Die Untersuchung des Systems der durch fünf Raumpunkte gehenden kubischen Raumkurven führte *G. Humbert*[59]) auf eine Raumkurve 7. Ordnung, deren Projektion von einem beliebigen ihrer Punkte aus auf eine Ebene eine Kurve 6. Ordnung mit fünf Doppelpunkten liefert, die folgende Eigenschaft besitzt: Fünf der Kurventangenten in den Doppelpunkten gehen durch einen Punkt; dasselbe gilt von den übrigen Doppelpunkttangenten; die zwei so entstehenden Punkte gehören dem Kegelschnitte an, der durch die Doppelpunkte der gegebenen Kurve bestimmt wird.

Während diese Kurven das Geschlecht 5 haben, sind die von *A. L. Hjelman*[60]) untersuchten vom Geschlecht 4.

Einer Kurve von der Ordnung 6 und vom Geschlecht 3 begegnete *Steiner*[61]) im Laufe seiner bekannten Untersuchungen über die Kurven mit Mittelpunkt; sie ist der Ort der Doppelpunkte der rationalen Kurven 3. Ordnung, die sieben gegebene Punkte als Doppelpunkte besitzen[62]); sie gehört einer durch *C. Weltzien* untersuchten Kurvenklasse an[50]), für die er die Gleichung und die Doppelpunkte bestimmte.

---

59) J. éc. polyt. 64 (1894), p. 137.

60) Sur les courbes planes du 6e ordre à deux points triplés. Finsk. Soc. Förh. 41 (1899), p. 26—38.

61) J. f. Math. 47 (1854); Ges. Werke 2, p. 526

62) Allgemeiner ist von 6. Ordnung der Ort der Doppelpunkte der Kurven 3. Ordnung eines beliebigen Netzes. Aber der Ort der Spitzen eines Systems von ∞^3-Kurven dieser Ordnung ist, infolge eines allgemeinen Satzes von *E. Caporali* (Memorie di geometria. Napoli 1888, p. 177) von 12. Ordnung und hat als vierfachen Punkt jeden Fundamentalpunkt des Systems; unrichtig sagt daher *Steiner* (a. a. O.), daß der Ort der Spitzen der durch sechs Punkte P gehenden Kurven 3. Ordnung eine Kurve 6. Ordnung, mit den Punkten P als Doppelpunkten sei; sie ist vielmehr 12. Ordnung und die P sind vierfache Punkte derselben, ein Satz, den man auch folgendermaßen beweisen kann: betrachtet man die genannten Kurven 3. Ordnung als die Bilder der ebenen Schnitte einer Fläche 3. Ordnung, deren Abbildung die P als Fundamentalpunkte hat, so ist der *Steiner*sche Ort das Bild der parabolischen Kurve der Fläche, d. h. einer Kurve, die den Vollschnitt dieser Fläche mit einer Fläche 4. Ordnung bildet usw.

Eine elliptische Kurve 6. Ordnung besitzt im allgemeinen neun Doppelpunkte, von denen einige Spitzen sein können[63]); die größte Spitzenanzahl ist 9, und diese Zahl kann wirklich erreicht werden, da eine Kurve 6. Ordnung mit neun Spitzen zu der allgemeinen Kurve 3. Ordnung reziprok ist; eine solche Kurve besitzt drei 9mal berührende Kurven 3. Ordnung[64]). *G. Salmon*[65]) verdankt man die Bemerkung, daß die neun Doppelpunkte einer elliptischen Kurve 6. Ordnung der Lage nach voneinander nicht unabhängig sind, denn neun beliebige Punkte sind Doppelpunkte nur für die doppelt zählende Kurve 3. Ordnung, die durch diese neun Punkte bestimmt ist. *G. Halphen*[66]) hat die Beziehung bestimmt und unter verschiedenen Formen ausgedrückt, die unter neun Punkten besteht, wenn sie Doppelpunkte einer eigentlichen Kurve 6. Ordnung sein sollen, und die allgemeine Gleichung solcher Kurven angegeben[67]).

Eine rationale Kurve 6. Ordnung wird (vgl. Nr. **26**) erzeugt als Ort der Durchschnittspunkte entsprechender Tangenten zweier Einhüllenden der Klassen 2, 4 bei eineindeutiger Beziehung[68]); als solche Einhüllende kann man einen Kegelschnitt und seine Evolute wählen, und die Korrespon-

63) *Beispiel:* Die orthoptische Kurve (d. i. der Ort der Spitze eines rechten Winkels, dessen Schenkel eine gegebene Kurve berühren) einer Kurve 3. Ordnung und 3. Klasse ist eine Kurve 6. Ordnung mit 6 Doppelpunkten und 3 Spitzen; vgl. *A. T. Ljungh,* Diss. Lund. 1895, p. 6.

64) J. f. Math. 64 (1865), p. 250.

65) Vgl. *Salmon-Fiedler,* «Analytische Geom. der höheren ebenen Kurven» (Leipzig 1873), p. 37; 2. Aufl. 1882, p. 42.

66) Bull. soc. math. France 10 (1882), p. 162—172.

67) Analog gilt: Die Lage von 9 Punkten, die m-fach für eine Kurve der Ordnung $3m$ sind, ist nicht willkürlich; sind 8 derselben gegeben, so muß der 9te einer Kurve angehören, von der *Halphen*[66]) die Ordnung und die Singularitäten bestimmte. Die Natur des Zusammenhanges zwischen neun Punkten 1, 2, ... 6, A', B', C', die Doppelpunkte einer eigentlichen Kurve 6. Ordnung sind, kann man mittels der folgenden stereometrischen Betrachtung beleuchten: Eine Fläche 3. Ordnung sei auf die Ebene mittels der Kurven 3. Ordnung, die durch 1, ..., 6 gehen, abgebildet; dem Schnitt der Fläche mit einer Fläche 2. Ordnung entspricht eine Kurve 6. Ordnung, für die 1, ..., 6 Doppelpunkte sind; berührt die Fläche 2. Ordnung in drei Punkten A, B, C die Fläche 3. Ordnung, so bekommt die Bildkurve drei neue Doppelpunkte A', B', C'. Die Ebene ABC schneidet die zwei betrachteten Flächen in einer Kurve 3. Ordnung und einem dieselbe dreimal berührenden Kegelschnitt; da nun der Zusammenhang bekannt ist (vgl. *Cremona,* Introduzione, Schluß), der unter den Berührungspunkten einer kubischen ebenen Kurve mit einem dreimal berührenden Kegelschnitt besteht, so kann man daraus den Zusammenhang unter den in Rede stehenden neun Punkten ableiten. Vgl. einen Vortrag *R. Sturms,* der in den Jahresber. der Deutsch. Math.-Ver. 14 (1907), p. 323 abgedruckt ist.

68) Über rationale Kurven 6. Ordnung mit dreifachen Punkten, vgl. *G. Stiner,* Diss. Zürich 1890, p. 46—48.

denz kann man herstellen entweder zwischen der Tangente in einem Punkte M des Kegelschnitts und der Normalen in einem Punkte M', der sich mit M und einem festen Punkte O in einer Geraden befindet[69]), oder zwischen der Tangente in einem Punkte M und der Normalen in einem Punkte M', wenn M, M' die Endpunkte zweier konjugierten Halbmesser des Kegelschnittes sind[70]). Der Ort der Mittelpunkte der Kreise, die einen festen Kegelschnitt berühren und durch einen festen Punkt gehen, ist eine rationale Kurve 6. Ordnung (während der Ort der Mittelpunkte der Kreise, die einen Kegelschnitt und eine Gerade berühren, eine elliptische Kurve 8. Grades ist)[71]). — Rational ist auch die Brennkurve, die durch Reflexion an einem Kreise entsteht, wenn sich die Lichtquelle in einer beliebigen Lage befindet; sie ist eine Kurve 6. Ordnung mit vier Doppelpunkten und sechs Spitzen, die als Punktort durch *A. Cayley*[72]) und als Enveloppe durch *T. J. I. Bromwich*[73]) untersucht wurde.

Minder wichtig sind die Kurven 6. Ordnung, die in Polarkoordinaten durch die Gleichungen

$$\varrho = a \cos^2 \omega, \quad \varrho + a \cos 2\omega = 0, \quad \varrho = a \sin^2 \omega + b \cos^2 \omega$$

---

69) L'interm. des Math. 7 (1900), p. 6 u. p. 228.

70) Das. 11 (1904), p. 94, 225 u. 294—296; 13 (1905), p. 20.

71) Ib. 11 (1904), p. 239 u. 303—304; 12 (1905), p. 228; 13 (1905), p. 40—44 u. 108. Die Ordnungen obiger Kurven können leicht durch Anwendung der *Chasles*schen Charakteristikentheorie bestimmt werden. Beachtet man nämlich, daß die Systeme, die aus den Kegelschnitten bestehen, die durch p Punkte gehen und t Gerade berühren ($p + t = 4$) folgende Charakteristiken haben:

$$1, 2 \qquad 2, 4 \qquad 4, 4 \qquad 4, 2 \qquad 2, 1;$$

so ergibt sich infolge eines bekannten Satzes für die Zahl dieser Kegelschnitte, die einen festen Kegelschnitt berühren, bzw. 6, 12, 16, 12, 6. Bezeichnet man daher mit C die Bedingung, einen Kegelschnitt zu berühren, so bekommt man die folgenden Charakteristiken von vier besonderen Kegelschnittsystemen:

$$(3p, C) = (6, 12); \quad (2p, 1g, C) = (12, 16); \quad (1p, 2g, C) = (16, 12); \quad (3g, C) = (12, 6).$$

Wendet man nun einen anderen allgemeinen Satz von *Chasles* an, so kann man schließen, daß die Örter der Mittelpunkte für die zwei ersten Systeme bzw. die Ordnungen 6, 8 haben.

Zu bemerken ist noch, daß eine Kurve 6. Ordnung der Ort der Mittelpunkte der Kegelschnitte mit gegebenen Achsen ist, die durch zwei Punkte gehen. Vgl. L'interm. des Math. 12 (1905), p. 28, 184, 251.

72) London R. Soc. Trans. 147 (1857), oder The collected Papers 2, p. 336—380.

73) Amer. Journ. of Math. 26 (1904), p. 33—44. Wir bemerken, daß von 6. Ordnung die Brennkurve eines Kegelschnittes ist, wenn das Licht vom Mittelpunkt der Kurve ausgeht, sowie die einer Parabel, wenn sich das Licht unendlich fern auf der Achse befindet. Vgl. *G. F. Steiner*, Diss. Lund 1896, p. 39—41.

dargestellt sind, mit denen sich *J. Wesely*[74]) und *K. Hettner*[75]) beschäftigt haben.

7. Kurven 6. Ordnung, die mit dem Normalenproblem der Kegelschnitte zusammenhängen. Betrachtet man einen Mittelpunktskegelschnitt, z. B. die Ellipse $\frac{x^2}{a^2} + \frac{y^2}{b^2} = 1$, und ersetzt man diese Gleichung durch die zwei folgenden:

$$x = a \cos \varphi, \quad y = b \sin \varphi,$$

so sieht man, daß, wenn u, v die Plückerschen Koordinaten der Normalen sind:

$$u = -\frac{a}{c^2 \cos \varphi}, \quad v = \frac{b}{c^2 \sin \varphi} (c^2 = a^2 - b^2).$$

Eliminiert man aus diesen Gleichungen den Hilfswinkel φ, so erhält man:

$$a^2 v^2 + b^2 u^2 - c^4 u^2 v^2 = 0,$$

die Tangentengleichung der Evolute der Ellipse; sie ist eine rationale Kurve 4. Klasse und 6. Ordnung, die vier Doppelpunkte und sechs Spitzen besitzt[76]); vom Standpunkt der projektiven Geometrie aus ist sie mit derjenigen identisch, die *S. Roberts*[77]) untersucht hat. Um die Normalen obiger Ellipse, die durch einen gegebenen Punkt (ξ, η) gehen, zu bestimmen, setze man

$$u = -\frac{\lambda}{\lambda \xi - \eta}, \quad v = \frac{\lambda}{\lambda \xi - \eta},$$

und man erhält zur Bestimmung des Parameterwertes λ die Gleichung:

$$(1) \quad b^2 \xi^2 \lambda^4 - 2 b^2 \xi \eta \lambda^3 + (a^2 \xi^2 + b^2 \eta^2 - c^4) \lambda^2 - 2 a^2 \xi \eta \lambda + a^2 \eta^2 = 0.$$

Die zwei Invarianten der linken Seite dieser Gleichung, als ganze Funktion 4. Grades in λ betrachtet, haben die Werte:

$$i = \frac{1}{6} (a^2 \xi^2 + b^2 \eta^2 - c^4), \quad j = -\frac{1}{36} [(a^2 \xi^2 + b^2 \eta^2 - c^4)^3 + 54 a^2 b^2 c^2 \xi^2 \eta^2].$$

Daraus folgt[78]), daß der Kegelschnitt $a^2 \xi^2 + b^2 \eta^2 - c^4 = 0$ der Ort der Punkte ist, von denen vier äquianharmonische Normalen an

74) Arch. Math. Phys. (2) 9 (1890), p. 421—433.

75) J. f. Math. 102 (1888), p. 289.

76) *A. Mannheim* (Württemberger Mitt. 2 (1888), p. 133, oder Principes et développement de géométrie cinématique, Paris 1894, p. 21, 318) verdanken wir eine einfache Konstruktion des Krümmungsmittelpunktes dieser Evolute.

77) Quarterly Journ. of Math. 15 (1878), p. 225—230.

78) Vgl. die Abhandlung von *A. Clebsch*, „Über das Problem der Normalen bei Kurven und Oberflächen der 2. Ordnung" (J. f. Math. 62 (1863), p. 64—109), wo das Normalenproblem bei einer projektiven Maßbestimmung behandelt wird.

die Ellipse gehen, während die Kurve 6. Ordnung

$$(a^2\xi^2 + b^2\eta^2 - c^4)^3 + 54a^2b^2c^2\xi^2\eta^2 = 0$$

der Ort der Punkte ist, von denen man vier harmonische Normalen an die Ellipse ziehen kann.[79]) Berechnet man die absolute Invariante derselben Funktion 4. Grades von λ, und setzt dieselbe gleich einer Konstanten k, so erhält man eine Gleichung 12. Grades in ξ, η, die in zwei Faktoren 6. Grades zerfällt, wie folgt:

$$(2)\quad (a^2\xi^2 + b^2\eta^2 - c^4)^3 \pm \sqrt{k}\,[(a^2\xi^2 + b^2\eta^2 - c^4)^3 + 54a^2b^2c^2\xi^2\eta^2] = 0.$$

Diese zwei Kurven 6. Ordnung sind von der Klasse 12 und vom Geschlechte 3; jede besitzt sechs Spitzen und 24 Wendepunkte, und ist der Ort der Punkte, durch die vier Normalen an die Ellipse gehen, die ein gegebenes Doppelverhältnis bilden. Aus diesen hat *G. Bauer*[80]) andere Kurven derselben Ordnung durch folgenden Prozeß abgeleitet: man betrachte zwei Punkte der Ellipse, sowie die Punkte (ξ, η), (X, Y), in denen sich die entsprechenden Tangenten und Normalen schneiden; die zwei Variabelnpaare ξ, η; X, Y sind untereinander durch die folgenden Gleichungen verbunden:

$$X = \frac{c^2\xi^2(b^2 - \eta^2)}{a^2\eta^2 + b^2\xi^2}, \quad Y = -\frac{c^2\eta^2(a^2 - \xi^2)}{a^2\eta^2 + b^2\xi^2}.$$

Daraus folgt, daß, wenn der Punkt (X, Y) eine der Kurven (2) beschreibt, so erzeugt der Punkt (ξ, η) eine Kurve 18. Ordnung, die in drei der Ordnung 6, des Geschlechts 7 und der Klasse 24, zerfällt.

Sucht man die Bedingung, daß die Gleichung (1) ein Paar von Wurzeln besitzt, deren Produkt gleich -1 ist, so erhält man den Ort der Punkte, von denen ein Paar rechtwinkliger Ellipsennormalen ausgehen; dieser Ort ist ebenfalls eine Kurve 6. Ordnung; die Gleichung derselben ist[81]):

$$(a^2 + b^2)(x^2 + y^2)(a^2y^2 + b^2x^2)^2 = c^4(a^2y^2 - b^2x^2)^2.$$

Von derselben Ordnung 6 sind: a) die Enveloppe der Umkreise der Dreiecke, deren Eckpunkte die Fußpunkte der Normalen sind, die man an eine Ellipse von den Punkten ihrer Evolute ziehen kann[82]); b) der Ort eines Punktes P, der die Eigenschaft besitzt, daß die Tangenten einer Ellipse in den Fußpunkten der Normalen, die durch P gehen, ein Viereck mit rechtwinkligen Diagonalen bilden, wie auch der Ort

79) Vgl. The educational Times, Quest. 6431, gelöst 36 (1882), p. 75—76.

80) München Ber. 8 (1878), p. 121—135, wo die Frage auch für eine projektive Maßbestimmung aufgelöst wird.

81) Nouvelles Ann. de math. 2 (1843), p. 365.

82) The educational Times, Quest. 6375, gelöst 36 (1882), p. 77—78.

der Eckpunkte des Vierecks[83]); c) der Ort der Schnittpunkte der Gegenseiten des Vierecks $MPQR$, wenn M ein Ellipsenpunkt ist und P, Q, R die Fußpunkte der Normalen, die durch P gehen.[84])

8. Astroiden und Skarabäen (Stern- und Käferkurven). Die Gleichung der Evolute einer Ellipse $\frac{x^2}{a^2} + \frac{y^2}{b^2} = 1$ kann in der irrationalen Form geschrieben werden:

$$(ax)^{\frac{2}{3}} + (by)^{\frac{2}{3}} = c^{\frac{4}{3}}.$$

Diese enthält als besonderen Fall die folgende:

$$x^{\frac{2}{3}} + y^{\frac{2}{3}} = l^{\frac{2}{3}},$$

die die Enveloppe einer konstanten Strecke l darstellt, deren Endpunkte sich auf zwei rechtwinkligen Geraden (den Koordinatenachsen) bewegen; sie ist eine Kurve, der man bei vielen Fragen begegnet; sie wurde von dem Astronomen *J. J. Littrow* „Astroide" und[85]) von dem Geometer *G. Bellavitis* „Tetracuspide"[86]) genannt; sie wurde ferner mit den Namen „gleichseitige Evolute"[87]), „Parazykel"[88]) und „Kubozykloide"[89]) bezeichnet. Ohne bei ihren Eigenschaften zu verweilen[90]), bemerken wir, daß ihre Definition sogleich verallgemeinert werden kann, wenn man voraussetzt, daß die festen Geraden nicht rechtwinklig zueinander seien; so entsteht statt der „regulären" die „allgemeine" Astroide, ebenfalls eine Kurve 6. Ordnung und 4. Klasse.[91]) Eine weitere Verallgemeinerung[92]) erhält man, wenn man die Enveloppe der Strecken betrachtet, die durch zwei feste Geraden begrenzt sind, deren Richtung die der Durchmesser eines Kegelschnittes, und deren Länge gleich der des Durchmessers ist.

Mit der regulären Astroide sind andere Kurven 6. Ordnung verbunden, von denen die wichtigsten eine Erwähnung verdienen:

a) Die Fußpunktkurve des Ursprungs O in bezug auf jene Kurve ist eine Kurve 6. Ordnung, die für O ein vierfacher Punkt ist, während die

83) L'Interm. des Math. 7 (1900), p. 164 u. 349.

84) Ib. 8 (1901), p. 155 u. 319; 13 (1906), p. 62, 207, 225.

85) Nach *H. Wieleitner*, «Theorie der ebenen alg. Kurven höherer Ordnung», (Leipzig 1905), p. 41.

86) «Sposizione del metodo delle equipollenze» Memorie delle Soc. Italiana delle Scienze 25, 2 (1850). Vgl. *F. Gomes Teixeira*, Mathesis (3) 1, 1901, p. 217—219.

87) *Breton (de Champ)* in Nouvelles Ann. de math. 2 (1843), p. 227.

88) *L. Matthiessen*, Arch. Math. Phys. 48 (1868), p. 229—235.

89) *V. Montucci*, Paris C. R. 70 (1865), p. 441.

90) *Loria*, 1. Aufl. p. 226—228, 2. Aufl. 1. Bd. p. 265—270; *Teixeira, Tratado*, p. 261—273, *Traité* 4, p. 328—333.

91) *Loria*, 1. Aufl. p. 225—226, 2. Aufl. 1. Bd. p. 264—265.

92) *A. Ameseder*, Arch. Math. Phys. 64 (1879), p. 177.

imaginären Kreispunkte (absoluten Punkte) Spitzen sind mit der unendlich fernen Geraden als gemeinschaftlicher Tangente; sie heißt „Skarabäe"[93]); b) die orthoptische Kurve (s. Fußnote 63) der Kurve $x^{\frac{2}{3}} + y^{\frac{2}{3}} = l^{\frac{2}{3}}$ ist die Kurve $2(x^2 + y^2)^3 = a^2(z^2 - y^2)^2$ [94]); c) der geometrische Ort der Punkte, die zu den Punkten der regulären Astroide harmonisch konjugiert sind in bezug auf die Durchschnittspunkte der entsprechenden Tangenten mit den Koordinatenachsen ist die Kurve: $\left(x^{\frac{2}{3}} + y^{\frac{2}{3}}\right) \times \left(x^{\frac{2}{3}} - y^{\frac{2}{3}}\right) = a^2$ [95]); d) endlich ist von 6. Ordnung auch die Parallelkurve einer regulären Astroide, die sogenannte „Parastroide"[96]).

9. Fokalkurven 6. Ordnung. Als Spezialfall eines allgemeinen Theorems von *Chasles* über die Charakteristiken eines Kegelschnittsystems (vgl. III C 3, Abzählende Methoden, *Zeuthen*, Abschn. V) hat man den folgenden Satz: Der Ort der Brennpunkte der Kegelschnitte eines Büschels ist eine Kurve 6. Ordnung, für die die Kreispunkte Doppelpunkte sind. Dieser Satz wurde aber durch *H. A. Faure* schon 1861 ausgesprochen[97]); den ersten Beweis desselben lieferte *Cremona*, der den genannten Satz aus einem allgemeineren, der die Brennpunkte eines Kurvenbüschels beliebiger Ordnung betrifft, ableitete.[98]) Einen anderen Beweis findet man in einem bekannten Lehrbuch[99]), wo die Frage mit einer Gleichung verbunden wird, die *A. F. Möbius* 1843 entdeckte, und zwischen fünf Punkten der Ebene stattfindet, wenn einer derselben Brennpnnkt eines durch die vier übrigen gehenden Kegelschnittes ist.[100]) Indessen wurde die erste eingehende Untersuchung jenes Ortes erst durch *J. J. Sylvester*[101])

---

93) *E. Catalan*, «Manuel des candidats à l'École polytechnique» (Paris 1857) 1, p. 227.

94) *Lambiette*, Nouvelle Correspondance de math. 3 (1877), p. 63; L'intermédiaire des Math. 3 (1896), p. 198 u. 4 (1897), p. 272.

95) *H. Lez*, Nouv. Ann. Math. (2) 18 (1878), p. 96.

96) *Salmon-Fiedler*, Höhere ebene Kurven, Leipzig 1873, p. 119—120, 2. Aufl. 1882, p. 128—129; L'interm. des Math. 2 (1895), p. 318 u. 3 (1896), p. 203; *G. Loria* u. *J. Neuberg*, Mathesis (2) 10 (1900), p. 244 u. 247; *Loria*, 1. Aufl. p. 649—651, 2. Aufl. 2. Bd. p. 287. Es ist zu bemerken, daß die Inverse der Astroide, wenn der Inversionsmittelpunkt mit dem Mittelpunkte der Kurve zusammenfällt, unter dem Namen von „Pseudo-Astroide" durch *L. Clariana* untersucht wurde, Rev. Soc. mat. Española 3 (1914), p. 225—247.

97) Nouv. Ann. de math. 20 (1861), p. 65, Quest. 565.

98) Ib. 3 (1864), p. 21—25.

99) *Salmon-Fiedler*, «Analyt. Geometrie der Kegelschnitte», 6. Aufl. (Leipzig 1903), p. 540 u. 555.

100) J. f. Math. 26 (1843) oder Ges. Werke 1, p. 587.

101) Philos. Magazine, Mai 1866. The collected Papers, T. III (Cambridge 1908), p. 559—564.

und *Cayley*[102]) analytisch und dann von *K. Bobek*[103]) geometrisch vorgenommen. Sie bewiesen, daß die in Rede stehende Fokalkurve, außer den Kreispunkten, als Doppelpunkte auch die drei Eckpunkte A, B, C des selbstkonjugierten Dreiecks der Kurven des Büschels (die entsprechenden Tangenten sind zueinander rechtwinklig), sowie auch die Höhenfußpunkte desselben besitzt; sie ist hyperelliptisch, vom Geschlecht $p = 2$. Mittels einer Parameterdarstellung wurde die Kurve durch *S. Haller*[104]) untersucht, der die verschiedenen Formen, die die Kurve annehmen kann, und die Fälle, in denen sie zerfällt, bestimmte; der bemerkenswerteste dieser Fälle bietet sich dar, wie *Sylvester*[105]) bemerkte, wenn die Grundpunkte des Büschels auf einem Kreise liegen, da infolgedessen die Kurve in zwei Kurven 3. Ordnung zerfällt. Die allgemeinste analytische Darstellung der Kurve rührt von *G. Bauer*[106]) her, der sich homogener Koordinaten (in bezug auf ABC als Fundamentaldreieck) bediente.

Erinnert man sich an die *Plücker*sche Definition der Brennpunkte (vgl. III C 4, *Berzolari*, Nr. **21**), so sieht man sogleich, daß die obige Fokalkurve bei projektiver Maßbestimmung dem Ort der Eckpunkte der Vierseite entspricht, die durch die Tangenten gebildet werden, die der „absolute" Kegelschnitt mit den Kegelschnitten eines Büschels gemeinschaftlich hat. Die Untersuchung der Ortsgleichung wurde von verschiedenen Geometern[107]) angebahnt, aber erst allgemein von *G. Darboux*[108]) zu Ende geführt; dieser stellte zuerst die Gleichung fest, die derjenigen von *Möbius* in einer allgemeinen Metrik entspricht; daraus folgerte er, daß die Fokalkurve ebenfalls 6. Ordnung ist und als dreifache Tangenten die Tangenten hat, die man an den „absoluten" Kegelschnitt durch die Punkte A, B, C ziehen kann.[109])

Eine andere Fokalkurve 6. Ordnung erhält man, indem man bemerkt, daß die Kegelschnitte, die zwei feste Kurven 2. Ordnung zweimal berühren, drei Systeme mit den Charakteristiken 2, 2 bilden; ihre Mittelpunkte durchlaufen drei Kegelschnitte, während ihre Brenn-

---

102) Ib. oder The collected Papers 7, p. 1—4.

103) Wiener Monatsh. Math. Phys. 3 (1892), p. 309—317.

104) Inaugural-Diss., München 1903; Arch. Math. Phys. (3) 7 (1904), p. 37—76, und Progr. Kreisrealschule München 1908.

105) Vgl. *Salmon-Fiedler*, Kegelschnitte. 6. Aufl., p. 555.

106) München Ber. 35 (1905), p. 97—108; vgl. *G. Humbert*, Thèse sur les courbes de genre 1. Paris 1885, p. 129.

107) Vgl. einen Aufsatz von *P. Le Cointe*, Nouv. Ann. (2) 19 (1880), p. 122 bis 133, wo ältere Arbeiten zitiert sind.

108) Ib. p. 184—188.

109) Über dasselbe Thema sehe man die Inaugural-Dissertation von *H. Egerer* (Erlangen 1906).

punkte drei bizirkuläre Kurven 6. Ordnung erzeugen. Die Gleichung einer dieser Kurven wurde von *R. A. Roberts*[110]) bestimmt; daraus entnahm er, daß die Kurve zweimal durch die unendlich fernen Punkte der Parabeln geht, die dem durch die gegebenen Kegelschnitte bestimmten Büschel angehören, und außerdem noch fünf Doppelpunkte hat; ihr Geschlecht ist 3; bemerkenswert ist der schon von *Steiner*[111]) betrachtete Fall, daß die gegebenen Kegelschnitte Kreise sind.

10. Kurven, die mit der Bewegung eines Gelenkvierecks verbunden sind.[112]) Von einem Viereck seien die Seiten von gegebener Länge und die Eckpunkte O, O' fest; setzt man voraus, daß es in allen seinen Ecken gelenkig sei, so kann es ∞^1 Lagen annehmen; daher kann jeder Ebenenpunkt M, der mit den beiden übrigen Eckpunkten R, R' des Vierecks fest verbunden ist, ebenfalls ∞^1 Lagen annehmen; die Kurve, die M beschreibt, wird von den Deutschen *Koppelkurve*, von den Engländern *three-bar curve* (Dreistabkurve) genannt. Sie ist eine bemerkenswerte Kurve, deren Haupteigenschaften durch *S. Roberts*[113]) und *A. Cayley*[114]) entdeckt wurden; sie ist eine trizirkuläre Kurve 6. Ordnung, die drei Doppelpunkte auf dem Kreise $OO'O''$ hat, wo O'' der Punkt ist, der die Eigenschaft besitzt, daß die Dreiecke MRR' und $OO'O''$ direkt ähnlich sind. O, O', O'' sind Brennpunkte der Kurve; und da diese symmetrisch in bezug auf die Brennpunkte ist, so kann sie auf *drei* Arten durch Bewegung eines Gelenkvierecks erzeugt werden.[115]) Beachtenswert ist der Fall, wo M auf der Seite RR' liegt und die Mitte dieser Strecke ist; der so entspringenden Kurve begegnet man im *Watt*schen Parallelogramm, sie wird von den Franzosen *courbe à longue inflexion* genannt[116]); zu erwähnen ist auch der Fall, wo $OR = O'R'$ ist[117]), der

110) Bull. of the Amer. math. Society (2) 2 (1896), p. 98—110.

111) *Salmon-Fiedler,* Kegelschnitte. 6. Aufl., (Leipzig, 1903), p. 573.

112) Vgl. 1. Aufl. *Loria* p. 232—238, 2. Aufl., I. Bd., p. 273—280; *J. Ebner,* «Leitfaden der technisch wichtigen Kurven» (Leipzig 1906), p. 45—144. Bibliographische Notizen findet man in L'interm. des Math. 4 (1899), p. 184; eingehende Betrachtungen sind in den Lehrbüchern der Kinematik, z. B. *L. Burmester,* Leipzig 1888, u. *G. Koenigs,* Paris 1897, zu suchen. Mit der Bewegung des Gelenkviereckes hängt auch die Kurve zusammen die von *J. Cardinaal* «Sur une courbe plane du huitième degré» (Archives Teyler (2) 12, 1910) untersucht wird.

113) London math. Soc. Proceed. 7 (1876), p. 14—23.

114) London math. Soc. Proc. 4 (1872), p. 105 oder The collected Papers 9, p. 551 u. 581.

115) Vgl. *H. Hart,* «Quaternion proof of the triple generation of the three-bar motion», Mess. of Math. 12 (1882—83), p. 32. Über Brennpunkte vgl. III C 4, *Berzolari,* Nr. 21.

116) *A. J. H. Vincent,* Mém. de la Soc. de Lille 1836—37; Nouv. Ann. de

zu der sogenannten *Watt*schen Kurve führt. Da die Singularitäten der Koppelkurve mit neun Doppelpunkten gleichwertig sind, so ist ihr Geschlecht 1; daher können die Koordinaten ihrer Punkte durch elliptische Funktionen eines Parameters ausgedrückt werden; die entsprechenden Formeln wurden von *G. Darboux*[118]), *G. Picciati*[119]) und *M. Krause*[120]) aufgestellt.

Eine besondere kinematische Wichtigkeit besitzt die Koppelkurve mit sechspunktig berührender Tangente.[121]) Es kann ferner eintreten[122]), daß einer der Kurvendoppelpunkte eine Spitze wird oder auch, daß zwei derselben sich in einem Selbstberührungsknoten vereinigen, oder endlich, daß die Kurve einen Undulationspunkt bekommt. Damit der *erste Fall* eintritt, muß M auf einer gewissen Kurve (*Polkurve* genannt) liegen, die *S. Roberts*[123]) schon betrachtet hat (s. den dritten Fall) und die von 8. Ordnung ist; die Kreispunkte sind Spitzen derselben, O und O' vierfache Punkte; sie besitzt endlich noch sechs Doppelpunkte. Der *zweite Fall* bietet sich dar, wenn M auf einer anderen Kurve 8. Ordnung (*Flachpunktskurve* genannt) liegt, die aus der vorangehenden mittels der konformen Abbildung $z' = z^2$ entsteht, wo z und z' Komplexe Zahlen sind. Den *dritten Fall* erhält man, wenn man M auf einer quadrizirkulären Kurve 10. Ordnung wählt (die sogenannte *Übergangskurve*), die O und O' als Doppelpunkte hat.

Man setze mit *R. Müller*[124]) voraus, daß über den Seiten OR, $O'R'$ des Gelenkvierecks die Dreiecke ORS, $O'R'S'$ konstruiert seien, so daß mit den Punkten S, S' die unveränderlichen Strecken SK, $S'K'$ fest verbunden seien; läßt man dann das Viereck sich bewegen, so beschreibt K eine neue Kurve (die *Kniekurve*), die im allgemeinen von 14. Ordnung ist und 7fach zirkulär ist; die entsprechenden Tangenten schneiden sich in sieben reellen Punkten (die „Fokalzentra"). In besonderen Fällen aber (z. B. wenn die Dreiecke ORS, $O'R'S'$ ähnlich

Math. 7 (1848); *A. Mannheim* (Principes et dév. de géom. cinématique, Paris 1894, p. 77) hat eine einfache Normalenkonstruktion angegeben.

117) *E. Catalan*, Mathésis 5 (1885), p. 222—223; vgl. *Teixeira, Tratado*, p. 256—261, *Traité* 4, p. 322—327.

118) Paris C. R. 88 (1879), p. 1183—1186 u. 1252—2155; Bull. sc. math. (2) 3 (1879), p. 109—128.

119) Istituto Veneto Atti 60 (1900—01), p. 301—309.

120) Leipziger Berichte 1904, p. 273—288; vgl. die Inaugural-Dissertation von *E. Weisse* (Rostock 1907).

121) *Reinh. Müller*, Zeitschr. Math. Phys. 46 (1900), p. 331—342; 48 (1902), p. 208—219.

122) *Reinh. Müller*, ib. 48 (1902), p. 224—248.

123) Proceed. of the London Math. Soc. 3 (1872), p. 312.

124) Zeitschr. Math. Phys. 40 (1895), p. 257—278.

sind) gehört die unendlich ferne Gerade doppelt zur Kniekurve und die Ordnung derselben sinkt auf 12, 10, 8 oder 6. Vgl. IV 3, *Schönflies*, Kinematik, Nr. **12**, **24**.

11. Weitere Kurven 6. Ordnung. Die übrigen uns bekannten Kurven 6. Ordnung haben so verschiedene Entstehungsarten, daß wir uns begnügen müssen, einen Bericht über ihre Definitionen und Entdecker zu geben.[125]) Wir werden mit denen beginnen, die man in der Theorie der Kegelschnitte antrifft:

a) Die Einhüllende der Geraden, die durch die Punkte einer Ellipse gehen und auf den entsprechenden Durchmessern senkrecht stehen, ist die Gegenfußpunktskurve der Ellipse in bezug auf den Mittelpunkt[126]); sie heißt „*Talbot*sche Kurve", da sie *W. H. John Talbot* zuerst untersucht hat[127]); sie ist eine Kurve, die projektiv-identisch mit der Ellipsenevolute ist und von verschiedenen Gesichtspunkten studiert wurde.[128]) Eine ähnliche Kurve ist die Enveloppe der Verbindungslinien der orthogonalen Projektionen des Ellipsenmittelpunktes auf die Paare rechtwinkliger Tangenten derselben.[129])

b) Zieht man von einem festen Punkte O die Strecken, die mit den Krümmungshalbmessern einer Ellipse gleichlang und gleichsinnig sind, so erhält man eine Kurve 6. Ordnung, für die O ein vierfacher Punkt ist, die „Radiale" der gegebenen Ellipse.[130])

c) Eine Ellipse E sei gegeben; man beschreibe einen Kreis K mit dem Mittelpunkt in einem beliebigen Punkt P der E-Ebene und von der Beschaffenheit, daß ein (und infolgedessen ∞^1) Dreieck existiert, welches K um- und E einbeschrieben ist; die Enveloppe der Kreise K ist eine zu sich selbst duale Kurve 6. Ordnung, welche *J. Wolstenholme*[131]) eingehend studiert hat.

d) Man erhält eine andere Kurve 6. Ordnung, wenn man den Mittelpunkt einer Ellipse auf die Sehnen projiziert, die die Ellipse mit ihren Krümmungskreisen gemeinschaftlich hat; der Ellipsenmittelpunkt ist ein vierfacher Punkt der Kurve.[132])

---

125) Weiteres hierüber findet man bei *Loria*, 2. Aufl., 1. Bd., p. 262—264.

126) Vgl. *G. Loria* in Periodico di Mat. (3) 4 (1906—07), p. 214—224.

127) Ann. de Math. 14 (1823—24), p. 380.

128) Vgl. *Loria*, 1. Aufl., p. 684, 2. Aufl., 2. Bd., p. 313; ferner *A. Cayley*, The collected Papers 4, p. 23; *Bourguet*, Nouv. Ann. de Math. (2) 19 (1880), p. 236—239; *E. Correale*, Giorn. di Mat. 43 (1905), p. 293—296.

129) L'interm. des Math. 7 (1901), p. 45 u. 344.

130) *R. Tucker*, Proc. of the London Math. Soc. 1 (1865), und Quarterly Journ. 18 (1882), p. 311—313; *G. Loria*, Palermo Rend. 16 (1902), p. 46—56 u. Periodico di Mat. (2) 4 (1901—02), p. 30—33.

131) Proc. of the London Math. Soc. 15 (1884), p. 48—57.

e) Der Ort der Scheitel der Parabeln, welche einen festen Kreis berühren und als Brennpunkt einen Punkt desselben haben, ist eine Kurve 6. Ordnung, die man auch als Fußpunktkurve einer Kardioide in bezug auf ihre Spitze betrachten kann.[133])

f) Einige nennen „Nephroide“ die Kurve, deren Polargleichung ist:

$$\varrho = a + 2a \sin \frac{\omega}{2} \text{ }^{134)};$$

man kennt von derselben eine geometrische Konstruktion und eine Anwendung auf die Teilung eines Winkels in $7(2^{2^\mu}+1)$ gleiche Teile, wo $2^{2^\mu}+1$ eine Primzahl ist.

g) Untersuchungen über die Gestalt der Meeresoberfläche führten[135]) zur Betrachtung einer Kurve mit der Polargleichung:

$$\varrho^2(\varrho - h) + \frac{k^3}{\cos^2 \omega} = 0;$$

sie heißt „Atriphtaloide“; *G. de Longchamps* lehrte eine Tangentenkonstruktion derselben.[136])

k) Der Astronomie verdankt man die Kenntnis zweier weiterer Kurven 6. Ordnung; die eine wurde durch *E. de Jonquières*[137]) studiert und ist durch die Polargleichung

$$\varrho = a \cos \varphi - b \sin \varphi - \sin \varphi \cos \varphi$$

dargestellt; während die andere, von *Grace Chisholm Young*[138]) betrachtete, die cartesische Gleichung besitzt:

$$y\{x^2 + \sin^2 \psi\}^{\frac{3}{2}} = 1.$$

l) Die Schattenbestimmung auf einer windschiefen Helikoide führte *L. Burmester*[139]) auf eine neue Kurve 6. Ordnung, „Kranioide“ genannt, die in besonderen Fällen mit der von *Poncelet* betrachteten und von ihm „Kaprikornoide“ genannten Kurve 4. Ordnung[140]) übereinstimmt.

132) El Progreso mat. Quest. 93.

133) L'interm. des Math. 2 (1895), p. 21 u. 276; *V. Retali*, J. de math. spec. (5) 21 (1897), p. 32—35.

134) Man sehe den Aufsatz „Freeth's Nephroid“ in Lond. math. Soc. Proc. 10 (1879), p. 228—231. Nach *R. Proctor* (A treatise on the cycloid and all forms of cycloidal curves, London 1878, p. 79) ist die „Nephroide“ die zweispitzige Epizycloide.

135) Vgl. zwei Aufsätze von *R. Townsend* in The Educat. Times 37 (1882), p. 102—108 u. Dublin R. Proc. 1882.

136) J. de math. spéc. (4) 2 (1893), p. 63—68.

137) Ann. di mat. 1 (1858), p. 112—116.

138) Monthly Not. Ast. Soc. London, March 1897, p. 379—387.

139) Zeitschr. Math. Phys. 18 (1873), p. 198.

140) «Applications d'analyse et de géométrie» 1 (Paris 1864), p. 447 ff.

m) Man hat den Namen „Kornoide“ der rationalen Kurve 6. Ordnung gegeben[141]), die der folgenden Parameterdarstellung fähig ist:

$$x = r \cos \varphi (1 - 2 \sin^2 \varphi), \quad y = r \sin \varphi (1 + 2 \sin^2 \varphi).$$

n) In Verallgemeinerung der Konchoide der Geraden (*Diokles*sche Konchoide) und des Kreises (*Pascal*sche Schnecke)[142]) begegnet man den Konchoiden der Kegelschnitte, den Pol in einem Scheitel vorausgesetzt.[143]) So hat z. B. die Konchoide der Ellipse $b^2x^2 + a^2y^2 - 2a^2by = 0$, wenn der Pol in den Ursprung O fällt, als Gleichung

$$(x^2 + y^2)(b^2x^2 + a^2y^2 - 2a^2by) = l^2(b^2x^2 + a^2y^2)^2;$$

sie ist eine zirkuläre Kurve 6. Ordnung, für die O ein vierfacher Punkt ist und die beiden unendlich fernen Ellipsenpunkte Doppelpunkte sind. Dasselbe trifft zu für eine Parabel, wenn der Pol in den Scheitel fällt.

o) Die durch folgende Polargleichung dargestellten Kurven 6. Ordnung

$$\varrho = a(1 - k^2 \sin^2 \omega)^{\pm \frac{1}{4}}$$

dienen durch ihre Flächen zur Darstellung der elliptischen Integrale 1. Art; in diesem Sinne wurden sie sowohl in Frankreich[144]) als in Deutschland[145]) untersucht.[146])

p) Mit elementaren Funktionen kann man[147]) die Quadratur der vollständigen Kurve ausführen, die die folgende Gleichung hat:

$$a^2(x^2 + 4y^2 - a^2)^2 + (x^2 - a^2)^3 = 0.$$

q) Die durch die Gleichung dargestellte Kurve

$$(x^2 + y^2)^3 - 3r^2x^2y^2(x^2 + y^2) + r^2y^4 + 3r^4x^2 - r^4y^2 - r^6 = 0$$

wurde von *A. Grünwald* untersucht und Koffeide genannt.[147a])

---

141) *A. Sanchez*, «La cornoide» (San Salvador, 1895).

142) Allgemeine Untersuchungen über die Kurven, deren Konchoiden zerfallen, verdankt man *E. Köstlin* (Württemberger Mitth. (2) 10, 1908, p. 68—63 und 72—79).

143) *J. Cardinaal*, „La conchoïde elliptique et les courbes qui en dérivent“. Arch. Teyler (2) 8_2 (1902), p. 165—197. Es ist zu bemerken, daß man das erste Auftreten der Kegelschnittkonchoiden einer Frage der darstellenden Geometrie verdankt; da *A. Bordoni* entdeckte (Giornale di fisica von Brugnatelli 6 (1823), p. 196—214 und 257—273), daß die Kurven gleicher Beleuchtung auf einer Ringfläche als horizontale Projektionen eben Ellipsenkonchoiden liefern.

144) Nouv. Ann. de math. Quest. 314.

145) *A. Strnad*, Arch. Math. Phys. 61 (1877), p. 321—323.

146) Andere Verfahren, um die *Jacobi*schen elliptischen Funktionen geometrisch darzustellen, wurden neuerdings von *C. Benedicks* (Arkiv f. Math., Astr. och Fysik, 7, 1912), vorgeschlagen.

147) L'interm. des Math. 13 (1906), p. 90 u. 269.

147a) Prag Ber. 1910, Nr. 4.

III. Einige spezielle Kurven der Ordnungen 8, 12, 14 und 18.

12. Aus einem oder zwei Kegelschnitten abgeleitete Kurven. Die Theorie der Kurven 2. Ordnung, der viele Kurven 5. und 6. Ordnung ihre Entstehung verdanken, gab auch Veranlassung zu neuen Kurven höherer (gerader) Ordnung, die eine Erwähnung verdienen[148]):

a) Wenn man auf jeden Durchmesser einer Ellipse vom Mittelpunkt aus eine Strecke abträgt, welche gleich und gleichsinnig mit dem entsprechenden Krümmungshalbmesser ist, so erhält man eine von *B. Tortolini*[149]) untersuchte Kurve 8. Ordnung, deren Rektifikation von hyperelliptischen Integralen abhängt;

b) Der Ort eines Punktes M der Ebene einer Ellipse, der die Eigenschaft hat, daß der Kreis, der M zum Mittelpunkt hat und die Polare von M berührt, auch die Ellipse berührt, ist eine Kurve 8. Ordnung, deren Gleichung man kennt.[150])

c) Eine rationale Kurve 8. Ordnung ist der Ort der Scheitel der Parabeln, die einem rechtwinkligen Dreieck einbeschrieben sind; sie besteht aus drei Blättern, deren Fläche bestimmt wurde.[151])

d) Von derselben Ordnung ist der Ort der Scheitel der Parabeln, die zwei gegebene Kreise zweimal berühren.[152])

e) Der Ort eines Punktes, durch den zwei rechtwinklige Tangenten zweier Kegelschnitte gehen, ist im allgemeinen eine Kurve 8. Ordnung, die sich in zwei *Pascal*sche Schnecken auflöst, wenn die gegebenen Kurven Kreise sind.[153])

f) Ist M ein beliebiger Punkt einer Ellipse mit den Brennpunkten F, F', so existiert immer mindestens ein Kegelschnitt, der die gegebene Ellipse sowie die Geraden MF, MF' in F, F' berührt; der Ort seiner Mittelpunkte ist 12. Ordnung.[154])

g) Der geometrische Ort der Fußpunkte der Lote, die man vom Mittelpunkte einer Ellipse auf die Geraden fällen kann, die die Endpunkte zweier konjugierter Halbmesser verbinden, ist eine rationale Kurve der Ordnung 14; von gleicher Ordnung ist der analoge Ort,

148) Es mag vorher bemerkt werden, daß die gestaltlichen Verhältnisse der Kurven 8ter Ordnung mit zwei vierfachen Punkten in der Dissertation, welche *Elizabeth Buchanan Cowley* im Jahre 1908 der Columbia University vorgelegt hat, studiert sind, und daß von 8. Ordnung die zyklographische Bildkurve ein Kegelschnitt ist (vgl. *R. Flatt,* Progr. Realschule Basel 1890—91).

149) Ann. di mat. 6 (1864), p. 177—178.

150) L'interm. des Math. 8 (1901), p. 222 u. 335.

151) Das. 7 (1900), p. 164 u. 391.

152) Das. 12 (1905), p. 236.

153) Das. 9 (1902), p. 37 u. 217.

154) Das. 3 (1896), p. 55 u. 4 (1897), p. 12.

den man erhält, wenn man die Krümmungsmittelpunkte, die zu zwei „konjugierten“ Punkten gehören, verbindet.[155])

h) Von 18. Ordnung ist der Ort der Brennpunkte der Kegelschnitte, die gegebene Achsen haben und zwei feste Gerade berühren[156]); die Kreispunkte sind sechsfache Punkte derselben.

k) *H. Wieleitner*[157]) hat die folgende Kurve untersucht, die er als eine Verallgemeinerung der *Bernoulli*schen Lemniskate ansah: sei ein Kreis vom Halbmesser R gegeben; über einer Sehne AA' desselben von gegebener Richtung als Durchmesser beschreibe man einen Kreis Γ; man beschreibe ferner die Kreise γ, γ' von gegebenem Halbmesser r mit A und A' als Mittelpunkten; der geometrische Ort der Punkte, in denen der Kreis Γ durch die Kreise γ, γ' geschnitten wird, ist die in Rede stehende Kurve, welche i. A. 8. Ordnung ist und im besonderen Falle eine Lemniskate wird.

13. Das Trifolium pratense. Die Question 539 der Nouv. Ann. de Math. lautet: Eine Kurve zu bestimmen, die die Blätter des „trifolium pratense“ darstellt. Um diese Frage zu lösen, nahm *H. Brocard*[158]) eine auf ein Polarkoordinatensystem ϱ, ω bezogene Kardioide, die als Achse die Symmetrieachse der Kurve und als Pol den Punkt der Kurve hat, der sich auf der Achse befindet, ohne die Spitze zu sein; wendet man auf diese Kurve die Transformation:

$$\varrho' = \varrho, \quad \omega' = 3\omega$$

an, so bekommt man die folgende Kurve 8. Ordnung:

$$a^2\left(x^2+y^2-4ax\frac{x^2-3y^2}{x^2+y^2}+4a^2\right) = \left(x^2+y^2-3ax\frac{x^2-3y^2}{x^2+y^2}+2a^2\right)^2,$$

die, wie leicht zu sehen, alle Problembedingungen befriedigt.

14. Die Äquiisoklinen, insbesondere die Toroiden und die Äquitangentialen der Kegelschnitte. Zieht man durch jeden Punkt M einer gegebenenen Kurve eine Gerade, die mit der entsprechenden Tangente einen gegebenen Winkel α bildet, und trägt man auf derselben von M aus eine gegebene Strecke l ab, so ist der Ort der Endpunkte aller dieser Strecken eine neue Kurve, die man *Äquiisokline* der gegebenen nennen kann; ist insbesondere $\alpha = \frac{\pi}{2}$, so erhält man die zur gegebenen *parallele Kurve*, die auch als die Enveloppe der Kreise betrachtet werden kann, deren Mittelpunkte auf der gegebenen Kurve liegen und deren Halbmesser $= l$ ist; wenn im besonderen $\alpha = 0$ ist, so erhält man die *Äquitangentiale* der gegebenen. Man setze z. B.

155) Das. 13 (1906), p. 35 u. 176.

156) Das. 5 (1898), p. 174 u. 6 (1899), p. 69.

157) Das. 13 (1906), p. 34 u. 165.

158) Nouv. Ann. de math. (3) 13 (1894), p. 58.

voraus, daß die gegebene Kurve die Ellipse

$$x = a \cos \varphi, \quad y = b \sin \varphi$$

sei; sind dann (x, y) die Koordinaten des Punktes der Äquiisokline, der dem Ellipsenpunkt φ entspricht, so gelten die folgenden Gleichungen:

$$\frac{x - a \cos \varphi}{a \sin \varphi \cos \alpha + b \cos \varphi \sin \alpha} = \frac{y - b \sin \varphi}{a \sin \varphi \sin \alpha - b \cos \varphi \cos \alpha}$$
$$= \frac{l}{\sqrt{a^2 \sin \varphi + b^2 \cos^2 \varphi}},$$

die eine Parameterdarstellung der Kurve geben. Diese Kurve ist von 8. Ordnung. Führt man nun die elliptischen Funktionen mit dem Modul $k = \frac{\sqrt{a^2 - b^2}}{a}$ ein, indem man

$$\sin \varphi = \operatorname{cn} u, \quad \cos \varphi = \operatorname{sn} u, \quad \sqrt{a^2 \sin^2 \varphi + b^2 \cos^2 \varphi} = \operatorname{dn} u$$

setzt, so gelangt man zur folgenden Darstellung aller Äquiisoklinen der Kegelschnitte

$$x = a \operatorname{sn} u + \frac{l}{a} \frac{a \cos \alpha \operatorname{cn} u + b \sin \alpha \operatorname{sn} u}{\operatorname{dn} u},$$
$$y = b \operatorname{cn} u + \frac{l}{a} \frac{a \sin \alpha \operatorname{cn} u - b \cos \alpha \operatorname{cn} u}{\operatorname{dn} u},$$

woraus folgt, daß dieselben elliptisch sind. Im Falle $\alpha = \frac{\pi}{2}$ hat man die Parallelkurve der Ellipse oder *Toroide,* eine Kurve, deren Theorie *A. L. Cauchy* analytisch begründet hat[159]), während *Breton (de Champ)* ihre Gestalt fand[160]), *E. Catalan* ihre explizite Gleichung bestimmte[161]), und endlich *F. Gomes Teixeira* eine methodische Behandlung gab.[162]) Sie ist eine Kurve 4. Klasse, mit zwölf Spitzen (wovon acht immer imaginär sind) und acht Doppelpunkten (wovon vier im Unendlichen liegen); sie hat keinen Wendepunkt, aber besitzt zwei Doppeltangenten; infolgedessen ist ihre Ordnung $= 8$, und ihr Geschlecht $= 1$. Im Falle $\alpha = 0$ erhält man die Äquitangentiale der Ellipse, eine Kurve, die neuerdings durch *A. Schrader*[163]) genau untersucht wurde. Ähnliche Eigenschaften besitzt die Äquitangentiale der Hyperbel, während die einer Parabel 6. Ordnung und 10. Klasse ist.

15. Zwei in der mathematischen Physik auftretende Kurven. a) Der Name „äquipotentiale Kurve" ist von *Cayley*[164]) der Kurve gegeben, die in bipolaren Koordinaten ϱ, ϱ' durch eine Gleichung folgen-

159) Paris C. R. (1841), p. 106.
160) Nouv. Ann. de math. 3 (1844).
161) Ib. p. 553.
162) Bruxelles Mém. cour. et autres mém. 1898.
163) Programm Gymn. Paderborn 1904.
164) Philos. Magazine 14 (1857) oder The collected Papers 3, p. 258.

der Art dargestellt wird: $\frac{l}{\varrho} + \frac{l'}{\varrho'} = 1$. Eine geeignete Parameterdarstellung derselben erhält man auf Grund der Bemerkung, daß man die vorige Gleichang durch die zwei folgenden ersetzen kann:

$$\varrho = l\frac{\lambda + \mu}{\lambda}, \quad \varrho' = l'\frac{\lambda + \mu}{\mu},$$

wo λ, μ Parameter sind. Nimmt man als x-Achse die Verbindungslinie der festen Punkte (Brennpunkte) und als Ursprung den Mittelpunkt der von ihnen begrenzten Strecke $2a$, so kann man die Gleichungen der Kurve auf die Form bringen:

$$x^2 + y^2 + a^2 - 2ax = \frac{(\lambda + \mu)^2}{\lambda^2} l^2$$

$$x^2 + y^2 + a^2 + 2ax = \frac{(\lambda + \mu)^2}{\mu^2} l'^2,$$

und diese geben:

$$x = \frac{(\lambda + u)^2(l'^2\lambda^2 - l^2\mu^2)}{4a\lambda^2\mu^2},$$

$$y = \frac{\sqrt{-[(\lambda+\mu)(l\mu+l'\lambda)+2a\lambda\mu][(\lambda+\mu)(l\mu-l'\lambda)+2a\lambda\mu][(\lambda+\mu)(l\mu+l'\lambda)-2a\lambda\mu][(\lambda+\mu)(l\mu-l'\lambda)-2a\lambda\mu]}}{4a\lambda^2\mu^2}.$$

Eine ähnliche Parameterdarstellung der Kurve (die von 8. Ordnung ist) führte *F. Gomes Teixeira*[165]) zu einigen Eigenschaften derselben; z. B. die Summe der Entfernungen eines Brennpunktes von den Punkten, in denen die Kurve durch eine beliebige Transversale geschnitten wird, ist konstant; konstant ist auch das Produkt der Entfernungen eines Brennpunktes von den Punkten, in denen die Kurve von einer Transversale geschnitten wird, die durch denselben oder auch durch den anderen Brennpunkt geht.

b) Ein Körper besitzt eine *kinetische Symmetrie*, wenn seine Trägheitsmomente gleich sind in bezug auf alle durch den Schwerpunkt gehenden Geraden. Der einfachste Körper dieser Art wurde durch *Laplace* im 2. Buch seiner „Mécanique céleste“ angegeben; er kann durch Rotation der Kurve erzeugt werden, deren polare und cartesische Gleichung die folgenden sind:

$$\varrho^5 = a^5 + b^5(7\cos^4\omega - 6\cos^2\omega);$$

$$(x^2 + y^2)^5 = [a^5(x^2 + y^2)^2 + b^5(x^4 - 6x^2y^2)]^2.$$

Diese Kurve ist 18. Ordnung; der Ursprung ist ein 8facher Punkt derselben, während die Kreispunkte 9fache Punkte sind; die verschiedenen Formen, die sie annehmen kann für verschiedene Werte der Konstanten a, b, wurden von *T. Heller*[166]) bestimmt.

---

165) Arch. Math. Phys. (3) 3 (1902), p. 132—195.

166) Programm Realgymnasium Nürnberg 1902—03.

IV. Spezielle Kurven beliebiger Ordnung[167]).

16. Verallgemeinerungen der Kegelschnitte. Zu einer beträchtlichen Zahl spezieller Kurven beliebiger Ordnung ist man gelangt, indem man die kanonischen Gleichungen der Kegelschnitte verallgemeinerte[168]); über die wichtigsten derselben werden wir berichten.

a) *Parabeln und Hyperbeln höherer Ordnung.* Die Gleichungen $y^2 = px$, $xy = k^2$ stellen in (schief- oder rechtwinkligen) kartesischen Koordinaten bzw. eine Parabel und eine Hyperbel dar; augenscheinlich sind sie besondere Fälle der folgenden: $y^{m+n} = p^m x^n$, $x^m y^n = k^{m+n}$, wovon die zweite in die erste einbegriffen werden kann, wenn man annimmt, daß die Rationalzahlen m, n (die man als ganz voraussetzen kann) auch negativ sein können. Wenn aber nur positive Werte angenommen werden, ist die erste die allgemeine Gleichung der *Parabeln*, und die zweite die der *Hyperbeln beliebiger Ordnung*; werden auch irrationale Werte der Zahlen m, n angenommen, so stellt die Gleichung $x^m y^n =$ konst. eine *interszendente Binomialkurve* dar, die einer ausgedehnten Kurvenklasse angehört, der man bei verschiedenen Fragen der angewandten Mathematik begegnet, wo sie den Namen *polytropische Kurven* tragen[169]). Die Betrachtung der Parabeln und Hyperbeln höherer Ordnung fällt in die Entdeckungsperiode der analytischen Geometrie, da sie mit den Namen *Descartes* und *Fermat* verbunden ist[170]); dann wurden sie öfter untersucht[171]), unter Anwendung aller

---

167) Wir schließen von unserem Bericht die Epi- und Hipozykloiden aus, da dieselben in III 4 D (*G. Scheffers, Besondere transcendente Kurven*) betrachtet sind; nur bemerken wir daß, im Falle sie algebraisch sind, ihre Plückerschen Zahlen von *S. Roberts* (London Proc. math. Soc. 4 (1873), p. 356—356), *Elling Holst* (Archiv for math. 6 (1881), p. 125—152) und *F. Morley* (Amer. J. of Math. 13 (1891), p. 79—84) bestimmt wurden.

168) Dieselbe Verallgemeinerungsmethode, auf die kanonischen Gleichungen der Kissoide und Strophoide angewandt, führt *V. Barisien* (Mathésis (3) 1 (1901), p. 153—154) zu folgenden Kurvenfamilien:

$$y^2 = x^2 \frac{x^m}{a^m - x^m}, \quad y^2 = x^2 \frac{a^m + x^m}{a^m - x^m},$$

wo m eine ganze positive Zahl bedeutet.

169) Ein von *V. Zeuner* in seiner „Mechanischen Wärmetheorie", 2. Aufl., (Leipzig 1877) vorgeschlagener Name. Vgl. über solche Kurven: *J. Kosch,* Zeitschr. Math. Phys. 45 (1900), p. 161—166; *F. Dingeldey,* Ebd. 54 (1906), p. 87—91; *E. Waelsch,* ib. 59 (1911), p. 34—36.

170) *Loria,* 1. Aufl., p. 254 ff. und 266 ff.; 2. Aufl., 1, p. 363 ff. und 316 ff. Über die Trajectorien der Parabeln und Hyperbeln usw. einen Aufsatz von *F. Gomes Teixeira,* Giorn. di mat. (3) 3 (1912), p. 285—304. Andere einschlägige Fragen sind behandelt von *E. Hayashi*, ib. (3) 5 (1914), p. 164—168. Unter den Hyperbeln höherer Ordnung befinden sich einige, die in der mathe-

Methoden der Infinitesimalgeometrie; besonders wichtig sind die Untersuchungen von *G. C. Fagnano* über die Paare von Parabelbögen, deren Differenz rektifikabel ist. Alle diese Kurven sind rational. Sie gehören zu der Klasse der „W-Kurven" von *F. Klein* und *S. Lie*, vgl. III D. 4, *G. Scheffers*, Besondere transzendente Kurven, Nr. 13ff.

Weiter ist man von der Parabel zu den „parabolischen Kurven" übergegangen, die durch die Gleichung

$$y = a_0 x^n + a_1 x^{n-1} + \cdots + a_n$$

definiert sind; wenn man solche Kurven konstruiert hat, so besitzt man ein bequemes Mittel, um die Gleichung

$$a_0 x^n + a_1 x^{n-1} + \cdots + a_n = 0$$

graphisch aufzulösen[172]). Die parabolischen Kurven sind die einzigen Kurven, die die Eigenschaft besitzen, daß die Polarkegelschnitte aller Punkte der Ebene in bezug auf irgendeine von ihnen Parabeln sind.[173])

b) *Die Sluseschen Perlkurven.* Die Gleichung eines Kegelschnittes in bezug auf ein kartesisches System, das zu Achsen die Hauptachse der Kurve und die Tangente in einem Scheitelpunkt besitzt, führt durch Verallgemeinerung auf die Betrachtung der Kurven, deren allgemeine Gleichung ist:

$$(a \pm x)^r x^s = \frac{a^{r+s}}{b^r} y^r,$$

wo a, b gegebene Strecken und p, q, r positive ganze Zahlen sind; sie heißen nach *de Sluse* „*Perlkurven*"; insbesondere stellt die Gleichung

$$a y^n = (a \pm x)\, x^n$$

die *Perlkurven* n^{ter} *Ordnung* dar und die folgenden

$$y^{r+s} = (a - x)^r x^s$$

die *Kreise höherer Ordnung.* Alle diese Kurven wurden durch *Sluse*, *Huygens* und andere Geometer ihrer Zeit studiert[174]); jetzt sind sie fast in Vergessenheit geraten.

---

matischen Physik eine Rolle spielen; z. B. die folgenden: $x^{-1 \cdot 41} y = 1$, $x^{\frac{9}{8}} y = 1$, $xy^2 = p$, von denen die zwei ersten *adiabatische Diagrammkurven* und die dritte *Gravitationskurve* heißen (*G. Holzmüller,* Die Ingenieurmathematik, Leipzig 1897—98, Bd. 1, p. 136 und 2, p. 15.

171) *Loria,* a. a. O.; *Teixeira, Tratado,* p. 410—420, *Traité,* 5, p. 115—129; *Ebner* «Leitfaden der technisch wichtigen Kurven» (Leipzig 1906), p. 145—170.

172) Gelegentlich dieser Anwendung legte *Lagrange* in der letzten seiner «Leçons sur les mathématiques élémentaires» eine einfache punktweise Konstruktion solcher Kurven dar.

173) *E. Kasner,* Am. J. of Math. 26 (1904), p. 165—168.

174) *Loria,* 1. Aufl., p. 271—278, 2. Aufl., p. 321—327.

c) *Kurven von Lamé, und triangular-symmetrische Kurven.* Die Gleichungen

$$\left(\frac{x}{a}\right)^2 + \left(\frac{y}{b}\right)^2 = 1, \quad \sqrt{\frac{x}{a}} + \sqrt{\frac{y}{a}} = 1, \quad \frac{a}{x} + \frac{b}{y} = 1,$$

die in kartesischen Koordinaten Kegelschnitte darstellen, sind in der folgenden enthalten:

$$\left(\frac{x}{a}\right)^m + \left(\frac{y}{b}\right)^m = 1,$$

wo a, b Strecken sind und m (der *Kurvenindex*) eine beliebige rationale Zahl ist; in Erinnerung an *Lamé*, der sie zuerst betrachtete[175]), nennt man dieselben *Lamésche Kurven;* vom topologischen Punkte aus werden sie in *neun* Klassen verteilt.[176]) Unter den schönen Eigenschaften, die sie besitzen[177]), führen wir nur die folgende an: sind m, m' die Indizes zweier auf dieselben Achsen bezogenen *Lamé*schen Kurven für einen Punkt P, in dem sich beide Kurven berühren, so ist das Verhältnis ihrer Krümmungshalbmesser in P gleich $m-1:m'-1$''.[178])

Durch eine projektive Transformation wird eine *Lamé*sche Kurve in eine andere verwandelt, die mittels homogener Koordinaten dargestellt wird durch:

$$\left(\frac{x_0}{a_0}\right)^m + \left(\frac{x_1}{a_1}\right)^m + \left(\frac{x_2}{a_2}\right)^m = 0;$$

man hat sie nach *J. Maillard de la Gournerie*[179]) *triangulär-symmetrische Kurven* genannt und bei ihnen viele Eigenschaften bemerkt.[180])

---

175) «Examen des différentes méthodes employées pour résoudre les problèmes de géométrie» (Paris 1818), p. 196.

176) *G. Loria,* Pontan. Atti 39 (1909), Nr. 6.

177) *Loria,* 1. Aufl., p. 277—281, 2. Aufl., 1, p. 328—347; *Teixeira Tratado,* p. 494—502, *Traité,* 5, p. 244—253; ferner *A. Pellet,* Bull. Soc. math. France 35 (1906—1907), p. 76—80.

178) Bibliographische Angaben darüber findet man in L'interm. des Mathém. 7 (1900), p. 333 und 8 (1901), p. 234; für die Grenzformen. Ebd. 13 (1906), p. 34 und 168. Wir erwähnen noch *O. Herrmann,* «Über algebraische Kurven, welche sich beliebig eng an gegebene Kurvenpolygone anschließen» (Progr. Leipzig 1894). Es ist noch zu bemerken, daß die angeführte Krümmungseigenschaften der *Lamé*schen Kurven auch den Kurven angehören, die durch die Gleichungen dargestellt sind: $AX^m + BY^m + CZ^m = 0$, wo A, B, C Konstante und X, Y, Z beliebige Funktionen der Koordinaten sind: eine Bemerkung von *A. Pellet,* Paris C. R. 115 (1892), p. 498—499.

179) „Recherches sur les surfaces réglées tetraédrales symétriques" (Paris 1867), p. 196.

180) *Loria,* 1. Aufl., p. 281—287, 2. Aufl., 1, p. 341—347; ferner *V. Jamet,* Bull. Soc. mat. France 16 (1887—1888), p. 132—135 (wo das Geschlecht bestimmt wird) und *L. Brusotti,* Rendicont. Ist. Lomb. (2) 37 (1904), p. 888—907.

d) *Die Polyzomalkurven* sind, nach *A. Cayley*[181]), solche, die man durch eine Gleichung von der Art

$$\sum_{i=1}^{i=n} \sqrt{U_i} = 0$$

darstellen kann, wo die U_i ternäre Formen desselben Grades sind; über die geometrische Bedeutung dieser Kurvenklasse läßt sich noch nichts aussagen.

e) *Die Kurven mit n L. Bäuchen* sind, nach *L. Laboulaye*, solche, die man durch eine Polargleichung von der Art:

$$\varrho = \frac{p}{1 + e \cos n\omega}$$

darstellen kann; ist $n = 1$, so stellt jene Gleichung einen Kegelschnitt dar; ist aber n eine ganze Zahl größer als 1, so stellt sie eine Kurve der Ordnung $2n$ dar, für die der Pol ein $2(n-1)$-facher Punkt ist.[182])

17. Fortsetzung. Eine andere Methode, um aus den Kegelschnitten andere algebraische Kurven abzuleiten, besteht in der Verallgemeinerung einiger ihrer charakteristischen Eigenschaften; dieses Verfahren führte *G. Darboux*[183]) [185]) und *P. Serret*[186]) zu folgenden Resultaten.

a) Es ist leicht zu beweisen, daß die Strecken, die auf zwei festen Tangenten einer Parabel von einer veränderlichen Tangente derselben bestimmt werden (diese Strecken von dem Tangentendurchschnittspunkt O aus gerechnet), durch eine lineare Gleichung verbunden sind. Diese Bemerkung gab zu der Frage Veranlassung[183]), die Enveloppe der Geraden zu bestimmen, die auf n festen Geraden, von ebenso vielen Punkten $A_1, A_2, \ldots, A_n$ derselben aus gerechnet, n Strecken bestimmen, die durch eine Gleichung des Typus

$$\sum_k \lambda_k \cdot \overline{O_k A_k} = \text{konst}$$

verbunden sind. Diese Enveloppe ist eine rationale Kurve der Klasse n und der Ordnung $2(n-1)$, die die n gegebenen Geraden berührt und die unendlichferne Gerade als $(n-1)$-fache Tangente besitzt. Für $n = 3$ ist sie eine dreispitzige Hypozykloide; für $n = 4$ ist sie

181) Trans. R. Soc. of Edinburgh 25 (1868), oder Collected Pap. 6, p. 470; vgl. *Loria,* 1. Aufl., p. 287—291, 2. Aufl. 1, 348—351.

182) Traité de cinematique, Paris 1849, vgl. *Loria,* 1. Aufl., p. 354—356, 2. Aufl. 1, p. 423—425; eine erschöpfende Behandlung dieser Kurven ist noch nicht vorhanden.

183) *G. Darboux,* Paris C. R. 94 (1882), p. 930—932; Ann. éc. norm. sup. (3) 7 (1890), p 327—333

ein „Hyperzykel“ von *Edm. Laguerre*[184]); im allgemeinen ist sie eine „*Darbouxsche Kurve 1. Art*“, die man auch folgendermaßen definieren kann: Sie ist die Enveloppe einer Geraden, deren Durchschnitte $A_0, A_1, \ldots, A_n$ mit $n+1$ festen Geraden n Strecken bestimmen, die eine homogene Gleichung

$$\sum_{k=0}^{k=n-1} p_k \cdot \overline{A_k A_{k+1}} = 0$$

befriedigen.

b) Es ist bekannt, daß das Dreieck, das zwei feste Tangenten und eine veränderliche Tangente eines Kreises bilden, konstanten Umfang hat; welches ist die Enveloppe einer Geraden, die mit n Geradenpaaren n Dreiecke bildet, deren Umfänge eine konstante Summe ergeben? Diese Frage führte *G. Darboux*[185]) zu einer neuen Kurvenklasse, die man „*Darbouxsche Kurven 2. Art*“ nennen kann; sie sind rational und zirkulär; ihre Klasse ist $2n$, die unendlich ferne Gerade ist $2(n-1)$-fache Tangente; in besonderen Fällen können sie *Darboux*sche Kurven 1. Art werden.

c) Es existieren[186]) Kurven n^{ter} Ordnung, deren Asymptoten durch einen Punkt gehen und die Ebene in n gleiche Winkel teilen; ihre allgemeine Gleichung ist:

$$\prod_{k=0}^{k=n-1} \left(x \cos \frac{2k\pi}{n} - y \sin \frac{2k\pi}{n}\right) - \varphi(x, y) = 0,$$

wo φ eine beliebige ganze Funktion von x, y des Grades $n-2$ bedeutet; für $n=2$ hat man eine gleichseitige Hyperbel; ist $n > 2$, so hat man eine „*Äquilatere n^{ter} Ordnung*“; die Ebene enthält $\infty^{\frac{n(n-1)}{2}+3}$ solcher Kurven; zwei beliebige unter ihnen bestimmen einen Büschel derselben, deren Mittelpunkte einen Kreis erzeugen und deren Asymptoten eine dreispitzige Hypozykloide einhüllen.

Als weitere Verallgemeinerung wurden[187]) die Kurven betrachtet, deren n Asymptoten zwar nicht durch denselben Punkt gehen, aber den Seiten eines regulären n-Ecks parallel sind.

18. Multiplikatrix-, Mediatrix- und Sektrixkurven. Eine andere ergiebige Quelle spezieller Kurven fließt aus Untersuchungen, die den

184) Paris C. R. 94 (1882), p. 778—781, 832—835, 933—936, 1033—1036, 1160—1163; Oeuvres de *Laguerre,* 2, p. 620—635.

185) Paris C. R. 94 (1882), p. 1108—1110; Ann éc. norm. sup. (3) 7 (1890), p. 327—334.

186) *P. Serret,* Paris C. R. 111 (1895), p. 340—342, 372—375, 438—442.

187) *J. H. Grace,* Proceedings London Math. Soc. 33 (1901), p. 193—197.

drei berühmtesten Problemen der Geometrie der Alten entsprossen sind: Würfelverdoppelung (oder allgemeiner Einschaltung geometrischer Mittel zwischen zwei gegebenen Strecken), Winkeldreiteilung und Kreisquadratur. Da die Quadratixkurven ohne Ausnahme transzendent sind, werden wir hier nur von den Kurven sprechen, die mit dem Delischen Problem und der Winkelteilung zusammenhängen.

Unter den Kurven der ersten Art finden wir[188]) viele, deren Polargleichung die Form hat:

$$\varrho = a \cos^m \omega,$$

wo m eine ganze Zahl ist. Vier andere haben eine gewisse Berühmtheit erhalten, da sie von *A. C. Clairaut* entdeckt wurden, als er noch ein Jüngling war[189]); in kartesischen Koordinaten sind sie dargestellt durch

$$y^m = a^{m-1}\sqrt{x^2+y^2},\; y^{l-m} = a^{-m}\sqrt{x^2+y^2},\; a(a^2-x^2)^{\frac{n}{2}} = y^{n+1},\; y(a^2-x^2)^{\frac{n}{2}} = a^{n+1}.$$

Zahlreicher sind die Sektrixkurven[190]). Eine Klasse derselben wurde im 17. Jahrhundert durch *T. Ceva* beschrieben[191]), die anderen gehören der 2. Hälfte des 19. Jahrhunderts an; man verdankt dieselben *P. H. Schoute*[192]), *Hesse*[193]), *C. Burali-Forti*[194]), *A. van Grinten*[195]), *E. Oekinghaus*[196]), *E. Kempe*[197]), *T. W. Nicholson*[198]) und *E. Lampe*[199]);

---

188) *Loria*, 1. Aufl., p. 316—320, 2. Aufl. 1, p. 379—384.

189) Miscellanea Berolinensia 4 (1734), p. 143—152; *Loria*, 1. Aufl., p. 321—323, 2. Aufl. 1, p. 384—388. *P. Ernst* bemerkte [Arch. Math. Phys. (3) 15 (1909), p. 177—185] daß man die obigen *vier* Gleichungen durch die folgenden *zwei* ersetzen kann:

$$y^m = a^{m-1}\sqrt{x^2+y^2},$$
$$y = \frac{a^{n+1}}{\sqrt{(a^2-x^2)^n}}.$$

Eingehende Forschungen über diese Kurven verdankt man *C. de Jans* [Arch. Math. Phys. (3) 20, (1912), p. 131—138] und die Monographie „*Les multiplicatrices de Clairaut. Contribution à la théorie d'une famille de courbes planes*" (Gand 1912).

190) Vgl. *Loria*, 1. Aufl., p. 323—343, 2. Aufl. 1, p. 388—411. Die Sektrixkurven sind abgezählt und eingehend untersucht in der Monographie von *A. Mitzscherling*, «Das Problem der Kreisteilung» (Leipzig 1913).

191) «Opuscula mathematica», Mediolani 1699.

192) J. de math. spéc. (2) 4 (1885); vgl. *W. Heymann*, Zeitschr. Math. Phys. 44 (1899), p. 263—279 und *D. Gautier*, „Mesure des angles. Hyperboles étoilées et développantes" (Paris 1911).

193) Über die Teilung des Winkels. Progr. Montabaur 1881.

194) Giorn. di matem. 27 (1889), p. 153—163.

195) Arch. Math. Phys. 70 (1884) p. 393—399.

196) Arch. Math. Phys. (2) 1 (1884), p. 87—89.

197) Nieuw Archief vor Wiskunde (2) 1 (1894), p. 163—171. Mém. de Liège (2) 20

alle sind in Polarkoordinaten sehr einfach darstellbar und besitzen viele Eigenschaften, auf die wir hier nicht eingehen können.

19. Die Rosenkurven. Die Frage, die, wie wir sahen (Nr. **13**), *H. Brocard* zu einer Kurve 8. Ordnung führte, ist ein besonderer Fall solcher Kurven, denen *B. Habenicht*[200]) fortdauernde Untersuchungen gewidmet hat, die die analytische Bestimmung der Form der Blätter betreffen. Diese Untersuchungen umfassen ihrerseits diejenige, die im 18. Jahrhundert *Guido Grandi* beschäftigte[201]), nämlich die Untersuchung von Kurven, welche die Gestalt von Rosenblättern besitzen; die so entstehenden Kurven wurden von ihrem Entdecker *Rodoneen,* von den Franzosen *Rosaces,* von den Deutschen *Rosenkurven* genannt; ihre Polargleichung ist:

$$\varrho = R \sin \mu \omega,$$

wo μ eine rationale Zahl ist, die man positiv annehmen und in der reduzierten Gestalt $m : n$ schreiben kann. Sind die Zahlen m, n beide ungerade, so besteht die Kurve aus m Blättern, ist eine der beiden Zahlen gerade, so besteht sie aus $2m$ Blättern; im ersten Falle ist die Ordnung N der Kurve $m + n$, im zweiten Falle $2(m + n)$; der Pol ist ein m- bzw. $2m$-facher Punkt; die unendlichfernen Punkte der Kurve fallen in die Kreispunkte zusammen. Ist N eine gerade Zahl, so existieren verschiedene Arten von Rosenkurven der Ordnung N; ist N durch 4 teilbar, so ist ihre Anzahl $\varphi(N)$, wenn aber N nur durch 2 teilbar ist, so ist dieselbe $\varphi(N) + \varphi\left(\frac{N}{2}\right)$, wo φ die bekannte *Euler*sche Zahlfunktion bedeutet[202]). Die Rektifikation der Rosenkurven hängt von elliptischen Funktionen ab.

Im Falle $n = 1$ sind die Rosenkurven rational. Verschiedene spezielle Rodoneen haben besondere Namen erhalten.[203]) Wendet man auf eine Rosenkurve eine Inversion an, deren Pol mit dem Pol des

---

(1898). Zeitschr. Math. Phys. 49 (1903), p. 342—347. Ein Apparat, um solche Kurven mechanisch zu beschreiben, wurde von *A. Kempe* dem III. Mathematiker-Kongreß zu Heidelberg vorgelegt; s. Verhandlungen (Leipzig 1904), p. 492—496.

198) The Analyst 10 (1883), p. 41—43; vgl. *S. H. Johnson* ib. p. 153.

199) Berliner math. Gesellsch. Sitzungsber. 8 (1909), p. 149—154.

200) „Die analytische Form der Blätter" (Quedlinburg 1895); „Beiträge zur mathematischen Begründung einer Morphologie der Blätter" (Berlin 1905).

201) „Flores geometrici ex rhodonearum et claeliarum descriptione resultantes" (Florenz 1728). Eine Tangentenkonstruktion verdankt man *G. de Longchamps* [L'interm. des Math. 9 (1902), p. 336], die Bestimmung der Krümmung im Pol *G. Loria* [Porto Ann. Acad. Pol. 2 (1907), p. 14].

202) Disq. arithm. Art. 38. Vgl. I C 1, Niedere Zahlentheorie, *Bachmann,* Nr. 1.

203) Vgl. *Loria,* 1. Aufl., p. 304—305, 2. Aufl., 1., p. 358—369.

Koordinatensystems zusammenfällt, so erhält man eine neue Kurvenfamilie, die *Ährenkurven*[204]), deren allgemeine Polargleichung lautet:

$$\varrho = R \sec \mu \omega.$$ [205])

20. Algebraische Kurven, die sich sebst entsprechen vermöge einer algebraischen Transformation. Die Theorie der geometrischen Transformationen hat auf das Problem geführt, die algebraischen Kurven beliebiger Ordnung zu bestimmen, die hinsichtlich einer solchen Transformation invariant sind; es wurde auch schon in einigen einfachen Fällen durchgeführt, die hier eine Erwähnung verdienen.

a) Die Kurven, die in sich selbst transformiert werden durch eine Symmetrie in bezug auf einen Mittelpunkt O, sind die Kurven, die einen Mittelpunkt haben, denen *J. Steiner* eine eindringende Arbeit gewidmet hat.[206]) Nimmt man O als Koordinatenursprung an, so ist die allgemeine Gleichung der in bezug auf O symmetrischen Kurven n^{ter} Ordnung, je nachdem n gerade oder ungerade ist,

$$f_0 + f_2 + \cdots + f_n = 0, \quad f_1 + f_3 + \cdots + f_n = 0,$$

wo die f binäre Formen in x, y sind, deren Ordnungen durch die Indizes gegeben sind. Daraus folgt, daß die Mannigfaltigkeit der in Rede stehenden Kurven eine

$$\infty^{\frac{n(n+4)+8}{2}} \text{ oder } \infty^{\frac{n(n+4)+7}{2}}$$

ist, je nachdem n gerade oder ungerade ist. Durch jeden Punkt M in der Ebene gehen $\frac{n(n-1)}{2}$ Kurvensehnen, die durch M halbiert werden; geht noch eine weitere hindurch, so ist M der Mittelpunkt der Kurve.

b) Die Kurven, die in sich selbst transformiert werden durch eine Symmetrie in bezug auf die x-Achse, wenn die Verbindungslinien entsprechender Punkte zu Oy parallel sind, haben als allgemeine Gleichung entweder

$$f_0(x)y^n + f_2(x)y^{n-2} + \cdots + f_n(x) = 0,$$

---

204) *Aubry,* J. de math. spéc. (4) 4 (1876), p. 201 u. 251.

205) Die Frage, die im Anfang von Nr. **19** gestreift wurde, ist ein besonderer Fall der Untersuchung der Kurven, die eine vorgeschriebene Form besitzen; andere besondere Fälle derselben wurden durch *L. Euler* Petrop. (Acta 1778. Pars II p. 31—54), sowie von *J. Münger* (Diss. Bern 1894) und neuerdings von *J. Malina* („Über Sternbahnen und Kurven mit mehreren Brennpunkten", Wien 1907) behandelt.

206) Ges. Werke 2, p. 511—596; vgl. *V. Güssfeldt,* Math. Ann. 2 (1870), p. 65—127.

oder

$$f_1(x)y^{n-1} + f_3(x)y^{n-3} + \cdots + f_n(x) = 0,$$

je nachdem n gerade oder ungerade ist. Man nennt *Halbmesser* einer solchen Kurve eine Symmetrieachse derselben; zwei Halbmesser heißen *konjugiert*, wenn jeder die Kurvensehnen halbiert, die dem anderen parallel sind. Besitzt eine algebraische Kurve zwei nichtkonjugierte Halbmesser, so besitzt sie auch einen dritten, vierten usw.; alle diese (k) Halbmesser und die entsprechenden konjugierten Richtungen haben dieselben Eigenschaften in bezug auf einen Kegelschnitt, der durch dieselben Halbmesser in k gleiche Sektoren geteilt wird. Sind insbesondere alle Symmetrien orthogonal, so sieht man, daß, wenn eine algebraische Kurve k orthogonale Symmetrieachsen besitzt, diese die Ebene in k gleiche Winkel teilen.[207])

c) Die zentro- und achsensymmetrischen Kurven sind besondere Fälle der von *S. Kantor*[208]) betrachteten Kurven, die sich selbst in bezug auf eine Kollineation entsprechen.

d) Die analoge Frage in bezug auf eine Polarität wurde durch *P. Appell*[209]) gelöst; er bewies, daß, wenn $x_0^2 + x_1^2 + x_2^2 = 0$ die Gleichung der Grundkurve der Polarität ist, die Enveloppe der ∞^1 Kegelschnitte

$$2(\xi_0 x_0 + \xi_1 x_1 + \xi_2 x_2)^2 - (\xi_0^2 + \xi_1^2 + \xi_2^2)(x_0^2 + x_1^2 + x_2^2) = 0,$$

(wo ξ_0, ξ_1, ξ_2 drei ganze Funktionen desselben Parameters sind) eine autopolare Kurve ist, und daß jede solche algebraische Kurve durch dieses Verfahren erhalten werden kann.

e) Eine Kurve welche sich selbst vermöge einer Inversion entspricht (d. h. eine nach *Moutard* „anallagmatische" Kurve[210]), ist die Enveloppe E eines Kreises K, dessen Mittelpunkt auf einer gegebenen Kurve liegt und der orthogonal zu einem festen Kreise ist. Ist allgemeiner die Kurve K algebraisch, von der Klasse ν, so ist E algebraisch und von der Ordnung 2ν, und geht durch jeden Kreispunkt ν-mal.[211])

207) *Euler,* Berlin Mém. 1 (1745), p. 71—98; *P. L. Wantzel,* J. de Math. 14 (1849), p. 111—122; *E. Ciani,* Annali Sc. Norm. super., Pisa 6 (1889), p. 1—160; *V. Kommerell,* Württemberger Mitth. (2) 9 (1907), p. 35—45. Unter den Krümmungen in zwei entsprechenden Punkten einer achsensymmetrischen Kurve besteht eine von *A. Mannheim* bemerkte einfache Beziehung [Ann. di matem. 2 (1859), p. 208].

208) Napoli Mem. 3 (1891). Vgl. I B 3 f., Endliche Gruppen . . ., *Wiman,* Nr. 25.

209) Nouv. Ann. de math. (3) 13 (1894), p. 206—210; *C. Rabut,* Paris, C. R. 132 (1901), p. 470—471, hat eine andere Methode gegeben, um denselben Zweck zu erreichen, während *A. Myller* [Nouv. Ann. de math. (4) 13 (1913)] einige Eigenschaften der fraglichen Kurven bewiesen hat.

210) Ib. (2) 3 (1864), p. 306—309.

211) Näheres hierüber bei *Loria,* 1. Aufl., p. 358—365, 2. Aufl. 1, p. 428—433.

21. Die irregulären Hyperbeln oder Stelloiden, und die Lemniskaten höherer Ordnung oder Cassinoiden. Eine andere Klasse algebraischer Transformationen, nämlich der konformen, ließ andere beachtenswerte spezielle Kurven entstehen. Setzt man voraus, daß die komplexen Veränderlichen $z = x + iy$, $Z = X + iY$ durch eine Gleichung

$$Z = z^n + p_1 z^{n-1} + p_2 z^{n-2} + \cdots + p_n,$$

wo die Koeffizienten beliebige konstante komplexe Größen sind, verbunden seien, so entspricht jedem Punkte (x, y) ein Punkt (X, Y), aber umgekehrt jedem Punkte (X, Y) n Punkte (x, y). Beschreibt (X, Y) eine Gerade, so erzeugt (x, y) eine Kurve, die *G. Holzmüller*[212]) *irreguläre Hyperbel* nennt. Sie kann als der Ort der Punkte erklärt werden, die mit n Punkten verbunden n Gerade gegebener „Orientierung" liefern[213]); jede irreguläre Hyperbel kann auf unendlich viele Arten so definiert werden; die ∞^1 entsprechenden Systeme von festen Punkten haben denselben Schwerpunkt. Beschreibt bei Anwendung derselben Transformation (X, Y) einen Kreis, so erzeugt (x, y) eine Kurve, die man als Ort eines Punktes definieren kann, dessen Entfernungen von n festen Punkten ein konstantes Produkt geben; daher werden solche Kurven von *Holzmüller Lemniskaten höherer Ordnung* genannt. Durch andere Betrachtungen ist *F. Lucas*[214]) zu den irregulären Hyperbeln gekommen, denen er den Namen *Stelloiden* gab, während die Lemniskaten höherer Ordnung unter dem Namen von *Cassinoiden* durch *Darboux*[215]) eingehend studiert wurden.

22. Die Potentialkurven und die Morleyschen Enveloppen. Die zu Beginn von Nr. **21** gestreiften Betrachtungen führten noch zu anderen Kurven. Wir erinnern daran, daß *Gauß*, in seinem ersten Beweise des Fundamentalsatzes der Algebra, die Kurven

$$P(x, y) = 0, \quad Q(x, y) = 0$$

Wir bemerken noch, daß *Laguerre*'s „Géométrie de direction", Bull. S. M. Fr. 8 (1880), p. 196—208, die „Richtungskurven" ihre Entstehung verdanken, mit der Eigenschaft, daß die Richtungskosinusse einer beliebigen Tangente rationale Funktionen der Koordinaten des Berührungspunktes sind. Über die Bestimmung derselben siehe *P. Appell*, Nouv. Ann. de math. (3) 14 (1896), p. 491—495. Weitere Untersuchungen bei *W. Blaschke*, Monatsh. Math. Phys. 21 (1910), p. 3—60.

212) „Einführung in die Theorie der isogonalen Verwandtschaften" (Leipzig 1882), p. 170 u. 203.

213) Nach *Laguerre* ist die „Orientierung" eines Geradensystems die Summe der Winkel, die diese Geraden mit einer festen Achse bilden.

214) J. éc. pol., cah. 46 (1879), p. 1—34; vgl. *G. Fouret*. Paris C. R. 106 (1888), p. 342—345.

215) „Sur une classe remarquable de courbes et de surfaces algébriques" (Paris 1873).

betrachtete, die aus dem Polynome (vgl. I B 1 a, Rationale Funktionen ..., *Netto*, Nr. 7).

$$f(x+iy) \equiv P(x+y) + i\,Q(x,y) = a_0 z^n + a_1 z^{n-1} + \cdots + a_n$$

(wo $z = x + iy$ ist) entstehen und bewies, daß die Kurven $P = 0$, $Q = 0$ sich in n stets reellen Punkten schneiden; dasselbe Beweisverfahren findet man in dem vierten *Gauß*schen Beweise desselben Satzes. Nun genügen die Polynome P, Q den partiellen Differentialgleichungen:

$$\frac{\partial P}{\partial y} = \frac{\partial Q}{\partial x}, \quad \frac{\partial P}{\partial x} + \frac{\partial Q}{\partial y} = 0, \quad \frac{\partial^2 P}{\partial x^2} + \frac{\partial^2 P}{\partial y^2} = 0, \quad \frac{\partial^2 Q}{\partial x^2} + \frac{\partial^2 Q}{\partial y^2} = 0.$$

Hieraus sieht man, daß unter jenen Kurven spezielle Beziehungen bestehen. Wegen ihrer Beziehungen zu den Wurzeln der algebraischen Gleichungen hat man sie „*Wurzelkurven*" genannt[216]), während der Name „*Potentialkurve*"[217]) an die Gleichung (vgl. II A 7 b, Potentialtheorie, *Burkhardt* und *F. Meyer*, Nr. 8)

$$\Delta_2 f(x, y) = 0$$

erinnnert, wovon sie algebraische Integrale sind.

Aus analytischen Fragen entspringen auch die Kurven $U_{m,n} = 0$, wo

$$U_{m,n} = \frac{1}{2^{m+n}\, m!\, n!} \frac{\partial^{m+n} (x^2 + y^2 - 1)^{m+n}}{\partial x^m \partial y^n}$$

ist; sie wurden die Reihe nach von *Hermite*, *Appell*, *Tramm* und *Willigens* erforscht[218]).

Mit der Theorie der komplexen Veränderlichen hängen auch die Untersuchungen von *F. Morley* zusammen[219]), der von der Bemerkung ausging, daß man die Punkte jeder rationalen Kurve in eindeutige Beziehung zu denjenigen eines Kreises vom Halbmesser 1 (oder auch mit den Werten einer komplexen Veränderlichen vom Modul 1) setzen kann. Dadurch wurde er auf die (rationalen) Enveloppen Δ^{2n-1} (von der Ordnung $2n$ und der Klasse $2n - 1$) der ∞^1 Geraden

$$(-1)^n (xt^n - yt^{n-1}) = t^{2n-1} - 1 - (s_1 t^{2n-2} - s_{2n-2} t) + \cdots$$
$$+ (-1)^n (s_{n-2} t^{n+1} - s_{n+1} t^{n-2})$$

geführt, wo t ein Parameter ist und im allgemeinen s_k und $-s_{2n-1-k}$ konjugiert-imaginäre Größen sind; jede besitzt $2n - 1$ Spitzen, $(2n-1) \times (n-2)$ Doppelpunkte, $2(n-2)$ Wende- und $2n^2 - 7n + 7$ Doppel-

216) *W. Walton*, Quarterly Journ. of Math. 11 (1871), p. 200—202 und 274—284; *T. Bond Sprague*, Edinburgh Trans. R. Soc. 30, P. II (1883), p. 467—481.

217) *E. Kas er*, Bull. Ann. math. Soc. (2) 7 (1901), p. 392—399,

218) *C. Hermite*, Paris C. R. 60 (1865), p. 370 oder «Oeuvres» 2, p. 318—346; *P Appell*, Arch. Math. Phys. (3) 4 (1003), p. 20—21; *W. Tramm*, Diss. Zürich 1908; *H. Willigens*, Nouv. Ann. de mathém. (4) 11 (1911).

219) Trans. Am. math. Soc. 1 (1900), p. 97—115 und 4 (1903), p. 1—12.

tangenten. Die einfachste (dem Werte $n = 2$ entsprechende) dieser Kurven ist die (von *Morley* „Deltoid" genannte) dreispitzige Hypozykloide. Viele Eigenschaften dieser Kurve lassen sich auf alle Kurven Δ^{2n-1} ausdehnen (z. B. die $2n - 1$ Spitzentangenten berühren eine Δ^{2n-3}). Im Falle $n = 3$ erhält man eine neue Kurve 5. Klasse und 6. Ordnung, die *W. Clifford*[220]) früher betrachtet und gezeichnet hat. Unter dem Namen „Pentadeltoid" wurde sie mittelst der Vektoranalysis von *R. P. Stephen* studiert[221]); so hat er eine mechanische Erzeugung derselben entdeckt und mehrere Eigenschaften aus derselben abgeleitet, die sich auf alle Δ^{2n-1} übertragen lassen.

23. Algebraische Kurven, deren Rektifikation von einer vorgegebenen Funktion abhängt. Die Aufgabe, die algebraischen Kurven zu bestimmen, deren Rektifikation von a priori gegebenen Funktionen abhängt, hat *Euler* lange Zeit beschäftigt[222]), der nicht nur das Problem im Falle algebraischer Funktionen allgemein diskutierte und geeignet reduzierte, sondern auch die besonderen Fälle betrachtete, in denen die Rektifikation durch Parabel- oder Kreisbögen[223]), oder durch Ellipsenbögen[224]) verwirklicht werden kann. Einem Schüler *Eulers*, *N. F. Fuß*[225]), verdankt man die Untersuchung der durch Hyperbelbögen rektifizierbaren Kurven, während diejenigen, die man durch Lemniskatenbögen rektifizieren kann, ebenfalls von *Euler* begonnen und auf die sog. „Sinusspiralen"[226]) führten. Diese Kurven sind in Polarkoordinaten dargestellt durch:

$$\varrho^n = a^n \cos n\omega,$$

wo n eine rationale Zahl ist. Sie dienen zur geometrischen Darstellung der *Euler*schen Integrale zweiter Art, nicht nur mittels ihrer Bögen[227]), sondern auch[228]) mittels ihrer Flächen. Durch eine Inver-

220) Math. Papers, p. 614—617.

221) Trans. Am. math. Soc. 7 (1906), p. 207—227.

222) Einen Abriß dieser Untersuchungen nebst Bibliographie findet man bei *Loria*, 1. Aufl., p. 380—393, 2. Aufl. 1, p. 453—465.

223) Über die letzten vgl. die grundlegende Abh. von *J. A. Serret* in Journ. Éc. pol., cah. 35 (1853), p. 69—88.

224) Vgl. auch *A. L. Legendre*, „Traité des fonctions elliptiques" (3. Aufl., Paris 1824), p. 35; *J. A. Serret*, J. de math. 10 (1845), p. 257—290 und 11 (1846), p. 89—95; *L. Kiepert*, Diss. Berlin 1870 und J. f. Math. 74 (1872), p. 305—314; *Krohs*, Diss. Halle 1851.

225) Nova Act. Petrop. 14 (1806).

226) Ein von *Napol. Haton de la Goupillière* vorgeschlagener Name (Nouv. Ann. de math. (2) 15 (1876), p. 97—108).

227) *J. A. Serret*, J. de math. 7 (1842), p. 114—119.

228) *G. Loria*, Prager Ber. 1897.

sion, deren Pol mit dem Pol der Kurve zusammenfällt, geht eine Sinusspirale in eine andere solche über. Die Sinusspiralen können als triangularsymmetrische Kurven betrachtet werden (vgl. Nr. **16**, c); das entsprechende Fundamentaldreieck hat als Ecken den Pol der Kurve und die Kreispunkte der Ebene[229]); sie wurden schon vom topologischen Standpunkt aus erforscht[176]); einige unter ihnen sind wegen ihrer Anwendungen wichtig.[230])

24. Einige als Enveloppen definierte Kurven. Kurven, die in der mathematischen Physik auftreten. Bei jedem geradlinigen Dreieck ABC liegt der Schwerpunkt, der Höhenschnittpunkt und der Mittelpunkt des *Feuerbach*schen Kreises auf der sog. „*Euler*schen Geraden" des Dreiecks (siehe Art. III AB 10, *Berkhan*, Nr. **1, 49**). Hält man die Eckpunkte A, B fest und läßt C variieren, so variiert auch die *Euler*sche Gerade c; zwischen C und c herrscht eine Korrespondenz (1, 2), auf Grund deren man die Eigenschaften der Enveloppe der Geraden c finden kann, wenn man den Ort des Punktes C kennt[231]). Wenn z. B. C eine Gerade beschreibt, so hüllt c eine dreispitzige Hypozykloide ein, und wenn C einen Kegelschnitt beschreibt, so wird[232]) c im allgemeinen eine Kurve 6. Klasse und 10. Ordnung erzeugen; wenn C eine rationale Kurve m^{ter} Ordnung beschreibt, ist die c-Enveloppe im allgemeinen eine Kurve von der Klasse $3m$ und der Ordnung $2(3m-1)$, die $3(3m-2)$ Spitzen, $6(m-1)(3m-2)$ Doppelpunkte, $(3m-1)(3m-2)$ Doppeltangenten, aber keinen Wendepunkt besitzt.

Eine andere Klasse von Einhüllenden erhält man, indem man die ∞^1 Kreise betrachtet, deren Mittelpunkte auf einer gegebenen Kurve Γ liegen und die einen festen Kreis Ω berühren; die Enveloppe dieser Kreise ist parallel derjenigen, die durch die Kreise eingehüllt wird, die ihre Mittelpunkte gleichfalls auf Γ haben und durch den Mittelpunkt von Ω gehen[233]). Um daher die Charakteristiken jener allgemeinen Enveloppe zu finden, kann man diejenigen dieser speziellen Enveloppen direkt bestimmen und dann einige bekannte *Cayley*sche Formeln benutzen[234]); dieses Verfahren wurde von *O. Losehand*[235]) in dem Falle angewandt, daß die Kurve Γ ein Kreis ist.[236])

229) Weiteres hierüber bei *Loria,* 1. Aufl., p. 394—400, 2. Aufl. 1, p. 265—476.

230) *Loria*, 1. Aufl., p. 401—403.

231) *G. Loria,* Archives de mathém. pures et appliquées. 1 (1907), p. 21—24.

232) *F. Mühlemann,* Diss. Bern 1905.

233) *G. Loria,* Math. Ann. 64 (1907), p. 512—516.

234) Quarterly Journ. 11 (1871), p. 183, oder Math. Papers 13, p. 31.

235) «Über Kurven 16. Ordnung und 12. Klasse, die bei einem Problem der Enveloppentheorie» auftreten. Diss. Kiel 1904.

Es mag hier noch über zwei Kurvenklassen berichtet werden, deren Entstehung außerhalb der Geometrie zu suchen ist. Die eine hat als allgemeine Gleichung

$$2(y - y_0) = \frac{x^{1-n}}{2(1-n)} - \frac{c}{n+1} x^{n+1},$$

wo n eine rationale Zahl $\neq 1$ ist; sie sind die *Verfolgungskurven.*[237]) Die anderen sind der Parameterdarstellung fähig:

$$x = a \sin(mt + \alpha), \quad y = b \sin(nt + \beta),$$

wo m, n ganze positive Zahlen sind; man nennt sie *Lissajoussche Kurven*[238]); ihre Klasse ist $2n$ und ihre Ordnung $m + n - 1$; auch ihre anderen *Plücker*schen Charaktere wurden bestimmt[239]); man kann sie durch spezielle Vorrichtungen mechanisch beschreiben.[240])

25. Eine Klasse rationaler Kurven ungerader Ordnung. Die speziellen Kurven ungerader Ordnung sind viel seltener als die gerader Ordnung[241]); es ist daher von Wichtigkeit, eine ganze Klasse rationaler Kurven zu kennen, die alle ungerader Ordnung sind[242]). Um den Ursprung derselben zu kennzeichnen, betrachte man die drei lemniskatischen Funktionen

$$sn\, u = \xi, \quad cn\, u = \sqrt{1 - \xi^2}, \quad dn\, u = \sqrt{1 + \xi^2},$$

wo

$$u = \int_0^\xi \frac{d\xi}{\sqrt{1 - \xi^4}}.$$

Seien ferner m, n zwei positive relativ prime ganze Zahlen und

$$x + iy = sn\,(m + in)u.$$

236) Eine andere Klasse von Enveloppen findet man in L'interméd. des mathém. 7 (1900), p. 45 u. 371.

237) Geschichte und Bibliographie derselben bei *Loria,* 1. Aufl., p. 607—614, 2. Aufl. 2, 241—247; ferner die Berner Diss. von *J. Luterbacher* (1909).

238) Vgl. *J. A. Lissajous* in Ann. de phys. et de chimie (3) 51 (1857), p. 147 f.

239) *W. Braun,* Math. Ann. 8 (1875), p. 567—573; *A. Himstedt,* Arch. Math. Phys. 70 (1884), p. 337—370; *V. Strouhal,* Prag Ber. 1902, Nr 9.

240) *J. C. W. Ellis,* Proc. Cambridge phil. Soc. 2 (1870); *Dechevrens,* Paris C. R. 130 (1900), p. 1616—1620.

241) Man kennt z. B. bis heute keine speziellen Kurven 7. Ordnung *Steiner* hat eine Kurve 15. Ordnung (Ges. Werke, Bd. 2, p. 488) betrachtet; sie entsteht wie folgt: Ist A ein Punkt einer Kurve 3. Ordnung und B deren Schnittpunkt mit der Tangente in A, so ist die in Rede stehende Kurve der Ort der Mittelpunkte der Strecken AB. Die Ordnung sinkt auf 8, wenn die gegebene Kurve eine Strophoide ist; vgl. L'interm. des Math. 7 (1900), p. 357 und 8 (1901), p. 73—75.

242) *W. Krimphoff,* Diss. Münster 1890, und J. f. Math. 110 (1892), p. 73—77.

Trennt man den reellen Teil vom rein imaginären, so erhält man x und y als rationale Funktionen des Parameters $sn\,u = \xi$, d. h. die Parameterdarstellung einer rationalen Kurve.

Beispiele: a) $m = n = 1$: die so entstehende Kurve ist eine Gerade; b) $m = 1$, $n = 2$: man gelangt zur Kurve

$$x = \frac{\xi - 6\xi^5 + \xi^9}{1 - 2\xi^4 + 5\xi^8}, \quad y = \frac{2\xi - 2\xi^9}{1 - 2\xi^4 + 5\xi^8}.$$

Diese ist eine 4-fach zirkuläre Kurve 9. Ordnung, die durch den unendlich fernen Punkt der Geraden $2x + y = 0$ geht; im Endlichen besitzt die Kurve 4 reelle und 12 imaginäre Doppelpunkte; c) $m = 2$, $n = 3$: man erhält eine 12-fach zirkuläre Kurve 25. Ordnung, die im Endlichen 144 Doppelpunkte besitzt, von denen 12 reell sind. Dadurch wird man auf die *naheliegende Vermutung* geführt, daß man im allgemeinen, wenn m, n relativ prim sind, die eine Zahl gerade und die andere ungerade, auf die angegebene Weise zu einer Kurve der Ordnung $(m + n)^2$ gelangt, die im Unendlichen einen reellen Punkt besitzt und für die die Kreispunkte Punkte von der Vielfachheit

$$\tfrac{1}{2}(m + n - 1)(m + n + 1)$$

sind, die ferner

$$\left\{\frac{(m + n - 1)(m + n + 1)}{2}\right\}^2$$

Doppelpunkte besitzt, von denen aber nur

$$\frac{(m + n - 1)(m + n + 1)}{2}$$

reell sind.[243])

B. Kurven, die vom Standpunkt des Geschlechtes aus speziell sind.

I. Die rationalen Kurven[244]).

26. Allgemeines. Statt die ebenen algebraischen Kurven nach ihrer Ordnung einzuteilen und in diesen Unterabteilungen zu machen nach der Anzahl ihrer Doppel- und Rückkehrpunkte, kann man dieselben auch nach ihrem *Geschlechte* p einteilen; zur ersten Art gehören also alle diejenigen, für welche $p = 0$, zur zweiten diejenigen, für die $p = 1$, usw. Dann erscheinen umgekehrt die verschiedenen Ordnungen n als Unterabteilungen in den Geschlechtern von 0 bis $p = \frac{(n-1)(n-2)}{2}$; im letzten Falle ergibt sich die „allgemeine", d. h. von Doppel- und

243) Wir führen hier nur die Abh. von *Anaide Grassi* an „Sulle curve di ordine n e in particolare sulle quartiche che ammettono curve apolari". Giorn. di mat. 38 (1900), p. 244—264.

244) Vgl. I B 2. Invariantentheorie, *W. Franz Meyer*, Nr. 24.

Rückkehrpunkten freie Kurve n^{ter} Ordnung.[245]) Vgl. III C 4, *Berzolari*, Nr. 4, 15.

Folgen wir dieser, durch *Riemann* und *Clebsch* begründeten Klassifikation, so sind die ersten jetzt zu untersuchenden Kurven die, deren Geschlecht $p = 0$ ist; sie heißen gewöhnlich *rational*, da man die Koordinaten eines beliebigen Punktes der Kurve durch rationale Funktionen eines Parameters ausdrücken kann oder auch, nach *Cayley*s Vorschlag, *unicursal*[246]), da sie aus einem einzigen Zuge bestehen. *Möbius* erforschte dieselben 1827 in seinem *Barycentrischen Calcul* eben als diejenigen mit der Eigenschaft, daß sich die baryzentrischen Koordinaten eines beliebigen Kurvenpunktes durch rationale ganze Funktionen eines Parameters ausdrücken lassen[247]). *Möbius* machte auch die Bemerkung, daß eine solche Kurve nur von $3n - 1$ Konstanten abhängt und daher von spezieller Natur ist; es gelang ihm aber nicht, die Spezialisierung geometrisch zu deuten. Von dieser spricht *G. Salmon* in der ersten Auflage (S. 94) seines *Treatise on higher plane Curves* (1852). Übrigens sind die Mehrzahl der seit dem Altertum untersuchten speziellen Kurven vom Geschlecht $p = 0$. Aber die methodische allgemeine Behandlung dieser Kurven fängt erst mit *Clebsch* an, der ihnen die erste[248]) der Abhandlungen widmet, in denen die *Abel*schen Funktionen auf die Geometrie systematisch angewendet werden. Analytische Entwickelungen über diese Kurven enthalten zwei Aufsätze von *L. Painvin*[249]) und *G. Humbert*[250]); eine Gesamtdarstellung ihrer Eigenschaften verdanken wir *W. Franz Meyer*[251]), wo der Satz zu Grunde liegt, daß jede rationale Kurve als Projektion einer «Normkurve» eines höheren Raumes angesehen werden kann.

27. Parameterdarstellung. In der zitierten Abhandlung beweist *Clebsch* die Möglichkeit, die homogenen Koordinaten x_0, x_1, x_2 der Punkte einer ebenen Kurve, die $\frac{(n-1)(n-2)}{2}$ Doppel- oder Rückkehrpunkte besitzt, durch rationale Funktionen eines Parameters auszudrücken. Zu diesem Zweck läßt er durch die singulären Punkte und andere beliebige $2n - 3$ bzw. $n - 3$ Punkte derselben einen Büschel von Kurven der Ordnung $n - 1$ bzw. $n - 2$ gehen; da jede Kurve dieses

245) *Clebsch*, J. f. Math. 64 (1865), p. 43.

246) Proc. London Math. Soc. 1 (1865), p. 2; Math. Papers Bd. 6, p. 2.

247) Vgl. Ges. Werke, Bd. 1, p. 90f.

248) J. f. Math. 64 (1865), p. 42—65.

249) Paris C. R. 78 (1874), p. 1194—1196.

250) Bull. Soc. math. Fr., 13 (1884—1885), p. 49—64.

251) «Apolarität und rationale Kurven. Eine systematische Voruntersuchung zu einer allgemeinen Theorie der linearen Räume». Tübingen 1883.

Büschels die gegebene nur in *einem* veränderlichen Punkte schneidet[248]), so bekommt man Gleichungen der Art:

$$\varrho x_i = f_i(\lambda, \mu) \qquad (i = 0, 1, 2), \tag{1}$$

wo ϱ ein unwesentlicher Proportionalitätsfaktor ist, und die f_i drei binäre Formen desselben Grades n in λ, μ sind[252]). In diesen Formeln sind die f_i ganz beliebig; denn, da man durch eine lineare Parametertransformation vier ihrer willkürlichen Koeffizienten entfernen kann[253]), so enthalten die Gleichungen (1) $3(n+1) - 4 = 3n - 1$ wesentliche Konstanten, wie es sein muß. Eine lineare Koordinatentransformation läßt die Form der Gleichungen (1) unberührt.

Hat die gegebene rationale Kurve singuläre Punkte von einer Vielfachheit höher als 2, so hat man, um ihre Parameterdarstellung zu erhalten, die «adjungierten Kurven» zu betrachten, ein Verfahren, welches *M. Chasles*[254]) folgendermaßen ausgeführt hat: Hat eine Kurve n^{ter} Ordnung singuläre Punkte der Vielfachheiten $r, r', \ldots$, und

$$\frac{(n-1)(n-2)}{2} - \frac{r(r-1)}{2} - \frac{r'(r'-1)}{2} - \cdots$$

Doppelpunkte, so lassen sich ihre Punkte eindeutig mittelst eines Büschels von Kurven der Ordnung $n - \mu$ bestimmen, die die vielfachen Punkte der gegebenen Kurve als Punkte der Vielfachheiten $r - \varrho, r' - \varrho', \ldots$ hat und durch weitere $3(n-1) - n\mu - r(\varrho - 1) - r'(\varrho' - 1) - \cdots$ einfache Punkte derselben gehen, vorausgesetzt, daß die Zahlen $\mu, \varrho, \varrho', \ldots$ der Gleichung genügen:

$$\mu^2 - 3\mu - \varrho(\varrho - 1) - \varrho'(\varrho' - 1) - \cdots + r = 0.$$

Die Doppelpunkte einer rationalen Kurve von der Ordnung $n \geqq 6$ können nicht beliebig gewählt werden, da für $n \geqq 6$ die Zahl $3\,\frac{(n-1)(n-2)}{2}$ größer als $\frac{n(n+3)}{2}$ ist.[255]) Ähnliches läßt sich aussagen, wenn die Kurve vielfache Punkte besitzt, denn *E. Bertini* hat bewiesen[256]), daß die Lage der singulären Punkte beliebig *nur* dann angenommen werden kann, wenn die höchsten Vielfachheiten der singulären Punkte der Kurve eine Summe ergeben, die größer als die Ordnung der

252) Entwicklungen und Beispiele zu diesem Verfahren findet man bei *A. Schmitz,* Progr. Gymn. Münnerstadt 1898, p. 16 ff.

253) Die Wahl dieser Koeffizienten ist nicht ganz beliebig; vgl. *Schmitz,* a. a. O., p. 6.

254) Paris C. R. 62 (1866), p. 1354—1366; vgl. auch ib., p. 559—566.

255) *Schmitz,* a. a. O., p. 15.

256) Giorn. di mat. 15 (1877), p. 329—335. Einen anderen Ausdruck desselben Satzes findet man bei *G. Ferretti,* Palermo Rendiconti 16 (1902), p. 268, Satz 8.

Kurve ist; in diesem Falle kann die Kurve mittels quadratischer Transformationen in eine Gerade verwandelt werden; zu bemerken ist, daß sich der Fall, wo die Differenz zwischen jenen Zahlen $= 1$ ist, nur bei Kurven 7. Ordnung darbieten kann.

Sind die homogenen Koordinaten eines beliebigen Punktes einer Kurve durch rationale ganze Funktionen eines Parameters $\lambda : \mu$ ausgedrückt, so entspricht jedem Werte von $\lambda : \mu$ ein einziger Kurvenpunkt. Entspricht aber auch umgekehrt immer jedem Kurvenpunkt nur ein einziger Parameterwert? Diese Frage wurde durch *J. Lüroth*[257]) beantwortet, indem er bewies, daß, wenn das Entsprechen nicht umkehrbar eindeutig ist, sich doch stets ein solches mittels einer Parametertransformation erreichen läßt. *Lüroth* gehört ferner der Satz, daß nicht nur eine ebene Kurve n^{ter} Ordnung mit dem Maximum der Doppelpunkte stets rational ist, sondern auch umgekehrt jede durch Gleichungen der Form (1) darstellbare Kurve das Maximum der Doppelpunkte besitzt.

28. Tangenten und vielfache Punkte. Die Schnitte der Kurve (1) mit der Geraden

$$u_0 x_0 + u_1 x_1 + u_2 x_2 = 0$$

entsprechen den Werten des Parameters $\lambda : \mu$, die der Gleichung genügen:

$$u_0 f_0(\lambda, \mu) + u_1 f_1(\lambda, \mu) + u_2 f_2(\lambda, \mu) = 0. \tag{2}$$

Damit die gegebene Gerade die Kurve berühre, muß die Diskriminante der Gleichung (2) verschwinden, so daß die folgenden Gleichungen zusammen bestehen:

$$u_0 \frac{\partial f_0}{\partial \lambda} + u_1 \frac{\partial f_1}{\partial \lambda} + u_2 \frac{\partial f_2}{\partial \lambda} = 0, \quad u_0 \frac{\partial f_0}{\partial \mu} + u_1 \frac{\partial f_1}{\partial \mu} + u_2 \frac{\partial f_2}{\partial \mu} = 0.$$

Daraus folgt als allgemeine Tangentengleichung der Kurve die folgende:

$$\begin{vmatrix} x_0 & x_1 & x_2 \\ \frac{\partial f_0}{\partial \lambda} & \frac{\partial f_1}{\partial \lambda} & \frac{\partial f_2}{\partial \lambda} \\ \frac{\partial f_0}{\partial \mu} & \frac{\partial f_1}{\partial \mu} & \frac{\partial f_2}{\partial \mu} \end{vmatrix} = 0, \tag{3}$$

so daß die Klasse der Kurve im allgemeinen $2(n - 1)$ ist. Aber die Gleichnng (3) ist identisch erfüllt für jeden Wert des Parameters

257) Math. Ann. 9 (1876), p. 163—165. Einen anderen Beweis verdankt man *W. F. Osgood,* Bull. Am. math. Soc. (2) 2 (1895—96), p. 168—273.

$\lambda : \mu$, der die drei Determinanten der Matrix

$$\begin{vmatrix} \frac{\partial f_0}{\partial \lambda} & \frac{\partial f_1}{\partial \lambda} & \frac{\partial f_2}{\partial \lambda} \\ \frac{\partial f_0}{\partial \mu} & \frac{\partial f_1}{\partial \mu} & \frac{\partial f_2}{\partial \mu} \end{vmatrix}$$

zugleich annulliert. Jedem solchen Werte entspricht eine Kurvenspitze; wenn daher diese r Spitzen hat, so sinkt ihre Klasse auf $2(n-1)-r$. Für eine Spitze ist

$$(4) \qquad \Delta \equiv \begin{vmatrix} \frac{\partial^2 f_0}{\partial \lambda^2} & \frac{\partial^2 f_1}{\partial \lambda^2} & \frac{\partial^2 f_2}{\partial \lambda^2} \\ \frac{\partial^2 f_0}{\partial \lambda\, \partial \mu} & \frac{\partial^2 f_1}{\partial \lambda\, \partial \mu} & \frac{\partial^2 f_2}{\partial \lambda\, \partial \mu} \\ \frac{\partial^2 f_0}{\partial \mu^2} & \frac{\partial^2 f_1}{\partial \mu^2} & \frac{\partial^2 f_2}{\partial \mu^2} \end{vmatrix} = 0;$$

daher kann man drei Zahlen r_0, r_1, r_2 so bestimmen, daß

$$\frac{\partial \Delta}{\partial \frac{\partial^2 f_i}{\partial \lambda^2}} = l\lambda r_i, \qquad \frac{\partial \Delta}{\partial \frac{\partial^2 f_i}{\partial \lambda \cdot \partial \mu}} = (l\mu - m\lambda) r_i, \qquad \frac{\partial \Delta}{\partial \frac{\partial^2 f_i}{\partial \mu^2}} = -m\mu r_i$$

$$(i = 0, 1, 2)$$

wird; infolgedessen nimmt die Gleichung der Spitzentangente folgendes Aussehen an:

$$r_0 x_0 + r_1 x_1 + r_2 x_2 = 0.$$

Für jeden Doppelpunkt kann man zwei Parameterwerte $\lambda : \mu$, $\lambda' : \mu$ und zwei Konstanten k, k' so finden, daß man hat:

$$k f_i(\lambda, \mu) = k' f_i(\lambda', \mu') \qquad (i = 0, 1, 2).$$

Setzt man

$$\Phi_1(\lambda, \mu; \lambda', \mu') = \begin{vmatrix} f_2(\lambda, \mu), & f_3(\lambda, \mu) \\ f_2(\lambda', \mu'), & f_3(\lambda', \mu') \end{vmatrix} : \begin{vmatrix} \lambda, & \mu \\ \lambda', & \mu' \end{vmatrix}, \text{ usw.},$$

so bestehen die Gleichungen

$$\sum_i \Phi_i f_i(\lambda, \mu) = 0, \quad \sum_i \Phi_i f_i(\lambda', \mu') = 0,$$

die die einem Doppelpunkte zugehörigen Parameterwertepaare bestimmen; eliminiert man eine dieser Unbekannten, so bekommt man eine Gleichung des Grades $2(n-1)^2$, die aber $n(n-1)$ fremde Lösungen besitzt; die übrigen $(n-1)(n-2)$ entsprechen paarweise den Kurvendoppelpunkten. Die Bestimmung der letzteren erfordert daher die Auflösung einer Gleichung des Grades

$$\frac{(n-1)(n-2)}{2}$$

und die ebensovieler quadratischer Gleichungen; hat jene Gleichung ausnahmsweise eine Doppelwurzel, so bekommt die Kurve eine Spitze.

Diese Methode, die Doppelpunkte zu finden, gehört *Clebsch*[245]) an; eine einfachere verdankt man *J. C. F. Haase*[258]), der als Bestimmungsgleichung eine solche fand, deren linke Seite eine Determinante der Ordnung $n-1$ ist und deren Elemente ganze Funktionen des Grades $n-2$ sind; die Symmetrie dieser Gleichung erlaubt indessen die Erniedrigung des Grades derselben auf

$$\frac{(n-1)(n-2)}{2};$$

die erforderliche Rechnung wurde durch *C. Weltzien*[259]) für Kurven der Ordnungen 4, 5, 6 durchgeführt. Andere Rechnungsverfahren rühren her von *P. Cousin*[260]) und *J. E. Wright*[261]).

29. Wendepunkte und Doppeltangenten. Die Bedingung, daß sich die drei Kurvenpunkte $\lambda:\mu$, $\lambda':\mu'$, $\lambda'':\mu''$ auf einer Geraden befinden, lautet:

$$\frac{1}{(\lambda'\mu''-\lambda''\mu')(\lambda''\mu-\lambda\mu'')(\lambda\mu'-\lambda'\mu)}\begin{vmatrix} f_0(\lambda,\mu), & f_1(\lambda,\mu), & f_2(\lambda,\mu) \\ f_0(\lambda',\mu'), & f_1(\lambda',\mu'), & f_2(\lambda',\mu') \\ f_0(\lambda'',\mu''), & f_1(\lambda'',\mu''), & f_2(\lambda'',\mu'') \end{vmatrix} = 0.$$

Läßt man die Werte $\lambda':\mu'$, $\lambda'':\mu''$ mit dem Werte $\lambda:\mu$ zusammenfallen, so wird diese Gleichung (vgl. Gl. (4))

$$-\frac{\Delta}{2n(n-1)^2}=0,$$

woraus folgt, daß die gegebene Kurve im allgemeinen $3(n-2)$ Wendepunkte besitzt; da aber jeder Spitze eine Doppelwurzel dieser Gleichung entspricht, so besitzt die Kurve nur $3(n-2)-2r$ Wendepunkte, wenn sie r Spitzen hat. Daraus folgt, daß eine rationale Kurve n^{ter} Ordnung höchstens $\frac{3}{2}(n-2)$ Spitzen haben kann; dieses Maximum wird in der Tat bei Kurven der Ordnungen 3, 4, 5, 6 wirklich erreicht.

Die Tangenten, die man an die gegebene Kurve durch den Punkt $\lambda^0:\mu^0$ ziehen kann, sind durch die folgende Gleichung in $\lambda:\mu$ bestimmt:

$$\begin{vmatrix} f_0(\lambda^0,\mu^0), & \frac{\partial f_0}{\partial\lambda}, & \frac{\partial f_0}{\partial\mu} \\ f_1(\lambda^0,\mu^0), & \frac{\partial f_1}{\partial\lambda}, & \frac{\partial f_1}{\partial\mu} \\ f_2(\lambda^0,\mu^0), & \frac{\partial f_2}{\partial\lambda}, & \frac{\partial f_2}{\partial\mu} \end{vmatrix} = 0.$$

258) Math. Ann. 2 (1870), p. 515—548.

259) Ib. 26 (1886), p. 517—533.

260) Annales Grenoble 11 (1899), p. 210—217.

261) Bull. Am. Math. Soc. 13 (1906—07), p. 389—391.

Die linke Seite enthält $(\lambda\mu^0 - \mu\lambda^0)^2$ als Faktor; sei

$$\Psi(\lambda, \mu; \lambda, \mu; \lambda^0, \mu^0)$$

der andere Faktor, dann folgt, daß, unter $\lambda : \mu$, $\lambda^0 : \mu^0$ die Berührungspunkte einer Doppeltangente verstanden, die folgenden zwei Gleichungen statthaben:

$$\Psi(\lambda, \mu; \lambda, \mu; \lambda^0, \mu^0) = 0; \qquad \Psi(\lambda^0, \mu^0; \lambda^0, \mu^0; \lambda, \mu) = 0.$$

Eliminiert man einen der Parameter, so bekommt man eine Gleichung des Grades $5(n-2)^2$; die Wurzeln derselben sind einmal die $3(n-2)$ Parameterwerte, die den Wendepunkten, andererseits die, welche den Berührungspunkten der Doppeltangenten entsprechen. Die Anzahl der letzteren ist daher im allgemeinen

$$\tfrac{1}{2}\{5(n-2)^2 - 3(n-2) - (n-1)(n-2\} = 2(n-2)(n-3);$$

wenn aber die Kurve r Spitzen besitzt, sinkt diese Zahl auf

$$2(n-2-r)(n-3) + \frac{r(r-1)}{2}.$$

Die wirkliche Bestimmung der Doppeltangenten der rationalen Kurven der Ordnungen 4, 5, 6 findet man in der zitierten Abhandlung von *C. Weltzien*[259]).

30. Die Gleichung der Kurve. Eliminiert man aus den Gleichungen (1) die Größen ϱ, λ, μ, so erhält man die gewöhnliche Gleichung der Kurve; um die Elimination auszuführen, kann die folgende durch *G. Salmon*[262]) vorgeschlagene Methode dienen. Man setze der Einfachheit wegen $\mu = 1$ und multipliziere die entstehenden Gleichungen (1) der Reihe nach mit $\lambda, \lambda^2, \ldots, \lambda^{n-1}$; aus den resultierenden $3n$ Gleichungen kann man sogleich die Größen

$$\varrho, \varrho\lambda, \ldots, \varrho\lambda^{n-1}, \lambda, \lambda^2, \ldots, \lambda^{2n-1}$$

eliminieren, welche daselbst linear vorkommen; die Kurvengleichung nimmt infolgedessen die Form einer Determinante der Ordnung $3n$ an. Ein anderes von *A. Schmitz* vorgeschlagenes Rechnungsverfahren[263]) gibt die linke Seite der Kurvengleichung als eine Determinante der Ordnung n. Durch Anwendung einer Bemerkung *A. Brill*s bewies *M. Pasch*[264]), daß, wenn man λ und μ aus den Gleichungen

$$\sum_i u_i f_i(\lambda, \mu) = 0, \qquad \sum_i v_i f_i(\lambda, \mu) = 0$$

---

262) Analyt. Geom. der höheren ebenen Kurven (Leipzig 1873), p. 35; 2. Aufl. (1882), p. 40.

263) Progr. Gymn. Münnerstadt 1898, p. 44.

264) Math. Ann. 18 (1881), p. 91—92; vgl. *W. Fr. Meyer,* «Apolarität und rationale Kurven», p. 17.

eliminiert, eine Gleichung n^{ter} Ordnung entsteht zwischen den Determinanten der Matrix

$$\begin{vmatrix} u_0 & u_1 & u_2 \\ v_0 & v_1 & v_2 \end{vmatrix};$$

da diese Determinanten die Schnittpunktskoordinaten der Geraden

$$\sum_i u_i x_i = 0, \quad \sum_i v_i x_i = 0$$

sind, so liefert jene Resultante die Kurvengleichung. Daraus hat *Pasch* den Schluß gezogen, daß die linke Seite derselben eine irreduzible ganze Funktion oder die Potenz einer solchen ist.

31. Der Abelsche Satz und der Schnittpunktssatz von W. Fr. Meyer. Um die Gleichungen zu finden, die bei rationalen Kurven die Stelle des *Abel*schen Theoremes (vgl. II B 2, *Wirtinger*, Nr. **41**, **44**) einnehmen, ist es nützlich, nach *Clebsch*, in den Gleichungen (1) $\mu = 1$ anzunehmen. Seien

$$a^{(i)},\ b^{(i)} \quad \left(i = 1, 2, \ldots, \frac{(n-1)(n-1)}{2}\right)$$

die Parameterwertepaare, die den Doppelpunkten der Kurve entsprechen und ferner

$$\varphi(x_0, x_1, x_2) = 0$$

die Gleichung einer beliebigen Kurve m^{ter} Ordnung, so sind die Parameterwerte, die ihren Schnittpunkten mit der Kurve (1) entsprechen, die Wurzeln der folgenden Gleichung:

$$\varphi(x_0, x_1, x_2) = \varphi(f_0(\lambda), f_1(\lambda), f_2(\lambda)) = \Omega(\lambda) = c(\lambda - \lambda_1)(\lambda - \lambda_2) \ldots (\lambda - \lambda_{mn}) = 0.$$

Wenn man in dieser Gleichung $\lambda = a^{(i)}$ oder $b^{(i)}$ setzt, so erhalten die x_i Werte, die nur bis auf einen konstanten Faktor $c^{(i)}$ verschieden sind; man hat daher

$$\Omega(a^{(i)}) = c^{(i)m}\, \Omega(b^{(i)})$$

oder

$$\text{(5)} \quad \frac{a^{(i)} - \lambda_1}{b^{(i)} - \lambda_1} \cdot \frac{a^{(i)} - \lambda_2}{b^{(i)} - \lambda_2} \cdots \frac{a^{(i)} - \lambda_{mn}}{b^{(i)} - \lambda_{mn}} = c^{(i)m} \left(i = 1, 2, \ldots, \frac{(n-1)(n-2)}{2}\right).$$

Dies sind die notwendigen und hinreichenden Bedingungen, daß $\lambda_1, \lambda_2, \ldots, \lambda_{mn}$ die Parameterwerte der Punkte sind, in denen die Kurve (1) durch eine Kurve der Ordnung m geschnitten wird. Im Falle, daß die Kurve statt eines Doppelpunktes eine Spitze hat, sieht man durch einen Grenzübergang, daß an Stelle der Gleichung (5) die folgende tritt:

$$\text{(6)} \qquad \frac{1}{\alpha - \lambda_1} + \frac{1}{\alpha - \lambda_2} + \cdots + \frac{1}{\alpha - \lambda_{mn}} = mk,$$

wo α der Parameterwert ist, der der Spitze zukommt und k eine Konstante ist. Die Gleichungen (5), (6) können durch andere ersetzt werden, deren linke Seiten Integralsummen sind; so wird ihre Äquivalenz mit dem *Abel*schen Satze festgestellt. Aber selbst unter der obigen Form können sie sehr wohl zur Auflösung aller Berührungsaufgaben dienen; so z. B. führen sie auf die folgenden Sätze (wo der Kürze wegen ν für $\frac{(n-1)(n-2)}{2}$ geschrieben ist): a) Durch $mn - x\nu$ Punkte einer rationalen Kurve der Ordnung n mit r Spitzen gehen $r^{\nu-n}$ Kurven m^{ter} Ordnung, die mit der gegebenen x Berührungen der Ordnung $r-1$ haben; wenn man durch die gegebenen Punkte und durch die Berührungspunkte von $x-1$ Berührungskurven eine Kurve m^{ter} Ordnung durchgehen läßt, so wird sie die gegebene Kurve in den Berührungspunkten einer anderen Berührungskurve schneiden. b) $2^{\frac{n(n-3)}{2}-r}$ Kurven der Ordnung $n-3$ berühren $\frac{n(n-3)}{2}$ mal eine rationale Kurve der Ordnung n mit r Spitzen.[265])

Ein grundlegendes Interesse beansprucht die Betrachtung der Durchschnitte einer rationalen Kurve (1) mit einer beliebigen Geraden ihrer Ebene $u_0x_0 + u_1x_1 + u_2x_2 = 0$. Setzt man

$$f_i(\lambda) = a_{i0}\lambda^n + a_{i1}\lambda^{n-1} + \cdots + a_{i\,n-1}\lambda + a_{in} \qquad (i = 0, 1, 2),$$

so sieht man, daß jene Punkte den Wurzeln $\lambda_1, \lambda_2, \ldots, \lambda_n$ folgender Gleichung entsprechen:

$$\sum_i u_i(a_{i0}\lambda^n + \cdots + a_{in}) = 0.$$

Wird mit $\frac{s_k}{s_0}$ die Summe der Produkte zu k jener Wurzeln und mit τ ein Proportionalitätsfaktor bezeichnet, so hat man:

$$(-1)^k\tau s_k = a_{0k}u_0 + a_{1k}u_0 + a_{2k}u_2 \qquad (k = 0, 1, \ldots, n).$$

Eliminiert man die u, so entsteht ein System von $n-2$ Gleichungen, die man in der Gestalt zusammenfassen kann:

$$(7) \qquad \left|\begin{matrix} s_0 & a_{00} & a_{10} & a_{20} \\ -s_1 & a_{01} & a_{11} & a_{21} \\ s_2 & a_{02} & a_{12} & a_{22} \\ \cdot & \cdot & \cdot & \cdot \\ \cdot & \cdot & \cdot & \cdot \\ (-1)^n s_n & a_{0n} & a_{1n} & a_{2n} \end{matrix}\right| = 0.$$

265) Andere Entwicklungen, den *Abel*schen Satz betreffend, findet man bei *E. Fabry*, Ann. Éc. norm. sup. (3) 13 (1896), p. 107—114; *A. C. Dixon*, Proc. Cambridge phil. Soc. 12 (1904), p. 454—457.

Dadurch werden die Bedingungen angegeben, daß die Parameter $\lambda_1, \lambda_2, \dots \lambda_n$, n Punkten der Kurve zugehören, die auf einer Geraden liegen; so haben wir die *erste Form* des *W. Fr. Meyer*schen Schnittpunktsatzes[266]). Um die *zweite* zu erreichen, bezeichnen wir mit

$$(\alpha) \qquad \begin{cases} \alpha_{00} & \alpha_{01} & \alpha_{02} & \dots \alpha_{0n} \\ \alpha_{10} & \alpha_{11} & \alpha_{12} & \dots \alpha_{1n} \\ \cdot & \cdot & \cdot & \cdot \\ \alpha_{n-3,0} & \alpha_{n-3,1} & \alpha_{n-3,2} & \dots \alpha_{n-3,n} \end{cases}$$

$n - 2$ unabhängige Auflösungen des Systems

$$\sum_k a_{ik}\xi_k = 0 \qquad (i = 0, 1, 2;\ k = 0, 1, 2, \dots, n),$$

so sind, nach einem Satze von *H. Graßmann* und *A. Brill*[267]), die Determinanten 3. Ordnung, die man aus den Koeffizienten desselben bilden kann, denjenigen $(n - 2)^{\text{ter}}$ Ordnung proportional, die man der Matrix (α) entnehmen kann; daraus folgt das System von $n - 2$ Gleichungen:

$$(8) \qquad \sum_{k=0}^{k=n} (-1)^k \alpha_{ik} s_k = 0,$$

die die zweite Form des *W. Fr. Meyer*schen Schnittpunktsatzes bilden.

Es sei zum Schlusse bemerkt, daß man viele Formeln, die die rationalen Kurven betreffen, aus dem folgenden Satze ableiten kann[268]): Setzt man:

$$f_r(x) = a_{0r} + a_{1r}x + a_{2r}x^2 + \cdots + a_{nr}x^n \qquad (r = 1, 2, \dots, m)$$

$$\varphi(x) = a_0 + a_1 x + a_2 x^2 + \cdots + a_m x^m = a_m(x - \alpha_1)\dots(x - \alpha_m) \; (m \leqq n),$$

so findet folgende Identität statt:

$$\begin{vmatrix} f_1(\alpha_1) & f_1(\alpha_2) \dots f_1(\alpha_m) \\ f_2(\alpha_1) & f_2(\alpha_2) \dots f_2(\alpha_m) \\ \cdot & \cdot \\ f_m(\alpha_1) & f_m(\alpha_2) \dots f_m(\alpha_m) \end{vmatrix} = \frac{1}{a_m^{n-m+1}} \begin{vmatrix} 1 & \alpha_1 \dots \alpha_1^{m-1} \\ 1 & \alpha_2 \dots \alpha_2^{m-1} \\ \cdot & \cdot \\ \cdot & \cdot \\ 1 & \alpha_m \dots \alpha_m^{m-1} \end{vmatrix} \times$$

266) Apolarität und rationale Kurven, p. 7. Von den Beziehungen (7) resp. (8) aus gelangt man mittels elementarer Umformungen der s_i durch einfache Eliminationen zu den Gleichungen der Singularitäten. Über das Koinzidieren von Singularitäten und dadurch bedingte Realitätsfragen vgl. I B 2, Nr. 25, 26.

267) Wegen weiterer Literatur über diesen Satz vgl. man *W. Franz Meyer*, „Apolarität", S. 1 und 401.

268) *G. Garbieri*, Giorn. di mat. 16 (1878), p. 1—17.

$$\times \begin{vmatrix} a_{01} & a_{11} & a_{21} & \dots & a_{m1} & a_{m+1,1} & \dots & a_{n-1,1} & a_{n,1} \\ a_{02} & a_{12} & a_{22} & \dots & a_{m2} & a_{m+1,2} & \dots & a_{n-1,2} & a_{n,2} \\ \cdot & \cdot & \cdot & \cdot & \cdot & \cdot & \cdot & \cdot & \cdot \\ a_{0m} & a_{1m} & a_{2m} & \dots & a_{mm} & a_{m+1,m} & \dots & a_{n-1,m} & a_{n,m} \\ a_0 & a_1 & a_2 & \dots & a_m & 0 & \dots & 0 & 0 \\ 0 & a_0 & a_1 & \dots & a_{m-1} & a_m & \dots & 0 & 0 \\ 0 & 0 & a_0 & \dots & a_{m-2} & a_{m-1} & \dots & 0 & 0 \\ \cdot & \cdot & \cdot & \cdot & \cdot & \cdot & \cdot & \cdot & \cdot \\ 0 & 0 & 0 & \dots & a_{2m-n} & a_{2m-n+1} & \dots & a_{m-1} & a_m \end{vmatrix}.$$

32. Erzeugung der rationalen ebenen Kurven. Die Frage der Erzeugung der rationalen Kurven, die *Clebsch* beiseite ließ, wurde durch *J. C. F. Haase*[269]) behandelt, indem er eine eingehende algebraische Entwicklung des folgenden, schon vorher bekannten Satzes gab: Zwei rationale Enveloppen der Klassen p, q in eineindeutiger Beziehung erzeugen durch die Schnittpunkte entsprechender Geraden eine rationale Kurve der Ordnung $p+q$. Diese Untersuchung erhielt durch *A. Brill*[270]) eine wichtige Ergänzung, indem er bewies, daß, wenn n ungerade ist, immer eine rationale Kurve der Klasse $\frac{n-1}{2}$ existiert, wenn aber n ungerade ist, ∞^2 rationale Kurven der Klasse $\frac{n}{2}$ existieren, die fähig sind, zusammen mit einer rationalen Kurve der Klasse $\frac{n+1}{2}$ bzw. $\frac{n}{2}$ eine allgemeiue rationale Kurve der Ordnung n zu erzeugen[271]). So entsteht die Betrachtung von algebraischen *Enveloppen*, die zu einem rationalen ebenen *Punktorte* in eindeutiger Beziehung stehen (oder zu demselben „perspektiv" sind), deren invariantentheoretische Untersuchung von *W. Fr. Meyer* allgemein (auch in höheren Räumen) ausgeführt wurde[272]). Mit denselben Enveloppen beschäftigte sich *W. Stahl*[273]), indem er den Begriff der „Fundamentalinvolution" be-

269) Math. Annalen 2 (1870), p. 515—548.

270) München Ber. 1885, p. 276 ff. oder Math. Ann. 36 (1890), p. 231—238. Die algebraische Erzeugung der gegebenen Ordnungskurve durch perspektive Ordnungskurven gestaltet sich einfacher, s. *W. Fr. Meyer,* Württ. Mitt. 2 (1887), p. 33—37.

271) *C. Segre* verdankt man die Bemerkung [Ann. di Mat. (2) 22 (1894), p. 137—138], daß man die *Brill*schen Resultate (oder ihre dualen) durch Projektion aus denjenigen von *Clebsch* (Math. Ann. 5 (1872), p. 1—26) über die Regelflächen ohne Weiteres ableiten kann; eine ähnliche Betrachtung kann auch auf die Kurven vom Geschlechte $p > 0$ angewandt werden.

272) Math. Ann. 30 (1889), p. 30—74.

273) Ib. 20 (1882), p. 360. Andere durch *Brill* eingeführte Begriffe und

nutzte, den *A. Brill*[274]) bei Kurven in beliebig ausgedehnten Räumen eingeführt hat.

In speziellen Fällen hat auch *G. Stiner*[275]) die Erzeugung der rationalen Kurven behandelt; mittels einfacher direkter Betrachtungen fand er zwei Verfahren, um die Konstruktion einer Kurve n^{ter} Ordnung mit einem $(n-1)$-fachen Punkte auf die einer Kurve von der Klasse $n-1$ mit einer $(n-2)$-fachen Tangente zu reduzieren; durch sukzessive Anwendung dieses und des dualen Satzes reduziert man so die Konstruktion der in Rede stehenden Kurve auf die eines Kegelschnittes oder einer Geraden. Ein ähnliches Verfahren kann auf die Kurven n^{ter} Ordnung mit einem $(n-2)$-fachen Punkte angewandt werden. Man beachte, daß das erste der obigen Verfahren im wesentlichen übereinstimmt mit einem bereits 1874 von *Em. Weyr*[276]) vorgeschlagenen.

33. Weitere Untersuchungen über die rationalen Kurven. *C. A. Laisant* hat auf die Kurven vom Geschlecht $p=0$ die Äquipollenzmethode angewandt.[277])

Zwischen den Parametern dreier Punkte einer rationalen Kurve n^{ter} Ordnung, die auf einer Geraden liegen, besteht eine symmetrische Gleichung, welche in jedem derselben vom Grade $n-2$ ist; durch Anwendung derselben bestimmte *Em. Weyr*[278]) die *Plücker*schen Charaktere der rationalen Kurven.

Auf einer rationalen Kurve (wie *M. Chasles* zuerst bemerkte) gilt das gewöhnliche Korrespondenzprinzip (vgl. III C 3, *Zeuthen*, Abschn. III); dasselbe wurde von *Em. Weyr* angewandt, um zunächst[279]) das System der mehrfach berührenden Kegelschnitte zu erforschen, sodann[280]), um die Eigenschaften der Kurve zu bestimmen, die durch die Geraden ein-

---

Methoden, betreffend binäre und ternäre Kombinanten der Kurve, wurden von *W. Groſs* [Math. Ann. 33 (1888), p. 136—150] angewandt; vgl. die Weiterführungen bei *E. Rowe*, Am. Math. Soc. Trans. 13 (1911), p. 387—404.

274) Vgl. *L. Berzolari*, Ann. di mat. (2) 21 (1893), p. 1—25, und den Artikel von *C. Segre*, III C, Mehrdimensionale Geometrie.

275) Dissertation, Zürich 1890.

276) Prager Ber. 1874, p. 198—204.

277) Ass. française avanc. Congrès de Pau 1892, p. 25—35.

278) Zeitschr. Math. Phys. 16 (1871), p. 80—83.

279) Prag. Ber. 1872, p. 59—65.

280) Prag. Ber. 1873, p. 9—42 u. 77—81. Für den Fall, daß der Korrespondenzträger ein Kegelschnitt ist, vgl. *Em. Weyr*, „Beiträge zur Kurvenlehre" (Wien 1880), p. 7—8, 12—14; und für den Fall, daß der Träger beliebig ist, aber die Korrespondenz eine quadratische Involution ist, vgl. *V. Retali*, L'intermédiaire des Math. 13 (1906), p. 200.

gehüllt wird, welche diejenigen Punkte der Kurve verbinden, die sich vermöge einer bestimmten algebraischen Korrespondenz entsprechen.

Der Ort der Zentra der mittleren Entfernungen der Durchschnittpunkte einer rationalen Kurve der Ordnung n mit den Kurven eines Systems der Ordnung m und des Index k (d. h. vom Grade k in einem Parameter) ist eine rationale Kurve der — von m gar nicht abhängenden — Ordnung nk, welche als k-fache asymptotische Richtungen die asymptotischen Richtungen der gegebenen hat.[281])

Die Rektifikation einer rationalen Kurve hängt im allgemeinen von hyperelliptischen Integralen ab.[282])

34. Die rationalen Kurven, die mit der Auflösung der Fundamentalaufgabe der Integralrechnung zusammenhängen. Ist die durch $f(x, y) = 0$ dargestellte algebraische Kurve rational, so kann man jedes Integral der Form $\int \varphi(x, y)\, dx$, wo φ eine rationale Funktion ist, auf ein anderes reduzieren, das unter dem Integralzeichen eine rationale Funktion einer einzigen Integrationsvariabeln enthält und daher elementar berechnet werden kann. Diese Bemerkung führte *Hermite* darauf, sich mit den rationalen Kurven zu beschäftigen und der Behandlung derselben eine geeignete Form zu geben.[283]) Sei die gegebene Kurve in kartesischen Koordinaten dargestellt durch:

$$(9) \qquad \left\{ \begin{aligned} x &= \varphi(\theta) = \frac{\beta_0 \theta^n + \beta_1 \theta^{n-1} + \cdots + \beta_n}{\alpha_0 \theta^n + \alpha_1 \theta^{n-1} + \cdots + \alpha_n}, \\ y &= \psi(\theta) = \frac{\gamma_0 \theta^n + \gamma_1 \theta^{n-1} + \cdots + \gamma_n}{\alpha_0 \theta^n + \alpha_1 \theta^{n-1} + \cdots + \alpha_n}. \end{aligned} \right.$$

Um zu beweisen, daß n die Ordnung derselben ist, bemerkt man, daß die Anwendung der *Bézout*schen Eliminationsmethode auf die Gleichung (9) (wo θ die Unbekannte ist) eine Gleichung ergibt, deren linke Seite von n^{ter} Ordnung in den Größen

$$\begin{vmatrix} \alpha_i x - \beta_i & \alpha_i y - \gamma_i \\ \alpha_k x - \beta_k & \alpha_k y - \gamma_k \end{vmatrix} = \begin{vmatrix} x & y & 1 \\ \beta_i & \gamma_i & \alpha_i \\ \beta_k & \gamma_k & \alpha_k \end{vmatrix}$$

---

281) *Weill* in Bull. sc. math. de France 10 (1882), p. 137—139; ihm verdankt man auch (Ib., p. 127—131) die Kenntnis einer Klasse rationaler Kurven, die alle Parabeln und Hyperbeln umfaßt. Einer anderen Klasse derselben Kurven mit imaginären Doppelpunkten begegnete *L. Fuchs* bei einer analytischen Frage (Berliner Akad. Ber. 1900, p. 74—78; Gesamm. math. Werke, 3, 313—317); sie wurden noch nicht eingehend untersucht.

282) „Cours de *M. Hermite* rédigé en 1887 par *M. Andoyer*" (Paris 1887), p. 33—34.

283) „Cours d'analyse de l'École polytéchnique" 1 (Paris 1873), p. 240 ff.

ist (vgl. Nr. **30**). Es ist immer möglich, mindestens ein Wertepaar Θ, Θ' des Parameters θ zu bestimmen, das die Gleichungen

$$\varphi(\theta) = \varphi(\theta'), \quad \psi(\theta) = \psi(\theta') \tag{10}$$

befriedigt; für jeden der entsprechenden Punkte verschwinden sowohl die linke Seite der Kurvengleichung, wie ihre zwei Ableitungen nach x und y; er ist daher ein singulärer Punkt der Kurve. Um alle Kurvendoppelpunkte zu bestimmen, setze man

$$t = -(\theta + \theta'), \quad u = \theta\theta';$$

so erhält man, durch Anwendung von bekannten Vorschriften, Gleichungen der Art:

$$\varphi(\theta) = \frac{\beta_0}{\alpha_0} + \sum_{i=1}^{i=n} \frac{B_i}{\theta - a_i}, \quad \psi(\theta) = \frac{\gamma_0}{\alpha_0} + \sum_{i=1}^{i=n} \frac{C_i}{\theta - a_i},$$

wo die a_i die Wurzeln der Gleichung

$$\alpha_0 \theta^n + \alpha_1 \theta^{n-1} + \cdots + \alpha_n = 0$$

sind; hat man daraufhin die Gleichungen (10) vom Faktor $\theta - \theta'$ befreit, so nehmen sie die Form an:

$$\sum_{i=1}^{i=n} \frac{B_i}{\alpha_i t^2 + \alpha_i t + u} = 0, \quad \sum_{i=1}^{i=n} \frac{C_i}{\alpha_i t^2 + \alpha_i t + u} = 0.$$

Auf ganze Form gebracht, werden diese Gleichungen von dem Grade $n - 1$; von ihren $(n-1)^2$ Auflösungen sind $\frac{n(n-1)}{2}$ der Frage fremd; jede der übrigen $\frac{(n-1)(n-2)}{2}$ entspricht einem Knotenpunkt der Kurve. Zuletzt sei bemerkt, daß *Hermite* auch eine praktische Methode gegeben hat, um die Parameterdarstellung einer rationalen Kurve zu erreichen, von der man die kartesische Gleichung kennt, da dies unumgänglich ist, um die Fundamentalaufgabe der Integralrechnung im betrachteten Falle zu lösen.

II. Die elliptischen Kurven.

35. Der Schwarz-Kleinsche Satz. Die Untersuchungen von Clebsch. Für die Kurven der zwei ersten Geschlechter (d. h. den rationalen und den elliptischen) existiert eine wichtige Beziehung, die durch den folgenden Satz gegeben wird[284]): Wenn es möglich ist,

284) Dieser Satz wurde durch *H. A. Schwarz* (J. f. Math. 87 (1879), p. 139—145, oder Ges. math. Abh. 2 (1890), p. 285—291) durch funktionentheoretische Betrachtnngen unter der Voraussetzung bewiesen, daß die betrachteten Transformationen eine kontinuierliche Schar bilden; daß er unabhängig von dieser Annahme sei, bemerkte zuerst *F. Klein* in einem an *Poincaré* gerichteten Briefe (Acta math. 7 (1884), p. 16). Ein rein algebraischer Beweis wurde durch *G. Hettner* (Gött.

zwischen zwei algebraischen Kurven eine ein-eindeutige Korrespondenz auf ∞^1 Weisen herzustellen, so sind die Koordinaten eines beliebigen Punktes einer derselben rationale oder elliptische Funktionen eines Parameters.

Eine große Zahl von Aufgaben, die die Kurven vom Geschlechte 1 betreffen (insbesondere die Grundlagen der analytischen Behandlung, und was die Berührungen mit einer anderen algebraischen Kurve betrifft) sind in der zweiten der Abhandlungen erledigt, wo *Clebsch* die Anwendungen der *Abel*schen Funktionen auf die Geometrie ausführte.[285]) Er setzt daselbst eine ebene Kurve n^{ter} Ordnung mit $\frac{1}{2}n(n-3)$ Doppel- oder Rückkehrpunkten voraus; diese und $n-2$ beliebige Kurvenpunkte bestimmen ein Büschel von Kurven der Ordnung $n-2$; jede solche Kurve schneidet die gegebene in zwei weiteren Punkten P, Q; vier von ihnen berühren die gegebene Kurve, und ihr Doppelverhältnis ist von den gewählten $(n-2)$ festen Punkten unabhängig, es ist eine *absolute Invariante* („Modul") der gegebenen Kurve. Die Enveloppe der Geraden PQ ist eine rationale Kurve der Klasse $n-2$. Die oben definierten Büschel führen direkt auf eine Darstellung der Koordinaten der Kurvenpunkte durch irrationale Funktionen eines Parameters, bei der aber die darstellenden Funktionen durch einen gemeinsamen Faktor teilbar sind. Durch eine Parametertransformation erhält man neue Formeln, die diesen Nachteil nicht haben:

$$\varrho x_i = f_i(z)\sqrt{M} + \varphi_i(z)\sqrt{N} \quad (i = 0, 1, 2),$$

wo die Funktionen f_i des Parameters z von einer Ordnung $k \leqq \frac{1}{2}n$ und die φ_i von einer Ordnung $h \leqq \frac{1}{2}n$ sind, ferner ist M von der Ordnung $n-2k$, N von der Ordnung $n-2h$, wo $h+k=n-2$, so daß das Produkt MN von der 4. Ordnung ist; von den Funktionen M, N kann eine vom Grade 0 oder 1 sein und infolgedessen die andere vom Grade 4 oder 3. Umgekehrt besitzt jede Kurve, die mittels Formeln der bezeichneten Art darstellbar ist, $\frac{1}{2}n(n-3)$ Doppel- oder Rückkehrpunkte. Sind

$$a^{(i)}, b^{(i)} \quad \left(i = 1, 2, \ldots, \frac{n(n-3)}{2}\right)$$

die Parameter der singulären Punkte der Kurve, und $z_1, z_2, \ldots, z_{mn}$ solche, die den Durchschnitten der gegebenen Kurve mit einer solchen der Ordnung m entsprechen, so führt der *Abel*sche Satz auf das Gleichungssystem:

Nachr. 1880, p. 386—398) angebahnt, durch *M. Nöther* (Math. Ann. 20 (1882), p. 59—62; 21 (1883), p. 138—140) zu Ende geführt. Den neuesten Beweis verdankt man *O. Chisini*, Rend. Ist. Lomb. (2) 47 (1914), p. 346—349.

285) J. f. Math. 64 (1865), p. 111—270.

$$\sum_{i=1}^{i=mn} \frac{dz_i}{\sqrt{M_i N_i}} = \text{Konst.}$$

$$\sum_{i=n}^{i=mn} \int \left\{ \frac{\sqrt{M_i N_i} + \sqrt{M_a N_a}}{(a - z_i)\sqrt{M_i N_i}} - \frac{\sqrt{M_i N_i} + \sqrt{M_b N_b}}{(b - z_i)\sqrt{M_i N_i}} \right. = \text{Konst.}$$

$$(a,\, b = a_1,\, b_1;\; a_2,\, b_2;\; \ldots;\; a_\nu,\, b_\nu),$$

wo $\nu = \frac{n(n-3)}{2}$ und die Konstanten von der Zahl m und der Art der schneidenden Kurve abhängen: ist $m > n - 3$, so sind $\frac{1}{2}(n-1) \times (n-2)$ durch die anderen bestimmt. Man kann diesen Gleichungen ein anderes Aussehen geben, indem man die elliptischen Funktionen in die Parameterdarstellung der Kurve einführt; Modifikationen in derselben treten ein, wenn die Kurve eine gewisse Anzahl $\left(\text{nicht größer als } \frac{3n}{2}\right)$ von Spitzen besitzt. Alle diese Formeln dienen dazu, um das „Umkehrproblem" zu lösen, d. h. einige der Durchschnittspunkte durch die übrigen zu bestimmen. Vgl. II B 2, *Wirtinger,* Nr. **44**.

36. Die Wendepunkte. Einige wichtige Fragen, die die elliptischen Kurven betreffen, wurden von *Clebsch* bei Seite gelassen, z. B. die Bestimmung der Wendepunkte. Diese Aufgabe wurde von *F. Brioschi*[286]) studiert, indem er die folgende Parameterdarstellung der Kurve gebrauchte:

$$\varrho x_i = f_i(x) + \varphi_i(x)\sqrt{x(1-x)(1-k^2x)} \qquad (i = 0, 1, 2),$$

wo die Polynome f_i im Parameter x vom Grade $\frac{n}{2}$ oder $\frac{n+1}{2}$ sind, je nachdem die Ordnung n der Kurve gerade oder ungerade ist, während die Polynome φ_i die Grade $\frac{n-2}{2}$ oder $\frac{n-3}{2}$ besitzen. Substituiert man diese Ausdrücke in die Gleichung

$$\begin{vmatrix} x_0 & x_1 & x_2 \\ x_0' & x_1' & x_2' \\ x_0'' & x_1'' & x_2'' \end{vmatrix} = 0,$$

wo die Akzente die Differentation nach dem Parameter x bezeichnen, so erhält man eine Gleichung des Grades $3n$ oder $3(n+1)$, je nachdem n gerade oder ungerade ist; da aber die Anzahl der Wendepunkte immer $3n$ ist, so enthält im letzteren Falle die *Brioschi*sche Gleichung einen fremden Faktor 3. Grades, den *Brioschi* abtrennte, falls $n = 3$ ist, oder alle Polynome f den Faktor x haben; *im allgemeinen Falle wurde die Abspaltung noch nicht ausgeführt.*

---

286) Rend. Ist. Lomb. (2) 2 (1869), p. 559—565, oder Opere 3, p. 249—256.

37. Anwendungen der Theorie der doppeltperiodischen Funktionen auf die Theorie der elliptischen Kurven. (Vgl. II B 3, *Fricke*, Nr. 74.) Andere Parameterdarstellungen der in Rede stehenden Kurven wurden durch *P. d'Esclaïbes*[287]), *G. Humbert*[288]) und *O. Schlesinger*[289]) aufgestellt, wie wir jetzt darlegen wollen:

a) *P. d'Esclaïbes* wandte zuerst die Funktionen und Bezeichnungen von *Jacobi* an, indem er die folgende Darstellung vorschlug:

$$x = Ae^{-\frac{i\pi h' t}{K}} \frac{H(t-\alpha_1)\dots H(t-\alpha_n)}{H(t-\gamma_1)\dots H(t-\gamma_n)},$$

$$y = Be^{-\frac{i\pi h' t}{K}} \frac{H(t-\beta_1)\dots H(t-\beta_n)}{H(t-\gamma_1)\dots H(t-\gamma_n)},$$

wo A, B Konstanten sind und die Beziehung statt hat:

$$\alpha_1 + \dots + \alpha_n = \gamma_1 + \dots + \gamma_n + 2hK + 2h'iK',$$

$$\beta_1 + \dots + \beta_n = \gamma_1 + \dots + \gamma_n + 2h_1K + 2h_1'iK'.$$

Eine andere von demselben Vorfasser vorgeschlagene Darstellung lautet:

$$x = \frac{f(\varrho) + \varphi(\varrho)\sqrt{\varrho(1-\varrho)(1-k^2\varrho)}}{\psi(\varrho)}, \quad y = \frac{F(\varrho) + \Phi(\varrho)\sqrt{\varrho(1-\varrho)(1-k^2\varrho)}}{\psi(\varrho)},$$

wo f, F, ψ Funktionen vom Grade n und φ, Φ vom Grade $n-2$ sind. Um in diesen Formeln die elliptischen Funktionen erscheinen zu lassen, genügt es, $\varrho = sn^2 t$ zu setzen; will man lieber die *Weierstraß*sche Funktion $\wp$ einführen, so hat man nur die bekannte Relation anzuwenden, die zwischen dieser und der Funktion sn statthat.

Zu einer dritten Parameterdarstellung wurde derselbe Verfasser durch einige Bemerkungen veranlaßt, die *Hermite* an *Fuchs* brieflich mitteilte[290]), sie lautet:

$$x = x_0 + AZ(t-a) + BZ(t-b) + \dots + LZ(t-l),$$

$$y = y_0 + A'Z(t-a) + B'Z(t-b) + \dots + L'Z(t-l),$$

wo die konstanten Faktoren die Gleichungen befriedigen:

$$A + B + \dots + L = 0, \quad A' + B' + \dots + L' = 0,$$

und Z wie üblich, die logarithmische Ableitung der *Jacobi*schen Funktion H darstellt.

---

287) Thèse: „Sur les applications des fonctions elliptiques à l'étude des courbes de premier genre" (Paris 1880).

288) Thèse: „Sur le scourbes de premier genre" (Paris 1885) (wo einige frühere in den Paris C. R. veröffentlichte Noten zusammengestellt bzw. berichtigt werden).

289) Math. Ann. 33 (1889), p. 444—469; 34 (1889), p. 463—464.

290) J. f. Math. 82 (1877), p. 343—347.

b) *G. Humbert*[288]) führte die Betrachtung der n Funktionen $P_1(t)$, $P_2(t), \ldots, P_n(t)$ ein, die durch die Gleichungen

$$P_{k+1}(t) = \theta_3\left(t + k\frac{\omega}{n}\right)$$

definiert sind.

Setzt man

$$\varrho x_i = A_{i1} P_1 + A_{i2} P_2 + \cdots + A_{in} P_n \quad (i = 0, 1, 2),$$

wo die A_i $3n$ willkürliche Konstanten sind, so bekommt man die analytische Darstellung einer Kurve, welche, wenn sie irreduzibel ist, die Ordnung n besitzt. Die Funktionen P_i sind linear unabhängig, aber durch $\frac{1}{2}n(n-3)$ quadratische Relationen verbunden; diese Relationen führen zu den Gleichungen der Kurve, wenn diese irreduzibel ist, sowie zu den Bedingungen, damit sie in Kurven niedriger Ordnung zerfalle. Jede Kurve von der Ordnung n und vom Geschlechte 1 besitzt eine einzige Adjungierte der Ordnung $n-3$ und ∞^1 Adjungierte der Ordnung $n-2$; von jener wie von diesen kann man, durch Anwendung der quadratischen Relationen zwischen den P_i, die Gleichungen bestimmen. Hat eine elliptische Kurve nur Doppelpunkte, so ist die Lage derselben nicht mehr willkürlich; die Beziehungen, die zwischen $\frac{1}{2}n(n-3)$ Punkten statt haben müssen, damit sie Doppelpunkte einer nicht-zerfallenden Kurve n^{ter} Ordnung sind (welche *Halphen*[66]) [s. Nr. **6**] für $n = 6$ fand) wurden durch *G. Humbert* allgemein aufgestellt. Derselbe Verfasser hat zahlreiche Ergänzungen zu den *Clebsch*schen Resultaten über die Anwendungen des *Abel*schen Theorems, über die Berührungskurven, usw. gegeben.

c) Ähnlichkeit mit der *Humbert*schen Darstellung besitzt die von *O. Schlesinger*[289]), die als Grundlagen einige seiner früheren analytischen Untersuchungen hat.[291]) Im Laufe derselben stieß *Schlesinger* auf die Frage, ob der *Lüroth*sche Satz (Nr. **26**) im elliptischen Gebiete gelte, und beantwortete dieselbe, wie *Humbert*, im bejahenden Sinne, durch das folgende Theorem: „Wenn bei der Parameterdarstellung einer Kurve vom Geschlechte 1 jedem Punkte p Parameterwerte entsprechen, so ist die Kurve entweder unikursal oder durch elliptische Funktionen mit andern Perioden so darstellbar, daß jedem Punkte nur *ein* Parameter zugehört." Eine andere von *Schlesinger* (wie von *Humbert*) gelöste Frage betrifft die Bestimmung der Kurvengleichung unter der Voraussetzung, daß von dieser Kurve die Parameterdarstellung *a priori* gegeben sei; unter derselben Voraussetzung

---

291) Math. Ann. 31 (1888), p. 183.

bestimmte er analytisch die Doppelpunkte, die Spitzen (wenn solche vorhanden) und die Wendepunkte der Kurve; solche ohne Anwendung der *Plücker*schen Formeln erhaltenen Resultate können als eine Kontrolle von diesen dienen.

38. Eindeutige Korrespondenzen auf den elliptischen Kurven. Die eindeutigen Korrespondenzen zwischen den Punkten einer elliptischen Kurve, welche in den oben zitierten Abhandlungen von *Clebsch* und *Humbert* berührt sind, sind von zwei Arten. Man findet die der ersten Art bei Kurven von beliebigem Modul und kann sie darstellen durch:

$$u = \pm u' + C,$$

wenn u, u' die Parameterwerte zweier entsprechender Punkte bedeuten und C eine Konstante ist; man nennt diese Kurvenart die „*allgemeine*". Andere Arten bieten sich nur bei *harmonischen* oder *äquianharmonischen* Kurven dar; diese heißen daher „*singulär*" und sind darstellbar durch:

$$u' = \pm iu + C, \quad u' = \pm \alpha u + C \quad (\alpha \text{ komplexe dritte Einheitswurzel}),$$

jenachdem die Kurve eine harmonische oder eine äquianharmonische ist.[292])

Eine symbolische durch *Em. Weyr*[293]) eingeführte Rechnung soll nur kurz erwähnt werden, da die bis jetzt davon gemachten Anwendungen nur die ebenen Kurven 3. Ordnung (und die Raumkurven 4. Ordnung 1. Art) betreffen. Über die linearen Systeme elliptischer Kurven hat man anderswo berichtet[294]), während bezüglich der Anwendung der Betrachtung beliebig ausgedehnter Räume auf die Lehre der elliptischen Kurven auf den Artikel (III C, *C. Segre*) über Mehrdimensionale Geometrie zu verweisen ist.

III. Die hyperelliptischen Kurven.

39. Allgemeine hyperelliptische Kurven. Die Methoden, die *Clebsch* auf die Kurven von beliebigem Geschlechte und dann im besonderen auf die rationalen und elliptischen Kurven angewandt hat, wurden auf eine andere ausgedehnte Kurvenklasse übertragen von *A. Brill* in der Abhandlung „*Über diejenigen Kurven, deren Koordinaten sich als hyperelliptische Funktionen eines Parameters darstellen*

---

292) *S. Kantor,* Atti Napoli (2) 1 (1888); *C. Segre,* Atti Torino 24 (1889), p. 734—756; *S. Kantor,* ib. 29 (1893), p. 4—22.

293) Wien. Ber. 103_2 (1894), p. 365—441.

294) *L. Berzolari,* Art. III C 4, Abschn. V.

lassen"[295]). Übrigens bilden die elliptischen Kurven nur die ersten Elemente einer Klasse von Kurven beliebigen Geschlechtes, die, in den Untersuchungen der Kurven vom Geschlechtstandpunkt, einen Ausnahmefall bilden; wir meinen die „hyperelliptischen Kurven", die durch die Eigenschaft charakterisiert werden, eine g_2^1 zu besitzen; ist p ihr Geschlecht, so kann man sie durch eine rationale Transformation in Kurven der Ordnung p mit einem $(p-2)$-fachen Punkte transformieren. Nach *Clebsch*[296]) kann man als kanonische analytische Darstellung einer hyperelliptischen Kurve der Ordnung n, in Verallgemeinerung der Darstellung auf p. 628, die folgende wählen:

$$\varrho x_i = f_i(z)\sqrt{M} + \varphi_i(z)\sqrt{N},$$

wo die f_i Funktionen eines Grades $k \leqq \frac{n}{2}$ und die φ_i andere Funktionen eines Grades $h \leqq \frac{1}{2}n$ bedeuten, M eine solche vom Grade $n-2k$ und N eine vom Grade $n-2h$, wo $h+k=n-p-1$.

Die Korrespondenzen, die man zwischen den Punkten einer hyperelliptischen Kurve herstellen kann, wurden durch *S. Kantor*[297]), *A. Wiman*[298]), *I. Holmqvist*[299]) und *R. Torelli*[300]) untersucht. Über lineare Systeme hyperelliptischer Kurven hat man anderswo berichtet[301]).

40. Einige besondere hyperelliptische Kurven. Die (hyperelliptischen) Kurven der Ordnung n mit einem $(n-2)$-fachen Punkte besitzen diese von *E. Bertini*[302]) entdeckte Eigenschaft: Ist O der vielfache Punkt der Kurve und sind $C_1, C_2, \ldots, C_{2(n-1)}$ die Berührungspunkte der durch O an die Kurve gehenden Tangenten, so existieren ∞^{n-2s} Kurven der Ordnung $n-s$, die in O die Vielfachheit $n-2s-2$ haben und durch alle Punkte C gehen. Dieser Satz wurde durch *E. Caporali* verallgemeinert[303]) und neuerdings durch ein neues Verfahren von *H. Bateman* begründet.[304])

Hyperelliptisch sind auch die durch *C. Weltzien*[305]) untersuchten

---

295) J. f. Math. 65 (1866), p. 269—283.

296) Vorlesungen über Geometrie, hersg. von *F. Lindemann*, Bd. 1 (Leipzig 1875), p. 919.

297) Palermo Rend. 2 (1896), p. 565—578.

298) Stockholm Abh. 21 (1895).

299) Diss. Lund 1900.

300) Palermo Rend. 19 (1905), p. 297—304.

301) *L. Berzolari*, Art. III C 4, Abschn. V.

302) Rom Lincei Transunti (3) 1 (1877), p. 92—96.

303) Napoli Rend. 20 (1881), p. 143—147 oder „Memorie di geometria", (Napoli 1888), p. 164.

304) Quarterly Journ. of Math. 37 (1906), p. 277—288.

305) Math. Ann. 30 (1887), p. 535—545.

Kurven, die sich in homogenen Punktkoordinaten durch die folgenden Gleichungen darstellen lassen:

$$\varrho x_i = (a_{i0} t + a_{i1}) \sqrt{E(t)} + (b_{i0} t + b_{i1}) \sqrt{F(t)},$$

wo E, F rationale ganze Funktionen des Parameters t sind; ist p der Grad derselben, so sind die Kurven vom Geschlecht p und von der Ordnung $p - 3$.

Hyperelliptisch sind ferner die „bikursalen" Kurven, die dargestellt sind durch:

$$\varrho x_i = A_i + B_i \sqrt{R}, \quad (i = 0, 1, 2),$$

wo die A_i Funktionen des Grades m, die B_i vom Grade $m - n$ sind und R vom Grade $2n$; diese Kurven sind von der Ordnung $2n$ und vom Geschlechte $n - 1$.[306])

Es sei schließlich auf eine von *C. Küpper* untersuchte Kurve hingewiesen, die auch hyperelliptisch ist[307]); sie ist 8. Grades und besitzt 13 Doppelpunkte, welche die Grundpunkte eines Netzes von Kurven 4. Ordnung bilden.

306) *W. R. Westroop Roberts* in Dublin Proceed. 24 A (1902—1904), p. 53—58.
307) Prag. Ber. 1898, Nr. 1.

(Abgeschlossen im September 1914.)

III C 6a. GRUNDEIGENSCHAFTEN DER ALGEBRAISCHEN FLÄCHEN.

VON

G. CASTELNUOVO UND F. ENRIQUES
IN ROM IN BOLOGNA.

Inhaltsübersicht.

Literatur.

Abhandlungen und Monographieen.

G. Salmon, A treatise on the Analytic Geometry of three dimensions, 2. Aufl. (1865) [erste Auflage 1862] Dublin, Hodges, Smith and Co. = *Salmon,* Geometry.

Salmon-Fiedler, Analytische Geometrie des Raumes, II. Teil, 3. Auflage (1880), Leipzig, Teubner = *Salmon-Fiedler.*

L. Cremona, Preliminari di una teoria geometrica delle superficie, Memorie dell'Accademia delle Scienze dell' Istituto di Bologna (2), Bd. VI (1866), p. 91; Bd. VII (1867), p. 29; Opere Matematiche, Bd. II, p. 279, Milano, Hoepli (1915) = *Cremona,* Preliminari.

Cremona-Curtze, Grundzüge einer allgemeinen Theorie der Oberflächen in synthetischer Behandlung, Berlin, Calvary und Co. (1870) = *Cremona,* Grundzüge.

Picard et *Simart,* Théorie des fonctions algébriques de deux variables indépendantes, Paris, Gauthiers-Villars, Bd. I (1897), Bd. II (1906) = *Picard-Simart,* Théorie.

---

1. Fläche n^{te} Ordnung; Anzahl der Bedingungen, welche man ihr auferlegen kann. Eine (algebraische) Fläche f_n der n^{ten} *Ordnung* ist der Ort der (reellen oder imaginären) Punkte, deren projektive (speziell homogene kartesische) Koordinaten x_1, x_2, x_3, x_4 einer Gleichung

$$f_n(x_1, x_2, x_3, x_4) = 0$$

genügen, in welcher f_n eine algebraische Form n^{ten} Grades bedeutet.

In nicht homogenen (speziell gewöhnlichen kartesischen Koordinaten) $x = \frac{x_1}{x_4}$, $y = \frac{x_2}{x_4}$, $z = \frac{x_3}{x_4}$ wird die Fläche durch eine Gleichung $F(x, y, z) = 0$ dargestellt, wo F ein Polynom n^{ten} Grades ist[1]).

Die Fläche ist *irreduzibel* (*einfach*) oder *reduzibel*, je nachdem der eine oder andere Fall für die Form f_n vorliegt.

Aus der Anzahl der Koeffizienten, welche in die Form f_n eingehen, folgt, daß die Fläche durch

$$N(n) = \frac{(n+1)(n+2)(n+3)}{6} - 1$$

---

1) Der Gedanke, eine Fläche durch eine Gleichung in drei Variablen darzustellen, scheint auf *Parent* zurückzugehen; siehe eine im Jahre 1700 verlesene und 1713 in den Essais et recherches de mathématique et physique, Paris, Bd. II, p. 181 veröffentlichte Abhandlung. Die Unterscheidung der Flächen in algebraische und transzendente und die Einteilung der Flächen 2. Ordnung gab *Euler,* Introductio in Analysin infinitorum, Bd. II, Appendix (Lausannae 1748).

unabhängige lineare Bedingungen (deren jede auf eine lineare Gleichung zwischen den genannten Koeffizienten führt) vollständig bestimmt ist; insbesondere ist die Fläche durch $N(n)$ Punkte allgemeiner Lage bestimmt. Greift man eine geringere Anzahl linearer Bedingungen heraus, so bilden die f_n, welche ihnen genügen, ein lineares ∞^r-System (der Dimension r) von der Beschaffenheit, daß durch r Punkte allgemeiner Lage des Raumes eine einzige f_n des Systems hindurchgeht. Sind $f_n^{(h)} = 0$ $(h = 1, 2, 3, \ldots, r+1)$ $r+1$ unabhängige Flächen des Systems, so hat die allgemeine Fläche des Systems eine Gleichung der Form $\sum \lambda_h f_n^{(h)} = 0$, wo die λ Parameter sind. Speziell wird ein lineares ∞^1- oder ∞^2-System ein *Büschel* bzw. *Netz* genannt.

2. Schnitt einer Fläche mit einer Geraden oder einer Ebene. Eine Fläche f_n wird von einer Geraden in n Punkten geschnitten und von einer Ebene nach einer Kurve C_n der n^{ten} Ordnung (vorausgesetzt, daß weder die Gerade noch die Ebene der Fläche vollständig angehört). Sei $O \equiv (y_i)$ ein *einfacher* Punkt von f_n, d. h. von der Eigenschaft, daß die vier partiellen Ableitungen $\frac{\partial f_n}{\partial y_i}$ (berechnet für die Koordinaten y_i des Punktes O) nicht gleichzeitig verschwinden; dann liegt in O ein einziger Schnittpunkt von f_n mit einer Geraden allgemeiner Lage, welche durch O hindurchgeht. Hat jedoch die Gerade eine spezielle Lage, so können $i \geqq 2$ Schnittpunkte in O zusammenrücken; man sagt alsdann, die Gerade habe mit f_n in O eine *Berührung der Ordnung* $i - 1$ oder *i-punktige Berührung.* Für $i = 2$ ist die Gerade *Tangente,* für $i = 3$ *oskulierende* oder *Inflexions-* oder *Haupt-Tangente.* Die ∞^1 Tangenten von f_n in O gehören einer Ebene an $\sum \frac{\partial f_n}{\partial y_i} x_i = 0$, der *Tangentialebene.* Diese Ebene schneidet f_n im allgemeinen nach einer Kurve C_n, welche in O einen Doppelpunkt hat[2]) et vice versa (wobei O immer als einfacher Punkt vorausgesetzt ist). Die beiden Tangenten an C_n in O sind Haupttangenten von f_n. Sie sind in einem einfachen Punkte allgemeiner Lage von f_n voneinander verschieden, vorausgesetzt, daß f_n keine abwickelbare Fläche ist. Wenn sie koinzidieren, heißt der einfache Punkt O *parabolisch*; in diesem Falle ist die Tangentialebene *stationär* (vgl. Nr. **14**). Die parabolischen Punkte einer Fläche bilden ihre *parabolische Kurve*[3]).

2) *Plücker,* Journal für Math. 4 (1829), p. 359.

3) *Demarkationslinie* nach *Dupin,* Développements de géométrie, Paris 1813, p. 195; sie trennt die hyperbolischen Punkte (mit reellen Haupttangenten) von den elliptischen Punkten (mit konjugiert-komplexen Haupttangenten), vorausgesetzt, daß die Fläche ∞^2 reelle Punkte besitzt.

Enthält eine f_n $n+1$ Punkte einer Geraden, so gehört diese der Fläche vollständig an. Eine *allgemeine* Fläche n^{ter} Ordnung $(n>3)$ enthält keine Gerade, aber sie kann unter besonderen Bedingungen welche enthalten[4]).

3. Mehrfache Punkte. Wenn für die Koordinaten eines Punktes O einer Fläche $f_n=0$ die ersten partiellen Ableitungen

$$\frac{\partial f}{\partial x_i} \qquad (i=1,2,3,4)$$

verschwinden, so ist die Tangentialebene in O unbestimmt; der Punkt O ist *mehrfach* für die Fläche, und zwar handelt es sich um einen *r-fachen Punkt,* wenn alle partiellen Ableitungen bis einschließlich zur $r-1^{\text{ten}}$ Ordnung verschwinden:

$$\frac{\partial^s f}{\partial x_1^{\alpha_1}\partial x_2^{\alpha_2}\partial x_3^{\alpha_3}\partial x_4^{\alpha_4}}=0 \qquad (s=\alpha_1+\alpha_2+\alpha_3+\alpha_4<r).$$

Vom Gesichtspunkt der Geometrie aus nennt man einen Punkt O r-fach, wenn er r der Schnittpunkte der Fläche mit einer durch O hindurchgehenden Geraden allgemeiner Lage absorbiert. Die Multiplizität r von O kann die Ordnung der Fläche nicht überschreiten; ist $r=n$, so ist die Fläche ein *Kegel* mit O als Scheitel.

Wählen wir den Punkt O als den Punkt $x_1=0$, $x_2=0$, $x_3=0$, so nimmt die Gleichung der Fläche die Form an:

$$x_4^{n-r}g_r+x_4^{n-r-1}g_{r+1}+\cdots+g_n=0,$$

wo g_i eine Form vom Grade i in x_1, x_2, x_3 bedeutet. Man kann durch O ∞^1 (tangierende) Geraden legen, welche mit der Fläche $r+1$ zusammengerückte Punkte gemein haben. Sie bilden den Tangenten*kegel* $g_r=0$, unter dessen Erzeugenden sich $r(r+1)$ (dargestellt durch $g_r=0$, $g_{r+1}=0$) befinden, welche die Fläche in $r+2$ am Punkte O zusammengerückten Punkten treffen. Die Tangentialebenen des Kegels g_r sind als (singuläre) Tangentialebenen von f in O zu betrachten.

Der Kegel g_r kann irreduzibel oder reduzibel sein; demgemäß unterscheidet man die Doppelpunkte in *konische* Punkte, *biplanare* Punkte (für welche g_2 von 2 verschiedenen Ebenen gebildet wird) und *uniplanare* Punkte (für welche g_2 eine Doppelebene ist).

Eine Fläche kann mehrfache Punkte in endlicher oder unendlicher Anzahl besitzen; in letzterem Falle hat die Fläche eine *mehr-*

4) Über die Verteilung der Geraden, welche einer Fläche angehören, siehe *Sturm,* Math. Ann. 4 (1871), p. 249; *Affolter,* Math. Ann. 27 (1886), p. 277; 29 (1887), p. 1. In betreff der Maximalzahl der Geraden, welche eine Fläche aufweisen kann, ohne eine Regelfläche zu werden, siehe Nr. 21 dieses Artikels.

fache algebraische Kurve, deren Punkte allgemeiner Lage eine gewisse Multiplizität der Ordnung $r \geqq 2$ besitzen. Die Fläche kann mehrere Kurven von verschiedener Ordnung der Multiplizität enthalten. Der Kegel r^{ter} Ordnung, welcher f in einem Punkte allgemeiner Lage O einer r-fachen Kurve berührt, besteht aus r Ebenen, welche durch die Tangente der Kurve in O hindurchgehen; die r Ebenen können voneinander verschieden sein oder nicht. Z. B. unterscheidet man für $r = 2$ eine *Doppel*kurve im eigentlichen Sinne, deren allgemeiner Punkt biplanar ist, und eine *Cuspidal*kurve (*Rückkehrkante*, *arête de rebroussement*), deren allgemeiner Punkt uniplanar ist

Eine *allgemeine* Fläche $f_n = 0$ besitzt keinen mehrfachen Punkt; hat sie solche Punkte, so muß die Diskriminante von f_n verschwinden (Nr. **17**).

4. Singuläre mehrfache Punkte. Die Singularitäten, welche ein mehrfacher Punkt einer Fläche darbieten kann, verursachen Singularitäten des Tangentenkegels in dem Punkte; aber die Betrachtung des Kegels gestattet im allgemeinen nicht, die Singularitäten des Punktes zu charakterisieren.

Man gelangt z. B. auf diesem Wege nicht dazu, einen allgemeinen uniplanaren Knoten von einem *tacnode* (Berührungspunkt zweier Mäntel der Fläche) und von anderen singulären Doppelpunkten zu unterscheiden.

Den für das Studium der Singularitäten einer Fläche grundlegenden Gedanken, daß jede Singularität einer Fläche (analog dem, was für Kurven gilt [III C 4 (*Berzolari*)]) betrachtet werden kann als hervorgegangen aus der unbegrenzten Annäherung gewöhnlicher mehrfacher Punkte und Kurven, verdankt man *M. Noether*. Die Ausführung dieses Gedankens kann auf verschiedenen Wegen in Angriff genommen werden.

1. *M. Noether*[5]) verwendet zu diesem Zweck den Reduktions-Prozeß durch birationale Transformationen, welcher dazu führt, die unendlich benachbarten mehrfachen Punkte und Kurven zu trennen.

2. *K. Rohn*[6]) betrachtet den Tangentenkegel an die Fläche von einem Punkte allgemeiner Lage des Raumes aus und untersucht die Singularität, welche der Kegel vermöge der Singularität der Fläche empfängt. Er wurde so ebenfalls dazu geführt, eine Singularität als die Ver-

5) Göttinger Nachrichten 1871, p. 267; in betreff der Entwicklung dieser Methode und ihrer Anwendung auf zahlreiche Beispiele siehe *C. Segre*, Annali di mat. (2) 25 (1897), p. 1.

6) Math. Ann. 22 (1883), p. 124; Leipziger Berichte 1883/4. Vgl. Nr. 13 dieses Artikels.

einigung mehrerer unendlich benachbarter mehrfacher Punkte zu betrachten.

3. *C. Segre*[7]), der vom Verfahren *Noethers* ausgeht, sucht die durch einen singulären Punkt O absorbierten Schnittpunkte der Fläche auf einem Zweige einer durch O gelegten Kurve auf. Durch Variation der Kurve erhält er Zahlen, welche ihm dazu dienen, auf direkte Weise die Charaktere (die *Zusammensetzung*) der Singularität zu bestimmen.

Sei z. B. O der Anfangspunkt eines kartesischen Koordinatensystems x, y, z; und betrachten wir zuerst einen linearen Kurvenzweig, welcher von O ausgeht, und gegeben ist durch nach Potenzen des Parameters t fortschreitende Entwicklungen:

$$(1) \qquad x = at + \cdots, \; y = bt + \cdots, \; z = ct + \cdots.$$

Wenn a, b, c ganz allgemein sind, so hat der Kurvenzweig (1) r in dem r-fachen Punkte O vereinigte Schnittpunkte mit der Fläche $f = 0$ gemein. Es kann jedoch eintreten, wenn man a, b, c passend wählt und die Koeffizienten von $t^2 \ldots$ unbestimmt läßt, daß der Zweig (1) mit f $r + r_1$ Schnittpunkte ($r_1 > 1$) in O gemein hat. Dann wird man sagen, daß der dem Punkte O in der Richtung

$$\frac{x}{a} = \frac{y}{b} = \frac{z}{c}$$

unendlich benachbarte Punkt O_1 mehrfach von der Ordnung r_1 für die Fläche f ist (für welche O r-facher Punkt ist); man erkennt, daß stets $r_1 \leqq r$ ist.

Ganz allgemein können die (uneigentlichen) mehrfachen Punkte, welche einem Punkte O unendlich benachbart sind, in den konsekutiven Umgebungen von O mittels (linearer oder superlinearer) Kurvenzweige bestimmt werden, die von O ausgehen. Es genügt hierzu, sich auf das folgende fundamentale Theorem zu stützen. Sind $O, O_1, O_2, \ldots, O_i$ konsekutive Punkte, die mit den Multiplizitäten $\varrho, \varrho_1, \varrho_2, \ldots, \varrho_i$ einem Zweige der Ordnung ϱ und mit den Multiplizitäten $r, r_1, r_2, \ldots, r_i$ der Fläche f angehören, so ist die Anzahl der Schnittpunkte des Zweiges mit der Fläche (in der Umgebung von O)

$$r\varrho + r_1\varrho_1 + r_2\varrho_2 + \cdots + r_i\varrho_i.$$

Mittels dieser Formel kann man die auf die Fläche bezüglichen Charaktere $r, r_1, r_2, \ldots, r_i$ sukzessive bestimmen.

In der Nachbarschaft eines eigentlichen Punktes O können sowohl konsekutive *isolierte mehrfache Punkte* vorhanden sein, welche

7) Zitierte Abhandlung.

verschiedenen Scharen angehören, als auch *uneigentliche unendlich kleine mehrfache Kurven*, d. h. kontinuierliche Scharen unendlich benachbarter mehrfacher Punkte. Immer ist die Anzahl der eigentlichen und uneigentlichen mehrfachen Kurven, welche einer Fläche angehören, endlich.[8])

4. Mit der Reduktion der Singularitäten mittels Transformation ist die Lösung der Aufgabe verknüpft, die Umgebung eines Punktes oder einer Kurve auf einer Fläche durch Reihenentwicklungen nach Potenzen von 2 Variablen darzustellen. *Halphen*[9]) hat diese Frage für den Fall einer mehrfachen Kurve auf direktem Wege behandelt, wo man sich auf die klassischen Resultate für die mehrfachen Punkte ebener Kurven stützen kann. Die Umgebung eines einfachen isolierten Punktes ist von *Kobb*, *del Pezzo* und *B. Levi*[10]) betrachtet, welche die zum Studium des analogen Problems für die Kurven angewandten Methoden auf Flächen ausdehnen. Man gelangt zu folgendem Resultat: *Die Umgebung eines singulären Punktes oder einer singulären Kurve einer algebraischen Fläche kann durch eine endliche Anzahl holomorpher Reihen von zwei Variablen dargestellt werden* (deren Gesamtheit die Singularität erschöpfend charakterisiert).

Demzufolge gelangt man dazu, alle Punkte der Fläche mit Hilfe einer endlichen Anzahl von Reihen darzustellen.

Der analytischen Darstellung einer Singularität kann man ein geeignetes bildliches Verfahren an die Seite stellen, um die Umgebung einer Flächensingularität analog der von *Newton* zur Lösung der analogen Aufgabe für Kurven gewählten Methode darzustellen. In dieser Richtung liegen Noten von *Wölffing*[11]) und *Autonne*[12]).

5. Durchschnitt zweier Flächen. Wenn zwei Flächen f_m und f_n einander weder berühren, noch auch ein mehrfacher Punkt der einen der anderen angehört, so haben die beiden Flächen eine algebraische Kurve C_{mn} von der Ordnung mn miteinander gemein, welche irreduzibel ist und keinen mehrfachen Punkt hat. Unter dieser Voraus-

---

8) In der Tat bilden diese Punkte und diese Kurven (passend vielfach gezählt) die Basis-Gruppe des linearen Systems der (ersten) Polarflächen in bezug auf die gegebene Fläche.

9) Annali di mat. (2) 9 (1878), p. 68.

10) *Kobb,* Journ. de math. (4) 8 (1892), p. 385. *Del Pezzo,* Rendic. Circ. mat. di Palermo 6 (1892), p. 139; Atti Accad. di Torino, 33 (1897), p. 66; 35 (1899), p. 20; 40 (1904), p. 139; *B. Levi,* Annali di mat. (2) 26 (1897), p. 219; (3) 2 (1899) p. 127. Das abschließende Resultat ist erst bei *B. Levi* erreicht. Eine vereinfachte Darstellung von dessen Methode gibt *F. Severi* in Rend. Acc. Lincei (5) 23, 2. Sem. (20. Dez. 1914).

11) Zeitschr. f. Math. Phys. 42 (1897), p. 14.

12) Journ. de l'Éc. polyt. (2) 2 (1897), p. 51; (2) 3 (1897), p. 1.

setzung hat die Kurve C_{mn} den *Rang* (Anzahl der Tangenten der Kurve, welche eine Gerade schneiden) $mn(m+n-2)$ und die *Klasse* (Anzahl der Schmiegungsebenen durch einen Punkt) $3mn(m+n-3)$; sie besitzt $\frac{1}{2}mn(m-1)(n-1)$ scheinbare Doppelpunkte und hat das Geschlecht

$$\pi = \tfrac{1}{2}mn(m+n-4)+1$$[13].

Haben die Flächen eine Berührung (erster Ordnung) in einem einfachen Punkte O, so daß sie in O eine gemeinsame Tangentialebene besitzen, so ist O für die Kurve C_{mn} Doppelpunkt; ist O ein stationärer Punkt für C_{mn}, so sagt man, die Flächen haben eine stationäre Berührung. In dem einen wie dem anderen Falle erleidet das Geschlecht π eine Reduktion um eine Einheit. Wenn allgemein die Flächen eine Berührung i. Ordnung in O haben, d. h. wenn die Schnittkurve von f_m und f_n mit irgendeiner allgemeinen Fläche, z. B. einer Ebene allgemeiner Lage, welche durch O hindurchgeht, eine Berührung i. Ordnung haben, so hat der Punkt O für C_{mn} die Multiplizität[14] $i+1$, und das Geschlecht erfährt eine Reduktion um $\frac{i(i+1)}{2}$ Einheiten.

Die Kurve C_{mn} kann auch aus zwei (oder mehreren) getrennten oder koinzidierenden Teilen bestehen. In letzterem Falle berühren die beiden Flächen f_m und f_n einander längs einer Kurve[15]. Wir wollen uns hier auf den ersten Fall beschränken. Bezeichnet man mit ν_1 und ν_2 die Ordnungen, mit π_1 und π_2 die Geschlechter der beiden Kurven

13) *Salmon,* Cambridge and Dublin Math. Journ. 5 (1849), p. 24; die Anzahl der scheinbaren Doppelpunkte ist zuerst von *Cayley* erwähnt worden, J. de math. 10 (1845), p. 225.

14) *Plücker,* Journ. für Math. 4 (1829), p. 349; dort findet man auch die Zahl $\frac{(i+1)(i+2)}{2}$ der einfachen Bedingungen aufgestellt, welche eine Berührung i^{ter} Ordnung einer Fläche f auferlegt, wenn die andere Fläche und der Berührungspunkt gegeben sind [siehe wegen dieser Frage *Chasles,* J. de math. 2 (1837), p. 304]. In betreff der speziellen Fälle, welche sich für die ersten Werte von $n = 2, 3 \ldots$ darbieten, siehe *Hermite,* Cours d'Analyse, Paris 1873, p. 139; *Clifford,* Philos. Trans. of the R. Soc. of London (164) 2 (1873) (Mathematical Papers p. 287); *Halphen,* Bull. de la Soc. Math. de France 3 (1874), p. 28.

Der Fall $n = 2$ knüpft an die Frage nach den Kegelschnitten an, welche eine Berührung der Ordnung $k \geq 4$ mit einer Fläche f in einem ihrer Punkte haben; siehe außerdem über diesen Gegenstand eine Note von *Moutard* in den Applications d'Analyse . . . von *Poncelet* 1863 (2), p. 363 und eine Abhandlung von *Darboux,* Bull. des sc. math. (2) 4 (1880), p. 248.

15) Über die Berührungen verschiedener Ordnungen von zwei Flächen längs einer Kurve siehe *Dupin,* Développements de géométrie, Paris 1813, p. 36, 83, 228; *Chasles,* a. a. O. *Halphen,* Bull. de la Soc. math. de France 2 (1874), p. 94.

und mit $i > 0$ die Anzahl der den beiden Kurven gemeinsamen Punkte (Berührungspunkte der Flächen), so hat man[16])

$$\nu_1 + \nu_2 = mn; \quad \begin{cases} \pi_1 = \frac{1}{2}[\nu_1(m+n-4) - i] + 1 \\ \pi_2 = \frac{1}{2}[\nu_2(m+n-4) - i] + 1. \end{cases}$$

Bislang haben wir vorausgesetzt, daß die Schnittkurve C_{mn} durch keinen mehrfachen Punkt der einen oder der anderen Fläche f_m, f_n hindurchgeht. Wenn dagegen ein Punkt die Multiplizitäten r, s für die beiden Flächen hat, so wird er im allgemeinen die Multiplizität rs für C_{mn} haben; in diesem Falle vermindert sich das Geschlecht dieser Kurve um $\frac{1}{2}rs(r+s-2)$ Einheiten.

6. Durchschnitt dreier Flächen. Drei Flächen f_l, f_m, f_n haben im allgemeinen lmn Schnittpunkte miteinander gemein. Von diesen Schnittpunkten können einige an einen Punkt heranrücken, in welchem die drei Flächen eine gemeinsame Tangente besitzen (der Punkt absorbiert mindestens zwei Schnittpunkte), oder auch eine gemeinsame Tangentialebene (es werden mindestens vier Punkte absorbiert), oder endlich bzw. die Multiplizitäten q, r, s haben (es werden mindestens qrs Punkte absorbiert[17])) usw.

Die drei Flächen f_l, f_m, f_n können auch durch eine und dieselbe Kurve von der Ordnung ν und dem Geschlecht π hindurchgehen. Die Reduktion, welche in diesem Falle die Zahl lmn der Schnittpunkte der drei Flächen erfährt, beträgt $(l+m+n-4)\nu - 2(\pi - 1)$ Einheiten; diese Anzahl repräsentiert die Schnittpunkte, welche von der Kurve C absorbiert sind[18]).

7. Anzahl der Punkte, welche die Schnittkurve zweier Flächen oder die Schnittpunktsgruppe dreier Flächen bestimmen. Wir betrachten zunächst (völlig allgemeine) Flächen von derselben Ordnung n. Durch die Schnittkurve C_{nn} zweier Flächen $f = 0$ und $f' = 0$ gehen die ∞^1 Flächen der Ordnung n des Büschels $\lambda f + \mu f' = 0$ hindurch, für welche C_{nn} Basiskurve ist[19]). Es ergibt sich, daß die Kurve C_{nn} (ebenso wie das Büschel) durch $N(n) - 1$ seiner Punkte bestimmt ist, welche im Raum willkürlich gewählt werden können. Sei nun $f_n'' = 0$ eine

---

16) Diese Relationen (in einer ein wenig anderen Form) verdankt man *Salmon*, a. a. O. (1849).

17) Die durch den mehrfachen Punkt absorbierten Schnittpunkte sind genau qrs, wenn die Tangentenkegel an die drei Flächen in jenem Punkte keine Erzeugende gemein haben; *Berzolari*, Ann. di mat. (2) 24 (1896), p. 165, vgl. *Guccia*, Rendic. Accad. d. Lincei 1. Sem. (1889), p. 456.

18) *Salmon*, a. a. O.

19) *Lamé*, Examen des différentes méthodes . . . Paris 1818, p. 28.

dritte Fläche der Ordung n, welche dem Büschel nicht angehört. Die ∞^2 Flächen der Ordnung n des Netzes

$$\lambda f_n + \mu f_n' + \nu f_n'' = 0$$

haben n^3 Punkte miteinander gemein und sind durch die Bedingung bestimmt, durch $N(n) - 2$ dieser Punkte hindurchzugehen; die Gruppe der n^3 Schnittpunkte der drei f_n ist also durch $N(n) - 2$ ihrer Punkte bestimmt, welche man willkürlich im Raum wählen darf[20]).

Allgemeiner erkennt man, daß jede Fläche der Ordnung l, welche durch den Durchschnitt C_{mn} von f_m und f_n hindurchgeht, eine Gleichung von der Form[21])

$$(1) \qquad f_l = A_{l-m} f_m + B_{l-n} f_n = 0 \qquad (l \geqq m \geqq n)$$

hat, wo A und B zwei Polynome der bezeichneten Ordnung sind. Hieraus folgt[22]) zunächst, daß C_{mn} durch $N(m) - N(m-n) - 1$ willkürlich auf f_n gewählte Punkte bestimmt ist. Es folgt weiter, daß die f_l, welche durch C_{mn} hindurchgehen, ein lineares System bilden, dessen Dimension ist[23])

$$r = N(l-m) + N(l-n) + 1, \quad \text{wenn} \quad l < m + n \quad \text{ist}$$

oder

$$r = N(l-m) + N(l-n) - N(l-m-n), \quad \text{wenn } l \geqq m + n \text{ ist.}$$

Mit anderen Worten $N(l) - r$ ist die Anzahl der Bedingungen, welche einer f_l auferlegt werden, wenn sie durch eine C_{mn} hindurchgehen soll. Es resultiert endlich, daß die Gruppe der lmn Schnittpunkte von drei Flächen f_l, f_m, f_n durch $N(l) - r - 1$ ihrer Punkte vollständig bestimmt ist; diese dürfen demnach im allgemeinen nicht willkürlich gewählt werden; sie müssen einer C_{mn} angehören.

---

20) *Lamé*, a. a. O.; *Plücker*, Ann. de Gergonne 19 (1828), p. 129.

21) Die Ausdehnung des *Lamé*schen *Prinzips*, welches in dieser Gleichung seinen Ausdruck findet, verdankt man inhaltlich *Gergonne*, Ann. Gergonne 17 (1827), p. 214. Für den Fall, in dem die Schnittkurve für beide Flächen singulär ist, siehe *Noether*, Math. Ann. 6 (1873), p. 351.

22) Die folgenden Resultate verdankt man *Jacobi*, Journ. für Math. 15 (1836), p. 285.

23) Wenn man das Geschlecht $\pi = \frac{1}{2} mn(m + n - 4) + 1$ der C_{mn} einführt, so kann man das Resultat folgendermaßen aussprechen: Die Flächen f_l des Raumes schneiden auf C_{mn} ein vollständiges lineares System von Gruppen von lmn Punkten aus, dessen Dimension ist

1. $lmn - \pi$, wenn $l > m + n - 4$ (Nicht-Spezialschar),

2. $lmn - \pi + 1 = \pi - 1$, wenn $l = m + n - 4$ (Kanonische Schar $g_{2\pi-2}^{\pi-1}$),

3. $lmn - \pi + \frac{1}{6}(\delta - 1)(\delta - 2)(\delta - 3)$, wenn $l = m + n - \delta$, wo $\delta < n - 3$ ist (Spezialschar, residual zu der durch die Flächen $f_{\delta-4}$ ausgeschnittenen Schar).

Analog zu (1) kann man die Gleichung jeder Fläche der Ordnung i bilden, welche durch die Gruppe der lmn Schnittpunkte von drei Flächen f_l, f_m und f_n hindurchgeht; und zwar hat man

(2) $$f_i = A_{i-l}f_l + B_{i-m}f_m + C_{i-n}f_n = 0 \qquad (i \geqq l \geqq m \geqq n),$$

wo A, B, C Polynome der bezeichneten Ordnung sind. Man erhält hieraus die Dimension r des linearen Systems, das von den durch die genannte Punktgruppe hindurchgehenden f_i gebildet wird[24])

$$\begin{aligned} r = {} & N(i-l) + N(i-m) + N(i-n) \\ & - [N(i-m-n) + N(i-n-l) + N(i-l-m)] \\ & + N(i-l-m-n), \end{aligned}$$

wo man setzen muß $N(x) = -1$, wenn $x < 0$ ist. Man kann auch sagen, daß $N(i) - r$ die Anzahl der Bedingungen ist, welche die Gruppe der lmn Schnittpunkte einer sie enthaltenden f_i auferlegt; diese Zahl ist $< lmn$, wenn $i \leqq l + m + n - 4$ ist; sie ist $= lmn$ (und die genannten Punkte legen unabhängige Bedingungen auf), wenn

$$i > l + m + n - 4$$

ist.

8. Konstruktion von Flächen. Die voraufgehenden Betrachtungen führen uns auf einige Konstruktionen algebraischer Flächen mit Hilfe von linearen Systemen von Flächen niedrigerer Ordnung. Wählt man zwei projektiv aufeinander bezogene Flächenbüschel der Ordnungen m und n

$$\lambda_1 f_m^{(1)} + \lambda_2 f_m^{(2)} = 0, \quad \lambda_1 f_n^{(1)} + \lambda_2 f_n^{(2)} = 0,$$

so ist der Ort der Schnittkurven C_{mn} zweier $\left(\text{dem gleichen Werte von } \frac{\lambda_1}{\lambda_2}\right)$ entsprechenden Flächen die Fläche von der Ordnung $m + n$

$$f_m^{(1)} f_n^{(2)} - f_m^{(2)} f_n^{(1)} = 0;$$

sie enhält die Basiskurven C_{mm} und C_{nn} der beiden Flächenbüschel[25]). Wenn umgekehrt eine Fläche der Ordnung $m + n$ eine Kurve C_{mm} enthält, so kann sie mittelst zweier projektiver Büschel von Flächen m^{ter} und n^{ter} Ordnung erzeugt werden[26]). Diese Konstruktion gibt jedoch im allgemeinen nur spezielle Flächen; denn eine Fläche der Ordnung $m + n > 3$ enthält im allgemeinen keine Kurve C_{mm}.

---

24) *Reye*, Math. Ann. 2 (1869), p. 475. Für den Fall, in dem der Schnitt dreier Flächen aus einer Kurve und einer Punktgruppe besteht, siehe *End*, Math. Ann. 35 (1889), p. 82.

25) *Graßmann*, Journ. für Math. 42 (1851), p. 202, wo die entsprechende Konstruktion der ebenen Kurven behandelt worden ist.

26) *Chasles*, C. R. de l'Acad. d. sc. 45 (1857), p. 1961, vgl. *Cremona*, Grundzüge, p. 95. Einige Bemerkungen in *Jörres*, Journ. für Math. 72 (1870), p. 327.

Die Konstruktion, welche wir soeben angegeben haben, ist in der folgenden allgemeineren enthalten[27]). Geht man von $r+1 \geqq 2$ linearen Systemen ∞^r von Flächen der Ordnung $m_0, m_1, \ldots, m_r$

$$\sum_0^r {}_i \lambda_i f^{(ik)} = 0 \qquad (k = 0, 1, 2, \ldots, r)$$

aus, so ist der Ort der Punkte, durch welche $r+1$ entsprechende Flächen (mit denselben Werten $\lambda_0, \lambda_1, \ldots, \lambda_r$) der genannten Systeme hindurchgehen, eine Fläche der Ordnung $m_0 + m_1 + \cdots + m_r$, deren Gleichung man durch Nullsetzen der Determinante $|f^{(ik)}|$ erhält:

$$|f^{(ik)}| = 0 \qquad (i, k = 0, 1, 2, \ldots, r).$$

Eine andere bemerkenswerte Konstruktion erhält man, wenn man von zwei Flächennetzen der Ordnung m und n ausgeht, welche sich wechselseitig entsprechen derart, daß der Fläche

$$\lambda_1 f_m^{(1)} + \lambda_2 f_m^{(2)} + \lambda_3 f_m^{(3)} = 0$$

des ersten Netzes im anderen die Kurve C_{nn}

$$\frac{f_n^{(1)}}{\lambda_1} = \frac{f_n^{(2)}}{\lambda_2} = \frac{f_n^{(3)}}{\lambda_3}$$

zugeordnet ist. Die Schnittpunkte der Flächen mit der genannten Kurve beschreiben eine Fläche der Ordnung $m+n$

$$\sum_1^3 {}_i f_m^{(i)} f_n^{(i)} = 0,$$

welche die Basisgruppen der beiden Netze enthält. Umgekehrt kann eine Fläche in der angebenen Weise erzeugt werden, wenn sie eine der beiden Basisgruppen enthält[28]). Speziell kann jede Fläche der Ordnung l mit Hilfe von zwei einander entsprechenden Netzen erzeugt werden, von denen das eine aus Ebenen, das andere aus Flächen $(l-1)^{\text{ter}}$ Ordnung besteht[29]).

---

27) Vgl. *Cremona,* Grundzüge, p. 121. Ein besonderes Interesse bietet der Fall, in dem die Determinante $|f^{(ik)}|$ symmetrisch ist, und die entsprechende Fläche eine endliche Anzahl von Doppelpunkten hat; s. *Salmon,* Geometry, p. 492; *Cremona,* a. a. O., p. 125.

28) *Reye,* Math. Ann. 1 (1869), p. 455; 2 (1869), p. 475, vgl. *Padova,* Giorn. di mat. 9 (1871), p. 148. In betreff der Konstruktion einer Fläche f_l, bestimmt durch $N(l)$ Punkte, mit Hilfe von zwei Netzen siehe *Escherich,* Berichte d. Wien. Akad. (75), (85) (90) (1877, 82, 84), und *Schur,* Math. Ann. 23 (1883), p. 437.

29) Man hat andere Flächenkonstruktionen vorgeschlagen, auf deren Erwähnung wir uns beschränken, so *J. S.* und *M. N. Vaněček,* Rendic. Accad. Lincei 1 (1885), p. 130 und Ann. di mat. (2) 14 (1886), p. 73, in dem sie auf nicht lineare Flächensysteme zurückgreifen, und *Jung,* Rendic. Accad. Lincei (2) 1 (1885), p. 762,

9. Äquivalenz- und Postulationsformeln. Einige der in den Nr. **6**, **7** behandelten Fragen sind Spezialfälle der beiden folgenden Probleme:

I. *Äquivalenzproblem.*

Gegeben sind drei Flächen $f_{n_1}, f_{n_2}, f_{n_3}$, welche mit gegebener Multiplizität durch gegebene Kurven und Punkte hindurchgehen; gesucht wird die Anzahl E der Schnittpunkte der drei Flächen, welche durch die vorgegebenen Kurven und Punkte absorbiert werden. Man bezeichnet (mit *Cayley*) E als das Äquivalent dieser Kurven und Punkte; die Zahl der übrig bleibenden Schnittpunkte ist natürlich $n_1 n_2 n_3 - E$.

Sollen die drei Flächen z. B. mit den Multiplizitäten i_1, i_2, i_3 durch eine Kurve ν^{ter} Ordnung vom Geschlecht π hindurchgehen, welche frei von mehrfachen Punkten ist, so hat man

$$E = \nu(i_2 i_3 n_1 + i_3 i_1 n_2 + i_1 i_2 n_3) - 2 i_1 i_2 i_3 (2\nu + \pi - 1)$$

eine Formel, welche für $(i_1 = i_2 = i_3 = 1)$ die Formel von Nr. **6** umfaßt.[30])

Ohne den allgemeinen Fall zu behandeln, beschränken wir uns darauf zu bemerken, daß der Ausdruck von E sich immer auf die Form

$$E = e_{23} n_1 + e_{31} n_2 + e_{12} n_3 - C$$

bringen läßt[31]), wo e_{23}, e_{31}, e_{12} und C Konstanten sind, welche allein von den gegebenen Kurven und Punkten abhängen, jedoch nicht von der Ordnung der betrachteten Flächen; und zwar ist e_{12} das Äquivalent der Schnittpunktsgruppe der in Frage stehenden Kurven mit einer Ebene bezüglich der ebenen Schnitte von f_1 und f_2 usw.

773, 810 verwendet Ebenennetze, welche in birationaler Korrespondenz stehen etc. vgl. *Loria,* Giorn. di mat. 34 (1896), p. 354. Wir bemerken endlich, daß *Graßmann,* Journ. für Math. 49 (1855), p. 1, 21 punktweise eine algebraische Fläche mit Hilfe von linealen Konstruktionen (Punkt, Gerade, Ebene, welche linearen Bedingungen unterworfen sind) konstruiert; und *Königs,* C. R. de l'Acad. d. sc. 120 (1895), p. 861 zeigt, daß die Fläche auch mit Hilfe von Gelenkmechanismen beschrieben werden kann.

30) Die Fälle $i_1 = i_2 = 1$, $i_3 = 1, 2$ sind von *Salmon* behandelt worden, Geometry, p. 284; der allgemeine Fall von *Cayley,* Phil. Trans. vol. 159 (1869), p. 301. *Noether,* Ann. di mat. (2) 5 (1871), p. 163 gelangt zu einer allgemeineren Formel durch Betrachtung einer beliebigen Vereinigung gewöhnlicher mehrfacher Punkte und Kurven. In betreff der allgemeinen Äquivalenzprobleme, welche sich auf Mannigfaltigkeiten in einem beliebigen Raum beziehen, siehe *Severi,* Mem. Accad. Torino (2) 52 (1902), p. 61.

31) *Guccia,* R. Accad. d. Lincei (1889), p. 456.

II. *Problem der Postulation.*

Gegeben ist eine Gesamtheit von Kurven und Punkten: man fragt nach der Zahl P der linearen Bedingungen, welche einer Fläche f_n auferlegt wird, wenn sie mit vorgegebenen Multiplizitäten durch die Kurven und Punkte jener Gesamtheit hindurchgehen soll; P ist die *Postulation* jener Gesamtheit von Kurven und Punkten hinsichtlich der Fläche (*Cayley*). Ihrer Definition zufolge bilden die f_n, welche den gegebenen Bedingungen genügen, ein lineares System der Dimension $N(n) - P$. In den einfachsten Fällen bereitet es keine Schwierigkeit, den Ausdruck von P zu bestimmen. So sieht man, daß die Postulation eines festen Punktes, welcher r-fach für f_n sein soll,

$$P = \tfrac{1}{6}r(r+1)(r+2)$$

ist; daß die Postulation einer gewundenen Kurve ν^{ter} Ordnung vom Geschlecht π, durch welche f_n i-mal hindurchgehen soll[32])

$$P = \tfrac{1}{2}i(i+1)\nu n - \tfrac{2}{3}(i-1)i(i+1)\nu - \tfrac{1}{6}i(i+1)(2i+1)(\pi-1)$$

ist, vorausgesetzt, daß die Ordnung n im Verhältnis zu den Charakteren der Kurve genügend groß ist. Man hat den Ausdruck von P unter allgemeineren[33]) Voraussetzungen berechnet; sie führen naturgemäß auf recht komplizierte Formeln. Wir beschränken uns hier darauf zu bemerken, daß man in jedem Falle zu einem Ausdruck der Form[34])

$$P = Cn - C'$$

gelangt, wo C und C' für hinreichend große Werte von n zwei von n unabhängige Konstanten sind, welche allein von der Natur der vorgegebenen Kurven und Punktgruppen abhängen; und zwar ist C die Postulation der Schnittpunktsgruppe gegebener Kurven mit einer beliebigen Ebene in bezug auf ebene Kurven genügend hoher Ordnung, so daß die Bestimmung von C auf ein Problem der Geometrie der Ebene führt.

10. Lineares Flächensystem definiert durch die Basiselemente. Jeder Punkt oder jede Kurve, welche den Flächen derselben Ordnung $f^{(1)}, f^{(2)}, f^{(3)}, \ldots, f^{(r+1)}$ gemeinsam angehört, ist allen Flächen des linearen Systems

$$\sum_1^{r+1} \lambda_i f^{(i)} = 0$$

---

32) *Cayley*, Math. Ann. 3 (1871), S. 526.

33) *Noether*, a. a. O.

34) *Castelnuovo*, Ann. d. mat. (2) 25 (1897), p. 235; vgl. *Picard-Simart*, Théorie 2, p. 77. Eine allgemeinere Formel (für einen beliebigen Raum gültig) hat *Hilbert* aufgestellt, Math. Ann 36 (1890), p. 473.

gemeinsam: der Punkt oder die Kurve ist ein *Basispunkt* oder eine *Basiskurve* des Systems.

Ist die Multiplizität eines Basispunktes oder einer Basiskurve für $f^{(1)}$ gleich ϱ und für $f^{(2)}, \ldots, f^{(r+1)}$ gleich oder größer als ϱ, so hat der Punkt oder die Kurve die Multiplizität ϱ für die allgemeine Fläche des Systems. Und zwar ist der Tangentenkegel der Ordnung ϱ an diese Fläche in einem (isolierten oder einer Basiskurve angehörenden) Basispunkte der Ordnung ϱ fest, wenn der Punkt für r voneinander unabhängige Flächen des Systems mindestens die Ordnung $\varrho + 1$ hat; et vice versa. Dementsprechend berühren die Flächen eines Büschels ($r = 1$) einander in einem Basispunkte, wenn dieser Punkt für eine Fläche des Büschels ein Doppelpunkt ist. Die *allgemeine* Fläche eines linearen Systems (vorausgesetzt, daß sie irreduzibel ist) hat außerhalb der Basispunkte oder Kurven keine *mehrfachen* Punkte[35]).

Ein lineares System heißt durch seine Basiselemente (Punkte oder Kurven) vollständig bestimmt oder ein *vollständiges* System, wenn außerhalb des Systems keine Fläche mit demselben Verhalten (Multiplizität, Singularitäten...) den festen Basiselementen gegenüber existiert[36]). Die Dimension eines vollständigen Systems ist durch die Postulationsformel (Nr. 9) gegeben, sobald nur die Ordnung der Flächen des Systems hinreichend groß ist im Verhältnis zu den durch die Basiselemente auferlegten Bedingungen. Unter den Charakteren eines vollständigen Systems hat man neben der Dimension r das (geometrische oder numerische) Geschlecht p der allgemeinen Fläche (das wir später definieren werden), das Geschlecht π der variablen Schnittkurve zweier Flächen des Systems, und die Zahl n der variablen Schnittpunkte dreier Flächen des Systems zu betrachten. Unter diesen Charakteren besteht (sobald die Ordnung genügend groß ist), die von *Guccia*[37]) unter einigen, wie es scheint unwesentlichen, Beschränkungen aufgestellte Relation

$$\pi - n + r - p = 2.$$

11. Polarflächen. Wir kehren nunmehr zum Studium *einer* gegebenen Fläche zurück. Um die wichtigsten Charaktere derselben zu

35) *E. Bertini*, R. Istit. Lombardo (2) 15 (1882), p. 24.

36) Man kann lineare Systeme von Flächen wachsender Ordnung bilden, welche durch dieselben Basiselemente (und gleiches Verhalten) bestimmt sind; sobald die Ordnung einen gewissen Wert überschreitet, bestimmt das Flächensystem in einer Ebene allgemeiner Lage ein vollständiges lineares Kurvensystem; *Castelnuovo*, a. a. O., p. 247. Wegen der Definition und der Eigenschaften eines vollständigen Systems vgl. *Picard-Simart*, Théorie 2, p. 70.

37) Rend. Circ. mat. di Palermo 1 (1887), p. 338.

untersuchen, empfiehlt es sich, den Begriff der Polarfläche[38]) einzuführen. Man gelangt zu diesem ohne weiteres auf die folgende Weise.

Sei $f(x)$ eine quaternäre Form n^{ten} Grades; wir suchen die Schnittpunkte $\lambda x_i + \mu y_i$ der Fläche $f_n = 0$ mit der die Punkte x_i und y_i verbindenden Geraden auf. Diese Schnittpunkte sind den Werten $\frac{\lambda}{\mu}$ zugeordnet, welche der Gleichung

$$(1)\quad \lambda^n f(x) + \lambda^{n-1}\mu\Delta_y f(x) + \frac{1}{2!}\lambda^{n-2}\mu^2\Delta_y^2 f(x) + \cdots + \frac{1}{n!}\mu^n\Delta_y^n f(x) = 0$$

genügen, in welcher durch Δ_y die Operation

$$\Delta_y = \sum_1^4{}_i\, y_i \frac{\partial}{\partial x_i}$$

bezeichnet ist und analog

$$\Delta_y^2 = \Delta_y(\Delta_y) = \Big(\sum_1^4{}_i\, y_i \frac{\partial}{\partial x_i}\Big)^2$$

usw. (die Potenzen haben dabei die wohlbekannte symbolische Bedeutung). Betrachtet man die x als variabel, so stellen die Gleichungen

$$\Delta_y f(x) = 0, \quad \Delta_y^2 f(x) = 0, \ldots$$

Flächen der Ordnungen $n-1$, $n-2$, ... dar, welche man *erste, zweite* ... *Polare* des Pols y_i in bezug auf die *Fundamental*fläche f_n nennt. In umgekehrter Reihenfolge spricht man von der *Polarebene* (oder letzten Polare), von der *quadratischen* (oder vorletzten) *Polare* von y_i in bezug auf f_n.

Aus der Definition folgt, daß

$$\Delta_y^s \Delta_y^r f(x) = \Delta_y^{r+s} f(x)$$

ist. Beachtet man außerdem, daß die Entwicklung (1) in bezug auf x und y symmetrisch sein muß, so erhält man die Identität

$$\frac{1}{r!}\Delta_y^r f(x) = \frac{1}{(n-r)!}\Delta_x^{n-r} f(y),$$

38) In seiner „Application de l'Analyse à la géométrie" (1795) beweist *Monge* (§ 3), daß die Berührungskurve einer f_n mit dem umschriebenen Kegel einer Fläche der Ordnung $n-1$ angehört; *Bobillier,* Ann. de Gergonne 18 (1827—28), p. 89, 157, 253; 19 (1828), p. 110 und 302 gibt den Namen Polarfläche für diese Fläche und führt die weiteren Polaren ein. *Graßmann* hat dann, Journ. für Math. 24 (1842), p. 262 die Theorie der Polaren mit Hilfe von Schnittmethoden entwickelt (vgl. *Cremona,* Grundzüge, p. 61). Die allgemein angenommene analytische Definition, die auch wir hier zugrunde gelegt haben, verdankt man *Joachimsthal,* Journ. für Math. 33 (1846), p. 373.

welche den Satz liefert: gehört x der r^{ten} Polare des Punktes y an, so gehört y der $(n-r)^{\text{ten}}$ Polare des Punktes x an. Weiter folgt: die Bedingung dafür, daß eine Polarfläche den Pol enthält, besteht darin, daß der Pol der Fundamentalfläche angehört.

Bemerkung. Neben den (gewöhnlichen) Polaren eines einzigen Punktes in bezug auf eine Fundamentalfläche hat man auch *gemischte Polaren* mehrerer Pole betrachtet. Wir begnügen uns hier damit, ihre Definition zu geben[39]): Man nennt gemischte Polare zweier Pole y, z die Fläche $(n-2)^{\text{ter}}$ Ordnung

$$\Delta_z \Delta_y f(x) = \Delta_y \Delta_z f(x) = \left(\sum y_i \frac{\partial}{\partial x_i}\right)\left(\sum z_i \frac{\partial}{\partial x_i}\right) f(x) = 0,$$

welche in die zweite Polare von y übergeht, wenn y und z zusammenrücken. Analoges gilt, wenn es sich um mehrere Punkte handelt. Die Polare von $n-1$ Polen ist eine Ebene; gehört ein n^{ter} Punkt dieser Ebene an, so hat man eine Gruppe von n (*konjugierten*) Punkten, deren jeder der Polarebene der $n-1$ anderen angehört[40]). Betrachtet man endlich eine Gruppe von ν Punkten als eine Enveloppenfläche (von Ebenen) der ν^{ten} Klasse, so kann man diese Begriffsbildungen durch Einführung der Polarfläche (der $(n-\nu)^{\text{ten}}$ Ordnung) einer Enveloppenfläche φ_ν der ν^{ten} Klasse in bezug auf die Fundamentalfläche $f_n(x) = 0$ noch verallgemeinern[41]).

12. Polaren eines Flächenpunktes. Wenn der Pol y ein Punkt der Fläche f_n ist, und zwar, wie wir zunächst voraussetzen, ein einfacher Punkt, so ist die Polarebene von y_i

$$\Delta_y^{n-1} f(x) = 0, \quad \text{d. h.} \quad \Delta_x f(y) = 0$$

oder auch

$$\sum \frac{\partial f}{\partial y_i} x_i = 0$$

Tangentialebene an die Fläche im Punkte y (vgl. Nr. 2). Sie ist auch für alle Polarflächen von y Tangentialebene. Insbesondere schneidet

39) *Plücker*, Journ. für Math. 5 (1830), p. 34; vgl. *Cremona*, Grundzüge p. 73.

40) *Graßmann*, Göttinger Nachrichten 1872, p. 567; *P. Serret*, C. R. de l'Acad. d. sc. 86 (1878), p. 39.

41) *Clifford* (für Kurven), Proceedings of the London Math. Soc. 1868, p. 116; *Reye*, Journ. für Math. 78 (1873), p. 97; 79 (1874), p. 159; 82 (1876), p. 1. Reye nennt die Flächen φ_ν, f_n *apolar*, wenn die genannte Polare unbestimmt ist. Die Beziehung der Apolarität zwischen zwei Formen φ_ν und f_n war schon von *Battaglini*, Mem. Accad. d. sc. di Napoli 3 (1867); 4 (1868), für die binären und ternären Formen (konjugierte harmonische Formen) betrachtet worden und allgemein von *Rosanes*, Journ. für Math. 76 (1873), p. 312 (konjugierte Formen).

42) *Cremona*, Grundzüge p. 65.

sie aus der quadratischen Polare von y

$$\Delta_x^2 f(y) = 0$$

die beiden Haupttangenten in y an f_n aus. Wenn daher y ein parabolischer Punkt von f_n ist (Nr. 2), so ist die quadratische Polare ein Kegel, et vice versa.

Sei nunmehr y ein r-facher ($r > 1$) Punkt von f_n[42]). Dann sieht man unmittelbar, daß die Ausdrücke $\Delta_x f(y)$, $\Delta_x^2 f(y), \ldots, \Delta_x^{r-1} f(y)$ identisch verschwinden, und man schließt daraus, daß die Polaren von y der Ordnung $1, 2, \ldots, r-1$ unbestimmt sind. Die Polare der r^{ten} Ordnung

$$\Delta_x^r f(y) = 0$$

reduziert sich auf den Tangentenkegel an f_n im Punkte y, einen Kegel, dessen Erzeugende $r+1$ am Punkte y zusammengerückte Schnittpunkte mit f_n gemein haben. Dieser Kegel wird von der Polare $(r+1)^{\text{ter}}$ Ordnung

$$\Delta_x^{r+1} f(y) = 0$$

nach $r(r+1)$ Erzeugenden geschnitten, für welche $r+2$ Schnittpunkte mit f_n in y zusammengerückt sind. Die Polaren von y, deren Ordnung gleich oder größer als r ist (bis zur ersten Polare), haben in y einen r-fachen Punkt mit demselben Tangentenkegel wie f_n und denselben oskulierenden Tangenten.

13. Der der Fläche umschriebene Kegel; Klasse und Hauptcharaktere einer allgemeinen Fläche. Sei jetzt y ein Punkt allgemeiner Lage im Raum. Jede durch y gelegte f_n tangierende gerade Linie hat ihren Berührungspunkt auf der Kurve $C_{n(n-1)}$, welche durch die erste Polare von y

$$\Delta_y f(x) = 0$$

aus f_n ausgeschnitten wird, et vice versa, vorausgesetzt, daß die Fläche allgemein ist in bezug auf die Ordnung, das heißt frei von Singularitäten, eine Annahme, welche wir zunächst machen. Die von y ausgehenden Tangenten an f_n bilden demnach den die Kurve $C_{n(n-1)}$ aus y projizierenden Kegel, den *der Fläche umschriebenen Kegel*, dessen Ordnung ebenfalls $n(n-1)$ ist, wenn y der Fläche f_n nicht angehört[43]); (gehört y der Fläche an, so vermindert sich die Ordnung um zwei Einheiten). Die Tangentialebenen des Kegels sind zugleich die Tangentialebenen an f_n, welche durch y hindurchgehen.

---

43) In betreff des anderweitigen Schnittes des Kegels mit f_n sowie der Satellitfläche der $(n-1)(n-2)^{\text{ten}}$ Ordnung, welche die genannte Kurve enthält, siehe *Cremona*, Grundzüge p. 72; *Kohn*, Berichte der k. Akad. d. Wiss., Wien 89 (1884), p. 144.

Unter den Erzeugenden des Kegels sind speziell diejenigen zu betrachten, deren Berührungspunkte die Schnittpunkte der Kurve $C_{n(n-1)}$ mit der zweiten Polare von y

$$\Delta_y^2 f(x) = 0$$

sind; denn diese berühren in jenen Punkten f_n doppelt; durch einen Punkt allgemeiner Lage gehen mithin $n(n-1)(n-2)$ Haupttangenten einer allgemeinen Fläche n^{ter} Ordnung hindurch.

Die genannten Tangenten sind zugleich Tangenten der Kurve $C_{n(n-1)}$ und demnach Rückkehrerzeugende des umschriebenen Kegels. Auch die Anzahl der Doppelerzeugenden des Kegels oder, was dasselbe besagt, der von y ausgehenden Doppeltangenten der Fläche läßt sich bestimmen; denn sie ist gleich der Anzahl der scheinbaren Doppelpunkte der Kurve $C_{n(n-1)}$, und zwar (Nr. 5) $\frac{1}{2}n(n-1)(n-2)(n-3)$. Auf Grund der drei bekannten Charaktere des Kegels lassen sich nunmehr die übrigen (Klasse, Anzahl der stationären sowie Doppeltangentialebenen) mit Hilfe der *Plücker*schen Formeln berechnen; man gelangt so zu den Resultaten, welche wir später zusammenstellen, indem wir die Charaktere des Kegels als Charaktere der Fläche f_n in bezug auf den Punkt y betrachten.

Wir bemerken zu diesem Zwecke, daß die Klasse des Kegels gleich der *Klasse*[44]) der Fläche f_n ist, d. h. gleich der Anzahl der Tangentialebenen an f_n, welche durch eine Gerade allgemeiner Lage hindurchgehen; die Ordnung des Kegels ist der *Rang* der Fläche, d. h. die Anzahl der f_n berührenden Geraden, welche zugleich durch einen Punkt hindurchgehen und einer diesen Punkt enthaltenden Ebene angehören (d. h. Strahlen eines Büschels sind); endlich sind die Doppeltangentialebenen des Kegels zugleich Doppeltangentialebenen der Fläche (d. h. in zwei getrennten Punkten berührende Ebenen), und die stationären Ebenen des Kegels sind auch für die Fläche stationäre Ebenen (d. h. Tangentialebenen in parabolischen Punkten; siehe Nr. **15**).

Auf Grund dessen können wir aussagen, daß durch einen Punkt allgemeiner Lage des Raumes an eine allgemeine Fläche n^{ter} Ordnung hindurchgelegt werden können[45]):

44) Die Bezeichnung ist von *Gergonne* vorgeschlagen: Ann. de Gergonne 18 (1827), p. 151.

45) *Salmon,* Cambridge and Dublin Math. Journ. 2 (1847), p. 65; 4 (1849), p. 188; Transactions of the R. Irisch Acad. 23 (1857), p. 461, vgl. *Cremona,* Grundzüge p. 64. *Salmon-Fiedler,* p. 24—32. In diesen letztgenannten Werken findet man auch die Reduktionen, welche die genannten charakteristischen Zahlen erfahren, wenn y ein Punkt von f_n ist.

$k = n(n-1)(n-2)$ Inflexions(Haupt)tangenten;

$\delta = \frac{1}{2}n(n-1)(n-2)(n-3)$ Doppeltangenten;

$b' = \frac{1}{2}n(n-1)(n-2)(n^3-n^2+n-12)$ Doppeltangentialebenen;

$c' = 4n(n-1)(n-2)$ stationäre Tangentialebenen.

Der Rang der Fläche ist $n(n-1)$, *die Klasse* $n(n-1)^2$. Zu diesem letzten Resultate kann man übrigens auf direktem Wege gelangen[46]), wenn man beachtet, daß die Berührungspunkte der durch die Gerade yz hindurchgehenden Tangentialebenen von f_n die Schnittpunkte der drei Flächen

$$f(x) = 0, \quad \Delta_y f(x) = 0, \quad \Delta_z f(x) = 0$$

sind.

Aus den vorausgehenden Formeln[47]) folgt, daß die stationären Ebenen unserer Fläche eine Developpable (von ∞^1 Ebenen) bilden, deren Klasse (Anzahl der Ebenen durch einen Punkt) c' ist, und deren Rang (Anzahl der Erzeugenden, welche eine Gerade schneiden)

$$2n(n-2)(3n-4)$$

ist; die Developpable ist f_n umschrieben längs einer Kurve der Ordnung $4n(n-2)$ (parabolische Kurve; vgl. Nr. 2). Ebenso bilden die Bitangentialebenen eine Developpable, deren Klasse b', und deren Rang $n(n-2)(n-3)(n^2+2n-4)$ ist; die Kurve der Berührungspunkte dieser Ebenen mit f (Kurven von Knotenpaaren) hat die Ordnung $n(n-2)(n^3-n^2+n-12)$.

Zu diesen auf die singulären Tangentialebenen von f_n bezüglichen Zahlen kann man die Zahl der Tritangentialebenen (welche in drei getrennten Punkten berühren) hinzufügen:

$$t' = \tfrac{1}{6}n(n-2)(n^7-4n^6+7n^5-45n^4+104n^3-111n^2+548n-960),$$

eine Zahl, zu der man auf Grund der charakteristischen Zahlen der obengenannten Bitangentialdeveloppablen gelangt[48]).

14. Reduktion der Klasse einer Fläche durch Singularitäten derselben. Wir untersuchen jetzt auf Grund einiger Beispiele den Einfluß der Singularitäten einer Fläche auf die Klasse derselben.

---

46) Die Bestimmung der Klasse einer allgemeinen Fläche ist von *Poncelet* ausgeführt, Journ. für Math. 4 (1829) (Manuskript von 1824), p. 1.

47) Bezüglich der folgenden Resultate siehe *Salmon*, angeführte Arbeit vom Jahre 1857, vgl. *Salmon-Fiedler*, p. 652—655, 677. Eine direkte Bestimmung mit Hilfe synthetischer Betrachtungen ist von *de Jonquières* geliefert worden, Nouv. Ann. de math. (2) 3 (1864), p. 5.

48) Über die Zahlen, welche sich auf die singulären Tangenten einer Fläche f_n beziehen, siehe Nr. 21.

Nehmen wir dabei zunächst an, daß f nur einen gewöhnlichen i-fachen Punkt besitzt; dann sieht man unmittelbar, daß der Punkt $(i-1)$-fach für die erste Polarfläche eines beliebigen Punktes y ist, woraus man schließt, daß der der Fläche umschriebene Kegel mit dem Scheitel y eine $i(i-1)$-fache Erzeugende hat, und daß die Klasse von f_n eine Reduktion um $i(i-1)^2$ Einheiten erfährt (während der Rang den Wert $n(n-1)$ beibehält). Die Reduktion wird wesentlich stärker sein können, wenn es sich um einen singulären mehrfachen Punkt handelt; so reduziert z. B. ein biplanarer oder uniplanarer Doppelpunkt die Klasse im allgemeinen um drei bzw. sechs Einheiten[49]).

Nehmen wir zweitens, um einen ziemlich allgemeinen Fall[50]) herauszugreifen, an, die Fläche f_n besitze eine Doppelkurve B der Ordnung b aus biplanaren Punkten mit k scheinbaren Doppelpunkten und t dreifachen Punkten die auch für f_n dreifach sind, und außerdem eine Rückkehrkurve C der Ordnung c mit h scheinbaren Doppelpunkten, so muß man noch die Schnittpunkte der Kurven B und C berücksichtigen, unter denen sich im allgemeinen γ für B stationäre, β für C stationäre Punkte befinden werden und endlich i weitere Punkte, welche weder für B noch für C stationär sind. Man sieht dann, daß die erste Polarfläche eines beliebigen Punktes einfach durch B und C hindurchgeht und weiter f_n längs einer Kurve der Ordnung $n(n-1)-2b-3c$ schneidet, welche den Rang der Fläche f_n bestimmt. Die Klasse von f_n ergibt sich gleich $n(n-1)^2$ vermindert um die folgende Zahl, welche die durch die Kurven B und C hervorgerufene Reduktion angibt:

$$\{b(7n-4b-8)+8k\}+\{c(12n-9c-15)+18h\}$$
$$-18\beta-12\gamma-12i+9t.$$

15. Die reziproke Fläche. Um auf durchsichtigere Weise die voraufgehenden ebenso wie die weiteren diesen Gegenstand betreffenden Resultate darzulegen, empfiehlt es sich, den Begriff der *reziproken* Fläche der gegebenen Fläche einzuführen[51]). Man gelangt zu dieser

49) *Salmon,* Cambridge and Dublin Math. Journ. 2 (1846), p. 65. In betreff des Einflusses singulärer einfacher Punkte siehe *Berzolari,* Ann. di mat. (2) 24 (1896), p. 188; *Segre,* Ann. di mat. (2) 25 (1896), p. 26; siehe auch die Noten von *Rohn* (vgl. Nr. 4).

50) *Salmon,* Cambridge and Dublin Math. Journ. 4 (1849), p. 188; Trans. of the R. Irish Acad. 23 (1857), p. 461; vgl. *Salmon-Fiedler,* p. 649—658.

51) Den Begriff einer solchen Fläche verdankt man *Monge,* wie aus einer Bemerkung auf Seite 4 seiner Application de l'Analyse . . . (1809) resultiert, wo er auf ein nicht herausgegebenes Werk über diesen Gegenstand anspielt (vgl.

von der Bedingung aus, welche erfüllt sein muß, damit eine durch ihre Koordinaten $\xi_1, \xi_2, \xi_3, \xi_4$ gegebene Ebene Tangentialebene der Fläche $f(x_i) = 0$ ist. Lassen wir den Fall beiseite, in dem f_n eine abwickelbare Fläche ist (welche nur ∞^1 Tangentialebenen zuläßt), so ist diese Bedingung durch eine algebraische Gleichung $\varphi(\xi_i) = 0$ gegeben (Gleichung der Fläche in Ebenenkoordinaten, für welche $f(x_i) = 0$ die Gleichung in Punktkoordinaten ist), deren Grad n' die Klasse von f_n ist. Betrachten wir nun die ξ_i als Koordinaten eines Punktes, so erscheint $\varphi_{n'} = 0$ als die Gleichung einer Fläche $\varphi_{n'}$ von der Ordnung n' in Punktkoordinaten, welche die *reziproke Fläche* von f_n heißt. Vom geometrischen Gesichtspunkte aus ist zu bemerken, daß man von der Fläche f_n zur Fläche $\varphi_{n'}$ dadurch gelangt, daß man die erste Fläche einer reziproken (projektiven) Transformation des Raumes unterwirft (derjenigen, für welche $x_i = \xi_i$ ist).

Die Beziehung zwischen den beiden reziproken Flächen f_n und $\varphi_{n'}$ hat die Eigenschaft, daß jedem Punkte der einen eine Tangentialebene der anderen entspricht, und daß den Punkten einer geraden Linie die Ebenen durch eine Gerade zugeordnet sind. Die Tangenten der einen Fläche entsprechen den Tangenten der anderen, und die Ordnung der einen Fläche ist gleich der Klasse der anderen.

Einem Punkt P mit der Multiplizität $i > 1$ für eine der Flächen entspricht eine i-fache Tangentialebene der anderen; diese Ebene berührt die letztere Fläche längs einer Kurve der i^{ten} Klasse, welche dem Tangentenkegel i^{ter} Ordnung der ersten Fläche im Punkte P entspricht. Demgemäß berührt z. B. eine Doppeltangentialebene π von f_n (welche einem Doppelpunkte von $\varphi_{n'}$ entspricht) die Fläche f_n längs einer Kurve der zweiten Klasse; aber die besagte Kurve kann sich auf ein Paar von Punkten reduzieren, welche getrennt sind oder zusammenfallen (entsprechend den Besonderheiten des Punktes P von $\varphi_{n'}$, welcher biplanar oder uniplanar sein kann); die Ebene erhält alsdann den Namen Bitangentialebene. Einen interessanten Fall einer Bitangentialebene mit zusammenfallenden Berührungspunkten liefert eine stationäre Ebene, d. h. die Tangentialebene einer Fläche in einem ihrer parabolischen Punkte[52]).

Chasles, Aperçu historique, note 3). *Poncelet* setzt die Theorie in einer Arbeit auseinander, welche der Pariser Akademie der Wissenschaften im Jahre 1824 vorgelegen hat und welche im J. für Math. 4 (1829), p. 1 veröffentlicht ist; siehe auch *Gergonne*, Ann. de Gergonne 17 (1827), p. 214.

52) Die Bemerkung, daß die Tangentialebene in einem parabolischen Punkte als spezieller Fall einer *Doppel*tangentialebene zu betrachten ist, rührt von *Salmon* her, Cambridge and Dublin Math. Journ. 3 (1848), p. 45; derselbe Geometer

Setzen wir der Einfachheit halber voraus, die Fläche f_n sei eine allgemeine Fläche von der Ordnung $n > 2$ (frei von Punktsingularitäten); sie besitze keine Doppelebene, deren Berührungskurve ein irreduzibler Kegelschnitt ist; aber sie besitze (Nr. **13**) eine Schar von ∞^1 Bitangentialebenen (mit getrennten Berührungspunkten) (der Klasse b'), unter denen sich eine endliche Anzahl t' von Tritangentialebenen befindet; außerdem besitze die Fläche eine Schar von ∞^1 stationären Tangentialebenen (deren Klasse c' sei). Dann folgt, daß die reziproke Fläche $\varphi_{n'}$ (der Ordnung $\nu = n(n-1)^2$) eine Doppelkurve (biplanarer Punkte) der Ordnung b' mit t' dreifachen Punkten besitzt, welche auch für die Fläche $\varphi_{n'}$ dreifach sind; außerdem besitzt sie eine Rückkehrkurve der Ordnung c'; b', c' und t' haben die in Nr. **13** berechneten Werte.

Man erkennt hieraus, daß die reziproke Fläche einer punktallgemeinen Fläche von größerer als zweiter Ordnung, vom Gesichtspunkt der Punktgeometrie aus, keine allgemeine Fläche ist.

16. Relationen zwischen den charakteristischen Zahlen einer Fläche. Auf Grund der voraufgehenden Erörterungen können die zwischen den Punkt- und Ebenensingularitäten einer Fläche f bestehenden Relationen als Relationen zwischen den charakteristischen Zahlen einer Punktfläche f_n und ihrer reziproken Fläche betrachtet werden. Will man also derartige Relationen aufstellen, so ist es, wenn man bedenkt, daß die Flächen f_n und $\varphi_{n'}$ eine symmetrische Rolle spielen, natürlich, daß man sich nicht auf die Diskussion des Falles beschränkt, in welchem f_n punktallgemein ist; denn wir wissen, daß alsdann $\varphi_{n'}$ keineswegs punktallgemein ist. Es ist im Gegenteil natürlich, f_n solche Singularitäten zuzuerteilen, daß $\varphi_{n'}$ Singularitäten gleicher Natur aufweist (auf denselben Standpunkt stellt man sich in der Theorie der ebenen Kurven, um die analogen Untersuchungen anzustellen, welche, wie bekannt, zu den Plückerschen Formeln führen). Zu diesem Zwecke wollen wir Ebenensingularitäten derart, wie sie bei einer punktallgemeinen Fläche auftreten, als *gewöhnliche Singularitäten bezeichnen*; ebenso Punktsingularitäten von der Beschaffenheit, wie sie bei einer als Ebenenort betrachteten allgemeinen Fläche vorkommen. Wir wählen diese Ausdrucksweise in Rücksicht auf die uns hier beschäftigende Frage. Unter dieser Voraussetzung kann die zu lösende Aufgabe folgendermaßen formuliert werden: eine Fläche f_n besitzt sowohl gewöhnliche Punkt- als auch Ebenensingularitäten; man stelle die Relationen

---

zeigt ebendort 4 (1849), p. 188, daß die Reziprozität eine solche Ebene von f_n in einen Kuspidalpunkt von $\varphi_{n'}$ überführt.

auf, welche zwischen den numerischen Charakteren dieser Singularitäten bestehen.

Geben wir die Singularitäten, um die es sich handelt, etwas genauer an! Wir nehmen an, f_n besitze eine Doppel- und eine Rückkehrkurve; von jeder dieser Kurven betrachten wir die Ordnung, die Klasse, den Rang sowie die Zahl der scheinbaren Doppelpunkte; außerdem berücksichtigen wir die Klassen der abwickelbaren Flächen, welche von Tangentialebenen der Fläche f_n längs dieser Kurven erzeugt werden. Auch ist zu beachten, daß die Doppelkurve im allgemeinen eine gewisse Anzahl stationärer, sowie dreifacher Punkte (welche auch für die Fläche dreifach sind) besitzt, und (von *Cayley*) so genannter Zwickpunkte (pinch-points, pinces-points), für welche die beiden (im allgemeinen getrennten) Tangentialebenen koinzidieren. Ebenso besitzt die Rückkehrkurve im allgemeinen eine gewisse Anzahl stationärer und close-points (Punkte von der Beschaffenheit, daß eine durch einen solchen Punkt hindurchgehende Ebene eine Kurve mit Selbstberührungspunkt aus der Fläche ausschneidet).

Dual hat man die von den Bitangentialebenen erzeugte Developpable sowie diejenige der stationären Ebenen zu betrachten; diese Developpablen enthalten singuläre Ebenen (dreifache, Zwickebenen), deren Anzahlen zu betrachten sind.

Man hat also gewisse numerische Charaktere der Fläche, welche durch Relationen verbunden sind, die man bestimmen will. Dieses Problem hat *Salmon* als erster in Angriff genommen, und er hat alle Relationen erhalten, welche bis auf den heutigen Tag bekannt sind, und welche in kurzen Zwischenräumen in mehreren früher zitierten Abhandlungen (Nr. **14**) (1846—1857) veröffentlicht worden sind.

Cayley präzisierte dann die Natur der gewöhnlichen Singularitäten, denen er weitere außergewöhnliche Singularitäten hinzufügte, und löste durch Aufstellung einer neuen Relation das Problem in vollständigerer Form[53]). Endlich hat *Zeuthen*[54]) die Frage aufgegriffen; er brachte einige Korrektionen an den *Cayley*schen Formeln an und führte neue außergewöhnliche Singularitäten ein.

Diese Formeln sind größtenteils sehr kompliziert und von beschränkter Anwendbarkeit. Es genügt daher wohl hier die auf einen ziemlich oft vorkommenden Spezialfall bezüglichen Formeln anzugeben, und den Leser, welcher die allgemeinen Formeln kennen lernen will,

---

53) Proc. of the Royal Irish Acad. 7 (1862), p. 20; Quarterly Journ. 9 (1868), p. 332; Phil. Trans. of the R. S. of London 159—162 (1868—72), p. 201, 83; siehe auch Noten und Bezugsstellen in den Coll. math. Papers of Cayley 6.

54) Math. Ann. 4 (1871), p. 1, 21, 633; 10 (1876), p. 446.

auf *Zeuthens* letzte diesbezügliche Abhandlung (1876) und auf die letzte Auflage der Geometrie des Raumes von Salmon-Fiedler (Kap. IX) zu verweisen.

Wir setzen voraus, die Fläche f_n von der Ordnung n, der Klasse n' und vom Range a habe keine Rückkehrkurve, aber sie besitze eine Doppelkurve B der Ordnung b vom Range q mit t dreifachen Punkten (welche auch für die Fläche dreifach sind) und j Zwickpunkten; es sei ferner ϱ die Klasse der von den Tangentialebenen an f_n längs B gebildeten abwickelbaren Fläche und $\varkappa$ die Anzahl der stationären Erzeugenden des f_n von einem Punkte allgemeiner Lage aus umschriebenen Kegels. Dann bestehen zwischen diesen Charakteren die folgenden Relationen:

$$a(n-2) = \varkappa + \varrho, \quad b(n-2) = \varrho + 3t,$$

$$n' + 2j = a + \varkappa, \quad n(n-1) = a + 2b, \quad 2\varrho - 2q = j,$$

aus denen die weitere Relation folgt:

$$j = \tfrac{1}{4}[a(3n-4) - n(n-1)(n-2) + 6t - 2n'].$$

17. Polarflächen eines variablen Punktes in bezug auf eine feste Fläche; Diskriminante der Fläche. Wir haben bisher die Polarfläche eines festen Punktes in bezug auf eine Fläche f_n betrachtet. Nehmen wir nunmehr an, der Pol y sei variabel, und beschränken wir uns darauf, die ersten Polarflächen bezüglich f_n zu betrachten. Die Gleichung $\Delta_y f(x) = 0$ der genannten Polarfläche lehrt unmittelbar, daß die erste Polare ein Büschel beschreibt, wenn der Pol eine Gerade durchläuft; die Basiskurve dieses Büschels ist von der Ordnung $(n-1)^2$ und möge die *erste Polarkurve* der Geraden bezüglich der Fläche f_n heißen. Sie ist der Ort eines Punktes, dessen Polarebene durch die Gerade hindurchgeht[55]). Beschreibt der Pol eine Ebene, so bilden die ersten Polaren ein Netz, dessen $(n-1)^3$ Basispunkte die Pole der Ebene in bezug auf die Fläche sind[56]).

Die ersten Polaren der Punkte des Raumes in bezug auf f_n bilden ein lineares System der Dimension 3 (diese reduziert sich nur dann auf 2, wenn f_n ein Kegel ist)[57]).

---

55) *Bobillier,* Ann. de Gergonne 18 (1827), p. 89, 253; 19 (1828), p. 110, 302.

56) *Bobillier,* a. a. O. Betreffs der Ausdehnung dieser Resultate auf den Fall, in welchem der Pol eine beliebige algebraische Kurve oder Fläche durchläuft, und die r^{te} Polare eines Punktes $(r > 1)$ betrachtet wird, vgl. *Moutard,* Nouv. Ann. de math. 19 (1860), p. 158; *Cremona,* Grundzüge p. 78.

57) Ein beliebiges lineares ∞^3-System von Flächen f_{n-1} kann im allgemeinen nicht als das System der ersten Polarflächen einer Fläche f_n betrachtet werden; über die Bedingungen, welche erfüllt sein müssen, siehe *Thieme,* Zeitschr. Math. Phys. 24 (1878), p. 221, 276.

Ist f_n frei von Punktsingularitäten, so hat das ∞^3-System keinen Basispunkt; das Vorhandensein eines Basispunktes enthält mithin die Bedingung dafür, daß f_n einen mehrfachen (mindestens Doppel-) Punkt besitzt. Einen Ausdruck für diese Bedingung erhält man durch Nullsetzen der Diskriminante von f_n, d. h. der Resultante aus den vier Gleichungen $\frac{\partial f}{\partial x_i} = 0$. Sie ist eine Invariante der Fläche f_n, welche den Grad $4(n-1)^3$ in den Koeffizienten hat.

18. Jacobische Kovariante von zwei oder mehreren Flächen. Nehmen wir zunächst an, der Pol y sei fest und die allgemeine Fundamentalfläche f_n von der n^{ten} Ordnung durchlaufe ein lineares ∞^r-System. Die Polarfläche beliebiger Ordnung von y in bezug auf f_n wird dann ebenfalls ein lineares System durchlaufen. Und zwar bilden die s^{ten} Polaren (der Ordnung $n-s$) noch ein ∞^r-System (das projektiv auf das System der Flächen f_n bezogen ist)[58]), wenn keine der Flächen f_n in y einen Punkt von größerer als der $(n-s)^{\text{ten}}$ Multiplizität hat (derart, daß die entsprechende Polare unbestimmt ist); während, wenn das Gegenteil für eine Fläche f_n eintritt, die Dimension sich auf $r-1$ reduziert usw. Wendet man diese Betrachtungen auf das System der Polarebenen $(s = n-1)$ an, so gelangt man zu dem Begriff des *Jacobi*schen Ortes eines linearen Flächensystems. Man nennt (nach *Cremona*) *Jacobi*schen Ort eines linearen ∞^r-Systems $(r \leqq 3)$ von Flächen (oder *Jacobi*schen Ort von $r+1$ voneinander unabhängigen Flächen des Systems) den Ort eines Punktes, dessen Polarebenen ein ∞^{r-1}-System bilden, d. h. den Ort der Doppelpunkte der Flächen des gegebenen ∞^r-Systems, oder auch den Ort der Berührungspunkte von zwei (und demnach ∞^1) Flächen des Systems.

Der *Jacobi*sche Ort des Büschels $\lambda_1 f^{(1)} + \lambda_2 f^{(2)} = 0$ ist in symbolischer Form gegeben durch:

$$(1) \qquad \left|\frac{\partial f^h}{\partial x_i}\right| = 0 \qquad (h = 1, 2;\ i = 1, 2, 3, 4),$$

d. h. durch die Gleichungen, welche man durch Nullsetzen der Determinanten zweiter Ordnung der angegebenen Matrix erhält; er ist im allgemeinen eine Gruppe von $4(n-1)^3$ Punkten, von denen jeder für eine Fläche des Büschels doppelt ist[59]).

58) Für $r = 1$, $s = 1$ hat man die von den beiden projektiven Büscheln von Flächen f_n und f_{n-1} erzeugte Fläche betrachtet; siehe *M. Pieri,* Giorn. di mat. 24 (1886), p. 13. *G. B. Guccia,* C. R. de l'Acad. d. sc. 1895, p. 817.

59) *De Jonquières,* Journ. de math. (2) 7 (1862), p. 409; vgl. *Cremona,* Grundzüge p. 105. In betreff der Reduktion, welche diese Zahl erleidet, falls das Büschel einen mehrfachen Basispunkt hat, siehe *Pieri,* Giorn. di mat. 24 (1886), p. 13; *Guccia,* C. R. de l'Acad. d. sc. 120 (1895), p. 896.

Ebenso stellt die Relation

(2) $$\left|\frac{\partial f^h}{\partial x_i}\right| = 0 \qquad (h = 1, 2, 3;\ i = 1, 2, 3, 4)$$

die *Jacobi*sche Kurve eines Netzes dar, sie ist eine Kurve der Ordnung $6(n-1)^2$, Ort der Doppelpunkte der Flächen des Netzes[60]).

Endlich definiert die Gleichung:

(3) $$\left|\frac{\partial f^h}{\partial x_i}\right| = 0 \qquad (h, i = 1, 2, 3, 4),$$

deren linke Seite die *Jacobi*sche Determinante ist, die *Jacobi*sche Fläche eines linearen ∞^3-Systems; sie ist eine Fläche der Ordnung $4(n-1)$, Ort der Doppelpunkte der Flächen des Systems[61]).

Man kann die Relationen (1), (2) und (3) auch deuten unter der Voraussetzung, daß die Flächen $f^{(1)}, f^{(2)}, f^{(3)}, f^{(4)}$ beliebige voneinander verschiedene Ordnungen haben. Man gelangt auf diese Weise zum *Jacobi*schen Ort von 2, 3 oder 4 Flächen, und zwar ist dies der Ort eines Punktes, dessen Polarebenen bezüglich der gegebenen Flächen zusammenfallen oder durch eine und dieselbe Gerade hindurchgehen oder einen und denselben Punkt enthalten. Im ersten Falle ist der *Jacobi*sche Ort eine Gruppe von

$$(m+n-2)[(m-1)^2+(n-1)^2]$$

Punkten[62]); im zweiten Falle eine Kurve der Ordnung[63])

$$(m-1)^2+(n-1)^2+(p-1)^2+(n-1)(p-1) \\ +(p-1)(m-1)+(m-1)(n-1)$$

und endlich im dritten Falle eine Fläche der Ordnung[64])

$$m+n+p+q-4.$$

Man beachte für $m=n$, daß in diesem Falle in der Bildung des *Jacobi*schen Ortes, f_m und f_n durch irgend zwei Flächen des Büschels

$$\lambda f_m + \mu f_n = 0$$

ersetzt werden können usw.

---

60) *Moutard*, Nouv. Ann. de math. 19 (1860), p. 158; vgl. *Cremona*, a. a. O., p. 109.

61) *Moutard*, a. a. O., vgl. *Cremona*, a. a. O., p. 111.

62) *De Jonquières*, a. a. O., vgl. *Cremona*, a. a. O., p. 112.

63) *Moutard*, a. a. O., vgl. *Cremona*, a. a. O., p. 114.

64) *Moutard*, a. a. O., vgl. *Cremona*, a. a. O., p. 116. In betreff des Verhaltens der Jacobischen Fläche in einem für die vier gegebenen Flächen mehrfachen Punkte siehe *A. Levi*, Giorn. di mat. 34 (186), p. 215 und Atti dell' Accad. di sc. di Torino 31 (1896), p. 502; *Gerbaldi*, Rend. Circ. mat. di Palermo 10 (1896), p. 158. Einige spezielle Fälle bei *Döhlemann*, Math. Ann 41 (1892), p. 545.

19. Berührungsprobleme. Die Betrachtung der *Jacobi*schen Örter dient zur Lösung gewisser Probleme, welche sich auf die Anzahl der Flächen eines gegebenen Systems beziehen, die vorgegebenen Bedingungen der Berührung mit festen Flächen oder Kurven genügen.

Man sieht z. B., daß ein Punkt, in welchem eine Fläche der n^{ten} Ordnung eines Büschels eine allgemeine Fläche vorgegebener Ordnung p berühren kann, der *Jacobi*schen Kurve zweier unabhängiger Flächen des Büschels und der festen Fläche angehören muß; hieraus schließt man, daß im allgemeinen $p[(n+p-2)^2+2(n-1)^2]$ Flächen n^{ter} Ordnung eines Büschels eine allgemeine Fläche p^{ter} Ordnung berühren[65]).

Dieses Resultat kann man auch dahin aussprechen, daß man sagt, die angegebene Zahl ist der Grad, in welchem die Koeffizienten von f_n in die simultane Invariante eingehen, welche gleich 0 gesetzt die Bedingung der Berührung zwischen $f_n=0$ und $f_p=0$ ausdrückt (Berührungsinvariante [tactinvariant] der beiden Flächen).

Ebenso liegen die Berührungspunkte der Flächen f_n eines Büschels, welche die Kurve $f_p=0$, $f_q=0$ berühren, auf der *Jacobi*schen Fläche zweier f_n des Büschels und der Flächen f_p und f_q; es gibt daher im allgemeinen unter den Flächen n^{ter} Ordnung eines Büschels $pq(2n+p+q-4)$, welche die Schnittkurve zweier Flächen p^{ter} und q^{ter} Ordnung berühren[66]); oder mit anderen Worten: die angegebene Zahl gibt den Grad an, in welchem die Koeffizienten von f_n in die Simultaninvariante eingehen, welche gleich 0 gesetzt die Bedingung dafür ausdrückt, daß zwei Schnittpunkte von $f_n=0$, $f_p=0$ und $f_q=0$ zusammenfallen (Berührungsinvariante [tactinvariant] der drei Flächen).

Analog sieht man, daß der Ort der Berührungspunkte von ∞^1 Flächen n^{ter} Ordnung eines Netzes mit einer Fläche der Ordnung q eine Kurve der Ordnung $q(3n+q-4)$ ist, die Schnittkurve von f_q mit der Jacobischen Fläche dreier Flächen f_n und von f_q.[67])

---

65) *Moutard,* a. a. O., vgl. *Cremona,* a. a. O., p. 115. In betreff einer Ausdehnung der Formel auf den Fall, in welchem f_p eine beliebige Fläche ist, siehe *Segre,* Atti dell' Accad. di sc. di Torino 31 (1896), p. 485.

66) *Moutard,* a. a. O., vgl. *Cremona,* a. a. O., p. 117. Man kann die Formel auf beliebige Kurven ausdehnen, indem man auf die Koinzidenzformeln eines linearen Systems von Punktgruppen zurückgreift, welche auf der Kurve durch die Flächen des Systems bestimmt sind.

67) *Moutard,* a. a. O.; vgl. *Cremona,* a. a. O., S. 110. Über die Ausdehnung der Definition des Jacobischen Orts bezüglich höherer Berührung siehe *Spottiswoode,* Phil. Trans. 167 (1877), p. 351; Proc. of the London Math. Soc. 26 (1877),

Diese Probleme lassen sich verallgemeinern dadurch, daß man das lineare System durch ein algebraisches aber nicht lineares System von Flächen ersetzt. Ein solches System ist von unserem Gesichtspunkt aus durch die Kenntnis gewisser (*charakteristischer*) Zahlen charakterisiert, welche ausdrücken, wie viele Flächen des Systems gewissen einfachen Bedingungen genügen, die erfüllt sein müssen, damit diese Flächen durch feste Punkte hindurchgehen oder feste Ebenen und Geraden berühren[68]). So ist z. B. ein ∞^1-System durch drei charakteristische Zahlen μ, ν und ϱ definiert, von denen μ die Anzahl der Flächen angibt, welche durch einen gegebenen Punkt hindurchgehen, ν die Anzahl der Flächen ist, welche eine gegebene Ebene berühren, und ϱ die Anzahl der Flächen bedeutet, welche eine vorgeschriebene Gerade berühren. Man zeigt alsdann, daß die Anzahl der Flächen des Systems, welche eine vorgegebene Fläche der Ordnung n, der Klasse n' und des Ranges α berühren, $\mu n' + \varrho\alpha + \nu n$ ist; ist das System linear und die f_n allgemein, so ergibt sich hieraus eine schon früher gefundene Formel.

20. Hessesche und Steinersche Kovarianten. Kehren wir zum *Jacobi*schen Ort eines linearen Systems von ∞^3 Flächen zurück, und setzen wir jetzt voraus, daß das besagte Sytem von den ersten Polaren der Punkte des Raumes in bezug auf eine f_n gebildet ist. Die *Jacobi*sche Kovariante des Systems geht alsdann in die *Hesse*sche Kovariante der Fläche f_n über; die entsprechende Fläche

$$(1) \qquad \left|\frac{\partial^2 f}{\partial x_i \partial x_k}\right| = 0, \qquad (i, k = 1, 2, 3, 4)$$

wird *Hesse*sche Fläche[69]) von f_n genannt (*Kernfläche* nach *Steiner*). Die *Hesse*sche Fläche von f_n hat die Ordnung $4(n-2)$; sie ist der

---

p. 226. Betreffs der Bestimmung einiger Zahlen, welche sich auf diese Berührungen beziehen, siehe *Bischoff,* Journ. für Math. 61 (1862), p. 369.

68) Diese Fragen, welche an die Charakteristikentheorie von *Chasles* anknüpfen, sind von *de Jonquières* behandelt worden, Paris C. R. 57 (1864), p. 567; 61 (1865), p. 440, welcher die Formel des Textes gab; für die Ableitung im allgemeinen Falle siehe *Brill,* Math. Ann. 8 (1875), p. 534. Für weitere Resultate gleicher Art siehe *Fouret,* Paris C. R. 69 (1874), p. 689; 80 (1875), p. 804; 82 (1876), p. 1496; 84 (1877), p. 436; *Schubert,* Kalkül der abzählenden Geometrie (1879), p. 54, 301; *Zeuthen,* Paris C. R. 89 (1879), p. 899, 946. Vgl. III C 3 (*Zeuthen*).

69) *Salmon,* Cambr. and Dublin math. Journ. 2 (1847), p. 74, erwähnt diese Fläche in der Untersuchung der parabolischen Kurve von f_n. *Steiner* leitete im Journ. für Math. 47, p. 1 für die ebenen Kurven und ebendort 53 (1856), p. 133 für die f_3 eine Reihe von Eigenschaften ab, welche später auf f_n ausgedehnt worden sind.

Ort der Doppelpunkte der ersten Polarflächen bezüglich f_n; sie ist auch der Ort eines Punktes, für welche die quadratische Polare einen Doppelpunkt erhält und sich demgemäß auf einen Kegel reduziert; (in der Tat ist die Determinante (1) die Diskriminante der besagten Fläche zweiten Grades).

Neben der *Hesse*schen Fläche hat man die *Steinersche Fläche*[70]) von f_n zu betrachten (*konjugierte Kernfläche*), den Ort der Punkte, für welche die erste Polarfläche einen Doppelpunkt besitzt, oder auch den Ort der Scheitel der Kegel, welche sich unter den Polarflächen zweiten Grades bezüglich f_n befinden. Man bildet ihre Gleichung, indem man die Diskriminante (Nr. **17**) der ersten Polare $\Delta_y f(x) = 0$ gleich 0 setzt und sodann die y als variabel ansieht; die *Steiner*sche Fläche hat die Ordnung $4(n-2)^3$.

Die *Hesse*schen und *Steiner*schen Flächen entsprechen einander punktweise[71]) (Korrespondenz durch konjugierte Pole). Man sieht auch, daß die Polarebene eines Punktes der *Hesse*schen Fläche bezüglich f_n Tangentialebene der *Steiner*schen Fläche im entsprechenden Punkte ist[72]), woraus folgt, daß die Klasse der *Steiner*schen Fläche im allgemeinen $4(n-1)^2(n-2)$ ist.

Diese numerischen Charaktere beziehen sich auf den Fall, in welchem die f_n eine punktallgemeine Fläche ist; halten wir an dieser Voraussetzung fest, so ergibt sich, daß die *Hesse*sche Fläche eine endliche Anzahl von Doppelpunkten besitzt, deren jedem eine Gerade der *Steiner*schen Fläche zugeordnet ist (die Durchschnittsgerade der beiden Ebenen, in welche die quadratische Polare eines solchen Punktes bezüglich f_n zerfällt). Jeder dieser Punkte läßt durch seine Koordinaten die Minoren dritter Ordnung der Determinante (1) verschwinden. *Clebsch* und später *Cremona*[73]) haben die Zahl dieser Doppelpunkte berechnet; sie beträgt $10(n-2)^3$.

Die *Hesse*sche Fläche schneidet die gegebene Fläche f_n (außer

---

70) *De Jonquières,* Journ. de math. (2) 7 (1862) p. 409 dehnte auf diese Flächen die Untersuchung aus, welche *Steiner,* Journ. für Math. 47 (1848), p. 1 in der Ebene angestellt hatte. Eine viel tiefer gehende Untersuchung verdankt man *Cremona*, Grundzüge, p. 140, welcher den Namen *Steiner*sche Fläche vorgeschlagen hat.

71) Die Verbindungsgeraden entsprechender Punkte bilden ein ∞^2-System, das von Voss studiert worden ist, Math. Ann. 30 (1887), p. 252.

72) *De Jonquières,* Nouv. Ann. de math. (2) 3 (1864), p. 20; *Cremona,* a. a. O., hat die Klasse bestimmt.

73) *Clebsch,* Journ. für Math. 70 (1861), p. 193; *Cremona,* a. a. O., p. 137. Eine Bestimmung derselben Zahl mit Hilfe der abzählenden Geometrie gab *Zeuthen,* Ann. di mat. (2) 4 (1871), p. 331.

in etwa vorhandenen mehrfachen Kurven derselben) nach der *parabolischen Kurve* von f_n, dem Ort der parabolischen Punkte (Nr. 2); die parabolische Kurve einer allgemeinen Fläche n^{ter} Ordnung hat daher die Ordnung $4n(n-2)$[74]). Die (stationären) Tangentialebenen von f_n in den parabolischen Punkten bilden eine Developpable, welche der *Steiner*schen Fläche umschrieben ist. Die *Hesse*sche Fläche enthält die f_n (deren sämtliche Punkte alsdann parabolisch sind) nur dann, wenn f_n eine developpable Fläche ist[75]). Sehen wir von diesem Falle ab, so berührt die *Hesse*sche Fläche eine der f_n angehörige einfache Gerade in allen Punkten, in welchen sie diese schneidet (d. h. im allgemeinen in $2(n-2)$ Punkten)[76]).

21. Das Problem der vierpunktigen Tangenten und die Kovariante von Salmon-Clebsch. Die Bestimmung der ∞^1 Tangenten von f_n, welche vier konsekutive Punkte mit der Fläche gemein haben, hat zu der Entdeckung einer neuen Kovariante geführt. Ist x_i der Berührungspunkt einer solchen Tangente, so gehen die Flächen (der Ordnung 1, 2, 3 in den y_i)

$$\Delta_y f(x) = 0, \quad \Delta_y^2 f(x) = 0, \quad \Delta_y^3 f(x) = 0$$

durch die Tangente hindurch und haben infolgedessen in einer beliebigen Ebene $\sum c_i y_i = 0$ einen gemeinsamen Punkt. Eliminiert man aus den vier angegebenen Gleichungen die y_i, so findet man, daß die Kurve der Berührungspunkte der vierpunktigen Tangenten (die Inflexionsknotenkurve) die Ordnung[77]) $n(11n-24)$ hat; und zwar

74) *Salmon,* a. a. O. Besitzt die f_n einen r-fachen isolierten Punkt, so geht die Hessesche Fläche im allgemeinen mit der Multiplizität $4r-6$ durch ihn hindurch; eine Doppelkurve von f_n ist im allgemeinen dreifach für die *Hesse*sche Fläche usw. Wegen dieses Gegenstandes siehe *Rohn,* Math. Ann. 23 (1883), p. 82; *Segre,* Rend. Accad. d. Lincei, Oktober 1895, p. 143. Betreffs weiterer Singularitäten der parabolischen Kurve siehe *Segre,* Rend. Accad. d. Lincei, September 1897, p. 173; *Voß,* Math. Ann. 30 (1887), p. 418.

75) *Cayley,* Quarterly Journ. 6 (1864), p. 108 hat die übrig bleibende Fläche der Ordnung $3n-8$ betrachtet, der er den Namen Pro-*Hesse*sche Fläche gab. Die *Hesse*sche Fläche ist unbestimmt, wenn f ein Kegel ist; *Hesse,* Journ. für Math. 42 (1851), p. 117; 61 (1859), p. 263. Vgl. *Gordan* und *Nöther,* Math. Ann. 10 (1876), p. 547.

76) *Salmon,* Cambr. and Dublin math. Journ. 4 (1849), p. 255. Weitere Eigenschaften der *Hesse*schen und *Steiner*schen Fläche findet man bei *Clebsch,* Journ. für Math. 63 (1864), p. 14; *Cremona,* Grundzüge a. a. O.; *Bäcklund,* Konglika Svenska vetenskaps Acad. Handlingar 9 (1871); *Voss,* Math. Ann. 27 (1886), p. 387. Die beiden letzten Arbeiten geben die numerischen Charaktere der *Hesse*schen und *Steiner*schen Fläche.

77) *Salmon,* Cambr. and Dublin math. Journ. 4 (1849), p. 260; Quarterly Journ. 1 (1856), p. 336; Phil. Trans. 150 (1860), p. 229. Eine andere Bestimmung

ist sie der Durchschnitt von f_n mit einer kovarianten Fläche $\Phi = 0$, von welcher *Salmon* die Ordnung $11n - 24$ bestimmt und die Gleichung aufgestellt hat. *Clebsch*, welcher die Elimination wieder aufgriff, hat die Kovariante in der Form[78]) $\Phi = \Theta - 4HT$ dargestellt, wo H die *Hesse*sche Determinante ist (deren Minoren der Ordnung 3 und 2 durch die Symbole H_{rs}; $H_{pq,rs}$ bezeichnet sind), während

$$\Theta = \sum H_{rs} \frac{\partial H}{\partial x_r} \frac{\partial H}{\partial x_s},$$

$$T = \sum H_{mn} H_{pq,rs} \frac{\partial^3 f}{\partial x_m \partial x_p \partial x_q} \frac{\partial^3 f}{\partial x_n \partial x_r \partial x_s}$$

ist. Aus dem Ausdruck für Φ leitet *Clebsch* ab, daß die besagte Fläche die *Hesse*sehe Fläche in allen Punkten berührt, in denen sie sie schneidet, d. h. längs einer Kurve der Ordnung $2(n-2)(11n-24)$. Es liegen daher auf der parabolischen Kurve von f_n $2n(n-2)(11n-24)$ Punkte, für welche die parabolischen Tangenten eine vierpunktige Berührung mit f_n haben[79]).

Enthält die Fläche f_n eine Gerade, so gehört diese der Fläche Φ vollständig an; hieraus geht hervor, daß eine nicht-geradlinige Fläche n^{ter} Ordnung nicht mehr als $n(11n - 24)$ Gerade enthalten kann; allein es hat den Anschein, daß für $n > 3$ diese obere Grenze nicht erreicht wird.

22. Über einige projektiv bemerkenswerte Flächen. a) *Flächen, welche ∞^2 reduzible ebene Schnitte gestatten.* Diese Flächen sind Linienflächen oder die römische Fläche *Steiners* (Fläche der vierten Ordnung, welche doppelt durch die Kanten eines Trieders hindurchgeht[80])).

---

der Ordnung durch synthetische Betrachtungen gab *Sturm*, Journ. für Math. 72 (1870), p. 350. *Voss*, Math. Ann. 9 (1875), p. 483 und *Krey*, ebendort 15 (1879), p. 211 haben die Reduktion studiert, welche die Ordnung durch Singularitäten von f_n erfährt.

78) Journ. für Math. 58 (1860), p. 102; vgl. *Gordan*, Zeitschr. Math. Phys. 12 (1867), p. 495. In einer darauf folgenden Abhandlung, Journ. für Math. 63 (1863), p. 14, hat *Clebsch* die Doppelpunkte der Kurve $f = 0$, $\Phi = 0$ untersucht, Punkte, deren jeder zwei vierpunktigen Tangenten angehört; die unkorrekte Zahl, zu der er gelangt, ist von *Schubert*, Math. Ann. 11 (1877), p. 377 richtiggestellt worden. Eine unmittelbare Definition der Fläche $\Theta = 0$ findet sich bei *Cremona*, Grundzüge, p. 147 (§ 178), weitere Eigenschaften fand *Voß*, Math. Ann. 27 (1886), p. 357.

79) Für die Ordnung der von den vierpunktigen Tangenten gebildeten windschiefen Linienfläche und in betreff der anderen Anzahl-Bestimmungen, welche sich auf die singulären Tangenten einer Fläche beziehen, siehe *Sturm*, a. a. O.; *Krey*, a. a. O.; *Schubert*, Kalkül der abzählenden Geometrie, p. 236 ff. *Salmon-Fiedler*, Analytische Geometrie, p. 622 f.

b) *Flächen, deren ebene Schnitte rationale, elliptische oder hyperelliptische Kurven sind.* Sind die ebenen Schnitte rationale Kurven, so ist die Fläche eine Linienfläche oder auch die römische Fläche *Steiners* der vierten Ordnung[81]).

Sind die ebenen Schnitte elliptische Kurven (vom Geschlecht 1), so ist die Fläche rational oder geradlinig (III C 6b (*Castelnuovo-Enriques*)). Im ersten Falle kann die Fläche auf eine Ebene mit Hilfe eines linearen Systems von ∞^3 Kurven dritter oder vierter Ordnung abgebildet werden, woraus folgt, daß die Ordnung der Fläche höchstens gleich 9 sein kann, und daß sie einen von acht Typen darstellt, welche man genau angeben kann[82]).

Wenn endlich die ebenen Schnitte hyperelliptische Kurven (vom Geschlecht $\pi > 1$) sind, so ist die Fläche ebenfalls rational oder geradlinig (zit. Art.). Im ersten Falle enthält sie ein lineares System von ∞^1 Kegelschnitten und kann als die Projektion einer Normalfläche derselben Ordnung eines gewissen Raumes aufgefaßt werden, deren Haupteigenschaften man angegeben hat[83])[84]).

c) *Flächen, welche unendlich viele Kegelschnitte enthalten.* Besitzt eine Fläche eine doppelt unendliche Schar von Kegelschnitten, so ist sie entweder die *Steiner*sche Fläche (vierter Ordnung) oder eine Linienfläche dritter Ordnung oder eine Fläche zweiten Grades[85]).

Besitzt eine Fläche eine einfach unendliche Schar von Kegelschnitten von solcher Beschaffenheit, daß durch einen Punkt allgemeiner Lage der Fläche mehr als ein Kegelschnitt der Schar hindurchgeht, so trägt die Fläche ein System von ∞^2 Kegelschnitten, und man wird auf den vorhergehenden Fall zurückgeführt[86]).

Setzen wir weiter voraus, die Schar von ∞^1 Kegelschnitten sei ein Büschel, d. h. es gehe durch einen Punkt allgemeiner Lage der

---

80) Dieses von *Kronecker* ausgesprochene Theorem ist von *G. Castelnuovo* bewiesen worden, Rend. Lincei (5) 3 (1894), p. 22.

81) *Picard,* Bull. de la Soc. phil. 1878, p. 127. Journ. für Math. 100 (1886), p. 71; vgl. *Guccia,* Rend. Circ. mat. di Palermo 1 (1887), p. 165.

82) *Del Pezzo,* Rend. Circ. mat. di Palermo 1 (1887), p. 241; vgl. *Enriques,* Math. Ann. 46, p. 149.

83) *Castelnuovo,* Rend. Circ. mat. di Palermo 4 (1890), p. 73. Einige spezielle Beispiele solcher Flächen hat *Reye* angegeben, Math. Ann. 48 (1896), p. 113.

84) In betreff der Flächen, deren ebene Schnitte allgemeine Kurven vom Geschlechte 3 sind, siehe *Castelnuovo,* Atti dell' Accad. d. sc. di Torino 25 (1890), p. 695; *G. Scorza,* Ann. di Mat. (3) 16, p. 255; 17, p. 281 (1909—1910).

85) *Darboux,* Bull. des sc. math. (2) 4 I (1880), p. 370.

86) *Humbert,* Journ. de math. (4) 10 (1894). p. 189.

Fläche ein einziger Kegelschnitt der Schar hindurch, und nehmen wir zunächst an, man könne auf der Fläche zwei oder mehrere derartige Scharen ziehen; dann beweist man, daß jedes Büschel rational ist (zit. Art.), und daß der allgemeine ebene Schnitt eine elliptische Kurve ist; aus der ebenen Abbildung der Fläche folgert man weiter, daß die Ordnung der Fläche $\leqq 8$ ist, und daß die Fläche einen von sechs verschiedenen Typen (von *del Pezzo*) darstellt[87]).

Enthält endlich die Fläche ein einziges Büschel von Kegelschnitten, so kann das Büschel wie oben rational sein oder auch irrational; im ersten Falle sind die ebenen Schnitte hyperelliptische Kurven (siehe die obigen Zitate); während der zweite Fall vom projektiven Standpunkte aus noch nicht Gegenstand einer Untersuchung gewesen ist[88]).

d) *Flächen mit Tetraedersymmetrie*[89]). So nennt man jede Fläche, welche durch eine Gleichung der Form $\sum_1^4 a_i x_i^m = 0$ definiert ist, wo die a_i Konstanten sind und m eine rationale Zahl $\frac{p}{q}$ bedeutet (p und q relativ prim, $p > 0$, $q \neq 0$), wenn man sich auf algebraische Flächen beschränken will. Die Fläche hat die Ordnung pq^2 oder $3pq^2$, je nachdem q positiv oder negativ ist; sie enthält $3p^2$ Gerade, wenn sie nicht geradlinig ist, und sie hat die bemerkenswerte Eigenschaft, daß ihre asymptotischen Linien (Haupttangentenkurven) algebraisch sind.

e) *Flächen, welche eine automorphe Gruppe von projektiven Transformationen gestatten.* Gestattet eine Fläche unendlich viele projektive Transformationen, welche die Fläche in sich überführen, so läßt sie sicher eine kontinuierliche Gruppe endlicher Ordnung solcher Transformationen zu. Die Fläche ist alsdann rational, oder sie kann durch eine birationale Transformation in eine Linienfläche vom Geschlecht > 0 übergeführt werden[90]).

87) Siehe hierüber *Königs*, Ann. de l'Éc. Norm. sup. (3) 5 (1888), p. 177.

88) Über die von den Tangentialebenen einer Fläche längs eines Kegelschnitts gebildete abwickelbare Fläche (welche ∞^1 Kegelschnitte besitzt) siehe *Ed. Weyr,* Monatshefte Math. Phys. 2 (1891), p. 351.

89) *Lamé,* „Examen des différentes méthodes ...“, Paris 1818, p. 105 hat zuerst derartige Flächen betrachtet, mit denen sich dann *La Gournerie* befaßt hat, „Recherches sur les surfaces ...“, Paris 1867, und *Jamet,* Ann. de l'Éc. norm. sup. (3) 4 (1887) Supplement. Die Eigenschaft der Asymptotenlinien ist durch *Lie* entdeckt worden, Göttinger Nachr. 1870, p. 53 und ist von *Darboux* auf andere allgemeinere Flächen ausgedehnt worden. Bull. de sc. math. 1 (1870), p. 355 oder auch Leçons sur la théorie gén. des surf. 1, p. 142.

90) *Enriques,* Atti Ist. Veneto (7) 4 (1892—93), p. 1590 legt, indem er zugleich von einem allgemeineren Gesichtspunkte aus den transzendenten Fall betrachtet, den Koinzidenzpunkten der Transformation eine Beschränkung auf, welche für die

Hängt die Gruppe lediglich von zwei Parametern ab, so gehört die Fläche einem der folgenden Typen an[91]):

1. Flächen von *Klein-Lie*[92]) $x_1^a x_2^b x_3^c = x_4^{a+b+c}$ (a, b, c ganz), deren zweifach unendliche Gruppe permutabel ist;

2. gewisse Linienflächen, welche einer speziellen linearen Kongruenz angehören;

3. gewisse Flächen, welche ein Büschel von Kegelschnitten besitzen;

4. eine besondere Fläche sechster Ordnung und sechster Klasse, deren Gruppe eine doppelt gekrümmte kubische Kurve in sich überführt, während ein Punkt der Kurve fest bleibt.

Die Flächen, welche ∞^3 oder mehrfach unendlich viele automorphe projektive Transformationen gestatten, sind die folgenden[93]):

1. die Ebene;
2. die Kegel;
3. die Flächen zweiten Grades;
4. die *Cayley*sche Regelfläche dritten Grades;
5. die von den Tangenten einer doppelt gekrümmten kubischen Kurve gebildete abwickelbare Fläche[94]).

23. Metrische Eigenschaften einer Fläche. Schnitt mit der unendlich fernen Ebene; Asymptotenebenen. Die metrischen Eigenschaften einer algebraischen Fläche, mit denen wir uns jetzt beschäftigen wollen, können als projektive Beziehungen zu einer ausgezeichneten Ebene (im Unendlichen oder (außerdem) zu einem dieser Ebene angehörenden (absoluten) Kegelschnitt aufgefaßt werden).

Der Schnitt einer Fläche f_n mit der unendlich fernen Ebene ist eine Kurve n^{ter} Ordnung. Die Tangentialebenen an f_n in den Punkten dieser Kurve sind die *Asymptotenebenen*. Sie bilden eine abwickelbare Fläche, deren Charaktere sind (wenn f_n eine allgemeine Fläche ihrer Ordnung ist und keine spezielle Lage zum Unendlichen besitzt): Klasse $n(n-1)$, Rang (Anzahl der Erzeugenden, welche eine Gerade schneiden) $n(3n-5)$, Ordnung der Rückkehrkurve $6n(n-2)$ usw.[95])

---

algebraischen Flächen immer erfüllt ist, wie *Fano* bewiesen hat, Rend. Accad. dei Lincei, Februar 1895, p. 149.

91) *Enriques*, a. a. O. Die vollständige Klassifikation der projektiven Gruppen findet sich bei *Lie*, Leipziger Ber. 47 (1895), p. 209.

92) Compt. Rend. de l'Acad. d. sc. 70 (1870), p. 1222, 1275.

93) *Lie*, Theorie der Transformationsgruppen III, Leipzig 1893, p. 190. *Enriques*, Atti Ist. Veneto a. a. O. und 5 (1893—94), p. 638.

94) An das in d) behandelte Problem kann man die Bestimmung der Flächen knüpfen, welche durch unendlich viele Polarreziprozitäten in sich transformiert werden; siehe dieserhalb *Fouret*, Soc. Phil. Paris 1876—77, p. 42.

24. Diametralebenen oder -flächen; Zentrum. Die Polarflächen eines Punktes im Unendlichen in bezug auf eine Fläche f_n sind *Diametralflächen* bezüglich der durch den Punkt bestimmten Richtung[96]). Man hat speziell die Diametralebenen[97]) betrachtet; eine solche kann definiert werden als Ort des Zentrums der mittleren Abstände der Schnittpunkte von f_n mit den Transversalen, welche die vorgegebene Richtung haben. Die Diametralebene ändert sich nicht, wenn man die Fläche durch die Gruppe der n Tangentialebenen in den Schnittpunkten mit einer der genannten Transversalen ersetzt. Ist die Fläche durch ihre Punktgleichung $f(x) = 0$ definiert, so besitzt die unendlich ferne Ebene (im allgemeinen) eine Gruppe von $(n-1)^3$ Polen bezüglich derselben (Nr. **17**). Ist dagegen die Fläche durch ihre Ebenengleichung $\varphi_m(\xi_i) = 0$ definiert, so gehört zu der unendlich fernen Ebene η_i (wenn diese keine singuläre Ebene der Fläche ist) ein Pol $\sum_1^4 \frac{\partial \varphi}{\partial \eta_i} \xi_i = 0$, welchen *Chasles* das *Zentrum* der Fläche φ_m nennt; dieses ist im allgemeinen kein Zentrum der Symmetrie. In betreff des Zentrums hat *Chasles* bewiesen, daß der besagte Punkt auch das Zentrum der mittleren Abstände der m Berührungspunkte der Fläche φ_m mit den zu einer willkürlich vorgegebenen Ebene parallelen Ebenen ist.[98]) Das Zentrum fällt auch mit dem Zentrum der mittleren Abstände der $(n-1)^3$ obengenannten Pole[99]) zusammen; es koinzidiert außerdem mit dem Krümmungsschwerpunkt der Fläche[100]), den man erhält, wenn man jeden Punkt der Fläche mit einem Gewicht belegt, das dem Krümmungsmaß in jenem Punkte entspricht[101]).

95) In bezug auf einen beliebigen ebenen Schnitt findet man diese Zahlen in *Salmons* Geometry, p. 439; der spezielle Fall der unendlich fernen Ebene ist von *Painvin* betrachtet worden, Journ. für Math. 65 (1866), p. 112, 198.

96) *Graßmann,* Journ. für Math. 24 (1842), p. 372.

97) *Chasles,* Correspondance de Quetelet 6 (1829—30), p. 1, 84.

98) a. a. O. Wir beschränken uns darauf, von den zahlreichen Beweisen dieses Theorems denjenigen *Liouvilles* zu erwähnen, Journ. des Math. 6 (1841), p. 345, welcher außerdem Beziehungen zwischen den Hauptkrümmungsradien der φ_m in den m Berührungspunkten aufgestellt hat, von denen in jenem Theorem die Rede ist. Er betrachtet auch das Zentrum der mittleren Abstände der Schnittpunktsgruppe von drei Flächen, vgl. *Fouret,* Nouv. Ann. (3) 9 (1890), p. 281.

99) *Liouville,* Journ. de Math. 9 (1844), p. 377.

100) *C. Neumann,* Ann. di mat. (2) 1 (1867), p. 283.

101) Natürlich lassen sich die bekannten Theoreme von *Newton* und *Carnot,* bezüglich der ebenen Schnitte der Fläche mit zwei oder mehreren Transversalen, auf Flächen ausdehnen; siehe *Carnot,* Géométrie de position, Paris 1803, p. 435, 438.

25. Normalen. Fläche der Krümmungsmittelpunkte. Die Normalen einer Fläche f_n bilden ein System von ∞^2 Geraden, welches (wenn die Fläche punktallgemein ist) die Ordnung (Anzahl der Geraden des Systems durch einen Punkt) $N = n(n^2 - n + 1)$ hat und die Klasse (Anzahl der Normalen, in einer Ebene) $M = n(n-1)$[102])[103]). Die Brennfläche Φ des Normalensystems (Ort eines Punktes, von welchem zwei unendlich benachbarte Normalen ausgehen, und Enveloppe der Ebene jener beiden Normalen) ist der Ort der Krümmungszentren von f_n; für eine allgemeine f_n hat Φ die Ordnung $2n(n-1)(n-2)$ und die Klasse $2n(n^2 - n + 1)$[104]). Der Schnitt von Φ mit der unendlich fernen Ebene setzt sich aus drei Kurven zusammen, deren eine von der Ordnung $3n(n-1)$ die Enveloppe der Normalen in der genannten Ebene ist, während die zweite von der Ordnung $n(n-1)$, kuspidal für Φ, die reziproke Polare des Schnittes mit der unendlich fernen Ebene in bezug auf den absoluten Kreis ist, und die dritte von der Ordnung $4n(n-1)(n-2)$ durch die Normalen in den parabolischen Punkten von f_n bestimmt ist.

Voß[105]) hat vom projektiven Gesichtspunkte aus den Begriff der

102) *Terquem,* Journ. de math. 4 (1839), p. 175. Für eine beliebige Fläche von der Ordnung n und Klasse n' sowie dem Range a hat *Salmon,* Cambr. and Dublin Math. Journ. 3 (1847), p. 47 die Formeln $N = n + a + n'$, $M = a$ gegeben; vgl. *Sturm,* Math. Ann. 7 (1873), p. 567. Andere Methoden zur Berechnung von M und N sind von *Steiner, August* und *Mannheim* entwickelt worden. Das Normalensystem ist in dem Komplex der Polnormalen enthalten, welche man erhält, wenn man durch jeden Punkt das Lot auf die Polarebene des Punktes fällt; siehe *Waelsch,* Sitzungsber. d. Akad. d. W. von Wien 42 (1888), p. 164 und Nova Acta d. Leop. Carol. D. Akad. Halle 3 (1888), p. 287. Über andere Fragen, welche sich auf die Normalen beziehen, siehe *Pieri,* Giorn. di mat. 24 (1884), p. 113; 35 (1897), p. 75; in betreff der doppelten Normalen einer Fläche siehe *Pieri,* Rend. Accad. d. Lincei, Juli 1886, p. 41; über die gemeinsamen Normalen zweier Flächen *Halphen,* l'Institut, Journ. d. sc. 38 (1870), p. 254, *Fouret,* Bull. de la Soc. math. d. France 6 (1877), p. 43.

103) Über die Längen der N Normalen, welche von einem Punkte ausgehen, hat *Humbert* der Soc. math. d. France (16. Nov. 1887) mündlich ein Theorem mitgeteilt, demzufolge der Punkt eine Fläche zweiten Grades beschreibt, wenn die Summe der Quadrate der N Normalen einen konstanten Wert behält, vgl. *Laisant,* Bull. de la Soc. math. d. Fr. 18 (1890), p. 141, *Fouret,* Mém. de la Soc. Phil. 1888, p. 77.

104) *Darboux,* Compt. Rend. de l'Acad. d. sc. 70 (1870), p. 1328; *Marks,* Math. Ann. 5 (1870), p. 27; für die Doppel- und Rückkehrkurve von Φ *Bäcklund,* Ofnersigt of K. Vetensk. Akad. Stockholm 1872. Die Charaktere von Φ sind unter allgemeineren Voraussetzungen über f_n von *S. Roberts,* bestimmt, Proc. of the Lond. math. Soc. 4 (1873), p. 302.

105) Math. Ann. 16 (1880), p. 560, Abhandl. d. Bayer. Akad. d. W. 16 (1887), p. 245.

Normalen (und der Fläche der Krümmungsmittelpunkte) erweitert, indem er den absoluten Kreis durch eine allgemeine Fläche zweiten Grades ersetzte.

26. Kreispunkte. Man nennt Kreis- oder Nabelpunkt einer Fläche einen Punkt, für welchen die beiden Inflexionstangenten den absoluten Kreis schneiden, d. h. einen Punkt, dessen Indikatrix ein Kreis ist. Eine allgemeine f_n besitzt $n(10n^2 - 28n + 22)$ Kreispunkte[106]); sie sind Doppelpunkte für die Kurve der Ordnung $2n(3n - 4)$, welche der Ort der Punkte ist, deren eine Haupttangente den absoluten Kreis trifft.

Man kann auch nach dem Ort der Punkte der Fläche f_n fragen, deren beide Haupttangenten aufeinander senkrecht stehen (und deren Indikatrix eine gleichseitige Hyperbel ist); man findet eine Kurve der Ordnung $n(3n - 4)$, welche der Durchschnitt von f_n mit einer Fläche der Ordnung $3n - 4$ ist[107]). (Letztere enthält f_n, wenn f_n eine Minimalfläche ist (Nr. 28).)[108])

27. Fokalkurve. Die Ebenen, welche gleichzeitig eine Fläche und den absoluten Kreis berühren, bilden eine (Fokal)developpable, welche der Fläche längs einer Krümmungslinie umschrieben ist. Die Doppelkurve jener abwickelbaren Fläche (außer dem absoluten Kreis) heißt die *Fokalkurve* der gegebenen Fläche nach *Darboux*[109]) (der auf diese Weise die von *Chasles* für Flächen zweiten Grades gegebene Definition verallgemeinerte). Jeder Punkt der genannten Kurve ist ein *Brennpunkt* der Fläche, d. i. der Mittelpunkt einer Kugel vom Radius 0 (Minimalkegel), welche die Fläche doppelt berührt.

Ist die Fläche allgemein von der m^{ten} Klasse und hat sie weder eine spezielle Lage zur unendlich fernen Ebene noch zu dem absoluten Kreis, so hat die Fokalkurve die Ordnung $m(m-1)(2m^2+2m-9)$[110]).

---

106) *Voß*, Math. Ann. 9 (1875) gelangt zu dieser Zahl, womit er ein Resultat *Salmons*, Geometry p. 227, richtigstellt; siehe auch *Schubert*, Kalkül der abzählenden Geometrie (1879), p. 245. Vom projektiven Gesichtspunkte aus kann man das Problem der Kreispunkte auf mehrere Arten erweitern; siehe *Voß*, Abh. d. bayer. Akad. d. W. 16 (1887), p. 269; *Berzolari*, Atti dell'Accad. d. sc. di Torino 30 (1895), p. 756; *Pieri*, Giorn. di mat. 34 (1896), p. 75.

107) *Salmon*, Geometry p. 225; *Pieri*, a. a. O., faßt eine beliebige algebraische Fläche ins Auge.

108) Wir beschränken uns hier darauf, zu erwähnen, daß *Sturm*, Math. Ann. 9 (1875), S. 573 auch die Tangenten an die Krümmungslinien einer algebraischen Fläche betrachtet und die Ordnung und Klasse des algebraischen ∞^2-Systems, das sie bilden, bestimmt hat.

109) Compt. Rend. de l'Acad. d. sc. 59 (1864), p. 240 siehe auch die Monographie „Sur une classe remarquable . . .“ Paris 1873, p. 9.

28. Metrisch bemerkenswerte Flächen. Wir beschränken uns hier darauf, die (vor allem in differential-geometrischer Hinsicht interessanten) *algebraischen Minimalflächen* zu erwähnen, deren Gleichungen *Weierstraß* aufgestellt und für welche *Lie*[111]) eine Konstruktion angegeben hat, vermöge deren er die Ordnung, Klasse sowie Haupteigenschaften der Flächen ableitet.

Von den symmetrischen Flächen hat man die Flächen mit Zentrum oder einer Symmetrieebene studiert wie auch ihre projektiven Verallgemeinerungen[112]); endlich auch die Flächen, welche die Symmetrieebenen eines regulären Polyeders besitzen[113]).

Wir erwähnen endlich noch die *Fußpunktflächen*[114]) und die *Parallel*flächen einer algebraischen Fläche[115]).

---

110) *Humbert,* Nouv. Ann. de math. (3) 12 (1893), p. 129 (wo er auf die Ebenenbüschel den Begriff der Orientierung ausdehnte, welchen *Laguerre* für die Geraden einer Ebene eingeführt hatte) faßt die Fokaleigenschaften von ∞^1 Flächen m^{ter} Klasse ins Auge, welche eine Flächenschar bilden, und bestimmt die Fläche, welche der Ort der Fokalkurven der genannten Fläche ist.

111) Math. Ann. 14 (1878), p. 221; 15 (1899), p. 465. In der ersten Abhandlung findet *Lie* aufs neue ein Theorem von *Geiser,* Math. Ann. 3 (1871), p. 530, das er durch Betrachtung des Durchschnitts einer Minimalfläche mit der unendlich fernen Ebene vervollständigt.

112) *Tognoli,* Giorn. di mat. 8 (1870), p. 116. Über die Netze von Flächen mit Zentrum siehe *Stolz,* Zeitschr. Math. Phys. 36 (1891), p. 308.

113) *Goursat,* Ann. de l'Éc. norm. sup. (3) 4 (1887), p. 159, 241, 315; *Lecornu,* Acta math. 10 (1887), p. 201; *Mühlendyck,* „Klassifikation der regelmäßig symmetrischen Flächen 5. Ordnung", Inauguraldissertation, Göttingen 1911. Für die Maximalzahl $m+1$ von Symmetrieebenen durch eine Achse, welche eine Fläche m^{ter} Ordnung besitzen kann, ohne zu zerfallen, siehe auch *Ciani,* Rend. Accad. Lincei (Mai 1890), p. 399.

114) *Sturm,* Math. Ann. 6 (1873), p. 244; 7 (1874), p. 580.

115) *S. Roberts,* Proc. of the London math. Soc. 4 (1873), p. 218.

(Abgeschlossen im Jahre 1908.)

III C 6b. DIE ALGEBRAISCHEN FLÄCHEN VOM GESICHTSPUNKTE DER BIRATIONALEN TRANSFORMATIONEN AUS.

VON

G. CASTELNUOVO UND F. ENRIQUES
IN ROM IN BOLOGNA.

Inhaltsübersicht.

IV. Die Flächentheorie in Beziehung auf die Integrale, welche mit den Flächen verknüpft sind.

V. Über gewisse Familien bemerkenswerter Flächen und über die Klassifikation der algebraischen Flächen.

VI. Einige Bemerkungen über die Mannigfaltigkeiten von drei Dimensionen.

Literatur.

Abhandlungen, Berichte und Gesamtdarstellungen der Fundamente der Theorie.

M. Noether, Zur Theorie des eindeutigen Entsprechens algebraischer Gebilde, Math. Ann. 2 (1870), p. 293; 8 (1875), p. 495 = *Noether* A und B.

É. Picard, Sur les intégrales de différentielles totales algébriques de première espèce, Journ. de Math. (s. 4.) 1 (1885), p. 281 = *Picard* A.

— Mémoire sur la théorie des fonctions algébriques de deux variables, Journ. de Math. (s. 4.) 5 (1889), p. 135 = *Picard* B.

Picard et *Simart*, Théorie des fonctions algébriques de deux variables indépendantes, Paris, Gauthiers-Villars, 1 (1897); 2 (1906) = *Picard-Simart*.

F. Enriques, Ricerche di Geometria sulle superficie algebriche, Memorie della R. Accademia delle Scienze di Torino (s. 2) 44 (1893), p. 171 = *Enriques* R.

— Introduzione alle Geometria sopra le superficie algebriche, Memorie della Società Italiana delle Scienze (detta dei 40) (s. 3) 10 (1896), p. 1 = *Enriques* I.

— Intorno ai fondamenti della Geometria sopra le superficie algebriche, Atti della R. Accademia delle Scienze di Torino 37 (1901), p. 19 = *Enriques* F.

G. Castelnuovo, Alcuni risultati sui sistemi lineari di curve appartementi ad una superficie algebrica, Memorie della Società Italiana delle Scienze (detta dei 40) (s. 3) 10 (1896), p. 82 = *Castelnuovo* R.

— Alcune proprietá fondamentali dei sistemi lineari di curve tracciati sopra una superficie, Annali di Matematica (s. 2) 25 (1897), p. 235 = *Castelnuovo* P.

G. Castelnuovo et *F. Enriques,* Sur quelques récents résultats dans la théorie des surfaces algébriques, Math. Ann. 48 (1897), p. 241 = *Castelnuovo-Enriques* R.

— Sopra alcune questioni fondamentali nella teoria delle superficie algebriche, Ann. di mat. 6 (s. 3) (1900), p. 165 = *Castelnuovo-Enriques* Q.

— Sur quelques résultats nouveaux dans la théorie des surfaces algébriques, Note 5 zu *Picard-Simart,* Bd. 2, S. 485 = *Castelnuovo-Enriques* N.

F. Severi, Uno sguardo d'insieme alle geometria sopra una superficie algebrica, Atti del R° Istituto Veneto di Scienze, ecc. 68, 2. Teil (1909), p. 829 = *Severi* S.

U. Amaldi, Sulla sviluppo della Geometria in Italia, Atti dalla Società Italiana per il Progresso delle Scienze 5 (1911), p. 415.

A. Rosenblatt, Les progrès de la théorie des surfaces algébriques (Bericht mit bibliographischen Notizen in polnischer Sprache), Prace Matematyczno-Fizyczne 23 (1912), p. 51.

E. F. Baker, On some recent advances in the theory of algebraic surfaces, Proceedings of the Mathematical Society (s. 2) 12 (1912), S. 1.

H. W. E. Jung, Zur Theorie der Kurvenscharen auf einer algebraischen Fläche, J. f. Math. 138 (1910), p. 77 = *Jung* T. (Darlegung der Theorie, welche aus arithmetischen Gesichtspunkten für die algebraischen Kurven von *K. Hensel* und *G. Landsberg* entwickelt worden ist, und Vergleich dieser Theorie mit den Entwicklungen der Geometer. Die Darstellung geht im ganzen mit den ersten 17 Nummern des nachstehenden Referates parallel; das Analogon zu den nicht-linearen Systemen ist nicht behandelt. Verschiedenheiten in bezug auf Fundamental- oder Basiselemente sind dadurch bedingt, daß *Jung* inhomogen arbeitet oder jede Variable einzeln homogenisiert. Hier ein kurzes Verzeichnis der einander entsprechenden Grundbegriffe:

Algebraisch-geometrische Theorie	*Arithmetische Theorie*
Irreduzibele Kurve auf F	Primteiler
Beliebige Kurve auf F	Divisor
Lineares Kurvensystem auf F	Divisorenklasse
Gesamtheit der Kurven auf F, die vollständige Schnitte sind	Hauptklasse
Dimension, Grad, adjungierte Systeme, Defekt, charakteristische Schar usw. eines linearen Kurvensystems	ebenso, einer Klasse
Summe und Residualsystem	Produkt und Quotient zweier Klassen).

I. Birationale Transformationen und lineare Kurvensysteme auf einer Fläche.

1. Birationale Transformationen. Die projektive Geometrie (Theorie der Formen oder Mannigfaltigkeiten in Beziehung zu den linearen homogenen Substitutionen zwischen zwei Gruppen von Variablen) hat ihre natürliche Erweiterung in der Theorie der algebraischen Mannigfaltigkeiten in Beziehung zu den birationalen Transformationen gefunden.

Es empfiehlt sich zunächst daran zu erinnern, wodurch diese Transformationen definiert sind.

Seien $x_0, x_1, x_2, \ldots, x_r$ und $y_0, y_1, y_2, \ldots, y_s$ zwei Gruppen von Variablen, die man als homogene Punktkoordinaten in zwei linearen Räumen X und Y mit den Dimensionen r und s deutet; und sei z. B. $s \geqq r$. Setzen wir

(1) $$\varrho y_i = f_i(x_0, x_1, \ldots, x_r) \qquad (i = 0, 1, \ldots, s),$$

wo die f algebraische Formen gleichen Grades bezeichnen und ϱ ein Proportionalitätsfaktor ist; dann hat man zwischen den Räumen X und Y eine *rationale Transformation.* Jedem Punkte allgemeiner Lage x von X entspricht ein Punkt y in Y; während x eine algebraische Kurve oder Fläche oder höhere Mannigfaltigkeit F beschreibt, beschreibt der Punkt y in Y eine algebraische Kurve oder Fläche oder überhaupt eine Mannigfaltigkeit F', welche F entspricht und welche im allgemeinen dieselbe Dimension hat wie F. Jeder Punkt allgemeiner Lage y von F' kann einem oder mehreren oder auch unbegrenzt vielen Punkten von F entsprechen; die ersten beiden Fälle treten ein, wenn die Funktionaldeterminanten $\left|\frac{\partial f_i}{\partial x_k}\right|$ für die Punkte von F nicht alle identisch verschwinden. Im ersten Falle kann man mit Hilfe der Gleichungen (1) und der die Mannigfaltigkeit in X definierenden Gleichungen auch die Variablen x durch rationale Funktionen der y ausdrücken, so daß man Relationen der folgenden Form erhält:

(2) $$\sigma x_k = \varphi_k(y_0, y_1, y_2, \ldots, y_s) \qquad (k = 0, 1, \ldots, r).$$

Die Gleichungen (1), (2) definieren eine birationale *Korrespondenz* oder *Transformation* zwischen F und F'. Der Spezialfall birationaler Transformationen zwischen zwei Ebenen oder linearen Räumen führt auf die *Cremona*schen Transformationen [siehe III C 11 (*Berzolari*)].

2. Fundamentalelemente. Wenn eine birationale Transformation durch die Gleichungen (1), (2) zwischen zwei Mannigfaltigkeiten F und F' gegeben ist, so gibt es im allgemeinen Ausnahmen, Fundamentalpunkte der Transformation auf F (oder auf F'), welchen mehrere Punkte entsprechen. Dies sind auf F diejenigen Punkte, für welche gleichzeitig alle f_i verschwinden. Durch genaueres direktes Studium dieser Ausnahmen (oder auch durch Anwendung des Kontinuitätsgesetzes) zeigt man, daß man die auftretenden höheren Ausnahmefälle auf niedrigere reduzieren kann (Nr. **3**), welche sich selbst auf die folgenden Fälle beschränken:

1) wenn die Mannigfaltigkeiten F und F' *Kurven* sind, so entspricht jedem Fundamentalpunkt eine *endliche Anzahl von Punkten*, d. h. man hat ausschließlich *Fundamentalpunkte erster Art.*

2) wenn F und F' *Flächen* sind, so kann man auf F (und entsprechend auf F') eine Kurve von Fundamentalpunkten erster Art haben, von denen jeder einer endlichen Anzahl von Punkten entspricht, und auch eine endliche Anzahl *Fundamentalpunkte zweiter Art,* deren jedem eine *Kurve* von F' entspricht, welche man ebenfalls *fundamental* für die Transformationen nennt.

Die Verallgemeinerung im Falle höherer Mannigfaltigkeiten ergibt sich unmittelbar, hat im übrigen hier kein weiteres Interesse für uns.

3. Reduktion der Singularitäten. Die Fundamentalpunkte einer gegebenen birationalen Transformation zwischen F und F' können in singulären Punkten dieser Mannigfaltigkeit liegen. Wenn man die Transformation so wählt, daß dies für F eintritt, so erhält man unter geeigneten Bedingungen auf diese Weise ein *Reduktionsverfahren für die Singularitäten* von F, das man für die Kurven zu studieren unternommen hat [III C 4 (*Berzolari*) Nr. **12**]. Ein analoges Verfahren kann für die Flächen entwickelt werden.

Jede gewöhnliche mehrfache Kurve von der Ordnung i einer Fläche F kann mit Hilfe einer Transformation, welche die gegebene Kurve als Fundamentalkurve hat, in eine einfache Kurve von F' übergeführt werden, welche der Ort von Gruppen von i Punkten ist, die den Punkten der mehrfachen Kurve entsprechen; diese wird also von Fundamentalpunkten erster Art gebildet.

Ein gewöhnlicher isolierter mehrfacher Punkt der Ordnung i ($i > 1$) der Fläche F kann nicht als ein Fundamentalpunkt erster Art betrachtet werden, wohl aber als ein Punkt zweiter Art, welchem auf der transformierten Fläche F' eine Fundamentalkurve entspricht.

Die Reduktion wird komplizierter, sobald man es mit höheren Singularitäten der Fläche F zu tun hat; einem mehrfachen Punkte kann eine endliche Anzahl einfacher Punkte und einfacher Kurven von F' entsprechen. *In jedem Falle kann man jedoch durch ein sukzessives Reduktionsverfahren eine beliebig gegebene Fläche in eine Fläche überführen, welche keine Singularitäten hat* und welche einem Raum von mindestens fünf Dimensionen angehört.[1])

Projiziert man diese Fläche von einer Geraden oder einem allgemeinen Raum aus auf den S_3, so kann man in jedem Falle zu einer *Fläche* gelangen, *die lediglich eine Doppelkurve und dreifache Punkte besitzt, welche auch für die Doppelkurve dreifach sind.*

4. Ausgezeichnete Kurven. Ist eine birationale Transformation zwischen zwei Flächen F und F' gegeben, so können Fundamentalpunkte auf F (und entsprechend auf F') vorhanden sein, welche nicht in die Singularitäten fallen. Dieser Fall hat in der Theorie der Kurven kein Analogon, denn dort ist ein Fundamentalpunkt erster Art von der Ordnung i $(i > 1)$ immer ein mehrfacher Punkt derselben Ordnung. Wenn ein einfacher Punkt der Fläche F für die gegebene Transformation fundamental ist, so handelt es sich immer um einen Fundamentalpunkt zweiter Art, welchem eine rationale Kurve von F' entspricht. Eine derartige rationale Kurve, welche auf einen einfachen Punkt zurückgeführt werden kann, heißt eine *ausgezeichnete Kurve* der Fläche.

M. Noether[2]) ist ausgezeichneten Kurven zuerst in der Theorie der wenigstens einseitig rationalen Transformationen begegnet und hat hierauf die folgende Bemerkung begründet:

Ist eine Fläche F_n von der Ordnung n im gewöhnlichen Raum gegeben, welche nur eine Doppelkurve (Nr. **3**) besitzt, und setzt man voraus, daß Flächen φ_{n-4} von der Ordnung $n - 4$ einfach durch die Doppelkurve hindurchgehen, so ist jede ausgezeichnete Kurve von F_n eine Basiskurve, welche allen Flächen φ_{n-4} gemeinsam ist.

Wir werden später auf diese bemerkenswerte Eigenschaft zurückkommen; ihre wichtige Bedeutung entspringt der Rolle, welche die Flächen φ_{n-4} spielen (deren Anzahl das Geschlecht p_g bestimmt) (siehe Nr. **11**).

Die Bemerkung von *M. Noether* bildet den Ausgangspunkt für einen Reduktionsprozeß, welchen *F. Enriques*[3]) gebildet hat und durch welchen man versucht, eine gegebene Fläche so zu transformieren, daß ihre *sämtlichen* ausgezeichneten Kurven verschwinden. Nach und

1) Siehe die in Nr. 4 des Artikels III C 6a (*Castelnuovo-Enriques*) zitierten Abhandlungen und insbesondere *B. Levi*, Ann. di mat. (s. 2) 26 (1897), p. 219, wo der vollständige Beweis des Theorems zu finden ist. Neuerdings hat *F. Severi* (Rend. Acc. Lincei (s. 5) Bd. 23 Dezember 1914) einen einfachen Beweis dieses Satzes gegeben.

2) *Noether,* B, § 9.

3) *Enriques* R, I (Nr. 42).

nach im Jahre 1894 und 1896 ist es *F. Enriques* gelungen, die Familie der Flächen, für welche diese Elimination möglich ist, zu erweitern. Die vollständige Bestimmung dieser Familien haben jedoch erst *Castelnuovo* und *Enriques*[4]) im Jahre 1900 gegeben, und zwar unter der folgenden Form:

Jede algebraische Fläche, welche nicht eine Transformierte eines Zylinders $f(x, y) = 0$ *ist, kann derart transformiert werden, daß ihre ausgezeichneten Kurven verschwinden.*

Man kann sagen, daß durch dieses Resultat alle Schwierigkeiten überwunden sind, welche aus der Existenz der ausgezeichneten Kurven hervorgehen. Indessen muß man bei der Entwicklung der Theorie den Umstand beachten, daß das eben genannte Eliminationstheorem schon eine ziemlich genaue Kenntnis der Theorie selbst voraussetzt (siehe Nr. **35**).

5. Einteilung der algebraischen Flächen in Klassen. Hinsichtlich der algebraischen Transformationen lassen sich die Flächen ebenso wie die algebraischen Mannigfaltigkeiten von beliebiger Dimension in Klassen einteilen; nach *B. Riemann*[5]) sagt man, daß zwei Mannigfaltigkeiten derselben Klasse angehören, wenn man eine birationale Transformation zwischen ihnen aufstellen kann. Die Flächen derselben Klasse können ihrerseits durch die projektiven Charaktere (Ordnung, Dimension des Raumes, in welchem sie enthalten sind ....) unterschieden werden, aber sie haben die in bezug auf die birationalen Transformationen invarianten Eigenschaften miteinander gemein; ebendiese Eigenschaften bilden den Gegenstand der Theorie, welche uns hier beschäftigt und welche man *Geometrie auf der Fläche* nennt.

Vom Gesichtspunkt dieser Theorie aus kann man es als gleichgültig betrachten, welche Fläche der gegebenen Klasse man als ein *projektives Bild* der Klasse nimmt; daher kann man aus der Betrachtung jedes spezielle Bild ausschließen, welches Komplikationen nach Art der Singularitäten (Nr. **3**) usw. darbietet. Dies hat zur Folge, daß man, wenn man von einem *Punkte* einer Fläche spricht, im allgemeinen voraussetzen darf, daß es sich um einen einfachen Punkt handelt.

Ist eine Klasse von algebraischen Flächen gegeben, so kann man diese in *Unterklassen* einteilen, indem man in derselben Unterklasse die Flächen zusammenfaßt, zwischen denen man eine birationale Korrespondenz ohne (einfache) Fundamentalpunkte aufstellen kann, derart,

---

4) *Castelnuovo-Enriques* P, (Nr. 18). Über die Theorie der ausgezeichneten Kurven aus arithmetischen Gesichtspunkten s. *H. W. E. Jung* „Über die ausgezeichneten Kurven ...“ J. f. Math. 142 (1912), p. 61 ff.

5) Inauguraldissertation, Göttingen 1851, § 20.

daß in bezug auf diese Korrespondenz keine ausgezeichneten Kurven existieren, welche in Punkte verwandelt werden.

Nennt man die numerischen Charaktere oder die Funktionen, welche den Flächen einer und derselben Klasse gemeinsam angehören, *absolute Invarianten*, so kann man die Charaktere oder Funktionen, welche den Flächen einer und derselben Unterklasse gemeinsam angehören, *relative Invarianten* nennen; besitzt z. B. eine Fläche eine endliche Anzahl von ausgezeichneten Kurven, so ist diese Anzahl eine relative Invariante der Fläche.

6. Lineare Kurvensysteme auf einer Fläche. Man nennt ein *System* $|C|$ *von Kurven* auf einer algebraischen Fläche F, welche einem gewöhnlichen Raum oder einem Hyperraum angehört, *linear*, wenn die Kurven C des Systems $|C|$ durch die Flächen oder die Mannigfaltigkeiten eines linearen Systems

$$\lambda_0 f_0 + \lambda_1 f_1 + \cdots + \lambda_n f_n = 0$$

ausgeschnitten werden.

Wenn die f eine und dieselbe feste Kurve von F enthalten, so kann man diese als Bestandteil der Kurven C betrachten oder nicht.

Die Kurven von $|C|$ können als *Niveaukurven* einer rationalen Funktion

$$f = \frac{\lambda_1 f_1 + \lambda_2 f_2 + \cdots + \lambda_r f_r}{f_0}$$

betrachtet werden (längs welcher f einen festen Wert annimmt), wobei f im allgemeinen für die Punkte der Fläche definiert ist und für irgendwelche Werte der Parameter λ eine und dieselbe Polkurve $f_0 = 0$ hat, welche $|C|$ angehört. Wenn alle Kurven C einen festen Bestandteil K gemein haben, so ist K eine Kurve der *Unbestimmtheit oder der scheinbaren Diskontinuität* für f; in der Tat verschwinden für die Punkte von K der Zähler und Nenner von f gleichzeitig. Wenn in jedem Punkte von K f nach dem Gesetze der Kontinuität definiert wird, so daß die Unbestimmtheit aufgehoben wird, so entspricht diese Festsetzung der Abtrennung des festen Bestandteiles K von allen Kurven C.

Wenn die Kurven C (außer eventuellen festen Bestandteilen) *Basispunkte* mit einander gemein haben, so sind diese Punkte *wesentliche Diskontinuitätspunkte* für die Funktion f.

Wenn die Fläche F keinen Teil einer Fläche (oder Mannigfaltigkeit) $f_i = 0$ bildet, was man immer voraussetzen darf, so ist die Dimension r des linearen Systems

$$\lambda_0 f_0 + \lambda_1 f_1 + \cdots + \lambda_r f_r = 0$$

zugleich die Dimension des Systems $|C|$, welches auf F ausgeschnitten wird. Dieses System erhält für $r = 1, 2$ den Namen *lineares Büschel* bzw. *Netz*. *Durch r Punkte allgemeiner Lage von F geht eine und nur eine Kurve des linearen Systems $|C|$ hindurch.*

Diese Eigenschaft genügt für $r > 1$ die linearen Kurvensysteme zu charakterisieren.[6])

Anders verhält es sich für $r = 1$. Hat man auf einer Fläche ein Büschel von Kurven C, d. h. eine Schar von C derart, daß jeder Punkt der Fläche *einer* Kurve C angehört, so kann diese Schar rational sein oder irrational (wobei die C den Punkten einer Kurve vom Geschlecht > 0 zugeordnet werden können): nur in dem ersten Falle bildet die Schar ein lineares Büschel.

Die allgemeine Kurve eines linearen Systems $|C|$ kann irreduzibel oder reduzibel sein. Dementsprechend heißt auch $|C|$ irreduzibel oder reduzibel.

Die allgemeine Kurve eines reduzibelen linearen Systems von der Dimension r wird gebildet:

1) *entweder von einem festen Teil, welcher mit einer variablen Kurve verbunden ist, die ein irreduzibles lineares System der Dimension r durchläuft;*

2) *oder von $s \geqq r$ Kurven, welche einem und demselben rationalen oder nicht rationalen Büschel angehören, zu denen noch feste Bestandteile hinzutreten können.*[7])

Betrachten wir ein lineares System $|C|$ in Beziehung zu birationalen Transformationen der Fläche F. Hat man eine birationale Transformation zwischen F und F', so wird das System $|C|$ in ein lineares System $|C'|$ von F' übergeführt. Allein man hat einige *Festsetzungen* hinsichtlich der Basispunkte und festen Bestandteile von $|C|$ genauer zu prüfen.

---

6) *Enriques*, „Una questione sulla linearità ...", Rend. Acc. Lincei (s. 5) 2 (1893), 2. Semester, S. 3. Der Beweis des Theorems ist mit einigen Vereinfachungen von *C. Segre* wiedergegeben worden: „Introduzione alla geometria sopra un ente algebrico semplicemente infinito", Ann. di mat. (s. 2) 22 (1894), Nr. 27.

7) Vgl. *Noether* A und B. (Für die ebenen Kurvensysteme *E. Bertini*, „Sui sistemi lineari ....", Rend. Ist. Lombardo di sc. (s. 2) 15 (1882), p. 24). *Enriques* R, Nr. 1; I, Nr. 5. Wenn ein irreduzibles r-fach unendliches lineares System C ∞^{r-1} reduzible Kurven enthält, so besitzen diese im allgemeinen einen festen Bestandteil (welcher eine *Fundamentalkurve* von $|C|$ heißt). Die Bestimmung der Ausnahmefälle, welche sich für $r > 2$ darbieten können, führt auf das Theorem von *Kronecker-Castelnuovo* (vgl. III C 6 a (*Castelnuovo-Enriques*)).

Einem Basispunkte von $|C|$ kann eine Fundamentalkurve K von F' entsprechen. Es steht uns frei, K als einen Bestandteil der Kurven C' zu betrachten oder von den C' abzutrennen; aber in dem ersten Falle wird einem irreduziblen System $|C|$ ein reduzibles transformiertes System entsprechen. Die Festsetzung, welche man trifft, muß der Bedingung genügen, daß der Definition des linearen Systems $|C|$ auf F ein invarianter Sinn gegeben wird. Demgemäß muß man unterscheiden:

1) Basispunkte von C, welche man als gegeben betrachtet mit einer ebenfalls gegebenen Multiplizität; es sind die Basispunkte von der Beschaffenheit, daß die entsprechenden Fundamentalkurven den transformierten der C nicht angehören;

2) Basispunkte, welche man als *virtuell nicht existierend* betrachtet; es sind diejenigen, deren entsprechende Fundamentalkurven als feste Bestandteile der Transformierten der C gezählt werden müssen;

3) endlich Basispunkte, welche man als *gegeben* betrachtet mit einer *virtuellen Multiplizität*, welche geringer ist als ihre *effektive Multiplizität.*[8])

Diese Vereinbarung hat einen Sinn hinsichtlich der rationalen Funktionen der Punkte von F, von denen die Definition von $|C|$ abhängt. Wir beschränken uns der größeren Einfachheit halber auf die Fälle 1) und 2).

Ist eine Kurve C gegeben, so kann man sich die Aufgabe stellen, die rationalen Funktionen zu bilden, welche C als Polkurve haben, und welche außerdem gegebene wesentliche Diskontinuitätspunkte auf C besitzen; das so definierte lineare System wird in diesen Punkten gegebene Basispunkte haben. Konstruiert man dagegen die rationalen Funktionen f, welche eine und dieselbe Polkurve C besitzen, ohne der Bedingung zu genügen, daß wesentliche Diskontinuitätspunkte von vornherein auf C gegeben sind, so hat man *im allgemeinen* ein lineares Kurvensystem, welches keine Basispunkte besitzt; aber es kann vorkommen, daß die sich ergebenden genannten Funktionen f eine gewisse Anzahl von wesentlichen Diskontinuitätspunkten miteinander gemein haben, die auf C als *virtuell nicht existierend* zu betrachten sind.

---

8) Siehe in betreff der linearen Systeme von ebenen Kurven *G. Jung*, „Ricerche sui sistemi lineari di genere qualunque e sulla loro riduzione all'ordine minimo", Ann. di mat. (s. 2) 15, p. 277 und 16, p. 291. — *G. Castelnuovo*, „Ricerche generali sopra i sistemi lineari di curve piane", Mem. della R. Acc. d. sc. di Torino (s. 2) 42 (1891), p. 3. — Für die Systeme auf einer Fläche *Enriques* I (Nr. 2) und F (Nr. 2); aus arithmetischem Gesichtspunkte *H. W. E. Jung* T.

Wir beschränken uns für den Augenblick darauf, irreduzible lineare Systeme $|C|$ zu betrachten, für welche sämtliche Basispunkte (wenn solche existieren) als gegeben betrachtet werden müssen mit einer virtuellen Multiplizität, die ihrer effektiven Multiplizität gleich ist. Alsdann hat man die folgenden Charaktere zu betrachten:

1) die Dimension r von $|C|$;

2) das (effektive) Geschlecht π von $|C|$, d. h. das Geschlecht einer allgemeinen Kurve C;

3) den (effektiven) Grad n von $|C|$ d. h. die Anzahl der Schnittpunkte von zwei Kurven C außerhalb der Basispunkte.[9])

Wenn $|C|$ Basispunkte hat, welche man als *virtuell nicht-existierend* betrachten will, oder deren *virtuelle Multiplizität kleiner* ist als ihre *effektive Multiplizität, so definiert man das virtuelle Geschlecht und den virtuellen Grad von* $|C|$, indem man diese in Rechnung setzt; so zählt z. B. ein i-facher, für $|C|$ virtuell nicht existierender Punkt für i^2 feste Schnittpunkte. Das virtuelle Geschlecht und der virtuelle Grad von $|C|$, berechnet unter der Voraussetzung, daß i-fache Basispunkte vorhanden sind, welche man als nicht existierend zu betrachten hat, sind gegeben durch

$$\pi + \sum \frac{i(i-1)}{2}, \qquad n + \sum i^2,$$

wo π und n das effektive Geschlecht und den effektiven Grad bezeichnen.

Die Definition des virtuellen Geschlechts und des virtuellen Grades ist auf diese Weise für ein irreduzibles System $|C|$ begründet, das auf F Basispunkte besitzt. Aber wenn man einen dieser Punkte in eine Kurve transformiert, so wird das transformierte System von $|C|$ (in Rücksicht auf die für die Basispunkte getroffene Festsetzung) reduzibel, indem es feste Bestandteile enthält. Auf diese Weise erhält man eine Definition des virtuellen Geschlechts und des virtuellen Grades für ein reduzibles lineares System, welches feste ausgezeichnete Bestandteile enthält.

Man kann diese Definitionen auf den Fall eines beliebigen reduziblen Systems ausdehnen.

---

9) Man hat $n \geqq r - 1$, wobei das Minimum für die rationalen Flächen erreicht wird (siehe III C 9 (*Segre*)). Andererseits hat man $r \leqq 3\pi + 5$, ausgenommen für die Regelflächen vom Geschlecht π und für $\pi = 1$, $r = 9$, (vgl. *F. Enriques*, „Sulla massima dimensione dei sistemi lineari di curve di dato genere appartenenti ad una superficie algebrica“, Atti Acc. Torino 29 (1894), p. 275). Der Fall $r = 3\pi + 5$ kann sich auch auf den rationalen Flächen darbieten (vgl. *G. Castelnuovo* „Massima dimensione dei sistemi lineari di curve piane di dato genere“, Ann. di mat. (s. 2) 18 (1890), p. 119).

Das (virtuelle) Geschlecht einer reduziblen Kurve (*Riemann*schen Fläche) kann nach der Formel

$$\pi = \pi_1 + \pi_2 + i - 1$$

berechnet werden, wo π_1 und π_2 die Geschlechter von zwei Komponenten bezeichnen, welche i Punkte gemein haben[10]); hieraus ergibt sich die allgemeine Definition des *virtuellen Geschlechts* eines linearen Systems $|C|$.

Man definiert den virtuellen Grad eines reduzibeln linearen Systems $|C|$, welches auf F durch

$$\lambda_0 f_0 + \lambda_1 f_1 + \cdots + \lambda_r f_r = 0$$

ausgeschnitten wird, indem man die Äquivalenz[11]) der festen Kurven berücksichtigt, welche einen Bestandteil der C ausmachen uud welche Basiskurven für das System der (Flächen oder Mannigfaltigkeiten) f sind. Bei den Operationen der Addition und Subtraktion von linearen Systemen auf F und in den Formeln, welche die Charaktere der Systeme verknüpfen, die durch jene Operationen erzeugt sind (siehe Nr. **9**), ersetzen das virtuelle Geschlecht und der virtuelle Grad die effektiven Charaktere der irreduziblen Systeme; auf diese Weise hat man die einfachste Definition dieser virtuellen Charaktere nach dem Prinzip der Permanenz.[12])

7. Transformation einer Fläche hinsichtlich der gegebenen linearen Systeme.[13]) Ist auf F ein irreduzibles lineares System $|C|$ von der Dimension $r > 2$ und dem Grad n gegeben, so kann man F in eine Fläche F_n von der Ordnung n in einem Raum S_r derart transformieren, daß die Transformierten der Kurven C die ebenen Schnitte $(r = 3)$ oder hyperebenen Schnitte $(r > 3)$ von F_n werden; man sagt, daß F_n ein projektives Bild des Systems $|C|$ liefert.

10) *M. Noether,* „Über die reduktiblen algebraischen Kurven", Acta Math. 8 (1886), p. 161 (wo aber statt π das numerische Geschlecht $p = \pi - i$ benutzt wird). *Enriques*, I (Nr. 16). *E. Picard,* „Sur les systèmes linéaires de lignes tracées sur une surface algébrique". Rend. Circ. Mat. di Palermo 13, p. 344. *Picard-Simart* 2, p. 105. *H. W. E. Jung* T.

11) Nach *Salmon, Cayley, Noether,* siehe Art. III C 6 a (*Castelnuovo-Enriques*), Nr. 9.

12) *Enriques* I, Nr. 17.

13) Die Transformationen, welche wir hier betrachten, finden sich bei *M. Noether* A und B; für die Systeme von ebenen Kurven siehe *E. Caporali,* „Sopra i sistemi lineari triplamente infiniti di curve piane algebriche", Collectanea in memoriam Dominici Chelini, Milano, 1881. Memorie di Geometria, Napoli (1886). *Enriques* R und I.

Die Fläche F_n reduziert sich auf eine *mehrfache* Fläche (von der Ordnung $\frac{n}{s}$, welche s-fach zu zählen ist), wenn das System $|C|$ einer Involution J_s von der Ordnung $s(>1)$ angehört, und zwar derart, daß jeder Punkt A von F einer Gruppe von s Punkten angehört (den konjugierten von A in bezug auf J_s) und jede Kurve C, welche durch A hindurchgeht, ebenfalls diese konjugierten Punkte enthält.

Wenn das System $|C|$ ein Netz ist $(r=2)$, so erhält man die Abbildung der gegebenen Fläche auf eine *mehrfache Ebene von der Ordnung n.*

Jedem Punkte der Ebene entsprechen im allgemeinen n verschiedene Punkte der Fläche; aber es tritt in der Ebene eine *Übergangskurve* auf, welche Ort der Punkte ist, denen je zwei zusammenfallende Punkte entsprechen.

Sind auf F zwei irreduzible lineare Systeme $|C_1|$ und $|C_2|$ gegeben von den Graden n_1 bzw. n_2 (für welche die Summe $r=r_1+r_2$ der Dimensionen von $|C_1|$ und $|C_2|$ größer als 2 ist), so kann F in eine Fläche F_m von S_r derart transformiert werden, daß die Transformierten der C_1 und C_2 auf F_m bzw. durch die Ebenen oder die Hyperebenen ausgeschnitten werden, welche durch einen gewissen S_{r_2-1} und durch einen S_{r_1-1} hindurchgehen; F_m reduziert sich auf eine *mehrfache* Fläche, wenn $|C_1|$ und $|C_2|$ einer und derselben Involution auf F angehören. Die Ordnung von F_m ist im allgemeinen

$$m=n_1+n_2+2i,$$

wo i die Anzahl der Schnittpunkte einer C_1 mit einer C_2 bezeichnet. Die Kurven C von F, welche Bilder der ebenen Schnitte von F_m sind, bilden das *kleinste lineare System, welches die zusammengesetzten Kurven C_1+C_2 enthält* (vgl. Nr. **9**).

Zu beachten ist der Spezialfall, in welchem $|C_1|$ ein Büschel und $|C_2|$ ein Netz bilden (das nicht einer und derselben Involution angehört); man kann alsdann F in eine Fläche des gewöhnlichen Raumes transformieren, auf welcher $|C_1|$ durch die Ebenen eines Büschels und $|C_2|$ durch die Ebenen eines Bündels ausgeschnitten ist. Projiziert man die Fläche vom Zentrum des Bündels aus auf eine Ebene, welche nicht durch das Zentrum des Bündels hindurchgeht, so wird man auf eine mehrfache Ebene der Ordnung n_2 geführt.

Man kann analoge Transformationen in bezug auf drei oder mehrere gegebene lineare Systeme auf F aufstellen. Sind daher drei Büschel $|C_1|$, $|C_2|$, $|C_3|$ gegeben, so kann man im allgemeinen voraussetzen, daß die Fläche derart transformiert ist, daß $|C_1|$, $|C_2|$ und $|C_3|$ durch drei Ebenenbüschel ausgeschnitten sind.

8. Vollständige lineare Systeme. Sind auf F zwei lineare Systeme $|C|$ und $|\bar{C}|$ gegeben, von welchen $|\bar{C}|$ $|C|$ enthält, so sagt man, daß $|C|$ in $|\bar{C}|$ *gänzlich* enthalten ist, wenn eine allgemeine Kurve C für sich allein eine Kurve von $|\bar{C}|$ bildet, ohne daß man zu ihr andere Kurven hinzuzufügen braucht, und wenn außerdem jeder für $|C|$ gegebene Basispunkt ein gegebener Basispunkt derselben Ordnung für $|\bar{C}|$ ist. Die Tatsache, daß $|C|$ *gänzlich* in $|\bar{C}|$ enthalten ist, ergibt sich so derart begründet, daß sie absolute Invarianz genießt.

Man sagt, daß ein lineares System $|C|$ vollständig ist, wenn es nicht *gänzlich* in einem linearen System höherer Dimension enthalten ist.[14])

Man hat das Theorem: *Jedes lineare System der Dimension* $r \geqq 0$, *welches auf F gegeben ist, ist vollständig, oder es ist gänzlich in einem wohl definierten vollständigem linearen System enthalten.*[15]) Ist $r = 0$, d. h. geht man von einer gegebenen Kurve aus, so muß man auf dieser die Basispunkte des linearen Systems, welches man als gegeben voraussetzt, fixieren. In dem Fall der irreduziblen Systeme von der Dimension $\geqq 3$, kann das voraufgehende Theorem in der folgenden Form ausgesprochen werden (vgl. Nr. 7):

Jede Fläche der Ordnung n eines gewöhnlichen Raumes oder eines Hyperraumes ist normal, oder sie ist die Projektion einer projektiv bestimmten Normalfläche derselben Ordnung, welche einem höheren Raume angehört.[16]) (Man nennt eine Fläche *normal*, wenn sie nicht als Projektion einer Fläche derselben Ordnung aufgefaßt werden kann, die einem höheren Raume angehört.)

---

14) Für die irreduziblen Systeme kommt dies darauf zurück zu sagen, daß $|C|$ nicht in einem umfassenderen System desselben Grades enthalten ist, d. h. daß es vollständig ist in bezug auf den Grad. *F. Enriques* hat diesen Begriff und auch denjenigen der in bezug auf das Geschlecht vollständigen Systeme eingeführt, welchen man erhält, wenn man von den einfachen Basispunkten absieht. Die allgemeine Definition des Textes für die irreduziblen oder nicht-irreduziblen Systeme findet man bei *C. Segre* „Introduzione . . .“ a. a. O. und bei *Enriques* I, wo im einzelnen die Annahmen untersucht sind, welche es sich empfiehlt, hinsichtlich der Basispunkte aufzustellen. Siehe *Enriques* F.

15) *Enriques* R (Nr. 2) I (Nr. 9) und *Enriques* F (Nr. 3). Der Beweis, welchen das Theorem in dieser letzten Note erhält, ist der allgemeinste und unmittelbarste.

16) In dieser Form ist das Theorem zuerst von *C. Segre* aufgestellt worden. „Ricerche sulle rigate ellittiche . . .“, Atti della R. Accad. di sc. Torino 21 (1886), p. 868; „Recherches générales sur les courbes et les surfaces reglées algébriques“ 2. Teil Nr. 3, Math. Ann. 30 (1887), p. 203. Die Betrachtung der Normalflächen, aus welchen man durch Projektion die Flächen des gewöhnlichen Raumes ableitet, findet man in den voraufgehenden Arbeiten von *Veronese, Segre*, siehe III C 9 (*Segre*).

9. Addition und Subtraktion linearer Systeme. Sind auf F zwei lineare Systeme von Kurven $|C_1|$ und $|C_2|$ gegeben, so gehören die zusammengesetzten Kurven $C_1 + C_2$ zu einem und demselben kleinsten linearen System (vgl. Nr. 7), welches man vollständig machen kann; dieses vollständige System $|C| = |C_1 + C_2|$ erhält den Namen *Summe* von zwei gegebenen Systemen.[17]) Speziell kann man von einem *doppelten, dreifachen, ... System* eines gegebenen Systems sprechen.

Bezeichnet man mit π_1 und π_2 die Geschlechter sowie mit n_1 und n_2 die Gradzahlen von $|C_1|$ und $|C_2|$ und mit i die Anzahl der Schnittpunkte einer C_1 mit einer C_2, so werden das Geschlecht und der Grad von $|C| = |C_1 + C_2|$ durch die folgenden Formeln ausgedrückt:

$$\pi = \pi_1 + \pi_2 + i - 1,$$
$$n = n_1 + n_2 + 2i.$$

Gehen wir jetzt von dem System $|C|$ aus, und ist C_1 eine Kurve, welche *teilweise* in $|C|$ eingeht, so bilden die Kurven C_2, welche mit C_1 verbunden eine Totalkurve von $|C|$ geben, ein vollständiges lineares System $|C_2|$, das *residual zu* $|C_1|$ *in bezug auf* $|C|$ ist. Wenn also unsere C_1 einem vollständigen System $|C_1|$ der Dimension > 0 angehört, so zeigt man, daß $|C_2|$ außer zu der Ausgangskurve auch zu jeder anderen Kurve von $|C_1|$ (in bezug auf $|C|$) residual ist; auf diese Weise kann man

$$|C_2| = |C - C_1|$$

als ein *Residualsystem zu* $|C_1|$ *in bezug auf* $|C|$ betrachten. Man hat daher das Theorem[18]):

Sind auf F zwei vollständige lineare Systeme $|C|$ und $|C_1|$ gegeben, und enthält das erste teilweise eine Kurve des zweiten, so enthält es auch jede andere Kurve dieses Systems; man hat alsdann ein völlig bestimmtes vollständiges System $|C_2|$ von der Beschaffenheit, daß

$$|C| = |C_1 + C_2|$$

ist. Jedes von zwei Systemen $|C_1|$ und $|C_2|$ ist residual zu dem anderen in bezug auf $|C|$.

---

17) *Enriques* R (Nr. 4), I (Nr. 10, 12) und *Enriques* F (Nr. 6). Das System, welches sich als Summe zweier irreduziblen linearen Systeme ergibt, ist irreduzibel, ausgenommen den Fall, in welchem es sich um das mehrfache System eines Büschels (vom virtuellen Grad = effektiven Grad = 0) handelt.

18) Vgl. *Enriques* R (Nr. 3), I (Nr. 13) und F (Nr. 7). *H. W. E. Jung* T., p. 82, wo die zwei Operationen Multiplikation und Division (von Klassen) genannt sind.

10. Adjungierte und subadjungierte Flächen. Sei F_n eine Fläche einer gewissen Ordnung n im gewöhnlichen Raume und setzen wir voraus ($n > 3$), daß auf F_n keine anderen Singularitäten vorhanden sind als eine Doppelkurve mit dreifachen Punkten, welche auch für die Fläche dreifach sind. Dann kann man fragen, wie man auf F die vollständigen linearen Systeme konstruiert und folglich die elementaren Operationen der Addition und Subtraktion ausführt. Zu diesem Zweck empfiehlt es sich, den Begriff der zu F_n adjungierten Flächen zu bilden. Man nennt *adjungiert* zu F_n jede Fläche φ, welche (einfach) durch die Doppelkurve von F hindurchgeht. Sondert man diese Kurve von dem Durchschnitt von F_n mit φ ab, so hat man: *die adjungierten Flächen zu F_n, von einer vorgegebenen Ordnung, schneiden auf F_n ein vollständiges lineares System aus.*

Hieraus ergibt sich, daß, wenn auf F_n eine Kurve C_1 gegeben ist, das vollständige System $|C_1|$ auf folgende Weise konstruiert werden kann: man betrachtet eine adjungierte Fläche φ_m einer genügend großen Ordnung m, welche durch C_1 hindurchgeht und außerdem F_n (außer in der Doppelkurve) nach einer Kurve C_2 schneidet; das vollständige System $|C_1|$ wird durch die φ_m ausgeschnitten, welche durch C_2 hindurchgehen. Alsdann hängt *das System $|C_1|$, zu welchem man gelangt, weder von der Ordnung m der verwendeten Flächen φ_m, noch von der Wahl der Fläche φ_m ab, die man zuerst durch die Kurve C_1 hindurchgelegt hat.*

Diese Aussage bringt den *Restsatz* von *M. Noether*[19]) zum Ausdruck; *M. Noether* begründete ihn (ohne den Begriff des vollständigen Kurvensystems in der obigen Weise zu präzisieren), indem er sich auf das folgende Theorem stützte: geht eine Fläche $\psi = 0$ durch den Durchschnitt von zwei Flächen $f = 0$ und $\varphi = 0$ hindurch, und zwar derart, daß jede Kurve mit den Multiplizitäten i und k für f und φ die Multiplizität $i + k - 1$ für ψ aufweist, so hat man eine Identität

$$\psi = af + b\varphi,$$

wo a und b in den Koordinaten passend gewählte Polynome sind.[20])

---

19) *Noether* B. Aus den vorhergehenden Betrachtungen resultiert, daß der Restsatz sich aus zwei verschiedenen Teilen zusammensetzt, d. h. aus der Relation zwischen zwei Residualsystemen (Nr. 9) und aus der Eigenschaft der adjungierten Flächen vollständige Systeme auszuschneiden; dieser letzte Satz gehört nicht eigentlich der Geometrie auf der Fläche an, aber er drückt eine Beziehung der Fläche zu dem Raume aus, der sie enthält. S. *Enriques* I, (Nr. 13, 35). — *Castelnuovo-Enriques* R, (Nr. 12).

20) Für die Bibliographie, welche diese Frage betrifft, siehe (I B 1 c (*Landsberg*) Nr. 18, 20, 21), (III C 4 (*Berzolari*) Nr. 23).

Man kann die voraufgehenden Resultate verallgemeinern durch Betrachtung einer Fläche F_n mit beliebigen *höheren Singularitäten.* In diesem Falle genügt es an Stelle der φ_m die Flächen zu betrachten, (welche $(i-1)$-fach durch jede mehrfache *Kurve* der Multiplizität i hindurchgehen und) welche auf jeder Ebene allgemeiner Lage eine zu dem Schnitt von F_n adjungierte Kurve ausschneiden.[21]) Es ist sogar erlaubt, den so definierten Flächen in bezug auf die mehrfachen isolierten Punkte oder in bezug auf die mehrfachen Punkte höherer Ordnung, welche der mehrfachen Kurve von F_n angehören, Bedingungen aufzuerlegen. Daher empfiehlt es sich, auf die Entwicklungen Rücksicht zu nehmen, die wir später geben werden.

Handelt es sich lediglich um gewöhnliche mehrfache Punkte, so gibt man im allgemeinen den Namen *subadjungierte* Flächen denjenigen, welche den angegebenen Bedingungen in bezug auf die mehrfachen Kurven von F_n genügen, und man reserviert den Namen *adjungierte* Flächen für diejenigen, welche außerdem $(i-2)$ *mal* durch jeden i-fachen isolierten *Punkt* von F_n hindurchgehen.[22])

II. Theorie der Invarianten.

11. Die Invariantentheorie nach M. Noether. Die Charaktere und die Funktionen (Systeme von Kurven), welche Invarianten für eine gegebene Fläche bilden, sind von *M. Noether*[23]) auf die folgende Weise bestimmt.

Ist F_n eine Fläche der Ordnung n mit gewöhnlichen Singularitäten im Raume von drei Dimensionen und betrachtet man die Flächen φ_{n-4} der Ordnung $n-4$, welche zu F_n adjungiert sind, so führt jede birationale Transformation, welche F_n in eine Fläche F_m^* von der Ordnung m verwandelt, das System der Kurven K, welches auf F_n durch die φ_{n-4} ausgeschnitten wird, in das System $|K^*|$ über, das auf der Fläche F_m^* durch ihre adjungierten φ_{m-4}^* von der Ordnung $m-4$ ausgeschnitten wird.[24])

21) Vgl. *Enriques* I (Nr. 17).

22) Man ersieht daraus (Nr. **11**), wie man die adjungierten Flächen in bezug auf die außergewöhnlichen mehrfachen Punkte zu definieren hat.

23) *M. Noether* A und B.

24) Dieses fundamentale Resultat, das von *A. Clebsch,* Paris C. R. de l'Accad. des sc. 67 (1868), p. 1238 ausgesprochen worden ist, hat einen algebraischen Beweis durch *M. Noether* A und B erhalten. Einen geometrischen Beweis hat *Enriques* R gegeben. Endlich resultiert ein viel einfacherer indirekter Beweis aus den Entwicklungen von Nr. **13**.

In betreff der Rolle, welche die Polynome φ_{n-4} für die Bildung der Doppelintegrale erster Gattung spielen, die mit F_n verknüpft sind, siehe Nr. **23**.

Man beachte, daß jede ausgezeichnete Kurve von F_n (oder von F_m^*) einen Bestandteil der festen Kurve von $|K|$ (bzw. von $|K^*|$) bildet (siehe Nr. 4). Wenn eine solche Kurve für die Transformation fundamental ist, so wird sie durch einen Punkt ersetzt, welcher im allgemeinen auf F_m^* beliebig liegt; in speziellen Fällen kann man auch *besondere ausgezeichnete Kurven* haben, welche in einfache Punkte transformiert werden, die den φ_{m-4}^* gemeinsam angehören.[25])

Man definiert das *kanonische System* auf der Fläche F_n, indem man von $|K|$ die ausgezeichneten Kurven absondert, abgesehen von den besonderen ausgezeichneten Kurven (welche Basispunkten entsprechen, die man als virtuell nicht existierend zu betrachten hat). Auf Grund dieser Definition genießt das kanonische System *absolute Invarianz*. Geht man von einer Fläche F_n ohne ausgezeichnete Kurven aus, so wird das kanonische System gänzlich (außer der Doppelkurve) durch die adjungierten φ_{n-4} ausgeschnitten. Es ist im allgemeinen irreduzibel; aber seine Kurven können auch aus Kurven eines Büschels bestehen (Kurven, welche elliptisch sind, wenn keine Basispunkte vorhanden sind[26])) oder sogar einen festen Bestandteil enthalten.[27])

Die Charaktere des kanonischen Systems $|K|$ unserer Fläche liefern folgende Invarianten:

1) das geometrische Flächengeschlecht p_g, d. h. die Dimension von $|K|$ vermehrt um eine Einheit;

2) das lineare Geschlecht (Kurvengeschlecht) $p^{(1)}$, d. h. das virtuelle Geschlecht von $|K|$;

3) den virtuellen Grad von $|K|$

$$p^{(2)} = p^{(1)} - 1\text{[28])};$$

4) die Zahl p_a: um das Flächengeschlecht auszurechnen, kann man die Anzahl der linear unabhängigen adjungierten φ_{n-4} berechnen, indem man für den Wert $n-4$ die Postulationsformeln (III C 6a (*Castelnuovo-Enriques*) Nr. 9) als gültig voraussetzt. Nehmen wir an, die Fläche F_n besitze lediglich eine Doppelkurve D von einer gewissen Ordnung d und vom Geschlecht π mit $t\,(\geqq 0)$ dreifachen Punkten,

---

25) *Castelnuovo-Enriques* R. Nr. 22, 23, 24.

26) *Noether* B, *Castelnuovo* und *Enriques* R, Nr. 23, 24.

27) *Castelnuovo-Enriques* R Nr. 23. *Enriques* „Le superficie algebriche di genere lineare $p^{(1)} = 2, 3$", Rendic. R. Accad. Lincei (p. 5) 6 (1897) erstes Semester, p. 139, 169.

28) *Noether* B. Für den Fall der Reduzibilität besteht diese Beziehung immer, vorausgesetzt daß man sie auf die virtuellen Charaktere von $|K|$ bezieht (vgl. Nr. 6).

welche auch für D dreifach sind. Alsdann ergibt sich der Ausdruck

$$p_a = \frac{1}{6}(n-1)(n-2)(n-3) - (n-4)d + 2t + \pi - 1,$$

welcher in den von *M. Noether* angegebenen Beispielen gleich p_g resultiert, abgesehen von dem Falle der irrationalen Regelflächen, in welchem man nach *Cayley*[29]) hat:

$$p_a < 0.$$

In jedem Falle bildet die Zahl p_a eine *neue Invariante* von F_n[30]), welche man das *numerische oder arithmetische Geschlecht der Fläche* nennt.

Hierauf hat man geschlossen, daß stets $p_a \leqq p_g$ ist (Nr. **13**), und man hat andere (*irreguläre*) Flächen gefunden, welche nicht der Familie der Regelflächen angehören und für die $p_a < p_g$ ist; endlich hat man die Klasse der irregulären Flächen ($p_a < p_g$) vollständig bestimmt, und zwar sowohl vom algebraisch-geometrischen als auch vom transzendenten Gesichtspunkte aus (Nr. **17** und **27**)[31]).

Bemerkung. Die Charaktere p_a oder p_g und $p^{(1)}$ einer Fläche sind voneinander unabhängig. So kann sein $p^{(1)} = 1$ und p_g beliebig; alsdann sind die kanonischen Kurven aus elliptischen Kurven eines Büschels zusammengesetzt. Setzt man dagegen voraus, daß das kano-

---

29) „On the Deficiency of certain surfaces", Math. Ann. 3 (1871), p. 526.

30) *H. G. Zeuthen*, „Études géométriques de quelques-unes des propriétés de deux surfaces, dont les points se correspondent un-à-un", Math. Ann. 4 (1871), p. 21. *Noether* B. Ein neuer Beweis der Invarianz von p_a (unabhängig von allen Beschränkungen hinsichtlich der Singularitäten von F_n) resultiert aus Nr. **13**.

31) Wenn die Fläche F_n mehrfache singuläre Punkte besitzt, so bestimmt man die zu F_n adjungierten φ_{n-4} derart, daß das Theorem der Invarianz des kanonischen Systems immer als befriedigt resultiert (man wird demzufolge die adjungierten Flächen der Ordnung $\gtrless n-4$ durch dasselbe Verhalten bestimmen). Es genügt zu diesem Zweck eine endliche Anzahl von Transformationen von F_n derart anzuwenden, daß die gegebene Singularität aufgelöst wird. Dieser Prozeß ist von *M. Noether* angewandt worden, Gött. Nachr. 1871, p. 267, (vgl. *Castelnuovo* P. Nr. 16). Er entspricht übrigens der transzendenten Definition, welche man von den φ_{n-4} durch die Bedingung geben kann, daß das Doppelintegral $\iint \frac{\varphi\, dx\, dy}{f_z'}$ endlich bleibt, in der Nachbarschaft des singulären Punktes. Siehe *Picard-Simart* 1, p. 189.

Ein indirekter Weg, um ausnahmslos die adjungierten Flächen zu bestimmen, ergibt sich aus der Definition der Kurven, welche sie auf F ausschneiden, wie *Enriques* I entwickelt hat (s. diesen Artikel Nr. **13**). Der Fall, in welchem die Singularität eines mehrfachen Punktes durch den Schnitt einer Ebene allgemeiner Lage bestimmt ist, die durch den Punkt hindurchgeht, gibt zu einer sehr einfachen Aussage Veranlassung (*Enriques* R. (II, 1)).

nische System irreduzibel ist, so hat man nach *Noether*[31′])

$$p^{(1)} \geqq 2p_g - 3;$$

andererseits findet man in jedem Falle nach *A. Rosenblatt*[31″])

$$p^{(1)} \leqq 16p_a + 27.$$

Wenn das Minimum von $p^{(1)}$ *erreicht wird, so sind die kanonischen Kurven hyperelliptisch (und vice versa); sie schneiden einander paarweise in* $\frac{p^{(1)}-1}{2} = p_g - 2$ *Paaren konjugierter Punkte;* wenn daher $p_g > 2$ ist, so kann man die Fläche in eine andere Fläche transformieren, die eine Gleichung der folgenden Form hat:

$$z^2 = f(x, y)\ ^{31'}).$$

Die kanonischen Kurven, welche durch einen Punkt hindurchgehen, gehen dann notwendig durch einen weiteren konjugierten Punkt hindurch. Diese Eigenschaft gehört allgemein den Flächen an, deren Gleichung sich auf die Form

$$z^2 = f(x, y)$$

bringen läßt (*Doppelebenen*); unter diesen kann man diejenigen charakterisieren, für welche die kanonischen Kurven hyperelliptisch sind; das ist der Fall, wenn das Polynom f auf den Grad 6 hinsichtlich x oder auf den Grad 8 oder 10 hinsichtlich beider Variablen x, y reduziert werden kann[32]).

Es gibt andere Fälle, in welchen die kanonischen Kurven, welche durch einen Punkt hindurchgehen, notwendig einen weiteren Punkt enthalten; so z. B. wenn die Fläche ein Büschel hyperelliptischer Kurven enthält[33]) oder, wenn sie die Paare von Punkten einer Kurve

---

31′) *Noether* B.

31″) „Sur quelques inégalités dans la théorie des surfaces algébriques", Paris C. R. 254, p. 1494, Januar 1912. „Sur certaines classes de surfaces algébriques irrégulières . . .", Bull. de l'Accad. des sc. de Cracovie, Juli 1912.

32) *Enriques*, „Sopra le superficie algebriche di cui le curve canoniche sono iperellittiche", Rendic. Accad. Lincei (S. 5) 5, Sem. 1, p. 191.

33) Vgl. *L. Godeaux*, „Sur les surfaces algébriques dont les courbes canoniques sont elliptiques doubles", Math. Ann. 72 (1912), p. 426. Addition ibid. 74 (1913), p. 309. „Sur les surfaces contenant un faisceau irrationnel de courbes hyperelliptiques . . .", Sitzungsb. der böhm. Ges. der Wiss. 1913 und Revista Acad., Madrid 1913. *A. Rosenblatt*, „Sur les surfaces irrégulières dont les genres satisfont à l'inégalité $p_g \geq 2(p_a + 2)$", Rend. Circ. Mat. Palermo 35 (1913), p. 237. „Sur les surfaces algébriques qui possèdent un faisceau irrationnel de courbes de genre deux", Prac. Mat. Fisic. 26 (1913), p. 1.

vom Geschlecht 3 darstellt[34]). Im allgemeinen jedoch, für $p_g > 3$, $p^{(1)} > 2p_g - 3$, gehen die (irreduziblen) kanonischen Kurven, welche durch einen Punkt hindurchgehen, nicht notwendig durch weitere Punkte der Fläche hindurch; alsdann hat man $p^{(1)} \geqq 3p_g - 6$[35]). Man kann dann die Fläche in eine (kanonische) Fläche Φ im Raum von $p_g - 1$ Dimensionen transformieren, deren ebene oder hyperebene Schnitte die kanonischen Kurven sind.

Die kanonische Fläche spielt in der Theorie der Flächen die gleiche Rolle wie die kanonische Kurve in der Theorie der Kurven (III C 4 (*Berzolari*)[319]; III C 9 (*Segre*)). Alle invarianten Eigenschaften hinsichtlich birationaler Transformationen gehen in projektive Eigenschaften der kanonischen Fläche über[36]).

12. Zu einem linearen System adjungierte Kurven. Die Invarianz des kanonischen Systems $|K|$, welches auf F_n durch die adjungierten Flächen φ_{n-4} ausgeschnitten wird, kann auch auf folgendem Wege erfaßt werden:

Bezeichnet man mit C die ebenen Schnitte von F_n, so erscheint das System $|K|$ zunächst nur als ein *kovariantes System von* C in derselben Hinsicht wie die Systeme, welche auf F_n durch die adjungierten Flächen von der Ordnung $m = n - 3$, $n - 2, \ldots$ (oder $= n - 5$, $n - 6, \ldots$) ausgeschnitten werden, nämlich bezüglich der Adjunktion. Das Theorem der Invarianz sagt dann aus, daß unter den kovarianten Systemen der betrachteten Schar eines vorhanden ist (es entspricht dem Fall $m = n - 4$), welches nicht von der Wahl des Systems $|C|$ abhängt, von welchem man bei seiner Konstruktion ausgeht.

Diese Bemerkung führt zu einer allgemeinen Untersuchung der zu einem gegebenen linearen System kovarianten Systeme, einer Untersuchung, aus der man eine allgemeine Invariantentheorie einer Fläche herleiten kann (Nr. **13**).

Unter den Systemen, welche auf F_n durch die adjungierten φ_m ausgeschnitten werden, hat man zuerst das System $|C'|$ betrachtet,

34) Vgl. *G. Humbert*, „Sur une surface du sixième ordre . . .", Paris C. R. de l'Accad. des sc. 120 (1895), p. 365, 425.

35) Und man kann auch den Fall $p^{(1)} = 3p_g - 6$ charakterisieren. *G. Castelnuovo*, „Osservazioni intorno alle geometria sopra una superficie", Rend. Istituto Lombardo (S. 2) 24, p. 307.

36) In den Ausnahmefällen $p_g = 1, 2, 3$, oder in denjenigen Fällen, in welchen die kanonische Fläche sich auf eine mehrfache Fläche reduziert, hat man, vorausgesetzt daß $p^{(1)} > 1$ ist, Veranlassung, die kanonische Fläche durch andere (bikanonische usw.) Flächen zu ersetzen, welche eine analoge Eigenschaft besitzen, s. Nr. **13** und **46**.

welches durch die φ_{n-3} ausgeschnitten wird; man nennt dieses das zum System $|C|$ der ebenen Schnitte adjungierte System.

Auf die Betrachtung des adjungierten Systems wird man auch durch die Theorie der linearen Systeme der ebenen Kurven geführt. Ist in der Ebene ein lineares System von Kurven C der Ordnung m gegeben, so kann man die Kurven C' der Ordnung $m-3$ betrachten, welche zu den C adjungiert sind, d. h. die Kurven, welche $(i-1)$-mal durch jeden Basispunkt der Ordnung i von C (III C 4 (*Berzolari*) Nr. **36**) hindurchgehen. Das System $|C'|$ ist ein invariantes System von $|C|$ in bezug auf die birationalen (*Cremona*schen) Transformationen der Ebene[37]), wenigstens wenn man geeignete Festsetzungen hinsichtlich der ausgezeichneten Fundamentalkurven macht. Man betrachtet nun eine rationale Fläche F_n (von der Ordnung n gleich dem Grad von $|C|$) als derart auf die Ebene abgebildet, daß den ebenen Schnitten von F_n die (als irreduzibel vorausgesetzten) Kurven C entsprechen. Die zu $|C|$ adjungierten Kurven C' werden auf F durch die adjungierten Flächen der Ordnung $n-3$ ausgeschnitten.[38])

Nunmehr handelt es sich darum, das invariable Band zwischen den adjungierten Kurven C' und dem auf der Fläche F gegebenen System $|C|$ zu bestimmen.

Hierauf gelangt man auf die einfachste und allgemeinste Weise durch die Betrachtung der *Jacobischen Kurven.*

Betrachten wir ein beliebiges Netz von Kurven C, welches in einem linearen System $|C|$ enthalten ist; dann wird es eine Kurve C_j geben, welche der Ort der Doppelpunkte für die C des Netzes ist: d. i. die *Jacobi*sche Kurve des Netzes. Wenn also die Dimension r von

37) *M. Noether,* „Rationale Ausführung der Operationen,“ vgl. 31') Math. Ann 23 (1883). Die Betrachtung der sukzessiven adjungierten Systeme gibt Veranlassung zu einer sehr fruchtbaren Methode, zuerst verwendet in der Note von *A. Brill* und *M. Noether,* „Über die algebraischen Funktionen und ihre Anwendung in der Geometrie,“ Gött. Nachr. 1873, p. 116, dann von *S. Kantor* angewandt für das Studium der zyklischen Transformationen der Ebene, „Sur une théorie des courbes et des surfaces admettant des correspondances univoques,“ Paris C. R. 100 (1885), p. 343. Darauf hat *G. Castelnuovo* (1891) aus derselben Methode Nutzen gezogen für das Studium der linearen Systeme von ebenen Kurven („Ricerche generali ...“ zitiert in Nr. 8). *F. Enriques* hat sich dieser Methode bedient, um die kontinuierlichen Gruppen von birationalen Transformationen der Ebene zu bestimmen. S. Rend. Acc. Lincei (S. 5) 2, 1. Sem. (1893), p. 468.

38) *Enriques* R. (III 5). *G. Humbert,* „Sur la théorie générale des surfaces unicursales“, Math. Ann. 45, p. 428. Die Flächen der Ordnung $n-3$, welche den Flächen mit ebenen hyperelliptischen Schnitten oder vom Geschlecht 3 unteradjungiert sind, sind betrachtet worden von *G. Castelnuovo,* Rendic. Circolo Mat. Palermo 4 (1890), p. 73 und Atti Acc. sc. Torino 25 (1891), p. 695.

$|C| > 2$ ist, so gibt es in $|C|$ ∞^{3r-6} Netze, und ihre *Jacobi*schen Kurven gehören einem und demselben vollständigen linearen System $|C_j|$ an, welches man als das *Jacobische System* von C definiert. Das adjungierte System $|C'|$ ist alsdann definiert durch die Gleichung

$$|C'| = |C_j - 2C|$$ [39]).

Jeder Basispunkt von $|C|$ mit der Multiplizität i hat für $|C'|$ die Multiplizität $i - 1$.

Aus der gegebenen Definition folgt, daß jede zu einem irreduziblen linearen System $|C|$ von der Dimension $r \geqq 2$ adjungierte Kurve C' die folgenden Eigenschaften hat:

1. C' schneidet auf der allgemeinen Kurve C eine kanonische Gruppe aus;

2. wenn K eine *Fundamentalkurve* für $|C|$ ist (derart, daß $|C-K|$ ∞^{r-1} ist), so schneidet C' auf der allgemeinen Kurve von $|C-K|$ eine Gruppe aus, welche der Summenschar aus der kanonischen Schar und der durch K ausgeschnittenen Gruppe angehört[40]).

Die Operation, welche aus einem System $|C|$ sein adjungiertes System $|C'|$ hervorgehen läßt, hat eine *fundamentale Eigenschaft*; wir wollen diese Eigenschaft aussprechen, indem wir uns auf den einfachsten Fall beziehen, in welchem es sich um Systeme handelt, die keine Basispunkte besitzen:

Sind $|C|$ und $|L|$ zwei lineare Systeme ohne Basispunkte auf der Fläche F, so hat man die Relation:

$$|C' + L| = |C + L'| = |(C + L)'|$$ [41]).

---

39) *Enriques* F. Eine Modifikation dieses Verfahrens besteht darin, $|C'|$ zu bestimmen, indem man von der *Jacobi*schen Kurve zweier Büschel ausgeht, welche in $|C|$, $|K|$ enthalten sind, d. h. von dem Ort der Berührungspunkte der Kurven C und K, welche einander berühren. Bezeichnet man mit $|(C, K)_j|$ das vollständige lineare System, welchem diese Kurven angehören, so hat man

$$|C'| = |(C, K)_j - C - 2K|.$$

Vgl. *F. Severi*, „Osservazione...“ zitiert in Nr. **6**. Zu bemerken ist der Gebrauch, welchen *Severi* in diesem Beweis vom Äquivalenzkriterium (Nr. **21**) gemacht hat, indem er so den Beweis von *Enriques* dafür ersetzte, daß die *Jacobi*schen Kurven der Netze, welche in $|C|$ enthalten sind, einem und demselben linearen System angehören.

40) *Enriques* R und I. Die Eigenschaften 1. und 2. genügen sogar, um die adjungierten Kurven C' unter einigen Beschränkungen zu bestimmen. Die Bedingung 1. genügt schon, um ein lineares Kurvensystem zu bestimmen, das subadjungiert zu $|C|$ heißt; man leitet daraus im allgemeinen das adjungierte System ab, indem man die Fundamentalkurven abtrennt, um sie in passender Weise zu zählen.

41) *Enriques* I und F. Die Fundamentaleigenschaft gestattet die zu einem

13. Die Theorie der Invarianten nach F. Enriques. Diese fundamentale Eigenschaft der adjungierten Kurven darf als eine allgemeinere Form des Theorems der Invarianz des kanonischen Systems betrachtet werden, indem es sich auch auf Flächen vom Geschlecht $p_g = 0$ erstreckt. Nehmen wir der größeren Einfachheit halber an, $|C|$ habe keine Basispunkte auf der Fläche F. Dann leitet man hieraus die Definition der folgenden Invarianten ab[42]):

1. Wenn $|C'|$ $|C|$ enthält, so hat man

$$|C' - C| = |L' - L|;$$

das System $|C' - C|$ hängt von der Wahl des Systems $|C|$ auf F nicht ab. Es ist das kanonische System, dessen Invarianz und fundamentale Eigenschaften hinsichtlich der Kurven von F auf diesem Wege in der einfachsten Art begründet sind.

2. Wenn $|C'|$ $|C|$ nicht enthält, so kann es trotzdem eintreten, daß ein passendes Multiplum $|iC'|$ von $|C'|$ $|iC|$ enthält. In jedem Falle erhält man ebenfalls

$$|iC' - iC| = |iL' - iL|$$ [43]).

Betrachtet man das System $|C''|$, welches zu $|C'|$ adjungiert ist (zweites adjungiertes System zu $|C|$) usw., so erkennt man unmittelbar, daß

$$|C^{(i)} - C| = |iC' - iC|$$

ist.

Dieses invariante System hat den Namen *i-kanonisches* (bikanonisches für $i = 2$) System erhalten. Seine Dimension vermehrt um eine Einheit liefert eine ***absolute Invariante*** der Fläche, welche man das Mehrgeschlecht[43']) der Ordnung i nennt oder das i-Geschlecht P_i (man hat $P_1 = p_g$)[44]).

Büschel oder sogar zu *einer* Kurve (System von der Dimension 0) adjungierten Kurven zu bestimmen. Wenn man von den Eigenschaften 1. und 2. ausgeht, welche oben im Text angegeben sind, so gestattet sie auch eine ganz allgemeine Definition aufzustellen, welche *Enriques* (in *Enriques* I) auseinandergesetzt hat, ohne zuvor die Eigenschaft des *Jacobi*schen Systems aufgedeckt zu haben.

42) *Enriques* I.

43) Ein erstes Beispiel dieses Umstandes für $i = 2$ hat *Enriques* I (Nr. 39) aufgestellt. Ein anderes Beispiel ist durch *G. Castelnuovo* gegeben worden, „Sulle superficie di genere zero“ (Nr. 15), Mem. Soc. It. sc. (detta dei 40) (s. 3) 10 (1896), p. 103. In der weiteren Entwicklung der Theorie hat man neue Beispiele auch für $i > 2$ aufgestellt (s. Nr. **38** u. f.).

43') oder das mehrfache Geschlecht (*Jung* T., p. 94).

44) Der Nutzen der Betrachtung des Doppelgeschlechts und der Mehrgeschlechter ist zuerst durch die genannten Untersuchungen von *Castelnuovo* (1896) über die Rationalitätsbedingungen einer Fläche, in weiterer Folge durch die Be-

3. Bezeichnet man mit π und n das Geschlecht und den Grad des Systems $|C|$ und mit π', n' die entsprechenden Charaktere von $|C'|$, so erlauben uns die fundamentalen Eigenschaften der adjungierten Kurven die folgenden Relationen aufzustellen:

$$\begin{cases} \pi' = \omega + 3(\pi - 1) - n; \\ n' = \omega - 1 + 4(\pi - 1) - n, \end{cases}$$

wo ω unabhängig von der Wahl von $|C|$ resultiert.

Die Zahl ω bildet also eine *Invariante* der Fläche, und zwar eine *relative Invariante*, die um eine Einheit wächst für jede Transformation dieser Fläche, welche eine ausgezeichnete Kurve verschwinden läßt. Fügt man zu der Zahl ω die Anzahl der ausgezeichneten Kurven der Fläche hinzu (vorausgesetzt, daß sie endlich ist, Nr. **4**) oder bezieht man sich auf eine transformierte Fläche ohne ausgezeichnete Kurve, so erhält man eine *absolute Invariante*, welche man mit $p^{(1)}$ bezeichnet und das *virtuelle lineare Geschlecht* nennt[45]). Wenn $p_g > 0$ ist, so ist $p^{(1)}$ das (virtuelle) Geschlecht des kanonischen Systems, aber die oben gegebene Definition von $p^{(1)}$ läßt sich auch auf den Fall $p_g = 0$ ausdehnen, vorausgesetzt, daß die Fläche nicht der Familie der Regelflächen angehört (Nr. **35**)[46]).

---

stimmung der Familie der Regelflächen und allgemeiner der Flächen vom Geschlecht $p_g = 0$ zutage getreten (s. Nr. **38**). Aber selbst für $p_g > 0$ hat man Veranlassung, die mehrkanonischen Systeme zu verwenden, um ein Bild der Fläche zu konstruieren, welches diese Kurven zu ebenen oder hyperebenen Schnitten hat, wobei die invarianten Eigenschaften der Fläche sich als projektive Eigenschaften übertragen (s. Nr. **46**).

45) *Enriques* I (Nr. 41). *Castelnuovo-Enriques* Q (Nr. 5).

46) Man kann die Definition von $p^{(1)}$ derart verallgemeinern, daß man auch diesen Fall umfassen kann. Das hat *G. Castelnuovo* getan „Sul genere lineare di una superficie e sulla classificazione a cui esso dà luogo", Rend. Acc. Lincei (s. 5) 6 (1897), p. 372, 406, und zwar auf verschiedene Weisen:

1. durch Betrachtung des *größten Wertes* von ω für alle Transformierten der gegebenen Fläche F (oder hinsichtlich der linearen Kurvensysteme, welche ihnen entsprechen);

2. durch Betrachtung des *größten Wertes* von ω hinsichtlich der Transformierten von F, für welche $n \leqq 2\pi - 2$ ist, wenn man mit π und n das Geschlecht und die Ordnung der ebenen Schnitte bezeichnet.

Nimmt man die zweite Definition von $p^{(1)}$ an, so findet man, daß *für die Familie der Regelflächen* $p^{(1)} \leqq 0$ ist, während für jede andere Fläche, welche dieser Familie nicht angehört, $p^{(1)} > 0$ ist (nach der ersten Definition ist $p^{(1)} = 10$ für die Ebene und $p^{(1)} = -8(\pi - 1) + 1$ für die Regelflächen vom Geschlecht π). Aber die Bestimmung der angegebenen Maximalwerte führt uns praktisch auf die Untersuchung der Bedingung dafür, daß eine Fläche der Familie der Regelflächen angehört, eine Aufgabe, welche so aufs einfachste durch den Kalkül der

4. Die Definition des arithmetischen Geschlechts p_a kann auch in Beziehung zu dem Fundamentaltheorem über die adjungierten Kurven begründet werden, und zwar auf folgende Weise:

Versucht man die Dimension r' des Systems $|C'|$ zu berechnen, welches mit einer Kurve oder einem irreduziblen System $|C|$ vom Geschlecht π verbunden ist, so findet man

$$p_g + \pi - 1 \geqq r' \geqq p_a + \pi - 1.$$

Man hat sogar

$$r' = p_a + \pi - 1$$

für jedes irreduzible lineare System $|C|$ von der Dimension $\geqq 1$: die Differenz $p_g - p_a$, d. h. die Irregularität der Fläche, ist der Defekt der (kanonischen) Schar, welche durch die C' auf einer allgemeinen Kurve C ausgeschnitten wird[47]).

Die Zahl p_a ist eine *absolute Invariante* der Fläche, welche sich von dem numerischen Geschlecht nicht unterscheidet, das von *Noether* (Nr. **11**) definiert worden ist. In der Tat, sei $|C|$ das System der *ebenen* Schnitte der Fläche F und bezeichnet man mit n die Ordnung von F, so werden die Systeme

$$|C'|,\ |(2C)'| = |C + C'|, \ldots, |(rC)'| = |(r-1)C + C'|$$

Mehrgeschlechter gelöst wird (Nr. 38). Hieraus ergibt sich die Wichtigkeit, welche die relative Invariante ω in dem Studium von Flächen gewinnt, von denen man nicht von vornherein weiß, ob sie der Familie der Regelflächen angehören oder nicht. *G. Castelnuovo-Enriques* Q.

47) Der erste Teil des Theorems ($r' \geqq p_a + \pi - 1$) ergibt sich aus der fundamentalen Eigenschaft der adjungierten Kurven und gestattet $p_g - p_a$ zu definieren als Maximaldefekt der durch $|C'|$ auf der allgemeinen Kurve C ausgeschnittenen Schar, vgl. *Enriques* I (Nr. 40). Es ist sogar leicht (*Enriques* I, 1896), zu erkennen, daß man hat $r' = p_a + \pi - 1$ (was man ausdrückt, wenn man sagt, daß $|C'|$ *regulär* ist) für die Systeme $|C|$, welche auf der Fläche F durch die Flächen einer hinreichend großen Ordnung ausgeschnitten sind. Die *Regularität* des adjungierten Systems hat für die Systeme der ebenen Schnitte *E. Picard* begründet „Sur quelques questions se rattachant à la connexion lineaire dans la théorie des fonctions algébriques de deux variables independantes", J. f. Math. (Crelle) 129 (1905), p. 275 und *Picard-Simart* 2, Cap. 13, Nr. 16) (p. 437), der sich transzendenter Betrachtungen bedient hat. *F. Severi* ist dazu gelangt, einen geometrischen Beweis unter den allgemeinsten Bedingungen des Textes zu geben, und zwar dadurch, daß er sich auf ein Theorem von *Enriques* über die nichtlinearen kontinuierlichen Scharen von Kurven stützte (Nr. 18). Siehe *Severi*, „Sulla regolarità del sistema aggiunto ad un sistema lineare di curve appartenente ad una superficie algebrica", Rend. R. Acc. dei Lincei (S. 5) 17, 2. Semester (1908), p. 465.

Nach dem genannten Theorem im Text hat man die funktionale Bedeutung der Differenz $p_g - p_a$; andere Definitionen gehen aus den Nummern **18**, **28** hervor.

auf F durch die adjungierten Flächen

$$\varphi_{n-3}, \varphi_{n-2}, \ldots, \varphi_{n-4+r}$$

beziehungsweise ausgeschnitten. Die Anzahl N_{n-4+r} der linear unabhängigen φ_{n-4+r} läßt sich als Funktion von r, n und vom Geschlecht π der ebenen Schnitte C ausdrücken. Wenn r die Reihe $r = 1, 2, \ldots$ durchläuft, so durchläuft N_{n-4+r} eine arithmetische Progression der dritten Ordnung, welche übereinstimmt mit den Postulationsformeln von *Noether*[48]).

Die *Regularität des adjungierten Systems* (Theorem von *Picard*) sichert uns, daß die Postulationsformeln zur Berechnung der Zahl der φ_{n-3} immer gültig sind. Dem ist nicht mehr so für die Anzahl der φ_{n-4}; ist die Fläche irregulär, so findet man, indem man die Progression der Zahlen N_{n-4+r} fortsetzt, für $r = 0$ eine virtuelle Anzahl $N_{n-4} = p_a$, welche kleiner ist als die wirkliche Anzahl p_g der linear unabhängigen φ_{n-4}.

Man kann dieses Resultat, welches sich auf die Dimension des adjungierten Systems bezieht, zur Berechnung der Mehrgeschlechter einer Fläche verwenden. In der Tat: ist ein kanonisches System $|C|$ vorgelegt, so ergeben sich die mehrkanonischen Systeme von $|C|$ durch sukzessive Adjunktion:

$$|2C| = |C'|, \; |3C| = |(2C)'|, \ldots.$$

Hieraus folgt, daß man *im allgemeinen die Relation* hat:

$$P_i = p_a + \frac{i(i-1)}{2}(p^{(1)} - 1) + 1$$

und wenigstens

$$P_i \geqq p_a + \frac{i(i-1)}{2}(p^{(1)} - 1) + 1 \text{ }^{49)}.$$

14. Über einige bemerkenswerte Ausdrücke numerischer Invarianten. In der Theorie der Invarianten, welche wir auseinandergesetzt haben, hat man die Verschiedenheit der Bedeutung der Charaktere zu beachten: eines *geometrischen* Charakters derart, wie p_g (*welcher die Existenz von Funktionen ausdrückt*, die mit der Fläche verknüpft sind) und von *numerischen* Charakteren, derart wie p_a, ω oder $p^{(1)}$. Die letzteren können mit Hilfe gewisser Charaktere definiert werden, welche zu einem beliebigen auf der Fläche gegebenen linearen System gehören.

Betrachten wir zuerst ein irreduzibles lineares Büschel von Kurven C vom Geschlecht π mit n Basispunkten: dann gibt es im allgemeinen eine gewisse Anzahl δ von Kurven des Büschels vom Geschlecht $\pi - 1$

48) Vgl. *Enriques* I (Nr. 37). *Castelnuovo* B (Nr. 7).

49) *Castelnuovo-Enriques* Q (Nr. 5). Für $p^{(1)} = 1$ (die kanonischen Kurven

mit einem Doppelpunkte, und man kann den folgenden Ausdruck bilden:

$$I = \delta - n - 4\pi.$$

Dieser Ausdruck hängt nicht von der Wahl des Büschels $|C|$ *ab und bildet folglich eine relative Invariante von* F. Man nennt I die *Zeuthen-Segre*sche Invariante der Fläche[50]). Übrigens hat man

$$I = 12p_a - \omega + 9\text{[51])},$$

was die absolute Invariante p_a durch die Summe der beiden relativen Invarianten $\omega + I$ zu berechnen erlaubt.

Sei nunmehr auf F ein irreduzibles Netz von Kurven $|C|$ vom Geschlecht π und vom Grad n ohne Basispunkte gegeben.

Man hat Veranlassung zu betrachten:

1. die Anzahl χ der Kurven C mit einem Rückkehrpunkt;
2. die Anzahl Δ der Kurven C mit zwei Doppelpunkten;
3. die Anzahl τ der Büschel von Kurven C, welche zwei Berührungspunkte haben;
4. die Anzahl ι der Büschel von Kurven C, welche eine Berührung zweiter Ordnung haben.

Alsdann hat man die folgenden Formeln:

$$\begin{aligned} \chi &= 24(\pi + p_a), \\ \Delta &= \tfrac{1}{2}[(n + 4\pi + I)^2 - 3n - 78\pi - I - 72p_a + 2], \\ \tau &= 2[(n+\pi)^2 - 17\pi - 5n + 2I - 18p_a + 6], \\ \iota &= 3(n + 6\pi - I + 8p_a - 2).\text{[52])} \end{aligned}$$

---

sind reduzibel) kann das Doppelgeschlecht P_2 in der Tat $p_a + p^{(1)}$ überschreiten, ja sogar $p_g + p^{(1)}$ (vgl. Nr. **45**). Die obige Ungleichung hört auf zu bestehen, für $p_a = p_g = 1$, $p^{(1)} = 1$, wenn keine eigentliche sogenannte kanonische Kurve existiert (von der Ordnung > 0). In diesem Falle hat man $P_i = 1$ (vgl. Nr. **42**). Für $p_a = 0$ besteht dieselbe Ungleichung, wenn die Fläche keine ausgezeichneten Kurven besitzt (d. h. wenn man die Familien der Regelflächen ausnimmt).

50) *H. G. Zeuthen,* die in Nr. **11** zitierte Abhandlung. *C. Segre,* „Intorno ad un carattere delle superficie e delle varietà superiori algebriche", Atti Acc. Torino 31 (1895), p. 485.

Man kann auch den Ausdruck von I in bezug auf ein irrationales Büschel berechnen, s. *Castelnuovo-Enriques* Q (Nr. 6). (Vgl. *H. W. E. Jung,* „Über die *Zeuthen-Segre*sche Invariante", Rend. Circolo Mat. di Palermo 34 (1912), p. 225.)

51) *Noether* B, vgl. *T. Bonnesen,* „Sur les séries linéaires triplement infinies de courbes algébriques sur une surface algébrique" (Nr. 6) Bull. d. l'Acad. de Danemark (1906), p. 282.

52) Vgl. *H. G. Zeuthen*; a. a. O. *Noether* B; *F. Severi,* „Il genere aritmetico e il genere lineare", Atti Acc. Torino 37 (1902), p. 625.

15. Algebraische Korrespondenzen zwischen zwei Flächen. Hat man zwischen zwei Flächen F und F^* (welche man ohne ausgezeichnete Kurven annehme) eine rationale Transformation in dem Sinne, daß jedem Punkt von F $n(>1)$ Punkte von F^* entsprechen: dann wird es im allgemeinen auf F eine (*Übergangs-* oder *Verzweigungs-*) Kurve K geben, Ort der Punkte, welchen Gruppen von n Punkten von F^* mit einer Koinzidenz entsprechen; der Ort dieser Koinzidenzen bildet eine Kurve K^* auf F^*. *Die Transformation* $[1, n]$ *läßt den kanonischen Kurven von* F (*vorausgesetzt vom Geschlecht* $p_g > 0$) *Kurven entsprechen, welche zu der Koinzidenzkurve* K^* *hinzuaddiert, kanonische Kurven auf* F^* *bilden.*[53]) Nennt man p_a, $p^{(1)}$, P_a, $P^{(1)}$ die Geschlechter von F bzw. F^*, so folgt hieraus

$$P^{(1)} = n(p^{(1)} - 1) + \tau + \tfrac{3}{2}\delta,$$

$$24(P_a + 1) = 24n(p_a + 1) + 6\tau + 3\delta - 2\sigma - 6,$$

wo τ das Geschlecht der Übergangskurve K bezeichnet, δ die Anzahl der Schnittpunkte dieser Kurve mit den kanonischen Kurven von F und σ die Anzahl der Punkte von F, welchen auf F^* drei koinzidierende Punkte entsprechen. In diesen Formeln nimmt man an, daß K keine mehrfachen Bestandteile enthält, und daß auch keine Fundamentalpunkte auf F existieren, welchen Kurven auf F^* entsprechen[54]).

In dem Aufsatz von *Severi* ist die Formel $\chi = 24(\pi + p_a)$ als Definition von p_a genommen, indem auf elementare Weise bewiesen wird, daß $\frac{\chi}{24} - \pi$ nicht von dem Netz abhängt. Indem *Severi* von dieser Definition ausgeht, begründet er auch die Formel $I = 12p_a - \omega + 9$. Hieraus folgt, daß das p_a so definiert ist wie dasjenige der Nummern **11** und **13**. Man hat analoge andere Formeln zu denjenigen des Textes, welche p_a, ω oder I in den Charakteren eines linearen Systems der Dimension 3 oder 4 verbinden. Außer den genannten Arbeiten von *Zeuthen* und *Noether* siehe insbesondere *M. Pannelli*, „Sui sistemi lineari triplamente infiniti . . .", Rend. Circolo Mat. Palermo 20 (1905), p. 36; *T. Bonnesen* a. a. O.; *L. Godeaux*, „Sur les systèmes linéaires quadruplement infinies", Bull. Acc. de Cracovie (1912), p. 479. Es ist zu bemerken, daß die Systeme von der Dimension > 2 nicht auf neue Invarianten führen, welche von p_a und ω unabhängig sind.

53) *Enriques* R (6, 1); vgl. *F. Severi*, „Sulle relazioni che legano i caratteri invarianti di due superficie in corrispondenza algebrica", Rend. Ist. Lomb. S. 2, 36, p. 495; *P. Painlevé*, „Mémoire sur les équations différentielles . . ." chap. 2, parag. 9, Ann. de l'Éc. Normale Sup. (p. 3) 18 (1891), p. 136, hat auch das kanonische System in bezug auf die Transformationen zwischen zwei Flächen betrachtet, ohne die Rolle der Verzweigungskurve zu erklären.

54) Die erste Formel ist von *Enriques* R (a. a. O.) aufgestellt worden. Die zweite von *F. Severi* a. a. O. In dieser letzten Arbeit geht man von den Relationen zwischen den relativen Invarianten und I aus. Man findet hier auch die Modifikationen, welche einzuführen sind, wenn Fundamentalpunkte vorhanden sind.

Das Theorem betreffend die rationalen Transformationen $[1, n]$ zwischen zwei Flächen F und F^*, das wir soeben angeführt haben, kann auf den Fall algebraischer Korrespondenzen $[m, n]$ ausgedehnt werden. Folgt man dem Gedanken, welcher der Formel von *Zeuthen* für die Kurven[55]) zugrunde liegt, so genügt es in der Tat eine Hilfsfläche ψ zu betrachten, welche die Paare von entsprechenden Punkten auf F^* und F darstellt; ψ ist in Korrespondenz $[n, 1]$ mit F und $[m, 1]$ mit F^*. Man erhält so das folgende Theorem:

Wenn zwischen den Flächen F und F^* (vom Geschlecht $p_g > 0$) eine algebraische Korrespondenz $[m, n]$ besteht, so gibt die Transformierte einer kanonischen Kurve von F, vermehrt um die Koinzidenzkurve auf F^*, eine Kurve des linearen Systems, welches durch eine n-kanonische Kurve von F^*, vermehrt um die Übergangskurve, welche derselben Fläche angehört, bestimmt ist.

Hieraus folgen die Relationen zwischen den Invarianten von zwei Flächen[56]).

Eine Korrespondenz $[1, n]$ zwischen zwei Flächen könnte nur eine *endliche Anzahl von Verzweigungspunkten* haben. Dieser Fall bietet sich dar in der Theorie der hyperelliptischen Flächen (Nr. **40**) und für die Flächen vom Geschlecht 1 (Nr. **42**). Durch Verallgemeinerung der für diese Fälle begründeten Resultate ist es *L. Godeaux*[57]) gelungen, zu beweisen, daß *die Involution der Ordnung n, welche der zweiten Fläche angehört, durch eine Gruppe derselben Ordnung von birationalen Transformationen erzeugt ist.*

Endlich erwähnen wir noch das folgende Resultat[58]):

Wenn zwischen zwei Flächen F und F^* von denselben Geschlechtern $p_a (> 0)$ und $p^{(1)}$ eine Korrespondenz $[1, n]$ besteht, wo n eine Primzahl und $p_g > 1$, $P_g > 1$ ist, so ist $p^{(1)} = 1$; die geometrischen Geschlechter p_g, P_g von F und F^* sind ebenfalls gleich, und die Involution von der Ordnung n, welche der zweiten Fläche angehört, ist durch eine Gruppe von birationalen Transformationen dieser Fläche erzeugt.

---

55) Siehe *C. Segre*, „Introduzione alla geometria sopra un ente algebrico semplicemente infinito“, Ann. di mat. (s. 2) 22, p. 41 (Nr. 40—41).

56) *Severi* a. a. O. Der Fall, in welchem man eine Korrespondenz zwischen den Punkten einer und derselben Fläche betrachtet, führt auf eine Formel, welche die Anzahl der Koinzidenzpunkte ausdrückt und welche von *H. G. Zeuthen* aufgestellt worden ist, „Le principe de correspondance pour une surface algébrique“, Paris C. R. 143 (1906), p. 491, 535.

57) „Sur les involutions douées d'un nombre fini de points unis . . .“, Rend. Acc. Lincei (s. 5) 23, 1. Sem. (1914), p. 408.

58) *L. Godeaux*, „Sur les correspondances rationnelles entre deux surfaces algébriques . . .“, Atti Acc. Torino 48 (1912), p. 77.

III. Über die Ausdehnung des Theorems von Riemann-Roch und über die nicht-linearen kontinuierlichen Systeme von Kurven, welche einer Fläche angehören.

16. Die charakteristische Schar eines linearen Systems. Sei $|C|$ ein irreduzibles lineares System vom Grade n und von der Dimension $r \geqq 1$, welches einer Fläche F angehört.

Dann kann man die lineare Schar g_n^{r-1} betrachten, welche auf einer allgemeinen Kurve C durch die anderen Kurven des Systems ausgeschnitten wird; diese g_n^{r-1} wird die charakteristische Schar von $|C|$ genannt.[59])

Für die vollständigen linearen Systeme ebener Kurven weiß man, daß die charakteristische Schar vollständig ist.[60]) Die gleiche Eigenschaft erstreckt sich nicht auf Regelflächen; in der Tat gehört eine Normalregelfläche von der Ordnung n und vom Geschlecht $p > 0$ mit Nichtspezialschnitten einem Raum S_{n-2p+1} von $n - 2p + 1$ Dimensionen an[61]); das lineare System der Hyperebenenschnitte hat also eine charakteristische Schar, welche nicht vollständig ist, und deren Defekt genau p ist.

Was kann man allgemein über die charakteristische Schar eines vollständigen linearen Systems, welches einer beliebigen Fläche angehört, aussagen?

F. Enriques[62]) hat zuerst diese Frage in dem Falle einer *regulären Fläche* ($p_a = p_g$) untersucht und unter Hinzufügung einiger invarianten Beschränkungen, welche nach *G. Castelnuovo*[63]) immer als erfüllt resultieren, bewiesen, daß die charakteristische Schar eines vollständigen linearen Systems vollständig ist.

Darauf ist *G. Castelnuovo*[64]) durch eine eingehendere Untersuchung dieser Frage zu dem folgenden allgemeinen Resultat gelangt:

---

59) Diese Schar hat zunächst *M. Noether* betrachtet, „Extension du théorème de *Riemann-Roch* aux surfaces algébriques", Paris C. R. Acad. de Paris 103 (1886), p. 736. Seine Wichtigkeit für das Studium der linearen Systeme von ebenen Kurven ist durch die Untersuchungen von *C. Segre* zutage getreten, „Sui sistemi lineari", Rend. Circ. Mat. Palermo 1 (1887), p. 217; *G. Castelnuovo,* „Ricerche generali . . .", Memorie Torino 1891[8]).

60) *G. Castelnuovo,* „Ricerche generali . . .", a. a. O.[59]).

61) *C. Segre,* „Recherches générales sur les courbes et les surfaces réglées algebriques", 2. Teil, Math. Ann. 34, p. 1.

62) *Enriques* R.

63) *Castelnuovo* R.

64) *Castelnuovo* P. — Den Beweis hat *F. Severi* vereinfacht, „Sulla deficienza della serie caratteristica", Rendic. Lincei 12, p. 5, 2. Sem. (1903), p. 250. Einen anderen Beweis desselben Theorems erhält man aus Nr. 17.

Jedes vollständige irreduzible lineare System $|C|$, *welches einer Fläche vom numerischen Geschlecht* p_a *und vom geometrischen Geschlecht* p_g $(\geqq p_a)$ *angehört, hat eine charakteristische Schar, deren Defekt*

$$\leqq p_g - p_a$$

ist.

Die Differenz $p_g - p_a$ *kann also definiert werden als das Maximum des Defekts der charakteristischen Schar; wobei dieses Maximum erreicht wird entsprechend den Systemen* $|C|$, *welche gewissen Bedingungen genügen.* Hieraus folgt eine neue Definition von $p_g - p_a$, welche derjenigen von Nr. **13** analog ist.

17. Ausdehnung des Theorems von Riemann-Roch. In der Theorie der algebraischen Kurven liefert das Theorem von *Riemann-Roch* die Dimension der vollständigen linearen Schar, welche durch eine Punktgruppe bestimmt ist, oder — wenn man lieber will — die Anzahl der linear unabhängigen rationalen Funktionen, welche einem gegebenen Körper bei gegebenen Polen angehören.

Eine analoge Frage kann man für die vollständigen linearen Systeme stellen, welche einer Fläche F angehören. Und zwar handelt es sich darum, die Dimension r eines linearen Systems $|C|$ als Funktion ihrer Charaktere π und n zu berechnen.

Wenn $|C|$ irreduzibel ist, so hat *M. Noether*[65]) unter der Voraussetzung regulärer Flächen $(p_a = p_g = p)$, die Relation aufgestellt

$$r \geqq p + n - \pi + 1 - i,$$

wo i $(\geqq 0)$ den *Index der Spezialität* von $|C|$ bezeichnet (und $i - 1$ die Dimension des Residualsystems von $|C|$ in bezug auf das kanonische System von F ist). Diese Formel ergibt sich aus der Betrachtung von zwei residualen Spezialscharen, welche einer allgemeinen C angehören, nämlich der charakteristischen Schar g_n^{r-1} (welche durch die anderen Kurven des Systems ausgeschnitten wird) und derjenigen, welche auf C durch die kanonischen Kurven von F' ausgeschnitten wird, wobei man voraussetzt, daß die erste Schar vollständig ist. Es ist in Nr. **16** angegeben worden, daß diese Annahme für $p_a = p_g$ erfüllt ist, daß aber dem nicht mehr so ist für $p_a < p_g$, und daß man einen Defekt $\leqq p_g - p_a$ hat. Hieraus ergibt sich, daß in der obigen Ungleichung p durch p_a ersetzt werden muß. Das geht schon aus der Ausdehnung des *Theorems von Riemann-Roch für die adjungierten Systeme* $(i = 0)$ hervor, welche durch die Definition des numerischen Geschlechts

65) „Extension du théorème de *Riemann-Roch* aux surfaces algébriques", Paris C. R. Acad. Sciences 103 (1886) a. a. O.[59])

von *F. Enriques* (Nr. **13**) begründet ist; denn die Dimension von $|C'|$ ist

$$r' = p_a + \pi - 1 = p_a + n' - \pi' + 1,$$

wo n' und π' die Charaktere von $|C'|$ bezeichnen.

Die Untersuchung von *Castelnuovo* betreffend die charakteristische Schar (Nr. **16**) gestattet das Theorem für jedes lineare System auf einer Fläche zu begründen. *Bezeichnet man demzufolge mit π und n das Geschlecht und den Grad von $|C|$, mit i seinen Index der Spezialität, so ist die Dimension von $|C|$*

$$r = p_a + n - \pi + 1 - i + \sigma,$$

wo $\sigma \geqq 0$ ist.[66])

Man nennt σ den Überschuß von $|C|$, und es gibt tatsächlich auf jeder Fläche überschüssige Systeme ($\sigma > 0$); es genügt z. B., daß $|C|$ Fundamentalkurven vom Geschlecht > 0[67]) besitzt.

Nach *G. Castelnuovo* nennt man *regulär* jedes System $|C|$, für welches

$$i = 0, \qquad \sigma = 0$$

ist; das ist der Fall für die adjungierten Systeme (Nr. **13**).

Die Ausdehnung des Theorems von *Riemann-Roch* kann auch für die reduziblen Systeme begründet werden[68]) und man gelangt zu folgendem Resultat, welches von *F. Severi*[69]) auf eine genauere Art bewiesen worden ist. *Wenn die virtuellen Charaktere π, n, i einer irreduziblen oder reduziblen Kurve auf einer Fläche vom Geschlecht p_a der Ungleichung genügen*

$$p_a + n - \pi + 1 - i \geqq 0,$$

so gehört die Kurve einem vollständigen linearen System an von der Dimension

$$r = p_a + n - \pi + 1 - i + \sigma \qquad (\sigma \geqq 0).$$

66) *Castelnuovo* P. Der Beweis dieses Satzes kann sehr einfach geführt werden durch Betrachtungen, welche auf das Theorem bezüglich der Form $Af + B\varphi$ gegründet sind. Siehe *F. Severi*, „Sul teorema di Riemann-Roch ...“ Atti Accad. Torino 40 (1905), p. 766; *H. W. E. Jung*, „Der Riemann-Rochsche Satz ...“ Jahresb. d. Deutsch. Math.-Ver. 18 (1909), p. 267 und Berichtigung dazu, Jahresb. d. Deutsch. Math.-Ver. 19 (1910), p. 172.

67) Vgl. *Enriques* R. (V 2, 3.) Wenn $i > 0$ ist, so kann man auch leicht die Charaktere des Residualsystems von $|C|$ in bezug auf das kanonische System berechnen (*Enriques* R., IV, 3).

68) *Castelnuovo-Enriques* Q. (Nr. 3). Allgemeiner findet das Theorem auf Systeme von Kurven Anwendung, welche durch Subtraktion definiert sind. Vgl. *F. Severi*, „Sulle curve algebriche virtuali ...“, Rendic. Ist. Lombardo (2) 38, p. 859.

69) „Sul teorema di *Riemann-Roch*“ a. a. O. Für die Bedeutung des Überschusses σ vgl. *Enriques* R. (IV, 2), *C. Rosati*, Atti Istituto Veneto 69, 2. Teil, p. 529.

18. Kontinuierliche nicht-lineare Kurvensysteme. Man hat Grund, kontinuierliche nicht-lineare Systeme von Kurven C zu betrachten, welche einer algebraischen Fläche F angehören. Entwickeln wir zunächst Überlegungen, welche durch die Analogie mit der Geometrie auf einer Kurve nahegelegt sind.

Jede Gruppe von n Punkten G_n auf einer Kurve f gehört einer Schar ∞^n von analogen G_n an, und diese Schar ist nicht-linear, wenn die Kurve vom Geschlecht > 0 ist.

Betrachten wir analog eine Kurve C einer gewissen Ordnung n und von einem (virtuellen) Geschlecht π, welche auf einer Fläche F gelegen ist, dann kann man ein *algebraisch-vollständiges* System $\{C\}$ von Kurven derselben Ordnung bestimmen, welches C enthält. Wird es *im allgemeinen* ein lineares System sein?

Ehe wir an die Beantwortung dieser Frage gehen, konstatieren wir, daß ein System $\{C\}$ nicht linear zu sein braucht. Das einfachste Beispiel wird von den Flächen gebildet, welche ein *irrationales Kurvenbüschel* enthalten; die Familie dieser Flächen schließt die Regelflächen ein.

Nun kann man für das System $\{C\}$ das Geschlecht und den virtuellen Grad bestimmen. Man braucht nur die Überlegungen zu wiederholen, welche für die linearen Systeme angestellt waren (Nr. 6). Wenn $\{C\}$ von ∞^r irreduziblen Kurven $(r > 1)$ gebildet wird, so kann man auch die *charakteristische Schar* von $\{C\}$ definieren, und zwar nach *F. Severi*[70]) auf die folgende Weise.

Wir betrachten die ∞^{r-1} Kurven von $\{C\}$, welche einer allgemeinen Kurve C unendlich benachbart sind. Sie werden auf C eine lineare Schar g_n^{r-1} ausschneiden, welche gerade die charakteristische Schar ist, wenn $\{C\}$ linear ist. Diese g_n^{r-1} nennt man auch im allgemeineren Falle die charakteristische Schar von $\{C\}$ auf C.

Unter diesen Voraussetzungen kehren wir zu der oben aufgeworfenen Frage zurück, welche die Existenz vom vollständigen nichtlinearen Kurvensystem auf einer Fläche betrifft.

Zuerst hat *G. Castelnuovo*[71]) eine Bemerkung aufgestellt, welche sich auf Flächen bezieht, die ein irrationales Kurvenbüschel enthalten: Auf einer solchen Fläche finden sich lineare Systeme von Kurven $|C|$, für welche die charakteristische Schar nicht vollständig ist[72]). Hieraus folgert man: *die Flächen, welche ein irrationales Büschel von Kurven besitzen, sind irregulär* $(p_a < p_g)$. Noch umfassender hat man be-

70) „Osservazioni sui sistemi continui di curve . . .“, Atti Accad. Torino 39 (1904), p. 490.

71) *Castelnuovo* R. Nr. 10.

72) Ein einfacher Beweis findet sich bei *Severi* a. a. O.

wiesen[73]), daß *jede Fläche, welche eine Schar von Kurven enthält, die nicht in einem linearen System enthalten ist, eine irreguläre Fläche ist.*

Dieser Flächenfamilie gehören alle die irregulären Flächen an, zu welchen man bisher durch verschiedene Verfahren gelangt ist. Wir erwähnen z. B. die Flächen, welche (Punkt für Paar) das System der Punktpaare darstellen, deren Punkte je zwei verschiedenen Kurven angehören[74]), Flächen, deren invariante Charaktere vollständig bestimmt worden sind[75]). Diese Bemerkung hat dazu geführt, zu vermuten, daß der oben angeführte Satz umkehrbar ist. Es ist in der Tat so: *Auf jeder irregulären Fläche findet man algebraische Systeme von Kurven, welche nicht in linearen Systemen enthalten sind.*[76])

Die Existenz von nicht-linearen vollständigen Systemen ist also eine *charakteristische Eigenschaft der irregulären Flächen.*

Die Frage, auf welche wir durch die Analogie mit den Kurven geführt sind, erhält so eine bestimmte Antwort. Ist das algebraisch-vollständige System, in dem eine Kurve oder ein System von Kurven auf einer Fläche F enthalten ist, linear? Ja, wenn die Fläche regulär ist ($p_g = p_a$). Nein, wenn sie irregulär ist ($p_g > p_a$). Was von diesem Gesichtspunkt aus durch Analogie dem Geschlecht einer Kurve entspricht, ist nicht das Geschlecht (p_a oder p_g) der Fläche F, sondern seine *Irregularität,* d. h. die Differenz $p_g - p_a$.

Man kann weitergehen und präziser die Rolle dieser Differenz $p_g - p_a$ bestimmen, indem man die Dimension der algebraisch-voll-

73) *F. Enriques,* „Una proprietà delle serie continue di curve . . .“, Rendic. Circolo Mat. Palermo 13 (1899), p. 95. Vgl. *Severi* a. a. O.

74) *G. Humbert,* „Sur une surface du sixième ordre . . .“, Paris C. R. de l'Acad. de Sciences 120 (1895), p. 365, 425. Journal de Liouville (5) 2 (1896), p. 263. Vgl. *L. Remy,* Journal de Liouville (6) 4 (1908), p. 1. Annales de l'École Normale Sup. (3) 26 (1909), p. 193.

75) *A. Maroni,* „Sulle superficie algebriche possedenti due fasci di curve algebriche unisecantisi“. Atti Accad. Torino 38 (1903), p. 149. *M. de Franchis,* „Sulle varietà ∞^2 delle coppie di punti di due curve o di una curva algebrica“, Rendic. Circolo Mat. Palermo 17 (1903), p. 104. „Sulle corrispondenze algebriche fra due curve“. Rendic. Accad. Lincei 12 (5), 1. Sem. (1903), p. 304. *F. Severi,* „Sulle superficie che rappresentano le coppie di punti di una curva algebrica“, Atti Accad. Torino 38 (1903), p. 185. „Sulle corrispondenze fra i punti di una curva algebrica . . .“, Mem. Accad. Torino 54 (2) (1903), p. 1. Für den Fall der Flächen, welche mehr als zwei Büschel von einmal sich schneidenden Kurven enthalten, siehe *U. Amaldi,* „Determinazione delle superficie algebriche, su cui esistono piu di due fasci di curve algebriche unisecantisi“, Rendic. Accad. Lincei (p. 5) 11, 2. Sem. (1902), p. 217. Vgl. *A. Comessatti,* „Sui piani tripli ciclici irregolari“, Rendic. Circolo Mat. Palermo 31 (1911), p. 369.

76) *F. Enriques,* „Sulla proprietà caratteristica delle superficie algebriche irregolari“, Rendic. Accad. Bologna 9 (1904), p. 5.

ständigen Schar berechnet, welche ein auf F gegebenes lineares System enthält.

Man hat das folgende Theorem[77]): *Für jedes algebraisch-vollständige System von Kurven, welches einer Fläche von den Geschlechtern* p_a, p_g ($\geqq p_a$) *angehört, ist die charakteristische Schar vollständig; demzufolge ist jedes reguläre lineare System vom Geschlecht* π, *vom Grad* n *und von der Dimension* $p_a + n - \pi + 1$ *in einem vollständigen nicht-linearen System der Dimension* $p_g + n - \pi + 1$ *enthalten, welches sich also zusammensetzt aus* $\infty^{p_g - p_a}$ *nicht-äquivalenten linearen Systemen.*

Unterwirft man die Kurven der Schar $p_a + n - \pi + 1$ linearen Bedingungen, so erhält man ein System $\infty^{p_g - p_a}$ *von nicht-äquivalenten Kurven,* d. h. von Kurven, von denen zwei beliebige nicht einem und demselben linearen System angehören. Aber man wird nicht auf der Fläche ein System von der Dimension $p_g - p_a + 1$ mit derselben Eigenschaft konstruieren können.[78])

Ist auf F eine beliebige Kurve C gegeben, so kann es sein, daß sie einem System von nicht-äquivalenten Kurven von der Dimension $< p_g - p_a$ angehört; aber wenn man ihre Charaktere π, n, i (welche in Nr. **17** genannt sind) betrachtet, so kann man leicht entscheiden, ob sie einem System von nicht-äquivalenten Kurven von der Dimension $p_g - p_a$ angehört; es genügt hierzu, daß

$$p_a + n - \pi + 1 - i \geqq 0$$

ist.[79])

19. Die Mannigfaltigkeit von Picard, welche mit einer irregulären Fläche verknüpft ist. Betrachten wir auf einer irregulären

77) *Enriques* a. a. O. Einen anderen Beweis desselben Theorems (der übrigens auf dasselbe der Analysis situs entlehnte Prinzip begründet ist) hat *F. Severi* gegeben „Intorno alla costruzione dei sistemi completi non-lineari ...“, Rendic. Circolo Mat. Palermo 20 (1905), p. 93.

78) Dies resultiert zunächst aus dem Theorem von *G. Castelnuovo* über den Defekt der charakteristischen Schar eines linearen Systems (Nr. **15**). Aber unabhängig von diesem Theorem bildet der Prozeß von *Enriques* (angewandt auf die adjungierten Systeme) eine Schar, welche aus $\infty^{p_g - p_a}$ nicht-äquivalenten Systemen zusammengesetzt ist, und welcher das System angehört, das durch die adjungierten Flächen einer beliebig großen Ordnung ausgeschnitten wird. Man folgert hieraus einfach das allgemeine Resultat des Textes und sogar einen sehr einfachen Beweis des genannten Theorems und demnach die Ausdehnung des Theorems von *Riemann-Roch*; s. *Severi*[66]) (Nr. 5).

79) Dieses Resultat, zu welchem *F. Enriques* auf Grund der Ausdehnung des Theorems von *Riemann-Roch* gelangt ist, ist auf ziemlich einfache Weise direkt bewiesen von *F. Severi* in der in Nr. **15** genannten Abhandlung „Sul teorema di *Riemann-Roch* ...“. Der Beweis findet sich hier weiter vereinfacht auf Grund der Bemerkung der vorhergehenden Anmerkung.

Fläche F von den Geschlechtern p_a, p_g, ein kontinuierliches System $\{C\}$, welches aus $\infty^{p_g-p_a}$ nicht-äquivalenten linearen Systemen zusammengesetzt ist. Bezeichnet man mit $|C|$, $|C_1|$, $|C_2|$ drei lineare Systeme, welche $\{C\}$ angehören, so erkennt man, daß

$$|\bar{C}| = |C + C_1 - C_2|$$

ebenfalls $\{C\}$ angehört. Man sieht also, daß die *Operation* $+ C_1 - C_2$ jedes System von $\{C\}$ in ein anderes System von $\{C\}$ transformiert. Betrachtet man nun die linearen Systeme $|C|$ von $\{C\}$ als die Elemente (Punkte) einer Mannigfaltigkeit V von $p_g - p_a$ Dimensionen, so sieht man, daß *V eine Gruppe von $\infty^{p_g-p_a}$ permutablen Transformationen zuläßt; es ist die Mannigfaltigkeit von Picard,* welche mit der Fläche F verknüpft ist.[80]) Jedem System $\{C\}$ von F, das aus $\infty^{p_g-p_a}$ nicht-äquivalenten linearen Systemen zusammengesetzt ist, entspricht übrigens die gleiche Mannigfaltigkeit von *Picard;* denn bezeichnet man mit $\{K\}$ ein anderes analoges System, und mit $|K_1|$, $|K_2|$ zwei lineare Systeme desselben so hat man ebenfalls

$$|\bar{C}| = |C + K_1 - K_2|.$$

Nach einem Theorem, welches von *E. Picard* (s. Nr. **39**) für die Flächen aufgestellt worden ist, und welches auf Mannigfaltigkeiten von beliebigen Dimensionen ausgedehnt werden kann (*Painlevé*), lassen sich die Koordinaten eines allgemeinen Punktes der Mannigfaltigkeit V mit Hilfe von $2(p_g - p_a)$-fach periodischen *Abel*schen Funktionen von $p_g - p_a$ Variablen ausdrücken. Hieraus folgt, daß *die $p_g - p_a$ Parameter, von denen die Elemente eines Systems $\infty^{p_g-p_a}$ von nicht-äquivalenten Kurven auf F abhängen, derart eingeführt werden können, daß die Koeffizienten der Gleichungen der genannten Kurven Abelsche Funktionen dieser Parameter sind. Die Tabelle der Perioden hängt nicht von der Wahl des betrachteten Systems auf F ab*[81]) (siehe Nr. **28**).

20. Flächen, welche ein irrationales Büschel von Kurven und Ungleichheit zwischen p_a und p_g besitzen. Im Jahre 1900 hat *G. Castelnuovo* an *F. Enriques*[82]) eine Konstruktion mitgeteilt, nach welcher man, wenn ein System nicht-äquivalenter Kurven auf einer Fläche vom Geschlecht $p_g = 0$ gegeben ist, zu einem irrationalen Büschel geführt wird, und im Jahre 1904 hat *F. Enriques*[83]) (mit

80) *G. Castelnuovo,* „Sugli integrali semplici appartenenti ad una superficie irregolare", Rendic. Accad. Lincei (5) 14, 1. Sem. 1905, p. 546, 593, 655.

81) *G. Castelnuovo* a. a. O.

82) „Sur les surfaces algébriques admettant des integrales de differentielles totales de première espèce", Annales de Toulouse (p. 2) 2, p. 77.

83) „Sulle superficie algebriche di genere geometrico zero", Rendic. Palermo

Hilfe des Resultats von Nr. **17**) daraus gefolgert, daß *jede Fläche vom Geschlecht* $p_g = 0$, $p_a < 0$ *ein irrationales Kurvenbüschel enthält,* so daß man auf diese Weise zu der vollständigen Bestimmung dieser Flächenfamilie gelangt (siehe Nr. **38**).

Unter allgemeineren Bedingungen kann man auch die Existenz eines irrationalen Kurvenbüschels auf einer irregulären Fläche nachweisen, indem man zeigt, daß es einfache mit der Fläche verknüpfte Integrale erster Gattung gibt, welche Funktionen voneinander sind[84]) (siehe Nr. **26**).

Man erkennt so[85]), daß, *wenn* $p_g \geqq 2(p_a + 2)$ *ist, die Fläche ein irrationales Kurvenbüschel besitzt.*

A. Rosenblatt[86]) hat durch eine eingehendere Untersuchung gezeigt, daß, wenn $p_g > 2(p_a + 2)$ ist, die Fläche der *Familie der Regelflächen* angehört oder ein *Büschel von elliptischen Kurven* besitzt derart, daß $p^{(1)} = 1$ ist. Hieraus folgt, daß *für* $p^{(1)} > 1$ *die Ungleichung besteht,* $p_g \leqq 2(p_a + 2)$. *Das Maximum von* p_a *in bezug auf* p_g *wird nur für die Fläche erreicht, welche die Paare von Punkten von zwei Kurven von den Geschlechtern* $p_a + 2$, *und* 2 *darstellt*[87]).

21. Kurven und Systeme von äquivalenten Kurven auf einer Fläche. Sind auf einer Fläche zwei Kurven C_1 und C_2 von derselben Ordnung gegeben, so entsteht die Frage, wie man erkennen kann, ob sie *äquivalent* sind, d. h. ob sie einem und demselben linearen (System und folglich) Büschel angehören?

Auf diese Frage antwortet *F. Severi* durch die folgenden Äquivalenzkriterien: *Wenn die zwei Kurven* C_1 *und* C_2 *äquivalente* (einer und derselben linearen Schar angehörende) *Gruppen auf der allgemeinen Kurve eines linearen Büschels ausschneiden, so sind* C_1 *und* C_2 *äquivalent*: $C_1 \equiv C_2$.[88])

20, p. 1. Der Beweis der Existenz eines irrationalen Büschels für $p_g = 0$, $p_a < 0$, der gemäß dem Wege von *Castelnuovo* die Anwendung der Integrale voraussetzt, welche mit der Fläche verknüpt sind, ist geometrisch geführt worden von *F. Severi,* „Sulle superficie e varietà algebriche irregolari di genere geometrico nullo", Rendic. Accad. Lincei (5) 20, 1. Sem. 1911, p. 537.

84) *M. de Franchis,* „Sulle superficie algebriche le quali contengono un fascio irrazionale di curve", Rendic. Circolo Mat. Palermo 20 (1905), p. 49.

85) *G. Castelnuovo,* „Sulle superficie aventi il genere aritmetico negativo", Rendic. Circolo Mat. Palermo 20 (1905), p. 55. Vgl. *A. Rosenblatt,* „Sur les surfaces irrégulières, dont les genres satisfont a l'inégalité $p_g \geq 2(p_a + 2)$", Rendic. Circolo Mat. di Palermo 35 (1913), p. 237.

86) *Rosenblatt* a. a. O. (Anm. 85)).

87) *Rosenblatt* a. a. O.

88) *Severi,* „Il teorema d'Abel sulle superficie algebriche" (Nr. 6), Annali di

Wenn die Kurven C_1 und C_2, welche einem und demselben kontinuierlichen System angehören, äquivalente Gruppen von Punkten auf der allgemeinen Kurve eines ∞^1-Systems $\{K\}$ ausschneiden, welches nicht ein Büschel ist, so schließt man ebenfalls, daß C_1 und C_2 äquivalent sind.

Wenn man nicht im voraus weiß, ob C_1 und C_2 einem und demselben kontinuierlichen System angehören, und wenn das System $\{K\}$ vom Index $\nu > 1$ ist, d. h. wenn es ν Kurven K durch einen Punkt gibt, so schließt man nur auf die Äquivalenz der Multipla νC_1 und νC_2.[89])

Neben dem Theorem von *Severi* empfiehlt es sich, an ein anderes Kriterium zu erinnern, das zu beurteilen erlaubt, ob ein kontinuierliches System $\{C\}$ in einem linearen System von Kurven derselben Ordnung enthalten ist.

Dieses Kriterium ist analog einem Theorem, das von *G. Castelnuovo* hinsichtlich der Scharen von Gruppen von Punkten auf einer Kurve aufgestellt worden ist.[90]) Man kann es in der folgenden Form aussprechen.[91])

Hat man auf einer Fläche ein System ∞^1 von irreduziblen Kurven C vom Geschlecht π, vom Grad n und vom Index ν, welches keine Basispunkte und keine variablen mehrfachen Punkte besitzt, so gibt es im allgemeinen

$$N \leqq \nu(n + 4\pi + I)$$

Kurven C mit einem Doppelpunkte, wo I die *Zeuthen-Segre*sche Invariante der Fläche bezeichnet. *Damit die Kurven äquivalent sind,*

Mat. (3) 12 (1905), p. 55. Wenn dieselbe Bedingung in bezug auf die Kurven eines irrationalen Büschels $\{K\}$ erfüllt ist, so hat man

$$C_1 + K_1 + \cdots + K_i \equiv C_2 + \overline{K}_1 + \cdots + \overline{K}_i,$$

wo $K_1 \ldots K_i$, $\overline{K}_1 \ldots \overline{K}_i$ zwei Gruppen von Kurven K sind.

89) *F. Severi*, „Osservazioni varie di geometria sopra una superficie algebrica“, Atti Istituto Veneto 65, Teil 2 (1906), p. 629. „Alcune relazioni di equivalenza tra gruppi di punti di una curva algebrica o tra curve di una superficie“, ebendort 70 (1911), p. 70. Für die Äquivalenzkriterien vom transzendenten Gesichtspunkt aus vgl. Nr. **30**. Ein nicht-lineares rationales System von Kurven ist immer in einem linearen System enthalten, vgl. *F. Enriques*, „Un' osservazione relativa alla rappresentazione parametrica delle curve algebriche“, Rendic. Circolo Mat. Palermo 10 (1896), p. 30.

90) „Sulle serie algebriche di gruppi di punti appartenenti ad una curva algebrica“, Rendic. Accad. Lincei (5) 15, 1. Sem., (1906), p. 337. Vgl. *F. Severi*, Atti Accad. Torino 48 (1913), p. 660.

91) *R. Torelli*, „Sui sistemi algebrici di curve . . .“, Atti Accad. Torino 42 (1906), p. 86. (Vgl. *C. Rosati*, Rendic. Accad. Lincei (5) 16, 1. Sem. 1907, p. 952.)

ist notwendig und hinreichend, daß N den größten Wert erlangt:

$$N = \nu(n + 4\pi + I).$$

22. Moduln einer Klasse von algebraischen Flächen. Ebenso wie es für die Kurven eintritt, hängt jede Klasse von Flächen nicht nur von gewissen ganzen Charakteren ab, derart wie die Geschlechter p_a, p_g, $p^{(1)}, \ldots$ (vgl. Nr. **13**), sondern auch von einer gewissen Anzahl von Parametern, welche kontinuierlich variabel sind und welche man die Moduln der Klasse nennt. Unter einigen Voraussetzungen hat *M. Noether*[92]), indem er sich auf seine Formeln der Postulation stützt, eine Formel gegeben, welche dazu dient, die Moduln zu berechnen, von denen eine Klasse von regulären Flächen vom Geschlecht

$$p_g = p_a = p > 3$$

abhängt; es ist die folgende Formel:

$$M = 10p - 2p^{(1)} + 12.$$

F. Enriques[93]) fand durch ein ganz allgemeines Verfahren, daß eine Klasse von Flächen von den Geschlechtern p_a, p_g, $p^{(1)}$ (welche nicht der Familie der Regelflächen angehören) von

$$M = 10p_a - p_g - 2p^{(1)} + 12 + \Theta$$

Moduln abhängt, welche für die Flächen einer Familie mit denselben ganzen Charakteren kontinuierlich veränderlich sind. Die Zahl

$$\Theta \geqq 0$$

bezeichnet dabei einen geometrischen Charakter der Flächenklasse, welcher sich in Beziehung zu den Kuspidalpunkten (pinch-points) der Doppelkurve definiert findet. Man hat übrigens

$$\Theta = p + \Theta', \qquad \text{wo} \qquad \Theta' \geqq 0$$

ist, für

$$p_g = p_a = p > 3,$$

sodaß *die Formel von Noether jedenfalls ein Minimum von M ausdrückt.*

Die allgemeinere Formel von *F. Enriques* gestattet im besonderen die Anzahl der Moduln zu berechnen, von denen eine Klasse von Flächen von den Geschlechtern

$$p_a = p_g = p^{(1)} = P_2 = 1$$

abhängt. Man findet

$$\Theta = 0, \qquad M = 19,$$

92) „Anzahl der Moduln einer Klasse algebraischer Flächen“, Sitzungsberichte der Akad. zu Berlin, 1. Sem. 1888, p. 123.

93) Rendic. Accad. Lincei 17 (5), 1. Sem. 1908, p. 690.

und es ergibt sich hieraus die Bestimmung der verschiedenen Arten dieser Flächen (Nr. 42).

Die Berechnung der Moduln, welche einer Flächenfamilie angehören, kann auch auf die Abbildung auf eine mehrfache Ebene begründet werden. Durch Vergleichung der so erhaltenen Resultate mit denjenigen, zu welchen man durch die Betrachtung der Gesamtheit der Flächen geführt wird, die eine gewisse Doppelkurve besitzen, hat *F. Enriques* ein Theorem gefolgert, welches die Existenzbedingungen[94]) einer mehrfachen Ebene betrifft:

Ist eine ebene Kurve C von einer gewissen geraden Ordnung $2m$ *mit einer gewissen Anzahl von Doppel- und von Rückkehrpunkten die Verzweigungskurve einer mehrfachen Ebene der Ordnung n, so ist jede andere Kurve von derselben Ordnung und mit denselben Singularitäten wie C, welche einem kontinuierlichen durch die Kurve C in ihrer Ebene bestimmten System angehört, ebenfalls die Verzweigungskurve einer mehrfachen Ebene der Ordnung n.*

Die Kurven C von gegebener Ordnung mit einer gewissen Anzahl von Doppel- und Rückkehrpunkten gruppieren sich im allgemeinen in eine endliche Anzahl kontinuierlicher Systeme der Ebene; die Existenzbedingungen einer n-fachen Ebene mit C als Verzweigungskurve hängen demnach von dem kontinuierlichen System ab, dem C angehört, und nicht von der Kurve, welche man in diesem wählt; diese Bedingungen ergeben sich übrigens aus einer Untersuchung, welche gewisse Gruppen von Substitutionen betrifft, die dort eine fundamentale Rolle spielen.

IV. Die Theorie der Flächen in Beziehung auf die Integrale, welche mit den Flächen verknüpft sind.

23. Integrale, welche mit einer Fläche verknüpft sind. Man erhält neue Charaktere einer Fläche, welche gegenüber den birationalen Transformationen invariant sind, wenn man die Integrale von algebraischen Differentialen betrachtet, die mit der Fläche verknüpft sind. Es handelt sich um die Ausdehnung der klassischen Theorie, welche *Riemann* und *Clebsch* für die algebraischen Funktionen einer Variablen gebildet haben.

Erinnern wir uns zunächst daran, daß vom Gesichtspunkte der *Analysis situs* eine Fläche $f(x, y, z) = 0$ ein reelles Kontinuum von

---

94) „Sui moduli d'una classe di superficie algebriche e sul teorema d'esistenza per le funzioni algebriche di due variabili", Atti Accad. Torino 47 (1912), p. 300.

vier Dimensionen ist, dessen Punkte in umkehrbar eindeutiger und kontinuierlicher Weise die komplexen Lösungen von $f=0$ darstellen. In diesem *Riemann*schen Kontinuum kann man Kontinua von ein, zwei oder drei Dimensionen konstruieren; wenn diese Kontinua geschlossen sind, so heißen sie Zykeln von einer Dimension (oder lineare), von zwei und drei Dimensionen. Die Anzahl der unabhängigen Zykeln, vermehrt um eine Einheit, bildet den Zusammenhang von einer Dimension (oder linearen) p_1, von zwei Dimensionen p_2 oder von drei Dimensionen p_3; man hat übrigens nach *E. Betti* $p_1 = p_3$ (siehe III A B 3 (*Dehn-Heegaard*) Nr. **3**).

Wir führen jetzt die beiden Arten von Integralen ein, welche mit der Fläche $f=0$ verknüpft sind, die wir immer mit gewöhnlichen Singularitäten voraussetzen (Nr. **3**). *M. Noether*[95]) hat zuerst die Doppelintegrale

$$U = \iint F(xyz)\,dx\,dy$$

betrachtet, wo F eine rationale Funktion von x, y, z ist, welche durch die Relation $f(x, y, z) = 0$ verbunden sind, und wobei das Integral sich über ein Kontinuum von zwei Dimensionen der *Riemann*schen Mannigfaltigkeit erstreckt; man muß x, y, z als Funktionen von zwei reellen Parametern betrachten, welche die Punkte dieses Kontinuums bestimmen. Der Wert des Integrals ändert sich nicht, wenn man das Kontinuum kontinuierlich transformiert, indem man den Rand desselben festhält und singuläre Punkte von F vermeidet.[96]) Der Wert, den U auf einem Zykel von zwei Dimensionen annimmt, ist eine Periode von U.

E. Picard[97]) hat hierauf die einfachen Integrale oder von totalen Differentialen eingeführt

$$J = \int (P\,dx + Q\,dy),$$

wo P und Q rationale Funktionen von x, y, z sind, welche der Integrabilitätsbedingung genügen, wenn man z als Funktion von x, y betrachtet; das Integral erstreckt sich über ein Gebiet von einer Dimension oder einen Weg, welcher von einem Punkte (x_0, y_0, z_0) zu einem Punkte (x, y, z) führt.

Der Wert von J ändert sich nicht, wenn man den Integrationsweg kontinuierlich ändert, indem man seine Endpunkte festhält und

95) *Noether* A. (1870).

96) *H. Poincaré*, „Sur les fonctions de deux variables", Acta Math. 2 (1893), p. 97.

97) „Sur les intégrales de différentielles totales algébriques de première espèce", Paris C. R. Acad. des Sciences. 99 (1884), p. 961.

die singulären Punkte von P und Q vermeidet. Ist der Weg geschlossen (Zykel von einer Dimension), so liefert der genannte Wert eine Periode des einfachen Integrals. Hieraus folgt, wenn (x_0, y_0, z_0) fest ist, daß J eine Funktion des veränderlichen Punktes (x, y, z) auf der Fläche $f = 0$ ist, eine Funktion, welche bis auf Multipla der Perioden bestimmt ist.

Eine weitere Klassifikation der Doppelintegrale wie der einfachen hängt von den Singularitäten ab, welche die genannten Integrale darbieten.

24. Doppelintegrale erster Gattung. Man nennt das Doppelintegral U von der ersten Gattung, wenn es einen endlichen und bestimmten Wert hat, was auch immer das Integrationsgebiet sei. Die notwendige und hinreichende Bedingung hierfür besteht darin, daß das Integral U von der Form

$$U = \iint P(x, y, z) \frac{dx\,dy}{f_z'}$$

ist, wo P ein solches Polynom der Ordnung $n - 4$ ist (wenn n den Grad von f bezeichnet), daß die Fläche $P = 0$ eine Adjungierte zu $f = 0$ wird, und wo $f_z' = \frac{\partial f}{\partial z}$ ist.

Die Doppelintegrale erster Gattung gehen durch eine birationale Transformation der Fläche in andere Integrale derselben Gattung über. Die Anzahl dieser linear unabhängigen Integrale ist gleich dem geometrischen Geschlehte p_g der Fläche, welches auch so auf eine invariante Art definiert erscheint[98]).

25. Klassifikation der einfachen Integrale. *E. Picard*[99]), welchem man die Untersuchung der einfachen Integrale einer Fläche verdankt (die man auch Integrale von *Picard* nennt), untersucht die Singularitäten, welche diese Integrale aufweisen können. Ein einfaches Integral kann in den Punkten von gewissen algebraischen Kurven der Fläche unendlich werden.

Bilden wir in dem *Riemann*schen Kontinuum einen linearen Zykel, welcher unendlich klein ist und einen Punkt dieser Kurven (= *Riemann*schen Flächen) umgibt. Wenn der Wert des Integrals, entlang dem Zykel genommen, 0 ist, so ist die Kurve *Polkurve* für das Integral; andernfalls hat man eine *logarithmische Kurve*, für welche der

98) *Noether* A. und B. hat als erster ähnliche Integrale betrachtet, für welche er den invarianten Charakter bewiesen hat. Daß jedes Integral erster Gattung in der angegebenen Form dargestellt werden kann, ist von *Picard-Simart* 1, p. 177 gezeigt worden.

99) *Picard* A, B. *Picard-Simart* 1 (Kap. V, VI).

genannte Wert (konstant in jedem Punkte der Kurve) *die logarithmische* (auch polare genannt) *Periode* liefert.

Man nennt ein einfaches Integral von der *ersten Gattung*, wenn es in jedem Punkte der Fläche endlich ist.

Das Integral ist von der *zweiten Gattung*, wenn es nur Polkurven zuläßt, d. h. wenn seine Perioden 0 sind längs jedem Zykel, welcher auf einen Punkt reduziert werden kann. Endlich hat man ein Integral von der *dritten Gattung*, wenn man logarithmische Kurven ins Auge fassen muß. Die Klassifikation ist invariant gegenüber den birationalen Transformationen der Fläche.

Ein einfaches Integral der Fläche $f(x, y, z) = 0$ bestimmt auf einer algebraischen Kurve der Fläche, insbesondere auf dem ebenen Schnitt $y = \bar{y}$, ein *Abel*sches Integral, welches im allgemeinen von derselben Gattung ist. Aber man kann nicht im allgemeinen von einem *Abel*schen Integral der ebenen Kurve $f(x, \bar{y}, z) = 0$ zu einem einfachen Integral der Fläche übergehen. Die Perioden des *Abel*schen Integrals (z. B. der zweiten Gattung) hängen in der Tat von $\bar{y}$ ab; sie genügen einer linearen homogenen Differentialgleichung E, welche von der Ordnung 2π ist, wo π das Geschlecht der ebenen Kurve bezeichnet, und deren Koeffizienten Polynome in y sind.

Diese Gleichung E, welche *L. Fuchs* bemerkt hat[100]), spielt eine fundamentale Rolle in der Theorie von *Picard*, indem sie erlaubt, festzustellen, ob die Fläche einfache Integrale zweiter (oder im besonderen erster) Gattung besitzt, und sie zu konstruieren (siehe Nr. 27). Die Gleichung E[101]) hat feste kritische Punkte, welche regulär im Sinne von *Fuchs* sind (s. II B 5 (*Hilb*)). Sie ändert sich, wenn man von einem Integral zu einem anderen übergeht, aber ihre Gruppe bleibt invariant; es ist die Gruppe der Substitutionen, welche auf den 2π Zykeln der *Riemann*schen Fläche $y = \bar{y}$ entstehen, wenn man die komplexe Variable $\bar{y}$ variiert. Die kritischen Punkte von E fallen in die Berührungspunkte der Fläche f mit den Tangentialebenen $y =$ const.; wird angenommen, daß die Fläche nur gewöhnliche Singularitäten besitzt (im Sinne von Nr. 3) und daß die Koordinatenachsen eine allgemeine Lage in bezug auf die Fläche haben, so haben die Integrale, betrachtet als Funktionen von y, ein reguläres Verhalten in jedem anderen Punkte, selbst im Unendlichen.

Picard hat die fundamentalen Substitutionen der Gruppe angegeben, welche zu der Gleichung E gehören; bezeichnet man mit $\sigma_1, \sigma_2 \ldots \sigma_{2\pi}$

100) *Crelle*s Journal 71, p. 91; 73, p. 324.

101) *Picard* A, B. *Picard-Simart* 1, p. 93; 2, p. 421.

die zu vertauschenden Zykel und gebraucht man das Symbol $\sim$, um die Homologie zu bezeichnen[102]), so haben diese Substitutionen die Form:

$$\begin{aligned} \sigma_1' &\sim \sigma_1 + \sigma_2 \\ \sigma_2' &\sim \sigma_2 \\ &\cdot\ \cdot\ \cdot\ \cdot\ \cdot \\ \sigma_{2\pi}' &\sim \sigma_{2\pi}. \end{aligned}$$

26. Einfache Integrale erster Gattung. *E. Picard*[103]) hat bewiesen, daß ein einfaches Integral der ersten Gattung der Fläche $f(x, y, z) = 0$ von der Ordnung n immer in der Form

$$J = \int \frac{B\,dx - A\,dy}{f_z'}$$

geschrieben werden kann, wo A und B zwei Polynome vom Grade $n - 2$ in x, y, z sind, von denen das erste nur den Grad $n - 3$ in y, z und das zweite den Grad $n - 3$ in x, z hat.

Die Integrabilitätsbedingung reduziert sich auf die Existenz eines dritten Polynoms C, welches den Grad $n - 2$ in x, y, z hat, aber nur den Grad $n - 3$ in x, y, so daß die Identität besteht:

$$A\frac{\partial f}{\partial x} + B\frac{\partial f}{\partial y} + C\frac{\partial f}{\partial z} = \left(\frac{\partial A}{\partial x} + \frac{\partial B}{\partial y} + \frac{\partial C}{\partial z}\right) f$$

für willkürliche Werte von x, y und z.

Hieraus folgt, daß die Polynome A, B, C die Form haben

$$A = x\varphi + A_1, \qquad B = y\varphi + B_1, \qquad C = z\varphi + C_1,$$

wo φ, A_1, B_1, C_1, Polynome vom Grade $n - 3$ in x, y, z sind, von denen das erste außerdem homogen ist.

Damit J in den mehrfachen Punkten von f endlich sei, ist noch nötig, daß die Flächen $A = 0$, $B = 0$, $C = 0$ zu der Fläche $f = 0$ entlang jeder mehrfachen Kurve adjungiert sind, und durch jeden isolierten Punkt, welcher für f ein gewöhnlicher mehrfacher von der Ordnung k ist, mit der Multiplizität $k - 1$ hindurchgehen.[104])

Setzt man voraus, daß f keinen isolierten mehrfachen Punkt besitzt, so sieht man also, daß die Existenz eines einfachen Integrals

102) *H. Poincaré* nennt zwei Zykel homolog, wenn der eine in den anderen durch eine kontinuierliche Deformation übergeführt werden kann, bei der man einen Punkt festhält (s. III A B 3 (*Dehn-Heegaard*)).

103) *Picard* A. *Picard-Simart* 1, Kap. V.

104) Für viele Einzelheiten in bezug auf diesen Gegenstand siehe *M. Noether*, „Über die totalen algebraischen Differentialausdrücke erster Gattung". Erlanger Berichte 1886, Heft 18, p. 11. Math. Ann. 29 (1887), p. 329.

erster Gattung die Existenz von drei adjungierten Flächen $A = 0$, $B = 0$, $C = 0$ von der Ordnung $n - 2$ mit sich bringt, welche die unendlich ferne Ebene nach einer und derselben Kurve der Ordnung $n - 3$ $(\varphi = 0)$ und außerdem nach den unendlich fernen Geraden der Ebenen $x = 0$, $y = 0$, $z = 0$ schneiden, und zwar derart, daß noch $A = 0$ durch die Berührungspunkte von $f = 0$ mit den Tangentialebenen $x =$ const. hindurchgeht; und analog für $B = 0$, $C = 0$.

Diese Bedingungen, welche man auch auf andere elegante Formen bringen kann[105]), gestatten zu bestätigen, daß *eine allgemeine Fläche ihrer Ordnung keine einfachen Integrale erster Gattung besitzt*[106]), welche sich nicht auf Konstante reduzieren, was andererseits auch aus Nr. 27 hervorgeht.

Dieselben Bedingungen liefern eine analytische Methode, welche geeignet ist, die Flächen einer gegebenen Ordnung zu bestimmen, die einfache Integrale erster Gattung besitzen. So kann man die Flächen der vierten[107]) und der fünften[108]) Ordnung bestimmen, welche derartige Integrale besitzen.

Die genannten Bedingungen von *Picard* führen die Frage, die mit der Fläche $f(x, y, z) = 0$ verknüpften einfachen Integrale erster Gattung zu bilden, auf die Bestimmung von drei Polynomen zurück, welche einer Gleichung mit partiellen Derivierten genügen; gerade durch die Integration dieser Gleichung gelangt z. B. *Berry* zu den oben auseinandergesetzten Anwendungen.

Die allgemeine Aufgabe nun, die einfachen Integrale erster Gattung zu konstruieren, welche mit der Fläche f der Ordnung n verknüpft sind, ist durch das folgende Theorem von *F. Severi*[109]) gelöst.

105) Vgl. *Picard-Simart* 1, p. 119.

106) In betreff des Einflusses der singulären Punkte auf die Existenz der einfachen Integrale erster Gattung siehe *Picard-Simart* 1, p. 120. *A. Berry*, „A generalisation of a theorem of M. Picard . . .“, Acta Math. 27 (1903), p. 157.

107) Vgl. *H. Poincaré*, Paris C. R. 99, p. 1145. *Picard-Simart* 1, p. 136; 2, p. 523. *A. Berry*, „On quartics surfaces . . .“, Cambridge Phil. Trans. 18 (1900), p. 324. *M. de Franchis*, „Le superficie irrazionali di 4° ordine . . .“, Rendic. Circolo Mat. Palermo 14 (1900), p. 33, wo die Klassifikation auf geometrischem Wege vervollständigt ist. *H. Lacaze*, „Sur la connexion lineaire de quelques surfaces . . .“, Annales de Toulouse (p. 2) 3 (1901), p. 151.

108) *A. Berry*, „On certain quintic surfaces . . .“ Cambridge Phil. Transactions 19 (1902), p. 249, 20 (1904), p. 74. *M. de Franchis*, „Le superficie più volte irregolari di 5° ordine con punti tripli“, Rendic. Lincei (5) 15 (1906), p. 217. „Le superfice irregolari del 5. ordine con infinite coniche“, Rendic. Lincei (5) 15, p. 284. (Vgl. *E. Togliati*, Rendic. Lincei 26 (1912), p. 5, wo die Klassifikation vervollständigt ist. *De Franchis*, Rendic. Circolo Mat. Palermo 35 (1913), p. 47.)

Ist eine Fläche A von der Ordnung $n-2$ gegeben, welche zu f adjungiert ist, und durch die unendlich-ferne Gerade der Ebenen $y =$ const. sowie durch die Berührungspunkte dieser Ebenen mit f hindurchgeht, so kann man zu A eine andere adjungierte Fläche B von derselben Ordnung hinzugesellen, derart, daß das Integral

$$\int \frac{B\,dx - A\,dy}{f_z'},$$

welches mit f verknüpft ist, von der ersten Gattung wird.

Man erhält so *die rationale Konstruktion* der zu einer Fläche gehörenden einfachen Integrale erster Gattung, in Analogie zu der Konstruktion mittels der adjungierten Kurven $(n-3)^{\text{ter}}$ Ordnung, welche bei ebenen Kurven n^{ter} Ordnung zu deren *Abel*schen Integralen erster Gattung führt.

Das voraufgehende Resultat kann vom invarianten Gesichtspunkt aus in der folgenden Form ausgesprochen werden:

Sei $|K|$ ein lineares Büschel von irreduziblen Kurven auf der Fläche $f = 0$ und $|K'|$ das adjungierte System zu dem Büschel, so ist die Anzahl der unabhängigen Kurven von $|K + K'|$, welche durch die Basispunkte und durch die isolierten Doppelpunkte der Kurven des Büschels hindurchgehen, gleich der Anzahl der verschiedenen einfachen Integrale der ersten Gattung, welche die Fläche besitzt[110]).

Sobald man zwei Integrale der ersten Gattung:

$$\int \frac{B\,dx - A\,dy}{f_z'}, \qquad \int \frac{B_1\,dx - A_1\,dy}{f_z'}$$

kennt, welche nicht voneinander abhängige Funktionen sind, so kann man ein Doppelintegral erster Gattung bilden. Man zeigt in der

109) „Sur les intégrales simples de la première espèce attachées à une surface algébrique," Paris C. R. 152 (1911), p. 1079. Das Theorem des Textes folgt aus dem folgenden Lemma. Betrachtet man das Integral

$$J = \int \frac{A\,dx}{f_z'},$$

wo A eine Kurve der Ordnung $n-3$ bedeutet, welche zu dem Schnitt von f mit einer Ebene allgemeiner Lage $y =$ const. adjungiert ist; so besteht die Bedingung dafür, daß die Perioden von J nicht von y abhängen, darin, daß J nicht von der dritten Gattung wird für irgendeinen speziellen Wert von y.

110) Aus Nr. 26 und 28 folgt eine neue funktionale Bedeutung der Irregularität $p_g - p_a$, indem diese Zahl durch die Anzahl der unabhängigen Kurven von $|K + K'|$ gegeben wird, die den angegebenen Bedingungen genügen.

Tat[111]), daß

$$\frac{AB_1 - A_1 B}{f_z'}$$

ein Polynom vom Grade $n - 4$ ist, das zu der Fläche f adjungiert ist.

Hat man dagegen *zwei einfache Integrale erster Gattung, von denen das eine eine Funktion des anderen ist, so hat M. de Franchis*[112]) *bewiesen, daß die Fläche ein irrationales Kurvenbüschel enthält.*

27. Einfache Integrale zweiter Gattung. *E. Picard*[113]) hat das Problem gestellt und gelöst, die Anzahl der mit einer Fläche $f(x, y, z) = 0$ verknüpften Integrale zweiter Gattung zu berechnen, welche als voneinander verschieden betrachtet werden müssen; da die rationalen Funktionen der Punkte der Fläche (Nr. **6**) Integrale zweiter Gattung bilden, muß man zwei Integrale als *verschieden* betrachten, wenn keine lineare Kombination derselben existiert, welche sich auf eine rationale Funktion reduziert.

Greifen wir die *fundamentale Gleichung* E von Nr. **25** wieder auf. Für *eine allgemeine Fläche ihrer Ordnung ist E irreduzibel,* alle linearen Zykel reduzieren sich auf 0-Zykel[114]) ($p_1 = 1$), *es gibt keine anderen einfachen Integrale zweiter Gattung, als die rationalen Funktionen, noch folglich Integrale erster Gattung,* welche sich nicht auf eine Konstante reduzieren (siehe Nr. **26**).

Man kann nicht umgekehrt behaupten, daß $p_1 > 1$ ist, wenn E reduzibel ist. Aber wenn der lineare Zusammenhang $p_1 > 1$ ist, so ist die Gleichung E sicher reduzibel, und *f besitzt $r = p_1 - 1$ linear unabhängige Integrale, welche sich auf rationale Funktionen von y,* ja sogar auf Polynome in *y reduzieren,* wenn der Koeffizient von dx, der

111) *Picard* A. *Picard-Simart* 1, p. 137. Vgl. *M. Noether,* „Über die totalen . . .“ a. a. O. *F. Severi,* „Relazioni tra gl'integrali semplici e gl'integrali multipli di prima specie di una varietà algebrica“, Annali di Mat. (p. 3) 20 (1913), p. 201.

112) „Sulle superficie algebriche le quali contengono un fascio irrazionale di curve,“ Rendic. Palermo 20 (1905), p. 49. (Vgl. *G. Castelnuovo,* „Sulle superficie aventi il genere aritmetico negativo,“ a. a. O. in Nr. **19**.) Das Verfahren von *de Franchis* ist durch den Autor zur Bestimmung der Flächen $z^2 = f(x, y)$ verwandt worden, welche Integrale von *Picard* besitzen, siehe „I piani doppi dotati di due o più differenziali totali di prima specie“, Rendic. Lincei (5) 13, 1. Sem. (1904), p. 688. (Vgl. Circolo Mat. di Palermo 20 (1905), p. 331.) In betreff der Fläche $z^3 = f(x, y)$ siehe *A. Comessatti,* „Sui piani tripli ciclici irregolari“, Rendic. Circolo Mat. Palermo 31 (1911), p. 369.

113) *Picard* B. *Picard-Simart* 1, p. 160.

114) In der Tat, wenn die Zykel ineinander überführbar sind, so kann man sie alle auf einen und denselben Zykel zurückführen, welcher in einer Tangentialebene $y = \text{const.}$ sich auf die Umgebung des Berührungspunktes reduziert.

unter dem Integral steht, den ebenen Schnitt im Unendlichen zur Polkurve hat.[114a])

Die Gleichung E, befreit von den r rationalen Integralen, reduziert sich auf eine Gleichung E_0 von der Ordnung $2\pi - r$, welcher die *Abel*schen Integrale der Kurve der Ebene $y = \text{const.}$ genügen, die nicht rationale Funktionen von y sind.

Die Anzahl der verschiedenen einfachen Integrale der zweiten Gattung ist gleich dem linearen Zusammenhang p_1, vermindert um eine Einheit, d. h. gleich der Anzahl ihrer Perioden; diese können also willkürlich gewählt werden.

So erhält *E. Picard* die Ausdehnung eines wohlbekannten Theorems von *B. Riemann* über die Abelschen mit einer algebraischen Kurve verknüpften Integrale auf Flächen.

Zu der von *Picard* entwickelten Theorie der einfachen Integrale zweiter Gattung hat *F. Severi*[115]) eine Untersuchung hinzugefügt, welche die Polkurve dieser Integrale betrifft.

Durch Subtraktion von rationalen Funktionen kann man sich auf den Fall beschränken, in welchem das gegebene Integral

$$J = \int (P dx + Q dy)$$

eine Polkurve C erster Ordnung besitzt, die irreduzibel ist. Auf der Kurve $y = \text{const.}$ wird J ein Abelsches Integral zweiter Gattung, welches hinsichtlich der Schnittpunkte von C (Pole) bestimmte Residuen hat. Diese Residuen können als die Werte einer rationalen Funktion der Punkte von C betrachtet werden: es handelt sich um die Funktion, welche *Severi* rationale Residualfunktion von J auf C nennt. *Die Pole der Residualfunktion nun bleiben fest, wenn man das Integral J unter denjenigen variiert, welche dieselbe Polkurve C besitzen.* Die Gruppe der Nullpunkte besitzt einen festen und einen variablen Bestandteil, der durch die Punkte von C gebildet wird, in welchen J sich wie ein Integral erster Gattung verhält. Diese letzteren *Nullgruppen G_n gehören der vollständigen Schar an,* welche die *charakteristische* Schar des linearen Systems $|C|$ enthält, das durch C bestimmt ist (wobei die Dimension des Systems > 0 vorausgesetzt wird), aber *eine Gruppe G_n auf C braucht nicht eine charakteristische Gruppe von $|C|$ zu sein* (welche durch eine andere Kurve C ausgeschnitten ist),

114a) *Picard-Simart* 2, p. 389.

115) „Sulle superficie che posseggono integrali di *Picard* della seconda specie", Rendic. Accad. Lincei (5) 13, 2. Sem. 1904, p. 253; Math. Ann. 61 (1905), p. 20.

wenn J sich nicht durch Subtraktion von Integralen erster Gattung auf eine rationale Funktion mit der Polkurve C reduziert.

Bei dieser Veranlassung sei bemerkt, daß, wenn der lineare Zusammenhang $p_1 > 1$ ist, immer einfache Integrale zweiter Gattung existieren, welche sich nicht auf die erste Gattung reduzieren.

28. Die einfachen Integrale, welche mit einer Fläche verknüpft sind, und die Irregularität dieser Fläche. In der Untersuchung der hyperelliptischen Flächen (von *Picard*), entwickelt von *G. Humbert* (Nr. **39**, **40**), hat es sich gezeigt, daß diese Flächen, welche zwei linear-unabhängige einfache Integrale erster Gattung besitzen, die Irregularität $p_g - p_a = 2$ besitzen.

Andere Beispiele, durch die Flächen geliefert, welche die Paare von Punkten von einer oder von zwei algebraischen Kurven darstellen[116]), haben die Annahme bestätigt, daß ein Band zwischen der Existenz der einfachen Integrale erster und zweiter Gattung und der Irregularität der Fläche bestehe.

Die Frage, die sich so bietet, ist verknüpft mit derjenigen, *die Flächen, welche einfache Integrale erster oder zweiter Gattung besitzen, vom geometrischen Gesichtspunkte aus zu charakterisieren.*

G. Humbert[117]) hat bei Verallgemeinerung der erwähnten Beispiele bemerkt, daß *jede Fläche, welche ein kontinuierliches System von Kurven besitzt, das nicht einem linearen System angehört, einfache Integrale erster Gattung besitzt.*

F. Enriques[118]) hat daraus geschlossen, daß die Fläche irregulär ist.

Im Jahre 1901 ist dann *F. Enriques*[119]), indem er die Umkehrung des Theorems von *Humbert* zu beweisen suchte, zu dem folgenden Resultat gelangt: *Jede Fläche, welche q einfache Integrale erster Gattung mit 2q Perioden besitzt, enthält ein kontinuierliches System von Kurven, welche nicht einem linearen System angehören, und ist irregulär.*

Im September des Jahres 1904 hat *F. Severi*[120]) durch das Stu-

116) Siehe die Bibliographie von Nr. **18**.

117) „Sur une propriété d'une classe de surfaces algébriques", Paris C. R. 117 (1893), p. 361; „Sur quelques points de la théorie des courbes et des surfaces algébriques", Journal de Math. (4) 10 (1894), p. 190.

118) „Una proprietà delle serie continue di curve appartenenti ad una superficie algebrica regolare", Rendic. Circolo Mat. Palermo 13 (1899), p. 95.

119) „Sur les surfaces algébriques admettant des intégrales de différentielles totales de première espèce", Ann. de Toulouse (2) 3, p. 77. Der Beweis ist durch *F. Severi* vereinfacht worden, „Osservazioni sui sistemi continui di curve . . .", Atti Accad. Torino 39 (1904), p. 490.

120) „Sulle superficie che posseggono integrali di *Picard* della seconda specie", a. a. O.

dium der Residualfunktion in bezug auf die Polkurven der Integrale zweiter Gattung, welche immer einer Fläche von linearem Zusammenhang $p_1 > 1$ angehören (Nr. **27**), bewiesen, daß *jede Fläche, welche einfache Integrale erster Gattung besitzt, irregulär ist.*

Im Dezember 1904 hat *F. Enriques*[121]), nachdem er die charakteristische Eigenschaft der irregulären Flächen, kontinuierliche Systeme von Kurven zu enthalten, welche nicht linearen Systemen angehören, gezeigt hatte (Nr. **18**), daraus gefolgert, daß *jede irreguläre Fläche einfache Integrale erster Gattung besitzt.*

Es bilden also die irregulären Flächen und diejenigen Flächen, welche einfache Integrale erster Gattung besitzen, eine und dieselbe Familie.

Dieses Resultat kann weiter präzisiert werden, indem man versucht, eine quantitative Beziehung zwischen der Irregularität $p_g - p_a$ und der Anzahl q der Integrale erster Gattung, welche linear-unabhängig voneinander sind, zu bestimmen. Man kann zu dieser Relation gelangen, indem man sich darauf stützt, daß die kontinuierlichen Systeme, welche man nach *Enriques* auf einer irregulären Fläche konstruiert, von $\infty^{p_g - p_a}$ nicht-äquivalenten linearen Systemen gebildet sind (Nr. **18**).

Zunächst hat *F. Severi* bewiesen, daß man hat

$$p_1 - 1 - q = p_g - p_a,$$
$$q \leqq p_g - p_a,$$

wobei $p_1 - 1$ die Anzahl der von einander verschiedenen einfachen Integrale der zweiten Gattung ist[122]). Führt man die Untersuchung weiter durch die Betrachtung der Mannigfaltigkeit von *Picard,* welche mit der Fläche verknüpft ist (Nr. **19**), oder durch Ausdehnung des *Abel*schen Theorems auf die Flächen, so gelangt man nach *G. Castelnuovo*[123]) und *F. Severi*[124]) zu der inversen Ungleichung

121) Siehe [76]). Man findet in dieser Abhandlung die Ungleichung

$$p_1 - 1 - q \leqq p_g - p_a,$$

wo $p_1 - 1$ die Anzahl der Integrale zweiter Gattung bedeutet und q diejenige der Integrale erster Gattung.

Zu demselben Resultat gelangt man auch durch die Untersuchung der Gleichung E (Nr. **25**), siehe *E. Picard,* Paris C. R. 140 (1905), p. 117, *Picard-Simart* 2, p. 417.

122) „Sulla differenza fra i numeri degli integrali di Picard ...", Atti Accad. Torino 40, p. 288 (Januar 1905).

123) „Sugli integrali semplici appartenenti ad una superficie irregolare", Rendic. Acc. Lincei (5) 14, 1. Sem., p. 545, 593, 655 (Mai-Juni 1905).

124) „Il teorema d'Abel sulle superficie algebriche", Annali di Mat. (3), 12 (August 1905), p. 55.

$$q \geqq p_g - p_a,$$

so daß man das folgende Theorem aussprechen kann[125]):

Die Anzahl der einfachen Integrale erster Gattung, welche mit einer Fläche der Irregularität $p_g - p_a$ *verknüpft sind, ist*

$$q = p_g - p_a.$$

Hieraus folgt, daß *die Anzahl der von einander verschiedenen einfachen Integrale zweiter Gattung*, welche gleich dem linearen Zusammenhang p_1 vermindert um eine Einheit ist (Nr. 27), durch

$$p_1 - 1 = 2(p_g - p_a)$$

gegeben ist.

Es ergibt sich also *die Anzahl der einfachen Integrale erster Gattung immer gleich der Hälfte derjenigen ihrer Perioden.*

Man beweist auch[126]), *daß die Abelschen Funktionen, welche aus der Inversion der einfachen mit einer algebraischen Fläche verknüpften Integrale hervorgehen, die allgemeinsten Abelschen Funktionen sind.*

29. Einfache Normalintegrale. *F. Severi*[127]) hat versucht, die Reduktion auf die Normalform, welche *Riemann* für die *Abel*schen Integrale angegeben hat, auf die einfachen Integrale einer Fläche auszudehnen. Er beweist zunächst, daß man, wenn der lineare Zusammenhang des *Riemann*schen Kontinuums $p_1 = 2q + 1$ ist, immer $2q$ verschiedene lineare Zykel derart konstruieren kann, daß jeder andere lineare Zykel sich kontinuierlich auf die Vereinigung einer ganzen Anzahl dieser Zykel, durchlaufen im einen oder im anderen Sinne, reduzieren kann. Man kann außerdem fordern, daß die Zykel sich in zwei Gruppen $\nu_1 \dots \nu_q$ und $\nu_{q+1} \dots \nu_{2q}$ teilen, derart daß, wenn man mit

$$\tau_1 \dots \tau_q, \quad \tau_{q+1}, \dots, \tau_{2q} \quad \text{und} \quad \omega_1 \dots \omega_q, \quad \omega_{q+1}, \dots, \omega_{2q}$$

die Perioden bezeichnet, welche zu den *Normal*zykeln von zwei linearen Integralen erster Gattung gehören, sich ergibt

$$\sum_{\lambda=1}^{\lambda=q} d_\lambda(\tau_\lambda \omega_{\lambda+q} - \tau_{\lambda+q}\omega_\lambda) = 0$$

---

125) *H. Poincaré*, „Sur les courbes tracées sur les surfaces algébriques", Annales de l'École Norm. Sup. (p. 3), 27 (1910) findet durch eine andere Methode aufs neue, daß die Anzahl q gleich der Dimension $p_g - p_a$ des umfassenderen kontinuierlichen Systems ist, welches von nicht-äquivalenten Kurven gebildet wird.

126) *Castelnuovo-Enriques*, „Sur les intégrales simples de première espèce...", Annales de l'École Norm. Sup. (3), 22 (1906), p. 339.

127) „Intorno al teorema d'Abel sulle superficie algebriche ed alla riduzione a forma normale degli integrali di Picard", Rendic. Circ. Mat. Palermo 21 (1906), p. 257.

und

$$\sum_{\lambda=1}^{\lambda=q} d_\lambda(\tau_\lambda' \tau_{\lambda+q}'' - \tau_{\lambda+q}' \tau_\lambda'') > 0,$$

wo die d_λ ganze Zahlen > 0 sind, und wo gesetzt ist

$$\tau_\lambda = \tau_\lambda' + i\tau_\lambda'' \text{ usw.}$$

Die d_λ hängen von der Wahl der Zykel ν ab. Es ergibt sich, daß man (wenn die Normalzykel fixiert sind) beliebig vorgeben kann: entweder die reellen (oder imaginären) Bestandteile der $2q$ Perioden eines einfachen Integrals erster Gattung, oder auch die Perioden hinsichtlich der q Zykel der ersten (oder der zweiten) Gruppe; dieses Integral wird dann bis auf eine Konstante bestimmt.

Das *Integral erster Gattung ist normal*, wenn es die Perioden 0 entlang von $q - 1$ Zykeln der ersten Gruppe und die Periode 1 längs dem übrig bleibenden Zykel dieser Gruppe hat. Man erhält auf diese Weise q verschiedene Normalintegrale.

Um ein *Normalintegral zweiter Gattung* zu bestimmen, muß man die (einfache) Polkurve des Integrals vorgeben; man fordert dann weiter, daß die Perioden des Integrals hinsichtlich der Zykel der ersten Gruppe sämtlich $= 0$ sind. Wenn die Polkurve einem regulären System angehört, so kann man auf diese Weise q verschiedene Normalintegrale zweiter Gattung bilden.

Endlich kann man auf analoge Weise den Begriff eines *Normalintegrals dritter Gattung* aufstellen.[128])

Schließlich bemerken wir, daß die oben auseinandergesetzte Reduktion *Severi* dazu geführt hat, einen anderen Beweis des Theorems zu geben, daß die Mannigfaltigkeit von *Picard,* welche mit einer Fläche verknüpft ist, eine *Abel*sche ist (Nr. **19**). Die Tabelle der Normalperioden für die einfachen Integrale erster Gattung der Mannigfaltigkeit kann hinsichtlich der Divisoren d_λ von derjenigen, welche zu den Integralen der Fläche gehört, verschieden sein.[129])

30. Abelsches Theorem auf den Flächen. Auf mehrere Arten hat man versucht, das *Abel*sche Theorem in betreff der algebraischen Kurven auf die Flächen auszudehnen.

Zuerst hat *M. Noether*[130]), indem er auf die *Doppelintegrale* zurück-

128) Siehe in *Severi,* a. a. O., die Beziehungen zwischen den Perioden, welche für die Normalintegrale nicht Null sind.

129) Vgl. *F. Severi,* „Un teorema d'inversione per gl'integrali semplici di prima specie", Atti Istituto Veneto 72, Teil 2 (1913), p. 765.

130) *Noether* A., p. 304 (Anmerkung) — *Picard-Simart* 1, p. 190. Einige Anwendungen in *Humbert,* Journ. de Math. 5 (ser. 4) (1889), p. 4.

ging, eine Eigenschaft der Schnittpunktgruppen (x_i, y_i, z_i) von zwei variablen Kurven in zwei linearen Büscheln abgeleitet: die Summe der Werte, welche ein Doppelintegral erster Gattung annimmt, wenn (x_1, y_1, z_1), (x_2, y_2, z_2)... Kontinua von zwei Dimensionen durchlaufen, welche durch die Variation der Büschelparameter bestimmt sind, ist konstant.

Darauf hat *F. Severi*[131]) sich die Aufgabe gestellt, mit Hilfe der *einfachen Integrale* die Bedingung dafür zu charakterisieren, daß die *Kurven* derselben Ordnung auf einer algebraischen Fläche einem und demselben linearen System angehören, d. h. daß sie *äquivalent* sind.

Er ist zu dem folgenden Theorem gelangt:

Die Bedingung dafür, daß die Kurven C eines kontinuierlichen Systems, welches einer Fläche f angehört, äquivalent sind, besteht darin, daß die Summe der Werte, welche jedes einfache Integral erster Gattung in den gemeinsamen Punkten von zwei Kurven C annimmt, konstant ist.

Hat man zwei Kurven C_1, C_2, von denen man nicht weiß, ob sie einem und demselben kontinuierlichen System angehören, deren virtuelle Grade aber gleich der Anzahl ihrer Schnittpunkte sind, so kann man auf analoge Weise erkennen, ob diese Kurven oder jedenfalls zwei gleiche Multipla derselben äquivalent sind, wenn man die Summe der Integrale in den Punkten vergleicht, in welchen C_1 und C_2 durch eine Kurve K getroffen werden, welche in einem kontinuierlichen System veränderlich ist.

Eine *andere Ausdehnung* des *Abel*schen Theorems mit Hilfe der einfachen Integrale hat *F. Severi* dazu geführt[132]), *die regulären Involutionen von Punktgruppen auf einer Fläche zu charakterisieren*, d. h. diejenigen, welche in einer Transformation $[1, n]$ (Nr. **15**) einer regulären Fläche entsprechen.

Bilden wir die Summe der Werte, welche jedes einfache Integral erster Gattung in den Punkten einer und derselben Gruppe annimmt, so ist die notwendige und hinreichende Bedingung dafür, daß die Involution regulär ist, die, daß die genannten Summen nicht von der gewählten Gruppe abhängen.

31. Einfache Integrale dritter Gattung. Wir haben die einfachen Integrale dritter Gattung und die zu ihnen gehörigen logarithmischen Kurven (Nr. **25**) schon definiert.

131) „Il teorema d'Abel...", a. a. O. (siehe 124)) „Intorno al teorema d'Abel" a. a. O. (siehe 127)); vgl. Nr. **21** dieses Art.

132) „Il teorema d'Abel...", a. a. O. Der Fall der *rationalen* Involutionen ist von *H. Poincaré* betrachtet worden, „Sur les intégrales de différentielles totales". Paris C. R. 99 (1884), p. 1145. „Sur une généralisation du théorème d'Abel", Paris C. R. 100 (1885), p. 40.

Zu jeder logarithmischen Kurve gehört eine bestimmte Periode; die Summe dieser Perioden multipliziert mit passend gewählten ganzen Zahlen ist 0.

Ein einfaches Integral dritter Gattung besitzt wenigstens zwei logarithmische Kurven, und man kann immer ein Integral bilden, welches nur zwei logarithmische Kurven besitzt, die einem und demselben algebraischen System angehören. Nunmehr handelt es sich darum zu sehen, ob man, nachdem man *willkürlich* zwei oder mehrere algebraische Kurven auf der Fläche fixiert hat, ein Integral dritter Gattung konstruieren kann, dessen logarithmische Kurven sich unter den gegebenen Kurven befinden.

Auf diese Frage antwortet das folgende Theorem von *E. Picard*[133]): *Auf jeder Fläche kann man* ϱ *irreduzibele partikuläre algebraische Kurven* $C_1, C_2, \ldots, C_\varrho$ *derart ziehen, daß kein einfaches Integral dritter Gattung existiert, welches nur die Gesamtheit oder einen Teil dieser Kurven zu logarithmischen Kurven hat, aber derart, daß ein Integral existiert, welches eine* $(\varrho + 1)^{\text{te}}$ *beliebige Kurve K der Fläche sowie die Gesamtheit oder einen Teil der Kurven C zu logarithmischen Kurven hat.*

Die Anzahl ϱ ist eine *relative Invariante* und liefert eine absolute Invariante, wenn sie sich auf Flächen ohne ausgezeichnete Kurven bezieht (Nr. **4**).

Unter den einfachen Integralen dritter Gattung gibt es algebraisch-logarithmische Kombinationen von der Form

$$\sum A_k \log R_k(x, y, z) + P(x, y, z),$$

wo die R und P rationale Funktionen von x, y, z und die A Konstante sind.

Die Flächen, für welche jedes einfache *Integral dritter Gattung sich auf eine algebraisch-logarithmische Kombination reduziert,* sind durch *F. Severi*[134]) bestimmt worden. Es sind die *regulären Flächen* $(p_1 = 1)$, die hiermit auch vermöge der Integrale dritter Gattung charakterisiert sind.

32. Über die Basis für die Kurvensysteme einer Fläche. Das fundamentale Theorem von *Picard* bezüglich der einfachen Integrale dritter Gattung hat *F. Severi*[135]) gestattet, eine wichtige Frage in be-

133) „Sur les intégrales de différentielles totales de troisième espèce dans la théorie des surfaces algébriques", Annales de l'École Norm. Sup. (p. 3) 18 (1901); *Picard-Simart* 2, p. 230.

134) „Sulla totalità delle curve algebriche tracciate sopra una superficie algebrica", (§ 5) Math. Ann. 62 (1905), p. 194.

135) „Sulla totalità delle curve . . .", a. a. O. siehe 134). Für den Fall, in

treff der Konstruktion der Systeme von Kurven auf einer Fläche zu lösen; die Invariante ϱ erhält so eine sehr einfache geometrische Interpretation.

Seien $C_1, \ldots, C_h, C_{h+1}, \ldots C_k$, mehrere Kurven auf einer Fläche f; man sagt, diese Kurven seien algebraisch-abhängig, wenn zwei Kurven

$$\lambda_1 C_1 + \cdots + \lambda_h C_h, \qquad \lambda_{h+1} C_{h+1} + \cdots + \lambda_k C_k$$

einem und demselben algebraischen System angehören (wo die λ ganze positive Zahlen bezeichnen).

Die Bedingung dafür, daß $C_1 \ldots C_k$ algebraisch-unabhängig sind, kann mit Hilfe der Matrix von $k+1$ Kolonnen und von k Zeilen $|n_{ij} m_i|$ ausgedrückt werden, wo n_{ij} die Anzahl der Schnittpunkte von C_i und C_j, n_{ii} den Grad von C_i, m_i die Ordnung von C_i bezeichnet: $C_1 \ldots C_k$ *sind unabhängig, wenn* $|n_{ij} m_i| \neq 0$ *ist.*

Nun kann man auf der Fläche f ϱ Kurven ziehen, $C_1 \ldots C_\varrho$, welche algebraisch-unabhängig sind, derart, daß jede andere Kurve, die auf der Fläche gezogen wird, algebraisch von diesen abhängt.

Diese ϱ Kurven C bilden auf f eine *Basis* für die Gesamtheit der Kurven, welche f angehören. Alle kontinuierlichen Systeme von Kurven auf f können durch Addition, Subtraktion und *Division* der kontinuierlichen Systeme $\{C_1\} \ldots \{C_\varrho\}$ erhalten werden.

Man kann die voraufgehende Untersuchung weiterführen, indem man versucht, eine *Minimalbasis* zu bestimmen, mittels der man alle kontinuierlichen Kurvensysteme auf f durch Addition und Subtraktion, *ohne Division* konstruieren kann.

F. Severi[136]) beweist, daß eine derartige Minimalbasis immer existiert. Man hat also den Satz: *alle kontinuierlichen Kurvensysteme, welche einer Fläche angehören, können durch Addition und Subtraktion erhalten werden, indem man von einer endlichen Anzahl*

$$\varrho + \sigma - 1 \quad \text{oder (für } \varrho = 1) \quad \sigma + 1 \quad (\sigma \geqq 1)$$

von Systemen ausgeht.

---

welchem die Integrale dritter Gattung sich auf algebraisch-logarithmische Kombinationen reduzieren, vgl. *Picard-Simart* 2, p. 246.

Siehe auch *H. Poincaré*, „Sur les courbes tracées . . .", a. a. O. (in Nr. 28, 125)) und Sitzungsber. d. Berliner Math.-Ges. 10 (1910), p. 28.

136) „La base minima pour la totalité des courbes algébriques tracées sur une surface algébrique", Annales de l'École Norm. 25 (1908), p. 3. Man wird im allgemeinen die Kurvensysteme von f nicht bestimmen können, indem man nur durch Summation vorgeht und von einer endlichen Anzahl von Systemen ausgeht, und zwar nicht einmal auf einer regulären Fläche; vgl. *F. Enriques*, „Sopra le superficie algebriche di bigenere uno" (Nr. 21), Memorie Soc. it. delle Scienze (detta dei 40) (3) 14 (1907), p. 327.

Die Zahl σ hat die folgende Bedeutung: ein kontinuierliches System, welches der Fläche angehört, kann im allgemeinen als Äquimultiplum verschiedener nicht äquivalenter Systeme erhalten werden; die Anzahl dieser verschiedenen Systeme mit einem und demselben Multiplum kann ein gewisses Maximum nicht überschreiten, welches genau gleich σ ist[137]).

Für die allgemeine Fläche der Ordnung n ohne Singularitäten ist die Basiszahl $\varrho = 1$ und $\sigma = 1$, indem alle Kurven auf der Fläche vollständige Schnitte und folglich alle Kurvensysteme Multipla des Systems der ebenen Schnitte sind.[138])

Die Betrachtung der Basis gestattet die Anzahl der Schnittpunkte von zwei Kurven auf f mit Hilfe der Anzahlen der Schnittpunkte der Basiskurven untereinander und der Gradzahlen dieser Kurven linear auszudrücken; man hat auf diese Weise eine *Ausdehnung des Theorems von Bezout.*[139])

Wir schließen diese Nummer, indem wir auf das Problem hinweisen, die Basiszahl ϱ zu bestimmen, welche einer algebraischen Fläche angehört, ein schwieriges Problem, welches nur in speziellen Fällen gelöst ist.[140])

137) In betreff der Eigenschaften der Division siehe auch *F. Severi,* „Complementi alle teoria della base ...", Rendic. Circ. Mat. Palermo 30 (1910), p. 265. In dieser Abhandlung findet man auch, daß die Bestimmung der Kurven vom positiven Grad, welche f angehören, sich auf die Lösung in ganzen Zahlen *einer fundamentalen quadratischen Form* in ϱ Variablen zurückführen läßt, welche mit f verknüpft ist, wobei die Lösungen außerdem zwei Ungleichungen genügen müssen.

138) *M. Noether,* „Zur Grundlegung der Theorie der algebraischen Raumkurven", § 11. Abhandlungen der Akademie zu Berlin 1882.

139) *F. Severi,* „Sulla totalità ..." a. a. O.

140) Vgl. *Picard-Simart* 2, Kap. 9. *F. Severi* (1903) für die Flächen, welche die Paare von Punkten einer oder zweier algebraischer Kurven darstellen (s. die in Nr. **18**, 75) zitierte Abhandlung). (Vgl. *L. Remy,* Paris C. R. 147, 2. Sem. (1908), p. 783, 961, 1270, Annales de l'École Norm. (3) 26 (1909), p. 259; *M. de Franchis,* Rendic. Circ. Mat. Palermo 28 (1909), p. 152. Für die Flächen von der vierten Ordnung: *A. Maroni,* Rendic. Ist. Lombardo (2) 38 p. 193; *F. Severi,* „La base minima ...", „Complementi ..." a. a. O.

Für die Basis der Kummerschen Flächen siehe die unter Nr. **40,** 185) genannte Abhandlung von *G. Humbert.* Für die Basis der hyperelliptischen Flächen (Nr. **40**) siehe *Bagnera* und *de Franchis*[187]) (III), Rendic. Circ. Mat. Palermo 30 (1910), p. 185. Für die Flächen vom Geschlecht 1 hat *Severi* allgemein bewiesen, daß die Basisanzahl $\varrho = 1$ (in Nr. **42,** 212) genannte Abhandlung). Für die Basis der Flächen vom Geschlecht 0 und vom Doppelgeschlecht 1 siehe *G. Fano* (s. die Nr. **41,** 204) genannte Abhandlung). Die Basiszahl der Flächen vom linearen Geschlecht $p^{(1)} = 1$, $P_{12} > 1$ ist im allgemeinen nach *Enriques* $\varrho = 2$ (vgl. Nr. **45**).

33. Doppelintegrale zweiter Gattung. Wir kehren jetzt zu den Doppelintegralen

$$U = \iint R(x, y, z)\, dx\, dy$$

zurück, wo R eine rationale Funktion von x, y, z ist, welche durch die Relation $f(x, y, z) = 0$ verbunden sind.

In dem Kontinuum von *Riemann* von vier Dimensionen fixieren wir einen beliebigen Punkt A und ein genügend kleines Kontinuum σ von zwei Dimensionen, welches den Punkt A enthält. Wenn der Wert von U, über σ erstreckt, endlich ist, oder auch, wenn man zwei rationale Funktionen (abhängig von A) M, N derart finden kann, daß die Differenz

$$U - \iint \left(\frac{\partial M}{\partial x} + \frac{\partial N}{\partial y}\right) dx\, dy,$$

über σ erstreckt, bei jeder Wahl von σ und für jeden Punkt A endlich ist, so sagt man, daß U ein *Doppelintegral zweiter Gattung* ist.[141])

Man kann die Definition auch in der folgenden Form geben: *Ein Doppelintegral ist von der zweiten Gattung, wenn alle seine Residuen* 0 *sind*, d. h. wenn der Wert des Integrals, erstreckt über jeden Zykel von 2 Dimensionen, der auf einen Punkt reduziert werden kann, Null ist.

Unter den Doppelintegralen zweiter Gattung sind die Integrale erster Gattung einbegriffen.

Picard[142]) beweist, daß jedes Integral zweiter Gattung durch Subtraktion eines passend gewählten Integrals von der Form

$$\iint \left(\frac{\partial M}{\partial x} + \frac{\partial N}{\partial y}\right) dx\, dy$$

---

141) *E. Picard*, Paris C. R. 125, 126, 127, 128, 129, 134.

„Sur les intégrales doubles de seconde espèce dans la théorie des surfaces algébriques", Journ. de Math. (5), 5 (1899), p. 5.

„Sur les périodes des intégrales doubles . . .", Annales de l'École Normale Sup. (3), 19 (1902), p. 65.

„Sur quelques points fondamentaux dans la théorie des fonctions algébriques de deux variables", Acta Math. 26 (1902), p. 273.

„Sur les relations entre la théorie des intégrales doubles de seconde espèce et celle des intégrales de différentielle totale", Annales de l'École Norm. Sup. (3) 20 (1903), p. 519.

„Sur la formule générale donnant le nombre des intégrales doubles distinctes de seconde espèce . . .", Annales de l'École Normale Sup. (3) 22 (1905), p. 69. *Picard-Simart* 2, Kap. VII, VIII, X, XI, XII.

142) *Picard-Simart* 2, Kap. VII.

(wo M und N rationale Funktionen von x, y, z sind) auf den Typus

$$\iint \frac{P(x, y, z)}{f_z'} dx\,dy$$

zurückgeführt werden kann, wo P ein zu f adjungiertes Polynom von begrenztem Grad ist.

Er schließt hieraus, daß *die Fläche eine endliche Anzahl* ϱ_0 *von verschiedenen Doppelintegralen zweiter Gattung besitzt,* wenn man mehrere Integrale verschieden nennt, für welche sich keine lineare Kombination auf die Form $\iint \left(\frac{\partial M}{\partial x} + \frac{\partial N}{\partial y}\right) dx\,dy$ reduziert; *die Anzahl* ϱ_0 *ist eine absolute Invariante der Fläche.*[143]) Um ϱ_0 zu bestimmen, ist es wesentlich die Bedingungen aufzustellen, welche erfüllt sein müssen, damit ein Doppelintegral sich in der speziellen oben erwähnten Form schreiben läßt, d. h. die Bedingungen dafür, daß eine Identität existiert von der Form

$$\frac{P(x, y, z)}{f_z'} = \frac{\partial M(x, y, z)}{\partial x} + \frac{\partial N(x, y, z)}{\partial y}.$$

Es handelt sich da um ein Problem, bei dem die Betrachtung von ϱ algebraischen Kurven der Fläche ins Mittel tritt, welche eine Basis bilden.[144])

Auf diese Weise gelangt *Picard* in den oben erwähnten Abhandlungen von 1903 und 1905 zu der fundamentalen Relation zwischen den beiden Invarianten ϱ und ϱ_0:

$$\varrho_0 = \mu - m - 4\pi + 2p_1 - \varrho,$$

wo m die Ordnung, μ die Klasse der Fläche, π das Geschlecht eines ebenen Schnittes allgemeiner Lage und $p_1 - 1$ die Anzahl der verschiedenen einfachen Integrale zweiter Gattung ist. Führt man die Invariante I von *Zeuthen-Segre* (Nr. **14**) und die Irregularität $p_g - p_a$ ein, so kann die absolute Invariante ϱ_0 durch die Formel ausgedrückt werden:

$$\varrho_0 = I + 4(p_g - p_a) - \varrho + 2.$$

In dem Beweise dieser Formel figuriert auch die Anzahl der unabhängigen Zykel von zwei Dimensionen, welche zu den Perioden der Doppelintegrale Veranlassung geben. Um einen Zykel zu konstruieren, welcher im Endlichen gelegen ist, genügt es, von einem linearen Zykel der *Riemann*schen Fläche $f(x, y, z) = 0$, $y = \bar{y}$ (konst.) auszugehen und y entlang einem geschlossenen Weg derart variieren

143) a. a. O.

144) Vgl. Nr. 31.

zu lassen, daß der lineare Zykel die Anfangslage wieder einnimmt. Wenn $\omega(y)$ die Periode des *Abel*schen Integrals $\int R(x, y, z)\,dx$ entlang dem linearen Zykel auf der genannten *Riemann*schen Fläche und C der durch y beschriebene Weg ist, so wird eine Periode des Doppelintegrals $\iint R(x, y, z)\,dx\,dy$ durch $\int_C \omega(y)\,dy$ gegeben sein.

Picard[144a]) beweist, daß *die Anzahl der verschiedenen* (zu im Endlichen gelegenen Zykeln gehörigen) *Perioden eines Doppelintegrals zweiter Gattung* $\varrho_0 + \varrho - 1$ ist. Wenn man diese Perioden willkürlich festlegt, so wird ein Doppelintegral zweiter Gattung bestimmt. Aber unter den auf diese Weise gewonnenen Integralen sind die Integrale vom Typus

$$\iint \left(\frac{\partial M}{\partial x} + \frac{\partial N}{\partial y}\right) dx\,dy$$

inbegriffen. Will man von diesen abstrahieren, so muß man von der Zahl der Perioden $\varrho - 1$ abtrennen.

Die Anzahl der Zykel von zwei Dimensionen, d. h. der *bidimensionale Zusammenhang* p_2, ist auch durch *H. Poincaré* gegeben worden.[145])

V. Über gewisse Familien bemerkenswerter Flächen und über die Klassifikation der algebraischen Flächen.

Die allgemeine Theorie der Invarianten einer algebraischen Fläche zeigt, sowohl vom algebraischen als auch vom transzendenten Gesichtspunkt aus ihre Fruchtbarkeit durch ihre konkreten Anwendungen auf die Klassifikation der Flächen, wobei sich vor allem gewisse Familien bemerkenswerter Flächen darbieten. Das Studium dieser Familien bildet mehr als ein besonderes Kapitel der Theorie; es hat ein allgemeines Interesse vom Gesichtspunkt der Entwickelung der Methoden und der Probleme, auf welche es geführt hat; aber besonders gibt es uns Auskunft über die tiefe Bedeutung gewisser Umstände, wie das Nullwerden der Geschlechter einer Fläche, die Unmöglichkeit, die ausgezeichneten Kurven zum Verschwinden zu bringen, die Existenz von Transformationsgruppen usw. Endlich zeigt das allgemeine Theorem über die Klassifikation der algebraischen Flächen, mit dem dieses Kapitel und zugleich dieser Artikel schließt, die besondere Stellung, welche den Flächen vom linearen Geschlecht $p^{(1)} = 1$ gegenüber den Flächenfamilien mit $p^{(1)} > 1$ zukommt.

144a) *Picard-Simart* 2, p. 406; vgl. *Severi*, Rezension über *Picard-Simart*, Bolletino di Bibliografia e Storia delle Mat. 1907.

145) „Sur les périodes des intégrales doubles“, Journ. de Math. (6) 2 (1906), p. 177; *J. W. Alexander*, Rend. Acc. Lincei 23, 2. Sem. 1914 (s. 5), p. 55.

34. Flächen, welche ein Büschel von rationalen Kurven enthalten. Man sagt, daß eine Fläche $f(x, y, z) = 0$ *rational* ist, wenn man eine birationale Korrespondenz zwischen der Fläche und einer Ebene (u, v) aufstellen kann, d. h. wenn man zwei Parameter u, v, welche rationale Funktionen von x, y, z sind, derart einführen kann, daß die Gleichung $f = 0$ gelöst wird durch rationale Funktionen

$$(1) \qquad \begin{cases} x = \varphi_1(u, v) \\ y = \varphi_2(u, v) \\ z = \varphi_3(u, v) \end{cases}$$ [146]).

Die Formeln (1) geben alsdann eine Abbildung der Fläche auf die Ebene, welche alle Kurvensysteme auf der Fläche leicht zu bestimmen gestattet.

Die ersten Untersuchungen, welche die rationalen Flächen betreffen, beziehen sich auf spezielle Flächen, von denen man die Abbildung auf eine Ebene aufgestellt und studiert hat, wie die allgemeinen Flächen zweiter und dritter Ordnung, die Flächen vierter Ordnung mit einer Doppelkurve usw. (siehe III C 2 (*Staude*) und III C 8 (*W. Fr. Meyer*)).

Diese Resultate gehören der projektiven Geometrie an, aber sie eröffnen den Weg zu höheren Untersuchungen vom algebraischen Gesichtspunkte aus.

In erster Linie ist zunächst eines allgemeinen Theorems von *M. Noether* zu gedenken.

Sei eine Fläche $f(x, y, z) = 0$ gegeben, welche ein lineares Büschel rationaler Kurven $u(x, y, z) =$ konst. enthält. Nach Annahme kann das System der Gleichungen $f = 0$, $u =$ konst. gelöst werden, indem man x, y, z gleich rationalen Funktionen eines Parameters v setzt:

$$x = \varphi_1(v), \quad y = \varphi_2(v), \quad z = \varphi_3(v).$$

Es kann zunächst scheinen, daß, wenn man u variieren läßt, die obigen Formeln eine eindeutig umkehrbare und folglich birationale Abbildung der Fläche f auf die Ebene (u, v) geben. Dem ist jedoch nicht so. In der Tat hängen $\varphi_1, \varphi_2, \varphi_3$ im allgemeinen von *irrationalen* Operationen ab, welche auf u (ebenso wie auf die Koeffizienten von f) ausgeübt sind. Durch eine eingehende Untersuchung dieser Irrationalitäten hat *M. Noether*[147]) bewiesen:

146) In betreff einiger allgemeiner Bemerkungen, welche die Lösung der Gleichung $f(x_1, x_2, \ldots, x_n) = 0$ betreffen, vgl. *F. Enriques*, „Sur les problèmes, qui se rapportent à la résolution des équations algébriques renfermant plusieurs inconnues", Math. Ann. 51 (1897), p. 134.

147) *M. Noether*, „Über Flächen, welche Scharen rationaler Kurven besitzen", Math. Annalen 3 (1870), p. 161.

1. daß die obengenannte Irrationalität sich auf eine Quadratwurzel über eine rationale Funktion von u zurückführen läßt, oder — in geometrischer Form — daß die Fläche f derart transformiert werden kann, daß die rationalen Kurven $u =$ konst. Kegelschnitte $y' =$ konst. werden;

2. daß man immer die algebraische von u abhängige Irrationalität durch eine arithmetische Irrationalität ersetzen kann, welche lediglich von den Koeffizienten von f abhängt. Dieses letztere Resultat ergibt sich vom geometrischen Gesichtspunkt klar auf die folgende Art: Ist eine Fläche f gegeben, welche ein lineares Büschel von Kegelschnitten $y' =$ konst. enthält, so hat *Noether* auf f eine *einmal schneidende* Kurve C konstruiert, welche nämlich die Kegelschnitte in je einem Punkte schneidet. Es genügt alsdann, jeden Kegelschnitt vom Schnittpunkt mit C aus zu projizieren, und man erhält auf diese Weise eine Abbildung von f, z. B. auf die Ebene $z = 0$.

Hieraus ergibt sich das Theorem[147]):

Jede algebraische Fläche f, welche ein lineares Büschel von rationalen Kurven enthält, ist rational und kann derart auf eine Ebene abgebildet werden, daß den genannten Kurven die Geraden durch einen Punkt entsprechen.

Die Untersuchung von *Noether* kann, soweit sie den ersten Schritt der Transformation betrifft, auch auf Flächen f angewandt werden, welche ein *irrationales Büschel* von rationalen Kurven enthalten; man wird dazu geführt, diese Kurven in Kegelschnitte zu transformieren. Wird es möglich sein, weiter zu gehen und die Kegelschnitte in Gerade überzuführen?

Diese Transformation hängt von der Konstruktion einer die Kegelschnitte des Büschels einmal schneidenden Kurve ab. Nun gestattet eine eingehende Untersuchung, auf die Existenz einer solchen einmal schneidenden Kurve selbst dann zu schließen, wenn das Geschlecht des Kegelschnittbüschels > 0 ist.

Man hat so das folgende allgemeine Theorem[148]):

Jede Fläche, welche ein Büschel (vom Geschlecht $\pi \geqq 0$) von rationalen Kurven enthält, kann in eine Linienfläche transformiert werden oder, wenn man lieber will, in einen Zylinder vom Geschlecht π:

$$f(x, y) = 0.$$

---

148) *F. Enriques*, „Sopra le superficie algebriche che contengens un fascio di curve razionali", Rendic. Acad. Lincei (5) 7 (1898), 2. Sem., p. 281, 344; Math. Ann. 52 (1899), p. 449.

35. Doppelebenen von Clebsch-Noether. Wie wir bemerkt haben, wird die Transformation, welcher *Noether* die Fläche mit einem linearen Büschel rationaler Kurven unterwirft, in zwei Schritten ausgeführt; nach dem ersten Schritt hat man eine Fläche, welche ein Büschel von Kegelschnitten enthält, und die man daher durch eine Gleichung von der Form

$$z^2 = f(x, y)$$

darstellen kann, wo f ein Polynom der Ordnung 2 hinsichtlich x ist.

Betrachten wir nun allgemeiner eine Fläche

$$z^2 = f(x, y),$$

wo f ein beliebiges Polynom ist. Die Frage, zu erkennen, ob diese Fläche rational ist, führt uns dazu, die Abbildung derselben Fläche auf die Doppelebene

$$\{x, y, \sqrt{f(x, y)}\}$$

zu betrachten.

Nach *A. Clebsch*[149]) sagt man, daß eine Fläche auf eine Doppelebene abgebildet ist, wenn jedem Punkte der Fläche *ein* Punkt der Ebene derart entspricht, daß jedem Punkte der Ebene *zwei* (im allgemeinen verschiedene) Punkte der Fläche entsprechen. Der Ort der Punkte der Ebene, welchen zwei zusammenfallende Punkte entsprechen, bildet eine Kurve gerader Ordnung, welche die Übergangskurve der Doppelebene heißt (Nr. **15**). Die Rolle dieser Kurve ist festgelegt durch die Bemerkung, daß zwei Flächen, welche auf eine Doppelebene mit derselben Übergangskurve abgebildet sind, birational identisch sind.

Gibt man nun eine ebene Kurve gerader Ordnung $f(x, y) = 0$ (oder eine Kurve ungerader Ordnung, zu welcher man die unendlich ferne Gerade hinzufügt), so definiert man die Doppelebene

$$\{x, y, \sqrt{f(x, y)}\}$$

mit dieser Kurve als Übergangskurve und gleichzeitig die Klasse der Flächen, welche ihr entspricht: der Typus dieser Klasse ist die Fläche $z^2 = f(x, y)$.

Es ist hierbei hinzuzufügen, daß:

1. wenn man die Kurve f einer birationalen Transformation der Ebene x, y unterwirft, die Klasse der durch die Doppelebene dargestellten Flächen sich nicht ändert;

2. daß ebenso vom Gesichtspunkte der birationalen Transformationen aus die Doppelebene $\{x, y, \sqrt{f(x, y)}\}$ sich nicht ändert, wenn man zu

149) „Über den Zusammenhang einer Klasse von Flächenabbildungen mit der Zweiteilung der Abelschen Funktionen", Math. Ann. 3 (1870), p. 45.

der Kurve $f = 0$ Kurven hinzufügt, welche zweimal gezählt sind, d. h. wenn man f durch $\varphi^2 f$ ersetzt. Umgekehrt kann man, wenn f quadratische Faktoren enthält, sie unterdrücken.

Es handelt sich jetzt darum, die Bedingungen dafür zu bestimmen, daß eine Doppelebene $\{x, y, \sqrt{f(x, y)}\}$ rational ist. Man wird diejenigen Typen von, hinsichtlich der birationalen Transformationen der Ebene irreduziblen Übergangskurven f zu bestimmen haben, welche rationalen Doppelebenen entsprechen.

Betrachten wir zunächst mit *Clebsch* die ersten Fälle, welche sich für die Übergangskurve f darbieten, je nachdem ihre Ordnung

$$2n = 2, 4$$

ist. In dem ersten Falle erhält man die Doppelebene durch Projektion einer Fläche zweiten Grades auf die Ebene. Der Fall der allgemeinen Kurve f_4 von der Ordnung 4 bietet mehr Interesse. *Clebsch* beginnt dessen Untersuchung, indem er ein Theorem von *Hesse*[150]) in Erinnerung bringt, nach welchem man ein Polynom f_4 in der Form einer Determinante vierter Ordnung, und zwar auf 36 verschiedene Arten schreiben kann. Nach *Hesse* (a. a. O. § 8) entspricht jeder dieser Arten ein ∞^3-System von kubischen Kurven, welche f_4 in sechs Punkten berühren. Die Bestimmung dieser Systeme hängt, nach *Clebsch* (Crelles Journal 63, p. 211) von der Zweiteilung der *Abel*schen Funktionen vom Geschlechte drei ab, welche mit f_4 verknüpft sind. In jedem der Systeme von kubischen Kurven gibt es nun acht ∞^2-Scharen von kubischen Kurven mit Doppelpunkt: Mittels Zuordnung irgend einer dieser Scharen zu den Geraden der Ebene (X, Y) werden die Geraden der Doppelebene (x, y) durch eine rationale Transformation

$$x = \psi_1(X, Y), \qquad y = \psi_2(X, Y),$$

welche jedem Punkte (x, y) *zwei* Punkte der einfachen Ebene (X, Y) entsprechen läßt, in ein lineares Netz von kubischen Kurven mit sieben Basispunkten dieser Ebene übergeführt.

Durch diese Transformation [1, 2] wird f_4 in ein Quadrat $\bar{f}^2$ übergeführt, und folglich erscheint die Doppelebene $\{x, y, \sqrt{f_4(x, y)}\}$ (d. h. die Fläche $z^2 = f_4(x, y)$) auf die einfache Ebene (X, Y) abgebildet. Die *Doppelebene* $\{x, y, \sqrt{f_4}\}$, *welcher einer allgemeinen Übergangskurve vierter Ordnung entspricht, ist also rational.*

Dies ist das Theorem von *Clebsch*, zu welchem man einfacher von der Seite der Geometrie aus gelangt, indem man die Doppelebene

150) „Über Determinanten und ihre Anwendung . . .“, Crelle 49 (1855), p. 243.

als Projektion einer kubischen Fläche von einem ihrer Punkte aus betrachtet.[151])

Außer der Doppelebene, deren Übergangskurve von der vierten Ordnung in den x, y ist, und außer dem Typus, welcher der Schar der Doppelebenen $\{x, y, \sqrt{f(x, y)}\}$ entspricht, wo f von der Ordnung 2 in bezug auf x ist, gibt es eine andere rationale Doppelebene, welche *M. Noether*[152]) entdeckt hat. Man kann sie vom geometrischen Gesichtspunkte aus einfach charakterisieren, indem man sagt, daß *ihre Übergangskurve f von der Ordnung 6 ist und zwei unendlich-benachbarte dreifache Punkte besitzt. Diese Doppelebene ist im allgemeinen rational* und kann sich durch Spezialisierung von f auf die Abbildung einer Regelfläche vom Geschlecht 1 oder 2 reduzieren.

Gibt es andere rationale Doppelebenen außer den eben bestimmten drei Typen? Gewisse feinere Überlegungen haben *Noether* (a. a. O.) dazu geführt, es als höchstwahrscheinlich zu bezeichnen, daß keine existieren. In der Tat kann dieser Schluß in sehr einfacher und strenger Weise begründet werden, indem man jedoch einen anderen Weg einschlägt.[153])

Dabei schließt man: *die Bedingung dafür, daß eine Doppelebene rational ist, besteht darin, daß ihre Übergangskurve durch eine birationale Transformation der Ebene in einen der folgenden Typen übergeführt werden kann:*

1. *Kurve von der Ordnung $2n \geqq 2$ mit einem $(2n - 2)$-fachen Punkte;*

2. *Kurve von der vierten Ordnung;*

---

151) Vgl. *Geiser*, „Über die Doppeltangenten einer ebenen Curve vierten Grades“, Math. Ann. 1 (1868), p. 129. Die Doppelebene bleibt rational, wenn die Kurve f_4 doppelte oder mehrfache Punkte erhält, außer in dem Fall, in welchem sie sich auf eine Gruppe von 4 Geraden durch einen Punkt reduziert (Doppelebene, welche einem Kegel von Geschlecht 1 entspricht). Der Fall, in welchem f_4 einen Doppelpunkt besitzt, ist insbesondere von *Clebsch* betrachtet worden a. a. O., welcher davon auf die Fläche vierter Ordnung mit einer Doppelgeraden Anwendung macht. Es ist dies der erste Fall der Familie, welche von *Noether* betrachtet worden ist (s. Nr. **34**).

152) „Ueber die ein-zweideutigen Ebenentransformationen“, Sitzungsber. d. phys.-med. Societät zu Erlangen 10 (1878).

153) *G. Castelnuovo* und *F. Enriques*, „Sulle condizioni di razionalità dei piani doppi“, Rendic. Circ. Mat. Palermo 14 (1900), p. 290.

Den drei Typen von rationalen Doppelebenen entsprechen die drei Typen von ebenen Involutionen, welche von *E. Bertini* gefunden worden sind, „Deduzione delle trasformazioni piane doppie dai tipi fondamentali delle involutorie“, Rendic. Istituto lombardo (2), 22 (1889), p. 771.

3. *Kurve von der sechsten Ordnung mit zwei unendlich-benachbarten dreifachen Punkten.*[154])

Das Verfahren von *Castelnuovo* und *Enriques*, welches den einfachsten Beweis des Theorems gibt, gestattet hinzuzufügen[155]): *die Bedingungen dafür, daß eine ebene Kurve f von der Ordnung* $2n$ *mit gewöhnlichen mehrfachen Punkten auf einen der Typen* 1., 2., 3. *gebracht werden kann, besteht darin, daß keine Kurven von der Ordnung* $2n-3r$, $r>1$ *vorhanden sind, welche* $2i-r$ *mal durch jeden* $2i$*-fachen oder* $(2i+1)$*-fachen Punkt von f hindurchgehen.*

Dieselben Bedingungen lassen sich hinsichtlich der Fläche

$$z^2 = f(x, y)$$

dahin aussprechen, daß ihre Geschlechter p_g, P_2, P_3 ... verschwinden.

36. Die Rationalität einer Fläche als Folge der Existenz eines gewissen Kurvensystems auf derselben. Die vorstehenden Resultate zeigen, daß die Rationalität einer Fläche im allgemeinen daraus gefolgert werden kann, daß die Fläche ein lineares Büschel von rationalen Kurven (Nr. 34) oder auch ein Netz vom Grade 2 von elliptischen Kurven (Doppelebene von *Clebsch*) enthält usw.

Man kann allgemeinere Theoreme aufstellen, in welchen die Rationalität einer Fläche daraus geschlossen wird, daß die Fläche ein lineares Kurvensystem von gegebenen Charakteren enthält, welche gewissen Ungleichungen genügen. Speziell werden diese Theoreme sich auf Flächen beziehen, welche im Raum (oder in einem Hyperraum) projektiv definiert sind und deren *ebene Schnitte* (oder deren hyperebene Schnitte) das Geschlecht 1, 2, 3 haben oder hyperelliptisch sind.[156])

---

154) Auf den dritten Typus führt auch die Untersuchung der rationalen Flächen vierter Ordnung mit einem Doppelpunkt. Siehe *M. Noether*, „Über eine Klasse von auf die einfache Ebene abbildbaren Doppelebenen", Math. Ann. 33 (1889), p. 525. „Über die rationalen Flächen vierter Ordnung", ibid., p. 546.

155) *Castelnuovo-Enriques* a. a. O.

156) Die Untersuchung der Flächen mit ebenen Schnitten von gegebenem Geschlecht π ist im Jahre 1878 durch ein Theorem von *E. Picard* begonnen worden, „Sur les surfaces algébriques dont toutes les sections planes sont unicursales"; vgl. III C 6a (*Castelnuovo-Enriques*) Nr. 22.

Im Jahre 1893 hat *F. Enriques* (indem er sich auf die Rationalität der ebenen Involutionen stützte, welche von *G. Castelnuovo* aufgedeckt ist — siehe Nr. 37 —) bewiesen, daß eine Fläche mit hyperelliptischen Schnitten vom Geschlecht $\pi>1$ eine Regelfläche ist oder aber ein lineares Büschel von Kegelschnitten enthält und rational ist; vgl. III C 6a (*Castelnuovo-Enriques*) Nr. 22; (Rendic. Accad. Lincei (5) 2 (1893), 2. Sem., p. 281; Math. Ann. 46, p. 179).

Alle auf diese Art von Fragen bezüglichen Resultate sind in dem folgenden allgemeinen Theorem enthalten:

Ist auf einer Fläche ein lineares Kurvensystem $|C|$ *vom Geschlecht* π, *vom Grad* n *und von der Dimension* r *gegeben, so ist die Fläche rational oder kann in eine Regelfläche transformiert werden, wenn man hat*

$$n > 2\pi - 2$$

oder

$$r > \pi.$$[157])

37. Rationalität der ebenen Involutionen. Das letztgenannte Theorem enthält insbesondere die Antwort auf eine allgemeine Frage, welche die Definition der rationalen Flächen selbst betrifft, und welche von *G. Castelnuovo* im Oktober 1893 gestellt worden war.[158])

Seien φ_1, φ_2, φ_3 drei rationale Funktionen von zwei Parametern u, v und setzen wir

$$(1) \qquad x = \varphi_1(u, v), \quad y = \varphi_2(u, v), \quad z = \varphi_3(u, v),$$

so wird man durch Elimination von u und v aus diesen Gleichungen eine Gleichung $f(x, y, z) = 0$ erhalten. Die auf diese Weise bestimmte Fläche f wird nach der Definition von Nr. **34** rational sein, wenn die Gleichungen (1) mittels der zu befriedigenden Bedingung $f(x, y, z) = 0$ rational in bezug auf u und v gelöst werden können, (was im all-

---

Dann hat *G. Castelnuovo* (Rendic. Lincei (5) 3 (1894), 1. Sem., p. 59) dieses Theorem auf den Fall $\pi = 1$ ausgedehnt, indem er bewies, daß eine Fläche mit elliptischen Schnitten die Projektion einer Fläche der Ordnung n von S_n ist (vgl. III C 6 a (*Castelnuovo-Enriques*) Nr. **22**).

Der Fall, in welchem man auf einer Fläche ein Netz von elliptischen oder hyperelliptischen Kurven hat, ist von *G. Castelnuovo* studiert worden (Rendic. Lincei (5) 3 (1894), 1. Sem., p. 473). Endlich haben *Castelnuovo-Enriques* in der in Nr. **35** genannten Abhandlung des Circolo di Palermo das weitergehende Theorem gegeben, das die Flächen betrifft, welche ein Büschel von elliptischen oder hyperelliptischen Kurven mit Basispunkten enthalten. Für einige Verallgemeinerungen siehe *L. Godeaux,* Ann. Acad. do Porto 7 (1912).

157) *Castelnuovo-Enriques* Q (Nr. 17) sind durch Betrachtung der sukzessiven adjungierten Systeme $|C'|$, $|C''|$ . . . zu diesem Theorem gelangt. Die Reihe schließt bei einem System vom Geschlecht 0, 1, 2 oder bei einem System vom Geschlecht π und einer Dimension $r \geqq 3\pi + 5$, ein Fall, in welchem man das Verfahren anwenden kann, welches zur Bestimmung der Maximalschar der Dimension hinsichtlich des Geschlechtes dient (siehe die Anmerkung 9) in Nr. 6). *G. Scorza,* „Le superficie a curve sezioni di genere tre", Annali di Mat. (3) 16 (1909—10), p. 255; 17, p. 281 hat aus dem im Text genannten Theorem die Untersuchung der Flächen mit ebenen Schnitten vom Geschlecht 3 hergeleitet.

158) „Sulla razionalità delle involuzioni piane", Rendic. Lincei (5) 2 (1893), 2. Sem., p. 205; Math. Ann. 44, p. 125.

gemeinen eintritt, wenn die Funktionen $\varphi_1, \varphi_2, \varphi_3$ ohne besondere Abhängigkeit angenommen sind).

Wenn dem nicht so ist, so wird die Fläche f auf die Ebene (u, v) derart abgebildet, daß jedem Punkte der Ebene *ein* Punkt von f, aber jedem Punkt von f eine Gruppe von $n > 1$ Punkten der Ebene entspricht; diese Gruppe gehört einer Schar ∞^2 an, welche man eine *Involution* I_n nennt (siehe Nr. **15**) und welche die folgende Eigenschaft hat: jeder Punkt der Ebene gehört *einer* Gruppe der Involution an.

Es ist leicht, ebene Involutionen zu konstruieren; es genügt dazu eine rationale Substitution in bezug auf U und V auszuüben

$$U = \psi_1(u, v), \quad V = \psi_2(u, v),$$

welche im allgemeinen zu einer Transformation $[1, n]$, wo $n > 1$ ist, Veranlassung gibt; die Gruppen von n Punkten $(u_1, v_1) \ldots (u_n, v_n)$ entsprechen einem und demselben Punkte (U, V) und definieren eine Involution I_n.

Eine auf diese Weise bestimmte Involution ist nun *rational*, denn eine Fläche $f(x, y, z) = 0$, deren Punkte umkehrbar eindeutig den Gruppen dieser Involution entsprechen, ist Punkt für Punkt eindeutig auf die Ebene mit den Parametern U, V abgebildet; die Formeln (1), welche in bezug auf u und v nicht rational gelöst werden können, verwandeln sich in analoge Formeln, welche in bezug auf U und V rational lösbar sind.

Es ergibt sich jetzt die Frage, ob jede ebene Involution mittels einer Transformation $[1, n]$ der Ebene konstruiert werden kann, d. h. ob sie rational ist. Man weiß, daß die entsprechende Frage in betreff der Involutionen auf der Geraden durch *Lüroth*[159]) eine bejahende Antwort gefunden hat. Ebenso hat man nach *Castelnuovo* a. a. O.:

Die ebenen Involutionen sind rational[160]), *d. h. wenn die Koordi-*

159) „Beweis eines Satzes über rationale Kurven", Math. Ann. 9 (1875), p. 163.

160) Wenn die Fläche f auf eine ebene Involution J_n abgebildet ist, so entsprechen den Geraden der Ebene auf f rationale Kurven mit einer gewissen Anzahl δ von Doppelpunkten, welche sich paarweise in mindestens 2δ Punkten schneiden; man erschließt daraus auf f ein lineares System von Kurven vom Geschlecht δ und vom Grad $> 2\delta$. Von diesem System ausgehend hat *Castelnuovo* durch das Verfahren der sukzessiven Adjungierten sein Theorem begründet.

Dieselbe Methode erstreckt sich auf den Fall der Involutionen auf einer Regelfläche; das Theorem von Nr. **36** hat zu dem folgenden Resultat geführt:

Jede Fläche, deren Koordinaten rationale Funktionen eines Parameters u sowie zweier Parameter v und w sind, welche durch eine Relation $\varphi(v, w) = 0$ verbunden sind, kann birational in eine Fläche $f(x, y, z) = 0$ transformiert werden (wo f vom Geschlecht $\geqq 0$ ist). Castelnuovo-Enriques Q (Nr. 17.)

naten des Punktes einer Fläche durch rationale Funktionen von 2 Parametern ausgedrückt werden können, so ist die Fläche rational.

Man könnte meinen, daß die Theoreme von *Lüroth* und *Castelnuovo* in einem allgemeinen Theorem enthalten sind, welches die rationale Lösung der Gleichungen $f(x_1, x_2, \ldots, x_n) = 0$ betrifft, ein Theorem, das man leicht durch algebraische Betrachtungen aufstellen könnte. Dem ist nicht so, da diese Resultate sich nicht auf den Fall $n > 3$ ausdehnen lassen: *es gibt im Raum nicht-rationale Involutionen* (vgl. Nr. 48).[161])

38. Die rationalen und die Regelflächen nach den Werten des Geschlechts und der Mehrgeschlechter charakterisiert. Die Theoreme der Nr. **34**, **35** nehmen eine höhere Bedeutung an, dank dem Reduktionsverfahren, welches man dadurch erhält, daß man, von einem gegebenen linearen System $|C|$ auf einer Fläche f ausgehend, seine sukzessiven Adjungierten konstruiert:

$$|C'|, \quad |C''| \ldots$$

Wenn die Fläche rational ist, so schließt diese Reihe, und man kommt auf ein letztes System vom Geschlecht 0, 1. Die Untersuchung dieses Systems hat bemerkenswerte Fragen der ebenen Geometrie zu lösen gestattet.[162])

Weiß man umgekehrt, daß die Reihe $|C|, |C'|, |C''|, \ldots$ abbricht und daß das letzte System passende Bedingungen befriedigt, so schließt man daraus, daß die Fläche rational ist. Auf diese Weise ist *Castelnuovo* dazu gekommen, die Rationalität der ebenen Involutionen

161) *F. Enriques,* „Sopra una involuzione non razionale dello spazio", Rendic. Accad. Lincei (5), 21, 1. Sem. (1912), p. 81.

162) Namentlich 1) die Klassifikation der zyklischen Involutionen in der Ebene. Vgl. *S. Kantor,* „Sur une théorie des courbes et des surfaces admettant des correspondances univoques", Paris C. R. Februar 1885. „Premiers fondements pour une théorie des transformations périodiques" (4. Teil), Atti Accad. Napoli (2) 4 (1891), p. 1; *G. Castelnuovo* a. a. O.;

2) Die Bestimmung der kontinuierlichen Gruppen von birationalen Transformationen in der Ebene, vgl. *F. Enriques,* „Sui gruppi continui di trasformazioni cremoniane nel piano", Rendic. Acc. Lincei (5) 2, 1. Sem. (1893), p. 468.

Dieselbe Untersuchung hat zur *Klassifikation der arithmetischen Irrationalitäten geführt, von denen die Parameterdarstellung einer rationalen Fläche abhängt.* Vgl. *Enriques,* „Sulle irrazionalità . . .", Rendic. Acc. Lincei (5) 4 (1895), Dezember, Math. Ann. 49, p. 1.

Man hat daraus auch die *Klassifikation der rationalen Flächen vom Gesichtspunkt der Realität hergeleitet,* welche in engen Analogien mit der vorhergehenden steht (s. *A. Comessatti,* „Sulle superfice razionali reali", Rendic. Lincei (5) 20, 2. Sem., p. 597; Math. Ann. 73 (1912), p. 1).

zu begründen. Bei Weiterführung seiner Untersuchungen ist *Castelnuovo* in dem Fall einer regulären Fläche vom Geschlecht $p_a = p_g = 0$ und auch vom Doppelgeschlecht $P_2 = 0$ (vgl. Nr. **13**) zu demselben Schluß gelangt.

Man hat also das Theorem[163]):

Die Bedingungen für die Rationalität einer Fläche lassen sich dahin aussprechen, daß das numerische Geschlecht und das Doppelgeschlecht Null werden: $p_a = P_2 = 0$.

Der Reduktionsprozeß der sukzessiv adjungierten Systeme kann unter allgemeineren Bedingungen angewandt werden, vorausgesetzt, daß die Reihe $|C|, |C'|, \ldots$ begrenzt ist. *Castelnuovo* und *Enriques* haben bewiesen, daß dieser Fall nur für die Flächen der Familie der Regelflächen eintritt.[164])

Für diese Flächen nun verschwinden alle geometrischen Geschlechter (d. h. das Geschlecht und die Mehrgeschlechter)

$$p_g, \quad P_2, \quad P_3, \ldots,$$

während das numerische Geschlecht $p_a \leqq 0$ ist. Werden diese Bedingungen genügen, um festzustellen, daß eine Fläche der Familie der Regelflächen angehört? Die vertieftere Untersuchung der irregulären Flächen vom Geschlecht $p_g = 0$ (siehe Nr. **39**) hat dazu geführt, diese Frage zu bejahen. Auf diese Weise erhält man das folgende Theorem[165]):

Die Bedingungen dafür, daß eine Fläche der Familie der rationalen oder der Regelflächen angehört (oder dafür, daß sie sich in einen Zylinder $f(x, y) = 0$ vom Geschlecht $\geqq 0$ transformieren läßt), *lassen sich dahin aussprechen, daß man die Geschlechter der Ordnung* 4, 6 *gleich* 0 *setzt.*

$$P_4 = 0, \quad P_6 = 0 \quad (\text{oder} \quad P_{12} = 0).$$

In dem Fall $p_a = -1$ hat man Flächen mit

$$p_g = P_2 = P_3 = P_4 = 0, \quad P_6 > 0$$

oder mit

$$p_g = P_2 = P_3 = P_6 = 0, \quad P_4 > 0,$$

welche natürlich nicht der Familie der Regelflächen angehören.

---

163) *G. Castelnuovo*, „Sulle superficie di genere zero", Mem. Soc. It. delle Scienze (dei XL) (3), 10 (1896), p. 103.

164) *Castelnuovo-Enriques* Q. Aus diesem Umstand erklären sich die Theoreme von Nr. **36**, **4** und andere Resultate, welche wir weiterhin zu erwähnen Gelegenheit haben werden.

165) *F. Enriques*, „Sulle superficie algebriche di genere geometrico zero", Rendic. Circ. Mat. Palermo 20 (1905), p. 1.

Aber für

$$p_a < -1, \quad p_g = 0$$

gibt es nur Regelflächen (Zylinder vom Geschlecht $\pi = -p_a$). *G. Castelnuovo*[166]) hat sogar die Bemerkung hinzugefügt, daß die Bedingung $p_g = 0$ aus $p_a < -1$ folgt, so daß:

jede Fläche vom numerischen Geschlecht $p_a < -1$ *in eine Regelfläche transformiert werden kann.*

39. Flächen, welche eine kontinuierliche Schar automorpher birationaler Transformationen gestatten. Die Untersuchung der Flächen, welche eine kontinuierliche Schar von automorphen birationalen Transformationen gestatten, geht von den Untersuchungen von *E. Picard* aus.[167]) Die gegebene Schar wird *algebraisch* oder in einer algebraischen Schar von Transformationen derselben Ordnung enthalten sein. Man hat den Fall zu unterscheiden, in welchem es sich um *eine endliche Gruppe* (im Sinne von *S. Lie*) handelt, d. h. eine Gruppe, welche von einer endlichen Anzahl von Parametern abhängt, und den Fall einer *Schar, welche nicht eine endliche Gruppe erzeugt. Picard* hat die Rolle der einfachen Integrale, welche mit der Fläche verknüpft sind, klar gelegt; er hat die ersten fundamentalen Eigenschaften der Flächen aufgestellt, welche eine Gruppe ∞^1 zulassen, und besonders den wichtigsten Fall der (hyperelliptischen) Flächen aufgedeckt und charakterisiert, welche eine Gruppe ∞^2 von vertauschbaren Transformationen gestatten.

Die Untersuchungen von *Picard* über diesen Gegenstand sind von *P. Painlevé*[168]), *Castelnuovo-Enriques*[169]) und *Enriques* fortgeführt worden.

Es resultiert daraus eine Theorie, welche die Flächen zu klassifizieren gestattet, die eine kontinuierliche algebraische Schar von Transformationen zulassen, und zwar auf die folgende Weise:

a. die Schar bildet eine endliche Gruppe von der Dimension $r \geq 1$:

1) $r = 1$. Die Trajektorien der Gruppe sind vom Geschlecht 0 oder 1 (*Picard* a. a. O.). In dem ersten Falle kann die Fläche in eine *Regelfläche*[170]); in dem zweiten in eine *elliptische* Fläche (vom Geschlecht $p_a = -1$, $p_g \geq 0$) übergeführt werden, deren Koordinaten durch alge-

166) „Sulle superficie aventi il genere aritmetico negativo", Rendic. Circ. Mat. Palermo 20 (1905), p. 55.

167) *Picard* A, B. *Picard-Simart* 2, Kap. 14.

168) Paris C. R. 121 (1895), p. 318.

169) Paris C. R. 121 (1895), p. 242.

170) *P. Painlevé,* „Leçons sur la théorie analytique des équations differentielles", Stockholm 1895, p. 270.

braische Funktionen eines Parameters und durch elliptische Funktionen eines anderen ausgedrückt werden.[171]) Man kann diese Parameterdarstellung genauer bestimmen und die Typen von elliptischen Flächen aufstellen; dieses Problem hängt von *Abel*schen Gleichungen für die Teilung der Perioden der elliptischen Funktionen ab; dabei tritt eine ganze Zahl n auf, welche man die *Determinante* der elliptischen Flächen nennt. Die wirkliche Konstruktion der Formeln ist im einzelnen für die (elliptischen) Flächen von den Geschlechtern $p_a = -1$, $p_g = 0$ und für die ersten Werte der Determinante n entwickelt worden.[172])

2) $r = 2$. Wenn die Gruppe ∞^2 nicht von vertauschbaren Transformationen gebildet ist, so gibt es in derselben algebraische Gruppen ∞^1, und man wird auf den Fall 1) zurückgeführt. Aber man kann genauer erkennen, daß die Fläche rational ist oder auf eine Regelfläche zurückgeführt werden kann.[173])

Wenn die Gruppe ∞^2 von vertauschbaren Transformationen gebildet ist, so gibt es zwei einfache Integrale, und durch Umkehrung dieser werden die Koordinaten der Punkte der Fläche durch *vierfachperiodische Funktionen von zwei Parametern u, v* ausgedrückt.[174]) Umgekehrt läßt jede *hyperelliptische Fläche* (vom Rang 1), deren Punkte *umkehrbar eindeutig* den Wertepaaren u, v entsprechen, welche hinsichtlich der Perioden inkongruent sind, eine Gruppe ∞^2 von vertauschbaren birationalen Transformationen zu.[175]) Nach der allgemeinen Theorie der *Abel*schen Funktionen von *Weierstraß*, *Poincaré*, *Picard* und besonders nach der Abhandlung von *P. Appell* über die Funktionen vom Geschlecht 2[176]) können die *primitiven Perioden* eines Systems von hyperelliptischen Funktionen auf eine *Normaltabelle* zurückgeführt werden:

$$\begin{matrix} 1 & 0 & g & h \\ 0 & \frac{1}{\delta} & h & g', \end{matrix}$$

wo δ eine ganze Zahl ist, welche in dem Fall allgemeiner Moduln be-

171) *Painlevé*, a. a. O., p. 282.

172) *F. Enriques*, Circolo Palermo 1905 in der in der Anm. 165) zitierten Abhandlung. Das Geschlecht p_g und die Mehrgeschlechter dieser Flächen können beliebig hohe Werte haben.

173) *Castelnuovo-Enriques*, Paris C. R. a. a. O.

174) *Picard* a. a. O.; vgl. Rendic. Circ. Palermo 9 (1895), p. 244.

175) Es ist das eine Folge aus dem *Additionstheorem* von *K. Weierstraß*; siehe *P. Painlevé*, Acta Mathematica 27 (1903), p. 1.

176) Journ. de Math. (4) 7 (1891), p. 157, vgl. *P. Painlevé*, Paris C. R. 134 (1902), p. 808.

stimmt ist und welche man den *Divisor* der hyperelliptischen Funktionen oder der durch diese dargestellten Fläche nennt.

Für $\delta = 1$ läßt sich jede hyperelliptische Fläche, deren Punkte eindeutig umkehrbar den inkongruenten Werten der Parameter u, v entsprechen, birational auf eine *Jacobi*sche Fläche zurückführen, welche die Punktepaare einer Kurve vom Geschlecht 2 darstellt; für $\delta > 1$ hat man eine rationale Transformierte einer *Jacobi*schen Fläche, d. h. eine Involution von der Ordnung δ auf derselben.[177]) Dies sind die Typen der hyperelliptischen Flächen vom *Range* 1 oder von *Picard*, welche eine Gruppe ∞^2 von vertauschbaren Transformationen gestatten[178]); und es sind weiter andere hyperelliptische Flächen (vom Range > 1) zu betrachten, von denen diese rationale Transformierte sind.

Die hyperelliptischen Flächen von *Picard* sind nun durch das folgende Theorem charakterisiert:

Jede Fläche von der Ordnung n und vom Geschlecht $p_g = 1$, welche zwei einfache Integrale besitzt und welche durch ihre Adjungierte von der Ordnung $n - 4$ nicht außerhalb ausgezeichneter oder mehrfacher Kurven geschnitten wird, ist eine hyperelliptische Fläche (vom Rang 1).[179])

3) $r = 3$. *Jede Fläche, welche eine Gruppe von birationalen Transformationen von der Dimension 3 zuläßt, ist rational oder kann auf eine Regelfläche vom Geschlecht > 0 zurückgeführt werden.*[180])

b. *Jede Fläche, welche eine kontinuierliche Schar von Transformationen gestattet, die nicht eine endliche Gruppe erzeugt, ist rational oder kann auf eine Regelfläche vom Geschlecht > 0 zurückgeführt werden.*[181])

Fassen wir zusammen, so führt die Untersuchung der Flächen, welche eine kontinuierliche Schar von automorphen Transformationen gestatten, auf *rationale oder Regelflächen* und auf *elliptische und hyperelliptische Flächen.*

Man kann diese Familien von Flächen nach den Werten der Geschlechter charakterisieren.

---

177) *F. Enriques* et *F. Severi*, „Mémoire sur les surfaces hyperelliptiques", Acta Math. 32, p. 283; 33, p. 321 (Nr. 6).

178) Die Konstruktion der projektiv-definierten Typen für $\delta = 1$ findet sich in der Abhandlung von *G. Humbert*, „Théorie générale des surfaces hyperelliptiques", Journ. de Math. (s. 4) 9 (1893), p. 29, 361, der eine eingehende Untersuchung der hyperelliptischen Flächen und der auf ihnen gezogenen algebraischen Kurven angestellt hat. Für $\delta > 1$ vgl. *Enriques-Severi* a. a. O. (Nr. **30**).

179) Vgl. *Picard* A, B. *Picard-Simart* 2, p. 453.

180) *Castelnuovo-Enriques*, Paris C. R. a. a O.

181) *Castelnuovo-Enriques*, Q (Nr. 19).

Läßt man zunächst die rationalen Flächen beiseite, so hat man $p_a < 0$. Erinnern wir uns, daß man für $p_a < -1$ auf Regelflächen vom Geschlecht $-p_a (> 1)$ geführt wird (Nr. **38**), so braucht man nur noch die Voraussetzung $p_a = -1$ zu betrachten. Eine eingehendere Untersuchung zeigt, daß diese Flächen für $p_g \neq 1$ *elliptisch* sind. Für $p_g = 1$ sind sie ebenfalls *elliptisch*, wenn eine eigentlich-kanonische Kurve (d. h. von einer Ordnung > 0) existiert. Der Fall $p_g = 1$ bei Nichtexistenz einer eigentlich-kanonischen Kurve entspricht nach dem Theorem von *Picard* den *hyperelliptischen* Flächen. Nach *Enriques* kann man hinzufügen, daß die Flächen von den Geschlechtern

$$p_a = -1, \quad p_g = 1,$$

welche nicht eine im eigentlichen Sinne kanonische Kurve enthalten, durch $P_4 = 1$ charakterisiert sind (man hat $P_4 > 1$, wenn es eine kanonische Kurve von der Ordnung > 0 gibt).[182]) Demzufolge gelangt man zu folgendem Theorem[183]):

Die nicht-rationalen Flächen, welche eine kontinuierliche Schar von automorphen birationalen Transformationen gestatten, sind durch die Ungleichung $p_a < 0$ charakterisiert.

Die bisher auseinandergesetzten Resultate und diejenigen von Nr. **38** können in der folgenden Tabelle[184]) zusammengefaßt werden.

	$p_a < -1$	$p_a = -1$	$p_a = 0$
$P_4 + P_6 = 0$ $(P_4 = P_6 = 0)$	Regelflächen vom Geschlecht $-p_a$	elliptische Regelflächen	rationale Flächen
$P_4 + P_6 > 0$ $p_g P_4 \neq 1$	der Fall ist unmöglich	elliptische Flächen, welche *eine* Gruppe ∞^1 besitzt	
$P_4 + P_6 > 0$ $p_g P_4 = 1$ $(p_g = P_4 = 1)$	der Fall ist unmöglich	hyperelliptische Flächen, welche eine Gruppe ∞^2 von vertauschbaren Transformationen gestatten	

182) Die Existenz einer vertauschbaren Gruppe ∞^2 für die Flächen mit $p_a = -1$, $p_g = P_4 = 1$, kann auch auf Grund eines geometrischen Beweises, ohne die *Picard*schen Bedingungen vorauszuschicken, festgestellt werden. Über diesen Gegenstand siehe *F. Severi*, „Sulle superficie algebriche che ammettono un gruppo continuo permutabile a due parametri ...", Atti Istituto Veneto 47, Teil 2, (1907), p. 409.

183) *F. Enriques*, „Sulle superficie algebriche che ammettono un gruppo continuo di trasformazioni birazionali in se stesse", Rendic. Palermo 20 (1905), p. 61.

184) *F. Enriques* a. a. O.

40. Hyperelliptische Flächen. Man nennt im allgemeinen jede Fläche $f(x, y, z) = 0$ hyperelliptisch, wenn sie eine Parameterstellung durch vierfach-periodische Funktionen von u, v gestattet; sei es daß einem Punkte von f *ein* Paar (u, v) modulo der primitiven Perioden entspricht, oder daß $r > 1$ inkongruente Paare (u, v) demselben Punkte von f entsprechen. In der Tat gibt es neben den hyperelliptischen Flächen vom Range 1, d. h. Flächen von *Picard*, welche eine Gruppe ∞^2 von vertauschbaren Transformationen gestatten, hyperelliptische Flächen vom Range $r > 1$. Dazu genügt es, drei *gerade* hyperelliptische Funktionen von (u, v) hinsichtlich der Perioden

$$\begin{matrix} 1 & 0 & g & h \\ 0 & 1 & h' & g' \end{matrix}$$

zu betrachten; man erhält eine hyperelliptische Fläche *vom Range* 2, welche sich auf eine Fläche der vierten Ordnung mit 16 Doppelpunkten zurückführen läßt (*Kummersche Fläche*).[185])

Das allgemeine Problem, alle hyperelliptischen Flächen vom Range $r > 1$ zu bestimmen, kann einerseits durch die Untersuchungen von *F. Enriques* und *F. Severi*[186]), andrerseits durch diejenigen von *G. Bagnera* und *M. De Franchis*[187]) als gelöst betrachtet werden.

Eine hyperelliptische Fläche vom Range $r > 1$ entspricht einer Involution I_r der Ordnung r, welche einer Fläche von *Picard* angehört. Wenn I_r eine unendliche Anzahl von Koinzidenzpunkten besitzt, so läßt sich die Fläche f auf eine rationale Fläche oder eine

185) Für die projektive Theorie dieser Flächen siehe III C 8 (*W. Fr. Meyer*). Der hyperelliptische Charakter dieser Fläche ist von *F. Klein* gezeigt worden, „Über gewisse in der Liniengeometrie auftretende Differentialgleichungen", Math. Ann. 5 (1872), p. 278. Eine eingehende Untersuchung der *Kummer*schen Fläche ist von *G. Humbert* ausgeführt worden, „Théorie générale des surfaces hyperelliptiques", Journ. de Math. (4) 9 (1893), p. 29, 361. (Vgl. *Humbert,* „Sur les surfaces de Kummer elliptiques", American Journal 16 (1894), p. 221).

186) *Enriques-Severi* (I), „Intorno alle superficie iperellittiche", Rendic. Acc. Lincei (5) 16, 1. Sem. (7. April 1907), p. 443; (II) „Mémoire sur les surfaces hyperelliptiques". Acta Math. 32, p. 283; 33, p. 321; (III) „Intorno alle superficie iperellittiche irregolari", Rendic. Acc. Lincei (5) 17, 1. Sem. (1908), p. 4.

187) *Bagnera-De Franchis* (I), „Sopra le superficie algebriche che hanno le coordinate del punto generico esprimibili con funzioni meromorfe quadruplamente periodiche . . .", Rendic. Acc. Lincei (5), 16, 1. Sem. (7. und 21. April 1907), p. 492, 596; (II) „Le superficie algebriche le quali ammettono una rappresentazione parametrica mediante funzioni iperellittiche . . .", Mem. Soc. it. delle Scienze (dei XL) (3) 15 (1908), p. 251; (III) „Le nombre ϱ de *M. Picard* pour les surfaces hyperelliptiques et pour les surfaces irrégulières de genre zéro", Rendic. Circ. Mat. Palermo 30 (1910), p. 185. (Siehe auch Atti del IV. Congresso Int. dei Matematici Roma 2 (1909), p. 249.)

elliptische Regelfläche zurückführen (*ausgearteter Fall*). Es handelt sich da um eine Folge aus dem Theorem von Nr. **36** oder aus denjenigen der Nr. **15** und **38**, zu welcher die erwähnten Autoren übereinstimmend gelangen.

Die Bestimmung der hyperelliptischen Flächen, die Fälle der Ausartung ausgeschlossen, hängt von dem folgenden fundamentalen Theorem ab, das man *Enriques-Severi* verdankt[188]):

Sei $f(x, y, z) = 0$ *eine nicht ausgeartete hyperelliptische Fläche derart, daß jedem Punkt* (x, y, z) $r > 1$ *Paare von Parametern*

$$(u_1, v_1), \quad (u_2, v_2), \ldots, (u_r, v_r)$$

entsprechen, welche modulo der Perioden inkongruent sind; in diesem Falle lassen sich u_i, v_i (für $i = 2 \ldots r$) *durch* u_1, v_1 *mittels* $r - 1$ *linearen Substitutionen ausdrücken:*

$$u_i = a_i u_1 + b_i v_1 + e_i$$
$$v_i = c_i u_1 + d_i u_1 + f_i,$$

wo die $a_i, b_i, c_i, d_i, e_i, f_i$ konstant sind.

Mit anderen Worten, eine hyperelliptische Fläche vom Range $r > 1$ (ausgeschlossen die Fälle der Ausartung) entspricht einer *Involution, welche durch eine endliche Gruppe von birationalen Transformationen auf einer Fläche von Picard erzeugt ist.*

Eine erste Folge aus diesem Theorem ist diese[189]):

Für allgemeine Moduln gibt es keine anderen hyperelliptischen Flächen von einem Range $r > 1$ *als die Flächen vom Range* 2, *welche sich auf die Kummersche Fläche* ($\delta = 1$) *und* (für $\delta > 1$) *auf verallgemeinerte Kummersche Flächen zurückführen lassen,* d. h. auf Flächen von der Ordnung 4δ mit 16 Doppelpunkten und 16 singulären Hyperebenen im Raume $S_{2\delta+1}$ (welche man übrigens auf eine geringere Ordnung, im besonderen auf die Ordnung 4 reduzieren kann).[190])

Für spezielle Werte der Moduln wird man auf die Aufgabe geführt, die endlichen Transformationsgruppen zu bestimmen, welche einer *Jacobi*schen oder *Picard*schen Fläche angehören können. Eine

188) *Enriques-Severi* (I) Nr. 3, (II) Nr. 39—44. *Bagnera* und *De Franchis* haben dasselbe Theorem unter einer Beschränkung erwiesen, die auf dem von ihnen befolgten Wege nicht leicht eliminiert werden zu können scheint.

189) *Enriques-Severi* (I) Nr. 5, (II) Nr. 45. *Bagnera-De Franchis* (II) Nr. 38.

190) Die ersten Beispiele von hyperelliptischen Flächen vom Range 2 und vom Divisor $\delta > 1$ sind von *E. Traynard* betrachtet worden, Paris C. R., 138, p. 339, 139, p. 718, 140 (1904—5), p. 218, 913. Vgl. „Sur les fonctions théta de deux variables et les surfaces hyperelliptiques", Annales de l'École Normale (3) 24 (1907), p. 77. *L. Remy*, Paris C. R. 142 (1906), p. 768.

erste Reihe von Typen bietet sich zunächst entsprechend den irreduziblen Kurven vom Geschlecht 2 dar, welche automorphe Transformationen gestatten[191]); diese Typen geben Veranlassung zu bemerkenswerten projektiven Bildern, die durch Konfigurationen von Punkten und singulären Hyperebenen charakterisiert sind, derart, wie *Enriques-Severi* sie gezeigt haben.[192])

Die allgemeine Klassifikation der endlichen Gruppen, welche einer *Picard*schen Fläche zugehören können, erfordert, wenn man Fälle in Rechnung ziehen will, welche nicht den Kurven vom Geschlechte 2 (von *Bolza*) mit automorphen birationalen Transformationen entsprechen, eine feine arithmetische Untersuchung, welche von *Bagnera-De Franchis* ausgeführt worden ist.[193])

Die regulären Flächen, auf welche man so geführt wird, sind von den Geschlechtern $p_a = p_g = P_2 = \cdots = 1$ (siehe Nr. **42**), oder von den Geschlechtern $p_a = p_g = P_3 = \cdots = 0$, $P_2 = P_4 = \cdots = 1$ (siehe Nr. **43**), wobei dieser letzte Fall sich auch entsprechend den reduziblen Kurven vom Geschlechte 2 darbietet: *jede reguläre hyperelliptische Fläche kann auf eine Doppelebene abgebildet werden*

$$\{x, y, \sqrt{f(x, y)}\}.$$[194])

191) Die Kurven sind klassifiziert worden von *O. Bolza*, „On binary sextics with linear transformations into themselves", American Journal 10 (1888), p. 47.

192) *Enriques-Severi* (I), (II). Zu bemerken ist die Fläche von der Ordnung 6 mit 9 biplanaren Doppelpunkten von S_4, welche in Beziehung zu der Konfiguration steht, der *C. Segre* und *G. Castelnuovo* beim Studium der kubischen Mannigfaltigkeiten von S_4 begegnet sind (siehe III C 9 (*Segre*)).

Das Verfahren, durch welches *Enriques-Severi* dazu gelangen, die im Text erwähnte Eigenschaft zu erkennen, kann einfach erklärt werden, indem man sich auf den Fall der *Kummer*schen Fläche $f(x_1, x_2, x_3, x_4) = 0$ bezieht. Man betrachtet ein *Rosenhain*sches *Tetraeder*, das man der Einfachheit halber durch $x_1 x_2 x_3 x_4 = 0$ dargestellt voraussetzt.

Setzt man

$$y_1 = x_1, \quad y_2 = x_2, \quad y_3 = x_3, \quad y_4 = \frac{\sqrt{x_1 x_2 x_3 x_4}}{x_1 + x_2 + x_3 + x_4},$$

so ist für die so erhaltene Fläche

$$p_a = -1, \quad p_g = 1,$$

und sie besitzt keine kanonische Kurve von der Ordnung $> 0 (P_4 = 1)$, sie ist also hyperelliptisch vom Range 1.

193) *Bagnera-De Franchis* (II).

194) *Bagnera-De Franchis* (II). Für die Flächen vom Geschlecht 0 und Doppelgeschlecht 1 siehe die Bestimmung der drei charakteristischen Formen von f in Nr. 36 der erwähnten Abhandlung. Alle regulären hyperelliptischen Flächen vom Geschlecht 1 können in Flächen der Ordnung 4 oder in Doppelebenen

$$\{x, y, \sqrt{f(x, y)}\}$$

Die Untersuchung der endlichen Gruppen, welche einer *Picard*schen Fläche angehören, führt auch auf 7 Typen von irregulären hyperelliptischen Flächen; dies sind elliptische Flächen von den Geschlechtern $p_a = -1$, $p_g = 0$, welche 2 Büschel von elliptischen Kurven enthalten.[195])

Man kann diese Flächen durch die Werte der Mehrgeschlechter definieren und gelangt zu folgendem Theorem[196]):

Die irregulären hyperelliptischen Flächen sind dadurch charakterisiert, daß ihr numerisches Geschlecht $p_a = -1$ *und ihre geometrischen Geschlechter (oder Mehrgeschlechter)* p_g $(= P_1)$, $P_2, \ldots = 0$ *oder* $= 1$ *sind:* $P_i(P_i - 1) = 0$.

Es gibt hyperelliptische Flächen vom Range 1 für $p_g = P_i = 1$ (Nr. 42) und elliptische Flächen, welche als hyperelliptische Flächen vom Range $r > 1$, für $p_g = 0$ betrachtet werden können.

Die folgende Tabelle faßt die Klassifikation der irregulären hyperelliptischen Flächen zusammen (δ bezeichnet dabei den kleinsten Divisor, welcher einem passend gewählten linearen System auf der Fläche entspricht, $n = r\delta$ die Determinante der elliptischen Fläche):

$$1)\quad r = 2 \left\{\begin{matrix} \delta = 1 & n = 2 \\ \delta = 2 & n = 4 \end{matrix}\right\} \; p_g = 0, \quad P_2 = P_4 = 1$$

$$2)\quad r = 3 \left\{\begin{matrix} \delta = 1 & n = 3 \\ \delta = 3 & n = 9 \end{matrix}\right\} \; P_8 = 0, \quad P_3 = 1$$

$$3)\quad r = 4 \left\{\begin{matrix} \delta = 1 & n = 4 \\ \delta = 2 & n = 8 \end{matrix}\right\} \; P_6 = P_{10} = 0, \quad P_4 = 1$$

$$4)\quad r = 6 \; \{\delta = 1 \quad n = 6\} \; P_2 = P_3 = P_{14} = 0, \quad P_6 = 1$$

$$5)\quad r = 1 \; \{\delta \text{ beliebig}\} \; p_g = P_4 = 1.$$[197])

Das Studium der Parameterdarstellung einer hyperelliptischen Fläche führt auch auf interessante Fragen, welche die Natur der *Abel*schen Funktionen betreffen. In dieser Untersuchung hat *G. Humbert*[198]) neben den klassischen *Thèta*-Funktionen gewisse *besondere Zwischenfunktionen* verwandt, welche durch *P. Appell* und *H. Poincaré* eingeführt sind.

übergeführt werden, wo f von der Ordnung 6 ist. Für das Studium dieser Doppelebenen siehe *Enriques-Severi* (II), *Bagnera-De Franchis* a. a. O.

195) *Bagnera-De Franchis* (I), (II), Paris C. R. 145, p. 747, siehe auch *Enriques-Severi* (II) Nr. 54—57, (III) Nr. 2.

196) *Enriques-Severi* (III).

197) *Enriques-Severi* (III) Nr. 4.

198) „Sur les fonctions abéliennes singulières", Journ. de Math. (5) 5, p. 234, 6, p. 279, 7, p. 97, 9, p. 43, 10, p. 209 (1899—1904).

Bagnera und *De Franchis*[199]) haben das für die Theorie der *Abel*schen Funktionen fundamentale Theorem bewiesen, nach welchem für eine mittels Zwischenfunktionen gegebene Parameterdarstellung eine Vertauschung der Parameter derart vorgenommen werden kann, daß man zu Thĕta-Funktionen geführt wird.[200])

41. Flächen, welche eine unendliche diskontinuierliche Schar von automorphen birationalen Transformationen gestatten. Für eine Fläche kann man im Gegensatz zu dem, was für eine Kurve gilt, eine unbegrenzte diskontinuierliche Schar von birationalen Transformationen haben, ohne daß eine kontinuierliche Schar von Transformationen existiert. Auf diese Tatsache hat zum ersten Male *G. Humbert* hingewiesen, indem er ein der Theorie der *Kummer*schen Flächen entlehntes Beispiel angegeben hat.[201]) Ein zweites Beispiel hat dann kurz nachher *P. Painlevé* gegeben[202]), und zwar die Fläche vom Geschlecht $p_a = p_g = 1$, welche durch die elliptischen Funktionen

$$x = \wp(u), \quad y = \wp(v), \quad z = \frac{\wp'(u)}{\wp'(v)}$$

dargestellt wird und für welche jeder Punkt zwei Paaren (u, v) $(-u, -v)$ entspricht.

F. Enriques hat nun das folgende allgemeine Theorem aufgestellt[203]):

Eine Fläche, welche eine diskontinuierliche unendliche Schar (und nicht eine kontinuierliche Gruppe) von birationalen Transformationen gestattet, besitzt im allgemeinen ein Büschel von elliptischen Kurven; eine Ausnahme kann nur der Fall $p_a = P_2 = 1$ *machen.*[204])

199) *Bagnera-De Franchis* (III).

200) Durch Verallgemeinerung der *Abel*schen Funktionen gelangt man zu gewissen Flächen, deren Koordinaten sich durch Funktionen von zwei Variablen ausdrücken lassen, Funktionen, welche in bezug auf eine Gruppe von linearen Substitutionen invariant sind. Siehe *E. Picard*, „Sur les fonctions hyperabéliennes", Journ. de Math. (4), 1 (1885), p. 87. „Sur les fonctions hyperfuchsiennes . . .", Annales de l'École Norm. Sup. (3) 2 (1885), p. 357. Bulletin de la Soc. Math. de France 15 (1887), p. 148. „Sur une classe de groupes discontinues de substitutions linéaires et sur les fonctions de deux variables . . .", Acta Math. 1 (1882), p. 297. *Picard-Simart* 2, Note 1, p. 465, Note 4, p. 479.

201) Paris C. R. 124 30. Januar 1897.

202) Paris C. R. 124 14. Februar 1897. Vgl. *Picard* et *Simart* 2, p. 462.

203) „Sulle superficie algebriche che ammettono una serie discontinua di trasformazioni birazionali", Rendic. R. Acc. Lincei (5), 15, 2. Sem. (1906), p. 665.

204) Die Ausnahme ist vorhanden. Das geht aus einem Beispiel hervor, welches *G. Fano* konstruiert hat, „Sopra alcune superficie del 4. ordine rappresentabili sul piano doppio", Rendic. Istituto lombardo (2) 39 (1906), p. 1071.

Umgekehrt gestattet eine Fläche, welche ein Büschel von elliptischen Kurven C besitzt, eine unendliche diskontinuierliche Schar von Transformationen, wenn zwei Kurven K_1, K_2 existieren, welche die C nach Gruppen von Punkten schneiden, deren Multipla nicht äquivalent sind. Die Existenz derartiger Kurven K_1, K_2 zieht eine gewisse Anzahl (> 0 von Bedingungen) nach sich, welchen im allgemeinen nicht genügt wird und welche man auf Grund eines von *Enriques* angegebenen Verfahrens bestimmen kann (siehe Nr. **45**).

Die Untersuchung der diskontinuierlichen unendlichen Gruppe von birationalen Transformationen, welche einer Fläche angehört, ist von *F. Severi* fortgeführt worden[205]), der bewiesen hat, daß diese Gruppe (eine reguläre Fläche vorausgesetzt) isomorph ist mit einer Gruppe von Modulsubstitutionen der fundamentalen quadratischen Form, welche der Fläche in der Theorie der Basis (Nr. **32**) entspricht; die Beschränkung, daß die Fläche regulär sein soll, kann unterdrückt werden.[206])

Endlich hat *L. Godeaux*[207]) bewiesen, daß, *wenn eine Fläche* (die nicht der Familie der Regelflächen angehört), *eine unendliche Schar von automorphen birationalen Transformationen gestattet, welche ein kontinuierliches System von Kurven invariant läßt, diese Schar in einer kontinuierlichen Gruppe enthalten ist, ausgenommen den Fall, daß das kontinuierliche System aus elliptischen Kurven eines Büschels zusammengesetzt ist.*

42. Flächen vom Geschlecht 1. Sei $f(x, y, z) = 0$ eine Fläche einer gewissen Ordnung n und vom Geschlecht $p_g = 1$, dann gibt es eine Fläche φ von der Ordnung $n - 4$, die zu f adjungiert ist, und zwar können sich zwei Fälle darbieten:

1) entweder wird f von φ nicht außer der Doppelkurve und außer den ausgezeichneten Kurven geschnitten, d. h. es gibt keine eigentlich-kanonische Kurven von der Ordnung > 0;

2) oder φ schneidet f außer der Doppelkurve und den ausge-

Vgl. *F. Severi*, „Complementi alla teoria della base", Rendic. Circ. Mat. Palermo 30 (1910), p. 265.

205) „Complementi" a. a. O.

206) Vgl. *L. Godeaux*, „Sur les transformations des surfaces algébriques laissant invariant un système continu de courbes", Rendic. Acc. Lincei (5) 21, 1. Sem. (1912), p. 398.

207) a. a. O. In betreff anderer Beispiele von Flächen mit einer unendlichen Schar von Transformationen siehe *A. Rosenblatt*, „Sur certaines classes de surfaces algébriques irrégulières et sur les transformations birationelles de ces surfaces en elles mêmes", Bulletin Acad. Sciences Cracovie, Juli 1912.

zeichneten Kurven entlang einer eigentlichen kanonischen Kurve von einer Ordnung > 0 und einem Geschlecht $p^{(1)} \geqq 1$.

Die beiden Fälle können nach den folgenden Kriterien unterschieden werden:

Eine Fläche vom Geschlecht $p_g = 1$ *besitzt keine eigentlich-kanonische Kurve, wenn* $P_4 = 1$ *ist, was zur Folge hat* $p_a = -1$ *oder* $p_a = +1$, *während alle Mehrgeschlechter* $P_i = 1$ $(i = 1, 2, \ldots)$ *werden; wenn im Gegenteil eine Fläche vom Geschlecht* $p_g = 1$ *eine eigentlich-kanonische Kurve von der Ordnung* > 0 *besitzt, so ist für sie* $P_4 > 1$.[208]) *Eine reguläre Fläche vom Geschlecht* $p_a = p_g = 1$ *besitzt keine eigentlich-kanonische Kurve, wenn* $P_2 = 1$ *ist, was zur Folge hat* $P_3 = P_4 = \cdots = 1$. *Der Fall, in welchem eine kanonische Kurve von der Ordnung* > 0 *vorhanden ist, entspricht* $P_2 > 1$.[209])

Die Flächen mit $p_a = -1$, $p_g = P_4 = 1$ sind die in Nr. 39 betrachteten hyperelliptischen Flächen. Betrachten wir die regulären Flächen von den Geschlechtern 1, welche durch $p_a = P_2 = 1$ charakterisiert sind.

Setzt man voraus, daß die ausgezeichneten Kurven eliminiert sind, so hat man die folgenden Eigenschaften.

Jedes vollständige lineare System ohne Basispunkte, welches auf einer Fläche gezogen ist, hat ein Geschlecht π, einen Grad n und eine Dimension r derart, daß

$$n = 2\pi - 2, \; r = \pi$$

ist, während das System sein eigenes adjungiertes ist.[210])

Insbesondere hat jede reguläre Fläche vom Geschlecht 1, welche normal einem Hyperraum S_r angehört und keine ausgezeichneten Kurven besitzt, zu hyperebenen Schnitten kanonische Kurven vom Geschlecht $\pi = r$ und von der Ordnung $n = 2\pi - 2$.

Für die ersten Werte von $\pi : \pi = 3, 4 \ldots$, gibt es in der Tat Flächen vom Geschlecht 1, und zwar:

1) die allgemeine Fläche 4. Ordnung im S_3

$$(\pi = r = 3, \quad n = 4);$$

2) die Fläche 6. Ordnung in einem S_4, welche der Durchschnitt zweier Mannigfaltigkeiten zweiter und dritter Ordnung ist

$$(\pi = r = 4, \quad n = 6);$$

und andere Typen, welche man leicht in einem S_5 usw. konstruiert.

---

208) *F. Enriques*, „Intorno alle superficie algebriche di genere lineare $p^{(1)} = 1$", Rendic. R. Acc. di Bologna 9. Dezember 1906, p. 11.

209) *F. Enriques*, „Sui piani doppi di genere uno" (Nr. 5), Memorie della Società Italiana delle Scienze (detta dei XL) (3) 10 (1896), p. 201.

210) *Enriques* R. (III 6).

Man erhält so birational verschiedene Familien von Flächen vom Geschlecht 1.[211]) Jede Fläche hängt von 19 willkürlichen Moduln ab. Nunmehr stellt sich ein Existenzproblem:

Kann man in der Tat Typen von irreduziblen Flächen vom Geschlecht 1 konstruieren, welche beliebigen Werten von π entsprechen? Die Antwort ist bejahend; *F. Enriques* und *F. Severi* sind zu diesem Resultat gleichzeitig gelangt[212]):

Es gibt eine abzählbar unendliche Menge von irreduziblen Flächenfamilien vom Geschlecht 1, *entsprechend sämtlichen Werten von*

$$\pi = 2, 3, 4, \ldots,$$

wobei jede Fläche von 19 *willkürlichen Moduln abhängt.*

Für $\pi = 2$ reduziert sich die Fläche auf eine Doppelebene mit einer Verzweigungskurve der Ordnung 6

$$z^2 = f_6(x, y).$$

Es ist angezeigt, *die Doppelebenen vom Geschlecht* 1 *zu klassifizieren, indem man die Typen bestimmt*, auf welche man ihre Übergangskurve durch eine birationale Transformation der Ebene zurückführen kann; man findet 4 Familien, welche den folgenden Übergangskurven entsprechen[213]):

1) die allgemeine Kurve 6. Ordnung,

2) die Kurve 8 Ordnung mit zwei mehrfachen Punkten 4. Ordnung,

3) die Kurve 10. Ordnung mit einem mehrfachen Punkte 7. Ordnung und zwei jenem unendlich benachbarten dreifachen Punkten,

4) die Kurve von der Ordnung 12 mit einem mehrfachen Punkte der Ordnung 9 und drei jenem unendlich benachbarten dreifachen Punkten.

Die Typen 2, 3, 4 enthalten eine Anzahl < 19 von Moduln.

Um die Untersuchung zu vervollständigen, welche die Flächen von den Geschlechtern 1 betrifft, empfiehlt es sich, einige Worte über die rationalen Transformationen zwischen zwei solchen Flächen hinzuzufügen. Man hat das folgende Theorem:

Wenn zwischen zwei Flächen F, F' von den Geschlechtern 1 *eine rationale Korrespondenz* $[n, 1]$ *besteht, deren Inverse* $n > 1$ *Lösungen*

211) *Enriques* R. a. a. O.

212) *F. Enriques*, „Le superficie di genere uno", Rendic. R. Accad. di Bologna 13. Dezember 1908, p. 25; *F. Severi*, „Le superficie algebriche con curva canonica d'ordine zero", Atti del R. Istituto Veneto 68, 2. Teil, p. 249 (10. Januar 1909).

213) *F. Enriques*, „Sui piani doppi . . ." a. a. O.

hat, so ist die Involution I_n auf F, welche durch die den Punkten von F' entsprechenden Gruppen gebildet ist, durch eine Gruppe (von der Ordnung n) von birationalen Transformationen erzeugt.[214])

Dieses Theorem gestattet die Involutionen zu bestimmen, welche den Flächen von den Geschlechtern 1 zugehören; man findet, daß n nur die Werte 2, 3, 4, 6, 8, 12 annehmen kann.[215])

43. Reguläre Flächen vom Geschlecht 0 und vom Doppelgeschlecht 1. Sei $f(x, y, z) = 0$ eine reguläre Fläche einer gewissen Ordnung n und vom Geschlecht $p_a = p_g = 0$. Alsdann hat man entweder $P_2 = 0$, und die Fläche ist rational (Nr. **38**), oder $P_2 > 0$. Betrachten wir näher die Voraussetzung $P_2 = 1 (p_a = p_g = 0)$; alsdann hat man eine Fläche φ von der Ordnung $2n - 8$, welche zu f biadjungiert ist, und es können sich zwei Fälle darbieten:

1) entweder wird f von φ außer der Doppelkurve und den ausgezeichneten Kurven nicht geschnitten, d. h. es gibt keine eigentlich-bikanonische Kurve von der Ordnung > 0;

2) oder φ schneidet f nach einer eigentlich-bikanonischen Kurve von der Ordnung > 0.

Nun kann man beweisen[216]): *die Fläche* $(p_a = p_g = 0,\ P_2 = 1)$ *enthält keine bikanonische Kurve, wenn* $P_3 = 0$ *ist, was zur Folge hat* $P_3 = P_5 = \cdots = 0,\ P_2 = P_4 = P_6 = \cdots = 1.$

Dagegen hat man eine bikanonische Kurve von der Ordnung > 0, *wenn* $(p_a = p_g = 0,\ P_2 = 1)$, $P_3 > 0$ *ist, was zur Folge hat* $P_6 > 1$.

Die Familie der Flächen $p_a = P_3 = 0,\ P_2 = 1$ hat bemerkenswerte Eigenschaften. Auf einer Fläche dieser Familie gehört, wenn sie keine ausgezeichnete Kurve besitzt, jede Kurve vom virtuellen Geschlecht $\pi > 1$ einem linearen System von der Dimension $\pi - 1$ und vom Grad $2\pi - 2$ an, welches adjungiert ist zu seinem Adjungierten.

Im anderen Falle teilen sich die elliptischen Kurven in 2 Kategorien: isolierte elliptische Kurven und Kurven, welche Büscheln angehören (es gibt auf der Fläche eine abzählbar-unendliche Menge derartiger Büschel).

Jede Fläche von den Geschlechtern $p_a = P_3 = 0,\ P_2 = 1$ *läßt*

214) *F. Enriques,* „Sulle trasformazioni razionali delle superficie di genere uno", Rendic. R. Accad. di Bologna 13. März 1910, p. 71.

215) *L. Godeaux,* „Mémoire sur les involutions de genres un appartenant à une surface de genres un", Bulletin de l'Acad. R. de Belgique n° 4 (1913), p. 310; Annales de l'École Normale Sup. (1914).

216) *F. Enriques,* „Sopra le superficie algebriche di bigenere uno", Memorie della Società it. delle Scienze (detta dei XL (3) 14 (1906), p. 327.

sich durch eine birationale Transformation auf eine Fläche der Ordnung 6 *zurückführen, welche doppelt durch die Kanten eines Tetraeders hindurchgeht*[217]). Es handelt sich hier um die Fläche, welche als erstes Beispiel einer nicht rationalen Fläche vom Geschlecht $p_a = p_g = 0$ sich dargeboten hat.[218])

Zu der Klasse der Flächen, welche oben charakterisiert ist, gehört die Fläche, welche das Bild der Kongruenz der Geraden ist, die ∞^1 Flächen zweiten Grades eines linearen Systems ∞^3 ohne Basispunkte angehören.[219])

Die Untersuchung der rationalen Transformationen $[n, 1]$ zwischen den Flächen von den Geschlechtern $p_a = P_3 = 0$, $P_2 = 1$, führt zu ähnlichen Resultaten wie in der vorhergehenden Nummer. Man findet $n = 2, 3, 4, 6$.[220])

44. Flächen mit einer kanonischen oder mehrkanonischen Kurve der Ordnung 0. Die in Nr. **42, 43** betrachteten Flächen sind die einzigen regulären Flächen, welche eine kanonische oder mehrkanonische Kurve der Ordnung 0 besitzen.

Es gibt aber auch irreguläre Flächen ($p_a = -1$, $p_g = 0, 1$), welche dieselbe Eigenschaft besitzen, und zwar sind dieses die irregulären hyperelliptischen Flächen vom Range 1 und vom Range > 1 (Nr. **39, 40**). Alle diese Flächen, vorausgesetzt, daß man die ausgezeichneten Kurven eliminiert hat, haben die folgende Eigenschaft:

Jedes System von Kurven auf der Fläche von virtuellem Geschlecht π hat den Grad $n = 2\pi - 2$.

Diese Flächen können in ihrer Gesamtheit durch die Bedingung $P_{12} = 1$ *charakterisiert werden.*[221])

Jede Fläche, welche eigentlich-mehrkanonische Kurven von einer Ordnung > 0 besitzt, hat also eine unendliche Schar von 12-kano-

217) *F. Enriques*, „Sopra le superficie . . .“ a. a. O.

218) *Enriques* (I) Nr. 39. Dieselbe Fläche kann als eine Doppelfläche vom Geschlecht 1 betrachtet werden. Vgl. *F. Enriques*, Rendic. R. Accad. di Bologna 12. Januar 1908. In betreff der Ausartungen des Tetraeders siehe *G. Fano*, „Superficie algebriche di genere zero e bigenere uno e loro casi particolari“, Rendic. Circ. Mat. Palermo 29 (1909), p. 98.

219) *G. Fano*, „Nuove ricerche sulle congruenze di rette del 3° ordine prive di linea singolare“, Memorie Acc. Torino (2) 51 (1900), p. 1.

220) *L. Godeaux*, „Sur les involutions appartenant à une surface de genre $p_a = p_g = 0$, $P_6 = 1$“, Bulletin de la Soc. Math. de France 41 (1913), p. 178. Bulletin de l'Acad. roumaine 2 (1913), p. 65

221) *F. Enriques*, „Sulla classificazione delle superficie algebriche e particolarmente sulle superficie di genere lineare $p^{(1)} = 1$“, Rendic. Accad. Lincei. (5) 23 (1914), 1. Sem., p. 206, 291.

nischen Kurven:

$$P_{12} > 1;$$

die Bedingung $P_{12} = 0$ entspricht der Familie der Regelflächen (Nr. **38**).

45. Flächen vom linearen Geschlecht $p^{(1)} = 1$. Jede Fläche vom linearen Geschlecht $p^{(1)} = 1$ und $P_{12} > 0$ besitzt ein Büschel von elliptischen Kurven vom Geschlecht $p_g - p_a$ oder ein Büschel vom Geschlecht p_g und ein zweites Büschel vom Geschlecht 1 in dem Fall $p_a = -1$.[222])

Für $P_{12} = 1$ besitzt eine Fläche vom linearen Geschlecht $p^{(1)} = 1$ ebenfalls (mindestens) ein Büschel von elliptischen Kurven, ausgenommen die Flächen mit allgemeinen Moduln von den Geschlechtern

$$p_g = 1, \quad p_a = -1 \quad \text{oder} \quad +1$$

(Nr. **39**, **42**).

Das Studium der Flächen vom linearen Geschlecht $p^{(1)} = 1$, welche ein Büschel von elliptischen Kurven C enthalten, hat nun zu folgenden Resultaten geführt[223]):

1) den genannten Flächen (F^d) gehört ein invarianter Charakter d zu, welchen man ihre *Determinante* nennt und welcher die Minimalzahl der Punkte bezeichnet, die man rational auf einer Kurve C konstruieren kann. Die Determinante d kann in der Tat einen willkürlichen Wert haben:

$$d = 1, 2, 3, \ldots.$$

2) ist eine *Fläche F^d gegeben* mit der Determinante $d > 1$, so kann *man ihr eine Fläche von der Determinante* 1 *assoziieren*, F', welche ein Büschel von elliptischen Kurven enthält, die mit den Kurven C von F^d aequivalent sind. Zwischen F^d und F' besteht eine Korrespondenz $[d, d]$.

Die beiden Flächen haben *dieselben Geschlechter* p_a, p_g, aber im allgemeinen nicht dieselben Mehrgeschlechter P_i von der Ordnung $i > 1$. Setzt man der Einfachheit halber $p_a = p_g = p$ (reguläre Flächen) voraus, so hat man für F'

$$P_i = i(p-1) + 1$$

und für F^d

$$P_i = i(p-1) + 1 + \sum \frac{(s-1)i}{s},$$

222) *F. Enriques* a. a. O. in Nr. **42**, Anm. 208). Rendic. Bologna 1906.

223) *F. Enriques*, „Sulla classificazione . . .", a. a. O. (in Nr. **44**, Anm. 221)) (1914). Siehe auch *Enriques*, „Sulle superficie algebriche con un fascio di curve ellittiche", Rendic. Lincei (5) 21 1. Sem (1912), p. 14. „Intorno alle superficie", Rendic. Bologna 1906 a. a. O. „Sui piani doppi di genere lineare $p^{(1)} = 1$", Rendic. Lincei (5) 7, 1. Sem. (1898), p. 234, 253.

wo die Summe $\sum$ sich auf alle elliptischen Kurven erstreckt, welche mehrfach von der Ordnung s (Teiler von d) dem Büschel der C angehören.

3) *Man kann alle Flächen F' mittels Doppelkegeln mit einer Übergangskurve konstruieren, welche die Erzeugenden in drei Punkten trifft.* Die Konstruktion, welche im einzelnen für den Fall der regulären Flächen entwickelt worden ist, führt dazu, diese Flächen vollständig zu klassifizieren.

Hieraus folgt, *daß die Flächen vom linearen Geschlecht $p^{(1)} = 1$ zu einer abzählbar-unendlichen Menge von Familien führen, in welche zwei willkürliche ganze Zahlen eintreten.*

4) Man erkennt, daß eine Fläche F^d, welche ein Büschel von elliptischen Kurven C enthält, im allgemeinen keine weiteren reduziblen Kurven C besitzt, außer den mehrfachen elliptischen Kurven. Unter diesen Bedingungen wird die *Basis* der Fläche im allgemeinen *durch ein System von Kurven L_d gebildet, welche die C in d Punkten schneiden, sowie durch das Büschel der C.* Beschränkt man sich der Einfachheit halber auf den Fall $p_a = p_g = p$, so findet man p *Bedingungen dafür, daß die Fläche ein zweites Kurvensystem enthält, verschieden von L_d, welches die C in d Punkten schneidet,* ein System, das zu der Basis der Fläche hinzuzufügen ist. Diese p Bedingungen charakterisieren die Flächen F^d, welche eine diskontinuierliche Schar von automorphen birationalen Transformationen besitzen (Nr. **41**).

46. Über die Klassifikation der algebraischen Flächen. Die in diesem Kapitel aufgestellten Resultate bezüglich der speziellen Flächen, welche den kleinsten Werten der Geschlechter entsprechen, haben eine allgemeine Bedeutung hinsichtlich der Klassifikation der algebraischen Flächen. Es genügt daran zu erinnern, daß für $P_{12} > 0$ und $p^{(1)} > 1 (p_a \geqq 0)$ die Fläche hat:

$$P_2 \geqq p^{(1)} \geqq 2,$$
$$P_3 \geqq 3p^{(1)} - 2 \geqq 4,$$

so daß man ein projektiv invariantes Bild erhält, das durch eine kanonische oder bikanonische oder trikanonische Fläche einer gegebenen Ordnung (Nr. **13**) geliefert wird.

Hieraus folgt:

Für jeden Wert von $p^{(1)} > 1$ gibt es eine endliche Anzahl von Flächenfamilien, vom linearen Geschlecht $p^{(1)} (P_{12} > 0)$; jede Familie enthält eine kontinuierliche-unendliche Anzahl von Klassen, welche von einer endlichen Anzahl von Moduln abhängen[224]) (Nr. **22**).

224) Die ersten Fälle, welche sich darbieten, für $p^{(1)} = 2, 3$, sind klassifi-

Dieses Resultat erstreckt sich nicht auf Flächen vom linearen Geschlecht $p^{(1)} = 1 (P_{12} > 0)$ oder auf Regelflächen, für welche $P_{12} = 0$ ist. Im besonderen für $p^{(1)} = 1 (P_{12} > 0)$ haben wir erkannt, daß es eine abzählbar-unendliche Menge von Familien gibt, in die zwei willkürliche Größen eintreten.

Man sieht also, daß die bemerkenswerten Flächen, die wir in diesem Kapitel klassifiziert haben, durch die Tatsache ein allgemeines Interesse haben, daß sie eine *singuläre Stellung* in der Klassifikation der Flächen einnehmen.

Wir schließen das Kapitel mit einer Tabelle, welche die bezüglich der Klassifikation der algebraischen Flächen bisher erlangten Resultate umfaßt:

- $P_{12} = 0$ Regelflächen ($p^{(1)} \leqq 0$)
  - $p_a = 0$ rationale Flächen ($p_a = P_2 = 0$);
  - $p_a = -1$, elliptische Regelflächen ($p_a = -1,\ P_4 = P_6 = 0$);
  - $p_a < -1$ Regelflächen vom Geschlecht $-p_a > 1$.
- $P_{12} = 1$ ($p^{(1)} = 1$) Kurvensysteme vom Geschlecht π und Grad $n = 2\pi - 2$
  - $p_g = 1$
    - $p_a = 1$, eine unendliche Menge von Familien, welche von einer willkürlichen ganzen Zahl abhängt: ($p_a = P_2 = 1$);
    - $p_a = -1$, hyperelliptische Flächen vom Range 1 und vom Divisor $\delta = 1, 2, \ldots$
  - $p_g = 0$
    - $p_a = 0$, Flächen sechster Ordnung, welche doppelt durch die Kanten des Tetraeders hindurchgehen: ($p_a = P_3 = 0,\ P_2 = 1$);
    - $p_a = -1$, irreguläre hyperelliptische Flächen vom Range > 1
      - $P_2 = 0,1$
      - $P_3 = 0,1$
      - $P_4 = 0,1$
      - $P_6 = 0,1$.

---

ziert worden durch *F. Enriques*, „Le superficie algebriche di genere lineare $p^{(1)} = 2, 3$", Rendic. Lincei (5) 6 (1897), 1. Sem., p. 139, 169.

$P_{12} > 1$:

- $p^{(1)} = 1$:
  - $p_a = -1$, elliptische Flächen, welche ein Büschel vom Geschlecht p_g von elliptischen Kurven besitzen und von einer willkürlichen ganzen Zahl abhängen;
  - $p_a \geqq 0$, Flächen, welche ein Büschel vom Geschlecht $p_g - p_a$ von elliptischen Kurven besitzen: zwei willkürliche ganzzahlige Charaktere.
- $p^{(1)} > 1$: Flächen, welche ein invariantes Bild besitzen (kanonische oder mehrkanonische Flächen): eine endliche Anzahl von Familien für jeden Wert von $p^{(1)}$.

IV. Einige Bemerkungen über die algebraischen Mannigfaltigkeiten von 3 Dimensionen.

47. Über die Invarianten einer algebraischen Mannigfaltigkeit. Die meisten Eigenschaften der Flächen hinsichtlich der birationalen Transformationen lassen sich auf Mannigfaltigkeiten von mehr Dimensionen übertragen. Daher scheint es angebracht, hier einen kurzen Überblick über die betreffenden Hauptergebnisse zu geben. Dabei genügt es, sich auf die Mannigfaltigkeiten von 3 Dimensionen M_3^n von der Ordnung n in einem Raum S_4

$$f(x_1, x_2, x_3, x_4) = 0 \qquad (x_1, x_2, x_3, x_4 \text{ nicht-homogene Veränderliche})$$

zu beschränken, um die Analogien und die Unterschiede hinsichtlich der Flächentheorie kennen zu lernen.

Zunächst definiert man ganz analog die linearen Systeme von Flächen, welche M_3^n angehören, sowie den Begriff des vollständigen Systems. Mit Hilfe des Theorems von *Noether* $Af + B\varphi$ beweist man, daß jedes vollständige System auf M_3^n durch ein System von Mannigfaltigkeiten ausgeschnitten werden kann, welches zu M_3^n adjungiert ist, d. h. bezüglich $i - 1$, $i - 2$ oder $i - 3$ mal durch jede Fläche, Kurve oder Punkt, welche i-fach für M_3^n sind, hindurchgeht.[225])

Unter diesen adjungierten Mannigfaltigkeiten hat man insbesondere

225) *Noether* A und B; *F. Severi*, Rend. Acc. Lincei (5) 11 1. Sem. (1902), p. 105; Atti Acc. d. Sc. Torino 41 (1905—1906), p. 205; Rend. Circ. Mat. di Palermo, 28 (1909), p. 33.

die Mannigfaltigkeiten Φ^{n-5} von der Ordnung $n-5$ zu betrachten. Denn diese schneiden auf M_3^n (außer mehrfachen Flächen und gewissen ausgezeichneten festen Flächen[226]), von denen man sich in den meisten Fällen mit Hilfe einer geeigneten birationalen Transformation frei machen kann) das *kanonische lineare System* aus, das gegenüber den birationalen Transformationen absolut invariant ist.

Nach *Noether* (a. a. O.) gestattet die Betrachtung der Charaktere des kanonischen Systems eine Reihe von invarianten Charakteren der Mannigfaltigkeit zu bestimmen.

Und zwar hat man:

1) das dreidimensionale Geschlecht p von M_3^n, d. h. die Anzahl der linear unabhängigen kanonischen Flächen (oder der Φ^{n-5}); (man hat 2 Definitionen von p zu betrachten, welche auf 2 verschiedene Zahlen führen: das *geometrische Geschlecht* p_g und das *arithmetische Geschlecht* p_a);

2) das Flächengeschlecht $p^{(1)}$, d. h. ($p_g > 0$) das Flächengeschlecht der kanonischen Flächen (man erhält im allgemeinen ein *geometrisches* Flächengeschlecht $p_g^{(1)}$ und ein *arithmetisches* $p_a^{(1)}$);

3) das Kurvengeschlecht $p^{(2)}$ der kanonischen Flächen;

4) das Geschlecht $p^{(3)}$ der Schnittkurven zweier kanonischer Flächen;

5) den Grad $p^{(4)}$ des kanonischen Systems, d. h. die Anzahl der Schnittpunkte dreier kanonischer Flächen.

Das auf einer kanonischen Fläche φ durch die übrigen Flächen desselben Systems $|\varphi|$ ausgeschnittene (charakteristische) lineare Kurvensystem ist die Hälfte des kanonischen Systems von φ; auf Grund der Relation zwischen dem Geschlecht und dem Grad des kanonischen Systems von Nr. **11** erhält man daher die Formeln:

$$p^{(1)} - 1 = 4p^{(4)} \tag{1}$$

$$2p^{(3)} - 2 = 3p^{(4)}. \tag{2}$$

Außerdem hat *M. Noether* die Bemerkung gemacht, daß in allen von ihm betrachteten Beispielen auch die Relation:

$$2p = p^{(4)} - p^{(3)} + p^{(2)} + 4 \tag{3}$$

226) Nach *Noether* B hat man 2 Kategorien ausgezeichneter Flächen zu unterscheiden, die aus Fundamental-Punkten und -Kurven einer Mannigfaltigkeit M_3' hervorgehen, welche mit M_3 durch eine birationale Transformation verknüpft ist:

1) die *ausgezeichneten Flächen der ersten Kategorie;* sie entsprechen einfachen Kurven oder Doppelpunkten, die den adjungierten Φ^{n-5} einfach angehören;

2) die *ausgezeichneten Flächen der zweiten Kategorie;* sie entsprechen einfachen Punkten, welche als feste Bestandteile des durch die Φ^{n-5} ausgeschnittenen Systems doppelt zählen.

besteht; diese Relation, welche unter allgemeineren Voraussetzungen von *F. Severi*[227]) bewiesen worden ist, folgt übrigens aus der Bemerkung, daß das charakteristische lineare System $|C|$, welches auf einer kanonischen Fläche φ durch die übrigen Flächen φ ausgeschnitten wird, hinsichtlich des kanonischen Systems von φ autoresidual ist; es genügt, das auf Flächen ausgedehnte Theorem von *Riemann-Roch* anzuwenden unter der Voraussetzung, daß $|C|$ regulär ist (Nr. **17**). Daraus erkennt man, daß *das Band zwischen der Dimension und den anderen Charakteren des kanonischen Systems*, welches für die M_3 durch die Formel (3) ausgedrückt ist, *auf das Ungerade der Anzahl der Dimensionen von* M_3 *hinweist* (*Severi* a. a. O.); es besteht eine Analogie zu den Kurven, wo die Dimension der kanonischen Schar g_{2p-2}^{p-1} gleich der Hälfte des Grades ist, aber es besteht keine Analogie zu den Flächen, wo die beiden Geschlechter vollkommen unabhängig voneinander sind.

In betreff der oben eingeführten Charaktere kann man die folgenden Bemerkungen machen. Zunächst kann die Invariantentheorie einer Mannigfaltigkeit M_3 auf die Betrachtung der Flächen begründet werden, welche einem in M_3 enthaltenen linearen Flächensystem adjungiert sind. Die zu einem System $|F|$ auf M_3 adjungierten Flächen F' führt man ein, indem man von der *Jacobi*schen Fläche eines in $|F|$ enthaltenen dreifach-unendlichen linearen Systems ausgeht und einem Wege folgt, welcher dem von *Enriques* für den Fall der Flächen eingeschlagenen Wege ganz analog ist; man gelangt so zu der durch folgende Formel ausgedrückten fundamentalen Eigenschaft

$$|(F+\psi)'| = |F'+\psi| = |F+\psi'|.$$

Sieht man von Ausnahmeflächen ab, so ist das kanonische System von M_3 definiert durch

$$|\varphi| = |F'-F| = |\psi'-\psi|.$$

Nun kann man mit Hilfe der Charaktere von $|F|$ und $|F'|$ analog dem Verfahren von Nr. **13** die relativen Invarianten Ω_0, Ω_1, Ω_2 einführen, die sich bzw. auf $p^{(4)}$, $p^{(3)}$, $p^{(1)}$ reduzieren, falls man es, von Ausnahmeflächen abgesehen, mit einer M_3 vom Geschlecht $p>0$ zu tun hat, die aber selbst in dem Falle, in welchem $|F'-F|$ nicht existiert, noch definiert sind.

Die Ausdrücke für die relativen Invarianten Ω_0, Ω_1, Ω_2 sind auf dem angegebenen Wege von *M. Pannelli*[228]) gebildet worden, der die

227) „Fondamenti per la geometria sulle varietà algebriche", Rend. Circ. Mat. di Palermo 28 (1909), p. 33.

228) „Sopra alcuni caratteri di una varietà algebrica . . .", Rend. Acc. Lin-

Art, in welcher sich diese Charaktere durch birationale Transformationen ändern, unter Einführung der ausgezeichneten Flächen erster oder zweiter Kategorie im einzelnen studiert und die Formel

$$2\Omega_1 - 2 = 3\Omega_0$$

aufgestellt hat, die eine Verallgemeinerung der oben erwähnten Formel (2) von Noether ist.

M. Pannelli hat noch einen anderen Ausdruck gebildet, von welchem er zeigt, daß er einer absoluten Invariante entspricht und

$$\Omega_0 - \Omega_1 + \Omega_2 + 4$$

äquivalent ist. *F. Severi*[227]) hat gezeigt, daß diese Invariante *Pannelli*s sich auf das Doppelte des numerischen Geschlechts p_a reduziert, so daß man die Formel hat:

$$2p_a = \Omega_0 - \Omega_1 + \Omega_2 + 4,$$

die eine Verallgemeinerung von (3) ist.

Man hat auch das Verfahren, welches zur Einführung der Invariante J von *Zeuthen-Segre* einer Fläche führt (Nr. **14**), auf die Mannigfaltigkeiten auszudehnen versucht. *C. Segre*[229]) selbst hat die relative Invariante $J_0 = \delta - 2\pi - 2i_0$ definiert, wo δ die Anzahl der Flächen eines (M_3 angehörenden) Büschels bedeutet, welche einen Doppelpunkt besitzen, während π das Geschlecht der Basiskurve des Büschels, i_0 die *Zeuthen-Segre*sche Invariante der genannten Flächen ist. Endlich hat *M. Pannelli*[230]) mit Hilfe der Charaktere der Flächen eines beliebigen M_3 angehörenden Netzes und der *Jacobi*schen Kurve des Netzes eine weitere relative Invariante J_1 gebildet, die mit J_0 und dem arithmetischen Geschlecht p_a durch die Relation

$$48p_a - 54 = 2J_1 - J_0$$

verbunden ist.

Man hat auch

$$12(2\Omega_2 - \Omega_0) = 2J_1 - J_0 - 18,$$

was man mit der Relation *Noethers* von Nr. **14** zwischen den Charakteren J, ω und p_a einer Fläche vergleichen kann.

Kehren wir nun zu den Invarianten zurück, welche ihren Ursprung der genannten Abhandlung von *M. Noether* verdanken. Wir haben schon auf den Umstand hingewiesen, daß jedes der Geschlechter zu 2

---

cei (5) 15, 1. Sem. (1906), p. 483; „Sopra gli invarianti di una varietà algebrica . . .", ibd., p. 620.

229) a. a. O. 5)

230) Atti del IV Congresso int. dei Mat., 2 (1909), p. 374; Rend. Circ. Mat. di Palermo, 32 (1911), p. 1.

oder 3 Dimensionen von M_3 zwei Charaktere liefert: eine geometrische und eine arithmetische Invariante. Demnach hat man 2 Irregularitäten zu betrachten: eine *erste* oder *dreidimensionale Irregularität* $(p_g - p_a)$ und eine *zweite* oder *Flächenirregularität* $(p_g^{(1)} - p_a^{(1)})$.

In der Theorie der Flächen ist die Irregularität der Defekt der auf einer Kurve eines linearen Systems $|C|$ durch das adjungierte System $|C'|$ ausgeschnittenen Schar. *Für eine Mannigfaltigkeit M_3 ist der analoge Defekt des Kurvensystems, der auf einer Fläche eines linearen Systems $|F|$ durch das adjungierte System $|F'|$ ausgeschnitten wird, (unter gewissen Beschränkungen) gleich der Summe der beiden Irregularitäten* (*F. Severi*[227])).

Die zweite Irregularität kann man auch mit Hilfe des folgenden Theorems definieren[231]): *jede M_3 angehörende algebraische Fläche, welche in einem linearen System von der Dimension $\geqq 2$ variiert werden kann* (und deren variable Schnittkurven irreduzibel sind), *besitzt eine konstante Irregularität, welche gleich $p_g^{(1)} - p_a^{(1)}$ ist* (wenn auch die Schnittkurve zweier kanonischen Flächen irreduzibel ist).

Es empfiehlt sich, diese Resultate zu dem Begriff des kontinuierlichen vollständigen (algebraischen) Systems von Flächen in M_3 in Beziehung zu setzen. Man gelangt zu diesem System ebenso wie zu dem charakteristischen System von (Schnitt-)Kurven, zu welchem jenes Veranlassung gibt, auf ganz dieselbe Weise wie in der Flächengeometrie (Nr. **18**) und erweitert sodann das Theorem von *F. Enriques*, nach welchem das charakteristische System eines vollständigen kontinuierlichen Systems vollständig ist (*F. Severi*[227])).

Die Existenz eines nicht in einem linearen System enthaltenen kontinuierlichen Flächensystems ist mit der zweiten Irregularität von M_3 verknüpft. Und zwar gilt der Satz: *Eine Mannigfaltigkeit M_3, deren zweite Irregularität $p_g^{(1)} - p_a^{(1)} > 0$ ist, enthält immer* (unter der oben ausgesprochenen Voraussetzung) *$(p_g^{(1)} - p_a^{(1)})$-fach unendliche kontinuierliche Systeme von Flächen, unter denen sich keine ∞^1 befinden, die einem und demselben linearen System angehören* (*Castelnuovo-Enriques*[231]); *F. Severi*[227])).

Andrerseits ist die Existenz des kontinuierlichen Systems mit der Existenz einfacher Integrale erster Gattung verknüpft:

$$\int A_1 dx_1 + A_2 dx_2 + A_3 dx_3$$

(wo die A_i rationale Funktionen von x_1, x_2, x_3, x_4 sind), Integrale,

---

231) *Castelnuovo-Enriques*, „Sur les intégrales simples de première espèce ...“, Annales de l'École Norm. Sup. (3) 22 (1906), p. 339.

die man auf dem *E. Picard*schen Wege eingeführt hat (Nr. **23**, **25**). *Die Mannigfaltigkeit M_3 besitzt* (unter der genannten Beschränkung) $p_g^{(1)} - p_a^{(1)}$ *voneinander unabhängige einfache Integrale erster Gattung* mit $2(p_g^{(1)} - p_a^{(1)})$ *Perioden* (*Castelnuovo-Enriques*[231]); vgl. *F. Severi*[227])). Diese Zahlen beziehen sich auch auf jede Fläche von M_3, welche einem linearen System von der Dimension $\geqq 2$ angehört, dessen charakteristische Kurven irreduzibel sind. Das *Riemann*sche Kontinuum von 6 Dimensionen, welches die M_3 darstellt, besitzt $2(p_g^{(1)} - p_a^{(1)})$ verschiedene lineare Zykel, es hat mithin den linearen Zusammenhang

$$2(p_g^{(1)} - p_a^{(1)}) + 1.$$

Zu der Mannigfaltigkeit M_3 gehören auch Doppelintegrale:

$$\iint A_1 dx_2 dx_3 + A_2 dx_3 dx_1 + A_3 dx_1 dx_2$$

und dreifache Integrale

$$\iiint A\, dx_1 dx_2 dx_3$$

(wo die A rationale Funktionen von x_1, x_2, x_3, x_4 sind).

Ein dreifaches Integral ist von der ersten Gattung (überall endlich), wenn $A = \frac{P}{f'_{x_4}}$ ist, wo P ein adjungiertes Polynom von der Ordnung $n - 5$ ist.

Die Anzahl der voneinander verschiedenen dreifachen Integrale erster Gattung ist das geometrische Geschlecht p_g von M_3 (*Noether* A).

F. Severi[227]) hat *die Doppelintegrale erster Gattung* studiert und gezeigt, daß die Anzahl dieser Integrale, soweit sie voneinander verschieden sind, *die Summe der beiden Irregularitäten*

$$p_g - p_a + p_g^{(1)} - p_a^{(1)}$$

von M_3 nicht übertreffen kann; man weiß noch nicht, ob das Resultat dahin präzisiert werden darf, daß Gleichheit gilt, aber man kennt Mannigfaltigkeiten M_3, für welche die Gleichheit besteht.

Endlich ist von *F. Severi*[232]) das Theorem von *E. Picard* (Nr. **26**)

---

232) „Relazioni tra gli integrali semplici e gli integrali multipli . . .", Annali di Mat. (3) 20 (1913), p. 201. *A. Comessatti*, „Sulla varietà algebriche . . .", Rend. Acc. Lincei (5) 22 2. Sem. (1913), p. 270, 316 betrachtet den Fall, in welchem die einfachen Integrale nicht voneinander unabhängig sind aus dem Gesichtspunkte der Funktionentheorie und gelangt zu einer Charakterisierung der Mannigfaltigkeiten, deren Geschlechter p_g und p_a sowie Irregularität $p_g^{(1)} - p_a^{(1)}$ gewissen Ungleichungen genügen. Man vergleiche diese Resultate mit den früher von *F. Severi* gegebenen Theoremen, welche insbesondere den Fall $p_g = 0$ betreffen, „Sulle superficie e varietà . . .", Rend. Acc. Lincei (5) 20, 1. Sem. (1911), p. 537.

auf die höheren Mannigfaltigkeiten ausgedehnt worden, welches Doppelintegrale erster Gattung rational zu konstruieren gestattet, wenn man 2 oder mehrere einfache Integrale erster Gattung kennt.

48. Einige die rationalen Mannigfaltigkeiten betreffende Fragen. Die Probleme, auf welche sich die im V. Kapitel mitgeteilten Resultate beziehen, führen beim Übergang von Flächen zu Mannigfaltigkeiten von drei Dimensionen zu wesentlich neuen Schwierigkeiten.

Durch eine Untersuchung der linearen Systeme von Flächen, welche einer Mannigfaltigkeit M_3 von der 4. Ordnung angehören, hat zuerst *G. Fano*[233]) bewiesen, daß die allgemeine M_3^4 nicht Punkt für Punkt auf den Raum S_3 abgebildet werden kann; dasselbe gilt für die Mannigfaltigkeit M_3^6, welche der Durchschnitt einer kubischen Mannigfaltigkeit M_4^3 mit einer quadratischen M_4^2 in S_5 ist, d. h. der Bildmannigfaltigkeit des Linienkomplexes dritten Grades in S_3.

Diese Resultate beantworten gewisse von den Geometern lange Zeit verfolgte Versuche im negativen Sinne; ihr Interesse besteht darin, daß die genannten Mannigfaltigkeiten vom Raum S_3 durch den Wert des geometrischen oder numerischen Geschlechts oder auch einiger Mehrgeschlechter nicht unterschieden werden können; alle diese Charaktere sind Null, sobald ein lineares System von Flächen $|F|$ auf M_3 eine begrenzte Schar adjungierter Systeme zur Folge hat, und wenn gleichzeitig die beiden Irregularitäten der Mannigfaltigkeit Null sind.

Man kann die Frage aufwerfen, ob die genannten Mannigfaltigkeiten M_3 zur Kategorie der rationalen Mannigfaltigkeiten im weiteren Sinne gehören, ob sie also eine rationale Parameterdarstellung zulassen, bei der die Parameter nicht rationale Funktionen der Koordinaten der Punkte von M_3 sind, d. h. — geometrisch gesprochen — ob sie durch Involutionen des Raumes S_3 dargestellt werden können. *F. Enriques*[234]) hat auf diese Frage für die M_3^6 eine bejahende Antwort gegeben. Hieraus folgt, *daß es im Raum S_3 Involutionen J_n gibt, deren Gruppen den Punkten desselben Raumes nicht ein-eindeutig zugeordnet sind* (vgl. Nr. **37**).

Dieses Resultat zeigt hinlänglich, wie wesentlich die Theorie der rationalen M_3 von der Theorie der Flächen verschieden ist.

Die folgenden Bemerkungen lassen diesen Unterschied noch mehr hevortreten.

---

233) Atti della R. Accad. d. Scienze di Torino 43 (1908), p. 973.

234) „Sopra un involuzione non razionale dello spazio“, Rend. Acc. Lincei (5) 1. Sem. (1912), p. 81.

Durch das Studium der numerischen Irrationalitäten, welche in die Parameterdarstellung einer rationalen Fläche eingehen (vgl. Nr. **38**), wird man zu einer Klassifikation der Mannigfaltigkeiten M_3 geführt, welche ein lineares System rationaler Flächen enthalten.[235])

Solcher M_3 gibt es mehrere Typen, welche rational im weiteren Sinne des Wortes sind, d. h. durch Involutionen von S_3 dargestellt werden können. Aber einer der allgemeinsten Typen wird von denjenigen M_3 gebildet, welche eine Kongruenz vom Index 1 rationaler Kurven enthalten; solche M_3 führen auf den Fall der M_3 von der *Ordnung n mit einer* $(n-2)$*-fachen Geraden* und einer Kongruenz von Kegelschnitten C.

Diese M_3 sind aber *im allgemeinen* (selbst in dem weiteren Sinne des Wortes) *nicht rational;* die *Bedingung* dafür, daß sie eine rationale Parameterdarstellung zulassen, besteht darin, *daß auf* M_3 *eine rationale Fläche* existiert, die nicht durch ein Büschel von Kegelschnitten C gebildet ist, d. h. welche die C in einer endlichen Anzahl von Punkten schneidet.[236]) Man erkennt, daß diese Bedingung im allgemeinen für die M_3 mit einer $(n-2)$-fachen Geraden nicht erfüllt ist, indem man die M_3 auf einen Doppelraum

$$u^2 = f_{2m}(xyz)$$

mit einer Übergangsfläche $f'_{2m} = 0$ von der Ordnung $2m$ mit einem $(2m-2)$-fachen Punkte abbildet.

Beim Zurückgehen auf Gebilde von 2 Dimensionen ist also zu konstatieren, daß die Klasse der Transformierten der Ebene (rationalen Flächen) in zwei Familien von Flächen zerfällt: die ebenen Involutionen und die Flächen mit einem linearen Büschel von Kegelschnitten finden ihre Verallgemeinerung in zwei Klassen von M_3, welche aber weder in den Raum S_3 noch ineinander übergeführt werden können. Damit ist eine Probe der neuen Schwierigkeiten gegeben, welche den erwarten, der das allgemeine Problem der Klassifikation der M_3 in Angriff nehmen will.

235) *F. Enriques,* Lincei a. a. O.; Math. Ann. 49, p. 1.

236) *F. Enriques,* Annali di Mat. 20 (s. 3), p. 109.

(Abgeschlossen Dezember 1914.)